聂荣邦 硕士，湖南农业大学教授。多年从事烟草教学与科研。先后为本科生、研究生主讲《作物栽培学》《专业英语》《烟草栽培学》《烟叶调制学》等课程。除培养了大量本科生、研究生外，还多次在中国烟草总公司举办的全国烟草站长、技术干部培训班上，培训了来自湖南、贵州、福建、广西、重庆等省（自治区、直辖市）的技术干部。先后参加、主持多项省部级、厅局级科研项目，“湖南省烤烟综合栽培技术研究”“经济适用高效密集烤房及配套烘烤工艺研究与应用”“智能化太阳能密集烤房及配套烘烤工艺研究与应用”等5项获科技进步奖，还获得“一炉多龙耐火材料密集烤房”“真空管式密集烤房”等6项国家专利。出版《烤烟栽培与调制》等两部烟草专著，参编两部国家级高校教材，本人编写烟草全章，其中《作物栽培学各论(南方本)》为全国统编“面向21世纪课程教材”。发表论文40多篇，有多篇论文获奖。

韦建玉 博士，研究员，1993年7月进入烟草行业，现在广西中烟工业有限责任公司技术中心工作。长期从事烟叶基地建设、烟叶生产技术指导、烟叶生产技术研究和烟叶原料研究工作。先后在EI和《南方农业学报》等学术期刊上发表论文40余篇。主持完成的“以甘蔗渣为基质的烤烟漂浮育苗综合技术应用研究”“提高广西基地烟叶可用性的研究”获得省部级科技进步奖。获得7项授权国家实用新型专利，3项授权发明专利。主编《广西烤烟生产理论研究与技术开发》《广西烟草病虫害无公害防治图谱》《烟叶高效烘烤技术与管理》等7部著作。

各烟区修建了烟田灌溉系统

各烟区建造了漂浮育苗大棚

各地都采用了单行高垄栽培

湖南郴州桂阳烟区长势喜人的烟田

湖南烟区推广的湘密烤房

烟叶烘烤工场宽敞的编烟棚

湖南邵阳烟区研制的平板式太阳能密集烤房

广西贺州烟区研制的真空管式太阳能密集烤房

烤烟栽培与调制研究

聂荣邦　韦建玉　主编

中国农业出版社

前 言

烟草，作为一种特殊的嗜好品，最初被古代美洲大陆的印第安人和玛雅人栽培和使用。航海家哥伦布发现新大陆之后，烟草才逐步传播到世界各地。

烤烟，作为一种新的烟草类型，19 世纪起源于美国。20 世纪初，在我国台湾、河南、山东、安徽等地试种成功。由于烤烟烟叶颜色金黄、香气独特、适合做卷烟的主要原料等原因，在全球范围很快成为种植面积最大、产量最多的烟草类型。我国首先形成了黄淮烟区，随后形成西南烟区、南方烟区，成为世界上最大的烤烟生产国。

20 世纪 80 年代之前，我国烤烟种植普遍存在“营养不足、发育不全、成熟不够、烘烤不当”的问题，烟叶产量不高，质量不好。为了改变这种局面，我国广大烟草科技工作者从品种改良、烟田建设、规范化栽培、提高烟叶成熟度、烤房更新换代、科学烘烤等各个方面，进行了不懈的努力。首先，改过去种植多叶型品种为少叶型品种，推广种植了 K326、G80、NC89、云烟 87 等优良品种。同时，对烟田进行土壤改良，加快沟渠建设，实现旱涝保收。又在烟草漂浮育苗上做了透彻研究，迅速在全国烟区实现了工厂化育苗。在耕作制度上推进烟稻轮作，在栽培方式上推广高垄单行种植，在水肥运筹上采用测土施肥、配方施肥，以水调温、以水调气，实现了规范化栽培。对于成熟度这个烟叶第一品质要素，更是进行了全面深入的研究，栽培上狠抓成熟采收，调制上狠抓低温慢变黄，从而大大提升了烟叶质量。烤房是烤烟生产必备的调制设备。从烤烟进入我国生产领域一直到 20 世纪末，普遍采用的是简陋的自然通风小烤房，严重制约着烤烟生产现代化的进程。针对于此，我国烟草科技工作者进行了中国特色的密集烤房研究，在 21 世纪初，全国烟区出现了用燃煤式密集烤房取代普通小烤房的建设热潮，很快实现了烟叶烘烤设备的更新换代。

我国烟草科技工作者并没有就此止步，立即又投入到太阳能密集烤房等研究之中。我们相信，不久的将来，高效节能、优质环保的绿色能源密集烤房将在我国广大烟区推广开来。

现在，我们把我国西南、南方烟区部分烟草科技工作者近30年来在烤烟栽培与调制方面的研究论文汇编成册，供大家参考。能对大家有所裨益，我们的目的就达到了。

编　者

2016年2月

目　录

栽培·生态·生理

成熟·烤房·调制

栽培·生态·生理

ZAIPEI SHENGTAI SHENGLI

烤烟上部叶遮阴处理对田间小气候及烟叶质量的影响

聂荣邦[1]，韦建玉[2]，汪少波[3]，李永富[3]，刘聪聪[3]，
蔡联合[2]，肖　波[3]，杨芳云[3]，刘　京[3]，张　慎[3]

（1. 湖南农业大学，长沙　410128；2. 广西中烟工业有限责任公司，南宁　530000；
3. 湖南省烟草公司邵阳市公司，邵阳　422000）

摘　要：为探明遮阴处理对烟叶生产的影响，2012 年在湖南省邵阳市烟田中部叶采收后，对烟株上部叶进行人工遮阴处理。结果表明，晴天 14:00，普通白色棉纱布遮阴处理，田间光照强度降低 45 666lx，温度降低 2.8℃，消除了高温逼熟现象，改善了上部叶的田间成熟度。通过人工遮阴，烤后烟叶的上等烟比例提高 3.56%，烟叶质量得到改善。

关键词：烤烟；上部叶；遮阴；田间小气候；质量

烤烟上部叶包括上二棚叶和顶叶，共 5～7 片，约占单株留叶数的 30%，单株产量的 40%。上部叶一般表现为叶片较厚，干物质含量较多，烟碱含量较高，烤后烟叶呈现出身份偏厚，劲头偏大，香气量足，刺激性强等特点[1,2]。在我国南方烟区，上部叶成熟阶段，往往光照强烈，气温很高，常常烟叶未能真正成熟就采收烘烤，烤后烟叶成熟度差，身份厚，组织结构紧密，化学成分不协调，劲头大，杂气重，刺激性强，烟叶的工业可用性质量受到严重影响。为了克服不利气候条件造成的上部叶高温逼熟，实现上部叶的真正成熟，提高上部叶的质量，特进行了本项研究。

1　材料与方法

1.1　试验地点及供试品种

试验于 2012 年烤烟生产季节进行。试验共设 4 个试验点，分别为：邵阳县金称市镇、塘田市镇，隆回县荷香桥镇、六都寨镇。供试烤烟品种为云烟 87。

1.2　试验设计

各试验点统一设 3 个处理。T1：当中部叶成熟采收后，立即搭建遮阴棚，对烟株所余上部 6 片叶进行遮阴处理，遮阴材料为农用黑色塑料遮阳网。烟叶成熟后采收烘烤。T2：当中部叶成熟采收后，立即搭建遮阴棚，对烟株所余上部 6 片叶进行遮阴处理，遮阴材料为普通白色棉纱布。烟叶成熟后采收烘烤。T3（CK）：不作遮阴处理，按常规烟

叶成熟采收烘烤。试验田小区随机区组排列，每个小区为 6 行，每行 22 株，共 132 株，重复 3 次。分别用照度计测定烟株顶叶以上 10cm 处的光照强度，用温、湿度计测量倒数第 4 叶处行间的温、湿度。烟叶烘烤后按 GB 2635—1992 进行分级。

施肥量及施肥方法按照邵阳市标准化烟叶生产规定进行，田间管理和烘烤按常规进行。

2　结果与分析

2.1　遮阴对田间小气候的影响

2.1.1　光照强度　各试点分别测定晴天与阴天 14:00 时的田间光照强度（表 1）。从表 1 可以明显看出，不管是晴天还是阴天，上部叶遮阴都显著降低了田间光照强度。各试点的田间光照强度均为 CK＞T2＞T1，农用黑色塑料遮阳网的透光率小于普通白色棉纱布。

表 1　不同处理不同天气的田间光照强度

处理	晴天		阴天	
	光照强度（lx）	遮盖物透光率（%）	光照强度（lx）	遮盖物透光率（%）
T1	24 466**	25.6	2 740**	28.4
T2	59 900**	62.7	6 287**	65.2
T3（CK）	95 566	100	9 650	100

注：数据右上角的 * 表示与对照比较达到 0.05 水平的差异，** 表示达到 0.01 水平的差异。下同。

2.1.2　田间温湿度　各试点分别测定晴天与阴天 14:00 时的田间温湿度，综合结果列于表 2。从表 2 可以明显看出，上部叶遮阴处理，显著降低了上部叶所处田间小环境的温度，显著改变了上部叶所处田间小环境的相对湿度。各试点田间小环境温度均为 CK＞T2＞T1，田间小环境相对湿度均为 T1＞T2＞CK，不同处理降温增湿的效果不一样。

表 2　不同处理不同天气的田间温湿度

处理	晴天		阴天	
	顶叶下 4 叶处温度（℃）	顶叶下 4 叶处相对湿度（%）	顶叶下 4 叶处温度（℃）	顶叶下 4 叶处相对湿度（%）
T1	32.3**	47.3**	31.0**	48.6**
T2	35.7**	36.3**	33.3**	37.0**
T3（CK）	38.5	29.7	36.5	32.3

2.2　遮阴对上部叶成熟时间的影响

各试点 7 月 25 日搭建遮阴棚，随后观测记录上部叶田间不同成熟度的日期。以金称市镇试验点的观察结果为例，发现经过遮阴处理后上部叶成熟日期明显推迟，其中 T1 的成熟日期比 T2 推迟更多。就同一日期而言，不同处理的上部烟叶成熟度差异十分明显，表现为CK烟叶成熟度最高，T2次之，T1烟叶成熟度最低。当对照烟叶高温逼熟，未能达到正常充分成熟，不得不采收烘烤时，T2烟叶，特别是T1烟叶尚处于逐渐成熟过程中（表3，表4）。

表3　不同处理上二棚叶成熟时间（月-日）

处理	八成熟	九成熟	十成熟
T1	07-25	08-10	08-18
T2	07-25	08-01	08-08
T3（CK）	07-25	07-28	08-02

表4　不同处理顶叶成熟时间（月-日）

处理	八成熟	九成熟	十成熟
T1	08-10	08-18	08-23
T2	07-28	08-10	08-15
T3（CK）	07-25	07-30	08-09

2.3　遮阴处理对烤后烟叶质量的影响

2.3.1　烟叶鲜干比及单叶重　各试点分别测定各处理上二棚叶和顶叶的鲜干比及单叶重，综合结果列于表5和表6。

表5　不同处理上二棚烟叶鲜干比及单叶重

处理	鲜叶片数	鲜烟重（g）	干烟重（g）	鲜干比	单叶重（g）
T1	120	8 302.5	1 143.6	7.26	9.53*
T2	120	9 482.5	1 297.2	7.31	10.81*
T3（CK）	120	10 587.7	1 396.8	7.58	11.64

表6　不同处理顶叶鲜干比及单叶重

处理	鲜叶片数	鲜烟重（g）	干烟重（g）	鲜干比	单叶重（g）
T1	130	10 432.5	1 625.0	6.42	12.50*
T2	130	11 031.7	1 726.4	6.39	13.28*
CK	130	12 296.9	1 900.6	6.47	14.62

从表5和表6可以看出，无论是上二棚叶还是顶叶，均表现为遮阴处理烟叶的单叶重小于对照，这充分说明遮阴降低了田间温度和光照强度，改善了田间小气候，克服了高温逼熟的不利影响，推迟了烟叶成熟时间，使烟叶更好地实现了叶内物质的分解、合成、转化，消耗了叶内一定的干物质，使烟叶成熟度更好。

2.3.2 烤后烟叶外观质量 各试点 T1、T2 烤后烟叶的外观质量均较 CK 有所改善，表现为成熟度更高，组织结构向较疏松变化，身份向稍厚、中等变化，油分向有、足变化，弹性向较好变化，颜色橘黄，色度较浓。

2.3.3 烟叶等级质量 各试点烟叶分级后，各处理上中等烟比例如表 7 所示。从表 7 可以看出，各处理烟叶上中等烟比例都比对照有一定程度提高，其中上等烟比例有较大幅度提高。

表 7 不同处理烟叶等级质量

处理	上等烟比例（%）	中等烟比例（%）
T1	54.43	40.87
T2	54.87	40.71
T3（CK）	51.31	43.81

3 小结与讨论

为了解决上部叶成熟度差、组织结构紧密、身份厚、刺激性大、杂气重等问题，国内外烟草科技工作者做了不懈的努力，也在一定程度上取得了一些进展。比如，改变过去每次采收 2～3 片叶的做法，待上部 6 片叶成熟到一定程度后一次性采收烘烤，还有采取上部叶带茎烘烤的方法等[2～5]。但是，对于南方烟区，特别是上部叶成熟期间高温、强光照地区，均未能克服由于气候原因所造成的高温逼熟使上部叶质量差的问题。本研究率先采用了对上部叶成熟期间进行遮阴处理的措施，削弱了田间光照强度，降低了田间温度，改善了田间小气候，排除了高温强光照对上部叶的化学灼伤，使烟叶能够正常地完成其成熟的生理过程，从而从根本上提高了上部烟叶的质量，本试验初步得出以下结论：

（1）遮阴处理改善了上部叶成熟期间的田间小气候。具体表现为田间光照强度和温度降低，人为地为烟叶正常成熟创造了良好的生态环境条件。

（2）由于生态环境条件改善，克服了高温强光照对上部烟叶的化学灼伤，有效延长了烟叶成熟的时间，使叶内物质充分进行合成、分解、转化，顺利完成烟叶正常成熟的生理生化过程，提高了烟叶采收时的成熟度。

（3）由于烟叶田间采收成熟度提高，烤后烟叶成熟度好，组织结构疏松、身份适中，多橘黄，少杂色残伤，弹性好，色度浓，外观质量整体改善，上等烟比例提高，特别是副组烟叶减少，等级结构朝着合理方向发展。

（4）2012 年度遮阴材料选择了普通白色棉纱布和农用黑色塑料遮阳网，试验结果表明两种材料改变田间小气候的差异十分明显，农用黑色塑料遮阳网透光率更低，降温效果更强，有的试验点甚至出现了处理后烟叶返青的现象，使烟叶成熟时间推迟过长。综合考虑，普通白色棉纱布作为遮阴材料可能更适宜些，另外，遮阴材料似乎可作更多的筛选。

（5）上部烟叶造成化学灼伤的温度和光照强度存在着临界点，这临界点出现和消失的日期是随地点和时间变化的，所以何时进行遮阴处理和撤销遮阴处理要因地因时制宜，不能一刀切。

参考文献

[1] 聂荣邦. 烤烟栽培与调制 [M]. 长沙：湖南科学技术出版社，1992：135-138.

[2] 聂荣邦. 烟叶烘烤特性研究Ⅰ. 烟叶自由水和束缚水含量与品种及烟叶着生部位和成熟度的关系 [J]. 湖南农业大学学报：自然科学版，2002，28 (4)：290-292.

[3] 聂荣邦，周建平. 烤烟叶片成熟度与α-氨基酸含量的关系 [J]. 湖南农学院学报，1994，20 (1)：21-26.

[4] 张光利，聂荣邦. 以烟叶脯氨酸含量判断田间成熟度的研究 [J]. 作物研究，2008，22 (1)：31-32.

[5] 孟可爱，聂荣邦. 成熟度与烟叶品质的相关性研究综述 [J]. 作物研究，2005，19 (S1)：373-376.

（原载《作物研究》2013 年第 6 期）

湖南省烤烟综合栽培技术研究

Ⅰ. 栽培因子对烟叶经济性状的影响

聂荣邦[1]，赵松义[2]，黄玉兰[2]，颜合洪[1]

（1. 湖南农学院农学系，长沙　410128；2. 湖南省烟草公司，长沙　410004）

摘　要：1989 年和 1990 年两年 4 因素 3 水平多点联合正交试验结果表明，烤烟品种 K326、G80、K394 在湖南各地种植表现均佳，尤以 K326 表现最好，特别适宜湘南主产烟区种植；单株留叶数以 16～18 片为宜；在 N：P_2O_5：K_2O 为 1：1：2 的条件下，每公顷施纯氮 150～180kg，可望获得优质适产（2 250～2 650kg/hm^2）；在追肥占总施肥量 60%的条件下，栽后 40～50d 之内将追肥分 3～4次施下可望获得较好效果。

关键词：烟草；烤烟叶；栽培；品种；施肥；产值

20 世纪 80 年代以来，湖南省先后引进了 K326、G80、K394 等烤烟品种，经试种表现不错。为了品种的更新换代，有关部门对这些品种进行了认真的品比试验，以及一些传统的单一或较少因子的栽培试验。从系统论的角度看，烟叶产量和质量的形成是一个复杂的生产系统，了解生产系统中各因子的功能及内部联系，并使各因子充分协调、优化，是栽培研究的主要任务。为此，我们分别于 1981 年和 1990 年在湖南全省范围内进行了多因子烤烟综合栽培技术研究。本研究采用我国科技工作者首创的多点联合正交设计，旨在探寻品质优良适宜面广的品种及其与各项栽培技术因子配套的最优组合，为湖南省烤烟生产达到优质适产高效益的目标提供依据。

1　材料与方法

本研究采用多点联合正交设计，选取品种（A）、留叶数（B）、施肥量（C）、追肥时期（D）4 个因素，每个因素各 3 个水平，作为共同的因素水平（表 1）。

施肥量 3 水平 135、165、195kg/hm^2，为施纯氮的量，3 水平的 N：P_2O_5：K_2O 均为 1：1：2，全部用化肥。追肥时期 3 水平，追肥分别按移栽后 30d、40d、50d 以内全部施下。具体做法是：磷肥作基肥一次施下，氮肥和钾肥均按 40%作基肥，60%作追肥施用，基肥统一用复合肥（比例不能满足时，则以硫酸钾、过磷酸钙、尿素补充）。追肥的氮肥用尿素，钾肥用硫酸钾。30d 以内全部施下的实施方案为移栽后 10d 施总量的 15%，20d 20%，30d 25%，共分 3 次施下；40d 以内全部施下的为移栽后 10d 施总量的 15%，25d

20%，40d 25%，共分 3 次施下；50d 以内全部施下的为移栽后 10d 施总量的 15%，20d 15%，35d 20%，50d 10%，共分 4 次施下。

整个试验共 L9（3^4）=81 个处理组合，9 个参试单位，每个单位承担 9 个处理组合。每个处理为 1 个小区，面积 46.7m^2，重复 3 次，各小区按随机区组在田间排列。全部实行营养钵育苗，4 叶 1 心假植，9 叶 1 心移栽。单行高垄栽植，行距 1m，株距 0.6m。栽培、烘烤按常规进行，烟叶分级按 GB 2635—86 进行。

表 1 试验因素及水平

水平	因素			
	品种（A）	留叶数（B）	施肥量（C）	追肥时期（D）
1	G80	16	335kg/hm^2	30d
2	K326	18	165kg/hm^2	40d
3	K394	20	195kg/hm^2	50d

2 结果与分析

本研究 1989 年和 1990 年结果一致，本文采用 1990 年资料。各试点各处理烟叶经济性状经数学处理后列见表 2。

表 2 各处理经济性状

试点	处理组合	产量（kg/hm^2）	产值（元/hm^2）	均价（元/kg）	上中等烟（%）	单叶重（g）	试点	处理组合	产量（kg/hm^2）	产值（元/hm^2）	均价（元/kg）	上中等烟（%）	单叶重（g）
郴县	1 112	2 019.6	4 852.9	2.29	78.34	6.60	浏阳	1 121	2 253.0	6 082.4	2.68	82.43	7.91
	2 121	2 219.6	6 562.8	2.94	89.59	7.83		2 133	2 323.1	6 389.7	2.73	86.54	7.27
	3 133	2 359.9	6 450.6	2.71	86.52	7.88		3 112	2 196.9	6 131.7	2.77	87.05	7.17
	1 231	2 166.5	5 021.0	2.30	80.78	7.79		1 213	2 332.4	6 075.5	2.58	87.65	7.59
	2 213	2 149.8	6 513.3	3.00	90.57	7.75		2 222	2 215.7	5 766.0	2.58	86.44	8.22
	3 222	2 332.1	6 657.3	2.82	91.05	7.51		3 231	2 136.2	5 793.6	2.69	88.45	7.27
	1 323	2 220.0	5 444.4	2.44	81.39	7.56		1 332	2 348.0	6 751.4	2.85	88.65	8.33
	2 332	2 344.2	6 219.9	2.64	87.84	7.74		2 311	2 122.2	5 395.8	2.52	86.54	6.96
	3 311	2 338.7	6 686.0	2.84	87.22	7.56		3 323	2 207.6	6 032.3	2.70	85.44	7.69
永兴	1 132	2 271.6	5 847.2	3.52	79.90	7.94	新化	1 111	2 149.5	5 651.6	2.60	84.58	8.55
	2 111	2 149.8	5 533.4	2.82	86.16	8.20		2 123	2 162.6	5 814.2	2.66	82.77	9.43
	3 123	2 284.2	6 974.6	2.99	94.38	8.52		3 132	2 400.6	6 644.0	2.63	82.05	10.91
	1 221	2 113.8	5 547.5	2.57	80.02	7.47		1 233	2 336.3	7 022.4	2.97	90.19	9.06
	2 233	2 374.2	6 650.3	2.74	82.33	7.35		2 212	2 018.4	5 508.0	2.70	85.59	9.88

（续）

试点	处理组合	产量（kg/hm²）	产值（元/hm²）	均价（元/kg）	上中等烟（%）	单叶重（g）	试点	处理组合	产量（kg/hm²）	产值（元/hm²）	均价（元/kg）	上中等烟（%）	单叶重（g）
永兴	3 212	2 201.1	5 554.7	2.47	89.05	7.24	新化	3 221	2 274.5	6 313.2	2.76	88.23	10.51
	1 313	1 982.9	5 812.4	2.89	88.93	7.12		1 322	2 242.2	6 546.6	2.90	87.33	8.51
	2 322	2 490.5	7 416.8	2.91	87.31	7.59		2 331	2 199.3	5 176.8	2.33	84.49	9.43
	3 331	2 243.6	5 089.8	2.22	84.88	6.89		3 313	2 346.2	6 047.3	2.55	83.06	9.56
江华	1 131	2 262.9	6 164.1	2.72	86.30	8.14	新晃	1 122	2 301.9	5 878.4	2.51	86.18	9.23
	2 113	2 180.3	5 919.3	2.69	86.30	7.79		2 131	2 401.4	6 494.7	2.63	88.45	7.99
	3 122	2 252.3	6 049.1	2.66	85.24	7.91		3 113	2 072.1	6 035.1	2.83	93.28	7.94
	1 223	2 272.4	6 108.0	2.66	85.34	7.45		1 211	2 362.1	6 597.0	2.72	90.44	7.39
	2 232	2 375.0	6 423.0	2.74	88.89	8.25		2 223	2 081.9	5 722.7	2.67	78.70	8.17
	3 211	2 145.6	5 935.5	2.73	85.72	7.68		3 232	2 203.3	6 309.6	2.78	91.29	6.98
	1 312	2 079.0	5 590.5	2.66	84.18	6.65		1 333	2 151.9	5 677.5	2.57	77.37	5.94
	2 321	2 316.3	6 206.7	2.66	86.11	7.11		2 312	2 101.5	5 793.5	2.68	79.83	6.07
	3 333	2 256.3	6 034.7	2.64	84.95	7.45		3 321	2 461.5	2 888.1	2.69	87.22	7.26
永州	1 133	2 403.9	6 625.8	2.74	86.74	9.31	慈利	1 123	2 321.1	6 514.8	2.78	90.96	7.78
	2 112	2 133.8	5 059.8	2.73	87.84	8.06		2 132	2 516.6	6 713.7	2.64	76.44	7.15
	3 121	2 123.1	5 638.7	2.64	89.01	8.01		3 111	2 013.5	5 592.8	2.75	85.09	7.06
	1 222	2 219.7	5 984.4	2.68	86.38	7.46		1 212	2 057.3	5 594.1	2.69	91.75	7.47
	2 231	2 458.2	6 800.4	2.75	86.47	8.24		2 221	2 262.8	6 584.3	2.88	89.61	8.09
	3 213	2 068.8	5 411.1	2.60	83.17	6.99		3 233	2 379.5	5 799.2	2.41	81.99	7.15
	1 311	1 982.9	5 166.2	2.59	82.99	5.99		1 331	2 348.9	6 109.8	2.57	78.58	8.20
	2 323	2 328.5	6 347.6	2.71	86.56	7.03		2 313	2 045.6	5 650.7	2.73	90.51	6.85
	3 332	2 429.6	6 598.8	2.70	87.02	7.33		3 322	2 185.5	5 855.3	2.65	88.12	7.57
宁远	1 113	1 881.8	5 056.5	2.63	88.79	6.58	宁远	3 223	2 331.8	5 718.3	2.47	80.62	8.41
	2 122	2 464.7	7 586.9	3.07	90.46	7.54		1 321	2 194.4	5 384.1	2.45	81.71	6.81
	3 131	1 964.1	5 187.2	2.65	87.11	8.73		2 333	2 631.5	7 753.4	2.94	86.69	7.54
	1 232	1 976.6	4 678.7	2.37	83.45	7.25		3 312	2 322.0	5 931.9	2.55	80.20	7.65
	2 211	2 369.0	7 181.0	3.01	93.71	7.90							

2.1 产量分析

将各因素不同水平产量情况进行分析，结果列入表 3。

2.1.1 品种间产量差异 表 3 表明，3 个品种产量表现都不错，产量平均值以 K326 最高，K394 次之，G80 较低。但差异不大，K326 与 K394 只相差 33.3kg/hm²，K326 与

G80 也只相差 81.0kg/hm²。值得注意的是，这几个品种在各试点表现不尽相同，总的趋势是，K326 在湘南表现最好，而在湘中则 G80 表现较好。

2.1.2 不同留叶数间的产量差异 表 3 表明，随着留叶数增加，产量平均值相应增加，但增加幅度不大，极差仅 31.3kg/hm²。这是由于多数试点产量随留叶数增加而增加，少数试点这种趋势不明显，个别试点甚至出现相反的趋势。

表 3 产量分析汇总表（kg/hm²）

因素	水平	试点									平均
		郴县	永兴	江华	宁远	永州	浏阳	新化	新晃	慈利	
A	Ⅰ	2 135.0	2 122.8	2 204.7	2 017.5	2 202.2	2 311.1	2 242.7	2 271.9	2 242.4	2 194.5
	Ⅱ	2 237.9	2 338.2	2 290.5	2 488.7	2 306.9	2 220.3	2 126.7	2 195.0	2 274.9	2 275.5
	Ⅲ	2 343.6	2 243.0	2 218.1	2 205.9	2 207.1	2 183.0	2 340.5	2 245.4	2 192.9	2 242.2
B	Ⅰ	2 199.5	2 235.2	2 231.9	2 103.5	2 220.3	2 257.7	2 237.9	2 258.4	2 283.8	2 225.3
	Ⅱ	2 216.1	2 229.8	2 264.3	2 226.0	2 249.0	2 228.1	2 209.7	2 215.4	2 233.2	2 230.2
	Ⅲ	2 300.9	2 238.9	2 217.2	2 382.2	2247.0	2 228.6	2 262.6	2 238.3	2 193.3	2 256.6
C	Ⅰ	2 169.2	2 111.3	2 135.0	2 091.2	2 061.8	2 217.2	2 171.4	2 178.6	2 038.8	2 141.6
	Ⅱ	2 257.1	1 296.2	2 280.3	2 330.3	2 223.8	2 228.1	2 226.5	2 281.8	2 256.5	2 264.6
	Ⅲ	2 284.7	2 296.5	2 298.0	2 190.8	2 430.6	2 269.1	2 312.1	2 251.8	2 415.0	2 305.4
D	Ⅰ	2 241.6	2 169.0	2 241.6	2 176.1	2 188.1	2 170.5	2 207.7	2 408.3	2 208.3	2 223.5
	Ⅱ	2 231.7	2 321.1	2 280.3	2 254.4	2 261.0	2 253.5	2 220.5	2 201.9	2 253.2	2 253.0
	Ⅲ	2 243.1	2 213.7	2 213.4	2 281.7	2 267.1	2 290.4	2 281.7	2 102.0	2 248.7	2 240.6
极差	A	208.6	215.4	85.8	473.2	104.7	128.1	213.8	76.9	82.0	81.0
	B	101.4	9.1	47.1	278.7	29.0	29.6	52.9	43.0	90.5	31.3
	C	115.5	185.2	163.0	139.5	368.8	51.9	140.7	103.2	376.2	163.8
	D	11.4	152.1	43.9	105.6	79.0	119.9	74.0	306.3	44.9	29.5

2.1.3 不同施肥量的产量差异 表 3 说明，施肥量是对产量影响最大的因素，平均值极差达 163.8kg/hm²，并且，随着施肥量增大，产量明显上升。9 个试点中除 2 个试点以中肥水平产量较高外，其余 7 个试点均以高肥水平产量最高。

2.1.4 不同追肥时期的产量差异 由表 3 可知，在 4 个因素中，追肥时期是对产量影响最小的因素。只有 1 个试点以 30d 内将追肥全部施下的处理产量最高，有 4 个试点以 40d 内将追肥全部施下的处理产量最高，还有 4 个试点以 50d 内将追肥全部施下的处理产量最高，总平均值则以 40d 内将追肥全部施下产量最高。这说明，30d 之内将追肥全部施下是不可取的。

2.2 产值分析

将各因素不同水平产值情况进行分析，结果列入表 4。

2.2.1 品种间的产值差异 由表 4 可见，品种间产值差异的变化趋势与产量差异变化趋势相同，3 个品种以 K326 平均产值最高，并且 K326 在湘南各试点产值较高，而 G80 在湘中各试点产值较高。

2.2.2 不同留叶数的产值差异 与产量变化趋势相同的是，不同留叶数的平均产值差异很小，极差仅 50.4 元/hm^2；不同的是，随着留叶数增加，平均产值略有降低。

2.2.3 不同施肥量的产值差异 表 4 表明，施肥量对产值的影响也较大，但平均产值不完全随施肥量增加而增加，而是以中肥水平平均产值最高，高肥水平次之，低肥水平最低。各试点表现不尽相同，其中 5 个试点中肥产值最高，4 个试点高肥产值最高，低肥水平普遍表现产值低，但有 2 个试点低肥产值比高肥产值还高。

表 4 产值分析汇总表（元/hm^2）

因素	水平	试点									平均
		郴县	永兴	江华	宁远	永州	浏阳	新化	新晃	慈利	
A	Ⅰ	5 021.6	5 735.7	5 954.3	5 040.3	5 925.5	6 303.0	6 406.8	6 049.1	6 072.9	5 834.4
	Ⅱ	6 317.4	6 533.4	6 183.0	7 506.3	6 335.9	5 850.5	5 499.6	6 005.6	6 316.2	6 283.1
	Ⅲ	6 597.9	5 873.1	6 006.3	5 612.4	5 882.9	5 985.8	6 234.8	6 078.5	5 749.1	6 002.3
B	Ⅰ	5 961.2	6 118.4	6 044.1	5 943.5	6 041.4	6 201.3	5 936.6	6 130.5	6 273.9	6 072.9
	Ⅱ	6 223.7	6 917.4	6 155.6	5S59.9	6 065.3	5 878.4	6 262.1	6 207.0	5 992.5	6 065.7
	Ⅲ	6 116.9	6 106.4	5 943.9	6 356.4	6 037.5	6 059.7	5 923.7	5 786.4	5 871.9	6 022.5
C	Ⅰ	6 023.3	5 633.4	5 815.1	6 037.0	5 479.1	5 867.7	5 735.6	6 144.3	5 612.6	5 818.7
	Ⅱ	6 223.6	6 646.1	6 121.2	6 230.3	5 990.3	5 960.3	6 224.7	6 105.5	6 318.2	6 202.1
	Ⅲ	5 897.1	5 862.3	6 207.3	5 873.1	6 720.5	6 311.6	6 151.1	6 161.0	6 207.6	6 154.7
D	Ⅰ	6 076.5	5 390.3	6 102.2	5 917.7	5 868.5	5 757.3	5 713.8	6 326.7	6 095.7	5 916.5
	Ⅱ	5 915.6	6 272.9	6 020.9	6 065.9	6 147.6	6 216.2	6 132.9	5 996.3	6 050.0	6 090.9
	Ⅲ	6 137.1	6 479.0	6 020.6	6 177.0	6 128.1	6 165.8	6 294.6	5 810.3	5 988.3	6 133.4
极差	A	1 576.4	797.7	228.7	2 466.0	453.0	452.5	907.2	72.9	567.1	448.7
	B	272.5	201.0	2J1.7	496.5	27.8	322.9	338.4	420.6	402.0	50.4
	C	324.5	1 012.7	302.2	357.2	1 241.4	443.9	489.1	55.5	705.6	583.4
	D	221.5	1 088.7	81.6	259.3	279.1	459.0	580.8	516.4	107.4	216.9

2.2.4 不同追肥时期的产值差异 由表 4 看出，平均产值随追肥时期的延长而增高，说明烟苗移栽后，追肥的时间适当长一些，追肥次数适当多一点，对于促使烟株稳健生长，提高肥料利用率，增进烟叶品质是有利的。当然，也要考虑土壤、气候等因子的影响。就各试点来说，表现有差异，9 个试点中，有 4 个试点移栽后 50d 内将追肥分 4 次施下产值最高，有 2 个试点 40d 内分 3 次施下产值最高，30d 内分 3 次施下产值最高的也有 3 个试点。

2.3 均价分析

将各因素不同水平均价情况进行分析，结果列入表 5。

表 5 均价分析汇总表（元/kg）

因素	水平	试点									平均数
		郴县	永兴	江华	宁远	永州	浏阳	新化	新晃	慈利	
A	Ⅰ	2.38	2.66	2.68	2.48	2.67	2.70	2.82	2.60	2.68	2.63
	Ⅱ	2.86	2.82	2.70	3.01	2.73	2.61	2.56	2.66	2.75	2.74
	Ⅲ	2.79	2.56	2.68	2.56	2.65	2.72	2.65	2.77	2.60	2.66
B	Ⅰ	2.68	2.78	2.69	2.78	2.70	2.73	2.63	2.66	2.72	2.71
	Ⅱ	2.71	2.59	2.71	2.S2	2.68	2.62	2.81	2.72	2.66	2.68
	Ⅲ	2.64	2.67	2.G5	2.65	2.67	2.63	2.59	2.65	2.65	2.65
C	Ⅰ	2.74	2.73	2.67	2.73	2.64	2.62	2.62	2.74	2.72	2.69
	Ⅱ	2.73	2.82	2.66	2.66	2.68	2.65	2.77	2.62	2.77	2.71
	Ⅲ	2.55	2.49	2.70	2.65	2.73	2.76	2.64	2.66	2.54	2.64
D	Ⅰ	2.69	2.54	2.70	2.70	2.66	2.63	2.56	2.68	2.73	2.65
	Ⅱ	2.68	2.63	2.69	2.66	2.70	2.73	2.74	2.66	2.66	2.68
	Ⅲ	2.72	2.87	2.66	2.68	2.68	2.67	2.73	2.69	2.64	2.70
极差	A	0.48	0.26	0.02	0.53	0.08	0.11	0.26	0.17	0.15	0.23
	B	0.07	0.19	0.06	0.16	0.03	0.11	0.22	0.07	0.07	0.11
	C	0.19	0.33	0.04	0.08	0.00	0.14	0.15	0.12	0.23	0.15
	D	0.04	0.33	0.04	0.04	0.04	0.10	0.18	0.03	0.09	0.10

2.3.1 品种间的均价差异 由表 5 可以看出，品种间均价差异与产量、产值差异变化的趋势完全一致，这是由于 3 个品种之中，K326 不仅产量较高，而且均价也较高，所以产值较高。从不同产区来看，湘南各试点 K326 均价均居第一位，而湘中各试点 K326 均价较低，这亦与产量的变化趋势相同。

2.3.2 不同留叶数的均价差异 表 4 表明，均价平均值随留叶数增加而递减，与留叶数对产量的影响表现出相反的趋势。但也不是所有试点都是这种变化趋势，6 个试点中有 4 个试点留 16 片叶均价最高，4 个试点留 18 片叶均价最高，1 个试点留 20 片叶均价最高。

2.3.3 不同施肥量的均价差异 从表 4 还可看出，均价平均值随施肥量的变化趋势与产值的变化趋势相近，而与产量的变化趋势不同，即中肥水平均价最高，低肥水平次之，高肥水平最低。

2.3.4 不同追肥时期的均价差异 由表 5 可知，随着追肥时期的延长，均价平均值递增，说明适当延长追肥时期，有利于烟草生长，前期不过旺，后期不早衰，品质有所增进。但应注意到由于土壤、气候、季节等原因，个别试点甚至出现相反的变化趋势。

2.4 单叶重分析

将各因素的不同水平单叶重情况进行数学分析，结果列于表 6。

2.4.1 品种间的单叶重差异 由表 6 可以看出，平均单叶重的极差仅 0.66g。品种在决定单叶重的因素主次顺序上已退居第三位，说明品种对单叶重的影响较小。但差异还是存在的，供试 3 个品种，平均单叶重以 K326 居首，K394 次之，G80 较轻。同样，各试点表现也不尽相同。

2.4.2　不同留叶数的单叶重差异　从表 6 明显可见，平均单叶重随着留叶数增加而递降。但各试点表现不一致，有 5 个试点单叶重最大值出现在留 18 片叶的处理中。值得注意的是，留叶数在决定单叶重的因素主次顺序中跃居第一位，说明留叶数强烈影响单叶重。

2.4.3　不同施肥量的单叶重差异　表 6 表明，施肥量对单叶重的影响仅次于留叶数。但应注意，平均单叶重以中肥水平最重，而不是高肥水平最重。

表 6　单叶重分析汇总表（g）

因素	水平	试点									平均数
		郴县	永兴	江华	宁远	永州	浏阳	新化	新晃	慈利	
A	Ⅰ	7.32	7.51	7.41	6.88	7.59	7.94	8.71	7.52	7.82	7.63
	Ⅱ	7.77	7.74	7.91	7.66	7.78	7.48	9.58	7.71	7.36	7.89
	Ⅲ	7.68	7.55	7.68	8.26	7.44	7.38	10.33	7.38	7.26	7.88
B	Ⅰ	7.44	8.18	7.95	7.62	8.46	7.46	9.63	8.39	7.33	8.05
	Ⅱ	7.68	7.35	7.79	7.85	7.56	7.59	9.82	7.50	7.57	7.87
	Ⅲ	7.65	7.20	7.07	7.33	6.78	7.66	9.17	6.72	7.54	7.46
C	Ⅰ	7.38	7.55	7.37	7.38	7.01	7.24	9.33	7.43	7.13	7.53
	Ⅱ	7.63	7.88	7.49	7.59	7.60	7.94	9.48	8.22	7.81	7.96
	Ⅲ	7.80	7.33	7.95	7.84	8.29	7.62	9.80	6.95	7.50	7.90
D	Ⅰ	7.76	7.55	7.64	7.81	7.41	7.38	9.50	7.55	7.78	7.82
	Ⅱ	7.28	7.52	7.60	7.48	7.62	7.91	9.77	7.71	7.40	7.81
	Ⅲ	7.73	7.66	7.56	7.51	7.78	7.52	9.35	7.35	7.26	7.75
极差	A	0.45	0.23	0.50	1.38	0.34	0.56	1.62	0.33	0.56	0.66
	B	0.24	0.98	0.88	0.52	1.68	0.24	0.65	1.69	0.24	0.79
	C	0.47	0.53	0.58	0.46	1.28	0.70	0.47	1.27	0.68	0.72
	D	0.48	0.14	0.08	0.33	0.37	0.53	0.47	0.36	0.58	0.36

2.5　不同追肥时期的单叶重差异

从表 6 可知，追肥时期对单叶重的影响最小，平均极差仅 0.36g，但差异还是存在，且各试点表现不一致。

3　小结与讨论

a. 本研究结果表明，在参试的栽培因子的主次顺序分析中，品种对均价、产值的影响居第一位，对单叶重、产量的影响居第二位，说明选择优良品种是实现烤烟优质适产的首要条件。供试几个品种都是从美国引进的优良品种，总的看来，这几个品种对湖南省各烟区的生态环境是能适应的，并且较耐肥，好烘烤，多橘黄烟叶，外观、内在质量均较好。不过，品种之间仍然存在明显差异，湖南省地域辽阔，烟区生态类型差异大，几个品种在各大烟区表现不尽相同这是必然的。从总的趋势看，几个品种以 K326 似乎更适合湘南烟区，而 G80 似乎更适合湘中烟区。

b. 供试几个品种均属少叶型品种，一般年份，生物学总叶数只有 35～40 片。本研究结果表明，在因素主次顺序中，留叶数对产值的影响居末位，对产量、均价的影响也较小，但对单叶重的影响居首位。因此，考虑到多出叶片较长、单叶重较大、身份适中的优质烟叶，提高上等烟比例，留叶数不宜太多。综合评价，以单株留叶 16～18 片较为适宜。

c. 本研究结果表明，施肥量对产量的影响居第一位，对单叶重、均价、产值的影响均居第二位。说明有了优良品种之后，施肥量就成为夺取烤烟优质适产高效益的最重要的因素，肥料运筹是烤烟栽培的关键技术。本试验结果表明，低肥水平 27 个处理组合平均产量 2 141.6kg/hm^2，未达适产标准，其中只有 5 个组合上了适产线，其余 22 个组合未上适产线，中肥水平 27 个处理组合平均产量 2 264.2kg/hm^2，达到适产标准，其中 15 个组合上了适产线，12 个组合未上适产线；高肥水平 27 个处理组合平均产量 2 306.0kg/hm^2，仍然在适产范围，其中 15 个组合在适产范围，8 个组合仍然未上适产线，只有 1 个组合超过了适产线。综合其他各项指标，湖南各烟区一般施肥量以 150～180kg/hm^2 纯氮较为适宜。

d. 我国北方的烤烟，大多追肥 1 次，少数追肥 2 次，一般要求在栽后 30d 前追肥完毕。本研究结果表明，在湖南烟区这是不可行的，栽后 30d 内将追肥全部施下普遍表现较差，这主要是因为湖南烟区大田生育前期雨水多，养分流失严重所致。而在栽后 40～50d 之内将追肥分 3～4 次施下才可获得较好效果。

参考文献

[1] 萧兵，钟俊维．农业多因素试验设计与统计分析［M］. 长沙：湖南科学技术出版社，1985：332-333.

[2] 中国农业科学院烟草研究所．中国烟草栽培学［M］. 上海：上海科学技术出版社，1987：147-148.

（原载《湖南农学院学报》1992 年增刊）

湖南省烤烟综合栽培技术研究

Ⅱ. 栽培因子对烟叶化学成分的影响

赵松义[1]，聂荣邦[2]，黄玉兰[1]，颜合洪[2]

（1. 湖南南省烟草公司，长沙 410001；2. 湖南农学院农学系，长沙 410128）

摘　要：多点联合正交试验结果表明，品种、留叶数、施肥量、追肥日期等因子对烟叶化学成分都有一定程度的影响，其中施肥量对总糖、总氮、蛋白质、钾含量的影响居第1位。品种对烟碱含量的影响居第1位。采用本研究Ⅰ报所提出的组合模式进行栽培，不仅可以获得适宜的产量，优良的外观质量，而且可以提高烟叶的品质，实现优质适产高效益的目标。

关键词：烟草；烤烟叶：栽培；化学成分

烟草的化学成分是决定烟草品质的内在因素，而品质因素在很大程度上决定了烟叶的经济价值。因此，烟草化学成分的研究，在烟草栽培上具有重要的意义[1]。烟叶化学成分受土壤、气候等生态条件的影响，也受品种、施肥、打顶等栽培、调制技术的制约[1]。所以研究栽培因子对烟叶化学成分的影响也是十分重要的。本研究Ⅰ报道了栽培因子对烟叶经济性状的影响，本文则着重报道栽培因子与烟叶化学成分的关系，以期为湖南省烤烟栽培优化决策提供依据。

1　材料与方法

本研究的试验设计、田间布置、栽培管理、烘烤分级等详见Ⅰ报。

各试验处理组合均取中黄3级烟样供化学成分分析。其中水溶性总糖用斐林试剂比色法测定，总氮、蛋白质用改进凯氏定氮法测定，烟碱用硅钨酸重量法测定，钾用火焰光度法测定。

2　结果与分析

各试点各处理烟叶化学成分测定结果列入表1。

2.1　品种间化学成分的差异

3个供试烤烟品种每品种24个处理组合的化学成分平均值统计列入表2。由于除品种

表1　各处理组合化学成分

试点	处理组合	总糖(%)	总氮(%)	蛋白质(%)	烟碱(%)	钾(%)	试点	处理组合	总糖(%)	总氮(%)	蛋白质(%)	烟碱(%)	钾(%)
郴县	1 112	19.4	1.41	6.15	1.54	2.12	浏阳	1 121	23.9	1.51	6.94	1.74	2.54
	2 121	19.9	2.12	6.58	1.78	2.32		2 133	11.1	1.85	8.70	2.86	2.22
	3 133	18.9	2.12	10.00	1.67	2.93		3 112	11.4	2.12	10.61	1.08	2.30
	1 231	17.1	1.48	6.51	1.55	3.35		1 213	17.0	1.55	7.52	1.38	1.83
	2 213	19.1	1.59	7.23	1.64	2.13		2 222	16.5	1.49	7.90	1.94	2.47
	3 222	22.1	2.33	11.20	1.58	2.63		3 231	12.6	2.47	12.83	1.21	2.49
	1 323	15.6	1.31	7.48	1.64	2.31		1 332	24.8	1.82	9.57	1.50	2.91
	2 332	14.3	1.41	59.00	1.77	2.53		2 311	18.7	1.51	7.58	1.62	2.87
	3 311	20.1	0.99	3.58	1.53	1.98		3 323	19.1	1.70	7.99	1.68	2.19
永兴	1 132	12.6	2.41	10.70	2.40	2.75	新化	1 111	22.1	1.80	7.43	1.44	2.09
	2 111	18.7	1.76	7.54	2.05	3.14		2 123	16.6	1.99	7.42	2.49	0.81
	3 123	14.0	1.16	9.02	2.23	2.63		3 132	17.5	2.33	10.10	2.58	2.05
	1 221	17.9	2.26	10.80	1.58	2.76		1 233	16.9	2.08	8.51	3.61	1.86
	2 233	12.9	2.05	3.45	2.65	2.30		2 212	21.2	1.89	9.61	3.11	0.73
	3 212	13.6	1.80	8.51	1.32	2.51		322!	19.3	2.58	11.30	2.33	3.14
	1 313	11.3	2.61	10.60	3.54	1.94		1 322	18.9	2.29	8.22	3.49	0.69
	2 352	19.0	1.30	9.72	2.36	2.88		2 331	15.0	2.16	8.11	3.73	1.20
	3 331	20.9	2.54	12.50	2.43	2.63		3 313	19.4	2.41	11.30	1.84	2.22
宁远	1 113	18.1	1.76	6.84	2.70	1.18	新晃	1 122	25.9	1.82	7.30	1.47	1.56
	2 122	19.9	1.06	8.01	2.65	1.18		2 131	22.4	1.76	8.03	1.44	1.35
	3 131	19.4	1.84	7.47	2.52	1.37		3 113	20.5	1.56	7.20	1.32	1.53
	1 232	15.6	2.26	0.11	3.14	1.40		1 211	16.7	1.55	6.96	1.42	1.38
	2 211	18.8	1.48	5.20	2.77	1.23		2 223	19.7	1.88	7.81	2.08	1.27
	3 223	19.3	1.76	6.63	2.89	1.24		3 232	18.1	1.76	7.96	1.70	1.44
	3 321	20.7	1.84	5.47	2.75	1.21		1 333	28.9	1.69	6.52	2.13	1.57
	2 333	17.8	2.12	8.70	2.83	1.40		2 312	22.3	1.67	7.13	2.40	1.22
	3 312	19.4	1.58	5.73	2.68	1.20		3 321	20.5	1.91	8.73	1.70	1.91
永州	1 133	16.5	1.69	7.29	1.30	4.42	慈利	1 123	14.1	2.09	9.59	2.35	1.61
	2 112	13.2	16.20	7.29	1.38	1.70		2 132	11.1	2.08	8.25	1.90	2.87
	3 121	17.9	1.63	7.43	1.73	2.56		3 111	20.6	1.70	6.88	2.31	1.12
	1 222	16.8	1.65	7.70	1.64	2.85		1 212	11.1	1.66	9.13	2.23	1.89
	2 231	17.7	1.62	8.13	1.85	3.64		2 221	13.2	2.26	9.14	0.10	2.09
	3 213	14.8	1.91	8.87	1.57	3.08		3 233	16.6	1.56	6.39	2.07	1.37
	1 311	18.5	1.46	6.83	0.84	2.68		1 331	11.2	1.73	8.08	1.58	2.35
	2 323	20.8	1.55	7.47	1.28	4.16		2 313	13.9	2.19	7.37	2.20	2.17
	3 332	14.1	2.05	10.40	1.81	2.62		3 322	19.4	1.63	8.60	2.22	2.30

因素外，另 3 个因素在 3 组各 24 个处理组合中具有一一对应性，因此平均值完全具有可比性。由表 2 可知，尽管各个处理组合的烟叶化学成分差异较大，但各个品种所有处理组合烟叶化学成分的平均值却很接近，说明 3 个品种化学成分差异小，只要栽培因子选择得当，均可获得恰当、协调的化学成分。另外，作为中黄 3 级烟样来说，各种化学成分含量，施木克值、糖碱比值能达到表中所列数值，是比较理想和协调的，说明 3 个供试品种若将另 3 个栽培因子取中值水平，即可望获得较合适、较协调的化学成分。由表 3 还可看出，3 个品种的钾含量差异较大，以 K394 含量最高，G80 次之，K326 最低。这说明 K394 吸收钾的能力较强，而 K326 较弱。钾是影响烟叶燃烧性等品质因素的重要化学成分，因此对这点应引起重视，换句话说，若栽培 K326 的话，更应重视施用足量的钾肥，才有利于烟叶品质的提高。3 个品种中，K326 总氮含量最低，而烟碱含量最高。这说明，虽然烟碱也是含氮化合物，但烟碱在整个含氮化合物中所占的比例是随品种而变化的。K326 的烟碱在含氮化合物中所占比例较大，因此种植 K326 时，若肥力水平较高，尤其是氮肥用量较大时，则有出现烟碱含量偏高、糖碱比下降的可能，值得引起重视。

表 2　品种间烟叶化学成分差异表

品种	总糖（%）	总氮（%）	蛋白质（%）	烟碱（%）	钾（%）	施木克值	糖碱比
G80	17.9	1.80	7.97	2.04	2.13	2.25	8.77
K326	17.2	1.77	7.80	2.21	2.08	2.21	7.78
K394	17.9	1.89	8.80	1.92	2.17	2.03	8.81

2.2　留叶数对烟叶化学成分的影响

3 个水平的单株留叶数，每水平 24 个处理组合的化学成分平均值经统计列入表 3。同样，除留叶数这一因素外，另 3 个因素在 3 组各 24 个处理组合中具有一一对应性，因此平均值完全具有可比性。

表 3　不同留叶数的烟叶化学成分

留叶数	总糖（%）	总氮（%）	蛋白质（%）	烟碱（%）	钾（%）	施木克值	糖碱比
16	17.7	1.80	8.03	1.96	2.10	2.20	8.48
18	16.9	1.88	8.48	2.06	2.13	1.99	8.20
20	18.4	1.79	8.07	2.15	2.13	2.28	8.50

由表 3 可见，3 个留叶数水平烟叶化学成分平均值差异较小，且不呈现明显变化规律，说明留叶数对烟叶化学成分影响不大。作为中黄 3 级烟样来说，各种化学成分、施木克值、糖碱比能达到表中所列数值，是比较合适、协调的，说明若将其他 3 个因素取中值水平，则 3 个留叶数水平的烟叶均可望获得较合适、较协调的化学成分。

值得注意的是，留叶数少，烟碱含量较低，留叶数多，烟碱含量较高，钾含量也表现出类似变化趋势。

2.3 施肥量对烟叶化学成分的影响

3个水平施肥量，每水平24个处理组合的化学成分平均值经统计列入表4。由于试验设计的正交性，同样，各水平平均值具有可比性。

表4 各施肥水平的烟叶化学成分

施肥水平	总糖（%）	总氮（%）	蛋白质（%）	烟碱（%）	钾（%）	施木克值	糖碱比
低肥	17.5	1.73	7.63	1.95	1.93	2.29	8.97
中肥	18.8	1.78	8.27	2.07	2.14	2.27	9.08
高肥	16.8	1.95	8.67	2.13	2.31	1.94	7.89

由表4可以明显看出，施肥水平对烟叶化学成分影响较大，且总氮、蛋白质、烟碱、钾含量以及施木克值均呈现明显的规律性变化，这说明施肥量是影响烟叶化学成分的很重要因素，应予高度重视。

表4表明，在本试验水平取值范围内，总氮、蛋白质、烟碱、钾等化学成分的含量，均随施肥量增加而增加，施木克值则表现出相反的变化趋势。总糖最低值出现在高肥水平，最高值出现在中肥水平，所以糖碱比值也以高肥水平最低，中肥水平最高。综合各种化学成分含量以及协调性指标，中肥水平再与其他栽培因子配合，可望获得质量较优的烟叶。

2.4 追肥日期对烟叶化学成分的影响

3个水平追肥日期，每水平24个处理组合化学成分平均值经统计列入表5。

表5 各追肥日期的烟叶化学成分

追肥日期	总糖（%）	总氮（%）	蛋白质（%）	烟碱（%）	钾（%）	施木克值	糖碱比
30d内	18.5	1.82	7.93	1.92	2.23	2.33	9.64
40d内	17.4	1.81	8.53	2.08	2.03	2.04	8.37
50d内	17.1	1.84	8.12	2.16	2.10	2.11	7.92

由表5可以看出，追肥日期对烟叶化学成分的影响是明显的。随着追肥日期的延长，总糖含量呈下降的趋势，而烟碱、含氮化合物含量有上升的趋势，因此，糖碱比呈急剧下降趋势。

有趣的是，钾含量平均值以移栽后30d内将追肥分5次施下的最高，50d内的次之，40d内的最低。这可能与钾肥在土壤中固定，烟草钾的吸收率在生长早期又很高等因素有关。

2.5 影响烟叶化学成分因素的主次顺序

如上所述，各栽培因子对烟叶化学成分和协调性指标均有不同程度的影响。但何种因素对何种化学成分影响最大？因素主次顺序如何？通过极差分析可以获得这方面的信息，其结果列于表6。

表 6　影响烟叶化学成分因素的主次顺序

项目		总糖（%）	总氮（%）	蛋白质（%）	烟碱（%）	钾（%）	施木克值	糖碱比
极差	A	0.7	0.12	1.00	0.29	0.09	0.12	1.03
	B	1.5	0.09	0.45	0.19	0.07	0.29	0.36
	C	2.0	0.22	1.04	0.18	0.38	0.35	1.19
	D	1.4	0.03	0.60	0.24	0.20	0.29	1.72
主次因素顺序		CBDA	CABD	CADB	ADBC	CDAB	CDBA	DCAB

由表 6 可知，对 5 种化学成分来说，施肥量（C）对其中 4 种化学成分（总糖、总氮、蛋白质、钾）的影响居第 1 位，说明施肥量是影响烟叶化学成分最重要因素。但影响烟叶烟碱含量的第一位因素是品种（A），说明烟叶烟碱含量除了受其他栽培因子影响外，还受遗传基础的强烈制约。

3　讨论

本研究结果表明，各种处理组合中黄 3 级烟叶的化学成分变异范围较大，其中总糖 11.1%～26.9%，总氮 0.99%～2.61%，蛋白质 3.58%～12.83%，烟碱 0.84%～3.73%，钾 0.69%～3.64%，这说明要使烟叶具有合适、协调的化学成分，必须将各种栽培因子配成恰当的组合。品种、留叶数、施肥量、追肥日期等对烟叶化学成分都有一定程度的影响，其中施肥量对烟叶总糖、总氮、蛋白质、钾含量的影响居供试栽培因子之首，品种对烟碱含量的影响居第 1 位，这又说明，选用优良品种，确定最佳追肥量是获得优质烟叶的关键。

本研究结果还表明，在湖南种植烤烟，选择 K326 等优良品种，单株留叶数 16～18 片，在肥料三要素配比合适的条件下，每公顷施纯氮 150～180kg，烟苗移栽之后 40～50d 之内将追肥分 3～4 次施下，不仅可以获得适宜的产量（2 250～2 650kg/hm^2）、理想的外观质量，而且可以获得恰当、协调的化学成分，提高烟叶品质，实现优质适产高效益的目标。

参考文献

[1] 中国农业科学院烟草研究所．中国烟草栽培学［M］．上海：上海科学技术出版社，1987：86-87.
[2] William A Cour，John G Hecdel. Influence of removing lower leaves and topping height on agronomic and chemical characteristics flue-cured tobacco［J］. Tobacco International，1989，39：39-40.

（原载《湖南农学院学报》1992 年增刊 2）

烤烟生育动态与烟叶品质关系的研究

聂荣邦[1]，赵松义[2]，曹胜利[3]，戴林建[1]

（1. 湖南农业大学，长沙　410128；2. 湖南省烟草公司，长沙　410007；
3. 湖南省耒阳市烟草公司，耒阳　421800）

摘　要： 研究了不同营养水平、不同移栽日期条件下烤烟（*Nicotiana tabacum* L.）品种K326的生育动态，得出了适宜的叶面积指数增长数学模型，田间最大叶面积指数以3～3.5为宜。团棵期烟株的适宜长相为：株高25～30cm，叶位15左右，绿叶数12左右，最大叶长35cm左右，叶面积指数0.4左右。圆顶后，株型以腰鼓形至筒形，腰叶长60～65cm较为适宜。

关键词： 烤烟；叶面积指数；数学模型/生育动态；品质

烟田长相、鲜烟质量和原烟质量是既相互独立，又相互联系的三个方面。适宜的烟田长相，是形成优质鲜烟的基础，优良的鲜烟又是调制出优质原烟的基础。因此，采取有效措施，实现适宜烟田长相，是烟草栽培的重大课题。烟田长相是动态的，而以往多从静态角度进行研究。烟草生育动态受诸多因素的制约，其中，生态条件、营养调配是关键因素。本研究试图通过对不同移栽日期、不同营养水平下的烤烟生育动态规律的探索，弄清烟草生育动态与气候条件、营养条件以及烟叶质量的关系，以确定各主要生育时期的适宜烟田长相，为烟草栽培的季节掌握、肥料运筹、培管调控提供依据。

1　材料和方法

试验于1992—1993年在湖南省耒阳市大和乡进行。两年的结果近似，本文根据1993年的数据进行整理和分析。供试品种为K326。供试土壤为紫色土，pH7.48，有机质2.022%，碱解氮126.0mg/kg，速效磷9.7mg/kg，速效钾243.2mg/kg。

试验设营养水平（A）、移栽日期（B）2个因素，各3个水平。营养水平分别为每公顷施纯氮142.5kg（A_1），165.0kg（A_2），187.5kg（A_3）；移栽日期分别为3月15日（B_1），3月25日（B_2）和4月5日（B_3），共9个处理。小区面积33.33m^2。3次重复，随机区组排列。各小区均在基肥中施用饼肥640kg/hm^2，其余全部用化肥（尿素、过磷酸钙、硫酸钾），基肥占总施肥量的30%，追肥分3～4次施下。全部采用营养钵育苗，4叶1心时假植，8叶1心时移栽，大田密度为1.1m×0.55m，单株留叶数18片。移栽、烘烤按常规进行，烟叶分级按GB 2635—92标准进行。

2 结果与分析

2.1 叶面积增长动态

各小区移栽还苗后每7d观测记载一次叶面积指数，结果列入表1。

表1 各处理叶面积指数增长动态

A_1B_1		A_1B_2		A_1B_3		A_2B_1		A_2B_2		A_2B_3		A_3B_1		A_3B_2		A_3B_3	
DAT	LAI	DAT	LAI	DAT	LAI	DAT	LAI	DAT	LAI	DAT	LAI	DAT	LAI	DAT	LAI	DAT	LAI
24	0.011	17	0.029	9	0.031	24	0.012	17	0.032	9	0.034	24	0.025	17	0.030	9	0.032
31	0.032	24	0.061	16	0.128	31	0.031	24	0.059	16	0.138	31	0.038	24	0.067	16	0.118
38	0.109	31	0.376	23	0.324	38	0.105	31	0.374	23	0.315	38	0.137	31	0.412	23	0.281
45	0.273	38	0.623	30	0.668	45	0.276	38	0.532	30	0.642	45	0.344	38	0.633	30	0.604
52	0.704	45	0.051	37	1.081	52	0.680	52	0.965	37	1.135	52	0.756	45	1.027	37	0.853
65	1.602	51	1.940	43	1.672	67	1.273	67	1.074	46	1.784	67	1.531	51	1.677	47	1.617

注：DAT——移栽后天数（d）；LAI——叶面积指数。

2.1.1 相同营养水平下不同移栽日期的叶面积增长动态 对表3数据进行回归分析，得出相同营养水平（A_1）下，3个不同移栽日期（B_1，B_2，B_3）各处理叶面积指数（*LAI*）增长数学模型为：

$$y_{A1B1} = 7.990\,9^{-10} x^{5.151\,1} (r = 0.996\,4)$$
$$y_{A1B2} = 3.808\,5^{-7} x^{3.915\,8} (r = 0.986\,3)$$
$$y_{A1B3} = 1.193\,5^{-4} x^{2.525\,3} (r = 0.999\,9)$$

相应*LAI*动态变化曲线如图1所示。

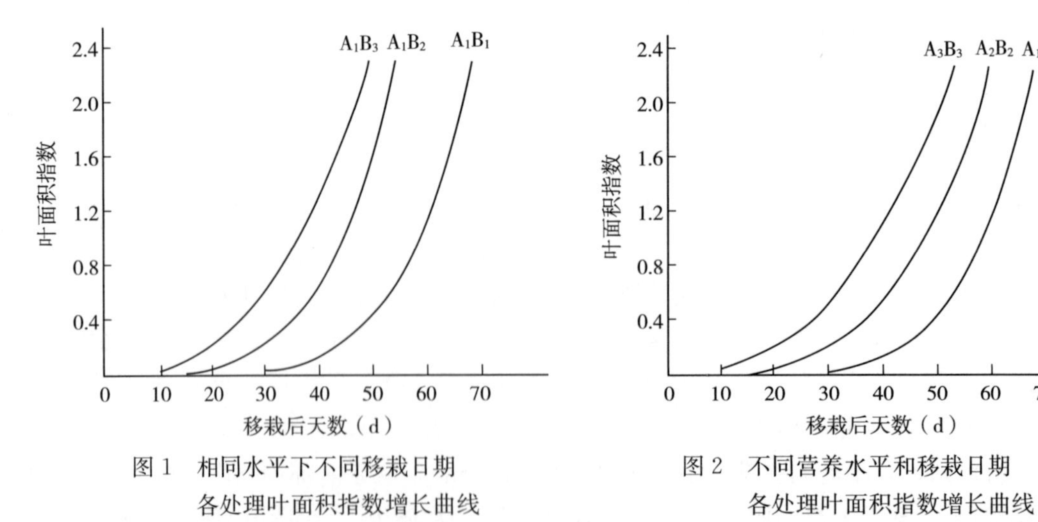

图1 相同水平下不同移栽日期各处理叶面积指数增长曲线

图2 不同营养水平和移栽日期各处理叶面积指数增长曲线

2.1.2 不同营养水平和移栽日期的叶面积增长动态 对不同营养水平和移栽日期各处理的*LAI*数据进行回归分析，得出各处理*LAI*增长数学模型为：

$$y_{A1B1}=7.990\,9^{-10}x^{5.151\,1}(r=0.996\,4)$$
$$y_{A2B2}=1.601\,6^{-6}x^{3.465\,1}(r=0.973\,6)$$
$$y_{A3B3}=1.510\,8^{-4}x^{2.417\,8}(r=0.998\,8)$$

相应 *LAI* 动态变化曲线如图 2 所示。

2.2 株高增长动态

各小区移栽还苗后每 7d 观测记载一次株高，结果列于表 2。

表 2 各处理株高增长动态

A_1B_1		A_1B_2		A_1B_3		A_2B_1		A_2B_2		A_2B_3		A_3B_1		A_3B_2		A_3B_3	
DAT	HP	DAT	HP	DAT	HP	DAT	HP	DAT	HP	DAT	HP	DAT	HP	DAT	HP	DAT	HP
24	1.2	17	1.9	9	2.6	24	1.2	17	1.9	9	2.7	24	1.4	17	2.1	9	2.4
31	2.3	24	2.8	16	8.6	31	2.0	24	3.4	16	9.1	31	2.5	24	3.0	16	8.4
38	5.1	31	7.2	23	17.9	38	4.2	31	8.7	23	18.7	38	5.3	31	8.1	23	16.6
45	15.6	38	25.4	30	28.7	45	16.5	38	23.7	30	27.9	45	19.1	38	28.9	30	27.2
52	26.8	45	42.1	37	48.3	52	27.8	45	43.9	37	50.1	52	29.4	45	45.6	37	44.8
65	71.3	51	53.7	43	72.5	67	72.5	53	66.5	46	72.3	67	70.6	54	61.7	47	68.1

注：DAT——移栽后天数（d）；HP——株高（cm）。

2.2.1 相同营养水平下不同移栽日期的株高增长动态 对表 4 数据进行回归分析，得出相同营养水平（A_1）下，3 个不同移栽日期（B_1，B_2，B_3）各处理的株高增长数学模型为：

$$y'_{A1B1}=1.393\,3^{-6}x^{4.228\,0}(r=0.992\,1)$$
$$y'_{A1B2}=1.051\,1^{-4}x^{3.338\,0}(r=0.974\,8)$$
$$y'_{A1B3}=2.721\,6^{-2}x^{2.070\,4}(r=0.999\,3)$$

相应株高动态变化曲线如图 3 所示。

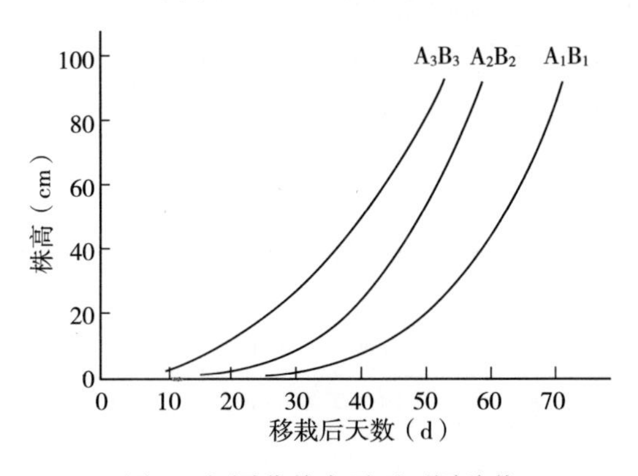

图 3 相同营养水平下不同移栽日期各处理株离增长曲线

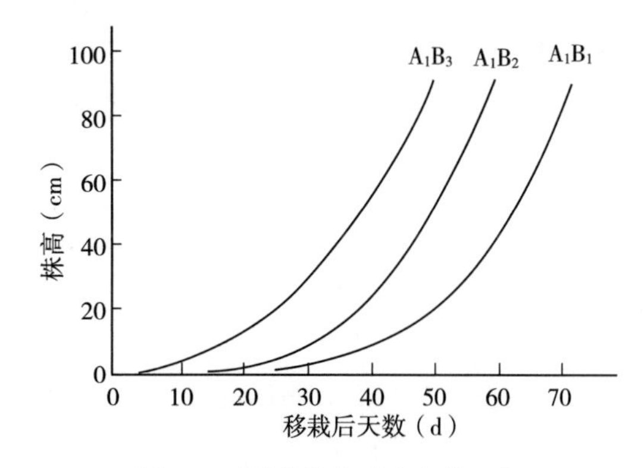

图 4 不同营养水平和移栽日期各处理株离增长曲线

2.2.2 不同营养水平和移栽日期的株高增长动态 对不同营养水平和移栽日期各处理株

高数据进行回归分析，得出其增长数学模型为：

$$y'_{A1B1}=1.3933^{-6}x^{4.2280}(r=0.9921)$$
$$y'_{A2B2}=4.9176^{-5}x^{3.6090}(r=0.9770)$$
$$y'_{A3B3}=2.5658^{-2}x^{2.0695}(r=0.9992)$$

相应株高动态变化曲线如图4所示。

2.3 主要生育时期各处理农艺性状

2.3.1 团棵期各处理农艺性状 团棵期调查各处理农艺性状，结果列于表3。由于移栽日期和营养水平不同，并且主要由于移栽日期不同，也就是温光条件不同，各处理从移栽到团棵所经历的时间差异悬殊，到达团棵时的长势长相也有一定差异，但差异不很大。

表3 团棵期农艺性状

处理	株高（cm）	绿叶数（片）	叶位（叶）	最大叶长（cm）	最大叶宽（cm）	叶面积指数
A_1B_1	26.1	11.4	14.5	30.1	14.0	0.33
A_1B_2	25.3	11.6	14.3	35.2	16.4	0.45
A_1B_3	27.9	12.8	15.2	34.3	16.1	0.43
A_2B_1	26.7	11.9	14.6	31.4	14.3	0.35
A_2B_2	26.4	12.7	15.1	35.1	16.3	0.47
A_2B_3	29.5	13.5	15.6	35.2	16.5	0.48
A_3B_1	28.2	12.3	15.2	36.4	16.5	0.43
A_3B_2	26.9	13.1	15.9	40.1	18.6	0.52
A_3B_3	28.6	13.4	15.5	38.9	17.5	0.51

2.3.2 现蕾期各处理农艺性状 现蕾期调查各处理农艺性状，结果列入表4。团棵之后，随着气温的进一步回升和光照加强，各处理气候生态条件逐渐能满足烟株生长的需要，温光条件逐渐过渡到不再是烟草生长速率的限制因子，而营养条件对烟株长势长相的影响则逐渐加强。由表4可以看出，到了现蕾期，营养水平较高的处理开始表现出叶片较大，长势较旺的趋势。

表4 现蕾期各处理农艺性状

处理	株高（cm）	绿叶数（片）	叶位（叶）	下部叶		中部叶		叶面积指数
				长（cm）	宽（cm）	长（cm）	宽（cm）	
A_1B_1	67.2	18.2	23.1	51.8	26.3	55.4	26.2	1.60
A_1B_2	55.4	20.9	25.3	52.3	26.4	48.1	21.4	1.74
A_1B_3	68.5	19.4	24.3	52.2	26.5	56.1	28.9	1.67
A_2B_1	62.8	18.3	23.5	52.7	26.1	53.7	24.4	1.37
A_2B_2	65.1	18.8	21.1	52.9	26.4	53.4	23.9	1.56

（续）

处理	株高（cm）	绿叶数（片）	叶位（叶）	下部叶		中部叶		叶面积指数
				长（cm）	宽（cm）	长（cm）	宽（cm）	
A_2B_3	71.9	20.8	24.6	52.0	26.3	60.3	28.5	1.78
A_3B_1	66.0	17.2	21.7	53.4	25.8	56.7	26.8	1.53
A_3B_2	63.7	18.1	21.6	54.1	27.2	59.1	27.4	1.68
A_3B_3	67.4	20.3	23.2	53.9	27.6	61.9	28.7	1.69

2.3.3 圆顶后各处理农艺性状 圆顶后调查各处理农艺性状以及最大叶面积指数，结果列入表5。由表5可以看出，各处理的株型变化主要受营养水平的影响。在较低营养水平下，烟株呈现较明显的腰鼓型，而在较高营养水平下，更接近筒型。

表5 圆顶后各处理农艺性状（cm）

处理	株高	脚叶		下二棚		腰叶		上二栖		顶叶		最大叶面积指数
		长	宽	长	宽	长	宽	长	宽	长	宽	
A_1B_1	88.7	52.3	27.1	60.3	27.6	63.9	29.5	63.1	28.6	55.4	20.5	3.14
A_1B_2	91.2	53.7	27.3	61.1	27.7	64.8	29.6	63.5	28.8	56.1	21.3	3.45
A_1B_3	89.3	53.1	27.3	61.7	27.5	65.1	30.1	63.4	28.7	56.0	21.6	3.44
A_2B_1	88.9	52.8	26.9	60.4	27.1	64.2	29.6	63.2	28.9	56.2	21.4	3.26
A_2B_2	87.6	53.4	27.2	61.5	28.3	65.6	30.7	63.3	29.1	56.8	21.9	3.57
A_2B_3	90.7	53.6	28.1	62.3	29.1	65.5	30.3	64.2	29.1	58.9	22.0	3.58
A_3B_1	91.5	54.4	27.6	63.2	29.8	67.2	30.5	66.1	30.9	61.3	23.1	3.89
A_3B_2	92.8	55.8	27.8	62.0	29.2	71.3	31.4	65.7	30.1	63.5	23.8	4.13
A_3B_3	92.0	56.7	29.1	63.7	29.0	70.5	31.1	66.1	30.3	62.2	23.4	4.06

2.4 各处理生育期变化

各处理生育期变化情况如表6。对移栽至现蕾天数作方差分析和 F 测验，区组间差异不显著，处理间、移栽日期间差异达0.01水平，营养水平间差异达0.05水平。移栽至现蕾天数既受移栽日期的影响，也受营养水平的影响，而移栽日期的影响更大。自3月中旬至4月上旬，随着移栽日期的推迟，烟草生育期缩短，而随着营养水平的提高，生育期有延长的趋势。

表6 各处理生育期天数

处理	移栽至团棵	移栽至现蕾	移栽至采收始期
A_1B_1	42	65	95
A_1B_2	31	51	87

（续）

处理	移栽至团棵	移栽至现蕾	移栽至采收始期
A_1B_3	24	43	78
A_2B_1	43	67	97
A_2B_2	34	53	88
A_2B_3	25	46	79
A_3B_1	44	67	98
A_3B_2	34	54	89
A_3B_3	27	47	81

2.5 各处理经济性状

烟叶烘烤后，各处理经济性状如表 7。由表 7 可以看出，产量主要受营养水平制约，随着营养水平提高，产量递增。而上等烟比例则受营养水平和移栽日期共同影响。从营养水平看，以 A_2 上等烟比例较高，A_1 次之，A_3 最低；从移栽日期看，在同一营养水平下，又以 B_2 较高。反映在产值上，则 A_2B_2 产值最高。

表 7 各处理经济性状

处理	产量（kg/hm²）	产值（元/hm²）	上等烟（%）
A_1B_1	2 274.0	8 266.2	34.6
A_1B_2	2 209.5	8 462.4	38.0
A_1B_3	2 188.5	8 174.1	35.1
A_2B_1	2 343.5	8 349.2	35.4
A_2B_2	2 377.5	8 109.8	39.5
A_2B_3	2 311.5	8 735.3	37.8
A_3B_1	2 505.0	8 354.4	24.3
A_3B_2	2 586.0	8 718.8	26.9
A_3B_3	2 530.5	8 464.7	25.7

2.6 各处理化学成分

对各处理 C3F 烟样进行化学成分分析，结果列于表 8。由表 8 可以看出，A_1 水平化学成分已接近协调，A_2 水平基本协调，A_3 水平烟碱含量偏高，糖氮比偏低。

表 8 各处理化学成分（%）比较

处理	总糖	总氮	烟碱	蛋白质	钾
A_1B_1	22.16	1.75	2.01	8.61	2.23
A_1B_2	21.82	1.73	1.94	8.70	2.41
A_1B_3	22.60	1.68	1.87	8.45	2.18
A_2B_1	21.09	1.85	1.99	9.06	2.25
A_2B_2	21.32	1.79	2.15	8.73	2.48
A_2B_3	19.08	1.82	2.02	8.95	2.33
A_3B_1	18.71	2.12	2.23	10.62	2.39
A_3B_2	17.13	2.06	2.38	10.17	2.42
A_3B_3	16.29	2.08	2.40	10.33	2.54

3 讨论

本研究结果表明，在湘南的生态环境条件下，就气候因子和营养因子对大田烟株长势长相的影响而言，团棵之前主要受气候因子的制约，现蕾之后主要受营养供给水平的制约，团棵至现蕾，受两因子的综合制约。也就是说，生长前期主要是温光条件能否满足烟株稳健生长需要的问题；中、后期则主要是营养供给水平是否有利形成优质烟叶的问题。如果烟苗移栽大田过早（3 月中旬以前），由于温光条件往往难以满足烟苗稳健生长的需要，造成前期生长缓慢，移栽后 6～7 周才能进入旺长阶段。移栽过迟（4 月上旬之后），烟苗移栽后 3～4 周即进入旺长阶段，生长也不稳健。3 月下旬移栽的，移栽后 5 周左右进入旺长阶段，与美国烤烟主产区北卡罗来纳州烤烟干物质积累曲线在移栽 5 周后急剧上升相吻合[1]，表明生长稳健，有利于形成优质烟叶。考虑到移栽过早，容易遇上寒潮低温，形成早花，而移栽过迟，容易遇上伏旱，造成高温逼熟，湘南烟区烤烟移栽以 3 月下旬较为适宜。

20 世纪 80 年代以前，湘南烟区普遍存在营养不足，导致烟株发育不全的问题。80 年代后期以来，随着优质烟开发的深入，从根本上扭转了这一局面，但在一定范围内，又出现了用肥偏多的问题。有的每公顷施纯氮超过 210kg，结果烟株生长过旺，叶片过大，身份偏厚，化学成分不协调。从本研究结果看，每公顷施纯氮 142.5kg，产量就接近甚至超过 2 250kg，即可生产出目前卷烟厂家乐于接受的优质烟叶。如果生产优质主料型烤烟[3]，将用肥水平提高到每公顷施纯氮 165kg 左右，产量达到 2 250～2 400kg，仍是可取的。在这样的营养水平下，产量较高，上等烟比例较高，单位面积产值也较高，烟农也乐于接受。但如果每公顷施纯氮超过 180kg，就容易造成产量偏高，化学成分不协调，上等烟比例下降，产值也下降，这实际上是烟农和卷烟厂家都难以接受的。

在适宜的气候、土壤等生态条件下，肥料运筹得当，形成优质烟叶的烟草生育动态就能实现。叶面积指数增长动态是衡量烟草生育动态是否良性的重要指标。从全生育期看，叶面积指数应呈S形曲线增长，但在生育前、中期，其增长动态与乘方回归曲线拟合很好，故可用乘方回归曲线描述。本研究结果表明，在湘南烟区，烤烟生长前、中期适宜的叶面积指数增长数学模型为：$y=3.808\,5^{-7}x^{3.915\,8}$或$y=1.601\,6^{-6}x^{3.465\,1}$；田间最大叶面积指数以3.5左右为宜；在适宜的生育动态下，各重要的生育时期相应出现适宜的烟田长相。团棵期烟株适宜长相为：株高25～30cm，叶位15左右，绿叶数12左右，最大叶长35cm左右，叶面积指数0.4左右。田间管理调控应以这些数据为依据，烟株长势弱则促，反之则控，这样才能培育出优质烟叶来。

参考文献

[1] 曹志洪．质烤烟生长的土壤与施肥［J］．南京：江苏科学技术出版社，1991.
[2] 聂荣邦，赵松义，黄玉兰，等．湖南省烤烟综合栽培技术研究［J］．湖南农学院学报，1992，18（3）：371－379.
[3] 朱尊权．论当前我国优质烤烟生产技术导向［J］．烟草科技，1994（1）：2－5.

（原载《湖南农业大学学报》1995年第4期）

不同生态条件对烟叶品质的影响

韦建玉[1,2]，金亚波[1]，屈　冉[3]，吴　峰[2]，王　军[4]

（1. 广西大学农学院，南宁　530005；2. 广西中烟工业公司，南宁　545005；
3. 北京师范大学水科学研究院，北京　100875；
4. 广东省烟草南雄科学研究所，南雄　512400）

摘　要：【目的】研究环境生态因子对烟叶品质的影响。【方法】以K326与云烟85为试材，选取中部烟叶测定各项生理生化指标，采用生理生化指标与生态指标关联的因子分析法，研究生态环境与烤烟品质的关系。【结果】烤烟叶片内所测得的16种氨基酸中，以谷氨酸含量最高，约占到总氨基酸含量的1/3。两品种中，以云烟85的氨基酸含量最高。土壤pH和含钾量对烟叶氨基酸影响较大。土壤pH和海拔对叶片厚度影响最大，与海拔呈正相关，与土壤pH呈负相关。土壤含氮量和土壤pH对比叶重影响较大。环境对色素的影响较大，其中对叶绿素的影响比对类胡萝卜素的影响更大。温度和海拔高度对腺毛密度影响较大，与海拔高度呈负相关，与温度呈正相关。【结论】环境生态因子影响烤烟的内外品质。

关键词：烤烟；生态条件；化学成分；品质

烟叶的品质及产量不仅受其自身遗传因素的控制和栽培措施（水分、密度、移栽时期、采收时期、肥料等）的影响，而且受生态环境（降水、光照、温度、土壤等）的制约[1]。有研究表明，在不同地区栽培的不同品种烤烟烟叶，其烟碱、总糖、还原糖、淀粉、总氮含量存在差异[2]。笔者研究了3个生态区烟叶内在品质的变化，探讨生态环境中主要因子与各烟叶品质指标的相关性，同时分析了烤烟品种对这3个地区气候生态环境的适应性，以期为各生态区烤烟区域化种植提供依据，为充分发挥自然资源、合理制定烤烟种植制度，以及制定烤烟引种、育种、栽培等切实可行的措施提供理论依据。

1　材料与方法

1.1　材料

参试品种为K326与云烟85，在罗城、南丹、富川3地开展试验。选取中部烟叶，测

基金项目：广西中烟工业公司项目（200463）。

作者简介：韦建玉（1966—），女，广西壮族人，在读博士，高级农艺师，主要从事烟草原料方面的研究和管理工作。

定各项生理生化指标。

1.2 方法

1.2.1 游离氨基酸含量测定 取材料 0.5g，放入研钵中，加 2.0mL 80%乙醇，研磨提取，12 000g 离心 10min，共提取 4 次，合并上清液，于 80℃水浴以蒸去乙醇，然后浓缩到 2.0mL，按 1∶1 的比例加入 5%磺基水杨酸（蛋白质沉淀剂），1 500g 离心 15min，取上清液，用日立 835－50 型氨基酸分析仪测定游离氨基酸含量。

1.2.2 烟叶厚度测定 采用显微标尺法测量烟叶的厚度[3]。

1.2.3 烟叶比叶重测定 每个品种取 5 株，每株取正腰叶 1 片，在正腰叶最宽处离主脉两侧的中心位置各打 10 孔，每叶取 20 孔，每个品种共 100 孔。样品混合后，105℃杀青 10min，再 60℃烘干称重。

1.2.4 叶绿素、类胡萝卜素含量测定 采用朱广廉、钟海文等的比色法[4]，测定叶绿素、类胡萝卜素含量。

1.2.5 烟叶组织结构和腺毛密度观察 每个品种取 5 株，每株取成熟的正腰叶及第 5 叶（从上往下数）1 片，在叶片最宽处离主脉两侧的中心位置各打 1 孔，左边叶片用于电镜扫描，右边叶片用于组织切片。每个品种各叶位分别取 5 孔，分叶位合并后分别放入不同的固定液固定，待测。组织切片以 FAA 固定液固定，石蜡包埋切片，切片厚度 17μm；扫描电镜用扫描电镜固定液固定，日产 OLYPUS-AH 显微镜观测拍照。

2 结果与分析

2.1 烤烟叶片内游离氨基酸的含量

从表 1 可看出，烤烟叶片内的 16 种氨基酸中，单个含量最高的是谷氨酸，最低的是组氨酸。不同品种之间，氨基酸含量差异比较大，其中，氨基酸含量最高的是云烟 85，氨基酸总含量为 501.7μg/g。2 个品种之间，脯氨酸含量大小是云烟 85>K326，而且在不同氨基酸含量的比较中，天门冬氨酸、谷氨酸、酪氨酸含量相对较高。

表 1 氨基酸含量及其组分测试结果（μg/g）

氨基酸	K326	云烟 85
天门冬氨酸	45.5	84.1
苏氨酸	10.2	14.9
丝氨酸	7.9	10.9
谷氨酸	63.4	125.0
甘氨酸	5.8	7.3
丙氨酸	26.5	37.0
缬氨酸	14.1	18.7
蛋氨酸	5.5	4.4

（续）

氨基酸	K326	云烟 85
异亮氨酸	4.8	6.5
亮氨酸	6.2	6.1
酪氨酸	60.2	37.7
苯丙氨酸	13.5	18.9
赖氨酸	7.0	9.2
组氨酸	1.2	2.5
精氨酸	2.2	2.7
脯氨酸	25.1	115.7
合计	299.1	501.7

从表 2 可知，在不同的生态条件下（土壤因子、气候因子），氨基酸含量有较大差异。海拔与氨基酸的含量呈正相关，即随着海拔高度的升高，烤烟叶片内氨基酸含量也逐渐升高。而海拔的差异主要影响温度的变化，说明温度对烤烟叶片内氨基酸的产生有重要影响，也说明在大田期较低的温度有利于氨基酸的形成。土壤条件对氨基酸含量也有一定的影响。相关分析表明，土壤 pH 与氨基酸含量呈负相关，而土壤有机质、含氮量、含钾量则与氨基酸含量呈正相关，其中土壤含钾量与氨基酸含量相关程度最高。4～7 月平均温度、降雨与氨基酸含量都呈负相关。

表 2　烤烟生理指标与影响因子的相关分析

指标	海拔	土壤 pH	土壤有机质	土壤含氮量	土壤含钾量	4～7 月均温	4～7 月降雨
氨基酸	0.580	−0.757	0.370	0.115	0.708	−0.530	−0.721
叶片厚度	0.754	−0.979*	0.402	0.323	0.448	0.169	0.547
比叶重	0.172	0.578	0.401	0.734	0.250	0.270	0.298
叶绿素	0.493	0.200	0.737	0.841	0.980*	−0.764	−0.950*
类胡萝卜素	0.462	−0.125	−0.772	−0.394	0.172	−0.285	−0.213
腺毛密度	−0.501	−0.437	0.465	0.132	−0.363	0.637	0.494

注：带 * 的数据表示达 0.01 极显著水平。

2.2 叶片厚度

比较不同参试点云烟 85 和 K326 品种叶片厚度总平均数，发现云烟 85、K326 的叶片厚度分别为 302.1μm、298.5μm，云烟 85 叶片稍厚。方差分析结果表明，不同生态环境下，烤烟叶片厚度差异达 0.01 极显著水平。由表 2 可知，对叶片厚度影响最大的生态因子是土壤 pH，它与叶片厚度呈极显著（$p<0.01$）的负相关，表明随着土壤 pH 的升高，烟叶对养分的吸收、利用受到的影响增大；其次是海拔高度，它与叶片厚度呈正相关。

2.3 比叶重

从表 3 可看出，2 个品种烟叶比叶重之间差异较大，其中云烟 85 平均比叶重较大；不同品种对环境的适应能力差别较大，环境对比叶重影响最大的是 K326。表 2 相关分析表明，对比叶重影响最大的生态因子是土壤含氮量，相关系数为 0.734，其次是土壤 pH，相关系数为 0.578。

表 3 不同生态环境下烟叶生理指标统计表

地点	比叶重（mg/cm^2）		叶绿素（mg/cm^2）		类胡萝卜素（mg/cm^2）		腺毛密度（根/mm^2）	
	K326	云烟 85	K326	云烟 85	K326	云烟 85	K326	云烟 85
罗城	7.82	8.24	57.6	66.8	58.6	63.9	7.81	9.72
南丹	7.33	8.51	80.9	82.0	68.6	72.2	7.87	7.76
富川	6.14	7.25	84.6	102.2	81.5	89.7	13.82	9.02
平均值	7.10	8.00	74.4	83.7	69.6	75.3	9.83	8.83

2.4 叶绿素、类胡萝卜素含量

从表 3 可知，在烟叶成熟期，叶绿素和类胡萝卜素含量较高的是云烟 85。不同的环境因子对叶绿素和类胡萝卜素的影响是不一样的。从表 2 的相关分析可知，4～7 月均温、降雨与叶绿素含量呈负相关，而土壤环境中有机质、含氮量、含钾量与叶绿素含量都呈正相关；对类胡萝卜素含量影响较大的生态因子是土壤有机质含量，呈负相关。

2.5 腺毛密度

从表 3 可知，2 个品种之间腺毛密度有一定的差别，且环境因素对不同品种腺毛密度有影响，但差别不太大，说明这 2 个品种的香气物质比较接近，品质较好。

由表 2 可看出，土壤有机质含量、含氮量、4～7 月平均温度、4～7 月降雨与腺毛密度呈正相关，而海拔、土壤 pH、土壤含钾量与腺毛密度呈负相关。其中，影响最大的生态因子是 4～7 月平均温度，即温度越高，腺毛密度越大，烟叶中香气物质的含量越多，品质越好。

3 小结

（1）氨基酸是蛋白质的基本组成单元，是烤烟体内的主要化合物之一，是合成蛋白质、核酸、烟碱、多酚等重要生物大分子的原料，降解后可转变成香豆素、木质素、胆碱等抗病性很强的物质。氨基酸对烟株氮代谢、烟叶品质的形成也具有重要作用。该试验所测得的 16 种氨基酸中，以谷氨酸含量最高；2 个品种中，云烟 85 的氨基酸含量最高。对氨基酸影响较大的生态因子是土壤 pH 和含钾量。氨基酸在不同品种烤烟体内含量的差异不随环境的改变而改变，而是由品种遗传特性决定的。环境条件对云烟 85 氨基酸含量的影响最大。

（2）供试品种叶片厚度之间有明显差异，且 K326<云烟 85。在生态因子中，对叶片厚度影响最大的是土壤 pH 和海拔，与海拔呈正相关，与土壤 pH 呈负相关。不同品种烟叶比叶重差异较大，且云烟 85>K326。对比叶重影响较大的生态因子是土壤含氮量和土壤 pH。不同品种对环境的适应能力差别较大。环境对这 2 个品种比叶重影响不是太大，说明这 2 个品种对环境有特殊的适应能力。

（3）色素是烟叶颜色的基础物质，与烟叶的外观质量和香味有密切关系。田间烟叶的颜色常被看作生长中生理状态的标志。在烟叶成熟期，叶绿素含量最高的是云烟 85，说明在相同情况下云烟 85 比 K326 晚熟。环境对色素的影响较大，其中对叶绿素的影响比对类胡萝卜素的影响大。4～7 月均温、降水量与叶绿素含量呈负相关，其中 4～7 月降水量影响最大；对类胡萝卜素含量影响较大的是土壤有机质含量，呈负相关。

（4）腺毛主要分泌精油、树脂和蜡质等，与烟叶的香气有关。腺毛密度是评价烟叶品质的一个重要指标。对腺毛密度影响较大的生态因子是 4～7 月平均温度和海拔高度，其中与海拔高度呈负相关，与温度呈正相关。

参考文献

[1] 戴冕．我国主产烟区若干气象因素与烟叶化学成分的关系研究［J］．中国烟草学报，2000，11（6）：27－34.
[2] 中国土壤学会．土壤农业化学分析方法［M］．北京：中国农业科学技术出版社，1999.
[3] 郑国昌．生物显微技术［M］．北京：人民教育出版社，1979.
[4] 朱广廉，钟海文．植物生理学实验［M］．北京：北京大学出版社，1990：51－54.

（原载《安徽农业科学》2008 年第 11 期）

烤烟品种 K326、云烟 85 及云烟 87 的适应性研究

韦建玉[1,2]，金亚波[1]，吴　峰[2]，屈　冉[3]

（1. 广西大学农学院，南宁　530005；2. 广西中烟工业公司，南宁　545005；
3. 北京师范大学水科学研究院，北京　100875）

摘　要：【目的】使烟草生产向最适宜区和适宜区转移。【方法】在贺洲、百色、河池种植 K326、云烟 85、云烟 87，观察其农艺性状、经济性状，分析各品种的稳定性及适应性。【结果】同一品种的主要农艺性状在不同地区有一定差异，云烟 87 比云烟 85 的农艺性状好。云烟 85 的产量、产值和上中等烟比例最高，分别为 1 947kg/hm²、8 829 元/hm² 和 75.3%，云烟 87 的最低。云烟 85 和 K326 的稳定性和适应性较强。云烟 87 的原烟外观质量最好。K326 的化学成分相对最协调，云烟 87 的评吸得分最高。【结论】品种不同适应性也不同，烤烟的产量、质量与环境有密切的关系。

关键词：烤烟；品种；产质量；适应性

合理利用当地农业气候资源，实施品种区域化合理布局，使烤烟生产逐渐向最适宜区、适宜区集中，是不断提高烤烟生产质量和效益的重要途径。将新品种选育、引进、布局、工业利用与烟草生物学特性及有利的生态环境相结合，充分发挥优良品种的遗传潜力，是提高卷烟原料质量稳步发展两烟生产的重要措施[1]；同时也是增强烟草竞争力，实现由"数量效益型"向"质量效益型"转变，保证烟草持续稳定发展的关键所在[2,3]。

1　材料与方法

1.1　供试品种与地点

参试品种：K326(CK)、云烟 85 和云烟 87。参试点设在广西的主产烟区贺洲、百色、河池。

1.2　试验方法

采用多年多点试验，随机区组排列，3 次重复。施肥和管理方法按当地优质烟生产水平进行。观察记载项目：农艺性状、经济性状、气候状况、病害发生情况。烘烤期间，各试点每个品种定株 20 株，烘烤后，取 9～13 叶位叶片进行化学成分分析[4,5]。取 3 年的单位产量、产值、上等烟比例等进行品种稳定性、适应性分析。

2 结果与分析

2.1 主要农艺性状

由表1可见，同一品种主要农艺性状在不同地区的表现有一定差异，在百色地区平均值大于其他两个地区。同时，不同品种间也表现一些差异，总的看来，云烟87比云烟85的农艺性状要好些，而K326（CK）综合农艺性状表现较差，表明地域对参试品种的主要农艺性状有影响，但影响不是很大。

表1 参试品种主要农艺性状统计

地区	品种	株高（cm）	叶片数	茎围（cm）	节距（cm）	腰叶长（cm）	腰叶宽（cm）
贺洲	K326	88.5	16.5	9.0	3.8	73.1	24.0
	云烟85	103.1	16.7	9.6	4.7	75.5	26.0
	云烟87	103.5	16.5	9.8	4.9	77.8	26.2
百色	K326	98.6	20.6	9.2	3.9	66.0	24.6
	云烟85	101.6	17.5	8.9	4.5	71.4	28.6
	云烟87	100.1	16.0	8.4	4.7	68.6	24.1
河池	K326	89.3	18.6	9.3	3.9	67.0	22.3
	云烟85	81.8	17.6	9.1	4.6	63.6	24.0
	云烟87	85.6	16.6	9.5	5.5	67.0	24.6

2.2 经济性状

2.2.1 产量和产值 由表2可知，K326（CK）平均产量1 906.5kg/hm^2，产值8 436.0元/hm^2；云烟87最低，分别为1 503.01kg/hm^{2}和5 574.0元/hm^2；云烟85分别为1 947.0kg/hm^{2}和8 829.0元/hm^2。单从品种经济性状上来看，云烟85优于K326（CK）和云烟87。

表2 各参试品种主要经济性状比较

品种	产量（kg/hm^2）	产值（元/hm^2）	上等烟（%）	上中等烟（%）
K326	1 906.5	8 436.0	37.7	66.5
云烟85	1 947.0	8 829.0	39.0	75.3
云烟87	1 503.0	5 574.0	29.7	64.9

2.2.2 上等烟和上中等烟比例 K326上等烟和上中等烟比例分别为37.7%和66.5%；云烟85分别为39.0%和75.3%。K326比云烟87的上等烟高出8.0个百分点，比云烟85少1.3个百分点。而上中等烟叶相比较，云烟85最高，为75.3%，比云烟87高10.4个百分点。云烟85的单产和产值都高于K326和云烟87。云烟85和K326的上等烟和上中等烟的比例较高，说明产量和质量的比例趋于稳定，表明在追求质量的同时不能过分追求产量，只有优质适产才符合烟叶的工业可用性。

2.2.3 品种稳定性及适应性 从表3可知，不同参试点不同品种的产值和上中等烟比例大小稍有变化，3个品种中，云烟87变化最大，云烟85和K326变化较小，这说明云烟85和K326的稳定性和适应性较强，适合不同环境的栽培。

表3 品种稳定性及适应性

地点	品种	产量（kg/hm^2）	产值（元/hm^2）	上等烟（%）	上中等烟（%）
贺洲	K326（CK）	150.4	749.3	41.1	70.1
	云烟85	146.8	721.0	41.6	75.5
	云烟87	115.2	487.7	43.7	72.6
百色	K326（CK）	133.4	621.8	43.6	74.7
	云烟85	146.4	679.5	37.4	84.5
	云烟87	101.7	413.3	34.1	76.5
河池	K326（CK）	97.5	316.0	28.3	54.7
	云烟85	96.1	365.2	37.9	65.9
	云烟87	83.8	213.7	11.4	45.7

2.3 原烟外观质量

由表4看出，原烟颜色为橘黄色和少量柠檬黄的有K326、云烟85和云烟87分别占88.8%、11.2%，93.2%、6.8%和89.1%、10.1%。其成熟度均为成熟；结构大部分原烟均为疏松；原烟身份大部分为中等；油分最多是云烟87，其次是K326，较少的是云烟85。从总体上看，云烟87原烟外观质量最好，其次是K26（CK）。

表4 原烟外观质量比较

品种	颜色（%）	成熟度	结构（%）	身份（%）	油分（%）	色度（%）
K326（CK）	橘黄88.8	成熟	疏松77.8	中等83.3	有66.7	强50.0
	柠檬黄11.2		尚疏松16.7	稍厚16.7	多33.3	中50.0
			稍密5.5			
云烟85	橘黄93.2	成熟	疏松66.7	中等667	有60.0	浓20.0
	柠檬黄6.8		尚疏松13.3	稍厚33.3	多26.7	强20.0
			稍密20.0		稍有13.3	中40.0
						弱20.0
云烟87	橘黄89.1	成熟	疏松85.7	中等85.7	有57.1	浓28.6
	柠檬黄10.9		稍密14.3	稍厚14.3	多42.9	中71.4

2.4 化学成分

2.4.1 各品种化学成分的差异 由表5可知，从总体上看，化学成分最协调的是K326（CK），其次是云烟85，但烟叶含氯量、施木克值的变化较大。

表 5　化学成分统计

品种	总糖（%）	还原糖（%）	总氮（%）	尼古丁（%）	氯（%）	蛋白质（%）	施木克值	糖碱比
K326（CK）	26.31	22.01	2.31	2.52	0.16	9.91	2.81	11.60
云烟 85	28.50	23.31	2.21	2.92	0.17	9.91	3.30	10.50
云烟 87	28.61	23.80	2.10	2.82	0.09	10.01	3.00	11.50

注：表中数据为 3 年平均值。

2.4.2　评吸　由表 6 可知，评吸得分最高的是云烟 87，得 79.28 分，云烟 85 排第二位，为 79.02，K326 位居第三。

表 6　各个品种原烟评吸结果

品种	香气质	香气量	余味	杂气	刺激性	劲头	燃烧性	灰色	每支得分
K326（CK）	11.25	16.04	15.73	10.65	7.73	8.64	3.54	3.58	77.16
云烟 85	11.70	16.26	16.11	11.10	8.00	8.74	3.54	3.58	79.02
云烟 87	11.83	16.41	16.20	11.01	7.96	8.78	3.54	3.58	79.28

3　小结

K326（CK）产量和产值都较稳定，适应性较广，且化学成分较协调。云烟 85 产量、产值、上中等烟比例较高，对花叶病抗性较好，但稳定性不如 K326。云烟 87 产量较低，但上中等烟比率较高，所以均价较高，且原烟外观质量较好，油分最多。综合评价表明，禁止不适宜区烤烟的生产，压缩次适宜区的种植面积，使烟草生产向最适宜区和适宜区转移，是提高中国烟草生产水平的重要途径。适宜区的烤烟生产要根据其土壤、气候等自然生态条件，经济技术水平、所生产的烟叶质量特征及在卷烟配方中的使用价值，进行烟叶质量区划，调整布局，确定各地适宜生产的质量风格。工厂可根据质量区划选购烟区烟叶，或选择烟区共建烟叶原料基地，亦可选择条件适宜的烟区进行国际型优质烟叶原料开发。这样，能把自然资源优势和经济技术资源优势有机结合起来，以满足卷烟工业对不同质量风格原料的需求。

参考文献

[1] 于华堂．烟草原料的发展方向［J］．烟草科技，1996（6）：27－28.
[2] 朱尊权．当前我国优质烤烟生产中存在的问题［J］．烟草科技，1993（2）：2－7.
[3] 刘好宝，李锐．论我国优质烟生产现状及其发展对策［J］．中国烟草，1995（4）：1－5.
[4] 王瑞新．烟草化学［M］．北京：中国农业出版社，2003.
[5] 金闻博，戴亚，横田平，等．烟草化学［M］．北京：清华大学出版社，1993.

（原载《安徽农业科学》2008 年第 6 期）

植物铁营养研究进展

Ⅰ. 生理生化

金亚波[1]，韦建玉[1,2]，王　军[1,3]，薛进军[1]

（1. 广西大学农学院，南宁　530005；2. 广西中烟工业公司，南宁　530005；
3. 广东省烟草南雄科学研究所，南雄　512400）

摘　要：本文对铁营养在植物中的生理生化功能及其植物吸收铁的机理进行了综述，并对国内外研究中存在的问题，今后的发展趋势和前景进行了展望。

关键词：植物；铁；生理生化

目前世界人口的2/3患有缺铁性贫血病，中国严重缺铁的人口占24%，将近3.7亿，尤其是妇女和儿童[1,2]。人类需要的所有营养最终来自农业，促进植物对铁的吸收，增加铁在农产品中的生物有效性，是解决人类缺铁性贫血病的高效、低成本、可持续的根本途径。　铁是植物生长发育及生命活动中必需的营养元素之一，它是土壤中含量较高的元素，在地壳中含量仅次于氧、硅和铝。据统计，全世界有1/3的土壤是石灰性土壤，约40%的土壤缺铁，缺铁引起植物失绿黄化，并最终导致作物的产量和品质下降，植物缺铁黄化已成为世界性营养失调问题。因此，解决植物缺铁问题，不仅对于农业十分重要，而且直接关系到人类的健康。

1　国内外研究现状

1.1　植物体内铁的生理生化功能研究及其再利用研究

铁在植物体内的生理生化功能是建立在2个重要的化学性质基础上的，即它能与有机组分发生螯合，并具有易变价的特性。植物体内铁的生理生化功能包括以下几个方面：

1.2　铁在植物体内的分布及存在形态

多数植物的铁含量在100～300mg/kg（DW）之间。不同植物种类和部位则有一定的差异，水稻、玉米的含铁量一般比较低，为60～180mg/kg（DW），玉米茎节中常有大量铁沉积，叶片中铁含量却很低。Terry等报道叶片中60%的铁被固定在叶绿体的类囊体膜上，20%在叶绿体基质中贮存，其余的20%则在叶绿体外。当植物受到缺铁胁迫时，叶绿体基质中的铁大部分被再利用，类囊体膜上的铁和叶绿体外的结构铁分别损失51%和62%，叶片中全铁含量的9%以铁血红素形式存在，19%则以非铁血素蛋白形式存在，主要包括铁氧还蛋白、类囊体组分、[顺] 乌头酸酶、亚硝酸还原酶、亚硫酸还原酶等。其余多以铁蛋白形式存在，铁蛋白含量约占叶片全铁含量的 63%[3]。目前，关于植物体内铁的价态问题由于分析上的困难还没有定论，主要是由于在提取二价铁的过程中，有可能将三价铁还原而被提取，从而影响了测定的准确性。

1.3 铁参与光合作用和叶绿素的合成

在多种植物体中，大部分铁存在于叶绿体中，如菠菜中就有 75%的铁集中在叶绿体中。许多双子叶植物（尤其是果树）缺铁时常常出现新叶黄化现象，这主要是缺铁使叶绿素合成受阻所致。但有时失绿叶片中铁含量可能和绿色叶片中的相当甚至还高，测定叶片浸提物中的 Fe (11)[4]或用稀酸浸提法以鉴定所谓的活性铁常明显提高铁与叶绿素含量间的相关性[5,6]。铁虽不是叶绿素的组分，但合成叶绿素确实需要有铁的存在。在植物体中，是以琥珀酸-CoA、甘氨酸等为底物，在 α-氨基乙酰丙酮酸合成酶的作用下，首先合成氨基-酮戊酸或 α-氨基乙酰丙酮酸，然后进一步合成亚铁原叶琳或吡咯环（即叶绿素前体），这一过程与顺乌头酸酶活性或铁还原蛋白的含量都有关，铁氧还蛋白的作用在于激活氨基-乙酰丙酮酸合成酶。缺铁时酶活性显著降低，反应不能正常进行，叶琳环和吡咯环都不能合成，从而限制了叶绿素的合成，Terry 发现，缺铁条件下生长旺盛的新生组织中铁与叶绿素的含量有很好的相关性，多数铁均分布于类囊体膜上，植物缺铁时，类囊体解体，铁与叶绿素含量相应降低。植物处于缺铁介质中时，铁/叶绿素比值常保持恒定，进一步证实了上述观点。进一步的研究中，Spiller 等[7]的研究表明：缺铁不仅影响叶绿素的合成，还会影响叶绿体膜、叶绿素蛋白复合体、反应中心以及与之相联系的电子载体等捕光器的合成。还有研究发现，在缺铁的菠菜叶细胞中叶绿体数量和叶绿素含量都显著下降[8,9]。严重缺铁时，叶绿体变小，甚至解体或液泡化，这也许是叶绿素合成时需铁的最主要原因。不少研究的结果表明，矿质养分的缺乏对叶绿体结构会产生重要影响[10]。缺铁将导致叶绿体结构的严重损伤[11,12]。缺铁时，叶绿体超微结构发生明显的变化，主要表现在：叶绿体类囊体数减少，基粒片层和淀粉粒的数量降低[13]、叶绿体的面积减少等。Price 等关于铁在植物中作用的评论指出，铁没有直接参与叶琳的合成，而认为上面提出的作用可能是间接的。James 提出铁对叶绿体结构组成的影响比对叶绿素合成的影响还要重要，因为叶绿体结构形成是叶绿素合成的先决条件。铁还参与光合磷酸化作用，直接参与 CO_2 的还原过程，且铁还影响光合作用中的其他氧化还原系统，以影响到整个光合作用过程。此外，铁还影响植物叶片的蒸腾作用和气孔的开闭[14,15]，从而影响到植物的光合作用。铁主要从以上几个方面影响到光合作用的整个过程，并导致生物量的降低。

1.4 铁参与体内氧化还原反应和电子传递

铁参与植物体内的氧化还原反应和电子传递，其实质是三价的铁离子和二价亚铁离子之间的化合价变化和电子得失。这在植物体内生物化学代谢中是经常发生的。更重要的是，无机铁盐的氧化还原能力较弱，如果铁与某些有机物结合形成铁血红素或进一步形成铁血红素蛋白，它们的氧化还原能力就可提高千倍、万倍。例如各种细胞色素、豆血红蛋白、细胞色素氧化酶、过氧化氢酶、过氧化物酶等，这些含铁的有机物，作为重要的电子传递者或催化剂，参与植物体内的各种代谢活动。植物缺铁时，这些酶的活性受到影响，并进一步使植物体内一系列氧化还原作用减弱，电子不能正常传递，呼吸作用受阻，ATP 合成减少，植物生长发育及产量收到明显的影响。此外缺铁还能影响氮素代谢、有机酸代谢、碳水化合物代谢及原生质形状等许多生理过程[16~18]。细胞色素是叶绿体和线粒体内氧化还原系统的组成成分，它以细胞色素氧化酶的形式参加呼吸链的末端反应。在豆科植物的根瘤中有一种粉红色的豆血红蛋白，它是铁叶琳（血红素）和蛋白质的复合物。它能把进入根瘤的 O_2 输送到呼吸链中，同时为固氮酶的活动创造一个无氧环境，使固氮作用顺利进行。豆科植物的固氮酶由铝铁蛋白和铁氧还蛋白组成，二者均含有铁，铝铁蛋白是固氮酶的活性中心，当二者复合在一起才具有了活性，方能固氮。过氧化氢酶促进 H_2O_2 转化为 H_2O 和 O_2 的作用。在叶绿体里，此酶还同超氧化物歧化酶以及在光呼吸作用中与糖酵解支路中都起着关键作用。铁缺乏时，过氧化氢酶活性和过氧化物酶活性显著降低[19]。铁硫蛋白是一种非血红素蛋白，铁和半胱氨酸无机硫相结合得到铁硫蛋白，当铁硫蛋白仅起电子载体的作用时叫铁氧还蛋白。缺铁时 Fe－S 蛋白含量降低。铁氧还蛋白的含量也减少，但程度较小[20]。铁参与光合磷酸化过程，主要是以铁氧还蛋白和细胞色素类等重要的含铁有机化合物作为电子传递体，由于铁的化合价变化完成电子传递过程。缺铁时影响光合磷酸化过程，从而影响光合作用。铁与蛋白质合成有关，在各种蛋白质中以叶绿素蛋白受铁供应的影响最为显著，其总蛋白和膜蛋白的含量在铁供应不足时都下降，铁还与蛋白质移动性有关的膜的排列和流动性有联系。铁对呼吸、光合和氮代谢等方面的氧化还原过程都起着重要的作用。除了很早以前发现缺铁胁迫对叶绿素含量[21~23]、叶绿体的数量和结构[24,25]及光合作用[26]的影响之外，后来的研究证明缺铁还影响以下一些生理生化过程：（1）缺铁胁迫对果树叶肉细胞、栅栏细胞及主脉内薄壁细胞的形状和结构都会造成严重影响，破坏其中的叶绿体等细胞器及膜的结构和功能，进而干扰果树一系列生理作用的正常进行。（2）虽然有人指出植物可以吸收 Fe^{3+}[27]，但一般认为 Fe^{3+} 必须首先还原成 Fe^{2+} 才能被植物根系吸收[28]。缺铁胁迫下，果树根系还原 Fe^{3+} 的能力较正常根系显著提高，如缺铁苹果每小时每克鲜根可以还原 Fe^{3+} （600±70）nmol［而正常根只有（52±20）nmol］[25]，从而使其根系吸收铁的速率和总量都有所增加[29]。（3）缺铁失绿果树叶片的总呼吸强度低于正常叶片，但刚失绿植株根系的呼吸强度却高于正常根的 1 倍以上；无论失绿树的叶或者根，都以细胞色素控制的呼吸强度高，而抗氰呼吸所占比例低[25]。（4）苹果缺铁时叶和根中苹果酸和柠檬酸显著比对照高，这对酸化根际和铁的还原大有好处；而幼叶中蔗糖、葡萄糖、果糖和山梨糖醇比对照低[25]。

2 植物吸收铁的机理研究进展

土壤中全铁的含量较高，但可被植物直接吸收利用的铁很少。土壤中的铁绝大多数以无机形态存在，结合在有机物中的铁为数不多，无机形态中的代换态和溶液中的铁在一般土壤中都是很少的，尤其是在氧化条件和中性到碱性土壤中，这些离子态的铁（Fe^{3+} 和 Fe^{2+}）的浓度非常低，约为 10^{-10}mol/L 或更低[30]。所以在正常土壤 pH 下，通过质流和扩散供给的无机铁远低于植物的需要，只占植物总吸收铁量的 3%～9%，而根在土壤孔隙伸展过程中接触和置换吸收的铁占 23%～56%。可见，新根尖的生长对植物吸收铁具有重要作用，根尖对铁的吸收速率也大于根基部[31]。无机铁对植物根系的有效性决定于植物根系在根际范围内降低 pH 和使 Fe^{3+} 转变为 Fe^{2+} 的能力[32]。因此，三价铁偶然也有二价铁的螯合物，是土壤和营养液中可溶性铁的主要形态。一般认为，二价铁是植物吸收的形态，三价铁必须在输入细胞质之前在根表还原成二价铁[33]。因此，如果没有主动的调节机制使植物获得充足的铁，那么大多数植物便会表现出缺铁症状。目前已较为清楚地认识到，缺铁条件下高等植物为防止缺铁，产生了两种独特的机制将根际中的铁活化并由根吸收。大量的研究发现，高等植物对缺铁有广泛的适应性，并把这种抗性机理划分为非适应性和适应性机理[34,35]。所谓非适应性机理就是不受铁营养状况的诱导和控制的机理，其中包括：由于阴阳离子吸收不平衡造成的根际 pH 降低的作用，根分泌物增加而导致的直接和间接的活化作用，增强植物有效利用土壤中难溶性铁的菌根共生体的生长以及诸如微生物高铁载体的分泌作用等；适应性机理则是受铁营养状况诱导和控制的机理，以植物类型不同又划分为机理Ⅰ和机理Ⅱ[36～38]。机理Ⅰ和机理Ⅱ的提出，开辟了植物营养胁迫专一性反应研究的新领域，使人们对植物缺铁胁迫机理有了更为深刻的认识，同时也为解决石灰性土壤上植物缺铁问题提供了重要的理论依据。

2.1 机理Ⅰ

机理Ⅰ型植物包括双子叶和非禾本科单子叶植物。这类植物在缺铁条件下侧根形成增加，扩大根系还原和转运铁的表面积。除表现明显的根尖膨大、增粗。根表面形成大量根毛的形态学和细胞学上的变化外。根的外表皮细胞中发现大量具明显细胞壁网纹的转移细胞，转移细胞的形成是缺铁适应性形态学反应的明显特征[39]。根表皮转移细胞很可能是缺铁根系 H^+ 溢泌泵的作用位点[40]，它还能够产生有机酸以促进 H^+ 溢泌和铁的有效性，从而利于铁的长距离运输。这些转移细胞也可能是还原性物质及酚类化合物溢泌，即根对缺铁反应机理Ⅰ的场所。恢复供铁后，不仅根对缺铁的生理反应消失，而且 1～2d 内转移细胞退化。一些试验证实某些多年生或一年生双子叶植物，如垂叶榕和羽扇豆排根的形成不仅是对磷胁迫的反应，也是对缺铁胁迫的反应，排根具有特别高的还原 Fe^{3+} 的能力，与根顶端部位一样，这些排根也形成转移细胞。

机理Ⅰ的植物 Fe^{3+} 必须先还原为 Fe^{2+} 才能被吸收利用[41]。缺铁条件下，机理Ⅰ植物的一个显著特征是根系向外分泌 H^+ 的能力增加[42]。根细胞原生质膜上受 ATP 酶控制的质子泵因缺铁诱导激活，向膜外泵出的质子数量增多，致使根际 pH 明显下降。缺铁诱导的质子分泌主要有两方面的作用：（1）使根际酸化，提高根际土壤中铁的溶解度，从而增加植物的吸铁量[43]；（2）使细胞原生质膜外围的 pH 维持在较低的范围内，有利于提高质膜上还原酶的活性。在供铁充足的条件下，所有植物的根部都将 Fe^{3+}-螯合物还原并将还原所得的 Fe^{2+} 转运通过细胞质膜。在缺铁胁迫的条件下，机理Ⅰ植物通过激活一种特异的 H^+-ATPase，这种还原酶催化电子从胞质中还原态的吡啶核苷酸（NADH）跨膜传递给胞外作为电子受体的 Fe^{3+}-螯合物，这是机理Ⅰ植物吸收铁的一个专性前提条件[44]。而 Chaney 等[45]很早就已提出，机理Ⅰ型植物对铁的吸收分两步进行：第一步，Fe^{3+} 还原成 Fe^{2+}，第二步，以 Fe^{2+} 的形态吸收运输铁。此外，Ying Yi[46]等从遗传上证明了三价铁螯合物还原酶为机理Ⅰ型植物吸收利用铁所必需。根系中 Fe^{3+} 被还原为 Fe^{2+} 后，Fe^{2+} 通过它的转运蛋白跨越根部的细胞质膜而被转运[47]。根系分泌出一些还原物质（如咖啡酸、绿原酸、核黄素等）与土壤中 Fe^{3+} 作用使之还原成 Fe^{2+}，或者迁移到根系自由空间内进行铁还原[48]而使土壤酸化，从而增加铁的可溶性，并通过一种特异的根部还原酶将 Fe^{3+}-螯合物还原[49]，能明显增加和促进对铁的还原或螯合，但这种适应性反应的调控机理目前还不清楚[50]。周厚基、仝月澳[51]在苹果上的研究发现缺铁时根系分泌的还原物质的还原力远远小于根系本身，这与 Romheld 等人在花生上的研究相似，并据此认为还原铁是根系本身的作用而不是根系分泌物的作用。但也有人认为根细胞原生质膜上结合的还原酶所还原的二价铁主要是被烟酰胺所螯合，烟酰胺可以作为二价铁短距离运输的载体。研究发现，对三价铁的还原至少有四个还原系统在起作用：a. 基础还原系统（Rb），其活性不受铁营养状况的影响而被介质 pH 所调节；该系统比较均匀地分布在从根基到根尖的整个根系上。b. 可诱导还原系统（Rin），它是通过缺铁诱导形成的还原系统（还原酶），该系统只存在于根尖，可能和根系原生质膜上的铁运载体相联系。c. 根分泌的还原性物质所构成的还原系统，比如酚酸类化合物，该系统在根系上的定位尚不清楚。d. 根自由空间还原系统（Rc），这一系统不受植物铁营养状况的影响，由自由空间还原物质和氧自由基组成，在高 pH 范围内也能起作用。在缺铁时，机理Ⅰ植物由于根细胞原生质膜上受 ATP 酶控制的质子泵被诱导激活，向膜外泵出的质子显著增加，以至根际 pH 明显下降；据研究该作用主要位于根尖[52]。质子分泌增加的另一原因是阴阳离子吸收不平衡造成的，即缺铁明显抑制硝酸还原酶的活性，使 NO_3^- 吸收受到抑制，OH^- 的分泌量明显降低，而阳离子吸收量相对增加，H^+ 分泌量增加。至今有关果树根系的研究还不足以揭示这些化合物对根际铁的活化和吸收的机理以及此类分泌物的种类和性质。由上可见，果树对铁的活化和吸收是受多方面因素影响的复杂生理过程[53]，其机理也众说纷纭。对此，韩振海等[54]在总结已有研究基础上，首次提出了包括土壤—根—地上部、根际—自由空间—膜—根的苹果活化和吸收利用铁素的机制，对果树特别是苹果吸收利用铁的（非）生物活化机制的（非）协调系统进行了概括。而 Romheld[36]等认为这是根表细胞质膜上存在铁还原酶，迁移到根表的 Fe^{3+} 通过这种酶还原成 Fe^{2+} 后，经输送蛋白进入细胞。此外，Fe^{3+} 也可以直接被双子叶植物吸收，以上因素共同作用，相互协调，使植物根系还原 Fe^{3+} 的能力增强，植物吸收铁的效率显著提高。

2.2 机理Ⅱ

机理Ⅱ型反应只在禾本科植物中被发现。在缺铁条件下，铁高效禾本科植物可以分泌大量的铁载体，铁载体分泌具有杂种效应[55]，其活性不受土壤 pH 的影响，它对土壤中的铁有较强的螯合能力，可以利用难溶性的无机铁化合物。同时在缺铁植物根系细胞原生质膜上存在专一性很强的 Fe^{3+}-铁载体运载蛋白系统，铁载体将 Fe^{3+} 通过运载蛋白系统带入细胞质中，Fe^{3+} 在细胞内被还原成 Fe^{2+} 后，铁载体又可进入根际运载新的 Fe^{3+}。如此往复使得禾本科单子叶植物获得所需要的铁[56]。从机理Ⅱ植物（如大麦、燕麦、水稻）中分离到的铁载体，后来被确定为麦根酸类植物高铁载体[57]，对 Fe^{3+} 有着强烈的亲和力（具有 6 个螯合 Fe 的功能基团）并能形成稳定的、八面体的三价铁螯合物[Fe^{3+}-MAs]。麦根酸

（MAs）的分泌由缺铁胁迫诱导产生，禾本科植物缺铁时通过 MAs 的诱导合成向根际分泌，在根际对难溶性铁进行活化，根际通过对［Fe^{3+}-MAs］螯合物的专一性吸收以适应缺铁胁迫环境。禾本科植物分泌植物铁载体受土壤介质 pH、碳酸钙含量的影响比机理Ⅰ植物所受影响要小得多，抗性越强的禾本科植物，高铁分泌率越高。养分专一性根分泌物是植物营养遗传特性控制基因的标记物，它受到某一养分缺乏的诱导，是在植物体内合成并可通过主动分泌作用进入根际的代谢产物，它的合成和分泌只受该养分胁迫的专一诱导和控制。只要改善这一营养状况就能抑制其合成和分泌，表皮、皮层细胞胞囊是其储备库，其分泌部位主要在根尖，其分泌是一个主动过程[20]。植物缺锌也能导致麦根酸的分泌[58]，麦根酸的分泌还呈现明显的昼夜节奏变化[58]。L-甲硫氨酸（L-Met）是植物铁载体合成的前体，与 ATP 一起形成 S-腺苷甲硫氨酸（SAM），3 分子的 S-腺苷甲硫氨酸在尼克烟酰胺合成酶（NAs）催化下合成 1 分子的尼克烟酰胺（NA），尼克烟酰胺再在烟酰胺氨基转移酶（NAAT）等酶的催化作用下，经过一些中间步骤，形成脱氧麦根酸（DMA），进一步转化为麦根酸（MA）、阿凡酸（AVA）、羟基麦根酸（HMA）、3-表-羟基麦根酸（epi-HMA）、3-表-羟基脱氧麦根酸（epi-HDMA）等麦根酸类植物铁载体[59]。在 MA 的合成过程中，NAS 和 NA 除参与根部 PS 的分泌外，还在铁的长距离运输中起重要作用[60]。现已从缺铁大麦根中分离纯化得到了烟酰胺合成酶，这是一个由分子质量为 3 000u 的亚基形成的同型二聚体[61]。禾本科植物通过高铁载体的合成、分泌，对根际难溶性铁的活化作用，以及植物根系原生质膜上的专一性吸收系统来适应缺铁胁迫环境，由于其不受 pH 的影响，对有效铁含量低、碳酸盐和重碳酸根含量较高的石灰性土壤，其生态学意义尤为突出。

3 存在的问题与展望

目前，矫治果树缺铁失绿的途径主要是采用常规的方法。即根据失绿的生态因子进行校正，例如：碱性土壤局部酸化，降低石灰性土壤、盐碱土壤的 pH，在土壤中施入二价铁或三价铁螯合物[62]；避开土壤，采取根外施肥、埋瓶供铁，埋沙供铁，树干注射，靠接换砧，根外施铁以及应用铁肥等输入体内[63]。种植耕作措施；铁高效基因型作物与缺铁敏感作物间作，促使缺铁敏感作物吸收铁高效作物分泌的麦根酸铁等铁载体[64]，栽培铁高效基因型植物。主要是采取分子育种、常规选育种等方式[65,66]，比如小金海棠被认为是具有抗缺铁基因型的苹果砧木[67]；自从自植物分泌物中发现植物高铁载体以来，人们很关心其合成过程，但至今研究进展不大，采用化学合成方法和基因工程措施合成的阿凡酸和脱氧麦根酸制高铁络合剂用于铁肥还在研制之中。从抗性上选择抗缺铁基因品种，中国农业大学的韩振海课题组选出了高效抗缺铁转基因品种小金海棠。但其生理生化机理的研究、麦根酸的转化机制以及安全性仍然不清楚。选择一些具有耐性或抗性的砧木，也由于砧木本身的一些特点在应用上受到限制。如该砧木鉴定为耐缺铁，但却高度易感脚腐病和白粉病，对某些优良品种的嫁接亲和性差等，也无法使该砧木推广应用。如直接向土壤施用铁肥由于很快地被土壤固定而转变为无效铁，失去肥效；树干注射铁的方法操作困难，而且收效短暂，埋瓶法费时费工；叶面喷施络合态铁的方法由于植物体内铁的移动性很小，新生长的叶片仍呈黄化症。需反复喷施，实际应用的成本过高。尽管各种措施都能取得一定的效果，但尚未从根本上解决植物缺铁的问题。

可见，要解决果树的类似缺素等生理病害问题，应该从更广阔的途径去探索。因此，采用不影响土壤生态环境，既能达到校正缺铁黄化又达到保护生态和谐的方法无疑是种植农作物的绝佳选择。总体来讲矫正植物缺铁症状主要有两种途径：一是提高土壤供铁能力，提高土壤中有效铁的含量。利用微生物活化土壤中的难溶性铁，提高铁的溶解性、移动性，从而提高土壤中铁的有效性，不失为一条可行性途径。因此研制、开发微生物肥料，充分利用生物资源活化土壤养分，具有很好的现实意义。（另一条途径就是挖掘植物自身的潜力，筛选能够高效利用土壤铁的植物品种缺铁关键基因的鉴定和确定）植物直接吸收利用微生物铁载体作为第三个机理已被提出。近年来在微生物铁载体改善植物铁营养方面进行了大量的研究，但研究结果不尽一致，甚至有相反的结论产生。有研究表明土体土壤溶液中微生物铁载体含量高达 10^{-7} kmol/m^3，根际土壤中微生物铁载体的浓度更高，可达 10^{-5} kmol/m^3，这对提高根际土壤中有效铁的浓度，增加铁对植物的有效供给具有重要意义。加之微生物铁载体的种类繁多，其中有些分子量较大的铁载体不大可能被植物直接吸收，而许多与植物铁载体分子量大小接近，化学结构类似的微生物铁载体有可能进入植物体内，对其有直接的营养作用。微生物铁载体被生长在铁胁迫条件下的植物作为铁源直接利用，因而，在植物的铁营养方面起重要作用。虽然微生物铁载体的直接效果尚有争议，但微生物铁载体可以提高土壤中铁的移动性、溶解性。以及微生物铁载体—铁具有较高的稳定性，使其具有重要的生态学意义。一方面，微生物铁载体可以提高土壤，尤其根际铁的移动性。为机理Ⅰ植物提供可溶性铁到根表，经质膜还原酶还原后吸收利用。另一方面，微生物分解掉和铁螯合的铁载体后，释放的 Fe^{3+} 可以和植物铁载体螯合，被机理Ⅱ植物吸收[68]。微生物活性高的土壤上，在缺铁胁迫条件下，通过不断向环境中释放铁载体，活化了土壤中的难溶性铁，改善了自身的铁营养状况。因此需要研究缺铁植物根系分泌物的土壤微生物群落结构的改变，特别是对于那些占据优势地位的微生物群落，并与改善植物的铁营养状况结合起来。

参考文献

[1] Li C J. Plant Nutrition for Food Security，Human Health and Environmental Protection [M]. Beijing：Tsinghua University Press，2005：434 - 435.

[2] Li C J. Plant Nutrition for Food Security，Human Health and Environmental Protection [M]. Beijing：Tsinghua University Press，2005：386 - 387.

[3] 郭世伟，邹春琴，江荣凤，等，提高植物体内铁在利用效率的研究现状及进展 [J]. 中国农业大学学报，2000，5 (3)：80 - 86.

[4] Katayl J C，Sharama B D. A new technique of plant analysis to resolve iron chlorosis [J]. Plant Soil，1980，55：105 - 119.

[5] Dekock P C，Hall A，Inkson RHE. Active iron in plant leaves [J]. Ann Bot，1979，43：734 - 737.

[6] Mengel K，Bubl W. Vetrilung von eisen in blattern von weinreben mit HCO_3^- induzierter Fe-chlorose [J]. Z Pflanzernernahrung Bodenkd，1983，146：560 - 571.

[7] Spiller S C, Terry N. Limiting factors in photosynthesis Ⅱ. Iron stress diminishes photochemical capacity by reducing the number of photosynthetic units [J]. Plant Physiol, 1980, 65: 121-125.

[8] Possington J V. Recent: Advances in Plant Nutrition [M]. New York: Gordon and Breach, 1997: 155-165.

[9] Terry N. Limiting factors in photosynthesis Ⅰ. Use of iron stress to control photochemical capacity in vivo [J]. Plant Physiol, 1980, 65: 114-120.

[10] James C P, Miller G W. The effects of iron and light treatments on chloroplast composition ultrastructure in iron-deficient Barley leaves [J]. J of Plant Nutri, 1982, 5 (4-7): 311-321.

[11] Terry N, Robert P H. Effects of calciumon the photosynthesis of intact leaves and isolated chlorosis of sugar beets [J]. Plantphysiol, 1975, 55: 923-927.

[12] Price C A. Iron compounds in plant nutrition [J]. Ann Rev Plant Physiol, 1968, 19: 239-248.

[13] Hou J Z, Korcak R F. Cellular ultrastructure and net photosynthesis of apple seedling sunder iron stress [J]. Journal of Plant Nutrition, 1984, 7: 911-928.

[14] Shimi D. Leaf chlorosis and stomatal aperature [J]. New Phytol, 1967, 66: 455-461.

[15] Longnecker N, Welch R. The relationship among iron-stress response, iron defficiency and iron uptake of plant [J]. J Plant Nutri, 1986, 9: 715-727.

[16] 邹春琴，张福锁，毛达如．铁对玉米体内氮代谢的影响 [J]. 中国农业大学学报，1998，3 (5): 45-49.

[17] Su L Y, Miller G W. Chlorosis in higher plants as related to organic acid content [J]. Plant Physiol, 1961, 36: 415-420.

[18] Tong Y A, Fan F, Korcak R F, et al. Effect of micronutrients, phosphorous and chelator to Iron ratio on growth chlorosis and Nutrion of apple seedings [J]. J Plant Nutr, 1986, 9 (23): 1115-1132.

[19] Nenova V, Stoyanov Ⅰ. Physiological and biochemical changes in young maize plant sunder iron deficiency: Catalase, peroxidase and reductase activities in leaves [J]. Journal of Plant Nutrition, 1995, 18 (10): 2081-2091.

[20] Marsh H V, Evans H J, Matrone G. Investigations of the role of iron in chlorophyll metabolism Ⅰ. Effect of iron defficiency on chlotophyll and heme content on the activities if certain enzymes in leaves [J]. Plant Physiol, 1963, 38: 632-638.

[21] 李凌．三种柑橘砧木对缺铁黄化的敏感性及机理研究 [J]. 西南农业大学学报，1990，12 (4): 406-409.

[22] Abadia J. Leaf responses to Fe deficiency: A Review [J]. J Plant Nutr, 1992, 15: 1614-1699.

[23] Han Zhenhai, Wang Qing, Shen Tsuin. A comparison of some physiological and biochemical characteristics between iron efficient species in genus malus [J]. J Plant Nutr, 1994, 17: 230-241.

[24] 陆景陵．植物营养学（上册）[M]. 北京：北京农业大学出版社，1994. 56-60.

[25] 周厚基，仝月澳．苹果树缺铁失绿研究进展Ⅱ [J]. 中国农业科学，1988，21 (4): 46-50.

[26] 刘成明，秦煊南．Fe、Mn元素对温州蜜柑光合生理的影响及营养诊断研究 [J]. 西南农业大学学报，1996，18 (1): 29-33.

[27] 张福锁．植物营养生态生理学和遗传学 [M]. 北京：中国科学技术出版社，1993: 81-96.

[28] 张福锁，刘书娟，毛达如，等．苹果抗铁基因型差异的生理生化指标研究 [J]. 园艺学报，1995，22 (4): 1-6.

[29] 韩振海，王永章，孙文彬．铁高效及低效苹果基因型的铁离子吸收动力学研究 [J]. 园艺学报，

1995，22（4）：313－317.

［30］Marschn E H. 高等植物的矿质营养［M］. 曹一平，陆景陵等译．北京：北京农业大学出版社，1991.

［31］Clarkson D T，Sanderson J. Sites of absorption and translocation of iron in barley roots，tracer and microautoradio graphid studies［J］. Plant Physiol，1978，61：731－736.

［32］Brown J C. Mechanism of iron up take by plants［J］. Plants Cell and Environment，1978，1：249－257.

［33］Chaney R L，Brown J C，Tiffin L O. Obligatory reduction of ferric chelates in iron up take by soybeans［J］. Plant Physiol，1972，50：208－213.

［34］Marschner H，Romheld V，Kissel M. Different strategies in higher plants in mobilization and uptake of iron［J］. J Plant Nutr，1986，9：695－713.

［35］Staiger D. Chemicalst rategies for iron acquisition in plants［J］. Angew Chem Int Ed Engl，2002，41（13）：2259－2264.

［36］Romheld V，Marschner H. Mobilization of iron in the rhizosphere of different plant species［J］. Adv Plant Nutri，1986，2：155－204.

［37］Takagi S C. Production of phytosiderophores. In：Barton LL，Hemming BC. Iron Chelation in Plants and Soil Microorganisms［C］. Clarendon：Academic Press Inc，Harcourt Brace Jovanovich Publishers，1993：111－130.

［38］Romheld V. Existence of two different strategies for the acquisition of iron in higher plants. In：Winkelman G，Vander Helm D，Neilands JB. Iron Transport in Microbes，Plants and Animals［C］. Weinheim：VCH Publishers，1987：353－374.

［39］Schmidt W，Schikora A，Pich A，Bartels M. Hormones induce an Fe-deficiency-like root Epidermal cell pattern in the Fe-inefficient tomato mutant fer［J］. Protoplasma，2000，213：67－73.

［40］Romheld V，Kramer D. Relationship between proton eflux and rhizodermal transfer cells induced by iron deficiency's［J］. Pflanzenphysiol，1983，113：73－83.

［41］Yi Y，Guerinot M L. Genetic evidence that induction of root Fe^{3+} chelate reductase activity is necessary for iron deficiency［J］. Plant J，1996，10：835－844.

［42］Romheld V，Muller C，Marcher. Localization and capacity of proton pumps in roots of in tact Sunflower plants［J］. Plant Physiol，1984，76：603－606.

［43］Holden M J，Luster D Q，Chaney R L，et al. Fe^{3+}-chelatereductase activity of plasma membranes isolated from tomato（*Lycoperscione sculentum* Mill.）roots：Comparison of enzymes from Fe-deficient and Fe-suficient roots［J］. Plant Physiol，1991，97：537－544.

［44］Petra R M，Wolfgang B. Iron reductase systems on the plant plasma membrane A review［J］. Plant and Soil，1994，165：241－260.

［45］Chaney R L，Brown J C，Tifn L O. Oligatory reduction of ferric chelates in iron uptake by soybeans［J］. Plant Physiol，1972，50：208－213.

［46］Ying Y，Many L G. Genetic evidence that induction of root Fe（11）chelate-reductase activity is necessary foriron uptake under iron deficiency［J］. The Plant Journal，1996，10（5）：835－844.

［47］Guerinot M L，Yi Y. Iron：nutritious，noxious，and not readily available［J］. Plant Physiol，1994，104：815－820.

［48］Olsen R A，Rennet J H，Blume D，et al. Chemical aspects of the Fe stress response mechanism in tomatoes［J］. J PlantNutr，1981，3：905－921.

［49］Moog P R，Brggemann W. Iron reductase systems on the plant plasma membrane：A review［J］.

Plant Soil，1994，165：241-260.
[50] 严小龙，张福锁．植物营养遗传学 [M]. 北京：中国农业出版社，1997.
[51] 周厚基，仝月澳．苹果树缺铁失绿研究进展Ⅱ [J]. 中国农业科学，1988，21（4）：46-50.
[52] 张福锁．土壤与植物营养研究动态 [M]. 北京：北京农业大学出版社，1992：15-931.
[53] 张福锁．环境胁迫与植物根际营养 [M]. 北京：中国农业出版社，1998：146-204.
[54] 韩振海，许雪峰．不同铁效率果树基因型研究的现状和前景 [M]. 北京：科学技术出版社，1995：1-16.
[55] Yu F T，Zhang A M，Zhang F S. Hybrid effect on the release of phytosiderophores in winter wheat（*Triticum aestivum*）[J]. Acta Botanica，2002，44（1）：63-66.
[56] Hell R，Stephan U W. Iron uptake，trafficking and homeostasis in plants [J]. Planta，2003，216：541-551.
[57] Takagi S C. Production of phytosiderophores. In：Barton LL，Hemming BC. Iron Chelation in Plants and Soil Microorganisms [C]. Clarendon：Academic Press Inc，Harcourt Brace Jovanovich Publishers，1993：111-130.
[58] 张福锁．根分泌物与禾本科植物对缺铁胁迫的适应机理 [J]. 植物营养与肥料学报，1995，1（1）：17-23.
[59] Negishi T，Nakanishi H，Yazaki J，et al. cDNA microarray analysis of gene expression during Fe-deficient stress in barley suggests that polar transport of vesicles is implicated in phytosiderophore secretion in Fe-deficient barely roots [J]. Plant J，2002，30（1）：83-94.
[60] Takizawa R，Nishizawa N K，Nakanishi H，et al. Effect of iron deficient on S-Adensosylmethionine synthetase in barely roots [J]. J Plant Nutr，1996，19：1189-1200.
[61] Inoue H，Higuchi K，Takahashi M，et al. Three rice nicotianamine synthase genes，OsNA1，OsNAS2，and OsNAS3 are expressed in cells involved in long-distance transport of iron and differentially regulated by iron [J]. Plant J，2003，36（3）：366-381.
[62] Fernandez A A，Marco S G，Lucena J J. Evaluation of synthetic iron（Ⅲ）-chelates（EDDHA/Fe^{3+} EDDHMA/Fe^{3+} and the novel EDDHSA/Fe^{3+}）to correct iron chlorosis [J]. Europe Journal of Agronomy，2005，22：119-130.
[63] 崔美香，薛进军，王秀茹，等．树干高压注射铁肥矫正苹果失绿症及其机理 [J]. 植物营养与肥料学报，2005，11（1）：133-136.
[64] 左元梅，张福锁．不同禾本科作物与花生混作对花生根系质外体铁的累积和还原力的影响 [J]. 应用生态学报，2004，15（2）：221-225.
[65] Gogorcena Y，Abadía J，Abadía A. A New technique for screening iron-efficient genotypes in peach rootstocks：elicitation of root ferric chelate reductase by manipulation of external iron concentrations [J]. Journal of Plant Nutrition，2004，27（12）：2085-2099.
[66] Borg A，Miller A，Pedersen B P，et al. Improving iron and zinc content and bioavailability in wheat by molecular breeding [C] //Li C J. Plant Nutrition for Food Security，Human Health and Environmental Protection. Beijing：Tsinghua University Press，2005：32-33.
[67] 李凌，周泽杨，裴炎．小金海棠和丽江山荆子的缺铁胁迫反应 [J]. 园艺学报，2003，30（6）：639-642.
[68] Bar-Ness E，Hadar Y，Chen Y，et al. Short-term effects of rhizosphere microorganisms on Fe uptake from microbial siderophores by maize and oat [J]. Plant physiology，1992，100：451-456.

（原载《安徽农业科学》2007年第32期）

植物铁营养研究进展

Ⅱ.铁运输与铁有关的分子生物学基础

韦建玉[1,2]，金亚波[1]，杨启港[2]，王　军[1,3]，薛进军[1]

（1. 广西大学农学院，南宁　530005；2. 广西中烟工业公司，南宁　530005；
3. 广东省烟草南雄科学研究所，南雄　512400）

摘　要：本文对植物体内铁的运输机理、与铁吸收有关的基因研究、缺铁胁迫下的蛋白质表达模式研究以及信号在调控植物缺铁中的作用进行了论述，并对其研究前景作了展望。

关键词：植物；铁；运输；基因；蛋白质表达；信号

17世纪人们就确定了铁为动物所必需。Sachs于1860年确认铁为植物所需。铁位于必需微量元素的首位，它在许多生命过程中起着很重要的作用，在植物体内，它参与叶绿素的合成、参与体内氧化还原反应、作为固氮酶的活性中心、参与植物的呼吸作用等，还参与许多酶促反应，兼有结构成分和活化剂的作用。铁元素是维持人体正常生理功能或组织结构所必需的。铁作为酶、激素、维生素、核酸的组成部分，维持着生命的正常代谢过程，是生命的核心。然而在我国和世界上许多其他国家，由于土壤钙化而使植物可利用的铁元素缺乏。据统计，全世界有1/3的土壤是石灰性土壤，约40%的土壤缺铁，缺铁引起植物失绿黄化，并最终导致作物的产量和品质下降，植物缺铁黄化已成为世界性营养失调问题。不仅植物铁营养失调现象普遍存在，人类铁营养的缺乏现象也极为严重。据世界卫生组织（WHO）报道，世界上大约2/3的人口面临铁缺乏而引起的贫血。一些地区，像南亚，由于水稻对铁的相对低效吸收导致铁营养不良成为当地人类健康最大的威胁。与铁营养缺乏有关的疾病有Wilson疾病、Haller-vorden-Spatz疾病、Patkinson疾病、Menken疾病和Alzheimer疾病等。这些都严重危害着人的身心健康。而解决人类缺铁的问题首先要解决植物缺铁的问题。目前植物缺铁的问题还不能通过施肥来解决，只能靠植物自身能力的提高来解决。因此，研究铁运输与植物铁营养有关的分子基础理论显得尤为重要。

作者简介：韦建玉（1966—），女，广西柳州人，高级农艺师，主要从事烟草栽培与营养生理研究，Email：jtx_wjy@163.com。

1 植物体内铁的运输

Fe的跨膜运输是需要能的运转过程，它是由位于原生质膜上的“ATP酶-质子泵”和“还原泵”操纵的。对于机理Ⅰ型植物而言，铁的还原和吸收与质子泵的驱动相偶联，这类植物的根通过ATP酶启动的质子泵释放质子，并常常分泌酚类，表现出增加质膜上的束缚依赖NADPH还原酶的活性。Fe^{3+}在根表被还原为Fe^{2+}后进入根系细胞质中，细胞质中的Fe^{2+}在进入木质部运输之前重新被氧化为高价铁形式而与柠檬酸结合在木质部中运输。机理Ⅱ型植物由根系吸收的铁进入木质部运输有2种可能机制：①与铁载体结合的Fe^{3+}在根细胞中被分解，Fe^{3+}与烟酰胺或柠檬酸结合，其中烟酰胺铁进入根细胞液泡中贮存，而柠檬酸铁则进入木质部向地上部运输。②与铁载体结合的Fe^{3+}直接穿越根系细胞而进入木质部运输[1]。然而目前尚没有实验证据证实上述观点。

铁在植物体内的运输包括木质部运输和韧皮部运输两部分。过去一直认为铁在植物体内的运输主要通过木质部，而在韧皮部中的移动性很差，使其体内积累的铁不能重新转运到新生器官，导致铁的利用效率低。给成熟叶片供应放射性铁后，在新叶和根中均可检测到放射性铁的存在。铁跨越原生质膜的速率及数量是决定铁在韧皮部运输的关键因子，而该过程往往受Fe^{3+}的还原程度所调控。还原反应主要发生在沿导管的质外体/共质体界面上，并受质膜上的Fe^{3+}还原酶调节。根细胞原生质膜上结合还原酶所还原的二价铁主要被烟酰胺所螯合。烟酰胺不仅可作为二价铁短距离运输的载体，而且也是二价铁毒害作用的解毒剂。有报道，进入细胞质中的Fe^{2+}以与烟酰胺结合的形式存在并分布在细胞质中。当植物遭受缺铁胁迫时，与烟酰胺结合的铁可能作为胞质中的铁库而被再利用，铁从根到茎以铁的三价态主要是柠檬酸铁螯合物的形式，由共质体进入质外体，依靠蒸腾作用和根压产生的质流经木质部向地上部运输[2]。铁在韧皮部中也可以移动，当养分供应充足时，铁在韧皮部的移动性大大降低，而当铁缺乏时，移动性明显提高[3]，Mass等[4]的研究表明，组织衰老可以促进铁的韧皮部运输，不同基因型植物韧皮部的移动性大小也不同，铁高效植物韧皮部的移动性较大，而铁低效植物韧皮部移动性则较差。铁除了从侧根萌发处的老根区进行质外体运输外，其吸收运输主要通过共质体途径[3]。除了根压作用外，铁向生长点和伸展叶片中的运转主要发生在韧皮部。许多证据说明，叶片喷施的铁在韧皮部有较好的移动性，但老叶铁的运出量仍很有限，这可能是由于老叶中铁的再活化作用太小所致。通过韧皮部由地上部，尤其是从叶片向根部运输的铁，常常作为植物营养状况的反馈信息[5]，通过这一信息的传递诱导出根对环境供铁状况的适应性反应机制。Bienfait等试验证明，植物适应缺铁逆境的信息反应位于根细胞上，而不在地上部[6]。与钙相似，铁的移动性较弱，不易从一个器官输送到另一个器官。绿色植物在被剥夺了Fe供应不久，新长出的幼嫩部分即出现失绿，而老组织仍保持绿色，植物新生长的部分不能依赖于从老组织中输出Fe，而必须依赖于经由木质部转运或从外部施用得到铁[7]。但铁如何从木质部导管以及与之相关联的叶肉细胞自由空间跨过原生质膜进入单个细胞中尚不清楚。铁在质外体及木质部导管中被固定的程度，铁化合物在木质部中的溶解性均影响铁在木质部的移动性[3]。而这均与质外体pH大小有关，即降低质外体pH可提高铁的移动性[8]。缺铁胁迫并不影响植物体内铁的螯合物（主要是柠檬酸铁）运输形态，但会影响其吸收和运输的效率[9]。缺铁胁迫、高光照和表面活化剂还会促进铁的吸收和运输，而高 HCO_3^-、高 pH、高磷、硝态氮和磷酸盐对铁的吸收和运输有抑制作用，而铵态氮和 pH3.5 的溶液可以解除这种抑制[10]。原因主要是位于质膜上的铁还原酶活性受质外体 pH 控制[11]。质子/硝酸盐跨越原生质膜的共运，导致质外体 pH 上升，抑制了铁还原酶的活性，造成铁在体内运输的减弱。由根系呼吸作用产生的 CO_2 溶解了土壤中的 $CaCO_3$ 而形成大量的重碳酸盐，抑制并中和了由根系质子泵释放出的 H^+，提高了质外体 pH，降低了原生质膜上的铁还原酶活性[12]。植物吸收铵态氮的同时释放 H^+，降低了质外体 pH，从而提高了铁还原酶活性，提高了铁在韧皮部的移动性。质外体 pH 的变化不仅能影响铁的跨膜运输，同时也影响了淀积在质外体中铁的活化。研究中常发现失绿叶片植株的根系铁浓度很高，而将其转移至铵态氮或 pH 3.5 的介质中 3d 后叶片即有复绿现象，并发现根系铁浓度大大降低，同时在介质中也检测到有铁的存在，进一步研究表明这与 pH 降低引起的根系质外体铁的活化有关。被活化的铁一部分跨越原生质膜运至地上部参与叶绿素合成，另一部分则释放至介质中。Meng[12]推测质外体铁的活化不仅仅是一个简单的溶解过程，而是一个与植物自身代谢有关的一系列复杂的反应。由此可知质外体 pH 与体内铁的运输有着极为密切的关系，它首先影响了淀积在质外体中铁的活化，进一步影响了铁的跨膜运输。

2 植物根系吸收铁的机制

高等植物为防止缺铁，产生了两种独特的机制将根际中的铁活化并由根吸收。除了铁供应充足时的非特异性铁吸收机制外，对于双子叶植物和非禾本科单子叶植物而言，还会在根系产生如下生理及形态的变化，如根系 Fe^{3+} 还原酶活性的增加，净质子分泌量的增加，有机酸及酚类物质的分泌；以及产生根尖膨大、根毛增多、根表产生转移细胞等，即所谓的机理Ⅰ。对于禾本科植物而言，根系对缺铁的反应为植物铁载体释放量的增加。植物铁载体对于根系铁的吸收和跨膜运输有不可替代的作用，这一吸收过程被称为机理Ⅱ[13]。

2.1 机理Ⅰ与铁有关基因研究进展

Robinson 等人[14]首次从拟南芥中分离到了 Fe^{3+} 螯合物还原酶的基因——*Fro2* 基因。*Fro2* 基因在缺铁胁迫的拟南芥根部表达，属于一个跨膜转运电子的 b-型细胞色素大家族，负责电子由 NADPH 传给 FAD，最终通过血红素传给质膜外的电子受体。序列分析表明，*Fro2* 基因编码 725 个氨基酸，它含有一个 FAD 结合位点和一个与 *Fre1* 的NADPH 结合位点相邻的保守区域。在 FRO2 蛋白的 N 末端区域的 6 个疏水区域和 C 末端的 2 个疏水区域被预测组成跨膜的 α 螺旋。将 *Fro2* 基因转入 Fe^{3+} 螯合物还原酶缺陷突变体 *frd1* 中，可检测到转基因植株中低铁诱导的根表 Fe^{3+} 螯合物还原酶活性的恢复。在缺铁胁迫下，*Fro2* 基因表达加强，表明铁胁迫下 Fe^{3+} 螯合物还原酶活性的增强并不仅仅是激活原来存在的还原酶，而且还有新的还原酶的重新合成[15]。Connolly 的实验结果表明，FRO2 的表达调控在转录后水平，缺铁条件加强了该基因 mRNA 的稳定性[16]。而李凌[17]

等认为，缺铁条件下，Fe（Ⅲ）-螯合物还原酶基因强烈的信号表达可能是耐缺铁果树品种的分子机制。继 FRO2 克隆后，Water 等和 Li 分别从豌豆和番茄中克隆了另外两个 Fe^{3+} 螯合物还原酶基因- PsFRO1 和 LeFRO1，它们和 FRO2 一样都属于膜结合的氧化还原酶类[18,19]。

凌宏清等通过图位克隆从番茄基因组中分离得到 FER，认为 FER 是机理Ⅰ植物控制从土壤中吸收铁的转录调控基因。它编码一个包含保守的 bHLH DNA 结合域的蛋白质。2004 年他又分离到 LeFRO1，它是番茄中与铁吸收相关的一种主要的高铁螯合物还原酶基因。这些结果都表明 FER 是机理Ⅰ植物中控制高亲和 Fe 吸收系统的通用调控因子[20]。

Eide 等[21]采用酵母铁素吸收的高、低亲和系统双突变体 *fet3 fet4*，通过异源功能互补法从拟南芥中克隆了高等植物的第 1 个 Fe^{2+} 转运蛋白基因—*Irt1* 基因。该基因具有 1 348 bp，编码一个 339 个氨基酸组成的膜整合蛋白，具有 8 个疏水的跨膜区域。序列同源性比较发现，*Irt1* 基因与酵母的 *Fet3*、*Fet4*、*FeoB* 基因均无同源性，说明他们可能通过不同的生化机理转运铁离子，所以 *Irt1* 基因属于一全新的基因。IRT1 转运体被确立为最主要的植物从土壤中吸铁系统的成员。剔除 irt1 的拟南芥的突变体不能获得铁，除非加入高浓度的外源铁（Vert 等）[22]。随后又发现了另外 2 个成员 *Irt2*、*Irt3* 基因。*Irt1* 基因在根部表达且受缺铁胁迫的诱导。结合 Fe^{3+} 螯合物还原酶在缺铁胁迫下活性也增强，分析认为 *Irt1* 和 *Irt2* 基因可能受同一供铁系统的控制。另外，其他的金属离子如 Cd^{2+}、Co^{2+}、Mn^{2+}、Zn^{2+} 等对表达 *Irt1* 基因的酵母细胞铁吸收的抑制现象表明，*Irt1* 基因也可能在这些金属离子的转运中起作用。Loubna 等[23]将 IRT1 蛋白与泛素化相关的氨基酸突变后，得到的转基因植株过量的富集重金属离子，说明泛素化过程会完成 IRT1 的降解，也表明了蛋白质水平的调控过程。另外，H^{+}- ATPase 基因也得到克隆，并对其表达做了研究。*IRT2* 基因在对金属元素的转运中有着不同的功能。两种蛋白同属于 ZIP 家族，根据它的首次发现命名为 zinc regulated transporter（ZRT）iron-regulated transporter-likeproteins（ZIP）。另外，高亲和铁转运体（Nramp）基因在拟南芥中克隆[24~26]。其生理作用目前还不是很清楚，但是功能互补试验表明这些蛋白可以互补酵母的铁吸收缺陷株、锰吸收缺陷株，同时还可以提高对镉的敏感性等。至少 NRAMP1、3 和 4 在拟南芥的根与叶受到缺铁胁迫时可以替代多种金属转运体的功能，因此，除了 IRTI 转运体外，NRAMP 也参与铁的转运过程。

2.2 机理Ⅱ与铁有关基因研究进展

Higuchi 等[27]依据纯化的 NAS 蛋白的氨基酸序列合成探针，通过筛选缺铁胁迫的大麦根系的 cDNA 文库得到了 7 个 *Nas* cDNA。同样，Takahashi 等[28]依据纯化的 NAAT 蛋白的氨基酸序列合成探针，也通过筛选缺铁胁迫的大麦根系的 cDNA 文库筛选到了2 个 *Naat* cDNA。后来又筛选到了 2 个串连排列的基因组 DNA 序列——*NaatB* 和 *NaatA*。采用农杆菌转化法，Takahashi 等[29]将含 *naat2A* 和 *naat2B* 基因的大麦基因组片段转入水稻。在水稻转化株的茎和根部，低铁胁迫均能诱导这两个基因的表达。与非转化株相比，转化株表现出较高的 NAAT 活性，分泌更多的高铁载体，具有更强的耐低铁胁迫能力。在碱性土壤中，转化株的产量高出非转化株的 4.1 倍。

Nakanishi 等[30]人先后从大麦中分离到 *Ids1*、*Ids2*、*Ids3* 共三个与形成铁载体有关的基因：并进行了测序、氨基酸序列及蛋白功能推测的研究，认为 *Ids1* 可能对 MAs 合成基因或转运蛋白基因的调控区有调控作用，*Ids2*、*Ids3* 具有很高的同源性，可由缺铁诱导表达。有关双子叶植物及非禾本科单子叶植物铁效率的遗传背景，也即铁效率是一个质量性状还是数量性状还没有定论，但倾向认为铁效率是由主效基因所控制的。Weiss 提出[31]，大豆铁效率为一对等位基因控制，而 Brown 等[32]通过对番茄突变体的研究认为，其铁效率可能是由单基因控制的。Sexena 等[33]证明鹰嘴豆铁效率为单基因控制。但也有人持相反的观点，Rodriguez 认为[34]大豆的铁效率是一个数量性状。Mori 等[35]通过筛选缺铁胁迫的大麦根系的 cDNA 文库筛选到了 *Ids1*～*7* cDNA 克隆，*Ids1* 是一植物金属硫蛋白基因，可能与矿质元素包括铁的代谢有关。*Ids2* 可能是依赖于 2-氧化戊二酸的双加氧酶基因，Fe^{2+} 是其辅因子，这种基因可能在 DMA→MA→epi-HMA 的两个羟基化过程中起作用。*Ids3* 的具体功能仍不清楚[40]。*Ids1*～*3* 均受缺铁胁迫的诱导表达。

MAs 的合成与蛋氨酸循环相关联。Itai 等[36]通过筛选缺铁胁迫的大麦根系 cDNA 文库，筛选到了腺嘌呤磷酸核糖转移酶基因（*Aprt*）。Suzuki 等[37]分别克隆了甲酸脱氢酶（Fdh）和乙醇脱氢酶（Adh）基因，两者均为在无氧条件下诱导表达的基因。长时期的缺铁胁迫可能引起血红素、叶绿素和 ATP 含量的下降，出现"生理缺氧症"，尽管此时根系中可能有大量氧存在，在这种情况下，植物可能通过 Fdh 和 Adh 等来增加能量的合成。尽管 MAs 合成途径的大多数关键基因已克隆，但将 Fe^{3+}-MAs 转运进胞质的转运蛋白基因的克隆却进展很缓慢。Bell 等[38]人通过对玉米的研究早已提出，玉米铁低效性状是由一个隐性基因控制的。而 Champonx 的研究表明[39]，玉米抗性是由一个主效基因控制的。张福锁（1995）[40]用美国玉米单基因突变体 *ysl*/*ysl* 为试材，发现该突变体正好失去了该亲本对缺铁适应性机理的控制基因，致使该突变体不仅不能在缺铁环境中分泌植物铁载体，而且也失去了缺铁诱导的专一性吸收系统，从而证明植物铁载体的生物合成和吸收利用是受单基因控制的。Okmmura 等[41]发现的玉米突变体 *ys1* 能合成并分泌 MAs，但不能将其转运进胞质中，他认为该基因极有可能就是 Fe^{3+}-MAs 转运蛋白基因，2001 年 Curie 等[42]利用转座子 AC 随机插入法获得 1 个玉米突变体 *ys1*，并筛选构建的缺铁胁迫的 cDNA 文库，才得到 3 个全长或近乎全长的 *ys1* cDNA。*ys1* 在酵母双突变株 DEY1 453（*fet3*、*fet4*）中的表达，能够恢复此种在仅以 Fe^{3+}-DMA 为铁源的培养基上生长的突变株的生长，表明 YS1 是一种 MAs-Fe^{3+} 转运体。Shintaro 等[43]在水稻基因组中鉴定了 18 个假定的 OsYSLs，表明：36%～76%的序列与玉米 Fe^{3+} 植物铁载体转运体 YS1 相似，尤其对 OsYSL2 非常感兴趣，并证明 OsYSL2 是水稻的一个金属-NA（尼克烟酰胺）转运体，负责铁和锰在韧皮部的运输，将铁和锰转运到植物体内。而 DiDonato，Schaaf 对[44,45] *AtYSL2* 基因进行的研究表明，*AtYSL2* 可能参与铁和锌的转运。

3 缺铁胁迫下的蛋白质表达模式研究

植物在逆境胁迫条件下，基因表达发生改变。一些正常基因被关闭，而一些与适应逆境相关的基因则开始表达；表现出正常蛋白合成受阻，诱导合成新的蛋白，也有人将其称之为逆境蛋白[46]。植物铁蛋白是存在于植物细胞质体中的一种专门储存铁的蛋白质。此蛋白主要在种子形成、叶片衰老或环境铁过量时积累铁，在种子萌发等过程中释放铁，维持铁的动态平衡，具有铁储存和避免铁毒害的双重功能[47]。铁蛋白是由排列成 4-3-2 对称空壳的 24 个同源或异源亚基所结合成的一个蛋白质复合体，壳中央可以储存 4 500 个 Fe^{3+}。铁蛋白的三维结构是高度保守的。植物铁蛋白亚基首先形成一种前体物质，该前体物质一般具有一个超过 70 个氨基酸残基的 N-端伸展肽（extention peptide，EP）。伸展肽的第一部分是一个质体定位（plastid target2ting，PT）序列（大约 40 个残基），用于铁蛋白在质体中的定位，在蛋白质进入质体后被剪切掉。第二部分伸展肽序列是植物特异的序列，存在于成熟铁蛋白的 N2 端，可能是体外蛋白质稳定性调控的一个重要决定因素。铁蛋白储存铁的过程主要包括 Fe^{2+} 的氧化、Fe^{3+} 的移动、矿质铁心的形成和生成。

早期的研究主要集中在蛋白质方面。后来，Holden 等[48]从番茄中分离得到了 Fe^{3+} 螯合物还原酶蛋白，分子量为 35ku。随着酵母和植物铁吸收功能缺陷突变体的发现，人们采用异源或同源功能互补法，已成功克隆了许多关键性基因。Mori[49]在植物中发现转铁蛋白、血红蛋白，特别是在发现 *Nramp* 基因家族在金属离子的转运，尤其是在铁离子的代谢中起着重要的调控作用的基础上，提出植物中可能存在一种全新的铁素吸收机制——吞噬机制（en-docytotic mechanism）。这一机制系统可能涉及转铁蛋白和 Nramp 蛋白。Fisher 等[50]在绿藻中第 1 次发现一种除动物界之外的，高盐缺铁诱导的，存在于质膜上的植物转铁蛋白类似蛋白 Ttf-p150（transferring-like protein），在 3. 5mol/L NaCl 下可提高摄铁效率 2～3 倍，并证明它以吞噬方式吸收转运 Fe^{3+}。Herbik 等[51]在番茄野生型（*Lycopersicon esculentum* Mill cv. Bonner Beste）和尼克烟酰胺突变株（*chln*）中表达的变化的研究中，利用一维和二维电泳分离蛋白质，并在 PVDF 膜上用电印迹法找到染色后的蛋白质斑，利用气相蛋白质测序仪 LF3400 将蛋白质排序，进行同源关系的比较研究。柴东方[52]在水稻缺铁条件下提取根可溶性蛋白，进行 SDS-PAGE 分析，发现一条 43 ku蛋白质加强表达。在对缺铁与 $FeCl_3$ 为铁营养培养的水稻根可溶性蛋白的双向电泳分析结果比较中，未发现明显的特异表达蛋白质点。通过凝胶图像分析，得到了差异蛋白质点的大约相对分子量和等电点。从凝胶上提取其中 23 个点的蛋白质，用胰酶进行酶解。继而进行了 MALDFTOF 检测，得到了 19 张蛋白质的肽质量指纹谱。对其中较理想的 14 种蛋白质的肽质量指纹谱进行数据检索、分析，证明在缺铁时，NAD-依赖的甲酸脱氢酶、核苷二磷酸激酶、延长因子 1α3 种蛋白质加强表达。

Satoshi 等[53]通过对缺铁大麦根系蛋白进行电泳发现了 6 条与缺铁相关的蛋白，这些蛋白为 53、52、31、30、26、25ku，并证明了 53ku 和 52ku 多肽的功能，而 26ku 和 25ku 多肽只在缺铁时出现。Arulananthm 和 Terry[54]在缺铁胁迫下的甜菜根中发现了与缺铁有关的 25ku 和 34ku 多肽，并推测其中一条为 Fe^{3+} 还原酶，一条为 Fe^{2+} 运输蛋白。1988 年 Bienfait 等[55]人对番茄 *FER* 基因突变体根细胞膜蛋白的研究表明野生型番茄在缺铁胁迫下有两条谱带，在供铁条件下则没有；而突变体无论在缺铁或是供铁条件下，均没有这两条带。作者推测 *FER* 基因编码一种调控蛋白，这种蛋白能感受缺铁的胁迫并与基因的调控序列结合，启动缺铁适应性反应，同时它能与铁二价离子结合，改变其形状，使其不能与基因的调控序列结合，从而关闭基因的表达，停止缺铁适应性反应。而 Bereczky

认为[56]，FER 可能作为一个调节因子，响应不同铁浓度诱导根产生适当的反应和参与植物侧根尖对环境铁水平的感知以及参与调节维管系统中铁的运输。Brumbdarova 等的研究表明[57]，FER 可以影响相关基因的转录，而且 FER 的活性由铁的供应量和多种调控水平上决定。平吉成[58]在对小金海棠和山定子膜蛋白的研究中发现，缺铁胁迫下，小金海棠的电泳图谱上有一条特异的谱带。虽然该蛋白的作用和性质还有待于进一步证明，但它至少为小金海棠的基因表达的研究提供了动力和依据。Herbik 等[59]在番茄细胞膜的研究中发现，缺铁胁迫后有三种多肽表达量增加，可能与铁的吸收和利用有关。Eidet 等[60]从玉米中分离出一个 32ku 的多肽，而 Schmide 等[61]在番茄根系中发现有 7 种多肽在缺铁胁迫下表达量显著增加，并认为这些蛋白不是定位在细胞质膜上就是可溶性的。Herbik 等[59]研究了番茄叶和根在缺铁胁迫下的基因表达情况，发现三条多肽在缺铁胁迫条件下表达量增加。进一步的序列分析表明这三条多肽可能是甘油醛-3-磷酸脱氢酶（GAPDH）、甲酸脱氢酶（FDH）和抗坏血酸过氧化物酶（AP）。Suzuki 等[62]也在缺铁胁迫的大麦根系中发现了七种蛋白，并证明其中 W 蛋白为 FDH（甲醇脱氢酶）。同时克隆并测序了这一编码 FDH 的 cDNA 克隆。所有这些关于特异蛋白的研究，为进一步研究植物缺铁适应性机制及克隆特异基因进行分子水平上的研究奠定了基础。

4　信号在调控植物缺铁中的作用

随着植物激素信号的识别和转导系统研究的不断深入，研究信号在调控植物缺铁适应性反应中的作用已成为目前的热点。一种观点认为，根系本身可以直接对缺铁做出适应性反应。Bienfait 等[1]人发现去顶马铃薯的根系也有正常的缺铁适应性反应，包括根毛形成、根尖膨大、根际酸化和铁还原力提高等。Romera 等[63]人也观察到去掉顶端和幼叶不影响黄瓜和向日葵的根系缺铁反应，表明它们在调控根系适应性反应中没有明显作用。另一种观点认为是一种信号可能是激素或其他生长调节物质，由处于低铁素营养水平状态的新梢运送到根尖区域，诱导根系缺铁适应性反应的发生[64]。植物激素的信号转导系统是以激素受体为起点，性状产生为终点的细胞内信号转导途径（常立）[65]。生长素信号传导分为两条主要途径：(1) 质膜上的生长素结合蛋白（ABP）可能起接收细胞外生长素信号的作用，并将细胞外信号向细胞内传导，从而诱导细胞伸长。(2) 细胞中存在的细胞液/细胞核可溶性结合蛋白（SABP）与生长素结合，在转录和翻译水平上影响基因表达（周德宝）[66]。Romera 等人（1994）[67]结果暗示，乙烯的生物合成过程或乙烯的释放与根系缺铁适应性反应有密切的关系，而 Li 的试验[68]推测 IAA 可能是作为一初始信号诱发缺铁的信号转导。

一种基因激活蛋白可能参与了诱导根系缺铁适应性反应发生的过程，在未与铁结合的状态下这种蛋白可以激活基因表达，使缺铁适应性反应发生。另外，叶片可以通过韧皮部向根系供应铁和碳水化合物量的变化来影响根系缺铁适应性反应的发生。Maas[69]借助分根实验，Grusak[70]采用豌豆的对铁高效的突变体 *dgl* 与其亲本系的 DGV 进行交互嫁接，证实 *dgl* 通过地上部产生信号物质调控根系的 Fe^{3+} 还原酶活性。分根实验和交互嫁接实验说明植物地上部存在感受体内铁水平的信号，监测地上部铁的丰缺，产生缺铁信号

(iron deficient signal，IDS) 和铁充足信号 (iron sufficient signal，ISS) 传导到根，促进根对铁吸收的生理生化变化。另一方面，根细胞内有识别 IDS 和 ISS 的机制整合根部信号，调节根细胞铁吸收系统的基因表达。根中细胞质外表面的铁传感器负责监测根自由空间内是否有可利用的 Fe (Ⅲ)，转化为细胞内信号，与地上部的 IDS 或 ISS 传导来的信号整合调节基因表达[71]。

番茄突变体 fer 使植株的缺铁适应性反应相关基因的表达在缺铁条件下不能启动，缺铁适应性反应不能发生 (Ling)[72]。豌豆突变体 *brz* 和 *dgl*，缺铁诱导的 *FROI* 等基因的表达在植物体内铁充足时不能关闭，即机理Ⅰ缺铁反应为组成型，无论铁充足与否，缺铁适应性反应都发生。因此研究这几个突变体对最终从分子水平上解释植物的缺铁适应性反应有着重要的意义。Schikora[73]的实验说明，豌豆突变体 *brz* 与 *dgl* 无论根系缺铁与否根系 Fe^{3+} 还原酶活性都表现出与对照相比明显增高的现象，而根尖转移细胞只在缺铁条件才表现出增多的趋势。拟南芥突变体 *man*1 在正常铁水平下也表现出根系 Fe^{3+} 还原酶活性的明显增高，但根系的形态学变化却与生理学变化不一致，其根毛数量增多的现象只在缺铁条件下表现。因此缺铁适应性反应中调控形态学与生理学变化的机制不一致，调控形态学的变化可能依赖于根系本身感受缺铁的信号，调控生理学的变化可能依赖于地上部的 IDS[74]。Petit[75]在植物中发现 NO 可能在铁蛋白启动子铁依赖的调控序列的下游起作用，参与了铁蛋白的表达调控。除了调控铁蛋白的表达，NO 改善了植物体内的铁含量，还恢复了铁吸收缺陷突变体的黄叶的表型，并在一定水平上调控了铁的代谢和参与了植物体内铁稳定的平衡，NO 可能是植物缺铁的信号分子[76]。

5 展望

为了矫治植物的缺铁失绿，筛选吸收利用铁能力强的基因型植物，已成为克服植物缺铁失绿症的根本途径，但仍有许多问题尚未得到完全解决：(1) 如何探讨开发功能性铁营养新物种；(2) 作物铁相关新基因的克隆及功能的鉴定，与缺铁有关的关键基因——转录因子基因的筛选和克隆，并研究其基因的启动子区、基因表达的调控机制；所以仍需获得大量的铁素吸收转运功能缺陷突变体；(3) 缺铁胁迫下的蛋白质表达模式的作用和性质，缺铁信号分子的确定，转铁蛋白基因作物新品种的开发；(4) 吞噬机制模型的提出，微生物铁载体调控机制的研究仍需直接的实验证据加以证实，最终达到提高植物的铁营养效率，从而改善人类铁营养的目的。

参考文献

[1] Romheld V，Marschner H. Mechanism of iron up take by peanut Ⅰ. Fe^{3+} reduction，chelate splitting and release of phenolics [J]. Plant Physiol，1983，71：949 - 954.

[2] Stephan U W，Scholz G W. Nicotianamine：mediator of transport of iron and heavy metals in the phloem? [J]. Physiol Plant，1993，88：206 - 211.

[3] 张福锁. 植物营养研究新动态：第三卷 [M]. 北京：北京农业大学出版社，1995.

[4] Mass F M, van de Wetering P A M, Van Beusichem M L, et al. Characterization of phloem iron and its possible role in the regulation of Fe-efficiency reaction [J]. Plant Physiol, 1988, 87: 167 - 171.

[5] Bienfait H F. Mechanisms in Fe-effieiency reactions of higher plants [J]. J Plant Nutr, 1988, 11: 605 - 629.

[6] Bienfait H F, Deweger L A, Kramer D. Control of the development of iron-effieiency reactions in potato as a response to iron deficiency is located in the roots [J]. Plant Physiol, 1987, 83: 244 - 247.

[7] 韩振海，沈隽．园艺植物根际营养学的研究——文献述评 [J]. 园艺学报，1993，20 (2): 116 -122.

[8] Mengel K. Iron availability in plant tissues iron chlorosis on calcareous soils [J]. Plant and Soil, 1994, 165 (2): 275 - 283.

[9] Oserkowsky J. Hydrogen-iron concentration and iron content of tracheal sap from green and chlorotic pear trees [J]. Plant Physiol, 1932, 7: 253 - 259.

[10] 韩振海，许雪峰．不同铁效率果树基因型研究的现状和前景 [M] //园艺学年评. 北京：科学出版社，1995: 1 - 16.

[11] Holden M J, Luster D G, Chaney R L, et al. Fe-chelate reeducates activity of plasma membranes isolated from tomato roots [J]. Plant Physiol, 1991, 197: 298 - 303.

[12] Toulon V, Sentenac H, Thibaud J B. Role of apoplast acidification by the H^+ pump. Effect on the sensitivity to pH and CO_2 of iron reduction [J]. Planta, 1992, 186: 551 - 556.

[13] Romheld V, Marschner H. Mobilization of iron in the rhizosphere of different plant species [J]. Adv Plant Nutri, 1986, 2: 155 - 204.

[14] Robinson N J, Procter C M, Connolly E L, et al. A ferric-chelate reductase for iron uptake from soils [J]. Nature, 1999, 397: 694 - 697.

[15] Robinson N J, Groom Sadjuga J, Groom Q J. The *froh* gene family from *Arabidopsis thaliana* : putative iron2chelate reductases [J]. Plant Soil, 1997, 196: 245 - 248.

[16] Connolly E L, Campbell N H, Grota N, et al. 2003. Overexpression of the FRO2 ferric chelate reductase confers tolerance to growth on low iron and uncovers posttranscriptional control [J]. Physiol Plant, 133: 1102 - 1110.

[17] 李凌，罗小英，周泽扬，等．缺铁协迫下 4 种果树砧木中三价铁螯合物还原酶基因的表达 [J]. 植物生理与分子生物学报，2002，28 (4): 299 - 304.

[18] Waters B M, Blevins D G, Eide D J. Characterization of FRO1, a pea ferric-chelate reductase involved in root iron acquisition [J]. Plant Physiol, 2002, 129: 85 - 94.

[19] Li L, Cheng X, Ling H Q. Isolation and characterization of Fe (Ⅲ) -chelate reductase gene LeFRO1 in tomato [J]. Plant Mol Bio, 2004, 54: 125 - 163.

[20] 凌宏清．国际植物营养教学培训班暨植物营养学科研讨会．云南昆明，2004.

[21] Eide D, Broderius M, Fett J, et al. A novel iron2regulated metal transporter from plants identified by functional expression in yeast [J]. Proc Natl Acad Sci USA, 1996, 93: 5624 - 5628.

[22] Vert G, Grotzn, Dedaldecham P F, et al. *IRT*1, an *Arabidopsis* transporter essential for iron uptake from the soil and for plant growth [J]. Plant Cell, 2002, 14 (6): 1223 - 1233.

[23] Loubna K, Indrani C, Joshua A, et al. Identification of amino acid residues critical for post-translational regulation of the IRT1 metal transporter by iron in *Arabidopsis*. http: //abstracts. aspb. org/bp2004/public/M01/9117. html.

[24] Moriau L, Michelet B, Bogaerts P, et al. Expression analysis of two gene subfamilies encoding the

plasma membrane H^+-ATPase *Nicotiana plum baginifolia* reveals the major transport functions ofthis enzyme [J]. Plant J, 1999, 19 (1): 31-41.

[25] Curie C, Alonso J M, Jean M L, et al. Involvement of *Nramp1* from *Arabidopsis thaliana* in iron transport [J]. Biochem J, 2000, 347: 749-755.

[26] Thomine S, Wang R, Ward J M, et al. Cadmium and iron transport by members of a plant metal transporter family in *Arabidopsis* with homology to *Nramp* genes [J]. Proc Natl Acad Sci USA, 2000, 25: 4991-4996.

[27] Higuchi H, Suzuki K, Nakanishi H, et al. Cloning of nicotianamine synthase genes: novel genes involved in the biosynthesis of phytosiderophores [J]. Plant Physiol, 1999, 119: 471-479.

[28] Takahashi M, Yamaguchi H, Nakanishi H, et al. Cloning two genes for nicotianamine aminotransferase, a critical enzyme in iron acquisition (Strategy Ⅱ) in graminaceous plants [J]. Plant Physiol, 1999, 121 (3): 947-956.

[29] Takahashi M, Nakanishi H, Kawasaki S, et al. Enhanced tolerance of rice to low iron availability in alkaline soils using barley nicotianamine aminotransferase genes [J]. Nat Biotechnol, 2001, 19 (5): 466-469.

[30] Nakanishi H, Yamaguchi H, Sasakuma T, et al. Two dioxygenase genes, Ids3 and Ids2, from Hordeum vulgare are involved in the biosynthesis of mugineic acid family phytosiderophores [J]. Plant Mol Biol, 2000, 44 (20): 199-207.

[31] Weiss M G. Inheritance and physiology of efficency in iron utilization in soybeans [J]. Genetics, 1943, 28: 253-260.

[32] Brown J C, Chaney R L, Ambler J E. A new tomato mutant In efficient in the transport of iron [J]. Physiologia Plantarum, 1971, 25: 48-53.

[33] Sexena M C, Mathotra R S, Singh K B. Iron deficiency in chickpea in the Mediteranean region and its control through resistant genotypes and nutrition application [J]. Plant and Soil, 1990, 123: 251-255.

[34] Rodriguezde C S, Fehr W R. Variation in the inheritance of resistance to iron deficiency chlorosis in soybeans (abstract) [J]. Crop Science, 1982, 22 (2): 433-434.

[35] Mori S. Revaluation of the genes induced by iron deficiency in barley roots [A]. In: Tadao A et al. Plant Nutrition for Sustainable Food Production and Environment [C]. Dordrecht: Kluwer Academic Publishers, 1997: 249-254.

[36] Itai R, Suzuki K, Yamaguchi H, et al. Induced activity of adenine phosphor ribosyl transferase (APRT) in iron2deficiency barley roots: a possible role for phytosiderophore production [J]. J Exp Bot, 2000, 51 (348): 1179-1188.

[37] Suzuki K. Formate dehydrogenase, an enzyme of anaerobic metabolism, is induced by iron deficiency in barley roots [J]. Plant Physiol, 1998, 116: 725-732.

[38] Bell W D, Bogorad L, Mcllrath W J. Response of the yellow-stripe Maize mutant (ysl) to ferrous and ferric iron [J]. Bot Gaz, 1958, 120: 36-39.

[39] Champonx M C, Nordquisf W A, Compton W A, Morrs M R. Use of chromosomal translocations to locate genes in maize for resistance to high-pH soil [J]. J Plant Nutr, 1988, 11: 783-791.

[40] 张福锁．根分泌物与禾本科植物对缺铁胁迫的适应机理 [J]. 植物营养与肥料学报刊, 1995, 1 (1): 17-23.

[41] Okumura N, Nishizawa N K, Umehara Y, et al. A dioxygenase gene (Ids2) dxpressed under iron

deficiency conditions in the roots of *Hordeum vulgore* [J]. Plant Mol Biol, 1994, 25: 705-719.

[42] Curie C, Panaviene Z, Loulergue C, et al. Maize yellow stripe encodes a membrane protein directly involved in Fe (Ⅲ) uptake [J]. Nature, 2001, 409: 346-349.

[43] Shintaro Koike, Haruhiko Inoue, Mizuno D, et al. OsYSL2 is a rice metal-nicotianamine transporter that is regulated by iron and expressed in the phloem [J]. The Plant Journal, 2004, 39: 415-424.

[44] DiDonato R J, Roberts L A, Sanderson T, et al. Arabidopsis yellow stripe-like2 (YSL2): a metal-regulated gene encoding a plasma membrane transporter of nicotianamine-metal complexes [J]. Plant J, 2004, 39 (3): 403-414.

[45] Schaff G, Ludewig U, Erenoglu B E, et al. ZmYS1 functions as a proton-coupled symporter for phytosiderophore and nicotianamine-chelated metals [J]. J Biol Chem, 2004, 279: 9091-9096.

[46] 钱永常，余叔文．植物中的逆境蛋白 [J]. 植物生理学通讯，1989 (5): 5-11.

[47] Harrison P M, Arosio P, et al. The ferritins: molecular properties, iron storage function and cellular regulation [J]. Biochim Biophys Acta, 1996, 1275: 161-203.

[48] Holden M J, Luster D G, Chaney R L, et al. Fe^{3+} chelate reductase activity of plasma membranes isolated from tomato (*Lycopersicon esculentum* Mill.) root [J]. Plant Physiol, 1991, 97: 537-544.

[49] Mori S. Iron acquisition by plants [J]. Curr Opin Plant Biol, 1999, 2: 250-253.

[50] Fisher M, Irena G, Uri P, et al. A structurally novel transferring-like protein accumulates in the plasma membrane of the unicellular green alga *Dunaliella salina* grown in high salinities [J]. J Biol Chem, 1997, 272 (3): 1565-1570.

[51] Herbik A, Giritch A, Horstmann C, et al. Iron and copper nutrition-dependent changes in protein expression in a tomato wild type and the nicotianamine-free mutant chloronerva [J]. Plant Physiol, 1996, 111: 533-540.

[52] 柴东方．植物缺氧、缺铁胁迫的功能蛋白质组学 [J]. 生命的化学，2001, 21 (5): 1-3.

[53] Satoshi Mori, Masaaki Hachisuka, Shigenao Kawai, Seiichi Takagi. Peptides related top hytosiderophore secretion by Fe-deficient barley roots [J]. J Plant Nutri. 1988, 11 (6-11): 653-662.

[54] Arulanantham A R, Terry N. Evidence that a 25ku protein associated With sugar beet root plasma lemma may be involved in the enhanced uptake of iron by iron stressed plants [J]. J Plant Nutr, 1988, 11: 1127-1138.

[55] Bienfait H F. Protein under the control of the gene for Fe efficiency in tomato [J]. Plant Physiol, 1988, 88: 785-788.

[56] Bereczky Z, Wang H Y, Schubert V, et al. Differential regulation of nramp and irt metal transporter genes in wild type and iron uptake mutants of tomato [J]. J Bio Chem, 2003, 278: 24697-24704.

[57] Bumbarova T, Bauer Petra. Iron-mediated control of the basic helix-loop-helix protein FER, a regulator of iron uptake in tomato [J]. Plant Physiol, 2005, 137: 1026-1081.

[58] 平吉成．苹果属几个种的组织培养繁殖技术及其组培苗缺铁胁迫反应研究 [D]. 北京农业大学，1994.

[59] Herik A, Giritch A, Horstmann C, et al. Iron and copper nutrition-dependent changes in protein Dxpression in a tomato wild type and the nicotianamine-free mutant chloronerva [J]. Plant Physiol, 1996, 111: 533-554.

[60] Eide D, Brodedus M, Guerinot M. A novel iron-regulated metal transporter from plants identified by functional expression in yeast [J]. Proc Natl Acad Sci USA, 1996, 93: 5624-5628.

[61] Schmidt A, Buckhout T J. The response of tomato roots (*Lycoperscione sculentum* Mill) to iron deficiency stress: Alteration in the pattern of protein synthesis [J]. J Exp Bot, 1997, 48: 1909-1918.

[62] Kazuya Suzuki, Reiko Itai, Koichiro Suzuki, et al. Formate dehydrogenase, an enzyme of anaerobic metabolism, is induced by iron deficiency in barley roots [J]. Plant Physiol, 1998, 116: 725-732.

[63] Romera F J, Alcantara E, dela Guardia M D. Role of roots and shoots in the regulation of the Fe efficiency responses in Sunflower and cucumber [J]. Physiol Plant, 1992, 85: 141-460.

[64] Romheld V, Marschner H. Mobilization of iron in the Rhizosphere of different plant species [J]. Advances in Plant Nutr, 1986, 2: 155-204.

[65] 常立，石大兴，王米力．生长素信号传导研究进展 [J]. 亚热带植物科学，2003，32 (2)：69-71.

[66] 周德宝．生长素结合蛋白研究进展 [J]. 河南师范大学学报：自然科学版，2003，31 (4)：75-79.

[67] Romera F J, A lcantara E. Iron-deficiency stress responses in cucumber (*Cucumbis sativus* L.) roots-A possible role for ethylene? [J]. Plant Physiol, 1994, 105: 1133-1138.

[68] Li C J, Zhu X P, Zhang F S. Role of shoot in regulation of iron deficiency responses in cucumber and bean plants [J]. J Plant Nutr, 2000, 23 (11, 12): 1809-1818.

[69] Maas F M, Van de Weltering D A M, Van Beusichem ML, et al. Characterization of phloem iron and its possible role in the regulation of Fe-eficiency reaction [J]. Plant Physiol, 1988, 87: 167-171.

[70] Grusak M A, Pereshgi S. Shoot to Root Signal transmission regulates root Fe^{3+} reductase activity in the dgl mutant of Pea [J]. Plant Physiol, 1996, 110: 329-334.

[71] Gregory A X, Jean-Francois B, Catherine C. Dual regulation of the arabidopsis high affinity root iron uptake system by local and long-distance signals [J]. Plant Physiol, 2003, 132: 796-804.

[72] Ling H Q, Bauer P, Bereczky Z, et al. The tomato fer gene encoding a bHLH protein controls iron-uptake responses in roots [J]. PNAS, 2002, 99 (21): 13938-13943.

[73] Schikora A, Schmidt W. Iron stress-induced changes in root epidermal cell fate are regulated independently from physiological response to low iron availability [J]. Plant Physiol, 2001, 125: 1679-1687.

[74] Schmidtwand S A. Different pathwaysa rein volvedin phosphate and iron stress induced alterations of root epidermal cell development, lant [J]. Physiol, 2001, 125: 2078-2084.

[75] Petit J M, van Wuytswinkel O, Briat J F, et al. Characterization of an iron-dependent regulatory sequence involved in the transcriptional control of AtFer1 and ZmFer1 plant ferritin genes by iron [J]. J Biol Chem, 2001, 276 (8): 5584-5590.

[76] Graziano M, Beligni M V, Lamattina L. Nitric oxide improves internal iron availability in plants [J]. Plant Physiol, 2002, 130: 1852-1859.

（原载《安徽农业科学》2007 年第 33 期）

干旱胁迫对转 *BnDREB1-5* 烟草组织结构和光合日变化的影响

胡亚杰[1*]，王　闯[2]，刘卫群[3]，韦建玉[1]，
白　森[1]，李季刚[1]，徐石磊[1]

（1. 广西中烟工业有限责任公司，南宁　530001；
2. 广西壮族自治区药用植物园，南宁　530023；
3. 河南农业大学/国家烟草栽培生理生化研究重点实验室，郑州　450002）

摘　要： 转基因烟草叶片上表皮的气孔器和气孔开度大于野生型；气孔密度是野生型的60.9%。干旱胁迫后转基因烟草叶片结构几乎没有受到破坏，而野生型烟草叶片结构遭到严重破坏；PEP羧化酶活性降低幅度很小并且明显低于野生型烟草；光合日变化趋势一致，转基因烟草光合特性略微下降，并不影响正常光合作用，而野生型烟草光合特性明显受到破坏。

关键词： 烟草；DREB转录因子；干旱胁迫；叶片结构；光合日变化

干旱是烟草生长的主要影响因子之一[1]。如果干旱出现在团棵期，易造成烟株早花；出现在旺长期，会造成叶片发育不良、内含物不充实；出现在成熟期，会造成烟叶厚而粗糙，烟碱、含氮化合物含量过高而含糖量降低，造成糖碱比失调，还可能造成旱烘假熟现象。因此提高烟草的抗旱性是生产优质烟叶急需攻克的难关。光合作用是烟草产量和品质提高的基础[2]，烟草生长发育和产量品质的形成，最终决定于烟草个体和群体的光合作用。叶片结构同烟叶品质有着密不可分的联系[3]，并且叶片结构和气孔的密度、开闭是影响光合作用的内因。水分胁迫对烟草光合作用的影响已有大量报道[4,5]，但多偏重于光合速率、气孔导度和叶绿素含量等方面，对气孔、叶片结构和PEP羧化酶活性变化报道很少。

DREB（dehydration responsive element binding protein）类转录因子是植物中第二大转录因子AP2/EREBP家族中的一个亚族，主要参与植物感受环境胁迫的信号传递途径，通过调控下游一系列胁迫应答基因的表达使植物对低温、干旱和高盐等多种逆境的耐受性得到综合提高[6]。本研究采用从油菜中分离克隆得到的 *BnDREB1-5* 转录因子基因转化烟草，研究其气孔开度和密度变化，并在干旱胁迫下检测了烟草叶片结构变化和PEP羧化酶活性及光合作用日变化等指标，分析转基因烟草提高抗干旱能力的组织结构和光合机制，为解决常规技术措施无法克服的生产实际问题奠定基础。

基金项目：河南省攻关项目（编号：0624050012）。
作者简介：胡亚杰（1982—），女，硕士研究生，河南周口人，从事烟叶生产研究。

1 材料和方法

1.1 材料

本实验室获得的T1代转*BnDREB1-5*基因烟草品种Izmir。

1.2 方法

采用漂浮育苗培育烟苗至7叶期，移栽于装有15kg沙壤土的塑料盆中（32cm×28cm），每盆栽3棵烟苗。移栽后30d进行停水干旱处理，以正常浇水为对照。土壤相对含水率控制在35%～45%，10d后进行指标测定。

1.2.1 转*35S*：*BnDREB1-5*基因烟草叶片上、下表皮的气孔检测 分别取PCR鉴定呈阳性的转*35S*：*BnDREB1-5*基因烟草Izmir（T1）和对照植株自上而下第6片叶，用专用钳剥取同一叶位的上、下表皮，在装有测微尺的OLYMPUS光电显微镜下测量气孔密度（10个视野的平均值）和气孔器大小及气孔开张度（每个数据为测量40个气孔器和气孔的平均值）。

1.2.2 叶片结构取样、制片和测量 选取处理烟株从顶芽向下数第六片，取叶片中部具有侧脉的叶组织，切成5mm×5mm小块，取样后立即用FAA固定液固定保存。石蜡制片法切片，采用Leica旋转式切片机切片，切片厚度11μm，番红-固绿对染，加拿大树胶封藏。在Olympus显微镜下观察、测量并照相。通过Image-Pro Express 6.0图像分析软件，分别测定叶片厚度、栅栏组织厚度和海绵组织厚度等指标。

1.2.3 PEP羧化酶（PEPC）活性的测定 参照Masashi、施耐教等提供的方法[7,8]。

1.2.4 光合的测定 采用LI－6400型光合作用测定仪（美国LI-COR公司）测定，在晴天自然光强条件下，测定每株自上而下的第3、第4、第5片叶，每处理测定2株。

2 结果与分析

2.1 转*35S*：*BnDREB1*－*5*烟草叶片气孔大小和气孔密度分析

分析转基因烟草叶片上表皮气孔器和气孔开张的长度与野生型（*WT*）烟草叶片并无大的差异。上表皮的气孔器宽于野生型，而气孔开度略大于野生型（图1A）。转基因烟草

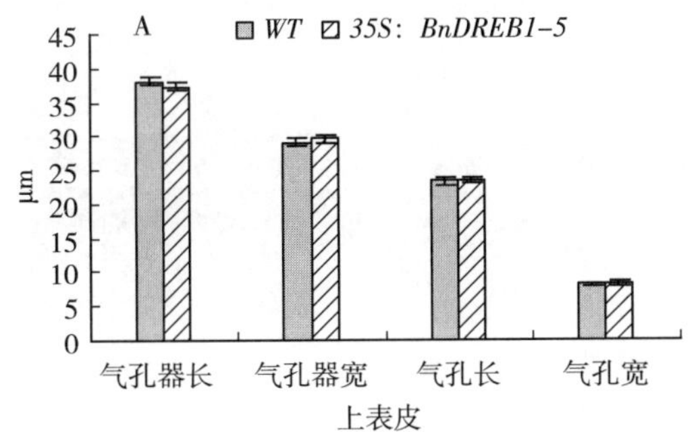

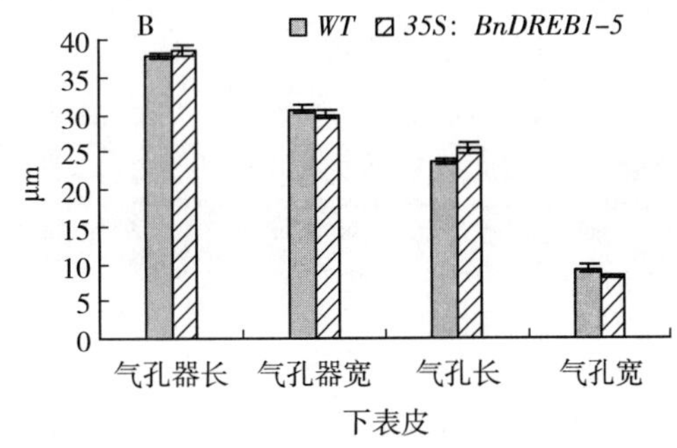

图1 转*35S*：*BnDREB1-5*基因烟草叶片上、下表皮气孔器大小与气孔开度

的下表皮气孔器长于野生型，但气孔器宽微小于野生型，气孔开张的长度明显大于野生型，但宽度稍小于野生型（图1B）。表明转基因烟草的气孔器要比野生型的大。

从密度上分析（表1），转基因烟草的上、下表皮上的气孔密度都小于野生型，并且气孔密度差异很大，野生型烟草叶片上表皮的气孔密度几乎是转基因烟草的1.64倍，下表皮是转基因烟草的1.36倍。表明转基因烟草的气孔密度明显减少。

表1 转 *35S*：*BnDREB1-5* 烟草叶片和野生型烟草叶片气孔器密度

35S：*BnDREB1-5*（Izmir）		*WT*（Izmir）	
上表皮	下表皮	上表皮	下表皮
3.9±1.0	8.4±0.9	6.4±1.1	11.4±1.0

2.2 干旱胁迫对转 *35S*：*BnDREB1-5* 基因烟草叶片结构的影响

正常生长的野生型烟草叶片厚度、栅栏组织厚度和海绵组织厚度均高于转基因烟草叶片（表2）。干旱胁迫后，三者厚度无论是野生型还是转基因烟草都增加，但转基因烟草植株三者厚度明显低于野生型烟草。叶片栅栏组织厚度与海绵组织厚度比值的大小是衡量品种抗旱性能的指标之一[9,10]。正常条件下转基因烟草栅栏组织厚度/海绵组织厚度比值略高于野生型，干旱胁迫后，转基因烟草栅栏组织厚度/海绵组织厚度明显大于野生型烟草，是野生型烟草的1.23倍。正常生长的转基因烟草和野生型烟草叶片栅栏组织其长轴与表皮垂直，呈栅栏状，排列整齐，海绵组织性状不规则，胞间间隙大（图2，1；图2，3）。

表2 干旱胁迫的转 *35S*：*BnDREB1-5* 基因烟草叶片结构

处理	品种	叶片厚度（μm）	栅栏组织厚度（μm）	海绵组织厚度（μm）	栅栏组织/海绵组织
对照	野生型	175.33±5.575	62.49±3.859	99.44±2.766	0.63
	转基因	161.76±8.550	56.90±3.419	84.01±6.724	0.68
干旱	野生型	221.18±4.439	73.51±2.946	123.15±9.645	0.60
	转基因	187.60±7.023	70.13±3.895	94.66±6.951	0.74

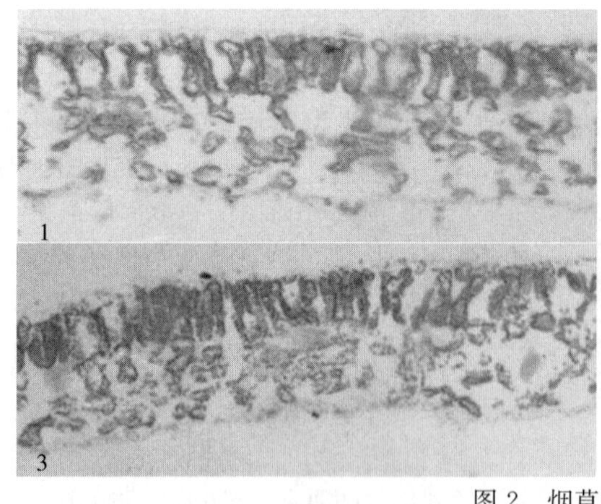

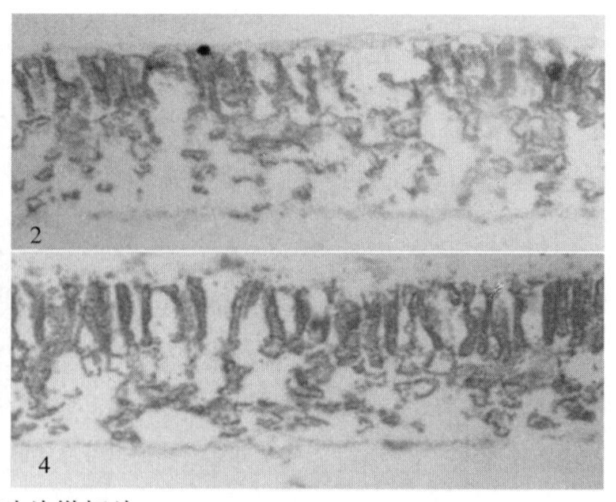

图2 烟草叶片纵切片

1. 正常条件下野生型烟草叶片纵切片 2. 干旱条件下野生型烟草叶片纵切片
3. 正常条件下转基因烟草叶片纵切片 4. 干旱条件下转基因烟草叶片纵切片

干旱胁迫后，转基因烟草叶片结构和正常生长的变化不大（图 2，4），而野生型烟草叶片结构受到严重破坏（图 2，2）。

2.3 干旱胁迫对转 *35S*：***BnDREB1-5*** 基因烟草叶片 PEP 羧化酶活性的影响

从图 3 可以看出，正常生长的转基因烟草叶片 PEP 羧化酶活性明显高于野生型烟草，是野生型烟草的 1.46 倍。干旱胁迫后，转基因和野生型烟草叶片 PEP 羧化酶活性都降低，分别降低 21.3%，59.0%，转基因烟草 PEP 羧化酶活性是野生型的 2.80 倍。

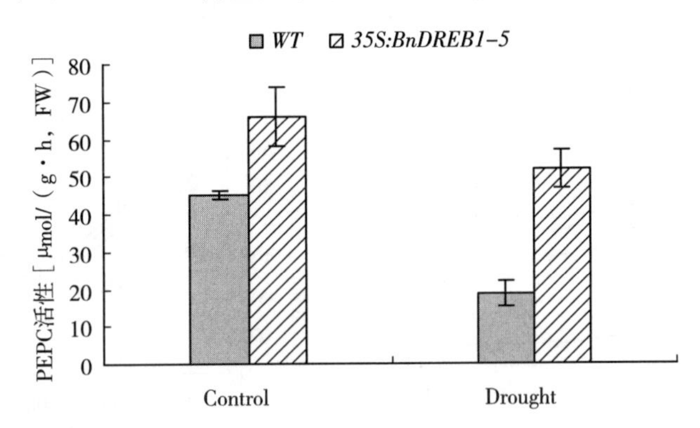

图 3　干旱胁迫对转 *35S*：*BnDREB1-5* 基因烟草叶片 PEC 羧化酶活性的影响

2.4 干旱胁迫对转 *35S*：***BnDREB1-5*** 基因烟草光合日变化的影响

图 4 结果显示，在晴天自然光强条件下，无论是正常生长还是干旱胁迫，转基因和野生型烟草光合特性的变化趋势都一样。净光合速率（*Pn*）随时间推移发生明显变化（图 4－A），11:00 和 15:00 左右各有 1 个高峰，中午明显下降，呈“午休”现象，日变化曲线为“双峰”型，并且下午的高峰低于上午的高峰，这与小麦[11]等作物的光合速率日变化相似。叶片蒸腾速率（*Tr*）随光照的增强和温度的升高而加强（图 4B），变化趋势基本与净光合速率（*Pn*）相同，其日变化也为“双峰”型。气孔导度（*Gs*）随着光合有效辐射的增强而增加（图 4C），在 11:00 达到最大，而后下降，在 15:00 左右又有所升高，而后随着气温的下降，光合有效辐射减弱，气孔导度降低。胞间 CO_2 浓度（*Ci*）的日变化基本与 *Pn* 相反（图 4D），当净光合速率较大时，叶肉细胞固定的 CO_2 较多，胞间 CO_2 浓度降低。当中午出现光合“午休”现象时，胞间 CO_2 浓度略有上升。

正常生长的转基因烟草光合特性比野生型略低，这与气孔密度的降低相一致。干旱胁迫引起烟草叶片光合特性的降低（图 4）。就 11:00 光合特性各测量值比较，正常条件下转基因烟草叶片 14.39μmol/(m^2·s)，野生型烟草 15.60μmol/(m^2·s)，干旱胁迫后转基因烟草 *Pn* 为 10.71μmol/(m^2·s)，降低了 25.6%，而野生型烟草为 4.36μmol/(m^2·s)，降低了 72.1%，野生型烟草叶片的降低幅度是转基因的 2.82 倍；转基因烟草 *Tr* 降低了 10.6%，而野生型烟草降低了 80.0%；转基因烟草 *Gs* 降低了 19.6%，野生型烟草降低了 80.5%，并且野生型烟草 *Gs* 在 8:00 时降低到零下；转基因烟草 *Ci* 降低了 11.3%，野生型烟草降低了 46.6%，降低幅度明显高于转基因烟草。

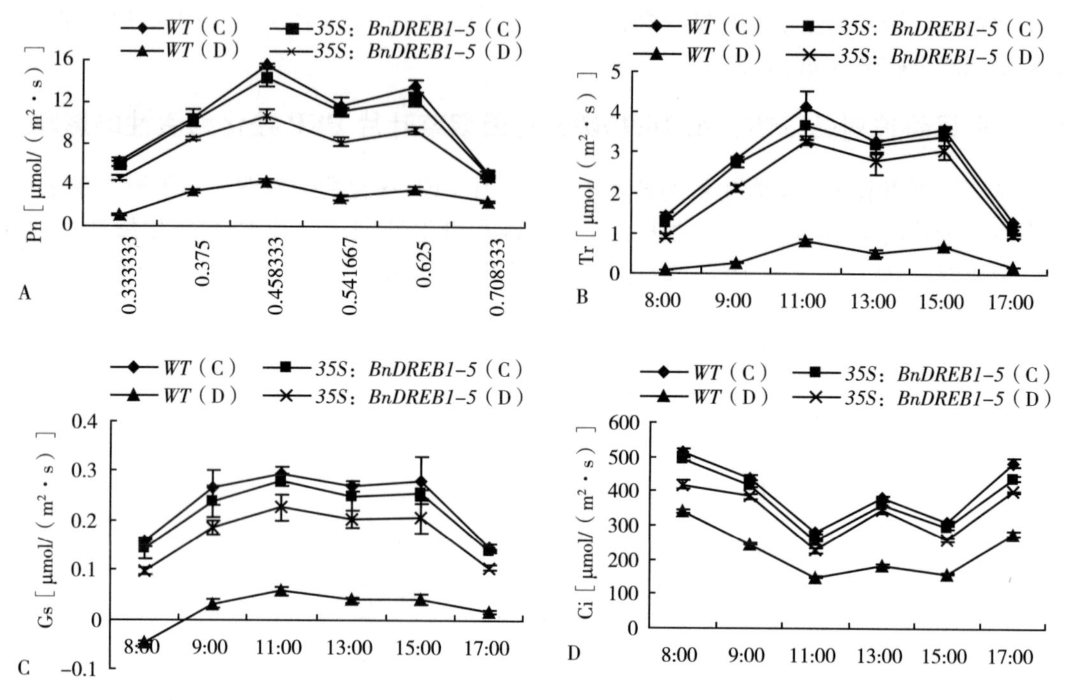

图4 干旱胁迫对转 *35S*：*BnDREB1-5* 基因烟草叶片光合特性的影响

3 讨论

刘卫群[12]等报道过转 *BnDREB1-5* 基因烟草（Basma）气孔密度和形态发生很大变化，并与烟草的持水性和叶绿素含量有关。本文研究发现，正常生长的转基因烟草气孔密度明显低于野生型烟草叶片，并且转基因烟草光合特性指标较野生型略低，气孔密度的明显减少和气孔开度的略微增加，使进入叶片的 CO_2 减少，引起气孔导度略有下降，从而造成正常生长的转基因烟草光合作用较野生型稍有降低。

干旱胁迫后转基因烟草叶片结构几乎没有受到破坏，栅栏组织和海绵组织厚度和分布几乎不受影响。与野生型相比，栅栏组织细胞细长，排列紧密，叶绿体密度大，叶绿素含量高，光合特性好。而野生型烟草经干旱胁迫后，叶片厚度、栅栏组织厚度和海绵组织厚度明显增加，且结构遭到严重破坏，气孔导度下降，光合速率降低，正常光合作用受抑。表明转基因烟草对干旱的耐受性增强。

无论是正常生长还是在干旱胁迫下，转基因烟草 PEP 羧化酶活性都明显高于野生型烟草，说明转基因使烟草叶片中 PEP 羧化酶活性提高。干旱胁迫后，转基因和野生型烟草 PEP 羧化酶活性都降低，这与冯福生[13]、董永华[14]的研究结果一致，但与那青松[15]用大豆所做的缓慢干旱试验结果相反。转基因烟草 PEP 羧化酶活性明显高于野生型烟草，对固定 CO_2 的底物 HCO_3^- 的亲和力较高，*Ci* 和 *Gs* 略微降低而不影响正常光合作用。

叶片是衡量植物叶片光合特性的主要指标，是叶片光合作用反应底物，是烟草植株吸收水分和体内养分运输的动力。干旱胁迫下，野生型烟草叶片 *Gs* 日变化 8:00 下降至零下，而后随着时间地推移略有上升但仍接近于 0，*Tr* 降低，导致 *Ci* 降低，*Pn* 明显下降，而转基因烟草的降低幅度明显低于野生型烟草（图 4）。

综上所述，DREB 类转录因子基因的过表达使烟草植株气孔密度明显少于野生型。干旱胁迫后转基因烟草植株组织结构、光合日变化等方面明显优于野生型，维持正常生长发育。而 PEP 羧化酶活性的提高是否使转基因烟草获得一些 C_4 植物的特性，有待进一步研究。

参考文献

[1] 韩锦峰．烟草栽培生理［M］．北京：中国农业出版社，1996：2－51.

[2] 江力，曹树青，戴新宾，等．光强对烟草光合作用的影响［J］．中国烟草学报，2000，6（4）：17－20.

[3] 高致明，刘国顺，周言记，等．烤烟叶片结构与叶长度关系的研究［J］．烟草科技，1993（4）：32－36.

[4] 覃鹏，杨志稳，孔志有，等．干旱对烟草旺长期光合作用的影响［J］．亚热带植物科学，2004，33（2）：5－7.

[5] 刘劲松，刘贞琦．土壤水分对烟苗生长及光合特性的影响［J］．中国烟草学报，2004，10（5）：43－47.

[6] 刘强，赵南明，K. Yamaguch-Shinozaki，等．DREB 转录因子在提高植物抗逆性中的作用［J］．科学通报，2001，45（1）：11－16.

[7] Masashi Hirai，Isamu Ueno. Development of citrus fruits：Fruits development and enzymatic changes in juice vesicle tissue［J］．Plant&Cell Physiol，1977，18：791－799.

[8] 施教耐，吴敏贤，查静娟．植物磷酸烯醇式丙酮酸羧化酶的研究Ⅰ．羧化酶同工酶的分离和变构特性的比较［J］．植物生理学报，1979，5（3）：225－236.

[9] 李小燕，李连国，刘志华，等．葡萄叶片气孔的研究 Ⅱ．气孔与葡萄生态适应性［J］．内蒙古农牧学院学报，1992，13（4）：69－73.

[10] 生兆江，夏国海．几个苹果叶片气孔的初步观察［J］．莱阳农学院学报，1985（2）：54－60.

[11] 许大全，丁勇，武海．田间小麦叶片光合效率日变化与光合“午睡”的关系［J］．植物生理学报，1992，18（3）：279－284.

[12] 刘卫群，石永春，胡亚杰，等．DREB 类转录因子介导的烟草抗非生物胁迫特性研究［J］．武汉植物学研究，2007，25（3）：222－225.

[13] 冯福生，葛东侠．水分胁迫对不同抗旱性冬小麦品种 PEPCase 活性的影响［J］．华北农学报，1990，5（增刊）：76－82.

[14] 董永华，史吉平，李广敏，等．干旱对小麦幼苗 PEP 羧化酶及细胞保护酶活性的影响［J］．河北农业大学学报，1994，17（增刊）：72－76.

[15] 那松青．C3 植物中 PEPCase 及其有关酶活性的研究［D］．中国科学院植物研究所，1986.

（原载《江苏农业科学》2011 年第 5 期）

干旱胁迫对转 *BnDREB1-5* 烟草碳氮代谢和渗透调节物质的影响

胡亚杰[1*]，宋 魁[2]，王 闯[3]，刘卫群[4]，韦建玉[1]

（1. 广西中烟工业有限责任公司，南宁 530001；
2. 河南中烟工业有限责任公司安阳卷烟厂，安阳 455004；
3. 广西壮族自治区药用植物园，南宁 530023；
4. 河南农业大学/国家烟草栽培生理生化研究重点实验室，郑州 450002）

摘 要：【目的与方法】在干旱胁迫后检测转 *BnDREB1-5* 基因烟草碳氮代谢指标和渗透调节物质变化。【结果】干旱胁迫后转基因烟草碳代谢指标淀粉酶活性、转化酶活性和可溶性糖含量都明显升高，野生型烟草淀粉酶活性和可溶性糖含量稍微升高，转化酶活性反而降低；转基因烟草氮代谢指标硝酸还原酶活性、可溶性蛋白质含量稍微下降，而野生型烟草两者都明显降低；转基因烟叶中有 BADH 活性，干旱胁迫后 BADH 活性升高，而野生型烟草中检测不到 BADH 活性；干旱胁迫后转基因烟叶中脯氨酸含量是野生型的 1.08 倍。【结论】干旱胁迫后转基因烟草碳氮代谢、防御酶活性等方面明显优于野生型。

关键词：烟草；DREB 转录因子；干旱胁迫；碳氮代谢；渗透调节

干旱是烟草生长的主要影响因子之一[1]。如果干旱出现在团棵期，易造成烟株早花；出现在旺长期，会造成叶片发育不良、内含物不充实；出现在成熟期，会造成烟叶厚而粗糙，烟碱、含氮化合物含量过高而含糖量降低，造成糖碱比失调，还可能造成旱烘假熟现象。因此，提高烟草的抗旱性是生产优质烟叶急需攻克的难关。

DREB（dehydration responsive element binding protein）类转录因子是植物中第二大转录因子 AP2/EREBP 家族中的一个亚族，主要参与植物感受环境胁迫的信号传递途径，通过调控下游一系列胁迫应答基因的表达使植物对低温、干旱和高盐等多种逆境的耐受性得到综合提高[2]。本研究采用从油菜中分离克隆得到的 *BnDREB1-5* 转录因子基因转化烟草，在干旱胁迫下检测了淀粉酶、可溶性糖和硝酸还原酶等碳氮代谢指标，脯氨酸和 BADH 活性变化，分析转基因烟草提高抗干旱能力的碳氮代谢机制和渗透调节物质变化，为解决常规技术措施无法克服的生产实际问题奠定基础。

1 材料和方法

1.1 材料

本实验室获得的 T1 代转 *BnDREB1-5* 基因烟草品种 Izmir。

1.2 方法

采用漂浮育苗培育烟苗至 7 叶期，移栽于装有 15kg 沙壤土的塑料盆中（32cm×28cm），每盆栽 3 棵烟苗。移栽后 30d 进行停水干旱处理，以正常浇水为对照。正常浇水相对含水率控制在 35%～45%，10d 后进行指标测定。

1.2.1 淀粉酶的测定 参照史宏志等[3]的方法。

1.2.2 转化酶的测定 转化酶活力的测定参照刘卫群等[4]的方法：称取新鲜烟样 1g，冰浴中研磨成匀浆，在 4℃下 5 000r/min 离心 15min，取上清酶液 2mL 加 5mL 0.05mol/L 磷酸缓冲液（pH 6）和 10%蔗糖 1mL，在 37℃水浴中保温 30min，取出后按水杨酸法测定还原糖的含量，以每小时每克鲜样中水解蔗糖的量表示酶活性。

1.2.3 硝酸还原酶活性 用活体法测定[5]。

1.2.4 可溶性糖测定用蒽酮比色法[5]；可溶性蛋白质含量的测定用考马斯亮蓝 G-250 染色法[5]；游离脯氨酸测定用茚三酮法[5]。

1.2.5 甜菜碱醛脱氢酶（BADH）活性的测定

BADH 的提取：参考梁峥等[6]的方法并作改进。准确称取 1g 新鲜烟样，液氮下迅速研成粉末，加入 10mL 酶提取缓冲溶液（100mmol/L Tricine-KOH，pH 8.5，2mmol/LEDTA，2mmol/L DTT，0.6mol/L 蔗糖）研磨成匀浆，以 10 000×*g* 离心 10min，所得上清液重复离心 2 次，收集上清液，加入饱和度至 55%的 $(NH_4)_2SO_4$，得到的沉淀用 1.5mL 酶悬浮缓冲液（10mmol/L Tris-HCL，pH 7.8，1mmol/L DTT，10%甘油）溶解，并在该缓冲液中透析除去 $(NH_4)_2SO_4$ 即得酶粗提液。

BADH 的活性分析：在 1mL 反应体系中，加入 0.95mL 反应缓冲液（100mmol/L Tris-HCL，pH 8.0，0.5mmol/L NAD^+，5mmol/L DTT），再加入 0.05mL 酶溶液，共计 1mL。放在紫外分光光度计的比色杯中，反应从加入 0.05mL 的 10mmol/L 甜菜碱醛开始，测定波长为 340 nm 处的吸收值。以水（不加甜菜碱醛）为空白对照做同样的测定。反应在 30℃下进行，时间为 30min。

$$酶的比活力[nmol/(min \cdot mg)] = \Delta_{OD} \times 10^{-3}/(\varepsilon_{max} \times C) \times 10^9$$

式中：Δ_{OD}为吸光值每分钟增加的平均值，ε 为摩尔消光系数（6 220），*C* 为测定时加入的酶量。

2 结果

2.1 干旱胁迫对转基因烟草叶片碳代谢的影响

2.1.1 干旱胁迫对转基因烟草叶片淀粉酶和转化酶活性的影响 由图 1 可知，正常生长的转基因烟草和野生型烟草叶片淀粉酶活性差别不大。干旱胁迫后，烟草叶片的淀粉酶活性都升高，野生型烟草叶片升高 19.2%，转基因烟草升高 51.2%，转基因烟草淀粉酶活性是野生型的 1.20 倍。而正常生长的转基因烟草转化酶活性明显低于野生型烟草叶片（图 2）。干旱胁迫后，转基因烟草转化酶活性升高 70.5%，而野生型烟草叶片转化酶活性降低 6.3%，转基因烟草酶活性比野生型高 29.7%。

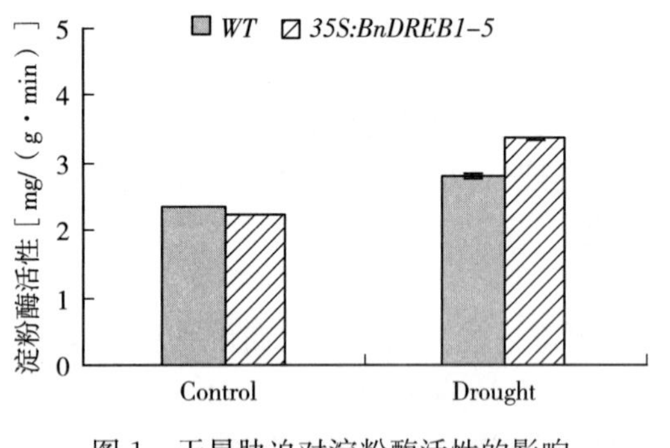

图 1　干旱胁迫对淀粉酶活性的影响

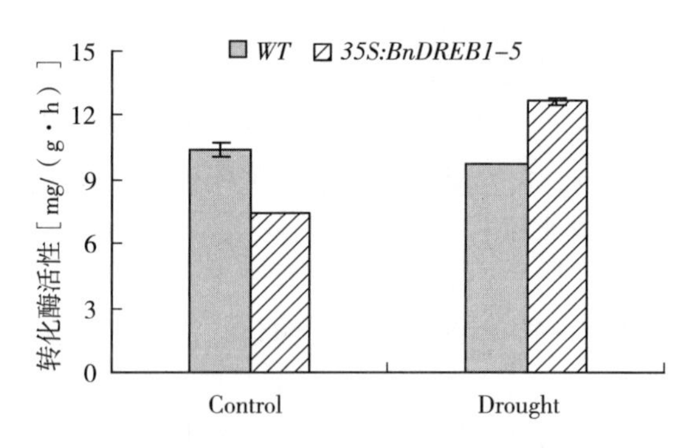

图 2　干旱胁迫对转化酶活性的影响

2.1.2　干旱胁迫对转基因烟草叶片可溶性糖含量的影响　逆境条件下植物体内常常积累大量的可溶性糖，它是一类渗透调节物质，植物通过渗透调节作用可提高其对逆境的抵抗能力。从图 3 可以看出，正常生长的转基因烟草可溶性糖含量低于野生型烟草叶片。干旱胁迫后，转基因烟草叶片可溶性糖含量升高 179.5%，野生型升高 10.6%，转基因烟草叶片可溶性糖含量是野生型的 1.86 倍。

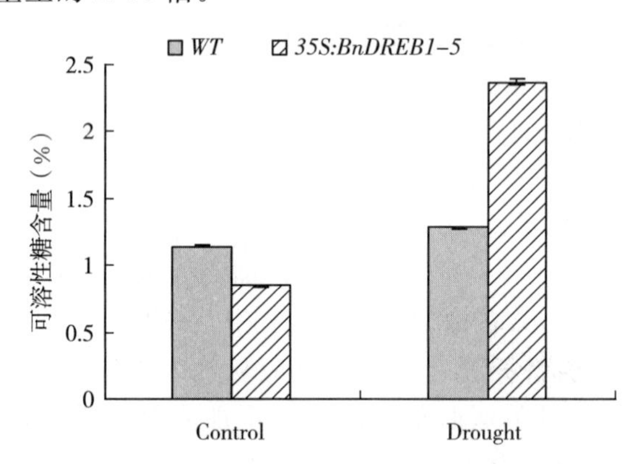

图 3　干旱胁迫对转基因烟草可溶性糖含量的影响

2.2　干旱胁迫对转基因烟草叶片氮代谢的影响

2.2.1　干旱胁迫对转基因烟草叶片硝酸还原酶活性的影响　硝酸还原酶（NR）是植物体内硝酸盐同化过程中的一种关键酶，其活性高低直接影响烟株的氮代谢过程，但其对水分非常敏感，其活性随着水分的变化而变化。正常生长的转基因烟草硝酸还原酶活性略高于野生型烟草叶片（图 4）。干旱胁迫后，转基因烟草硝酸还原酶活性仅降低了 22.0%，而野生型烟草降低了 89.2%，转基因烟草叶片酶活性是野生型的 8.4 倍。

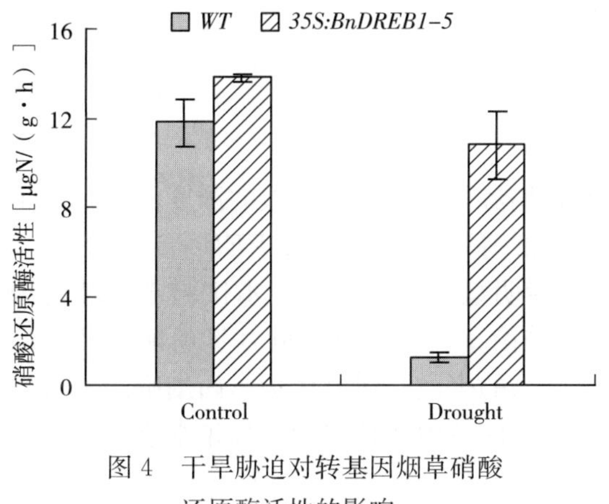

图4 干旱胁迫对转基因烟草硝酸还原酶活性的影响

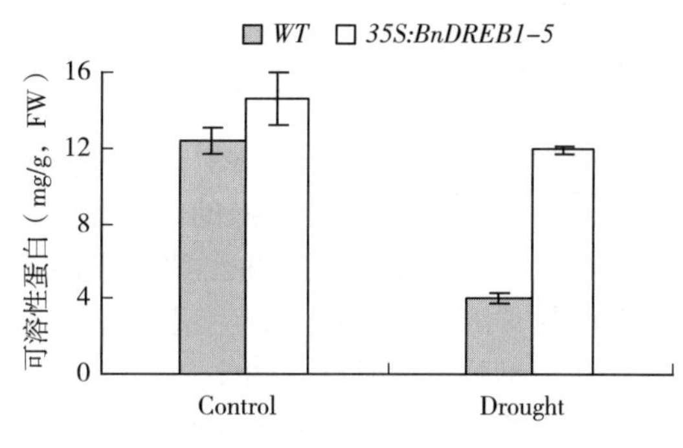

图5 干旱胁迫对转基因烟草可溶性蛋白质含量的影响

2.2.2 干旱胁迫对转基因烟草叶片可溶性蛋白质含量的影响 干旱胁迫引起烟草叶片可溶性蛋白含量下降（图5）。正常生长的转基因可溶性蛋白含量略高于野生型烟草叶片。干旱胁迫后，转基因烟草叶片可溶性蛋白质降低了18.9%，而野生型烟草降低了67.8%，转基因烟草叶片可溶性蛋白含量是野生型的2.97倍。

2.3 干旱胁迫对转基因烟草渗透调节物质的影响

2.3.1 干旱胁迫对转基因烟草叶片脯氨酸含量的影响 脯氨酸是一种有效的有机渗透调节物质。几乎所有的逆境，如干旱、低温、高温、冰冻、盐渍等都会造成植物体内脯氨酸的积累，并且积累的指数与植物的抗逆性有关。因此，脯氨酸常作为植物抗旱的一项生理指标。正常生长的转基因烟草脯氨酸含量低于野生型。干旱胁迫后，转基因烟草升高27.6%，而野生型升高14.5%；脯氨酸含量是野生型的1.08倍。

2.3.2 干旱胁迫对转基因烟草叶片甜菜碱醛脱氢酶活性的影响 烟草原本为不含BADH植物[7]，所以在野生型烟草植株中未检测到BADH的活性（图7）。而正常生长的转基因烟草BADH活性为1.4nmol/(min·mg)，干旱胁迫后酶活性升高，为2.0nmol/(min·mg)。

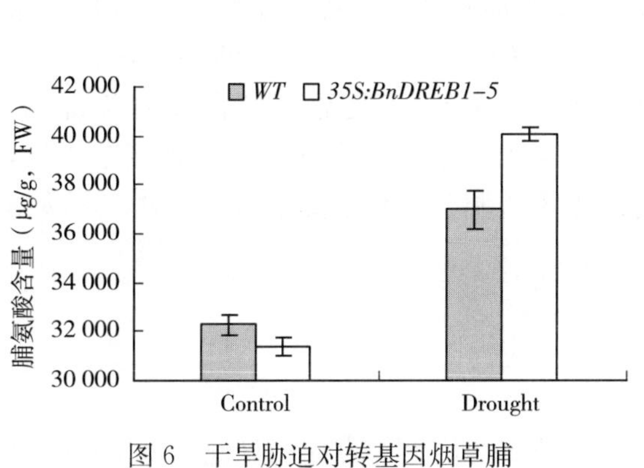

图6 干旱胁迫对转基因烟草脯氨酸含量的影响

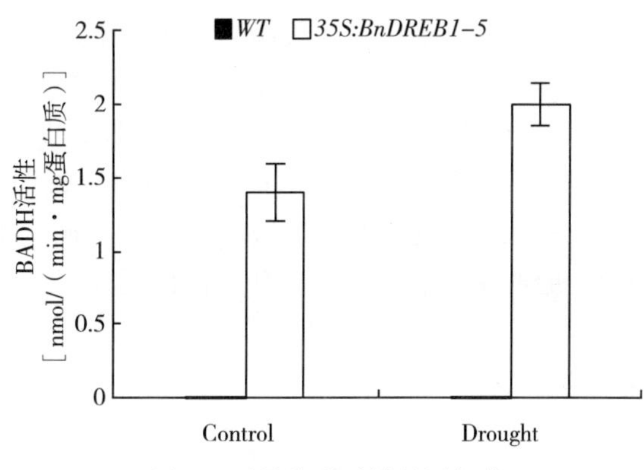

图7 干旱胁迫对转基因烟草BADH活性的影响

3 讨论

3.1 干旱胁迫对转基因烟草碳氮代谢的影响

植物受到干旱时，细胞内可溶性糖含量呈上升趋势，以增大细胞液的浓度，增加原生质的亲水性，从而提高植物的耐旱能力[2]。刘卫群等[8]研究转 *BnDREB-5* 基因烟草（Basma）的持水能力比野生型明显提高，细胞透性明显低于野生型。本试验中，转基因烟草叶片可溶性糖含量是野生型的 1.86 倍，主要是由于转基因烟草叶片淀粉酶、转化酶活性在干旱胁迫后升高（图 1、图 2）。大量可溶性糖的生成，促使植物体内细胞渗透势下降，这样植物可以从外界继续吸水，保持细胞膨压，使体内各种代谢过程正常进行，即干旱胁迫下植物产生渗透调节作用。

硝酸还原酶是氮素代谢的关键酶，其活性的高低直接影响氮素代谢，但其对水分非常敏感，其活性随着水分的变化而变化。韩锦峰等[9]研究发现干旱导致 NR 活性下降。赵惠杰等[10]报道香料烟 Basma 和 Samsun 品种对水分胁迫具有相同的反应。本试验研究结果也证实了这一点。干旱胁迫后野生型烟叶中 NR 活性明显下降，其变化趋势与刘卫群等[11]研究干旱胁迫下转 *BnDREB-5* 基因烟草光合作用中净光合速率变化相一致，表明二者密切相关。光合作用形成的糖运往细胞质后，经糖酵解产生的 NADH 可为硝酸盐还原提供氢供体，因此野生型烟草光合作用严重受阻，NR 活性降低。并且野生型烟草的可溶性蛋白含量明显降低，蛋白质合成减弱，进而导致 NR 活性降低。而转基因烟草在干旱胁迫条件下能维持正常光合作用，烟叶中 NR 活性和可溶性蛋白含量略有下降。

3.2 干旱胁迫对转基因烟草渗透调节物质的影响

脯氨酸是植物体内一种主要的渗透调节物质，在防御植物干旱伤害方面具有重要作用。干旱胁迫下，转基因烟草叶片中脯氨酸的大量积累是烟株自身对干旱的一种适应性调节反应；并且其含量的大量积累是另一种最引人注意的植物在氮代谢方面的转变，植物体内游离脯氨酸的增加可能与脯氨酸合成受激、氧化受抑和蛋白质合成受阻有关，这与前面 NR 活性和可溶性蛋白含量研究结果一致。

向植物中导入与甜菜碱合成相关的基因，可以增加酶活性、提高植物甜菜碱积累水平、进而增强抗逆性已有报道[12]。本试验中 *BnDREB1-5* 基因的过表达使烟草植株中显现 BADH 活性，并且干旱胁迫后 BADH 活性升高。BADH 是甜菜碱合成的关键酶，BADH 活性升高提高了烟草植株中甜菜碱积累水平，甜菜碱是一种重要的渗透调节物质，它积累在细胞质内保持与液泡的渗透平衡，对改善渗透调节具有重要作用，并对三羧酸循环的关键酶和光合作用具有保护作用。

4 结论

综上所述，干旱胁迫后转基因烟草碳氮代谢、防御酶活性等方面明显优于野生型，维持植株正常生长发育，而 BADH 活性的显现是否暗示转基因调控了甜菜碱基因的表达有待进一步研究。

参考文献

[1] 韩锦峰．烟草栽培生理［M］．北京：中国农业出版社，1996：2-51.

[2] 刘强，赵南明．DREB转录因子在提高植物抗逆性中的作用［J］．科学通报，2001，45（1）：11-16.

[3] 史宏志，韩锦峰，赵鹏，等．不同氮量和氮源下烤烟淀粉酶和转化酶活性动态变化［J］．中国烟草科学，1999（3）：5-8.

[4] 刘卫群，张联合，刘建利．烤烟生长发育过程中叶片转化酶活性变化初探［J］．河南农业大学学报，2002，36（1）：15-17.

[5] 邹奇．植物生理学试验指导［M］．北京：中国农业出版社，2000.

[6] 梁峥，赵原，李浴春，等．菠菜甜菜碱醛脱氢酶对甜菜碱醛的氧化［J］．植物学报，1991，33（9）：680-686.

[7] Ishitani M，Nakamura T，Han S Y，et al. Expression of the betaine aldehyde dehydrogenase gene in barley in response to osmotic stress and abscisic acid［J］．Plant Mol Biol，1995，27（2）：307-315.

[8] 刘卫群，石永春，胡亚杰，等．DREB类转录因子介导的烟草抗非生物胁迫特性研究［J］．武汉植物学研究，2007，25（3）：222-225.

[9] 韩锦峰，汪耀富，岳翠凌，等．干旱胁迫下烤烟光合特性和氮代谢研究［J］．华北农学报，1994，9（2）：39-45.

[10] 赵惠杰，林学梧，刘国顺．干旱胁迫对香料烟叶片生理特性的影响［J］．中国烟草，1993（1）：1-3.

[11] 刘卫群，胡亚杰，甄焕菊，等．干旱胁迫对转*BnDREB-5*基因烟草光合特性的影响［J］．武汉植物学研究，2008，26（3）：271-274.

[12] Sakamoto A，Murata N. The use of bacterial choline oxidase，a glycine-betaine-synthesizing enzyme，to create stress-resistant transgenic plants［J］．Plant Physiol，2001，125：180-188.

（原载《中国烟草科学》2011年第4期）

云南植烟区气候聚类分析

金亚波[1]，李天福[2]，韦建玉[1]，孙建生[1]，
邓宾玲[1]，白　森[1]，龙晓彤[1]，梁永进[1]

（1. 广西中烟工业公司，南宁　530001；
2. 云南烟草农业研究院，玉溪　653100）

摘　要： 采用系统聚类分析对植烟区6个气象要素进行聚类分析，根据各类型的指标特征及气候特点可看出，云南省主要植烟区的气候可划分为八大类型，分别是：以江川（24个县，属北亚热和中亚热气候带）、嵩明（27个县区，属北亚热和南温气候带）、腾冲（3个县，属北亚热气候带）、弥勒（12个县，属中亚热和南亚热气候带）、丘北（11个县区，属中亚热和南亚热气候带）、盐津（4个县，属北亚热气候带）、元江（4个县，属南亚热和北热气候带）、镇雄（3个县，属南温和北亚热气候带）为代表。第1～8生态区气候达一级相似的国内外城市分别有3、1、1、0、1、1、0、1个市，达二级相似的分别有12、15、3、13、13、1、5、3个市。八大生态区中，一级相似的城市相似距离在0.28～0.45之间，相似程度最高，相互引种容易成功。二级相似的城市相似距离在0.51～1.00之间，相似程度较高，相互引种成功率较高。

关键词： 植烟区；系统聚类；气候区划；引种

烤烟品种区域试验是烤烟引新品种生产推广的重要中间环节，目的是鉴定新、引进品种在不同生态区的适应性、抗病性、经济效能、质量特点和工业利用价值等，为品种审定、推广利用提供依据。而气象因子是影响烤烟品质、工业可用性的重要因素之一，国内外大量研究证明，气候条件影响烤烟烟叶化学成分及香气味[1～5]。由于云南省位于北纬21°8′32″～29°15′8″和东经97°31′39″～106°11′47″之间，东部与贵州、广西为邻，北部同四川相连，西北紧倚西藏，西部同缅甸接壤，南部和老挝、越南毗连。北依亚洲大陆，南临印度洋及太平洋，正好处在东南季风和西南季风控制之下，又受西藏高原区的影响，从而形成了不同纬度、不同海拔地理条件下的复杂多样的农业气候类型和气候特点。自然条件不同，同样的烤烟品种在各地的表现也不可能一致，只有将品种特性与当地自然条件结合起来，才能发挥优良品种的生产潜力。本文通过对云南烟区6个气候要素的聚类研究，意在选择适宜不同地区种植的新、引烤烟品种，从而优化不同地区烤烟品种布局。

1 材料和方法

1.1 材料

云南省 11 个地州 1980—1999 年 20 年气象资料（包括年均气温、生长季均气温，最冷月平均气温、最热月平均气温、年降水量、生长季降水量、生长季日照时数等）。

1.2 方法

采用算术平均数求出 20 年的平均值进行分析，对数据进行标准化变换，相似距离为欧氏距离，聚类方法是离差平方和[6]。气候相似分析采用计算相似距离的方法，根据欧式距离 $d_{ij}=\sqrt{\sum(X'_{ik}-X'_{jk})^2}$ 进行计算，为了使相似量级小些，采用修改的欧式距离：

$$d_{ij}=\sqrt{\sum(X'_{ik}-X'_{jk})^2/m}$$

d_{ij}为两地间的欧式距离（也称欧拉距），即相似距离系数，相似距离系数越小，说明相似程度越高，反之，则相似程度越低，X'_{ik}、X'_{jk}分别为 i，j 点 K 要素标准化处理后无量纲值。m 为农业气候要素的个数，即是样本集的空间维素。选择年均温、生育期均温、年降雨、生育期降雨、年日照时数、生育期日照时数 6 个要素进行相似分析，即 $m=6$。根据实际情况，相似等级共分四级，$d_{ij}\leqslant 0.5$ 为一级相似，$0.5<d_{ij}\leqslant 1$ 为二级相似，$1<d_{ij}\leqslant 1.5$为三级相似，$d_{ij}>1.5$ 为四级相似。

按《中国自然地理》和《云南农业地理》提出的划分气候带指标，采用≥10℃天数、≥10℃积温、最冷月均气温和降水量多年平均值等指标，对云南省的气候类型进行划分。

2 结果与分析

2.1 云南省烟草气候相似分析

2.1.1 云南气候类型的划分和烟草分布地区 据调查，云南植烟区集中分布在南温带、北亚热带、中亚热带、南亚热带四个气候带。

表 1 云南省 7 个气候类型划分表

气候带	≥10℃天数（d）	≥10℃积温（℃）	最冷月均温（℃）	极端最低气温（℃）	降水量（mm）	分布地区
北温带	<100	<1 600	<2	<−10	400～500	德钦、中甸、昭通的大包山、东川的落雪等
中温带	100～171	1 600～3 400	2～4	−5～−10	600～800 以上	维西、兰坪等
南温带	171～218	3 200～4 500	4～6	−4～−8	600～800 以上	昭阳区、威信、鲁甸、镇雄、宣威、会泽、富源、马龙、师宗、丽江、永胜、宁蒗、剑川、云龙等

（续）

气候带	≥10℃天数（d）	≥10℃积温（℃）	最冷月均温（℃）	极端最低气温（℃）	降水量（mm）	分布地区
北亚热带	218～239	4 200～5 300	6～8	−2～−5	1 000～1 500	盐津、彝良、大关、永善、沾益、陆良、罗平、寻甸、昆明、晋宁、安宁、富民、楚雄、姚安、大姚、南华、牟定、禄劝、武定、大理、巍山、祥云、保山、腾冲、龙陵、昌宁、贡山、砚山、丘北、西畴、泸西等
中亚热带	239～255	5 000～6 500	8～10	0～−3	1 000～1 200	绥江、宜良、文山、广南、马关、麻栗坡、红塔区、易门、新平、华宁、峨山、禄劝、永仁、弥渡、宾川、漾濞、永平、临沧、凤庆、施甸、福贡、弥勒、屏边、元阳、绿春、楚雄、江川、通海、澄江
南亚热带	285～365	6 000～7 500	10～15	2～−2	1 000～1 500	新平、巧家、蒙自、开远、建水、红河、石屏、金平、富宁、思茅、景东、江城、墨江、勐海、沧源、耿马、双江、澜沧、景谷、潞西、盈江、瑞丽、梁河、陇川、华坪、元谋、云县、永德、镇康等
北热带	365	7 500～9 000	>15	4～6	1 200～1 500 江谷地<1 000	河口、元江、景洪、勐腊、金平、孟定

在表 1 中，根据云南省的烟草分布情况，选择南温带的昭阳区、威信县、鲁甸县、镇雄县、宣威市、会泽县、富源县、马龙县、师宗县、剑川县、云龙县，北亚热带的盐津县、彝良县、永善县、沾益县、陆良县、罗平县、寻甸县、晋宁县、安宁市、富民县、楚雄市、姚安县、南华县、牟定县、禄劝县、武定县、大理市、巍山县、祥云县、保山市、腾冲县、砚山县、丘北县、西畴县、泸西县，中亚热带的宜良县、文山县、广南县、马关县、麻栗坡县、红塔区、易门县、新平县、华宁县、峨山县、禄劝县、永仁县、弥渡县、宾川县、漾濞县、永平县、施甸县、弥勒县、江川县、通海县、澄江县，南亚热带的巧家县、蒙自县、开远市、建水县、红河县、石屏县、华坪县、元谋县、云县，北热带的元江县作为本研究的区划定位研究点。

2.1.2　云南植烟区气候相似分析　采用系统聚类分析对云南 12 个地州 89 个植烟县的 6 个气象要素进行聚类（见图 1），各类型的指标特征及气候特点详见表 2。

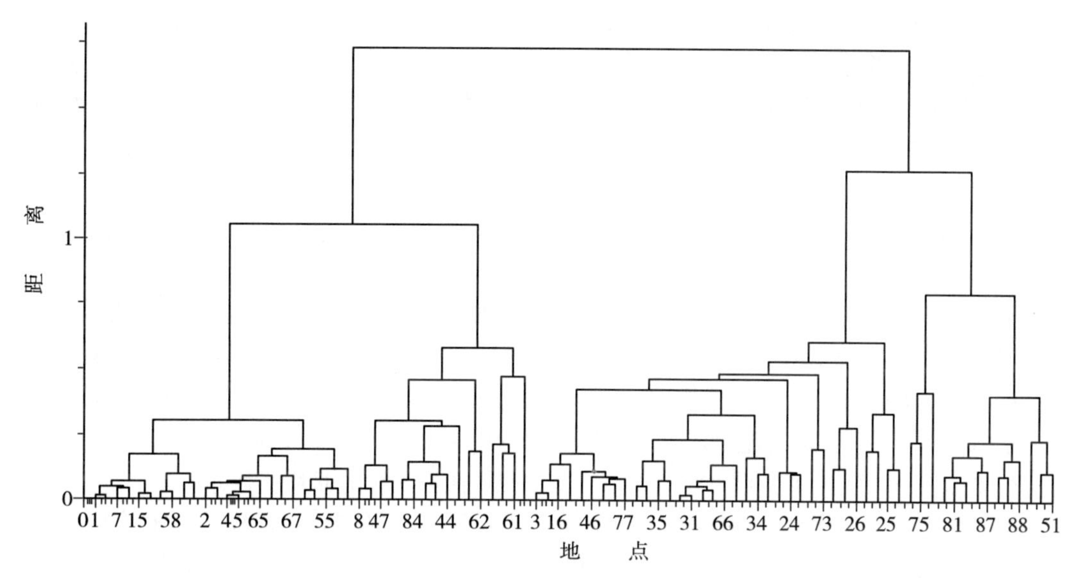

图1 云南烟区主要气象要素聚类图

表2 云南烟区主要气候要素各类群指标特征

类群	代表点	年均温（℃）	生长季均温（℃）	年降水量（mm）	生长季降水量（mm）	年日照时数（h）	生长季日照时数（h）	气候特点
1	江川	15.47	17.63	860.52	722.05	2 331.13	1 545.71	气候温和、雨量适中、日照充足
2	嵩明	14.29	16.49	981.53	837.24	2 092.12	1 321.32	气温偏低、雨量适中、日照充足
3	腾冲	14.97	17.03	1 795.03	1 540.27	1 926.37	1 210.40	气温偏低、雨量较多、日照充足
4	弥勒	18.42	20.58	899.07	757.20	2 318.23	1 555.02	气候温和、雨量适中、日照充足
5	丘北	17.22	19.16	1 257.56	1 059.06	1 939.93	1 295.06	气温温和、雨量多、日照充足
6	盐津	17.08	19.43	865.30	789.20	1 064.70	847.83	气候温和、雨量适中、日照较少
7	元江	21.40	23.65	739.70	601.95	2 376.80	1 401.40	气候高、雨量少、日照充足
8	镇雄	13.17	15.87	994.67	864.67	1 102.07	881.03	气温低、雨量适中、日照较少

从图1和表2中可看出，云南省主要植烟区的气候可划分为八大类型，分别是：

第一类包括：红塔区、易门县、江川县、通海县、华宁县、峨山县、富民县、禄劝县、晋宁县、呈贡县、宜良县、楚雄市、大姚县、姚安县、牟定县、南华县、双柏县、禄丰县、武定县、祥云县、弥渡县、巍山县、洱源县、隆阳区24个县（区）。该类型气候温和、雨量适中、日照充足。年均温15.47℃，生长季均温17.63℃，年降雨860.52mm，生长季降水量722.05mm，年日照2 331.13 h，生长季日照时数1 545.71 h，属北亚热和中亚热气候带。

第二类包括：澄江县、嵩明县、安宁市、寻甸县、西山区、官渡区、石林县、昭阳区、鲁甸县、沾益县、会泽县、宣威市、富源县、马龙县、陆良县、师宗县、泸西县、砚山县、大理市、漾濞县、永平县、云龙县、剑川县、鹤庆县、昌宁县、施甸县、永胜县27个县（区）。该类型气温偏低、雨量适中、日照充足。年均温14.29℃，生长季均温16.49℃，年降水981.53mm，生长季降水量837.24mm，年日照2 092.12 h，生长季日照时数1 321.32 h，属北亚热和中、南、北温气候带。

第三类包括：罗平县、腾冲县、龙陵县3个县。该类型气温偏低、雨量多、日照充足。年均温14.97℃，生长季均温17.03℃，年降水1 795.03mm，生长季降水量1 540.27mm，年日照1 926.37 h，生长季日照时数1 210.40 h，属北亚热气候带。

第四类包括：新平县、弥勒县、开远县、蒙自县、石屏县、建水县、文山县、永仁县、宾川县、华坪县、云县、景东县12个县。该类型气候温和、雨量适中、日照充足。年均温18.42℃，生长季均温20.58℃，年降水899.07mm，生长季降水量757.20mm，年日照2 318.23 h，生长季日照时数1 555.02 h，属中亚热和南亚热气候带。

第五类包括：丘北县、西畴县、广南县、马关县、麻栗坡县、临沧县、永德县、凤庆县、镇沅县、墨江县、思茅市11个市（县）。该类型气温温和、雨量多、日照充足。年均温17.22℃，生长季均温19.16℃，年降水1 257.56mm，生长季降水量1 059.06mm，年日照1 939.93 h，生长季日照时数1 295.06 h，属南亚热气候带。

第六类包括：盐津县、彝良县、绥江县、永善县4个县。该类型气候温和、雨量适中、日照较少。年均温17.08℃，生长季均温19.43℃，年降水865.30mm，生长季降水量789.20mm，年日照1 064.70 h，生长季日照时数847.83 h，属中亚热带湿润气候带。

第七类包括：元江县、巧家县、元谋县、南涧县4个县。该类型气候高、雨量少、日照足。年均温21.40℃，生长季均温23.65℃，年降水739.70mm，生长季降水量601.95mm，年日照2 376.80 h，生长季日照1 401.40 h，属南亚热和北热气候带。

第八类包括：大关县、镇雄县、威信县3个县。该类型气温低、雨量适中、日照较少。年均温13.17℃，生长季均温15.87℃，年降水994.67mm，生长季降水量864.67mm，年日照1 102.07 h，生长季日照881.03 h，属暖温带和北亚热气候带。

2.2 云南烟区与国内外主产烟区气候相似分析

进行相似分析时，在8个生态亚区各选一个县代表不同生态亚区与世界主产烟区进行相似距离的计算，江川县代表第一生态区，嵩明县代表第二生态区，腾冲县代表第三生态区，弥勒县代表第四生态区，丘北县代表第五生态区，盐津县代表第六生态区，元江县代表第七生态区，镇雄县代表第八生态区（表3、表4）。

表3 云南烟区与国内外主产烟区全年及生育期气象条件比较

地　区	气温（℃）		降水量（mm）		日照日数（h）	
	年平均	生育期	全年	生育期	全年	生育期
江川县	15.47	17.63	860.52	722.05	2 331.13	1 545.71
嵩明县	14.29	16.49	981.53	837.24	2 092.12	1 321.32
腾冲县	14.97	17.03	1 795.03	1 540.27	1 926.37	1 210.40

（续）

地区	气温（℃）		降水量（mm）		日照日数（h）	
	年平均	生育期	全年	生育期	全年	生育期
弥勒县	18.42	20.58	899.07	757.20	2 318.23	1 555.02
丘北县	17.22	19.16	1 257.56	1 059.06	1 939.93	1 295.06
盐津县	17.08	19.43	865.30	789.20	1 064.70	847.83
元江县	21.40	23.65	739.70	601.95	2 376.80	1 401.40
镇雄县	13.17	15.87	994.67	864.67	1 102.07	881.03
南卡罗来纳（美国）	17.3	19.8	1 267.7	820.1	2 827.2	1 809.8
弗吉尼亚（美国）	14.3	17.1	1 096.3	676.2	2 827.8	1 846.7
北卡罗来纳（美国）	15.2	17.8	1 052.4	652.4	2 607.7	1 678.4
佐治亚（美国）	16.3	18.9	1 289.7	796.7	2 736.6	1 755.3
哈拉雷（津巴布韦）	18.4	20.5	804.8	748.2	3 010.9	1 648.5
奇平加（津巴布韦）	18.3	19.9	1 097.5	947.1	2 848.7	1 605.7
坎皮纳斯（巴西）	19.7	18.9	1 393.1	688.4	2 661.2	1 562.8
库里蒂巴（巴西）	16.7	15.5	1 372.9	762.2	2 031.6	1 193.2
帕索奋多（巴西）	17.6	16.5	1 659.0	979.0	1 659.0	979.0
帕拉南（巴西）	25.0	25.6	1 329.5	1 209.0	2 456.8	1 158.6
圣玛利亚（巴西）	18.8	21.4	1 686.0	992.2	2 179.1	1 457.3
冈山（日本）	15.8	17.8	1 159.8	808.2	2 086.1	1 281.2
熊本（日本）	16.2	18.3	1 967.8	1 537.4	1 955.5	1 182.0
鹿儿岛（日本）	17.6	19.3	2 236.8	1 668.4	1 876.7	1 103.0
相川（日本）	13.1	14.4	1 563.2	816.9	1 661.5	1 164.3
千叶（日本）	15.0	16.6	1 249.8	733.4	1 808.2	1 088.1
海得拉巴（印度）	26.7	28.6	803.0	516.0	2 729.2	1 546.4
清迈（泰国）	25.4	23.9	1 185.0	671.0	2 738.2	1 587.6
青州市	12.7	16.4	677.7	528.8	2 576.2	1 609.2
许昌市	14.7	18.2	698.0	534.0	2 167.2	1 365.7
三明市	19.4	16.4	1 586.2	1 105.6	1 811.8	832.7
遵义市	15.2	17.7	1 095.0	788.0	1 224.4	883.4
郑州市	14.2	17.8	645.6	465.2	2 299.5	1 441.6
韶关市	19.4	21.7	1 422.5	1 099.8	1 852.4	1 099.4
西安市	13.4	17.1	573.1	362.5	1 910.2	1 265.9
太原市	9.6	13.9	456.9	345.3	2 555.0	1 599.1
青岛市	12.3	14.3	720.0	536.5	2 488.1	1 490.1

表 4 云南烟区与世界主产烟区气候相似等级

地点	江川		嵩明		腾冲		弥勒		丘北		盐津		元江		镇雄	
	相似距离	相似等级	相似距离	相似等级	相似距离	相似等级	相似距离	相似等级	相似距离	相似等级	相似距离	相似等级	相似距离	相似等级	相似距离	相似等级
南卡罗来纳（美国）	0.78	2	1.11	3	1.63	4	0.69	2	1.09	3	2.04	4	1.14	3	2.08	4
弗吉尼亚（美国）	0.66	2	1.00	2	1.78	4	0.90	2	1.27	3	2.10	4	1.42	3	2.01	4
北卡罗来纳（美国）	0.37	1	0.74	2	1.64	4	0.62	2	1.01	3	1.78	4	1.16	3	1.74	4
佐治亚（美国）	0.65	2	0.95	2	1.53	4	0.67	2	1.00	2	1.94	4	1.18	3	1.93	4
哈拉雷（津巴布韦）	0.76	2	1.14	3	1.89	4	0.59	2	1.20	3	1.98	4	0.84	2	2.10	4
奇平加（津巴布韦）	0.72	2	0.99	2	1.50	4	0.55	2	0.91	2	1.85	4	0.96	2	1.94	4
坎皮纳斯（巴西）	0.77	2	1.00	2	1.54	4	0.63	2	0.91	2	1.77	4	0.97	2	1.86	4
库里蒂巴（巴西）	0.82	2	0.53	2	1.14	3	1.01	3	0.65	2	1.18	3	1.41	3	1.05	3
帕索奋多（巴西）	1.33	3	0.99	2	0.90	2	1.38	3	0.74	2	1.05	3	1.68	4	0.96	2
帕拉南（巴西）	1.77	4	1.81	4	1.75	4	1.35	3	1.30	3	1.85	4	1.15	3	2.23	4
圣玛利亚（巴西）	1.09	3	1.10	3	1.10	3	0.86	2	0.63	2	1.56	4	1.16	3	1.69	4
冈山（日本）	0.54	2	0.30	1	1.17	3	0.69	2	0.43	1	1.11	3	1.13	3	1.08	3
熊本（日本）	1.65	4	1.40	3	0.28	1	1.64	4	0.97	2	1.72	4	2.00	4	1.61	4
鹿儿岛（日本）	2.01	4	1.77	4	0.64	2	1.94	4	1.29	3	1.94	4	2.24	4	1.89	4
相川（日本）	1.16	3	0.77	2	1.08	3	1.42	3	0.93	2	1.24	3	1.86	4	0.85	2
千叶（日本）	0.89	2	0.51	2	1.21	3	1.07	3	0.67	2	0.91	2	1.43	3	0.75	2
海得拉巴（印度）	1.93	4	2.22	4	2.71	4	1.46	3	1.96	4	2.35	4	0.95	2	2.81	4
清迈（泰国）	1.44	3	1.72	4	2.13	4	1.00	2	1.44	3	2.08	4	0.75	2	2.42	4
青州市	0.52	2	0.78	2	1.92	4	0.94	2	1.29	3	1.81	4	1.39	3	1.69	4
许昌市	0.43	1	0.54	2	1.74	4	0.69	2	0.96	2	1.27	3	1.04	3	1.28	3
三明市	1.49	3	1.16	3	0.96	2	1.49	3	0.87	2	1.13	3	1.72	4	1.12	3
遵义市	1.34	3	0.98	2	1.42	3	1.43	3	0.97	2	0.41	1	1.64	4	0.37	1
郑州市	0.45	1	0.66	2	1.87	4	0.76	2	1.12	3	1.46	3	1.12	3	1.44	3
韶关市	1.26	3	1.11	3	1.05	3	1.04	3	0.53	2	1.08	3	1.17	3	1.34	3
西安市	0.80	2	0.77	2	1.97	4	1.08	3	1.25	3	1.22	3	1.35	3	1.18	3
太原市	1.05	3	1.17	3	2.31	4	1.49	3	1.77	4	2.09	4	1.89	4	1.86	4
青岛市	0.64	2	0.72	2	1.86	4	1.12	3	1.31	3	1.75	4	1.58	4	1.54	4

2.2.1 以江川县为代表的第一生态区与世界主产烟区气候相似情况 与江川县为代表的第一生态区气候达一级相似的有美国的北卡罗来纳州、中国的许昌市、郑州市。相似距离在 0.37～0.45 之间，相似程度最高，相互引种容易成功。

达二级相似的有美国的南卡罗来纳州、弗吉尼亚州、佐治亚州，津巴布韦哈拉雷、奇平加，巴西的坎皮纳斯、库里蒂巴，日本的冈山、千叶，中国的青州市、西安市、青岛市。相似距离在0.52～0.89之间，相互引种成功率较高。

达三级相似：巴西的帕索奋多、圣玛利亚，日本的相川，泰国清迈，中国的三明市、遵义市、韶关市、太原市。相似距离在1.05～1.49之间，相似程度较差，引种不易成功。

达四级相似的有：巴西的帕拉南，日本的熊本、鹿儿岛，印度的海得拉巴，相似距离高达1.65～2.01，相似程度最差，相互引种不会成功。

2.2.2 以嵩明县为代表的第二生态区与世界主产烟区气候相似情况 与嵩明县为代表的第二生态区气候达一级相似的国内外烟区只有日本的冈山。

达二级相似的有：美国的弗吉尼亚州、北卡罗来纳州、佐治亚州，津巴布韦的奇平加，巴西的坎皮纳斯、库里蒂巴、帕索奋多，日本的相川和千叶，中国的青州市、许昌市、遵义市、郑州市、西安市、青岛市，相似距离在0.51～1.00之间，相互引种成功率较高。

达三级相似：美国的南卡罗来纳州，津巴布韦的哈拉雷，巴西的圣玛利亚，日本的熊本，中国的三明市、韶关市、太原市。相似距离为1.10～1.40，相似程度较差，引种不易成功。

达四级相似的有：巴西的帕拉南，日本的鹿儿岛，印度海得拉巴，泰国的清迈，相似距离高达1.72～2.22，相似程度最差，相互引种不会成功。

2.2.3 以腾冲县为代表的第三生态区与世界主产烟区气候相似情况 与腾冲为代表的第三生态区气候达一级相似的国内外烟区有：日本的熊本，相似距离仅0.28，相似程度较高，相互引种容易成功。

达二级相似的有：巴西帕索奋多，日本的鹿儿岛，中国的三明市。相似距离在0.64～0.96之间，相互引种成功率较高。

达三级相似的有：巴西库里蒂巴、圣玛利亚，日本的冈山、相川和千叶，中国的遵义市、韶关市，相似距离为1.05～1.42，相似程度较差，相互引种不易成功。

达四级相似：美国的南卡罗来纳州、弗吉尼亚州、北卡罗来纳州、佐治亚州，津巴布韦的哈拉雷、奇平加，巴西的坎皮纳斯、帕拉南，印度的海得拉巴，泰国的清迈，中国的青州市、许昌市、郑州市、西安市、太原市、青岛市，相似距离高达1.50～2.71，相似程度最差，引种不会成功。

2.2.4 以弥勒县为代表的第四生态区与世界主产烟区气候相似情况 与弥勒为代表的第四生态区气候达一级相似的国内外烟区没有。

达二级相似的只有美国的南卡罗来纳州、弗吉尼亚州、北卡罗来纳州、佐治亚州，津巴布韦的哈拉雷、奇平加，巴西的坎皮纳斯、圣玛利亚，日本的冈山，泰国的清迈，中国的青州市、许昌市、郑州市。相似距离为0.55～1.00，相互引种成功率较高。

达三级相似的有：巴西的库里蒂巴、帕索奋多、帕拉南，日本的相川、千叶，印度的海得拉巴，中国的三明市、遵义市、韶关市、西安市、太原市、青岛市。相似距离为1.01～1.49，相似程度较差，相互引种不易成功。

达四级相似的有：日本的熊本、鹿儿岛，相似距离高达1.55～2.38，相似程度最差，相互引种不会成功。

2.2.5 以丘北县为代表的第五生态区与世界主产烟区气候相似情况 与丘北县为代表的

第五生态区气候达一级相似的国内外烟区只有日本的冈山，相似距离仅 0.43，相似程度较高，相互引种容易成功。

达二级相似的有：美国的佐治亚州，津巴布韦的奇平加，巴西的坎皮纳斯、库里蒂巴、帕索奋多、圣玛利亚，日本的熊本、相川、千叶，中国的许昌市、三明市、遵义市、韶关市，似距离在 0.53～1.00 之间，相互引种成功率较高。

达三级相似的有：美国的南卡罗来纳州、弗吉尼亚州、北卡罗来纳州，津巴布韦的哈拉雷，巴西的帕拉南，日本的鹿儿岛，泰国的清迈，中国的青州市、郑州市、西安市、青岛市。相似距离为 1.01～1.44，相似程度较差，相互引种不易成功。

达四级相似的有：印度海得拉巴、中国太原市，相似距离高达 1.77～1.96，相似程度最差，相互引种不会成功。

2.2.6 以盐津县为代表的第六生态区与世界主产烟区气候相似情况 与盐津县为代表的第六生态区气候达一级相似的国内外烟区有中国的遵义，相似距离仅 0.41，相似程度较高，相互引种容易成功。

达二级相似有：日本的千叶，相似距离为 0.91，相互引种成功率较高。

达三级相似：巴西的库里蒂巴、帕索奋多，日本的冈山、相川，中国的许昌市、三明市、郑州市、韶关市、西安市。相似距离为 1.05～1.27，相似程度较差，引种不易成功。

达四级相似的有：美国的南卡罗来纳州、弗吉尼亚州、北卡罗来纳州、佐治亚州，津巴布韦的哈拉雷、奇平加，巴西的坎皮纳斯、帕拉南、圣玛利亚，日本的熊本、鹿儿岛，印度的海得拉巴，泰国的清迈，中国的青州市、太原市、青岛市。相似距离高达 1.56～2.35，相似程度最差，相互引种不会成功。

2.2.7 以元江县为代表的第七生态区与世界主产烟区气候相似情况 与元江县为代表的第七生态区气候达一级相似的国内外烟区没有。

达二级相似的有：津巴布韦的哈拉雷、奇平加，巴西的坎皮纳斯，印度海得拉巴、泰国的清迈，相似距离在 0.75～0.97 之间，相互引种成功率较高。

达三级相似的有：美国的南卡罗来纳州、弗吉尼亚州、北卡罗来纳州、佐治亚州，巴西的库里蒂巴、帕拉南、圣玛利亚，日本的冈山、千叶，中国的青州市、许昌市、郑州市、韶关市、西安市。相似距离为 1.04～1.43，相似程度较差，相互引种不易成功。

达四级相似的有：巴西的帕索奋多，日本的熊本、鹿儿岛、相川，中国的三明市、遵义市、太原市、青岛。相似距离高达 1.58～2.24，相似程度最差，相互引种不会成功。

2.2.8 以镇雄县为代表的第八生态区与世界主产烟区气候相似情况 与镇雄为代表的第八生态区气候达一级相似的国内外烟区有中国的遵义市。相似距离仅 0.37，相似程度较高，相互引种容易成功。

达二级相似的有：巴西的帕索奋多，日本的相川、千叶，相似距离在 0.75～0.96 之间，相互引种成功率较高。

达三级相似的有：巴西的库里蒂巴，日本的冈山，中国的许昌市、三明市、郑州市、韶关市、西安市。相似距离为 1.05～1.44，相似程度较差，相互引种不易成功。

达四级相似的有：美国的南卡罗来纳州、弗吉尼亚州、北卡罗来纳州、佐治亚州，津巴布韦哈拉雷、奇平加，巴西的坎皮纳斯、帕拉南、圣玛利亚，日本的熊本、鹿儿岛，印度的海得拉巴，泰国的清迈，中国的青州市、太原市、青岛市。相似距离高达 1.54～2.42，相似程度最差，相互引种不会成功。

3 小结

（1）对云南 12 个地州 89 个植烟县的 6 个气象要素进行聚类，划分为八个类型分别是：

第一类包括红塔区等 24 个县区。该类型气候温和、雨量适中、日照充足，属北亚热和中亚热气候带。第二类包括澄江县等 27 个县区。该类型气温偏低、雨量适中、日照充足，属北亚热和南温气候带。第三类包括罗平县等 3 个县。该类型气温偏低、雨量多、日照充足，属北亚热气候带。第四类包括新平县等 12 个县。该类型气候温和、雨量适中、日照充足，属中亚热和南亚热气候带。第五类包括丘北县等 11 个县。该类型气候温和、雨量多、日照充足，属中亚热和南亚热气候带。第六类包括盐津县等 4 个县。该类型气候温和、雨量适中、日照较少，属北亚热气候带。第七类包括元江县等 4 个县。该类型气候高、雨量少、日照足，属南亚热和北热气候带。第八类包括大关县等 3 个县。该类型气温低、雨量适中、日照较少，属南温和北亚热气候带。

（2）以江川、嵩明、腾冲、弥勒、丘北、盐津、元江、镇雄为代表的第 1～8 生态区气候，达一级相似的国内外城市分别有 3、1、1、0、1、1、0、1 个市，达二级相似的分别有 12、15、3、13、13、1、5、3 个市。八大生态区中，一级相似的城市相似距离在 0.28～0.45 之间，相似程度最高，相互引种容易成功。二级相似的城市相似距离在 0.51～1.00 之间，相似程度较高，相互引种成功率较高。达三级相似的城市，相似距离为 1.01～1.49，相似程度较差，引种不易成功。达四级相似的城市，相似距离高达 1.77～2.71，相似程度最差，相互引种不会成功。

参考文献

[1] 杨铁钊．烟草育种学 [M]. 北京：中国农业出版社，2003.
[2] 邵丽，晋艳，杨宇虹．生态条件对不同烤烟品种烟叶产质量的影响 [J]. 烟草科技，2002 (10)：40-45.
[3] 谢秀晴，王汉琼，张东明．陕西省烤烟品种布局研究 [J]. 中国烟草，1995 (1)：16-18.
[4] 林敬凡，鲁心正．气候条件对烤烟质量的影响 [J]. 气象，1995，21 (1)：44-47.
[5] 肖金香，刘正和，王燕，等．气候生态因素对烤烟产量与品质的影响及植烟措施研究 [J]. 中国生态农业学报，2003，11 (4)：158-160.
[6] 张文彤．SPSS 11.0 统计分析教程 [M]. 北京：北京希望电子出版社，2002：166-186.

云南玉溪植烟区气候—土壤因子聚类分析

金亚波[1,4]，李桂湘[2*]，韦建玉[2]，屈　冉[3]，李天福[4]，王　军[1,5]

（1. 广西大学农学院，南宁　530005；2. 广西中烟工业公司，南宁　545005；
3. 北京师范大学水科学研究院，北京　100875；
4. 云南烟草科学研究所，玉溪　653100；5. 广东南雄科学研究所，南雄　512400）

摘　要：采用系统聚类分析对植烟区 6 个气象要素进行聚类分析，根据各类型的指标特征及气候特点可看出，以玉溪江川县为代表的第一生态区气候达一级相似的有美国的北卡罗来纳州、中国的许昌市、郑州市。相似距离在 0.37～0.45 之间，相似程度最高，相互引种容易成功。主成分分析表明，玉溪市植烟区的烤烟品质与土壤中的碱解氮含量、有效钾含量、pH、有效磷含量关系最大。通过对玉溪市各（区）县土壤样品共 1 369 个进行聚类分析，结果表明：可把这些样品分成 5 个类群。它们的共同特征是土壤为中性至弱酸性，仅 9.50％的为低肥力区，其余为中等肥力至高肥力区，富含速效钾但全钾含量普遍偏低。与 1992 年相比，植烟土壤的盐碱化（pH＞8.0）提高较大，占 20.89％，适宜种烟的土壤（pH5.5～6.5）比例明显降低，降低了 11.94 个百分点。植烟土壤速效 N、P、K 养分明显提高。养分含量平均提高了 13.24 个百分点。

关键词：植烟区；气候；土壤；聚类分析；主成分分析

烟草作物的产质量主要受气候条件、作物品种培育、农业栽培技术措施、社会经济等因素的影响，是这些影响因素综合作用的结果。气候条件对烟草的品质和产量影响极大，因此，了解气候变化趋势不仅对主要粮食作物产量变化趋势有清醒的认识，而且对烤烟品种区域化、规模化良种布局有很大的现实意义。一些学者从不同层面研究了近几十年来气候变化对作物生产的影响[1～4]，为农业生产对气候变化的适应提供了重要气候依据。土壤是农业可持续发展的基础，是植物生存的源泉。土壤质地类型与其有效养分含量存在显著的相关性，表现为质地越黏重，养分含量越高；而且质地不同的土壤其水分、温度、空气和机械阻力表现不同，因此对作物生长发育和产量影响也不同。土壤质地不同不仅造成其有效养分和理化性状存在差异，而且导致作物对氮肥的利用率存在差异，所以根据土壤质地合理施肥实现作物高产高效备受关注。自 20 世纪 70 年代以来，大量研究证明，不同土壤类型上施肥数量和肥料种类对烟草的生长发育、产量和品质产生重要影响[5～7]。施肥不

基金项目：国家烟草局“以成熟度为中心的配套农业技术试验示范与推广（2004A26）”项目资助。
作者简介：金亚波（1976—），博士研究生，研究方向为作物生理生化与环境生态。Email：jinyabo@126.com。

仅改变了烟草的营养状况，而且影响其对各元素的累积、运输和分配。玉溪是云南乃至中国优质烟叶生产的大区，研究玉溪地区气候、土壤的现状，有利于品种区域化良种繁育和合理地利用当地农业气候资源，确定适合本地气候条件的耕作制度和农作物品种，进一步实施品种区域化合理布局，使烤烟生产逐渐向最适宜区、适宜区集中，将新品种选育、引进、布局、工业利用与烟草生物学特性及有利的生态环境相结合，充分发挥优良品种的遗传潜力，是不断提高烤烟生产质量和效益的重要途径。

1 材料和方法

1.1 材料

玉溪1980—1999年20年气象资料（包括年均气温、生长季均气温，最冷月平均气温、最热月平均气温、年降水量、生长季降水量、生长季日照时数等）。玉溪植烟区土壤资料收集。

1.2 方法

采用算术平均数求出20年的平均值进行分析，对数据进行标准化变换，相似距离为欧氏距离，聚类方法是离差平方和法进行系统聚类以及对土壤中的常量物质进行主成分分析[8]。

气候相似分析采用计算相似距离的方法，根据欧式距离 $d_{ij}=\sqrt{\sum(x'_{ik}-x'_{jk})^2}$ 进行计算，为了使相似量级小些，采用修改的欧式距离 $d_{ij}=\sqrt{\sum(x'_{ik}-x'_{jk})/m}$ 进行计算，其中，d_{ij} 为两地间的欧式距离（也称欧拉距），即相似距离系数，相似距离离系数越小，说明相似程度越高，反之，则相似程度越低；x_{ik}、x_{jk} 分别为 i，j 点K要素标准化处理后无量纲值；m 为农业气候要素的个数，即是样本集的空间维素。选择年均温、生育期均温、年降雨、生育期降雨、年日照时数、生育期日照时数6个要素进行相似分析，即 $m=6$。根据实际情况，相似等级共分四级，$d_{ij}\leqslant 0.5$ 为一级相似，$0.5<d_{ij}\leqslant 1$ 为二级相似，$1<d_{ij}\leqslant 1.5$ 为三级相似 $d_{ij}>1.5$ 为四级相似。按《中国自然地理》和《云南农业地理》提出的划分气候带指标，采用≥10℃天数、≥10℃积温、最冷月均气温和降水量多年平均值等指标。

土壤分析项目主要有碱解氮、有效磷、速效钾、pH、有机质、有效硫、氯、K、Fe、Pb等，测定方法参照鲍士旦的土壤农化分析[9]。

2 结果与分析

2.1 玉溪市植烟区气候分析

玉溪市位于云南省中部，北纬23°19′～24°58′，东经101°16′～103°09′之间。全市1区8县中，玉溪、江川、澄江、通海4县区以坝区为主，面积3 348km²，占总面积的21.9%；华宁、易门、峨山、元江、新平5县主要为山区、半山区，面积11 937km²，占总面积的78.1%。

从表1中可看出，玉溪烟区年平均气温15.6～23.9℃，平均17.0℃；最冷月平均气温 8.4～17.1℃。平均 10.0℃；最热月平均气温 20.1～28.6℃，平均 21.8℃。年降水量在 833.6～937.0mm 之间，平均为 903.7mm，4～10 月平均降水量为 769.1mm，占到全年降水量的 85.1%。年日照时数在 1 996.3～2 251.9 h 之间，平均为 2 145.8 h，4～10 月日照时数都在 1 000 h 以上，平均日照百分率为 33%～47%。

表 1　玉溪市气候资源比较表

县（区）	海拔（m）	年平均气温（℃）	最冷月平均气温（℃）	最热月平均气温（℃）	年降水量（mm）	生长季降水量（mm）	年日照时数（h）	生长季日照时数（h）
红塔区	1 620	16.1	9.1	21.1	923.1	804.9	1 996.3	1 037.2
江川县	1 730	15.6	8.4	20.6	850.6	734.3	2 175.4	1 121.8
澄江县	1 740	15.7	8.9	20.5	937.0	830.4	2 062.6	1 069.0
通海县	1 850	15.9	9.6	20.1	892.3	739.5	2 089.6	1 060.1
华宁县	1 880	15.9	8.7	21.0	901.0	771.9	2 237.1	1 200.5
易门县	1 620	16.2	8.5	21.4	833.6	684.3	2 167.7	1 139.9
峨山县	1 540	16.0	8.8	21.1	933.2	794.1	2 109.2	1 135.9
新平县	1 420	17.5	11.0	21.7	927.2	773.9	2 222.7	110.37
元江县	1 600	23.9	17.1	28.6	935.0	788.6	2 251.9	1 257.4

注：表中数据为 20 年平均值，生长季为 4～10 月。

2.2　玉溪烟区与国内外主产烟区气候相似分析

采用系统聚类分析对云南 12 个地州 89 个植烟县的 6 个气象要素进行聚类（图 1），根据各类型的指标特征及气候特点可看出，云南省主要植烟区的气候可划分为八大类型分

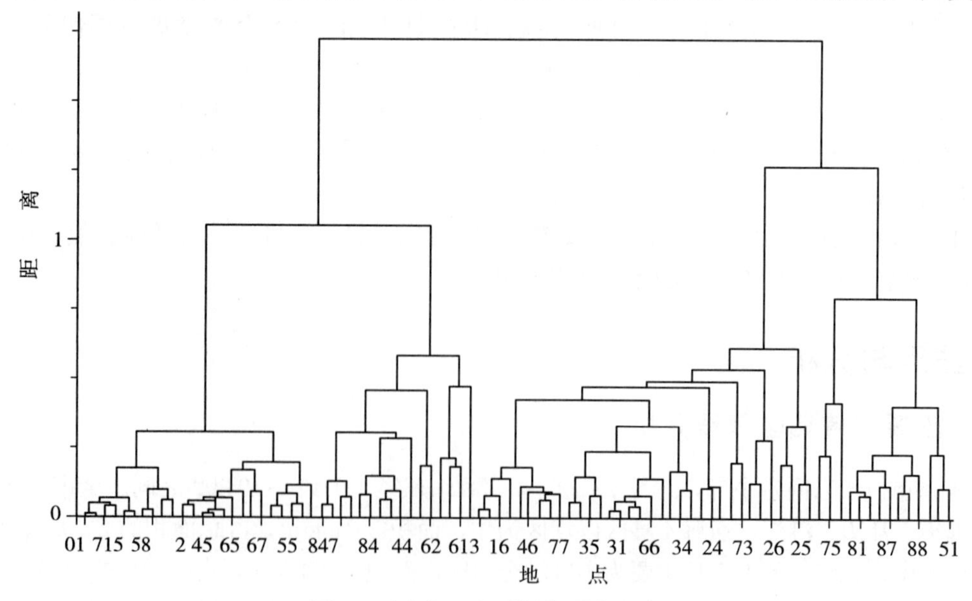

图 1　云南烟区主要气象要素聚类

别是：以江川（玉溪）、嵩明、腾冲、弥勒、丘北、盐津、元江、镇雄为代表。进行相似分析时，在八个生态亚区各选一个县代表不同生态亚区与世界主产烟区进行相似距离的计算，江川县代表第一生态区，嵩明县代表第二生态区，腾冲县代表第三生态区，弥勒县代表第四生态区，丘北县代表第五生态区，盐津县代表第六生态区，元江县代表第七生态区，镇雄县代表第八生态区。表2是以江川为代表的玉溪烟区与国内外主产烟区全年及生育期气象条件比较。

表2　玉溪烟区与国内外主产烟区全年及生育期气象条件比较

地　区	气温（℃）		降水量（mm）		日照时数（h）	
	年平均	生育期	全年	生育期	全年	生育期
江川县（玉溪）	15.5	17.6	860.5	722.1	2 331.1	1 545.7
南卡罗来纳（美国）	17.3	19.8	1 267.7	820.1	2 827.2	1 809.8
弗吉尼亚（美国）	14.3	17.1	1 096.3	676.2	2 827.8	1 846.7
北卡罗来纳（美国）	15.2	17.8	1 052.4	652.4	2 607.7	1 678.4
佐治亚（美国）	16.3	18.9	1 289.7	796.7	2 736.6	1 755.3
哈拉雷（津巴布韦）	18.4	20.5	804.8	748.2	3 010.9	1 648.5
奇平加（津巴布韦）	18.3	19.9	1 097.5	947.1	2 848.7	1 605.7
坎皮纳斯（巴西）	19.7	18.9	1 393.1	688.4	2 661.2	1 562.8
库里蒂巴（巴西）	16.7	15.5	1 372.9	762.2	2 031.6	1 193.2
帕索奋多（巴西）	17.6	16.5	1 659.0	979.0	1 659.0	979.0
帕拉南（巴西）	25.0	25.6	1 329.5	1 209.0	2 546.8	1 158.6
圣玛利亚（巴西）	18.8	21.4	1 686.0	992.2	2 179.1	1 457.3
冈山（日本）	15.8	17.8	1 159.8	808.2	2 086.1	1 281.2
熊本（日本）	16.2	18.3	1 967.8	1 537.4	1 955.5	1 182.0
鹿儿岛（日本）	17.6	19.3	2 236.8	1 668.4	1 876.7	1 103.0
相川（日本）	13.1	14.4	1 563.2	816.9	1 661.5	1 164.3
千叶（日本）	15.0	16.6	1 249.8	733.4	1 808.2	1 088.1
海得拉巴（印度）	26.7	28.6	803.0	516.0	2 729.2	1 546.4
清迈（泰国）	25.4	23.9	1 185.0	671.0	2 738.2	1 587.6
青州市	12.7	16.4	677.7	528.8	2 576.2	1 609.2
许昌市	14.7	18.2	698.0	534.0	2 167.2	1 365.7
三明市	19.4	16.4	1 586.2	1 105.6	1 811.8	832.7
遵义市	15.2	17.7	1 095.0	788.0	1 224.4	883.4
郑州市	14.2	17.8	645.6	465.2	2 299.5	1 441.6
韶关市	19.4	21.7	1 422.5	1 099.8	1 852.4	1 099.4
西安市	13.4	17.1	573.1	362.5	1 910.2	1 265.9
太原市	9.6	13.9	456.9	345.3	2 555.0	1 599.1
青岛市	12.3	14.3	720.0	536.5	2 488.1	1 490.1

以江川县为代表的第一生态区与世界主产烟区气候相似情况。

表3为玉溪烟区与世界主产烟区气候相似等级。与江川县为代表的第一生态区气候达一级相似的有美国的北卡罗来纳州、中国的许昌市、郑州市。相似距离在0.37～0.45之间，相似程度最高，相互引种容易成功。达二级相似的有美国的南卡罗来纳州、弗吉尼亚州、佐治亚州，津巴布韦哈拉雷、奇平加，巴西的坎皮纳斯、库里蒂巴，日本的冈山、千叶，中国的青州市、西安市、青岛市。相似距离在0.52～0.89之间，相互引种成功率较高。达三级相似：巴西的帕索奋多、圣玛利亚，日本的相川，泰国清迈，中国的三明市、遵义市、韶关市、太原市。相似距离在1.05～1.49之间，相似程度较差，引种不易成功。达四级相似的有巴西的帕拉南，日本的熊本、鹿儿岛，印度的海得拉巴，相似距离高达1.65～2.01，相似程度最差，相互引种不会成功。

表3　玉溪烟区与世界主产烟区气候相似等级

地　　点	江川（玉溪）		地点	江川（玉溪）	
	相似距离	相似等级		相似距离	相似等级
南卡罗来纳（美）	0.78	2	相川（日本）	1.16	3
弗吉尼亚（美）	0.66	2	千叶（日本）	0.89	2
北卡罗来纳（美）	0.37	1	海得拉巴（印度）	1.93	4
佐治亚（美）	0.65	2	清迈（泰国）	1.44	3
哈拉雷（津巴布韦）	0.76	2	青州市	0.52	2
奇平加（津巴布韦）	0.72	2	许昌市	0.43	1
坎皮纳斯（巴西）	0.77	2	三明市	1.49	3
库里蒂巴（巴西）	0.82	2	遵义市	1.34	3
帕索奋多（巴西）	1.33	3	郑州市	0.45	1
帕拉南（巴西）	1.77	4	韶关市	1.26	3
圣玛利亚（巴西）	1.09	3	西安市	0.80	2
冈山（日本）	0.54	2	太原市	1.05	3
熊本（日本）	1.65	4	青岛市	0.64	2
鹿儿岛（日本）	2.01	4			

2.3　玉溪市植烟区土壤分析

2.3.1　玉溪市植烟区土壤常量物质主成分分析　从玉溪市植烟区土壤因子正交变换矩阵中可看出（表4），第一主成分的特征值是1.824 8，其特征向量以碱解氮的正值最大(0.662 2)，贡献率为36.496 1%，累计贡献率是36.496 1%，故把第一主成分称为碱解氮因子。同理推断把第二主成分称为有效钾因子，其特征值是1.147 3，特征向量是0.691 0，贡献率为22.945 5%，累计贡献率是59.441 6%。第三主成分称为pH因子，其特征值是0.904 7，特征向量是0.741 6，贡献率为18.093 1%，累计贡献率是77.534 6%。第四主成分称为有效磷因子，其特征值是−0.760 3，特征向量是0.811 3，贡献率为16.225 7%，累计贡献率是93.760 3%。

表 4　玉溪市植烟区土壤常量物质正交变换矩阵

	因子 1	因子 2	因子 3	因子 4	因子 5
特征值	1.824 8	1.147 3	0.904 7	0.811 3	0.312 0
$x(1)$	−0.108 1	0.691 0	−0.435 0	−0.564 9	−0.049 8
$x(2)$	0.034 1	0.638 3	0.741 6	0.199 9	0.037 9
$x(3)$	0.633 2	0.157 8	−0.256 1	0.209 0	0.681 8
$x(4)$	0.662 2	0.094 4	−0.112 3	0.138 8	−0.721 6
$x(5)$	0.384 2	−0.285 0	0.427 3	−0.760 3	0.102 6
贡献（%）	36.496 1	22.945 5	18.093 1	16.225 7	6.239 7
累计（%）	36.496 1	59.441 6	77.534 6	93.760 3	100.000 0

从玉溪市植烟区土壤常量物质正交变换矩阵和其因子载荷矩阵中可知（表 5），玉溪市植烟区的 5 个土壤因子，可用 4 个主成分来表述即第一主成分称为碱解氮，第二主成分称为有效钾，第三主成分称为 pH，第四主成分称为有效磷。

表 5　玉溪市植烟区土壤常量物质因子载荷矩阵

	因子 1	因子 2	因子 3	因子 4	共同度	特殊方差
$x(1)$	−0.146 0	0.740 2	−0.413 8	−0.508 8	0.999 2	0.000 8
$x(2)$	0.046 0	0.683 7	0.705 4	0.180 0	0.999 6	0.000 4
$x(3)$	0.855 4	0.169 0	−0.243 6	0.188 2	0.855 0	0.145 0
$x(4)$	0.894 6	0.101 1	−0.106 8	0.125 0	0.837 6	0.162 4
$x(5)$	0.519 1	−0.305 2	0.406 4	−0.684 8	0.996 7	0.003 3
贡献（%）	36.496 1	22.945 5	18.093 1	16.225 7		
累计（%）	34.496 1	59.441 6	77.534 6	93.760 3		

通过以上分析可看出，玉溪市植烟区的烤烟品质与土壤中的碱解氮含量、有效钾含量、pH、有效磷含量关系最大。

2.3.2　玉溪市植烟土壤聚类分析　通过对玉溪市各（区）县土壤样品共 1 369 个进行聚类分析，结果表明：可把这些样品分成 5 个类群。它们的共同特征是土壤为中性至弱酸性，仅 9.50%的为低肥力区，其余为中等肥力至高肥力区，富含速效钾但全钾含量普遍偏低。

类群 1：包括 359 个样本，占总样本的 26.22%。其中红塔区（33 个）、峨山（20 个）、新平（19 个）、元江（10 个）、江川（11 个）、通海（10 个）、华宁（218 个）、澄江（15 个）、易门（23 个）。该类群特征是碱解氮为 7.07～323.60mg/kg，有效磷是 1.00～164.80mg/kg，速效钾为 39.80～2 992.60mg/kg，pH 是 4.57～8.81，有机质为 0.30%～43.00%，氯是 27.50～156.50mg/kg，K 为 0.62%～5.26%，Fe 是 1.61%～12.46%，Pb 为 130～702.80mg/kg。

类群 2：包括 130 个样本，占总样本的 9.50%。其中红塔区（11 个）、峨山（14 个）、新平（10 个）、元江（3 个）、江川（4 个）、通海（8 个）、华宁（49 个）、澄江（18 个）、易门（13 个）。该类群特征是碱解氮为 22.40～148.30mg/kg，有效磷是 0.02～12.10mg/kg，速效钾为 32.90～433.40mg/kg，pH 是 6.53～8.61，有机质为 0.33%～3.68%，氯 3.00～181.90mg/kg，K 为 0.28%～5.09%，Fe 是 1.51%～6.13%，Pb 为 25.90～411.30mg/kg。

类群 3：包括 287 个样本，占总样本的 26.22%。其中红塔区（23 个）、峨山（6 个）、元江（1 个）、江川（23 个）、通海（87 个）、华宁（3 个）、澄江（112 个）、易门（32 个）。该类群特征是碱解氮为 57.00～344.10mg/kg，有效磷是 3.20～147.90mg/kg，速效钾为 28.10～825.60mg/kg，pH 是 4.66～8.80，有机质为 1.10%～9.70%，氯是 2.40～965.70mg/kg，K 为 0.51%～4.60%，Fe 是 1.19%～10.11%，Pb 为 26.20～622.00mg/kg。

类群 4：包括 195 个样本，占总样本的 14.24%。其中红塔区（23 个）、峨山（12 个）、新平（11 个）、元江（3 个）、江川（39 个）、通海（40 个）、华宁（40 个）、澄江（17 个）、易门（10 个）。该类群特征是碱解氮为 36.40～238.90mg/kg，有效磷是 1.50～327.70mg/kg，速效钾为 26.80～496.20mg/kg，pH 是 5.91～8.12，有机质为0.46%～5.65%，氯是 10.60～846.00mg/kg，K 为 0.27%～4.08%，Fe 是 0.66%～8.28%，Pb 为 2.30～414.30mg/kg。

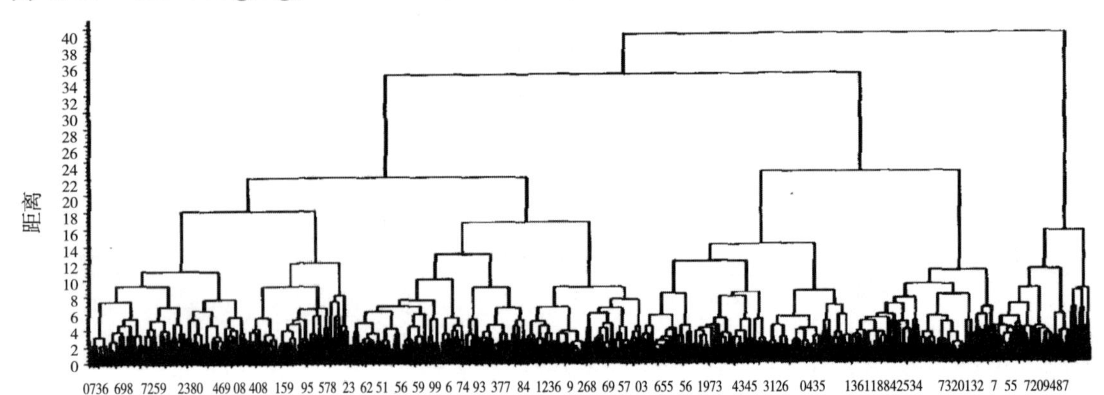

图 2　玉溪市地土样系统聚类

类群 5：包括 398 个样本，占总样本的 28.85%。其中红塔区（63 个）、峨山（11 个）、新平（1 个）、元江（5 个）、江川（13 个）、通海（46 个）、华宁（125 个）、澄江（115 个）、易门（19 个）。该类群特征是碱解氮为 45.40～350.50mg/kg，有效磷是 2.00～196.90mg/kg，速效钾为 66.90～921.20mg/kg，pH 是 4.46～8.76，有机质为 0.66%～12.04%，氯是 12.70～325.70mg/kg，K 为 0.19%～4.20%，Fe 是 1.55%～434.00%，Pb 为 12.40～124.70mg/kg。

2.3.3　玉溪市植烟土壤理化性状比较　从表 6 中可以看出，(1) 玉溪市植烟土壤的盐碱化（pH>8.0）提高较大，占 20.89%，比 1992 年增加了 8.85 个百分点；另一方面，适宜种烟的土壤（pH 5.5～6.5）比例明显降低，降低了 11.94 个百分点。(2) 植烟土壤速效 N、P、K 养分明显提高，甚至出现了富集。与 1992 年相比，土壤养分平均提高了 13.24 个百分点。所以，土壤养分的平衡问题应引起高度重视。

表 6　1992 年、2000 年土壤结果比较表

	等级	1992 年统计个数	2000 年统计个数	1992 年百分比	2000 年百分比
碱解氮（mg/kg）	＜60	24	68	12.56	4.97
	60～90	43	241	22.51	17.60
	90～150	99	659	51.83	48.14
	150～250	23	371	12.04	27.10
	＞250	2	30	1.05	2.19
有效磷（mg/kg）	＜60	3	163	1.57	11.91
	60～90	2	198	1.05	14.46
	90～150	15	352	7.85	25.71
	150～250	66	394	34.55	28.78
	＞250	105	262	54.97	19.14
速效钾（mg/kg）	＜60	10	41	5.24	2.99
	60～90	22	106	11.52	7.74
	90～150	84	465	43.98	33.97
	150～250	38	255	19.9	18.63
	＞250	37	502	19.37	36.67
pH	＜5.5	20	174	10.47	12.71
	5.5～6.5	68	316	35.60	23.08
	6.5～7.0	27	158	14.14	11.54
	7.0～7.5	19	187	9.95	13.66
	7.5～8.0	34	248	17.80	18.12
	＞8.0	23	286	12.04	20.89

注：1992 年玉溪市共计 191 个土壤样品，2000 年有 1 369 个土壤样品。

3　小结

（1）采用系统聚类方法进行相似分析，在八个生态亚区中，以玉溪江川为代表的玉溪烟区与国内外主产烟区全年及生育期气象条件比较。与江川县为代表的第一生态区气候相似的可分为 4 级，达一级相似的有美国的北卡罗来纳州、中国的许昌市、郑州市。相似距离在 0.37～0.45 之间，相似程度最高，相互引种容易成功。达二级相似的有美国的南卡罗来纳州、弗吉尼亚州、佐治亚州，津巴布韦哈拉雷、奇平加，巴西的坎皮纳斯、库里蒂巴，日本的冈山、千叶，中国的青州市、西安市、青岛市。相似距离在 0.52～0.89 之间，相互引种成功率较高。达三级相似：巴西的帕索奋多、圣玛利亚，日本的相川，泰国清迈，中国的三明市、遵义市、韶关市、太原市。相似距离在 1.05～1.49 之间，相似程度较差，引种不易成功。达四级相似的有：巴西的帕拉南，日本的熊本、鹿儿岛，印度的海得拉巴，相似距离高达 1.65～2.01，相似程度最差，相互引种不会成功。

（2）从玉溪市植烟区土壤常量物质正交变换矩阵和其因子载荷矩阵中可知，玉溪市植烟区的5个土壤因子，可用4个主成分来表述即第一主成分称为碱解氮因子，第二主成分称为有效钾因子，第三主成分称为pH因子，第四主成分称为有效磷因子。因此，玉溪市植烟区的烤烟品质与土壤中的碱解氮含量、有效钾含量、pH、有效磷含量关系最大。而对玉溪市各（区）县1 369个土壤样品进行聚类分析的结果表明，可把这些样品分成5个类群。它们的共同特征是土壤为中性至弱酸性，仅9.50%的为低肥力区，其余为中等肥力至高肥力区，富含速效钾但全钾含量普遍偏低。

（3）在烤烟品种、烘烤技术、栽培措施相对一致的条件下，烤烟品质的优劣则主要受制于栽培区域的土壤条件、气候条件，可以说烤烟生产的成败很大程度上决定于气候条件、土壤条件。玉溪市植烟土壤的盐碱化（pH>8.0）提高较大，占20.89%，比1992年增加了8.85个百分点；另一方面，适宜种烟的土壤（pH 5.5～6.5）比例明显降低，降低了11.94个百分点。植烟土壤速效N、P、K养分明显提高，甚至出现了富集。与1992年相比，土壤养分平均提高了13.24个百分点。所以，摸清烟区的气候、土壤肥力状况，才能根据烤烟的生长发育规律实行平衡施肥。但是，烟叶平衡施肥是在足量施入有机肥的前提下，根据不同土壤中养分含量的不同和烟叶的生理需要，合理地供应和调节作物生长发育所必需的各种营养元素（包括微量元素），以满足烟叶的需要，从而达到提高产量，改善品质，减少肥料浪费，防止环境污染的目的。因此，通过对玉溪植烟区气候条件、土壤条件的分析，找出影响烤烟品质的主要气候因素、土壤条件，这对于充分利用植烟区烤烟生长有利的气候生态条件，发展烤烟生产，具有重要的理论和实践意义。

参考文献

[1] 王石立，庄立伟，王馥棠．近20年气候变暖对东北农业生产水热条件影响的研究［J］．应用气象学报，2003，14（2）：152-164.

[2] 谢云，刘继东．1949—1992年我国粮食单产的气候影响分析［J］．自然资源学报，1997，12（4）：317-322.

[3] 谢云，武吉华．准格尔旗气候波动与粮食生产变化分析［J］．北京师范大学学报：自然科学版，1994，30（4）：525-528.

[4] 史培军，王静爱，谢云，等．最近15年来中国气候变化、农业自然灾害与粮食生产的初步研究［J］．自然资源学报，1997，12（3）：197-203.

[5] 杨青华，高尔明，马新明，等．不同土壤类型对玉米干物质积累动态及其分布的影响［J］．玉米科学，2000，8（1）：55-57.

[6] 介晓磊，韩燕来，谭金芳，等．不同肥力和土壤质地条件下麦田氮肥和用率的研究［J］．作物学报，1998，24（6）：884-888.

[7] 宋小顺，张麦生，田芳，张文杰新乡市不同土壤质地施用氮肥对优质小麦产量和品质的影响研究［J］．河南职业技术师范学院学报，2004，32（4）：18-20.

[8] 张文彤．SPSS 11.0统计分析教程［M］．北京：北京希望电子出版社，2002：193-196.

[9] 鲍士旦．土壤农化分析：第三版［M］．北京：中国农业出版社，2000.

（原载《土壤通报》2010年第2期）

不同海拔烟叶中多酚、类胡萝卜素含量差异性分析

白　森

（广西中烟工业有限责任公司技术中心，南宁　530001）

摘　要： 为研究海拔高度对烟叶中多酚、类胡萝卜素含量的影响，本文选取3个海拔高度，研究了海拔对烟叶中的多酚、类胡萝卜素含量影响。结果表明：随海拔高度的增加，中、上部烟叶中莨菪亭含量呈显著降低趋势，高海拔的烟叶最低，其他多酚类物质及总酚含量呈上升趋势，高海拔烟叶的最高；不同海拔烟叶中的类胡萝卜素含量中部叶与上部叶的变化存在差异，中部叶中海拔烟叶的类胡萝卜素含量最高，而上部叶中海拔的最低。因而，高海拔有利于提高烟叶中除莨菪亭外的多酚类物质含量；海拔对烟叶中类胡萝卜素含量的影响因烟叶部位而异。

关键词： 烟叶；多酚；类胡萝卜素；海拔高度

多酚类物质和类胡萝卜素是烟叶中重要的化学成分。有研究表明[1]，烟叶中含有丰富的多酚类物质，其总量最高可达烟叶干重的6.04%。绿原酸、芸香苷和莨菪亭是烟叶中最主要的酚类物质[2]，含量通常占多酚类物质总量的75%以上。多酚是烟叶中重要的香气物质和香气前提物，有研究表明[3,4]，烟叶中多酚含量与烟叶品质呈相关关系，多酚与蛋白质含量的比值是衡量烟叶品质的重要指标之一，酚类物质对烤烟品质、色泽和生理强度等都存在重要影响。类胡萝卜素是烟叶中重要的香气前提物之一，对调制后烟叶的颜色及烟叶的香吃味存在影响，类胡萝卜素的降解产物丙酮、大马酮、紫罗兰酮、巨豆三烯酮、二氢猕猴桃内酯等在烟支燃吸过程中能够产生香气物质，影响烟叶的香吃味[5,6]。

海拔高度是影响基地烟叶生产生态环境的重要因子之一，其对烟叶生长过程中的光照、温度等均存在重要影响。本文选取3个不同海拔高度进行大田试验，研究了海拔对烟叶中多酚、类胡萝卜素等两种香气前体物含量的影响，进而为提升烟叶质量及改善烟叶的香吃味奠定理论基础。

1　材料与方法

1.1　试验设计

试验安排在云南巧家基地，设置3个海拔处理，分别为高海拔（1 800～2 000m）、中

作者简介：白森（1977—），助理农艺师，主要从事烟叶生产及原料研究工作。

海拔（900～1 100m）和低海拔（700～800m），每个处理设置 4 个重复。试验以云烟 87 为材料，大田采用相同栽培管理措施。试验结束后，每块试验田随机采集一套试验样品，包含 C3F 和 B2F 两个等级。

1.2 样品检测

多酚类物质、类胡萝卜素含量采用 Waters2695 高效液相色谱检测，色谱柱 Waters Xbridge C18 Column（多酚），Waters Sunfire C18 Column（类胡萝卜素），具体方法参照参考文献［7］～［10］。

1.3 数据处理

采用 SPSS 17.0 对数据进行单因素方差分析及显著性检验。

2 结果与分析

2.1 不同海拔烟叶的多酚类物质含量差异性分析

由表 1 可知，不同海拔高度中部烟叶的多酚类物质含量存在差异。高海拔（1 800～2 000m）烟叶中多酚类物质除莨菪亭显著低于中、低海拔外，其余酚类物质均相对较高。在检测的酚类物质中，莨菪亭含量随海拔高度的增加而显著降低，其余酚类物质的含量随海拔高度的增加而显著增加。总酚含量以高海拔烟叶的最高，为 42.66mg/g，其较中、低海拔分别增加 24.23%和 69.82%。

表 1　不同海拔中部烟叶多酚类物质含量分析（C3F，mg/g）

海拔	新绿原酸	4－O－咖啡奎尼酸	绿原酸	莨菪亭	芸香苷	山柰酚糖苷	总酚
高海拔	3.08 aA	3.80 aA	16.93 aA	0.47 aA	16.85 aA	1.55 aA	42.66 aA
中海拔	2.51 bB	2.95 bB	15.54 aA	1.16 bAB	11.04 bB	1.15 bB	34.34 bB
低海拔	2.44 bB	2.21 cB	9.59 bB	1.33 bB	8.47 b B	1.08 bB	25.12 cC

注：采用 LSD 检验，小写字母为 0.05 显著水平，大写字母为 0.01 显著水平。下同。

不同海拔上部烟叶中多酚类物质含量与中部叶类似（表 2）。莨菪亭含量随海拔高度的增加呈降低趋势，高海拔烟叶的最低，为 0.63mg/g，新绿原酸、4－O－咖啡奎尼酸、绿原酸、芸香苷、山柰酚糖苷以及总酚含量均随海拔高度的增加而显著增加。烟叶总酚含量，高、中海拔较低海拔的分别增加 113.51%和 35.65%。

表 2　不同海拔上部烟叶多酚类物质含量分析（C3F，mg/g）

海拔	新绿原酸	4－O－咖啡奎尼酸	绿原酸	莨菪亭	芸香苷	山柰酚糖苷	总酚
高海拔	3.26 aA	3.86 aA	19.11 aA	0.63 aA	24.62 aA	1.76 aA	53.25 aA
中海拔	2.22 bB	2.46 bB	13.13 bAB	0.91 aA	13.84 bB	1.28 bB	33.83 bB
低海拔	1.99 bB	2.19 bB	10.03 bB	1.54 bB	7.92 cC	1.27 bB	24.94 cB

2.2 不同海拔烟叶的类胡萝卜素含量差异性分析

由图1可知，不同海拔中部烟叶的类胡萝卜素含量存在差异。中海拔烟叶的类胡萝卜素含量最多，其较高海拔与低海拔烟叶分别增加24.06μg/g和44.93μg/g。不同海拔中部烟叶的叶黄素和β-胡萝卜素表现出与类胡萝卜素相同的趋势，均以中海拔最高，高海拔居次，而低海拔的最低。

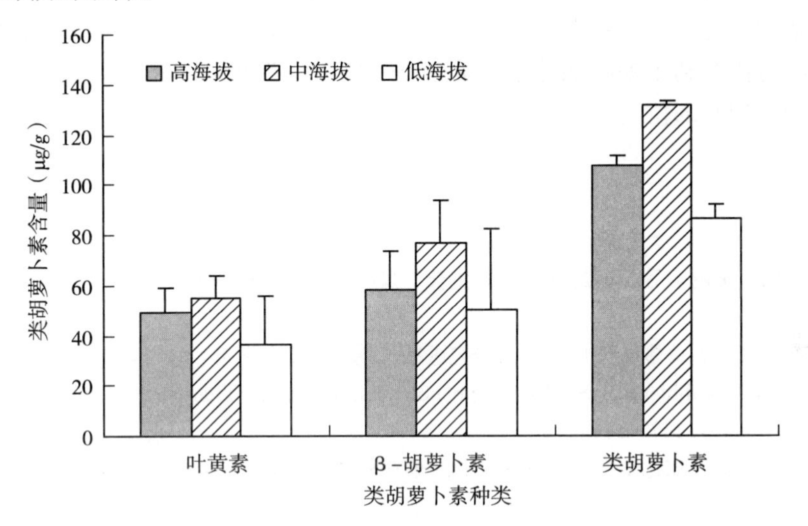

图1 不同海拔高度中部叶类胡萝卜素含量（C3F，μg/g）

不同海拔上部叶的类胡萝卜素含量亦存差异，由图2可知，与中部叶不同，上部叶中海拔烟叶的叶黄素、β-胡萝卜素和类胡萝卜素总量最低，分别为29.53、44.34和73.87μg/g。高海拔和低海拔烟叶的叶黄素、β-胡萝卜素和类胡萝卜素总量差异不大，其中叶黄素低海拔的略高，为39.49μg/g，β-胡萝卜素和类胡萝卜素总量均以高海拔的最高，分别为60.28和98.45μg/g。

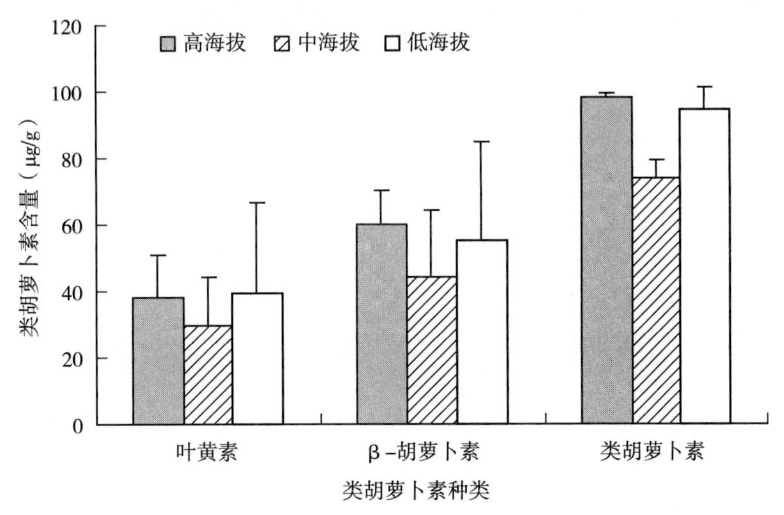

图2 不同海拔高度上部叶类胡萝卜素含量（B2F，μg/g）

3 小结

随海拔高度的增加，中、上部烟叶的莨菪亭含量呈显著降低趋势，低海拔烟叶的最高；其他多酚类物质以及总酚含量呈上升趋势，均以高海拔的烟叶最高。海拔高度对烟叶中类胡萝卜素含量的影响因烟叶着生部位的不同存在差异，中部叶叶黄素、β-胡萝卜素和类胡萝卜素含量均以中海拔烟叶的最高，而上部叶与中部叶相反，以中海拔烟叶的最低。因此，高海拔有利于提高烟叶中除莨菪亭外的多酚类物质含量；海拔对烟叶中胡萝卜素含量的影响因烟叶部位而异。

参考文献

[1] 王昇，谢复伟，吴鸣，等．多酚在白肋烟生长、采收、调制过程中的变化研究 [J]. 中国烟草学报，2004 (10)：1-7.

[2] 阎新甫，韩锦锋．烟草多酚类化合物的研究进展 [J]. 华北农学报，1987，2 (2)：31-38.

[3] Chotinuchit P，Vorabhleuk S. Studies on phenolic compounds in Thai flue-cured tobacco [J]. Thai J Agr Sci，1986，19：147-154.

[4] 钟庆辉．烟草芳香吃味化学指标的探索 [J]. 烟草科技，1981 (4)：21-23.

[5] 姚益群，谢金伦，郭其菲，等．云南烟草香气研究 [J]. 烟草科技，1998 (4)：24-27.

[6] 李雪震，张希杰，李念胜，等．烤烟烟叶色素与烟叶品质的关系 [J]. 中国烟草，1988 (2)：23-27.

[7] YC /T 202—2006. 烟草及烟草制品多酚类化合物绿原酸、莨菪亭和芸香苷的测定 [S].

[8] 席元肖，宋纪真，杨军，等．不同烤烟品种的类胡萝卜素、多酚及感官品质比较 [J]. 烟草科技，2011 (2)：70-74.

[9] 刘国顺，韦凤杰，王芳．反相高效液相色谱法测定烤烟叶片发育过程中的类胡萝卜素类物质 [J]. 色谱，2006，24 (2)：161-163.

[10] 田海英，韦凤杰，张东豫．RP-HPLC 法测定烟草中的质体色素 [J]. 烟草科技，2009 (4)：32-36.

不同品种对贺州浓香型特色优质烟叶形成的影响

胡亚杰[1]，石保峰[2]，首安发[2]，胡志忠[1]，韦建玉[1]，宋凌勇[1]

（1. 广西中烟工业有限责任公司，南宁　530001；
2. 广西区烟草公司贺州市公司，贺州　542800）

摘　要：通过对不同品种农艺性状、经济效益、外观质量、化学成分、感官质量分析，研究其对彰显贺州浓香型特色优质烟叶的影响。结果表明，云烟 99、粤烟 97、湘烟 3 号在农艺性状、产值、均价、中上等烟比例、化学成分方面均接近或超过对照云烟 87；特别是粤烟 97 感官质量方面更偏向于浓香型，适宜较大面积试种；云烟 97 各项指标与对照云烟 87 差异不明显，感官质量稍差；NX232、K326 和 NC297 综合表现相对云烟 87 较差，尤其是烤后烟叶经济性状和质量方面，有待进一步研究。

关键词：烤烟；品种；特色优质烟叶

品种是烟叶生产的基础，是提高烟叶产质量的主要内因。据杨铁钊等[1~5]人研究表明：烟草品种对生产的贡献率在 25%～30%，是决定烟叶质量、产量，获得理想经济效益的关键因素。因此开展不同烟草品种生态适应性研究，充分挖掘其品种遗传潜力，从而更好地发挥其在卷烟工业中的品种特性作用具有重要的意义。田景先[6]等对不同烤烟品种生态适应性研究，筛选出了适宜贵州天柱山特色烟种植品种。周金仙[7]等对不同生态区烟草品种、产量研究，研究发现不同品种在同一生态区种植，烟叶品质的差异大于产量的差异，同时还发现有些烟草品种适应性很广，有些适应性很窄。张新耀[8]等对不同烤烟品种在湘西生态区种植，筛选出了适宜龙山烟区的烤烟品种。每一个烤烟品种都是在特定的生态条件下经过多年的选育而形成的，因此，它在生长发育过程中也要求一定的生态条件与之相适应，并不是一个品种在什么条件下都能正常地生长发育，获得理想的产量和品质[5]。目前，我国大面积种植 K326，许多新引进或培育出的新品种其种植及调制都是依据 K326 进行，缺乏相应的与品种配套综合技术。通过不同烤烟品种在贺州烟区综合配套技术研究，筛选出具有明显香味特征、香气风格突出的烟叶品种。

基金项目：国家烟草专卖局特色优质烟叶开发重大专项，广西中烟工业有限责任公司 2012 年科技创新项目 1212012025。

作者简介：胡亚杰（1982—），女，硕士，农艺师，Email：jiejiehu2008@yahoo. com. cn。

1 材料与方法

1.1 供试材料

试验设在“真龙”品牌贺州富川朝东特色优质烟叶基地单元水流示范区，供试品种分别为：云烟87（CK）、云烟97、云烟99、粤烟97、NX232、湘烟3号、K326、NC297。

1.2 试验处理

试验地选择有代表性、前茬作物一致、土壤肥力均匀、地面平整、排灌方便、肥力中等水平的地块。每个试验点均采用随机区组设计，重复3次，小区面积40m^{2}以上，株行距与当地烤烟生产规范化要求相同。

1.3 检测项目与方法

主要农艺性状调查；田间自然发病情况调查；烟叶产、质量以小区为单位，烟叶成熟时挂牌采收和烘烤，按国家烟叶分级标准计算烟叶产量、产值、上等烟比例及均价，进行烟叶产量和经济效益统计；外观质量按照国标《GB 2635—92 烤烟分级标准》进行评价；化学成分各小区取B2F、C3F和X2F三个等级，按照行业标准分别测定烟叶总糖、还原糖、烟碱、总氮、钾、淀粉等含量；感官质量按照行业标准《YC/T 138—1998 烟草及烟草制品　感官评价方法》进行评价。

1.4 数据处理

试验数据的处理和相关分析用Microsoft Excel 2007和SPSS完成。同一品种处理间差异显著性在0.05水平上进行多重比较分析。

2 结果与分析

2.1 农艺性状比较

由表1可知，打顶后除湘烟3号、NC297株高和对照云烟87差别不大外，其余品种株高均高于对照，粤烟97最高达130.5cm；有效留叶数粤烟97最多，平均22.2片，其次是NX232，云烟97和云烟99叶片数较少，分别为18.6片和18.7片；茎围云烟99和K326最大，其次是湘烟3号和云烟97，NX232与对照一样，粤烟97最小为8.9cm；节距云烟99最大为6.0cm，其次是云烟97，粤烟97、湘烟3号与对照云烟87差别不大，NX232最小；腰叶云烟99长宽均最大，其次是云烟97和K326，粤烟97、湘烟3号与对照云烟87差别不大，NX232叶片最小；顶叶长以K326最长，其次为粤烟97和NC297，最短为NX232，顶叶宽以NC297最宽，K326与对照云烟87居次，云烟99最窄。

表1　各品种农艺性状

品种	打顶株高(cm)	有效叶片数(片)	茎围(cm)	节距(cm)	腰叶(cm)		顶叶(cm)	
					长	宽	长	宽
云烟87	101.9	19.2	9.2	4.6	69.4	29.6	55.7	20.5
云烟97	112.1	18.6	9.7	5.4	72.1	32.9	50.8	18.8
云烟99	124.9	18.7	10.1	6.0	75.0	34.5	49.1	16.1
粤烟97	130.5	22.2	8.9	4.8	69.1	27.8	57.5	18.3
NX232	128.9	22.0	9.2	4.2	65.5	26.5	45.9	15.3
湘烟3号	103.8	20.5	9.8	4.7	70.3	29.2	56.3	18.8
K326	120.9	21.6	10.0	4.3	69.0	33.6	60.1	20.3
NC297	102.3	20.9	9.5	4.0	71.4	27.5	57.3	21.2

2.2　抗病性调查

从表2可以看出，云烟87、云烟97黑胫病、青枯病发病率及病情指数较高，粤烟97、NC297发病率及病情指数较低；云烟97赤星病发病率较高，粤烟97次之，NC297最低；气候斑点病对照云烟87发病率最高，粤烟97最低。

表2　各品种病害调查

品种名称	黑胫病		青枯病		赤星病		气候斑点病	
	发病率(%)	病情指数	发病率(%)	病情指数	发病率(%)	病情指数	发病率(%)	病情指数
云烟87	87.1	52.3	38.7	22.6	72.6	31.7	46.8	46.8
云烟97	84.6	54.5	46.2	23.9	87.7	36.4	4.6	4.6
云烟99	76.9	40.7	26.2	13.5	67.7	26.7	15.4	15.4
粤烟97	63.5	37.4	23.8	15.2	84.1	38.6	0.0	0.0
NX232	73.4	40.8	31.3	16.7	71.9	28.1	18.8	18.8
湘烟3号	76.9	43.8	36.9	21.9	80.0	29.7	30.8	30.8
K326	61.5	30.8	29.2	13.2	78.5	29.2	20.0	20.0
NC297	60.0	31.3	26.2	12.5	49.2	49.2	0.0	0.0

2.3　经济性状对比

从表3可以看出，粤烟97的产量、产值最高，分别为2 449.65kg/hm²、41 133.45元/hm²，云烟87的产量最低，为2 089.65kg/hm²，K326的产值最低为32 566.95元/hm²；云烟99均价最高为16.88元/kg，粤烟97次之，为16.79元/kg；上等烟比例云烟99最高为29.64%，其次是湘烟3号，再次是粤烟97；上中等烟比例云烟99最高为82.02%，粤烟97、湘烟3号次之。此外，从表中还可以看出粤烟97的产值和产量与其他供试品种有显著性差异。

表3 各品种经济性状统计

品种	产量（kg/hm²）	产值（元/hm²）	均价（元/kg）	上等烟比例（%）	上中等烟比例（%）
云烟87	2 089.65d	34 993.35 c	16.75 a	25.56	78.77
云烟97	2 158.35 c	35 448.30 c	16.42 ab	23.92	77.10
云烟99	2 287.20 b	38 608.65 b	16.88 a	29.64	82.02
粤烟97	2 449.65 a	41 133.45 a	16.79 a	25.40	78.93
NX232	2 178.30 c	34 314.15 c	15.75 c	20.40	74.79
湘烟3号	2 100.75 c	35 273.25 c	16.79 a	26.63	78.93
K326	2 160.45 c	32 566.95d	15.07 c	19.04	67.72
NC297	2 290.95 b	35 331.75 c	15.42 c	19.58	71.61

2.4 外观质量评价

由表4可知，除K326和NC297叶片结构表现为疏松至尚疏松，其他均表现为疏松；各参试品种身份中等、油分有、颜色橘黄、成熟度成熟、色度中，整体外观质量差异不明显。

表4 各品种中部叶外观质量评价表

品种名称	叶片结构	身份	油分	颜色	成熟度	色度
云烟87	疏松	中等	有	橘黄	成熟	中
云烟97	疏松	中等	有	橘黄	成熟	中
云烟99	疏松	中等	有	橘黄	成熟	中
粤烟97	疏松	中等	有	橘黄	成熟	中
NX232	疏松	中等	有	橘黄	成熟	中
湘烟3号	疏松	中等	有	橘黄	成熟	中
K326	疏松—尚疏松	中等	有	橘黄	成熟	中
NC297	疏松—尚疏松	中等	有	橘黄	成熟	中

2.5 化学成分分析

从表5可以看出，下部叶烟碱含量湘烟3号最高为1.98%，其次为NC297、粤烟97，云烟97最低为0.88%；还原糖含量云烟97最高为27.06%，其余品种差别不大，含量基本适宜；钾含量除粤烟 97 稍低为 1.89%外；其余品种含量均大于 2%，含量均较适宜；淀粉含量 NX232 最高为 6.68%，K326 最低为 2.88%。中部叶烟碱含量 NC297 最高为 2.57%，云烟 99、粤烟 97、湘烟 3 号含量均较适宜，云烟 97、云烟 87 含量较低，K326 最低为 1.17%；还原糖各品种差别不大，均较适宜；钾含量云烟 87、云烟 99、NX232、NC297 小于 2%，其余品种含量均大于 2%；淀粉含量 NX232 最高为 10.64%，云烟 97 最低为 3.52%。上部叶烟碱含量 NC297 最高为 3.84%，云烟 97 最低为 1.98%，其余品种含量均较适宜；还原糖除 NC297 含量偏低外，其余含量均较适宜；钾含量均小于 2%，含量偏低，其中 NX232、NC297 含量最低；淀粉含量 NX232 最高为 14.62%，云烟 99 最低为 2.56%。总体来说，粤烟 97、云烟 99、湘烟 3 号烟碱、还原糖含量等指标相对较适宜，从化学成分协调性指标来看，湘烟 3 号最协调，其次是粤烟 97。

表 5 各品种化学成分分析

品种	部位	烟碱（%）	总氮（%）	还原糖（%）	钾（%）	淀粉（%）	糖/碱	氮/碱	钾/氯
云烟 87	下	1.13	1.14	24.60	2.32	4.22	24.01	1.00	6.08
	中	1.34	1.35	23.88	1.83	5.72	19.40	1.01	3.45
	上	2.18	1.61	19.46	1.38	6.11	9.93	0.74	2.93
云烟 97	下	0.88	1.34	22.90	2.28	5.83	27.33	1.52	9.40
	中	1.46	1.38	20.41	2.23	3.52	15.04	0.94	10.14
	上	1.98	1.80	18.58	1.69	6.40	9.89	0.91	5.73
云烟 99	下	1.28	1.21	27.06	2.28	5.06	22.64	0.94	6.69
	中	2.27	1.48	23.20	1.92	3.79	10.92	0.65	4.30
	上	2.84	1.63	20.87	1.63	2.56	7.82	0.57	3.47
粤烟 97	下	1.85	1.10	24.74	1.89	6.40	14.21	0.60	5.13
	中	2.41	1.51	24.50	2.12	5.31	18.62	1.07	5.81
	上	2.90	1.32	19.86	1.61	8.36	7.49	0.45	3.46
NX232	下	1.36	1.14	23.91	2.25	6.68	18.75	0.84	3.88
	中	1.54	1.11	25.06	1.79	10.64	17.21	0.72	5.15
	上	2.34	1.25	23.19	1.12	14.62	10.41	0.54	2.62
湘烟 3 号	下	1.98	1.17	20.11	2.21	2.92	10.76	0.59	4.12
	中	2.21	1.47	21.75	2.14	5.04	10.65	0.66	4.43
	上	3.33	1.20	19.48	1.60	4.97	6.31	0.36	2.82
K326	下	1.37	1.23	21.62	2.55	2.88	16.89	0.89	5.69
	中	1.17	1.14	23.76	2.33	4.64	21.18	0.98	3.95
	上	2.00	1.25	21.26	1.43	10.78	10.98	0.62	1.91
NC297	下	1.92	1.18	22.32	2.12	6.84	12.27	0.62	3.76
	中	2.57	1.35	20.29	1.68	4.17	8.44	0.53	3.39
	上	3.84	1.12	15.95	1.14	4.64	4.51	0.29	1.80

2.6 感官质量评价

对各烤烟品种进行单料烟评吸，从表6可以看出下部叶得分最高的是对照云烟87，粤烟97与云烟87差别不大，得分最低为NX232；中部叶得分最高为云烟87，其次为粤烟97和K326，得分最低为NX232；上部叶得分最高为云烟87，其次为粤烟97，得分最低为NX232及NC297；在风格特征上，云烟87整体较好，粤烟97、K326更趋向于浓香型风格。

表6 各品种感官质量得分

品种	部位	香气质	香气量	杂气	刺激性	透发性	柔细度	甜度	余味	浓度	劲头	合计
云烟87	下	5.5	5	5	5.5	5.5	5.5	5.5	5.5	5.5	5	53.5
	中	6	5.5	5.5	5.5	5.5	5.5	5.5	5.5	5.5	5	55
	上	5.5	5.5	4.5	5.5	5.5	5.5	5.5	5.5	5.5	5.5	54
云烟97	下	5	4.5	5	5	4.5	5	5	5	4.5	4.5	48
	中	5	5	5	5	5	5	5	5	5	5	50
	上	5	5.5	5	5	5	5	5.5	5.5	5.5	5.5	52.5
云烟99	下	4.5	4.5	4.5	5	4.5	5	5	5	4.5	4.5	47
	中	5	5.5	5	5	5.5	5	5.5	5.5	5.5	5	52.5
	上	5	5	4.5	5	5	5	5	5	5	5.5	50
粤烟97	下	5	5.5	5	5	5.5	5	5.5	5.5	5.5	5	52.5
	中	6	5.5	5.5	5	5	5	5.5	5.5	5.5	5.5	54
	上	5.5	5.5	5.5	5	5.5	5	5	5	5.5	5.5	53
NX232	下	4	3.5	4	4.5	4	4.5	4	4	4	4	40.5
	中	4.5	4.5	4.5	5	4.5	4.5	4.5	5	4.5	5	46.5
	上	4.5	4.5	5	4.5	4.5	4.5	4.5	4.5	5.5	5.5	47.5
湘烟3号	下	4.5	4.5	4.5	4.5	4.5	5	4.5	4.5	4.5	4	45
	中	4.5	4.5	4.5	4.5	4.5	5	5	5	5	5	47.5
	上	4.5	5	4.5	4.5	4.5	4.5	5	4.5	5.5	5.5	48
K326	下	5	4.5	5	5	5	5	5	5	5	4.5	49
	中	5.5	5	5.5	5	5.5	5.5	5.5	5	5.5	5	53
	上	5	5	4.5	4.5	5	5	5	5	6	6	51
NC297	下	4.5	4.5	4.5	4.5	4.5	5	4.5	5	4.5	4.5	46
	中	4.5	5	4.5	4.5	4.5	5	5	5	5	5	48
	上	4.5	5	4.5	4.5	4	4.5	4.5	4.5	5.5	6	47.5

3 结论与讨论

（1）云烟99、粤烟97、湘烟3号在农艺性状、产值、均价、中上等烟比例、化学成分方面均接近或超过对照云烟87。

（2）通过对8个品种的综合评价，粤烟97农艺性状表现良好，抗病性强，经济效益高，化学成分含量较适宜、协调性较好；感官质量接近对照云烟87，但风格更趋向于浓香型，在烘烤方面需提高上部叶烘烤质量，适宜在贺州富川烟区较大面积推广试种。

（3）云烟99农艺性状和经济性状表现优于云烟97，与对照云烟87差别不大，但是感官质量有待进一步提高，较适宜进行品种中试。

（4）NX232和NC297品种各方面表现均低于对照云烟87，尤其是感官质量较差，不适宜大面积推广试种。

（5）大量的研究说明，品种因素和环境因素共同决定了烟叶香味的优劣[9]。所以，可以充分利用当地独特自然条件，通过引进能够彰显地方特色的烟草品种，建立符合工业需求的特色优质烟叶原料基地的道路是可行的。笔者认为，一个新品种的引进，需要进行育苗、栽培技术、调制技术、工业配方使用等综合评价，工商联合应建立评价系统，系统地对新品种进行综合评价，筛选出符合当地生产和工业配方需要的特色优质烟叶品种。

参考文献

[1] 杨铁钊．烟草育种学［M］．北京：中国农业出版社，2003：1-5.
[2] 谈文，蒋士君．烟草病理学教程［M］．北京：中国科学技术出版社，1995：117，147.
[3] 杨铁钊，吴军．烟草育种学［M］．郑州：河南科学技术出版社，1990：107，120.
[4] 李永平，王颖宽．烤烟新品种云烟87选育及特征特性［J］．中国烟草科学，2001，22（4）：38-42.
[5] 罗成刚，蒋予恩．烤烟新品种中烟103的选育及特征特性［J］．中国烟草科学，2008，29（5）：1-5，10.
[6] 田景先，黄昌祥，杨天沛，等．不同烤烟品种区域适应性及其品质特征研究［J］．天津农业科学，2009，15（6）：23-25.
[7] 周金仙，卢江平，白永富，等．不同生态区烟草品种产量、品种研究初报［J］．云南农业大学学报，2003，1（18）：97-102.
[8] 张新耀，易建华，蒲文宣，等．烤烟新品种（系）试验初报［J］．中国烟草科学，2006（4）：38-41.
[9] 罗成刚，薛焕荣．面向21世纪，加速烟草育种研究［C］//跨世纪烟草农业科技展望和持续发展战略研讨会论文集．北京：中国商业出版社，2001：195-198.

（原载《广东农业科学》2013年第5期）

肥料种类与配比对烤烟生长发育及产量品质的影响

聂荣邦[1]，曹胜利[2]

（1. 湖南农业大学植物科学技术学院，长沙　410128；
2. 湖南省耒阳市烟草公司，耒阳　421800）

摘　要：为了弄清在湘南生态条件下不同肥料种类、配比对烤烟生长发育及产量、品质的影响，为烤烟优质适产提供科学施肥的依据，1992 年和 1993 年进行了共 7 个处理的田间肥料试验。结果表明，施用等量氮、磷、钾含量的肥料，由于肥料种类和配比不同，对烤烟生长发育及产量品质的影响显著不同。在湘南烟区，烤烟施肥以化肥为主，配合使用含氮量占总施氮量 15% 左右的农家肥，其中包括每公顷 750kg 左右的饼肥，可望获得优质适产的良好效果。

关键词：烟草；施肥；生长；发育；产量/品质

烤烟对氮素营养的需求极其严格。氮不足导致产量低，质量差；氮过量则推迟成熟，并且烤后烟叶颜色不佳，尼古丁含量高，质量也不好。肥料的用量，因土壤、气候等环境条件不同而有很大差异。在中国黄淮烟区，每公顷施纯氮 45～75kg，即可获得较高的产量和较好的品质，而在南方烟区，获得同样产量与品质的烟叶，肥料用量要高许多。对于有机氮肥在烤烟生产中的作用，看法则不尽一致。中国传统农业十分重视施用农家肥，而国外有资料表明，施有机氮和施无机氮的烟叶产量质量无显著差异，甚至施无机氮的烟叶产量、质量优于施有机氮的。笔者通过对湘南烟区生态条件的考察，因地制宜，进行不同肥料配比施用对烤烟生长发育及产量品质影响的田间试验，得出了在湘南烟区烤烟优质适产的科学施肥方案。

1　材料和方法

供试烤烟品种：K326。

供试土壤：湖南耒阳市大和乡烟稻轮作田，土壤类型为紫色土，pH 7.48，有机质 1.84%，碱解氮 146.8mg/kg，速效磷 10.3mg/kg，速效钾 240.2mg/kg。

试验设计：试验共设 7 个处理（表 1），各处理均按每公顷施纯氮 165kg，N：P_2O_5：K_2O=1：1.2：2.4 配备用肥量，以处理 G（全部用化肥）作对照。基肥占总施肥量的 30%，追肥在移栽后 45d 内分 3 次施下。小区面积 33m^2，重复 3 欠，随机区组排列。栽培、烘烤按常规进行，分级按 GB 2635—92 进行。每处理取烤后 C3F 烟样作化学成分分析。

试验于1992年和1993年进行，两年试验结果相似，现以1993年的数据整理分析。化肥用尿素、硫酸钾、过磷酸钙调配。

表1 试验设计方案

处理	设计方案
A	化肥+饼肥 750kg/hm^2
B	化肥+饼肥 1 025kg/hm^2
C	化肥+饼肥 375kg/hm^2+猪牛粪（氮含量占总氮的10%）
D	化肥+饼肥 600kg/hm^2+猪牛粪（氮含量占总氮的14%）
E	化肥+猪牛粪+火土灰（农家肥氮含量占总氮的30%）
F	饼肥 1 025kg/hm^2+草木灰 1 500kg/hm^2+猪牛粪
G（CK）	化肥

2 结果与分析

2.1 不同处理对烟株生长发育的影响

2.1.1 不同处理对生育期的影响 各处理均于上一年12月22日播种，翌年3月5日假植，3月28日移栽。移栽后观测记载生育期，结果列于表2。对移栽至团棵、现蕾和腰叶成熟的天数等项指标进行方差分析和F测验。

表2 各处理生育期

处理	团棵期	移栽到团棵（d）	现蕾期	移栽至现蕾（d）	下部叶成熟	移栽至下部叶成熟（d）	腰叶成熟	移栽至腰叶成熟（d）	顶叶成熟	移栽至顶叶成熟（d）
A	05-01	34	05-21	54	06-08	72	07-03	97	07-16	110
B	05-02	35	05-23	56	06-08	72	07-03	97	07-16	110
C	04-25	28	05-21	54	06-05	69	06-28	92	07-12	106
D	04-27	30	05-24	57	06-06	70	07-01	95	07-13	107
E	04-26	29	05-27	60	06-05	69	06-27	91	07-12	106
F	05-06	39	05-28	61	06-10	74	07-06	100	07-18	112
G（CK）	04-29	32	05-23	56	06-09	73	07-02	96	07-15	109

区组间无显著差异，处理间有显著差异。再用LSR法进行多重比较，结果表明：C，E，F，B处理的移栽至团棵天数与CK达显著差异。具体表现为C、E处理烟苗早发快长，而F、B处理的烟苗前期生长较迟缓，特别是F处理的烟苗，滞后CK 7d才达团棵期。团棵以后，各处理生长发育进程出现了一些新的态势，CK保持原有的生长势头，D、

C 处理生长发育旺盛而稳健，而 E 处理生长减慢，F 处理生长发育仍然显著慢于 CK。自移栽至腰叶成熟天数，C、E、F 处理与 CK 达显著差异。具体表现为 A、B 处理与 CK 成熟稍慢，E 处理成熟稍快，F 处理成熟较迟缓，且植株短小，D、C 处理成熟适时，且分层落黄好。

2.1.2 不同处理对烟株植物学性状的影响 各处理植物学性状列入表 3。由表 3 可以看出，F 处理长势弱，长相差，最后株型呈塔形，A、B 处理和 CK 长势强，株型呈筒形，D、C 处理长势稳健，E 处理长势较强，株型近腰鼓形。

表 3 各处理植物学性状（cm）

处理	株高	节距	茎粗	叶片大小（长×宽）		
				下部叶	中部叶	上部叶
A	80.4	5.4	3.1	66.5×28.1	66.2×27.5	65.8×26.7
B	78.3	5.3	3.1	64.3×26.2	64.6×25.9	65.1×24.3
C	77.9	5.2	3.0	61.7×24.3	63.4×24.5	62.9×23.8
D	81.2	5.5	3.2	65.1×27.6	67.5×27.4	66.0×26.2
E	69.5	4.8	2.9	59.6×21.4	60.7×22.0	58.8×19.4
F	61.2	4.2	2.7	48.5×18.9	47.2×18.1	45.8×14.5
G（CK）	81.6	5.5	3.1	65.7×27.8	66.1×26.9	65.8×26.8

2.2 不同处理对烟叶经济性状的影响

各处理烟叶经济性状及其新复极差测验结果列入表 4。

表 4 各处理烟叶经济性状

处理	产 量（kg/hm^2）	单叶重（g）	上等烟比例（%）	均价（元/kg^2）	产值（元/hm^2）
A	2 269.5	8.8	36.5	3.52	7 988.64
B	2 226.0	8.6	37.4	3.61	8 035.86
C	2 314.7	9.0	38.3	3.59	8 307.77
D	2 377.8	9.2	38.1	3.58	8 512.52
E	1 959.0	7.4	35.5	3.43	6 719.37
F	1 720.2	6.3	29.7	3.25	5 590.65
G（CK）	2 352.1	9.1	36.8	3.49	8 208.83
LSD	174.2	0.6	2.3	0.18	486.62

从表 4 可以看出，D、C、A、B 处理与 CK 都基本上达到了优质适产的目标，其中以 D 处理表现最优。E、F 处理各项经济性状均不理想，尤其是 F 处理各项指标均表现最差。

2.3 不同处理对烟叶外观品质的影响

考察各处理中部烟叶的外观质量，结果列于表5。

表5 各处理烟叶外观质量

处理	颜色	成熟度	叶片结构	厚度	油分	色度
A	多橘黄	熟	疏松	中等	多	强
B	多橘黄	熟	疏松	中等	多	强
C	多橘黄	熟	疏松	中等	有	浓
D	多橘黄	熟	疏松	中等	多	浓
E	橘黄、柠檬黄	较熟	较疏松	稍薄	有	中
F	多柠檬黄	较熟	较疏松	稍薄	稍有	中
G（CK）	多橘黄	熟	疏松	中等	有	强

由表5可知，D、C、A、B处理及CK处理烟叶外观质量较好，E处理一般，F处理较差。

2.4 不同处理对烟叶化学成分的影响

各处理取C3F烟样测定化学成分，结果列入表6。

表6 各处理烟叶化学成分

处理	总糖（%）	总氮（%）	烟碱（%）	K_2O（%）	总糖/总氮	总氮/烟碱
A	18.75	2.01	2.13	2.14	9.33	0.94
B	17.04	2.27	2.21	2.06	8.39	0.97
C	18.82	1.95	2.10	2.09	9.65	0.93
D	18.30	2.12	2.02	2.30	10.05	1.05
E	17.19	2.11	2.06	2.05	8.15	1.02
F	16.28	2.03	2.04	1.92	8.01	0.99
G（CK）	18.07	2.06	2.08	2.21	8.77	0.99

从表6可以看出，除F、E处理的化学成分的谐调性较差外，其余处理的化学成分均基本符合要求，处于适宜或较为适宜的范围。

3 讨论

a. 本研究结果表明，氮、磷、钾用量相同，但肥料种类、配比不同，对烟草生长发育及产量与品质的影响显著不同，有的处理达到了优质适产的要求，有的处理则不理想。可见，要实现烤烟优质适产的目标，不仅要考虑纯氮磷、钾的用量，而且要考虑肥料种类的选择与配比。

b. 对本研究结果进行综合分析与评价，烤烟施肥应该以化肥为主，农家肥为辅，化肥与农家肥相结合。全部施用化肥固然可以获得优质适产，但是，农家肥含有大量有机质和数量不等的速效氮、磷、钾，还有各种微量元素，是完全肥料，不仅有利于烤烟优质适产，而且对保持土壤良好结构、改善土壤理化性能起重要作用。特别是在湖南，移栽前后常常是阴雨、寡照、低温天气，基肥中配合一定数量的猪牛粪、火土灰，能使土壤疏松、爽水、透气，有利于烟苗早发快长。化肥配合适量农家肥，烟株中期生长旺盛而不徒长，后期不早衰，也不贪青，能适时落黄成熟。但是，本研究结果也表明，农家肥用量不宜占太大比例。因为农家肥料中的养分含量变幅大，且养分的分解释放受气候等环境因素影响大，用量过大，可能造成烟株生长失控，不利于形成优质烟叶。

c. 农家肥中值得特别一提的是饼肥。本研究 4 个处理用了饼肥，结果表明，配合施用适量饼肥，有利于烟苗前期早发，中期旺长，后期适时落黄成熟，实现优质适产。

d. 笔者认为，在湘南烟区，烤烟施肥以化肥为主，配合使用氮含量占总氮 13%左右的农家肥，其中包括每公顷 750kg 左右的饼肥，可望获得优质适产的效果。

参考文献

[1] William A C, John G H. Characteristics of flue-cured tobacco grown under varying proportions of ammo-riium arid nitric nitrogen fertilization [J]. Tobacco International, 1986, 21: 35-37.

[2] 韩锦峰，刘国顺，韩富根．氮肥用量、形态和种类对烤烟生长发育及产量品质影响的研究 [J]. 中国烟草学报，1992 (1)：44-52.

[3] 聂荣邦，赵松义，黄玉兰，等．湖南省烤烟综合栽培技术研究 [J]. 湖南农学院学报，1992，18 (增刊)：371-380.

（原载《湖南农业大学学报》1997 年第 5 期）

烤烟（K326）最佳氮、钾施肥配比及产、值量寻优

李桂湘，韦建玉*，金亚波，曾祥难，邓宾玲

（广西中烟工业公司，南宁 530001）

摘　要：【目的】研究不同氮钾肥单效益与交互作用对烤烟产值量的影响，寻求最佳配比组合。【方法】分别设置中、高、低 3 个钾、氮处理，共计 9 个试验组合，根据产量产值结果结合 QBASCE 程序优化施肥方案与最佳产、值量。【结果】氮、钾肥均能增加烤烟的产量，但氮肥的增产效应大于钾肥；需要适量的氮和较高水平的钾，才有利于烟叶产值的提高。【结论】应用 QBASCE 程序进行模拟寻优得：最佳施肥量与最高产值施肥量相同，烤烟栽培的最优方案是产量 2 181.45kg/hm^2，产值 23 394.15 元/hm^2，最高产值施肥量为 N：108kg/hm^2，K_2O：360kg/hm^2。

关键词：烤烟；施肥；氮肥；钾肥；产、值量

烟草是我国也是世界上主要的经济作物之一，无论面积还是总产量，我国都居世界首位，是我国财政收入的来源之一（白智勇，1999）。氮素、钾素营养对作物的生长发育、代谢过程、产量和品质的影响已有广泛而深入的研究（颜合洪，2005；解燕，2006；叶协峰，2004；马朝文，2006；许明祥，2000；白建保，2005；祖艳群，2003；Yuni Sri，2005；Lu Y X，2005；Carl M，2002），然而至笔者开展本试验时，有关烟草氮、钾营养的研究大多集中在氮素、钾素单因素的作用或施肥量的影响方面（赵 鹏，2000；杨铁钊，2002；简永兴，2006），对于氮素和钾素的交互作用对产值量的影响报道不多（Tripathi SN，1991）。本文从不同氮、钾配比与烤烟产值量的关系入手，通过调控氮钾施肥，解决烟叶含 K 量较低及 N、K 比例不平衡对产值和产量的影响，为合理施用钾肥、氮肥，提高其利用率和卷烟企业的经济效益提供理论依据。解决氮钾最佳施肥量与最高产值施肥量，提出烤烟栽培的最优产、值量的参考方案。

1　材料与方法

1.1　试验材料

供试烤烟品种为 K326，是美国诺斯朴·金种子公司（Northup King Seed Company）

基金项目：广西中烟科技项目（2004YL01）。

作者简介：李桂湘（1972—），女，广西南宁人，硕士，农艺师，研究方向：烟草栽培。

*通信作者：Email：jtx_wjy@163.com。

用 McNair30×NC95 杂交选育而成。田间试验分别于2005年和2006年在广西大学农科教学科研基地试验田、南丹试验基地进行。试验土壤基本肥力情况见表1。

表1　土壤基本肥力

种植区	有机质 (g/kg)	全氮 (g/kg)	全磷 (g/kg)	全钾 (g/kg)	碱解氮 (mg/kg)	速效磷 (mg/kg)	速效钾 (mg/kg)	pH
校园农场	22.5	1.02	0.69	7.50	122.6	40.3	135.0	6.68
南丹烟区	26.8	1.72	0.55	8.30	145.2	38.2	157.4	6.20

1.2　试验设计

采用田间小区试验，试验分别设置低氮（45kg/hm^2，用 N_1 表示）、中氮（90kg/hm^2，用 N_2 表示）和高氮（135kg/hm^2，用 N_3 表示）3个氮水平与低钾（180kg/hm^2，用 K_1 表示）、中钾（240kg/hm^2，用 K_2 表示）和高钾（300kg/hm^2，用 K_3 表示）3个钾水平，共9个处理组合（表2）。N、P、K肥料分别为硫酸铵、硫酸钾、硝酸钾、硝酸钙和钙镁磷。

设重复3次，随机区组排列，小区面积为30m^2。行距为120cm，株距为50cm。四周设保护行。每667m^2 施硫酸镁5kg作底肥，采用漂浮育苗技术进行育苗，真叶为5叶1心时进行小苗膜下移栽。50%的硫酸铵、硫酸钾、硝酸钾、硝酸钙和100%钙镁磷作基肥施用，余下的1/3于栽后7d淋施，2/3在移栽后第30天培土时施入。50%中心花开放时打顶，其他管理按优质烟栽培模式管理。

表2　不同氮钾配比试验设计

处理	施肥量（N∶P_2O_5∶K_2O，kg/hm^2）	氮、钾配合情况
N_1K_1	45∶180∶180	低N，低K
N_1K_2	45∶180∶240	低N，中K
N_1K_3	45∶180∶300	低N，高K
N_2K_1	90∶180∶180	中N，低K
N_2K_2	90∶180∶240	中N，中K
N_2K_3	90∶180∶300	中N，高K
N_3K_1	135∶180∶180	高N，低K
N_3K_2	135∶180∶240	高N，中K
N_3K_3	135∶180∶300	高N，高K

1.3　测定项目

烤烟烘烤后分别计算产量、产值。土壤有机质、全氮、全磷、全钾、速效氮、磷、钾、pH测定方法参照文献[3]。数据用 Excel 和 SAS、SPSS 13.0 中 Univariate、Bivariate 软件包进行统计分析，多重比较用 LSD 法。

2 结果与分析

2.1 不同氮钾配比处理与产量的回归分析

对2005年和2006年两年度试验的产量数据作回归分析，结果表明（表3）施氮量、施钾量与产量呈显著的正相关关系，并且施氮条件下的相关系数比施钾条件下的相关系数大，这说明增施氮肥比增施钾肥有利于产量的提高，而N/K与产量也呈正相关关系，但系数较低，这也说明了氮钾配比对烟草的产量有影响，探讨二者的适合施用比例对烟草的增产有现实意义。

表3 不同处理条件与产量的回归分析

年份	y	x	回归方程	相关系数 r	决定系数 R^2
2005	产量	施氮量	$\hat{y}=1\ 367.55+144.3x$	0.971 2	0.943 3
	产量	施钾量	$\hat{y}=2\ 151.3+4.95x$	0.914 4	0.893 1
2006	产量	施氮量	$\hat{y}=1\ 182.3+147.75x$	0.971 2	0.943 3
	产量	施钾量	$\hat{y}=1\ 863.45+11.85x$	0.914 4	0.830 6

2.2 氮、钾不同水平配施对烟叶产量的影响

2.2.1 氮、钾不同水平配施对烟叶产量的增产效果 氮、钾不同水平配施烟叶产量的试验结果列于表4。从表4看出：

表4 氮、钾不同水平配比条件下烟叶产量（kg/hm^2）（2006年）

处理	平均产量
N_1K_1	1 586.70 fC
N_1K_2	1 626.30 efC
N_1K_3	1 663.65 eC
N_2K_1	1 981.20 dB
N_2K_2	2 072.25 bcAB
N_2K_3	2 152.80 aA
N_3K_1	2 005.65 cdB
N_3K_2	2 027.15 abA
N_3K_3	2 117.55 abA

注：同列不同大、小写字母表示差异达1%和5%显著水平。

（1）不同氮、钾水平配施的烟叶产量有很大差异，其中以中氮高钾处理的烟叶产量最高（2 152.8kg/hm^2），低氮低钾处理的烟叶产量最低（1 586.7kg/hm^2），二者间产量的差异达到极显著水平。表明适当增施氮钾肥能极显著提高烟叶产量。

（2）在不同氮素水平条件下，钾肥的增产效果有很大的差异。在低氮条件下增施钾肥

无显著增产效果；在中氮条件下增施钾肥有极显著增产效果；在高氮条件下增施钾肥则有显著的增产效果。表明钾肥需在较多氮肥用量基础上才能产生效果。

（3）在不同钾素水平条件下，增施氮肥均有一定的增产效果。在低钾情况下，高氮处理的产量（2 005.65kg/hm^2）稍大于中氮的产量（1 981.2kg/hm^2），但二者间的产量差异不显著，它们的产量均大于低氮的产量，其差异达极显著水平；在中钾情况下，高氮与中氮的产量间差异也不显著，但都极显著地高于低氮的产量。这表明适当高的氮、钾水平配施，才有利于烟叶产量的提高。

2.2.2 对氮钾不同水平配施的烟叶产量进行回归分析 对 2006 年的烟叶产量进行回归分析。

（1）建立氮、钾对烟叶产量的二元二次多项式回归方程

对表 2 所列氮钾各水平用下二式：

$$Z_0 = (Z_1 + Z_2)/2$$
$$x'_{ij} = (Z_{ij} - Z_0)/\gamma$$

进行编码变换，即高氮变换为 1，中氮变换为 0，低氮变换为－1；高钾变换为 1，中钾变换为 0，低钾变换为－1，用这些编码值替换表 4 氮钾各水平，应用 SAS 高级统计软件系统，建立氮、钾对烟叶产量的二元二次多项式回归方程：

$$\hat{y} = 2\,084.55 + 15.27x_1 + 4.005x_2 + 0.585x_1x_2 - 14.265{x_1}^2 - 1.605{x_2}^2 \quad (1)$$

方程经 F 检验，回归关系达极显著水平，可用于效应分析和寻优。

（2）对氮、钾二因素进行效应分析

① 氮、钾肥对烟叶产量的单效应分析 对方程（1）进行降维，得氮、钾对烟叶产量的一元二次多项式回归方程：

$$\hat{y} = 2\,084.55 + 15.27x_1 - 14.265{x_1}^2 \quad (2)$$
$$\hat{y} = 2\,084.55 + 4.005x_2 - 1.605{x_2}^2 \quad (3)$$

计算单效应：将 x_{ij} 分别为－1、－0.5、0、0.5、1 代入式（2）、（3），得氮、钾肥对烟叶产量的单效应（图 1）。

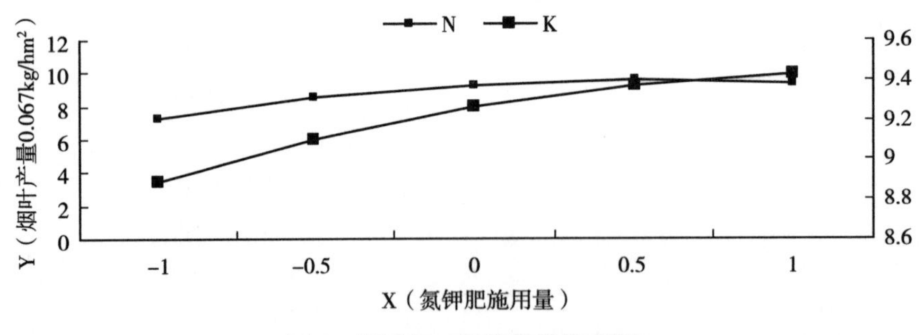

图 1 烟叶氮、钾肥的单效应图

从图 1 看出：烟叶产量随氮肥施用量的增加而迅速提高，呈较陡的抛物线型，从－1（N_1）增至 0.5（N_2）时产量增加迅速并达到最高（2 145.75kg/hm^2），即曲线的顶点，继续增加氮肥施用量，则产量有所下降；烟叶产量随钾肥施用量的增加而逐渐提高，呈较平缓的上升曲线，从－1（K_1）增至 1（K_2）时产量达到最高，而未出现烟叶产量下

降。表明烟叶产量的提高，钾肥的作用小于氮肥，这可能与供试土壤速效钾含量较高（135.0mg/kg）以及钾肥施用量的下水平较高（K_2）有关。

②氮、钾肥对烟叶产量的交互效应分析　计算交互效应：将 x_{ij} 分别为－1、－0.5、0、0.5、1 代入式（1），得氮、钾肥对烟叶产量的交互效应图（图 2）。

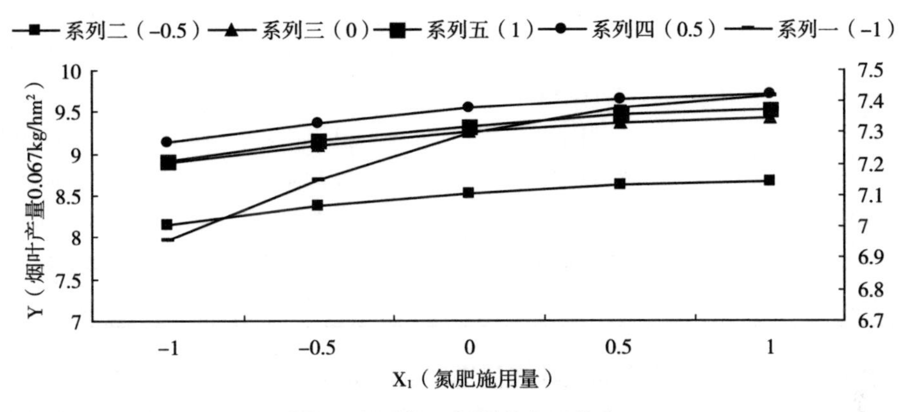

图 2　烟叶氮、钾肥的交互效应

从图 2 看出：氮、钾肥配合施用具有一定的交互效应：随着氮、钾肥施用量的同时增加，烟叶产量逐渐提高。烟叶产量从低氮、低钾配施的 1 566.0kg/hm² 较快地提高至较高氮和高钾配施的 2 185.95kg/hm²，可见二者具有正交互效应。

氮肥的增产效应大于钾的增产效应：钾在各个施氮水平中增加施用量其烟叶产量增加的极差 *R*（102.75～137.7），均小于氮在各个施钾水平中增加施用量其烟叶产量增加的极差 *R*（490.95～517.05）。表明氮的增产效应大于钾的增产效应。

（3）模拟寻优　应用 QBASCE 程序进行模拟寻优得：

最高产量施肥量为 N：135kg/hm²，K_2O：300kg/hm²，烟叶产量为2 185.95kg/hm²。

2.3　氮、钾不同水平配施对烟叶产值的影响

2.3.1　氮、钾不同水平配施对烟叶产值的增加效果　从表 5 看出：

（1）不同氮、钾水平配施的烟叶产值有很大差异，其中以中氮高钾处理的烟叶产值最高（23 363.4 元/hm²）；低氮低钾处理的烟叶产值最低（14 902.05 元/hm²），二者之间产值的差异达极显著水平。表明适当增施氮、钾肥能极显著提高烟叶产值。

（2）在不同氮素水平条件下，钾肥的增值效果有较大的差异。在低氮条件下增施钾肥有极显著增值效果；在中氮条件下高钾的烟叶产值极显著高于中钾和低钾；在高氮条件下高钾和中钾的烟叶产值显著高于低钾。表明钾肥需在适量氮肥用量基础上才能产生很好的效果。

（3）在不同钾素水平条件下，增施氮肥均有一定的增值效果。在低钾情况下，高氮处理的产值（21 104.55 元/hm²）极显著地高于低氮的产值（14 902.05 元/hm²），而与中氮的产值无显著差异；在中钾情况下，高氮的产值（21 545.55 元/hm²）极显著地高于低氮的产值，而与中氮的产值无显著差异；在高钾情况下，高氮的产值（21 956.7 元/hm²）极显著地低于中氮的产值，但极显著地高于低氮的产值。这表明适当高的氮、钾水平配施，才有利于烟叶产值的提高。

表 5　氮、钾不同水平配施的烟叶产值（元/hm^2）

处理	2005 年	2006 年	平均
N_1K_1	15 143.10	14 661.15	14 902.12 f E
N_1K_2	16 888.95	16 393.05	16 641.00 eD
N_1K_3	18 613.95	17 301.90	17 957.92dC
N_2K_1	2 064.45	20 921.55	20 943.00 cB
N_2K_2	21 718.50	21 717.15	21 717.82 bcB
N_2K_3	23 218.20	23 508.60	23 363.40 aA
N_3K_1	21 109.65	21 099.45	21 104.55 cB
N_3K_2	21 649.35	21 441.75	21 545.55 bcB
N_3K_3	21 890.40	22 022.55	21 956.47 bB

2.3.2　对氮、钾不同水平配施的烟叶产值进行回归分析

（1）建立氮、钾对烟叶产值二元二次多项式回归方程　对表 2 所列氮、钾各水平用下二式：

$$Z_0 = (Z_1 + Z_2)/2$$
$$x'_{ij} = (Z_{ij} - Z_0)/\gamma$$

进行编码变换，即高氮变换为 1，中氮变换为 0，低氮变换为－1；高钾变换为 1，中钾变换为 0，低钾变换为－1。用这些编码值替换表 2 氮、钾各水平，应用 SAS 高级软件系统，建立氮、钾对烟叶产值的二元二次多项式回归方程：

$$\hat{y} = 21\ 961.5 + 167.85x_1 + 70.35x_2 - 36.75x_1x_2 - 199.35{x_1}^2 + 4.65{x_2}^2 \quad (4)$$

方程经 F 检验，回归关系达极显著水平，可用于效应分析和寻优。

（2）对氮、钾二因素进行效应分析

①氮、钾肥对烟叶产值的单效应分析　对方程（4）进行降维，得氮、钾对烟叶产值的一元二次多项式回归方程：

$$\hat{y} = 21\ 961.5 + 167.85x_1 - 199.35{x_1}^2 \quad (5)$$
$$\hat{y} = 21\ 961.5 + 70.35x_2 + 4.65{x_2}^2 \quad (6)$$

计算单效应：将 x_{ij} 分别为－1、－0.5、0、0.5、1 代入式（5）、（6），得烟叶氮、钾肥对烟叶产值的单效应图（图 3）。

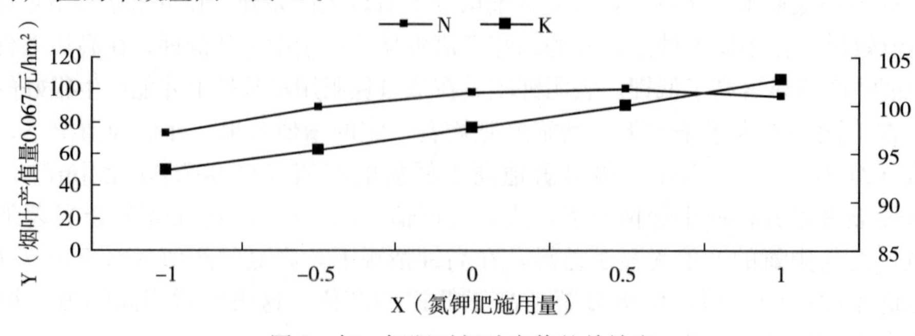

图 3　氮、钾肥对烟叶产值的单效应

从图 3 看出：烟叶产值随氮肥施用量的增加而迅速提高，呈较陡的抛物型，从 -1（N_1）增至 0.5（N_2）时产值增加迅速并达到最高，即曲线的顶点，而继续增加氮肥施用量，则产量下降；烟叶产值随钾肥施用量的增加而呈线性增加，从 -1（K_1）增至 1（K_2）时产值量达到最高。表明烟叶产值的提高，需要适量的氮和较高水平的钾，才有利于烟叶产值的提高。

②氮、钾肥对烟叶产值的交互效应分析　计算交互效应：将 x_{ij} 分别为 -1、-0.5、0、0.5、1 代入式（4），得氮、钾肥对烟叶产值的交互效应图（图 4）。

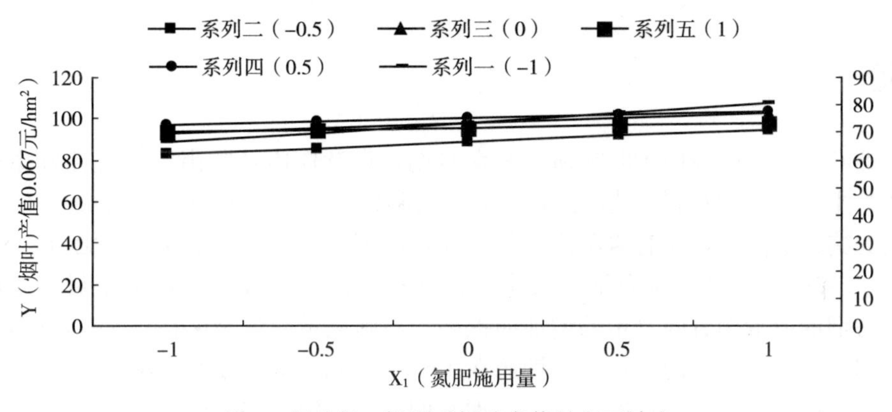

图 4　烟叶氮、钾肥对烟叶产值的交互效应

从图 4 可以看出：氮、钾肥配合施用对烟叶产值具有一定的交互效应：随着氮、钾肥施用量的同时增加，烟叶产值逐渐提高。烟叶产值从低氮、低钾肥配施较快地提高至较高氮和高钾配施，可见二者具有正交互效应。

氮肥的增值效应大于钾的增值产效应：钾在各个施氮水平中增加施用量其烟叶产值增加的极差 R（1 007.4～3 211.35），均小于氮在各个施钾水平中增加施用量其烟叶产量增加的极差 R（5 194.65～6 847.65）。表明氮的增值效应大于钾的增值效应。

（3）模拟寻优　N 的价格为 3.00 元/kg，K_2O 的价格为 2.50 元/kg，烟叶平均均价为 9.91 元/kg，应用 QBASCE 程序进行模拟寻优。

最高产值施肥量为 N：108kg/hm²，K_2O：360kg/hm²，烟叶产值为23 394.15 元/hm²。最佳施肥量与最高产值施肥量相同。

2.4　氮、钾不同水平配施对烟叶产量、产值影响的综合寻优

将氮、钾肥对烟叶产量的最佳施肥方案及对烟叶产值的最佳施肥方案列于表 6，并计算出相应的产值及产量。进一步计算出氮、钾肥对烟叶的综合最佳方案，亦列于表 6，并计算出相应的产量及产值。

从表 6 看出，烟叶产量最佳方案的烟叶产量较高（2 185.75kg/hm²），产值较低（23 096.4 元/hm²）；产值最佳方案虽然产值较高（23 394.15 元/hm²），但产量较低（2 181.45kg/hm²）；综合最佳方案的产值虽然小于产值最佳方案（23 394.15 元/hm²），但大于产量最佳方案，综合最佳方案的产量（2 181.9kg/hm²）虽然小于产量最佳方案，但大于产值最佳方案。因此，综合最佳方案是烤烟栽培的最优方案。

表 6 烤烟的最佳氮、钾肥施肥方案

	氮		钾		产量 (kg/hm²)	产值 (元/hm²)
	X_1	Z_1	X_2	Z_2		
产量最佳方案	0.5	7.5	1	24	2 185.95	23 096.40
产值最佳方案	0.4	7.2	1	24	2 181.45	23 394.15
综合最佳方案	0.45	7.35	0.875	23.25	2 181.90	23 348.20

3 讨论

优质烟叶的生产应该使烟叶在适当发育时期，烟叶体内及时由以氮代谢和碳的固定、转化代谢为主转变为以碳的积累代谢为主。付继刚（2010）、周柳强（2010）研究表明，在一定量的施氮范围内，随着氮肥用量的增加，烤烟产量、产值增加，钾肥也有相同的规律（胡娟，2010）。本试验研究结果表明，在钾素固定的情况下，在施氮量为 $90kg/hm^2$ 以下时，烤烟的产量随着施氮量的增加而提高，当施氮量超过 $90kg/hm^2$ 时，产量的变化不明显；相反，固定氮素的含量时，钾肥在 $180\sim360kg/hm^2$ 均能提高烤烟的产量。增加氮量的比例可以明显增加烤烟的产量，是钾素增产效应的 6～20 倍。从不同氮、钾配比可以看出，低钾中氮、高氮处理比中钾中氮、高氮的处理产量要高，比高钾的处理也高，这就说明单从配比上来看，低钾高氮最有利于烟叶产量的增加。从 2 个年度不同施肥处理的烟叶产量看，氮肥对产量的影响比较复杂，低氮（$45kg/hm^2$）处理的烟叶生长缓慢，产量较低；中氮（$90kg/hm^2$）有较好的增产效果，高氮（$135kg/hm^2$）在生长前期促进烟草生长，但烟叶采收时落黄较差，烘烤后烟叶轻而且有枯斑，损失较多，最后产量与中氮条件相比也没有显著提高。因此，综合各种因素，在本研究的试验条件下低钾中氮有利于优化烤烟的品质。施氮量、施钾量与产量呈显著的正相关关系，但增施氮肥比增施钾肥有利于产量的提高。

4 结论

本试验研究表明，选择正确的氮钾配比施肥可望获得高效益、优质、适产与安全的烟叶。氮钾二元二次多项式回归方程分析氮钾适合比例的配比对烤烟产值量效应的影响结果表明：N 的价格为 3.00 元/kg，K_2O 的价格为 2.50 元/kg，烟叶价格为 9.55 元/kg 时，最高产量施肥量为 N：$112.5kg/hm^2$，K_2O：$360kg/hm^2$，烟叶产量为 $2\ 185.95kg/hm^2$。最高产值施肥量为 N：$108kg/hm^2$，K_2O：$360kg/hm^2$，烟叶产量为 $2\ 181.45kg/hm^2$，烟叶产值为 23 394.15 元/hm^2。最佳施肥量与最高产值施肥量相同。

参考文献

[1] 白建保，李军民，刘卫华，等．施氮量与移栽时穴施化肥种类对中烟 100 产质量的影响 [J]. 烟草

科技，2005（10）：33-35.

[2] 白智勇.1993—1998年世界各国烟叶产量统计［J］. 上海烟叶，1999（2）：55-57.

[3] 鲍士旦.土壤农化分析：第三版［M］. 北京：中国农业出版社，2000：422-426.

[4] 付继刚，王定斌，陆引罡.不同氮肥施用量及基追肥比例对烟叶产质量的影响［J］. 贵州农业科学，2010（2）：22-24.

[5] 胡娟，邱慧珍，何秀成，等.施钾水平对甘肃烤烟钾含量及经济效益的影响［J］. 草业学报，2010，19（5）：156-160.

[6] 简永兴，董道竹，杨垒，等.种植海拔对烤烟生物碱组成的影响［J］. 烟草科技，2006（11）：27-31.

[7] 马朝文.中国烟叶含钾量研究现状及提高途径探讨［J］. 作物研究，2006（2）：190-193.

[8] 许明祥，赵允格，赵伯善.施钾水平对烟叶含钾量的影响［J］. 西北农业学报，2000，9（4）：60-67.

[9] 颜合洪，胡雪平，张锦韬，等.不同施钾水平对烤烟生长和品质的影响［J］. 湖南农业大学学报，2005（1）：20-23.

[10] 叶协峰，杨超，刘国顺，等.烟草钾素研究进展［J］. 河南农业科学，2004（11）：15-20.

[11] 杨铁钊，冕逢春，丁永乐，等.烟草不同基因型叶片钾素积累特性及变异分析［J］. 中国烟草学报，2002，8（3）：14-16.

[12] 解燕，王文楷，赵杰，等.烟草钾素营养与钾肥研究［J］. 中国农学通报，2006（8）：302-307.

[13] 周柳强，黄美福，周兴华，等.不同氮肥用量对田烤烟生长、养分吸收及产质量的影响［J］. 西南农业学报，2010，23（4）：1166-1172.

[14] 赵鹏，谭金芳，介晓磊.施钾条件下烟草钾与钙镁相互关系的研究［J］. 中国烟草学报，2000，6（1）：23-26.

[15] 祖艳群，林克惠.氮、钾营养对烤烟产量、产值和优质烟叶比例的影响［J］. 西北植物学报，2003，23（6）：1010-1013.

[16] Carl M R，Richard R. Nitrogen requirements during shoot organogenesis in tobacco leaf discs［J］. Journal of Experimental Botany，2002，53：1437-1443.

[17] Lu Y X，Li C J. Transpiration potassium uptake and flow in tobacco as affected by nitrogen forms and nutrient levels［J］. Ann Bot（Lond），2005，95（6）：991-998.

[18] Yuni S R，Pia W L，Cunter N，et al. Root derived cytokinins as long distance signals for NO_3 induced stimulation of leaf growth［J］. Journal of Experimental Botany，2005，56：1143-1152.

[19] Tripathi S N，Rao M U，Nageswra RCR. Influence of N，P and K on yield and economics of Natu tobacco bariety DG-3［J］. Tob Res，1991，17（1）：3-9.

不同氮钾配施对烤烟香气成分及评吸品质的影响

韦建玉，曾祥难，李桂湘，金亚波，邓宾玲

（广西中烟工业有限责任公司，南宁 530001）

摘 要：【目的】研究不同氮钾配比对烤烟香气成分及评吸品质的影响，探索出合理的氮钾配比，为提高卷烟工业可用性提供技术支撑。【方法】以K326为试验材料进行田间试验。设置低氮（45kg/hm^2）、中氮（90kg/hm^2）和高氮（135kg/hm^2）3个氮水平与低钾（180kg/hm^2）、中钾（270kg/hm^2）和高钾（360kg/hm^2）3个钾水平，共9个处理组合。【结果】中氮高钾处理有利于烤烟中性香气物质的形成；低钾高氮处理有利于酸性香气物质的形成；高氮高钾处理能促进饱和脂肪酸的形成，降低不饱和脂肪酸的形成；中氮中钾和中氮高钾处理的评吸总分最高，低氮低钾和低氮中钾处理的总分最低。【结论】综合烟叶产量、评吸品质、香气成分含量、常规化学成分等评测参数，中氮高钾处理最优，低氮低钾处理最差。

关键词：烤烟；氮钾配比；香气；品质

引言

【研究意义】烤烟作为一种重要的吸食性经济作物，其香吃味基本上决定了它的利用价值和可用性（招启柏等，2002）。影响烤烟香吃味的因素很多，如品种、烤烟种植区的气候特征、海拔高度、土壤类型、土壤肥力、施肥、留叶数、成熟度，烟叶调制、烟叶陈化等，而施肥是烤烟的关键栽培技术之一（韩锦峰等，1996），尤其是氮钾肥料的施用，不仅是决定烟叶产量、产值的第一因子，还对烟叶均价、上等烟比例的影响具有重要意义。【前人研究进展】目前，关于氮肥、钾肥对烤烟品质的影响已有不少报道。史宏志等（1998）、刘卫群等（1998）的研究结果表明，施肥对烟叶香吃味的贡献仅次于品种，占24.8%。因此施肥是调控烟叶质量的核心。【本研究切入点】尽管氮素、钾素是肥料中的重要元素，其对作物生长发育、代谢过程、产量和品质的影响已有广泛而深入的研究（谈克政和陆发熹，1986；劳家柽，1988），但大多集中在氮素、钾素单因素的作用或施肥量

作者简介：韦建玉（1966—），女，壮族，广西柳西州人，博士，高级农艺师，研究方向为烟草栽培。
基金项目：广西烟科技项目（2004YL01）。

的影响方面（Janardan et al.，1997；赵鹏等，2000）。对于氮素和钾素的交互作用、烤烟中后期烟叶和土壤中氮素、钾素含量对产量和品质的影响报道不多（Pretty，1980）。【拟解决的关键问题】比较不同氮钾配施处理对烤烟香气成分和感官质量的影响，探索出合理的氮钾配比，为卷烟产业发展提供理论依据。

1 材料与方法

1.1 试验材料

供试烤烟品种为K326，由中国烟草南方育种中心提供。田间试验于2006—2008年在南丹试验基地进行。

试验土壤基本肥力情况为：pH 6.2，有机质26.8g/kg，全氮1.72g/kg，全磷0.55g/kg，全钾8.30g/kg，碱解氮145.2mg/kg，速效磷38.2mg/kg，速效钾157.4mg/kg。

1.2 试验设计

采用田间小区试验，试验分别设置低氮（45kg/hm^2，用N_3表示）、中氮（90kg/hm^2，用N_6表示）和高氮（135kg/hm^2，用N_9表示）3氮素水平低钾（180kg/hm^2，用K_{12}表示）、中钾（270kg/hm^2，用K_{18}表示）和高钾（360kg/hm^2，用K_{24}表示）3个钾素水平，共9个处理组合。N、P、K肥料分别为硫酸铵、硫酸钾、硝酸钾、硝酸钙和钙镁磷。重复3次，随机区组排列，小区面积为30m^2。行距120cm，株距50cm，四周设保护行。施硫酸镁作底肥，采用漂浮育苗技术进行育苗，真叶为5叶1心时进行小苗膜下移栽。50%的硫酸铵、硫酸钾、硝酸钾、硝酸钙和100%钙镁磷作基肥施用，余下的1/3于栽后第7天淋施，2/3在移栽后第30天培土时施入。50%中心花开放时打顶，其他管理按优质烟栽培模式管理。

1.3 指标测定

取C3F（中橘三）烟叶测定。脂肪酸采用甲脂化—气相色谱法测定（鲍士旦，2005）。香气成分测定参照李炎强等（2004）的方法。各处理的烟叶达到工艺成熟时分别进行采收，采用三段式烘烤工艺烘烤。

1.4 感官评吸鉴定

取C3F（中橘三）处理烟叶2kg送中国烟草总公司青州烟草研究所进行单料卷烟评吸，按香气量、香气质、杂气、劲头、刺激性、余味、灰分分别打分，以总分衡量烟叶的香吃味品质。

2 结果与分析

2.1 不同氮钾配比对烟叶香气成分的影响

2.1.1 酸性香气物质 烟叶中的酸性香气物质主要起到改善吸味质量、使烟气平和、增加烟气浓度的作用，是影响烟叶香气的重要物质。本研究共检测出 11 种酸性香气物质（表 1）。其中异戊酸所占比例最高<70%，苯甲酸次之（约 22%），2-甲基丙酸、4-甲基戊酸和 3-甲基戊酸最低，3 种物质仅占总酸性香气物质含量的 0~3%。

由表 1 可见，在伺定氮素施用量的条件下，随着钾素施用量的增加，基本上都是呈现增加的趋势；在固定钾素的情况下，增加氮素含量也有利于增加酸性香气物质，但不及钾素的影响程度明显。在同一氮素水平上，从增加酸性香气物质上来看，N_3，K_{24}处理对酸性香气物质作用最大（46.89%），其次是 N_6K_{24}（24.11%）。

表 1　不同处理条件下烟草叶片酸性香气物质含量（μg/g）

物质成分	处理								
	N_3K_{12}	N_3K_{18}	N_3K_{24}	N_6K_{12}	N_6K_{18}	N_6K_{24}	N_9K_{12}	N_9K_{18}	N_9K_{24}
2-甲基丙酸	0.059	0.053	0.055	0.060	0.085	0.050	0.053	0.057	0.079
丁酸	0.147	0.021	0.211	0.101	0.158	0.161	0.090	0.152	0.187
戊酸	0.039	0.442	0.330	0.287	0.367	0.505	0.048	0.338	0.276
异戊酸	15.447	22.059	24.705	21.052	24.518	29.702	21.716	28.697	23.705
2-甲基戊酸	0.198	0.188	0.212	0.243	0.252	0.156	0.232	0.188	0.194
4-甲基戊酸	0.085	0.089	0.078	0.070	0.069	0.085	0.070	0.070	0.063
3-甲基戊酸	0.076	0.155	0.051	0.093	0.073	0.017	0.099	0.056	0.046
己酸	0.361	0.375	0.284	0.467	0.489	0.329	0.457	0.268	0.397
壬酸	0.414	0.348	0.443	0.539	0.600	0.258	0.551	0.475	0.541
辛酸	0.309	0.272	0.544	0.382	0.406	0.470	0.328	0.418	0.563
苯甲酸	7.217	8.094	8.856	9.443	9.044	8.900	8.668	7.278	8.192
合计	24.351	32.096	35.769	32.737	36.06	40.632	32.31	37.997	34.242

2.1.2　中性香气物质　类胡萝卜素物质的降解产物是烟叶香气的重要成分或前体物。通过 GC/MS 测定，共检测到 7 种类胡萝卜素类中性香气物质（表 2），其中以大马酮含量最高，巨豆三烯酮 2 和巨豆三烯酮 4 次之，二氢猕猴桃内酯最低。巨豆三烯酮类物质（巨豆三烯酮 1、巨豆三烯酮 2、巨豆三烯酮 3、巨豆三烯酮 4）在高氮水平下，表现出先高后低的变化规律，这表明在高氮高钾水平下，可能抑制巨豆三烯酮类物质含量的合成和积累。

表 2　不同处理条件下烤烟叶片中性香气物质含量（μg/g）

物质成分	处理								
	N_3K_{12}	N_3K_{18}	N_3K_{24}	N_6K_{12}	N_6K_{18}	N_6K_{24}	N_9K_{12}	N_9K_{18}	N_9K_{24}
巨豆三烯酮 1	2.36	2.43	2.38	2.87	3.09	2.66	3.22	3.85	2.50
巨豆三烯酮 2	12.26	13.35	13.62	15.61	15.31	15.17	18.21	19.89	14.61
巨豆三烯酮 3	1.10	1.27	1.53	1.72	1.69	1.93	1.97	2.76	1.85
巨豆三烯酮 4	9.90	11.80	14.26	14.45	10.43	15.21	18.62	17.12	15.04
二氢猕猴桃内酯	1.09	1.67	2.56	2.83	1.25	1.22	1.50	1.90	1.54

（续）

物质成分	处理								
	N_3K_{12}	N_3K_{18}	N_3K_{24}	N_6K_{12}	N_6K_{18}	N_6K_{24}	N_9K_{12}	N_9K_{18}	N_9K_{24}
大马酮	20.64	28.04	32.24	39.25	28.66	33.96	28.34	21.52	28.67
香叶基丙酮	2.71	4.00	3.60	3.92	3.78	3.58	3.89	3.88	4.17
类胡萝卜素物质	50.06	62.56	70.18	80.66	64.21	73.73	75.76	70.92	68.36
茄酮	24.68	17.5	36.31	25.37	13.33	31.76	22.45	22.42	26.21
氧化茄酮	0.83	0.80	1.07	0.99	1.18	0.79	0.15	0.53	0.83
类西柏烷类物质	25.51	18.30	37.38	26.36	14.51	32.55	22.6	22.95	27.04
苯甲醇	10.28	12.24	16.72	15.41	11.07	12.29	14.13	13.6	15.18
苯乙醇	23.52	29.30	38.32	37.35	24.03	32.53	34.24	34.45	35.80
苯丙氨酸类物质	33.81	41.54	55.05	52.77	35.10	44.82	48.36	48.04	50.98
糠醛	21.67	29.91	26.22	22.31	23.26	24.18	29.37	25.89	22.89
糠醇	1.02	1.43	1.18	1.13	1.84	1.81	1.76	1.63	1.64
棕色化产物	22.68	31.34	27.40	23.75	25.10	25.98	31.13	27.53	24.54
新植二烯	950.57	1 056.31	1 181.99	1 191.30	1 166.41	1 297.99	1 256.47	1 190.54	1 216.29
二氢紫罗兰醇	6.34	7.06	8.17	10.60	10.14	16.00	12.83	12.00	12.37
B紫罗兰酮	0.15	0.33	0.27	0.30	0.16	0.19	0.50	0.23	0.31
法尼基丙酮	12.61	17.58	16.07	17.72	16.38	17.72	18.73	19.70	17.75
棕榈酸甲酯	2.98	2.95	3.90	4.13	4.16	4.32	4.45	4.38	4.58
邻苯二甲酸二异辛酯	13.50	18.11	21.89	18.79	19.53	19.9	14.57	14.19	15.72
合计	1 118.12	1 256.08	1 422.30	1 426.38	1 355.70	1 533.20	1 485.40	1 410.48	1 437.94

香叶基丙酮含量随着氮素水平的提高呈增加趋势（表 2），但钾素的作用效果呈无规律变化。在低氮水平下，随着钾素增加二氢猕猴桃内酯含量明显增加，在中氮水平下随着钾素增加呈急剧下降，在高氮水平下钾素的作用效果不明显。

在烤烟的挥发油中，最重要的化合物是苯甲醇和苯乙醇，二者均随着氮素增加含量都有所增加，但钾素的作用更大；在低氮和高氮水平下，苯甲醇和苯乙醇含量随着钾用量增加而增加，且钾素的促进作用在低氮条件下更为明显；而在中氮水平下表现为低钾处理的最高，中钾处理的最低。

从 7 种类胡萝卜素物质总含量来看（表 2），提高氮钾比例可以不同程度增加类胡萝卜素物质总含量，说明在相同氮素水平条件下，钾素营养通过促进类胡萝卜素及其降解产物的含量提高来增加烟叶内在质量。

2.1.3 高级脂肪酸 从检测到的豆蔻酸、棕榈酸和硬脂酸 3 种饱和脂肪酸可以看出（表 3），随着氮钾肥的增加而出现不同程度的变化。豆蔻酸在低氮和高氮水平下的含量大于中氮水平；在 3 个氮素水平下，其含量均随着钾素增加而呈增加趋势，高氮高钾处理含量达到最高值，总体显示氮钾使用量增加呈增加效应。

棕榈酸对氮素变化的反应不敏感，随着氮素的增加只有较小幅度的增加；在低氮水平下，随着钾素用量的增加其含量呈快速增加趋势；中氮水平下，随着钾素增加其含量增加幅度明显减低；高氮水平下，随着钾素的增加其含量呈缓慢降低趋势；这与 Court 和 EIIilt（1978）的研究结果不同。硬脂酸对氮肥的反应不够敏感，随着施氮量增加呈缓慢增加趋势；相对而言，对钾素的反应较敏感，在相同氮水平下随着施钾量的增加而增加。亚油酸随着氮素水平的提高呈缓慢增加的趋势，但 3 个氮素水平下均以低钾（$180kg/hm^2$）处理的含量最高，高钾（$360kg/hm^2$）处理的最低，对钾素的效应明显出现反向结果。油酸随着氮素增加呈增加趋势；在 3 个氮素水平下，钾素的促进作用均较明显，表现出油酸对钾素营养敏感。亚麻酸对氮素处理呈不规律反应，低氮和高氮水平下含量高，中氮水平含量降低，但是对钾素营养反应敏感，在低氮、中氮和高氮水平下都表现出随施钾量增加而降低的趋势。这与刘国顺等（2004）随着钾肥施用量的增加，烟叶中亚油酸和亚麻酸的含量在降低的研究结果相同。不饱和脂肪酸的研究结果与 Court 和 Elliot（1978）指出不饱和脂肪酸含量在较低施氮水平下相对较高，随着施氮水平的增加而下降，但在速效氮肥过多时，含量又升高的研究结果不一致；也与低氮有利于脂肪酸向长链不饱和方向转化，氮素过高也会促使长链不饱和脂肪酸合成（史宏志等，1998）的结果不尽相同。

表 3　不同处理条件下烤烟烟叶片高级脂肪酸含量（μg/g）

处理	豆蔻酸	棕榈酸	硬脂酸	油酸	亚油酸	亚麻酸
N_3K_{12}	0.038	1.098	0.105	1.535	1.038	2.865
N_3K_{18}	0.051	1.141	0.191	2.121	0.944	2.579
N_3K_{24}	0.056	1.757	0.327	2.476	0.657	1.948
N_6K_{12}	0.035	1.361	0.144	1.758	1.021	2.547
N_6K_{18}	0.041	1.382	0.233	2.474	0.809	1.551
N_6K_{24}	0.062	1.567	0.269	2.824	0.59	2.354
N_9K_{12}	0.066	1.549	0.314	2.394	1.275	2.875
N_9K_{18}	0.070	1.543	0.232	2.641	1.181	2.221
N_9K_{24}	0.075	1.502	0.317	2.732	0.985	2.697

2.2　不同氮钾配比对烟叶感官质量的影响

感官质量评价结果（表 4）表明，不同氮钾配比对 烟叶感官质量档次有一定的影响。不同氮钾配比处理均未改变烟叶的香型，而主要是对劲头大小和香气浓度有影响。施氮水平对劲头大小有较大影响。

为了进一步了解不同氮钾配比处理对烟叶评吸品质的影响，分别对各处理烟叶的香气质等单项指标进行了打分（表 5）。中氮水平条件下的烟叶香气质较好。在一定氮水平条件下，提高钾水平可在一定程度上提高香气质。从不同处理的评吸品质总分来看，中氮高钾（N_6K_{24}）处理的总分最高，低氮低钾（N_3K_{12}）的总分最低。

表4　不同处理条件下烤烟烟叶的评吸结果

处理	香型	劲头	香气浓度	质量档次
N_3K_{12}	中间香型	中等−	中等	中等
N_3K_{18}	中间香型	中等−	中等	中等
N_2K_{24}	中间香型	中等−	中等	中等+
N_6K_{12}	中间香型	中等	中等	中等+
N_6K_{18}	中间香型	中等	中等	较好−
N_6K_{24}	中间香型	中等	中等+	较好
N_9K_{12}	中间香型	较大−	中等−	中等
N_9K_{18}	中间香型	较大−	中等−	中等
N_9K_{24}	中间香型	较大	中等	中等

表5　不同处理条件下烤烟烟叶的评吸品质

处理	香气质（15分）	香气量（20分）	余味（25分）	杂气（18分）	刺激性（12分）	燃烧性（5分）	灰色（5分）	总分（100分）	位次
N_3K_{12}	9.0	14.0	18.0	14.0	7.0	3.0	3.0	68.0	6
N_3K_{18}	10.0	14.0	18.0	14.0	6.0	3.0	3.0	68.0	6
N_3K_{24}	10.0	16.0	19.0	14.0	6.0	3.0	3.0	71.0	3
N_6K_{12}	10.0	16.0	19.0	14.0	6.0	3.0	3.0	71.0	3
N_6K_{18}	11.0	16.0	19.0	13.0	9.0	2.5	3.0	73.0	1
N_6K_{24}	11.0	16.0	19.0	13.0	9.0	2.5	3.0	73.5	1
N_9K_{12}	11.0	16.0	19.0	13.0	8.0	2.5	3.0	73.5	2
N_9K_{18}	10.0	15.0	17.0	14.0	8.0	2.5	3.0	69.5	5
N_9K_{24}	10.0	16.0	17.0	14.0	8.0	2.5	3.0	70.5	4

从表5还可以看出，施肥量及肥料种类等一般栽培措施对烟叶的香气风格影响微小，这与香型风格主要受品种和生态环境因素影响的大量研究报道一致（李章海等，2010）。本研究结果也表明，氮钾及其不同配比对烟叶的香气质作用效果较小，两者互作对香气质的影响主要通过钾素的作用产生；在适度的氮素水平下，增加钾素营养水平可以有效提高烟叶质量，其作用效果主要是通过对烟叶的香气量、余味、刺激性的改善而体现。

3　讨论

烟叶在适当发育时期及时由以氮代谢和碳的固定、转化代谢为主转变为以碳的积累代谢为主，是生产优质烟叶的条件之一（Tso，1972）。评吸结果表明，不同氮钾配比处理均未改变烟叶的香型，而主要是对烤烟的劲头大小和香气浓度有影响。氮钾配施除了不改变烟叶的灰色外，对香气质、香气量、余味、杂气、刺激性和燃烧性都有不同程度的影响。从不同处理的评吸品质总分来看，总体上是中氮高钾（N_6K_{24}）处理的总分最高，低氮低钾（N_3K_{12}）的总分最低。因此，从吸食性的角度出发，中氮高钾（N_6K_{24}）处理组合较好。

氮钾配比影响中性香气物质的含量，且以中氮高钾比例，即氮肥在 90kg/hm^2 以下、钾肥在 360kg/hm^2 以上的配比有利于烤烟中性香气物质的形成。对于酸性香气物质的形成则要求：氮肥在 135kg/hm^2 以上、钾肥在 180kg/hm^2 以下。本研究结果表明，高氮高钾能促进饱和脂肪酸的形成，降低不饱和脂肪酸形成。对于烤烟制品的吸食性来说，中氮中钾比例是最适合的配比，即氮肥在 90kg/hm^2 左右、钾肥在 270kg/hm^2 左右。

4　结论

在本研究的试验条件下，氮钾比例影响中性香气物质的含量，且以氮肥在 90kg/hm^2 以下、钾肥在 360kg/hm^2 的配比有利于烤烟中性香气物质的形成。对于酸性香气物质的形成则要求氮肥在 135kg/hm^2 以上、钾肥在 180kg/hm^2 以下。从吸食性的角度出发，中氮高钾（N：90kg/hm^2，K：360kg/hm^2）处理组合较好。综合各处理条件下烟叶产量、评吸结果、香气成分含量、常规化学成分和其他生理参数，以中氮高钾配比最优，低氮低钾配比最差。

参考文献

[1] 鲍士旦．土壤农化分析 [M]．第 3 版．北京：中国农业出版社，2005：422 - 426.

[2] 韩锦峰，史宏志，官春云，等．不同施氮水平和氮素来源烟叶碳氮比及其与碳氮代谢的关系 [J]．中国烟草学报，1996，3 (1)：19 - 25.

[3] 劳家柽．土壤农化分析手册 [M]．北京：中国农业出版社，1988：241 - 297.

[4] 李炎强，胡有持，朱忠，等．云南烤烟复烤叶片陈化过程香味成分的变化及与感官评价的关系研究 [J]．中国烟草学报，2004，10 (1)：1 - 8.

[5] 李章海，王定福，何崇文，等．几种栽培技术和烤房类型对 K326 香型和香气品质特征的影响 [J]．中国烟草科学，2010，31 (2)：5 - 9.

[6] 刘国顺，叶协锋，王彦亭，等．不同钾肥施用量对烟叶香气成分含量的影响 [J]．中国烟草科学，2004 (4)：1 - 4.

[7] 刘卫群，韩锦峰，史宏志，等．数种烤烟品种中碳氮代谢与酶活性的研究 [J]．中国农业大学学报，1998，3 (1)：22 - 26.

[8] 蒲文宣，田峰，汪耀富．2010．灌水与钾用量对烤烟产量和品质的影响 [J]．中国农学通报，26 (5)：138 - 141.

[9] 史宏志，韩锦峰，刘国顺，等．烤烟碳氮代谢与烟叶香吃味关系的研究 [J]．中国烟草学报，1998，4 (2)：56 - 63.

[10] 谈克政，陆发熹．南雄紫色土供钾特性及其对烟草产量和品质影响的研究 [J]．华南农业大学学报，1986，7 (2)：1 - 10.

[11] 汪耀富，高华军，刘国顺，等．氮、磷、钾肥配施对烤烟化学成分和致香物质含量的影响 [J]．植物营养与肥料学报，2006，12 (1)：76 - 81.

[12] 招启柏，黄年生，徐卯林．我国烟草丸粒化包衣技术的研究与发展方向 [J]. 中国烟草科学，2002 (1)：25－27.

[13] 赵鹏，谭金芳，介晓磊，等．施钾条件下烟草钾与钙镁相互关系的研究 [J]. 中国烟草学报，2000，6 (1)：23－26.

[14] Court W A，Elliot J M. Influence of nitrogen，phosphorus，potassium，and magnesium on the phenolic constituents of flue-cured tobacco [J]. Canadian Journal of Plant Science，1978，58 (2)：543－548.

[15] Janardan K V，Natraju S P，Settym V N. Effect of splif and application of potassium on yield and quality of flue-cured tobacco [J]. Tobacco Research，1997，23 (1－2)：1－5.

[16] Pretty K M. Potassium for agriculture [M] //Potassium and Crop Quality. Potash and Phosphmte Institute：1980：165－178.

[17] Tso T C. Physiology and Biochemistry of Tobacco Plants [M]. Dowden，Hutchinson and Ross，Inc，Stroudsburg，Pa，USA，1972：39－43.

(原载《南方农业学报》2011年第12期)

硝态氮和铵态氮配施对烤烟光合作用及碳水化合物代谢的影响

韦建玉[1,2]，邹　凯[1]，王　军[1,3]，顾明华[1*]，
周　俊[2]，曾祥难[2]，杨启港[2]

（1. 广西大学农学院，南宁　530005；2. 广西中烟工业公司，南宁　545005；
3. 广东省烟草南雄科学研究所，南雄　512400）

摘　要：研究了硝态氮和铵态氮配施条件下烤烟的光合作用及碳水化合物代谢的影响。试验结果表明：在同一施氮水平下，在烤烟大田不同生长发育期随着硝态氮施用比例增加烟株的光合速率呈增强趋势，在移栽60d后，各处理的总叶绿素均达最大值，此时处理T3总叶绿素含量最高；硝态氮比例达75％以上时烟株大田生育期淀粉含量变化呈明显的双峰曲线。

关键词：烤烟；施肥；氮素；光合作用；碳水化合物

氮素是植物的生命元素，严重影响碳代谢过程[1]。氮素对作物叶绿素、光合速率、暗反应的主要酶以及光呼吸等都有明显的影响，直接或者间接影响着光合作用[2]。不同氮源也会影响植物碳水化合物的代谢，以 NO_3^- 为氮源时，利于植物蔗糖积累，反之利于植物积累淀粉[3]。许多研究表明，NH_4^+ 和 NO_3^- 有一种联合效应[4,5]，作为喜硝作物的烟草在同时供给 NH_4^+ 和 NO_3^- 能促进烟株生长，也能提高产量改善质量[6~9]。

根据不同铵态氮、硝态氮比例施肥与产质量研究所得结果不一致的情况，我们对在不同铵态氮、硝态氮比例施肥情况下探讨烤烟生长发育阶段中的光合作用及碳水化合物代谢影响，为施用适当比例的铵态、硝态氮肥料提供理论依据。

1　材料与方法

1.1　供试材料

供试烤烟品种为K326，购自中烟南方育种中心（云南玉溪）。供试肥料为硫酸铵、硝酸钾、硝酸钙、硫酸钾、普钙。

基金项目：广西中烟工业公司项目（项目编号：200463）。

作者简介：韦建玉（1966—），博士，高级农艺师，主要从事烟草原料方面的研究和管理工作，Email：jtx _ wjy@163. com。

＊通讯作者：顾明华，教授，博士生导师，Email：gumh@gxu. edu. cn。

1.2 试验设计

试验于 2005 年上半年进行，安排在广西大学农学院教学实验基地，土壤为第四纪母质发育的赤红土，pH 为 6.22，碱解氮 86.92mg/kg，速效磷 17.46mg/kg，速效钾 105.7mg/kg。采用漂浮育苗方式，5 叶 1 心时于膜下移栽。试验设 5 个处理，每处理 3 次重复，每小区面积 $18m^2$，随机区组排列。各处理施纯氮 $90kg/hm^2$，$N:P_2O_5:K_2O=1:2:3$，5 个处理：T1.100%铵态氮；T2.25%硝态氮+75%铵态氮；T3.50%硝态氮+50%铵态氮；T4.75%硝态氮+25%铵态氮（NH_4^+-N）；T5.100%硝态氮（NO_3^--N）。各种肥料的施用采取一半基施一半在移栽后第 20 天淋施的措施。50%中心花开放时打顶，其他按优质烟栽培模式管理。

1.3 试验取样及调查、测定方法

每小区烟株用于取鲜样测定生理指标。在移栽后 40d 开始测定烟株自上而下第 5～6 片完全展开叶（功能叶）的光合特性，并取样进行生理生化测定分析，每 10d 调查取样一次。全部数据均用 Excel 和 SPSS 13.0 软件进行统计分析。

1.3.1 光合特性测定 光合作用测定用 LI－6400 便携式光合作用测定系统（美国 LI-COR公司）在晴天上午 9:00～11:00 测定功能叶（烟株自上而下第 5～6 片叶）的光合速率、气孔导度、蒸腾速率、胞间 CO_2 浓度。

光合色素测定，参照张淑霞方法[10]提取、测定烟叶中各种光合色素含量。

1.3.2 与碳代谢相关的化合物测定 可溶性总糖、淀粉测定采用张淑霞方法提取[10]，参照张志良等[11]的方法测定。

2 结果与分析

2.1 不同处理对叶片光合色素含量的影响

2.1.1 不同处理对叶片叶绿素 a 含量的影响 从表 1 可以看出，各处理从移栽后 40～50d，叶绿素 a 含量均缓慢上升；移栽后 50～60d 各处理的叶绿素含量均急剧上升，60d 时处理 T4 达最大；移栽 60d 之后处理 T2、T3、T5 均缓慢上升至 70d 时达最大，此时各处理叶绿素 a 含量的大小顺序为：T3＞T2＞T5＞T1＞T4；移栽 70d 后处理 T1 叶绿素 a 含量继续缓慢上升，其他处理则缓慢下降，下降的速率为 T5＞T3＞T2＞T4，至移栽后 80d 处理 T1 的叶绿素 a 含量显著高于其他处理。

2.1.2 不同处理对叶片叶绿素 b 含量的影响 从表 2 可以看出，在移栽后 40d 各处理的叶绿素 b 含量差异显著，含量大小顺序为 T5＞T3＞T4＞T1＞T2。处理 T5 从移栽后 40d 开始，叶绿素 b 含量就一直下降，处理 T1、处理 T2、处理 T4 在移栽后 50d 达到最大而后下降，而处理 T3 则在移栽后 60d 达最大后下降。各处理在移栽 70d 后下降速率不同：处理 T2 下降最快，处理 T4 下降最慢。

表 1　不同处理叶绿素 a 含量（mg/g）多重比较

处理	移栽后天数				
	40d	50d	60d	70d	80d
T1	0.430 a	0.444 a	0.857 a	0.879 b	0.899 a
T2	0.432 a	0.438 a	0.867 a	0.924 a	0.842 b
T3	0.426 a	0.443 a	0.862 a	0.928 a	0.813 c
T4	0.421a	0.435 a	0.859 a	0.857 c	0.820 c
T5	0.413 a	0.447 a	0.851 a	0.889 b	0.758d

注：表中数据后边英文标记为 LSD 法检测的显著水平标记，小写表示显著水平为 α=0.05。下同。

表 2　不同处理叶绿素 b 含量（mg/g）多重比较

处理	移栽后天数				
	40d	50d	60d	70d	80d
T1	0.690d	0.747 c	0.704 b	0.531 b	0.500 a
T2	0.653 e	0.776 b	0.701 b	0.579 a	0.424 c
T3	0.738 b	0.742 c	0.790 a	0.585 a	0.495 a
T4	0.720 c	0.792 a	0.666 c	0.483 c	0.459 b
T5	0.762 a	0.728d	0.636d	0.522 b	0.443 b

2.1.3　不同处理对叶片总叶绿素含量的影响　各处理下总叶绿素的变化趋势相同，都是在移栽后 60d 达到最大值，此时处理 T3 的总叶绿素含量显著高于其他各处理（表 3），处理 T5 含量最低，而后各处理的总叶绿素含量均开始下降。在移栽后 40～50d，处理 T1、处理 T2、处理 T3、处理 T4 的总叶绿素含量均缓慢上升，至 50d 时各处理叶绿素含量顺序为：T4＞T2＞T1＞T3＞T5。至移栽后 80d，处理 T1 总叶绿素含量还维持较高水平，且显著高于其他各处理，处理 T5 的总叶绿素含量则最低。

表 3　不同处理总叶绿素含量（mg/g）多重比较

处理	移栽后天数				
	40d	50d	60d	70d	80d
T1	1.120 b	1.192 bc	1.561 bc	1.409 b	1.399 a
T2	1.085 c	1.214 ab	1.568 b	1.503 a	1.266 c
T3	1.164 a	1.185 c	1.652 a	1.512a	1.308 b
T4	1.140 b	1.227 a	1.525 c	1.341 c	1.278 bc
T5	1.175 a	1.174 c	1.487d	1.411 b	1.201d

2.2　不同处理对烟株光合特性影响

2.2.1　不同处理对叶片胞间 CO_2 浓度影响　各处理在移栽后 60d 胞间 CO_2 浓度差异显

著，且均达到最大值此时处理 T3 显著地大于其他各处理（表 4），之后处理 T2、处理 T3、处理 T4 均呈下降趋势，下降的速率为 T4＞T2＞T3，处理 T1 和处理 T5 在移栽后 70d 又开始缓慢上升，至移栽后 80d 各处理的胞间 CO_2 浓度大小顺序为 T3＞T2＞T5＞T1＞T4，处理 T2、处理 T3 之间，处理 T1、处理 T4 之间已无显著差异。全期处理 T3 胞间 CO_2 浓度均大于其他处理。

表 4　不同处理胞间 CO_2 浓度（μmol/mol）多重比较

处理	移栽后天数				
	40d	50d	60d	70d	80d
T1	176d	189d	212 e	184 e	195 c
T2	189 c	230 ab	276 b	248 b	240 a
T3	218 a	238 a	284 a	275 a	278 a
T4	200 b	224 bc	247 c	217 c	187 c
T5	193 bc	218 c	232d	198d	219 b

2.2.2　不同处理对叶片气孔导度的影响　从表 5 可以看出，移栽后 40～80d，处理 T3 下气孔导度持续增大，其他各处理气孔导度变化皆是先增大后减小，处理 T2 和处理 T5 在移栽后 50d 达到最大，处理 T1 和处理 T4 在移栽后 60d 达到最大，全期 T1 处理气孔导度始终最小，且从移栽后 50d 开始和其他处理间有显著差异。

表 5　不同处理气孔导度［$mgH_2O/(m^2 \cdot s)$］多重比较

处理	移栽后天数				
	40d	50d	60d	70d	80d
T1	0.187 c	0.202d	0.217 c	0.192 c	0.184d
T2	0.220 bc	0.272 c	0.261 b	0.255 b	0.227 c
T3	0.287 a	0.301 bc	0.349 b	0.352 a	0.356 a
T4	0.273 a	0.320 b	0.347 a	0.341 a	0.275 b
T5	0.250 ab	0.352 a	0.269 a	0.249 b	0.239 c

2.2.3　不同处理对叶片光合速率的影响　表 6 显示，各处理在移栽后光合速率变化趋势相近。各处理在不同生育期均有随着硝态氮施用比例增加光合速率增加的趋势，并在 60～70d均达到最大值，此时处理 T1 的光合速率显著低于其他各处理。各处理光合速率达最大后均开始下降，至移栽后 80d，T1、T2、T3、T4 之间结果已无显著差异，T5 的光合速率显著高于其他各处理。

2.2.4　不同处理对叶片蒸腾作用的影响　各处理在团棵时 40d 叶片蒸腾作用间有显著差异，蒸腾速率大小为 T3＞T4＞T5＞T2＞T1。之后各处理蒸腾均急剧上升，处理 T2、处理 T5 于移栽后 50d 达到最大值，而后处理 T2 缓慢下降，处理 T5 则在达最大后急剧下降，然后在移栽后 70d 又缓慢上升。处理 T1 在移栽后 40～80d 则呈缓慢上升趋势，至移栽后 80d 达到最大。处理 T3 在移栽后 60d 达到最大，而后缓慢下降。处理 T4 在移栽后 70d 达到最大。

表 6　不同处理叶片光合速率［$\mu molCO_2/(m^2 \cdot s)$］多重比较

处理	移栽后天数				
	40d	50d	60d	70d	80d
T1	9.58 c	13.62d	18.86 c	19.48 c	18.65 b
T2	10.26 c	16.91 c	23.32 b	21.67 b	19.41 b
T3	15.37 a	17.77 c	23.41 b	24.59 a	20.34 b
T4	13.66 b	20.25 b	23.72 b	23.57 a	20.21 b
T5	13.61 b	23.14 a	25.54 a	24.65 a	22.48 a

表 7　不同处理蒸腾速率［$mmolH_2O/(m^2 \cdot s)$］多重比较

处理	移栽后天数				
	40d	50d	60d	70d	80d
T1	1.67 e	4.28 e	4.57 e	4.43d	4.96d
T2	2.13d	6.54 b	6.30 b	6.05 b	5.53 c
T3	4.31 a	6.33 c	6.41 a	6.25 a	6.11 a
T4	3.76 b	6.01d	6.19 c	6.25 a	5.79 b
T5	3.41 c	6.76 a	5.54d	4.89 c	5.69 b

2.3　不同处理对叶片碳代谢的影响

2.3.1　不同处理对叶片淀粉含量的影响　从表 8 可以看出，处理 T5 在全期各时期淀粉含量显著地高于其他各处理，处理 T4 和处理 T5 淀粉含量变化呈明显的双峰曲线规律，峰谷为移栽后 60d。处理 T3 的双峰曲线不明显，而处理 T1 和处理 T2 的淀粉含量变化则先下降后上升，处理 T1 在移栽后 50d 达到最低值，而处理 T2 则在移栽后 60d 达最低值。

表 8　不同处理淀粉含量（mg/g）多重比较

处理	移栽后天数				
	40d	50d	60d	70d	80d
T1	28.58 c	20.99d	24.71 c	31.09 e	54.50 c
T2	23.67d	19.70d	18.23d	47.81d	59.10 b
T3	27.75 c	35.50 c	38.82 b	51.37 c	52.20d
T4	35.06 b	42.39 b	38.20 b	63.80 b	60.56 b
T5	38.82 a	56.40 a	44.40 a	70.07 a	70.49 a

2.3.2　不同处理对叶片可溶性糖含量的影响　不同处理可溶性糖含量变化均呈先上升后下

降趋势，处理 T1 和处理 T5 在移栽后 50d 达到最大值，而处理 T2、处理 T3、处理 T4 则在移栽后 60d 达到最大值。至移栽后 40d，处理 T3 的可溶性糖含量显著高于其他各处理；移栽后第 50 天，处理 T1 可溶性糖含量最高，显著高于处理 T2、处理 T3，移栽后 60、70d，处理 T2 则显著高于其他各处理；至移栽后 80d，各处理的结果之间已没有差异。

表 9　不同处理可溶性糖（mg/g）多重比较

处理	移栽后天数				
	40d	50d	60d	70d	80d
T1	11.46 c	19.42 a	14.96d	14.24 b	14.51 a
T2	13.44 b	17.67 c	22.71 a	17.26 a	14.31 a
T3	17.99 a	18.33 bc	20.52 c	14.38 b	13.93 a
T4	10.94 cd	19.02 ab	21.37 b	13.74 b	14.09 a
T5	10.23d	19.06 ab	15.51d	15.24 b	13.58 a

3　讨论

氮素是影响烤烟产质量最重要的营养元素，烤烟从土壤中吸收的主要氮素为硝态氮和铵态氮，而烤烟对这两种形态氮素的吸收、同化以及对碳代谢的影响不同，最终影响了烤烟的产量和决定烤烟品质的化学成分协调性。本试验就两种不同形态氮素配施对烤烟的光合作用及碳水化合物代谢影响方面做了初步研究，认为不同比例的铵态氮和硝态氮配施对烤烟产生以下影响。

3.1　不同形态氮素配施对烤烟光合特性的影响

在同一施氮水平下，在烟株不同生长期随着硝态氮施用比例增加烟叶的光合速率呈增强趋势；气孔导度在烟株移栽后 50d 前也随着硝态氮施用比例增加而增加，在移栽 60d 后以硝态氮和铵态氮各占 50％的配比气孔导度最大，全部施用铵态氮最低；各处理胞间 CO_2 浓度均在移栽后 60d 达最大，此时 T3＞T2＞T4＞T5＞T1。处理 T2、T3、T4、T5 在移栽后 50d 蒸腾达最大，随后均下降，而处理 T1 在烟株大田生长发育全期呈缓慢上升趋势，至移栽后 80d 达最大，这充分说明了全部以铵态氮为氮源供应烟草严重抑制了严重大田生长各期的光合作用，气孔导度下降，胞间 CO_2 浓度减少，蒸腾下降，光合速率降低，这可能与土壤中高浓度的铵离子抑制了烟株对与光合有关的矿质离子吸收有关。各处理的总叶绿素均在移栽后 60d 达最大值，此时处理 T3 总叶绿素含量最高，而处理 T5 含量最低，而后各处理总叶绿素含量均下降，至移栽后 80d 时 T1 处理仍然维持较高水平。施用不同比例铵态氮和硝态氮对总叶绿素含量和光合速率影响趋势不一致的结果说明，不同形态氮素可能不是通过影响叶绿素形成来影响光合速率，而是通过影响与光合相关的其他生理过程来影响光合速率的，在供试氮素水平下叶绿素的含量高低不是限制光合速率的主要因素。

3.2 不同形态氮素配施对烟株碳水化合物代谢的影响

在同一施氮水平下，硝态氮比例达75%以上时烟株大田生育期淀粉含量变化呈明显的双峰曲线，在移栽后60d时为峰谷，而后在70d时达最高，随后开始下降，所有处理中随着硝态氮施用比例的增加淀粉含量有增加趋势，这说明了随着硝态氮施用比例的增加，烟株叶片积累淀粉的能力增强，而铵态氮施用比例增加抑制了烟株叶片淀粉的积累，尤其在烟株生长发育前期。这似乎说明了硝态氮利于烟株淀粉的积累，这结果和Smith[12]的研究结果一致，而与Cruz. 等[3]的研究结果正好相反。试验还表明，各处理的可溶性总糖的含量均在移栽后60d达最高值，而后均下降，在下降过程中处理T2一直保持在各处理中的最高水平，烟株可溶性总糖这种变化和淀粉含量变化的结果相吻合。这些都表明不同形态的氮素对烟株吸收其他矿质元素的影响不同以及烟株对不同形态氮素的吸收和同化过程不同，从而间接地影响到烟株的碳水化合物有关，需进一步深入研究。

参考文献

[1] Chandler J W，Dale J E. Photosynthesis and nutrient supply in needles of Sitka spruce *Pica sitchensis* (Bong) Carr. [J]. New Phytol，1993，125 (1)：101-111.

[2] 荆家海．植物生理学 [M]. 西安：陕西科学技术出版社，1994：39-88.

[3] Cruz C，Lips S H，Martins-Loucao M A. The effect of nitrogen on photosynthesis of carbon at high CO_2 concentrations [J]. Physiol Plant，1993，89：552-556.

[4] 郑朝峰．氮素形态对小麦谷氨酸合成酶的影响 [J]. 植物生理学通讯，1986 (4)：46-48.

[5] Shviv A，Hazan O，Neumann P M，et al. Increasing salt tolerance of wheat by mised ammonium nitrate nutrition [J]. J of Plant Nutrition，1990，13 (10)：1227-1239.

[6] 韩锦峰，郭培国．不同比例铵态、硝态氮肥对烤烟某些生理指标和产质的影响 [J]. 烟草科技，1989 (4)：31-33.

[7] 赵元宽，陈江华．中国烟草公司与菲莫技术合作开发优质烟的收获与体会 [J]. 烟草科技，2000 (7)：35-38.

[8] Chaplin J F，Miner G S. Production factors affecting chemical components of the tobacco leaf [J]. Recent Adv，Tob Sci，1980 (6)：53-63.

[9] 彭桂芬，肖祯林，张辉，等．氮素形态对烤烟品质影响的研究 [J]. 云南农业大学学报，1999，12 (2)：141-146.

[10] 张淑霞．果树叶片中叶绿素、糖和淀粉的联合测定 [J]. 河北果树，1998 (2)：18-19.

[11] 张志良，瞿伟菁．植物生理学指南 [M]. 北京：高等教育出版社，2003：127-132.

[12] Smith V R. Effect of nutrient on CO_2 assimilation by mosses on asuh-Antarctic island [J]. New Phytol，1993，123：693-697.

（原载《广西农学报》2008年第2期）

不同有机肥及施肥量对烤烟产质量的影响

梁　伟[1]，韦建玉[1]，田兆福[1]，金亚波[1]，
齐永杰[1]，吴　峰[1]，李章海[2]，贺方云[3]

（1. 广西中烟工业有限责任公司，南宁　530001；
2. 中国科学技术大学烟草与健康研究中心，合肥　230052；
3. 贵州省遵义市烟草公司正安县分公司，正安　563401）

摘　要：【目的】探讨正安烟区不同有机肥的合理施用量。【方法】自制有机肥和商用有机肥各设 300、600、900kg/hm² 3 个施肥处理，对烤后烟叶经济性状、常规化学成分、香气成分、评吸质量进行分析，比较不同施肥处理对烤烟的影响效果。【结果】就烟叶经济性状而言，自制有机肥和商品有机肥施肥量以 600kg/hm² 为宜；就烟叶评吸质量而言，自制有机肥施肥量以 300～600kg/hm² 为宜，商品有机肥施肥量以 600kg/hm² 为宜；就化学成分而言，自制有机肥和商品有机肥施肥量宜选择 900kg/hm²。【结论】综合考虑两种有机肥对烤烟各主要性状的影响，兼顾有机肥施用成本，自制有机肥和商品有机肥施肥量选择 600kg/hm² 较合适。

关键词：烤烟；有机肥；农艺性状；常规化学成分；香气成分；评吸质量

有机肥含有丰富的有机质、氨基酸、蛋白质等有机养分，同时也含有氮、磷、钾等无机养分，具有增加土壤有机质含量[1]；改良土壤，培肥地力[2,3]；改善烟叶品质的作用[4~6]。由于有机肥料既含有一定数量的速效养分，又含有相当数量的缓效养分，在土壤中逐步分解才能释放出来，具有较高的持续供肥能力。但施用过量时，容易造成供肥后劲过长、过大，使烟叶成熟期供氮水平过高，影响落黄成熟。因此，掌握合理的施用量至关重要，做到既有利于提高烟叶品质，又能经济用肥。本试验旨在探讨正安烟区不同有机肥的合理用量范围。

1 材料与方法

1.1　试验设计

试验采用随机区组设计，3 次重复，每小区 50 株。种植密度 1 000 株（行株距 110cm×60cm），留叶数 18～20 片，复合肥用量按当地推荐用量 975kg/hm²（9∶9∶24），

作者简介：梁伟（1979—），男，河南新乡人，农艺师，烟叶分级技师，从事烟叶原料研究及质量监督工作。

地膜烟一次性作基肥施用。有机肥采用两种有机肥，一种为正安烟草公司自制有机肥，另一种为购买商品有机肥，各采用 3 种不同施用量（表 1），使用方法全部作基肥一次性施用。其他生产措施与当地生产保持一致。

表 1　试验处理

处理	自制有机肥用量（kg/hm^2）	处理	商品有机肥用量（kg/hm^2）
Z1	300	S1	300
Z2	600	S2	600
Z3	900	S3	900

1.2　试验点概况

试验点位于正安县斑竹乡丁木村。土壤质地为沙壤土。土壤养分为，pH 6.35，有机质 2.78%，碱解氮 157.76mg/kg，有效磷 21.97mg/kg，速效钾 194.17mg/kg，有效钼 0.12mg/kg。

1.3　有机肥养分

斑竹自制有机肥养分为，N 3.27%，P_2O_5 1.20%，K_2O 2.59%，有机质 55.04%，pH 7.37。商品有机肥养分为，N 1.62%，P_2O_5 1.09%，K_2O 1.61%，有机质 44.25%，pH 7.23。

1.4　烟叶检测指标

烟叶检测指标：烟叶经济性状（产量、产值、上中等烟比例）、常规化学成分（总糖、还原糖、总氮、蛋白质、钾、氯、糖碱比、氮碱比、钾氯比）、香气成分（21 种）、评吸质量（11 项）。

2　结果与分析

2.1　不同处理的经济性状比较

通过对有机肥不同处理烤后烟叶产量、产值、上中等烟比例等指标分析表明（表 2），自制有机肥和商品有机肥施肥量 600kg/hm^2 时，烟叶产量、产值最高。自制有机肥施肥量 900kg/hm^2 时，上等烟比例、中等烟比例和上中等烟比例最高；商品有机肥施肥量 600kg/hm^2 时上等烟比例、中等烟比例和上中等烟比例最高。自制有机肥和商品有机肥施肥量以 600kg/hm^2 为宜。自制有机肥较商品有机肥，微弱提高了烟叶产量、产值和上等烟比例，而降低中等烟比例。

表2 各处理经济性状

项目	产量（kg/hm²）	产值（元/hm²）	上等烟比例（%）	中等烟比例（%）	上中等烟比例（%）
Z1	2 184.75	34 737.6	48.10	39.80	87.90
Z2	2 298.00	39 295.8	49.60	40.40	90.00
Z3	2 149.50	36 111.6	49.35	41.60	90.95
S1	2 064.00	33 643.2	42.90	43.60	86.50
S2	2 225.40	38 944.5	49.38	46.25	95.63
S3	2 139.00	36 363.0	42.65	47.89	90.54

2.2 烟叶常规化学成分分析

分析了两种有机肥施肥量与烟叶常规化学成分的关系，结果表明（表3），自制有机肥施肥量300kg/hm² 时烟叶蛋白质、氯含量最低，施肥量900kg/hm² 时烟叶总糖、还原糖、钾和糖碱比最高，总氮、烟碱最低。商品有机肥施肥量施肥量300kg/hm² 时烟叶烟碱最低，施肥量600kg/hm² 时烟叶钾积累最高，施肥量900kg/hm² 时烟叶总糖、还原糖、糖碱比最高，总氮、蛋白质、氯含量最低。自制有机肥和商品有机肥的三种施肥量均没有明显改变烟叶pH、氮碱比和钾氯比。就烟叶化学成分而言，自制有机肥和商品有机肥施肥量宜选择900kg/hm²。与商品有机肥相比，自制有机肥降低了烟叶总糖、还原糖和糖碱比，提高了烟叶总氮、烟碱和氯，没有明显改变烟叶钾、pH和氮碱比。

表3 各处理中部叶（C3F）常规化学成分

处理	总糖（%）	还原糖（%）	总氮（%）	烟碱（%）	蛋白质（%）	钾（%）	氯（%）	pH	糖/碱	氮/碱	钾/氯
Z1	12.58	10.83	3.12	3.65	8.01	2.69	0.39	5.55	3.45	0.85	6.90
Z2	6.84	7.08	3.43	4.05	8.92	2.72	0.50	5.52	1.69	0.85	5.44
Z3	13.65	12.05	3.18	3.64	9.07	2.65	0.42	5.55	3.75	0.87	6.31
S1	10.36	8.88	3.23	3.68	7.97	2.64	0.40	5.58	2.82	0.88	6.60
S2	8.19	6.99	3.66	4.34	9.63	2.71	0.52	5.48	1.89	0.84	5.21
S3	22.05	20.04	2.85	3.93	7.80	2.16	0.41	5.52	5.61	0.73	5.27

2.3 烟叶评吸质量

通过对两种有机肥与烟叶评吸质量的关系分析表明（表4），自制有机肥施肥量300kg/hm² 时烟叶香气量、刺激性、余味、评吸总分得分最高，施肥量600kg/hm²，香气质、透发性、甜度、浓度、劲头得分最高。自制有机肥施肥量对烟叶杂气、柔细度没有影响。商品有机肥表现为施肥量600kg/hm²，香气质、香气量、杂气、刺激性、透发性、甜度、浓度、劲头、柔细度、余味、评吸总分得分最高。所以自制有机肥施肥量以300～600kg/hm² 为宜，商品有机肥施肥量以600kg/hm² 为宜。商品有机肥在改善烟叶香气质、香气量、杂气、刺激性、透发性、柔细度、甜度、余味、评吸总分方面优于自制有机肥。自制有机肥和商品有机肥在烟叶劲头上没有明显差异。商品有机肥在改善评吸质量上优于自制有机肥。

表 4　各处理中部叶（C3F）评吸质量得分

处理	香气质	香气量	杂气	刺激性	透发性	柔细度	甜度	余味	浓度	劲头	总分
Z1	4.0	4.0	4.0	4.5	4.0	4.0	4.0	4.0	4.5	5.0	42.0
Z2	4.0	4.0	4.0	4.0	4.0	4.0	4.0	4.0	4.0	5.5	41.5
Z3	4.5	4.0	4.0	4.0	4.5	4.0	4.5	4.0	4.5	5.0	43.0
S1	4.5	4.5	4.0	4.5	4.5	4.5	4.5	4.5	4.5	5.0	45.0
S2	5.0	4.5	4.5	5.0	5.0	5.0	5.0	5.0	5.0	5.0	49.0
S3	4.5	4.5	4.5	5.0	5.0	5.0	4.5	4.5	5.0	5.0	47.5

2.4　烟叶香气成分

共检测了 21 种香气成分，分别为二氢-2-甲基呋喃酮、糠醛、糠醇、2-环戊烯-1，4-二酮、5-甲基糠醛、苯甲醇、苯乙醛、4-乙烯基-2-甲氧基苯酚、茄酮、大马酮、二氢大马酮、香叶基丙酮、β-紫罗兰酮、二氢猕猴桃内酯、巨豆三烯酮 1、巨豆三烯酮 2、巨豆三烯酮 3、巨豆三烯酮 4、法尼基丙酮、棕榈酸甲酯、新植二烯。

分析了自制有机肥和商品有机肥施肥量与烟叶新植二烯、香气总量（不含新植二烯）、香气总量（含新植二烯）及香气指数 B 值之间的关系，结果表明（表 5），自制有机肥施肥量 900kg/hm^2 时，烟叶新植二烯、香气成分总量（不含新植二烯）、香气成分总量（含新植二烯）和香气指数 B 值最高。商品有机肥施肥量 300kg/hm^2 时烟叶新植二烯和香气成分总量（含新植二烯）最高，施肥量为 600kg/hm^2 时烟叶香气成分总量（不含新植二烯）和香气指数 B 值最高，施肥量在 300～600kg/hm^2 较合适。自制有机肥在烟叶新植二烯、香气成分总量（不含新植二烯）、香气成分总量（含新植二烯）和香气指数 B 值上均低于商品有机肥。

表 5　不同处理烟叶香气成分分析

处理	新植二烯含量（μg/kg）	香气成分总量（不含新植二烯）（μg/kg）	香气成分总量（含新植二烯）（μg/kg）	香气指数 B 值
Z1	575.12	65.03	640.14	0.49
Z2	641.37	59.5	700.88	0.53
Z3	685.7	76.13	761.83	0.58
S1	833.21	71.17	904.37	0.65
S2	775.34	75.61	850.95	0.66
S3	713.42	72.01	785.42	0.54

3 结论

本试验研究表明，就烟叶经济性状而言，自制有机肥和商品有机肥施肥量以600kg/hm^{2}为宜；就烟叶评吸质量而言，自制有机肥施肥量以300～600kg/hm^{2}为宜，商品有机肥施肥量以600kg/hm^{2}为宜；就化学成分而言，自制有机肥和商品有机肥施肥量宜选择900kg/hm^2；自制有机肥在提高烟叶经济性状上略优于商品有机肥，而商品有机肥在改善评吸质量上优于自制有机肥，自制有机肥和商品有机肥在烟叶化学成分上表现各有优劣；商品有机肥在香气成分上整体优于自制有机肥。

综合考虑施用有机肥烟叶经济性状、评吸质量、常规化学成分和香气成分分析结果，兼顾有机肥施用成本，自制有机肥和商品有机肥施肥量选择600kg/hm^{2}较合适。

参考文献

[1] 董世峰，刘卫华，刘洪杰，等．不同商品有机肥对烤烟产质的影响 [J]. 中国农学通报，2012，28 (4)：225－229.

[2] 刘更另，金维续．中国有机肥料 [M]. 北京：中国农业出版社，1991：5－20.

[3] 何平安，李 荣．中国有机肥料养分志 [M]. 北京：中国农业出版社，1999.

[4] 王海波，叶荣生，凌寿方．不同形态氮肥配比对烤烟生长发育和品质的影响 [J]. 广东农业科学，2009 (5)：86－88，93.

[5] 何波，刘兰明，罗忠锋，等．有机无机肥配比对烤烟大田期生理性状及烤后烟品质的影响 [J]. 安徽农业科学，2010，38 (24)：13215－13216.

[6] 普匡．新平县旱地植烟土壤养分状况分析及施肥水平建议 [J]. 西南农业学报，2010，23 (4)：1160－1165.

（原载《广东农业科学》2013年第15期）

不同复合有机肥施用对烤烟含钾量及香气质量的影响

曾祥难[1]，黄正宾[1,2]

（1. 广西中烟工业有限责任公司，南宁　530001；
2. 湖南农业大学，长沙　410128）

摘　要：通过田间试验，研究了不同复合有机肥对烤烟含钾量及香气质量的影响。结果表明，复合有机肥配合化肥的施用烟叶含钾量明显提高，香气物质含量明显优于单纯施用化肥的处理，能够显著改善烟叶的燃烧性，增进烟叶香气，提高烤烟的品质。

关键词：烤烟；施肥；复合有机肥；钾；香味物质

香气是评定烟叶及其制品品质的重要指标，烟草香气物质在近年来的研究中一直备受重视。生产低焦油卷烟在降低焦油量的同时也伴随着香气量的损失，从而对烟叶香气提出了更高的要求。肥料种类及用量是影响烤烟致香物质含量的重要因素，施肥方式不合理，不仅影响产量，而且不利于品质形成。为了使烟叶中的钾元素的含量增加，烟农化肥施用量的逐年增加，易造成烟田土壤板结、有机质含量下降、微量元素缺乏、各种营养元素比例失调，进而使烟叶香气不足、烟碱含量过高和化学成分不协调，致使烟叶不能适应卷烟工业的需要，而有的地方尽管施用化肥的水平很高，仍然没有应有的烟叶香气效果。有研究表明，烤后烟叶钾含量随钾肥施用量的增加而增加。施用钾肥提高了烟叶的酸性和中性香气成分含量。随着钾肥施用量的增加，表明平衡施肥是改善烟叶化学成分，提高烟叶香气质量的基[1]。

本试验通过对不同复合有机肥施用研究，在配合施用有机肥料的情况下，能够提高烟叶的含钾量，进而影响烟叶的香气物质和组分，提高烟叶的品质，在目前生产低焦油卷烟在降低焦油量的同时也伴随着香气量的损失，从而对烟叶香气提出了更高的要求，到达在减少烤烟中添加香精和香料，促进香烟的本香和安全。

1　材料与方法

1.1　试验地点

试验于 2008 年 2～8 月在广西大学农学院科研教学基地试验田进行，试验土壤为水稻

作者简介：曾祥难（1978—），男，广西来宾人，农艺师，主要从事烟叶生产研究与推广管理。

土，pH 为 6.68，有机质 15.85mg/kg。

1.2 供试品种

供试验的品种为云烟 87。

1.3 试验设计

田间试验设计设 5 个处理：T1 化肥；T2 烟草专用复合肥；T3 饼肥（经过沤制完全腐熟）每 667m^2 40kg+化肥；T4 生物有机肥每 667m^2 50kg+化肥；T5 复合微生物肥每 667m^2 50kg+化肥。各处理总氮用量每 667m^2 折合纯 N 6.5kg，氮磷钾比例为 $N:P_2O_5:K_2O=1:2:3$，养分总量保持一致，不足部分氮、磷、钾用硝酸钾、过磷酸钙、硫酸钾补齐。每个处理设置 3 次重复，采用随机区组设计。试验点小区面积为 30m^2，烟株行距为 120cm，株距为 50cm，四周设保护行，采用漂浮育苗技术进行育苗，真叶为 5 叶 1 心时进行小苗膜下移栽。管理按优质烟栽培模式管理。

1.4 分析项目与方法

分别在移栽后 40、50、60、70、80d 采收功能叶（自下而上 10～12 叶位）。取样时间为晴天上午 9:00～10:30。测定烟株自上而下第 5～6 片完全展开叶（功能叶）光合特性，取有效叶第 10～12 叶位样进行生理生化测定分析，每待测烟叶，一半作为鲜样测定，一半用于杀青烘干作化学成分分析用。硝酸还原酶活性的测定采用磺胺显色法[2]；谷氨酸合成酶活性测定参照苏国兴方法[3]；烟叶钾含量的测定[4]。

2 结果与分析

2.1 不同处理对硝酸烟叶硝酸还原酶含量的影响

硝酸还原酶（NR）是高等植物氮素同化的限速酶，其活性大小对整个氮代谢的强弱

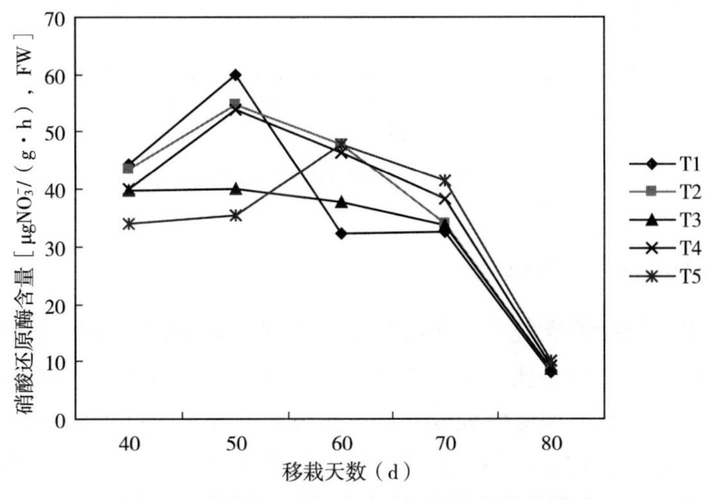

图 1 不同处理对烟叶硝酸还原酶含量的影响

氮素的同化作用有着直接影响[5]。如图 1 所示，不同处理在移栽后 40～50d，NR 的活性都是增加，各处理的 NR 活性高峰值出现在移栽后 50d，T5 出现在移栽后 60d；随后各处理的 NR 活性持续下降，而配施不同肥料的处理有利于促进 NR 活性的下降速率和比率，其中以 T5 最明显。移栽后 80d 后各处理的 NR 活性差异不大。分析认为，T3、T4、T5 在团棵期和旺长期均能保持较高的 NR 活性，氮代谢旺盛，能满足烤烟生长前期生长发育的需要，而在烤烟生长中后期 NR 活性的适时快速降低，氮代谢的减弱，有利于后期烟叶的香吃味的形成。T1 在旺长期 NR 活性较低，氮代谢较弱，不但影响烟株生长，使前期烟株生长缓慢，而且不利于后期烟叶的香吃味的形成。

2.2 不同处理对谷氨酰胺合成酶活性的影响

GS 催化 NH_4^+ 和氨基酸结合生成酰胺的反应，它也是植物氮素代谢过程中的关键酶。从图 2 可以看出在移栽后第 60 天前各处理 GS 活性都在增加，但是各处理比单独施用化肥的 T1 活性都要高，尤其处理 4 在移栽后 60d 达到最高，烟株叶片 GS 活性最强，之后降低；T3、T4 在整个生育期 GS 活性显著强于其他各处理。以上说明了在烟株生长发育过程中增加有机肥和生物肥能增加 GS 活性，尤其在烟株大田生长发育全期保持较高的 GS 活性，氮的 GS 途径代谢旺盛，有利于后期烟叶的香吃味的形成。

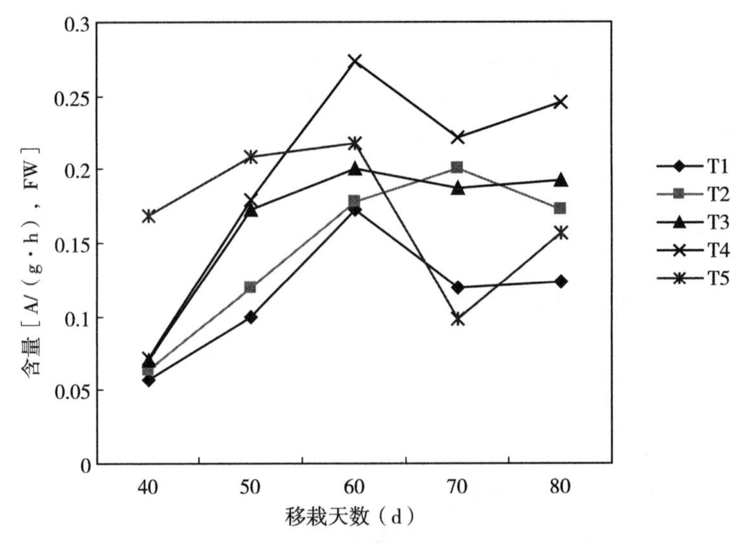

图 2　不同处理对谷氨酰胺合成酶活性的影响

2.3 不同处理对含钾量的影响

钾素营养水平与烟叶的燃烧性、香吃味及烟草制品安全性有关[6]，钾通过影响烤烟的生物化学过程而改善烟叶的品质，而生物化学过程对烟碱、有机酸、氨基酸和糖等化学成分有决定性的影响[7]，刘国顺等研究表明，施用钾肥提高了烟叶的酸性致香成分、中部烟叶的中性香气成分及棕色化学产物、西柏烷类等物质的含量[8]。香气质和香气量得分也与烟叶含钾量呈显著相关[9]。由表 1 可以看出，配施的各处理在成熟采收烘烤后的烟叶，下部叶、中部叶和上部叶的含钾量都优于单独使用化肥，都有不同程度的增加。尤其在上部叶 T3、T4 的含钾量明显高于 T1。这对烟叶香气和品质形成有助推作用。

表 1　不同处理的烟叶含钾量（%）

处理	下部叶	中部叶	上部叶
T_1	2.76	1.62	1.71
T_2	3.39	1.89	2.12
T_3	3.34	2.41	2.55
T_4	3.17	2.28	2.39
T_5	3.26	2.13	1.98

3　讨论与结论

由不同复合有机肥田间试验结果可以看出，适宜比例的有机肥配施，能够提高烤烟 NR 和 GS 酶活性，能满足烤烟生长前期生长发育的需要，而在烤烟生长中后期 NR 活性的适时快速降低，氮代谢的减弱，有利于后期烟叶的香吃味的形成。而 GS 在生长后期仍能保持一定的生理代谢强度，持续地提供生理活动源泉，使烟叶各种成分的组成、含量和平衡比例也趋于合理，在后期烘烤烟叶含钾量来看，各处理的烟叶含钾量明显高于单施化肥的处理。硝酸还原酶（NR）和谷氨酰胺合成酶（GS）分别是硝态氮和氨基态氮同化的关键酶，两者活性可以反映植物氮素同化的强弱。他们与评吸总分和香气量都存在着正相关关系。因此，提高他们的含量对烤烟的香吃味是有益的。因此配施施用一定比例的有机肥料有利于烟叶香气物质合成，增加烟叶油分和钾含量[10~12]。

参考文献

[1] 汪耀富，高华军，刘国顺，等．氮、磷、钾肥配施对烤烟化学成分和致香物质含量的影响 [J]. 植物营养与肥料学报，2006，12 (1)：76-81.

[2] 邹琦．植物生理生化试验指导 [M]. 北京：中国农业出版社，1996.

[3] 苏国兴，宋卫平，洪法水．盐胁迫对桑树 NH_4^+ 同化和谷氨酰胺合成酶活性的影响 [J]. 蚕业科学，2003，29 (1)：90-93.

[4] 王瑞新．烟草化学 [M]. 北京：中国农业出版社，2003.

[5] 刘卫群，韩锦峰，史宏志．数种烤烟品种中碳氮代谢与酶活性的研究 [J]. 中国农业大学学报，1998，3 (1)：22-26.

[6] 曹志洪．优质烟生产的土壤与施肥 [M]. 南京：江苏科学技术出版社，1991.

[7] 曹志洪，胡国松．土壤钾和微量元素行为的调控与烟叶品质的关系 [J]. 土壤，1993，35 (3)：119-128.

[8] 刘国顺，叶协锋，王彦亭，等．不同钾肥施用量对烟叶香气成分含量的影响 [J]. 中国烟草科学，2004 (4)：1-4.

[9] 万屹，牛佩兰，窦玉．培育富钾烟草品种降低烟叶焦油产生量 [J]. 中国烟草科学，1997，18（4）：15－17.
[10] 茆寅生．谈谈烤烟施肥中的几个问题 [J]. 中国烟草，1988（1）：32－33.
[11] 钱立信，温祥哲．烤烟有机肥与无机肥配合施用的效果 [J]. 中国烟草，1990（3）：17－20.
[12] 徐淑芬，杨晓新，崔止中．施用有机肥对烤烟产量的影响 [J]. 农业与技术，1996（3）：25－26.

（原载《中国农资》2013 年第 5 期）

不同复合有机肥施用对烤烟光合特性及品质的影响

曾祥难[1,2]，刘树海[1]，王学杰[1,2]，沈方科[2]

（1. 广西中烟工业有限责任公司，南宁 530001；
2. 广西大学，南宁 530001）

摘 要：采用田间试验，研究不同复合有机肥对烤烟光合特性及品质的影响。结果表明：复合有机肥和化肥配施的效果明显优于单纯施用化肥，它不仅可以促进烟株光合作用强度，减小光合速率下降的速度，而且有利于后期烟叶中碳水化合物的增加和积累，提高烤烟的品质。

关键词：烤烟；施肥；复合有机肥；光合特性；品质

近年来，我国政府签署了《烟草控制框架条约》，传统的烟草农业也正在向现代农业转变，人们对烟草及烟草制品的安全性也提出了更高的要求。广西烟叶存在烟草与粮食作物及其他经济作物争地的状况，造成了烟田复种指数提高，土壤腐殖质含量降低、生物活性差，土壤贫瘠化等问题。加上烟农连年施用化肥致使烟田土壤退化现象日益严重，生产的烟叶，香气量不足，油分不足、色度不强，限制了烟叶质量的进一步提高，制约了卷烟工业对广西烟叶的使用。有机肥的施用可以促进烟株根系的生长，提高根系的活力，有利于烟株吸收更多的养分[1]；提高烟叶产量和上等烟比例等[2~7]；提高了土壤肥力，有利于烟草的稳产高产[8,9]。许多研究者针对烤烟营养特点和烟草生产实际情况，进行了新型复合生物有机肥的研制，并应用于烤烟生产。为探讨有机肥对烤烟光和特性的影响以及改善品质方面的作用，进行了几种复合有机肥肥料试验，旨在为有机肥在烤烟生产中合理施用提供依据。

1 材料与方法

1.1 试验地点

本试验于 2008 年 2～8 月在广西大学农学院科研教学基地试验田，试验土壤为水稻土。

基金项目：广西壮族自治区科技厅项目（桂科攻 07129003）。
作者简介：曾祥难（1978—），男，广西来宾人，硕士，主要从事烟叶生产研究与推广管理。

表 1　供试土壤理化性状

试验地点	pH	有机质	全氮	碱解氮	速效磷	速效钾
西大	6.68	15.85	1.72	145.8	40.3	135.0

1.2　供试品种

供试验的品种为云烟 87。

1.3　试验设计

田间试验设计设 5 个处理：T1 化肥；T2 烟草专用复合肥；T3 饼肥（经过沤制完全腐熟）每 $667m^2$ 40kg＋化肥；T4 生物有机肥每 $667m^2$ 50kg＋化肥；T5 复合微生物肥每 $667m^2$ 50kg＋化肥。各处理总氮用量每 $667m^2$ 折合纯 N 6.5kg，氮磷钾比例为 N∶P_2O_5∶K_2O＝1∶2∶3，养分总量保持一致，不足部分氮、磷、钾用硝酸钾、过磷酸钙、硫酸钾补齐。每个处理设置 3 次重复，采用随机区组设计。试验点小区面积为 $30m^2$，烟株行距为 120cm，株距为 50cm，四周设保护行，采用漂浮育苗技术进行育苗，真叶为 5 叶 1 心时进行小苗膜下移栽。管理按优质烟栽培模式管理。

1.4　分析项目与方法

1.4.1　取样时间及方法　分别在移栽后 40、50、60、70、80d 采收功能叶（自下而上 10～12 叶位）。取样时间为晴天上午 9:00～10:30。测定烟株自上而下第 5～6 片完全展开叶（功能叶）光合特性，取有效叶第 10～12 叶位样进行生理生化测定分析，每待测烟叶，一半作为鲜样测定，一半用于杀青烘干作化学成分分析用。每小区其余烟株成熟采收，三段式烘烤工艺烘烤，42 级国标分级，计产计质（以每 $667m^2$ 1 000 株植烟密度折算计产）后各小区取 C3F 进行常规化学成分化验。数据用 Excel 和 SPSS16.0 进行统计分析。

1.4.2　光合速率的测定　用 LI－6400 便携式光合作用测定系统（美国 LI-COR 公司）在晴天上午 9:00～11:00 测定功能叶各处理均测定第 7 张叶（自上而下）。每小区每次随机测定 3 株，每株重复测定 3 次。

1.4.3　叶绿素含量和类胡萝卜素的测定　采用萃取，比色法[10]。

2　结果与分析

2.1　不同复合有机肥施用对叶片叶绿素含量的影响

叶绿素（chlorophyll，Chl）含量是衡量叶片衰老程度的重要标志之一，是作物有机营养的基础，直接关系着作物的光合同化过程[11]。叶片的光合性能与叶绿素含量关系密切[12]，因此烟株叶片叶绿素含量反映了烟草叶片光合过程中对光能的转化能力。提高叶绿素的含量能促进光合产物的合成与同化以及干物质的积累，提高烟叶产量、改善烟叶品质[13]。

大田生长期间叶绿素含量的变化如图1。移栽后40d叶绿素含量以处理T1、T2的最高，处理T4居中，处理T3、T5含量较低。到50d的时候，处理T2、T3、T4、T5的叶绿素含量在此时期达到高峰，而处理T1在此时期叶绿素含量却已经开始下降。到了成熟期，处理T3、T4、T5的叶绿素含量比处理T1、T2、T3高，但烟叶成熟期叶绿素降解正常，表现为正常落黄成熟。以上结果表明，适宜比例的有机肥配施，能够提高烤烟生长前期烟叶的叶绿素含量，从而增强光合作用强度，加速光合作用产物的合成与积累，提高烟叶干物质含量。

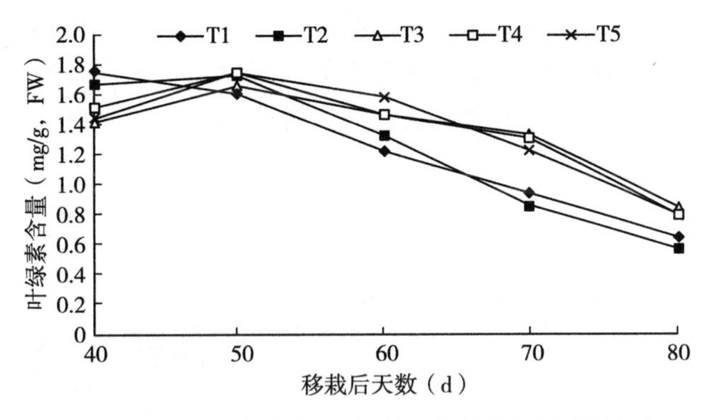

图1　施用不同复合有机肥对烟叶叶绿素含量的影响

2.2　不同复合有机肥施用对叶片类胡萝卜素含量的影响

类胡萝卜素是影响烤烟香气质量重要的潜香型萜烯类化合物，类胡萝卜素的降解和热裂解产物可生成近百种香气化合物[14,15]，这些化合物是形成烤烟细腻、高雅和清新香气的主要成分。

由图2可以看出移栽后叶片类胡萝卜素不断积累，在50d达到最高峰，而后随着时间的推移都呈下降趋势。T1、T2含量在45d之前高于其他三个处理，50d后T3、T4、T5含量都高于处理T1，且T1类胡萝卜含量有明显下降，其他类胡萝卜素降解速度较慢，表明施用有机肥对类胡萝卜素的降解速度有延缓的作用，有助于类胡萝卜素的积累，因此，在烟叶生长和成熟期采用适宜的调控技术，促进类胡萝卜素的积累，减少烟叶在调制过程中类胡萝卜素的降解，将有利于烤烟香气质和香气量的改善和提高[16]。

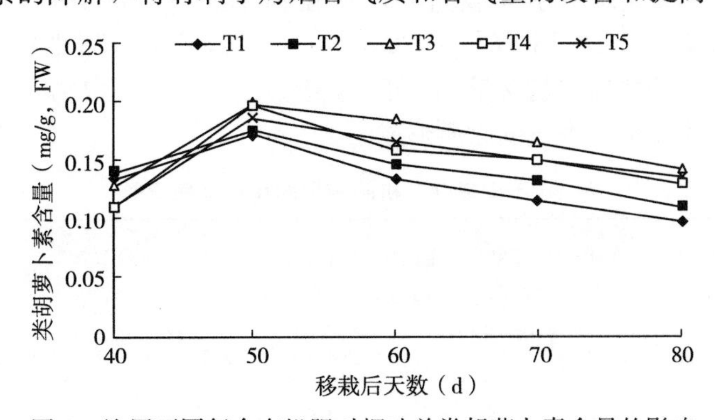

图2　施用不同复合有机肥对烟叶总类胡萝卜素含量的影响

2.3 不同复合有机肥施用对叶片光合速率的影响

光合速率是表示叶片中光合作用强弱的最直接的指标，是衡量叶片光合能力强弱的重要指标之一。试验对光合速率测定结果表明（图 3），叶片光合速率在烤烟生长过程中表现出与叶绿素含量相似的变化趋势，在 50d 时个处理的光合速率达到最高值。T1 随后下降的速度最大，降幅由 50～80d 达 98%，表现出一定程度的早衰，而 T2、T3、T4、T5 降幅没有那么大，分别为 57.8%、47.6%、49.7%、50%。后期 T3、T4、T5 的光合速率保持在一个较稳定水平，有利于提高烟草叶片光合速率，积累更多的碳水化合物。这表明，合理配施复合有机肥在一定程度上有利于促进烤烟生长的光合速率，并在生长后期仍能保持一定的生理代谢强度，持续地增加合成光合产物，这对于进一步提高烤烟干物质的积累有重要意义。

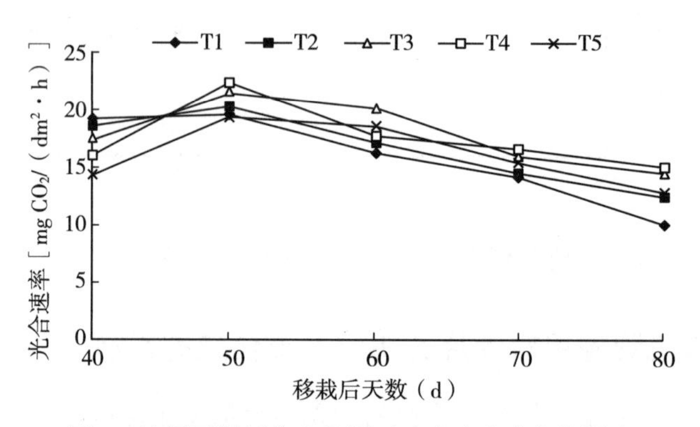

图 3 施用不同复合有机肥对叶片光合速率的影响

2.4 不同复合有机肥施用对烤烟品质的影响

烟叶品质的好坏不仅取决于某种成分的绝对含量，还决定于各成分的比例是否协调[17,18]，各种成分的组成、含量和平衡比例也综合影响着烟气香气量的多少和香气质，影响着烟叶的内在品质。不同处理烟叶烤后化学成分分析结果如表 2，处理 T3、T4、T5 对提高可溶性总糖，还原糖、K 含量有明显的作用，降低烟叶中淀粉，烟碱，及 Cl 离子含量。其中以 T3、T4 处理 K 含量较高，分别比 T1 提高了 48.77%、40.74%。处理 T3 烟碱、Cl 离子含量最低，比 T1 降低了 22%。处理 T3、T4、T5 的施木克值、糖碱比、氮碱比都较合理，石油醚提取物含量都优于 T1 最高，石油醚提取物有利于中芳香油、树脂、磷脂、蜡脂等体现烟草香气的物质形成。

表 2 不同复合有机肥施用的烤烟品质比较

处理	总糖（%）	还原糖（%）	总氮（%）	烟碱（%）	蛋白质（%）	含钾量（%）	含氯量（%）	醚提取物（%）	糖/碱	施木克值	氮/碱
T1	17.96	14.82	1.98	2.12	9.72	1.62	0.23	5.78	8.47	1.85	0.83
T2	19.11	16.24	2.01	2.23	9.79	1.89	0.19	6.36	8.57	1.92	0.89

（续）

处理	总糖（%）	还原糖（%）	总氮（%）	烟碱（%）	蛋白质（%）	含钾量（%）	含氯量（%）	醚提取物（%）	糖/碱	施木克值	氮/碱
T3	21.72	16.79	2.04	2.16	10	2.41	0.18	7.08	10.06	2.17	0.95
T4	20.49	14.74	2.22	2.02	10.91	2.28	0.19	6.17	10.14	2.03	0.98
T5	19.63	13.4	2.31	2.82	11.86	2.13	0.23	6.95	9.86	1.95	0.94

3 小结

从不同复合有机肥田间试验结果中可以看出，适宜比例的有机肥配施，能够提高烤烟生长前期烟叶的叶绿素含量，从而增强光合作用强度，加速光合作用产物的合成与积累，提高烟叶干物质含量，促进类胡萝卜素的积累，减少烟叶在调制过程中类胡萝卜素的降解，有利于烤烟香气质和香气量的改善和提高，有利于提高烤烟叶片的光合速率，并在生长后期仍能保持一定的生理代谢强度，持续地增加合成光合产物，各种成分的组成含量和平衡比例也趋于合理。

随着社会经济文明的发展，人们在追求烟叶产量和品质的同时，越来越重视施用有机肥不仅能够减少化肥对土壤结构的不良影响，提高肥效，增加土壤有机质，改善微生物群体结构，而且能够增强根系吸收能力，刺激烟株生长，提高抗病力，具有无毒害、无污染、营养全、肥效长、活性高等优点，并显著减少普通有机肥给烤烟生产带来的不利影响，对提高烤烟生产的经济效益及烟草安全性具有重要意义。

参考文献

[1] 沈中全．有机无机肥配合施用对烟草品质的影响［J］．烟草科技，1988（6）：49－53.

[2] 唐莉娜，熊德中．有机无机肥配施对烤烟 N、P、K 营养分配及产量的影响［J］．福建农业大学学报，1999，14（2）：50－55.

[3] 唐莉娜，熊德中．有机肥与化肥配合施用对烤烟生长发育的影响［J］．烟草科技，2000（10）：32－35.

[4] 刘泓．有机肥与化肥配施对烤烟钾素吸收和干物质积累的影响［J］．福建农业大学学报，1998，27（3）：257－260.

[5] 韩锦峰，吕巧灵，杨素勤．饼肥种类及其与化肥配比对烤烟生长发育及产质的影响［J］．河南农业科学，1998（6）：11－14.

[6] 熊德中，刘淑欣．有机肥与无机肥配施对土壤养分和烤烟生长发育的影响［J］．福建农业大学学报，1996（3）：345－349.

[7] 韩锦峰．生物有机肥对烤烟生长发育及其产量和品质的影响［J］．河南农业科学，1999（6）：11－14.

[8] 茆寅生．谈谈烤烟施肥中的几个问题［J］．中国烟草，1988（1）：32－33.

[9] 钱立信，温祥哲．烤烟有机肥与无机肥配合施用的效果［J］．中国烟草，1990（3）：17－20.

[10] 王瑞新．烟草化学 [M]．中国农业科学技术出版社，2003.
[11] 李合生．现代植物生理学 [M]．北京：高等教育出版社，2002.
[12] 刘雪松，刘贞琦，赵振刚，等．烟草生育期光合特性的变化 [J]．烟草学刊，1991 (2)：23-29.
[13] 江苏农学院．植物生理学 [M]．北京：农业出版社，1984.
[14] 左天觉，朱尊权．烟草的生产、生理和生物化学 [M]．上海：上海远东出版社，1993.
[15] 周冀衡，杨虹琦，林桂华，等．我国不同烤烟产区烟叶主要挥发性香气物质的研究 [J]．湖南农业大学学报：自然科学版，2004，30 (1)：20-23.
[16] 杨虹琦，周冀衡，罗泽民，等．不同产区烤烟中质体色素及降解产物的研究 [J]．西南农业大学学报，2004，26 (5)：640-644.
[17] 窦逢科，张景略．烟草品质与土壤肥料 [M]．郑州：河南科学技术出版社，1992.34-60.
[18] 罗建新，肖汉乾，周万春，等．烟草活性有机无机专用肥的施用效果Ⅰ．生物活性肥对烤烟生长发育和烟叶品质的影响 [J]．湖南农业大学学报：自然科学版，2002，28 (6)：483-486.

（原载《湖南农业科学》2011 年第 1 期）

有机肥对植烟土壤理化性状及烤烟产质量的影响

梁　伟[1,2]，田兆福[2]，韦建玉[2]，孙建生[2]，蔡联合[2]

（1. 湖南农业大学农学院，长沙　410128；
2. 广西中烟工业有限责任公司，南宁　530001）

摘　要： 阐述了施用有机肥对土壤理化性状及烟叶生长发育、经济学性状、化学成分、评吸质量等方面的影响，并对有机肥施用过程中存在的问题进行了讨论。

关键词： 有机肥；烤烟；土壤；理化性状；产量；质量

烟叶品质与土壤肥力和施肥状况密切相关[1]。随着化学肥料的常年大量施用，出现土壤板结、酸化、次生盐渍化、水体富营养化等一系列环境问题，烟叶品质降低，病虫害严重[2~4]。为修复植烟土壤，改善烟叶油分和香气，彰显风格特色，提高烟叶安全性，有机肥的施用日益受到重视和青睐。有机肥主要包括饼肥、堆肥、沤肥、厩肥、沼肥、绿肥、秸秆等。研究表明，施用有机肥可以改良植烟土壤的物理性状，增加土壤微生物活力，为作物提供较完全的养分。进而改善烟草生长状况，增强烟草的生理代谢能力[5,6]，改善烟叶化学成分之间的协调性，提高烟叶的香气质量[7~10]。为此，笔者综述了施用有机肥对植烟土壤理化性状、烤烟经济性状、烟叶常规化学成分、香气成分、评吸质量等方面的影响，旨在为有机肥的合理施用提供理论参考。

1　有机肥对植烟土壤理化性状的影响

1.1　有机肥对土壤结构的影响

土壤微生物对改善土壤结构、促进土壤养分的转化起着积极的作用。有机肥含有大量的有益菌类，具有无毒害、无污染、营养全、肥效长、活性高等优点[11]，微生物在土壤中活动能够合成多种生长素，提高土壤中转化酶、蛋白酶、蔗糖酶、淀粉酶、磷酸酶、ATP 酶、脱氢酶等多种酶的活性[12~15]，促进土壤团粒结构的形成，降低土壤容重，提高土壤总孔隙度，使耕层土壤变松，并调节水、肥、气、热状况，弥补土壤过沙、过黏的质地缺陷，改善土壤耕性。

1.2　有机肥对土壤 pH 的影响

土壤 pH 是土壤理化性状的重要特征，不仅影响烟株的生长发育，而且与土壤中的微生物分布、土壤养分有效性密切相关，对烟叶产质量的形成具有重要的影响。有机肥对土壤 pH 有调节作用。研究表明，施用有机肥后，土壤最初的 pH 低于化肥处理，但经过一段时间后 pH 会升高，并且高于施用化肥的土壤[16]。杨云高等[11]研究表明，增施有机肥提高了土壤 pH，同时土壤耕层的碱解氮、速效磷、速效钾及硼、锌等微量元素含量也得到提高。而刘国顺等[17]研究表明，当有机肥氮比例占总施氮量的 50%时，酸性土壤的 pH 提高，有利于烟株的生长发育。

1.3 有机肥对土壤肥力的影响

土壤有机质含量是土壤肥力的重要物质基础，通过增施有机肥可以提高土壤有机质的含量，进而提高土壤肥力。李正风等[18]研究表明，秸秆直接覆盖还田可培肥土壤，改善土壤理化性质，增加土壤有机质，使土壤有机质年均递增 0.05%～0.1%，增加土壤碱解氮、速效钾等速效养分。土壤酶活性是土壤肥力的重要指标，有机肥中的有益菌类能提高土壤多种酶的活性，促进土壤有机物质的转化、合成过程，有利于烟株的生长发育。王岩等[19]研究指出，施用有机肥可以促进土壤有机质的更新，土壤全 N 和全 C 含量较对照少量增加，土壤综合肥力水平得到提高。

2 有机肥对烟叶品质的影响

2.1 有机肥对烤烟生长发育的影响

有机肥中的碳水化合物施入土壤中能迅速分解，并释放出热量，可以提高地温，促进烤烟根系的生长和代谢，使烟株生长健壮，提高烟叶干物质积累；有机肥中的抗生素能够增加烟株的抗逆性，如抗倒伏、抗寒及抗旱性、抗病性等，增强烟株适应恶劣环境的能力；有机肥能协调烟叶中氮磷钾营养的分配比例，提高上部烟叶钾的含量，有利于提高烟叶品质；饼肥碳氮比小，易于被作物吸收，并对后期叶绿素的降解和成熟落黄有较好的作用，有利于糖类、芳香物质的积累。化肥和有机肥的配施能更合理地满足烟株生长的需求，韩锦峰等[20]研究表明，在烟田施用的氮肥中以 50%的饼肥 N 和 50%的化肥 N 配比，对烟叶的生长发育效果较好，不仅能增加叶绿素含量，促进硝酸还原酶活性提高，还有利于下部叶增厚、上部叶开片，进而提高下部叶和上部叶的工业可用性。

2.2 有机肥对烤烟经济性状的影响

大量试验证明，施用有机肥可以改善烟株水肥条件，促进烟株早发快长，缓解烟叶生长后期地温的不利影响，有利于烟叶分层成熟落黄；叶片单叶质量明显增加，身份明显变厚；改善烟叶烘烤特性，烤后烟叶组织结构疏松，油分更好[21]；外观质量得到改善，烟叶商品等级提高，上等烟比例提高；李波等[22]研究表明，化肥配施花生麸可以提高烤烟的均价 10.7%～18.5%；由此可见，增施有机肥可以提高烟叶产量、上等烟比例及产值，改善种烟经济效益。贾海江[23]研究表明，适量的施用饼肥有利于提高烟叶的经济性状，在 0～750kg/hm^2范围内，上等烟比例、均价、产值在饼肥施用量 450～600kg/hm^2 时经济效益最高。随饼肥用量进一步增加，经济效益降低，而产量则随饼肥施用量的增加而增加。

2.3 有机肥对烟叶化学成分的影响

烟叶化学成分与评吸质量息息相关。优质烟中总糖含量一般为18%～22%，还原糖为16%～20%，总氮为1.5%～3.5%，氮碱比为0.8～0.9，糖碱比则为10，烟碱含量在1.5%～3.5%[24]为宜。李祖莹等[25]研究表明，施用有机肥可以有效地提高烤烟叶片的总氮、总烟碱和蛋白质含量，使糖碱比下降，氮碱比趋于合理，从而改善烟叶品质。配施适量有机肥可提高烟叶生长后期的饱和脂肪酸、类胡萝卜素、乙醚提取物含量，降低不饱和脂肪酸的含量，并能提高烟叶中钾的含量，改善烟叶的燃烧性。

2.4 有机肥对烟叶致香成分的影响

常剑波等[26]研究表明，施用有机肥烤烟许多致香物质指标和致香物质总量要明显高于常规施肥，说明有机肥能改善烤烟的香气。烟叶中石油醚提取物中包含树脂、油脂、脂肪酸、蜡质、色素等物质，是烟叶香气形成的重要成分，石油醚提取物的含量与烟叶香气质与香气量呈正相关，杨夏孟[27]研究表明，有机肥可以提高烟叶中石油醚提取物的含量，中性致香成分总量也有所提高。王镇[28]研究表明，加有机肥和芝麻饼肥对苯丙氨酸类、棕色化产物类、类西柏烷类、类胡萝卜素类等致香成分均有较为显著的增长，改善烟叶香气质，增加香气量。

2.5 有机肥对烟叶评吸质量的影响

饼肥与化肥合理配施可显著增加上、中、下各部位烟叶的有机酸含量，提高烟叶的酸度，减少刺激性，口味醇和，燃烧性好[29]。马坤等[30]研究表明，施用有机肥可以明显改善烟气醇正度，愉悦感增强，使香气丰满、甜润，残滞及涩感少，口感较好，刺激性、杂气减轻，烟叶内在品质得到明显改善，符合当前高端卷烟配方需求。张建国等[31]试验表明，施用有机肥提高了烟叶的香气，改善了吸味，减少了杂气，评吸总分分别比单施化肥的处理提高了1.5和3.0分，其中又以施50%有机肥的处理最好。

3 讨论

尽管有机肥有很多优点，但由于各种有机肥养分含量不同，如何更好地施用有机肥仍有待进一步研究。烤烟追求的是优质适产，过多地施用有机肥会导致烟叶贪青晚熟，烟碱含量偏高；用量不足则不能达到改良土壤和改善烟叶品质的目的[32,33]。目前有机肥种类繁多，肥力差异较大，制作工艺多种多样，如何降低有机肥生产成本，更好地发挥肥效，充分使用肥力，仍有很大潜力可挖。优质烟是打造高品质卷烟产品的基础。随着人类健康和环保意识的增强，生产有机烟叶，实现原料保障上水平，已成为现代烟草农业发展的必然趋势，而有机肥的大量施用则是生产有机烟叶的重要环节。加强对有机肥的研究与推广，努力推动有机生态烟叶生产向前发展，符合建设现代烟草农业“生态、特色、优质、安全”的发展要求。同时选择远离生活和工业污染源、生态条件良好、森林覆盖率高、具有可持续生产能力的烟区，扩大有机烟种植面积，提高烟叶产量与品质，实现优质特色原料的规模化供应，为提高卷烟品牌美誉度、增加企业经济效益奠定基础。

参考文献

[1] 胡国松，王志彬，傅建政，等．烟草施肥新技术 [M]. 北京：中国农业出版社，2000.

[2] 何秀成，邱慧珍，张文明，等．不同顶端调控措施对烤烟钾及烟碱含量的影响 [J]. 甘肃农业大学学报，2009，44 (4)：87 - 91.

[3] 胡娟，邱慧珍，何秀成，等．施钾水平对甘肃烤烟钾含量及经济效益的影响 [J]. 草业学报，2010，19 (5)：156 - 160.

[4] 惠安堂．西北黄土高原烤烟钾素营养状况分析 [J]. 陕西农业科学，1997 (3)：41 - 42.

[5] 刘添毅，李春英，熊德中，等．烤烟有机肥与化肥配合施用效应的探讨 [J]. 中国烟草科学，2000 (4)：23 - 26.

[6] 沈红，曹志洪．饼肥与尿素配施对烤烟生物性状及某些生理指标的影响 [J]. 土壤肥料，1998 (6)：14 - 16.

[7] 唐莉娜，张秋芳，陈顺辉．不同有机肥与化肥配施对植烟土壤微生物群落 PLFAs 和烤烟品质的影响 [J]. 中国烟草学报，2010 (1)：36 - 40.

[8] 韩锦峰，吕巧灵，杨素勤．饼肥种类及其与化肥配比对烤烟生长发育及产质的影响 [J]. 河南农业科学，1998 (2)：14 - 16.

[9] 周冀衡，王勇．产烟国部分烟区烤烟质体色素及主要挥发性香气物质的含量比较 [J]. 湖南农业大学学报：自然科学版，2005，31 (2)：128 - 132.

[10] 彭艳，周冀衡，杨虹琦，等．烟草专用肥与不同有机肥配施对烤烟生长及主要化学成分的影响 [J]. 湖南农业大学学报：自然科学版，2008 (2)：59 - 63.

[11] 杨云高，王树林，刘国，等．有机肥对烤烟产质量及土壤改良的影响 [J]. 中国烟草科学，2012 (4)：70 - 74.

[12] Paunescu A D. The influence of the mixed and organ fertilization the soil biology，yield and quality of oriental tobacco [J]. CORESTA，1997 (2)：86.

[13] 关松荫．土壤酶活性影响因子的研究 I．有机肥料对土壤中酶活性及氮磷转化的影响 [J]. 土壤学报，1989，26 (1)：72 - 77.

[14] 任拄淦，陈玉水，庙福钦，等．有机无机肥料配施对土壤微生物和酶活性的影响 [J]. 植物营养与肥料学报，1996，2 (3)：279 - 283.

[15] 关珠连．有机肥料配施化肥对土壤有机质组分及生物活性影响的研究 [J]. 土壤通报，1990，21 (4)：180 - 184.

[16] Bevaopua R F，Mellano V J. Cumulative effects of sludge compost on crop yields and soil properties [J]. Commun Soil Sei Plant Anal，1994 (25)：395 - 406.

[17] 刘国顺，彭华伟．有机肥对烤烟土壤肥力及生长发育的影响 [J]. 耕作与栽培，2004 (3)：29 -31.

[18] 李正风，张晓海，刘勇，等．不同覆盖方式对植烟土壤温度和水分及烤烟品质的影响 [J]. 中国农学通报，2006，22 (11)：224 - 227.

[19] 王岩，刘国顺．不同种类有机肥对烤烟生长及其品质的影响 [J]. 河南农业科学，2006 (2)：81 -84.

[20] 韩锦峰，张秀英．饼肥种类及其与化肥配比对烤烟生长发育及产质的影响 [J]. 河南农业科学，

1998 (2): 14-16.

[21] 吴照辉，郭芳阳，李柏杰．纯施有机肥对烤烟产量、产值和品质的影响 [J]. 河南农业科学，2012，41 (4): 54-58.

[22] 李波，顾明华，沈方科．花生麸与无机肥配施对烤烟产质量和土壤肥力的影响 [J]. 西南农业学报，2011，24 (1): 144-148.

[23] 贾海江．不同菜籽饼肥用量对邵阳烤烟品质的影响 [J]. 广东农业科学，2011 (1): 81-82.

[24] 宫长荣，王娜，司辉，等．氮素形态对烤烟烟叶 TSNA 含量的影响 [J]. 河南农业大学学报，2003，37 (2): 111-114.

[25] 李祖莹，肖林长，方先兰．创丰有机肥对烤烟生长、产量及品质的影响 [J]. 江西农业学报，2011，23 (6): 40-42.

[26] 常剑波，祁春苗，李致新．有机肥对烤后烟叶化学成分和致香物质含量的影响试验 [J]. 现代农业科技，2011 (2): 60-61.

[27] 杨夏孟．有机肥料配合施用对土壤养分、烤烟生长及品质的影响 [D]. 郑州：河南农业大学，2012.

[28] 王镇．有机肥对植烟土壤质量和烟叶品质影响的研究 [D]. 郑州：河南农业大学，2010.

[29] 景登科．有机复合肥对烤烟产量和质量的影响试验 [J]. 贵州农业科学，2008，36 (2): 112-113.

[30] 马坤，刘素参，杨辉，等．不同有机肥对有机生态烟叶生长及品质的影响 [J]. 贵州农业科学，2011，39 (7): 75-80.

[31] 张建国，聂俊华，杜振宇．施用复合有机肥对烤烟产量和品质的效应 [J]. 湖南农业大学学报：自然科学版，2004，30 (2): 115-119.

[32] 肖相政，刘可星，张志红，等．生物有机肥对烤烟生长及相关防御性酶活性的影响 [J]. 华北农学报，2010 (1): 175-179.

[33] 吴照辉，郭芳阳，李柏杰，等．纯施有机肥对烤烟产量、产值和品质的影响 [J]. 河南农业科学，2012 (4): 54-58.

（原载《天津农业科学》2013 年第 8 期）

饼肥不同施用量对烤烟主要性状的影响

梁　伟，齐永杰，龙晓彤，苏　赞，梁永进

（广西中烟工业有限责任公司，南宁　530001）

摘　要：【目的】为邵阳烟叶生产经济平衡施肥提供依据。【方法】通过芝麻饼肥不同施用量对烟叶植物学性状、经济学性状、化学成分及评析质量的影响，判定施肥效果。【结果】饼肥不同施用量对烤烟植物学性状影响仅上部最大叶宽显著，其他结果不显著；随着饼肥施用量增加，烟叶化学成分进一步趋于协调，烟叶香气质和香气量得到改善，但并未形成直接关系。【结论】施用饼肥改善烟叶质量存在一定的范围限制，邵阳地区饼肥施用量以 450kg/hm^2 较适宜。

关键词：烤烟；饼肥；施用量；质量

烤烟是一种特殊的经济作物，“优质适产”是其基本要求。通过施肥调控可以改变土壤水、肥、气、热状况，进而调控烟株生长发育，促进烟叶生长向有利于质量的方向转化。有机肥对烟叶油分及香气有很大影响，合理施肥是提高烟叶产质量的一项重要技术措施。饼肥含有丰富的营养成分，很多试验证明，使用饼肥能提高烤烟产量和上等烟比例，促进烟叶内在化学成分协调，改善烟叶的香气质、香气量，改善烟叶品质[1~5]。使用芝麻饼肥能显著提高土壤微生物数量，增强有关酶活性，提高养分的利用率和有效性，进而提高烟叶的内在品质[6~8]。本试验旨在研究饼肥不同施用量对烤烟植物学性状、经济性状、化学成分和评吸质量的影响，找出适宜的饼肥施用量，以期改善烟叶内在质量，提高烟农种烟收益，为邵阳经济平衡施肥提供科学依据。

1　材料与方法

1.1　试验材料

供试品种为云烟 87。试验地土壤为黄壤，中等肥力，灌溉和排水能力较好，土壤含有机质 23.2g/kg，碱解氮 110.3mg/kg，有效磷 25.6mg/kg，速效钾 184mg/kg，pH 6.32，前茬为玉米。

1.2　试验方法

试验设在湖南省邵阳市隆回县荷香桥镇清水村进行。试验用烟苗由附近育苗大棚统一

作者简介：梁伟（1979—），男，河南新乡人，农艺师，烟叶分级技师，从事烟叶原料研究及质量监督工作。

提供，均为漂浮育苗，移栽时选取长势较为均匀的壮苗，相同时间移栽完毕。试验设 4 个处理，分别为：增施芝麻饼肥用量 300kg/hm^2（处理 1）、450kg/hm^2（处理 2）、600kg/hm^2（处理 3）和 750kg/hm^2（处理 4），各处理随机区组排列，重复 3 次，每个小区面积 55m^2，共 660m^2。种植密度为 110cm×50cm，单株留叶 20 片左右，纯氮用量为 127.5kg/hm^2，N∶P_2O_5∶K_2O=1∶1∶3。

烤后烟叶外观质量由专业的烟叶分级人员按照《烤烟 GB 2635—92》进行。烟叶化学成分测定总糖、还原糖、总氮、烟碱等指标，具体测定方法如下：总氮为浓硫酸高氯酸凯氏定氮法，烟碱为盐酸提取紫外分光光度法，总糖、还原糖为邻甲苯胺法。外观质量、化学成分分析及评吸质量均由广西中烟工业有限责任公司技术中心承担。

2 结果与分析

2.1 不同处理团棵期主要植物学性状分析

通过方差分析得知，云烟 87 的株高、叶片数、最大叶长和叶宽、节距等主要植物学性状在团棵期并未因饼肥施用量的增加而表现出明显差异，各处理间植物学性状差异未达显著水平，说明烟株在团棵期，饼肥不同用量对烟株主要植物学性状的影响差异不大。

表 1 团棵期烟株主要植物学性状观测记录

处理	株高（cm）	叶片数（片）	最大叶长×叶宽（cm）		节距（cm）	茎围（cm）
300kg/hm^2	31.04 a	11.63 a	36.07 a	19.78 a	1.39 a	5.57 a
450kg/hm^2	32.25 a	11.44 a	38.40 a	19.29 a	1.56 a	5.32 a
600kg/hm^2	30.85 a	11.04 a	37.33 a	18.22 a	1.61 a	5.08 a
750kg/hm^2	34.69 a	10.8 a	38.43 a	19.69 a	1.49 a	5.24 a

2.2 不同处理烟株打顶后主要植物学性状对比分析

株高、节距、茎围，尤其叶面积对烟叶产量高低和品质优劣有直接关系，随着叶面积的增加，各部位叶片叶重、单位叶面积重量也随之增长，所以，要保证叶片有适宜的重量，叶片必须充分生长发育健全，有相应的叶面积合成更多的干物质[9]。由表 2 可知，随

表 2 不同处理烟株打顶后主要植物学性状

处理	株高（cm）	叶片数	中部最大叶长×叶宽（cm）		上部最大叶长×叶宽（cm）		节距（cm）	茎围（cm）
300kg/hm^2	105.27 a	19.97 a	65.20 a	28.82 a	61.88 a	19.09 b	1.85 a	8.52 a
450kg/hm^2	107.31 a	20.34 a	65.60 a	30.84 a	65.58 a	21.72 ab	2.01 a	8.68 a
600kg/hm^2	105.72 a	19.97 a	65.10 a	30.45 a	63.64 a	22.25 ab	1.97 a	8.54 a
750kg/hm^2	109.88 a	20.90 a	66.41 a	31.36 a	64.89 a	24.00 a	2.00 a	8.51 a

着饼肥施用量的增加，不同处理的植物学性状测量值出现先增，后减，再增的情况，增施饼肥 450kg/hm² 处理和 750kg/hm² 处理的长势要优于其他的 2 个处理，在测量的几个植物学性状指标中，仅上部叶最大叶宽差异明显，其他指标并未达到显著水平。

2.3 不同处理对烟叶主要经济性状的影响

产量、产值、均价、上中等烟比例是烟叶的主要经济性状指标，它们综合反映了烟叶的质量和经济效益[10]。对不同处理烤后烟叶进行分级，统计其产量、均价、产值等主要经济性状指标表明，产量、均价、产值随饼肥施用量的增加出现先增，后降，再增的趋势，上等烟比例则呈先增后降趋势，中等烟比例则呈先降后增趋势，产值以饼肥施肥量 450kg/hm² 时最高（表 3）。

表 3 不同处理主要经济性状

处理	产量 (kg/hm²)	均价 (元/kg)	上等烟 (%)	中等烟 (%)	产值 (元/hm²)
300kg/hm²	2 481.0	12.5	41.2	51.4	30 225.0
450kg/hm²	2 496.0	12.9	42.0	49.9	32 199.0
600kg/hm²	2 464.5	12.4	41.0	51.3	30 559.5
750kg/hm²	2 524.5	12.7	40.1	51.9	32 061.0

2.4 不同处理对中部烟叶主要化学成分的影响

烟叶中总糖、还原糖、总氮、烟碱、蛋白质、钾、氯等化学成分只有在含量适宜且比例协调的情况下，烟叶质量才好，工业可用性高。一般来说，同一地区的烟叶，含糖量高者比含糖量低者内在质量（主要表现在吸味方面）相对好，总氮含量低者比含量高者可用性高些[11]。选不同处理中部烟叶（C3F）进行常规化学成分分析，由表 4 可知：本试验中总糖、还原糖和钾的含量与饼肥施用量成正相关，但当饼肥施用量一旦超过 450kg/hm²（处理 2）这一阈值后，总糖、还原糖、烟碱及钾的含量又有所下降；总氮呈先降后增趋势，氯离子含量变化则与总氮相反。

表 4 不同处理中部烟叶主要化学成分

处理	等级	烟碱 (%)	总糖 (%)	还原糖 (%)	总氮 (%)	总钾 (%)	总氯 (%)
300kg/hm²	C3F	2.10	31.49	28.73	1.85	2.39	0.55
450kg/hm²	C3F	2.18	32.27	29.61	1.77	2.54	0.53
600kg/hm²	C3F	2.07	30.26	26.56	1.66	2.46	0.56
750kg/hm²	C3F	2.08	30.43	26.67	1.95	2.06	0.58

2.5 不同处理对中部烟叶评吸质量的影响

烟叶是满足人们吸食需要的特殊商品，吸烟者对香气、吃味的综合感受是烟叶品质优劣最直接、最客观的反映[12]。烟气香气质好，香气量足，劲头适中，杂气、刺激性小，燃烧性好，灰分灰白为国际型优质烟叶评吸的质量要求。取不同处理中部烟叶（C3F）进行感官评吸比较，由表5可以看出，烟叶的感官评吸质量随饼肥施用量的增加而有所提升，香气质、香气量、余味和杂气等指标分数呈增加趋势，以450kg/hm^{2}处理评吸质量最优，进一步增加施肥量，评吸质量反呈下降趋势。概括来讲：饼肥用量增加，烟叶香气质、香气量明显改善，杂气、刺激性减少，余味进一步变得干净、舒适，施肥量超过一定的限度，各评吸指标变差。不同处理评吸结果相比较，评吸质量以450kg/hm^{2}处理最好，300kg/hm^{2}处理最差。

表5 不同处理中部烟叶评吸质量

处理	香气质	香气量	余味	杂气	刺激性	燃烧性	灰色	得分	质量
300kg/hm^2	11.21	16.08	18.13	12.96	8.92	3.00	2.81	73.1	中等+
450kg/hm^2	11.56	16.44	19.44	13.56	9.00	3.00	2.81	75.8	较好−
600kg/hm^2	11.26	16.35	19.23	13.37	8.86	3.00	2.81	74.9	中等+
750kg/hm^2	11.19	16.19	18.81	13.19	8.69	3.00	2.81	73.9	中等+

3 小结与讨论

在本试验的条件下，饼肥不同施用量对烤烟植物学性状影响不大，除上部最大叶宽外，其他结果均不显著。随着饼肥施用量的增加，株高、叶片数目、最大叶长×叶宽、茎围、节距也没有显著直线增长趋势，而是呈现一种先增后减再增的趋势，故增施饼肥对提高烟株植物学性状意义不大。

随着饼肥施用量的增加，烟叶化学成分进一步趋于协调，烟叶香气质和香气量得到改善，但随着饼肥使用量的增加，烟叶化学成分与其香气质、香气量的改善未形成直接关系，说明施用饼肥改善烟叶质量存在一定的范围限制，综合考虑烤烟的经济效益和芝麻饼肥的价格成本，450kg/hm^{2}的饼肥施用量在邵阳地区较为适宜。

参考文献

[1] 张延军，文俊，黄平俊，等．配施芝麻饼肥对烤后烟叶主要挥发性香气物质含量的影响［J］．郑州轻工业学院学报：自然科学版，2008，23（2）：30-34.

[2] 唐莉娜，陈顺辉．不同有机肥与化肥配施对烤烟生长和品质的影响［J］．土壤肥料科学，2008，24（11）：258-262.

[3] 易建华，张新要，李天福，等．不同有机质土壤饼肥用量对烤烟产量和质量的影响［J］．土壤肥料科学，2006，22（10）：216-220.

[4] 韩锦峰，杨素勤，吕巧灵，等．饼肥种类及其与化肥配比对烤烟生长发育及产质的影响 [J]. 河南农业科学，1998（3）：11-14.
[5] 刘卫群，刘国顺，符云鹏，等．不同肥料对烤烟叶片生理生化特性的影响 [J]. 河南农业大学学报，1998，32（3）：234-237.
[6] 王岩，蔡大同．土壤微生物肥料中 N 和 C 与土壤中有机 N 和 C 的关系 [J]. 南京农业大学学报，1993（16）：159.
[7] 程昌新，卢秀萍，许自成，等．基因型和生态因素对烟草香气物质含量的影响 [J]. 中国农学通报，1993（16）：159.
[8] 韩锦锋，吕巧灵，杨素勤，等．饼肥种类及其与化肥配比对烤烟生长发育及产质的影响 [J]. 河南农业科学，1998（2）：14.
[9] 冉邦定，周桓武，张崇范．用叶片长宽比值计算烤烟叶面积指数 [J]. 中国烟草科学，1981（2）：27-28.
[10] 李明福．不同施氮量对烟草 K326 雄性不育系产量和产值的影响 [J]. 江苏农业科学，2009（3）：88-89.
[11] 徐增汉，何嘉欧，林北森．烤烟自动控温强制排湿装置的烘烤效应 [J]. 湖北农业科学，2006（1）：100-102.
[12] 谭蓓，龙晓彤，蔡联合，等．邵阳不同产地烟叶质量分析与评价 [J]. 天津农业科学，2012，18（1）：140-142.

（原载《天津农业科学》2013 年第 6 期）

有机无机肥配施对烤烟脂类代谢的影响研究

顾明华[1*]，周　晓[1,2]，韦建玉[2]，曾祥难[2]，黎晓峰[1]

（1. 广西大学农学院，南宁　530005；
2. 广西中烟工业有限责任公司，南宁　530001）

摘　要：通过田间试验，研究了有机肥与无机肥不同比例配施对烤烟脂类代谢的影响。试验结果表明，配施有机肥提高了烤烟生长后期烟叶的脂氧合酶活性，增强了烟叶生长后期的脂类代谢。同时，配施适量有机肥提高了烟叶生长后期的饱和脂肪酸、类胡萝卜素、乙醚提取物含量和成熟期的腺毛密度、腺毛分泌物含量，并降低不饱和脂肪酸的含量。烘烤后以配施30%有机肥处理烟叶的总饱和脂肪酸含量最高，总不饱和脂肪酸含量最低，有利于烟叶品质的提高。

关键词：烤烟；有机无机肥配施；脂类代谢

烟叶各种代谢过程的比例和协调程度直接关系到烟叶化学成分的协调和质量的优劣。脂类代谢是烟草重要的代谢过程之一，脂类代谢旺盛，能增加烟叶油分和香气量，提高香味和吸味品质[1,2]。近年来，有关有机与无机肥配施对烤烟产量和品质的研究多有报道[3~5]，但对脂类物质及代谢关键酶活性的动态变化研究甚少。本文通过研究有机无机肥配施对烤烟脂类代谢关键酶活性及脂类物质的影响，探讨烟叶在生长过程中的脂类代谢强度、协调程度及其动态变化，明确有机肥配施对烟叶脂类代谢的影响，重点探讨优质烟叶形成的脂类代谢活动规律。以期为生产上通过施肥技术调节烤烟脂类代谢，提高烟叶香吃味品质提供理论依据。

1　材料与方法

1.1　供试材料

本试验在广西大学农学院科研教学基地试验田进行，供试土壤为水稻土，pH 6.68，有机质10.85g/kg，全氮1.02g/kg，碱解氮122.6mg/kg，速效磷40.3mg/kg，速效钾135.0mg/kg。试验所用有机肥为广西南宁地欣蓝荷农业科贸有限公司生产的生物有机肥，主要成分为鸡粪与花生麸，其氮、磷、钾养分含量分别为2.48%、1.66%、1.25%，有机质含量35.6%；无机肥料为硫酸铵、硝酸钾、过磷酸钙和硫酸钾。供试烤烟品种

基金项目：广西烟科技项目（2004YL01）。
作者简介：韦建玉（1966—），女，壮族，广西柳西州人，博士，高级农艺师，研究方向为烟草栽培。

是 K326。

1.2 田间试验设计与试验方法

试验设置 5 个处理，①100％无机肥；②85％无机肥＋15％生物有机肥；③70％无机肥＋30％生物有机肥；④55％无机肥＋45％生物有机肥；⑤40％无机肥＋60％生物有机肥。各百分比为无机肥态氮和有机肥态氮占全氮的百分数。各处理总氮用量为每公顷折合纯 N90kg，氮磷钾比例为 N∶P_2O_5∶K_2O＝1∶2∶3，无机肥态氮中硝态氮与铵态氮比例为 1∶1。每个处理设 3 个重复，采用随机区组设计。每小区 36 株，行距为 1.1m，株距为 0.5m，四周设保护行。2005 年 12 月 25 日播种育苗，3 月 10 日移栽至田间。栽培管理按一般烤烟大田生产进行。

1.3 取样时间及测定项目

分别在移栽后 45d（旺长期）、55d（现蕾期）、65d（打顶后 10d）、75d（打顶后 20d）、85d（成熟期）采收功能叶（自下而上 10～12 叶位）。取样时间为晴天上午 9:00～10:30。利用半叶法制样，一片烟叶沿主脉分为两半，一半经 105℃杀青、55～60℃烤干粉碎后，用于测定烟叶的脂类物质，包括乙醚提取物含量、高级脂肪酸含量；另一半（鲜样）用于测定脂氧合酶活性、类胡萝卜素含量。成熟期采收中部叶测定叶面腺毛数及其分泌物含量；在移栽后 90d（烤烟完全成熟）采集中部叶，烘烤并测定脂类物质。

脂氧合酶活性的测定参照史宏志方法[6]；

高级脂肪酸采用甲脂化-气相色谱法测定[7]；

类胡萝卜素采用比色法测定[8]；

乙醚提取物测定采用油重法测定[9]。

腺毛分泌物测定参照史宏志方法[6]：腺毛密度测定：取叶基部、中部、顶部表皮于显微镜下统计单个视野的腺毛数，计算单位叶面积的腺毛数，以各部位腺毛密度平均值表示；腺毛分泌物含量（mg/g，FW)：每处理取 3 片烟叶，每片取叶中部 50cm，在万分之一电子天平称重后，先在装有 200mL 二氯甲烷的烧杯中浸洗 3 次，再在另一只烧杯中浸洗 2 次，每浸一次在溶剂中停留 1s。当叶上的二氯甲烷挥发完后将叶片称重；腺毛分泌物含量（mg/g，DW)：每处理取 4 片 30cm 的叶片，其中 2 片在称得鲜重后直接烘干再称干重，另外 2 片称得鲜重后按上述方法在二氯甲烷溶剂中浸洗，然后进行烘干称干质量，二者干湿比率之差即为腺毛分泌物含量。

2 结果与分析

2.1 有机无机肥配施对烟叶脂氧合酶活性变化的影响

脂氧合酶是一种含非血红素铁的加双氧酶，它专一催化含有顺,顺- 1,4 -戊二烯结构的多元不饱和脂肪酸加氧反应，生成具有共轭双键过氧化氢物、小分子的醛、醇等[10,11]。烟叶脂氧合酶活性变化如图 1 所示，脂氧合酶活性在烤烟生长过程中随生长时期的不同有较大变化，生长前期该酶活性低，随叶片生长而活性提高，至移栽后 55～65d 达最大值，然后随叶片衰老而下降。在旺长期（移栽后 45d），随着有机肥比例增加，脂氧合酶活性降低。现蕾打顶期（移栽后 55～65d）处理 2 与处理 3 的脂氧合酶活性先后超过了处理 1，到了生长后期（移栽后 75～85d）各处理的脂氧合酶活性差异不大，但配施有机肥的各处理脂氧合酶活性均高于纯施无机肥的处理 1，其中处理 3 的酶活性略高于其他处理。表明适量配施有机肥处理有利于烤烟生长后期烟叶脂氧合酶活性的维持，烟株脂类代谢相对较强。

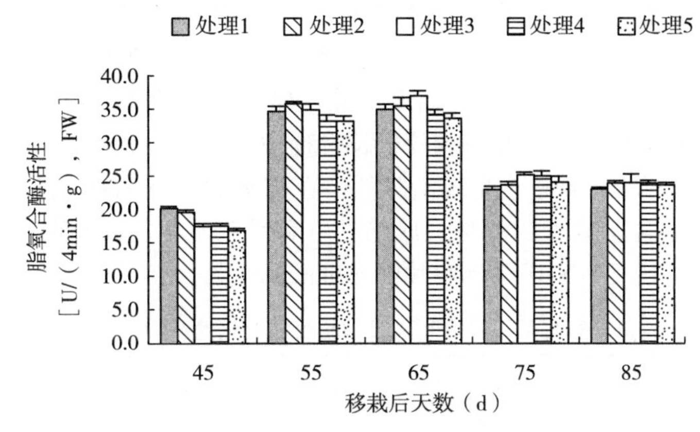

图 1　有机无机肥配施对烟叶脂氧合酶活性变化的影响

2.2　有机无机肥配施对烤烟脂类物质含量的影响

2.2.1　有机无机肥配施对烟叶高级脂肪酸含量变化的影响　高级脂肪酸是烟叶中脂肪族化合物的重要成分，与烟叶香吃味的形成有关，是烤烟中重要的酸性潜香性成分。高级脂肪酸可分成饱和脂肪酸与不饱和脂肪酸两类，饱和脂肪酸能增加烟气的脂肪味、腊味并使之圆和，不饱和脂肪酸则增加烟气的丰满度和粗糙感[12]。

豆蔻酸属于 C_{14} 饱和脂肪酸，其含量与烟叶品质存在正相关的关系，主要表现在香气量较大，劲头适中，余味舒适[13]。从表 1 中可以看出，从移栽后 45～65d，各处理的豆蔻酸含量迅速下降，但移栽 65d 以后，豆蔻酸含量缓慢上升。各处理在前期（移栽后 45～55d）差异较大，以处理 2 和处理 3 的豆蔻酸含量较高。后期（移栽 75～85d）各个处理之间差异变小，在移栽后 85d（成熟期）处理 3 的豆蔻酸含量高于其他处理。说明适量配施有机肥可以增加烟叶中豆蔻酸的含量，提高烟叶品质。

棕榈酸是 C_{16} 饱和脂肪酸，它能使烟叶甜醇、柔和、舒适[8]。从表 1 中可以看出，前期（移栽后 45～65d）以配施有机肥较少的处理 2 和施纯无机肥的处理 1 棕榈酸含量较高，配施有机肥较多的处理 5 含量较低。移栽 65d 后，处理 1 的棕榈酸含量的下降幅度大于其他处理，以至到了成熟期（移栽后 85d）配施有机肥处理都超过了处理 1，其中以处理 2 和处理 3 较高。说明适量配施有机肥有利于提高后期烟叶中棕榈酸的含量。硬脂酸是 C_{18} 饱和脂肪酸，它与烟叶评吸品质各项指标均未达到显著相关性[13]。由表 1 结果可知，各处理烟叶中硬脂酸含量随生长过程的推进而逐渐减少；除了在移栽后 65d 各处理差异较小外，其他各时期表现出有随有机肥配施比例增加烟叶中硬脂酸含量减少的趋势，即配施有机肥可降低烟叶中硬脂酸含量。

油酸是 C_{18}一烯不饱和脂肪酸，其含量增加会增加烟叶杂气和刺激性[13]。从表 1 中可以看出，在整个生长过程，纯施无机肥的处理 1 油酸含量均高于其他处理。说明配施有机肥降低了烟叶中油酸的含量。

亚油酸是 C_{18}二烯不饱和脂肪酸，其含量增加会增加烟叶刺激性并产生涩味[8]。从表 1 中可以看出，随着生长过程的推进，各处理的亚油酸含量逐渐降低。处理 1 和处理 2 烟叶中的亚油酸含量在整个生长期均高于其他处理。成熟期（移栽后 85d）以处理 3 的亚油酸含量最低。可见，适量配施有机肥降低了成熟期烟叶中亚油酸的含量。

亚麻酸是 C_{18}三烯不饱和脂肪酸，与亚油酸一样，其含量增加会增加烟叶刺激性并产生涩味[8]。烟株叶片亚麻酸含量在烤烟的生长过程中表现出与亚油酸含量相似的变化规律（表 1），即随着生长过程的推进含量逐渐降低。在移栽后 45～75d，表现为随着有机肥施用比例的增加亚麻酸含量减少的趋势。成熟期（移栽后 85d）以处理 3 的亚麻酸含量最低。说明适量配施有机肥有利于降低叶片中亚麻酸的含量。

表 1 有机无机肥配施对烟叶高级脂肪含量变化的影响（mg/g，DW）

项目	处理	移栽后天数				
		45d	55d	65d	75d	85d
豆蔻酸 $C_{14:0}$	1	0.828	0.226	未检出	未检出	0.108
	2	2.276	0.680	未检出	0.204	0.165
	3	2.034	0.506	未检出	0.335	0.440
	4	1.195	0.407	未检出	0.264	0.263
	5	0.585	未检出	未检出	0.249	0.189
棕榈酸 $C_{16:0}$	1	7.271	6.513	4.296	3.125	1.037
	2	8.725	7.089	3.951	2.156	2.926
	3	5.272	5.640	3.989	1.918	2.306
	4	6.526	5.729	3.631	2.371	1.775
	5	3.277	3.124	4.108	2.924	1.261
		45	55	65	75	85
硬脂酸 $C_{18:0}$	1	1.155	1.249	0.764	0.601	0.576
	2	1.123	0.983	0.720	0.492	0.471
	3	0.933	0.840	0.781	0.307	0.283
	4	0.636	0.821	0.824	0.299	0.202
	5	0.505	0.554	0.662	0.327	0.184
油酸 $C_{18:1}$	1	2.387	1.366	1.296	0.879	0.936
	2	2.267	1.094	0.718	0.593	0.751
	3	2.070	0.883	0.613	0.520	0.447
	4	1.818	0.926	0.676	0.575	0.712
	5	1.343	0.468	0.563	0.567	0.390

（续）

项目	处理	移栽后天数				
		45d	55d	65d	75d	85d
亚油酸 $C_{18:2}$	1	4.241	3.038	1.956	1.427	1.547
	2	3.830	2.819	1.873	1.030	1.251
	3	2.737	2.432	1.515	0.715	0.400
	4	2.527	2.538	1.766	0.671	0.694
	5	2.284	2.139	1.452	0.858	0.448
亚麻酸 $C_{18:3}$	1	18.094	11.645	8.517	4.247	3.444
	2	15.37	10.691	7.215	2.925	3.007
	3	10.717	10.146	5.888	2.787	1.178
	4	10.305	9.054	4.936	2.616	1.803
	5	9.744	7.364	3.845	2.615	2.485

表2　有机无机肥配施对烤后烟叶高级脂肪酸含量的影响（mg/g，DW）

处理	豆蔻酸	棕榈酸	硬脂酸	油酸	亚油酸	亚麻酸	总饱和脂肪酸	总不饱和脂肪酸
1	0.530	1.687	0.581	1.128	1.317	2.165	2.799	4.610
2	0.571	2.971	0.577	1.088	1.275	2.124	4.119	4.487
3	0.899	2.871	0.490	0.984	0.697	1.728	4.261	3.409
4	0.778	2.597	0.443	1.077	1.241	1.746	3.818	4.065
5	0.777	2.558	0.287	0.932	1.138	1.909	3.622	3.980

烤后烟叶高级脂肪酸含量的测定结果如表2。从表中结果可以看出，与纯施无机肥相比，配施有机肥明显提高了烟叶中总饱和脂肪酸含量，降低了总不饱和脂肪酸含量，表现为豆蔻酸、棕榈酸含量增加，而油酸、亚麻酸、亚油酸含量降低。各处理之间比较以处理3烟叶中总饱和脂肪酸含量最高，总不饱和脂肪酸含量最低。

2.2.2　有机无机肥配施对烟叶类胡萝卜素含量的影响　类胡萝卜素是脂溶性色素，其含量与烤烟的香气量和香气质密切相关。如表3所示，在烤烟生长前中期，叶片类胡萝卜素

表3　有机无机肥配施对烟叶总类胡萝卜素含量的影响（mg/g，FW）

处理	移栽后天数				
	45d	55d	65d	75d	85d
1	0.141 a A	0.197 ab A	0.145 a A	0.126 a A	0.095 b AB
2	0.134 ab A	0.201 a A	0.137 a A	0.128 a A	0.105 a AB
3	0.124 bc A	0.189 b A	0.139 a A	0.130 a A	0.112 a A
4	0.121 bc A	0.171 c B	0.128 ab A	0.114 b AB	0.085 b BC
5	0.116 c A	0.166 c B	0.115 b A	0.099 c B	0.066 c C

不断积累，现蕾打顶后，类胡萝卜素代谢随叶片的成熟衰老而逐渐分解。在烤烟生长前期，随着有机肥施用比例的提高，烟叶中类胡萝卜素含量降低，但打顶后，处理 3、处理 2 的类胡萝卜素降解速度较慢，在后期（移栽 75～85d）类胡萝卜素含量反而高于纯无机肥处理（处理 1）。表明适量配施有机肥能减缓烤烟生长后期叶片中总类胡萝卜素的降解速度。

2.2.3 有机无机肥配施对烟叶乙醚提取物含量的影响 乙醚提取物是指烟叶中不溶于水而溶于醚类的物质，主要由芳香油、树脂、色素、醛类、蜡质、低分子脂肪酸等组成，是形成烟叶芳香气味的因素[14]。烟叶的乙醚提取物与烟叶的香气量成正比[8]。表 4 结果表明，在旺长期和现蕾期，处理 1 烟叶乙醚提取物含量较高，高于其他处理；从移栽后65～75d，即打顶后，处理 2 和处理 3 烟叶的乙醚提取物含量先后高于处理 1，成熟期（移栽后 85d）以处理 3 的含量最高；处理 4 和处理 5 由于在整个生育期内烟株长势都较劣，乙醚提取物含量在整个生长期含量都显著地低于其他处理。

表 4 有机无机肥配施对烟叶乙醚提取物含量（%）的影响

处理	移栽后天数				
	45d	55d	65d	75d	85d
1	5.57 a A	5.94 a A	5.82 a A	5.52 a A	5.74 ab AB
2	5.44 a A	5.85 a A	5.96 a A	5.59 a A	5.85 a AB
3	5.19 b B	5.78 a AB	5.76 ab A	5.62 a A	6.01 a A
4	4.78 c C	5.55 b B	5.42 b AB	5.20 b B	5.45 bc BC
5	4.51d D	5.25 c C	5.04 c B	4.96 c B	5.17 c C

2.2.4 有机无机肥配施对烟叶腺毛分泌物含量的影响 烟叶腺毛是指烟叶表面具有分泌功能的毛状体[15]。其分泌物是烟叶香味和香气的前体物质[16～18]，对烤后烟叶的香气和香味具有重要贡献，同时还与烟草的抗虫性密切相关[19～23]。对成熟期烟叶表面腺毛的测定表明（表 5），叶面腺毛密度有随有机肥用量增加而增加的趋势，腺毛密度大的腺毛分泌物含量也多，表明有机肥促进叶表面腺毛的生长，分泌物旺盛，有利于香气物质的形成。

表 5 有机无机肥配施对烟叶叶面腺毛密度和分泌物含量的影响

处理	腺毛密度（根/cm²）	叶面积（cm²）	每叶腺毛数（1 000 根/L）	分泌物含量（mg/g，FW）	分泌物含量（mg/g，DW）
1	335	967.22	323.55	2.38	2.922
2	343	966.10	311.55	2.54	2.932
3	366	957.04	350.12	2.64	2.964
4	371	966.43	35 812	2.66	2.978
5	373	940.05	350.46	2.68	2.983

3 小结与讨论

脂类代谢是烟草致香物质分解转化的重要代谢过程。烟草的碳氮代谢产物先合成脂类、萜类等大分子化合物，然后在光、气和酶的作用下，转化形成挥发性致香物质[24]。首先通过不同途径发生甘油三酯和其他脂类的水解释放脂肪酸，进一步在酶或非酶（光氧化和自动氧化）作用下形成醇、醛、酮、酸、酯类物质等[13]。脂氧合酶催化不饱和脂肪酸在有氧条件下生成氢过氧化物，然后再经一系列不同的酶的作用最终生成对香气有双重影响的醇、醛、酮、酸、酯类物质等，其活性可作为衡量脂类代谢强度的指标。史宏志报道，脂氧合酶活性过高和过低均不利于烤烟烟叶良好品质的形成[6]；而师会勤指出，创造适宜的环境条件增加脂氧合酶活性及其持续时间对烟叶品质形成是有利的[25]。目前有关脂类代谢在烤烟生长过程中的调控还不清楚，尚有不同观点。

从烟叶各种生理代谢关系分析认为，在烤烟生长前期，过高或过低的高级脂肪酸、类胡萝卜素、乙醚提取物含量以及脂氧合酶活性不利于烟叶品质的形成，原因在于在烤烟生长前期，要求氮代谢旺盛以利于营养体的建立，氮代谢消耗碳水化合物，必然会使脂类等碳氢化合物含量减少。此时，若脂类代谢过旺会影响氮素代谢，不利于营养体的建立，但过弱则不利于脂类等香气前体物质的合成和积累。因此，这些物质在生长前期含量过高或过低不利于烟叶优良品质的形成。在烟叶生长后期，光合作用强、光合产物向脂类物质转化比例提高，有利于烟叶中油脂的积累，此时脂氧合酶活性强有利于将与烟叶品质呈负相关的不饱和脂肪酸转化为香气物质，而保持较高的饱和脂肪酸、类胡萝卜素、乙醚提取物、腺毛分泌物含量，从而有利于烟叶品质的提高。

从本试验结果看，在烤烟生长前期烟叶中的不饱和脂肪酸、类胡萝卜素、乙醚提取物含量、脂氧合酶活性随着有机肥施用比例的增加而降低，在烤烟生长后期有所变化，配施30%有机氮的处理3的脂氧合酶活性在生长后期高于其他处理，能催化分解较多的与烟叶品质呈负相关的不饱和脂肪酸，因此处理3的烟叶在生长后期亚油酸、亚麻酸含量低于其他处理，而对烟叶品质有利的饱和脂肪酸、类胡萝卜素、乙醚提取物含量超过了其他处理。

因此，在生产上可以通过调节烟株的有机无机肥配比供给调控烤烟的脂类代谢，从而调控其品质形成。

参考文献

[1] 韩锦峰．氮素用量、形态和种类对烤烟生长发育及产量品质影响的研究［J］．中国烟草学报，1992（1）：44－52.

[2] 杨俊．有机与无机肥配比对烤烟产质量的影响［J］．中国烟草，1990（3）：34－37.

[3] 沈中全．有机无机肥配合施用对烟草品质的影响［J］．烟草科技，1988（6）：49－53.

[4] 韩锦峰，吕巧灵，杨素勤，等．饼肥种类及其与化肥配比对烤烟生长发育及产质的影响［J］．河南农业科学，1998（6）：11－14.

[5] 刘泓，杨邦俊，王伯强．有机肥与化肥配施对烤烟品质的影响［J］．中国烟草科学，1999（1）：18-21.
[6] 史宏志，韩锦峰，刘卫群，等．氮素营养对烤烟类脂物含量和脂肪氧化酶活性的影响［J］．中国烟草学报，1997（12）：41-47.
[7] 金永明，张明福，刘百战．烟草中多元酸和高级脂肪酸的分析［J］．烟草科技，2002（4）：21-24.
[8] 王瑞新．烟草化学［M］．北京：中国农业科学技术出版社，2003.
[9] 王瑞新，韩富根，杨素琴，等．烟叶化学品质分析［M］．郑州：河南科学技术出版社，1990：102-103.
[10] 宫长荣，林学梧，李艳梅．烟叶在烘烤过程中脂氧合酶活性及其作用的研究［J］．西北农业学报，1999，8（4）：63-66.
[11] 张荣平．脂氧合酶在植物体内的生理功能［J］．莱阳农学院学报，1993，10（1）：47-51.
[12] Davis D L. Waxes and lipids in leaf and their relationship to smoking quality and aroma［J］. Recent Advance of Tobacco Science，1976（2）：80-106.
[13] 韩锦峰，史宏志，王彦亭，等．不同氮量和氮源的烟叶高级脂肪酸含量及其与香吃味的关系［J］．作物学报，1998，24（1）：125-127.
[14] 史宏志，刘国顺．烟草香味学［M］．北京：中国农业出版社，1998：148-150.
[15] 陈淑珍，高致明，马长力，等．烟草腺毛发育及其分泌活动对烟叶品质的影响［J］．烟草科技，1993（4）：32-36.
[16] 韩锦峰，宫长荣，高致明．烟叶成熟度与叶片组织细胞结构及烘烤热反应研究初探［J］．河南农业大学学报，1987，21（4）：405-412.
[17] 时向东，刘国顺，韩锦峰，等．不同类型肥料对烤烟叶片腺毛密度、种类和分布规律的影响［J］．中国烟草学报，1999（2）：19-22.
[18] 时向东，刘国顺，袁秀云，等．不同肥料对烤烟叶片组织结构的影响［J］．河南农业大学学报，1998，32（增刊）：101-105.
[19] Green E，Nieslen M T. Kaf trichomes in tobacco，insect relation-ship：1. refistance to tobacco hom-worms. *Manduca sexta* L［J］. Tab Int，1988，190（13）：57-61.
[20] Johson A W，Severson R F，Husdonon J，et al. Tobacco leaftrichomes and their exudates［J］. Tab Sci，1985，29：67-72.
[21] Johson A W. Evaluation of several Nicotiana tabacum entires resis-tance to two tobacco insect pests［J］. Tab Sci，1978，22：41-43.
[22] Johson A W，Severn R F. Physical and chemical leaf surfacecharacteristics of aphid and susceptible to-bacco［J］. Tab lnt，1982，184（17）：49-53.
[23] Keene C K，Wangner G J. Direct demonstration of duvatriendiol biosynthesis in glandular heads of to-bacco trichomes［J］. Plant Physio1，1985（7）：1026-1032.
[24] 韩锦锋．烟草栽培生理［M］．北京：中国农业出版社，2003：250-256.
[25] 师会勤．烤烟叶片中主要酶活性变化规律的研究进展［J］．南昌高专学报，2004（3）：100-103.

（原载《生态环境学报》2009 年第 2 期）

配施不同比例有机肥对烤烟光合作用及产质量的影响

周　晓[1,2]，朱　旭[3]，阚宏伟[1,2]，
韦建玉[1,2]，曾祥难[2]，顾明华[1*]

（1. 广西大学农学院，南宁　530005；
2. 广西中烟工业有限责任公司，南宁　530001；
3. 广西南宁市统计局，南宁　530028）

摘　要：在水稻土配施有机肥施用于烤烟，研究不同比例有机肥化肥配施对烤烟光合作用及产量质量的影响结果表明，有机氮肥施用比例占总施氮量的30％时最为适当，有利于改善烤烟光合作用；后期氮代谢转弱，碳氮比提高，可促进碳氮代谢的协调发展；提高烤烟产量，每公顷产量比纯施无机肥的处理增产8％，总糖、还原糖、烟碱、蛋白质等主要化学成分趋于协调，处于优质烤烟含量范围。配施有机肥比例过大时会对烟叶的产量及品质产生一定的不利影响。

关键词：烤烟；有机肥配施；光合作用；产量；质量

我国烤烟生产中有些地区由于长期单一施用无机化肥，造成土壤有机质含量下降，烟叶营养比例失调，油分少，香气量不足。烤烟需氮量前多后少，尤其是后期需控制氮的供应，而有机肥为缓效肥料，因此，对烤烟施用有机肥尚有不同看法。有学者认为施用有机肥有利于烤烟的生长发育，有利于烤烟的香吃味改善，提高烟叶产量和品质[1~4]。也有认为由于有机肥为缓效肥料，当季施用后，肥效释放与优质烟形成的需肥规律不符，易导致上部叶烟碱含量高、叶片厚，可用性低。

当前，关于有机肥施用量和施用比例的研究多集中在旱地施用且是单一成分的有机肥如花生饼、菜籽饼等，对水田施用有机肥和复合成分堆沤制成的有机肥效应研究较少。为了进一步探讨促进烤烟生长，提高烟叶产质量的适宜肥料，我们进行了生物有机肥（由饼肥、鸡粪、有益微生物综合配制而成）和适量化肥在水稻土（原为水田）上种植烤烟的配施影响试验，以期为有机肥在烟草生产中的合理施用提供理论依据。

基金项目：广西中烟工业有限责任公司资助项目（200463）。
作者简介：周晓（1981—），女，广西昭平人，硕士，主要从事植物营养理生态研究。
＊通讯作者：Email：gumh@gxu.edu.cn。

1 料与方法

1.1 供试材料

试验在广西大学农学院科研教学基地试验田进行。土壤为水稻土，pH 6.68，有机质18.7g/kg，全氮1.02g/kg，碱解氮122.6mg/kg，有效磷40.3mg/kg，速效钾135.0mg/kg。有机肥为南宁地欣蓝荷农业科贸有限公司生产的生物有机肥，主要成分为鸡粪与花生麸，其氮、磷、钾含量分别为2.48%、1.66%、1.25%，有机质含量35.6%；无机肥料为硫酸铵、硝酸钾、过磷酸钙和硫酸钾。供试烤烟品种为K326。

1.2 试验方法

试验设5个处理：①100%无机肥；②85%无机肥＋15%生物有机肥；③70%无机肥＋30%生物有机肥；④55%无机肥＋45%生物有机肥；⑤40%无机肥＋60%生物有机肥。各百分比为无机肥态氮和有机肥态氮占全氮的百分数。总氮用量为每公顷折合纯N 90kg，氮磷钾比例为$N : P_2O_5 : K_2O = 1 : 2 : 3$，无机肥态氮中硝态氮与铵态氮比例为1∶1。为保持各处理养分总量一致，施用有机肥的处理，氮、磷、钾养分用硫酸铵、硝酸钾、过磷酸钙、硫酸钾补齐。每个处理设3次重复，采用随机区组设计。小区面积19.8m^2，每小区36株，行距为1.1m，株距为0.5m，四周设保护行。2005年12月25日播种育苗，3月10日移栽至田间。栽培管理按常规进行。

1.3 取样时间及测定方法

分别在移栽后45d（旺长期）、55d（现蕾期）、65d（打顶期）、75d（打顶后10d）、85d（成熟期）采收功能叶（自下而上10～12叶位）。取样时间为晴天上午9:00～10:30。取11叶位鲜叶用比色法[5]测定叶绿素含量，其余经105℃杀青、55～60℃烤干粉碎后，用于测定烟叶的总碳、总氮含量。含碳量的测定采用重铬酸钾法，总氮量的测定采用凯氏定氮法[6]。叶片光合速率使用LI-6400便携式光合作用测定仪测定，各处理均测定第7叶位（自下而上）。

在移栽后90d（烤烟完全成熟）全田采收烘烤计产，中部叶烘烤后测定其主要品质指标。烟叶含钾量的测定采用火焰光度法[6]，烟碱含量的测定采用紫外分光光度法[5]，总糖含量的测定采用水提取—斐林试剂滴定法[5]，还原糖含量的测定参照王瑞新的方法[5]，蛋白质含量的测定采用间接测定法[5]，乙醚提取物含量的测定采用油重法[7]。

2 结果与分析

2.1 配施不同比例有机肥对烤烟光合作用的影响

2.1.1 对烟叶叶绿素含量的影响 叶绿素是光合产物形成的基本物质基础。烤烟生长期间叶绿素含量的变化如表1。移栽后45d（旺长期）和55d（现蕾期），叶绿素含量以处理2和处理3的最高，处理1居中，处理4、5含量较低。各处理差异在现蕾期表现最为明显，处理1、2、3、4的叶绿素含量在此时期达到高峰，而处理5在此时期叶绿素含量却已经开始下降。打顶后，各处理叶绿素降解加快，移栽后65d和75d叶绿素含量较为接近，到了成熟期（移栽后85d），处理1、2、3烟叶叶绿素降解正常，而施用有机肥比例高的处理4和处理5叶绿素仍然保持一定的水平，从而使叶片落黄延迟延缓了成熟期。

表1　配施不同比例有机肥对烟叶叶绿素含量的影响（mg/g，FW）

处理	移栽后天数				
	45d	55d	65d	75d	85d
1	1.66 ab AB	1.68 B	1.16 ab A	0.82 a A	0.48 bc B
2	1.72 a A	1.75 AB	1.22 a A	0.80 a A	0.45 c B
3	1.71 a A	1.85 A	1.24 a A	0.77 a A	0.46 c B
4	1.51 bc AB	1.50 C	1.12 ab A	0.80 a A	0.54 ab AB
5	1.43 c B	1.24 D	1.04 b A	0.81 a A	0.60 a A

2.1.2　对烟叶光合速率的影响　在烤烟生长过程中叶片光合速率表现出与叶绿素含量相似的变化趋势（表2），即前期升高后期降低。在成熟期前，处理2处理3的烟叶光合速率与处理1没有明显差异，且略高于处理1，但是处理4、处理5明显低于处理1；而在成熟期，配施有机肥处理的烟叶光合速率均高于处理1。处理1在打顶后烟叶光合速率下降较快，表现出一定程度的早衰，而施用有机肥处理的烟叶光合速率下降相对较慢，以至于在成熟期光合速率都超过了处理1。这表明，适量配施有机肥在一定程度上有利于促进烤烟生长前期烟叶光合速率，并在生长后期仍能保持一定的生理代谢强度，持续地增加合成光合产物，这对于进一步提高烤烟干物质的积累有重要意义。

表2　配施不同比例有机肥对烟叶光合速率的影响［$mg/(dm^2 \cdot h)$］

处理	移栽后天数				
	45d	55d	65d	75d	85d
1	19.0 a A	20.8 a A	18.5 ab A	14.9 a A	9.7 c B
2	18.4 a A	21.8 a A	19.4 a A	15.2 a A	11.8 a A
3	17.5 ab AB	21.0 a A	19.9 a A	15.8 a A	11.9 a A
4	15.9 b BC	18.8 b AB	17.4 bc A	14.8 a A	10.8 b AB
5	13.8 c C	17.2 b B	16.2 c A	13.5 a A	10.6 bc AB

2.2　配施不同比例有机肥对烤烟碳氮代谢的影响

烟叶的碳氮代谢平衡与否与烟叶品质关系极大，C/N及其动态变化模式可以作为反映烟叶碳氮代谢协调程度的重要指标[8]。表3表明，在生长前期（移栽后45d），配施有机肥比例较大的处理4和处理5由于烟叶含氮量低，C/N高于其他3个处理。移栽后55～65d，各处理的C/N变化不大，到了后期（移栽后75～85d）。处理1处理2处理3的氮代谢趋于转弱，C/N 提高，尤以处理 3 增加最快。说明配施 30%有机肥既能保证烤烟生长前期营养体的建立，又能有效增强生长后期的碳代谢能力。

表 3　配施不同比例有机肥对烤烟碳氮代谢的影响

移栽后天数（d）	处理	含碳量（%）	含氮量（%）	碳氮比　C/N
45	1	43.73 a A	3.71 ab AB	11.78
	2	42.97 ab A	4.03 a A	10.66
	3	42.10 bc A	4.09 a A	10.28
	4	41.75 bc A	3.25 bc B	12.83
	5	42.97 ab A	3.07 c B	13.44
55	1	45.48 a A	3.55 a A	12.82
	2	45.45 a A	3.50 a A	13.00
	3	44.82 a A	3.48 a A	12.88
	4	44.85 a A	3.35 a A	13.40
	5	45.45 a A	3.30 a A	13.12
65	1	44.84 a A	3.16 a A	14.19
	2	45.60 a A	3.17 a A	14.39
	3	46.04 a A	3.18 a A	14.49
	4	45.40a A	3.41 a A	13.32
	5	44.78 a A	3.39 a A	13.22
75	1	46.03 b BC	2.79 c A	16.50
	2	48.47 a AB	2.91 bc A	16.68
	3	48.97 a A	2.86 bc A	17.14
	4	47.80 a AB	3.09 ab A	15.47
	5	45.69 b C	3.23 a A	14.14
85	1	41.79d C	1.87 b A	22.35
	2	44.40 b B	1.99 b A	22.27
	3	49.79 a A	2.09 ab A	22.42
	4	44.54 b B	2.14 ab A	20.82
	5	43.04 c BC	2.31a A	18.66

2.3　配施不同比例有机肥对烤烟产量和品质的影响

2.3.1　对产量的影响　从图 1 可以看出，配施 30%有机肥（处理 3）产量最高，每公顷产量比纯施无机肥的处理 1 增加了 175.5kg，增产 8.1%，其次是配施 15%有机肥（处理 2），比处理 1 增产 5.3%。而配施有机肥较多的处理 4 与处理 5 的产量显著低于其他处理。

2.3.2　对烤烟品质的影响　烟叶品质的好坏不仅取决于某种成分的绝对含量，还决定于各成分的比例是否协调[9]，各种成分的组成、含量和平衡比例也综合影响着烟气香气量的多少和香气质的优劣[10]，影响着烟叶的内在品质。综合表 4 各项指标来看，处理 2 和处理 3 的各项指标均处于优质烟含量范围，符合优质烟叶标准，处理 1、处理 4 和处理 5 则略差一些。说明配施 15%～30%生物有机肥替代无机肥不仅不会影响烟叶中各化学成分之间的平衡，反而能在一定程度上增加它们之间的协调性。两生物有机肥施用比例过大，则会对烟叶的品质产生一定的不良影响。

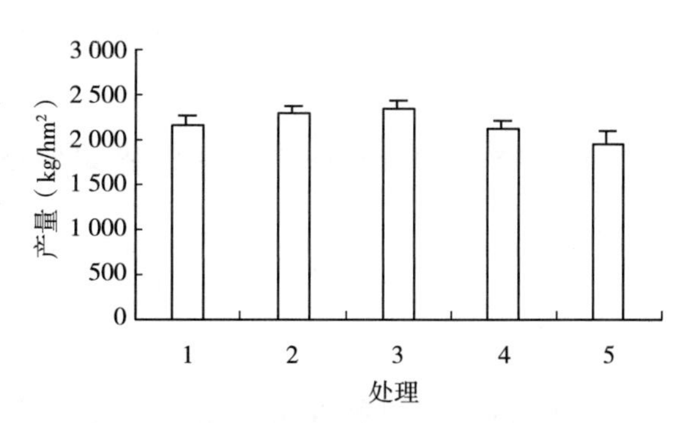

图 1 配施不同比例有机肥对烤烟产量的影响

表 4 配施不同比例有机肥对烤烟品质的影响

处理	1	2	3	4	5	优质烤烟含量范围
总糖（%）	19.33 bc AB	204.49 ab A	21.41 a A	19.10 bc AB	17.96 c B	18%～22%
还原糖（%）	14.82 b BC	16.24 a AB	16.79 a A	14.74 b BC	13.40 c C	5%～25%，最适合含量为 16%左右
总氮（%）	1.98 b B	2.01 b B	2.04 b B	2.22 a AB	2.38 a A	1.5%～3.5%，最适含量为 2.5%左右
烟碱（%）	2.44 c A	2.55 bc A	2.57 bc A	2.75 ab A	2.82 a A	1.5%～3.5%，最适含量为 2.5%左右
蛋白质（%）	9.72 b A	9.79 b A	10.00 b A	10.91 ab A	11.86 a A	6%～10%
含钾量（%）	1.62 c C	2.07 b B	2.41 a A	2.28 ab AB	1.73 c C	大于 2%
醚提取物（%）	6.53 ab ABC	6.88 a AB	7.03 a A	6.12 bc BC	5.78 c C	6%～9%
糖/碱	7.92	8.02	8.33	6.96	6.38	6～10，越接近 10 越好
施木克值	1.99	2.09	2.14	1.75	1.52	在 2.5 范围以内越高越好
氮/碱	0.81	0.79	0.80	0.81	0.84	小于 1，以 0.8～0.9 为好

3 结论与讨论

3.1 配施适量有机肥能有效改善烤烟的光合作用

在本试验条件下，配施 15%～30%有机肥能够有效提高烤烟生长前期的烟叶叶绿素含量，保证后期烟叶叶绿素的正常降解，表现为正常的落黄成熟；并能有效增强光合速率，加速烤烟干物质的合成和积累，有利于提高烟叶产量、改善烟叶品质。但当施用有机肥比例达到 45%以上时，导致烟时成熟期叶绿素不能正常降解，使烟叶贪青晚熟。因此，由于烤烟氮素营养的特殊性，增施有机肥宜把握用量，尽量保证烤烟生长后期肥效充分释放，否则不利于烟叶成熟。

3.2 配施适量有机肥促进了碳氮代谢的协调发展

配施 15%～30%有机肥，在烤烟生长前中期能够提高烤烟的氮代谢，保证了营养体的建立，促进了生长的加快；在后期能适时降低氮代谢，使碳的积累代谢增强，有利于积累较多的碳水化合物。

3.3 配施适量有机肥能够提高烤烟的产量和品质

在本试验中，以配施 30%有机肥处理（处理 3）的产量最高，同时，促进了烤烟总糖、还原糖、烟碱、蛋白质等主要化学成分的协调性，糖/碱比和施木克值较高，并有效提高了烟叶的含钾量和乙醚提取物含量，改善烟叶品质。因此，有机肥与无机肥进行适当的配合施用，可以肥效互补，取得更好的效果，达到在烟草整个生育期内平衡、协调地供肥，使养分的动态供应与烤烟营养需求趋于一致。

参考文献

[1] 白文三，吴国贺，崔昌范．不同有机肥配比用量对烤烟香吃味的影响 [J]．延边农业科技，2000 (5)：25－29.

[2] 唐莉娜，熊德中．有机肥与化肥配合拖用对烤烟生长发育的影响 [J]．烟草科技，2000 (10)：32－35.

[3] 韩锦峰，吕巧灵，杨素勤．饼肥种类及其与化肥配比对烤烟生长发育及产质的影响 [J]．河南农业科学，1998 (6)：11－14.

[4] Paunescu A D. The influence of the mixed and organic fertilization on the soil biology yield and quality of Oriental tobacco [J]. Coresta，1997 (2)：86.

[5] 王瑞新．烟草化学 [M]．北京：中国农业科学技术出版社，2003.

[6] 鲍士旦．土壤农化分析 [M]．北京：中国农业出版社，1999.

[7] 王瑞新，韩富根，杨素琴．烟叶化学品质分析 [M]．郑州：河南科学技术出版社，1990.

[8] 史宏志，韩锦峰．烤烟碳氮代谢几个问题的探讨 [J]．烟草科技，1998 (2)：34－37.

[9] 金闻博，戴亚，横田拓．烟草化学 [M]．北京：清华大学出版社，2000.

[10] 史宏志，刘国顺．烟草香味学 [M]．北京：中国农业出版社，1998.

（原载《广西农业科学》2009 年第 5 期）

有机肥结合农艺措施对烤烟生长和产质量的影响

梁和平[1]，黄芩芬[1]，谭小莉[1]，李柳霞[1]，
韦建玉[2]，曾祥难[2]，顾明华[1*]

（1. 广西大学农学院，南宁 530005；
2. 广西中烟工业责任有限公司，南宁 530001）

摘 要：采用田间试验方法，研究有机肥配施、稻草覆盖、钾肥追肥方法对烟叶质量（总糖含量、还原糖含量、氯含量、烟碱含量）、烤烟产量、烟株农艺性状（株高、叶片数、最大叶长、最大叶宽）的影响。结果表明：配施油菜饼肥和农家肥可以改善烟叶品质并适当提高烟叶产量，前者对提高烤烟优质烟比例的效果更明显；钾肥适当后施可以显著提高烟叶产量，稻草覆盖代替地膜覆盖对烤烟前期生长、烟叶产量和品质有不良影响。

关键词：烤烟；有机肥；农艺措施；生长；产量；质量

关于有机肥与化肥配合施用的肥效及其对烟叶品质的影响，国内外已有不少文献报道[1~3]。多数研究者[1,2]认为，有机肥与化肥合理配施是提高植烟土壤肥力、获得高品质烟叶的重要措施。然而也有研究者认为，施用有机肥不利于烤烟生长后期氮素营养的调控，对优质烟叶的形成不利，尤其在有机质含量较高的烟田上[3]。靖西县是我区最大的烤烟生产基地，也是我国特色优质烟叶生产基地。本研究选择靖西县主要植烟土壤类型，探讨不同种类有机肥配施及农艺措施对烟株生长发育、产量及品质的影响，为合理调控烟株营养，改善烤烟品质，指导烟农合理施肥提供参考。

1 材料与方法

1.1 供试材料

试验地点位于广西百色市靖西县化峒镇，土壤为棕红壤，地势平坦，肥力均匀，前茬作物为水稻。土壤理化性质：pH 为 7.53，有机质含量 41.66g/kg，碱解氮为 175.81mg/kg，有效磷为 48.00mg/kg，速效钾为 98.15mg/kg。供试烟草品种为云烟 85。

基金项目：广西中烟工业责任有限公司和广西区烟草专卖局共同资助项目（桂科攻 07129003）。
作者介绍：梁和平（1981—），男，四川资阳人，硕士研究生，主要从事烤烟有机肥与营养生理方面的研究。
* 通讯作者，Email：gumh@gxu.edu.cn。

1.2 试验方法及设计

试验时间为 2007 年 3～7 月。采用随机区组设计，设 6 个处理（表 1），3 次重复，共 18 个小区；小区面积 52.8m^2；种植规格：行距 1.1m，株距 0.5m，每小区种 96 株。各处理施氮（N）90kg/hm^2、磷（P_2O_5）90kg/hm^2、钾（K_2O）270kg/hm^2，N：P_2O_5：K_2O 约为 1：1：3（注：总磷、总钾养分不考虑有机肥料中的磷、钾养分）。磷肥全部作基肥施用，70%氮肥作基肥（其中有机肥全部作基肥），移栽后 7d、30d 再追施 10%、20%的氮肥。处理 1～5 的 70%用量钾肥作基肥，移栽后 7d、30d 分别追施 10%、20%；处理 6 的 40%用量钾肥作基肥，移栽后 7d、30d、45d 分别追施 10%、20%、30%钾肥；农家肥、油菜饼肥经过堆制腐熟。

表 1　试验设计

处理	氮素形态	覆盖方式	钾肥追肥
1	30%农家肥氮+70%化肥氮	薄膜覆盖	30%钾肥，2 次
2	30%油菜饼肥氮+70%化肥氮	薄膜覆盖	30%钾肥，2 次
3	25%农家肥氮+25%油菜饼	薄膜覆盖	30%钾肥，2 次
4	30%油菜饼肥氮+70%化肥	稻草覆盖	30%钾肥，2 次
5	100%化肥氮	薄膜覆盖	30%钾肥，2 次
6	30%农家肥氮+70%化肥氮	薄膜覆盖	60%钾肥，3 次

1.3 测定项目及方法

烘烤烟叶总糖含量的测定采用水提取-斐林试剂滴定法，还原糖含量的测定方法参照王瑞新的方法，氯含量的测定采用莫尔法，烟碱含量的测定采用紫外分光光度法[4,5]；移栽后 30d 和 60d 测定烟株农艺性状，包括株高、叶片数、最大叶长、最大叶宽；烟叶烘烤出炉后按国标法由专业技术员进行分级，用电子天平称重统计产量。测定数据应用 SPSS10.0 软件进行统计分析。

2 结果与分析

2.1 不同处理对烤烟生长的影响

除处理 4（稻草覆盖）之外，在烟叶生长前期配施有机肥处理与纯施化肥处理没有太大的差异（表 2），说明配施适当比例有机肥（农家肥、油菜饼肥及其混合物）可满足烟株生长前期的养分需求；减少前期钾肥施用对烟株前期生长也无太大影响。处理 4 烟株的长势在团棵期（移栽后 30d）明显比其他处理差，原因主要在于稻草覆盖的保水、保温能力比地膜覆盖的差（靖西一般在 2 月底或 3 月初移栽烟苗，且 2007 年在苗期有一段时间降温），但是进入旺长期（移栽后 60d）有了较大的恢复。在移栽后 60d，处理 3 烟株的叶片数最多但叶面积最小，可能与其有机态氮比重较大（占 50%），氮素养分供应较缓效[2]有关；而处理 4 叶片数最少，叶长最长叶宽跟不上，叶形呈剑叶状，叶片开片不好。

表2 不同处理对烤烟生长的影响

处理	移栽后30d				移栽后60d			
	株高（cm）	叶片数	最大叶长（cm）	最大叶宽（cm）	株高（cm）	叶片数	最大叶长（cm）	最大叶宽（cm）
1	51.99 ab	15.9 a	57.70 ab	23.65 ab	109.26 ab	20.4 a	66.16 c	27.39 ab
2	48.07 b	15.7 a	56.23 ab	24.11 ab	108.88 ab	20.1 a	67.64 bc	26.36 b
3	55.33 a	16.3 a	58.25 a	25.09 a	110.82 ab	20.6 a	65.28 c	27.23 ab
4	23.19 c	12.3 b	39.18 c	19.31 b	105.74 b	18.3 b	73.02 a	27.29 ab
5	48.65 b	16.0 a	58.25 a	24.57 ab	114.15 a	20.4 a	68.87 bc	29.51 a
6	49.82 b	15.7 a	55.69 b	24.08 ab	104.29 b	19.7 a	68.92 bc	27.60 ab

2.2 不同处理对烤烟产质量的影响

从表3可以看出，处理6的烤烟产量最高，显著高于其他处理，处理1和处理3产量显著高于处理4，处理4产量最低。即相同措施下配施有机肥处理与纯施化肥处理的产量没有差异，适当推迟钾肥的施用有利于提高烟叶产量，而稻草覆盖代替薄膜覆盖对产量有不利影响。上等烟比例，T2＞T3＞T1＞T6＞T5＞T4，其中处理2显著高于处理4和处理5，而与其他处理没有显著差异；上中等烟比例，处理3最高，处理5最低，但各处理之间差异不显著。处理4产量及优质烟比例低，主要是采用稻草覆盖代替地膜覆盖使烟叶生长环境保水保温能力减弱的结果。

表3 不同处理对烤烟产质量的影响

处理	产量（kg/hm^2）	上等烟叶比例	上中等烟叶比例
1	2 825.5 b	0.458 ab	0.950 a
2	2 791.8 bc	0.503 a	0.950 a
3	2 837.2 b	0.486 ab	0.953 a
4	2 558.0 c	0.414 c	0.950 a
5	2 807.6 bc	0.439 b	0.940 a
6	3 079.7 a	0.442 ab	0.950 a

2.3 不同处理对烤烟品质指标的影响

烟叶内在化学成分是衡量烟叶品质的重要因素，这些成分含量上的差异造成了不同类型烟叶外观和品质上的差异。但烟叶品质的好坏不仅取决于某种成分的绝对含量，还决定于各成分比例是否协调，各成分的组成、含量和平衡比例也综合影响着烟叶香气量的多少和香气质的优劣，影响着烟叶的内在品质[6]。目前普遍认为优质烤烟主要化学含量范围为：总糖18%～25%；还原糖5%～22%，最适含量为15%左右；总氮1.5%～3.5%，最适含量2.5%；烟碱1.5%～3.5%，最适含量为2.5%左右；含氯量小于1%；糖氮比（总糖/烟碱）一般为6～10，越接近10烤烟品质越好；氮碱比（总氮/烟碱）一般小于1，以0.8～0.9为好[7]。

从表4可以看出，烟叶总糖和还原糖含量处理1、处理2和处理3高于处理5，表明相同措施下配施有机肥有利于烤烟总糖和还原糖的提高；而配施有机肥处理的烟叶总氮和烟碱含量大多比纯施化肥的高，中部烟叶糖碱比和氮碱比降低并趋向协调。说明适当配施有机肥可以改善烟叶的品质。

表4 不同有机肥配施对烤烟品质指标的影响

叶位	处理	总糖（%）	还原糖（%）	总氮（%）	烟碱（%）	氯（%）	糖/碱	氮/碱
中部	1	21.11	16.25	1.78	1.79	0.64	11.80	0.99
	2	21.08	15.84	1.65	1.82	0.50	11.58	0.91
	3	21.01	16.91	1.72	1.78	0.47	11.24	0.97
	4	19.99	15.34	1.81	2.04	0.69	9.80	0.89
	5	19.99	15.56	1.69	1.63	0.47	12.27	1.04
	6	18.37	15.17	1.71	1.76	0.52	10.44	0.97
上部	1	20.94	16.02	1.88	2.02	0.62	10.47	0.93
	2	19.59	14.81	1.92	2.12	0.39	9.24	0.91
	3	20.39	15.56	1.76	2.02	0.67	10.09	0.87
	4	18.86	14.55	1.87	2.05	0.73	9.20	0.91
	5	19.37	14.87	1.67	1.99	0.47	9.73	0.84
	6	20.41	15.56	1.74	1.88	0.54	10.85	0.93

3 小结

试验结果表明，在高有机质含量（41.66g/kg）的烟田上配施30%比例有机态氮的有机肥可以改善烟叶品质，而对烟叶产量没有产生不良影响；与农家肥相比，配施油菜饼肥对提高烤烟优质烟比例的效果更明显；钾肥适当后施可以显著提高烟叶产量；在靖西利用稻草覆盖代替地膜覆盖对烤烟前期生长以及产量和品质均有不利影响。

参考文献

[1] McCants C B, Woltz W G. Growth and mineral nutrition of tobacco [J]. Advances in Agronomy, 1967, 19: 211-265.
[2] 唐莉娜，熊德中．有机肥与化肥配施对烤烟生长发育的影响［J］．烟草科技，2000（10）：40-42.
[3] 刘卫群，陈江华．有机肥使用技术与烟叶品质关系［J］．中国烟草学报，2003，9（11）：9-18.
[4] 王瑞新，韩富根，杨素勤．烟草化学品质分析方法［M］．郑州：河南科学技术出版社，1990.
[5] 王瑞新．烟草化学［M］．北京：中国农业科学技术出版社，1997.
[6] 杨素勤，韩锦峰．饼肥用量对烤烟化学成分的影响［J］．烟草科技，1996，35（3）：39-40.
[7] 左安建．广东烤烟主产区烤烟化学成分分析［J］．安徽农业科学，2008，36（2）：578-580.

（原载《广西农业科学》2009年第4期）

不同氮水平下根区局部灌溉对烤烟产量、水分利用与氮钾含量的影响

石玫莉，李伏生，韦建玉，李业其，杞永华

（广西大学农学院，南宁　530005）

摘　要：通过盆栽试验研究在不同施氮（N）水平下，根区局部灌溉（部分根干燥和分根区交替灌溉）对烤烟产量、水分利用和烟叶氮钾含量的影响。结果表明，在不同施N水平下，与常规灌溉相比，部分根干燥灌溉（PRD）和分根区交替灌溉（APRI）的烤烟耗水量下降，产量有所减少，而水分利用效率提高7.5%和11.2%；每千克土壤施用N 0.20g时，PRD和APRI中部叶N含量分别提高23.1%和25.2%，K含量分别提高33.6%和59.8%。在施用适量N肥条件下，根区局部灌溉生产的烟叶达到了优质烟叶N和K含量的要求。分根区交替灌溉和部分根干燥均是有效的节水优质适产的灌溉方式，但分根区交替灌溉的优势比部分根干燥的更为突出。

关键词：烤烟；根区局部灌溉；氮素；钾素；水分利用；产量

氮素是烤烟生长不可缺少的营养元素，对烤烟的生长发育、产量和品质极为重要。水分对烤烟的生长、产量和品质有重要的作用，水分过多或过少对烟株的生长发育、株高、叶片厚度、根系发育、产量和品质有很大影响[1]。因此，水分和养分是影响烤烟生长发育和烟叶产量与质量形成的两大生态因素，也是人们有效调控烟叶产量和质量的主要手段。然而，在烟叶生产上，由于降雨不均，总有一些烟区因土壤干旱而影响烤烟的生长发育[2]，在这种情况下，烟田灌水便成为大田管理的主要措施。

根区局部灌溉包括部分根干燥（partial root-zone drying，PRD）和分根区交替灌溉（alternate partial roo t-zone irrigation，APRI），是近年来出现的作物高效节水用水技术，可以大大减少灌溉水量、降低蒸腾而作物产量却没有降低，明显提高作物和果树的水分利用效率，且提高作物品质[3]。部分根干燥（PRD）技术是作物在生长期其一半根区保持充分灌溉，而另一半根区保持固定不灌水，目前该技术的应用研究主要集中于对果树产量、用水量、水分利用效率及品质等方面的影响[3]。分根区交替灌溉（APRI）是作物在生长期内其根区两侧交替灌溉，它以刺激植物根系吸水功能和改变根区剖面土壤湿润方式为核心，调节气孔开度，减少植株“奢侈”蒸腾，提高水分利用效率，从而达到节水、高产、优质的目的[3]。目前，根区局部灌溉在干旱半干旱地区已有较多的试验研究和应用，但在我国南方酸性土壤地区的试验研究还比较少[3]，这种技术在烟草上应用也很少[4,5]。本试验目的在于探索在不同氮肥水平下，根区局部灌溉对烤烟产量、水分利用和烟叶氮钾含量

的影响，以期为南方烤烟生产中提高烟叶含钾量的水分调控和施肥措施提供参考。

1 材料与方法

1.1 供试土壤和品种

试验在广西大学农学院农业资源与环境系温网室内进行。供试土壤采自农学院教学科研基地的赤红土，pH 5.5，碱解氮（N）86.59mg/kg，速效磷（P）44.44mg/kg，速效钾（K）117.25mg/kg，田间持水量30%。供试烤烟品种为云烟85。

1.2 试验处理和实施

盆栽试验设2个因素：灌水方式和施N量。灌水方式设常规灌溉（CI，每次对盆内全部土壤均匀灌水）、部分根干燥灌溉（PRD，每次始终对盆内其中一个1/2区域土壤进行灌水）和分根区交替灌溉（APRI，交替对盆内两个1/2区域土壤灌水）。常规灌溉土壤水分含量保持在：还苗期70%～80%θ_f，伸根期60%～70%θ_f，旺长期70%～80%θ_f、成熟期60%～70%θ_f（θ_f为供试土壤田间持水量）。施N量设4个水平（每千克土壤），即不施N、0.1g（低氮）、0.2g（中氮）和0.3g（高氮）。各处理P_2O_5和K_2O分别为0.4g和0.6g。N肥用硝酸铵，P、K肥采用磷酸二氢钾（KH_2PO_4）和硫酸钾（K_2SO_4），均为分析纯试剂。磷酸二氢钾用量计算以施P量为基准，K肥不足部分用K_2SO_4补足。试验共设12个处理，每个处理设5个重复，共60盆，随机区组排列。

试验用塑料桶上部直径33cm，底部直径24cm，高23cm，桶中央隔一层塑料布，将桶分为均等的两部分，构成分根装置，并阻止水分交换。每桶装土14kg，两侧各装7kg，每侧各置一内径2cm的PVC管用于供水（管的下半截均匀打数个小孔，底部与四周均用细塑料纱网布包裹，以防止土壤因灌水而引起板结）。种植前每个处理均灌水至90%θ_f。

2006年3月15日移栽5叶1心的烟苗至桶中间，每桶2株，3月28日间苗，每桶留长势均匀的烟苗1株，待烟苗过还苗期（移栽后7d）后进行水分控制。灌水时用称重法测定其土壤含水量，通过水量平衡法计算烤烟的耗水量和灌水量，称重间隔时间为2d，记下各个处理每次的灌水量。PRD与APRI的每次灌水量为CI处理的60%～80%。成熟期打顶，每株留叶21片。下、中、上部叶分别在5月31日、6月23日和7月29日采收，试验于2006年8月5日结束。

1.3 测定项目及方法

采收各处理烟叶，在105℃杀青30min后于60℃烘至恒重，测定其产量。烟叶分析采用定位叶分析。每个处理的下、中、上部叶分别取第6片和第7片叶，第10片和第11片叶，第17片和第18片叶，经烘干磨碎后分析，样品以H_2SO_4-H_2O_2湿灰化法消煮后，用凯氏定氮法测定全氮，火焰光度计测定全K。烤烟水分利用效率（kg/m^3）＝烟叶总产量/总耗水量。

1.4 统计分析

试验结果用SPSS 13.0程序中的通用线性模型单因素变量法（General Linear Model-

Univariate Procecdure）进行方差分析，包括灌水方式、施肥量以及它们之间的交互效应。多重比较用 Duncan 法。

2 结果与分析

2.1 根区局部灌溉对烤烟产量的影响

灌水方式、施肥水平列烤烟下、中、上部烟叶产量和烟叶总产量的影响极显著（$p<0.01$）。不施 N 情况下 3 种灌水方式的上、中和下部烟叶产量都比较低，这说明烟株生长仅靠土壤供给养分时 3 种灌溉方式的优势难以体现出来（表 1）。与常规灌溉（CI）相比，施 N 时根区局部灌溉的烟叶产量均有所降低，其中部分根干燥灌溉（PRD）的烟叶总产量、中上部烟叶产量以及下部烟叶产量分别减少 16.5%、17.2%和 13.%，而分根区交替灌溉（APRI）则分别减少 14.5%、16.3%和 9.2%。蔡寒玉等[4]的结果表明，APRI 的烤烟干物质量比对照的减少 15%。梁宗锁等[6]在玉米上的研究也有类似的结果。此外，3 种灌水方式的烟叶总产量均随着施 N 水平的提高而提高，但 0.2g/kg（中 N）和 0.3g/kg（高 N）处理的烟叶总产最差异不显著。汪耀富等[7]的结果表明，随着施 N 量增加，烟株干物质积累量显著提高，但两个施 N 水平较高的处理（0.15g/kg 和 0.30g/kg）的烟株干重差异并不显著。

表 1 不间氮水平下根区局部灌溉对烤烟产量的影响

灌溉方式	N 水平（g/kg）	下部叶（g/株）	中部叶（g/株）	上部叶（g/株）	烟叶总产量（g/株）
CI	0	20.63±1.07 cde	19.7±2.24d	12.65±2.05g	53.03±4.51d
	0.1	24.11±2.16 ab	29.03±2.90 bc	26.29±2.48 ef	79.43±7.97 bc
	0.2	25.40±1.02 a	34.22±1.87 a	39.62±2.76 ab	99.23±5.30 a
	0.3	23.55±0.79 abc	36.63±1.98 a	42.81±5.48 a	103.00±8.51 a
PRD	0	18.37±0.44 e	14.92±0.81 e	10.65±0.87g	43.95±1.54d
	0.1	19.57±1.30de	24.99±0.77 e	24.81±1.09 ef	69.37±1.60 c
	0.2	20.54±0.86 cde	28.02±0.49 bc	29.57±1.61de	78.14±0.70 bc
	0.3	23.10±0.97 abc	29.81±1.10 bc	33.96±1.05 bcd	86.97±1.03 b
APRI	0	19.15±0.62de	18.59±0.76de	9.31±0.40g	47.05±1.35d
	0.1	22.11±0.71 bcd	25.44±0.90 bc	21.77±0.65 f	69.33±1.59 c
	0.2	23.43±0.56 abc	29.24±0.33 bc	31.31±0.93 cde	83.98±1.59 c
	0.3	20.83±0.89 cde	28.73±1.00 bc	37.70±1.18 abc	87.26±1.42 b

注：表中数值为平均值±标准误差（$n=5$）；同一列不同字母表示处理之间差异显著（$p<0\ 05$）；下同。

2.2 根区局部灌溉对烤烟水分利用的影响

灌水方式、施肥水平对烤烟耗水量和水分利用效率的影响均极显著（$p<0.01$）。在

烤烟整个生育期中，3 种灌溉方式的耗水量均是随着施 N 水平的提高而增大，差异明显。与 CI 相比，PRD 与 APRI 处理的耗水量减少 19.3%～22.9%，平均减少 21.8%（表 2）。蔡寒玉等[4]报道，APRI 的烤烟耗水量比对照的下降 33.3%。汪耀富等[5]报道，APRI 的烟田灌水量节约 41.07%。李志军等[8]在冬小麦上的研究也有相似的结果。另外，不施 N 处理的耗水量降幅较小，高 N 处理降幅较大，这与胡田田等[9]的结果相似。

由于 PRD 和 APRI 可减少土壤全部湿润时的无效蒸发，降低烤烟耗水量，且耗水量降幅大于烟叶产量的降幅，因而烤烟水分利用效率（WUE）有所提高。与 CI 处理相比，PRD 处理的烤烟 WUE 提高 1.9%～13.5%，平均提高 7.5%；APRI 处理的提高 9.4%～13.5%，平均提高 11.2%，比 PRD 处理的略高（表 2）。蔡寒玉等[4]报道，APRI 处理每次灌水量为常规灌溉的 2/3 时，烤烟 WUE 提高 27.5%，而每次灌水量为常规灌溉的 1/2 时，烤烟 WUE 则提高较少。汪耀富等[5]报道，APRI 的烤烟 WUE 提高 73.81%。韩艳丽等[10]报道，APRI 的玉米 WUE 比常规增加 20.1%，与本研究结果基本相似。

表 2　不同氮水平下根区局部灌溉对烤烟耗水量和水分利用效率的影响

灌水方式	N 水平（g/kg）	耗水量（kg/株）	水分利用效率（kg/m^3）
CI	0	64.29±2.63 e	0.82±0.5 e
	0.1	82.00±2.79 c	0.96±0.07 cd
	0.2	93.02±2.11 b	1.06±0.03 ab
	0.3	101.03±5.12 a	1.01±0.05 bc
PRD	0	51.88±0.01 f	0.85±0.03 e
	0.1	63.41±0.01 e	1.09±0.03 ab
	0.2	72.38±0.00d	1.08±0.01 ab
	0.3	77.91±0.00 cd	1.12±0.01 a
APRI	0	51.89±0.00 f	0.91±0.03de
	0.1	63.43±0.00 e	1.09±0.03 ab
	0.2	72.40±0.00d	1.16±0.01 a
	0.3	77.92±0.00 cd	1.12±0.02 a

2.3　根区局部灌溉对烤烟叶片氮含量的影响

灌水方式、施肥水平对烤烟下、中、上部位叶片 N 含量的影响极显著（$p<0.01$），两者之间的交互作用对中部叶和上部叶 *N* 含量的影响显著（$p<0.05$）。3 种灌水方式的下、中、上部烟叶的 N 含量均随着施 N 水平的提高而增加（表 3）。汪耀富等[11]指出，烟叶 N 含量随着 N 用量增加而上升。

在不施 N 和低 N（0.1g/kg）条件下，与 CI 相比，PRD 处理的下、中、上部位烟叶 N 含量均有不同程度下降（表 3），不施 N 时分别降低 15.5%，11.8%和 19.0%，低 N 时分别降低 2.8%，44.0%和 13.5%，上部叶比中下部叶下降程度大。烟叶 N 含量下降的原因可能是由于土壤中有效 N 供应低，加上 PRD 处理的部分根系在整个生育期中均处于干燥状态，从而影响烤烟对 N 素的吸收，而生长后期 N 素供应更为严重不足，致使上部叶 N 含量下降程度较大。但在中 N 和高 N 条件下，下、中、上部烟叶 N 含量均有所提高，中 N 时分别提高 3.2%，23.1%和 8.3%。高 N 时分别提高 1.3%，9.7%和 12.6%，这表明 PRD 只有在一定 N 水平下才能提高烟叶 N 含量。

表 3　不同氮水平下根区局部灌溉对烤烟叶片 N 含量的影响

灌水方式	N 水平（g/kg）	下部叶（g/kg）	中部叶（g/kg）	上部叶（g/kg）
CI	0	7.53±0.39 ef	6.84±0.39 fg	10.20±0.64 efg
	0.1	8.60±0.15de	8.52±0.25de	10.28±0.71 efg
	0.2	10.63±0.32 c	9.63±0.29de	10.52±0.39 ef
	0.3	13.29±0.52 b	12.82±0.69 be	13.44±1.04 bod
PRD	0	6.36±0.73 f	6.03±0.39g	8.26±0.39g
	0.1	8.36±0.34de	8.18±0.69 ef	8.89±0.50 fg
	0.2	10.97±0.30 c	11.85±0.88 c	11.39±1.00dc
	0.3	13.46±0.27 b	14.06±0.19 b	15.14±0.40 b
APRI	0	7.95±0.76def	7.99±0.16 ef	11.47±0.47 cde
	0.1	9.92±0.37 od	10.09±0.75d	11.84±0.68 cde
	0.2	13.07±0.71 b	11.97±0.25 c	13.50±0.61 bc
	0.3	16.68±1.14 a	18.19±0.59 a	18.93±0.60 a

在不同施 N 水平条件下，APRI 处理的下、中、上部烟叶 N 含量比 CI 处理的分别提高 17.3%、25.4%和 24.2%，且随着施 N 水平的提高，APRI 处理 3 个部位烟叶 N 含量比 CI 处理提高的百分率也增加，不施 N、低 N、中 N 和高 N 下分别提高 11.6%，16.3%，25.2%和 36.1%。这表明在分根区交替灌溉条件，适当增加 N 肥用量可以提高烟叶 N 含量。

虽然在中 N 和高 N 条件下，PRD 和 APRI 处理的烟叶 N 含量比 CI 处理的高，但各部位烟叶 N 含量在 11～19g/kg，符合优质烟叶生产的 N 含量 15g/kg 左右的要求[12]。

2.4　根区局部灌溉对烤烟叶片钾含量的影响

灌水方式对烤烟各部位叶片 K 含量的影响显著（$p<0.01$），施 N 水平对中、下部叶 K 含量的影响极显著，两者之间交互作用对中、上部叶片 K 含量的影响也极显著。

除常规灌溉方式外，PRD 和 APRI 处理的各部位叶片 K 含量一般都随着施 N 水平的提高而增加（表 4）。汪耀富等[11]指出，随着 N 用量增加，烟叶中 K 含量上升。裘宗海[13]也报道，提高施 N 水平能在一定程度上提高烟叶 K 含量。常规灌溉方式下，中上部烟叶 K 含量没有随着施 N 水平的提高而提高，其可能原因是随着施 N 水平增加，烟叶产量增加而产生了稀释效应，从而在一定程度上降低烟叶 K 含量。

由表4可知，与CI处理相比，除在不施N时PRD处理的3个部位烟叶以及APRI处理的上部位烟叶K含最有所降低外，施N时PRD和APRI处理的烟叶K含量均提高，PRD处理的下、中、上部烟叶K含量分别提高12.5%、30.4%和34.5%，APRI处理的分别提高39.1%、73.2%和55.6%。此外，所有处理的中部烟叶K含量均大于上部叶和下部叶的。一般地，随着施N水平的提高，PRD和APRI处理3个部位的烟叶K含量比CI处理提高的百分率也增加，低N、中N和高N时PRD处理分别提高15.1%、33.6%和28.7%，APRI处理分别提高46.1%、59.8%和62.1%。上述结果表明，在一定N水平下，根区局部灌溉能提高烟叶中K含量，且施N促进K的吸收和K在不同部位烟叶中的积累。从表4还可以看出，施N时PRD和APRI处理的烟叶达到了优质烟叶生产的K含量25g/kg以上的要求[14]。

表4　不同氮水平下根区局部灌溉对烤烟叶片钾含量的影响

灌水方式	N水平（g/kg）	下部叶（g/kg）	中部叶（g/kg）	上部叶（g/kg）
CI	0	27.14±1.88 cde	31.29±2.55de	24.01±2.11 bcd
	0.1	23.92±1.63de	31.07±2.61de	19.52±1.67de
	0.2	27.28±0.76 cde	29.39±0.49de	16.61±1.15 e
	0.3	28.83±1.85 bcd	29.39±2.71de	17.60±1.15 e
PRD	0	21.99±0.41 e	26.38±1.06 e	17.60±1.38 e
	0.1	27.02±1.89 cde	34.41±0.62 cd	23.72±0.44 bcd
	0.2	33.42±2.57 abc	37.54±3.43 c	25.03±1.60 abc
	0.3	29.38±4.44 bcd	44.90±1.02 b	23.13±1.60 cd
APRI	0	29.27±1.49 bcd	46.35±1.45 b	20.03±2.25de
	0.1	34.70±1.11 ab	50.14±1.23 ab	25.70±0.88 abc
	0.2	36.86±1.59 a	49.84±1.56 ab	29.02±1.60 a
	0.3	39.59±0.79 a	55.44±1.60 a	28.22±1.01 ab

3　小结

PRD和APRI处理的烤烟在整个生育期的耗水量均比CI处理的少，因而烤烟产量也有所减少，但WUE分别比CI处理的平均提高7.5%和11.2%，同时烟叶N含量和K含量也提高，其中中N和高N下提高程度较大，达到了优质烟叶N和K含量的要求。因此，在适量施用氮肥的条件下，部分根干燥灌溉和分根区交替灌溉是有效的节水优质适产的灌溉方式，分根区交替灌溉的优势比部分根干燥灌溉的更突出。在南方烟区，根区局部灌溉还需进一步全面研究，根据当地土壤养分状况和气候条件，并结合烤烟不同生育期的需水需肥特点，找到烤烟水分和养分高效利用的水肥最佳耦合模式，提高烟叶K含量，提高烟叶品质，以达到烤烟生产上的“优质适产”。

参考文献

[1] 韩锦峰，汪耀富，张新堂．土壤水分对烤烟根系发育和根系活力的影响 [J]．中国烟草，1992 (3)：14-17.

[2] 郭丽琢，张福锁．水分胁迫对烤烟体内钾素累积的影响 [J]．中国烟草学报，2005，11 (4)：39-41.

[3] Kang S G，Zhang J H. Contr olled alternate partial root-zone irrigation：its physiological consequences and impact on water use efficiency [J]. Journal of Experimental Botany，2004，55 (407)：2437-2446.

[4] 蔡寒玉，汪耀富，李进平，等．烤烟控制性分根交替灌水的生理基础研究 [J]．节水灌溉，2006 (2)：11-15.

[5] 汪耀富，蔡寒玉，张晓海，等．分根交替灌溉对烤烟生理特性和烟叶产量的影响 [J]．干旱地区农业研究，2006，24 (5)：93-98.

[6] 梁宗锁，康绍忠，胡炜，等．控制性分根交替灌水的节水效应 [J]．农业工程学报，1997 (4)：58-63.

[7] 汪耀富，张福锁．干旱和氮用量对烤烟干物质和矿质养分积累的影响 [J]．中国烟草学报，2003，9 (1)：19-23.

[8] 李志军，张富仓，糜绍忠．控制性根系分区交替灌溉对冬小麦水分与养分利用的影响 [J]．农业工程学报，2005，21 (8)：17-21.

[9] 胡羽田，藤绍忠，李志军，等．局部供应水氮条件下玉米不同根区的耗水特点 [J]．农业工程报，2005，2 (5)：34-37.

[10] 韩艳丽，康绍怨．根系分区交替灌水对玉米吸收养分影响的初步研究 [J]．农业工程学报，2002，18 (1)：57-59.

[11] 汪耀富，孙德梅，李群平，等．灌水与氮用最互作对烤烟叶片养分含量、产量、品质及氮素利用效率的影响 [J]．河南农业大学学报，2003，37 (2)：119-123.

[12] 韩锦峰. 烟草栽培生理 [M]. 北京：中国农业出版社，2003：116.

[13] 裘宗海，黎文文，王文松. 氮、钾对烤烟营养元素吸收规律及产量影响的研究 [J]．土壤通报，1990，21 (2)：65-70.

[14] 郭雕琢，张福锁，李眷俭．打顶对烟草生长、钾素吸收及其分配的影响 [J]．应用生态学报，2002，13 (7)：819-822.

（原载《广西农业生物科学》2008 年第 2 期）

不同生育时期分根区交替灌溉对烤烟生长和氮钾含量的影响

刘永贤，李伏生，农梦玲，韦建玉，汪加林

（广西大学农学院，南宁 530005）

摘 要：通过盆栽试验研究了在2种施肥条件下，不同生育时期分根区交替灌溉（APRI）对烤烟生长、干物质积累与分配以及烟叶氮（N）、钾（K）含量的影响。结果表明，伸根期和成熟期APRI不但对烤烟植株有明显的增高作用，而且能显著提高烟叶中N、K含量。与常规灌溉（CI）相比，低肥时伸根期和成熟期APRI的株高、烟叶N含量、K含量分别提高5.19%、9.16%、6.42%和14.02%、28.03%、28.13%；高肥时分别提高9.11%、23.71%、18.75%和16.55%、38.57%、50.84%。可见在较高肥条件下，烤烟伸根期和成熟期进行分根区交替灌溉是烟叶适产优质生产中一种较好的水分调控方式。

关键词：烤烟；分根区交替灌溉；氮；钾；生育时期

分根区交替灌溉（alternate partial root-zone irrigation，APRI）是一项根据作物光合作用、蒸腾失水与叶片气孔开度的关系，以及干旱条件下的根系信号传递与其对气孔调节的机制所提出的具有节水优产的灌溉新技术，目前该技术已在果树、玉米、小麦、棉花等作物上取得了较好的应用效果。梁宗锁等通过研究盆栽辣椒APRI试验发现，分根区交替滴灌在不降低产量的情况下可节水40%[5]。当土壤含水量为田间持水量的55%～65%时，APRI用水量减少34.4%～36.8%，而玉米生物量仅下降6%～12%，水分利用效率、根冠比、茎秆基部直径均有明显增加[6]。烟草试验中也发现，APRI每次灌水量为常规灌溉（CI）的2/3处理，叶片干物质重减少15%，而耗水量下降33.3%，水分利用效率提高27.5%[7]。目前有关烤烟不同生育时期进行水分调控也有不少试验研究。如当烟田土壤含水量低于干旱指标时给烟田灌溉，早灌水处理烟株生长势较强，随着水分调控时期的提前，烟叶钾含量逐渐提高，化学成分趋于协调，吸味品质有所提高[8]。但国内外有关烟草不同时期进行分根区交替灌溉的研究报道还很少。因此，在不同施肥条件下，对烤烟不同生育时期进行分根区交替灌溉，探讨其对烤烟生长、干物质积累与分配以及烟叶中氮、钾含量的影响，以期为烟区优化灌溉、提高烟叶品质、增强烟叶可用性提供理论依据与技术措施。

基金项目：广西中烟工业公司合作项目（桂烟工企2005－5）；国家自然科学基金重点项目（50339030）。
作者简介：刘永贤（1981—），男，湖南邵阳人，主要从事植物营养生理生态与水肥高效利用理论与技术研究。
通讯作者：李伏生，博士，教授，博士生导师，主要从事植物营养与水肥利用理论与技术研究。

1 材料与方法

试验在广西大学农学院农业资源与环境专业温室内进行。供试土壤为赤红壤，pH 4.8，碱解氮（N）58.94mg/kg，有效磷（P）15.42mg/kg，速效钾（K）120.70mg/kg，田间持水量30%。供试烤烟品种为云烟85。

试验设施肥水平、控水时期、灌水方式3个因素。施肥水平设低肥和高肥2个水平（每千克土壤），低肥处理N为0.10g，高肥处理N为0.20g，磷钾用量按氮、磷、钾比例（N：P_2O_5：K_2O）为1：1：3施用。氮肥用硝酸铵，磷、钾肥采用磷酸二氢钾和硫酸钾，均为分析纯试剂。磷酸二氢钾用量计算以施磷量为基准，钾肥不足时用硫酸钾补足。分别在伸根期、旺长期、成熟期以及伸根期+旺长期+成熟期进行控水。灌水方式设常规灌溉（CI，每次对全部土壤均匀灌水）、部分根干燥灌溉（PRD，每次固定对1/2区域土壤灌水）和分根区交替灌溉（APRI，交替对1/2区域土壤灌水）。试验共设18个处理，每个处理设3个重复，共54盆，随机区组排列。试验在塑料盆（上部开口直径33cm，底部直径24cm，高23cm）中进行，所有盆内中央粘一层塑料薄膜，将试验用盆分为均等的两部分，构成分根装置。塑料布两侧各装土7kg。盆两侧各置放一内径2cm的PVC管用于供水（管的下半截均匀打数十个小孔，底部与四周用细塑料纱网布包裹，以防止因灌水而引起的土壤板结）。种植前每个处理均灌至田间持水量的90%。

2005年8月10日进行漂浮育苗，9月24日烟苗移栽，还苗期所有处理灌水均控制在田间持水量的80%～90%的范围内。分别于10月2日、11月1日、11月26日开始伸根期、旺长期和成熟期水分控制，CI处理分别控制在田间持水量的60%～70%，75%～85%和60%～70%，各时期PRD和APRI的每次灌水量为CI的80%。每天用称重法测定土壤含水量，通过水量平衡法计算烤烟耗水量和灌水量。2005年12月1日采收下部叶烘烤，12月16日采收中部叶烘烤，2006年3月12日采收上部叶烘烤，并采收主茎和地下部根系清洗烘干。

烤烟生长性状用常规方法测定，叶面积测定采用校正系数法（校正系数为0.634 5）[9]。烟叶采收后在自动智能烘烤箱内进行烘烤，主茎与根系采收在干燥箱内60～70℃烘至恒重。将烘烤后的中部橘黄三级（C3F）烟叶磨碎后进行分析，烟叶经H_2SO_4-H_2O_2湿灰化法消煮后，用半微量蒸馏定氮法测定全氮，火焰光度法测定全钾。

2 结果分析

2.1 不同生育时期分根区交替灌溉对烤烟生长的影响

烤烟不同生育期进行部分根干燥灌溉（PRD）和分根区交替灌溉（APRI）均有一定的节水效果，与常规灌水（CI）相比，低肥时伸根期、旺长期、成熟期、伸根期+旺长期+成熟期的PRD烤烟耗水量分别降低4.43%、9.65%、5.08%和18.12%，APRI分别降低4.83%、8.30%、10.99%和18.16%；高肥时PRD分别降低0.52%、9.46%、10.91%和17.13%，APRI分别降低1.46%、2.76%、3.25%和17.04%。表1为不同生育时期分根区交替灌溉对烤烟生长性状的影响。表 1 中，数值为平均值±标准误差，采用 Duncan 法进行多重比较，字母 a、b、c 等表示分别在 2 种不同施肥水平下，同一列在 $p_{0.05}$ 水平下的统计显著性差异，不同小写字母，表示处理之间差异显著（$p<0.05$），相同小写字母，表示处理之间差异不显著（$p>0.05$）。

表 1　不同生育时期各处理烤烟生长性状

施肥水平	控水时期	灌水方式	株高（cm）	茎围（cm）	叶面积（cm）
低肥	伸根期＋旺长期＋成熟期	CI	98.67±4.67 c	6.32±0.04 a	888.67±44.32 abc
		PRD	112.67±3.59 ab	6.09±0.13 ab	884.81±6.19 abc
		APRI	107.67±0.67 bc	5.88±0.03 b	812.74±53.23 bc
	伸根期	PRD	98.83±3.17 c	6.08±0.15 ab	782.55±21.15 c
		APRI	105.00±2.00 bc	5.85±0.07 b	843.73±16.87 abc
	旺长期	PRD	108.67±2.03 bc	6.24±0.05 ab	896.02±19.53 ab
		APRI	103.67±4.18 bc	6.31±0.10 a	861.02±42.37 abc
	成熟期	PRD	122.00±1.53 a	6.48±0.16 a	925.52±29.67 a
		APRI	112.50±4.77 ab	6.42±0.25 a	905.43±27.90 ab
高肥	伸根期＋旺长期＋成熟期	CI	97.00±5.51 cd	6.89±0.06 ab	1 079.39±35.19 bcd
		PRD	116.00±2.45 ab	6.20±0.01d	893.30±24.93 e
		APRI	94.00±5.72d	6.47±0.00 c	1 123.07±46.63 abc
	伸根期	PRD	104.50±2.86 bcd	6.41±0.05 c	1 053.11±11.27 cd
		APRI	105.83±1.17 bc	6.33±0.12 cd	1 092.19±30.88 abcd
	旺长期	PRD	106.83±3.44 bc	6.70±0.02 b	1 018.27±11.85d
		APRI	121.25±3.88 a	6.89±0.06 ab	1 076.27±44.68 bcd
	成熟期	PRD	108.17±1.69 bc	6.96±0.10 a	1 162.62±20.67 a
		APRI	120.00±6.03 a	7.08±0.06 a	1 145.27±17.66 ab

从表 1 可知，在 2 种不同施肥水平下，与 CI 相比，除高肥条件下伸根期＋旺长期＋成熟期的 APRI 株高有所降低（3.09%）外，其他生育时期的 PRD 和 APRI 处理对烤烟株高均有一定的增高效应。与 CI 相比，低肥时不同生育时期 PRD 和 APRI 的平均株高分别提高 12.03%和 8.65%，高肥时分别提高 12.24%和 19.27%。因此不同生育时期进行 PRD 和 APRI 对烟株增高有益，高肥时 APRI 的增高效应更为明显。

与 CI 相比，成熟期 PRD 和 APRI 处理的烤烟茎围略有增加，其他时期则有所降低，但平均茎围降低不超过 5%，因此，不同生育时期进行 PRD 和 APRI 对烟株茎围的影响不大。与 PRD 和 APRI 对烤烟茎围的影响相似，与 CI 相比，成熟期 PRD 和 APRI 处理的烟株叶面积有所增加（增加 8%以下），其他时期则有所降低，低肥时，PRD 和 APRI 处理的叶面积平均分别降低 6.19%和 5.57%，但高肥时伸根期＋旺长期＋成熟期 PRD 的叶面积降低较大，为 17.24%，而不同生育期 APRI 的叶面积除旺长期外还有所增加。蔡寒玉等的研究结果是 APRI 烟株的最大叶面积降低 45%[7]，与本研究结果有所不同，可能是他们试验中 APRI 处理的灌水量（为 CI 的 2/3）比本试验 APRI 处理灌水量（为 CI 的 80%）低，对烤烟产生的主动干旱胁迫严重。因此，不同生育时期进行适当的 PRD 和 APRI 对烟株叶面积的影响不大，甚至有所增加。

2.2 不同生育时期分根区交替灌溉对烤烟干物质积累与分配的影响

从表 2 可知，与 CI 相比，不同生育期 PRD 和 APRI 对烤烟总生物干重和干物质在根中积累的影响不明显，平均降低小于 4%。但在一定程度上降低了干物质在叶片中的积累，与 CI 相比，不同生育期 PRD 和 APRI 干物质在叶片中的积累低肥时分别平均降低 6.43%和 5.80%，高肥时分别平均降低 9.21%和 9.18%，从而造成一定程度的烟叶减产。但是，不同生育期 PRD 和 APRI 会提高干物质在茎部中的积累，与 CI 相比，低肥分别平均提高 3.42%和 7.37%，高肥时分别平均提高 1.77%和 12.22%。其中与 CI 相比，伸根期和成熟期 APRI 提高干物质在茎部中的积累，低肥时分别提高 13.47%和 11.40%，高肥时分别提高 14.75%和 17.40%，均达到显著水平。这表明在不同施肥水平下，烤烟伸根期和成熟期进行分根区交替灌溉均能明显的提高干物质在茎部的积累，而且在较高施肥条件下这种效应更为明显。

表 2 不同生育时期各处理烤烟干物质积累与分配

施肥水平	控水时期	灌水方式	干物质总量（g/株）	干物质分配（%）		
				根	茎	叶
低肥	伸根期+旺长期+成熟期	CI	143.9±9.23 ab	11.39±0.46 c	42.55±0.35 cd	46.06±0.17 ab
		PRD	134.32±0.86 b	13.62±0.74 ab	42.55±1.07 cd	43.83±0.51 bc
		APRI	138.55±3.07 ab	12.50±1.19 abc	43.03±0.81 cd	44.47±1.82 abc
	伸根期	PRD	136.58±1.32 ab	8.81±1.00 e	44.44±0.97 c	46.75±0.26 a
		APRI	143.32±0.76 ab	8.35±0.02 e	48.28±0.50 a	43.37±0.48 bcd
	旺长期	PRD	134.74±1.48 b	11.16±0.56 c	42.70±0.38 cd	46.14±0.68 ab
		APRI	133.70±5.85 b	14.02±0.42 a	41.29±1.29d	44.69±0.90 abc
	成熟期	PRD	151.49±3.36 a	10.74±0.67 cd	44.87±1.17 bc	42.32±0.73 cd
		APRI	142.28±7.10 ab	11.66±0.40 bc	47.40±0.53 ab	40.94±0.80 c
高肥	伸根期+旺长期+成熟期	CI	191.77±7.11 bc	16.89±1.41 a	37.69±1.05 e	45.42±2.44 a
		PRD	181.94±0.86 c	16.98±1.31 a	41.71±0.26 bcd	41.31±1.57 bcd
		APRI	165.02±2.25d	17.14±1.35 a	37.87±0.55 e	44.99±0.80 ab
	伸根期	PRD	206.14±0.52 a	16.43±1.31 a	40.65±0.14d	42.91±1.17 abc
		APRI	198.21±5.68 ab	16.63±0.63 a	43.25±0.70 abcd	40.12±0.24 cd
	旺长期	PRD	181.61±3.94 c	16.81±0.47 a	41.19±1.44 cd	41.99±1.85 bcd
		APRI	184.12±0.38 c	14.63±0.82 a	43.82±0.32 abc	41.55±0.50 bcd
	成熟期	PRD	185.71±4.53 bc	16.32±0.48 a	44.94±0.86 a	38.74±0.87d
		APRI	192.82±5.30bc	17.41±1.78 a	44.25±1.24 ab	38.35±0.56d

2.3 不同生育时期分根区交替灌溉对烟叶（C3F）N、K含量的影响

2.3.1 不同生育时期分根区交替灌溉对烟叶N含量的影响 从表3中可以看出，不同生育时期进行PRD和APRI有利于提高烟叶N含量，与CI相比，低肥时伸根期、旺长期、成熟期、伸根期＋旺长期＋成熟期PRD烟叶N含量分别提高3.05%、12.51%、3.63%和2.53%，APRI分别提高5.57%、6.44%、9.56%和6.70%；高肥时PRD分别提高9.44%、19.88%、29.42%和2.86%，APRI分别提高18.75%、16.71%、16.55%和8.53%。其中高肥时伸根期和成熟期APRI对提高烟叶N含量的影响达到显著水平。这表明不同生育时期进行PRD和APRI能在一定程度上提高烟叶中N含量。这可能是PRD和APRI会对烤烟产生一定程度的干旱胁迫，致使烤烟产量有一定程度下降，因而烟叶中N含量升高。

2.3.2 不同生育时期分根区交替灌溉对烟叶K含量的影响 从表3中还可以看出，与CI相比，除低肥时旺长期PRD以及高肥时伸根期＋旺长期＋成熟期PRD的烟叶K含量有所降低（小于4%）外，其他生育时期进行PRD和APRI都有利于烟叶K含量的提高。与CI相比，低肥时伸根期、成熟期、伸根期＋旺长期＋成熟期PRD烟叶K含量分别提高11.02%、0.78%和4.86%，APRI分别提高28.03%、14.42%、28.78%和8.10%；

表3 不同生育时期各处理烟叶（C3F）N、K含量

施肥水平	控水时期	灌水方式	N（%）	K（%）
低肥	伸根期＋旺长期＋成熟期	CI	1.30±0.03 a	2.57±0.09 b
		PRD	1.33±0.08 a	2.70±0.20 ab
		APRI	1.39±0.18 a	2.78±0.25 ab
	伸根期	PRD	1.34±0.08 a	2.86±0.19 ab
		APRI	1.37±0.08 a	3.29±0.06 a
	旺长期	PRD	1.46±0.06 a	2.49±0.24 b
		APRI	1.38±0.17 a	2.94±0.36 ab
	成熟期	PRD	1.35±0.05 a	2.59±0.05 ab
		APRI	1.42±0.11 a	3.30±0.26 a
高肥	伸根期＋旺长期＋成熟期	CI	1.49±0.06 c	3.07±0.08 cd
		PRD	1.53±0.11 c	2.99±0.25 d
		APRI	1.62±0.19 bc	3.33±0.01 cd
	伸根期	PRD	1.63±0.03 bc	3.33±0.02 cd
		APRI	1.77±0.01 ab	4.25±0.20 ab
	旺长期	PRD	1.79±0.07 ab	3.41±0.45 cd
		APRI	1.74±0.02 ab	3.69±0.04 bc
	成熟期	PRD	1.93±0.07 a	4.34±0.23 ab
		APRI	1.74±0.06 ab	4.63±0.27 a

高肥时伸根期、旺长期和成熟期 PRD 烟叶 K 含量分别提高 8.55%、11.02% 和 41.26%，伸根期、旺长期、成熟期、伸根期+旺长期+成熟期 APRI 分别提高 38.57%、20.20%、50.84% 和 8.51%。其中伸根期和成熟期 APRI 对提高烟叶 K 含量的影响明显。这充分表明在 2 种不同施肥水平下，烤烟伸根期和成熟期进行分根区交替灌溉均能明显的提高烟叶中 K 的含量，而且在较高施肥条件下这种效应更明显。

3 结论

（1）分根区交替灌溉能在一定程度上促进烤烟的生长发育，有一定的增高效应，但对烤烟干物质总量的影响不明显。

（2）烤烟不同生育时期进行分根区交替灌溉能在一定程度上提高烟叶中 N 和 K 含量，且随着施肥水平的提高，分根区交替灌溉提高烟叶 N、K 含量的效果更为明显。

（3）在较高施肥条件下，烤烟伸根期和成熟期进行分根区交替灌溉是适产优质烟叶生产中一种较好的灌水方式。

参考文献

[1] 龚道枝，康绍忠，佟玲，等．分根交替灌溉对土壤水分分布和桃树根茎液流动态的影响［J］．水利学报，2004（10）：112-118.

[2] 李志军，张富仓，康绍忠．控制性根系分区交替灌溉对冬小麦水分与养分利用的影响［J］．农业工程学报，2005，21（8）：17-21.

[3] 杜太生，康绍忠，胡笑涛，等．根系分区交替滴灌对棉花产量和水分利用效率的影响［J］．中国农业科学，2005，38（10）：2061-2068.

[4] 胡田田，康绍忠，高明霞，等．玉米根系分区交替供应水、氮的效应与高效利用机理［J］．作物学报，2004，30（9）：866-871.

[5] 梁宗锁，康绍忠，胡炜，等．控制性分根交替灌水的节水效应［J］．农业工程学报，1997，12（4）：58-63.

[6] 梁宗锁，康绍忠，高俊风，等．分根交替渗透胁迫与脱落酸对玉米根系生长和蒸腾速率的影响［J］．作物学报，2000（3）：250-255.

[7] 蔡寒玉，汪耀富，李进平，等．烤烟控制性分根交替灌水的生理基础研究［J］．节水灌溉，2006（2）：11-12，15.

[8] 张晓海，苏贤坤，廖德智，等．不同生育期水分调控对烤烟烟叶产质量的影响［J］．烟草科技，2005（6）：36-38.

[9] 刘贯山．烟草叶面积不同测定方法的比较研究［J］．安徽农业科学，1996，24（2）：139-141.

（原载《灌溉排水学报》2007 年第 6 期）

衡阳烟叶产量与烟叶化学品质相关性研究

王国平[1,2]，向鹏华[1]，肖　艳[1]

（1. 衡阳市烟草公司，衡阳　421411；
2. 中国烟草中南农业试验站，长沙　410128）

摘　要：通过对衡阳同一品种同一烟区随机抽取的16份不同产量的烟叶进行化学成分分析，研究了产量与烟叶化学品质的关系。结果表明，上、中、下三个部位的化学成分经过量化后的品质总得分与烟叶产量呈极显著相关（r=0.796 4**），产量在2 040～2 775kg/hm^{2}时烟叶品质得分随着产量的上升而增加，产量超过2 775kg/hm^{2}时烟叶品质得分开始下降，且下降幅度大，品质变差。

关键词：烟叶；产/质量；化学品质

烟叶生产者为了获得较高的价值，取得较大的效益，想方设法争取烟叶的高产，但随之而来的是质量的下降。通过长期实践，人们发现，烟叶的产量和质量是相互紧密联系而又互相矛盾着的两个方面[1]。1982年戴冕[2]等提出了烤烟“优质适产”的概念，湖南烟区的适产范围定为每667m^2 125～150kg，在该范围内烟叶品质较好；随着现代烟草农业的建设推进，烟稻轮作，标准化栽培管理和烘烤等技术的完善，烟叶产量的适产范围发生了新变化。为了更好的探究产量和质量的最佳切入点，为此，在衡阳烟区进行了相关研究，以期为指导大田生产，规范烟叶单产提供一定的理论依据。

1　材料与方法

1.1　材料

在湖南衡阳烟区选取种烟历史较长，轮作制度、生产管理和烘烤水平较高，同一品种（云烟87）同一烟区有代表性农户的烟叶，随机取16份不同产量的烟样（含上、中、下各一份），每667m^{2}产量分别为222、220、216、204、200、199、189、185、179、169、168、168、155、148、144、136kg。下部叶统一取第2房，中部叶统一取第5房，上部叶统一取第7房。

1.2　分析项目与方法

所取烟样在60℃烘干，粉碎过0.05mm筛。凯氏定氮法测烟叶全氮，火焰光度法测钾，烟碱、还原糖、淀粉、氯等烟叶化学分析使用荷兰SKALAR连续流动分析仪；相关性由 Excel 求出，通过 F 值检验。

为了量化烟叶化学成分，根据《中国烟草种植区划研究》项目组在全国范围内征求了 20 多位专家意见，汇总后筛选烟叶适宜性评价参评因子并根据各参评因素对适宜性的贡献确定权重，入选的化学成分品质指标有烟叶烟碱、总氮、还原糖、钾、淀粉、糖碱比、氮碱比和钾氯比共 7 项，各指标均以公认的最适宜范围为 100 分，高于或低于该最适宜范围均依次降低分值，通过赋予各品质指标相应的权重（表 1），用指数和法计算烟叶综合化学品质[3]。

表 1　烟叶化学成分指标所占的权重

指标	烟碱	总氮	还原糖	钾	淀粉	糖碱比	氮碱比	钾氯比
权重	0.176	0.119	0.124	0.101	0.120	0.190	0.131	0.039

2　结果与分析

2.1　不同产量对烟叶化学成分和化学品质得分的影响

表 2　不同产量对烟叶化学成分影响

部位	产量（每 667m², kg）	还原糖（%）	烟碱（%）	总氮（%）	淀粉（%）	总钾（%）	氯（%）	糖碱比	氮碱比	钾氯比
上部叶	222	30.11	2.98	1.86	6.34	2.01	0.21	10.10	0.62	9.57
	220	19.13	3.49	2.31	5.68	2.36	0.44	5.48	0.66	5.36
	216	11.55	4.48	3.23	4.21	2.01	0.23	2.58	0.72	8.74
	204	22.15	2.69	1.89	7.92	2.01	0.51	8.23	0.70	3.94
	200	13.47	3.63	3.67	11.07	1.93	0.22	3.71	1.01	8.77
	199	19.13	3.49	2.31	5.68	2.36	0.44	5.48	0.66	5.36
	189	24.92	3.73	2.46	11.39	1.59	0.24	6.68	0.66	6.63
	185	22.56	2.60	2.37	8.14	2.44	0.49	8.68	0.91	4.98
	179	23.36	2.68	1.98	11.25	2.10	0.24	8.72	0.74	8.75
	169	20.98	3.05	2.50	6.04	2.44	0.44	6.88	0.82	5.55
	168	21.89	3.47	2.92	5.46	2.78	0.42	6.31	0.84	6.62
	168	19.46	2.8	2.28	7.37	2.19	0.29	6.95	0.81	7.55
	155	27.19	2.54	2.14	12.32	2.10	0.89	10.70	0.84	2.36
	150	15.37	3.10	2.65	5.30	2.19	0.30	4.96	0.85	7.30
	144	26.59	2.84	2.56	7.37	2.19	0.29	9.36	0.90	7.55
	136	19.91	3.49	2.56	9.54	2.27	0.33	5.70	0.73	6.88

（续）

部位	产量（每 667m², kg）	还原糖（%）	烟碱（%）	总氮（%）	淀粉（%）	总钾（%）	氯（%）	糖碱比	氮碱比	钾氯比
中部叶	222	23.62	3.79	1.75	7.58	1.57	0.21	6.23	0.46	7.48
	220	29.59	1.50	1.40	5.58	1.82	0.52	19.73	0.93	3.50
	216	14.81	2.54	2.20	4.25	2.07	0.22	5.83	0.87	9.41
	204	31.28	2.14	1.40	8.93	1.32	0.30	14.62	0.65	4.40
	200	25.48	2.58	1.96	1.78	1.82	0.24	9.88	0.76	7.58
	199	23.26	2.61	1.91	6.02	1.57	0.28	8.91	0.73	5.61
	189	27.23	1.80	1.91	12.15	1.69	0.19	15.13	1.06	8.89
	185	21.78	2.71	1.41	7.10	1.94	0.30	8.04	0.52	6.47
	179	20.91	1.87	2.02	5.51	2.57	0.24	11.18	1.08	10.71
	169	22.34	2.03	1.64	7.47	2.76	0.21	11.00	0.81	13.14
	168	20.75	2.31	2.08	7.14	2.57	0.24	8.98	0.90	10.71
	168	16.91	1.73	1.74	3.94	2.69	0.48	9.77	1.01	5.60
	155	32.16	1.84	1.11	7.80	1.32	0.99	17.48	0.60	1.33
	150	24.10	2.51	2.03	3.79	1.69	0.30	9.60	0.81	5.63
	144	27.56	2.18	1.59	6.93	1.69	0.66	12.64	0.73	2.56
	136	22.15	2.19	2.02	4.84	2.19	0.15	10.11	0.92	14.60
下部叶	222	29.14	1.29	2.56	1.90	3.12	0.15	22.59	1.98	20.80
	220	29.59	2.65	1.14	2.83	2.45	0.25	11.17	0.43	9.80
	216	32.31	1.22	2.46	1.63	3.12	0.14	26.48	2.02	22.29
	204	30.40	1.19	1.28	2.50	4.24	0.27	25.55	1.08	15.70
	200	22.99	2.08	1.76	4.68	2.29	0.10	11.05	0.85	22.90
	199	18.34	1.26	1.49	1.64	3.35	0.30	14.56	1.18	11.17
	189	21.68	1.61	1.42	3.32	2.45	0.17	13.47	0.88	14.41
	185	24.07	1.39	2.09	3.49	2.96	0.18	17.32	1.50	16.44
	179	14.53	1.41	1.75	6.12	3.79	0.41	10.31	1.24	9.24
	169	25.18	1.91	1.53	2.29	2.62	0.37	13.18	0.80	7.08
	168	24.48	1.14	1.73	2.21	3.12	0.28	21.47	1.52	11.14
	168	17.67	0.95	1.59	3.98	4.07	0.23	18.60	1.67	17.70
	155	22.60	1.43	1.67	1.80	2.96	1.66	15.80	1.17	1.78
	150	25.68	1.16	1.13	1.38	2.90	0.20	22.14	0.97	14.50
	144	20.26	1.11	1.71	1.43	3.29	0.47	18.25	1.54	7.00
	136	34.78	0.98	1.37	5.85	2.12	0.09	35.49	1.40	23.56

从表 2 看出，不同产量下烟叶的化学成分含量不同，上部叶和中部叶的化学成分的适宜范围和协调性都以每 667m^2 产量为 168～189kg 的处理较好，下部叶则以 189～200kg 较好；不同烟叶化学成分经赋值和权重后的得分高低量化了烟叶化学品质，能直观的区别烟叶品质的好坏[3]。经量化后的结果（表 3）表明，烟叶亩产量在 179kg 时得分最高，即烟叶化学品质最好，得分为 208.88，其次是产量为 185kg，比最高得分少 0.89，但 168～200kg 不同产量间得分差异不大，说明在这个产量间烟叶品质变化不大，品质相对较好；每 667m^2 产量高于 200kg 的烟叶品质得分下降较快，产量为 204kg 的处理比产量为 200kg 的得分少了 21%，由此可以看出，每 667m^2 烟叶产量在 200kg 是衡阳烟区烟叶品质的转折点，高于这个产量烟叶品质相对较差。从限制各部位得分因素来看，影响上部叶得分的是因为烟碱太高和淀粉较高，中部叶是还原糖过高、淀粉偏高和糖碱比不协调，下部叶则是烟碱过低、还原糖偏高和糖碱比偏高，烟碱、还原糖和淀粉是影响衡阳烟区烟叶品质的不利因素。

表 3　烟叶化学成分赋值权重后得分

产量（每 667m^2，kg）	上部叶	中部叶	下部叶	总和
222	37.98	42.72	58.43	139.13
220	39.34	57.04	57.46	153.85
216	75.69	41.20	36.58	153.49
204	37.76	44.60	70.06	152.43
200	77.12	80.16	35.49	192.79
199	73.19	58.92	59.00	191.12
189	61.51	51.64	80.85	194.00
185	81.97	52.35	73.67	207.99
179	71.60	67.49	69.80	208.88
169	68.85	60.21	73.62	202.68
168	87.76	43.08	61.19	192.02
168	82.58	44.37	74.42	201.37
155	24.61	57.86	64.04	146.51
150	80.95	46.24	61.47	188.66
144	51.92	49.41	70.41	171.75
136	88.80	27.70	54.37	170.86

2.2　不同烟叶产量与烟叶品质得分的关系

从图 1 来看，烟叶产量与品质得分极显著相关（$r=0.796\,4^{**}$），两者关系类似一条抛物线，每 667m^2 烟叶产量在 136～185kg 之间随着产量的增加，烟叶品质得分也随之增加，即烟叶品质在该产量区间随产量的增加变好，当产量大于 185kg 时，品质得分开始下降，烟叶品质变差，下降幅度较大。产量和品质得分可用 $y=-0.022\,1x^2+7.751\,1x-511.59$ 拟合。

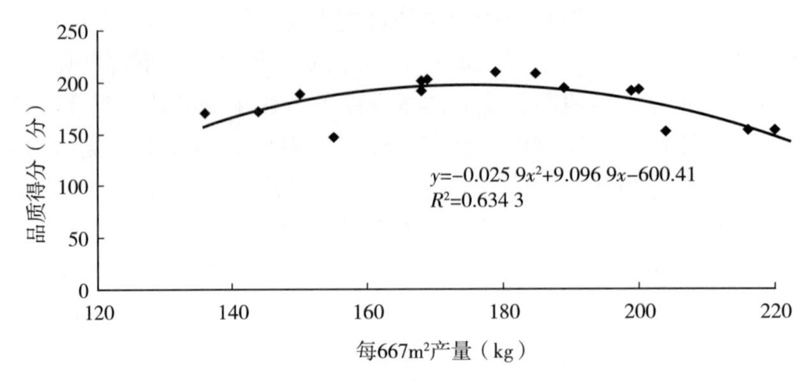

图 1　烟叶产量与烟叶品质得分关系

3　小结

随着烟叶生产技术水平的提高和成熟，烟叶产量的提高也不可避免，产量的增加必然会影响到烟叶的质量，优质适产的范围也会有新的变化[4]。烟叶产量过低或过高都会影响烟叶品质，挫伤烟农的种烟积极性。试验结果表明，在正常的烟叶生产管理水平下，衡阳烟区烤烟产量在 2 520～3 000kg/hm^2 间，烟叶品质较好，实现烟农和烟草加工方的利益最大化。

参考文献

[1] 苏德成．中国烟草栽培学［M］．上海：上海科学技术出版社，2005：107－108.

[2] 戴冕．全国优质烤烟栽培技术开发研究［C］//戴冕．烟草科学技术论文选集．广州：广东科技出版社，1997：46－55.

[3] 蓟红霞．土壤条件对烤烟生长、养分累积和品质的影响［D］．北京：中国农业科学院，2006.

[4] 金小马，刘本坤，徐坚强．生长调节剂对烤烟产量和产值的影响［J］．湖南农业科学，2008（1）：36－38.

（原载《湖南农业科学》2009 年第 2 期）

衡阳市植烟土壤类型分布、营养状况及施肥区划初探

王国平，贺鸿君

（衡阳市烟草公司，衡阳 421411）

自 2002 年起，衡阳市稻田植烟面积一直在 6 666.7hm^2 左右。稻田植烟这一水旱轮作的耕作制度，因其经济效益高，改土效果好，烟、粮双赢而备受群众欢迎，它克服了烟草旱地连作造成的土壤退化、病害猖獗的弊端，使稻田利用步入了可持续发展的轨道。

为了进一步摸清本市植烟土壤家底，分析植烟土壤养分变化状况，为当地烟田施肥和管理区划提供技术支持，笔者曾于 2002 年、2005 年、2008 年三次对全市植烟土壤进行了取样化验和一些相关研究，现整理分析如下。

1 衡阳市植烟土壤类型及分布

衡阳市地形属四周山地环抱，中间丘陵起伏的盆地。全市成土母岩、母质共七大类，这七大类母岩、母质，若大体上以盆地四周的山地向盆地中央分布，则依次为花岗岩、板页岩、砂岩、石灰岩、紫色砂页岩、四纪红色黏土、河流冲积物。由于本市地处亚热带温暖湿润季风区，故地带性土壤是 pH 较低的红壤（酸性土）。但七大母岩母质中的紫色砂页岩和石灰岩碳酸钙含量丰富，受它（碳酸钙）影响形成的土壤，pH 就可能大于 7，成为非地带性碱性土。酸、碱性是土壤最基本的属性，也是土壤分类的重要依据。根据全国第二次土壤普查土壤分类系统分类，本市的植烟土壤几乎全部集中在潴育型水稻土亚类中的 12 个土属中。潴育型水稻土是一种水种排灌都较好的大垄田、二排田，而 12 个土属则是根据这些水稻土的母质和 pH 再细分的。为了进一步彰显 6 666.7hm^2 烟田土壤理化性状的异同，根据不同的地理位置、母质和 pH 等因素，将全市烟田可大体上划为三大板块。

1.1 第一板块——砂岩、板页岩结壤母质板块

这一板块坐落在衡阳市东南部衡南与耒阳接壤处。包括衡南的宝盖、花桥、洪山，耒阳的马水、洲陂、亮源（北部）等 6 个乡镇。2008 年这板块植烟面积 2 145.3hm^2，占全市总植烟面积的 28.26%，是衡阳市烤烟连片种植面积最大的区域。就成土母质而言，它是衡阳市最大的砂岩板块，在这个板块的北、东、南三个方位边缘，分布着受天光山猴空坳造山运动（燕山运动）挤压而形成的板页岩，板块西部边界则与衡阳盆地中心的紫色砂页岩母质毗邻。因此，这一区域最少受碳酸钙盐基影响，是全市较大的酸性土区域之一。除砂岩、板页岩外，该区域还有少量的四纪红土（分布在洲陂乡的洲陂燕中和花桥、洪山

两个乡的部分村组）和花岗岩母质（主要分布在马水乡的丹田、小河田等村）。按第二次土壤普查土壤分类系统分类，这一板块共有 5 个土属，主要是黄沙泥（分布在板块中部）、黄泥田（分布在板块北、东、南三方边缘），3 个少量的土属是四纪红土发育的红黄泥（花桥、洪山小部分村组和洲陂的洲陂、燕中等村）、由花岗岩发育的麻砂泥（在马水乡积岭、货塘桥头等村）、由石灰岩发育的灰黄泥（马水乡丹田、小河田等村）。总体来说这一板块土壤红壤化程度高，土壤酸性大，pH 平均为 5.75。

1.2 第二板块——紫色砂页岩母质板块

这一板块坐落在衡阳市中、南部—衡阳盆地的腹地。紫色土是衡阳盆地的一大特色，据称是除四川盆地外第二大紫色土盆地。这一板块的烟田主要分布在衡南。衡南县植烟乡镇除 3 个乡镇分布在第一板块外，其余 9 个乡镇均属于此，分别是冠市、江口、茶市、相市、向阳、廖田、谭子山、洲市、柞市。另外，耒阳有新市、永济、遥田、谭下，常宁有兰江，祁东有金桥，衡阳县有栏龙共 16 个乡镇。2008 年植烟面积为 1 749.5hm^2，占全市总植烟面积 23.04%。衡阳盆地的紫色砂页岩有两种，一种是白垩纪紫色页岩，一种是老三纪紫色砂岩。前者磷、钾、钙含量高，由它发育的土壤，pH 高（偏碱），黏性大。后者缺磷少钙，由它发育的土壤，pH 中性或偏酸，质地也较前者轻（沙性较大）。由于这两种母岩岩性的差别，加之两种母岩往往与四纪红土混合发生，故紫色土区域的潴育性水稻土依 pH 高低分成了 3 个土属：酸紫泥、中性紫泥和紫泥田。pH6.5 以下为酸紫泥，pH6.5～7.5 为中性紫泥，pH7.5 以上是紫泥田。紫泥田主要分布在衡南的谭子山、柞市，耒阳的谭下，祁东的金桥这 4 个乡镇，其余的 12 个乡镇三种不同酸碱度的紫色土土属都有分布。总体来说，这一板块的植烟土壤属 pH 较高的非地带性土壤，pH 平均值达 7.16。

1.3 第三板块——板页岩、石灰岩、砂岩母质混交板块

这一板块位于衡阳市东南部、南部、西部的山地边缘。所涵盖的乡镇，按其地理位置自东南向南再向西以顺时针方向列数，依次为耒阳的导子、东湖、竹市、公平、小水、哲桥、余庆、南京、仁义，常宁的荫田、蓬塘、西岭、庙前、罗桥、盐湖、三角塘、板桥、胜桥、详泉，祁东的双桥、灵官、白地市、风石堰，衡阳县的库宗、金兰、洪市共 26 个乡镇。2008 年植烟面积为 3 696.9hm^2，占全市总植烟面积的 48.70%，是衡阳市最大的植烟板块。该板块的成土母岩、母质，受衡阳市东南边缘猴家坳（海拔 845m），南部边缘大义山、塔山（海拔 1 265m）和西部腾去岭等山体的影响，形成了沿山体交错分布的板页岩、砂岩、石灰岩的母岩群，加上山区的花岗岩和沿河分布的四纪红土和河流冲积物，多种母岩、母质的交错使这个板块的土属土种显得十分繁杂。根据第二次土壤普查土壤分类系统分类，该板块的主要土属是由板页岩、石灰岩、砂岩三种母岩分别发育成的扁沙泥、黄泥田、灰黄泥、灰泥田、黄沙泥 5 个土属，它们构成了这一板块的主体。另外还有零星分布在导子、西岭部分村组由花岗岩发育的麻砂泥，分布在罗桥、胜桥、库宗、洪市部分村组由四纪红土母质发育的红黄泥，还有分布在荫田春陵水畔和罗桥潭水河畔的河沙泥。因此该板块土属达 8 种之多，而且多数土属都不同程度地受到石灰岩盐基（碳酸钙）

的影响，使这一板块植烟土壤 pH 平均值达 6.65，略高于全市平均水平。

2 全市植烟土壤营养状况分析

2.1 植烟历史对土壤营养状况的影响

衡阳市植烟土壤经 2002、2005、2008 年三次取样化验（表 1）。由于取样地点变异较大，加之三次化验分别由三个化验室来完成，化验数据不太统一，但总体说来，还是可以看出植烟土壤速效氮、磷、钾和交换性钙、镁有所上升，有机质则有所下降，pH 扣除取样地因素外，应该也是有所上升的。

表 1 衡阳市 2002、2005、2008 年植烟土壤化验平均值

化验时间	土样个数	pH	有机质（g/kg）	碱解氮（mg/kg）	有效磷（mg/kg）	速效钾（mg/kg）	交换性镁（mg/kg）
2002 年	314	5.67	35.09	174.1	18.37	93.30	80.80
2005 年	153	6.21	35.7	155.0	10.91	104.7	104.5
2008 年	301	6.48	34.12	184.2	21.47	103.9	158.8

注：2002 年化验数据系 2001 年秋冬取样，由永州市烟科所化验；2005 年化验数据系 2004 年秋冬取样，由湖南省土肥所化验；2008 年化验数据系 2007 年秋冬取样，由衡阳市烟科所化验。

新、老植烟土壤营养状况的主要区别是磷、钾速效养分后者高于前者，而碱解氮则往往相差不大（表 2）。

表 2 衡阳市 2005 年新、老植烟土壤三要素平均值比较

地 域	土样数	碱解氮（mg/kg）	有效磷（mg/kg）	速效钾（mg/kg）
植烟新区（衡阳县、祁东县）	36	156.5	7.15	67.6
植烟老区（衡南、常宁、耒阳）	117	154.6	12.06	116.1

注：2005 年湖南省土壤肥料研究所化验。

植烟时间的长短对植烟土壤营养状况的这些影响，从 2008 年的化验结果，得到了进一步的印证。2008 年化验的烟田耕层混合样是在 2007 年全市植烟总面积 6 291.5hm^2 的基础上，按 20hm^2 一个土样较均匀地分配取样点，共取土样 301 个。这批土样按植烟历史的长短将其分为 1 年以下、2～3 年、4～5 年、6～7 年、8 年以上共 5 个级别，分别统计它们的营养状况，其结果如表 3。

从表 3 看出，土壤 pH 随种烟年限的延长而有所提高，主要是对酸性烟田施用石灰和钙镁磷肥的缘故；有机质则因为稻田转入水旱轮作后分解速率加快而有所下降。氮磷钾速效养分均随种烟年限的增加而提高，连续植烟 4～5 年时达到一个峰值，氮提高了 19.51%，磷提高了 56.42%，钾提高了 95.69%。这些变化也是水旱轮作和烟草施肥技术共同影响的结果。在衡阳市一季水稻氮素的亩用量通常与烟草一季施用量持平，约 9kg，但水稻田三要素比例早稻大致是 1∶0.5∶0.7，晚稻大约为 1∶0∶0.75。烟草三要素施用比例则是1∶1∶2.8～3。因此植烟4～5年时土壤磷、钾速效养分直线上升，氮提高较少（这一提高也与烟田水旱轮作后有机质矿化速率加快有关）。

表3 植烟历史对土壤营养状况的影响

植烟年限	样品个数	有机质(g/kg)	pH	碱解氮(mg/kg)	有效磷(mg/kg)	速效钾(mg/kg)	交换性镁(mg/kg)
1年以下	19	37.5	6.14	176.8	17.9	62.6	162.1
2～3年	159	33.0	6.51	178.9	18.7	95.4	161.8
4～5年	53	32.3	6.55	211.3	28.0	122.5	154.1
6～7年	27	35.3	6.57	183.9	27.1	139.9	168.1
8年以上	43	38.0	6.37	173.7	21.9	108.2	146.1
总平均	301	34.1	6.48	184.2	21.5	103.9	158.8

注：2008年衡阳市烟草局烟草科学研究所化验。

值得注意的是，从表3得知稻田连续植烟（水旱轮作）6～7年后，土壤有机质回升（微生物矿化速率下降），pH下降，氮、磷、钾速效养分也随之回落。这些迹象表明植烟土壤已开始退化，烟草本身是不耐连作的作物，因此，6～7年应该是衡阳市稻田烟草连作的上限。

2.2 不同土壤类型对植烟土壤营养状况的影响

烟田的营养状况，大体由两大因素确定：第一是人为因素，主要通过施肥影响着土壤三要素水平；第二是土壤类型，或称自然因素，自然界中的成土母岩母质影响着土壤的酸碱性，质地（砂、黏性）和中、微量元素水平。成土母岩母质对土壤的这些属性的确立，是本质性的，非人力短时间能为之动摇的。土壤的酸碱度影响着土壤养分的有效性，而土壤质地则影响着土壤的可耕性，保水保肥性及供肥速率、强度和持久性。

受气候带的影响，衡阳市的地带土壤应是酸性土—红壤。但紫色页岩和石灰岩中的碳酸钙盐基是衡阳市土壤两大碱性因素重要来源。由这两种母岩发育的土壤和受这两种母岩影响而发育的土壤均不同程度呈碱性反应。反之，未受这两种母岩影响或影响较小的土壤就是酸性和中性。

土壤质地，从本质而言，是由土壤石英砂粒含量确定的，石英（SiO_2，二氧化硅）是岩石和土壤中最难分化的原生矿物。衡阳市七大母岩母质中，石英砂粒含量从多到少依次是花岗岩、河流冲击物、砂岩、紫色砂岩、板页岩、四纪红土、紫色页岩、石灰岩。

在衡阳市由于两个碳酸钙含量高的母岩—石灰岩、紫色页岩是石英砂粒含量低的母岩。这样使土壤酸碱性和土壤质地，这两个原本相互独立的土壤属性，表现出一定的统一性，即碱性大的土壤质地重（黏），酸性大的土壤质地轻（沙）。这一现象在衡阳市植烟土壤的1、2板块最常见。在植烟土壤的第三板块，因多种母岩母质相互交错、重叠，各种岩性相互影响渗透，土壤的酸碱性和沙黏性（质地）就不像第1、2烟田板块那么一致了。砂岩母质受石灰岩的影响，就形成了碱性沙土“石灰性黄沙泥”（如耒阳的导子）；板页岩母质受石灰岩影响发育成碱性土壤“石灰性黄泥田”（如常宁的罗桥）。相反，石灰岩母质也可因成土时间久，红壤化程度深而发育成酸性黏土“灰黄泥”。“灰黄泥”在第三板块中分布十分普遍，如耒阳的竹市、哲桥、南京，常宁的板桥、西岭、庙前、三角塘，祁东的双桥、衡阳的库宗等乡镇都有分布。如果把土壤酸碱度分为酸、中、碱，把土壤质地分为沙、壤、黏，9种组合的土壤类型在第三板块和第二板块中都能找到。

为了凸现土壤酸碱性和土壤质地对植烟土壤营养状况的影响，现将酸性沙土和碱性黏土两类型组合分述如下：

（1）酸性沙土。这类土主要由砂岩、花岗岩、四纪红土和部分河流冲积等砂性母质分化发育而成。衡阳市第一板块烟田就是这类土壤的典型代表，另处在第三板块也有些分布，如耒阳的哲桥、竹市，常宁的蓬塘、胜桥、西岭，祁东的双桥，衡阳的金兰等。这类烟田全市3 200hm^2左右，约占全市总植烟面积45%，由于碳酸钙对这类烟田影响极小，故不仅表现为酸性（pH平均值5.75），而且钙镁水平也随之低下，是衡阳市烟田钙镁最贫乏的土类。但这类土，铜、铁、锰、锌、硼的有效性较高。土壤质地轻是这类烟田的另一大特色，因质地轻，可耕性好，保水保肥力差。烟苗前期生长快，后期往往供肥不足，烟叶油分、身份均较低。

（2）碱性黏土。这是由紫色页岩和石灰岩，泥性母质发育而成的紫泥田和灰泥田。紫泥田约占第二板块的一半，约866.7hm^2，灰泥田则分布在第三板块的小水、东湖、余庆、公平等乡镇，约400hm^2，全市共1 266.7hm^2左右，占全市植烟总面积17%，平均pH达8左右。钙、镁含量丰富，铜、铁、锰、锌有效性低，特别是这类田有机质丰富的丘块往往出现缺锌，如冠市镇引田术村的鸭田组、西头村的大屋组，金桥镇富子术的朱塘组、云丰村的牛角组，小水镇金冲村9组等，有效锌都十分低下。紫泥田、灰泥田土壤质地非常黏重，可耕性差，但保水保肥力强，烟苗前期生长慢，后期长劲足，烟叶油分、身份都较好。

衡阳市烤烟测土配方施肥技术指标体系研究

单雪华，向鹏华，颜成生

（湖南省烟草公司衡阳市公司，衡阳 422100）

摘 要：分析衡阳市近3年烤烟12个“3415”和12个校正试验的结果表明：在烤烟测土配方施肥技术参数中，肥料利用率、土壤养分校正系数与土壤速效氮磷钾含量呈负相关，依存率与土壤速效养分含量呈正相关；烤烟施肥的贡献率为94.7%，远远大于油菜的39.3%、中稻的24.1%等其他作物，说明烤烟的产量对施肥的依赖性最大以及科学施肥的重要作用。

关键词：烤烟；配方施肥；指标体系；衡阳

1 “3415”肥效试验

1.1 试验设置

采用联合国粮农组织（FAO）提出的“3414”完全试验设计方案，即氮、磷、钾3因素4水平14个处理的田间试验方案，其中4个水平分别是：0水平指不施肥，2水平指当地最佳施肥量，1水平=2水平×0.5，3水平=2水平×1.5，该水平为过量施肥水平。为掌握有机肥的增产作用，便于成果应用，在3414基础上增加一个每667m^{2}施火土灰1 000kg不施化肥的空白处理，成为共15个处理的“3415”肥效试验。小区面积为6m×5m=30m^2，随机排列，不设重复。栽烟行株距为120cm×50cm，每小区栽5行，每行栽11蔸，共计55蔸，四周保护行在2m以上。供试品种为云烟87和K326。

1.2 试验结果

表1 “3415”试验结果汇总表（每667m^2，kg）

	试验地点	常宁李田	常宁群益	常宁中桥	衡南宝盖	衡南冠市	衡南洲市	耒阳江塘	耒阳膳田	耒阳沅江	耒阳竹市	耒阳竹市	耒阳竹市	平均
	试验农户	阳冬发	段绵春	刘芳林	徐书生	王阳贵	贺小伟	李冬发	刘开生	罗东发	李北方	资元成	资霞	
试验处理	1. N0P0K0	37.9	26.1	24.4	30.2	53.4	66.7	31.7	50.0	39.8	44.2	49.1	35.1	40.7
	2. N0P2K2	45.8	52.3	36.3	64.9	71.1	79.1	70.3	96.0	77.7	76.2	90.3	69.2	69.1

（续）

试验地点		常宁李田	常宁群益	常宁中桥	衡南宝盖	衡南冠市	衡南洲市	耒阳江塘	耒阳膳田	耒阳沅江	耒阳竹市	耒阳竹市	耒阳竹市	平均
试验农户		阳冬发	段绵春	刘芳林	徐书生	王阳贵	贺小伟	李冬发	刘开生	罗东发	李北方	资元成	资霞	
试验处理	3. N1P2K2	79.8	113.2	62.3	68.0	113.4	166.8	154.9	164.8	150.8	151.0	161.1	136.1	126.8
	4. N2P0K2	73.3	62.1	50.9	60.5	64.1	78.7	77.1	96.1	81.8	72.5	91.0	75.6	73.6
	5. N2P1K2	100.8	108.7	77.0	71.8	111.2	183.0	161.7	178.9	167.8	148.5	166.3	141.2	134.7
	6. N2P2K2	107.7	112.9	82.9	94.5	120.1	179.5	166.0	184.5	171.8	157.6	169.3	151.0	141.5
	7. N2P3K2	98.3	115.7	79.7	75.6	121.9	177.9	158.0	180.3	170.2	151.0	167.1	145.2	136.8
	8. N2P2K0	80.0	70.8	60.1	53.9	92.3	103.4	80.7	97.8	85.3	75.0	86.5	68.5	79.5
	9. N2P2K1	96.6	100.1	69.5	86.9	118.9	163.3	154.0	176.7	170.8	150.8	155.3	138.8	131.8
	10. N2P2K3	105.9	127.4	83.0	96.2	123.6	178.7	152.5	170.6	167.3	149.8	169.4	145.4	139.1
	11. N3P2K2	94.7	120.8	72.1	92.6	122.3	182.1	138.2	171.1	140.8	134.5	160.1	142.2	131.0
	12. N1P1K2	81.6	101.2	78.6	90.7	108.9	152.2	121.1	138.7	128.3	114.8	126.8	109.6	112.7
	13. N1P2K1	81.4	94.1	61.4	86.9	101.2	153.1	98.7	132.2	123.1	109.3	122.8	101.8	105.5
	14. N2P1K1	92.3	119.7	65.6	90.4	112.3	153.9	121.5	135.6	124.0	109.9	129.2	103.4	113.1
	15. MN0P0K0	56.1	57.8	38.7	34.0	80.1	93.2	43.3	58.1	47.5	38.4	37.0	31.7	53.0
二水平施氮量		12.0	12.0	12.0	11.0	11.0	11.0	11.0	11.0	11.0	8.8	8.8	8.8	10.7
二水平施磷量		10.0	10.0	10.0	11.0	11.0	11.0	11.0	11.0	11.0	8.8	8.8	8.8	10.2
二水平施钾量		27.0	27.0	27.0	27.0	27.0	27.0	27.0	27.0	27.0	22.0	22.0	22.0	25.8
试验田化验结果	pH	8.0	6.4	5.5	5.9	7.3	6.3	4.9	6.1	5.9	6.4	7.6	7.6	6.5
	N	173.0	134.0	153.0	213.0	210.0	180.0	126.6	168.2	166.1	185.9	209.6	199.1	176.5
	P_2O_5	32.2	7.1	18.4	28.1	7.8	15.3	8.1	19.8	14.1	17.7	22.6	8.4	16.6
	K_2O	241.0	122.0	267.0	86.0	219.0	191.0	71.0	260.0	180.0	184.4	135.0	80.7	169.8
	有机质	49.2	34.4	37.5	30.2	24.1	31.2	26.1	45.9	33.5	43.5	49.1	34.1	36.6
	缓效钾	247.0	151.0	150.0	61.0	258.0	258.0	104.4	220.5	104.2	66.7	101.4	97.8	151.7
	全量N	2.78	1.63	1.98	2.07	2.07	2.05				2.68	3.90	3.90	2.56
最高产量施肥量	N	14.8	12.8	12.2	11.9	12.4	12.7	11.7	12.9	11.7	10.1	11.2	12.6	12.1
	P	11.4	11.8	9.3	9.5	13.0	12.1	14.2	13.4	13.5	11.7	12.5	12.9	12.1
	K	41.3	36.3	35.5	27.9	31.0	31.2	33.4	30.8	32.0	28.5	32.4	30.7	31.3
	产量	108.6	131.8	83.9	96.4	130.8	199.1	173.0	193.2	181.7	166.1	186.2	164.9	149.6
最佳经济施肥量	N	12.2	12.0	11.9	10.7	11.6	11.9	11.3	12.2	11.1	9.6	10.6	11.8	11.3
	P	9.1	9.8	10.2	8.6	11.2	11.4	13.0	12.7	12.7	11.0	11.7	12.1	11.2
	K	24.1	27.7	24.0	21.9	23.9	28.0	30.0	28.2	29.0	26.1	29.5	28.3	27.5
	产量	104.7	129.8	81.7	95.0	129.1	198.3	172.1	192.6	180.9	165.5	185.5	164.3	148.7

2 施肥配方校正试验

2.1 试验设置

试验设3个处理。无肥区：不施任何肥料；传统施肥区：按传统方式施肥；配方施肥区：按测土配方施肥。试验田各处理施肥量见表2。配方施肥区和传统施肥区、空白区面积分别为200.10、213.44、124.51m^2，不设重复。各小区根据设计面积拉绳丈量、起沟、成垄，建有专用排灌渠道，排灌分家，不串灌串排，不用本田水灌溉。

2.2 试验结果

表2 校正试验结果汇总表（每667m^2，kg）

	地点	常宁李田	常宁群益	常宁中桥	衡南宝盖	衡南冠市	衡南洲市	耒阳江塘	耒阳膳田	耒阳沅江	耒阳竹市	耒阳竹市	耒阳竹市	平均
	农户	阳冬发	段绵春	刘芳林	徐书生	王阳贵	贺小伟	李冬发	刘开生	罗东发	陈乐吉	资金云	资育松	
处理	配方区	114.2	115.9	100.1	106.8	122.7	173.6	163.9	171.6	172.9	154.4	143.9	158.9	141.6
	传统区	105.4	98.0	98.0	112.3	129.0	178.0	169.6	184.1	172.7	142.8	127.9	135.0	137.7
	空白区	38.2	42.5	25.3	33.2	68.9	77.1	32.8	48.9	40.0	48.4	39.5	48.5	45.3
配方区施肥量	N	12.0	12.0	12.0	11.0	11.0	11.0	11.0	11.0	11.0	8.8	8.8	8.8	10.7
	P_2O_5	10.0	10.0	10.0	11.0	11.0	11.0	11.0	11.0	11.0	8.8	8.8	8.8	10.2
	K_2O	27.0	27.0	27.0	27.0	27.0	27.0	27.0	27.0	27.0	22.0	22.0	22.0	25.8
传统区施肥量	N	9.9	9.9	9.9	12.6	12.7	12.6	12.0	12.0	12.0	9.1	8.8	8.9	10.9
	P_2O_5	8.9	8.9	8.9	12.6	12.6	12.6	12.0	12.0	12.0	9.5	9.5	9.5	10.7
	K_2O	31.5	31.5	31.5	36.7	36.7	36.7	33.0	33.0	33.0	26.4	25.9	25.8	31.8
试验田化验结果	pH	8.0	6.6	6.9	5.9	7.3	6.3	4.9	6.1	5.9	6.1	6.6	6.7	6.4
	N	181.0	197.0	193.0	213.0	210.0	180.0	126.6	168.2	166.1	199.7	183.9	189.9	184.0
	P_2O_5	38.5	13.1	14.6	28.1	7.8	15.3	8.1	19.8	14.1	16.0	15.7	22.4	17.8
	K_2O	222.0	176.0	192.0	86.0	219.0	191.0	71.0	260.0	180.0	195.8	144.3	187.0	177.0
	有机质	54.3	51.0	38.2	30.2	24.1	31.2	26.1	45.9	33.5	40.0	43.1	38.3	38.0
	缓效钾	218.0	312.0	153.0	61.0	258.0	258.0	104.4	220.5	104.2	75.1	77.5	88.9	160.9
	全量N	2.99	2.57	2.18	2.07	2.07	2.05				3.86	3.45	2.84	2.68

3 烤烟施肥相关技术参数分析

3.1 烤烟化肥利用率及其与土壤养分之间的相关性

$$肥料利用率(\%)=\frac{全肥区作物吸收养分量-缺素区作物吸收养分量}{肥料施用纯量}\times 100\%$$

依据12个“3415”试验结果，各作物氮磷钾肥利用率见表3。

表3　烤烟“3415”试验化肥利用率统计表

地点	农户	化肥利用率（%）			化验结果（mg/kg）		
		N1	P1	K1	碱解氮	有效磷	速效钾
常宁李田	阳冬发	31.1	5.20	8.42	173.0	32.2	241.0
常宁群益	段绵春	30.5	7.67	12.82	134.0	7.1	122.0
常宁中桥	刘芳林	23.4	4.84	6.93	153.0	18.4	267.0
衡南宝盖	徐书生	16.2	4.67	12.35	213.0	28.1	86.0
衡南冠市	王阳贵	26.9	7.69	8.45	210.0	7.8	219.0
衡南洲市	贺小伟	55.0	13.84	23.14	180.0	15.3	191.0
耒阳江塘	李冬发	52.4	12.20	25.95	126.6	8.1	71.0
耒阳膳田	刘开生	48.5	12.13	26.35	168.2	19.8	260.0
耒阳沅江	罗东发	51.6	12.35	26.30	166.1	14.1	180.0
耒阳竹市	李北方	55.8	14.60	30.82	185.9	17.7	184.4
耒阳竹市	资元成	54.1	13.44	30.90	209.6	22.6	135.0
耒阳竹市	资　霞	56.1	12.94	30.79	199.1	8.4	80.7
平均		41.80	10.13	20.27	176.5	16.6	169.8

从表3可知，烟草对氮素利用率最高，达到41.8%，其次是钾素利用率为20.27%，最低的是磷素利用率只有10.13%；分别对氮、磷、钾肥利用率与土壤养分含量进行相关分析，氮肥利用率与土壤碱解氮：$R_N=-0.0557$，磷肥利用率与有效磷：$R_P=-0.3609$，钾肥利用率与速效钾：$R_K=-3687$，均呈负相关，其结果表明了化肥利用率随着土壤养分含量的增加而降低。

3.2　校正斯坦福施肥量估算公式中的土壤有效养分校正系数

$$土壤有效养分校正系数=\frac{缺素区作物地上部分吸收该元素量}{土壤养分供应量}$$

每100kg烤烟氮磷钾养分吸收系数分别为：6.03kg，1.51kg，8.21kg。

在12个烤烟“3415”试验中，碱解氮的有效养分校正系数在10.64%～22.33%，有效磷在23.82%～108.3%，速效钾在13.6%～62.2%，并且与土壤养分测试值呈显著的负相关，其相关系数分别为：$R_N=-5202$、$R_P=-9193$、$R_K=-8785$（表4）。

表4　烤烟“3415”田间试验土壤有效养分校正系数汇总表

地点	农户	土壤有效养分校正系数（%）			化验结果（mg/kg）		
		碱解氮	有效磷	速效钾	碱解氮	有效磷	速效钾
常宁李田	阳冬发	10.64	26.03	18.18	173.0	32.2	241.0
常宁群益	段绵春	15.69	88.05	31.75	134.0	7.1	122.0

（续）

地点	农户	土壤有效养分校正系数（%）			化验结果（mg/kg）		
		碱解氮	有效磷	速效钾	碱解氮	有效磷	速效钾
常宁中桥	刘芳林		31.67	13.56	153.0	18.4	267.0
衡南宝盖	徐书生	12.25	23.82	34.30	213.0	28.1	86.0
衡南冠市	王阳贵	13.61	82.73	23.07	210.0	7.8	219.0
衡南洲市	贺小伟	17.67	63.62	29.63	180.0	15.3	191.0
耒阳江塘	李冬发	22.33	108.26	62.19	126.6	8.1	71.0
耒阳膳田	刘开生	20.55	58.52	27.32	168.2	19.8	260.0
耒阳沅江	罗东发	18.80	65.53	28.99	166.1	14.1	180.0
耒阳竹市	李北方	16.48	49.76	26.00	185.9	17.7	184.4
耒阳竹市	资元成	17.32	49.44	37.10	209.6	22.6	135.0
耒阳竹市	资　霞	13.97	90.60	46.46	199.1	8.4	80.7

3.3 烤烟产量对土壤养分的依存率

$$依存率(\%)=\frac{无肥区作物产量}{完全肥区作物产量}\times 100\%$$

根据12个烤烟“3415”试验，6个校正试验，分别计算出每个试验的依存率，平均依存率为29.8%，比水稻、油菜等其他作物偏低，由此可见烤烟的产量所需的养分主要来源于外部施肥。用依存率与各试验对应的土壤速效氮、磷、钾养分测试值进行相关分析，其相关系数分别为：0.548 3**、0.279 3、0.477 4*，土壤碱解氮含量的多少与依存率的相关性最大，速效钾次之，有效磷最低，说明氮、钾对基础产量、对依存率的影响程度要大于磷（表5）。

表5 烤烟田间试验依存率统计分析表

编号	地点	农户	试验来源	全肥区产量（每667m^2，kg）	基础产量（每667m^2，kg）	依存率（%）	化验结果（mg/kg）			5式模拟基础产量
							N	P_2O_5	K_2O	
1	常宁李田	阳冬发	3415	107.7	37.9	35.2	173.0	32.2	241.0	39.3
2	常宁群益	段绵春	3415	112.9	26.1	23.1	134.0	7.1	122.0	31.0
3	常宁中桥	刘芳林	3415	82.9	24.4	29.5	153.0	18.4	267.0	40.7
4	衡南宝盖	徐书生	3415	94.5	30.2	32.0	213.0	28.1	86.0	38.5
5	衡南冠市	王阳贵	3415	120.1	53.4	44.5	210.0	7.8	219.0	51.4
6	衡南洲市	贺小伟	3415	179.5	66.7	37.2	180.0	15.3	191.0	42.0
7	耒阳江塘	李冬发	3415	166.0	31.7	19.1	126.6	8.1	71.0	26.2
8	耒阳膳田	刘开生	3415	184.5	50.0	27.1	168.2	19.8	260.0	42.8

（续）

编号	地点	农户	试验来源	全肥区产量（每667m²，kg）	基础产量（每667m²，kg）	依存率（%）	化验结果（mg/kg） N	P_2O_5	K_2O	5式模拟基础产量
9	耒阳沅江	罗东发	3415	171.8	39.8	23.2	166.1	14.1	180.0	38.9
10	耒阳竹市	李北方	3415	157.6	44.2	28.0	185.9	17.7	184.4	42.1
11	耒阳竹市	资元成	3415	169.3	49.1	29.0	209.6	22.6	135.0	42.3
12	耒阳竹市	资　霞	3415	151.0	35.1	23.2	199.1	8.4	80.7	40.6
13	常宁李田	阳冬发	校正	114.2	38.2	33.5	181.0	38.5	222.0	38.1
14	常宁群益	段绵春	校正	115.9	42.5	36.7	197.0	13.1	176.0	44.9
15	常宁中桥	刘芳林	校正	100.1	25.3	25.3	193.0	14.6	192.0	44.7
16	耒阳竹市	陈乐吉	校正	154.4	48.4	31.3	199.7	16.0	195.8	45.9
17	耒阳竹市	资金云	校正	143.9	39.5	27.4	183.9	15.7	144.3	39.7
18	耒阳竹市	资育松	校正	158.9	48.5	30.5	189.9	22.4	187	41.8
平均				138.1	40.6	29.8	181.3	17.8	175.2	40.6

3.4 肥料的贡献率分析（增产效率）

统计“3414”试验中的处理6（全肥区）和处理2、4、8（缺素区）的产量结果，按照公式：肥料贡献率(%)=(全肥区产量－缺素区产量)/缺素区产量×100%，分别计算出各个试验的肥料增产效率如表6。从烤烟的肥料贡献率看，氮肥的增产效果最大，其次是磷肥和钾肥，因此在农作物施肥上应在确保氮肥的基础上增施磷钾肥才能达到较好的施肥增产效果。从各作物来讲（表7），烤烟的平均施肥的贡献率最高，对氮磷钾的施肥依赖性最高，施肥的增产效果最好，说明其产量主要来源于施肥；油菜施肥增产效率较高仅次于烤烟，说明在油菜栽培中需要平衡施肥，才能获得较高的产量；水稻早、中稻的氮磷钾施肥增产率均高于晚稻，其增产效果也好于晚稻，说明晚稻的产量形成中对施肥的依赖较少，主要来源于土壤肥力。

表6　烤烟施用氮、磷、钾肥的贡献率（增产效率）

地　点	农户	产量（每667m²，kg） 处理2 N0P2K2	处理4 N2P0K2	处理8 N2P2K0	处理6 N2P2K2	氮肥贡献率（%）	磷肥贡献率（%）	钾肥贡献率（%）
常宁李田	阳冬发	45.8	73.3	80.0	107.7	135.2	47.0	34.6
常宁群益	段绵春	52.3	62.1	70.8	112.9	115.9	81.8	59.6
常宁中桥	刘芳林	36.3	50.9	60.1	82.9	128.5	63.0	37.9
衡南宝盖	徐书生	64.9	60.5	53.9	94.5	45.6	56.2	75.3
衡南冠市	王阳贵	71.1	64.1	92.3	120.1	68.9	87.4	30.1

（续）

地　点	农户	产量（每 667m²，kg）				氮肥贡献率（%）	磷肥贡献率（%）	钾肥贡献率（%）
		处理 2	处理 4	处理 8	处理 6			
		N0P2K2	N2P0K2	N2P2K0	N2P2K2			
衡南洲市	贺小伟	79.1	78.7	103.4	179.5	126.9	128.1	73.6
耒阳江塘	李冬发	70.3	77.1	80.7	166.0	136.0	115.3	105.8
耒阳膳田	刘开生	96.0	96.1	97.8	184.5	92.1	91.9	88.6
耒阳沅江	罗东发	77.7	81.8	85.3	171.8	121.2	110.0	101.4
耒阳竹市	李北方	76.2	72.5	75.0	157.6	106.8	117.4	110.1
耒阳竹市	资元成	90.3	91.0	86.5	169.3	87.5	86.0	95.7
耒阳竹市	资　霞	69.2	75.6	68.5	151.0	118.2	99.7	120.4
平均		69.1	73.6	79.5	141.5	106.9	90.3	77.8

表 7　其他作物施用氮、磷、钾肥的贡献率（增产效率）

作物	试验个数	氮肥平均贡献率（%）	磷肥平均贡献率（%）	钾肥平均贡献率（%）	氮磷钾平均贡献率（%）
烤烟	12	106.9	90.3	77.8	91.7
油菜	3	41.9	37.0	39.0	39.3
辣椒	3	28.0	46.2	17.6	30.6
红薯	1	32.2	19.3	27.8	26.4
中稻	3	30.1	20.7	21.4	24.1
早稻	6	33.8	15.1	16.2	21.7
晚稻	6	16.1	10.9	11.8	12.9
加权平均		56.3	46.2	40.1	47.5

参考文献

[1] 谢卫国，黄铁平，钟武云，等．测土配方施肥理论与实践［M］．长沙：湖南科学技术出版社，2006.

[2] 邢月华，汪仁，安景文．土壤养分测定值与其校正系数的回归关系［J］．辽宁农业科学，2005（2）：45－46.

[3] 金耀青，张中原．关于农作物对土壤肥力的依存率及其应用的研究［J］．沈阳农学院学报，1985（4）：64－68.

[4] 谷松林，陈小虎．云烟 87 肥料效应及平衡施肥技术初探［J］．作物研究，2009，23（2）：101－103.

[5] 江荣风，杜森．第三届全国测土配方施肥技术研讨会论文集［C］．北京：中国农业大学出版社，2009：244－247.

（原载《现代学术研究杂志》2013 年第 11 期）

湖南祁东烟区不同植烟土壤类型肥力状况比较

罗维斌[1,2]　向鹏华[1]

（1. 衡阳市烟草专卖局（公司），湖南衡阳　422100；
2. 湖南农业大学，长沙　410128）

摘　要： 通过对祁东县三种主要植烟土壤类型的肥力状况比较，发现不同类型土壤养分含量有一定差异。紫色土的各种养分指标都处于适宜范围；水稻土的pH和有机质含量偏高，红壤的pH、速效钾、有效锌、有效氯含量偏低。因此在该地区紫色土壤比较适宜种烟，其次是水稻土，对红壤应进行相应改良，提高肥力，为生产优质烟叶提供良好的土壤肥力。

关键词： 烤烟；土壤；养分；祁东

祁东县位于湖南省南部，湘江中游，是湖南烤烟种植的重要地区之一。祁东县境内土壤共有9个土类，20个亚类，其中植烟土壤类型以红壤、紫色土、水稻土为主，这三种土壤类型占了全县植烟面积的90%以上。适宜的土壤条件是烟草优质适产的基础，土壤养分含量的丰缺状况和供应强度直接影响着烟草的生长发育和产质量[1~3]。因此对湖南祁东主要的植烟土壤类型肥力状况进行分析，对指导湖南祁东烟草生产和合理施肥有重要的意义。

1　试验材料

1.1　土样采集

根据该区植烟土壤的不同类型，在祁东县双桥、金桥、灵官、白地市、白鹤铺5个主要产烟乡镇烤烟移栽前采集烟田根层土壤（0～20cm），采集红壤、紫色土、水稻土土样各12个。

1.2　土壤测定指标及方法

对土壤样品进行pH、有机质、碱解氮、有效磷、速效钾、交换性钙、硫、铁、锰、铜、锌、水溶性氯等12项指标测定。以上指标都采用常规方法测定[4]。

2 结果与分析

2.1 主要植烟土壤类型 pH 比较

土壤 pH 影响各种元素的有效性和烟草对营养的吸收能力，也是影响烟草生长发育、产量和品质的重要因素之一[5]。pH 过高或过低，烟草生长不良，并且引发病害，内在品质变劣。pH 5.5～7.5 的范围对烤烟香气质和香气量最有利[6]，pH 超过 8.0 以后，内在化学成分不协调，品质逐渐变劣。从表 1 可以看出，该烟区三种主要植烟土壤 pH 变幅为 5.12～7.96，平均为 6.65，红壤、水稻土、紫色土的 pH 分别为 5.82、7.53、6.59。从标准差和变异系数来看，以红壤的变异系数最大，紫色土和水稻土变异较小。全县主要植烟土壤有 52.7%的土壤在适宜种烟范围内，但各类型有所不同，紫色土有 83.3%的土壤处于适宜范围，水稻土的 pH 较高，只有 25%的土壤 pH 适宜，有 75%的土壤呈碱性。

表 1　祁东三种植烟土壤的 pH 结果

土壤类型	样本数	变幅 (mg/kg)	平均数 (mg/kg)	标准差	变异系数 (%)	各区间所占比例（%）		
						<5.5	5.5～7.0	>7.0
红壤	12	5.12～6.9	5.82	0.59	10.1	50.0	50.0	0
水稻土	12	6.55～7.96	7.53	0.38	5.0	0	25.0	75.0
紫色土	12	5.76～7.21	6.59	0.42	6.4	0	83.3	16.7
总计	36	5.12～7.96	6.65	0.87	13.1	16.7	52.7	30.6

2.2 主要植烟土壤类型有机质含量比较

土壤有机质含量高，可以维持良好的土壤理化性状，如土壤的保水保肥性能、土壤肥力和土壤耕性等。但对于烤烟生产来说，土壤有机质含量高，可能容易导致烤烟后期营养生长过旺，氮素积累过多，造成烟草贪青晚熟、上部烟叶烟碱含量偏高，影响烟叶的内在质量[7]。根据湖南省平衡施肥小组研究结果表明，植烟土壤有机质含量在 2.5%～3.5%最适宜[8～10]。从表 2 可以看出，该县主要植烟土壤有机质范围在 2.34%～4.02%，平均值为 3.11%，有机质含量丰富。三种不同类型的土壤的有机质含量有一定差异，红壤、水稻土、紫色土平均值分别为 2.72%、3.58%、3.04%，水稻土的有机质含量最高，原因可能是由于人工培肥，造成有机质含量高。紫色土和红壤有机质含量较适宜，适宜比例分别为 100%、83%。从标准差和变异系数来看，水稻土的变异较大，紫色土变异最小。

表 2　祁东三种植烟土壤的有机质含量

土壤类型	样本数	变幅 (mg/kg)	平均值 (mg/kg)	标准差 (mg/kg)	变异系数 (%)	2.5%～3.5%区间所占比例（%）
红壤	12	2.34～3.01	2.72	0.19	7.0	83
水稻土	12	2.94～4.02	3.58	0.39	10.9	33
紫色土	12	2.85～3.36	3.04	0.20	6.6	100
总计	36	2.34～4.02	3.11	0.44	14.1	72

2.3 主要植烟土壤类型速效氮、磷、钾含量比较

有资料表明[8~10]，烟田土壤水解氮、有效磷、速效钾含量分别在110～180mg/kg、10～20mg/kg、160～240mg/kg适合烤烟生长。通过对土壤水解氮、有效磷、速效钾的测定表明（表3），三种植烟土壤类型中，全县主要植烟土壤水解氮含量在110.4～188.4mg/kg，平均值为143.1mg/kg。红壤和紫色土水解氮含量100%在适宜范围内，比较适宜烟株生长。水稻土的变异系数最大，为14.4%，紫色土较小，为7.4%。全县主要植烟土壤有效磷含量在10.5～19.5mg/kg，平均值为14.8，三种不同土壤类型有效磷含量较丰富，土壤样品含量都处于适宜范围内。全县主要植烟土壤速效钾含量在51.2～154.2mg/kg，平均含量为158.2mg/kg，三种土壤类型以紫色土含量最高，为183.4mg/kg，适宜比例为83.3%，红壤速效钾含量最低，为138.7mg/kg，适宜比例为25%。红壤变异系数最大，达到19.3%。

上述分析表明，三种土壤类型以紫色土壤的三种速效养分含量最适宜烤烟生长，红壤和水稻土的速效钾含量和适宜比例都较低，要重视补钾。

表3 祁东三种土壤的速效氮磷钾含量

测定指标	土壤类型	样本数	变幅范围（mg/kg）	平均数（mg/kg）	标准差	变异系数（%）	适宜比例（%）
水解氮	红壤	12	110.4～158.2	130.1	15.6	12	100
	水稻土	12	116.5～188.4	157.6	22.7	14.4	83.3
	紫色土	12	128.5～164.2	141.6	10.5	7.4	100
	总计	36	110.4～188.4	143.1	20.1	14.1	94.4
有效磷	红壤	12	10.5～15.6	13.6	1.5	11	100
	水稻土	12	14.3～19.5	15.2	1.5	9.9	100
	紫色土	12	13.6～17.5	15.5	1.1	7.1	100
	总计	36	10.5～19.5	14.8	1.64	11.1	100
速效钾	红壤	12	51.2～88.6	138.7	26.7	19.3	25
	水稻土	12	89.4～135.5	152.8	27.1	17.7	41.6
	紫色土	12	97.5～154.2	183.4	22	12	83.3
	总计	36	51.2～154.2	158.3	31.1	19.6	50

2.4 主要植烟土壤类型中微量元素含量比较

微量元素是植物生长发育必需的营养元素。微量元素虽然在植物体内含量甚微，但它们却是烟株生长和烟叶产量、品质形成必不可少的营养元素[1]。从表4可以看出，全县主要植烟土壤中，水溶性氯含量偏低，仅为2.45%，有效硫、铁、铜含量丰富。红壤的有效锌、水溶性氯含量偏低，平均含量分别为0.7、0.8mg/kg，在该土壤类型上种烟要重视补充锌、氯。

表 4 祁东三种土壤类型中的微量元素含量

土壤类型	交换性钙 (mg/kg)	交换性镁 (mg/kg)	有效硫 (mg/kg)	有效铁 (mg/kg)	有效锰 (mg/kg)	有效铜 (mg/kg)	有效锌 (mg/kg)	水溶性氯 (mg/kg)
红 壤	3.73	184.6	40.0	27.7	4.0	2.0	0.7	0.8
水稻土	8.98	188.4	79.5	33.4	10.1	4.2	2.6	3.5
紫色土	6.51	193.9	43.3	41.3	15.8	6.6	4.4	1.4
平均值	6.41	188.97	54.27	34.13	9.97	4.27	2.57	2.45

3 小结

（1）三种主要植烟土壤 pH 有一定差异，其中红壤 pH 最低，紫色土居中，水稻土 pH 最高。紫色土的 pH 较其他两种土壤适宜比例最高，有 83.3%的土壤处于适宜范围。水稻土的 pH 较高，有 75%的土壤呈碱性。

（2）水稻土的有机质含量最高，可能是由于人工培肥，造成有机质含量高。因此要加快前期土壤有机质的矿化，提高土壤活性有机质。

（3）三种主要植烟土壤的速效氮、磷养分较丰富，含量处于适宜范围。但速效钾含量普遍缺乏，尤其是红壤有 75%土壤缺钾，因此在生产中要及时补充钾肥。

（4）全县主要植烟土壤中，土壤的水溶性氯含量偏低。红壤的有效锌、水溶性氯含量偏低，应适当增加锌肥和氯肥的施用量。

通过上述研究表明，紫色土壤比较适宜烤烟生长发育，其次是水稻土，红壤要通过适量施用石灰来调整 pH，并及时补充钾、锌、氯肥的施用量。

参考文献

[1] 刘国顺. 烟草栽培学 [M]. 北京：中国农业出版社，2003.
[2] 韩锦峰. 烟草栽培生理 [M]. 北京：中国农业出版社，1996. 54-80.
[3] 胡国松，郑伟，王震东，等. 烤烟营养原理 [M]. 北京：科学出版社，2001. 49-50.
[4] 鲍士旦. 土壤农化分析 [M]. 北京：中国农业出版社，2000.
[5] 曹志宏. 优质烤烟生产的土壤与施肥 [M]. 南京：江苏科学技术出版社，1991. 17-40，104-107.
[6] 王建林，蔡晓布，董国正. 藏东南地区发展烟草问题研究 [J]. 自然资源学报，1997，12 (3)：271-272.
[7] 马成泽. 有机质含量对土壤几项物理性质的影响 [J]. 土壤通报，1994，25 (2)：65-67.
[8] 赵松义，肖汉乾. 湖南植烟土壤费力与平衡施肥 [M]. 长沙：湖南科学技术出版社，2005.
[9] 肖汉乾，罗建新，王国宝，等. 湖南优质烟区不同产量水平土壤肥力状况分析 [J]. 作物研究，2003 (1)：28-30.
[10] 罗建新，石丽红，龙世平. 湖南主产烟区土壤养分状况与评价 [J]. 湖南农业大学学报，2005，31 (4)：376-380.

（原载《邵阳学院学报》2009 年第 4 期）

施用石灰对酸性植烟土壤的改良效果

段兴国[1,2]，王国平[2]，屠乃美[1]，向鹏华[2]

（1. 湖南农业大学农学院，长沙　410128；
2. 衡阳市烟草公司，湖南衡阳　421001）

摘　要： 对耒阳市植烟土壤普查表明，酸黄泥土植烟区土壤 pH 平均为 5.12，其中有 75%低于 5.5。本试验通过在酸黄泥土施用石灰来提高土壤的 pH，结果表明施用石灰可以促进烤烟的生长发育，使烤烟化学成分更趋于协调，提高中上等烟比例，显著增加烤烟产、质量。施用石灰量以 750kg/hm^2 效果最好。

关键词： 土壤；石灰；烤烟

耒阳市是全国重点产烟县（市），年种植面积 2 200hm^2 左右。全市主要植烟土壤按成土母质可分为板页岩母岩分化的酸黄泥土、石灰岩发育的碱灰泥田和砂岩母质发育的黄沙泥。酸黄泥土红壤化程度高，酸性强，pH 较低[1]。土壤的酸碱度影响土壤养分的存在的状态、转化、有效性以及养分供应数量、速率，还影响土壤微生物种类、数量及其活性，是土壤肥力性状的标志之一[2~7]。本试验在酸黄泥土通过石灰改良土壤，旨在为全市改良酸性植烟土壤提供一定的理论依据。

1　材料与方法

1.1　土壤样品采集与分析

在前茬水稻收获后，在全市烟区主要植烟乡镇按“之”字法采集土壤样品 36 个。

1.2　试验供试品种和地点

品种为 K326。试验设在耒阳马水乡桥头村 5 组贺检华责任田，供试土壤为黄泥土，土壤基本理化性状见表 1。

表 1　供试土壤的基本理化性状

pH（水浸）	全量（g/kg）			速效（mg/kg）			有机质（g/kg）
	N	P	K	N	P	K	
4.96	2.2	0.8	9.7	174.4	22.6	81.3	27.7

1.3 试验设计

试验设5个处理。处理1：对照（不施石灰）；处理2：750kg/hm^2；处理3：1 500kg/hm^2；处理4：2 250kg/hm^2；处理5：3 000kg/hm^2。其他施肥水平相同，施纯N为142.5kg/hm^2，N∶P_2O_5∶K_2O=1∶1∶3。在土壤翻耕起垄前施用石灰，每处理重复3次，随机区组排列，小区面积60m^2，株行距1.2m×0.5m，小区试验设保护行。

用电位法测定土壤pH（水土质量比为2.5∶1）；开氏定氮法测全氮；用高氯酸、硫酸消化测全磷，氢氧化钠熔融测全钾；扩散法测碱解氮，钼锑抗比色法测速效磷，火焰光度法测速效钾[8]；重铬酸钾氧化法测有机质；烟叶的化学成分分析使用荷兰SKALAR连续流动分析仪。

2 结果与分析

2.1 耒阳市主要植烟土壤的pH状况

从表2可以看出，耒阳烟区3种主要植烟土壤pH变幅为4.32～7.62，平均为6.02，黄泥土、灰泥田、黄沙泥的pH平均分别为5.12、7.23、6.48。该烟区土壤有25%土壤在5.5以下，且都为黄泥土类型，黄泥土的pH在4.32～5.9之间，pH偏低是制约黄泥土烤烟产量、质量进一步提高的主要障碍因子之一。

表2 耒阳主要植烟土壤pH变化

土壤类型	样本数	变幅	平均数	标准差	变异系数（%）	各区间所占比例（%）		
						<5.5	5.5～7.0	>7.0
黄泥土	12	4.32～5.9	5.12	0.39	7.6	75	20	0
灰泥田	12	6.45～7.62	7.23	0.34	4.7	0	42	58
黄沙泥	12	5.76～7.21	6.48	0.62	9.6	0	83.3	16.7
总计	36	4.32～7.62	6.02	0.92	153	25	50	25

2.2 不同处理对土壤pH的影响

从表3中可以看出，施入石灰处理能显著增加土壤pH，随着石灰用量的增加，pH增加越多。各处理施用后分别比施用前增加0.09、0.47、0.81、0.96、1.46。不施石灰处理pH变化不大。可以说明，施入石灰可以调节土壤酸碱性，提高pH，改良酸性土壤。

表3 不同处理对土壤pH的影响

处理		1	2	3	4	5
pH	未施前	4.96	4.96	4.96	4.96	4.96
	施用后	5.05	5.43	5.77	5.92	6.42

2.3 不同处理对烤烟农艺性状的影响

从表4中可以看出，在烤烟整个生育期，施石灰处理长势都优于对照（处理1），处理2烤烟的生长发育最好。旺长期时，处理2的株高最高，为66.5cm，显著高于处理1和处理5；处理1的叶片数最少，显著低于处理3、4、5；处理2的叶面积最大，为895cm^2，显著高于处理1、4。成熟期，株高以处理4较高，比最低处理1高9.2cm；叶片数各处理差异不大；最大叶面积处理2、3、5显著高于处理1。结果表明，施石灰处理的农艺性状明显优于不施处理，其中施用石灰处理中以处理2、3较好。原因可能是施用石灰后，土壤pH升高而提高了硝酸还原酶活性，烟株更易吸收NO_3^-，而烟株吸收NO_3^-量的大小影响植株的长势。

表4 各处理对烤烟主要农艺性状的影响

处理	旺长期			成熟期		
	株高（cm）	叶片数	最大叶面积（cm^2）	株高（cm）	叶片数	最大叶面积（cm^2）
1	56.4 b	14.9 b	756.2 b	76.4 b	17.2 a	946.0 b
2	66.5 a	15.5 ab	895.3 a	84.5 ab	18.5 a	1 256.7 a
3	62.8 ab	15.8 a	822.6 ab	84.7 ab	18.7 a	1 145.6 a
4	62.0 ab	15.7 a	746.0 b	85.6 a	18.3 a	1 166.7 ab
5	58.5 b	15.9 a	827.7 ab	83.1 ab	18.3 a	1 107.3 a

注：同列中字母相同者为差异不显著，不同者为差异显著。小、大写字母分别为0.05和0.01水平。下同。

2.4 不同处理对烤烟主要化学成分的影响

从表5可以看出，与对照比较，处理2、3、4的X2F烟叶钾、烟碱、还原糖含量均有一定增加，更趋于适宜范围内，处理4、5氯含量偏低，各处理的糖碱比都偏高。与对照C3F烟叶相比，处理2、3烟叶的钾含量、烟碱、糖碱比更适宜，处理5钾含量偏低，糖含量偏高。与对照B2F烟叶比较，施石灰处理钾、烟碱含量更适宜，处理2的糖碱比更协调。综合钾含量、烟碱、还原糖、糖碱比等化学成分来看，各部位都以处理2适宜和协调，其次是处理3和处理4，处理1和处理5烟碱、糖碱比不适宜。

表5 不同处理对烤烟主要化学成分的影响

部位	处理	钾（%）	氮（%）	烟碱（%）	总糖（%）	还原糖（%）	氯（%）	糖碱比	钾氯比
X2F	1	2.84	1.14	1.12	25.97	19.46	0.483	17.38	5.88
	2	3.12	1.27	1.33	27.67	24.25	0.536	18.23	5.82
	3	2.82	1.13	1.16	32.25	27.26	0.317	23.50	8.90
	4	3.02	0.98	1.16	28.51	22.77	0.296	19.63	10.20
	5	2.52	1.26	1.39	27.74	21.40	0.252	15.40	10.00

（续）

部位	处理	钾（%）	氮（%）	烟碱（%）	总糖（%）	还原糖（%）	氯（%）	糖碱比	钾氯比
C3F	1	1.84	1.86	1.95	25.2	20.33	0.577	10.43	3.19
	2	2.24	1.89	2.28	23.18	18.66	0.616	8.18	3.64
	3	1.74	1.98	2.56	27.37	23.14	0.528	9.04	3.30
	4	1.84	2.46	2.77	22.44	18.29	0.447	6.60	3.67
	5	1.69	1.84	2.48	31.91	26.42	0.378	10.65	4.47
B2F	1	1.49	2.97	3.47	18.56	14.85	0.577	4.28	2.58
	2	2.13	2.48	2.61	22.62	19.73	0.616	7.56	3.46
	3	1.88	2.87	2.86	20.15	17.69	0.528	6.19	3.56
	4	1.93	2.22	3.15	24.56	18.76	0.447	5.96	4.32
	5	1.57	3.53	3.87	16.54	13.26	0.378	3.43	4.15

2.5 不同处理对烤烟经济性状的影响

表 6 结果表明，施石灰处理烤烟的产量、均价、产值和中上等烟都优于对照（处理 1）。处理 2 和处理 3 的产量极显著大于处理 1，分别比处理 1 高 565.3、346.3kg/ hm^2；均价以处理 2、3 较好，处理 1 和处理 5 较低；处理 2、3、4 产值极显著大于处理 1，分别比处理 1 高 7 471.3、4 806.2、3 176.3 元/hm^2，处理 2 极显著大于处理 5，分别比处理高 5 973.3 元/hm^2；中上等烟比例处理 2、3、4 显著高于处理 5、1。可以说明，施石灰处理能有效增加烤烟产量和产值，提高中上等烟比例，石灰随着整垄时施入土壤，施后即进行地膜覆盖，到采收烟时地里没有淹过水，土壤在烤烟生长发育期内保持较理想的 pH 水平，这有利于根系微生物和酶活性增加，促进根系生长和烤烟对 N、P、K 元素的吸收，提高 N、P、K 肥料利用率，提高烤烟的产量及质量。

表 6 不同处理对烤烟经济性状的影响

处理	产量（kg/hm^2）	均价（元/kg）	产值（元/hm^2）	中上等烟比例（%）
1	1 812.3 cB	10.02 b	18 159.2 cC	91.3 b
2	2 377.6 a A	10.78 a	25 630.5 aA	96.3 a
3	2 158.4 aA	10.64 a	22 965.4 abAB	95.4 a
4	2 061.4 bcAB	10.35 ab	21 335.5 abAB	94.9 a
5	1 989.6 abAB	9.88 b	19 657.2 bcBC	91.4 b

3 小结

施用石灰可以增加土壤的 pH，且 pH 大小随着石灰施用量的增加而增加量。相比对照处理，适量的施用石灰处理明显促进烟株的生长发育，增加株高和有效叶片数，扩大叶面积，增加烤烟的钾含量和 B2F 烟叶还原糖，降低 B2F 烟叶烟碱，糖碱比更协调，显著增加烤烟产量和产值，提高烤烟中上部烟叶比例。综合分析，在耒阳黄泥土植烟区，以施用石灰量为 750kg/hm^2 为最适宜。

参考文献

[1] 唐莉娜，熊德中．土壤酸度的调节对烤烟根系生长与烟叶化学成分含量的影响 [J]．中国生态农业学报，2002，10 (4)：65 - 67.
[2] 杨垒忠．牵跃舞，剂建阳．施用石灰改良土壤的试验研究 [J]．烟草科技，1999 (2)：43 - 44.
[3] 熊德中，李春英．施用石灰对福建低 pH 值植烟土壤改良 [J]．中国烟草学报，1999 (1)：25 - 29.
[4] 蒋小林，颜成生，阳清元．衡南烟区施用石灰对烟叶生长发育及品质的影响 [J]．湖南农业科学，2007 (3)：103 - 104.
[5] 曾令元．酸性稻田施用石灰对早稻产量及经济效益影响的研究 [J]．湖南农业科学，2007 (6)：115 -116.
[6] 鲍士旦．土壤农化分析 [M]．第 3 版．北京：中国农业出版社，2005.

（原载《作物研究》2010 年第 1 期）

螯合叶面微肥对烟叶质量影响的研究

贾海江[1]，韦建玉[1]，首安发[2]，王学杰[1]，
黄　武[1]，耿富卿[1]

（1. 广西卷烟总厂技术中心，南宁　545005；
2. 贺州市烟草公司，贺州　542800）

摘　要：微量元素对烟叶质量的形成有重要影响，广西的一些老烟区存在典型的缺硼、锌、镁症状。本试验针对这种情况，对叶面喷施了瑞陪乐——一种螯合了硼、镁、锌等中、微量元素叶面复合微肥。研究发现该微肥能明显提高烟叶的外观质量，协调化学成分，降低蛋白质的含量，提高烟叶的香气，降低烟叶刺激性，改善余味，提高甜度，提升烟叶的使用价值。

关键词：烤烟；施肥；微量元素；质量

微量元素在烟叶内含量甚微，但却是烟株生长和烟叶产量、品质形成必不可少的营养元素。缺乏微量元素时，烟株不能正常生长，若稍有逾量，则会对烟株产生危害，甚至死亡。其中硼元素对植物细胞壁的形成、细胞分裂和碳、氮代谢起重要的调节作用，且能提高光合效率和同化物的运输能力；锌是合成生长素前体，缺锌时不能合成生长素，导致烟叶生长受阻；镁是叶绿素的成分，对光合作用有重要作用；镁与碳水化合物的转化和降解以及氮代谢有关[1]。从近几年广西区内烟叶各产区土壤的普查结果来看，大部分植烟田块都存在一定程度的缺少某种中、微量元素的情况。最普遍缺少的中、微量元素是硼、锌和镁。特别一些老烟区，烟叶生长过程中都不同程度地表现出叶片开片差、皱缩扭曲、上部叶尖细的病理特征，烟叶调制后呈暗灰色无光泽，油分差，无弹性，属于典型的缺硼、锌和镁症状。本试验针对广西各产区的实际情况，选择螯合了硼、镁、锌等中、微量元素的叶面肥进行了多点试验。

1　材料和方法

1.1　试验材料

试验施用的肥料是英国汽巴公司提供的一种叶面复合微肥——瑞陪乐，主要螯合了硼、镁、锌等中、微量元素。试验田设在富川县。土壤为沙壤土，肥力中等。供试烤烟品种为K326。

1.2　试验方法

在试验研究中采用叶面喷施，叶面喷施微肥的为试验样，未喷施的为对照样。田间布

置为两个处理 3 次重复。试验小区面积 33.33m^2，周围设保护行。喷施时间选在晴天日落前，共喷施 3 次，烟叶团棵期喷施第 1 次，旺长前期喷施第 2 次，旺长中期喷施第 3 次。每次用量为每公顷 750g。将试验烟叶和对照烟叶分开采收，采收后做好标记，同炉烘烤。烘烤后随机选取试验样和对照样，取样部位为下二棚（试验样 1）、腰叶（试验样 2）和上二棚（试验样 3），进行化学分析和评吸。

2 结果与分析

2.1 烟叶化学成分检测结果与分析

烟叶化学成分检测结果如表 1。

表 1 烟叶化学成分检测结果

样品名	总糖（%）	还原糖（%）	总氮（%）	烟碱（%）	Cl（%）	蛋白质（%）	糖/碱	施木克值
试验样 1	23.01	21.03	2.20	1.84	0.20	11.76	12.51	1.96
对照样 1	28.08	26.09	2.48	1.50	0.26	13.88	18.72	2.02
试验样 2	23.01	21.05	2.45	2.69	0.23	12.41	8.55	1.85
对照样 2	27.26	23.98	2.55	2.48	0.26	13.26	10.99	2.06
试验样 3	22.42	20.30	2.70	2.86	0.24	13.79	7.84	1.63
对照样 3	25.93	25.93	3.05	3.00	0.35	15.82	8.64	1.64

注：此数据采用的是富川县试验点样品检测的结果。

（1）对总糖和还原糖含量的影响。从试验样和对照样的化学分析结果可以看出：试验样的糖含量均比相应对照样的含量要低，试验样 1 的总糖含量比对照样 1 含量下降了 5.07%，还原糖含量下降了 5.06%；试验样 2 的总糖含量比对照样 2 下降了 0.10%，还原糖含量下降了 2.93%；试验样 3 的总糖含量比对照样 3 下降了 3.51%，还原糖含量下降了 3.26%。总糖和还原糖含量的适宜范围分别为 20%～24%和 16%～22%，但对照样的总糖和还原糖含量均超过了适宜范围，而试验样的含量处在了适宜范围内。由此可见这种螯合叶面微肥能调节烟叶含糖量，协调烟叶化学成分。

（2）对总氮和蛋白质含量的影响。烟叶中的蛋白质对烟叶质量的影响较大，在燃烧时产生一种臭鸡蛋味，其含量在 7%～9%之间为宜，烟叶中的蛋白质含量偏高对卷烟是一种不利因素[2]。总氮含量也要控制在一个合理的范围内，通常认为这个范围为 1.5%～3.5%。通过比较试验样和对照样的化学分析结果，可以看出：试验样的总氮和蛋白质含量均比相应的对照样含量要明显的偏低，试验样 1 的总氮含量比对照样 1 下降了 0.28%，蛋白质下降了 2.12%；试验样 2 的总氮含量比对照样 2 含量下降了 0.1%，蛋白质下降了 0.85%；试验样 3 的总氮含量比对照样 3 含量下降了 0.35%，蛋白质下降了 2.03%。蛋白质含量的下降较大程度上提高了烟叶的吸食价值。

（3）对烟碱的影响。烟叶中烟碱的含量合理范围为 1.5%～3.5%，过高则刺激性、劲头大，过低则平淡无味。试验样 1 和 2 的烟碱含量比其对照的含量略高，分别高出

0.34%和0.21%；试验3的烟碱含量比对照样3的含量略低，下降了0.14%。在其他试验点的试验中，样品分析结果较好，3个试验样品的烟碱含量均明显低于对照样品，这表明施用该叶面肥会影响烟叶的含碱量，能改善烟叶烟碱含量偏高的现象。

（4）对糖/碱比的影响。糖/碱比值能够体现烟叶的协调性，一般糖/碱比值在8%～10%之间比较适宜。试验样1的糖/碱比值比对照样1下降6.21%；试验样2的糖/碱比值比对照样2下降了2.44%；试验样3的糖/碱比值比对照样3下降了0.8%。试验样的协调性均达到了更为合理的范围之内。

（5）对施木克值的影响。为了调节好烟气，苏联专家施本克教授用糖和蛋白质的比值来说明卷烟吸味品质和烟叶品质，称之为施木克值，比值高表明卷烟含糖量高，含蛋白质低，但蛋白质、糖都要有一个合理的范围，所以施木克值也不是越高越好，一般掌握在2～3之间比较适宜。试验样1、2的施木克值均略高于对照样，分别高出0.06%、0.21%，且处在了适宜的范围内。这说明施肥后能够调节施木克值，使烟叶化学成分更加协调。

2.2 评吸结果与分析

从样品评吸结果可以看出：试验样1比对照样1的香气、香气质、香气量都有明显的提高；刺激性、杂气有明显的降低；余味、甜味有明显的提高。试验样2比对照样2的香气质、香气量都有明显的提高；刺激性、杂气有明显的降低；余味、甜味有明显的提高，劲头有一定程度降低，烟气浓度无明显变化。试验样3比对照样3的杂气有明显的降低，甜味有明显的提高。综合来看，施用瑞陪乐这种螯合叶面微肥对烟叶的吸食质量有较大的有利影响，吸食质量得到了明显的提高。

表2　评吸结果

样品名	香气	香气质	香气量	劲头	浓度	刺激性	余味	甜度	杂气
试验样1	尚清晰	尚好	尚足	中等	中等	中等	尚舒适	稍有	有
对照样1	略微模糊	中等	有	中等	中等	稍大	稍欠舒适	无	略重
试验样2	较清晰	尚好	尚足	中等	较浓	中等	较舒适	尚可	有
对照样2	较清晰	中等	尚足	稍大	较浓	稍大	尚舒适	无	略重
试验样3	较清晰	中等	尚有	稍大	较浓	稍大	较舒适	尚可	有
对照样3	较清晰	中等	尚有	稍大	较浓	稍大	尚舒适	无	略重

2.3 烤后烟叶的外观质量分析

使用微肥后烟叶外观质量有明显的提高，尤其表现在橘色烟比例有所提高，油分也有明显的增加，结构疏松，光泽度比较好，上等烟比例提高了约5%。同时试验田烟株长势良好，试验样的烟叶开片要比对照样好，产量也有一定的提高。

3 小结与讨论

综上分析，可以看出：施用瑞陪乐这种螯合叶面微肥，能降低烟叶糖类、蛋白质、总氮的含量，提高烟叶糖/碱比比值和施木克值，达到了协调烟叶化学成分，提高内在质量的目的。广西大部分植烟土壤都存在了不同程度的中、微量元素的缺乏，尤其是硼、锌、镁的缺乏成了提高烟叶质量的重要限制因素。施用瑞陪乐这种螯合叶面微肥能在较大程度上提高烟叶的外观质量、内在质量和吸食质量，重点体现在提高烟叶外观质量，协调化学成分，降低蛋白质的含量，提高烟叶的香气，降低烟叶刺激性，改善余味，提高甜度，提升了烟叶的使用价值。如果能在全区内有针对性的增加该烟叶微肥的施用，将会带来巨大的经济效益。

参考文献

[1] 刘国顺．烟草栽培学［M］．北京：中国农业出版社，2003.
[2] 宫长荣．烟草调制学［M］．北京：中国农业出版社，2003.

（原载《广西烟草》2006年第2期）

蚯蚓与微生物、土壤重金属及植物的关系

金亚波[1]，韦建玉[1,2]，屈　冉[3]

（1. 广西大学农学院，南宁　530005；2. 广西中烟工业公司，南宁　545005；
3. 北京师范大学水科学研究院，北京　100875）

摘　要：综述了蚯蚓粪的特性、蚯蚓活动下土壤微生物、重金属的变化状况以及对植物内外品质的影响，并对蚯蚓在农业方面的应用前景作了展望。

关键词：蚯蚓；微生物；重金属；植物

蚯蚓是属于环节动物门寡毛纲（Oligochaeta）的一类低等动物，依据它们所栖息的生活环境，可分为陆生蚯蚓（*Terrestrial earthworm*）和水栖蚯蚓（*Aquatic earthworm*）两大类。一般所讲的蚯蚓，主要指的是陆生蚯蚓。蚯蚓为腐食性动物，特别喜食发酵后的畜禽粪便、腐烂的瓜果、富含钙质的枯枝落叶等。蚯蚓是土壤中的主要动物类群，在生态系统中具有重要的功能。它们促进植物残枝落叶的降解，促进有机物质的分解和矿化，提高植物营养，改善土壤结构，修复被污染的土壤等，所以，达尔文认为蚯蚓是地球上的“第一劳动者”。

1　蚯蚓与微生物的相互作用

蚯蚓处理实际上是指蚯蚓和微生物联合作用下生物氧化和稳定有机质的过程，在这一过程中既包括蚯蚓砂囊的机械研磨作用也包括肠道内的生物化学作用。微生物广泛分布于蚯蚓体内而且在其中数量的动态变化相当复杂。大量的研究表明，蚯蚓和微生物的联合作用对有机质的分解以及矿物营养的释放起着非常重要的作用[1]。蚯蚓摄取的有机质在胃囊机械研磨和肠道内生物化学的联合作用下被分解为理想的颗粒，这些颗粒比表面积大，物理化学性质稳定，非常适合微生物的增殖，从而使蚯蚓的排泄物或者它们产生的脱落物十分细碎而且比原有机质具有更高的微生物活性。在这个过程中，有机物中重要的植物营养。特别是 N、P、K 和 Ca 被释放而且通过微生物行为转化为更为易溶和更易被植物利用的成分[2]。蚯蚓体内以及生活的环境中存在着大量的微生物，已经从蚯蚓体内分离到包括细菌、藻类、原生动物、放线菌、真菌甚至线虫在内的各类生物。蚯蚓活动不仅对微生

基金项目：以成熟度为中心的配套农业技术试验示范与推广（2004A26）项目资助。

作者简介：金亚波（1976—），男，汉族，河南南阳人，博士研究生，研究方向：植物生理生化与环境生态。Email：jinyabo@126. com。

物的种群结构和数量产生影响，而且还对微生物的活性产生影响。于建光[3]在连续6年稻麦轮作系统的研究中，发现不同秸秆施用下接种蚯蚓均对土壤微生物生物量、微生物生物活性和群落碳源利用能力产生显著影响：两种秸秆施用方式下接种蚯蚓均增加微生物生物量；秸秆表施并接种蚯蚓导致微生物活性、碳源利用丰富度和多样性指数均降低，而在秸秆混施下则均升高；BIOLOG碳源利用分析结果表明：在秸秆施用下接种蚯蚓后土壤的微生物群落组成发生明显变化。同年，王丹丹[4]研究了在Cu污染土壤中加入蚯蚓和秸秆对土壤微生物数量及活性的影响。结果表明：Cu污染、秸秆和蚯蚓均明显影响土壤微生物类群；蚯蚓使土壤细菌、放线菌数量显著增加，而对真菌数量影响不大。Cu污染浓度＞200mg/kg处理对微生物量碳具有抑制作用；加入秸秆或蚯蚓，可显著提高土壤微生物量碳，加入蚯蚓和秸秆后，土壤呼吸值显著增高，蚯蚓和秸秆处理对土壤NH_4^+-N没有影响，而对土壤NO_3^--N影响各异。接种蚯蚓，可显著提高土壤NO_3^--N含量；引入秸秆和蚯蚓，可在一定程度上减缓Cu污染对微生物数量和活性的影响。张宝贵等[5]的研究表明：蚯蚓处理土壤促进了被微生物固持的养分的释放和土壤微生物种群的活性增强，增强了微生物的代谢商和纤维素分解活性。这与Devliegher[6]的研究结果相似。经蚯蚓作用土壤，呼吸活性有显著的变化[7]，但是它们受季节和环境条件的影响。微生物通过蚯蚓肠道的时间也是一个决定所吞噬微生物命运的因素[8]，并且会随着微生物种类的不同，物料的不同以及温度而变化。肠道传送时间越短，微生物富集的可能性越小，但是不排除部分细菌活性会提高的可能，或者某些数量占优势的休眠菌被活化的可能。肠道传送时间越长，可能越有足够的时间让微生物富集，尤其是在一些取食物料或有机质丰富的蚯蚓体内更容易富集。通过蚯蚓肠道后，导致了一些活性原生动物、真菌孢子、菌丝以及部分细菌的减少。存留下来的部分微生物与蚯蚓穴中的微生物互相合作，成为新蚓粪的接种者。在蚓粪中，细菌数量、氨化细菌、磷细菌和好气性以及厌气性纤维素分解菌有明显的增加；放线菌和真菌总数未增加[9]，但有的研究发现经过蚯蚓消化道后真菌数量减少[10]。关于微生物在蚓粪中的演替过程报道极少，一般只是对试验中某次采集的蚓粪中微生物的丰度和类型的研究[7]，很少涉及微生物丰度随时间变化的模式，只有Tiunov[11]报道了蚓粪中真菌种群随时间进程的变化。综上所述，蚯蚓与微生物的相互作用仍然知之甚少。无论是体内还是体外的微生物对蚯蚓而言都具有非常重要的意义：

（1）蚯蚓的能量源之一。很多证据表明蚯蚓能取食微生物，然而这种取食带有选择性。对部分真菌和根结线虫有嗜好。微生物为蚯蚓提供能源，蚯蚓给微生物创造一个适宜生存的环境[12]。

（2）参与酶的分泌与合成、影响植物生长。蚯蚓体内存在着各种各样的酶，例如在Lumbricids体内发现了蛋白酶、脂肪酶、淀粉酶、纤维素酶和几丁质酶等，在其他一些蚯蚓物种中也曾发现了糖酶[13]。酶对有机质的分解起着重要的作用，进入体内的有机质正是在各种酶的作用下才得以分解和转化。蚓粪中具有大量的微生物类群，可以提高土壤的酶活性（如中性磷酸酶、蛋白酶、脲酶和蔗糖酶等）。土壤中的蔗糖酶对增加易溶性营养物质起重要作用；蛋白酶是一类作用于肽键的水解酶，其活性大小对土壤氮素影响较大；磷酸酶可加速土壤有机磷的脱磷速度：脲酶的多少则决定土壤有机氮的矿化速度。蚓粪提高上述4种土壤酶的活性，势必提高土壤的供肥性能，最终可表现在植物的生长发育乃至产量和品质上[14]。蚓粪中的微生物可能在一定程度上控制土传病害的发生[15]。

（3）可以提高蚯蚓食物质量。试验表明，预先堆肥过的有机物更易被蚯蚓接受[16]。这一方面是因为堆肥过程中微生物的初步分解使得这种杂草质地更柔软，其中的营养更易被蚯蚓吸收利用；另一方面，堆肥产物中含有大量的微生物，尤其是某些真菌的存在为蚯蚓提供了更为丰富的营养源。Singhl[17]将3种担子门菌属的真菌与一种固氮菌Azotobacter chroococcu。以不同的组合方式接种到小麦秆中预先堆肥40d，然后蚯蚓处理30d。样品的化学分析表明，微生物的接入加速了废弃物中纤维素、半纤维素和木质素降解并且提高了产物中N、P、K含量，其中，四种微生物全部存在的处理其效果最好，有机质腐熟的时间也最短。Kumar等[18]在处理过程中接种固氮细菌和磷细菌后发现固氮细菌增加了蚯蚓粪中氮、磷的含量，而磷细菌则明显提高了可利用磷的含量，这说明微生物的存在可以促进废弃物中矿物营养的释放，增加产物的肥效。蚯蚓活动也可以提高土壤养分的有效性和养分周转率[19]，蚯蚓作用后，有机物的C/N比逐渐降低，有利于有机氮向植物可利用态氮转化。同时，其他养分，如P和K也可被转化为植物可利用态，估计死亡蚓体释放的易利用态有机氮每年每公顷有21.1～38.6 t[20]。胡锋等[21]的结果表明，蚯蚓工作过的红壤中矿质总氮、无机磷、有效SiO_2、有效Mo、Zn都明显高于原土。尽管蚯蚓对P循环的直接影响不如对N的影响大，但是有持续的间接作用，一是由于蚯蚓不断排粪，而蚓粪本身P的富集量很高，由此在土壤中形成富磷微域，促进微生物活性和植物根系的生长，这在缺磷土壤中十分重要：二是蚯蚓肠道以及蚓粪、穴道有较高的酸性或碱性磷酸酶活性，可促进无效态P转化为有效P；三是蚯蚓的混合作用可加速表施肥料或植物物料中磷素的入土，进而被土壤微生物活化，并被植物利用。

2 蚯蚓粪生长的适宜条件和特性

2.1 蚯蚓粪生长的适宜条件

蚯蚓生长迅速、有效分解有机质的适宜条件是：温度15～25℃，湿度70%～90%。蚯蚓对氨和盐分含量很敏感，如果置于含有高于0.5mg/g的氨和高于0.5%盐分的废弃物中，会很快死亡。同时需通气条件，pH的耐受范围为5～9[22]。

2.2 蚯蚓粪的特性

2.2.1 物理特性蚯蚓粪是一种黑色、均一、有自然泥土味的细碎类物质 其物理性质由原材料的性质及蚯蚓消化的程度决定。具有很好的孔性、通气性、保肥性、排水性和高的持水量[23]，蚓粪主要影响土壤中等孔隙（0.2～0.3μm）和微小孔隙（<0.20μm），提高土壤的保水和持水能力，这两部分共同影响着植物根系的生长[24]。蚯蚓粪因有很大的表面积，使得许多有益微生物得以生存并具有良好的吸收和保持营养物质的能力。同时经过蚯蚓消化，有益于蚯蚓粪中水稳性团聚体的形成[25]。

2.2.2 化学特性在众多土壤生态系统中，蚯蚓是植物有机体分解的关键生物 它对植物残体及有机物料的分解转化，使其变为土壤有机质的行为是对土壤化学性质最主要的影响。蚯蚓除直接在地表取食有机物外，还将大量的凋落物向洞穴内部运输[26]，通过吞噬、破碎、与土壤矿物颗粒相混合形成有机无机复合体一蚓粪[27]，蚓粪及蚓穴等所独具的物理结构与化学性质使得土壤养分的时空分布发生了重大变化[28]。此外，蚓体分泌的大量黏液[29]以及蚓体释放的养分等，皆是活性高、易降解的有机质，从而可使土壤养分的植物有效性发生巨大变化。和原材料相比，蚯蚓粪中可溶性盐的含量、阳离子交换性能和腐殖酸含量有明显增加，也就是有机质转化成了稳定的腐殖质类复合物质[30]。许多有机废弃物，尤其是畜禽粪便，一般偏碱性。而大多数植物喜好的生长介质偏酸性（pH 6～6.5），在蚯蚓消化过程中，由于微生物新陈代谢过程中有机酸的产生使得蚯蚓粪的 pH 降低了[31]，而趋于中性。蚯蚓粪中营养物质的含量主要随原材料的不同而有差异，也与蚯蚓活性有关。一般来说，植物生长所必需的一些营养元素及微量元素在蚯蚓粪中不仅都存在，而且含量高，是植物易于吸收的形式，如可溶性 P，NO_3^-－N 和交换性 K，Ca，Mg 等。据报道[32]，经蚯蚓消化、加工后的咖啡渣中 Ca，Mg 含量变成了植物易于吸收的形式，交换性离子含量高于原咖啡渣中的含量，其中可溶性 P 的含量要高出 64%。此外，蚯蚓活动可调节土壤酸度，活化土壤养分包括微量元素养分。蚯蚓通过蚓际系统（drilosphere）参与土壤功能。蚓际系统包括 5 个部分：蚯蚓肠内微环境；蚯蚓与土壤接触的体表：地表和地下的蚓粪；粪堆；穴道、通路或休息穴（包括开口的或封口的）。养分在蚓际环境内的重新布局，自然使土壤养分获得的空间性发生了改变。其中蚓粪和穴道是养分变化的重点[33]，蚓粪和穴道具有较高的植物必需养分，这主要是蚯蚓在富含有机物、黏土和营养的土壤范围内选择性取食[34]，并与肠道吸收、蚓粪富集和穴道富集等综合作用的结果。

2.2.3 生物学特性蚯蚓粪中富含细菌、放线菌和真菌 这些微生物不仅使复杂物质矿化为植物易于吸收的有效物质，而且还合成一系列有生物活性的物质，如糖、氨基酸、维生素等，这些物质的产生使得蚯蚓粪具有许多特殊性质。蚯蚓粪中富含细菌，并含有大量植物激素，如赤霉素、生长素、细胞分裂素等，这些激素在植物的新陈代谢中发挥着重要作用，能影响植物生长和作物品质[35]。Atiyeh 等[36]从蚓粪中提取了部分类激素物质，并首次在不受养分吸收影响的情况下，精确指出了蚓粪对植物生长正效应的机理。而且，蚯蚓粪含有腐殖酸类物质，腐殖酸同样为能影响植物营养吸收、影响蛋白合成的具有荷尔蒙性质的物质。蚯蚓摄取物料中的有机质，分解转化为氨基酸、聚酚等较简单的化合物，在肠细胞分泌的酚氧化酶及微生物分泌酶的作用下，缩合形成腐殖质。众所周知，腐殖质是土壤中植物营养的重要来源，也是形成土壤水稳性结构的重要物质[37]。Muscoloa 等[38]也认为腐殖质中的类植物激素物质会对植物生长和硝酸盐代谢产生影响。粪中提取的腐殖酸，在 50～500mg/kg 范围内可以增加株高、叶面积以及茎和根的干重，加速作物的生长；当高出该范围，则造成产量降低。

3 蚯蚓与土壤、重金属的相互作用

蚯蚓是生态系统中的一个重要组成部分，是陆生生物与土壤生态传递的桥梁。重金属使土壤中动物群落的分布发生明显的改变。作为土壤动物区系的代表类群，蚯蚓已被作为土壤环境的指示生物而进行了大量研究[39～41]，这些研究表明土壤中重金属对蚯蚓的影响因蚯蚓种而异。一些蚯蚓能存活于重金属污染土壤，包括一些重金属矿区，并能在体内富集一定量的重金属。赵丽等[42]研究重金属镉（Cd）、铜（Cu）对安德爱胜蚓（*Eisenia andrei*）的急性毒性，结果表明蚯蚓对Cd的耐性要优于对Cu的耐性。戈峰等[43]研究发现，蚯蚓对硒和铜的富集能力均很强，而且随着饲养的时间拉长，蚯蚓对硒和铜的富集量也逐渐增加，其中富集铜的含量和富集系数均比富集硒的要高，因此可以通过蚯蚓富硒作用生产高硒产品，作为人类食品；通过蚯蚓富铜作用去除矿山中的有毒物质（如铜），改良土壤。贾秀英等[44]测定了高Cu、高Zn猪粪条件下Cu、Zn单一与复合污染对蚯蚓的急性致死及亚致死效应。结果表明，Cu、Zn浓度与蚯蚓死亡率显著正相关，与体重增长率显著负相关。蚯蚓个体对Cu、Zn的耐受程度不同，其毒性阈值Zn>Cu，此结果与宋玉芳[45]的研究结果相符合。白春节[46]以城市剩余污泥为饲料，对重金属转移规律进行了研究。结果表明，城市剩余污泥直接饲养蚯蚓是可行的；饲养过程中蚯蚓体内的重金属浓度随着饲养时间而上升，至4个月左右，蚯蚓体内重金属浓度达到极限。蚯蚓对体内重金属的解毒机制也有大量研究，包括产生金属结合蛋白络合金属元素[47]。在重金属污染土壤上，蚯蚓活动仍能提高土壤肥力，孙颖[48]利用赤子爱胜属蚓（*Eisenia foetida*）的活动来改善污泥性状，研究了污泥酸碱性的改变、有机物的降解、浸出毒性的减小和肥效的改善情况。结果表明，蚯蚓处理后污泥的弱碱性得到中和，趋向于中性；污泥COD的降解率达到25.36%，有机质降为44.10%，浸出毒性明显减小；污泥总氮含量大幅增加，肥效得到提高。污泥水溶性有机碳含量大幅减少。韩清鹏等[49]研究发现蚯蚓的活动能提高高沙土、黄泥土、红壤中氮素矿化量，且在土壤锌浓度为0～400mg/kg范围内对土壤氮素矿化量没有明显影响。而刘宾[50]在蚯蚓活动对土壤中氮素矿化特征的影响的研究中表明：在整个培养时期中，接种蚯蚓处理的土壤铵态氮和硝态氮含量均较对照处理有显著提高。培养前后蚯蚓鲜重的减少量与土壤全氮含量之间存在极显著正相关。Cheng and Wong[51]研究发现在模拟锌污染土壤上蚯蚓活动显著增加了土壤矿化量，而不受锌添加的影响。成杰民[52]以灰化土为供试土壤，分别加入4个浓度的Cd^{2+}模拟土壤污染，结果显示，只接种蚯蚓或菌根菌均能显著提高土壤中速效N、P的含量，而对速效K的含量无显著影响。菌根与蚯蚓并不存在着增加土壤中速效N、P、K的协同作用。胡秀仁等[53]在用蚯蚓处理垃圾时发现加入蚯蚓后重金属的溶出量明显增加。戴文龙等[54]用ICP-AES法测定了生态滤池中蚯蚓和蚓粪中的重金属Zn、Cu、Pd、Cd、Cr的浓度，结果表明蚓粪中的重金属浓度高于蚯蚓体。Cheng and Wong[51]在模拟锌污染的红壤、高沙土、黄泥土上接种蚯蚓，发现加入蚯蚓使红壤pH降低了0.5个单位，蚯蚓活动显著增加了红壤DTPA提取态锌和黄泥土中的有机结合态锌。Maboeta[55]在用人工无污染土壤稀释的铅锌矿砂上，发现蚯蚓活动使土壤有效态Pb、Zn含量分别提高了48.2%、24.8%。但刘玉真[56]的研究结果与此有出入，他认为，赤子爱胜蚓可以显著提高潮棕壤中DTPA-Pb的含量，对DTPA-Zn的含量影响不大。另外研究发现，蚯蚓活动，可以增加土壤pH、水溶态重金属和DOC的含量，降低了有机态含量，且水溶态重金属含量与DOC的含量呈极显著相关，同时，蚯蚓活动也提高了微生物的活性，增加了小麦的生物量，并且小麦地上部和根部重金属的含量均有所增加。

4 蚯蚓与植物的相互作用

关于蚯蚓对重金属的形态以及植物有效性的影响方面的研究报道较少。俞协治[57]在蚯蚓对土壤中铜、镉生物有效性的影响中发现：蚯蚓活动显著增加红壤中 DTPA 提取态 Cu 的含量，接种蚯蚓后各种重金属处理中黑麦草对 Cu 的吸收量也显著增加，而 Cd 的吸收量变化不大。王丹丹[41]以不同质量分数 Zn 污染高沙土为材料，研究结果表明，在重金属污染土壤中，蚯蚓活动提高了植物地上部生物量，地上部 Zn 质量分数。次年王丹丹[58]又研究蚯蚓、秸秆相互作用对黑麦草吸收、富集铜的影响。结果表明：加入秸秆显著提高了蚯蚓的生物量，一定程度上缓解了重金属对蚯蚓的毒害，同时蚯蚓显著提高了秸秆的分解率，较无蚯蚓对照提高了 58.11%～77.32%。接种蚯蚓还提高了土壤有效态重金属（DTPA-Cu）含量，研究还发现，接种蚯蚓处理促进了黑麦草地上部生长，而秸秆加蚯蚓处理显著提高了黑麦草地下部的生物量。两处理同时提高了植物地上部和地下部的 Cu 浓度及 Cu 吸收量。而白建峰[59]通过盆栽添加秸秆和接种蚯蚓等处理来研究蚯蚓对玉米根际 As、P 形态转化及其吸收的影响，结果发现，与对照相比，不论土壤含 As 浓度高低，接种蚯蚓或同时施加秸秆能增加玉米地上部和地下部的生物量，接种蚯蚓或同时施加秸秆，促进根际土壤中非专性吸附态的 Fe 和 Al 结合态的 As 形态含量以及 O-P 含量的升高，在中、高 As 土壤中效果更明显。与此同时，成杰民[60]研究了蚯蚓、菌根相互作用对土壤植物系统中 Cd 迁移转化的影响。他认为：菌根对土壤 pH 无明显影响，加蚯蚓可使土壤 pH 比对照约降低 0.2，蚯蚓和菌根菌同时作用对土壤 pH 降低没有协同作用。蚯蚓或菌根的加入均能显著增加土壤中可溶性有机碳（DOC）含量，蚯蚓的影响大于菌根菌，同时加入蚯蚓和接种菌根对土壤中 DOC 的增加有一定的拮抗作用。蚯蚓活动增加了黑麦草根部 Cd 的积累，菌根则能促进 Cd 从黑麦草根部向地上部转移，二者具有促进 Cd 向地上部分转移的协同作用。蚓粪和土壤中 DTPA 提取态 Cd 含量与黑麦草吸收 Cd 量呈显著相关（$p<0.01$），而蚓粪中 DTPA 提取态 Cd 含量均显著高于土壤中的含量（$p<0.05$）。因此，蚓粪中有效态 Cd 是植物吸收 Cd 的重要供源。这与刘德鸿[61]在研究蚯蚓活动对土壤中 Cu、Cd 的主要形态及高丹草有效性的影响中结果有相似的地方，蚯蚓活动显著提高了高沙土和高丹草中碳酸盐结合态铜、镉和铁锰氧化物结合态铜及 Cd 的含量。李玉红[62]利用蚯蚓对腐熟猪粪进行处理，再通过植物对蚓粪中 Cu，Zn 吸收的方法，进行了消除猪粪中重金属的研究。结果表明，蚯蚓对猪粪 Zn 有较强的吸收能力，富集系数为 1.43；而对 Cu 的吸收能力相对较弱，富集系数为 0.61。植物对 Cu，Zn 的吸收贡献不大，但可以作为饲料返回到动物体内，从而减少饲料添加剂中 Cu，Zn 的含量。通过蚯蚓与植物的联合处理，能有效地降低腐熟猪粪中 Cu，Zn 的含量。另外，蚯蚓能够诱导果树根的生长，在石灰性土壤果园覆盖牛粪接种蚯蚓的试验中发现，牛粪被蚯蚓吸收、并转化为蚯蚓粪后，能诱导大量新根在蚯蚓粪内生长，养蚯蚓后所增加的根主要是直径 2mm 以下的吸收根。用蚯蚓粪分别与 0、4%、8%含量的 $FeSO_4$ 配制成蜂窝肥，蜂窝肥施到苹果断根根际，断根产生的新根大量进入含 $FeSO_4$ 4%的蜂窝肥中生长，新根不能进入含 $FeSO_4$ 8%的蜂窝肥中生长，而是缠绕其上生长，蚯蚓不仅增加根的数量，蚯蚓粪中生长的根形态也

可能改变。转番茄铁载体蛋白基因八棱海棠（*Malus robusta* Rehd.）株系表现出较强的抗缺铁胁迫能力，其根系的吸收区和根毛的表面结构皱折增多，表面积增大[63,64]。

5 展望

蚯蚓属于大型土壤动物，其生物量占据土壤动物生物总量的60%。据科学家估算，地球上形成2cm厚的土壤需要1 000年的风化和分解。但是通过蚯蚓在泥土中钻洞和分配养分，可将这一过程缩短到5年左右。达尔文计算英国牧场蚯蚓的年产粪量为18.7～40.3t/hm^2，即相当于每年排出一层5cm深的土[65]。蚯蚓活动和蚯蚓粪便能够加速土壤结构的形成，与微生物相互作用，不仅促进土肥相融，加速有机物质的分解转化，提高植物营养，改善土壤通透性，提高蓄水、保肥能力，并且可以改变重金属的形态，提高重金属的生物有效性，蚯蚓还能够将Fe^{3+}还原成Fe^{2+}，动物吸收的Fe^{2+}能直接被动物小肠黏膜上皮细胞吸收，再与脱铁蛋白结合成铁蛋白转运到体内其他部位被利用，而吸收的Fe^{3+}则要在肠道内被还原成Fe^{2+}后才能被吸收利用[66]。Priya报道，牛粪中的总铁含量为58mg/kg，用于养蚯蚓90d变成蚯蚓粪后，蚯蚓粪中的总铁含量为54mg/kg，虽然牛粪中的总铁含量稍高于蚯蚓粪，但牛粪的pH（7.50）高于蚯蚓粪（7.10），铁的生物有效性低于蚯蚓粪[67]。因此，可以表明，蚯蚓有可能在植物缺素修复这一领域内发挥重要作用。例如：石灰性土壤养蚯蚓，将有机物料转化为蚯蚓粪，诱导作物的根系在蚯蚓粪中生长，相当于给根系生长提供了一个全新的生态环境，可能是解决石灰性土壤上作物缺铁问题的新途径。由此亟待研究的新的理论问题是：①蚯蚓粪的物理化学性质（有机酸、pH等）、微生物、菌根菌诱导改善缺铁作物吸收铁的形态转化规律以及分子信号传导机理，蚯蚓粪诱导缺铁作物逆境蛋白质模式表达及根系形态变化的生理生化机制，铁在土壤、蚯蚓与缺铁作物根系之间的传递效率以及决定植物吸收铁的关键基因；②蚯蚓外来种入侵与生态系统的关系以及蚯蚓对全球变化的响应和影响；③养分循环的Cu、Fe、C、N、S、P等同位素示踪蚯蚓在生态系统物质循环和能量流动中的作用方式及其量价的变化；揭示土壤微结构的图像分析等技术的应用在蚯蚓生态功能研究方面的作用与意义；蚯蚓影响农业和自然生态系统的生化机制以及其作为媒介物的理论基础如何。

参考文献

[1] Barne S S. Shortterm effects of rhizosphere microorganisms on Fe uptake from microbial siderophores by maize and oat [J]. Plant Physiol，1992，100：451-456.

[2] Zhang B G，Li G T，Shen T S，et al. Changes in microbial biomass C，N and P and enzyme activities in soil in cubatecd with the earthworm Metaphire Fuillelmi or Eisenia fetida [J]. Biol. Fertil. Soils，2000，32：2055-2062.

[3] 于建光，陈小云．秸秆施用下接种蚯蚓对农田土壤微生物特性的影响 [J]. 水土保持学报，2007，21（2）：99-103.

[4] 王丹丹，李辉信．蚯蚓和秸秆对铜污染土壤微生物类群和活性的影响 [J]. 应用生态学报，2007，18（5）：1113-1119.

[5] 张宝贵，李贵桐，申天寿．威廉环毛蚯蚓对土壤微生物量及活性的影响［J］．生态学报，2000，24（1）：168－172.
[6] Devliegher W，Verstraete W. The Effect of Lumbricus terrestris on soil relation to plant growth：effects of nutrient-enrichment processes（NEP）and Gut-associated processes（GAP）［J］．Soil Biol Biochem，1997，29：341－346.
[7] Aira M，Monroy F，Dominguez J. How earthworm density affects microbial biomass and activity in pigmanure［J］．Eur J Soil Biol，2002（38）：7－10.
[8] Brown G G. How do earthworms affect microfloral and faunal community diversity ?［J］．Plant Soil，1995，170：209－231.
[9] 张立宏，许光辉．微生物与蚯蚓协同作用对土壤肥力影响的研究［J］．生态学报，1990，10（2）：116－120.
[10] 张宝贵．蚯蚓与微生物的相互作用［J］．生态学报，1997，17（5）：556－560.
[11] Tiunov A V，Scheu S. Microfungal communities in soil，litter and casts of *Lumbricus terrestris* L（Lumbricidae）：a laboratory experiment［J］．Appl Soil Ecol，2000（14）：17－26.
[12] Morgan M H. An investigation of the nutritional requirements of the earthworm［D］．University of Stirling，UK，1985.
[13] Lattaud C，Zhang B G，Locatal S. et al. Activities of the digestive enzymes in the gut and in tissue culture of a tropical geophagous earthworm polypheretima elongota（Megascolecidae）［J］．Soil Biol Biochem，1997，29：335－337.
[14] 崔玉珍，牛明芬．蚯蚓粪对土壤的培肥作用及草莓产量和品质的影响［J］．土壤通报，1998，29（4）：156－157.
[15] 胡艳霞，孙振钧，程文玲．蚯蚓养殖及蚓粪对植物土传病害抑制作用的研究进展［J］．应用生态学报，2003，14（2）：296－300.
[16] Gajalakshmi S. Vermicomposting of different forms of water hyacinth by the earthworm Eudrilus eugeniae，Kinberg［J］．Biores Technol，2002，82：165－169.
[17] Singh A. Composting of a crop residue through treatment with Microorganisms and subsequent vermicomposting［J］．Biores Technol，2002，85：107－111.
[18] Kumar V. Enriching vermicompost by nitrogen fixing and Phosphate solubilizing bacteria［J］．Biores Technol，2001，76：173－175.
[19] Basker A. Influence of soil ingestion by earthworms and the availability in soil：an incubation experiment［J］．Biol Fertil Soils，1992，14：300－303.
[20] Amador J A. Carbon and nitrogen dynamics in *Lumbricus terrestri*s（L）burrow soil：Relationship to plant residues and macropores［J］．Soil Sci Soc Am J，2003，67：1755－1762.
[21] 胡锋，吴珊眉，李辉信．蚯蚓和蚁类活动对红壤性质的影响［C］//何圆球，杨艳生．红壤生态系统研究．北京：中国农业科学技术出版社，1998：276－285.
[22] Edwards C A. The use of earthworms in the breakdown and management of organic wastes［C］//In：Edwards CA（eds）. Earthworm Ecology. Boca Raton，FL，CRC Press，1998：327－354.
[23] Mcinerney M，Bolger J. Temperature weting cycles and soil texture effects on carvon and nitrogen dynamicsin stabilized earthworm casts［J］．Soil Biol Biochem，2000，32：335－341.
[24] Brown G G. How earthworms affect plant growth：Burrowing into the mechanisms［C］//Edwards CA（eds）. Earthworm Ecology，CRC Press LLC，2004：13－49.
[25] Edwards C A. The importance of earthworms as key representatives of the soil fauna［C］//Edwards

CA (eds) . Earthworm Ecology, CRC Press LLC, 2004: 3 - 11.
[26] Amador J A. Carbon and nitrogen dynamics in *Lumbricus terrestris* (L.) burrow soil: Relationship to plant residues and macropores [J]. Soil Sci Soc Am J, 2003, 67: 1755 - 1762.
[27] Keterings Q M. Effect of earthworms on soil aggregate stability and carbon and nitrogen storage in a legume cover crop agroecosystem [J]. Soil Biol Biochem, 1997, 29: 401 - 408.
[28] Materrechera S A. Nutrient availability and maize growth in a soil amended with earthworm casts from a South African indigenous species [J]. Bioresource Technology, 2002, 84: 197 - 201.
[29] Lavelle P. Earthworm activities and the soil systems [J]. Boil Fertil Soils, 1988 (6): 237 - 251.
[30] Elvira C, Goicoechea M S. Bioconversion of solid paperpulp mill sludge earthworms [J]. Bioresource Technology, 1996, 57: 173 - 176.
[31] Ndegwa P M, Thompson S A, Das K C. Effects of stocking density and feeding rate on vermicomposting of biosolids [J]. Bioresource Technology, 2000, 71: 5 - 12.
[32] Orozco F H, Cegarra J, Trukillo L M. Vermicomposting of coffee pulp using the earthworm Eisenia fetida: effects on C and N contents and the availability of nutrients [J]. Biology and Fertility of Soils, 1996 (22): 162 - 164.
[33] Savin M C, Gorrer J H, Amador J A. Microbial and microfaunal community dynamics in artificial and *Lumbricus terrestris* (L.) burrows [J]. Soil Sci Soc Am J, 2004, 68: 116 - 121.
[34] Gorres J H. Soil micropore structure and carbon mineralization in burrows and casts of an anecic earthworm (*Lumbricus terrestris*) [J]. Soil Biol Biochem, 2001, 33: 1881 - 1887.
[35] 胡佩，刘德辉，胡锋，等．蚓粪中的植物激素及其对绿豆插条不定根发生的促进作用 [J]. 生态学报，2002，22 (8)：1211 - 1214.
[36] Ativeh R M. In fluence of earthworm-processed pigmanure on the growth and yield of greenhouse tomatoes [J]. Bioresource Technology, 2000, 75: 175 - 180.
[37] 沈其荣，徐慧，徐盛荣，等．有机-无机肥料养分在水田土壤中的转化 [J]. 土壤通报，1994，25 (7)：11 - 15.
[38] Muscoloa A, Bovalob F, Gionfriddob F, Nardic S. Earthworm humic matter produces auxin-like effects on Caucus carotid cell growth and nitrate metabolism [J]. Soil Biol Biochem, 1999, 31: 1303 - 1311.
[39] Keek L. Ecotoxicity of nickel to Eisenia fetida, Enchytraeus albidus and Folsomia candida [J]. Chemsesphere, 2002, 46: 197 - 200.
[40] 袁方曜．华北代表性农田的蚯蚓群落与重金属污染指示研究 [J]. 环境科学研究，2004，17 (6)：70 - 72.
[41] 王丹丹．蚯蚓活动对锌污染土壤微生物群落结构及酶活性的影响 [J]. 生态环境，2006，15 (3)：538 - 542.
[42] 赵丽．重金属镉、铜对蚯蚓的急性毒性试验 [J]. 上海交通大学学报，2005，23 (4)：366 - 370.
[43] 戈峰，刘向辉．蚯蚓对金属元素的富集作用分析 [J]. 农业环境保护，2002，21 (1)：16 - 18.
[44] 贾秀英．高铜、高锌猪粪对蚯蚓的急性毒性效应研究 [J]. 应用生态学报，2005，16 (8)：1527 -1530.
[45] 宋玉芳．土壤重金属污染对蚯蚓的急性毒性效应研究 [J]. 应用生态学报，2002，13 (2)：187 -190.
[46] 白春节．蚯蚓直接处理城市剩余污泥的研究 [J]. 污染防治技术，2006，19 (3)：6 - 8.
[47] Dallinger R. metallothioneins in terrestrial invertebrates: structural aspects and biological significance

and implications for their use as biomarkers [J]. Cell Mol Biol, 2000, 46: 331-346.
[48] 孙颖，桂长华．利用蚯蚓活动改善污泥性状的实验研究 [J]. 环境化学，2007，26（3）：343-346.
[49] 韩清鹏．蚯蚓活动对锌污染土壤中氮素转化影响的研究 [J]. 江苏农业研究，2001，22（3）：34-38.
[50] 刘宾，李辉信．接种蚯蚓对潮土氮素矿化特征的影响 [J]. 土壤学报，2007，44（1）：99-105.
[51] Cheng J M. Wong M H. Effect of Earthworm on Zn fractionation in soils [J]. Biology Fertility Soils, 2002, 36: 72-78.
[52] 成杰民．蚯蚓-菌根相互作用对 Cd 污染土壤中速效养分及植物生长的影响 [J]. 农业环境科学学报，2006，25（3）：685-689.
[53] 胡秀仁，卢晓清．蚯蚓对生活垃圾肥效影响的研究 [J]. 重庆环境科学，1990，12（1）：45-48.
[54] 戴文龙．ICP—AES 法测定蚯蚓和蚓粪中的重金属 [J]. 光谱实验室，2001，18（4）：438-439.
[55] Maboeta M S. The effects of low lead levels on the growth and reproduction of the African earthworm Eudrilus eugeniae (Oligochaeta) [J]. Biol Fertil Soils, 1999, 30: 113-116.
[56] 刘玉真．赤子爱胜蚓（*Eisenia foetida*）对三种土壤 Zn、Pb 有效态含量的影响 [J]. 生态环境，2006，15（4）：739-742.
[57] 俞协治．蚯蚓对土壤中铜、镉生物有效性的影响 [J]. 生态学报，2003，23（5）：922-927.
[58] 王丹丹，李辉信．蚯蚓、秸秆及其交互作用对黑麦草修复 Cu 污染土壤的影响 [J]. 生态学报，2007，27（4）：1292-1299.
[59] 白建峰，林先贵．蚯蚓对玉米根际 As、P 形态转化及其吸收的影响 [J]. 环境科学，2007，28（7）：1600-1606.
[60] 成杰民，俞协治，黄铭洪．蚯蚓-菌根相互作用对土壤植物系统中 Cd 迁移转化的影响 [J]. 环境科学学报，2007，27（2）：228-234.
[61] 刘德鸿，成杰民，刘德辉．蚯蚓对土壤中铜、镉形态及高丹草生物有效性的影响 [J]. 应用与环境生物学报，2007，13（2）：209-214.
[62] 李玉红，王岩，霍晓婷．蚯蚓与植物联合去除猪粪中的 Cu、Zn 污染研究 [J]. 河南农业科学，2007（6）：86-89.
[63] 渠慎春，张君毅，陶建敏，等．转番茄铁载体基因（LeIRT2）八棱海棠对缺铁胁迫的响应 [J]. 中国农业科学，2005，38（5）：1024-1028.
[64] 薛进军，吴文良，辛德惠，等．成龄苹果园树盘养蚯蚓的综合效应研究 [J]. 中国果树，1994（1）：20-21.
[65] 袁方曜，王玢，牛振荣，等．华北代表性农田的蚯蚓群落与重金属污染指示研究 [J]. 环境科学研究，2004，17（6）：70-72.
[66] 林君英，计时华．食物中游离态二价铁及游离态三价铁的测定 [J]. 广东微量元素科学，1996，3（8）：29-33.
[67] Kaushik E P. Vermicomposting of mixed solid textile mill sludge and cow dung with the epigeic earthworm [J]. Bioresource Technology, 2003, 90: 311-316.

（原载《土壤通报》2009 年第 2 期）

生物菌剂对烟用有机肥堆制腐熟的作用效果研究

尹永强[1]，韦峥宇[1]，何明雄[1]，韦建玉[2]，宁柳诚[1]

（1. 广西壮族自治区烟草公司河池市公司，河池 547000；
2. 广西中烟工业有限责任公司技术中心，柳州 545005）

摘　要：主要研究了生物菌剂对烟用有机肥堆制腐熟指标变化的影响。结果表明，随堆肥的腐熟，添加生物菌剂处理堆温先升高至较高温度（>50℃）后降低，常规腐熟处理堆温基本保持不变；相同腐熟时间内，添加生物菌剂处理堆肥物料外观腐烂程度、碳氮比下降速度、硝态氮含量升高幅度、腐殖化指数和种子发芽指数上升速度均高于常规腐熟处理。添加生物菌剂进行烟用有机肥堆制仅28d即达到安全施用要求。与常规腐熟处理相比，添加生物菌剂能明显缩短堆肥腐熟时间，提高堆肥腐熟质量。

关键词：堆肥；生物菌剂；腐熟

烟田合理施用有机肥能改善烟田土壤理化性状，均衡烟株营养供应，从而达到提高烟叶品质，改善烟叶香气质量的目的[1~7]。但未腐熟的有机肥料施入土壤，会引起微生物的剧烈活动导致氧的缺乏，从而形成厌氧环境，产生大量中间代谢产物，如有机酸、NH_3、H_2S等有害物质，这些物质会严重毒害烟株根系，影响烟株正常生长[8]。同时，施用未腐熟的有机肥料还可能导致养分释放延迟，造成烟株后期贪青晚熟，对烟叶品质产生不利影响。

堆肥是处理有机肥料的主要方式之一。堆肥过程中，发生大量的生物化学变化，以达到无害化和充分腐熟的目的。但由于堆肥物料成分各不相同，有关堆肥腐熟程度和时间的研究结论不尽一致[9,10]。传统的堆肥化处理存在着堆制周期长、堆制质量差、腐熟不充分的弊端，如何提高堆肥腐熟效果是堆肥化处理中的关键问题之一。本试验主要研究了生物菌剂对烟用有机肥堆制腐熟指标变化的影响，旨在为合理制备烟用有机肥提供理论依据。

基金项目：中国烟草总公司广西壮族自治区公司“烟草有机肥腐熟技术研究与推广”项目。
作者简介：尹永强（1979—），男，河南息县人，硕士，主要从事烟叶生产和科研工作。

1 材料和方法

1.1 供试材料

供试堆肥材料为当地牛栏粪，主要组成成分为牛粪和稻草，其比例为 2.2∶1.0（干质量），堆制前堆体材料含水量为 63%，碳氮比为 34.9；供试生物菌剂为 HM 腐熟剂（烟草专用），由河南鹤壁恒隆态废弃物资源化技术有限公司生产。

1.2 试验设计

试验共设 2 个堆肥处理，分别为常规堆肥和添加生物菌剂堆肥。其中添加生物菌剂堆肥处理按照厂家产品使用说明进行堆肥操作，堆体规格为长 2.0m、宽 1.5m、高 1.0m，堆体底部采用木棍架空，上部采用稻草覆盖，保持堆体上下通风，以保证生物菌剂（好氧性菌剂）有良好的作用环境。

1.3 测定项目和方法

1.3.1 取样 堆制期间每 3d 在堆体相同部位取样一次。样品共分为两部分，一部分鲜样在取样后立即进行发芽指数检测，另一部分风干保存，用于堆肥成分检测。

1.3.2 温度 堆制后每天定时（11:00）记载堆体相同部位温度，并同时测定环境温度。

1.3.3 化学成分 由广西大学农学院农业资源与环境实验室测定。

1.3.4 发芽指数 取 20g 鲜样加入 200mL 蒸馏水，充分振荡，30℃下浸提一昼夜，过滤。吸取 6mL 滤液，加入铺有滤纸的培养皿中，每个培养皿点播 20 粒鲁白 6 号大白菜种子，放置在（20±1）℃培养箱中培养，第 24 小时测种子发芽率及发芽指数（GI），每个处理 3 次重复，以蒸馏水为对照。

$$GI = \frac{\text{堆肥浸提提液种子发芽率} \times \text{种子根长}}{\text{蒸馏水种子发芽率} \times \text{种子根长}} \times 100\%$$

2 结果与分析

2.1 生物菌剂对有机肥堆制腐熟过程中堆体外观性状的影响

堆肥开始前，堆体整体外观颜色呈黄褐色，堆体内部含有较多黏结成块的黄色粪团，能够明显看出稻草，气味较臭并有较多蚊虫。堆制 6d 后，常规腐熟处理堆体整体颜色仍为黄褐色，堆体表现较为紧实，堆体物料较为黏结，手搓后难以分离，堆体内有明显的稻草存在，无菌丝分布，臭味较浓，堆体表面有较多的蚊虫。添加生物菌剂处理堆体颜色呈黑褐色，并有少部分黄色，堆体内部有少量粪团和稻草，但粪团表面和稻草已呈黑褐色，堆体表现较为蓬松，手搓物料能够分离，堆体内有菌丝分布，稍有臭味，堆体表面无蚊虫。堆制 25d 左右，常规腐熟处理堆体颜色呈黄褐色，并有部分黄色粪团和稻草存在，手搓秸秆不易断，无菌丝分布，臭味较浓，堆体表面仍有蚊虫出现；添加生物菌剂处理堆体颜色为黑褐色，无黄色粪团存在，稻草已腐烂，手搓即断，堆体内有大量菌丝分布，臭味消失，堆体表面无蚊虫出现。堆制40d左右，常规腐熟处理堆体颜色呈褐色，仍有部分黄色粪团和稻草存在，臭味较浓，堆体表面有较多的蚊虫；添加生物菌剂处理堆体颜色呈黑褐色，堆体较为松散，无粪团和稻草存在，无臭味和蚊虫出现。

2.2 生物菌剂对有机肥堆制腐熟过程中堆体温度的影响

对于堆肥而言，温度是影响微生物活动和堆肥进程的重要因素之一[8]。本试验堆制过程中堆体温度变化如图1所示。堆制期间，外界环境温度在11～31℃波动，温度稳定在15～25℃的时间占总堆制时间的78%。一般而言，堆肥过程中堆体温度变化主要有3个阶段，即升温阶段、高温阶段和冷却后熟阶段[11]。高温阶段是堆肥化处理的关键阶段，大部分有机物在此过程中氧化分解，堆肥物料中几乎所有的病原微生物在此过程中被杀死而达到稳定化。从图1可以看出，堆制第1天，各堆体温度与外界环境温度相当。经过2～3d，添加生物菌剂处理堆体温度迅速上升至56℃，并维持55℃以上15d，维持50℃以上20d，高温阶段持续时间较长，符合粪便无害化卫生标准（GB 7959—1987）要求。之后堆体温度下降至50℃以下；至堆制第33天，堆体温度下降至40℃以下。粪便无害化卫生标准（GB 7959—1987）要求，当高温堆肥堆温下降至40℃以下时，表征堆肥已达到腐熟状态，即添加生物菌剂进行堆肥处理在堆制33d时即达到腐熟标准。

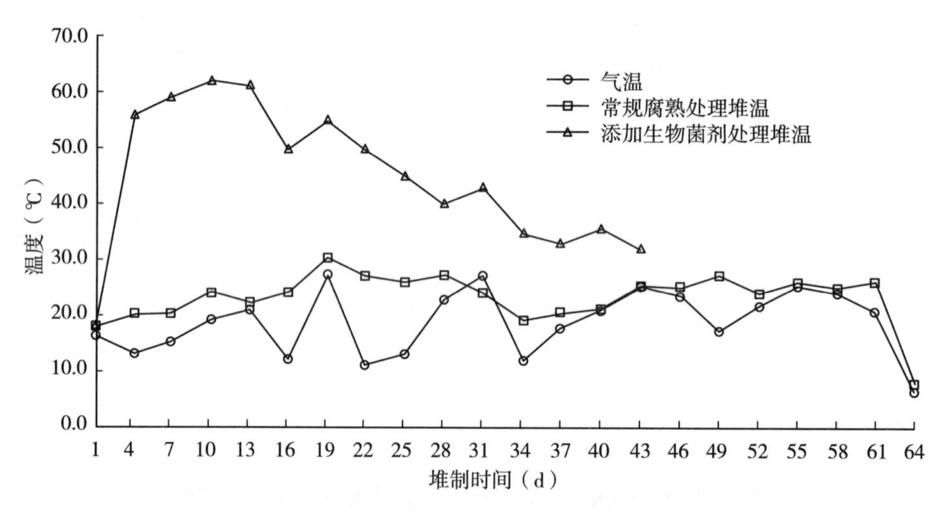

图1 有机肥堆制腐熟过程中堆体温度的变化

常规腐熟处理在整个堆制过程中堆体内未出现高温阶段（>50℃），堆体温度始终维持在17～30℃，平均较外界环境温度仅高出4℃左右。由于堆温过低，且无高温阶段，因此堆肥腐熟时间延长，且未能达到粪便无害化卫生标准要求。

2.3 生物菌剂对有机肥堆制腐熟过程中碳氮比变化的影响

堆肥腐熟过程中，堆肥材料中的有机物质被微生物分解为CO_2和H_2O挥发至空气中，碳素含量逐渐减少，堆肥腐熟程度不断提高[12]。从图2可以看出，堆肥过程中，堆体全碳含量呈持续下降趋势。常规腐熟处理和添加生物菌剂处理在堆制结束前后全碳含量

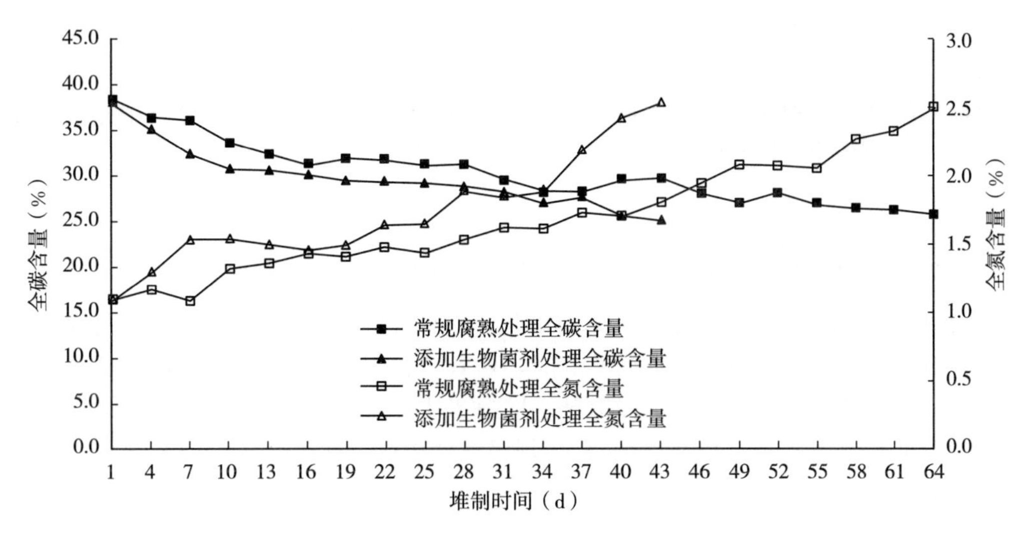

图2　有机肥堆制腐熟过程中全碳和全氮含量的变化

分别减少13.0%和13.1%。堆肥前期是有机物质分解的关键期，堆制前10d内，添加生物菌剂处理全碳含量下降了7.5%，常规腐熟处理下降了4.8%。堆肥前期，添加生物菌剂处理全碳下降幅度大于常规腐熟处理，表明其堆肥材料中的有机物质分解较快。

两处理全氮含量在堆制结束后均有增加，在相同堆制时间内，添加生物菌剂处理全氮含量增加幅度均大于常规腐熟处理。本试验研究结果与相关研究结论相悖[9,12]。理论上，由于有机氮的矿化和氨的挥发以及硝态氮的硝化作用造成氮素有一定的损失。本研究结果却是全氮含量在堆制过程中呈现增加趋势。原因可能是牛粪中复杂的含氮有机物矿化速度缓慢，而且堆肥材料中碳氮比（34.9）较高，在堆制过程中形成较多的腐殖质，对铵态氮起到了较强的固定作用[13]，从而降低了氮素的挥发损失，当其他易挥发物质损失总量大于氮素损失量时，全氮相对含量呈现增加趋势。

碳氮比是反映堆肥腐熟程度的理想指标之一[14]。随堆体材料的不断分解，碳氮比在堆制过程中呈现明显的下降趋势（图3）。其中常规腐熟处理碳氮比呈持续下降趋势，至

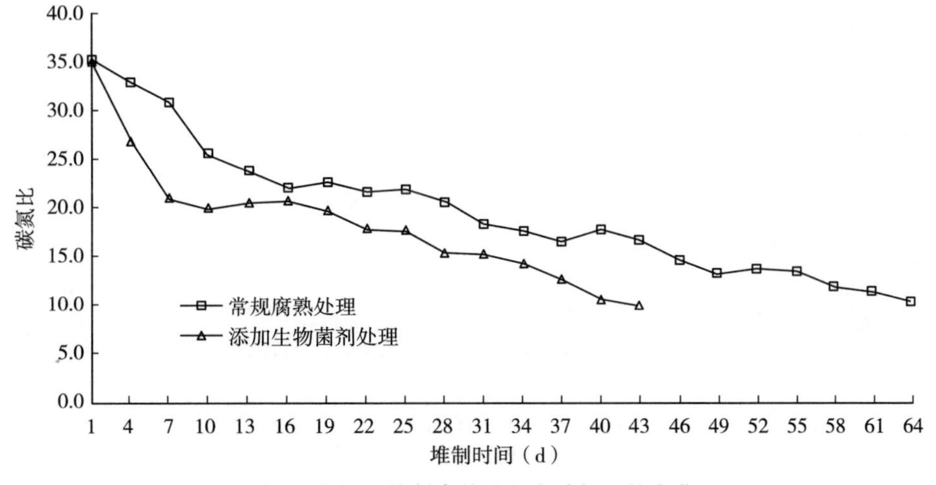

图3　有机肥堆制腐熟过程中碳氮比的变化

堆制 64d 时，碳氮比由 34.9 下降至 10.3。添加生物菌剂处理明显加速了堆制前期碳氮比下降速度，在堆制 7d 时，碳氮比下降了 13.8，而常规腐熟处理仅下降了 4.1。堆制 28d 时，添加生物菌剂处理碳氮比已下降至 15.2。有研究表明，堆肥堆制过程中碳氮比下降至 16 以下，说明堆肥已达到腐熟要求[15]。常规腐熟处理碳氮比下降至 16 以下需堆制 46d 以上，而添加生物菌剂处理较常规腐熟处理提前了 18d。

2.4 生物菌剂对有机肥堆制腐熟过程中含氮组分含量的影响

堆肥过程中，堆体材料中有机氮不断矿化，速效氮含量上升（图 4）。常规腐熟处理速效氮含量呈持续上升趋势，至堆制 64d 时，速效氮含量增加 376.2mg/kg。添加生物菌剂处理在堆制 22d 前速效氮含量缓慢上升，堆制 25d 时上升速度加快，至堆制 40d 时，速效氮含量较堆制前增加 535.0mg/kg，而常规腐熟处理仅增加 170.3mg/kg。

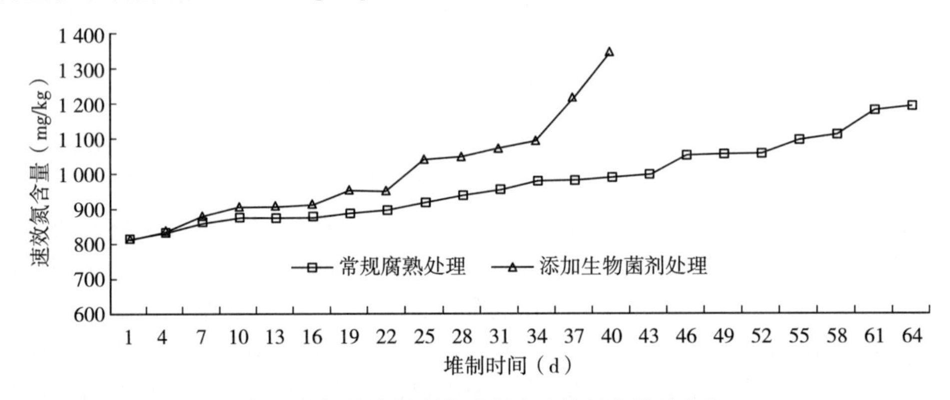

图 4 有机肥堆制腐熟过程中速效氮含量的变化

在堆制过程中，铵态氮呈现前期升高、后期下降趋势（图 5）。堆肥初期，大量有机物质分解，转化为无机态氮，无机铵态氮在氨化细菌作用下进一步转化为 NH_3。因此，堆肥初期铵态氮含量呈现直线上升趋势，其中常规腐熟处理铵态氮含量在堆制 25d 时达到最高值，由堆制前的 52.6mg/kg 上升至 185.5mg/kg。相对于常规腐熟处理，添加生物菌

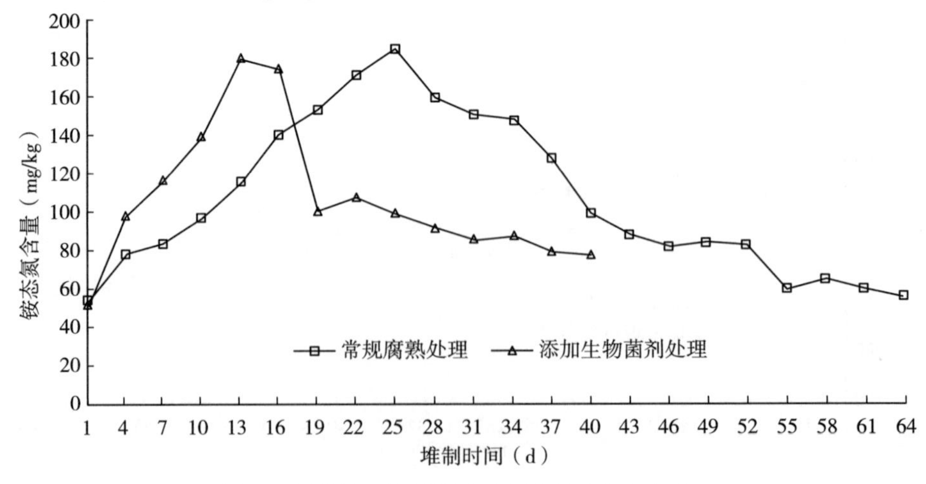

图 5 有机肥堆制腐熟过程中铵态氮含量的变化

剂处理堆体温度较高，氨化细菌较为活跃，有机氮的矿化产物主要以铵态氮形式存在，因此添加生物菌剂处理堆制前期铵态氮含量上升较快，在堆制 13d 上升到最高值 180.9mg/kg。堆制后期随着堆体温度的不断降低，硝化细菌活跃，铵态氮不断被硝化，造成其含量不断下降，其中常规腐熟处理呈现持续下降趋势，添加生物菌剂处理在堆制 13～19d 迅速下降，之后趋于平稳。

硝态氮含量在堆制过程中一直呈上升趋势（图 6）。在堆制前期升高幅度较小，后期随着硝化细菌的快速生长和大量繁殖，大量铵态氮不断转化为硝态氮。根据黄国锋等[16]的研究结果，当堆肥中硝态氮含量开始迅速升高时，表明堆肥已经经过强烈的高温阶段，达到了腐熟要求。从图 6 可以看出，添加生物菌剂处理硝态氮含量在堆制 28d 时开始迅速上升，而常规腐熟处理在堆制 55d 时开始迅速上升，添加生物菌剂能明显加快堆肥腐熟进程。同时，堆制前期部分铵态氮除部分被微生物同化为有机态氮和硝态氮外，大部分未被转化的铵态氮在偏碱性环境中以气态挥发，造成堆肥氮素损失，形成恶臭气味[17]。因此，堆制前期促进铵态氮向硝态氮转化是控制臭味产生和降低氮素损失的关键所在。相对于常规腐熟处理，添加生物菌剂处理能促进氮素形态由铵态氮向硝态氮转化，降低氮素损失（图 4 至图 6）。

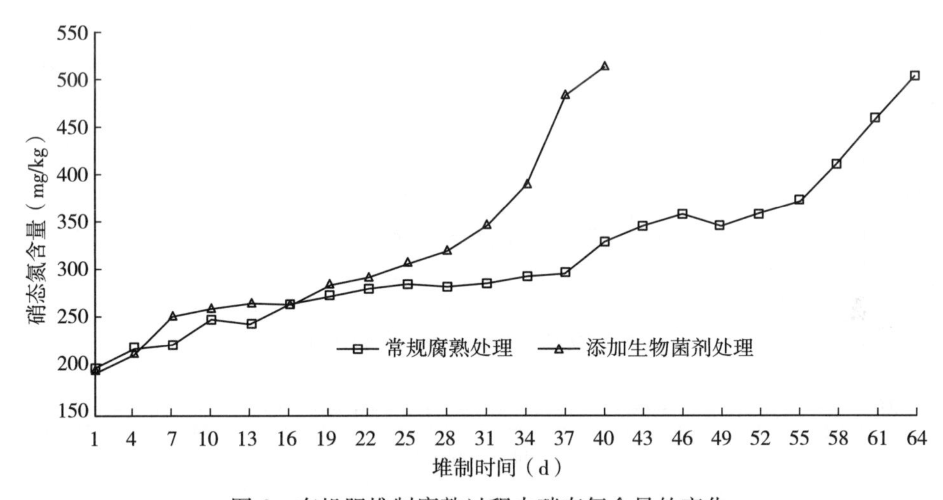

图 6　有机肥堆制腐熟过程中硝态氮含量的变化

2.5　生物菌剂对有机肥堆制腐熟过程中腐殖化进程的影响

堆肥过程中可产生大量稳定的腐殖质，胡敏酸（HA）和富里酸（FA）是腐殖质的重要组成部分，对腐殖质的质量起着决定作用。新鲜堆肥中含有较低含量的 HA 和较高含量的 FA。由于 FA 类物质分子量相对较小，分子结构简单，在堆肥过程中，一部分可能被微生物分解，而另一部分则通过转化形成分子量较大、结构复杂的 HA 类物质。因此堆肥化过程中，HA 含量上升，FA 含量下降，这种变化表明了堆肥的腐殖化和腐熟化过程。从图 7 可以看出，堆制前 10d，常规腐熟处理腐殖酸和 FA 含量变化幅度较添加生物菌剂处理大；堆制后期添加生物菌剂处理变幅较大。

HA 与 FA 比值即腐殖化指数（HI）是反映堆肥腐熟程度的重要指标。堆肥过程中，

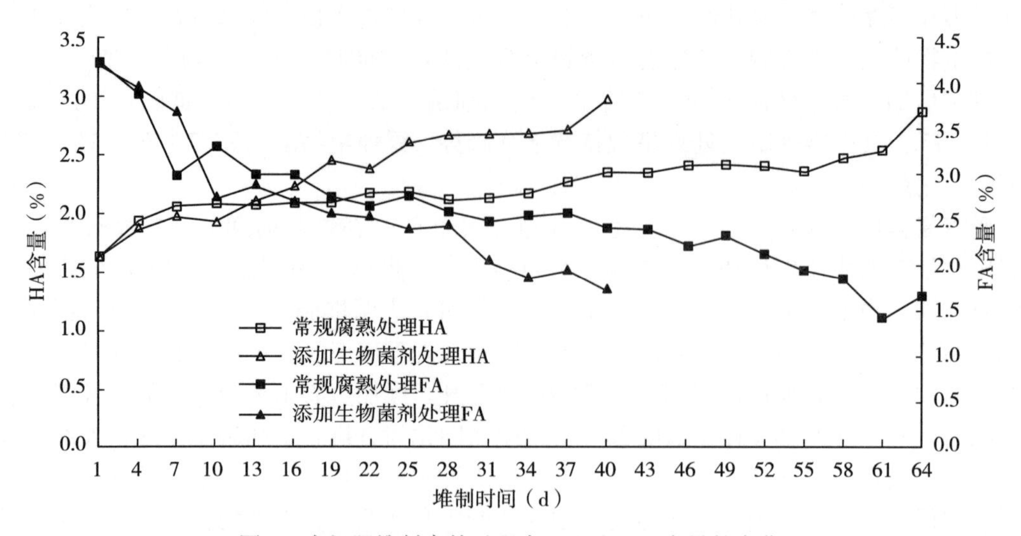

图 7 有机肥堆制腐熟过程中 HA 和 FA 含量的变化

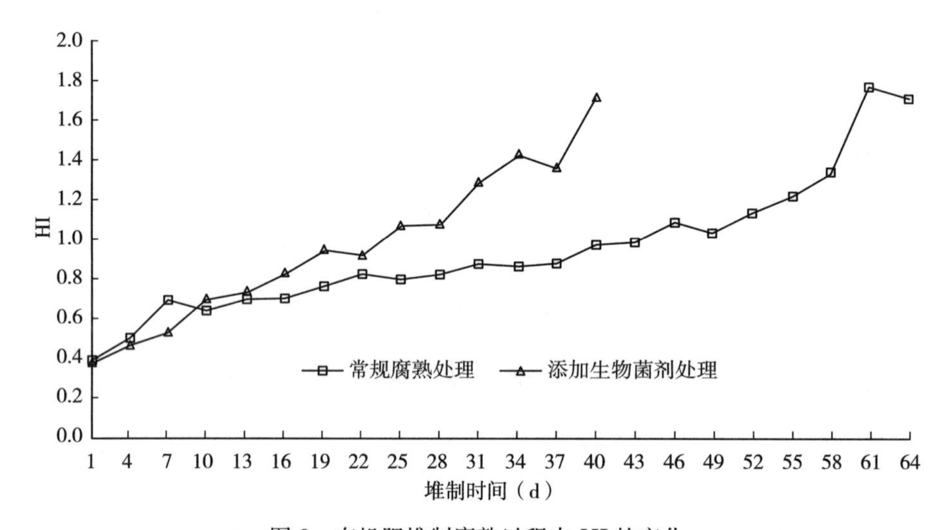

图 8 有机肥堆制腐熟过程中 HI 的变化

HI 值随堆肥进程不断升高。据报道[18]，当堆体 HI 值达到 1.4 以上，即表征堆肥已经达到腐熟状态。由图 8 可以看出，当 HI 值达到 1.4 以上时，常规腐熟处理和添加生物菌剂处理所需腐熟时间分别为 61d 和 34d。添加生物菌剂处理能明显加快有机肥腐熟进度。

2.6 生物菌剂对有机肥堆制腐熟过程中白菜种子发芽指数的影响

考虑到堆肥腐熟度的实用性，植物生长试验应是评价堆肥腐熟度的最终和最具说服力的方法[19]。植物发芽试验更符合植物生长对堆肥腐熟程度的要求，当堆体发芽指数达到 80%时，即表明堆肥已达到腐熟标准[20]。从图 9 可以看出，常规腐熟处理在本试验堆制结束时（堆制 64d）发芽指数仅达到 75%左右，而添加生物菌剂处理在堆制 28d 时发芽指数就已达到 80%以上，并保持稳定，相对于常规腐熟处理提前了 35d 以上。

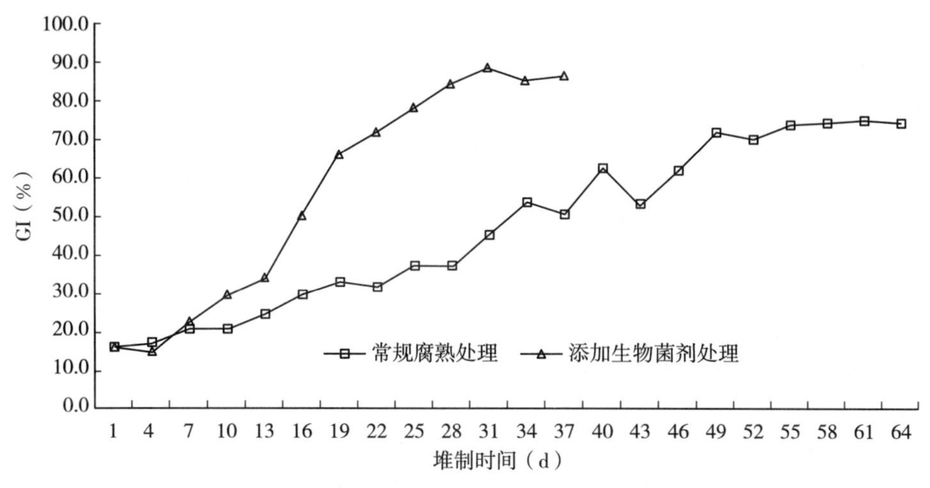

图9 有机肥堆制腐熟过程中白菜种子GI的变化

3 小结与讨论

3.1 生物菌剂（HM腐熟剂）使用效果

本试验结果表明，在堆肥中添加生物菌剂能明显提高堆肥温度，并维持较长时间的高温阶段，为堆肥腐熟创造了良好的腐熟条件；同时，添加生物菌剂能加速有机物料的腐解，产生较多的有效养分，减少氮素损失。因此，添加生物菌剂在缩短腐熟时间、提高腐熟质量等方面具有显著的效果，宜在生产中大面积推广。

3.2 堆体腐熟时间要求与表观描述

本试验结果表明，常规腐熟处理达到堆肥腐熟的时间在64d以上，而添加生物菌剂处理在堆制28d时即达到堆肥腐熟要求。堆肥达到腐熟要求时堆体温度和外观表现为：堆体经历7～10d高温阶段（50℃以上）后堆温下降至40℃，堆体颜色变为黑褐色，无黄色粪团存在，稻草已腐烂，手搓即断，臭味消失，堆体表面无蚊虫出现。

3.3 建议

生物菌剂在堆肥生产中具有显著的促腐作用，可在生产中推广使用。河池烟区堆肥材料一般为牛栏粪，堆肥材料中已含有部分稻草，并且堆肥物料在牛圈中已得到了部分腐熟。鉴于堆肥物料中稻草含量的不同和前期堆肥腐熟程度不同，建议在生产中添加生物菌剂进行堆肥腐熟的时间不少于30d，常规腐熟时间必须在60d以上达到堆肥腐熟外观性状要求时方可施用。同时视堆体中稻草含量和堆制气温环境适当增加生物菌剂用量、延长腐熟时间，以达到彻底腐熟的效果。

参考文献

[1] 黄元炯，张毅，张翔，等．腐殖酸和饼肥对土壤微生物和烤烟产质量的影响［J］．中国烟草学报，

2008，14（增刊）：25－28.
[2] 冯国胜．活化有机肥对烟草根系生长和根际土壤微生物数量的影响［J］．河南农业科学，2009（11)：69－72.
[3] 张延军，文俊，黄平俊，等．配施芝麻饼肥对烤后烟叶主要挥发性香气物质含量的影响［J］．郑州轻工业学院学报：自然科学版，2008，23（2)：30－33.
[4] 王永，叶协锋，谢小波，等．翻压绿肥对烤烟叶片有机酸含量的影响［J］．河南农业科学，2009（1)：34－38.
[5] 叶协锋，凌爱芬，喻奇伟，等．活化有机肥对烤烟生理特性和品质的影响［J］．华北农学报，2008，23（5)：190－193.
[6] 王岩，刘国顺．不同种类有机肥对烤烟生长及其品质的影响［J］．河南农业科学，2006（2)：81－84.
[7] 陈铭坚．有机肥不同施用量对烤烟产量的影响［J］．现代农业科技，2009（9)：174－175.
[8] 李国学，张福锁．堆肥化与有机复混肥生产［M］．北京：化学工业出版社，2000：135－148.
[9] 鲍艳宇，周启星，颜丽，等．鸡粪堆肥过程中各种氮化合物的变化及腐熟度评价指标［J］．农业环境科学学报，2007，26（4)：1532－1537.
[10] 薛智勇，王卫平，朱凤香，等．复合菌剂和不同调理剂对猪粪发酵温度及腐熟度的影响［J］．浙江农业学报，2005，17（6)：354－358.
[11] 沈其荣，谭金芳，钱晓晴．土壤肥料学通论［M］．北京：高等教育出版社，2001：272－273.
[12] 李吉进，郝晋珉，邹国元，等．高温堆肥碳氮循环及腐殖质变化特征研究［J］．生态环境，2004，13（3)：332－334.
[13] Sugahara K，Inoko A. Composition analysis of humus and characterization of humic acid obtained from city refuse compost［J］．Soil Science and Plant Nutrition，1991，27：213－224.
[14] 李承强，魏源送，樊耀波，等．堆肥腐熟度的研究进展［J］．环境科学进展，1999，7（6)：1－12.
[15] Garcia C，Costa H F，Yuoso M A. Evaluation of the ma-turity of municipal waste composting simple chemical pameters［J］．Common Soil Plant Ahal，1992，23（13/14)：1501－1512.
[16] 黄国锋，钟流举，张振钿，等．有机固体废弃物堆肥的物质变化及腐熟度评价［J］．应用生态学报，2003，14（5)：813－818.
[17] 赵京普，姚政．微生物制剂促进鸡粪堆肥腐熟和臭味控制的研究［J］．上海农学院学报，1995，13（3)：193－197.
[18] Hue N V，Liu J. Predicting compost stability［J］．Compost Science & Utilization，1995，3（2)：8－15.
[19] Tiquia S M，Tam N F Y. Elimination of phytotoxicity during co-composting of spent pig-manure saw-dust litter and pig sludge［J］．Bioresource Technology，1998（65)：43－49.
[20] Zucconit F，Pera A，Forte M，et al. Evaluating toxicity of immature compost［J］．Biocycle，1981（22)：54－57.

（原载《河南农业科学》2010年第4期）

施用不同浓度的开片降碱灵对烤烟产质量的影响

李章海[1]，王能如[1]，徐增汉[1]，韦建玉[2]，
周效峰[2]，杨启港[2]，林北森[3]

（1. 中国科技大学烟草与健康研究中心，合肥　230052；
2. 广西卷烟总厂技术中心，南宁　545005；
3. 广西百色烟草分公司靖西营销部，靖西　520023）

摘　要：研究了不同浓度的开片降碱灵对烤烟产质量的影响。结果表明，3种喷施浓度（300、600 和 900 倍）均能促进烤烟上部叶开片，提高烟叶产量和等级，降低上部叶烟碱含量。综合分析，以稀释 900 倍效果最好。

关键词：烤烟；开片降碱灵；浓度

目前，我国烟草上部叶质量和可用性偏低，与国外上部烟叶在卷烟配方中占到整个烟叶使用率 40%的比例相比差距较大[1]。有研究表明，打顶后对烟株进行环割[2]和切根[3]处理，可降低上部叶的烟碱含量，提高其可用性；通过植物生长调节剂复配技术[3]，也可降低烤烟上部叶烟碱含量，经对处理后的烟叶化验评吸表明，采用适当的配比可有效改善上部烟的糖碱比，提高评吸质量。

合肥华徽生物科技有限公司研制开发的烟草开片降碱灵制剂，能够促进上部叶开片、变薄，显著降低烟叶烟碱含量，明显增加含钾量，提高上部叶的工业可用性。2004 年，笔者针对该产品使用技术和应用效果，在广西烟区进行了试验示范，旨在探讨该产品的适宜施用浓度，为合理施药提供试验依据。

1　材料与方法

1.1　试验基本情况

试验于 2004 年在广西靖西县新靖镇烟草公司试验田进行，试验田为水稻田。供试烟草品种为云烟 85。施纯氮 90kg/hm^2，$N : P_2O_5 : K_2O$ 为 1 ∶ 1.59 ∶ 3.66，行株距为 110cm×50cm。2004 年 2 月 24 日移栽，5 月 15 日打顶。

作者简介：李章海（1964—），男，安徽当涂人，副教授，从事烟草教学和科研工作。

1.2 试验处理

试验设 4 个处理，具体见表 1。每处理 3 次重复，随机排列。每小区种烟 80 株。施药均于打顶当天进行。

表 1 试验处理

处理	稀释倍数	对水量
CK	空白对照	清水
①	300	25mL 药剂对水 7.5kg
②	600	25mL 药剂对水 15.0kg
③	900	25mL 药剂对水 22.5kg

注：按 1 125mL/hm^2 药剂原液用量，根据小区面积折算小区应喷施药量。

1.3 测量（定）项目

1.3.1 顶部叶长度、宽度和叶面积 在每个小区，选择 5 株长势、长相相似的烟株挂牌标记，在喷药前测量顶部 3 片叶的长度和宽度，采收前再次测量顶部 3 片叶的长度和宽度。在测量烟叶长、宽度的基础上，按下式计算叶面积。

$$叶面积=0.665\times叶长\times叶宽$$

1.3.2 产量和等级 按小区单独采收烘烤（挂牌标记，防止混淆），烤后按小区挂牌单独存放，并进行分级，计产。

1.3.3 化学成分 各处理分别取第 4 炕（代表中部叶）和最后 1 炕（代表顶部叶）烟叶（混合样）0.5kg，由中国科技大学烟草与健康研究中心进行分析化验。

2 结果与分析

2.1 不同施药浓度对上部叶长、宽和叶面积的影响

表 2 表明，上部叶长度增长量为处理③>处理②>处理①>CK，其中稀释 900、600 倍处理与对照（CK）差异显著，而不同施药浓度间差异不显著；上部叶宽度增长量也为处理③>处理②>处理①>CK，其中稀释 900 倍处理与对照差异极显著，稀释 600 倍处

表 2 不同处理对上部叶生长量和产质量的影响

处理	叶长增量（cm）	叶宽增量（cm）	叶面积增量（cm^2）	小区产量（kg）	上中等烟比例（%）
CK	16.0 aA	6.3 aA	343.3 aA	6.5 aA	82.9 aA
①	20.6 abA	9.4 abAB	516.2 abAB	8.1 abA	89.7 bA
②	23.6 bA	11.0 bAB	604.7 bAB	9.0 bA	91.7 bA
③	25.1 bA	12.3 bB	682.4 bB	9.4 bA	87.5 abA

注：表中数据均为 3 个重复的平均值；叶长、宽为每个重复选择代表性烟株测量 5 株顶部 3 片叶的平均数；增长量平均值=采收前的平均值－打顶当天的平均值；大小写字母分别表示在 0.01 和 0.05 水平上差异显著。

理与对照差异显著，稀释 300 倍处理与对照差异不显著，而不同施药浓度之间差异不显著；上部叶面积也为处理③>处理②>处理①>CK，其中，稀释 900 倍处理与对照差异极显著，稀释 600 倍处理与对照差异显著，稀释 300 倍处理与对照差异不显著，而不同施药浓度间差异也不显著。

2.2 不同施药浓度对烤烟产量和等级的影响

表 2 表明，小区产量为处理③>处理②>处理①>CK，其中，稀释 900 和 600 倍处理与对照（CK）差异显著，而不同施药浓度之间差异不显著；上中等烟比例为处理②>处理①>处理③>CK，其中，稀释 600 和 300 倍处理与对照（CK）差异显著，而不同施药浓度之间差异不显著。

从表 2 各项指标分析结果可见，喷施开片降碱灵能明显促进上部叶开片，显著提高烤烟产量和等级。不同施药浓度之间综合比较，以稀释 900 倍处理效果最好，600 倍处理次之。

2.3 不同施药浓度对烤烟烟碱含量及其他化学成分的影响

表 3 表明，喷施开片降碱灵能明显降低烟碱含量。就中部叶而言，与对照相比，处理①降低 0.35 个分点，降幅为 13.9%；处理②降低 0.48 个百分点，降幅为 19.1%；处理③降低 0.29 个百分点，降幅为 11.6%。就上部叶而言，与对照相比，处理①降低 0.75 个百分点，降幅为 29.9%；处理②降低 0.69 个百分点，降幅为 27.5%；处理③降低 0.35 个百分点，降幅为 13.9%。可见，施药浓度越大，降碱效果越好；无论浓度大小，对上部叶的降碱幅度均比中部叶大。对其他化学成分的影响，与对照相比各项指标差异无明显规律性（表 3）。

表 3 不同处理对烟叶化学成分的影响（%）

处理	部位	总糖	还原糖	淀粉	烟碱	总氮	蛋白质	挥发碱	挥发酸	总酸	醚提物	K_2O	Cl	pH
CK	中部	24.36	22.95	7.17	2.51	10.97	10.08	0.30	0.43	2.74	7.37	3.03	0.23	5.24
①	中部	23.34	21.64	6.00	2.16	2.37	12.48	0.32	0.50	2.92	6.89	3.15	0.24	5.41
②	中部	22.95	21.18	5.38	2.03	2.68	14.56	0.30	0.63	2.95	9.45	2.80	0.23	5.41
③	中部	22.49	21.69	4.70	2.22	2.54	13.18	0.36	0.58	3.07	9.36	2.52	0.28	5.55
CK	上部	14.87	14.33	6.16	3.11	2.46	112.02	0.46	0.55	3.93	8.38	3.05	0.27	5.09
①	上部	21.25	16.42	5.61	2.36	2.38	10.98	0.48	0.53	3.23	10.81	2.87	0.32	5.30
②	上部	17.74	16.61	5.72	2.42	2.50	13.24	0.35	0.045	3.18	8.45	3.25	0.28	5.24
③	上部	19.29	16.16	6.28	2.74	2.70	13.92	0.40	0.59	3.32	8.36	3.31	0.31	5.24

3 小结与讨论

（1）该试验结果表明，3 种喷施浓度均能促进烤烟上部叶开片，提高烟叶产量和等级。其中，以稀释900倍效果最好，600倍次之。

（2）3种喷施浓度中，以稀释300倍降碱幅度最大，600倍次之，但结合上部叶开片效果和对产质量的影响，建议生产上使用时，以稀释600～900倍为好，既可以起到一定的降碱作用，又能更好地提高产量和产值，降低用药成本。

参考文献

[1] 张永安，周冀衡，黄义德，等．我国上部烟叶可用性偏低的原因分析及改善措施［J］．安徽农业科学，2004，32（4）：783-785，788.

[2] 周淼，沈宏，李志涛，等．环切对烤烟上部叶烟碱含量及品质的影响［J］．西南农业大学学报，2002，24（2）：131-134.

[3] 中国烟草白肋烟实验站．白肋烟烟碱含量的机械与化学调控技术研究［EB/OL］．中国烟草科教网，2002-09.

（原载《安徽农业科学》2006年第3期）

烟草开片降碱灵施用方法研究

王能如[1]，李章海[2]，徐增汉[1]，韦建玉[2]，
周效峰[2]，杨启港[2]，林北森[3]

（1. 中国科技大学烟草与健康研究中心，合肥　230052；
2. 广西卷烟总厂技术中心，南宁　545005；
3. 广西百色烟草分公司靖西营销部，百色　533000）

摘　要：2003—2004 年在广西靖西县进行了烟草开片降碱灵施用方法试验。试验结果表明：合理喷施烟草开片降碱灵，能显著促进烤烟上部叶增宽、增长；显著提高烤后烟叶产量和上中等烟比例；显著降低上部叶烟碱含量并能显著增加钾含量。其中，以打顶当天喷施 1 次效果最好；打顶后第 10 天喷施 1 次效果次之；打顶当天和打顶后第 10 天各喷 1 次效果最差。因此，该产品应在打顶后及早施用。

关键词：烟草；上部叶；开片降碱灵；烟碱

我国烤烟质量总体水平近些年来有了很大提高，但由于多种原因，烟叶质量还存在不少问题，特别是上部烟叶，偏窄偏厚，组织僵硬，烟碱含量过高，工业可用性较差[1,2]。这种现象在广西烟区也较突出，烟草工商企业希望尽快解决这一问题。合肥华徽生物科技有限公司研制开发的烟草开片降碱灵制剂，对烤烟上部叶具有很好的开片、降碱作用。笔者于 2003—2004 年在广西百色地区开展了烟草开片降碱灵制剂的施用方法试验研究，试验结果如下。

1　材料与方法

1.1　试验概况

试验在百色市靖西试验场进行；试验土壤为水稻土；烟草品种为云烟 85。施纯 N80kg/hm^2，N：P_2O_5：K_2O 为 1：1.59：3.66，行株距为 110cm×50cm，移栽期为 2 月 24 日，打顶期为 5 月 15 日。

1.2　试验设计

试验设 4 个处理（表 1），3 次重复，随机排列，每小区种植 80 株。

表 1 烟草开片降碱灵试验处理设计

处理	药剂原液用量（mL/hm²）	
	打顶当天用量	打顶后第 10 天用量
CK	0	0
WA	1 125	0
WB	0	1 125
WC	1 125	1 125

1.3 测定项目

（1）顶部 3 片叶长、宽度及叶面积。在每个小区选择 5 株长势相似的烟株挂牌标记，在喷药前测量顶部 3 片叶的长、宽度，临近采收再次测量。在测量烟叶长、宽度的基础上，按 0.665×叶长×叶宽＝叶片面积的计算方法[3]计算叶面积。

（2）烤后烟叶产量和等级。分小区挂牌标记，单独采烤。烤后各小区单独存放，按国标（GB2 326）要求进行分级。

（3）烤后烟叶中的主要化学成分含量。分别于第 4 烤（代表中部叶）和最后 1 烤（代表上部叶）取混合烟样，每处理取 0.5kg 用于化学分析。化验工作由中国科技大学烟草与健康研究中心完成。

2 结果与分析

2.1 不同施药方法对上部烟叶长、宽及叶面积的影响

表 2 列出了各处理上部烟叶长、宽度和叶面积的测定结果。表 2 表明：上部叶长增长量表现为 WA＞WB＞WC＞CK，其中，打顶当天施药（WA）与对照（CK）差异显著，而不同施药方法（WA、WB、WC）之间差异不显著；上部叶宽增长量也是 WA＞WB＞WC＞CK，其中，打顶当天施药与对照差异极显著，打顶当天施药与喷施 2 次（即打顶当天和打顶后第 10 天各 1 次，WC）差异显著；上部叶面积也为 WA＞WB＞WC＞CK，其中，打顶当天施药与对照差异极显著，打顶后 10 天施药（WB）与对照差异显著，而不同施药方法（WA、WB、WC）之间差异不显著。

表 2 不同施药方法对烤烟上部叶生长发育和产质量的影响

处理	叶长平均增长量（cm）	叶宽平均增长量（cm）	叶面积增量平均（cm²）	小区产量（kg）	上中等烟比例（%）
CK	16.0 aA	6.3 aA	343.3 aA	6.5 aA	82.9 aA
WA	24.1 bA	12.1 cB	684.4 bB	9.8 bA	91.3 bA
WB	21.6 abA	9.5 bcAB	566.0 bAB	8.8 bA	92.8 bA
WC	20.4 abA	8.7 abAB	516.6 abAB	8.6 abA	89.6 bA

以上分析说明：打顶当天施药显著优于打顶后第 10 天施药，打顶当天 1 次施药明显优于相隔 9d 的第 2 次施药。

2.2 不同施药方法对烤后烟叶产量和上中等烟比例的影响

表 2 表明，小区产量也表现为 WA＞WB＞WC＞CK，其中，打顶当天施药和打顶后第 10 天施药 2 个处理均与对照差异显著，而不同施药方法（WA、WB、WC）之间差异不显著；上中等烟比例为 WB＞WA＞WC＞CK，其中，3 种不同施药方法与对照差异均显著，而不同施药方法（WA、WB、WC）之间差异不显著。

从表 2 各项指标分析结果可见，喷施开片降碱灵能明显促进上部叶开片，显著提高烤烟产量和等级。不同施药方法比较，以打顶当天施药（WA）效果最好，喷施 2 次（WC）效果反而下降。

2.3 不同施药方法对烤后烟叶烟碱含量、钾含量及其他化学成分含量的影响

表 3 表明，不施开片降碱灵的对照处理，上部叶烟碱含量明显偏高，喷施开片降碱灵则能降低上部叶的烟碱含量，但不同处理效果不同。其中，与对照相比，WA 降低 0.73 个百分点，降幅为 23.5%；WB 降低 0.49 个百分点，降幅为 15.8%；WC 降低 0.01 个百分点，降幅为 0.3%。这说明，打顶当天喷施 1 次降碱效果最好，喷施 2 次的效果很差。

为考察开片降碱灵对中部叶化学成分含量的影响，笔者进行了平行取样。从表 3 可以看出，喷施开片降碱灵以后，中部叶烟碱含量也有不同程度的降低，并与上部叶有类似的规律性表现。

表 3 显示，喷施开片降碱灵能提高烟叶含钾量。从上部叶看，与对照相比，WA 含钾量增加 0.39 个百分点，增幅为 12.8%；WB 含钾量增加 0.15 个百分点，增幅为 3.0%；而 WC 降低 0.11 个百分点，降幅为 3.6%。但从中部烟叶化验结果看，除 WA 含钾量略有增加外，WB、WC 还稍微降低。可见，以打顶当天喷施 1 次增钾效果最好，喷施 2 次的效果反而较差。

表 3 不同施药方法对上部烟叶化学成分含量及 pH 的影响

处理	部位	化学成分含量（%）												pH
		总糖	还原糖	淀粉	烟碱	总氮	蛋白质	挥发碱	挥发酸	总酸	醚提物	K_2O	Cl	
CK	上部	14.87	14.33	6.16	3.11	2.46	12.02	0.46	0.55	3.93	8.38	3.05	0.27	5.09
WA	上部	14.75	13.93	5.72	2.38	2.35	12.12	0.36	0.49	3.21	7.71	3.44	0.21	5.20
WB	上部	14.66	13.31	7.23	2.62	2.05	9.99	0.40	0.46	3.55	7.39	3.20	0.20	5.18
WC	上部	20.56	18.45	6.49	3.10	2.29	10.97	0.42	0.63	3.49	7.01	2.94	0.33	5.39
CK	中部	24.36	22.95	7.17	2.51	1.97	10.08	0.30	0.43	2.74	7.37	3.03	0.23	5.24
WA	中部	21.99	21.09	7.00	2.04	2.30	12.18	0.31	0.61	3.09	8.37	3.08	0.25	5.27
WB	中部	23.96	22.81	7.22	1.80	2.01	10.63	0.29	0.49	2.80	6.65	2.96	0.21	5.26
WC	中部	26.06	23.23	6.83	2.41	2.06	10.28	0.35	0.75	2.87	5.82	2.75	0.20	5.41

另外，考察对其他化学成分含量的影响，除 WC 对糖分含量有所提高外，其他指标与对照差异并不明显。这说明，施用开片降碱灵对烟叶中的其他化学成分含量没有明显影响。

3 小结与讨论

合理喷施烟草开片降碱灵能显著促进烤烟上部叶增宽、增长和增大，能显著提高烟叶产量和上中等烟比例，能显著降低上部叶烟碱含量，而且明显增加烟叶含钾量。在该试验条件下，以打顶当天喷施 1 次效果最好，打顶后第 10 天喷施 1 次效果次之，打顶当天和打顶后第 10 天各喷 1 次效果最差。这说明，烟草对开片降碱灵的使用时间比较敏感，打顶后应及早使用。

参考文献

[1] 王能如，王东胜．提高安徽烤烟上部叶可用性的技术思路与对策 [J]. 安徽农业科学，2001，29 (2)：247 - 249，261.
[2] 张永安，周冀衡，黄义德，等．我国上部烟叶可用性偏低的原因分析及改善措施 [J]. 安徽农业科学，2004，32 (4)：783 - 785，78.
[3] 王东胜，刘贯山，李章海．烟草栽培学 [M]. 合肥：中国科学技术大学出版社，2002.

（原载《安徽农业科学》2006 年第 2 期）

灌水方式对不同施肥水平烤烟产量和品质的影响

罗　慧[1]，李伏生[1]，韦彩会[1]，余江敏[1]，
韦建玉[2]，曾祥难[2]，欧清华[2]

（1. 广西大学农学院，南宁　530005；2. 广西中烟工业公司，南宁　545005）

摘　要：【目的】为寻找烟田节水调质灌溉方式的理论依据，在不同施肥水平下，研究不同沟灌方式对烤烟产量和品质的影响。【方法】分别在低肥和高肥条件下进行3种不同沟灌方式即常规每沟灌水（CF），固定隔沟灌水（FFI）和交替隔沟灌水（AFI）的田间试验，并测定产量和烟叶的化学成分。【结果】AFI和FFI处理在减少40%灌水量条件下，与CF相比，在低肥和高肥时AFI理的烟叶产量分别提高7.8%和8.5%，单位肥料烟叶生产量分别提高7.9%和8.6%；而FFI处理的烟叶产量分别下降0.4%和1.7%，单位肥料烟叶生产量分别下降0.5%和1.8%。且低肥处理的单位肥料生产量均比高肥处理高。同时，AFI处理能提高烟叶中总糖、还原糖、氮、钾和粗蛋白含量，与CF相比，在低肥和高肥时分别提高4.0%和4.0%、1.9%和6.6%、3.8%和5.0%、23.8%和40.1%、2.2%和9.7%；而AFI处理的烟叶中烟碱和氯含量在低肥和高肥时则分别下降7.4%和22.8%、4.8%和7.1%。【结论】AFI能节约灌水量，对烤烟产量有一定的提高作用，并能改善烤烟内在品质；而且交替沟灌与合理施肥相结合，其有利作用可以得到更好地发挥。

关键词：烤烟；交替沟灌；产量；化学成分

【研究意义】烤烟是中国重要的经济作物之一，水分和养分是影响烤烟生长发育和烤烟质量的两大生态因素，只有根据烤烟需水需肥规律，合理进行水分调控，以水调肥，促进养分的吸收，为烤烟的生长发育提供良好的水肥条件，才能获得优质适产的烟叶。【前人研究进展】许多专家和学者在节水灌溉方面做了大量工作，相继提出很多节水灌溉理论，其中近年来在中国兴起的一种灌溉技术—分根区交替灌溉（APRI），在实践中已经设计出了田间隔沟灌溉系统[1]。APRI对作物生长发育、作物产量与提高水分利用效率等方

基金项目：国家自然科学基金项目（50869001）；广西中烟工业公司合作项目（桂烟工企2005－5）和国家重点基础研究发展计划课题（2006CB403406）。

作者简介：罗慧（1982—），女，壮族，广西田阳人，硕士，研究方向为植物营养生理生态与水肥利用理论与技术。通信作者：李伏生，教授，博士，研究方向为植物营养与水肥利用理论与技术。

面影响的研究已取得较大的进展。如韩艳丽和康绍忠[2]研究分根区交替灌溉对玉米养分吸收的影响，结果表明交替供水方式能提高单位耗水量、氮利用效率和水分利用效率。梁宗锁[3]研究表明，在相同灌水量下，采用隔沟交替灌溉的玉米产量与水分利用效率明显提高。杜太生等[4,5]进行大田棉花试验也有类似结果。Li 等[6]研究分根区交替灌溉对盆栽甜玉米水分及氮素利用的影响，结果表明分根区交替灌溉既能节水，又能分别提高水分利用效率和氮肥表观利用率，表明分根区交替灌溉的节水节肥效应要与合理施肥和适宜的灌水量相结合才能发挥更好的作用。有关 APRI 技术在烤烟上的研究也有报道，汪耀富等[7]研究表明，分根交替灌溉可增强烟株的根系活力，保持较高的光合速率，降低蒸腾速率，提高叶片瞬时水分利用效率；使烟株的株高和叶面积指数减小，茎粗增加，叶片可溶性糖和可溶性蛋白质含量升高；节约灌水，分别提高烟叶产量、产值。蔡寒玉等[8]研究控制性分根交替灌水对烤烟生长发育和水分利用效率的影响，结果表明控制性分根交替灌水量达到对照灌水量的 2/3 处理，水分利用效率大幅提高，节水效果明显。【本研究切入点】水分和养分对作物生长的作用不是孤立的，而是相互作用相互影响[9~11]。近些年来，APRI 技术在烤烟上很多的研究或是从单一灌溉方式或是从单一施肥水平等方面进行，并没有把灌溉与施肥有机地协调起来。对不同施肥水平下，不同灌溉方式对烤烟产质量的影响尚少见报道。【拟解决的关键问题】本文旨在进一步研究不同施肥水平条件下交替沟灌对烤烟产量和质量的影响，以期为烤烟交替灌溉技术的应用和推广提供理论依据。

1 材料与方法

1.1 试验材料

田间试验于 2007 年 3 月到 8 月在广西百色地区德保县（东经 106.60°，北纬 23.34°）进行，该烟区 3 月至 5 月上旬干旱少雨，平均每月降水为 30～90mm，占全年降水量的 10%～20%，此时正是烤烟的伸根期和旺长期；全县多年平均降水量为 1 350mm，5 月下旬至 9 月每月平均降水为 150～200mm，占全年降水量的 60%～70%，据统计，冬旱和春旱发生频率分别达 93%和 87%[12]。试验田前茬作物是水稻，地势平坦，排灌方便。供试土壤质地为壤土，pH 5.8，碱解氮（N）156.9mg/kg，有效磷（P）28.6mg/kg，速效钾（K）84.9mg/kg，田间持水量 27.4%。供试品种云烟 85。

1.2 试验处理和方法

试验设 2 个因素，分别是灌水方式和施肥水平。灌水方式设常规每沟灌水（CF），固定隔沟灌水（FFI）和交替隔沟灌水（AFI），各时期 CF 处理灌水量参照孙梅霞等[13]提出的烟田不同生育时期适宜的土壤水分指标和干旱指标进行。交替隔沟灌水和固定隔沟灌水仅在伸根期和旺长期进行处理，每次灌水量为 CF 的 60%，用水表控制每次灌水量，其他时期灌水量同常规沟灌处理，与当地烤烟种植灌水量相同。施肥处理设低肥和高肥 2 个水平，分别为 82.5kg N/hm^2 和 105kg N/hm^2，N∶P_2O_5∶K_2O 三要素的比例采用1∶1∶3，当地烤烟生产纯 N 用量为 90kg/hm^2。每小区肥料均以 75%氮肥和钾肥以及全部磷肥作基肥，移栽后 10d 追施余下的 25%氮肥和钾肥，肥料溶于水后浇灌。供试肥料包括复合肥，

$N-P_2O_5-K_2O$ 为 9－12－26；KNO_3，含 N 和 K_2O 分别为 13.5%，44.5%；K_2SO_4，含 K_2O 为 50%。试验共 6 个处理，每个处理重复 3 次，共 18 个小区，随机区组排列，小区之间设保护行隔开，以防水分侧渗。试验采用单垄种植方式，每沟控制沟相邻两行作物，沟断面为梯形，沟深 30cm，沟顶宽 50cm，底宽 30cm。每个试验小区种植烤烟 30 株，行株距 110cm×50cm，小区面积 16.5m^2。除水分和肥料两因素外其他田间管理按优质烤烟管理规范进行。

试验于 2007 年 3 月 1 日施用基肥和移栽烟苗，3 月 11 日进行追肥，分别在 3 月 13 日、3 月 19 日、3 月 25 日、4 月 2 日、4 月 8 日和 4 月 15 日对烤烟进行控水，伸根期控水 2 次，旺长期控水 4 次，灌水量详见表 1。2007 年 5 月 16 日至 7 月 30 日采收和烘烤烟叶。

表 1　试验的控水时间和灌水量（m^3/hm^2）

肥水平	灌水方式	移栽后天数（d）						总灌水量（m^3）
		12	18	24	32	38	45	
低肥	CF	545.5	654.5	424.2	727.3	800	836.4	3987.9
	FFI	327.3	392.7	254.5	436.4	480	501.8	2392.7
	AFI	327.3	392.7	254.5	436.4	480	501.8	2392.7
高肥	CF	545.5	654.5	424.2	727.3	800	836.4	3987.9
	FFI	327.3	392.7	254.5	436.4	480	501.8	2392.7
	AFI	327.3	392.7	254.5	436.4	480	501.8	2392.7

1.3　测定项目及方法

所有处理的成熟烟叶按小区分别采收和烘烤，并统计烤后烟叶产量，按国家标准分级，确定上、中、下等烟叶比例。各处理烟叶烘烤后选用 C3F 烟叶样品磨碎后进行化学成分分析，植株样经 $H_2SO_4-H_2O_2$ 湿灰化法消煮后，用凯氏定氮法[14]测定氮含量，用火焰光度法[14]测定钾含量；用铜还原-直接滴定法[14]测定总糖和还原糖含量；用紫外分光光度计法[15]测定烟碱含量；用莫尔法[15]测定氯含量。土壤碱解氮用扩散法[14]测定；有效磷用 0.5mol/L $NaHCO_3$ 浸提-钼锑抗比色法[14]测定；速效钾用 1mol/L 中性 NH_4OAc 浸提，火焰光度法[14]测定。粗蛋白含量[15]和烟叶单位肥料生产量用下述公式进行计算：

$$\text{粗蛋白含量}(\%) = (\text{全氮} - \text{烟碱氮}) \times 6.25$$

$$\text{单位肥料生产量}(g/g) = \frac{\text{烟叶产叶}}{\text{肥料总用量}(N + P_2O_5 + K_2O)}$$

1.4　统计分析

试验数据用 SPSS 程序中通用线性模型单因素变量法（general linear model-univariate procedure）进行方差分析，方差分析包括灌水方式、施肥水平以及两因素之间交互效应。多重比较用 Duncan 法。

2 结果与分析

2.1 不同灌水方式和施肥水平对烤烟产量与水分利用的影响

2.1.1 不同灌水方式和施肥水平对烤烟产量、单位肥料生产量和水分利用的影响 不同灌水方式和施肥水平对烤烟产量、单位肥料生产量和水分利用影响的结果见表2。统计分析结果表明，施肥水平和灌水方式对烤烟产量和单位肥料生产量的影响显著（$p<0.05$），但施肥水平×灌溉方式对烤烟产量和单位肥料生产量的影响不显著（$p>0.05$）。高肥时，CF、FFI和AFI处理的产量均比相应低肥处理的烤烟产量有所提高。与CF相比，在低肥和高肥时FFI处理的烟叶产量分别下降0.5%和1.8%，而AFI处理的烟叶产量分别提高7.8%和8.5%。低肥处理单位肥料生产量均比高肥处理高，与CF相比，在低肥和高肥时FFI处理的单位肥料生产量分别下降0.4%和1.7%，而AFI处理的烟叶单位肥料生产量提高，分别提高7.9%和8.6%。这说明AFI处理对烤烟产量及单位肥料生产量有一定的提高作用。

鉴于AFI处理在低肥和高肥时烤烟产量较CF处理增产，而FFI处理的烤烟产量较CF处理略有下降，加之AFI处理和FFI处理的总灌水量比CF处理减少40%（表1），从而说明了AFI处理在减少灌水量时，产量不降低，且有所提高，其灌水利用效率比FFI处理和CF处理高。

2.1.2 不同灌水方式和施肥水平对不同部位烟叶比例的影响 灌溉方式对烟叶的上部叶比例影响显著，对中、下部叶比例的影响均不显著。施肥水平和施肥水平×灌溉方式对烟叶上、中和下部叶比例的影响均不显著（表2）。与CF相比，FFI处理和AFI处理能提高烟叶上部叶比例，在低肥时分别提高3.0%和14.7%，在高肥时提高3.1%和10.8%；FFI处理也能提高烟叶中部叶比例，在低肥和高肥时分别提高0.4%和4.5%，而AFI处理的烟叶中部叶比例在低肥和高肥时分别下降6.5%和10.2%；FFI处理和AFI处理的烟叶下部叶比例在低肥和高肥时分别下降6.2%和15.5%、13.0%和3.1%。

2.1.3 不同灌水方式和施肥水平对不同等级烟叶比例的影响 灌溉方式仅对烟叶的下等烟比例影响显著，对烟叶的上、中等烟比例的影响均不显著。施肥水平和施肥水平×灌溉方式对烟叶的上、中和下等烟比例的影响均不显著（表2）。与CF相比，在低肥和高肥时，AFI处理的烟叶上等烟比例分别提高18.6%和13.5%，而中等烟和下等烟比例分别下降11.2%和8.9%、23.2%和15.8%。低肥时FFI处理的烟叶上等烟和下等烟比例分别下降0.2%和10.3%，而中等烟比例则上升2.7%，高肥时FFI处理的上等烟和下等烟比例分别提高7.5%和1.9%，而中等烟比例则下降7.2%。可见FFI和AFI两种灌水方式在这两种施肥水平下有利于协调烟叶结构。

2.2 不同灌水方式和施肥水平对烤后烟叶主要品质指标的影响

2.2.1 不同灌水方式和施肥水平对烤后烟叶化学成分含量的影响 施肥水平对烟叶中烟碱、氮和粗蛋白含量的影响显著，而对总糖、还原糖、钾和氯的含量的影响均不显著。灌水方式除对烟叶中钾的含量影响显著外，对烟叶中总糖、还原糖、烟碱、氮、氯的含量影

表 2 不同灌水方式和施肥水平对烤烟产量和不同烟叶比例的影响

施肥水平	灌水方式	产量（kg/hm²）	单位肥料生产量（g/g）	上部叶比例（%）	中部叶比例（%）
低肥	CF	2 101.01±26.73d	5.09±0.06b	39.89±0.83b	38.48±1.45a
	FFI	2 090.91±17.49d	5.07±0.04b	41.07±0.59b	38.64±0.70a
	AFI	2 262.62±44.89b	5.49±0.11a	45.74±0.73a	35.98±1.27a
高肥	CF	2 202.02±10.10bc	4.19±0.02d	40.82±1.04b	36.72±1.83a
	FFI	2 161.61±40.40cd	4.12±0.08d	42.08±1.82b	38.36±3.03a
	AFI	2 388.89±18.21a	4.55±0.03c	45.24±0.51a	32.99±0.84a
显著性检验（p 值）					
施肥水平		0.000	0.000	0.574	0.251
灌溉方式		0.001	0.000	0.001	0.085
施肥水平×灌溉方式		0.645	0.925	0.713	0.735

施肥水平	灌水方式	下部叶比例（%）	上等烟比例（%）	中等烟比例（%）	下等烟比例（%）
低肥	CF	21.64±0.79a	42.12±2.41a	46.57±2.78a	11.31±0.37a
	FFI	20.29±0.17a	42.04±2.32a	47.81±2.35a	10.15±0.08ab
	AFI	18.28±0.54a	49.96±2.47a	41.34±3.03a	8.69±0.57b
高肥	CF	22.47±1.14a	42.69±3.84a	46.76±3.45a	10.55±0.41a
	FFI	19.56±2.11a	45.89±3.65a	43.36±3.92a	10.75±0.41a
	AFI	21.78±0.92a	48.47±3.62a	42.65±3.70a	8.88±0.72b
显著性检验（p 值）					
施肥水平		0.212	0.708	0.717	0.980
灌溉方式		0.144	0.115	0.355	0.002
施肥水平×灌溉方式		0.205	0.696	0.653	0.367

注：表中数值为平均值±标准误差；字母 a、b、c 等表示同一列在 0.05 水平下的统计显著性差异，如不同小写字母，则处理之间差异显著（$p<0.05$），相同小写字母，差异不显著（$p>0.05$）。下同。

响均不显著。施肥水平×灌溉方式对烟叶中的总糖、还原糖、烟碱、氮、钾和氯的含量影响均不显著（表 3）。与 CF 相比，AFI 处理能提高烟叶中总糖、还原糖、氮、钾和粗蛋白的含量，在低肥和高肥时分别提高 4.0%和 4.0%、1.9%和 6.6%、3.8%和 5.0%、23.8%和 40.1%、2.2%和 9.7%，而 AFI 处理的烟叶中烟碱和氯的含量在低肥和高肥时分别下降 7.4%和 22.8%、4.8%和 7.1%。与 CF 相比，FFI 处理在低肥时烟叶中的烟碱的含量提高 7.8%，而总糖、还原糖、氮、钾、氯和粗蛋白的含量分别下降 3.8%、0.99%、2.5%、8.4%、2.4%和 8.7%；FFI 处理在高肥时烟叶中的总糖、还原糖和钾的含量分别提高 0.6%、2.7%和 5.4%，而烟碱、氮和粗蛋白的含量分别下降 12.9%、8.4%和 8.2%。从内在化学成分来看，优质烟的还原糖含量一般为 18%～22%，N 为 1.4%～1.7%，烟碱 1.5%～2.5%[16]。从这个标准来看，本试验各处理的烟叶化学成分均在优质烟或趋于优质烟的范围（表 3）。

表 3　不同灌水方式和施肥水平对烤后烟叶化学成分含量的影响

施肥水平	灌水方式	总糖（%）	还原糖（%）	烟碱（%）	氮（%）	钾（%）	氯（%）	粗蛋白（%）
低肥	CF	21.29±1.41a	18.18±1.14a	2.17±0.05bc	1.59±0.04ab	2.14±0.06b	0.42±0.01a	7.6±0.29ab
	FFI	20.48±0.82a	18.00±1.25a	2.34±0.07c	1.55±0.02c	1.96±0.06b	0.41±0.09a	6.94±0.18b
	AFI	22.14±0.42a	18.52±0.86a	2.01±0.07bc	1.65±0.06ab	2.65±0.07a	0.40±0.01a	7.77±0.31ab
高肥	CF	22.29±0.87a	17.97±0.84a	2.54±0.13bc	1.79±0.19ab	2.02±0.05b	0.42±0.02a	8.78±1.34ab
	FFI	22.43±2.12a	18.46±1.27a	2.21±0.26b	1.64±0.02ab	2.13±0.05b	0.42±0.01a	8.06±0.1ab
	AFI	23.18±1.22a	19.15±0.59a	1.96±0.07a	1.88±0.08a	2.83±0.24a	0.39±0.01a	9.63±0.47a
显著性检验（p 值）								
施肥水平		0.223	0.732	0.017	0.036	0.435	0.971	0.016
灌溉方式		0.628	0.74	0.623	0.204	0.000	0.668	0.187
施肥水平×灌溉方式		0.913	0.912	0.105	0.702	0.342	0.937	0.802

2.2.2　不同灌水方式和施肥水平对烤后烟叶主要指标比例的影响　施肥水平对烟叶中氮碱比和糖碱比的影响显著，对烟叶中施木克值、糖氮比和钾氯比的影响不显著。灌溉方式对烟叶中钾氯比的影响显著，对烟叶中的施木克值、氮碱比、糖碱比和糖氮比的影响不显著。施肥水平×灌溉方式对烟叶中施木克值、氮碱比、糖碱比、糖氮比和钾氯比均不显著（表 4）。与 CF 相比，在低肥时，FFI 处理和 AFI 处理的烟叶中施木克值和钾氯比分别提高 4.9%和 1.8%、3.8%和 32.1%；AFI 处理的烟叶中氮碱比、糖碱比和糖氮比分别下降 4.3%、5.9%和 1.4%；FFI 处理烟叶中的氮碱比和糖碱比分别下降 16.4%和 14.9%，而糖氮比却提高 1.7%。在高肥时，AFI 处理的烟叶中氮碱比、糖碱比和钾氯比分别提高 14.3%、18.8%和 52.9%，而施木克值和糖氮比则下降 11.6%和 0.5%；FFI 处理的烟叶中，施木克值、糖碱比、糖氮比和钾氯比分别提高 3.3%、12.1%、9.8%和 3.9%，而氮碱比则下降 2.4%。烤烟中施木克值一般以 3 左右为好[17]；糖碱比和糖氮比一般以 6～10 的烟叶质量为好[17]；质量好的烟叶的氮碱比应小于 1，一般为 0.8～0.9 为好[15]；钾氯比以大于等于 4 为宜[15]。本试验烤后烟叶各主要指标比例均在此范围内或趋于此范围。

综上所述，AFI 处理的烟叶中总糖、还原糖和钾含量增加，烟碱和氯的含量下降，协调烟叶各主要指标比例，从而有利于烟叶内在品质的提高。

表4 不同灌水方式和施肥水平对烤后烟叶主要指标比例的影响

施肥水平	灌水方式	施木克值	氮碱比 e	糖碱比	糖氮比	钾氯比
低肥	CF	2.82±0.30a	0.73±0.03bc	8.41±0.72ab	11.41±0.47a	5.07±0.26b
	FFI	2.96±0.20a	0.61±0.03c	7.09±0.48a	11.60±0.71a	5.26±1.19b
	AFI	2.87±0.17a	0.70±0.01bc	7.91±0.16ab	11.25±0.27a	6.70±0.32ab
高肥	CF	2.07±0.54	0.84±0.14ab	8.24±0.55ab	10.31±1.37a	4.84±0.35b
	FFI	2.79±0.29a	0.82±0.02abc	9.24±0.80a	11.30±0.92a	5.03±0.14b
	AFI	2.42±0.23a	0.96±0.01a	9.79±0.60a	10.25±0.71a	7.40±0.76a
显著性检验（p 值）						
施肥水平		0.351	0.003	0.02	0.254	0.882
灌溉方式		0.768	0.215	0.496	0.66	0.009
施肥水平×灌溉方式		0.862	0.495	0.141	0.869	0.694

注：施木克值指水溶性糖类和蛋白质含量之比。

3 讨论

试验结果表明，AFI处理在不同的施肥水平下，节水增产效果明显，而FFI处理产量稍有下降。在高肥水平下，烟叶单位肥料生产量反而降低，说明高施肥量虽然是烟叶高产的保证，但是过多的肥料投入将提高生产成本，降低增产效果。有试验研究表明[18~22]，就水、肥两个因素而言，在某一水分（或肥料）水平下，均可找到最优供肥（或供水）与之相配合，高于此值，增加了投入却没能获得相应的产出，低于该值，则未达到最高的产出水平。

AFI让作物经历干湿交替锻炼，进行促控结合，促进光合产物的增加，改善产品品质[23]。如：Zegbe等发现APRI技术能使番茄早熟，颜色较红且固形物含量高，也可促进糖分向果实运移，保证果实生长，提高口味和感官品质[24,25]。Loveys等在澳大利亚的研究结果表明，地表交替滴灌处理的葡萄，其水分利用效率比对照（地表滴灌）提高了58.97%，需水量减少了46%，而产量仅减少了13.8%，但葡萄品质大大改善[26]。毕彦勇等[27]研究表明，根系分区交替灌溉处理的油桃果实成熟期均较常规灌溉提前，平均单果重略低于常规灌溉，但产量基本未受影响，果实硬度降低，而可溶性固形物含量高于常规灌溉。本试验表明AFI处理能提高烟叶中总糖、还原糖、氮、钾和粗蛋白含量，降低烟碱和氯，改善烟叶的内在品质与协调程度，使烟叶各主要指标比例趋于合理。同时AFI对烟叶中钾含量也有明显的提高作用。可见交替隔沟灌溉技术是一项节水调质、切实可行的灌溉技术。

此外，根据气象资料，烤烟在本试验灌水处理期间（3月13日至4月15日）的降水量30mm，约占该期间灌水量的17%（CF）和19%（FFI和AFI），降水对灌水方式之间差异可能有一定的影响。因此，今后为减少降水对灌水方式之间差异的影响，在南方地区进行此类田间试验还应有一定的防雨措施。

对在不同施肥条件下，有关 AFI 对烤烟的品质影响情况还需进一步研究，以便更全面地了解 AFI 对烤烟产质量的影响，从而得到生产高产、优质烟叶的水分养分高效利用的水肥管理模式。

4 结论

交替隔沟灌水技术可在大田应用，它显著减少烤烟灌水量，提高烤烟产量和单位肥料烟叶生产量，有利于协调烤烟内品质。固定隔沟灌水技术虽节约灌水量，同时也影响烟叶产量的增加。

参考文献

[1] 康绍忠，张建华，梁宗锁，等. 控制性交替灌水——一种新的农田节水调控思路 [J]. 干旱地区农业研究，1997，15 (1)：1-6.

[2] 韩艳丽，康绍忠. 控制性分根交替灌溉对玉米养分吸收的影响 [J]. 灌溉排水，2001，20 (2)：5-7.

[3] 梁宗锁，康绍忠，石培泽，等. 隔沟交替灌溉对玉米根系分布和产量的影响及其节水效益 [J]. 中国农业科学，2000，33 (6)：26-32.

[4] 杜太生，康绍忠，胡笑涛，等. 根系分区交替灌溉对棉花产量和水分利用效率的影响 [J]. 中国农业科学，2005，38 (10)：2061-2068.

[5] Du T S，Kang S Z，Zhang J H，et al. Yield andphysiological responses of cotton to partial root-zone irrigation in theoasis field of northwest China [J]. Agricultural Water Management，2006，84：41-52.

[6] Li F S，Liang J H，Kang S Z，et al. Benefits of alternate partialroot-zone irrigation on growth，water and nitrogen use efficienciesmodified by fertilization and soil water status in maize [J]. Plant Soil，2007，295：279-291.

[7] 汪耀富，蔡寒玉，张晓海，等. 分根交替灌溉对烤烟生理特性和烟叶产量的影响 [J]. 干旱地区农业研究，2006，24 (5)：93-98.

[8] 蔡寒玉，汪耀富，李进平，等. 烤烟控制性分根交替灌水的生理基础研究 [J]. 节水灌溉，2006 (2)：11-15.

[9] 李世清，李生秀. 水肥配合对玉米产量和肥料效果的影响 [J]. 干旱地区农业研究，1994，12 (1)：47-53.

[10] 金轲，汪德水，蔡典雄，等. 水肥耦合效应研究Ⅰ. 不同降水年型对 N、P 水配合效应的影响 [J]. 植物营养与肥料学报，1999，5 (1)：1-7.

[11] 金轲，汪德水，蔡典雄，等. 水肥耦合效应研究Ⅱ. 不同 N、P 水配合对旱地冬小麦产量的影响 [J]. 植物营养与肥料学报，1999，5 (1)：8-13.

[12] 黄梅丽，庞庭颐，周绍毅，等. 广西德保县乡村小气候资源的合理开发与利用 [J]. 安徽农业科学，2006，34 (15)：3607-3609，3618.

[13] 孙梅霞，汪耀富，张全民，等. 烟草生理指标与土壤含水量的关系 [J]. 中国烟草科学，2000 (2)：30-33.

[14] 鲍士旦．土壤农化分析 [M]．北京：中国农业出版社，2000：56-317.
[15] 王瑞新．烟草化学 [M]．北京：中国农业出版社，2003：171-173，256-275.
[16] 赵献章．中国烟叶分级 [M]．北京：中国科学技术出版社，1991.
[17] 中国农业科学院烟草研究所．中国烟草栽培学 [M]．上海：上海科学技术出版社，2005：92-93.
[18] 孟兆江，刘安能，吴海卿．商丘试验区夏玉米节水高产水肥耦合数学模型与优化方案 [J]．灌溉排水，1997，16 (4)：18-21.
[19] 孟兆江，刘安能，吴海卿，等．黄淮豫东平原冬小麦节水高产水肥耦合数学模型研究 [J]．农业工程学报，1998，3 (1)：86-90.
[20] 刘文兆，李玉山，李生秀．作物水肥优化耦合区域的图形表达及其特征 [J]．农业工程学报，2002，18 (6)：1-3.
[21] 沈荣开，王康，张瑜芳，等．水肥耦合条件下作物产量、水分利用和根系吸氮的试验研究 [J]．农业工程学报，2001，17 (5)：35-38.
[22] 徐学选，陈国良，穆兴民．水肥对春小麦产量的效应研究 [J]．干旱地区农业研究，1995，13 (2)：35-38.
[23] 孙景生，康绍忠，蔡焕杰，等．交替隔沟灌溉提高农田水分利用效率的节水机理 [J]．水利学报，2002 (3)：64-68.
[24] Zegbe J A，Behboudian M H，Clothier B E. Partial root zone drying isa feasible option for irrigating processing tomatoes [J]. Agricultural Water Management，2004，68：195-206.
[25] Zegbe J A，Behboudian M H，Liang A，et al. Deficit irrigationand partial root-zone drying maintain fruit dry mass and enhance fruitquality in 'Petopride' processing tomato [J]. Scientia Horticulturae，2003，98：505-510.
[26] Loveys B，Grant J，Dry P，et al. Progress in thedevelopment of partial root zone drying [M]. The Australian Grapegrowerand Winemaker，1997，403：18-20.
[27] 毕彦勇，高东升，王晓英，等．根系分区灌溉对设施油桃生长发育、产量及品质的影响 [J]．中国生态农业学报，2005，13 (4)：88-90.

（原载《中国农业科学》2009 年第 1 期）

水分胁迫对烟草生长发育的影响研究进展

王　军[1,2]，王益奎[1]，李鸿莉[1]，韦建玉[1]

（1. 广西大学农学院，南宁　530005；
2. 广东省烟草南雄科学研究所，南雄　512400）

摘　要： 综述了水分胁迫对烟草生长发育的影响，主要包括种子萌发、茎叶发育及产质量因子，对烟草体内总糖、还原糖、烟碱、总氮代谢的研究进展，及水分胁迫下烟草耐胁迫性工程及措施。

关键词： 烟草；水分胁迫；生理生化；调控研究

水分是影响作物生长发育的重要环境因子，农作物在整个生育进程中充足的水分供应在一定意义上决定其产质量的提高。烟草作为以叶片为主要收获对象的一种重要经济作物，对水分胁迫相当敏感。烟草在我国几乎都能完成生命周期，但是在北方干旱区容易出现干旱胁迫；在我国南方多雨省区，则经常出现土壤水分过饱和状态。水分胁迫会给烟草的生长发育带来严重的影响，从而导致产质量不同程度的降低，成为烟草生长的一个重要的限制因子。为了获得高产优质的烟叶，广大烟草科技工作者对烟草水分胁迫进行了很多深入细致的研究。

1　水分胁迫与烟草营养生长

1.1　水分胁迫与烟草种子萌发

烤烟种子的萌发和幼苗的成活受水分影响很大，特别是土壤水分对其影响表现尤为突出。一般研究多集中在种子萌发率和萌发时间上，较高的土壤水分会使种子萌发率高，萌发时间短；土壤水分较低时，则萌发率大大下降，萌发时间也延长。当土壤水分过多时，氧气不足导致烟草烂芽[1]。

1.2　水分胁迫与烟草根系发育

水分是影响烟草生长的重要物理因子，这种影响一方面是通过对矿质营养吸收，另一方面是通过土壤物理机械抗阻来实现。因此，土壤水分状况直接影响根的数量和体积，包括根密度、起着吸附作用的细根数量、根/冠比、根面积/叶面积比以及在二维空间上的根长、伸展、根内水流动的变化等。烤烟根系生长发育受土壤水分影响的特点是：伸根期的轻度干旱有利于烟草根系体积、鲜重和干重的增加，促进烟草根系的发育，过度水分胁迫

作者简介：王军，男，1975年生，安徽省巢湖市人，农艺师，主要从事烟草营养生理与烟叶品质研究。

对烟草根系极为不利，特别是严重干旱胁迫；旺长期土壤供水充足有利于根系的进一步生长，水分供应不足均给根系的生长发育和根系活力造成不良影响；成熟期土壤水分较多，其根的日生长量、根系活力和活跃吸收面积均有增大趋势，这虽然有利于烟株生长，但会造成烟叶贪青晚熟[2,3]。

1.3 水分胁迫与烟草茎、叶发育

烟草在水分胁迫条件下，叶片适应性的主要变化是提高水分利用率，通过烟草叶片解剖观察也可发现，其变化趋势是有利于合理利用水分。一般烟草在生长发育过程中的正常变化是不可逆的生长，但在水分胁迫情况下，短暂胁迫时是可逆的，主要表现在细胞形态的变化。当土壤严重缺水时，首先受抑制的是烟草细胞增大，单叶形态变小，甚至引起落叶。在烤烟生长的各生育期，几乎都是土壤水分含量较高时，有利于其生长发育的进行[4]。土壤水分较多，茎和叶生长迅速，水分少则生长缓慢[5]。土壤缺水使烟叶细胞伸长比细胞分裂受到的影响要大，在水分不足时叶片将停止伸展，但细胞仍然低速分裂。根据土壤水分对烤烟地上部总体影响的情况看，干旱胁迫使烟株矮小、节间短、叶片小、易早衰，而土壤水分过多则使烟株较高，节间较长，叶大而质薄，成熟期水分较多会使烟叶贪青晚熟。

2 水分胁迫与烟草产质量

2.1 水分胁迫与烟叶产量

水分胁迫与烟株生长以及产量关系密切，60%的产量年变异是由于水分的变化引起的。水分胁迫使烤烟分生组织细胞分裂受到抑制，蛋白质等大分子物质产生减少，植株正常代谢紊乱，植株生长矮小，降低烟叶的品质同时产量也大幅度下降。水分对烟草的叶面积、茎高、比叶重、茎粗和叶数等均有影响，良好的水分条件能提高烟草植株的生长和改善光合特性促进光合产物积累和分配，提高烟草的生物学产量[6]。水分胁迫对产量的影响在伸根期、旺长期和成熟期，分别以土壤相对持水量为60%、80%、70%时，单株产量最高[7]。

2.2 水分胁迫与烟叶质量

烟草生产过程中，常常会因缺水干旱使得烟叶发黄，这是一种常见的假熟现象。假熟烟叶与成熟度好的烟叶相比，其外观无明显的成熟斑、色度很淡、叶的正反面色调不一致且弹性差。由于水分胁迫造成烟叶变成青黄烟和青烟，这样的烟叶一般缺少油分、香气也随之降低。在许多情况下，水分不足是导致叶片偏薄和上部叶狭长的主要原因[8]。水分丰缺不但对优质烟外观品质有所影响同时也是决定其内在化学组分的重要因子。水分胁迫会导致烟叶产量和品质的下降[9~11]。水分对烟叶中的化学成分的影响主要是由于水分影响烟株体内正常的生理代谢，造成体内无机物和有机物吸收、运输和转化失调，从而影响烟叶的化学成分。有研究表明，土壤含水量较高时会使烟叶的糖分增加，燃烧特性较好，而烟碱、总氮降低；干旱则使烟叶糖分下降，烟碱含量增加[7]。韩锦峰等[12]的研究也发现

烟草在干旱胁迫下，烟碱和总氮含量升高而总糖、还原糖和香气均降低，使得品质下降。伍贤进[7]研究发现烟草在水分胁迫中干旱和水分过饱和两种情况下烟草化学物质，如总糖、还原糖、烟碱、总氮等含量变化情况相反。在大田试验中三个生育期内，烟叶中烟碱和总氮含量以土壤水分含量较低时较多，总糖和还原糖则以土壤水分含量适中时含量较高，水分过多或过少均使其含量较低，不过尤以水分过少时含量下降更明显[13]。在解决干旱逆境中，增施钾肥能提高干旱胁迫条件下烤烟的产量，改善烟叶品质[14]

3 烟草水分胁迫调控研究

烟草水分胁迫调控研究多集中在抗旱技术上。目前在我国最普遍的方法集中在耕作和栽培措施、施肥方法以及生化调控等。抗旱技术的研究和利用可以协调大田烟株生长发育，提高烟叶的产质量[15]。在解决水分胁迫这个问题中，烟田地膜[16]和秸秆覆盖[17]、垄下深松[18]、深耕[19]等技术都能不同程度地提高烟叶的产量和产值，从而提高烟草的水分利用效率和水分产值效率。刘国顺等（1998）[20]对干旱地区不同密度下的水分利用关系研究中发现合理的种植密度可以有效地提高水分利用率。更多的学者是通过施肥方法来调控的，周冀衡（1998，1999）[21,22]研究几种氮肥形态在减轻烟草水分胁迫的作用中发现，硝酸铵可以提高烟草抗旱性能。生化调控是必不可少的手段之一，国内也有学者从这方面入手[23]。

4 讨论

水分胁迫影响烟草生产已经受到广大烟草科技工作者的关注。如前所述，水分胁迫主要是通过对烟株生长发育的影响，并最终影响烟叶的产量和质量。现行的研究趋势是加强水分胁迫对烟草生长发育调控和内在品质等具体的研究。这些研究的最终目的是提高烟草生产的产量和品质，增加上等烟在烟草中的占有比例。在水分胁迫重烟叶香气的研究中国内还较少，尚待深入。

在解决烟草水分胁迫研究方面，虽然长期生产实践总结出了许多有效的方式和方法，笔者认为最有前景的方法是培育抗旱品种及合理运用生化调控。然而，这些实践活动还没有总结到系统的理论高度，也没合理的科学原理去解释这些变化的机制。因此，关于水分胁迫下烟草耐胁迫性工程及措施还需要科技工作者进一步从其生理生化特性研究，通过基因技术从分子水平去探究烟草耐水分胁迫的内在机理。只有解决了这些实质性的问题，才能根本上解决烟草水分胁迫问题。

参考文献

[1] 韩锦峰．烟草栽培生理［M］．北京：中国农业出版社，1996.

[2] 汪耀富，阎栓年，于建军，等．土壤干旱对烤烟生长的影响及机理研究［J］．河南农业大学学报，1994，28（3）：250-256.

[3] 伍贤进，白宝璋．土壤水分对烤烟生理活动和产量品质的影响 [J]. 农业与技术，1997 (6)：43-45.
[4] 左天觉，朱尊权，等译．烟草的生产、生理和生物化学 [M]. 上海：上海远东出版社，1993.
[5] 刘贯山．干旱胁迫对烤烟早发的影响 [J]. 安徽农业科学，1999，26 (3)：274-276.
[6] 伍贤进．土壤水分对烤烟产量和化学成分的影响 [J]. 怀化师专学报，1994，13 (1)：82-85.
[7] 伍贤进．土壤水分对烤烟产量和品质的影响 [J]. 农业与技术，1998，2：3-6.
[8] 王东胜，刘贯山，李章海．烟草栽培学 [M]. 合肥：中国科学技术大学出版社，2002.
[9] 周冀衡，胡希伟，周祥胜．烟草的抗旱生理 [J]. 中国烟草，1988 (2)：37-41.
[10] 郭月清．烟草产量品质与气象因素的统计分析 [J]. 中国烟草，1983 (1)：1-5.
[11] Marianne M L，Bo S，Mitchell C T. Engineering fordrought avoidance：expression of maize NADP-malic enzyme in tobacco results in altered stomatal function [J]. Journal Experimental Botany，2002，53：699-705.
[12] 韩锦峰，汪耀富，岳翠凌，等．干旱胁迫下烤烟光合特性和氮代谢研究 [J]. 华北农学报，1994，9 (2)：39-45.
[13] 汪耀富，张福锁．干旱和氮用量对烤烟干物质和矿质养分积累的影响 [J]. 中国烟草学报，2003，9 (1)：19-29.
[14] 汪邓民，周冀衡，朱显灵，等．干旱胁迫下钾对烤烟生长及抗旱性的生理调节 [J]. 中国烟草科学，1998 (3)：26-29.
[15] 宛玉光．辽西半干旱地区优质烤烟开发主要技术探讨 [J]. 中国烟草，1994 (2)：28-30.
[16] 江忠明．浅析南方多雨区地膜覆盖栽培烤烟的水分管理问题 [J]. 烟草科技，1997 (2)：40-41.
[17] 李贻学，李新举，刘太杰，等．秸秆覆盖与抗旱剂对烟田土壤水分及烟株生长的影响 [J]. 山东农业大学学报（自然科学版），2002，33 (2)：144-147.
[18] 饶梓云，王安柱．陕西省旱区烤烟农田土壤水分动态水分平衡水利用效率研究 [J]. 烟草科技，1993 (10)：36-39.
[19] 王钝，程功，汪耀富，等．不同耕作方式对烟田土壤水分动态及利用效率的影响 [J]. 河南农业大学学报，1998，32（增刊）：106-111.
[20] 刘国顺，汪耀富，韩富根，等．旱地烟草种植密度与水分利用关系的研究 [J]. 河南农业大学学报，1998，32（增刊）：75-79.
[21] 周冀衡，王彦廷，余佳斌．不同基因型烤烟对氮肥形态的适应和在水分胁迫下抗旱性影响的研究 [J]. 种子，1999 (2)：9-12.
[22] 周冀衡，王彦廷，余佳斌，等．氮肥形态与干旱胁迫对不同基因型烤烟生长的影响 [J]. 烟草科技，1999 (5)：39-41.
[23] 姜双林，李政，赵国林．ABT 生根粉在半干旱地区烟草上的应用研究 [J]. 中国农学通报，2000，16 (3)：46-47.

（原载《广西农业科学》2004 年第 6 期）

邵阳植烟土壤 pH 时空特征及其与土壤养分的关系

邹　凯[1]，邓小华[2]，李永富[1]，于庆涛[1]，戴勇强[1]，肖志强[1]

（1. 邵阳市烟草专卖局，邵阳　422000；
2. 湖南农业大学，长沙　410128）

摘　要： 为了解邵阳烟区植烟土壤 pH 时空特征及其与土壤养分的关系，采用传统统计学和地统计学及灰色关联方法分析了邵阳烟区植烟土壤 pH 状况、空间分布、演变趋势及其与土壤养分的定量关系。结果表明：①邵阳烟区植烟土壤 pH 总体上适宜，平均值为 6.01，变幅为 4.12～7.91，变异系数为 11.98%，处于适宜范围内的样本占 61.68%。②植烟土壤 pH 大小依次为邵阳县＞隆回县＞新宁县，3 个县差异达极显著水平。③邵阳烟区植烟土壤 pH 呈斑块状分布态势，总体上有从北部、东部和西南部向中部递减的趋势，在新宁县的东北部有一个低值区。④隆回县和新宁县植烟土壤 pH 呈降低趋势，邵阳县植烟土壤 pH 呈上升趋势。⑤植烟土壤有机质、速效钾、交换性镁与土壤 pH 呈显著或极显著正相关；植烟土壤有效磷、有效锌、水溶性氯与土壤 pH 呈显著或极显著负相关。⑥土壤养分与土壤 pH 的关联顺序为：交换性镁＞速效钾＞有机质＞有效磷＞碱解氮＞水溶性氯＞有效硼＞有效锌。

关键词： 植烟土壤；pH；空间分布；偏相关；灰色关联

pH 是土壤的重要理化性状特征之一，它不仅直接影响烟草的生长与发育，而且与植烟土壤养分的形成、转化和有效性等关系密切，对烟草产量、品质的形成具有极其重要的影响[1～4]。植烟土壤 pH 区域特征及其与土壤养分的关系一直是研究的热点，但这些研究主要集中在区域植烟土壤 pH 平均值差异[5～8]、土壤养分的简单相关分析[9～14]等方面，而对区域植烟土壤 pH 时空特征及与土壤养分的偏相关、灰色关联分析的研究报道较少。本研究在分析邵阳烟区植烟土壤 pH 分布特点的基础上，侧重分析了植烟土壤 pH 时空特征及其与土壤养分的关系，以期为邵阳烟区植烟土壤改良和平衡施肥以及浓香型特色优质烟叶开发提供参考依据。

1　研究区域与方法

1.1　研究区域

邵阳烟区位于北纬 25°58′～27°40′，东经 109°49′～112°05′，处于湖南省中部略偏西南的衡邵丘陵盆地的西南边缘向山地过渡地带，地势南高北低，中北部突起。该区属于中亚热带季风湿润气候，年日照时数为1 350～1 670 h，年降水量1 000～1 400mm，年平均气温16.1～17.1℃，≥10℃年积温为5 000～5 400℃，无霜期271～309d。植烟土壤理化性状较好，大部分土壤适宜种植烤烟。烟叶质量一直得到省内外卷烟工业企业青睐，常年产烟1.5×10^4t左右，是湖南省重要烤烟产区。

1.2 样品采集与处理

2012年在邵阳市的隆回县、邵阳县和新宁县等3个植烟县的27个乡镇的520个村，采集具有代表性的耕作层土壤样品1 790个。统一采集时间为12月。土钻取耕层土样深度为20cm。每一地块取小土样10～15个点，制成0.5kg左右的混合土样。土样田间登记编号，用GPS采集取样点地理坐标（包括经度和纬度）。土样经过预处理后（风干、混匀、磨细、过筛等）装瓶备测。2002年土壤数据来源于第2次植烟土壤普查，其样本数量分别为：隆回县85个、邵阳县56个、新宁县52个。

1.3 土壤pH及土壤养分测定

土壤pH按照NY/T 1121.2—2006，采用pH计法（水土比为1.0∶2.5）测定；按照NY/T 1121.6—2006，采用重铬酸钾滴定法测定土壤有机质含量；按照NY/T 1229—1999，采用碱解扩散法测定土壤碱解氮含量；按照NY/T 1121.7—2006，采用紫外可见分光光度计测定土壤有效磷含量；按照GB/T 7856—1989，采用原子吸收分光光度计测定土壤速效钾含量；按照NY/T 1121.13—2006，采用原子吸收分光光度法测定土壤交换性镁含量；按照NY/T 149—1990，采用紫外可见分光光度计测定土壤有效硼含量；按照NY/T 1261—1999，采用原子吸收分光光度法测定土壤有效锌含量；按照NY/T 1121.17—2006，采用硝酸银容量法测定土壤水溶性氯含量。

1.4 植烟土壤pH分级

参照以往研究[5,8]，将植烟土壤pH分为极低（<5.00）、偏低（5.00～5.50）、适宜（5.51～7.00）、偏高（7.01～7.50）、极高（>7.50）等5级，根据各级样本数分布频率进行比较。

1.5 植烟土壤pH空间分布图绘制

采用SPSS17.0软件进行原始数据处理及分析，首先采用探索分析法（explore）剔除异常离群数据，然后采用K-S法检测数据正态性。如果不符合正态分布，对所分析的样本数据进行对数转换，再用ArcGIS 9软件的地统计学模块中的Kriging插值法绘制邵阳烟区植烟土壤pH空间分布图形[15]。

1.6 植烟土壤pH与土壤养分关系研究方法

首先进行偏相关分析，然后参考文献[3,4,16,17]研究，采用DPS10.0统计软件进行灰色关联度分析，依据灰色关联强度大小排序综合判断每一土壤养分与pH的关联强度。

2 结果与分析

2.1 植烟土壤 pH 总体分布特征

由表1可知，邵阳烟区植烟土壤 pH 水平总体适宜，平均值为6.01，变幅为4.12～7.91，变异系数为11.98%，变异较小。植烟土壤 pH 适宜的样本占61.68%，“极低”的植烟土壤样本为6.82%，“偏低”的植烟土壤样本为18.94%，“偏高”的植烟土壤样本为11.12%，“很高”的植烟土壤样本为1.45%。3个主产烟县植烟土壤 pH 平均在5.67～6.25，均处于适宜范围。其均值大小依次为邵阳县>隆回县>新宁县。方差分析结果表明，3个县植烟土壤 pH 差异达极显著水平（$F=111.441$；$Sig.=0.000$），经 Duncan 多重比较，3个县植烟土壤达极显著差异。植烟土壤 pH 适宜样本比例大小依次为邵阳县>隆回县>新宁县，其中邵阳县和隆回县适宜样本比例高于整个烟区的平均值。植烟土壤 pH 的变异系数大小依次为隆回县>新宁县>邵阳县，均属弱变异。

表1 邵阳烟区植烟土壤 pH 状况

区域	样本数	均值±标准差	变幅	变异系数（%）	土壤 pH 分布频率（%）				
					（4，5.0）	[5.0，5.5）	[5.5，7.0）	[7.0，7.5]	（7.5，8）
隆回县	646	6.08±0.72 B	4.12～7.91	11.79	4.18	17.03	64.86	10.68	3.25
邵阳县	574	6.25±0.68 A	4.23～7.56	10.90	4.18	9.41	66.20	19.86	0.35
新宁县	570	5.67±0.63 C	4.23～7.58	11.09	12.46	30.70	53.51	2.81	0.53
邵阳烟区	1 790	6.01±0.72	4.12～7.91	11.98	6.82	18.94	61.68	11.12	1.45

注：表中大写英文字母表示0.01水平显著差异。

2.2 植烟土壤 pH 空间分布特征

采用 ArcGIS9 软件绘制邵阳烟区植烟土壤 pH 空间分布图有助于进一步了解植烟土壤 pH 空间分布特征。由于原始数据不为正态分布（Kolmogorov-Smirnov Z 值为2.029，$Sig.=0.001<0.05$），将数据对数转化后，选择2阶趋势效应和球状拟合模型进行 Kriging 插值，见图1。邵阳烟区植烟土壤 pH 呈斑块状分布态势，总体上，有从北部、东部和西南部向中部递减的趋势。以 pH6.0～7.0 为主要分布区域，其次是 pH5.5～6.0 的分布区域。在新宁县的东北部有一个低值区，植烟土壤 pH 在5.0以下。

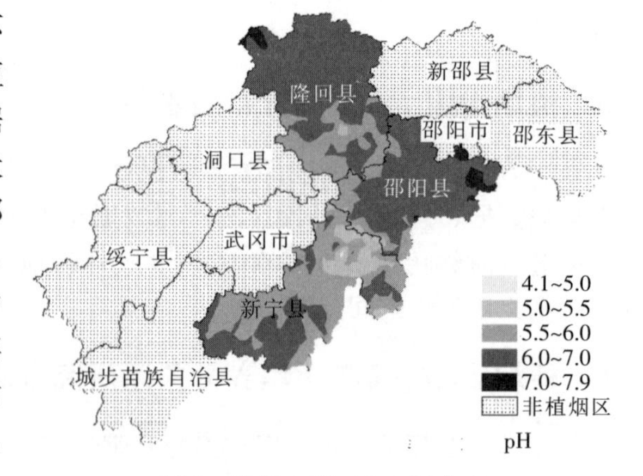

图1 植烟土壤 pH 空间分布

2.3 植烟土壤pH演变趋势

由图2可知，与2002年相比，2012年隆回县植烟土壤pH呈降低趋势，降幅为0.07，降低了1.09%；2012年邵阳县植烟土壤pH呈上升趋势，升幅为0.44，升高了7.66%；2012年新宁县植烟土壤pH呈降低趋势，降幅为0.45，降低了7.31%。整个邵阳烟区植烟土壤pH呈降低趋势，与2002年相比，降幅为0.02，降低了0.32%。由图3可知，2012年隆回县和新宁县以及邵阳烟区植烟土壤pH适宜样本比例均高于2002年，邵阳县植烟土壤pH适宜样本比例与2002年基本持平。以上分析表明邵阳烟区pH总体上微有下降，但不同县之间存在差异。这种差异主要与各县在烟叶生产中选择土壤改良措施途径有关，也可能与植烟土壤样本选择的区域扩大，样本来源不同有关。

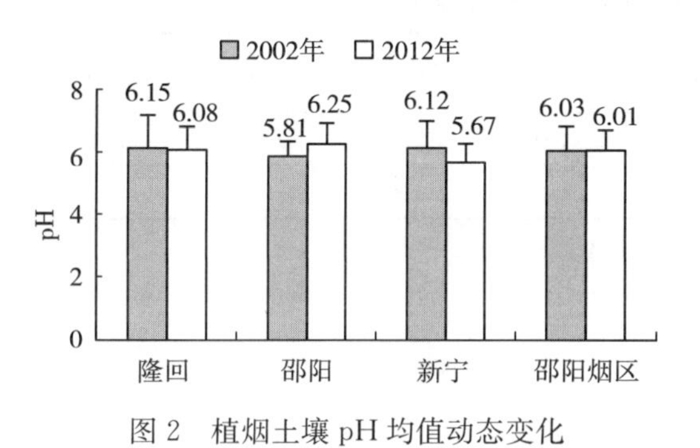

图2 植烟土壤pH均值动态变化

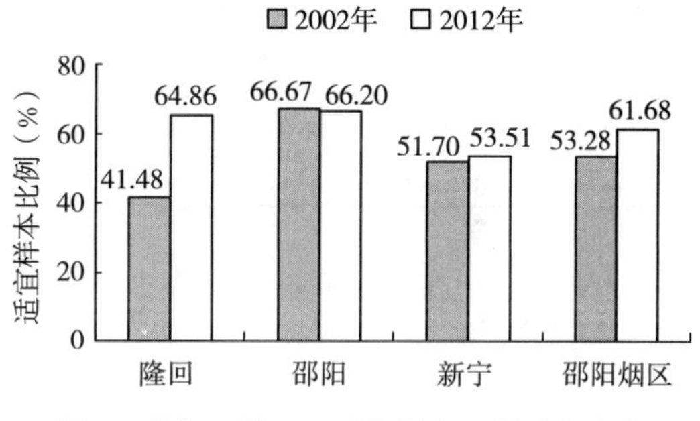

图3 植烟土壤pH适宜样本比例动态变化

2.4 植烟土壤pH与土壤养分的偏相关分析

由表2可知，植烟土壤有机质、碱解氮、速效钾、交换性镁与土壤pH呈正相关；有效磷、有效硼、有效锌、水溶性氯与土壤pH呈负相关，但相关系数都较小；有机质、有效磷、速效钾、交换性镁、有效锌、水溶性氯与土壤pH的相关性达到显著或极显著相关。

表2 植烟土壤pH与土壤养分的偏相关系数

土壤养分	偏相关系数	t值	P值
有机质	0.170	7.262	0.000
碱解氮	0.021	0.881	0.379
有效磷	−0.056	2.382	0.017
速效钾	0.054	2.302	0.021
交换性镁	0.162	6.926	0.000
有效硼	−0.001	0.051	0.959
有效锌	−0.168	7.204	0.000
水溶性氯	−0.092	3.885	0.000

2.5 植烟土壤 pH 与土壤养分的灰色关联分析

将土壤养分含量看作一个灰色系统，由于系统中各土壤养分的量纲不同，且部分土壤养分指标数值的数量级相差悬殊，很难进行直接比较。将原始数据进行标准化转换，以土壤 pH 为母序列，以土壤养分含量为子序列，取 $\Delta_{min}=0$，分辨系数 $\rho=0.5$，进行灰色关联分析。按照灰色关联分析原则，灰色关联系数大的子序列与母序列的关系最为密切，灰色关联系数小的子序列与母序列的关系为疏远，建立关联序。由表 3 可知，在各土壤养分与 pH 的灰色关联系数中以交换性镁最大，有效锌最小；关联系数大小顺序为：交换性镁＞速效钾＞有机质＞有效磷＞碱解氮＞水溶性氯＞有效硼＞有效锌。

表 3 植烟土壤 pH 与土壤养分的灰色关联系数

土壤养分	有机质	碱解氮	有效磷	速效钾	交换性镁	有效硼	有效锌	水溶性氯
关联系数	0.860	0.857	0.860	0.862	0.869	0.856	0.847	0.857
关联序	3	5	4	2	1	7	8	6

3 讨论

（1）烟草对土壤 pH 适应性很强，但优质烟叶生产一般要求土壤 pH 在一定范围内。植烟土壤 pH 适宜有利于改善烟株根系微环境，增强抗逆能力，促进健康生长，提高烟叶产量和获得品质优良的烟叶。邵阳烟区植烟土壤基本上呈弱酸性至中性，pH 大于 7.50 和小于 5.00 的样本所占比例均较小，绝大多数土壤 pH 能满足烟草生长要求。仅就土壤 pH 而言，邵阳烟区土壤较适合种植烤烟，但部分土壤应适当提高 pH，特别是 pH 在 5.00 以下的土壤（占 6.82%），应适时适量施用石灰，也可施用白云石或其他碱性肥料，调整土壤 pH 至合适范围，以更好地满足烟草生长发育对土壤 pH 的要求，并促进土壤养分的有效化。

（2）运用 Kriging 插值方法对邵阳烟区植烟土壤 pH 进行估值并绘制空间分布图，可直观地了解邵阳烟区植烟土壤 pH 的空间分布状况，这对植烟土壤养分的分区管理和因地施肥具有重要的指导意义。

（3）根据胡瑞芝等[18]对湖南省典型农田（主要为水稻田）土壤养分 30 年变化趋势的研究，湖南省农田表层土壤呈现酸化趋势，表层土壤的酸化与酸沉降增加、稻田停止撒施石灰的习惯及大量氮肥的施用有关。本研究发现邵阳烟区 pH 总体上保持稳定，但不同县之间存在差异，隆回县和新宁县植烟土壤 pH 呈降低趋势，邵阳县植烟土壤 pH 呈上升趋势，这主要与烟草种植强调土壤 pH 要求在适宜范围，采取相应措施调节土壤 pH 有关。可见，邵阳市植烟土壤 pH 在人为耕作影响之下表现出了逐渐趋向均衡的动态变化趋势，即高 pH 土壤在人为耕作影响下表现降低趋势，而较低 pH 土壤则表现提高趋势。

（4）烟叶品质及风格特色的形成是烟草品种基因型及生态环境因素综合作用的结果。烟草生长发育的好坏以及烟叶最终产量、品质、风格特色等都与植烟土壤养分状况有关。

而土壤 pH 与土壤养分的有效性有着密切关系。对于土壤养分的关系研究以往较多采用简单相关分析，这种相关关系包含有其他变量的影响，实际上并不能真实反映两个相关变量间的关系。为反映邵阳烟区土壤 pH 与土壤养分的真实关联性与密切程度，本研究采用偏相关分析，就是在研究土壤 pH 与某一土壤养分间相关性时，固定其他变量不变。这种方法能更好地揭示土壤 pH 与土壤养分之间在数量上的内在联系。研究结果认为：植烟土壤有机质、速效钾、交换性镁与土壤 pH 呈显著或极显著正相关；植烟土壤有效磷、有效锌、水溶性氯与土壤 pH 呈显著或极显著负相关。这些结果与以往的研究结论[9~13]有相一致的，也有表现不同的。如陈朝阳[9]对福建植烟土壤研究认为：土壤 pH 与水溶性氯及有效锰、铜、锌含量之间呈极显著负相关，与速效磷和钾、交换性钙和镁、有效铁和硼含量之间呈极显著正相关；许自成[10]等人对湖南植烟土壤的研究认为：土壤 pH 与有效铜和有效锰之间相关关系不显著，与速效钾呈极显著负相关，与其他指标均呈极显著正相关；王晖[13]等人对四川攀西烟区植烟土壤的研究认为：有机质、碱解氮、有效锌和有效锰的含量均随 pH 的升高而降低，交换性钙的含量随 pH 的升高而升高。这些结果的差异的可能原因主要是样本的数量和样本的来源区域不同，也可能与研究方法的选择有关。

（5）灰色关联度分析是根据系统因素间发展态势的相似或相异程度来衡量因素间关联程度的一种分析方法，其目的是找出系统内因素间最大的影响因素，将复杂问题简单化，且分析方法具有不需满足正态理论分布的优点。本研究采用该方法分析各土壤养分与 pH 的关联度，认为土壤 pH 对土壤交换性镁影响最大，对有效锌影响最小，关联系数大小顺序为交换性镁＞速效钾＞有机质＞有效磷＞碱解氮＞水溶性氯＞有效硼＞有效锌。陈朝阳[9]对福建植烟土壤养分与 pH 的灰色关联分析认为：土壤交换性钙、交换性镁、有效硼、速效磷含量与土壤 pH 关系最为密切；许自成[10]等人对湖南植烟土壤 pH 与养分的关系密切程度研究认为：全氮＞有机质＞速效钾＞水溶性氯＞速效磷＞有效铜＞有效锌＞有效锰＞交换性钙＞交换性镁＞有效铁。这些研究结果存在一定差异，主要与选择的指标及样本数量不同有关，因为灰色关联分析中的灰色关联系数大小与子序列和样本数有关[19]。

（6）烤烟虽然是旱地作物，但湖南省植烟土壤包括水稻土（烟田）和旱地土壤（烟土），烟田和烟土在烟叶生产过程中采取的农艺措施是有差异的，其土壤 pH 特征和演变趋势可能也不一致。这种差异是否存在还有待今后进一步深入研究。

参考文献

[1] 曹志洪．优质烤烟生产的土壤与施肥［M］．南京：江苏科学技术出版社，1991：38－43.

[2] Tephenson M G，Parker M B. Manganese and soil pH effects on yield and quality of flue-cured tobacco［J］. Tobacco Science，1987（31）：104.

[3] 邓小华，谢鹏飞，彭新辉，等．土壤和气候及其互作对湖南烤烟部分中性挥发性香气物质含量的影响［J］．应用生态学报，2010，21（8）：2063－2071.

[4] 易建华，邓小华，彭新辉，等．土壤和气候及其互作对湖南烤烟还原糖、烟碱和总氮含量的影响［J］.生态学报，2010，30（16）：4467－4475.

[5] 谢鹏飞，邓小华，何命军．宁乡县植烟土壤养分丰缺状况分析［J］．中国农学通报，2011，27（5）：154－162.

[6] 唐莉娜，陈顺辉，林祖斌，等．福建烟区土壤主要养分特征及施肥对策 [J]．烟草科技，2008 (1)：56-60.

[7] 邹加明，单沛祥，李文璧，等．大理州植烟土壤肥力质量现状与演变趋势 [J]．中国烟草学报，2002，8 (4)：14-20.

[8] 周米良，邓小华，黎娟，等．湘西植烟土壤 pH 状况及空间分布研究 [J]．中国农学通报，2012，28 (9)：80-85.

[9] 陈朝阳．南平市植烟土壤 pH 状况及其与土壤有效养分的关系 [J]．中国农学通报，2011，27 (5)：149-153.

[10] 许自成，王林，肖汉乾．湖南烟区土壤 pH 分布特点及其与土壤养分的关系 [J]．中国生态农业学报，2008，16 (4)：830-834.

[11] 梁颁捷，朱其清．福建植烟土壤 pH 值与土壤有效养分的相关性 [J]．中国烟草科学，2001，22 (1)：25-27.

[12] 林毅，梁颁捷，朱其清．三明烟区土壤 pH 值与土壤有效养分的相关性 [J]．烟草科技，2003 (6)：35-37.

[13] 王晖，邢小军，许自成．攀西烟区紫色土 pH 值与土壤养分的相关关系 [J]．中国土壤与肥料，2006 (6)：19-22.

[14] 邓小华，杨丽丽，周米良，等．湘西喀斯特区植烟土壤速效钾含量分布及影响因素 [J]．山地学报，2013，31 (5)：519-526.

[15] 邓小华．湖南烤烟区域特征及质量评价指标间的关系研究 [D]．长沙：湖南农业大学，2007.

[16] 邓小华，周冀衡，李晓忠，等．烤烟质量与焦油量的灰色关联分析 [J]．江西农业大学学报，2006，28 (6)：850-854.

[17] 邓小华，周冀衡，陈冬林，等．烤烟烟气粒相组分与评吸质量的关系 [J]．湖南农业大学学报（自然科学版），2008，34 (1)：29-32.

[18] 胡瑞芝，王书伟，林静慧，等．湖南省典型农田土壤养分现状及近 30 年变化趋势 [J]．土壤，2013，45 (4)：585-590.

[19] 唐启义，冯明光．实用统计分析及其 DPS 数据处理系统 [M]．北京：科学出版社，2002.

（原载《北京农学院学报》2014 年第 1 期）

邵阳主产烟县气候生态适宜性研究

邹　凯，肖志翔，李永富，雷天义

（邵阳市烟草公司，邵阳　422000）

摘　要：为明确邵阳烟区植烟气候特征，比较了邵阳烟区主产县与国外优质烟区烤烟大田期气候状况及其相似性，并进行了气候适生性评价。结果表明：（1）与国外优质烟区平均气象条件相比，邵阳烟区主产县烤烟大田期的日照相对不足；前期温度相对过低，后期温度相对过高；后期降水相对过多；湿度相对过大；积温相对较高。（2）邵阳烟区主产县气候条件与巴西最相似，其次是津巴布韦，与美国的相似程度最小。（3）邵阳烟区3个主产县（隆回县、邵阳县、新宁县）的气候适生性指数较高，分别为93.35％，93.34％，88.65％，烟区光照、温度、雨量与优质烟生长需求匹配协调，适合优质烤烟的生产。

关键词：邵阳；烤烟；气候适生性；相似性分析

中式卷烟的发展需要特色优质烟叶原料作保障。特定的生态条件是特色优质烟叶形成的基础，在选择烟区、烟草种植布局和移栽期确定时必须把生态条件作为重要甚至首要因素加以考虑。气候是优质烟叶风格特色形成的关键因子之一[1~3]，且在目前的科技条件下，人类还没有能力去调控它[4]，因此有关气候因素对烟叶质量影响的研究一直受到重视[4~8]。邵阳市位于湖南省中部略偏西南，处在北纬25°58′～27°40′和东经109°49′～112°05′，系江南丘陵向云贵高原过渡地带，地势南高北低，中背部突起，气候类型为中亚热带季风湿润气候。烤烟是该市的主要经济作物之一，年种植面积6 500hm^{2}左右，产量在1万t左右。有关烤烟种植气候区划、区域气候特征方面的研究已有一些报道[9~13]，但尚未涉及邵阳烟区。本文拟通过对湖南邵阳烟区主产烟县的气象资料与国外优质烤烟区气象条件对比和相似性分析，并运用模糊数学对其适生性进行评价，以期为更好地适应当地气候条件，搞好特色优质烟叶种植区域定位提供科学依据。

1　材料与方法

1.1　气候数据来源

湖南邵阳主产烟区的邵阳、新宁、隆回3个产烟县的气象资料（2001—2010年）来

基金项目：国家烟草专卖局重大专项（TS－01）、湖南省烟草公司项目（11－14Aa01）。

作者简介：邹凯（1981—），男，江苏泰州人，农艺师，硕士，主要从事烟草栽培与烟叶生产管理研究。Email：zouksy@hntobacco.com。

源于邵阳市气象局，国外优质烟区的气象数据来源于文献[9~11]。邵阳市烤烟大田期大致在3月下旬至7月中旬，伸根期大致在3月下旬至4月中旬，旺长期大致在4月中旬至5月中旬，成熟期大致在5月中旬至7月中旬，大田生长期为120d，其中伸根期30d，旺长期30d，成熟期60d[14]。

1.2 烟区气候数据比较方法

以国外优质烟叶产区（美国、巴西、津巴布韦）的平均气象条件为依据，对于日平均温度、相对湿度运用绝对差值法（邵阳－国外），对于降水量、日照时数、积温运用相对相差法［（邵阳－国外）/邵阳］作为指标对邵阳烟区主产烟县气象条件与国外优质烟叶产区气象条件的差别进行比较。

1.3 气候相似性分析方法

气候相似分析采用多维空间相似距离来度量各地间的相似程度，相似距离越大，相似程度越低；反之，相似程度越高。相似距离采用欧氏距离，其计算公式为：

$$d_{jk}=\sqrt{\sum_{i=1}^{n}(x_{ij}-x_{ik})^2}$$

式中：d_{jk}为两地间的距离，x_{ij}和x_{ik}分别为j地点和k地点第i个气候指标标准化处理后的数值，n为气候指标的个数。

根据湖南邵阳主烟区实际情况，将气候相似距离划分为5个等级，即$d_{jk}\leqslant 0.5$为高度相似，$0.5<d_{jk}\leqslant 1.0$为较高相似，$1.0<d_{jk}\leqslant 1.5$为中度相似，$1.5<d_{jk}\leqslant 2.0$为较低相似，$d_{jk}>2.0$为低度相似。

1.4 气候适生性评价方法

本研究运用隶属函数模型与指数和法来分析邵阳主烟区的气候适生性。设有m个烟区($m=1,\cdots,j$)，每个烟区有n个气候指标($n=1,\cdots,i$)，N_{ij}和W_{ij}分别表示第j个烟区、第i个气候指标的隶属度值和权重系数，其中$0<N_{ij}\leqslant 1$，$0<W_{ij}\leqslant 1$，且满足$\sum_{j=1}^{m}W_{ij}=1$，则各烟区的气候适生性指数(Climate Feasibility Index)可表示为：$CFI=\sum_{j=1}^{m}N_{ij}*W_{ij}$。

由于各气候指标的量纲和最适值范围不一致，运用模糊数学理论计算各气候指标的隶属度，使各气候指标的原始数据转换为0.1～1的数值，以消除量纲影响。烤烟适生性气候指标的隶属函数为抛物线形，函数表达式为：

$$f(x)=\begin{cases}0.1 & x<x_1;x>x_2\\ 0.9(x-x_1)/(x_3-x_1)+0.1 & x_1\leqslant x<x_3\\ 1.0 & x_3\leqslant x\leqslant x_4\\ 1.0-0.9(x-x_4)/(x_2-x_4) & x_4<x\leqslant x_2\end{cases}$$

式中：x为各气候指标的实际值，x_1、x_2、x_3、x_4分别代表各气候指标的下临界值、上临界值、最优值下限、最优值上限。根据以往研究[10~13]，结合湖南实际，确定各气候指标的隶属函数类型及转折点（表 1）。运用主成分分析法，提取累积贡献率≥90%的 3 个主成分，计算得到各化学成分指标的权重值[15]（表 1）。

表 1　气候指标的隶属函数拐点和权重值

气候指标	拐　点				权重（%）
	下临界值 x_1	最优值下限 x_3	最优值上限 x_4	上临界值 x_2	
伸根期均温（℃）	13	18	28	35	11.51
旺长期均温（℃）	10	20	28	35	13.05
成熟期均温（℃）	16	20	25	35	13.37
伸根期月平均降水量（mm）	20	80	100	300	5.97
旺长期月平均降水量（mm）	50	100	200	400	9.88
成熟期月平均降水量（mm）	30	80	120	320	11.59
大田期日照时数（h）	300	500	700	800	10.87
≥10℃活动积温（℃）	1 200	2 600	3 500	4 200	11.96
大田期湿度（%）	60	70	80	90	11.81

2　结果与分析

2.1　邵阳烟区主产烟县气候与国外主要优质烟区的比较

2.1.1　日平均气温　烟草是喜温作物。烟草大田生长期最适宜温度为 25～28℃，日均温低于 17℃或高于 35℃，烟株生长就会受到抑制。如果伸根期气温低于 13℃且持续 7d 以上，将导致早花现象的发生；成熟期最适宜气温为 20～25℃，一般 24～25℃持续 30d 以上，有利于烟叶品质的形成[10,11,16]。邵阳烟区主产烟县烟草大田生长期平均温度 20.0～21.0℃，虽然不高，但成熟期平均气温在 24.5～25.5℃，烟草生长期间前期温度较低，后期较高，有利于叶内积累较多的同化物质和烟叶品质的提高。但个别年份的前期低温阴雨天气和后期的高温逼熟现象不容忽视。

由图 1 可知，在烤烟还苗期，邵阳烟区主产烟县除邵阳县外，日平均气温比巴西高，但比美国、津巴布韦低。总体上看，邵阳烟区主产烟县烤烟还苗期的日平均气温要比国外优质烟叶产区的日平均气温低，但相差不是很大。与美国比较，低幅为 3.45～4.02℃。与津巴布韦比较，低幅为 3.85～4.42℃。与巴西比较，差值幅度为 0.13～0.85℃。在烤烟旺长期，邵阳烟区主产烟县日平均气温比巴西高，除新宁县外比津巴布韦低，比美国低。总体上看，邵阳烟区主产烟县烤烟旺长期的日平均气温要比国外优质烟叶产区的日平均气温略低，但相差不是很大。与美国比较，低幅为 3.21～4.13℃。与津巴布韦比较，差值幅度为 0.05～0.53℃。与巴西比较，高幅为 1.37～2.29℃。在烤烟成熟期，邵阳烟区主产烟县日平均气温比巴西、津巴布韦、美国都高。总体上看，邵阳烟区主产烟县烤烟成熟期的日平均气温要比国外优质烟叶产区的日平均气温高，但相差不是很大。与美国比较，高幅为 3.82～4.45℃。与津巴布韦比较，高幅为 5.62～6.25℃。与巴西比较，高幅为4.82～5.45℃。整个烤烟大田期，邵阳烟区主产烟县日平均气温要比国外优质烟叶产区的日平均气温高。与美国比较，高幅为0.09～0.88℃。与津巴布韦比较，高幅为1.39～2.18℃。与巴西比较，高幅为3.29～4.08℃。从日平均温度变化趋势看，巴西是逐步升高，津巴布韦是逐步下降，美国是旺长期最高，邵阳烟区主产烟县与巴西相似。因此，从热量条件看，邵阳烟区具有优势条件。但必须解决好个别年份前期气温低影响烟苗早发，后期高温逼熟现象。

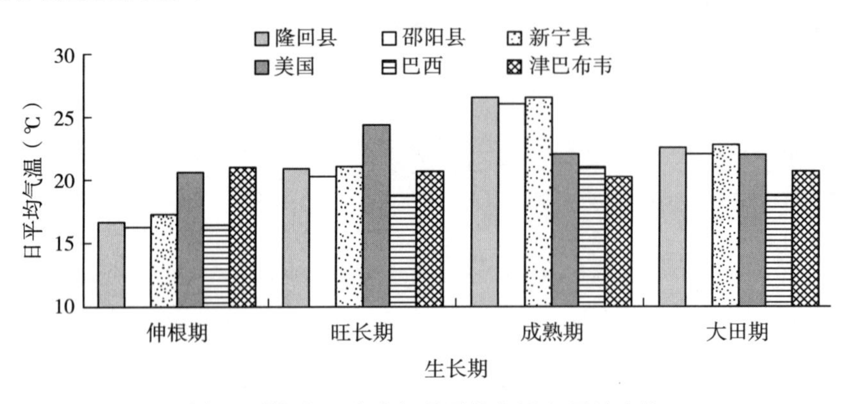

图1 邵阳烟区主产烟县平均气温与国外比较

2.1.2 降水量 水分是维持烟株生长的必需条件，是烟草产量和质量形成的重要保证。烟草在生长期间不仅要求有充足的降水量，也要求降水分布与烟草需水规律相吻合。一般来说，优质烟生产大田期降水量要求在450～550mm，并且分布适当，保证烟草旺长期与多雨季节同步，能够满足旺长期烟株对水分的需求。烟草伸根期月降水量在80～100mm，旺长期月降水量在100～200mm，成熟期月降水量为100mm左右较为理想[10,11,16]。邵阳烟区主产烟县移栽期主要在3月下旬，伸根期月平均降水量在120mm以上，要注意清沟排水，促进根系生长；旺长期（4～5月）降水充足，月降水量为在160mm以上，再加上和煦的光照、适宜的温度，对烤烟生产十分有利；成熟采烤期（6～7月），降水偏多，月降水量在150mm左右，但降水集中，降水日数少，对烟叶品质的不利影响少。

由图2可知，在烤烟还苗期，邵阳烟区主产烟县月均降水量比美国、巴西多，但比津巴布韦低。总体上讲，邵阳烟区主产烟县烤烟还苗期的月均降水量要比国外优质烟叶生产区的月降水量多，但是相差不是很大。与美国比较偏多7.56%～14.06%。与巴西比较偏多25.75%～30.97%。与津巴布韦比较偏少6.31%～14.35%。在烤烟旺长期，邵阳烟区主产烟县月均降水量比津巴布韦、巴西多，除新宁县外比美国低。总体上讲，邵阳烟区主产烟县烤烟旺长期的月均降水量要比国外优质烟叶生产区的月降水量多。与美国比较偏差0.63%～11.92%。与巴西比较偏多23.45%～33.00%。与津巴布韦比较偏多6.80%～18.42%。在烤烟成熟期，邵阳烟区主产烟县月均降水量比美国、津巴布韦多，除隆回县外比巴西也多。总体上讲，邵阳烟区主产烟县烤烟成熟期的月均降水量要比国外优质烟叶生产区的月降水量多。与美国比较偏多17.63%～34.34%。与巴西比较偏差2.41%～12.83%。与津巴布韦比较偏多23.34%～38.89%。整个烤烟大田期，邵阳烟区主产烟县降水量比巴西、津巴布韦少，除隆回县外比美国也少。总体上讲，邵阳烟区主产烟县降水量要比国外优质烟叶产区少，但是相差不是很大。与美国比较偏差为 1.09%～5.34%。与巴西比较偏少 9.49%～16.61%。与津巴布韦比较偏少 14.89%～22.36%。从月降水量变化趋势看，巴西是逐步升高，与邵阳县、新宁县相似；津巴布韦、美国是旺长期最高，与隆回县相似。邵阳烟区主产烟县大田期降水量比国外优质烟叶产区低的原因是邵阳烟区烤烟大田期短，比国外优质烟叶产区少 1 个月左右。从大田期月降水量来看，邵阳烟区主产烟县降水量还是丰富的，具有一定优势。

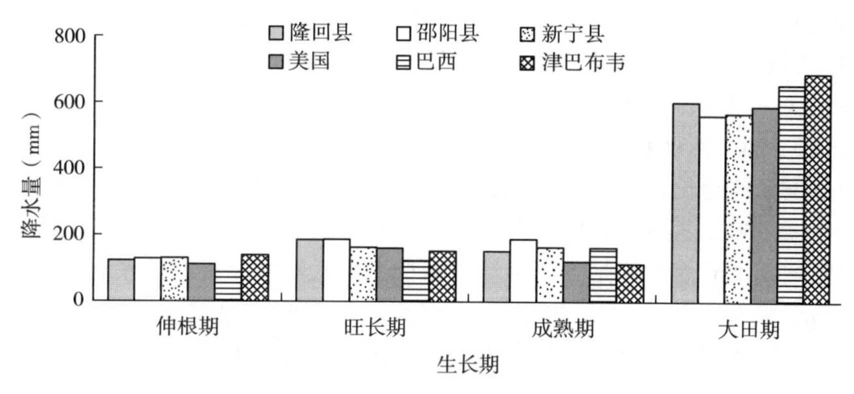

图 2　邵阳烟区主产烟县降水量与国外比较

2.1.3　日照时数　烤烟是喜光作物，烤烟的长势、产量的高低、质量的好坏与光照强度、光质的好坏有很大关系。对生产优质烤烟而言，和煦而充足的光照是必要条件。研究认为，优质烟叶大田生长期日照时数要求达到 500～700h；移栽期至旺长期，要求日照时数达到 200～300h；采收烘烤期间要求日照达到 280～300h。邵阳烟区主产烟县大田期日照时数一般在 550～650h，移栽至旺长期（3～5 月）日照时数在 250h 以上，采收烘烤期日照时数偏多，在 300h 以上，但整个大田生长期 3 月下旬～7 月中旬正值雨季，云量多，日照百分率在 40%左右，能满足优质烟生产对光照的要求[10,11,16]。

由图 3 可知，在烤烟还苗期，邵阳烟区主产烟县月平均日照时数比美国、巴西、津巴布韦偏少。与美国比较偏少 136.72%～162.09%。与巴西比较偏少 31.78%～45.91%。与津巴布韦比较偏少 58.63%～75.63%。在烤烟旺长期，邵阳烟区主产烟县月平均日照时数比美国、巴西、津巴布韦偏少。与美国比较偏少 131.69%～145.22%。与巴西比较偏少 29.63%～35.76%。与津巴布韦比较偏少 61.42%～69.07%。在烤烟成熟期，邵阳

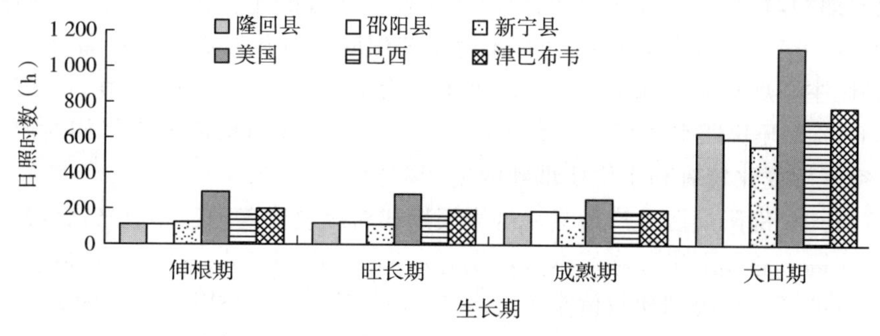

图 3　邵阳烟区主产烟县日照时数与国外比较

烟区主产烟县月平均日照时数比美国、津巴布韦少，除邵阳县外比巴西也少。总体上讲，邵阳主烟区烤烟成熟期的月平均日照时数要比国外优质烟叶生产区偏少。与美国比较偏少34.59%～60.05%。与巴西比较偏差3.86%～14.31%。与津巴布韦比较偏少4.15%～23.84%。整个烤烟大田期，邵阳烟区主产烟县月平均日照时数比美国、巴西、津巴布韦偏少。与美国比较偏少76.16%～98.94%。与巴西比较偏少11.06%～25.42%。与津巴布韦比较偏少22.55%～38.39%。从月日照时数变化趋势看，国外优质烟叶产区变化不大，而邵阳烟区主产烟县是伸根期和旺长期日照时数少，成熟期日照时数相对要多于伸根期和旺长期。邵阳烟区主产烟县大田前期日照时数少，阴雨天多，不利于早生快发，在生产上必须注意这一问题；大田后期日照时数多，与国外优质烟区差异不大。

2.1.4 大田期≥10℃活动积温 积温是影响烟草叶片发育、生长和成熟的主导因子，积温不足，烟草生育期延长，将直接影响到烟草的产质量。研究表明，南方烟区≥10℃活动积温为2 000～2 800℃之间，≥10℃有效积温在1 000～1 800℃，将有利于优质烟叶的生长。虽然邵阳烟区主产烟县烤烟大田期温度略低于最适温度，但有效积温较高。烤烟大田期≥10℃的活动积温为2 200～2 400℃，大田期≥10℃的有效积温为在1 400～1 500℃。因此，烤烟大田期的积温完全能满足烤烟生长，再加上光、水和土壤的配合，非常适宜优质烟生产[10,11,16]。

由图4可知，邵阳烟区主产烟县烤烟大田期活动积温比美国偏少，比巴西、津巴布韦偏多。总体上讲，在烤烟大田期时，邵阳烟区主产烟县的活动积温要比国外优质烟叶生产区的多。与美国比较偏少22.57%～26.95%。与巴西比较偏多10.27%～13.37%。与津巴布韦比较偏多5.67%～8.93%。

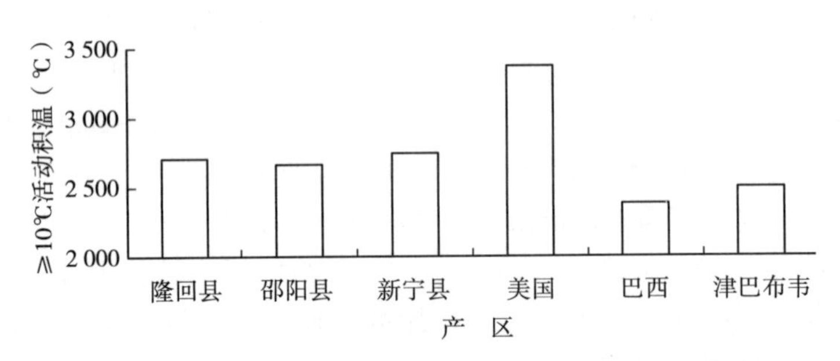

图4 邵阳烟区主产烟县大田期≥10℃活动积温与国外比较

2.1.5 大田期相对湿度 优质烟叶的生产不仅要有适宜的土壤水分条件，同时还要有适宜的空气湿度。空气湿度适宜可以更有效地调节田间小气候，有利于叶片生长，组织细致。邵阳烟区主产烟县大田期空气相对湿度平均为78.47%，其中，伸根期空气相对湿度平均为78.88%，旺长期空气相对湿度平均为79.42%，成熟采烤期空气相对湿度平均为79.15%，空气湿度比较有利于优质烟叶的生产[10,11,16]。

由图5可知，邵阳烟区主产烟县烤烟大田期相对湿度比美国、津巴布韦要高，除隆回县外比巴西也高。总体上讲，在烤烟大田期时，邵阳烟区主产烟县的相对湿度要比国外优质烟叶生产区的高。与美国比较偏高1.25～7.07个百分点。与巴西比较偏差0.31～4.07个百分点。与津巴布韦比较偏高4.25～10.07个百分点。

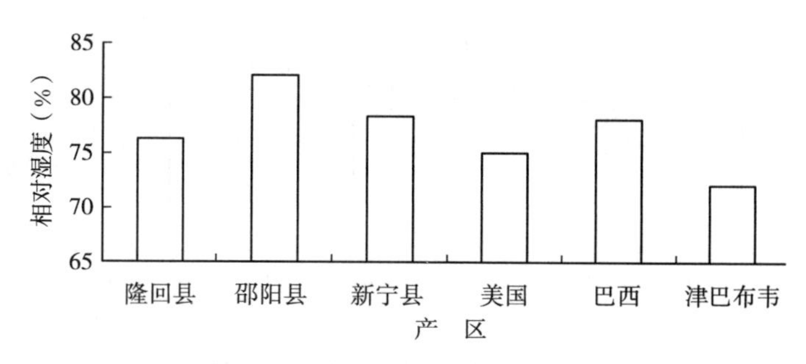

图5 邵阳烟区主产烟县大田期相对湿度与国外比较

2.2 邵阳烟区主产烟县气候条件与国内外主要优质烟区的相似性分析

将邵阳烟区主产烟县气候状况与国外优质烟叶产区进行相似性分析并进行等级划分，结果见表2。邵阳烟区主产烟县与美国的相似距离平均为0.97，范围为0.95～1.02；其中，隆回县、新宁县处于较高级相似，邵阳县处于中等相似。与巴西的相似距离平均为0.29，范围为0.25～0.31；3个主产烟县都处于高度相似。与津巴布韦的相似距离平均为0.72，范围为0.68～0.78；3个主产烟县都处于较高级相似。以上说明，邵阳烟区主产烟县气候状况与巴西最相似，其次是津巴布韦，与美国的相似程度最小。

再分析3个主产烟县间的相似距离，隆回县与邵阳县的相似距离为0.27，隆回县与新宁县的相似距离为0.14，新宁县与邵阳县的相似距离为0.28。3个主产烟县间都处于高度相似等级；其中，隆回县与新宁县的气候状况最相似。说明3个主产烟县间气候状况差异不大。

表2 邵阳烟区主产烟县与国外优质烟区气候相似距离及等级

烟区	隆回县		邵阳县		新宁县		美国		巴西		津巴布韦	
	距离	等级	距离	等级	距离	等级	距离	等级	距离	等级	距离	等级
隆回县	—	—	0.27	高度	—	—	0.95	较高	0.25	高度	0.69	较高
邵阳县	0.27	高度	—	—	0.28	高度	1.02	中度	0.31	高度	0.78	较高
新宁县	0.14	高度	0.28	高度	0.14	高度	0.95	较高	0.30	高度	0.68	较高

2.3 邵阳烟区主产烟县烤烟气候适生性评价

由图6可知，邵阳3个主产烟县气候适生性指数较高，最高值为93.35%（隆回县），最低值也有88.65%（邵阳县）。3个主产烟县气候适生性指数较比较，隆回县>新宁县>邵阳县。总体上看，3个主产烟县的气候适生性指数要优于国内外优质烟区。隆回县和新宁县的气候适生性指数比美国、巴西、津巴布韦高，但邵阳县的气候适生性指数比美国、巴西、津巴布韦低。以上分析说明邵阳烟区主产烟县光照，温度、雨量与优质烟生长需求匹配协调，适合优质烤烟的生产。

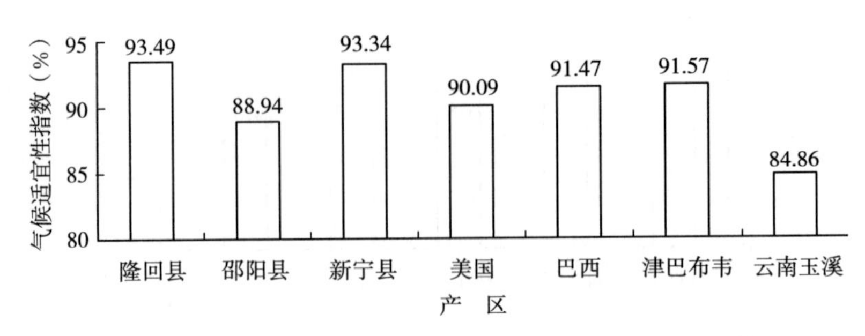

图6　邵阳烟区主产烟县与国外优质烟区气候适生性指数

3　结论与讨论

邵阳烟区主产烟县热量资源较丰富，且配合较好，光、温、水条件较优越。其烤烟大田生长期的气候条件与美国、巴西、津巴布韦等国外优质烟叶产区相比，问题主要表现为：日照相对不足；前期温度相对过低，后期温度相对过高；湿度相对过大；后期降水相对过多；积温相对较高。

邵阳烟区主产烟县气候条件与国外优质烟叶产区进行相似度比较，各植烟县与国外优质烟叶产区的相似程度不尽一致，其与巴西最相似，其次是津巴布韦，与美国的相似程度最小。其相似程度都达到了中等以上，其中与巴西达到了高度相似。因此，应努力开发邵阳烟区类似国外优质烟区的气候潜质，根据相似情况来布局和调整烤烟育苗、移栽、成熟期，充分利用邵阳烟区的自然资源，从而提高烟叶品质，稳步发展烤烟生产。

邵阳3个主产烟县气候适生性指数较高，隆回县、邵阳县、新宁县的气候适生性指数分别为93.35％、93.34％、88.65％，烟区光照、温度、雨量与优质烟生长需求匹配协调，适合优质烤烟的生产。

参考文献

[1] 邓小华，谢鹏飞，彭新辉，等．土壤和气候及其互作对湖南烤烟部分中性挥发性香气物质含量的影响［J］．应用生态学报，2010，21（8）：2063-2071.

[2] 易建华，彭新辉，邓小华，等．气候和土壤及其互作对湖南烤烟还原糖、烟碱和总氮含量的影响［J］．生态学报，2010，30（16）：4467-4475.

[3] 彭新辉，邓小华，易建华，等．气候和土壤及其互作对烟叶物理性状的影响［J］．烟草科技，2010（2）：48-54.

[4] 戴冕．我国主产烟区若干气象因素与烟叶化学成分的关系研究［J］．中国烟草学报，2000，6（1）：27-34.

[5] 肖金香，刘正和，王燕，等．气候生态因素对烤烟产量与品质的影响及植烟措施研究［J］．中国生态农业学报，2003，11（4）：158-160.

[6] 韦成才，马英明，艾绥龙，等．陕南烤烟质量与气候关系研究［J］．中国烟草科学，2004，25（3）：38-41.

[7] 王彪，李天福．气象因子与烟叶化学成分关联度分析 [J]. 云南农业大学学报，2005，20 (5)：742-745.

[8] 陈伟，王三根，唐远驹，等．不同烟区烤烟化学成分的主导气候影响因子分析 [J]. 植物营养与肥料学报，2008，14 (1)：144-150.

[9] 张家智．云烟优质适产的气候条件分析 [J]. 中国农业气象，2000，21 (2)：17-21.

[10] 龙怀玉，刘建利，徐爱国，等．我国部分烟区与国际优质烟区烤烟大田期间某些气象条件的比较 [J]. 中国烟草学报，2003，9 (z1)：41-47.

[11] 邓小华，周米良，田茂成，等．湘西州植烟气候与国内外主要烟区比较及相似性分析 [J]. 中国烟草学报，2012，18 (3)：28-33.

[12] 赵如文，杨韬，艾永智，等．玉溪市烟区气候条件特征分析 [J]. 云南农业科技，2007 (2)：27-31.

[13] 李进平，高友珍．湖北省烤烟生产的气候分区 [J]. 中国农业气象，2005，26 (4)：250-255.

[14] 邓小华．湖南烤烟区域特征及质量评价指标间关系研究 [D]. 长沙：湖南农业大学，2007：1-342.

[15] 邓小华，周冀衡，杨虹琦，等．湖南烤烟外观质量量化评价体系的构建与实证分析 [J]. 中国农业科学，2007，40 (9)：2036-2044.

[16] 中国农业科学院烟草研究所．中国烟草栽培学 [M]. 上海：上海科学技术出版社，1987.

（原载《云南农业大学学报：自然科学版》2014 年第 2 期）

邵阳烟区植烟土壤速效钾含量分布特征研究

于庆涛[1]，邹　凯[1]，邓小华[2*]，李永富[1]，戴勇强[1]，王建波[2]

（1. 邵阳市烟草专卖局，邵阳　422000；
2. 湖南农业大学，长沙　410128）

摘　要：为了解邵阳烟区植烟土壤速效钾含量分布状况，测试了邵阳烟区1 790个土壤样本的速效钾含量，采用经典统计学和地统计学方法分析了邵阳烟区植烟土壤速效钾含量和空间分布及在县域、乡镇、pH组、有机质组的差异。结果表明：①邵阳烟区植烟土壤速效钾含量总体上处于偏低水平，平均值为113.75mg/kg，变异系数为50.40%，处于适宜范围内的样本占12.01%；②邵阳县和新宁县植烟土壤速效钾含量极显著高于隆回县；③邵阳县小溪市乡植烟土速效钾含量均值在适宜范围；④植烟土壤速效钾含量总体上呈斑块状分布态势，以植烟土壤速效钾含量100.00～130.00mg/kg为主要分布面积；⑤不同pH组的植烟土壤速效钾含量差异不显著；⑥植烟土壤有机质含量在35g/kg以下，土壤速效钾含量有随有机质提高而增加的趋势，植烟土壤有机质含量在35g/kg以上，土壤速效钾含量有随有机质提高而降低的趋势。

关键词：植烟土壤；速效钾；空间分布；邵阳烟区

烟草属喜钾作物，充足的钾素供应对其生长发育、产量和品质以及卷烟制品的安全性均具有重要作用[1~3]。烟叶钾含量高低与其基因型和所处的气候和土壤条件及施肥措施等密切相关，其中土壤营养是根本，土壤养分供给状态是影响烟叶钾含量高低的重要因素[3~4]。土壤速效钾虽只占全钾的2%左右，但其表示的是易被作物吸收利用的钾，其含量高低常被作为判断植烟土壤钾素含量丰缺的重要指标[5~6]。有关植烟土壤钾素含量状况的研究也有较多报道[7~12]。陈江华等[7]对全国主要烟区、王树会等[8]对云南烟区、罗建新等[9]与王欣等[10]对湖南烟区的植烟土壤速效钾含量分布状况进行了研究，匡传富等[11]对湖南郴州烟区、邓小华等[12]对湘西烟区、谢鹏飞等[13]对湖南宁乡县的植烟土壤速效钾含量分布特征进行了分析，但系统分析邵阳烟区植烟土壤速效钾含量分布特征的研究未见

基金项目：国家烟草专卖局；特色优质烟叶开发重大专项（ts－01）；湖南省科技厅项目（2013NK3073）；湖南省烟草公司项目（11－14Aa01）。

作者简介：于庆涛（1982—），女，农艺师，硕士，主要从事烟叶生产技术研究与推广。
*通信作者。

报道。邵阳市位于湖南省中部略偏西南，地处北纬 25°58′～27°40′，东经 109°49′～112°05′，属典型的中亚热带湿润季风气候，常年产烟 1.5×10^{4}t 左右，是湖南省重要烤烟产区。本研究以邵阳烟区植烟土壤为材料，研究其速效钾含量分布状况及空间分布特征，以期为邵阳烟区植烟土壤钾素养分管理及特色优质烟叶开发提供理论依据。

1 材料与方法

1.1 样品采集与处理

2012 年在邵阳市的隆回县、邵阳县和新宁县等 3 个植烟县的 27 个乡镇，采集具有代表性的耕作层土样 1 790 个。统一采集时间选在 12 月完成。钻取耕层土样深度为 20cm。每一地块取小土样 10～15 个点，制成 0.5kg 左右的混合土样。土样田间登记编号，用 GPS 采集取样点地理坐标（包括经度和纬度）。土样经过预处理后（风干、混匀、磨细、过筛等）装瓶备测。

1.2 土壤速效钾、pH、有机质测定

按照 GB/T 7856—1989，采用原子吸收分光光度法测定植烟土壤速效钾含量。土壤 pH 按照 NY/T 1121.2—2006，采用 pH 计法（水土比为 1.0∶2.5）测定。有机质含量按照 NY/T 1121.6—2006，采用重铬酸钾滴定法测定。

1.3 统计分析

1.3.1 植烟土壤速效钾含量丰缺诊断分级 参照以往研究[7,9,11～12]，将植烟土壤速效钾含量分为缺乏（<80.00mg/kg）、偏低（80.00～160.00mg/kg）、适宜（160.00～240.00mg/kg）、丰富（240.00～350.00mg/kg）、极丰富（>350.00mg/kg）等 5 级，根据各级样本数分布频率进行比较。

1.3.2 植烟土壤速效钾含量空间分布图绘制 数据处理分析采用 SPSS17.0 软件进行。首先用探索分析法（explore）剔除异常离群数据；K-S 法检测数据是否符合正态分布，如果不符合正态分布，对数据进行对数转换；然后用 ArcGIS 9 软件中的地统计学模块的 Kriging 插值方法绘制植烟土壤速效钾含量的空间分布图[14]。

2 结果与分析

2.1 邵阳烟区植烟土壤速效钾含量状况

由表 1 可知，邵阳烟区植烟土壤速效钾含量变幅在 35.40～728.00mg/kg，平均值 113.75mg/kg，总体处于偏低水平；变异系数为 50.40%，属强变异。土壤速效钾含量处于适宜范围内的样本占 12.01%；“偏低”的样本为 55.31%，“缺乏”的样本为 29.55%，这些土壤速效钾处于缺乏或潜在缺乏状态。“丰富”的样本为 2.85%，“极丰富”的样本为 0.28%。

表 1　邵阳烟区植烟土壤速效钾含量分布

区域	样本数	均值±标准差 (mg/kg)	变幅 (mg/kg)	变异系数 (%)	土壤速效钾含量分布频率（%）				
					<80	[80，160)	[160，240)	[240，350)	>350
隆回县	646	100.55±44.45 B	35.70～728.00	44.20	32.04	62.23	5.11	0.46	0.15
邵阳县	574	121.59±64.39 A	37.50～698.00	52.95	30.31	50.00	15.33	3.83	0.52
新宁县	570	120.82±60.07 A	35.40～379.00	49.72	25.96	52.81	16.49	4.56	0.18
邵阳烟区	1 790	113.75±57.33	35.40～728.00	50.40	29.55	55.31	12.01	2.85	0.28

注：大写英文字母不同表示在 0.01 显著水平有差异。下同。

2.2　不同县植烟土壤速效钾含量差异

由表 1 可知，3 个植烟县土壤速效钾含量平均值在 100.55～121.99mg/kg，其含量高低表现为：邵阳县>新宁县>隆回县，其中邵阳县和新宁县土壤速效钾含量高于整个烟区平均值。方差分析结果表明，不同县之间土壤速效钾含量差异达极显著水平（$F=27.637$；$Sig.=0.000$），经 Duncan 多重比较，邵阳县和新宁县植烟土壤速效钾含量极显著高于隆回县，而邵阳县和新宁县植烟土壤速效钾含量差异不显著。

3 个植烟县土壤速效钾含量的变异系数为 44.20%～52.95%，大小排序为：邵阳县>新宁县>隆回县。其中，邵阳县的植烟土壤速效钾含量的变异系数在 50%以上，属强变异；其他两县植烟土壤速效钾含量属中等强度变异。

3 个植烟县土壤速效钾含量适宜样本比例在 5.11%～16.49%，按从高到低依次为：新宁县>邵阳县>隆回县。各县植烟土壤速效钾含量均以“偏低”的样本比例最多。

2.3　不同乡镇植烟土壤速效钾含量差异

由表 2 可知，邵阳烟区植烟土壤速效钾含量均值排名前 5 名的乡镇为邵阳县小溪市乡、

表 2　不同乡镇植烟土壤速效钾含量

县	乡镇	样本数	均值±标准差 (mg/kg)	县	乡镇	样本数	均值±标准差 (mg/kg)
邵阳县	小溪市乡	33	193.85±69.61	邵阳县	九公桥镇	35	117.54±49.62
新宁县	一渡水镇	15	159.71±68.77	邵阳县	霞塘云乡	28	117.16±52.56
新宁县	巡田乡	66	157.15±79.47	邵阳县	白仓镇	92	116.70±44.73
新宁县	马头桥镇	98	145.09±77.95	隆回县	横板桥镇	90	110.32±75.29
新宁县	安山乡	81	138.42±55.32	隆回县	石门乡	29	105.34±27.48
邵阳县	塘渡口镇	34	128.73±82.20	新宁县	丰田乡	78	105.18±36.13
邵阳县	金称市镇	102	127.16±64.13	隆回县	岩口镇	89	104.86±27.76
邵阳县	河伯乡	103	126.53±83.70	隆回县	周旺镇	43	103.60±35.53
隆回县	荷田乡	56	125.41±46.80	邵阳县	塘田市镇	130	103.52±45.63

（续）

县	乡镇	样本数	均值±标准差（mg/kg）	县	乡镇	样本数	均值±标准差（mg/kg）
新宁县	高桥镇	138	100.18±42.44	隆回县	荷香桥镇	66	90.88±29.03
隆回县	六都寨镇	50	97.25±32.94	隆回县	滩头镇	76	89.34±41.52
新宁县	回龙寺镇	59	95.98±19.92	新宁县	清江桥乡	35	85.12±24.68
隆回县	西洋江镇	37	93.98±28.24	邵阳县	黄塘乡	17	84.05±24.25
隆回县	雨山铺镇	110	91.21±39.25				

新宁县一渡水镇、新宁县巡田乡、新宁县马头桥镇、新宁县安山乡，速效钾含量均值排名最后5名的乡镇为隆回县雨山铺镇、隆回县荷香桥镇、隆回县滩头镇、新宁县清江桥乡、邵阳县黄塘乡。

其中，邵阳县小溪市乡植烟土壤速效钾含量均值在160mg/kg以上，属适宜范围；其他各乡镇植烟土壤速效钾含量均值在80～160mg/kg，属于“偏低”。

2.4 植烟土壤速效钾含量空间分布

为进一步了解邵阳烟区植烟土壤速效钾含量的生态地理分布差异，采用ArcGIS9软件绘制邵阳烟区植烟土壤速效钾含量空间分布图，考虑到土壤样本的速效钾含量不为正态分布（Kolmogorov-Smirnov Z值为5.582，$p=0.000<0.05$），将数据对数转换后进行Kriging插值。由图1可知，邵阳烟区植烟土壤速效钾含量总体上呈斑块状分布态势。以植烟土壤速效钾含量100.00～130.00mg/kg为主要分布面积；其次为速效钾含量80.00～100.00mg/kg的分布面积。在邵阳县和新宁县的速效钾含量大于160.00mg/kg的植烟土壤较散分布，以插花状分布于各县。

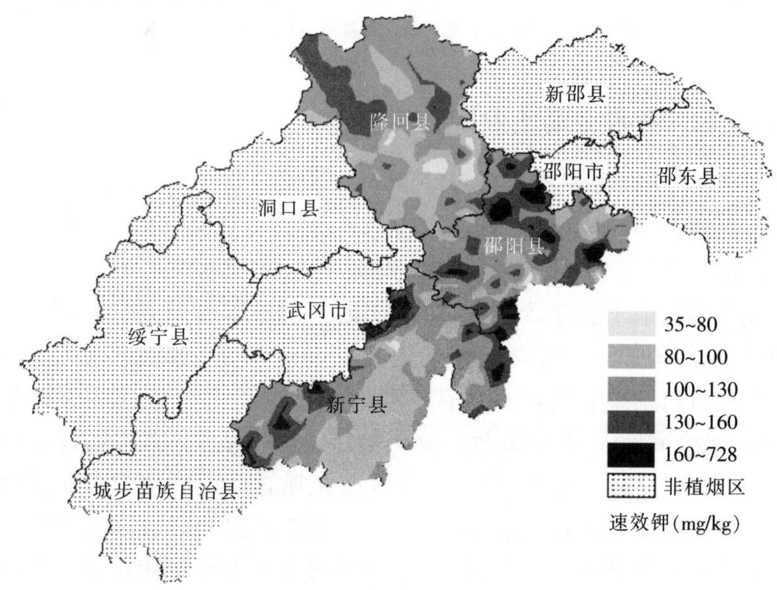

图1　邵阳烟区植烟土壤速效钾含量空间分布

2.5 不同 pH 的植烟土壤速效钾含量差异

将土壤样本的 pH 按（$-\infty$，4.5）、[4.5，5.0）、[5.0，5.5）、[5.5，6.0）、[6.0，6.5）、[6.5，7.0）、[7.0，7.5）、[7.5，$+\infty$）分为 8 组，其样本数分别为 21、101、339、429、467、206、201、26 个，分别统计不同 pH 组的植烟土壤速效钾含量的平均值和适宜样本比例，结果见图 2。8 个 pH 组的植烟土壤速效钾含量平均值在 108.66～125.10mg/kg，适宜样本比例在 10.51%～38.10%。不同 pH 组的植烟土壤速效钾含量差异不显著（F=1.991；$Sig.$=0.053）。不同 pH 组之间植烟土壤速效钾含量适宜样本比例差异较大，以 pH 小于 4.5 和大于 7.5 的 2 个组的土壤速效钾含量适宜样本比例相对较高，在 20%以上。

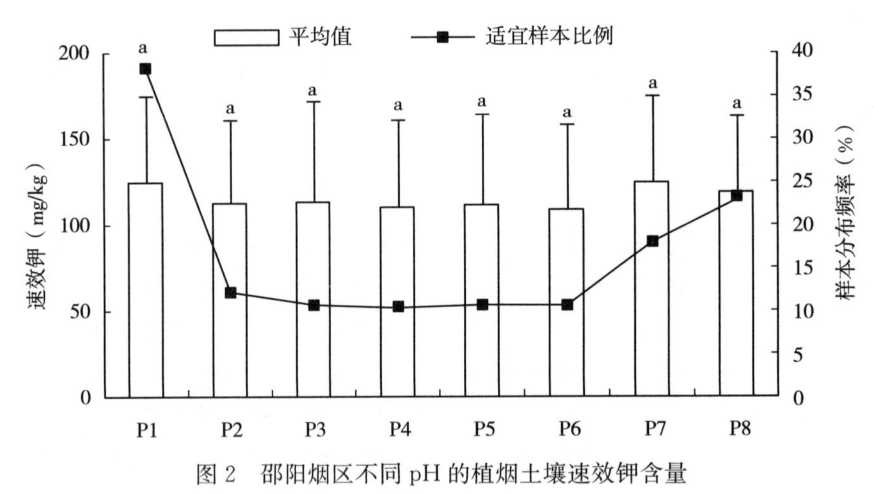

图 2 邵阳烟区不同 pH 的植烟土壤速效钾含量

注：P1～P8 分别代表<4.5，4.5～5.0，5.0～5.5，5.5～6.0，6.0～6.5，6.5～7.0，7.0～7.5，>7.5 等 8 个 pH 组。小写英文字母不同表示在 0.05 水平上显著差异。

2.6 不同有机质的植烟土壤速效钾含量差异

将土壤样本的有机质含量按（$-\infty$，15）、[15，20）、[20，25）、[25，30）、[30，35）、[35，40）、[40，45）、[45，50）、[50，55）、[55，60）、[60，$+\infty$）分为 11 组，其样本数分别为 109、272、417、349、266、123、115、56、48、14、21，分别统计不同有机质含量组的植烟土壤速效钾含量的平均值和适宜样本比例，结果见图 3。11 个有机质含量组的植烟土壤交换性镁含量平均值在 95.99～131.17mg/kg，适宜样本比例在 0～18.80%。方差分析结果表明，不同有机质含量组的植烟土壤速效钾含量差异极显著（F=5.205；$Sig.$=0.000），主要为 30～35g/kg、55～60g/kg 有机质含量组的植烟土壤速效钾含量极显著高于 45～50g/kg 组，而其他有机质含量组的植烟土壤速效钾含量差异不显著。植烟土壤有机质含量在 35g/kg 以下，土壤速效钾含量有随有机质提高而增加的趋势；植烟土壤有机质含量在 35g/kg 以上，土壤速效钾含量有随有机质提高而降低的趋势。不同有机质含量组之间植烟土壤速效钾含量适宜样本比例差异较大，以 30～35g/kg、

20～25g/kg、35～40g/kg、40～45g/kg 等 4 个有机质含量组的土壤速效钾含量适宜样本比例相对较高，在 10%以上。

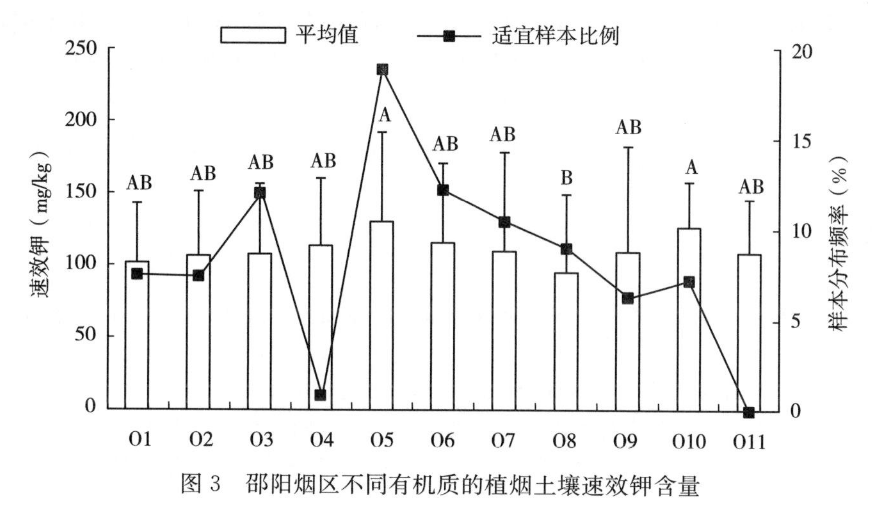

图 3　邵阳烟区不同有机质的植烟土壤速效钾含量

注：O1～O11 分别代表<15g/kg，15～20g/kg，20～25g/kg，25～30g/kg，30～35g/kg，35～40g/kg，40～45g/kg，45～50g/kg，50～55g/kg，55～60g/kg，>60g/kg 等 11 个有机质组。

3　结论与讨论

邵阳烟区植烟土壤速效钾含量总体上处于偏低水平，平均值为 113.75mg/kg，变异系数为 50.40%；适宜土壤占 12.01%，可能有缺钾现象的土壤样本占 29.55%。不同县植烟土壤速效钾含量高低表现为：邵阳县>新宁县>隆回县，差异达极显著水平；不同乡镇植烟土壤速效钾含量差异较大，只有邵阳县小溪市乡植烟土速效钾含量均值在适宜范围。由此可见，邵阳烟区植烟土壤的速效钾含量偏低。大部分植烟土壤速效钾含量处于缺乏或潜在缺乏状态，钾素营养的供给严重不足，可能是由于黏土矿物对钾的固定或钾钙拮抗作用或钾素随水流失所致，也与邵阳烟区一部分植烟土壤为稻田，杂交水稻的推广从土壤中带走的钾素较多有关。因此，钾素不足是邵阳烟区植烟土壤面临的难题。合理、科学施用钾肥是优质烤烟生产的重要措施，特别是植烟稻田需重施钾肥，才能获得优质烟叶。

邵阳烟区植烟土壤速效钾含量 Kriging 插值图显示，邵阳烟区植烟土壤速效钾含量总体上呈斑块状分布态势。以植烟土壤速效钾含量 100.00～130.00mg/kg 为主要分布面积；其次为速效钾含量 80.00～100.00mg/kg 的分布面积。速效钾含量大于 160.00mg/kg 的植烟土壤以插花状分布于邵阳县和新宁县。采用 Kriging 插值绘制邵阳烟区植烟土壤速效钾含量空间分布图，不仅对无采样点的土壤速效钾含量可进行估值，而且可直观地描述植烟土壤速效钾含量的分布格局，对邵阳烟区的烟田分区管理和因地施肥具有重要的指导意义。

依据 pH 分组研究植烟土壤速效钾含量分布，不同 pH 组的植烟土壤速效钾含量差异不显著。这与尤开勋[15]研究结果不同，他认为宜昌市植烟土壤在土壤酸化过程中，养分钾的有效性大幅度提高。这与邓小华[14]的研究结果也不同，他认为湘西植烟土壤速效钾含量有随 pH 的升高而含量升高的趋势。

依据有机质分组研究植烟土壤速效钾含量分布，植烟土壤速效钾含量在不同有机质组间存在极显著差异，主要为 30～35g/kg、55～60g/kg 有机质含量组的植烟土壤速效钾含量极显著高于 45～50g/kg 组，而其他有机质含量组的植烟土壤速效钾含量差异不显著。植烟土壤有机质含量在 35g/kg 以下，土壤速效钾含量有随有机质提高而增加的趋势；植烟土壤有机质含量在 35g/kg 以上，土壤速效钾含量有随有机质提高而降低的趋势。

参考文献

[1] 韩锦峰，朱大恒，刘华山，等．我国烤烟含钾量低的原因及解决途径［J］．河南农业科学，2010（2）：32－40.

[2] 肖协中．烟草化学［M］．北京：中国农业出版社，1997：44－194.

[3] 曹志洪．优质烤烟生产的钾素与微肥［M］．北京：中国农业科学技术出版社，1995.

[4] 邓小华，陈冬林，周冀衡，等．湖南烟区烤烟钾含量变化及聚类分析［J］．烟草科技，2008（12）：52－56.

[5] 颜丽，关连珠，栾双，等．土壤供钾状况及土壤湿度对我国北方烤烟烟叶含钾量的影响研究［J］．土壤学通报，2001，32（2）：84－87.

[6] 曹志洪，胡国松，周秀如，等．土壤供钾特性和烤烟的钾肥有效施用［J］．烟草科技，1993（2）：33－37.

[7] 陈江华，李志宏，刘建利，等．全国主要烟区土壤养分丰缺状况评价［J］．中国烟草学报，2004，11（3）：14－18.

[8] 王树会，邵岩，李天福，等．云南烟区土壤钾素含量与分布［J］．云南农业大学学报，2006，21（6）：834－837.

[9] 罗建新，石丽红，龙世平．湖南主产烟区土壤养分状况与评价［J］．湖南农业大学学报：自然科学版，2005，31（4）：376－378.

[10] 王欣，许自成，肖汉乾．湖南烟区烤烟钾含量与土壤钾素的分布特点之间的关系［J］．安全与环境学报，2007，7（5）：83－87.

[11] 匡传富，周国生，邓正平，等．湖南郴州烟区土壤养分状况分析［J］．中国烟草科学，2010，31（3）：33－37.

[12] 邓小华，杨丽丽，周米良，等．喀斯特地区湘西的植烟土壤速效钾含量分布特征及其影响因素［J］．山地学报，2013（6）：230－238.

[13] 谢鹏飞，邓小华，何命军，等．宁乡县植烟土壤养分丰缺状况分析［J］．中国农学通报，2011，27（5）：154－162.

[14] 邓小华．湖南烤烟区域特征及质量评价指标间的关系研究［D］．湖南农业大学，2007.

[15] 尤开勋，秦拥政，赵一博，等．宜昌市植烟土壤酸化特点与成因分析［J］．安徽农业科学，2011，39（5）：2737－2739.

（原载《作物研究》2013 年第 6 期）

邵阳烟区植烟土壤有效锌含量及空间分布研究

李永富[1]，邹　凯[1]，戴勇强[1]，邓小华[2*]，于庆涛[1]，王建波[2]

（1. 邵阳市烟草专卖局，邵阳　422000；
2. 湖南农业大学，长沙　410128）

摘　要： 为了解邵阳烟区植烟土壤有效锌含量分布状况，测试了邵阳烟区1 790个土壤样本的有效锌含量，采用传统统计学和地统计学方法分析了邵阳烟区植烟土壤有效锌含量适宜样本分布和在县域、乡镇、pH组、有机质组的差异及空间分布。结果表明：①邵阳烟区植烟土壤有效锌含量总体上丰富，平均值为3.15mg/kg，变异系数为73.18%，处于适宜范围内的样本占30.06%。②邵阳县和新宁县植烟土壤有效锌含量极显著高于隆回县。③邵阳县九公桥镇、隆回县西洋江镇、隆回县横板桥镇、隆回县石门乡、隆回县荷香桥镇植烟土壤有效锌含量均值在适宜范围。④植烟土壤有效锌含量呈斑块状分布，总体上具有从中部分别向西南部和北部递减的分布趋势。⑤植烟土壤有效锌含量有随pH升高而降低的趋势。⑥植烟土壤有效锌含量有随有机质提高而增加的趋势。

关键词： 植烟土壤；有效锌；空间分布；邵阳烟区

锌是烟草生长发育必需的微量元素，对烟草质量和产量及工业可用性具有重要的影响[1]。当植烟土壤有效锌含量过高时，会伤害烤烟根系，烟叶也会出现褐色坏死斑点；当植烟土壤有效锌含量缺乏时，烟株生长缓慢、叶片小、节间短、顶叶簇生，下部叶还会出现大量坏死斑；只有植烟土壤有效锌含量适宜时，才能对烤烟光合产物的合成、代谢和运转起调节和促进作用，烟株健壮，烟叶分层落黄好，易烘烤，烟叶的香气质、香气量、杂气和余味能够明显改善[2,3]。陈江华等[4]对全国主要烟区植烟土壤有效锌含量状况、李振华等[5]对河南省不同烟区土壤有效锌的分布特点、常青等[6]对重庆市郊土壤中锌的调查、许自成等[7]对湖南烟区土壤有效锌的分布特点、郭燕等[8]对恩施烟区土壤有效锌与烤烟锌含量的关系、黎娟等[9]对湘西植烟土壤有效锌含量及其变化规律、谢鹏飞等[10]对宁乡县植烟土壤有效锌丰缺状况进行了研究，但系统分析邵阳烟区植烟土壤有效锌含量分布特

基金项目：国家烟草专卖局的特色优质烟叶开发重大专项（ts－01）、湖南省科技厅项目（2013NK3073）；湖南省烟草公司科技项目（11－14Aa01）。

作者简介：李永富（1966—），男，湖南邵阳人，农艺师，硕士，主要从事烟叶生产技术研究与推广。
*通讯作者：邓小华，博士，教授，主要从事烟草科学与工程技术研究，Email：yzdxh@163.com。

征，特别是空间分布特征的研究尚未见报道。邵阳市位于湖南省中部略偏西南，地处北纬25°58′～27°40′，东经109°49′～112°05′，属典型的中亚热带湿润季风气候，常年产烟1.5×10^4t左右，是湖南省重要烤烟产区。鉴于此，本研究以邵阳烟区植烟土壤为材料，研究其有效锌含量分布状况及空间分布特征，以期为邵阳烟区植烟土壤改良和平衡施肥以及特色优质烟叶开发提供理论依据。

1 材料与方法

1.1 样品采集与处理

2012年在邵阳市的隆回县、邵阳县和新宁县等3个植烟县的27个乡镇，采集具有代表性的耕作层土样1 790个。统一采集时间选在12月完成。土钻取耕层土样深度为20cm。每一地块取小土样10～15个点，制成0.5kg左右的混合土样。土样田间登记编号，用GPS采集取样点地理坐标（包括经度和纬度）。土样经过预处理后（风干、混匀、磨细、过筛等）装瓶备测。

1.2 土壤有效锌、pH、有机质测定

按照NY/T 1261—1999，采用原子吸收分光光度法测定植烟土壤有效锌含量。土壤pH按照NY/T 1121.2—2006，采用pH计法（水土比为1.0∶2.5）测定；有机质含量按照NY/T 1121.6—2006，采用重铬酸钾滴定法测定。

1.3 统计分析

1.3.1 植烟土壤有效锌含量丰缺诊断分级 参照以往研究[4,9~11]，将植烟土壤有效锌含量分为缺乏（<0.50mg/kg）、偏低（0.50～1.00mg/kg）、适宜（1.01～2.00mg/kg）、丰富（2.01～4.00mg/kg）、极丰富（>4.00mg/kg）等5级，根据各级样本数分布频率进行比较。

1.3.2 植烟土壤有效锌含量空间分布图绘制 数据处理分析采用SPSS17.0软件进行。首先用探索分析法（explore）剔除有效锌含量异常离群数据；K-S法检测其数据是否符合正态分布，如果不符合正态分布，对数据进行对数转换；然后用ArcGIS9软件中的地统计学模块的Kriging插值方法绘制植烟土壤有效锌含量的空间分布图[12]。

2 结果与分析

2.1 土壤有效锌基本统计特征

由表1可知，邵阳烟区植烟土壤有效锌含量总体上处于丰富水平，平均值为3.15mg/kg,变幅为0.32～14.30mg/kg，变异系数为73.18%，属强变异。

3个主产烟县植烟土壤有效锌含量平均在2.16～3.71mg/kg，按从高到低依次为：邵阳县>新宁县>隆回县；其中，邵阳县和新宁县植烟土壤有效锌含量高于整个烟区平均值。方差分析结果表明，不同县之间的植烟土壤有效锌含量差异达极显著水平（$F=103.621$；$Sig.=0.000$），经Duncan多重比较，邵阳县和新宁县植烟土壤有效锌含量极

显著高于隆回县，而新宁县和邵阳县植烟土壤有效锌含量差异不显著。

3个县植烟土壤有效锌含量的变异系数为60.06%～75.00%，各县植烟土壤有效锌含量的变异系数为强变异，从大到小排序为：隆回县>邵阳县>新宁县。

表1　邵阳烟区植烟土壤有效锌统计特征

区域	样本数	均值（mg/kg）	标准差（mg/kg）	极小值（mg/kg）	极大值（mg/kg）	偏度	峰度	变异系数（%）
隆回县	646	2.16 B	1.62	0.32	14.30	3.75	20.07	75.00
邵阳县	574	3.72 A	2.65	0.73	14.00	1.33	1.28	71.22
新宁县	570	3.70 A	2.22	0.62	12.70	1.26	1.80	60.06
邵阳市	1 790	3.15	2.31	0.32	14.30	1.74	3.34	73.18

注：大写英文字母表示在0.01显著差异水平。下同。

2.2　土壤有效锌丰缺诊断

由图1可知，邵阳烟区植烟土壤有效锌处于适宜范围内的样本占30.06%，“缺乏”的植烟土壤样本为0.06%，“偏低”的植烟土壤样本分别为7.37%，“丰富”的植烟土壤样本为38.77%，而“极丰富”的植烟土壤样本仅只有23.74%。不同县植烟土壤有效锌含量适宜的土壤样本排序为：隆回县>邵阳县>新宁县，其中隆回县植烟土壤有效锌适宜样本高于整个烟区的平均值。由此可见，邵阳烟区植烟土壤有效锌含量丰富，大部分植烟土壤可满足烤烟正常生长发育对锌的需求。

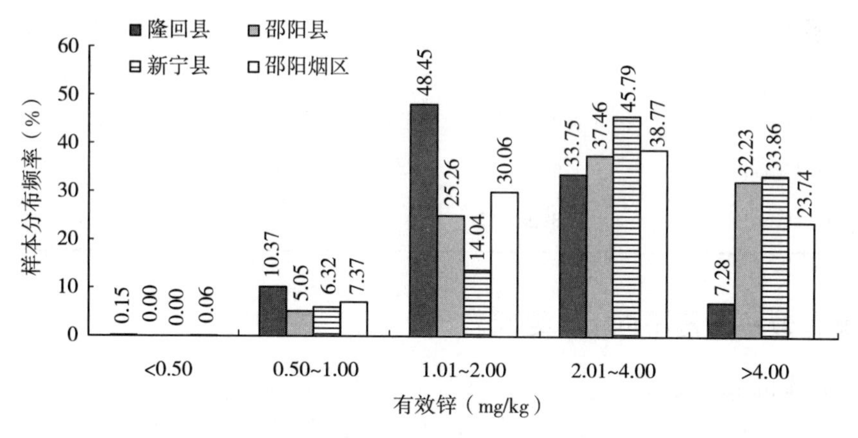

图1　邵阳烟区植烟土壤有效锌分布频率

2.3　土壤有效锌含量乡镇间差异

由表2可知，邵阳烟区植烟土壤有效锌含量均值排名前5名的乡镇为邵阳县小溪市乡、邵阳县霞塘云乡、邵阳县河伯乡、新宁县巡田乡、新宁县一渡水镇，有效锌含量均值排名最后5名的乡镇为隆回县西洋江镇、隆回县横板桥镇、隆回县石门乡、隆回县荷香桥镇、邵阳县黄塘乡。

其中，阳县小溪市乡、邵阳县霞塘云乡、邵阳县河伯乡、新宁县巡田乡、新宁县一渡水镇、新宁县马头桥镇植烟土壤有效锌含量均值在 4.0mg/kg 以上，属“极丰富”档次。邵阳县九公桥镇、隆回县西洋江镇、隆回县横板桥镇、隆回县石门乡、隆回县荷香桥镇植烟土壤有效锌含量均值在 1.0～2.0mg/kg 范围，属“适宜”档次。其他各乡镇植烟土壤有效锌含量均值在 2.0～4.0mg/kg 范围，属“丰富”档次。

表 2　不同乡镇植烟土壤有效锌含量

县	乡镇	样本数	均值±标准差 (mg/kg)	县	乡镇	样本数	均值±标准差 (mg/kg)
邵阳县	小溪市乡	33	8.35±2.33	隆回县	横板桥镇	90	1.71±0.90
邵阳县	霞塘云乡	28	5.44±2.71	隆回县	石门乡	29	1.65±0.68
邵阳县	河伯乡	103	4.89±2.64	隆回县	荷香桥镇	66	1.43±0.65
新宁县	巡田乡	66	4.88±2.85	邵阳县	黄塘乡	17	1.36±0.35
新宁县	一渡水镇	15	4.68±2.03	新宁县	丰田乡	78	3.42±0.96
新宁县	马头桥镇	98	4.07±2.15	邵阳县	塘田市镇	130	3.29±1.52
邵阳县	金称市镇	102	3.78±3.14	新宁县	安山乡	81	3.06±1.57
新宁县	高桥镇	138	3.56±2.82	新宁县	清江桥乡	35	3.03±1.05
新宁县	回龙寺镇	59	3.50±1.84	邵阳县	塘渡口镇	34	2.75±1.88
邵阳县	白仓镇	92	2.24±1.06	隆回县	岩口镇	89	2.73±1.70
隆回县	荷田乡	56	2.15±1.83	隆回县	雨山铺镇	110	2.55±2.0
隆回县	六都寨镇	50	2.05±1.20	隆回县	周旺镇	43	2.42±1.44
邵阳县	九公桥镇	35	1.90±0.79	隆回县	滩头镇	76	2.40±2.24
隆回县	西洋江镇	37	1.82±0.87				

2.4　土壤有效锌含量不同 pH 组间差异

将土壤样本的 pH 按（−∞，4.5）、[4.5，5.0)、[5.0，5.5)、[5.5，6.0)、[6.0，6.5)、[6.5，7.0)、[7.0，7.5)、[7.5，+∞）分为 8 组，其样本数分别为 21、101、339、429、467、206、201、26 个，分别统计不同 pH 组的植烟土壤有效锌含量的平均值和适宜样本比例，结果见图 2。8 个 pH 组的植烟土壤有效锌含量平均值在 1.61～4.32mg/kg，适宜样本比例在 4.76%～53.85%。不同 pH 组的植烟土壤有效锌含量差异达极显著水平（F=10.274；$Sig.$=0.000），pH4.5～5.0 组的植烟土壤有效锌含量相对较高，pH 大于 7.5 组的植烟土壤有效锌含量相对较低；土壤有效锌含量有随 pH 升高而降低的趋势。不同 pH 组之间植烟土壤有效锌含量适宜样本比例差异较大，以 pH 小于 5.5 的 3 个组的土壤有效锌含量适宜样本比例相对较低，在 20%以下。

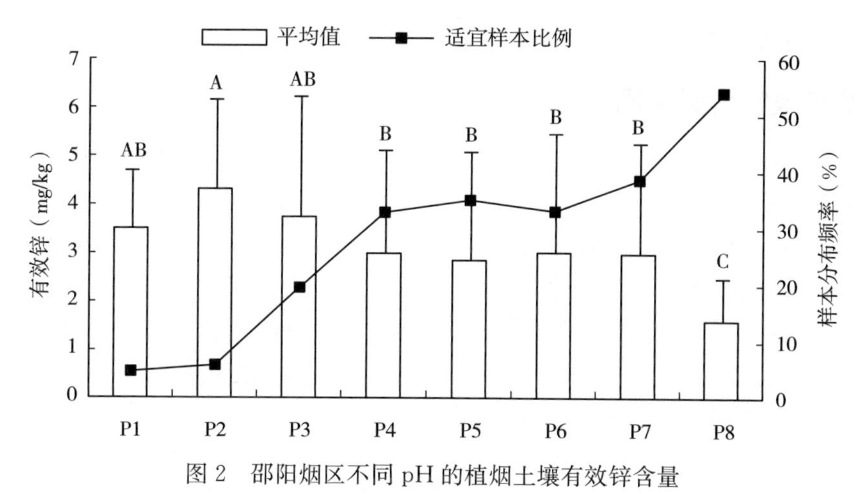

图2 邵阳烟区不同pH的植烟土壤有效锌含量

注：P1～P8分别代表<4.5，4.5～5.0，5.0～5.5，5.5～6.0，6.0～6.5，6.5～7.0，7.0～7.5，>7.5等8个pH组。

2.5 土壤有效锌含量不同有机质组间差异

将土壤样本的有机质含量按（−∞，15）、[15，20）、[20，25）、[25，30）、[30，35）、[35，40）、[40，45）、[45，50）、[50，55）、[55，60）、[60，+∞）分为11组，其样本数分别为109、272、417、349、266、123、115、56、48、14、21，分别统计不同有机质含量组的植烟土壤有效锌含量的平均值和适宜样本比例，结果见图3。11个有机质含量组的植烟土壤有效锌含量平均值在1.77～4.64mg/kg，适宜样本比例在14.28%～46.79%。方差分析结果表明，不同有机质含量组的植烟土壤有效锌含量差异极显著（$F=12.039$；$Sig.=0.000$），50～55、45～50、40～45g/kg有机质含量组的植烟土壤有效锌含量相对较高，<15g/kg和15～20g/kg有机质含量组的植烟土壤有效锌含量相对较低；土壤有效锌含量有随有机质提高而增加的趋势。不同有机质含量组之间植烟土壤有效锌含量适宜样本比例差异较大，以<15、45～50、30～35g/kg等3个有机质含量组的土

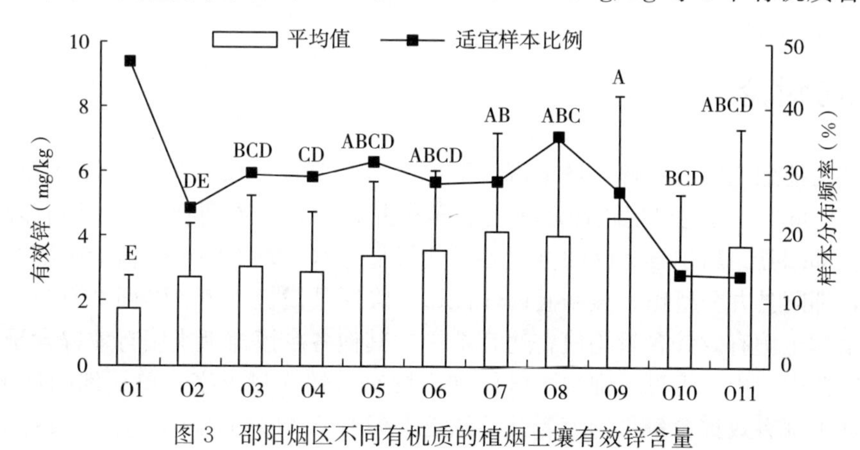

图3 邵阳烟区不同有机质的植烟土壤有效锌含量

注：O1～O11分别代表<15g/kg，15～20g/kg，20～25g/kg，25～30g/kg，30～35g/kg，35～40g/kg，40～45g/kg，45～50g/kg，50～55g/kg，55～60g/kg，>60g/kg等11个有机质组。

壤有效锌含量适宜样本比例相对较高，在30%以上。

2.6 土壤有效锌含量空间分布

为进一步了解邵阳烟区植烟土壤有效锌含量的生态地理分布差异，采用ArcGIS9软件绘制邵阳烟区植烟土壤有效锌含量空间分布图，考虑到土壤样本的有效锌含量不为正态分布（Kolmogorov-Smirnov Z值为6.504，$p=0.000<0.05$），对其数据对数转换后进行Kriging插值。由图1可知，邵阳烟区植烟土壤有效锌含量呈斑块状分布态势，总体上，有从中部分别向西南部和北部递减的分布趋势。以有效锌含量2.0～3.0mg/kg为主要分布面积；其次为有效锌含量1.0～2.0mg/kg的分布面积，有效锌含量4.0mg/kg以上的分布面积也较多，但分布较分散，以插花状出现。

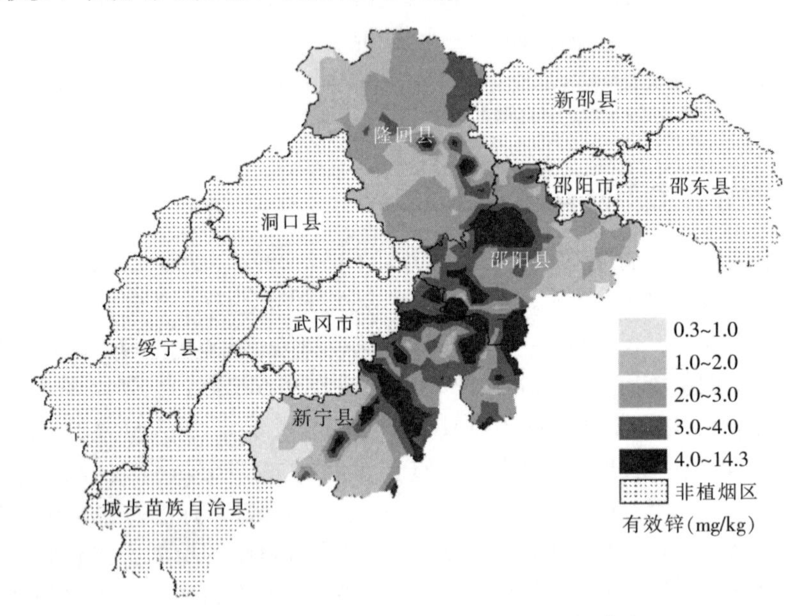

图4 邵阳烟区植烟土壤有效锌含量空间分布

3 结论与讨论

邵阳烟区植烟土壤有效锌含量丰富，平均值为3.15mg/kg，变异系数为73.18%；适宜土壤占30.06%，可能出现缺锌症状土壤样本占7.41%。不同县植烟土壤有效锌含量高低表现为：邵阳县>新宁县>隆回县，差异达极显著水平；不同乡镇植烟土壤有效锌含量差异较大，邵阳县九公桥镇、隆回县西洋江镇、隆回县横板桥镇、隆回县石门乡、隆回县荷香桥镇植烟土壤有效锌含量均值在适宜范围，其他各乡镇植烟土壤有效锌含量均值在丰富或极丰富范围。由此可见，邵阳烟区植烟土壤有效锌含量丰富，单从邵阳烟区及各县、各乡镇植烟土壤有效锌含量平均值看并不缺乏，但有7.41%的植烟土壤有效锌含量偏低，在烟叶生产过程中须采用土壤增施有机肥改善土壤理化性状促进有效锌的释放，或者采用叶面喷施的方法直接增加锌。

邵阳烟区植烟土壤有效锌含量Kriging插值图显示，土壤有效锌含量呈斑块状分布态势，总体上具有从中部分别向西南部和北部递减的分布趋势。以有效锌含量2.0～3.0mg/kg为主要分布面积；其次为有效锌含量1.0～2.0mg/kg的分布面积，有效锌含量4.0mg/kg以上的分布面积也较多，但分布较分散，以插花状出现。采用Kriging插值绘制邵阳烟区植烟土壤有效锌含量空间分布图，不仅对无采样点的土壤有效锌含量可进行估值，而且可直观地描述植烟土壤有效锌含量的分布格局，对邵阳烟区的烟田分区管理和因地施肥具有重要的指导意义。

依据pH分组研究植烟土壤有效锌含量分布，不同pH组的植烟土壤有效锌含量差异达极显著水平，土壤有效锌含量有随pH升高而降低的趋势。宋文峰[13]等对泸州烟区、陈朝阳[14]对南平市植烟土壤pH与土壤养分的关系研究认为pH与土壤有效锌含量呈极显著正相关，与本研究结论基本一致；许自成[15]等对湖南烟区、梁颁捷[16]等对福建烟区的土壤pH与土壤养分关系研究认为pH与土壤有效锌含量呈极显负相关，与本研究结果相反。可见，植烟土壤pH与有效锌含量关系还有待进一步探讨。但对邵阳烟区来说，通过增施有机肥对pH7.5以上土壤进行改良，以提高土壤锌的有效性。

依据有机质分组研究植烟土壤有效锌含量分布，不同有机质含量组的植烟土壤有效锌含量差异极显著，土壤有效锌含量有随有机质提高而增加的趋势。因此，增施有机肥，不仅能增加植烟土壤有机质含量，而且还能提高土壤锌的有效性。

参考文献

[1] Tso T C. Production, Physiology and Biochemistry of Tobacco Plant [M]. Behsville, Maryland, USA: IDEALSInc, 1990.

[2] 韩锦峰．烟草栽培生理 [M]. 北京：中国农业出版社，2003：54-61.

[3] 周毓华．微肥施用对烟叶产质量的影响研究 [J]. 中国烟草科学，2000，21 (4)：29-31.

[4] 陈江华，李志宏，刘建利，等．全国主要烟区土壤养分丰缺状况评价 [J]. 中国烟草学报，2004，10 (3)：14-18.

[5] 李振华，黄元炯，许自成，等．河南省不同烟区烤烟锌含量和土壤有效锌的分布特点 [J]. 安徽农业科学，2008，36 (3)：1093-1094.

[6] 常青，殷中意，李宏，等．重庆市郊土壤中锌的调查分析 [J]. 重庆工商大学学报：自然科学版，2004，21 (3)：226-228.

[7] 许自成，王林，肖汉乾．湖南烟区烤烟锌含量与土壤有效锌的分布特点及关系分析 [J]. 生态环境，2007，16 (1)：180-185.

[8] 郭燕，毕庆文，许自成，等．恩施烟区土壤有效锌与烤烟锌含量的关系 [J]. 中国土壤与肥料，2009 (3)：57-61.

[9] 黎娟，刘逊，邓小华，等．湘西植烟土壤有效锌含量及其变化规律研究 [J]. 云南农业大学学报：自然科学版，2012，27 (2)：210-214，240.

[10] 谢鹏飞，邓小华，何命军，等．宁乡县植烟土壤养分丰缺状况分析 [J]. 中国农学通报，2011，27 (5)：154-162.

[11] 匡传富，周国生，邓正平，等．湖南郴州烟区土壤养分状况分析 [J]. 中国烟草科学，2010，31 (3)：33-37.

[12] 邓小华．湖南烤烟区域特征及质量评价指标间的关系研究［D］．长沙：湖南农业大学，2007.
[13] 宋文峰，刘国顺，罗定棋，等．泸州烟区土壤pH分布特点及其与土壤养分的关系［J］．江西农业学报，2010，22（3）：47-51.
[14] 陈朝阳．南平市植烟土壤pH状况及其与土壤有效养分的关系［J］．中国农学通报，2011，27（5）：149-153.
[15] 许自成，王林，肖汉乾．湖南烟区土壤pH分布特点及其与土壤养分的关系［J］．中国生态农业学报，2008，16（4）：830-834.
[16] 梁颁捷，朱其清．福建植烟土壤pH值与土壤有效养分的相关性［J］．中国烟草科学，2001，22（1）：25-27.

邵阳烟区土壤交换性镁的时空分布及其影响因素

李永富[1]，邓小华[2*]，宾 波[1]，邹 凯[1]，
刘聪聪[1]，雷天义[1]，王建波[2]

（1. 邵阳市烟草专卖局，邵阳 422000；
2. 湖南农业大学，长沙 410128）

摘 要：为了解邵阳烟区植烟土壤交换性镁含量分布状况，测试了邵阳烟区1 790个土壤样本的交换性镁含量，采用经典统计学和地统计学方法分析了邵阳烟区植烟土壤交换性镁含量和空间分布及在县域、乡镇、pH组、有机质组的差异。结果表明：①邵阳烟区植烟土壤交换性镁含量总体上偏低，平均值为0.78cmol/kg，变异系数为51.39%，处于适宜范围内的样本占16.98%；②邵阳县和隆回县植烟土壤交换性镁含量极显著高于新宁县；③隆回县周旺镇、新宁县巡田乡、隆回县荷田乡植烟土交换性镁含量均值在适宜范围；④植烟土壤交换性镁含量呈有规律地分布，总体上是北部高于南部；⑤植烟土壤pH在5.0以下，交换性镁含量会处在缺镁或潜在缺镁状态；⑥植烟土壤有机质含量与交换性镁含量关系的规律性不明显。

关键词：交换性镁；植烟土壤；空间分布；邵阳烟区

镁是烟草必需的中量营养元素。镁的适量供应可促进烟株生长发育，有利于提高烟叶质量[1]。烟草缺镁时，叶片失绿，光合强度下降，导致碳水化合物、脂肪、蛋白质的合成受阻，影响烟叶产量和质量[2~3]。缺镁烟叶调制后光泽差、油分差、无弹性、燃烧后烟灰暗灰且凝结性差。随着烟区作物复种指数的提高及不科学的耕作制度，植烟土壤镁营养供应不足现象越来越突出，镁已成为限制烟叶产量和质量的重要因素之一。有关不同烟区植烟土壤镁含量状况研究已有相关报道。白由路[4]等分析了中国土壤有效镁含量及分布状况，徐畅等[5]、陈星峰等[6]、秦松等[7]、黄元炯等[8]、张国等[9]分别研究了重庆市、福建省、贵州省、河南省、湖南省植烟土壤交换性镁含量区域特征，谢鹏飞等[10]、黎娟等[11]、匡传富等[12]分别就湖南省的湘西土家族苗族自治州、长沙市、郴州市植烟土壤交

基金项目：国家烟草专卖局的特色优质烟叶开发重大专项（ts-01）；湖南省科技厅（2013NK3073）和湖南省烟草公司（11-14Aa01）资助。

作者简介：邹凯（1981—），男，江苏泰州人，农艺师，硕士研究生，主要从事烟叶生产技术研究与推广。
*通讯作者：邓小华，博士，教授，主要从事烟草科学与工程技术研究，Email：yzdxh@163.com。

换性镁含量状况进行了分析，但系统分析邵阳烟区植烟土壤交换性镁含量及分布特点的研究尚未见报道。邵阳市位于湖南省中部略偏西南，地处北纬 25°58′～27°40′，东经 109°49′～112°05′，属典型的中亚热带湿润季风气候，常年产烟 1.5×10⁴t 左右，是湖南省重要烤烟产区。本研究分析了邵阳烟区植烟土壤交换性镁含量状况和在不同 pH、有机质状态下土壤交换性镁含量差异及邵阳烟区植烟土壤交换性镁含量空间分布特点，以期为邵阳烟区的植烟土壤改良、平衡施肥及特色优质烟叶开发提供参考。

1 材料与方法

1.1 样品采集与处理

2012 年在邵阳市的隆回县、邵阳县和新宁县等 3 个植烟县的 27 个乡镇，采集具有代表性的耕作层土样 1 790 个。统一采集时间选在 12 月完成。土钻取耕层土样深度为 20cm。每一地块取小土样 10～15 个点，制成 0.5kg 左右的混合土样。土样田间登记编号，用 GPS 采集取样点地理坐标（包括经度和纬度）。土样经过预处理后（风干、混匀、磨细、过筛等）装瓶备测。

1.2 土壤交换性镁、pH、有机质测定

按照 NY/T 1121.13—2006，采用原子吸收分光光度法测定植烟土壤交换性镁含量。土壤 pH 按照 NY/T 1121.2—2006，采用 pH 计法（水土比为 1.0∶2.5）测定；有机质含量按照 NY/T 1121.6—2006，采用重铬酸钾滴定法测定。

1.3 统计分析

1.3.1 植烟土壤交换性镁含量丰缺诊断分级 参照以往研究[11~13]，将植烟土壤交换性镁含量分为缺乏（<0.5cmol/kg）、偏低（0.5～1.0cmol/kg）、适宜（1.01～1.5cmol/kg）、丰富（1.501～2.8cmol/kg）、极丰富（>2.8cmol/kg）等 5 级，根据各级样本数分布频率进行比较。

1.3.2 植烟土壤交换性镁含量空间分布图绘制 数据处理分析采用 SPSS17.0 软件进行。首先用探索分析法（explore）剔除异常离群数据；K-S 法检测数据是否符合正态分布，如果不符合正态分布，对数据进行对数转换；然后用 ArcGIS 9 软件中的地统计学模块的 Kriging 插值方法绘制植烟土壤交换性镁含量的空间分布图。

2 结果与分析

2.1 邵阳烟区植烟土壤交换性镁含量状况

由表 1 可知，邵阳烟区植烟土壤交换性镁含量变幅在 0.18～3.30cmol/kg，平均值为 0.78cmol/kg，总体偏低；变异系数为 51.39%，属强变异。土壤交换性镁处于适宜范围内的样本占 16.98%；“偏低”的样本为 52.18%，“缺乏”的样本为 26.03%，在这些土壤上种植的烤烟有可能出现缺镁症状；“丰富”的样本为 4.75%，“极丰富”的样本为

0.06%，在这些土壤上种植的烤烟可能会出现镁对吸收其他阳离子，特别对钾吸收的拮抗作用。

表1 邵阳烟区植烟土壤交换性镁含量分布

区域	样本数	均值±标准差 (cmol/kg)	变幅 (cmol/kg)	变异系数 (%)	土壤交换性镁含量分布频率（%）				
					<0.5	[0.5, 1.0)	[1.0, 1.5)	[1.5, 2.8)	>2.8
隆回县	646	0.81±0.41 A	0.21～3.30	50.17	19.04	58.36	17.49	4.95	0.15
邵阳县	574	0.82±0.27 A	0.20～1.62	33.43	13.24	63.07	22.65	1.05	0.00
新宁县	570	0.69±0.47 B	0.18～2.41	68.76	46.84	34.21	10.70	8.25	0.00
邵阳烟区	1 790	0.78±0.40	0.18～3.30	51.39	26.03	52.18	16.98	4.75	0.06

注：大写英文字母表示在0.01显著差异水平。下同。

2.2 不同县植烟土壤交换性镁含量差异

由表1可知，3个植烟县土壤交换性镁含量平均在0.69～0.82cmol/kg，其含量高低表现为：邵阳县>隆回县>新宁县，其中邵阳县和隆回县土壤交换性镁含量高于整个烟区平均值。方差分析结果表明，不同县之间土壤交换性镁含量差异达极显著水平（F=19.765；$Sig.$=0.000），经Duncan多重比较（Duncan' multiple rang test法），邵阳县和隆回县植烟土壤交换性镁含量极显著高于新宁县，而邵阳县和隆回县植烟土壤交换性镁含量差异不显著。

3个植烟县土壤交换性镁含量的变异系数大小排序为：新宁县>隆回县>邵阳县，其中邵阳县为中等强度变异，新宁县和隆回县为强变异。

3个植烟县土壤交换性镁含量适宜样本比例在10.70%～22.65%，按从高到低依次为：邵阳县>隆回县>新宁县。隆回县和邵阳县植烟土壤交换性镁含量以“偏低”的样本比例最多，而新宁县以“缺乏”的样本比例最多。

2.3 不同乡镇植烟土壤交换性镁含量差异

由表2可知，邵阳烟区植烟土壤交换性镁含量均值排名前5名的乡镇为隆回县周旺镇、新宁县巡田乡、隆回县荷田乡、隆回县岩口镇、邵阳县霞塘云乡，交换性镁含量均值排名最后5名的乡镇为新宁县安山乡、隆回县雨山铺镇、新宁县回龙寺镇、新宁县高桥镇、新宁县清江桥乡。

表2 不同乡镇植烟土壤交换性镁含量

县	乡镇	样本数	均值±标准差 (cmol/kg)	县	乡镇	样本数	均值±标准差 (cmol/kg)
隆回县	周旺镇	43	1.18±0.75	邵阳县	金称市镇	102	0.84±0.30
新宁县	巡田乡	66	1.12±0.72	邵阳县	河伯乡	103	0.81±0.25

（续）

县	乡镇	样本数	均值±标准差（cmol/kg）	县	乡镇	样本数	均值±标准差（cmol/kg）
隆回县	荷田乡	56	1.03±0.40	隆回县	雨山铺镇	110	0.57±0.20
隆回县	岩口镇	89	0.96±0.35	新宁县	回龙寺镇	59	0.56±0.17
邵阳县	霞塘云乡	28	0.90±0.21	新宁县	高桥镇	138	0.53±0.16
邵阳县	塘田市镇	130	0.87±0.28	新宁县	清江桥乡	35	0.36±0.11
新宁县	马头桥镇	98	0.86±0.48	隆回县	西洋江镇	37	0.81±0.38
邵阳县	白仓镇	92	0.84±0.24	邵阳县	黄塘乡	17	0.80±0.32
隆回县	石门乡	29	0.84±0.26	隆回县	横板桥镇	90	0.80±0.41
邵阳县	塘渡口镇	34	0.72±0.34	隆回县	滩头镇	76	0.76±0.36
新宁县	丰田乡	78	0.72±0.54	邵阳县	小溪市乡	33	0.75±0.17
邵阳县	九公桥镇	35	0.67±0.28	隆回县	六都寨镇	50	0.72±0.31
新宁县	一渡水镇	15	0.65±0.36	隆回县	荷香桥镇	66	0.72±0.24
新宁县	安山乡	81	0.63±0.47				

其中，隆回县周旺镇、新宁县巡田乡、隆回县荷田乡植烟土交换性镁含量均值在1.0～1.5cmol/kg，属适宜范围。新宁县清江桥乡植烟土交换性镁含量均值在0.5cmol/kg以下，属于“缺乏”。其他各乡镇植烟土壤交换性镁含量均值在0.5～1.0cmol/kg范围，属于“偏低”。

2.4 植烟土壤交换性镁含量空间分布

为进一步了解邵阳烟区植烟土壤交换性镁含量的生态地理分布差异，采用ArcGIS9软件绘制了邵阳烟区植烟土壤交换性镁含量空间分布图，考虑到土壤样本的交换性镁含量不为正态分布（Kolmogorov-Smirnov Z值为3.779，$p=0.000<0.05$），对其数据对数转换后进行Kriging插值。由图1可知，邵阳烟区植烟土壤交换性镁含量呈有规律地分布，总体上是北部高于南部。以植烟土壤交换性镁含量在0.6～0.9cmol/kg为主要分布，其次是0.9～1.6cmol/kg的分布面积。在隆回县的北部、邵阳县的南部各有一个高值区，在新宁县的西南部有一个低值区。

2.5 不同pH的植烟土壤交换性镁含量差异

将土壤样本的pH按（$-\infty$，4.5）、[4.5，5.0)、[5.0，5.5)、[5.5，6.0)、[6.0，6.5)、[6.5，7.0)、[7.0，7.5)、[7.5，$+\infty$）分为8组，其样本数分别为21、101、339、429、467、206、201、26个，分别统计不同pH组的植烟土壤交换性镁含量的平均值和适宜样本比例，结果见图2。8个pH组的植烟土壤交换性镁含量平均值在0.47～0.85cmol/kg，适宜样本比例在0～27.87%。不同pH组的植烟土壤交换性镁含量差异极显著（$F=10.282$；$Sig.=0.000$），主要为pH在5.0以下的2组的植烟土壤交换性镁含

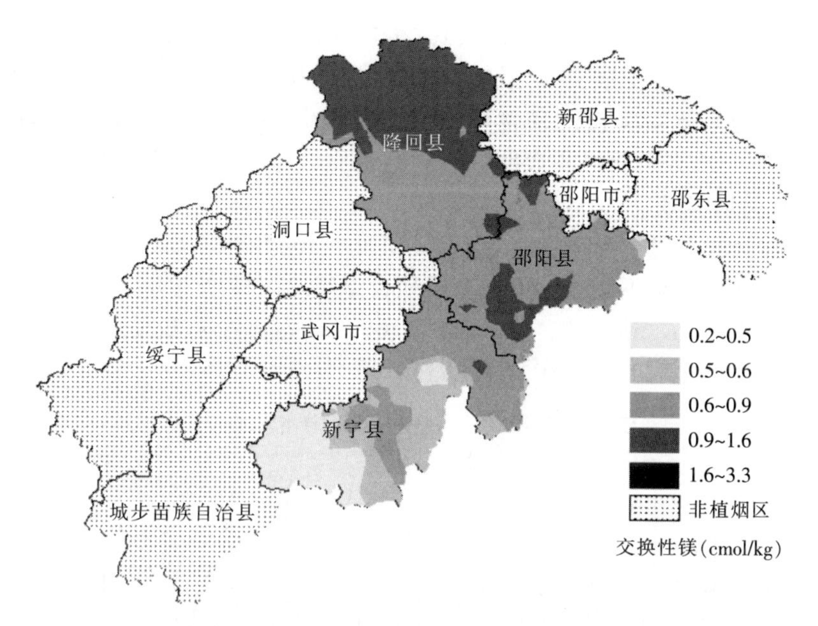

图 1　邵阳烟区植烟土壤交换性镁含量空间分布

量极显著低于其他组，而其他 pH 组的植烟土壤交换性镁含量差异不显著。pH 小于 7.0，植烟土壤交换性镁含量有随 pH 升高而升高的趋势；pH 大于 7.0，植烟土壤交换性镁含量有随 pH 升高而下降趋势。植烟土壤交换性镁含量适宜样本比例在 pH 小于 7.5 范围内，有随 pH 升高而比例升高；到 pH 大于 7.5，适宜样本比例下降。以上分析说明植烟土壤 pH 在 5.0 以下，交换性镁含量会处在缺镁或潜在缺镁状态。

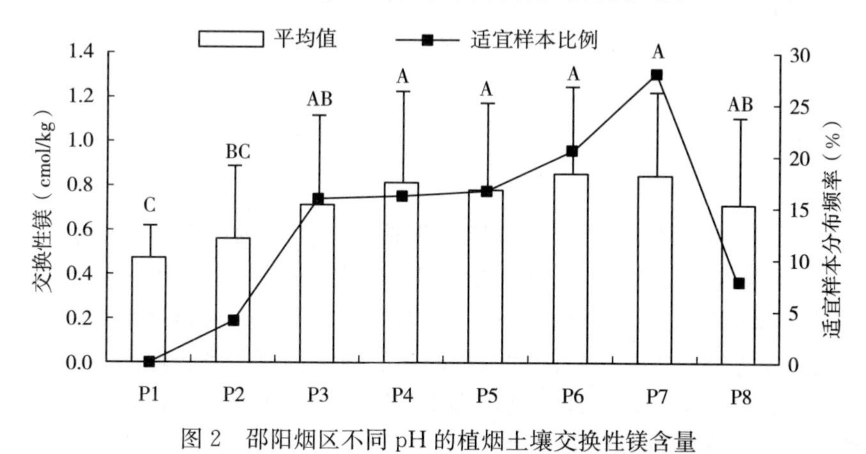

图 2　邵阳烟区不同 pH 的植烟土壤交换性镁含量

注：P1～P8 分别代表＜4.5，4.5～5.0，5.0～5.5，5.5～6.0，6.0～6.5，6.5～7.0，7.0～7.5，＞7.5 等 8 个 pH 组。

2.6　不同有机质的植烟土壤交换性镁含量差异

将土壤样本的有机质含量按（－∞，15）、［15，20）、［20，25）、［25，30）、［30，35）、［35，40）、［40，45）、［45，50）、［50，55）、［55，60）、［60，＋∞）分为 11

组，其样本数分别为 109、272、417、349、266、123、115、56、48、14、21，分别统计不同有机质含量组的植烟土壤交换性镁含量的平均值和适宜样本比例，结果见图 3。11 个有机质含量组的植烟土壤交换性镁含量平均值在 0.71～0.86cmol/kg，适宜样本比例在 7.14%～28.57%。方差分析结果表明，不同有机质含量组的植烟土壤交换性镁含量差异极显著（F=3.769；$Sig.$=0.000），主要为 20～25、25～30g/kg 有机质含量组的植烟土壤交换性镁含量极显著低于 15～20、30～35 和 35～40g/kg 组，而其他有机质含量组的植烟土壤交换性镁含量差异不显著。不同有机质含量组之间植烟土壤交换性镁含量适宜样本比例差异较大，以<15、35～40、50～55、>60g/kg 等 4 个有机质含量组的土壤交换性镁含量适宜样本比例相对较高，在 20%以上。

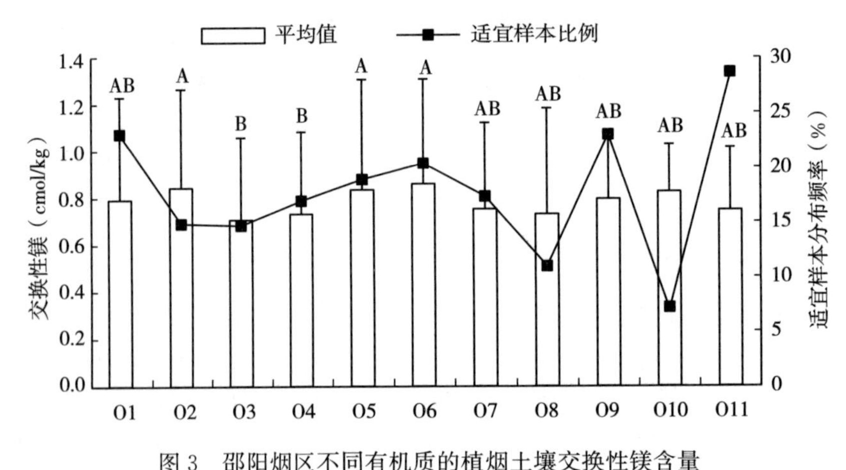

图 3 邵阳烟区不同有机质的植烟土壤交换性镁含量

注：O1～O11 分别代表<15g/kg，15～20g/kg，20～25g/kg，25～30g/kg，30～35g/kg，35～40g/kg，40～45g/kg，45～50g/kg，50～55g/kg，55～60g/kg，>60g/kg 等 11 个有机质组。

3 结论与讨论

邵阳烟区植烟土壤交换性镁含量总体上偏低，平均值为 0.78cmol/kg，变异系数为 51.39%；适宜土壤占 16.98%，可能出现缺镁症状土壤样本占 26.03%。不同县植烟土壤交换性镁含量高低表现为：邵阳县>隆回县>新宁县，差异达极显著水平；不同乡镇植烟土壤交换性镁含量差异较大，只有隆回县周旺镇、新宁县巡田乡、隆回县荷田乡植烟土交换性镁含量均值在适宜范围。由此可见，邵阳烟区植烟土壤交换性镁含量普遍偏低，大部分植烟土壤存在土壤交换性镁不足及潜在性缺乏状态。可能的原因主要在于钙镁拮抗作用，另外肥料中的 NH^+ 和 K^+ 也影响镁的吸收。随着烟草生产水平的提高和施肥量的增大，特别是钾肥用量的增加，土壤供镁不足已日显突出，增施镁肥就显得更加重要。因此，在增施钾肥时，配合镁肥施用，避免因钾和镁的拮抗作用引起烟草缺镁。对于已有缺镁症状烟田，最好在烤烟移栽成活到旺长前期这段时间内，采用叶面喷施硫酸镁水溶液来补充镁为好。

邵阳烟区植烟土壤交换性镁含量 Kriging 插值图显示，土壤交换性镁含量呈有规律地分布，总体上是北部高于南部。以植烟土壤交换性镁含量在 0.6～0.9cmol/kg 为主要分布，其次是 0.9～1.6cmol/kg 的分布面积。在隆回县的北部、邵阳县的南部各有一个高值区，在新宁县的西南部有一个低值区。采用 Kriging 插值绘制邵阳烟区植烟土壤交换性镁含量空间分布图，不仅对无采样点的土壤交换性镁含量可进行估值，而且可直观地描述植烟土壤交换性镁含量的分布格局，对邵阳烟区的烟田分区管理和因地施肥具有重要的指导意义。

依据 pH 分组研究植烟土壤交换性镁含量分布，pH 在 5.0 以下的 2 组的植烟土壤交换性镁含量极显著低于其他组。植烟土壤 pH 在 5.0 以下，交换性镁含量会处在缺镁或潜在缺镁状态。pH 小于 7.0，植烟土壤交换性镁含量有随 pH 升高而升高的趋势；pH 大于 7.0，植烟土壤交换性镁含量有随 pH 升高而下降趋势。宋文峰等[14]对泸州烟区土壤 pH 与土壤养分的关系研究认为 pH 与土壤交换性镁含量呈极显著负相关，与本研究不一致；许自成等[15]对湖南烟区、梁颁捷等[16]对福建烟区的土壤 pH 与土壤养分关系研究认为 pH 与土壤交换性镁含量呈极显正相关，与本研究结果基本一致；夏东旭等[17]对永德烟区土壤 pH 与土壤有效养分的关系研究认为交换性镁的含量在 pH 为 5.5～6.5 时是丰富的，完全满足烤烟的生长需要，与本研究结果也基本一致。可见，对酸性植烟土壤，可采取施用石灰调节土壤 pH 来提高交换性镁的有效性。

依据有机质分组研究植烟土壤交换性镁含量分布，植烟土壤交换性镁含量在不同有机质组间存在极显著差异，主要为 20～25、25～30g/kg 有机质含量组的植烟土壤交换性镁含量极显著低于 15～20、30～35 和 35～40g/kg 组，而其他有机质含量组的植烟土壤交换性镁含量差异不显著。植烟土壤有机质含量与交换性镁含量关系的规律性不明显。

参考文献

[1] 曹志洪．优质烤烟生产的土壤与施肥［M］．南京：江苏科学技术出版社，1991：38－43.

[2] 李永忠，丁善荣，罗鹏涛．不同镁肥品种对烤烟产量、质量、产量的影响［J］．云南农业大学学报，2004，19（1）：45－47.

[3] 吕永华，詹碰寿，马武军，等．石灰、钙镁磷肥对烤烟生产及土壤酸度调节的影响［J］．生态环境，2004，13（3）：379－381.

[4] 白由路，金继运，杨俐苹．我国土壤有效镁含量及分布状况与含镁肥料的应用前景研究［J］．土壤肥料，2004（2）：3－5.

[5] 徐畅，高明，谢德体，等．重庆市植烟区土壤镁素含量状况及施镁效应研究［J］．植物营养与肥料学报，2010，16（2）：449－456.

[6] 陈星峰，张仁椒，李春英，等．福建烟区土壤镁素营养与镁肥合理施用［J］．中国农学通报，22（5）：261－263.

[7] 秦松，闫献芳，冯勇刚，等．贵州植烟土壤交换性钙镁特征研究［J］．土壤通报，2005，36（1）：143－144.

[8] 黄元炯，张翔，范艺宽，等．河南烟区土壤硫、镁及微量元素的含量与分布［J］．烟草科技，2005（3）：33－36.

[9] 张国，赵松义，相智华，等．湖南烤烟烟叶中镁与土壤交换性镁含量的特征及关系分析［J］．中国

烟草科学，2009，30（4）：52-55.

[10] 谢鹏飞，邓小华，何命军，等．宁乡县植烟土壤养分丰缺状况分析［J］．中国农学通报，2011，27（5）：154-162.

[11] 黎娟，邓小华，周米良，等．湘西植烟土壤交换性镁含量及空间分布研究［J］．江西农业大学学报，2012，34（2）：232-236.

[12] 匡传富，周国生，邓正平，等．湖南郴州烟区土壤养分状况分析［J］．中国烟草科学，2010，31（3）：33-37.

[13] 罗建新，石丽红，龙世平．湖南主产烟区土壤养分状况与评价［J］．湖南农业大学学报：自然科学版，2005，31（4）：376-380.

[14] 宋文峰，刘国顺，罗定棋，等．泸州烟区土壤pH分布特点及其与土壤养分的关系［J］．江西农业学报，2010，22（3）：47-51.

[15] 许自成，王林，肖汉乾．湖南烟区土壤pH分布特点及其与土壤养分的关系［J］．中国生态农业学报，2008，16（4）：830-834.

[16] 梁颁捷，朱其清．福建植烟土壤pH值与土壤有效养分的相关性［J］．中国烟草科学，2001，22（1）：25-27.

[17] 夏东旭，王建安，刘国顺，等．永德烟区土壤pH值分布特点及其与土壤有效养分的关系［J］．河南农业大学学报，2012，46（2）：121-126.

（原载《湖南农业大学学报：自然科学版》2013年第6期）

烟草化学抑芽研究进展

聂荣邦

（湖南农学院，长沙　410128）

过去，腋芽抑制都是在打顶后进行人工抹杈。由于烟株腋芽萌发力很强，抹去后还能再发，且生长也很迅速，所以抹杈要早抹、勤抹。这不仅费工多，还有可能在操作过程中传染病害。所以早在 20 世纪 40 年代，便开始了烟草化学抑芽的研究和应用。

1　烟草化学抑芽剂的类型及其抑芽机制

目前，烟草化学抑芽剂主要有内吸、局部内吸和触杀等几种类型。

顺丁烯二酸酰肼（Maleic hydrazide）是研究较多、应用较早的一种内吸型抑芽剂，简称 MH，又称青鲜素。常用的是其钾盐（KMH）。MH 喷在烟叶上，很容易被烟株吸收，并输送到每个生长点。MH 并不阻碍细胞增大，它的作用机制是抑制烟株分生组织的细胞分裂，从而破坏顶端优势，达到抑制腋芽的目的。MH 之所以抑制生长，是因为它的结构与核酸的组成部分二氧嘧啶非常相似。MH 进入烟株体内可取代二氧嘧啶，而又不起二氧嘧啶在代谢中应起的作用，从而起到抗代谢产物的作用，抑制了生长。

MH 抑芽效果较好。不过，由于喷施后，它很快贯穿整个烟株，于是有人提出了 MH 在调制后烟叶中的残留和毒性这样一个至今尚无定论的问题。为了防止出现这样的副作用，近来又研制出了局部内吸型抑芽剂。局部内吸剂的作用机制与 MH 类似。但由于它们不像 MH 那样喷施于叶片表面，并且不输送到整个烟株，因此也就不存在调制后烟叶中过多化学残留的问题。抑芽敏（Prime）就是一种较新的、抑芽效果好的局部内吸剂。它的有效成分是：N-乙基-N-（2-氯代-6-氟苯）-2,6-二硝基-4-三氟甲苯胺。商品抑芽敏为 25%乳剂。当幼嫩的腋芽与它接触后即轻度黄化停止生长，气温高时呈轻度灼伤畸形。可局部内吸使第二、第三腋芽僵化，失去萌动力，但无损烟叶的正常生长。

触杀剂主要由脂肪醇组成，其中以 8 个和 10 个碳原子的效果最好。使用方法一般是用足量的触杀剂，使之沿茎流下，直接接触腋芽。触杀剂的作用机制是：在腋芽伸长之前，通过触杀剂对腋芽的化学灼伤而达到抑芽目的。这主要是由于幼嫩芽和成熟器官角质层结构不同，对药剂的反应不同，药剂仅能灼坏柔嫩多汁的腋芽，而对茎、叶一般无影响，因而也不存在残留和毒性问题。抑芽效果较好的触杀剂有 Penar 和 off shoot T-85（OST-85）。Penar 是脂肪醇和乙酸二甲基十二烷胺的合成品。OST-85 是一份癸醇加一份辛醇的混合物。

2 化学抑芽方法及效果

化学抑芽剂一般都是用喷雾器喷施。内吸剂可直接喷在叶片表面上。局部内吸剂和触杀剂可喷雾于烟株顶端，让药液沿茎向下流动以接触腋芽。

MH在0.25%～0.5%的范围内喷施，均有抑芽效果，且效果随浓度增加而提高。浓度低于0.25%则效果下降，高于0.50%则发生不同程度药害。值得注意的是，在某些国家和地区MH已列入禁用之列。

抑芽敏的使用，应掌握在烟株初花期打顶，及时在打顶24h内施用。以晴朗、无风且露水风干后为最好时机。用喷雾器施药时，喷头应高出烟顶15～20cm，喷射压力宜控制在1.4～1.7P之间。OST-85的使用方法是喷雾于烟株顶端，让药液沿茎向下流动。

许多研究结果表明，化学抑芽不仅省钱省工，抑芽效果好，而且药剂选配和使用方法得当的话，还可使烟叶产量增加，质量提高。

Spaulding等（1970）注意到化学抑芽比人工抹杈和收获时才打顶等都增加了马里兰烟的产量。Mckee（1975）报道，化学抑芽较人工抹杈能获得较高的产量。Bruns（1986）也报道，在不同N水平下，使用不同化学抑芽剂都显著提高了产量，化学抑芽处理间无显著差异，并且对烟碱含量、燃烧性、填充能力等质量性状无不利影响。

戴冕等在广东南雄和湖南郴州，用抑芽敏作抑芽试验。结果表明，烟株施用抑芽敏一周后，抑芽率达100%，两周后为93%～100%，药效一直维持到采烤结束。总结24个处理区平均产量比打顶不摘芽区增产24.51%，比打顶手摘芽区亦增产6.55%，均价也分别高出12.56%和3.85%。说明采用抑芽敏抑芽效果好，既省钱又省工，还能提高烟叶产量和品质。

3 化学抑芽与其他技术措施

以往对烟草化学抑芽的研究，大多局限于化学抑芽本身，有关化学抑芽与其他栽培技术措施综合影响的研究不多。近年来，美国马里兰州立大学在这方面作了一些工作。

（1）化学抑芽与施N量。1983—1984年，Bruns在马里兰州立大学烟草试验场进行了N肥和抑芽方法对马里兰烟产量、产值和质量影响的研究，目的是鉴定内吸剂、局部内吸剂和触杀剂对种植在不同N肥水平下的马里兰烟的影响。

试验结果表明，N肥用量增加，烟叶产量随之增加，201.6和268.8kg/hm^2 N的产量最高，134.4和201.6kg/hm^2 N之间产量差异不显著，67.2kg/hm^2 N的产量最低，显著低于其他N处理。但是，各N处理间产值都不存在显著差异。

化学抑芽显著提高了产量，化学抑芽处理间无显著差异，打顶不抹杈和打顶人工抹杈两处理间产量也无显著差异，但二者产量均显著低于各化学抑芽处理的产置。所用的这些生长调节物质不仅抑芽效果相同，而且对所检测的各种质量性状也未产生不利影响。

试验结果还表明，不同的N肥水平与不同的抑芽方法之间没有显著的交互作用。

（2）化学抑芽与收获日期　1984—1985年，Bruns又进行了马里兰烟的收获日期与抑芽方法的研究，目的是探索抑芽方法和收获日期对马里兰烟的产量和质量的综合影响。试验按随机完全区组设计。

试验结果表明，抑芽方法×收获日期互作对产量的影响是显著的。无论哪一日期收获，化学抑芽处理的产量均高于打顶人工抹杈处理。当收获日期越往后推时，化学抑芽处理之间的差异越明显。打顶后 4 周，所有抑芽处理间差异均显著。

抑芽方法×收获日期对产值的影响也是显著的，其趋势基本上与对产量的影响相同。抑芽方法与收获日期之间对燃烧性无显著交互作用。

（原载《世界农业》1990 年第 3 期）

抑芽敏加表面活化剂抑芽效果研究

聂荣邦

(湖南农业大学，长沙　420128)

摘　要： 化学抑芽剂抑芽敏（Prime＋250EC）加入表面活化剂后，抑芽效力明显增强，抑芽率提高，因此可以通过加入活化剂来降低抑芽敏用量，从而降低烟草化学抑芽的成本，提高经济效益。

关键词： 烟草；化学抑芽；抹杈；表面活化剂

打顶抹杈是烟草栽培的一项重要技术措施。由于烟株腋芽萌发力很强，抹去后还能再发，所以费工较多，并且还有可能在操作过程中传染病害。早在20世纪40年代，烟草化学抑芽的研究和应用便开始了。到目前为止，已有内吸、局部内吸和触杀等多种烟草抑芽剂类型投入使用。其中，瑞士汽巴-嘉基公司生产的抑芽敏（Prime＋250EC）是当前国际上较受欢迎的一种新型烟草化学抑芽剂。20世纪80年代，戴冕等在我国十多个省份对该药进行了试验示范。结果表明，抑芽敏不仅抑芽效果好，而且可使烟叶产量增加，质量提高。药剂浓度及用量，以稀释350～400倍，每株用药液15mL为宜，这样每个腋芽可以接受10～12mg有效成分；100倍稀释的效果极佳，但成本较高；还有用700倍液的，效果亦可，但生长力旺盛的高位侧芽有时不能完全抑制，而且仍有成本偏高之嫌。因此，进一步探索降低抑芽敏用量，提高抑芽效力的研究，无疑是很有意义的。本研究试图通过在抑芽敏药液中加入表面活化剂，以起到降低药液浓度，增强抑芽能力，从而降低成本，提高效益的作用。

1　材料和方法

供试烤烟品种为K326。试验田设在浏阳县官渡乡，中等肥力水平，种植密度为每公顷16 500株，单行高垄。施肥量为纯氮150kg/hm^2，N∶P_2O_5∶K_2O为1∶1∶2。其他栽培、烘烤技术措施按常规进行。

供试化学抑芽剂为抑芽敏（Prime＋250EC）。

供试表面活化剂两种，记为活化剂Ⅰ号和活化剂Ⅱ号。

试验共设10个处理，其中抑芽敏700倍稀释液（处理10）为对照。各处理设计如下：

（1）抑芽敏700倍液7kg＋活化剂Ⅰ号7.5g；

（2）抑芽敏700倍液7kg＋活化剂Ⅰ号15.0g；

（3）抑芽敏 1 050 倍液 7kg＋活化剂Ⅰ号 7.5g；
（4）抑芽敏 1 050 倍液 7kg＋活化剂Ⅰ号 15.0g；
（5）抑芽敏 1 400 倍液 7kg＋活化剂Ⅰ号 7.5g；
（6）抑芽敏 1 400 倍液 7kg＋活化剂Ⅰ号 15.0g；
（7）抑芽敏 700 倍液 7kg＋活化剂Ⅱ号 20mL；
（8）抑芽敏 1 050 倍液 7kg＋活化剂Ⅱ号 20mL；
（9）抑芽敏 1 400 倍液 7kg＋活化剂Ⅱ号 20mL；
（10）抑芽敏 700 倍液 7kg，作为对照。

试验重复 3 次，共 30 个小区，田间按随机区组排列。

试验方法：始花期一次性打顶，打顶当天用笔涂法施药一次。于施药后 10d 和 20d 各调查一次抑芽率。每小区调查 20 株，每次调查 600 株。烟叶成熟后，分小区采收、编竿、标记。烤后按 40 级制分级标准分级，测定各处理的产量、产值、均价、上中等烟比例等经济性状。

2 结果与分析

2.1 不同处理的抑芽效果

两次调查抑芽效果，结果相似。其中，施药后 10d 的调查结果如表 1。

表 1 各处理的抑芽效果调查

处理	Ⅰ			Ⅱ			Ⅲ		
	总芽数	抑芽数	抑芽率（%）	总芽数	抑芽数	抑芽率（%）	总芽数	抑芽数	抑芽率（%）
1	334	328	98.20	312	310	99.36	358	352	98.32
2	342	333	97.37	315	309	98.10	354	353	99.72
3	331	298	90.03	317	294	92.74	349	325	93.12
4	332	325	97.89	309	305	98.70	351	332	94.59
5	329	294	89.36	323	302	93.50	357	329	92.16
6	336	309	91.96	318	296	93.08	338	316	93.49
7	322	321	99.69	321	316	98.44	352	350	99.43
8	330	305	92.42	308	284	92.21	319	291	91.22
9	315	293	93.02	311	285	91.64	323	303	93.81
10	320	292	91.25	314	295	93.95	346	320	92.49

对以上结果进行方差分析和 F 测验，结果 3 个区组间的土壤肥力等没有显著差异，3 次重复间抑芽效果没有显著差异。而 10 个处理的总体平均数是有显著差异的。

然后用新复极差测验（LSR）进行多重比较，测验各处理抑芽率的差异显著性于表 2。结果表明，10 个处理可分为两组，处理 7、1、2、4 为一组，其余为另一组。两组之间，抑芽率有1%水平上的差异显著性，每组各处理间抑芽率没有显著差异。即处理7、1、2、4的抑芽率显著高于对照，其余处理的抑芽率与对照差异不显著。

表2　表1结果的新复极差测验

处理	抑芽率（%）	差异显著性	处理	抑芽率（%）	差异显著性
7	99.19	aA	9	92.82	bB
1	98.63	aA	10	92.56	bB
2	98.40	aA	3	91.96	bB
4	97.06	aA	8	91.95	bB
6	92.84	bB	5	91.67	bB

2.2　不同处理烟草的经济性状

经济性状调查结果表明，各处理的产量与产值均比对照高，其中产量比对照高出1.20%～9.44%，产值高出0.81%～15.48%。有6个处理的均价比对照高（高出0.47%～6.64%），8个处理的上中等烟比例比对照高（高出1.22%～5.10%）。另外，从各项经济性状综合看，加活化剂Ⅱ号的处理明显优于对照和加活化剂Ⅰ号的处理（表3）。

表3　各处理烟草经济性状

处理	产量（kg/hm²）	比CK±（%）	均价（元/kg）	比CK±（%）	产值（元/hm²）	比CK±（%）	中上等烟比例（%）
1	2 417.2	1.45	4.38	3.79	10 570.05	5.07	83.85
2	2 477.2	3.97	4.24	0.47	10 497.45	4.35	84.81
3	2 582.2	8.37	3.92	−7.65	10 141.80	0.81	77.64
4	2 469.7	3.65	4.10	−2.93	10 126.05	0.66	82.28
5	2 437.5	2.30	4.18	−0.05	10 188.75	1.28	80.07
6	2 517.7	5.67	4.26	0.95	10 712.55	6.49	80.19
7	2 607.7	9.44	4.46	5.69	11 617.35	15.48	85.91
8	2 510.2	5.35	4.42	4.74	11 077.65	10.12	84.60
9	2 411.2	1.20	4.50	6.64	10 864.95	8.00	86.16
10（CK）	2 382.7		4.22		10 060.05		80.06

3　讨论

a. 本研究结果表明，同为抑芽敏稀释700倍液，加表面活化剂与不加表面活化剂差异达极显著水平，加表面活化剂的抑芽率显著高于不加表面活化剂的抑芽率。表面活化剂与抑芽敏配合使用，不仅可以增强抑芽敏的效力，提高抑芽率，而且可以进一步使烟叶产量有所增加，质量有所提高。

b. 本研究结果还表明，在 7kg 药液中加入活化剂Ⅰ号 7.5～15.0g，或活化剂Ⅱ号 20mL 的情况下，将药液浓度由 700 倍降低到 1 400 倍，抑芽率无显著差异。因此，可以通过加入活化剂来降低抑芽敏用量，从而降低化学抑芽的成本，提高经济效益。

c. 本研究结果表现出加活化剂Ⅱ号优于加活化剂Ⅰ号，但活化剂Ⅱ号成本稍高。

d. 本研究活化剂Ⅰ号只设两个不同用量，活化剂Ⅱ号只设一个用量，因此其最佳用量尚需进一步研究。

参考文献

[1] 聂荣邦．烟草化学抑芽研究进展 [J]. 世界农业，1990（3）：24-25.

[2] 戴冕．烟草施用抑芽敏（Prime+250EC）试验示范总结 [J]. 中国烟草，1988（4）：28-34.

[3] Bruns H A. Harvest date and sucker control method on Maryland tobacco [J]. Crop Sci，1987（27）：562-565.

（原载《作物研究》1994 年第 1 期）

不同打顶留杈方法对早花烟株产量及质量性状的影响

胡亚杰[1]，韦建玉[1]，程传策[2]，首安发[3]，龙晓彤[1]，梁永进[1]

(1. 广西中烟工业有限责任公司，南宁 530001；
2. 河南农业大学烟草学院，郑州 450002；
3. 广西烟草公司贺州市公司，贺州 542800)

摘　要：探讨不同打顶留杈方法对早花烟株产量及质量性状的影响。以烤烟品种云烟97为材料，采取留杈叶位与打顶方式双因子设计，打顶方式为扣心打顶、现蕾打顶和初花打顶，留杈叶位为倒一叶、倒二叶和倒三叶，以不打顶作为对照（CK），共设10个处理。结果表明，现蕾打顶倒二叶留杈烟株生长发育良好，平均产量、产值、均价、中上等烟比例最高，外观质量良好，化学成分更趋于协调，感官质量总分最高。现蕾打顶倒二叶留杈有效降低早花对烟株的影响，是出现早花现象后对烟株产量和质量的有效弥补措施。

关键词：烤烟；早花；打顶；留杈

烟草是以收获叶片为目的的经济作物，通常通过打顶人为中断其生殖发育进程，促进其叶片生长发育。目前在我国不同烟区均有早花现象发生，所谓早花就是指烟草植株还未达到该品种或当地栽培条件下应有的株高和叶片数就现蕾开花的现象[1]。早花是烟株生长与发育异常化的结果，烟草营养生长阶段何时向生殖生长转变是由遗传物质和外界条件共同决定[2]。营养生长正常的烟株花期多在移栽后60d左右，可留下20～22片的有效叶。出现早花的烟株，由于叶片形成机制受到抑制，使烟株的高度降低、叶片数锐减[3]，对烟区的烟叶产量和质量造成很大的影响，打顶留杈被认为是一种有效缓解早花现象的措施。以往研究结果表明，烟草早花与品种的遗传特性、栽培条件密切相关，选择适宜品种、剪叶炼苗、适时移栽、地膜覆盖、防旱防涝和平衡施肥等可以有效防止早花的发生[3~5]。对早花的补救措施主要集中在烟株留杈和加强田间管理方面，2010年4月底至6月，广西贺州地区烤烟移栽前后均遇到连续的低温阴雨天气，长期低温寡照导致烟株早花现象严重，大部分烟区的烟叶在10～12片叶时现花。本试验通过比较不同的打顶方式及留杈位置下烟叶的产量和质量变化特点，探讨早花后提高烟叶产量和质量措施，旨在找出提高贺

基金项目：国家烟草专卖局特色优质烟叶开发重大专项，广西中烟工业有限责任公司2010年科技创新项目1212010002。

作者简介：胡亚杰（1982—），女，硕士，农艺师，Email：jiejiehu2008@yahoo.com.cn。

州烟区早花烟叶经济效益和产质量的打顶留杈方法。

1 材料与方法

1.1 试验材料

供试烤烟品种为云烟97。试验于2010年在贺州市富川县葛坡镇进行。海拔334m，土壤为红泥土，pH6.98，有机质23.60g/kg，有效氮32mg/kg，有效磷9.1mg/kg，有效钾178mg/kg。光照条件和排灌性能良好。烟株株行距0.55m×1.2m，单行种植，田间管理按《2010年度富川特色优质烟叶研究开发技术方案》执行，烟叶调制采用三段式烘烤工艺。

1.2 试验方法

1.2.1 试验设计 试验按照留杈叶位与打顶方式双因子设计。针对早花烟田，通过扣心打顶（K）、现蕾打顶（X）以及初花打顶（C）方式处理烟株，打顶后从烟株顶部不同叶位留杈分别为倒一叶、倒二叶、倒三叶，以不打顶作为对照，共设10个处理，各处理随机区组排列如表1。

表1 试验设计

处　理	扣心打顶	现蕾打顶	初花打顶
倒一叶	K1	X1	C1
倒二叶	K2	X2	C2
倒三叶	K3	X3	C3

小区施肥量为农家肥3 000kg/hm²、烟草专用肥（N-P-K：12-9-24）900kg/hm²、磷肥375kg/hm²、硝酸钾150kg/hm²、硫酸钾375kg/hm²、有机肥375kg/hm²。

采用双层施肥技术，烟草专用肥70%作基施、5%～10%作窝施、20%～25%作追施，硫酸钾40%～50%作基施、50%～60%作追施；硝酸钾用作追肥；有机肥、饼肥(施用前须堆沤腐熟、原则上堆沤的时间在50～60d)、钙镁磷肥全部作基肥，移栽时使用。牛栏粪和火烧土施用时要求施到垄内基部，严禁撒施在垄体上面烟根周围；每株肥料用量均匀一致，做到定量到株。追肥可以配合培土上厢，分2～3次浇施，烟草专用肥最后一次追肥时间在移栽后15～20d完成，钾肥在移栽后20、45、55d分3次追施。

1.2.2 烟叶产值、产量等统计 以小区为单位，烟叶成熟时挂牌采收和烘烤，按国家烟叶分级标准计算烟叶产量、产值、上等烟比例及均价，进行烟叶产量和经济效益统计。

1.2.3 烟叶化学成分分析 各小区分别取B2F、C3F和X2F烟叶，按照行业标准《YC/T 159—2002 烟草及烟草制品 水溶性糖的测定 连续流动法》、《YC/T 160—2002 烟草及烟草制品 总植物碱的测定 连续流动法》、《YC/T 161—2002 烟草及烟草制品 总氮的测定 连续流动法》、《YC/T 217—2007 烟草及烟草制品 钾的测定 连续流动法》、《YC/T 216—2007 烟草及烟草制品 淀粉的测定 连续流动法》、《YC/T 166—

2003 烟草及烟草制品 总蛋白质含量的测定 连续流动法》分别测定烟叶总糖、还原糖、烟碱、总氮、钾、淀粉和蛋白质含量。

1.2.4 烟叶外观质量评价 按照国标《GB 2635—92 烤烟分级标准》进行烟叶外观质量评价。

1.2.5 烟叶感官评吸 按照行业标准《YC/T 138—1998 烟草及烟草制品 感官评价方法》进行烟叶感官质量评吸。

1.3 数据处理

采用 Excel 和 SPSS 软件进行数据统计分析。

2 结果与分析

2.1 不同处理对烟叶产量质量的影响

从表 2 可以看出，早花烟田以现蕾打顶处理的产量、均价、产值，上等烟比例，中等烟比例在 3 个处理中均为最高，初花打顶处理次之，扣心打顶处理最低。其中不同打顶方式对烟叶产量，等级结构，均价，产值与对照存在显著差异，本试验中现蕾打顶的处理效果较理想，其中 X2 的烟叶等级上等烟比例比 X1 高 3 个百分点、比 X3 高 1.4 个百分点；中等烟比例比 X1 高 2.4 个百分点，比 X3 高 0.8 个百分点。

表 2 不同处理的烟叶产量质量

处理	平均产量（kg/hm^2）	均价（元/kg）	平均产值（元/hm^2）	上等烟比例（%）	中等烟比例（%）
K1	1 654.5d	18.2de	30 111.9de	27.2g	36.2e
K2	1 744.5c	19.4cd	33 843.3c	30.2e	39.2d
K3	1 719.0cd	19.0de	32 661.0cd	28.6fg	36.7e
X1	1 945.5b	20.6bc	40 077.3b	48.6b	43.3bc
X2	2 020.5a	22.6a	45 663.3a	51.6a	45.7a
X3	1 981.5ab	21.0b	41 611.5b	50.2a	44.9ab
C1	1 528.5e	18.8de	28 735.8e	35.9d	41.7c
C2	1 558.5e	20.8b	32 416.8cd	37.9c	42.7c
C3	1 536.0e	19.4cd	29 798.4de	36.2d	43.0c
不打顶（CK）	1 521.0e	17.8e	27 073.8e	29.4ef	33.6f

注：同列数据后小写英文字母不同者表示差异显著。

2.2 不同处理对烤后烟叶外观质量的影响

烟叶外观特征是衡量烟叶质量的一项重要指标。从表 3 可以看出，采用扣心打顶的烟叶，烤后颜色较深，组织结构较紧密，弹性差，杂色烟和含青烟占的比例较高。现蕾打顶的烟叶烤后颜色较橘黄，组织结构稍密，油分较多，弹性好，杂色烟和含青烟占的比例较低。初花打顶的烟叶烤后颜色较浅，组织结构稍密，油分少，杂色烟占的比例较多。很显然，现蕾打顶的烟叶外观质量为佳，其中X2的烟叶中杂色烟比例比X1低0.4%，比X3低0.8%，X2含青烟所占的比例比X1低0.3%，比X3低0.2%。

表3 不同处理的烤后烟叶外观特征

处理	颜色	光泽	油分	组织结构	弹性	杂色烟（%）	含青烟（%）
K1	橘黄—深黄	较暗	有	紧密	稍好	6.5	5.6
K2	橘黄—深黄	较暗	有	紧密	稍好	6.2	5.5
K3	橘黄—深黄	较暗	有	紧密	稍好	6.3	5.4
X1	橘黄	鲜亮	多	稍密	好	4.6	2.3
X2	橘黄	鲜亮	多	稍密	好	4.2	2.0
X3	橘黄	鲜亮	多	稍密	好	5.0	2.2
C1	橘黄	较亮	有	稍密	稍差	8.4	0.9
C2	橘黄	较亮	有	稍密	稍差	8.5	1.1
C3	橘黄	较亮	有	稍密	稍差	8.3	1.2
不打顶（CK）	橘黄	较暗	有	疏松	差	8.8	1.3

2.3 对烤后烟叶化学成分的影响

烟草化学成分是决定烟叶质量的内在因素，而各化学成分的协调性更是衡量烟草品质的一项重要指标，不同处理也会影响烟草内部各化学成分的含量分布以及协调性。化学成分的种类及含量与烟叶品种、部位有着密切的联系[6~10]。从表4可以看出，对不同等级的烟叶烟碱含量以处理K的较高，其次为处理C，总氮及蛋白质含量以处理K最高，处理X次之，处理C最低；总糖和还原糖以处理X最高，处理K次之，处理C最低；钾含量以处理X的最高，处理C次之，处理K最低，各处理的化学成分存在显著差异。说明不同打顶留杈方式对烟叶各内含物的变化有影响，虽然处理C的烟碱、总氮及蛋白质含量略低于处理X，但处理X的烟叶内在化学成分更趋协调，同时，对降低上部烟叶总氮及蛋白质含量也有一定效果。

表4 不同处理的烟叶化学成分

处理	等级	总糖（%）	还原糖（%）	烟碱（%）	总氮（%）	钾（%）	淀粉（%）	蛋白质（%）
K1	C3F	24.3	20.1	3.12	1.65	1.98	6.9	9.7
	B2F	23.4	19.7	3.77	1.79	1.80	6.5	10.5
	X2F	23.1	18.3	3.97	2.11	1.66	7.2	12.1
K2	C3F	25.1	19.9	3.30	1.62	2.01	6.7	9.5
	B2F	24.4	18.3	3.89	1.75	1.85	6.3	10.3
	X2F	22.6	17.9	4.32	1.97	1.71	7.1	11.9

（续）

处理	等级	总糖（%）	还原糖（%）	烟碱（%）	总氮（%）	钾（%）	淀粉（%）	蛋白质（%）
K3	C3F	25.8	20.3	3.21	1.63	1.91	6.8	9.8
	B2F	23.7	18.8	3.79	1.79	1.75	6.6	10.6
	X2F	22.8	16.9	4.41	1.94	1.69	7.0	11.6
X1	C3F	26.8	21.2	2.94	1.59	2.44	5.5	8.0
	B2F	26.3	20.3	3.51	1.70	2.15	5.2	8.2
	X2F	25.7	19.5	3.76	1.85	1.89	5.8	8.7
X2	C3F	27.1	21.5	2.88	1.53	2.57	5.2	7.8
	B2F	26.9	20.5	3.41	1.64	2.23	4.9	8.1
	X2F	25.7	19.7	3.82	1.76	1.96	5.4	8.4
X3	C3F	26.8	20.9	2.93	1.60	2.52	5.4	7.9
	B2F	25.2	19.8	3.46	1.68	2.19	5.0	8.3
	X2F	24.9	19.4	3.89	1.75	1.78	5.6	8.8
C1	C3F	26.4	18.8	2.69	1.51	2.28	4.6	7.3
	B2F	25.2	18.1	3.11	1.62	2.08	4.3	7.7
	X2F	22.1	16.4	3.34	1.84	1.86	4.9	8.2
C2	C3F	25.8	18.9	2.61	1.45	2.34	4.5	7.1
	B2F	23.4	17.8	2.98	1.58	2.11	4.1	7.6
	X2F	22.8	15.9	3.28	1.68	1.79	4.8	8.0
C3	C3F	25.4	19.0	2.64	1.51	2.30	4.7	7.3
	B2F	23.2	17.8	2.98	1.60	2.08	4.2	7.8
	X2F	22.2	16.7	3.22	1.71	1.73	5.0	8.3
不打顶（CK）	C3F	22.5	13.6	3.65	1.71	2.11	4.0	7.4
	B2F	20.1	12.9	3.86	1.66	1.88	3.6	7.8
	X2F	17.8	9.7	4.11	1.45	1.24	3.3	7.3

2.4 不同处理烟叶感官质量比较

从表5可以看出，处理X综合总分较高，较处理K和处理C油润，香气较丰满细腻，协调性较好，杂气较少，刺激性较低，余味较舒适。处理K和处理C的各项指标值和总分相近，处理X中，X1和X3的各项评吸指标均略低于X2，处理X2的光泽最好，香气最丰满，协调性最好，杂气轻，刺激性最小，余味最舒适，总分最高。

表5 不同处理的烟叶感官质量

处理	光泽 3～5（分）	香气 24～32（分）	协调 4～6（分）	杂气 8～12（分）	刺激性 15～20（分）	余味 20～25（分）	总分
K1	3.5	25.5	4.0	9.0	16.0	21.0	79.0
K2	3.5	26.0	4.5	9.5	16.5	21.0	81.5
K3	3.5	26.0	4.0	9.0	16.5	21.0	80.5
X1	4	27	4.5	10.5	17.5	23	86.5
X2	5.0	28	5	11	18.0	23.5	90.5
X3	4.5	27.5	4.5	10.5	17.5	23	87.5
C1	3.5	25.0	4.0	9.5	16.0	20.5	78.5
C2	3.5	26.0	4.5	9.0	16.5	21	80.5
C3	3.5	26.0	4.0	9.0	16.0	20.5	79
不打顶（CK）	3	24	4	8.5	15.0	20	75

3 讨论

本研究表明，早花对烟叶产量及质量的影响因不同打顶方式及留杈位置有较大的差异。针对早花所采取的各项补救措施在产量和主要质量方面均优于不打顶。结合本试验结果，在富川烟区出现的早花现象，以现蕾打顶倒二叶留杈的综合效果较好。据前人研究，早花的原因主要受品种、温度及光周期的影响[11～13]。而低温对烟草花发育进程的影响与叶龄、苗相及光照有关，可能是低温和光照不足抑制了有机体内碳水化合物的代谢平衡，使 C/N 发生改变，从而诱发了一系列信号的传递，引起早花现象。但是目前对早花的形成机理研究较少，且尚不能够形成明确说法，对此应该进一步深入研究；对早花的调控措施研究较多，随着分子生物学的介入，植物开花研究工作已取得突破进展，可以通过掌控开花机理，有效控制早花现象；对已发生的早花现象，各烟区应因地制宜选择有效的补救措施，降低因早花而造成的经济损失。

参考文献

[1] 张金霖，陈建军，吕永华，等．早花烤烟氮、磷、钾吸收规律研究初报［J］．中国农学通报，2010，26（24）：115-119.

[2] 王军，王益奎，韦建玉，等．烟草早花成因与控制［J］．广西农业科学，2004，35（4）：331-332.

[3] 周冀衡，庄江，林桂华，等．烟草苗期去叶处理对控制早花现象的作用［J］．中国烟草科学，2001（3）：38-41.

[4] 董建新，叶宝兴，温清，等．苗期剪叶处理对烤烟生长发育的影响［J］．中国烟草科学，2006（1）：48-50.

[5] Rideout J W，Miner G S，Raper C D. A threshold concept for the management of premature flowering

in flue - cured tobacco [J] . Tobacco Science，1991，35：65 - 68.
[6] 吕乔，陈长清，刘晓晖，等 . 云南烤烟和津巴布韦烤烟的质量差异分析 [J] . 河南农业科学，2009 (7)：54 - 57.
[7] 刘建锋，刘霞，李伟，等 . 不同生态条件下烤烟化学成分的相似性研究 [J] . 中国烟草科学，2006，27 (3)：22 - 24.
[8] 杜文，谭新良，易建华，等 . 用烟叶化学成分进行烟叶质量评价 [J] . 中国烟草学报，2007，13 (3)：25 - 31.
[9] 王春军，高潮，贺国强，等 . 烤烟不同部位叶片中主要碳水化合物的变化 [J] . 华北农学报，2007，22 (S)：75 - 77.
[10] 武丽，徐晓燕，朱小茜，等 . 我国不同生态烟区烤烟的部分化学成分和多酚类物质含量的比较 [J]. 华北农学报，2008，23 (S)：153 - 156.
[11] King M J，Terrill T R. Kehtionship of cold injury to premature flowering in flue-cured tobacco [J]. Tobacco science，1985 (29)：77 - 78.
[12] 韩锦峰，岳彩鹏，刘华山，等 . 烤烟生长发育的低温研究 I. 苗期低温诱导对烤烟顶芽发育及激素含量的影响 [J] . 中国烟草学报，2002，8 (1)：25 - 29.
[13] 罗珍菊 . 湘南地区烤烟早花的发生与防治 [J] . 中国农技推广，2005 (3)：43.

（原载《广东农业科学》2012 年第 5 期）

烟草早花成因与控制

王　军[1,2]，王益奎[1]，韦建玉[1]，黎晓峰[1]

（1. 广西大学农学院，南宁　530005；
2. 广东省烟草南雄科学研究所，南雄　512400）

摘　要：烟草早花与品种的遗传性、栽培条件密切相关，选择适栽品种，培育壮苗，适时移栽，防旱防涝，平衡施肥，能有效防止早花的发生。已发生早花的植株，应及早摘除主茎，培育杈烟。

关键词：烟草；早花；成因；控制

烟草是以叶片为主要收获对象的经济作物。通常所说的早花是指在某些特殊条件下，植株未达到该品种或当地栽培条件下应有的株高和叶片数时便加速完成生长发育进程而过早开花，严重影响烟叶产量的一种异常现象，是生长与发育异常化的结果。烟草营养生长阶段转变为生殖生长阶段的迟早是由遗传物质和外界条件共同决定的，前者是内因，后者是外因，以下主要就这两方面作初步论述并提出控制意见，以供生产参考。

1　烟草早花成因

1.1　内部因素

烟草营养生长阶段转变为生殖生长阶段的迟早，是由花芽分化发育速度、品种遗传特性中的发育速度、提早现蕾因素与环境相互作用的结果所决定。烟草的生长阶段分为营养生长和生殖生长阶段，根据环境条件对生长发育的影响，营养生长可再分为前期—基本营养期和后期一可变营养生长期。在基本营养生长期间，地上部生长锥只进行营养器官（茎叶）的分化，即使在适宜的条件下生长锥也不转向花芽分化。而可变营养生长期则不同，生长锥随环境条件而发生，当环境不适宜花芽分化时，生长锥则继续进行叶片分化，当环境适宜花芽分化时，就逐渐转向花芽分化。这两个时期长短都因品种不同而异，对同一品种来说，基本营养生长期都是比较固定，而可变营养生长期则因环境变异发生较大的变化，因此可变营养生长期存在是发育进程速度最根本的内在因素。需要注意的是，不一定说发生早花的烟株，遗传物质发生了变化，而是指品种的遗传性本来就存在着过早现蕾的潜在可能性。

作者简介：王军，男，（1975—），安徽省巢湖市人，农艺师，主要从事烟草营养生理与烟叶品质研究。

1.2 外部因素

1.2.1 温度 许多植物需要经一定低温后才能开花结实，这就是所谓春花作用（Vernalization）。关于温度对烟草开花的影响，前人进行了许多研究。日本村冈报道，烟草在可变营养生长期，低温（11～13℃）促花芽分化，20℃则抑制烟株营养生长，抑制发育。美国 Kasperbauer 和 Sheidow[1]均报道，白肋烟 8 片叶时暴露在低温下，出现早熟开花现象。King[2]研究表明烟草生长初期受冷害时对其后期生长无影响。周冀衡[3]等认为低温促烟草发育，对 6 片以下真叶作用很小，对具 6～12 片真叶烟株有较大促进作用。王军等[4]研究表明在广东南雄烟区托盘育苗中，每次剪大叶 1/2 和小叶 1/3 能有效预防早花。以上这些研究结果均认为低温诱导早花均与叶片有关，但潘瑞炽等则认为接受低温影响的部位是正在分裂的细胞组织——茎尖端生长点，同时指出赤霉素（GA）能以某种方式代替低温作用。因此低温对烟草早花的影响还需进一步探讨。低温诱导作用究竟有多大，是直接原因还是又诱发了其他因子、低温处理的早晚和时间长短仍无明确结论。

1.2.2 日照 日照对烟草生长发育的影响是多方面的，其中以光周期对发育的影响最大。烟草感受光周期的部位是叶片，由于叶片中含有无活性的光敏素（Pr），在红光照射下产生具有活性的 Pfr，然后与 ATP 或 NAD 结合形成［Pfr. X］，通过韧皮部运输到茎尖端生长点引起花芽分化。M. J. Kasperbauer（1973）试验表明，烟草早花多发生于高温短日照。我国丁巨波教授对烟草光周期研究指出，多数烟草品种对光周期反应不敏感，他们对光照条件的反应为中性或近短日性，惟有多叶品种是强短日性，只有在短日条件下才能分化花芽，否则只进行叶芽分化。而王秀蓉[5]在多叶烟草“革新 5 号”上研究报道，10 h 短日照能加速营养生长向生殖生长转化，且随短日处理天数延长，花芽分化日期相应提前，现蕾开花烟株率也相应增加。因此短日“无花”型品种近年来在美国普遍受到烟农和烟草工业的重视与欢迎，在弗吉尼亚州，NC27NF 和 NC37NF 这两个“无花型”品种种植面积仅次于 K326。这两个品种属于短日照型，约到早秋日照时间缩短条件下才能现蕾开花，杜绝了早花的发生。

1.2.3 其他因素 土壤水分、养分对烟草发育也有一定影响，水分严重亏缺或根部浸水、矿质营养严重失调也能起促进发育的作用，是烟草对极端不良环境的反应。例如增施磷肥有提高呼吸作用，缩短烟草的生育时期。值得一提的是烟草苗期过长，间接缩短了大田期，也会造成早花。

2 防止早花及补救的措施

烟草的早花主要是不正常气候或环境胁迫下，致使烟株早熟开花的一种现象，其结果造成烟叶产量降低，上部叶片比例和烟碱含量偏高。

2.1 审慎选择品种

根据当地条件选择适当品种，引种必须经试种后才能逐步推广。

2.2 加强栽培管理措施

根据当地条件，要求做到：适时播种，培育壮苗，尽量缩短苗期。选择健壮烟苗及时移栽，特别注意苗床后期及大田前期做好保温措施。加强水分管理，防止旺长期干旱。土壤水分过多时要及时排水，促进根系健壮生长，同时做好平衡施肥。

2.3 早花现象严重

主茎烟收烤价值极小的烟株，应果断放弃主茎，培育杈烟。方法是及早削去主茎，留底叶2～3片，以利腋芽萌发生长。腋芽萌发后，选留壮芽一个，其余一律抹除，并加强田间管理。对于早花程度较轻的烟株，应酌情采取主茎烟和杈烟结合的方式，适时打顶和留杈，打顶的原则是：宁重勿轻，宁早勿晚。

3 讨论

目前有关烟草早花的研究，多集中在品种、日照、温度三个方面。比较一致的结论是：长日品种在短日及6～12片真叶时11～13℃的低温诱导下容易早花。但是有关早花问题的本质，如低温诱导和短日诱导敏感时期是否一致，诱导的生理信号是否相同，信号传导途径是否一致，应答基因的启动及表达等关键问题，尚待进一步研究。只有解决这些问题，才能了解早花现象的本质，从而有效控制烟草早花。

参考文献

[1] Sheidow N W. 烟草的早熟开花 [J]. 农学文摘：作物栽培，1986 (1)：37.
[2] King M J. 烤烟冷害与早花的关系 [J]. 农学文摘：作物栽培，1986 (5)：39.
[3] 周冀衡．烟草生理与生物化学 [M]. 合肥：中国科学技术大学出版社，1996.
[4] 王军，邱妙文，陈永明．烟草托盘育苗剪叶程度对烟草素质及烟株生长发育的影响 [J]. 烟草科技，2000 (11)：40-41.
[5] 王秀蓉．短日照对烤烟多叶品种生长发育的影响 [J]. 中国烟草，1991 (3)：37-40.

（原载《广西农业科学》2004年第4期）

烤烟漂浮育苗不同播种期和剪叶次数研究

曾惠宇[1]，谢会雅[2]，朱列书[2]

（1. 常宁市烟草分公司，衡阳　421500；
2. 湖南农业大学农学院，长沙　410128）

摘　要：2007—2008年，在湖南衡阳以K326为材料，研究了烤烟漂浮育苗不同播种期和剪叶次数对烤烟生长发育的影响。结果表明：在相同条件下，播期以12月11日最佳，烤后烟叶比播种期推后的上等烟比例增加15.3%，产量增加430.5kg/hm^2，产值增加6 250.8元/hm^2，均价提高；剪叶3次的处理在不同的试验中表现最好，烤后烟叶比不剪叶处理上等烟比例增加，产量增加487.5kg/hm^2，产值增加6 126.45元/hm^2，均价提高0.98元/kg。

关键词：烤烟；漂浮育苗；播种期；剪叶

烤烟漂浮育苗自20世纪80年代后期首先在美国和荷兰推出之后，发展十分迅速。中国于20世纪90年代中后期开始开展这方面的试验和研究，并在湖北、云南、福建、贵州等地大面积应用，到2002年全国已推广17.2万hm^2[2]。漂浮育苗是一项先进的育苗方式，是将育苗盘漂浮于营养液中，通过人工调控营养液的矿质营养和育苗设施内温、湿度条件而进行烟草壮苗培育，具有集约化管理的技术特征，其生产效率高、烟苗根系发达、整齐一致，适于烟叶生产的专业化和规模化，同时也为培育无病苗和壮苗提供了保证[3,4]。剪叶是漂浮育苗中不可缺少的环节，通过剪叶可以调节烟苗生长，使烟苗均匀一致，增加茎粗，促进根系生长发育[5]，提高移栽苗的质量和移栽成活率，还可避免漂浮育苗的生长失控，减少移栽苗的叶面积，限制真菌病害，减少发生早花的可能性[6]。目前，烤烟育苗过程中还没有统一的剪叶标准，普遍存在剪叶太重或太轻的情况，严重影响烟苗的素质，以及烟苗移栽后的生长。本文旨在研究不同播期和不同的剪叶次数对烤烟漂浮育苗成苗素质、移栽后生长发育及采烤后烟叶品质的情况，为烤烟育苗提供一定的理论依据。

1　材料与方法

1.1　试验材料

试验地点：衡阳市衡南县宝盖镇。试验时间：2006年12月至2007年8月。试验品种：K326

1.2 试验方法

1.2.1 播种期试验 分4个播种期。A1：按当地常规育苗正常播种期提早14d，即12月4日播种；A2：按当地常规育苗正常播种期提早7，即12月11日播种；A3：按当地常规育苗正常播种期播种，即12月18日播种；A4：按当地常规育苗正常播种期推迟7d，即12月25日播种。各处理待烟苗长到8叶1心，炼苗3d后移栽。每个播种期4个浮盘。田间随机区组排列，每小区80株，3次重复。

1.2.2 剪叶试验 选择比常规育苗播种期提前7d的大棚，品种为K326。处理设计如下：比当地常规育苗提前7d播种，每处理4盘。除剪叶措施外，其他措施相同。当烟苗5叶1心时开始剪叶（对照除外）每次剪叶距生长点3～4cm。共设置4个处理，T1：不剪叶；T2：剪叶2次，第一次在烟苗5叶1心，隔10d进行第2次；T3：剪叶3次，第一次同T2，以后每隔7d剪叶1次；T4：剪叶4次，第一次同T2，以后每隔4d剪叶1次。大田每小区80株，随机区组排列，重复3次。

1.3 试验要求

1.3.1 不同播种期试验 烟苗5叶1心时，开始剪叶，隔10d进行第二次，共剪叶两次。选择肥力、光照等条件具有代表性的烟田。栽时每个播期选择生长一致的烟苗，采用膜上移栽方式。其他按“烟草漂浮育苗技术规程”“烤烟地膜覆盖栽培技术规程”“优质烤烟生产技术开发方案”“三段式烘烤工艺配套技术推广方案”进行。

1.3.2 剪叶试验 除剪叶措施外，其他苗床措施及大田管理措施均相同，大田地膜覆盖栽培。

1.4 试验记载项目

（1）不同播种期试验。烟苗生育期观测：每个播种期固定10株，做好标记，当50%烟苗达到该生育期时，记载为该处理烟苗生育期。记载项目有：出苗期、小十字期、大十字期、竖膀期（5叶1心）、成苗期。烟苗素质观测：移栽前对已做好标记的烟苗，用毫米刻度尺测茎秆高度，用游标尺测茎直径，用清水洗去基质数记一级侧根数，记叶片数，称重地上部分和地下部鲜重。大田生育期记载：移栽后，在每处理的中间行中连续选10株，做好标记，当50%烟株达到该生育期时，记载为该处理的生育期。生长状况观测：栽后10d和20d的每处理区选择有代表性的2株烟株，挖起全部根系泥土，用清水洗泡，观测叶片数和一级侧根数，测量根系分布范围和深度；现蕾期观测株高、叶片数、整齐度、长相评估；中心花开放打顶期测定打顶高度、留叶数、腰叶大小。烤后烟叶外观、经济性状：分上（第15～18叶），中（第11～14叶），下（第5～8叶）3个部分，分析烟叶的外观质量（颜色、成熟度、叶片结构、身份、油分、色度），统计经济性状（产量、产值、均价、单叶重、上等烟比例及中等烟比例）。按参试株数折算成单位面积产量、产值。

（2）剪叶试验。移栽时的烟苗素质观察记载：每处理选择10株代表烟苗观察记载株高、茎高、茎围、地上部分鲜重及干重、地下部分的鲜重及干重、根冠比、一级侧根数。

生育期记载：播种期、现蕾期、采烤期、终烤期。大田期的农艺性状记载和烟叶经济性状、外观评价及化学成分分析同上。

2 结果与分析

2.1 不同播种期的结果与分析

2.1.1 不同播种期对烟苗生育期影响 从烟草成苗期来看，各处理之间没有明显的差异，A1 处理从播种到成苗为 84d，时间最长，A4 处理时间最短，只有 76d（表 1）。前者比后者晚成苗 8d，而播期却提前了 20d。所以对漂浮育苗的播期在人为控制的情况下也要根据当地的自然气候条件进行，过早或过晚都不利于烟苗的成苗。

表 1 不同播种期的烟苗生育期比较（月-日）

处理	出苗期	小十字期	大十字期	竖膀期	8 叶 1 心期
A1	12-25	01-09	01-30	02-07	02-26
A2	01-05	01-17	02-06	02-12	03-04
A3	01-09	01-21	02-09	02-16	03-08
A4	01-14	02-10	02-14	02-21	03-11

2.1.2 不同播种期对烟苗素质的影响 由表 2 中可以看出：茎高、茎粗及地上部鲜重以 A4 处理的最高，A1 处理最低。A4 处理比 A1 处理茎高增加 17.65%，茎粗增加 24.09%。在一级侧根数和地下部分鲜重上，以 A1 处理和 A3 处理的最高，A2 处理最低。而地上部分鲜重 A4 处理和 A3 处理却明显地高于 A1 和 A2 处理。叶片数上，各处理间差别不大。

表 2 不同播种期的烟苗素质比较

处理	茎高 (cm)	茎粗 (cm)	一级侧根数	叶片数	地上部分鲜重 (g)	地下部分鲜重 (g)
A1	5.1	0.303	28.4	8.0	2.98	0.43
A2	5.2	0.312	23.6	7.7	3.21	0.35
A3	5.9	0.354	28.3	7.8	4.08	0.42
A4	6.0	0.376	25.6	7.7	4.50	0.33

2.1.3 不同播种期对烟株生育期的影响 以 A1 处理的生育期最长，为 137d，A4 的生育期最短，为 128d。A1 比 A4 的生育期增长了 7.03%。同时从终烤期来看，就试验当地的自然环境条件，除 A1 处理外，其余 3 个均为较为适宜的处理（表 3）。

2.1.4 不同播种期对烟株生长状况的影响

（1）不同播种期对烟株根系和叶片数的影响。各处理在大田移栽后 10d、20d，测量其根系状况，综合来看，以 A1、A2、A3 三处理表现较佳。从根系的分布范围来看，以 A1 的增长快，其次是 A4，根系分布深度又以 A3、A1、A2 处理表现稍好（表 4）。

表3 不同播种期的烟株生育期

生育期	移栽期	返苗期	团棵期	现蕾期	始烤期	终烤期	大田生育期（d）
A1	03-01	03-02	04-15	05-06	05-26	05-16	137
A2	03-07	03-08	04-18	05-07	05-27	07-16	131
A3	03-11	03-12	04-21	05-09	05-28	07-20	131
A4	03-14	03-15	04-22	05-10	06-01	07-20	128

表4 不同播种期的烟株叶片数和根系生长情况比较

处理	栽后10d				栽后20d				
	叶片数	一级侧根数	根系分布范围（cm）	深度（cm）	叶片数	一级侧根数	不定根数	根系分布范围（cm）	深度（cm）
A1	9.0	39.0	5.8	10.5	11.0	47.0	24.0	10.3	13.4
A2	9.5	40.5	8.0	10.3	11.5	46.0	23.0	9.6	13.0
A3	9.5	46.5	8.4	11.0	11.5	45.0	22.5	9.3	13.2
A4	9.0	47.0	5.2	8.4	10.5	45.0	25.5	8.0	10.8

（2）不同播种期对烟株农艺性状的影响。由表5可知，烟株在现蕾前和打顶后测量期农艺性状，以A2、A3处理的表现优于A1，而A1又优于A4。打顶后株高A3比A4增加了8.45%，腰叶面积增加了3.95%。A1与A4相比，其打顶后的高度增加了6.6cm，但是腰叶面积反而有所减小。从整齐度来讲，各处理现蕾前和打顶后都表现较好，基本没有区别。从打顶后留叶数来看，A4比另外3个处理的留叶数都有所减少。

表5 不同播种期的烟株农艺性状比较

处理	株高（cm）	打顶高度（cm）	叶片数	留叶数	整齐度	腰叶大小（打顶后，cm）	长相评估
A1	91.4	88.2	27.1	19	好	74.2×31.6	好
A2	90.6	87.3	27.4	19	好	75.5×32.6	好
A3	92.1	88.5	26.9	19	好	75.3×33.6	好
A4	85.3	81.6	25.0	17	好	73.6×33.2	一般

2.1.5 不同播种期对外观品质和烟叶经济性状的影响

（1）不同播种期对外观品质的影响。下部叶中，各处理只在烟叶身份上有差别，以A4处理的烟叶身份薄，要比其他处理差之外，其他外观品质指标相同；中部叶中，A4处理的烟叶却在身份、油分、色度上比其他3处理的要差一些，但是其他3个处理外观品质却没有任何差别；上部叶中，又以A1、A2两处理最好，A3次之，A4最差（表6）。

（2）不同播种期对烟叶经济性状的影响。在4个不同的播种期中，以A2处理的经济性状表现最好，A1 处理其次，而经济性状表现最差的则是 A4 处理。A2 处理与 A4 处理在产量上的差异达到显著水平，A2，A1 与 A4 在产值和均价上的差异达到了显著水平；单叶重和上中等烟比例以 A2 处理最好（表 7）。

表 6　不同播种期的烟叶外观品质的比较

部位	处理	颜色	成熟度	叶片结构	身份	油分	色度
下部叶	A1	柠檬黄	成熟	疏松	稍薄	稍有	中
	A2	柠檬黄	成熟	疏松	稍薄	稍有	中
	A3	柠檬黄	成熟	疏松	稍薄	稍有	中
	A4	柠檬黄	成熟	疏松	稍薄	有	中
中部叶	A1	柠檬黄—橘黄	成熟	疏松	中等	有	强中
	A2	柠檬黄—橘黄	成熟	疏松	中等	有	强中
	A3	柠檬黄—橘黄	成熟	疏松	中等	有	强中
	A4	柠檬黄—橘黄	成熟	疏松	稍薄	稍有	中
上部叶	A1	橘黄	成熟	尚疏松	中等—稍厚	有、多	强
	A2	橘黄	成熟	尚疏松	中等—稍厚	有、多	强
	A3	柠檬黄—橘黄	成熟	稍密	中等—稍厚	有	中
	A4	橘黄	成熟、尚熟	稍密	稍厚	有	中

表 7　不同播种期的烟叶经济性状比较

处理	产量 (kg/hm²)	产值 (元/hm²)	均价 (元/kg)	单叶重 (g)	上等烟比例 (%)	中等烟比例 (%)
A1	1 926.0ab	16 987.35a	8.82a	6.8	31.2	55.3
A2	2 047.5a	18 222.75a	8.90a	7.2	36.5	52.3
A3	1 836.0ab	15 091.95ab	8.22ab	6.4	28.8	56.2
A4	1 617.0b	11 982.00b	7.41b	6.3	21.2	51.8

注：同列数据后标相同字母者表示无显著差异（$p>0.05$）。下同。

2.2　不同剪叶次数的结果与分析

2.2.1　不同剪叶次数对烟苗素质的影响　由表 8 可知，随着剪叶次数的增加，烟苗的株高、茎高、茎直径呈现出负的相关性。T1 比 T4 在株高上增长了 27.80%，茎围增粗 83.02%，这主要原因是生长较快的烟苗被剪去较多叶片时出现不足补偿效应，短时间内抑制了烟苗的生长。从地上、地下部分鲜、干重及一级侧根数来看：4 个处理中，以 T2、T3 两处理的表现较好。根冠比以 T2、T3 处理的较大，T4 最小。

表 8 不同剪叶次数对处理的烟苗素质比较

处理	株高（cm）	茎高（cm）	茎直径（cm）	一级侧根数	地上部分		地下部分		根冠比
					鲜重（g）	干重（g）	鲜重（g）	干重（g）	
T1	26.2	9.7	0.365	24.2	3.43	0.25	0.25	0.04	1∶6.3
T2	24.5	6.9	0.367	26.3	4.62	0.28	0.46	0.05	1∶5.6
T3	22.3	6.1	0.335	26.1	3.97	0.23	0.46	0.05	1∶4.6
T4	20.5	5.3	0.322	25.8	3.28	0.19	0.37	0.05	1∶7.4

2.2.2 不同剪叶次数对大田生育期的影响 不同剪叶次数对烟株大田生育期无明显影响（表 9）。各生育期除现蕾期有差别外，始烤期与终烤期完全一样。这也说明不同的剪叶次数除了对烟苗本身素质有所影响外对其大田的整体生育期基本没有影响。

表 9 不同剪叶次数处理的烤烟大田生育期比较

处理	移栽期	现蕾期	始烤期	终烤期
T1	03-10	05-10	05-29	07-16
T2	03-10	05-09	05-29	07-16
T3	03-10	05-08	05-29	07-16
T4	03-10	05-08	05-29	07-16

2.2.3 不同剪叶次数对农艺性状的影响 综合各项指标来看以 T2、T3 处理的农艺性状表现较好，T4 处理次之，T1 表现较差。其中 T2 比 T1 在株高上增加 4.86%、打顶高度增加了 3.68%、腰叶面积增加了 9.92%（表 10）。这说明了适当的剪叶次数可以增加烟苗本身的素质，为其以后的大田生长和发育奠定了良好的基础。

表 10 不同剪叶次数对农艺性状的影响

处理	株高（cm）	打顶高度（cm）	叶片数	留叶数	腰叶长度（打顶后，cm）	整齐度	长相
T1	88.4	84.2	26.4	19	68.9×31.4	中等	中等
T2	92.7	87.3	28.2	19	72.5×32.8	好	好
T3	92.2	87.2	29.8	19	72.1×32.4	好	好
T4	89.2	86.5	27.6	19	72.4×32.3	中等	中等

2.2.4 不同剪叶次数对经济性状和外观品质的影响 T2 和 T3 处理的经济性状最好，最差的是 T1 处理；T2、T3 两处理与 T1 处理在产量、产值、均价上的差异都达到了显著水平。T2 比 T1 在产量上增加 487.5kg/hm^2、产值上增加 6 126.45 元/hm^2、均价提高 0.98 元/hm^2、单叶重增加 29.31%、上等烟比例增加 5.2%，但是中等烟比例反而有所下降。T2 与 T3 在一系列的经济性状上均没有显著的差异（表 11）。

表 11　不同剪叶次数处理的烟叶经济性状比较

处理	产量 (kg/hm²)	产值 (元/hm²)	均价 (元/kg)	单叶重 (g)	上等烟比例 (%)	中等烟比例 (%)
T1	1 644.0b	13 185.00b	8.02b	5.8	27.2	54.1
T2	2 131.5a	19 311.45a	9.06a	7.5	32.4	51.7
T3	2 014.5a	18 130.00a	9.00a	7.6	35.6	53.7
T4	1 879.5ab	15 844.20ab	8.43ab	6.6	30.2	53.6

由表 12 可知，在中下部叶中，T1、T4 两处理的身份和色度要比其他两处理的差；在上部叶中，T1 处理的外观品质较差，T3 处理的外观品质表现最好。综合上中下 3 个部位的烟叶来看，外观品质最佳的处理为 T3，这与各处理的经济性状结果吻合。较好的为 T2，T1 与 T4 较差。

表 12　不同剪叶次数处理的烟叶外观品质比较

部位	处理	颜色	成熟度	叶片结构	身份	油分	色度
下部叶	T1	柠檬黄	成熟	疏松	薄	稍有	弱
	T2	柠檬黄	成熟	疏松	稍薄	稍有	中
	T3	柠檬黄	成熟	疏松	稍薄	稍有	中
	T4	柠檬黄	成熟	疏松	薄	稍有	弱
中部叶	T1	柠檬—橘黄	成熟	疏松	稍薄	稍有	中
	T2	橘黄	成熟	疏松	中等	有	中、强
	T3	橘黄	成熟	疏松	中等	有	中、强
	T4	柠檬—橘黄	成熟	疏松	稍薄	有	中
上部叶	T1	橘黄	成熟、尚熟	稍密	中等—稍厚	有	中
	T2	橘黄	成熟	尚疏松—稍密	稍厚	有、多	中、强
	T3	橘黄	成熟	尚疏松	稍厚	有、多	中、浓
	T4	橘黄	成熟	尚疏松—稍密	稍厚	有、多	中、强

3　小结

从烟苗的生育期、成苗素质，大田烟株的生育期、农艺性状、根系数量，采烤后烟叶的外观品质、经济性状等一系列指标的结果表明，不同的播种期对烟株的生长发育有一定的影响，稍提前播种比推迟播种好；烟苗剪叶方式对烟株的影响较大，剪叶次数以 3 次，第一次在烟苗 5 叶 1 心，以后每隔 7d 左右剪叶 1 次，效果最好。

稍提前播种和增加剪叶的次数（2～3 次）均可提高烤烟的大田生长发育情况，而且还能提高烤后烟叶的上中等烟比例，增加烟叶的产值。

参考文献

[1] 王东胜，贯山，李章海．烟草栽培学［M］．合肥：中国科学技术大学出版社，2002：184－185.
[2] 刘国顺．烟草栽培学［M］．北京：中国农业出版社，2003：120－121.
[3] 李迪，王传兴．烟草苗床后期剪叶锻苗技术［J］．河南农业科学，1997（5）：28.
[4] 吕芬，易建华．烤烟漂浮育苗过程中的重点与难点［J］．云南农业，2006（6）：9－12.
[5] 王树声，董建新，刘新民，等．烟草集约化育苗技术发展概况［J］．烟草科技，2006（1）：8－11.
[6] 赖禄祥，陈献勇．烤烟空气整根育苗技术探讨［J］．中国烟草科学，2002（1）：12－13.

（原载《作物研究》2008年第1期）

烟草漂浮育苗培养基质及营养液对烟苗生长发育的影响

岑怡红，聂荣邦

（黔西南民族行政管理学校，贵州兴义，562400）

摘　要：为优化烟草漂浮育苗培养基质和营养液配方，进行了共计7个处理的试验。结果表明：以一定比例的碳化谷糠、泥炭、蛭石和膨化珍珠岩配成的基质有利于培育壮苗；营养液则以一定比例的硝酸铵、硫酸铵、尿素和微量元素的配方较好。

关键词：烟草；漂浮育苗；基质；营养液；生长发育

烟草漂浮育苗是一种新的育苗方法，属于保护地无土栽培范畴，漂浮育苗系统的技术关键是培养基质及营养液配方。一般用富含有机质的材料，如泥炭、草炭，配以适当比例的轻质材料，如蛭石、膨化珍珠岩等，制成基质，用复合肥或氮、磷、钾肥，配以各种微肥等，制成营养液。现有研究报道，配方不尽相同，差别较大[1~4]，有必要进一步研究，尤其是如何充分利用当地自然资源，优化配方，降低成本培育壮苗，具有重要意义。为此，笔者开展了烟草漂浮育苗培养基质及营养液对烟草生长发育影响的研究，旨在为提高烟草漂浮育苗的生产水平提供依据。

1　材料与方法

试验于2002年在湖南农业大学试验基地进行，供试烤烟品种为云烟87。漂浮育苗系统的苗床为水床，用白色塑料薄膜铺底，浮盘采用聚苯乙烯塑料盘，苗床采用鸭篷式覆盖。基质配方试验设计3个处理。J_1：25％海泡石＋15％膨化珍珠岩＋15％蛭石＋45％炭化谷糠；J_2：30％炭化谷糠＋20％蛭石＋20％膨化珍珠岩＋30％泥炭；J_3：55％泥炭＋20％膨化珍珠岩＋25％蛭石。营养液配方试验设计4个处理。Y_1：50％硝酸铵＋35％硫酸铵＋15％尿素；Y_2：40％硝酸铵＋30％硫酸铵＋30％尿素；Y_3：25％硝酸铵＋30％硫酸铵＋45％尿素；Y_4：60％硝酸铵＋40％硫酸铵。试验采用随机区组设计，3次重复。每3d观测记录1次烟苗生育动态，并于播后40d和成苗期进行烟草生长发育状况和素质考察。叶绿素含量用丙酮提取法测定，根系活力用红四氮唑（TTC）比色法测定[5]。

2 结果与分析

2.1 不同配方基质对烟苗生长发育的影响

于播后 40d 观测不同配方基质烟苗生长发育情况，结果见表 1。由表 1 可以看出，在 5 叶期左右，J_1、J_2 的地下部鲜重、干重均比 J_3（CK）重，J_2 的地上部鲜重、干重比 J_3（CK）重。可见 J_1、J_2 在一定程度上烟苗生长发育比 J_3（CK）好。

又于成苗期考察不同配方基质对烟苗素质的影响，结果见表 2。由表 2 可以看出，无论是地下部、地上部的鲜、干重，还是叶绿素含量、根系活力，J_1 与 J_3（CK）均无显著差异，J_2 与 J_3（CK）比较，则地下部鲜、干重达显著差异。

表 1　不同配方基质的烟苗生长发育情况

处理	叶龄	最大叶长×宽（cm×cm）	地下部		地上部	
			鲜重（g）	干重（g）	鲜重（g）	干重（g）
J_1	5.3	7.3×3.5	0.283 5*	0.014 2*	1.505 3	0.225 8
J_2	5.4	7.7×3.9	0.267 8*	0.013 4*	1.742 0*	0.261 3*
J_3（CK）	5.1	7.5×3.6	0.185 8	0.009 3	1.561 3	0.234 2

* 表示差异显著。下同。

表 2　不同配方基质的成苗期烟苗素质比较

处理	绿叶数（叶）	地下部		地上部		叶绿素含量（占鲜重%）	根系活力[μg/（g·h）]
		鲜重（g）	干重（g）	鲜重（g）	干重（g）		
J_1	7.2	2.691 5	0.144 4	17.314 3	1.157 5	0.541 3	220.9
J_2	7.5	2.981 5	0.154 7	18.988 8	1.172 8	0.549 1	240.8
J_3（CK）	7.3	2.588 0	0.135 0	19.335 3	1.195 2	0.560 8	240.7

2.2 不同配方营养液对烟苗素质的影响

于成苗期考察不同配方营养液对烟苗素质的影响，结果见表 3。表 3 表明：Y_1、Y_2 的地下部、地上部的鲜、干重均与 Y_4（CK）达显著差异，其他各项指标无显著差异。说明营养液配以一定量的尿素，烟苗长势更好，更有利于壮苗。

表 3　不同配方营养液对烟苗素质的影响

处理	绿叶数（叶）	茎粗（cm）	地下部		地上部		叶绿素含量（占鲜重%）	根系活力[μg/（g·h）]
			鲜重（g）	干重（g）	鲜重（g）	干重（g）		
Y_1	7.2	0.456 0*	3.112 8*	0.156 5*	18.686 5*	1.208 6*	0.550 1	220.2
Y_2	6.6	0.461 7*	2.830 5*	0.145 3*	16.538 0*	1.011 0*	0.544 9	209.8
Y_3	6.7	0.466 4*	2.283 5	0.131 0	15.711 0	0.910 2	0.556 8	210.7
Y_4（CK）	6.9	0.433 9	2.299 8	0.129 7	14.559 0	0.808 9	0.565 3	221.8

3 讨论

（1）时向东等[3]研究结果表明，基质中不含有机质成分，烟草根系不发达，叶色黄绿，呈脱肥症状。目前一般认为，基质配方以 J_3 为宜。本研究用一定量的炭化谷糠进行配方，减少了泥炭的用量，烟苗生长发育不但未受到影响，而且长势更好，培育出了壮苗。谷糖资源丰富，价格低廉，是基质的良好原料，可见，利用当地自然资源，因地制宜优化基质配方尚有较大选择空间。用海泡石作为烤烟漂浮育苗基质尚未见报道，本研究表明，海泡石作为基质材料是可行的，但用量多大为宜，尚需进一步研究。

（2）目前一般认为营养液配方以 Y_4（CK）较为合适[4]。本研究设计了 3 个不同的配方，结果表明，Y_3 烟草的各项指标与 Y_4（CK）无显著差异，Y_1 和 Y_2 的地下部、地上部鲜、干重显著高于 Y_4（CK）。说明营养液配以一定量的尿素，烟苗长势更好，更有利于壮苗。可见，在优化营养液配方方面，同样存在较大选择空间。

（3）不少研究报道[3,4]都提出了为防止藻类危害，水床应采用黑色塑料膜铺底。本研究采用白色塑料膜铺底，处理得当，亦未造成藻类危害。

参考文献

[1] Bob Pearce，Bill Maksymowicz. Carefull management needed with floot plant-avoid common mistakes [J]. Burley Tobaccos Production Guide，1998（2）：32－33.

[2] 许家来. 烟草温室培养液无土育苗技术的试验研究 [J]. 中国烟草学报，1995，2（3）：30－36.

[3] 时向东，刘国顺. 烟草漂浮育苗系统中培养基质对烟苗生长发育影响的研究 [J]. 中国烟草学报，2001，7（1）：18－22.

[4] 白宝璋，靳占忠，李德春. 植物生理生化测试技术 [M]. 北京：中国科学技术出版社，1995.

（原载《河南科技大学学报：农学版》2003 年第 4 期）

烟草壮苗营养精（VSC）研究

Ⅰ. VSC1 和 VSC2 对烟苗素质的影响

聂荣邦

（湖南农业大学农学系，长沙 410128）

摘 要：于烟苗 4 叶 1 心期假植时喷施壮苗营养精（VSC），可以提高烟苗根系活力，促进烟苗根系生长发育，使根系数量增多、体积增大、重量增加，还可以增加叶片中叶绿素含量，提高叶片光合能力，地上部鲜重、干重均有增加，从而培育出具有良好生理素质和农艺性状的健壮烟苗。

关键词：烟草；育苗；生理学；烟草壮苗营养精

烟草是育苗移栽的作物，培育壮苗是烟草栽培的一项极其重要的技术措施。过去，生产上普遍存在着烟苗素质差的问题。近年来，随着假植育苗的普及，烟苗素质有了一定改善，但是，烟苗素质差的问题并未从根本上得到解决。本研究利用促根剂和营养元素等成分配制成能促进烟苗根系生长发育、调节烟苗体内代谢，从而获得具有良好生理素质的健壮烟苗的营养精 VSC（vigorous seedling chemicals）。经过 1990—1995 年 30 个配方 9 批次的试验，筛选出了效果最佳的两个供叶面喷施的独特配方，定名为壮苗营养精 1 号（VSC1）和 2 号（VSC2）。本文报道 VSC1 和 VSC2 对烟苗素质的影响。

1 材料与方法

1.1 材料

供试烤烟品种 K326，壮苗营养精 1 号、2 号。

1.2 试验设计

试验设 3 个处理，即 VSC1，VSC2 和对照（清水），每处理 150 株，3 次重复。当烟苗达 4 叶 1 心时作营养钵假植。假植前，将 VSC1 和 VSC2 分别溶解于水，制成 0.5%的水溶液。烟苗假植到营养钵后，立即按 1.0m^2 子床 0.8kg 药液的用量均匀喷施烟苗 1 次，对照喷等量清水。除喷液处理外，处理和对照的苗床管理均按营养钵假植育苗技术一致进行。

1.3 烟苗素质考察

于成苗期（9 叶）进行烟苗素质考察及有关生理指标的测定。其中烟苗农艺性状考察按常规方法进行；烟苗根系体积采用排水法测定，根系活力用萘胺氧化法测定；叶绿素含量用分光光度法测定[2]；光合作用强度采用改进半叶法测定[3]。

2 结果与分析

2.1 VSC对烟苗根系生长发育的影响

于成苗期对各处理烟苗的根数、根系体积、根鲜重及干重进行测定，结果见表1。

由表1可以看出，利用VSC处理烟苗，根系生长发育明显优于对照，无论是根的数量、根系体积，还是根的鲜重和干重，都有明显增加。各级侧根的数量都增加，尤其是二级侧根的数量比对照增加1倍以上。其中VSC1促进根系生长发育的效果比VSC2强，它可以使根系数量比对照增加92.6%，根系体积增大42.6%，根鲜重增加51.5%，根干重增加58.1%。经VSC处理的烟苗具有发达的根系。

表1 VSC处理的烟苗根系生长发育情况

处理	每株根数						每株根体积（cm³）	比对照增加（%）	每株根鲜重（g）	比对照增加（%）	每株根干重（mg）	比对照增加（%）
	一级侧根	比对照增加（%）	二级侧根	比对照增加（%）	三级侧根	比对照增加（%）						
VSC1	89	53.4	406	112.6	152	74.7	1.54	42.6	1.03	51.5	125.4	58.1
VSC2	76	31.0	385	101.6	149	71.3	1.46	35.2	0.92	35.3	117.2	47.8
CK	58		191		87		1.08		0.68		79.3	

注：表中各项指标数据为3次重复的平均值。

2.2 VSC对烟苗地上部生长发育的影响

于成苗期对各处理烟苗的地上部进行测定。结果见表2。

表2 VSC处理后烟苗地上部生长情况

处理	每株绿叶数	最大叶长×宽（cm）	最大叶叶面积（cm²）	每株总叶面积（cm²）	比对照增加（%）	每株地上部鲜重（g）	比对照增加（%）	每株地上部干重（g）	比对照增加（%）	单位面积鲜重（mg/cm²）	比对照增加（%）	单位面积干重（mg/cm²）	比对照增加（%）
VSC1	7.2	17.1×8.7	87.4	313.0	32.6	8.56	32.1	0.67	31.4	28.2	11.5	2.01	12.3
VSC2	7.0	16.4×8.1	79.2	279.2	18.3	7.73	19.3	0.65	27.5	28.4	12.3	2.08	16.2
CK	6.5	15.2×7.6	68.0	236.1		6.48		0.51		25.3	25.3	1.79	

由表2可以看出，经VSC处理的烟苗，到成苗期时，地上部的单株绿叶数、叶面积、总生长量均明显大于对照，单位面积叶重也明显高于对照。其中VSC1处理与对照相比，可使单株绿叶数增加0.7片，总叶面积增加32.6%，单位面积叶鲜重增加11.5%，干重增加12.3%。从外观上看，经VSC处理后，烟苗的根系发达，叶色浓绿、清秀，生长健壮，符合壮苗的长势和长相。

2.3 VSC对烟苗生理特性的影响

于成苗期对各处理烟苗的根系活力、叶绿素含量和光合强度进行测定，结果列入表3。由表3可以看出，经VSC处理后，烟苗的根系活力明显提高，叶绿素含量和光合强度也增加。其中VSC1可使根系活力提高19.9%；VSC2可使叶绿素含量增加16.0%，光合强度增加19.6%。可见，VSC处理对提高烟苗生理素质有明显作用。

表3 VSC处理后烟苗根系活力、叶绿素含量及光合强度

处理	根系活力/[α-萘胺 μg/(g·h)]	比对照增加(%)	叶绿素含量(mg/g，FW)	比对照增加(%)	光合强度[mg/(dm²·h)，DW]	比对照增加(%)
VSC1	38.02	19.9	1.06	11.5	15.40	17.9
VSC2	37.85	19.4	1.10	16.0	15.62	19.6
CK	31.70		0.95		13.06	

3 讨论

a. 烟苗于4叶1心期假植时，用VSC处理，可以提高根系活力，促进根系生长发育，还可以增加叶片的叶绿素含量，提高叶片光合能力。到成苗期时，烟苗根系发达，叶色浓绿，生长健壮，吸收水肥的能力增强，光合同化能力也增强，具有良好的生理素质和农艺性状，完全符合壮苗标准。

b. VSC1与VSC2比较，VSC1在提高根系活力、促进根系生长发育和地上部健壮生长的总体效应上比VSC2强一些，但VSC2在增加叶绿素含量和光合强度，以及提高单位面积叶重上又比VSC1稍胜一筹。因此，VSC1和VSC2均可作为烟草壮苗营养剂的优良配方。

c. VSC应用技术简单易行，它可直接溶于水，在烟苗4叶1心假植时，处理一次即可收到明显的效果。

参考文献

[1] 聂荣邦．烤烟栽培与调制［M］．长沙：湖南科学技术出版社，1992.
[2] 华东师范大学植物生理教研室．植物生理学实验指导［M］．北京：高等教育出版社，1980.
[3] 董任瑞．改进半叶法测光合强度［J］．湖南农学院学报，1980，9（1）：123.

（原载《湖南农业大学学报》1995年第6期）

烟草壮苗营养精（VSC）研究

Ⅱ. VSC对烤烟生长发育及产量品质的影响

聂荣邦[1]，胡绪明[2]

（1. 湖南农业大学农学系，长沙 410128；
2. 湖南省宜章县赤石乡农技站，宜章 424200）

摘　要：经VSC处理的烟苗根系发达，叶色浓绿，生长健壮，移栽大田后生育期提前，长势长相良好，烤后烟叶外观质量好，化学成分协调，上等烟比例提高，具有显著的增产增质作用。

关键词：烟草；生长发育；产量；品质；烟草壮苗营养精

本研究第Ⅰ报已报道了烟草壮苗营养精（VSC）对烟苗素质的影响。培育壮苗的目的是为了实现烤烟的优质适产，因此，VSC对烤烟大田生长发育以及产量品质的影响如何尤为重要。为此，分别于1995年和1996年，在湖南省烤烟主产区湘南的宜章县进行了田间试验研究，研究重点在VSC的后续效应。两年试验结果基本相同。

1　材料与方法

试验地为宜章县赤石乡的烟稻轮作田，肥力中等。供试烤烟品种K326。

VSC分两袋装，大袋记为VSCA，小袋记为VSCB。VSC处理分两步进行。第一步：按假植1 300株烟苗配制600kg营养土（其中稻田土400kg，猪牛粪100kg，火土灰100kg），加入VSCA后加适量水，拌匀，堆沤20d，供假植用。以不加VSCA为对照。第二步：母床上的烟苗长到4叶1心时，选整齐一致的烟苗400株，其中200株假植到装了处理营养土的营养钵里，再将VSCB对水7.5kg，充分溶解后，喷洒在处理子床的烟苗上；另外200株假植到装了对照营养土的营养钵里，用清水喷洒在对照子床的烟苗上作对照。处理与对照的子床管理完全相同。成苗期作烟苗素质考察。移栽到大田时，小区面积33.33 m^2，3次重复，随机排列，密度为1.8×10^4株/hm^2。大田管理与烟叶烘烤均按常规进行。大田各生育时期观测记载烟株的植物学性状。烤后烟叶按GB263542分级，并由赤石烟草站验级划价，计算上中等烟比例及产值。

2 结果与分析

2.1 VSC 对烟草素质的影响

由表 1 可以看出，经 VSC 处理的烟苗，绿叶数较多，叶面积、叶鲜重、根鲜重都有显著增加，表明处理烟苗根系发达，生长健壮，符合壮苗标准，进一步验证了本研究第Ⅰ报的试验结果。

表 1 成苗期烟苗素质

处理	叶片数	最大叶（长×宽）（cm×cm）	最大叶面积（cm^2）	比对照增加（%）	每株叶鲜重（g）	比对照增加（%）	每株根鲜重（g）	比对照增加（%）
VSC	10.0	18.6×9.7	106.4**	28.8	12.80	17.6	1.65**	24.1
CK	9.0	15.9×8.8	82.6		10.88		1.33	

注：* 和 ** 分别表示差异达显著和极显著水平。下同。

2.2 VSC 对烟株生长发育的影响

分别于团棵期、旺长期、成熟期观测烟株植物学性状。由表 2 可以看出，移栽后处理小区烟苗茎粗叶茂，长势较强，团棵期来的较快，而对照长势较弱，生育时期滞后。

表 2 烟株植物学性状考察

生育期	处理	绿叶数（片）	株高（cm）	茎围（cm）	叶片大小（长×宽）（cm×cm）			病虫危害
					下部叶	中部叶	上部叶	
团棵期	VSC	12.3	25.8	7.03*	33.8×18.1			无
	CK	10.5	22.6	6.09	31.1×16.6			1 株花叶病
旺长期	VSC	15.2	45.9*	7.75	44.3×23.3			无
	CK	11.8	38.7	6.98	40.5×21.5			无
成熟期	VSC	19.5	84.7*	10.16	54.1×25.8*	63.5×28.4*	60.1×19.9**	无
	CK	18.7	79.9	9.00	51.9×22.7	58.8×25.1	51.3×18.2	无

注：团棵期叶片大小指最大叶，成熟期绿叶数为有效叶数。

处理烟株由于伸根期长势较强，为旺盛生长打下了基础，所以旺长期烟株长势保持明显的优势，与对照的株高差异已达极显著水平。

成熟期处理烟株长相呈腰鼓形近筒形，为较理想的株型。各部位叶片大小都分别长于对照，特别是上部叶极显著长于对照；大田烟株平顶开片好，烟叶营养状况好，分层落黄好，易烘烤，而对照有 10 株出现缺钾症状。

2.3 VSC 对产量和质量的影响

烟叶烤后分级扎把，考察经济性状，列于表 3。表 3 说明，处理的产量、均价、上等烟比例和产值均高于对照，其中上等烟叶比例提高意义十分重大。

表 3　烟叶经济性状

处理	产量（kg/hm²）	均价（元/kg）	产值（元/hm²）	上等烟比例（%）
VSC	2 217.3	10.74	23 812.50	67.2
CK	2 103.6	10.49	22 060.50	63.1

2.4　VSC 对烟叶外观质量的影响

观察处理和对照中部烟叶的外观质量，结果是处理烟叶叶片较长，成熟度较高，叶片结构疏松，身份适中，油分多，色度浓，多橘黄色，各项品级要素都高出对照半个到一个档次。

2.5　VSC 对烟叶化学成分的影响

取处理和对照 C3F 烟叶各 0.5kg，分析化学成分，结果列于表 4。表 4 表明，处理烟叶糖分和钾含量较高，化学成分谐调性更好，达到优质烟叶的要求。

表 4　烟叶化学成分（%）

处理	总糖	总氮	蛋白质	烟碱	钾	施木克值	糖碱比
VSC	18.25	2.05	9.04	2.27	2.72	2.02	8.04
CK	16.37	2.17	10.76	2.39	2.46	1.52	6.85

3　讨论

两年试验结果表明，VSC 处理烟苗根系发达，叶色浓绿，生长健壮。由于烟苗吸收水肥的能力增强，光合同化能力也增强，具有良好的生理素质，所以移栽到大田后，长势长相良好。特别是 1996 年，生育前期长时间低温阴雨，对照烟苗生长缓慢，而处理烟苗仍保持稳健生长，团棵期比对照提前 8d。由于生育期提前，为烟叶充分生长发育、干物质积累和成熟提供了有利条件，所以烤后烟叶成熟度好，叶片结构疏松，油分多，身份适中，色度浓，多橘黄色，上等烟比例高。从两年试验结果还看到，处理烟苗不仅抗低温阴雨等逆境能力增强，而且抗病能力也增强，两年试验处理小区烟株基本无病害发生，为增产、增质提供了保证。

参考文献

[1] 聂荣邦．烟草壮苗营养精（VSC）研究 I. VSC1 和 VSC2 对烟苗素质的影响［J］．湖南农业大学学报，1995，21（6）：555－557.

[2] 聂荣邦，赵松义，曹胜利，等．烤烟生育动态与烟叶品质关系的研究［J］．湖南农业大学学报，1995，21（4）：354－360.

（原载《湖南农业大学学报》1997 年第 1 期）

广西烤烟漂浮育苗技术应用现状及推广前景

曾祥难[1]，王学杰[1]，黄　武[1]，刘永贤[2]，韦建玉[1]，胡建斌[1]

（1. 广西中烟工业公司，南宁　545005；
2. 广西农业技术推广总站，南宁　530022）

摘　要：通过对广西烤烟漂浮育苗技术应用现状的调查，探讨目前广西烤烟漂浮育苗技术应用存在的问题和制约因素，分析烤烟漂浮育苗的应用前景，提出促进推广烤烟漂浮育苗的对策。

关键词：烟草；漂浮育苗；发展

烟草育苗在烤烟生产过程中是一重要环节。烟草育苗技术从粗放的露地床育苗、营养袋假植育苗到埂畦式育苗，经过了多次改进，烟苗素质有了很大的提高，但仍不能满足日益发展的烤烟生产技术的需要。烟草漂浮育苗技术是国际上 20 世纪 90 年代开始推广的先进技术，具有集约化的管理和技术特征，生产效率高，烟苗根系发达，整齐一致，适宜于烟叶生产的专业化和规模化，同时也为培育无病、健壮烟苗提供了保证[1]。本文主要介绍广西烟草漂浮育苗应用现状，并分析存在问题。

1　广西烤烟漂浮育苗技术应用现状

1.1　烟草漂浮育苗表现的优点

漂浮育苗原理是将烟草种子直播在装有生长介质的育苗盘上，苗盘漂浮在有营养液的池中，烟苗生长所需的养分和水分均由营养液提供。目前，在广西烟区采用塑料棚作育苗设施，与传统营养土育苗方式相比，该技术具有多项优点。

1.1.1　烟苗生长齐快，缩短育苗时间　避免了外界不良多变的环境条件对育苗过程造成的不利影响，从而烟苗生长快，长势均匀一致，在广西成苗时间能缩短 10～20d，有效节约育苗时间。

1.1.2　烟苗根系发达，壮苗率高，抗病抗逆性强　漂浮育苗培育的烟苗根系发达，烟苗健壮，成苗率高（90％以上为可用健壮苗），移栽后烟株还苗快，成活率高，抗病抗逆性强。

基金项目：南宁市科技项目。

作者简介：曾祥难，（1978—）男，广西来宾人，农业推广硕士，主要从事烟叶生产研究与推广管理。

1.1.3 降低育苗成本 首先，漂浮育苗减少苗床面积（37.58m^2 苗床可供 1hm^2 大田用苗），单位面积育苗效率提高，成本降低；其次，漂浮育苗方法播种密度高，成苗率高，大大节省了用种量，减少相应的投资成本。另外，由于漂浮育苗的壮苗率高，抗性强，减少了农药、肥料和人工的投入。自制漂浮育苗与商品基质对比，成本节约 150.21 元/hm^2；与传统育苗对比，每公顷可降低成本 577.7 元。

1.1.4 有利于实现育苗规范化、标准化、专业化、工厂化 使用漂浮育苗技术集中管理，在工序上比传统方式简单，操作方便，节省劳力，更有利于实现育苗技术规范化，质量标准化，管理专业化，生产工厂化。

1.2 广西漂浮育苗推广现状

1.2.1 烤烟漂浮育苗技术推广已初见成效 广西有着得天独厚的地理环境和气候因素，早就被评为烟叶生产最适宜区[2]。全区的烟叶生产主要集中在百色市的北部和南部、河池市的南丹和罗城、贺州市的富川、钟山等共十个县。2000—2002 年，广西柳州市卷烟厂首先在厂办烟叶基地开展小试验并获得了成功，之后开始示范推广。2002 年，在罗城小面积示范 6.7hm^2，烟苗健壮，移栽后返青相当快，667m^2 产烟叶达 150kg。2003 年，在罗城、南丹、靖西、富川、隆林陆续铺开示范共 809.3hm^2，其烟叶表现出产量增加，质量提高，上等烟比例增加，获得了良好的经济和社会效益。2004 年广西推广面积增加到 1 333.3hm^2，2006 年推广面积达到 6 000hm^2。通过示范推广，积累了大量的实践经验，为今后广西区全面推广烤烟漂浮育苗技术打下了坚实的基础。

1.2.2 漂浮育苗基质和营养液配制的研究不断深入，取得较好的成果 烤烟漂浮育苗技术的关键主要在浮盘的选择、基质的选用与配制、营养液配方。有资料显示不同规格浮盘育出的烟苗移栽成活率和产量则基本相同[3]，烟草苗期生长所需各矿质元素的浓度也已经基本清楚，因此如何从烟区实际生产条件出发，寻找适合的基质原材料及配制方法便成为烤烟漂浮育苗成功推广应用的关键。

2000 年在广西开始研究使用甘蔗渣作为烤烟漂浮育苗基质以及根据当地的水质进行营养液配制的研究，从开始的 2.5hm^2 到 2005 年推广该项技术达到了 466.7hm^2，面积不断扩大。韦建玉等以新鲜甘蔗渣为主要材料，设计蔗渣不同沤制方法试验等多个试验，研究了烤烟漂浮育苗基质配制技术，结果表明：添加复合肥和钙镁磷肥堆沤甘蔗渣腐熟速度较快，沤制 7 个月以后 C/N 由开始的 182.35 降至 26.58，以此方法堆沤的 65%腐熟甘蔗渣+25%膨化珍珠岩+10%煤渣配制烤烟漂浮育苗基质，烤烟能较好出苗、生长和成苗，大田生长发育也优于其他方式育出的烟苗。他们还总结基质原料要求彻底腐熟，甘蔗渣、膨化珍珠岩，取材广泛，便于集约生产，甘蔗渣体积含量 65%～70%、容量 0.3g/cm^3 左右，无机基质珍珠岩体积含量在 35%～30%的育苗基质有较好的持水、保水和疏水性能[4]。

1.2.3 广西漂浮育苗初显较高的经济效益 在质量方面，由于使用了烤烟漂浮育苗技术，化学成分趋于协调，烟叶配伍性好，卷烟产品的质量明显提高，中上等烟比率明显提高，如 2004 年罗城的中上等烟比率是 93.82%，比 2000 年的 70.63%提高了 23.19%。在产值和产量方面，广西使用漂浮育苗的烟田地每 667m^2 增产约 26.72%，达到极显著水平，净产值 4 725.6 元/hm^2，提高 36.46%，产值增加幅度达到极显著水平，以 2004 年推广的 216.4hm^2 为例，增收 102.26 万元。在育苗成本方面，自制漂浮育苗与商品基质，成本节约 150.21 元/hm^2，与传统育苗对比每公顷可降低成本 577.7 元，如 2004 年推广的 216.4hm^2 在育苗成本上可节约 12.50 万元。在返还税方面，2004 年推广了烤烟漂浮育苗技术的烟叶返还税是 109.29 元/担*，比 2001 年（59.6 元/担）增加 49.69 元/担，当年收购烟叶 6 222 担，多创税收 30.92 万元。面积达 33 333.3hm^2，收购烟叶 100 万担，若 33 333.3hm^2 的烟田都使用漂浮育苗技术，那么产生的效益将更加巨大。

2 烤烟漂浮育苗技术推广中存在的问题及对策

2.1 基质堆沤腐熟问题

广西用作漂浮育苗基质的主要成分为甘蔗渣，而新鲜甘蔗渣的 C/N 达到 169 以上[5]，自然堆沤极难腐熟，不能满足漂浮育苗的要求，如让烟农各自堆沤，就更难达到其在数量上和质量上的保证。

对策：第一，在甘蔗渣中拌入含 N 肥料等物质以降低其 C/N 和调节 pH，并添加一些活性菌促使蔗渣加快腐熟；第二，通过头年开始堆沤，翌年使用以确保蔗渣完全腐熟；第三，以县或市为单位集中腐熟蔗渣，并按同样的方法制成一致、符合要求的基质，从而使全县或全市做到漂浮育苗基质质量的保证。

2.2 基质的盐析危害问题

盐析危害是在推广中常出现的一个问题，主要表现在播种后 10d 左右盘面开始出现粉状白色盐类物质，之后盐析逐渐加重，呈现白色晶体状盐类物质，形如食盐，味咸。由于盐析，烟苗在两片子叶展开时，逐渐发黄至死，死苗率有时高达 40%以上。实践表明，盐析对小十字期前的烟苗危害较大，对小十字期后的烟苗影响较小，因此，是小十字期漂浮育苗的“安全临界期”。营养液浓度、基质养分过高是盐析形成的内因，而持续低温，温差大，管理不善则是盐析产生的外因。

对策：解决盐析危害，第一要精选原料，优化配方，提高基质品质；第二，改善基质营养，增强烟苗抗逆力，提高幼苗生长速度；第三，加强苗床管理，制定应急解决措施，如每隔 7d 左右进行苗盘喷水，使养分向下淋溶。

2.3 单家独户塑料小棚育苗，技术管理水平不高

目前，广西壮族自治区烤烟漂浮育苗多采用塑料小棚进行，单家独户管理，往往技术管理不到位，如各烟农对育苗营养液深度掌握不好而造成营养液浓度过高或过低，从而影响烟苗的生长。

对策：建议采取以村为单位建立中、大棚或小棚集中进行统一育苗，集中管理，可解决此类问题。

---

* 担为非法定计量单位。1 担＝50kg——编者注。

2.4 基质、浮盘等购买成本高

目前大部位基质、浮盘是到省外购买，成本高。对策：建议使用广西丰富的甘蔗渣资源作为漂浮育苗基质可减少基质成本；有条件的烟区开发漂浮育苗托盘生产，可减少育苗成本。

3 烤烟漂浮育苗技术推广的前景展望

漂浮育苗技术吸取了近半个世纪无土栽培的研究成果，同时又克服了以往无土栽培成本高、技术难度大、不便大面积推广的缺点，因此迅速在全球烟区和100多种作物上推广应用[6]。运用此技术育苗与常规（营养袋）育苗移栽大田收获后比较，发现漂浮育苗比常规育苗，每烟株叶片收获平均增加2片叶左右，其产量、产值、均价和上等烟比例等各项指标均优于常规苗，特别是产值和上等烟比例提高幅度较大，分别达到25.5%和19.1%[7]。广西烟叶生产中产量低，烟叶质量不高，中上等烟比例偏低等，这些都是困扰我们的问题，而烤烟漂浮育苗技术的推广，将能有助于我们解决烟叶生产中出现的上述问题。

漂浮育苗技术的推广，主要依赖于三个因素：第一，领导的重视，资金的投入。对于这项新技术，广西壮族自治区烟草行业的领导给予了高度重视，投入了大量的资金，派出了相关技术人员到国内其他省（如云南省），甚至国外进行学习，并拨出专项资金与广西大学的教授专家等共同攻关烤烟漂浮育苗中遇到的问题。领导所给予的支持，使该项技术难关不断地被攻克，加速了烤烟漂浮育苗技术推广的进程。第二，拥有一定的烤烟漂浮育苗技术及相关的技术人员。漂浮育苗技术的关键是育苗基质、育苗盘和育苗营养液。在学习国际和国内漂浮育苗先进技术的基础上，结合广西的实际条件，为了充分利用当地自然资源条件，因地制宜开发利用，育苗基质我们采用腐熟的甘蔗渣和一定比例的膨化珍珠岩配制，由此并选出一定规格的育苗盘和育苗营养液配方与之相适应。拥有了漂浮育苗技术，并定期进行技术培训，在各推广单位，都有相关的技术骨干，在整个育苗过程中，都有技术人员进行实地检查指导和现场示范操作。第三，建立起良好的群众基础。漂浮育苗技术的推广，广大烟农的接受程度也是关键一环。通过2002年和2003年在罗城、南丹、隆林和靖西等县的示范和推广，通过对比使广大烟农对漂浮育苗技术的优越性有了直接认识，在使广大烟农对漂浮育苗技术有所了解的同时，增加了他们对这一技术的信心和热情，为烤烟漂浮育苗技术的推广打下了坚实的群众基础。具备了以上三个因素，烤烟漂浮育苗技术的推广便有了领导的支持，技术的保证和群众的拥护，这将使烤烟漂浮育苗技术的推广道路上一片光明。烤烟漂浮育苗技术在广西推广前景广阔，它必将引发烤烟育苗技术的一场巨大变革，引起烟草经济新的腾飞。

参考文献

[1] Bob Pearce，Bill Maksymowicz. Care full management needed with float plants-Avoid Common Mis-

takes [R] . Burley Tobacco Production Guide, 1998: 32-33.

[2] 宁金明. 广西烟草与气候 [M]. 北京: 气象出版社, 1998: 1-7.

[3] Bob Pearce, Bill Maksymowicz. Carefull management needed with float plants—Avoid Common Mistakes [J] . Burley Tobacco Production Guide, 1998: 32-33.

[4] 韦建玉, 曾祥难, 王军. 甘蔗渣在烤烟漂浮育苗中的应用研究 [J]. 中国烟草科学, 2006 (1): 42-44.

[5] 刘士哲, 连兆煌. 堆沤过程的变化特征与"有效 C/N 比值"的应用研究 [J]. 华南农业大学学报 1994 (4): 7-12.

[6] 单沛祥. 国内烟草工厂化育苗技术的研究进展 [J]. 烟草科技, 1999 (1): 38-40.

[7] 马聪. 漂浮育苗对烤烟生长发育及产量的影响 [J]. 河南农业科技, 2003 (2): 9-10.

(原载《广西农学报》2008 年第 1 期)

甘蔗渣在烤烟漂浮育苗中的应用研究

韦建玉[1,2]，曾祥难[2]，王　军[1,3]

（1. 广西大学农学院，南宁　530005；2. 广西中烟工业公司，南宁　545005；
3. 广东省烟草南雄科学研究所，南雄　512400）

摘　要： 以新鲜甘蔗渣为主要材料，研究了烤烟漂浮育苗基质配制技术。结果表明，添加复合肥和钙镁磷肥堆沤甘蔗渣腐熟速度较快，沤制 7 个月 C/N 值由 182.35 降至 26.58。采用堆沤 65%腐熟甘蔗渣＋25%膨化珍珠岩＋10%煤渣（磨成粉过 3mm 孔径筛）配制烤烟漂浮育苗基质，能使烤烟较好地出苗、生长和成苗，大田生长发育也优于其他方式育出的烟苗。

关键词： 烤烟；甘蔗渣；漂浮育苗；基质

烤烟漂浮育苗与传统育苗相比具有出苗整齐、清洁卫生、省工省时等优点。从 20 世纪 90 年代开始，我国在云南、湖北、福建等地边试验边推广烤烟漂浮育苗技术[1~4]，目前在这些烟区的烤烟漂浮育苗技术均已成熟，推广面积逐年增大。

烤烟漂浮育苗技术的关键是浮盘的选择、基质的选用与配制、营养液配方。有资料显示不同规格浮盘育出的烟苗移栽成活率和产量基本相同[5]。烟草苗期生长所需的各种矿质元素的浓度也已经基本清楚，因此，从烟区实际生产条件出发，寻找合适的基质原材料及配制方法便成为烤烟漂浮育苗成功推广应用的关键。本试验研究了以再生资源——鲜甘蔗渣为主要原料的基质堆沤、配制方法对烟苗培育和大田生长发育的影响，以期为烤烟生产提供依据。

1　材料与方法

1.1　材料

供试材料为云烟 85 包衣种，鲜甘蔗渣，商品育苗基质。

1.2　方法

试验于 2003—2004 年在广西罗城县下里乡进行。设 4 个处理。

A. 鲜甘蔗渣 100kg＋复合肥（15－15－15）2.6kg（含 N：0.39kg）＋钙镁磷肥

作者简介：韦建玉（1966—），女，广西人，壮族，博士，高级农艺师，主要从事烟草原料方面的研究和管理工作，Email：jtx _ wjy@163.com。

1.73kg（含 P_2O_5：0.31kg）；

B. 鲜甘蔗渣 100kg＋硝酸铵 1.11kg（含 N：0.39kg）＋钙镁磷肥 3.89kg（含 P_2O_5：0.7kg）；

C. 鲜甘蔗渣 100kg＋尿素 0.85kg（含 N：0.39kg）＋钙镁磷肥 3.89kg（含 P_2O_5：0.7kg）；

D. 商品基质。

各处理重复 3 次，完全随机排列。将上述 A、B、C 处理所得甘蔗渣按 65%腐熟甘蔗渣＋25%膨化珍珠岩＋10%煤渣（磨成粉过 1cm 孔径筛）配制成育苗基质进行育苗。育苗用营养液各养分含量分别为 N：176.4mg/L、P：88.12mg/L、K：197.2mg/L、Ca：80mg/L、Fe：1mg/L、B：0.5mg/L、Mn：0.5mg/L、Zn：0.02mg/L、Cu：0.02mg/L、Mo：0.01mg/L。定时补水使营养液保持恒定体积。

取样与测定各处理基质于堆沤前、堆沤后第 60d、120d、180d、240d 分别定时取样，按重铬酸钾容量-外加热法和奈式比色法[6]测定全碳和全氮；烟苗取样时间为 9：00～10：00，其生物学性状按常规方法观测；大田按优质烟栽培模式进行管理，单收单烤，计产计质。

2 结果与分析

2.1 不同处理对甘蔗渣 C/N 变化的影响

从图 1 可以看出，不同处理的鲜甘蔗渣的腐熟速度不一样，处理 A 全期 C/N 最低，沤制 240d 以后 C/N 由开始的 182.35 降至 26.58；堆沤前 60d 内各处理 C/N 下降速率为 A＞C＞B；处理 C 在堆沤 60～120d 时 C/N 下降平稳，到 120～180d 时 C/N 快速下降。这可能与不同化学肥料的化学特性以及其对分解有机物的微生物活性影响不同有关。

2.2 不同处理对烟苗生长发育的影响

2.2.1 不同处理对种子出苗的影响 从图 2 可以看出，各处理出苗率在播种 20d 后均达 90%以上，以处理 A 出苗率最高，与处理 B、C、D 相比，分别高出 2.9%、5.1%、0.4%。这说明以不同方法堆沤的甘蔗渣作为漂浮育苗基质对烟草出苗有一定影响，其中处理 C 的出苗率最低，为 92.1%，这可能与处理 C 所用的基质使用尿素堆沤有关。

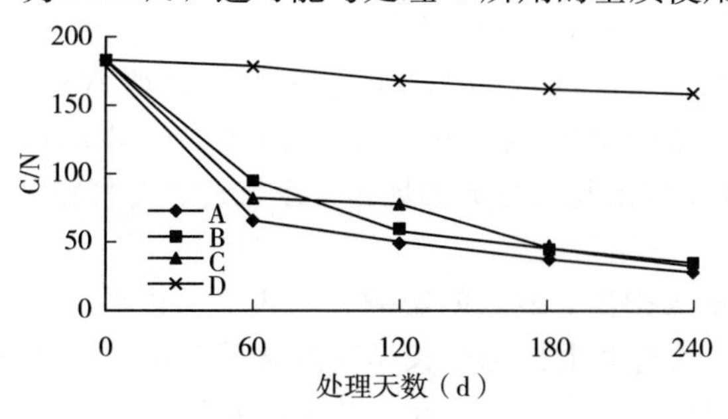

图 1 鲜甘蔗渣不同堆沤方法 C/N 变化

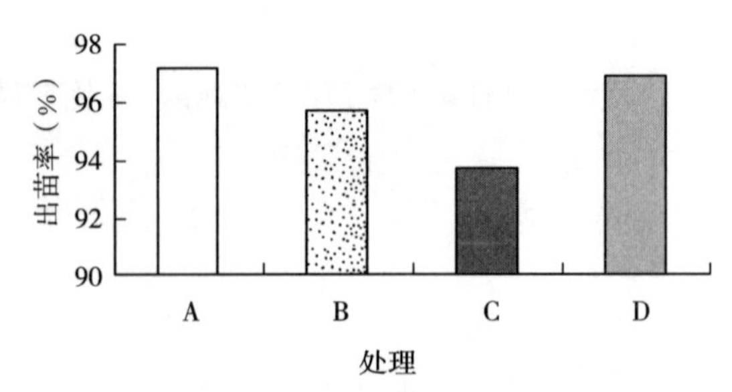

图 2　不同处理播种后 2d 出苗率

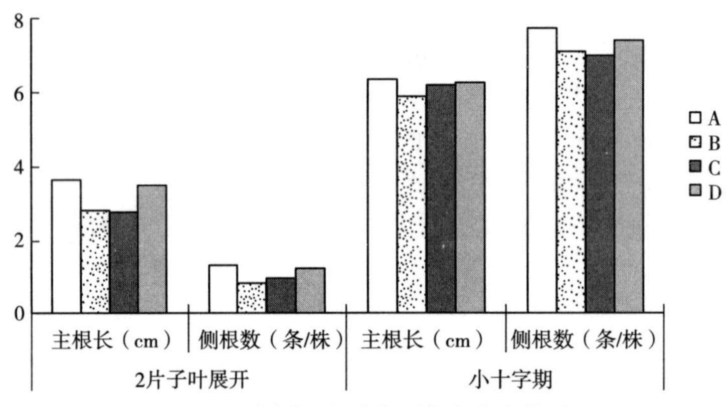

图 3　不同处理烟苗根系生长发育状况

2.2.2　不同处理对烟苗生长发育的影响　从图 3 可以看出，在 2 片子叶展开时，各处理主根长度为 A>D>B>C，处理 A 分别比处理 D、B、C 长 0.20、0.80、0.90cm；侧根数为处理 A 最多，其次为处理 D、处理 C、处理 B。各处理至小十字期时，主根最长的处理 A 为 1.30cm，其次为 D、C、B；侧根数最多的处理 A 为 7.60 条，比处理 D、B、C 分别多 0.30、0.60、0.70 条。由此可见，以添加复合肥和钙镁磷肥堆沤而成的甘蔗渣配制的漂浮育苗基质能有效地促进烟苗早期根系的生长发育。

2.3　不同处理对烟苗素质及大田生长发育的影响

2.3.1　不同处理对烟苗农艺性状的影响　从表 1 可以看出，处理 A 在根系、干物质积累、苗高度以及叶片大小等方面明显优于处理 B、C，略优于处理 D。与处理 B、C、D 相比，处理 A 的一级侧根分别多 13、24、4 条，二级侧根分别多 93、111 条、10 条；处理 A 根系干重分别比处理 B、C、D 重 0.4、0.7、0.2g。处理 A 的苗高明显地高于处理 B、C、D，而处理 B、C、D 成苗的苗高差异不大。由此可见，以添加复合肥和钙镁磷肥堆沤而成的甘蔗渣配制的漂浮育苗基质育成的烟苗根系发达、茎秆粗壮，符合目前生产上需要的高茎壮苗标准。

2.3.2　不同处理对烟株大田生长发育的影响　从表 2 可以看出，不同处理的烟苗大田营养生长期不同，处理 A 的营养生长期最长，这意味着其可以积累更多的干物质，间接地增加了产量。处理 A 烟株的叶片数、株高、茎围以及最大叶面积等农艺性状方面也优于其他各处理，这可能与处理 A 的烟苗素质有关，良好的烟苗素质移栽后早生快发，为烟株后期健康生长奠定了良好的基础。

表1　不同处理的烟苗农艺性状

处理	叶片数	一级侧根（条）	二级侧根（条）	总根数（条）	地下部鲜重（g）	地下部干重（g）	苗高（cm）	最大叶（长×宽，cm×cm）
A	8.7	42	178	220	27.3	2.3	13.2	14.8×8.1
B	8.1	29	85	110	15.5	1.9	9.6	12.5×6.8
C	6.9	18	67	85	11.3	1.6	9.1	9.6×5.6
D	6.8	38	168	197	24.5	2.1	9.0	14.1×7.6

表2　不同处理现蕾时烟株的农艺性状

育苗方式	移栽至现蕾（d）	叶片数	株高（cm）	茎围（cm）	最大叶（长×宽，cm×cm）
A	62	23.0	79.6	1.4	62.2×30.3
B	59	20.4	73.6	8.9	59.9×27.8
C	53	19.5	68.5	8.7	58.3×25.7
D	61	21.0	78.7	10.0	61.7×29.1

2.4　不同处理对烤烟产量、质量的影响

从表3可以看出，处理A的产量显著地高于其他各处理，分别比处理B、C、D高3.93%、16.2%、3.06%；处理A的产值显著地高于处理B、C，与处理D差异不显著；处理A的均价高于处理D0.13元/kg，上等烟和上中等烟则分别高于处理D达1.19%、1.60%。可见选用甘蔗渣制作的漂浮育苗基质育苗在原烟产量、质量、均价、上等烟比例等指标方面均优于商品基质。

表3　不同处理产量、质量（$\alpha=5\%$）

处理	产量（kg/hm^2）	产值（元/hm^2）	均价（元/kg）	上等烟（%）	上中等烟（%）
A	2 351.85 a	17 686.80 a	7.52	26.55	91.71
B	2 262.90 b	16 089.75 b	7.11	17.87	88.53
C	2 023.95 c	13 681.50 c	6.76	15.56	85.68
D	2 281.95 b	16 863.75 a	7.39	25.36	90.11

3 讨论

以鲜甘蔗渣 100kg（15－15－15）＋复合肥 2.6kg（其中含 N：0.39kg，P_2O_5：0.39kg，K_2O：0.39kg）＋钙镁磷肥 1.73kg（其中含 P_2O_5：0.31kg）腐熟的速度最快，240d 后 C/N 值由刚开始的 182.35 降至 26.58，基本满足漂浮育苗基质的要求。

试验表明，添加不同化学肥料腐熟的甘蔗渣制作的漂浮育苗基质对烟种的出苗速率影响不同，以复合肥和钙镁磷肥处理的甘蔗渣制作的基质出苗速率最快，育成烟苗根系发达，茎秆高大，移栽大田后能延长烟株的营养生长期，间接地增加了烟株干物质积累，提高了烟叶产量和改善了质量。

不同的基质育成的烟苗移栽大田后收获的原烟产量、质量等经济指标差异较大，以复合肥和钙镁磷肥处理的甘蔗渣制作的基质育苗的原烟产量、产值、均价、上等烟比例均高于其他各处理。因此结合广西实际，可因地制宜选用甘蔗渣制作烟草漂浮育苗基质以代替商品基质。

参考文献

[1] 李全林．烤烟工厂化育苗技术介绍［J］．烟草科技，1995（2）：28－29.
[2] 王福民，李凤梅，周立友．烟草幼苗的剪叶技术［J］．中国烟草，1996（1）：32.
[3] 何川生，王晓云．美国的烟草工厂化漂浮育苗［J］．世界农业，1997（11）：22－23.
[4] 杨春雷，胡永雄，陈国华，等．烟草简易型直播漂浮式育苗技术研究［J］．中国烟草学报，1997（2）：53－59.
[5] Bob Pearce，Bill Maksymowicz. Carefull management needed with float plants-Avoid Common Mistakes［M］. Burley Tobacco Production Guide，1998：32－33.
[6] 鲍士旦．土壤农化分析［M］．北京：中国农业出版社，2002：30－34，264－268.

（原载《中国烟草科学》2006 年第 1 期）

烤烟漂浮育苗营养液配比的选择研究

韦建玉[1,2]，周　晓[1]，曾祥难[2]，唐小平[1]，陈锶琼[1]

（1. 广西大学农学院，南宁　530005；
2. 广西中烟工业公司，南宁　541005）

摘　要：采用 311－A 最优混合设计研究了烤烟漂浮育苗甘蔗渣基质营养液氨磷钾不同配比对烟苗的影响，建立三元二次回归模型，并模拟寻出最佳施肥配方。结果表明，在 11 个处理中，处理 11 的出苗较整齐、生长均匀，出苗率和成苗率较高，根系活力较强，叶片束缚水/自由水较大，叶片可溶性糖和维生素 C 含量较高。应用 DPS 数据处理系统对成苗期根鲜重等 7 项指进行综合寻优，获得最佳配比方案。

关键词：烤烟；漂浮育苗；营养液配方；选择

有关研究认为，烤烟漂浮育苗不同规格漂浮盘培育的烟苗移栽成活率和产量基本相同，但不同材料的育苗基质要求选择不同的营养液配比[1]。以发酵甘蔗渣为育苗基质是广西优势废弃资源的有益利用，为了将甘蔗渣发酵配制的育苗基质在生产上推广应用[2]，我们研究了与之相配套的育苗营养液最佳配方，以期为烤烟低耗、高效育苗方法的营养液选择提供参考。

1　材料与方法

1.1　试验材料

供试品种为云烟 85（包衣种）；基质为充分腐熟甘蔗渣、膨化珍珠岩和细沙，3 种材料的比例为 6∶3∶1；供试肥料为 $Ca(NO_3)_2 \cdot 4H_2O$、KH_2PO_4、KNO_3、NH_4NO_3、$MgSO_4 \cdot 7H_2O$、$Na_2Fe\text{-}EDTA$、H_3BO_3、$ZnSO_4 \cdot 7H_2O$、$CuSO_4 \cdot 5H_2O$ 和 $(NH_4)_6MO_7O_{24} \cdot 4H_2O$。

1.2　试验设计

试验于 2004 年在广西大学的塑料大棚中进行。以氮磷钾为试验因素，采用 311－A 最优混合设计[3]（表 1），随机区组排列，重复 2 次，每个处理 198 盘。营养液中微量元素及用量分别为 $Na_2Fe\text{-}EDTA$（19.2mg/L）、H_3BO_3（2.86mg/L）、$MnSO_4 \cdot 4H_2O$（1.54mg/L）、$ZnSO_4 \cdot 7H_2O$（0.09mg/L）、$CuSO_4 \cdot 5H_2O$（0.08mg/L）、$(NH_4)_6MO_7O_{24} \cdot 4H_2O$（0.02mg/L）。

表 1 试验处理方案

处理	x_1		x_2		x_3	
	编码值	N (mg/L)	编码值	P_2O_5 (mg/L)	编码值	K_2O (mg/L)
1	0	175.0	0	87.5	2	262.5
2	0	175.0	0	87.5	−2	87.5
3	−1.414	115.2	−1.414	56.9	1	21.4
4	1.414	234.9	−1.414	56.9	1	217.4
5	−1.414	115.2	1.414	118.1	1	217.4
6	1.414	234.9	1.414	118.1	1	217.4
7	2	262.5	0	87.5	−1	132.7
8	−2	87.5	0	87.5	−1	132.7
9	0	175.0	2	130.8	−1	132.7
10	0	175.0	−2	43.3	−1	132.7
11	0	175.0	0	87.5	0	175.0

注：因素变化间距 N 为 43.25mg/L，P_2O_5 为 21.65mg/L，K_2O 为 87.5mg/L。

1.3 取样及测定

分小十字期、大十字期、6 叶 1 心期和 7 叶 1 心期 4 次采样，在上午 9：00～10：00 采样，每次每个重复采 10 株，测农艺性状时采全株；测生理指标时，除根系活力羽根尖外，其他都采正 3 叶（从上而下以定型时为正 1 叶）。

可溶性糖的测定按照林炎坤、蔡武城方法[4,5]；根系活力的测定按照白宝璋方法[6]；束缚水/由水的测定采用马林契克法[7]；维生素 C 的测定采用 2,6 -二氯靛酚滴定法[7]。

2 结果与分析

2.1 不同配比营养液对烟苗性状的影响

2.1.1 对根鲜重的影响 成苗期烟苗根鲜重变化范围为 2.578～6.187g（表 2），其中处理 11 最大，其次为处理 1 和处理 8，处理 7 最小。多重比较结果表明，处理 11、处理 1 极显著大于处理 2、处理 3、处理 4、处理 5、处理 7、处理 8、处理 9、处理 10。

2.1.2 对茎粗的影响 各处理烟苗茎粗的差异主要发生在 6 叶 1 心期至成苗期。成苗期的茎粗处理 11 和处理 6 最大，为 0.62cm，其次为处理 1. 最小的是处理 8。处理 11 和处理 6 显著大于处理 3、处理 5、处理 8、处理 10。

表 2 不同氮磷钾配比对烟苗根鲜重和茎粗的影响

处理	根鲜重（g）					茎粗（cm）				
	大十字期	6 叶 1 心	成苗期	5%	1%	大十字期	6 叶 1 心	成苗期	5%	1%
1	0.498	1.982	5.554	a	AB	0.21	0.35	0.59	b	AB
2	0.544	1.198	4.190	b	CD	0.20	0.38	0.53	b	AB
3	0.363	0.971	3.271	b	CD	0.20	0.35	0.49	bc	B
4	0.444	0.916	3.380	b	CD	0.23	0.40	0.54	b	AB
5	0.439	1.762	3.989	b	CD	0.20	0.38	0.50	bc	B
6	0.511	1.176	4.543	b	BC	0.22	0.37	0.62	a	A
7	0.438	1.160	3.322	b	CD	0.21	0.37	0.57	b	AB
8	0.324	1.102	2.578	c	D	0.18	0.34	0.46	c	B
9	0.454	1.158	3.640	b	CD	0.21	0.36	0.53	b	AB
10	0.393	1.415	3.780	b	CD	0.22	0.40	0.47	c	B
11	0.661	2.392	6.187	a	A	0.23	0.40	0.62	a	A

2.1.3 对单株鲜重的影响 测定结果（表 3）表明，到成苗期各处理的变化范围在 36.39～56.02g，其中处理 7 和处理 11 鲜重最重，处理 2 和处理 8 的鲜重较轻。处理 7 和处理 11 显著大于处理 2 和处理 8；处理 1 与处理 8 之间差异显著，其他处理间差异不显著。

2.2 不同配比营养液对烟苗生理指标的影响

2.2.1 对根系活力的影响 成苗期各处理的根系活力变化范围在 1.476 0～4.479 4 mg TTF/（g·h）（表 3），处理 11 根系活力最大，其次为处理 5 和处理 1，处理 8 最小。多重比较结果表明，处理 11 根系活力极显著高于其他处理，处理 1、4、5、6、9 极显著高于处理 2、8、10，处理 5 极显著高于处理 2、3、7、8 和 10。

表 3 不同氮磷钾配比对烟苗单株鲜重和根活力的影响

处理	单株鲜重（g）				显著水平		根系活力［mgTTF/（g·h）］			显著水平	
	小十字	大十字	6 叶 1 心	成苗期	5%	1%	大十字	6 叶 1 心	成苗期	5%	1%
1	0.409	5.639	20.82	53.58	b	A	0.962	1.985	3.133	bc	AB
2	0.415	6.916	15.75	49.18	cd	B	0.773	1.363	2.330	g	BC
3	0.384	4.761	12.99	39.11	f	D	0.648	1.586	2.879	de	A
4	0.394	6.735	15.97	50.81	de	BC	0.887	1.918	3.088	bcd	D
5	0.379	5.423	20.78	42.61	c	B	0.899	1.493	3.314	b	BC
6	0.395	6.520	15.31	53.01	ef	CD	0.668	1.491	3.054	cde	CD
7	0.398	6.595	21.15	56.02	f	E	0.931	2.202	2.828	ef	BCD
8	0.326	4.906	17.90	36.38	ab	A	0.725	1.106	1.476	h	D
9	0.430	6.280	17.31	47.86	f	D	0.886	1.397	3.014	cde	CD
10	0.411	5.108	19.17	45.78	cd	BC	0.438	1.236	2.607	f	CD
11	0.458	7.103	22.65	54.32	a	A	1.135	2.537	4.479	a	A

2.2.2 对叶片束缚水/自由水的影响 到成苗期处理3、7、9的比值相对较小（表4）。其中处理11、8和处理1的比值极显著高于其他处理，说明这3个处理烟苗的持水力强，移栽后体内的水不易散失，能够及早成活。

表4 不同氮磷钾配比对烟苗叶片束缚水/自出水、可溶性糖含量和维生素C的影响

处理	叶片束缚水/自由水			显著水平		可溶性糖含量（mg/g）			显著水平		维生素C（mg/kg）	显著水平	
	大十字	6叶1心	成苗期	5%	1%	大十字	6叶1心	成苗期	5%	1%	成苗期	5%	1%
1	0.0755	0.0929	0.1090	b	A	5.76	3.29	8.28	b	A	69.71	b	AB
2	0.0770	0.0787	0.0887	cd	B	4.37	1.61	6.43	c	B	57.54	c	BC
3	0.0707	0.0510	0.0704	f	D	4.27	2.75	9.15	ab	A	80.69	ab	A
4	0.0650	0.0752	0.0818	de	BC	3.44	1.63	8.66	b	A	37.80	e	D
5	0.0716	0.0866	0.0919	c	B	5.57	3.43	9.19	a	A	57.62	c	BC
6	0.0524	0.0666	0.0736	ef	CD	4.07	1.70	5.07	d	D	42.84	de	CD
7	0.0498	0.0523	0.0651	f	E	4.48	3.02	6.55	c	B	53.35	cd	BCD
8	0.0819	0.0954	0.1120	ab	A	3.19	1.06	5.99	c	BC	36.96	e	D
9	0.0677	0.0788	0.0699	f	D	3.85	2.81	6.62	c	B	50.61	d	CD
10	0.0743	0.0819	0.0836	cd	BC	3.54	2.52	6.31	c	B	48.52	de	CD
11	0.0792	0.0942	0.1210	a	A	6.07	4.37	9.42	a	A	82.89	a	A

表5 综合优化方案比较表（用DPS数据处理系统计算）

	编码值			施肥量			根鲜重（g）	株鲜重（g）	茎粗（cm）	根系活力[mgTTF/(g·h)]	可溶性糖（mg/kg）	维生素C（mg/kg）	束缚水/自由水
	N	P_2O_5	K_2O	N	P_2O_5	K_2O							
根鲜重	0.12	0.26	0.51	180.1	93.03	197.0	6.29	54.97	0.63	4.612	9.38	81.59	0.119
株鲜重	1.18	0.17	−0.23	226.0	91.10	165.0	5.38	56.95	0.63	4.106	8.21	70.40	0.100
茎粗	0.097	0.55	0.56	217.0	99.41	199.1	5.76	56.53	0.64	4.250	7.98	68.25	0.106
根系活力	0.09	0.12	0.49	178.9	90.08	196.3	6.28	54.84	0.63	4.611	9.49	82.40	0.120
可溶性糖	−0.76	−0.40	1.12	142.0	78.84	223.3	5.42	49.22	0.57	4.463	9.96	86.24	0.109
维生素C	−0.87	−0.52	1.09	137.5	76.34	222.2	5.22	48.21	0.57	4.348	9.94	86.39	0.106
束缚水/自由水	0.50	0.06	0.07	153.4	88.80	178.0	5.97	51.75	0.60	4.280	9.52	82.84	0.122
综合优案	0.03	0.03	0.51	176.4	88.22	197.2	6.26	54.56	0.63	4.611	9.58	83.04	0.120

2.2.3 对叶片可溶性糖含量的影响 从大字期到成苗期，各处理烟苗叶片可溶性糖含量逐渐增加，到成苗期各处理可溶性糖含量的变化范围在5.07～9.42mg/g（表4），其中处理11含量最高，其次是处理3、5和处理1，处理6最低。处理1、3、4、5和处理11极显著高于处理2、6、7、8、9和处理10，处理5和处理11显著高于处理1、4、6、7、8、9和处理10。

2.2.4 对叶片维生素C含量的影响 成苗期处理11的叶片维生素C含量最高（表4），达82.89mg/kg；其次为处理3和处理1，分别为80.6mg/kg和69.71mg/kg，处理8含量最低，只有36.96mg/kg。多重比较结果显示，处理1、3和处理11极显著高于处理4、6、8、9和处理10。

2.3 建立回归方程及模拟寻优

2.3.1 建立回归方程 根据表3、4、5成苗期结果，运用SAS统计软件运算，建立以下三元二次回归方程：

(1) $\hat{y}p_1=6.1866+0.1517x_1+0.1488x_2+0.2868x_3+0.0556x_1x_2+0.0344x_1x_3+0.1838x_2x_3-0.6689x_1^2-0.4787x_2^2-0.3287x_3^2$

$\hat{y}_1$为根鲜重（g） $F=11.82^{**}$

(2) $\hat{y}_2=0.6210+0.0293x_1+0.0165x_2+0.0148x_3+0.0089x_1x_2+0.0028x_1x_3-0.0001x_2x_3+0.0184x_1^2-0.0228x_2^2-0.0157x_3^2$

$\hat{y}_2$为茎粗（cm） $F=8.34^{**}$

(3) $\hat{y}_3=54.3229+4.4077x_1+0.7637x_2+0.5178x_3-0.1606x_1x_2-0.5021x_1x_3+0.2438x_2x_3-1.8615x_1^2-1.7079x_2^2-0.7354x_3^2$

$\hat{y}_3$株鲜重（g） $F=4.65^{**}$

(4) $\hat{y}_4=4.479+0.1645x_1+0.0684x_2+0.2509x_3-0.0587x_1x_2-0.1735x_1x_3-0.0154x_2x_3-0.3974x_1^2-0.2327x_2^2-0.2369x_3^2$

$\hat{y}_4$为根系活力［mgTTF/（g·h)］ $F=44.92^{**}$

(5) $\hat{y}_5=0.1210-0.0065x_1-0.0005x_2+0.0017x_3-0.0037x_1x_2+0.0053x_1x_3+0.0029x_2x_3-0.0071x_1^2-0.0101x_2^2-0.0055x_3^2$

$\hat{y}_5$为免束缚水/自由水 $F=14.32^{**}$

(6) $\hat{y}_6=9.4162-0.3363x_1-0.2760x_2+0.6444x_3-0.4543x_1x_2-0.4784x_1x_3-0.3521x_2x_3-0.4511x_1^2-0.4029x_2^2-0.5151x_3^2$

$\hat{y}_6$为可溶性糖含量（mg/g） $F=28.98^{**}$

(7) $\hat{y}_7=82.8903-3.0495x_1-1.3319x_2+3.3639x_3+3.51319x_1x_2-7.1479x_1x_3-1.8546x_2x_3-7.3087x_1^2-6.2063x_2^2-4.8161x_3^2$

$\hat{y}_7$为维生素C含量（mg/kg） $F=39.81^{**}$

回归方程F值均达到1%的显著水平，表明根鲜重、茎粗、单株鲜重、根系活力、叶片束缚水/自由水、可溶性糖、维生素C与营养液氮磷钾比例之间呈极显著的回归关系，回归模型与实际情况比较符合。

2.3.2 模拟寻优 根据建立的多项式强归方程，应用DPS数据处理系统综合模拟寻优，得到氮磷钾的综合优化方案（表5），该方案营养液的最佳氮磷钾浓度分别为176.4mg/L、88.22mg/L和197.2mg/L，其N∶P_2O_5∶K_2O为1∶0.5∶1∶12；烟苗的根鲜重、茎粗、单株鲜重、根系活力、叶片可溶性糖、维生素C、束缚水/自由水分别为6.26g、0.63cm、54.56g、4.61 TTFmg/（g·h)、9.576mg/g、83.04mg/kg、0.12。这一方案经过生产验证[2]，已获得良好的田间烟株长势和产量、产值结果。

3 讨论

试验结果表明，适宜的氯磷钾配合施用对烟苗的农艺性状和生理指标有良好效应。从处理间的比较可以看出，处理 11 的氮磷钾配比接近营养液最佳配方，表现出烟苗的综合素质较好。

综合寻优获得成苗期根鲜重、株鲜重、茎粗、根系活力、束缚水/自由水、可溶性糖和维生素 C 几项指标较好的氮磷钾最佳配方的 N∶P_2O_5∶K_2O 比例为 1∶0.5∶1.12，这与不同基质的 N∶P_2O_5∶K_2O 比例为 1∶0.8∶1[8] 和 1∶0.5∶1[9] 的研究结果有所不同，说明不同的基质要求不同的营养液配比。

参考文献

[1] 甄焕菊，袁志永，孝富欣．美稠烟草大棚温室漂浮育苗技术介绍 [J]．烟草科技，1999 (4)：39-41.

[2] 韦建玉，曾祥难，王军．甘蔗渣在烤烟漂浮育苗中的应用研究 [J]．中国烟草科学，2006 (1)：42-44.

[3] 白厚义，肖俊璋．试验设计与统计分析 [M]．北京：世界图书出版公司，1998.

[4] 林炎坤．常用几种蒽酮比色定糖法的比较与张进 [J]．植物生理学通讯，1989 (4)：53-55.

[5] 蔡武城．生物物质常用化学分析法 [M]．北京：科学出版社，1982：21-22.

[6] 白宝璋，金锦子．玉米根系活力 TTC 测定法的改良 [J]．玉米科学，1994 (4)：44-47.

[7] 李合生．植物生理升华实验原理和技术 [M]．北京：高等教育出版社，2000：105-109.

[8] 单沛祥，杨锦芝，方建明，等．烤烟漂浮育苗技术研究初报 [J]．中国烟草科学，1999 (4)：20-23.

[9] 杨春雷，胡永雄，陈国华，等．烟草简易型直播漂浮育苗研究 [J]．中国烟草学报，1997，3 (4)：53-59.

烤烟叶片钾含量分布规律研究

聂荣邦，聂　紫

（湖南农业大学，长沙　410128）

摘　要：测定了烤烟上、中、下3个部位叶片不同位置的钾含量，结果表明不同部位烟叶的钾含量存在显著差异，并呈现规律性变化，具体表现为下部＞中部＞上部；另一方面，同一张叶片上不同位置的钾含量也存在差异，并呈现规律性变化，具体表现为钾含量从叶基到叶尖存在着明显的递减的变化规律，趋势是叶基＞叶中＞叶尖。

关键词：烤烟；叶片；钾

烤烟是一种嗜钾植物，在N、P、K三要素中，烤烟对钾素的累积最高。含钾量高是优质烟叶的重要指标之一[1]。钾素参与烟株的碳氮代谢，影响烟株中蛋白质、淀粉等的合成和各种代谢产物的输送，从而影响烟叶中蛋白质、淀粉、糖的含量、比例和分布，而这些成分都是同烟叶香气质和香气量紧密相关的组分。含钾量高的烟叶香气足，吃味好；且多呈橘黄色；富有弹性和柔韧性；阴燃持火力强，燃烧性好，可以降低烟叶燃点和燃烧温度，使烟气中挥发性物质焦油的含量减少，提高了烟叶的安全性，钾还可以增强烟株的抗逆性，从而减少农药的用量及残留量，也可提高烟叶的安全性。

成熟烟叶含钾量一般多在2%～8%[2,3]。优质烟叶的钾含量一般为3%～6%，有时高达10%[4]。我国烟叶含钾量一般都低于国外优质烟叶的含钾量。

钾在烟株体内不同器官、不同部位的含量已有一些报道。Chouteau和Sms[2,3]等研究表明，钾在烟株体内的含量顺序为芽＞叶＞茎＞根，烟叶不同部位为下部＞中部＞上部，当烟株缺钾时，则上部高于中下部。钾在烟茎中的含量相对稳定，占总吸钾量的20%左右。烟芽钾占吸钾总量的比重变幅比较大（27%～14.3%），打顶抹杈会将这部分钾带走，因此适时打顶，及时抹杈有助于提高烟株钾的利用率。根、芽中的含钾量在不施钾时占总吸钾量的比例较高，但随施钾量增加比例下降。烟叶含钾量的比重随施钾量增加而增加，当供钾强度达到一定值以后，则烟叶钾占总吸钾量的百分数趋向于一稳定值——60%左右；且根和芽的含钾量比例也稳定在15%和5%[5]。

但是，同一叶片不同位置的钾含量情况如何则未见报道，研究烤烟叶片钾含量的分布规律具有重要的理论和实践意义。

1 材料与方法

1.1 烟样制备

供试烤烟品种为G80，种植在邵阳县烟区，土壤肥力水平中等，密度每公顷16 500株，施纯N 135kg/hm^2，N∶P_2O_5∶K_2O为1∶1∶3，其他栽培措施按常规进行。

烟叶成熟烘烤后，取X2F、C3F、B2F烟叶各1kg，在实验室制样，每个部位取烟叶15片，用打孔器在叶片各确定的位置分别取样，烘干粉碎，3次重复。

1.2 测定方法

烟叶钾含量测定前处理按文献［6］的方法进行。钾含量用火焰光度计测定。

1.3 待测液制备

称取烟样0.500 0g，放入250mL磨口锥形瓶中，加入100mL蒸馏水，室温下震荡提取40min，过滤，得待测液。

1.4 标准曲线制作

准确称取3.165 9g在105℃下烘至恒重的氯化钾，加少量蒸馏水溶解后，倾入500mL容量瓶中，用蒸馏水定容至刻度，摇匀，得氯化钾标样储备液。移取1、3、6、9和12mL氯化钾标样储备液，分别放入5个100mL容量瓶中，用蒸馏水定容，摇匀，得浓度为4、12、24、36和48mg/100mL的氯化钾标准溶液，利用氯化钾标准溶液吸光度的测定结果，制成标准曲线。

2 结果与分析

2.1 不同部位烟叶钾含量

不同部位烟叶各位置的钾含量列于表1。

表1 不同部位烟叶钾含量（%）

部位	各位置钾含量	平均钾含量
上部叶	2.51，2.46，2.38，2.42，2.35，2.27，2.29，2.26，2.10，2.18，2.11，1.98，2.07，1.96，1.93	2.22 Aa
中部叶	3.05，3.17，2.83，2.98，2.92，2.74，2.85，2.79，2.62，2.70，2.66，2.57，2.53，2.51，2.32	2.75 Bb
下部叶	3.82，3.85，3.68，3.75，3.66，3.44，3.49，3.42，3.10，3.28，3.15，2.92，3.01，2.96，2.78	3.35 Cc

从表1可以看出，同一部位烟叶不同位置的钾含量差异很大，下部叶最小值2.78%，

最大值3.85%；中部叶最小值2.32%，最大值3.17%；上部叶最小值1.93%，最大值2.51%。还可以看出，不同部位烟叶平均钾含量差异更大，据统计分析，不同部位烟叶平均钾含量差异达极显著水平。

2.2 烤烟叶片不同位置钾含量分布

2.2.1 上部叶片不同位置钾含量分布 绘制上部烟叶示意图，将叶片各个位置的钾含量测定值标于图上，并在图上描绘出钾含量等值线，得出上部叶片不同位置钾含量分布如图1所示。

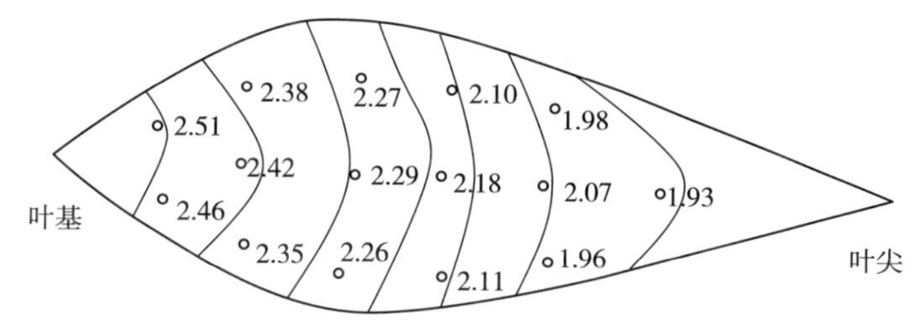

图1 上部叶片不同位置钾含量分布图

由图1可以看出，虽然同一张叶片上钾含量差异很大，但是从钾含量等值线的走势来看，从叶基到叶尖钾含量存在着明显的递减的变化规律，表现为叶基＞叶中＞叶尖。

2.2.2 中部叶片不同位置钾含量分布 方法同上，得出中部叶片不同位置钾含量分布如图2所示。

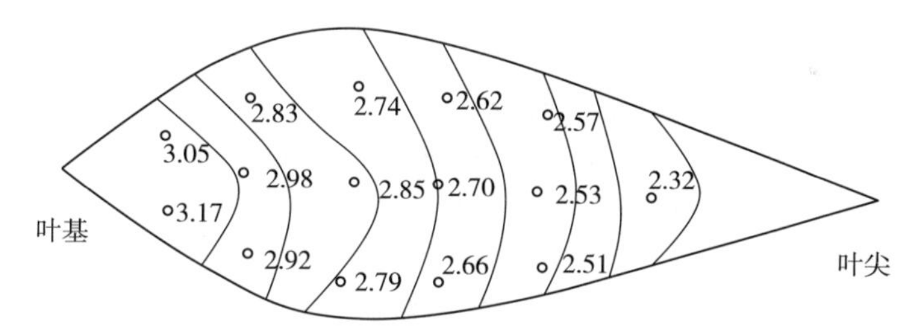

图2 中部叶片不同位置钾含量分布图

由图2可以看出，从叶基到叶尖钾含量也存在着明显的递减的变化规律，表现为叶基＞叶中＞叶尖。

2.2.3 下部叶片不同位置钾含量分布 方法同上，得出下部叶片不同位置钾含量分布如图3所示。

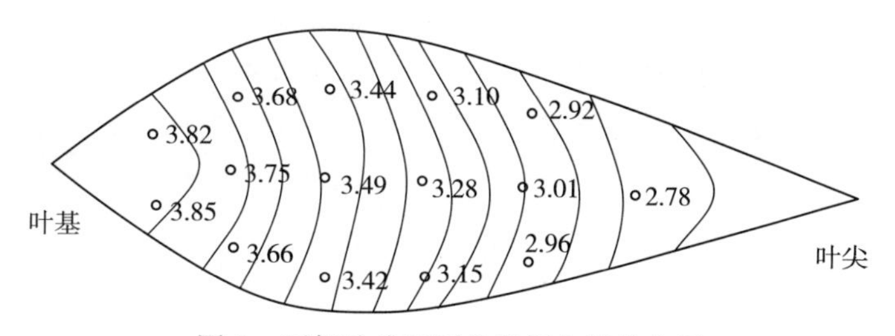

图3 下部叶片不同位置钾含量分布图

由图 3 同样可以看出，从叶基到叶尖钾含量存在着明显的递减的变化规律，表现为叶基>叶中>叶尖。

3 讨论

以往的许多研究[1~5]表明，烟株不同器官、不同部位烟叶的钾含量存在差异，但同一张烟叶中叶片的不同位置是否也存在差异则未见报道。著名美籍华裔烟草专家左天觉博士在他的《烟草的生产、生理和生物化学》[7]中，介绍了一些关于烟草单片叶片某些化学成分含量及分布的研究结果。Jeffrey 观察了马里兰烟单个叶片植物碱的分布，结果表明：鲜烟叶中总植物碱的分布以叶片的基部为低，并呈箭状向叶尖部逐渐增加。Lipp 和 Dolbery[9]研究了单个白肋烟叶片中硝酸盐的含量，结果表明：在接近叶尖部的硝酸盐含量为 0.65%，中部为 1%，基部为 1.65%。这些研究都说明了在烟草的单个叶片中，不同位置的化学成分含量是有差异的，并且从叶基到叶尖存在规律性变化。

本研究率先发现同一张烟叶中叶片的不同位置钾含量也存在差异，而且遵循从叶基向叶尖钾含量递减的规律。为了获得卷烟工业需要的优质烟叶，农艺上应通过肥水调控、化学调控等措施，调整烟株的源库关系，提高烟叶的钾含量。另外，卷烟工业根据烟草叶片不同位置钾含量不同、意味着内在质量不同的特性，将烟叶进行分段处理，进入不同卷烟配方，以生产不同档次的卷烟，这对降低成本，提高效益是十分有利的。

参考文献

[1] 聂荣邦．烤烟栽培与调制［M］．长沙：湖南科学技术出版社，1992：35-36.

[2] Chouteau J，Faucoaiiier C. Fertilization for High Quality and Yield Tobacco［M］. Bern Switzerland：IPI Bulletin II. International Potash Institute，1985.

[3] Sims J L. Potassium nutrition of tobaca［M］. Wise Pub Madision，1985.

[4] 曹志洪．硝酸钾与烤烟生产［M］．北京：中国农业科学技术出版社，1995：36-46.

[5] 曹志洪．我国烟叶含钾情况及其与植烟土壤环境条件的关系［J］．中国烟草，1990（1）：1-9.

[6] 王鹏．烟草中钾含量测定前处理方法的改进［J］．烟草科技，2004（2）：33-35.

[7] 左天觉，朱尊权．译．烟草的生产、生理和生物化学［M］．上海：上海远东出版社，1993：441-445.

[8] Jeffrey R N. Buildup and Conversion of Alkaloids within the Tobacco Leaf［M］. Washington DC：Cigar Manuf Assoc Res Sess，1958.

[9] Lipp G，Dolberg V. Capacity of six isometic dimethylphenols to act as reagent for quantitative determination of nitrate［J］. Beitr Z Tabakforch，1964（2）：345-359.

（原载《作物研究》2009 年第 3 期）

钾素营养对烟株氮代谢及烟叶品质形成的影响

沈方科[1]，李　婷[1]，王　蕾[1]，韦建玉[1,2]，
李柳霞[1]，曾祥难[1,2]，顾明华[1]

（1. 广西大学农学院，南宁　530005；
2. 广西卷烟总厂，南宁　530005）

摘　要：通过不同钾肥施用量（K_2O）（0、90、180、270、360kg/hm^2）田间试验，研究了钾营养对烤烟氮代谢及烟叶品质形成的影响。结果表明，在0～270kg/hm^2范围内，烟叶硝酸还原酶活性和全氮含量、蛋白质含量在烤烟生长前期随着施钾量的增加而增加，而在生长后期随着施钾量的增加而减少；烟叶烟碱含量随着施钾量的增加而减少。总体看来，钾营养促进了烟株碳氮代谢的协调，有利于优质烟叶的形成。在试验条件下，烤烟的适宜施钾量为K_2O270kg/hm^2。

关键词：钾；烤烟；氮代谢；品质

氮是影响烤烟产质的重要因素之一[1]。氮代谢既是烤烟植株最基本的代谢过程，也是烟叶品质形成的核心过程，其强度、协调程度及其动态变化都直接或间接地影响烟叶化学成分含量和组成比例、烟叶香吃味和安全性，对烟叶品质产生重大影响[2]。氮代谢较强时，大量的氨被同化为氨基酸，进一步合成蛋白质和转化为含氮碱等含氮化合物。烟叶中的含氮化合物是烟叶的重要化学成分，其含量的高低对烟叶、烟气质量影响极大。研究表明，烟叶总氮含量与香气、吃味、杂气、劲头、评吸总分呈极显著（显著）相关性，蛋白质含量与吃味呈显著负相关，与刺激性呈显著正相关[3]。目前对烤烟氮代谢的研究较多地集中在对烟叶某些化学成分含量以及烟株氮营养的影响，笔者研究施钾水平对烤烟氮代谢关键酶活性及其主要氮代谢产物的影响，探讨钾对烤烟氮代谢的调控机理及其可能的调控技术途径，为生产上通过施肥技术调节烤烟氮代谢，提高烟叶品质提供参考。

基金项目：广西中烟工业公司项目（200463）。
作者简介：沈方科（1973—），男，广西玉林人，讲师，主要从事烟草营养生理研究。
通讯作者：顾明华（1962—），男，广西北流人，博士生导师，教授，主要从事烟草营养生理研究。

1　材料与方法

1.1　时间与地点

田间试验于 2005 年 2～4 月在广西大学农学院科研教学基地试进行，土壤为赤红壤，pH 6.22，碱解氮 86.92mg/kg，速效磷 17.46mg/kg，速效钾 105.7mg/kg。

1.2　材料

供试烤烟品种是 K326。

1.3　田间试验设计与试验方法

设置 5 个处理：施钾（K_2O）量分别为 0kg/hm^2（T1），90kg/hm^2（T2），180kg/hm^2（T3），270kg/hm^2（T4），360kg/hm^2（T5）；氮肥（N）和磷肥（P_2O_5）施用量均分别为 90kg/hm^2 和 180kg/hm^2。每个处理设 3 次重复，采用随机区组设计。每小区种植烤烟 30 株，行距为 1.1m，株距为 0.5m，四周设保护行。钾肥为硫酸钾，氮肥为硫酸铵和硝酸钙，磷肥为钙镁磷肥。2005 年 1 月 14 日播种，3 月 28 日移栽至田间，栽培管理按优质烤烟生产技术进行。

1.4　取样时间及测定方法

分别在移栽后 15d（苗期）、30d（团棵期）、45d（旺长期）、60d（现蕾期）、75d（打顶后）、90d（成熟期）采收功能叶（自下而上 8～10 叶位），取样时间为晴天上午 9：00～9：30。一片烟叶沿主脉分为两半，一半用于测定酶活性，一半烤干粉碎后用于测定烟叶的品质及化学成分。

叶片硝酸还原酶活性参照邹琦[4]方法测定；各小区正常成熟采收后按三段式烘烤技术烘烤，42 级国标分级，取 C3F 叶测定相关品质指标。烟叶烟碱、蛋白质含量、总氮量等品质指标按王瑞新[5]方法测定。

2　结果与分析

2.1　钾营养对烤烟氮代谢关键酶活性变化的影响

2.1.1　不同施钾量对烟叶硝酸还原酶活性的影响　硝酸还原酶（NR）是高等植物氮素同化的限速酶，其活性大小直接影响着烟株氮素的同化作用[6]。如图 1 所示，在烟株生长前期（移栽 60d 前），NR 的活性随着施钾量的增加而增加，NR 活性高峰值 T5 处理出现在移栽后 30d，其他处理则出现在移栽后 45d；在烟株生长后期，各处理的 NR 活性持续快速下降，至移栽 75d 后各处理的 NR 活性差异不大。而且施钾有利于促进 NR 活性的下降速率和比率，其中以 T4 处理最明显。

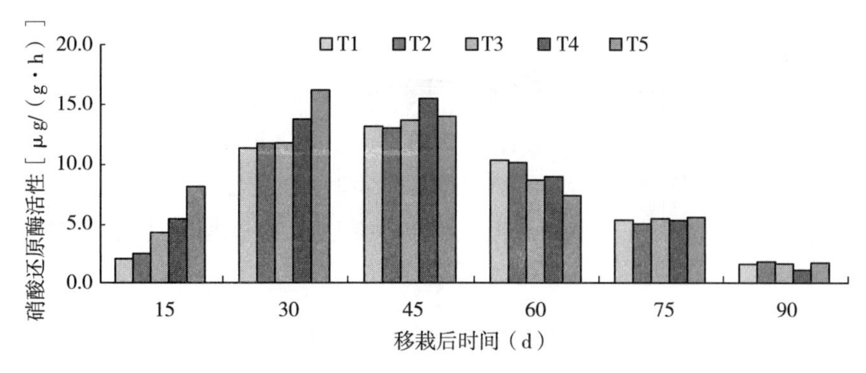

图1　施钾量对烟叶硝酸还原酶活性的影响

2.2　钾营养对烤烟烟叶氮代谢主要产物的影响

2.2.1　不同施钾量对烟叶烟碱含量的影响　从图2可以看出，在整个生育期中各处理的烟碱含量变化趋势基本上是一致的。从移栽后30～60d，各处理的烟碱含量缓慢增加，进入现蕾期（移栽60d）后烟碱含量迅速上升，可能主要是因为打顶后促进烟株幼嫩根系生长及其代谢活性，提高根系合成烟碱的能力[7]。烟叶中的烟碱含量随着施钾量的增加而减少，但在移栽后30～60d期间各处理间差异不明显，在移栽后75d（打顶）后T4和T5处理的烟碱含量显著低于T1处理。说明增施钾肥可以降低后期烟叶中烟碱的含量。

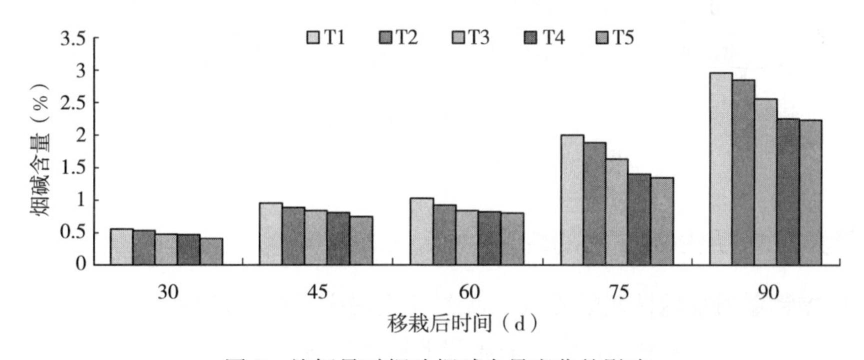

图2　施钾量对烟叶烟碱含量变化的影响

2.2.2　不同施钾量对烟叶蛋白质含量的影响　蛋白质是植物细胞重要的有机物质之一，是烟草体内重要的生物活性物质，对烟草的生长发育和烟叶的产量品质有重要影响，但调制后烟叶中蛋白质含量过高对其抽吸质量是不利的[8]。从图3中可以看出，从团棵期到旺长期，各处理的烟叶蛋白质含量大幅度增加，且随着施钾量的增加而增加，其中高钾处理（T4和T5）显著高于其他各处理。在旺长期以后T3、T4和T5处理的烟叶蛋白质含量开始下降，而T1和T2处理的在现蕾期后才开始下降。在打顶（移栽75d）后，高钾处理的蛋白质含量均显著低于不施钾的处理。

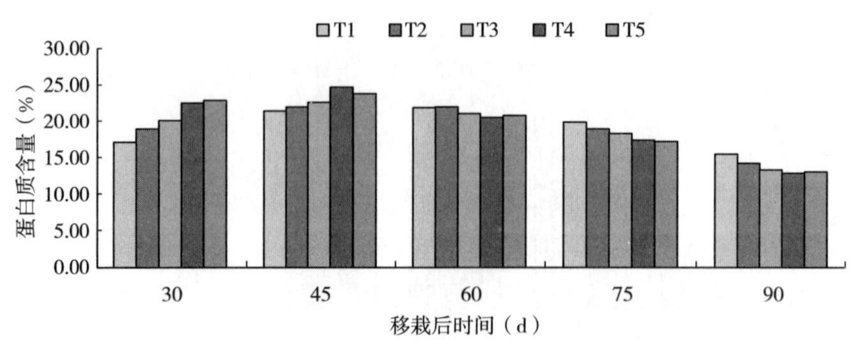

图 3　施钾量烟叶蛋白质含量的影响

2.2.3　不同施钾量对烟叶含氮量的影响　烟叶含氮量的变化趋势与蛋白质含量的变化趋势基本一致（图 4）。在烤烟生长前期（移栽后 30～45d），施钾明显提高烟叶含氮量，并随着施钾量的增加而增加。在现蕾期（移栽后 60d）T1 和 T2 的含氮量比旺长期略有上升，而 T3、T4 和 T5 则开始下降。说明此时 T3、T4 和 T5 氮代谢开始减弱，烟株由氮代谢向碳代谢转化。在打顶后至成熟期（移栽后 75～90d），各处理的含氮量均有下降，且随着施钾量的增加而减少，但各处理之间的差异不显著。

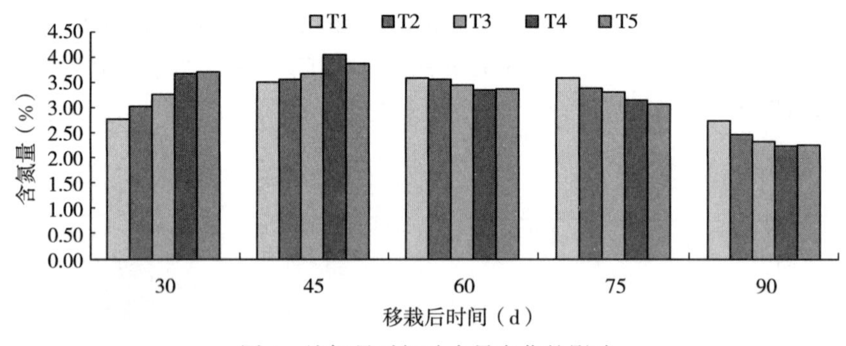

图 4　施钾量对烟叶含量变化的影响

2.3　钾营养对烤烟生物性状的影响

2.3.1　不同施钾量对烟株株高的影响　增施钾肥提高了烟株的株高，两者之间存在着一定的正相关性（表 1）。增施钾肥后，烟株的平均株高与 T1（不施钾）相比都有不同程度的增加，并且随着生长期的延长，处理间的差异逐渐增大。在移栽后 30～45d，T1 的株高均显著低于其他各处理。在移栽后 60d 以 T4 的株高最高，T1 和 T2 则显著低于其他各处理。说明在一定范围内，增施钾肥可以促进烤烟茎秆的生长，提高烟株的株高。

2.3.2　不同施钾量对烟株茎粗的影响　烟株的茎粗随着施钾量的增加而增大（表 1）。T2、T3、T4、T5（施钾肥）的茎粗均显著大于 T1（不施钾），在旺长期（移栽 45d）时差异最显著，T2、T3、T4、和 T5 的茎粗分别比 T1 增加 6%、11%、22%和 25%。同时各处理茎粗的增长速率也以旺长期的最高。在各个生长期中，T5 的茎粗略高于 T4，但差异未达到显著水平。这说明增施钾肥可以起到较明显的壮秆作用，但当施钾量达到一定水平后作用不明显。

2.3.3 不同施钾量对烟株叶片数和最大叶面积的影响 见表1，各处理的单株叶片数虽然有一定的差别，但不存在显著差异；各处理的最大叶面积存在显著性差异。从表1可以看出，各时期烟株的最大叶面积随着施钾量的增加而增大，施钾量至270kg/hm^2（T4）时达到最大值，再增加施钾肥（T5）时最大叶面积反而减少。表明在一定范围内施钾肥可以显著地增大烟株的叶面积。同时各处理的叶面积增长速率也以旺长期的最高。

表1 施钾量对烤烟生生物性状的影响

性状	移栽后时间（d）	T1	T2	T3	T4	T5
株高（cm）	30	11.59 b	13.58 a	14.05 a	14.30 a	14.44 a
	45	40.87 b	42.68 a	42.89 a	44.63 a	44.03 a
	60	76.89 c	83.40 b	85.73 a	87.68 a	86.78 a
茎粗（cm）	30	1.40 b	1.61 a	1.64 a	1.69 a	1.70 a
	45	2.02 c	2.25 b	2.37 b	2.59 a	2.67 a
	60	2.29 c	2.41 b	2.45 b	2.67 a	2.69 a
叶片数	30	10.2 a	10.3 a	10.2 a	10.6 a	10.2 a
	45	15.0 a	14.8 a	15.2 a	15.2 a	14.9 a
	60	19.8 a	20.0 a	20.1 a	20.0 a	20.4 a
最大叶面积（cm^2）	30	498.8 d	523.5 c	534.2 bc	547.8 a	539.1 ab
	45	1 021.7 d	1 093.1 c	1 112.0 b	1 132.8 a	1 125.4 a
	60	1 073.1 e	1 143.6 b	1 197.8 c	1 231.2 a	1 215.3 b

表2 不同施钾水平对烤烟产量和品质的影响

处理	T1	T2	T3	T4	T5
平均产量（kg/hm^2）	1 173.0d	1 407.0 c	1 557.0 b	1 837.5 a	1 788.0 a
总糖（%）	17.81 b	18.62 b	19.6 ab	20.25 a	20.34 a
还原糖（%）	13.89 b	14.31 b	16.48 a	17.46 a	17.35 a
淀粉（%）	2.01 b	2.26 b	2.81 ab	3.85 a	3.52 a
总氮（%）	2.86 a	2.57 ab	2.41 ab	2.48 b	2.44 b
烟碱（%）	3.22 a	3.18 a	2.71 ab	2.60 b	2.57 b
蛋白质（%）	11.32 a	10.85 a	9.53 ab	8.39 b	8.24 b
含钾量（%）	1.43 c	1.60 bc	1.96 b	2.42 a	2.49 a
糖/碱	4.45	4.64	6.08	6.71	6.75
施木克值	1.57	1.71	2.06	2.41	2.47

2.4 钾营养对烤烟产量和品质的影响

2.4.1 不同施钾量对烤烟产量的影响 从表2可以看出，在0～180kg/hm^{2}施钾量范围内烤烟平均产量随着施钾量的增加而增加。多重比较结果表明，5个处理的产量之间有极显著的差异，T1（不施钾）的产量极显著的低于其他各处理。在所有处理中，以 T4 处理的产量最高，为 1 837.5kg/hm^2，其次分别为 T5、T3、T2、T1 处理。

2.4.2 不同施钾量对烤烟品质的影响 从表 2 中可以看出，T4 和 T5 处理的烘烤后烟叶的含钾量含量大于 2%、可溶性总糖含量、还原糖含量、和淀粉含量均高于其他各处理，而总氮含量、烟碱含量和蛋白质含量则低于其他各处理，施木克值和糖碱比也较高。参照优质烤烟含量范围[9~11]，综合以上指标分析，T4 和 T5 处理烟叶的主要化学成分更接近或处于优质烟叶最适含量范围，各个组分更趋于协调，烟叶内在品质较好。

3 小结与讨论

3.1 钾营养对烤烟氮代谢关键酶的影响

植物氮代谢强度常用 NR 活性表示，其活性高低对整个氮代谢的强度起关键控制作用[12]。氮代谢的中心是合成蛋白质，因而 NR 的活性与作物的蛋白质含量密切相关[13]。在正常情况下，烤烟氮代谢及其关键酶 NR 活性移栽后 60d 左右快速下降并降至稳定状态，才有利于烟叶香吃味和品质的形成[2,14]。该试验研究表明（图 1），适当增施钾肥明显地提高了烟株生长前期（移栽后 30～45d）NR 的活性，有利于烟株营养体的建成，而适时大幅度降低后期（移栽 60d 后）NR 的活性，促进烟株适时地由以氮代谢和碳的固定、转化代谢为主转变为以碳的积累代谢为主，有利于后期烟叶的香吃味的形成。不施钾处理（T1）和低钾处理（T2）前期 NR 活性较低，氮代谢较弱，不但影响烟株生长，使前期烟株生长缓慢，而且不利于后期烟叶的香吃味的形成。

3.2 钾营养对烤烟氮代谢主要产物的影响

对烟叶品质影响较大的含氮化合物主要有蛋白质、烟碱和总氮。在烟叶生长和成熟过程中，烟叶总氮和蛋白质含量呈逐渐下降趋势，而烟碱的合成与积累能力逐渐增强，其最大积累量出现在烟株打顶后，成熟期烟碱含量达最高峰[15]。在该试验条件下，增施钾肥提高了烤烟生长前期烟叶蛋白质含量和含氮量（图 3、图 4），降低了烟叶烟碱含量和生长后期蛋白质含量（图 2、图 3），其中高施钾量的 T4、T5 处理的降低更明显。许多研究表明，烟叶中钾含量与烟碱的含量呈负相关[16]，施钾肥可以降低烟叶中烟碱和蛋白质的含量[17~20]。高钾处理的烤烟在生长前期氮代谢强度较高，合成蛋白质的能力较强，有利于烟株的营养生长，而后期碳代谢增强，氮代谢减弱，因此蛋白质含量降低（图 1、图 4）。低钾处理的烤烟在生长前期较低的蛋白质含量有可能延缓烟株的生长，使烟株推迟进入旺长。

3.3 钾营养对烤烟生物性状的影响研究

施用钾肥可以促进烤株生长[18,21]。该试验研究结果表明（表 1），适当增施钾肥有利于烟株的株高、茎粗、最大叶面积的增加，促进烟株在旺长期至现蕾期的生长，使现蕾期和成熟期提前，增加优质的中、上部叶的产量。当施钾量为 270kg/hm^2（T4）时，烟株的各种生物性状为佳，用量超过 270kg/hm^2，烟株的株高、茎粗变化幅度不大，最大叶面积反而减少，出现钾的奢侈吸收。说明烟株的施钾量要有一个适宜的指标，适量的钾肥能促进烟株的生长，为保证烟株生长发育的营养需要，在生产中应注重在烤烟前期特别是旺长期时有充足的钾供给。

3.4 钾营养对烤烟产量和品质的影响研究

钾参与了植物体内许多生物物理及生物化学过程，因此它与作物的产量及品质密切相关[22]。大量的研究表明，增施钾肥有利于提高烤烟的产量和品质[22,23]。该试验研究结果表明，在施钾量为 270kg/hm^2 以下时，烤烟的产量和品质随着施钾量的增加而提高，当施钾量达到 360kg/hm^2 时，产量和品质的变化不明显。当施钾量为 270kg/hm^2（T4）时，烤烟叶片具有较高的钾含量，生长前期氮代谢旺盛有利于产量的提高，在后期氮代谢减弱，含氮化合物（总氮、蛋白质和烟碱）含量的降低，有利于含碳化合物的积累，因此显著地提高了烤烟的产量和品质。由此可以推断，在生产上可以通过调节烟株的钾素营养供给调控烤烟的碳氮代谢以提高烟叶的产量和品质。

参考文献

[1] 胡国松，郑伟，王震东，等．烤烟营养原理［M］．北京：科学出版社，2000：29-30.
[2] 尚志强．施氮量对白肋烟生长发育及产量质量的影响［J］．中国农学通报，2007，23（1）：299-301.
[3] 杜咏梅，郭承芳，张怀宝，等．水溶性总糖、烟碱、总氮含量与烤烟香吃味品质的关系研究［J］．中国烟草科学，2000（1）：7-10.
[4] 邹琦．植物生理生化实验指导［M］．北京：中国农业出版社，1995：27-29.
[5] 王瑞新．烟草化学［M］．北京：中国农业出版社，2003：251-275.
[6] 刘卫群，韩锦峰，史宏志，等．数种烤烟品种中碳氮代谢与酶活性的研究［J］．中国农业大学学报，1998，3（1）：22-26.
[7] 郭月清，齐群刚，汪耀富．打顶对烟草根系不同部位合成烟碱能力的影响［J］．烟草科技，1990（2）：36-38.
[8] 韩锦峰．烟草栽培生理［M］．北京：中国农业出版社，2003：156.
[9] 梁洪波，李念胜，孙福生，等．烤烟烟叶颜色与内在品质的关系［J］．中国烟草科学，2002，23（1）：9-11.
[10] 中国烟草生产购销公司．烤烟国家标准培训教材［M］．北京：中国农业出版社，2000：19-22.
[11] 王瑞新．烟草化学［M］．北京：中国农业出版社，2003：165-167.
[12] 彭丽丽，韩富根，解莹莹，等．氮用量对烤烟叶片 TSNA 前体物含量及硝酸还原酶活性的影响［J］．中国烟草学报，2009，15（3）：35-38.
[13] 张新要，李天福，刘卫群，等．配施饼肥对烤烟叶片含氮化合物代谢及酶活性的影响［J］．中国烟草科学，2004，25（3）：31-34.
[14] 史宏志，韩锦峰，刘国顺，等．烤烟碳氮代谢与烟叶香吃味关系的研究［J］．中国烟草学报，1998，12（4）：56-63.
[15] 薛剑波，符云鹏，尹永强．影响烟草中烟碱含量的因素及调控措施［J］．安徽农业科学，2005，33（6）：1053-1055.

[16] 宁敏，戴亚，郭家明．卷烟焦油释放量与 K/Cl 比之间的定量关系 [J]．烟草科技，1998 (5)：3 - 4.

[17] 顾也萍，程承士，冯学钢．钾肥对皖南红壤烟叶含钾量及烟碱含量的影响 [J]．安徽师范大学学报，1998，21 (1)：78 - 81.

[18] 颜合洪，胡雪平，张锦韬，等．不同施钾水平对烤烟生长和品质的影响 [J]．湖南农业大学学报，2005，31 (1)：20 - 23.

[19] Leggett J E. Potassium and magnesium nutrition effect on yield and chemical composition of burley tobacco leaves and smoke [J] . Can J Plant Sci，1977，57 (1)：159 - 166.

[20] 胡国松，王志彬，王凌．烤烟烟碱累积特点及部分营养元素对烟碱含量的影响 [J]．河南农业科学，1999 (1)：10 - 14.

[21] 叶佳伟，李志明，林克慧．不同钾肥用量对烤烟农艺性状的影响 [J]．贵州农业科学，2004，32 (2)：22 - 24.

[22] Prasadrao J A V，Ramachandram D，Sannibabu M. Effect of nitrogen and potassium leaves on the yield and quality of flue-cured tobacco cv. CM - 12 (KA) grown in Nls of Andhra Pradesh [J]. Tob. Res.，1998，24 (1)：15 - 21.

[23] 王芳，林克惠，刘剑飞，等．不同施钾量对山地烤烟产量和品质的影响 [J]．安徽农业科学，2005，20 (1)：39 - 44.

（原载《中国农学通报》2010 年第 9 期）

钾对烤烟碳代谢及其品质形成的影响

李　波[1]，韦建玉[2,3]，沈方科[2]，李　婷[2]，
区惠平[2,4]，周　晓[2]，曾祥难[2,3]，顾明华[2*]

（1. 广西壮族自治区烟草专卖局，南宁　530023；
2. 广西大学农学院，南宁　530005；3. 广西卷烟总厂，南宁　530005；
4. 广西农业科学院农业资源与环境研究所，南宁　530007）

摘　要：【目的】研究不同施钾量对烤烟碳代谢和其品质形成的影响。【方法】通过固定氮、磷水平（N 90kg/hm^2，P_2O_5 180kg/hm^2），设置不同钾肥（K_2O）施用量（0、90、180、270 和 360kg/hm^2）对烤烟碳代谢及其品质形成的影响。【结果】施用适量钾肥提高烤烟中后期烟叶蔗糖转化酶和淀粉酶活性，促进烟叶由氮代谢向碳代谢的适时转换。在烤烟移栽后 30d 和 45d，烟叶可溶性总糖、还原糖和淀粉含量随施钾量的增加而降低；而在烤烟移栽后 60d、75d 和 90d 随施钾量的增加而增加，说明施用钾肥有利于降低烤烟生长前期的碳积累，而促进烤烟生长后期碳的积累代谢。【结论】适宜的施钾量为 K_2O 270kg/hm^2，在此条件下，烤烟产量最高和烤烟化学成分更趋于协调。

关键词：钾；烤烟；碳代谢；品质

烟叶碳代谢对烤烟的生长发育和决定烟叶产量和品质的各类化学成分的形成、转化具有重要影响，直接或间接影响烟叶产量和品质的形成和提高[1]。烟叶碳代谢包括无机碳在叶绿体中通过光合作用的卡尔文循环转化为有机碳的光合固定代谢、磷酸丙糖通过叶绿体膜运至细胞质合成蔗糖并进一步转化为单糖的碳水化合物运输转化代谢以及以淀粉的积累为主要标志的碳水化合物的积累代谢等[2]。在烟叶生长和成熟过程中，烟叶碳的固定和转化代谢在叶片功能盛期以后逐渐减弱；相反，碳的积累代谢在叶片功能盛期以后逐渐增强，表现为烟叶淀粉逐渐积累，还原糖、总碳含量也表现增加趋势[3]。

碳水化合物是植物通过光合作用合成的一类重要有机化合物，与蛋白质、核酸、脂肪等构成生物界最基础的物质，在植物生长发育、代谢活动中具有重要作用[4]。研究烟叶内碳水化合物的变化规律，对正确指导采收、调制烟叶等实践和最终获得优质烟叶产品具有

基金项目：广西壮族自治区烟草专卖局项目；广西中烟工业公司项目（200463）；广西科学研究与技术开发计划（桂科转 07129003）。

作者简介：李波（1963—），男，农艺师，从事烟叶生产工作。

*通讯作者，教授，博士生导师，从事烟草营养生理方面的研究。Email：gumh@gxu. edu. cn。

重要指导意义[5]。虽然烤烟碳代谢的研究比较系统，但已有的文献局限于通过氮素形态的配比[6]，或磷[7]、硼[8]、砷[9]等含量来研究烤烟碳代谢的变化。钾作为影响烟叶品质和安全性的重要因素，调节烤烟的碳氮代谢过程。然而，钾如何影响烤烟的碳代谢还缺乏全面、系统的研究成果。笔者通过研究施钾量对烤烟碳代谢关键酶活性及其主要产物的影响，探讨钾素营养对烤烟碳代谢的调控机理及其可能的调控技术途径，为生产上通过施肥技术调节烤烟碳代谢，提高烟叶品质提供参考。

1 材料与方法

1.1 材料

试验在广西大学农学院教学科研基地试验田进行，土壤为第四纪红土发育的赤红壤，pH 6.22，碱解氮 86.92mg/kg，有效磷 17.46mg/kg，速效钾 105.7mg/kg。供试烤烟品种为 K326。

1.2 试验设计

设置 5 个施钾（K_2O）处理，分别为：①（CK）0kg/hm^2、②90kg/hm^2、③180 kg/hm^2、④270kg/hm^2 和⑤360kg/hm^2；氮肥（N）和磷肥（P_2O_5）的施用量各处理均为 90 和 180kg/hm^2。每个处理设 3 次重复，采用随机区组设计。每小区 30 株，行距为 1.1m，株距为 0.5m。四周设保护行。其中 10 株用于毁灭性取样，20 株单收单烤，用于产量测定和品质分析。2005 年 1 月 14 日播种，3 月 28 日移栽至田间，栽培管理按优质烤烟生产技术进行。

1.3 取样时间及测定方法

分别在移栽后第 30（团棵期）、45（旺长期）、60（现蕾期）、75（圆顶期）和 90d（成熟期）9：00～9：30 采收功能叶（自上而下 4～5 叶位），然后用半叶法制样：一片烟叶沿主脉分为两半，一半立即测定转化酶及淀粉酶活性，另一半 105℃杀青后 55～60℃烤干粉碎，用于化学成分分析。转化酶活性按何钟佩[10]方法测定，淀粉酶活性参照史宏志等[11]方法测定。

各小区正常成熟采收后按三段式烘烤技术烘烤，42 级国标分级，取 C3F 叶测定相关品质指标。烟叶总碳含量参照鲍士旦[12]方法测定，烟叶总氮、烟碱、还原糖、淀粉含量按王瑞新[13]方法测定。

2 结果与分析

2.1 钾对烤烟碳代谢关键酶活性变化的影响

2.1.1 不同施钾量对蔗糖转化酶活性变化的影响 蔗糖转化酶可催化细胞质中蔗糖转化成果糖和葡萄糖，促进叶绿体内磷酸丙糖向外运转，使叶绿体中淀粉积累减少，并通过与呼吸作用偶联的氧化磷酸化产生能量，使光合碳固定的过程加强。其活性是衡量碳代谢的重要指标[11]。由图1可知处理烟株叶片蔗糖转化酶活性均在移栽后60d时达到最强；施用钾肥可提高烟株各生育期蔗糖转化酶活性，且烟株叶片蔗糖转化酶的活性随施钾量的增加呈增强趋势。在烤烟移栽后第75d和90d，不施用或少量施用钾肥的处理（①、②处理）与③、④、⑤处理的蔗糖转化酶活性差值大于烟株大田生育前期（移栽后30、45、60d）。可见，施钾肥可提高烤烟叶片蔗糖转化酶活性，增强烟株叶片碳代谢强度，尤以在烟株进入成熟期后效应更明显。

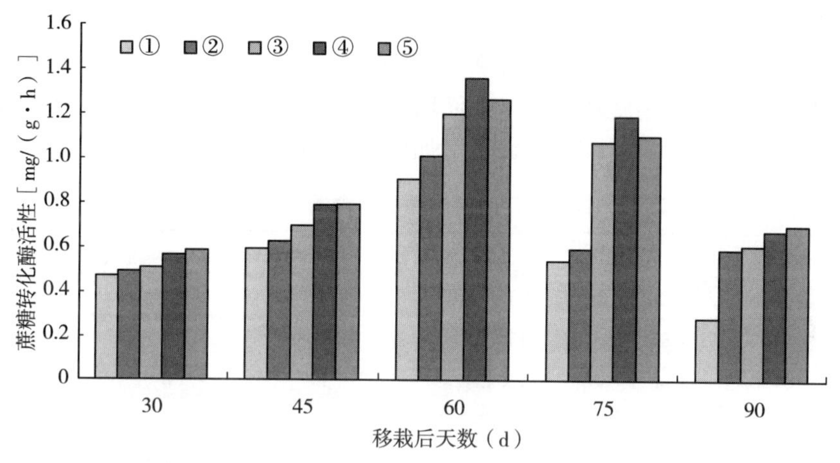

图1　不同施钾量对烟叶蔗糖转化酶活性变化的影响

2.1.2　不同施钾量时淀粉酶活性变化的影响　淀粉酶是碳水化合物代谢中的重要酶类，可将叶绿体中积累的淀粉转化为单糖，因而直接关系到烟叶中淀粉的积累量，进而影响整个光合碳固定的强度[14]和最终烟叶化学组分的协调性。由图2知，在烤烟移栽后45～90d，烟株叶片淀粉酶活性随施钾量（0～270kg/hm^2）的增加而增强，在施钾量为270kg/hm^{2}时淀粉酶活性最强；而后再增加钾肥施用量（360kg/hm^2），烟株叶片淀粉酶活性则呈下降趋势。说明适宜的施钾量有助于提烟株叶片淀粉酶活性。

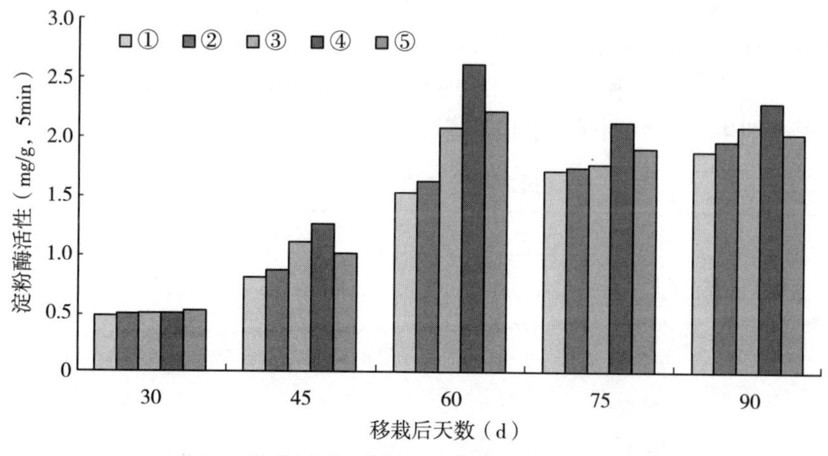

图2　不同施钾量对烟叶淀粉酶活性变化的影响

不同钾肥施用量对烟叶淀粉酶活性的动态变化也有一定影响，当烤烟钾肥施用量≤

90kg/hm² 时（①、②处理），淀粉酶活性随着生育期的延迟逐渐增强，当钾肥施用量≥180kg/hm²时（③、④、⑤处理），淀粉酶活性高峰出现在移栽后 60d。

2.2 钾对烤烟烟叶碳代谢主要产物变化的影响

2.2.1 不同施钾量对烟叶可溶性总糖变化的影响 可溶性总糖是原烟重要品质指标之一，在一定范围内，可溶性总糖含量越高，烟叶品质越好，含量过低时会破坏烟叶化学成分的平衡性，吃味刺呛，而过多则会导致烟气的酸性过强[15]。

由表 1 可知，在烤烟移栽后如 30d 和 45d，可溶性总糖的积累量随施钾量的增加而降低，而在烤烟移栽 60d 后随施钾量的增加而增加；从烟株生育进程来看，烟叶可溶性总糖的积累量达到最大值的时间呈随着施钾量增加而推迟的趋势。

表 1 不同施钾量对烟叶可溶性总糖含量（%）变化的影响

处理	移栽后天数				
	30d	45d	60d	75d	90d
①	8.64	14.58	12.88	12.65	12.27
②	8.60	13.43	12.80	12.70	12.82
③	7.11	12.00	13.03	13.89	14.63
④	5.09	10.25	14.89	15.38	16.74
⑤	4.98	9.86	14.31	15.01	16.50

2.2.2 不同施钾量对烟叶还原糖变化的影响 还原糖是碳水化合物代谢的重要产物，其含量的提高对烟叶的香吃味、品质有利[16]。由表 2 可知，施钾量时烤烟不同生育期叶片还原糖积累影响不同，在烤烟团棵期和旺长期，还原糖积累量随施钾量的增加而下降；而在烤烟现蕾期到成熟期呈随施钾量的增加而增加的趋势，不同施钾量对烟叶还原糖积累动态也产生一定影响，不施钾或少量施钾处理（①和②）还原糖积累峰值出现在旺长期（移栽后 45d），随后至现蕾期缓慢下降；较高水平的施钾量处理（③、④和⑤）还原糖积累峰值则出现在移栽后 60d。现在蕾期以后和处理的还原糖含量均迅速下降，进入成熟后期又稍有回升，但现蕾以后④和⑤处理的还原糖含量始终显著高于④和⑤处理。表明适当增施钾肥有利于烤烟生长中后期还原糖的积累。

表 2 施钾量对烟叶还原糖含量（%）的影响

处理	移栽后天数				
	30d	45d	60d	75d	90d
①	4.51 aA	7.5 aA	6.39 bB	3.19 bcB	4.14 bB
②	4.00 Aa	7.04 aA	6.87 bAB	3.27 bcAB	4.23 bB
③	3.22 abA	6.77 abA	7.52 abAB	4.53 abAB	5.15 abAB
④	2.36 bA	5.78 bA	8.88 aA	5.11 aA	5.87 aA
⑤	2.61 bA	5.49 bA	8.64 aA	4.49 aA	5.49 aA

注：同列不同小写字母差异显著（$p<0.05$），不同大写字母差异极显著（$p<0.01$）。下同。

2.2.3 不同施钾量对烟叶淀粉变化的影响 淀粉是烤烟碳水化合物中积累的一类重要物质，新鲜烟叶中淀粉含量较高，调制后大部分淀粉分解为还原糖，烘烤后烟叶淀粉含量高不利于原烟品质[17]。由表3可知，各处理在团棵期和旺长期烟叶淀粉积累速度很慢，以后淀粉开始进入快速积累期，在移栽后60d达到高峰，之后则迅速下降，在移栽后90d又略有回升，这与烟叶淀粉酶的活性变化和还原糖含量变化趋势一致。施钾量对烟株叶片淀粉含量有影响，在烤烟团棵期和旺长期淀粉积累随施钾增加而下降，而在烤烟现蕾期到成熟期则随施钾量的增加而增加。

表3 施钾量对烟叶淀粉含量（%）变化的影响

处理	移栽后天数				
	30d	45d	60d	75d	90d
①	12.96 aA	12.29 aA	20.71 cC	15.94 cB	17.88 cB
②	12.15 aA	11.90 aA	21.59 cBC	16.90 cB	18.62 cB
③	11.46 abA	11.25 aA	23.58 bAB	19.08 bA	20.14 Bab
④	11.37 bA	11.19 aA	25.71 aA	20.83 aA	21.94 aA
⑤	11.30 bA	11.13 aA	24.61 abA	20.50 aA	21.26 abA

2.2.4 不同施钾量对烟叶含碳量变化的影响 烟叶中的碳水化合物包括单糖、低聚糖、多聚糖和糖的衍生物等，与烟叶品质密切关系[18]。由表4可知，在烤烟移栽后30～45d，烟叶中的含碳量随着施钾量的增加而减少。而在移栽后60～90d，烟叶中的含碳量则随着施钾量的增加而增加，说明施钾有利于烤烟生长中后期碳水化合物的合成和积累。

表4 施钾量对烟叶含碳量变化的影响

处理	移栽后天数				
	30d	45d	60d	75d	90d
①	42.58 aA	45.78 aA	41.92 aA	45.84 bB	43.23 bB
②	41.47 abA	43.66 bAB	42.23 aA	45.72 bB	42.06 bB
③	41.02 abA	42.06 bcB	42.52 aA	47.87 aAB	45.91 aA
④	39.88 bA	41.54 cB	42.78 aA	49.89 aA	47.67 aA
⑤	39.63 bA	41.37 cB	42.91 aA	49.82 aA	47.90 aA

2.3 钾对烤烟产量和品质的影响

2.3.1 不同施钾量对烤烟产量的影响 当施钾量为0～270kg/hm^{2}时，烤烟产量随施钾量的增加而增加，其中，烤烟产量处理④比对照增加664.5kg/km^2，极显著高于①（1 173.0kg/hm^2）、②（1 407.0kg/hm^2）和③（1 557.0kg/hm^2）处理。当钾肥施用量＞270kg/hm^{2}时，钾肥已无显著增产效应。

2.3.2 同施钾量对烤烟品质的影响 由表5可知，随着钾肥施用量的增加，原烟总糖、还原糖、淀粉、钾含量、糖/碱和施木克值均呈增加趋势，而总氮、蛋白质和烟碱含量呈下降趋势。从化学成分的协调性来看，④和⑤处理的施木克值和糖碱比值较高。综合指标分析，③和⑤处理的化学成分更趋于协调，内在品质较好。

表 5 同施钾水平对烤烟品质的影响

化学成分	处理					优质烤烟含量
	①	②	③	④	⑤	
总糖	17.80 bB	18.62 bAB	19.6 abAB	20.25 aA	20.34 aA	18%～22%
还原糖	13.89 bB	14.31 bB	16.48 aA	17.46 aA	17.35 aA	5%～25%，最适含量为 16%左右
淀粉	2.01 bA	2.26 bB	2.81 abA	3.85 aA	3.52 aA	3%～5%
总氮	2.86 aA	2.57 abA	2.41 abA	2.48 bB	2.44 bA	1.5%～3.5%，最适含量为 2.5%左右
烟碱	3.22 aA	3.18 aA	2.71 abA	2.60 bA	2.57 bA	1.5%～3.5%，最适含量 2.5%左右
蛋白质	11.32 aA	10.85 aA	9.53 abA	8.39 bA	8.24 bA	6%～10%
含钾量	1.43 cB	1.60 bcB	1.96 bAB	2.42 aA	2.49 aA	大于 2%
糖/碱	4.45	4.64	6.08	6.71	6.75	6～10，越接近 10 越好
施木克值	1.57	1.71	2.06	2.41	2.47	在 2.5 范围以内越高越好

3 小结与讨论

3.1 钾对烤烟氮代谢关键酶的影响

研究表明，烟叶生长过程中的蔗糖转化酶活性和淀粉酶活性可以作为衡量碳代强度的重要指标，这 2 种酶的活性较高时，光合速率高，从而为烟叶的生长和其他有机化合物的形成提供了较多的碳架[11]。钾是多种酶类的活化剂，几乎可以影响烤烟体内所有代谢过程[19]。该试验结果表明，适当施用钾肥有利于增强烟株各生长期特别是中后期烟叶淀粉酶和蔗糖转化酶的活性，促进碳代谢。其中，当施钾量为 270kg/hm^2 时，蔗糖转化酶和淀粉酶的活性最高，因而能够为烤烟前中期的生长提供合成细胞所需的碳骨架和能量，同时也促进了烤烟中后期叶片碳水化合物的积累、转化，有利于后期烟叶中与品质有关的各种化学组分的协调转化，促进烟叶品质的形成和提高。

3.2 钾对烤烟碳水化合物的影响

烤烟叶片的碳水化合物含量变化与烤烟生长状况和体内各种碳水化合物累积密切关联，对烟叶产量和品质具有直接的影响。总糖、还原糖和淀粉是烤烟体内重要的碳水化合物，对烟叶的品质具有重大的影响。烟草是粉叶植物，一般认为在一定范围内，田间成熟的烟叶淀粉含量高，有利于烘烤后含糖量的提高和优质烟叶的形成[5]。该试验结果表明，淀粉含量和淀粉酶活性都是在烟苗移栽 45d 后快速增加，在移栽后 60d 达到高峰，说明此时酶活性与淀粉积累的一致性，可见，此阶段是调控淀粉含量的关键阶段。此外，在烤烟生长前期，烟叶中的可溶性总糖、还原糖和淀粉的含量随着施钾量的增加而减少，而在生长中后期随着施钾量的增加而增加，同时含碳量也随之增加。说明在烤烟生长前期施钾有利于促进碳的分解代谢，促进烟株快速生长；而在烤烟生长后期，施钾促进后期碳的积累代谢，为优质烟叶的形成奠定了基础。

3.3 钾对烤烟产量和品质的影响

植物的生长发育受其生物物理和生物化学过程的控制，而钾参与了植物体内许多生物物理及生物化学过程，因此它与作物的产量及品质密切相关[20]。大量研究表明，增施钾肥有利于提高烤烟的产量和品质[19~22]。该试验研究结果表明，当施钾量低于 270kg/hm^2 时，烤烟的产量和品质随着施钾量的增加而提高，当施钾量达到 360kg/hm^2 时，产量和品质的变化不明显。说明少量的钾不能满足烟株对钾的需要，而过高的钾则会使烟株产生奢侈吸收现象。当施钾量为 270kg/hm^2 时，烤烟叶片具有较高的钾含量。生长前期碳的分解代谢旺盛有利于产量的提高。在后期适时转入碳的积累代谢，体内积累较多的碳水化合物，碳水化合物（总糖、还原糖和淀粉）含量提高。由此可以推断，在生产上可以通过调节烟株的钾素营养供给调控烤烟的碳氮代谢，提高烤烟烟叶产量和品质。

参考文献

[1] 李潮海，刘奎，连艳鲜．玉米碳氮代谢研究进展［J］．河南农业大学学报，2000，34（4）：318－323.

[2] 史宏志，韩锦峰．烤烟碳氮代谢几个问题的探讨［J］．烟草科技，1998，129（2）：34－36.

[3] 胡国松，郑伟．烤烟营养原理［M］．北京：科学出版社，2000：38－79.

[4] 江苏农学院．植物生理学［M］．北京：农业出版社，1984：121－158.

[5] 周冀衡，朱小平，王彦亭，等．烟草生理与生物化学［M］．合肥：中国科学技术大学出版社，1996：193.

[6] 岳俊芹，刘健康．刘卫群．不同氮素形态对烤烟叶片碳氮代谢关键酶活性及化学成分的影响［J］．河南农业大学学报，2004，38（2）：155－158.

[7] 方明，符云鹏，刘国顺，等．磷钾配施对晒红烟碳氮代谢和光合效率的影响［J］．中国烟草科学，2007，28（2）：27－30.

[8] 韦建玉，王军，邹凯，等．硼对烤烟硼、钾积累及碳氮代谢的影响［J］．广西农业生物科学，2007，26（4）：317－321.

[9] 常思敏，马新明，王保安，等．砷对烤烟（*Nicotiana tabacum* L.）碳代谢的影响［J］．生态学报，2007，27（6）：2302－2308.

[10] 何钟佩．农作物化学控制实验指导［M］．北京：北京农业大学出版社，1992.

[11] 史宏志，韩锦峰，赵鹏，等．不同氮量与氮源下烤烟淀粉酶和转化酶活性动态变化［J］．中国烟草科学，1999（3）：5－8.

[12] 鲍士旦．土壤农化分析［M］．北京：中国农业出版社，1999.

[13] 王瑞新．烟草化学［M］．北京：中国农业出版社，1999.

[14] 李玉潜，谢九生，谭中文．甘蔗叶片碳、氮代谢与产量、品质研究初探［J］．中国农业科学，1995，28（4）：46－53.

[15] 张槐苓．烟草分析与检验［M］．郑州：河南科学技术出版社，1994：71－92.

[16] 金闻博，戴亚．烟草化学［M］．北京：清华大学出版社，1994：14－15.

[17] 沈其荣．土壤肥料学通讯［M］．北京：高等教育出版社，2001：222.

[18] 韩锦峰．烟草栽培生理［M］．北京：中国农业出版社，2003：156.

[19] Evans H J. In potassium in biochemistry and physiology [J]. Pine Colloq Int Potach Inst，1971 (8)：13-29.

[20] Sekhon G S. Potassium in Soil and Cops [M]. New Delh (Indian)：Potash Research Institute of India，1978：185-202.

[21] Prasadrao J A V，Ramachandram D. Sannibabu M. Effect of nilrogen and potassium leaves on the yield and quality of flue-cared tobaceo cv. CM-12 (KA) grown in Nls 0f andhra Pradesh [J]. Tob Res，1998，24 (1)：15-21.

[22] 王芳，林克惠，刘剑飞，等. 不同施钾量对山地烤烟产量和品质的影响 [J]. 云南农业大学学报，2005，20 (1)：39-44.

（原载《安徽农业科学》2011 年第 10 期）

钾肥和营养调节剂对烤烟含钾量及重金属含量的效应研究

邬石根[1]，白厚义[1]，张超兰[1*]，韦建玉[2]，
曾祥难[2]，蒋代华[1]，陈佩琼[1]

（1. 广西大学，南宁 530005；2. 广西烟草公司，南宁 530000）

摘　要：通过田间试验，采用二元二次饱和D-最优设计，研究了钾肥与营养调节剂（NR）对烤烟产量、含钾量和重金属Cu、Zn、Cd、Pb含量的影响，并对烤烟中重金属Cd、Pb的潜在危害性进行了初步评估。结果表明：钾肥和营养调节剂（NR）配合施用能够显著提高烤烟的产量和含钾量，其中施高量钾并配施较高量NR的处理5效果最佳，与单施低量钾的处理1相比，产量增加了29.03%，上、中、下各部位烤烟含钾量分别增加了109.09%、115.54%和86.29%；钾肥配施营养调节剂（NR）有效地降低了烤烟重金属Cu、Zn、Cd、Pb含量，其中施较高用量钾并配施高量NR的处理6降低效果最明显，与单施低量钾的处理1相比，分别降低了27.30%、9.74%、34.46%、39.01%。供试烟区中烤烟重金属Cd、Pb的人均日暴露量都低于FAO/WHO规定的允许摄入量（ADI值），施用营养调节剂降低了烤烟重金属Cd、Pb人均日暴露量，从而降低了烤烟中重金属对人体的潜在危害性。

关键词：烤烟；营养调节剂；产量；钾；重金属

由于目前重金属污染正呈现出逐渐加剧的趋势，而烟草属于易累积重金属的植物[1]，就烤烟的生产而言，除了要保证其稳定的产质量以外，还应保证其安全性，应该采取相应的措施降低烤烟中的有害成分，从而达到降低对吸烟者健康危害的目的。烟草中对人体有害的成分，除了尼古丁之外，还包括Cd、Pb、Hg、Ni、Cr等重金属元素，这些重金属元素对人体的健康也存在着一定的威胁。烟草中的Cd、Cr、Pb、Ni、Hg等重金属元素在烟草燃烧时能以气溶胶或金属氧化物的形式通过烟气进入人体，逐渐累积后，给人体造成伤害[2]。目前对于烤烟重金属的研究工作主要集中于重金属对烟生理生化等方面的影响研究。但是，对于如何在提高烤烟产量、含钾量的同时降低其重金属含量的研究并不多见。本次试验利用自制的营养调节剂具有吸附、固定多价阳离子及重金属离子这一重要特

基金项目：广西研究生教育创新计划项目和广西中烟工业有限责任公司合作项目资助。
作者简介：邬石根（1984—），男，江西萍乡人，硕士研究生，研究方向为植物营养与环境生态。

性，开展应用营养调节剂对烤烟产量、含钾量及重金属含量影响的探讨研究，旨在为减少烤烟重金属含量提高烤烟制品的安全性提供科学依据。

1 材料与方法

1.1 供试材料

试验选用罗城烟区主要种植烤烟品种之一 K326。试验所用的营养调节剂（NR）是从褐煤中提取、分离并加入适量营养物质而成的水溶液，调至 pH 为 7.0。主要含有胡敏酸、吉马多美朗酸、乌里敏酸，其含量为 3.75%。

供试钾肥为硫酸钾和硝酸钾，其用量比例为 1∶2。

1.2 供试土壤

田间试验地选在广西河池市罗城某烟区。供试土壤为由石灰岩发育的石灰性土壤。土壤的基本农化性状及重金属有效态含量如下：pH 7.88，有机质 27.30g/kg，碱解氮 119.00mg/kg，有效磷 12.51mg/kg，速效钾 108.84mg/kg，DTPA 提取态铜 3.69 mg/kg，DTPA 提取态锌 4.90mg/kg，DTPA 提取态镉 0.86mg/kg，DTPA 提取态铅 1.52mg/kg。

1.3 试验设计

本次试验是在 2008 年土培盆栽试验获得初步结果的基础上，于 2009 年 2 月至 7 月在广西河池市罗城烟区进行。试验将钾肥与营养调节剂（NR）作为两因素，采用鲍克斯(Box)[3]提出的二元二次回归饱和 D-最优设计（增加 0 水平）进行试验处理方案设计(表 1)。即试验设置 7 个处理，4 个重复，采用随机区组排列设计，每个处理为 1 小区，小区面积为 46.8m^2，每小区种烟 78 株。

试验所用钾肥 40%作为基肥，60%作为追肥。追肥分 4 次施用，分别在移植后 10d、20d、30d 以及现蕾打顶后施用，施用量分别总用量的 7%、10%、23%和 20%。营养调节剂分 3 次施入，分别在移植后 30d、45d 以及 64d（收脚叶后）施用，施用量分别为总用量的 23.08%、38.46%和 38.46%，施用时浇灌于烟株根部。

表 1 钾肥与营养调节剂（NR）试验处理方案

处理	钾肥		营养调节剂	
	X_1	K_2O (kg/hm^2)	X_2	NR (kg/hm^2)
1	−1	15.00	−1	0
2	−1	450.00	−1	0
3	−1	150.00	−1	47.67
4	−0.131 5	280.28	−0.131 5	20.69
5	1	450.00	0.394 4	33.24
6	0.394 4	359.16	1	47.67
7	0	300.00	0	23.83

1.4 采样及测定

试验前采集烟田耕层土壤混合样，测定土壤的基本农化性状以及重金属 Cu、Zn、Cd、Pb 有效态含量，其中重金属有效态含量采用 DTPA-TEA 浸提- AAS 法测定[4]。

烟草生长期间各项管理按照大田生产管理要求进行。打顶后根据烟叶所在叶位将其分为下部叶、中部叶和上部叶，其中，下部为第 1～6 位叶，中部叶为第 7～12 位叶，上部叶为第 13～19 位叶，进入成熟期后，按照叶片成熟的先后顺序依次采收，于相同条件下烘烤，全部烘烤完之后分别统计上部叶、中部叶和下部叶的产量，并采集烟叶样本供化学成分分析。烟叶样本粉碎后经微波消煮，消煮液用原子吸收分光光度计（仪器型号为 ZEEnit700P）测量其中重金属 Cu、Zn、Cd、Pb 含量，用火焰光度计（仪器型号为FP－460）测量 K 含量[4]。

1.5 数据处理

采用 SAS 8.2 统计软件的新复极差法（Duncan 法）对试验数据进行处理间的差异显著性检验和多重比较，建立多项式回归方程，并用 Excel 进行单效应分析。

2 结果与分析

2.1 钾肥与营养调节剂配施对烤烟产量的影响

从表 2 可以看出，钾肥与 NR 配施的各处理，烤烟产量都表现出不同程度的增加。在施用钾肥条件下，配施 NR 的处理 3 至处理 7 的烤烟产量，均高于未施 NR 的处理 1 和处理 2，差异都达到显著水平。表明施用 NR 能够提高烤烟产量。随着 NR 用量的提高，烤烟产量呈现出二次曲线的变化趋势。其中处理 5 的总产量达到最大值，与处理 1 相比增加了 29.03%，与处理 2 相比增加了 14.60%。

同时还可以看出，钾肥的用量对烤烟产量的影响也是显著的。从处理 1、2 来看，施高量钾的处理 2 烤烟产量比施低量钾的处理 1 高出了 12.60%，差异达到显著水平。说明，增施钾肥也能提高烤烟产量，而钾肥和 NR 的适当配施，在提高烤烟产量方面则能够起到更好的效果。

表 2 钾肥与营养调节剂不同配施的烤烟产量

处理	上部叶	中部叶	下部叶	总量
1	641.10 f	673.35d	636.00d	1 950.45d
2	769.20 e	742.80 c	684.15 c	2 196.15 c
3	812.40d	790.95 b	758.85 ab	2 362.20 b
4	823.05d	812.40 ab	758.85 ab	2 394.30 b
5	967.05 a	818.70 ab	730.95 b	2 516.70 a
6	930.00 b	837.00 a	748.20 b	2 515.20 a
7	857.70 c	840.45 a	796.20 a	2 494.35 a

注：同列数据后不同小写字母表示差异在 0.05 水平显著。下同。

2.2 钾肥与营养调节剂配施对烤烟含钾量的影响

烤烟的含钾量是衡量烤烟品质的一个重要指标。国际上普遍将烟叶含钾量高于3%作为优质烟的重要指标之一[5]。从表3可以看出，单施钾肥的处理中烤烟的钾含量随着钾肥的施用量增加而显著增加。钾肥与NR配施的各处理烤烟含钾量明显高于单施钾肥的处理。烤烟含钾量随着NR用量的提高，呈现出二次曲线的变化趋势。除处理6上部叶外，钾肥与NR配施的各处理烤烟含钾量都在3%以上，其中处理5上部叶、中部叶和下部叶含钾量最高，与单施低量钾的处理1相比分别增加了109.09%、115.54%和86.29%；与单施高量钾的处理2相比分别增加了60.70%、67.07%和59.57%。

表3 钾肥与营养调节剂不同配施的烤烟含钾量（%）

处理	上部叶	中部叶	下部叶
1	1.76 f	1.93 g	1.97 g
2	2.29 e	2.49 f	2.30 f
3	3.02 c	3.31 e	3.21 e
4	3.19 b	3.75 d	3.48 c
5	3.68 a	4.16 a	3.67 a
6	2.97 d	3.92 b	3.53 b
7	3.04 c	3.80 c	3.42 d

2.3 钾肥与营养调节剂对烤烟重金属含量影响

从表4可以看出，钾肥与NR配施的各处理烟叶处理Cu、Zn、Cd、Pb四种重金属的含量都有不同程度的降低，与单施钾肥的处理相比，差异达到显著水平。其中在施用较高量钾肥配合施用高用量NR的处理6，烟叶重金属含量下降最多，与单施低量钾的处理1相比，烟叶Cu含量下降了27.30%，Zn含量下降了9.47%，Cd含量下降了34.46%，Pb含量下降了39.01%。

表4 钾肥与营养调节剂不同配施烤烟重金属含量（mg/kg）

处理	Cu	Zn	Cd	Pb
1	26.04 a	75.39 a	6.82 a	7.51 a
2	25.31 b	74.76 b	6.60 b	7.24 b
3	19.93d	68.74 f	4.62 f	4.77 f
4	21.77 c	71.43 c	5.67 c	5.64 c
5	21.82 c	70.21 c	4.86 e	5.21 e
6	18.93 e	68.25 g	4.47 g	4.58 g
7	21.25 c	70.27 d	5.23 d	5.44 d

注：表中各种重金属含量分别为上、中、下各部位烟叶重金属含量的加权平均值。

在未施 NR 的情况下，施高量钾的处理 2 与施低量钾的处理 1 相比，烟叶重金属含量也有显著下降，表明，高量钾肥的施用能显著降低烟叶重金属含量。其原因可能是高浓度的钾离子对重金属离子的拮抗作用，降低了烟株对重金属离子的吸收所致。

2.4 钾肥与营养调节剂的施用对烤烟重金属 Cd、Pb 含量影响的单效应分析

就其危害性而言，烤烟中 Cd、Pb 的危害程度远大于 Cu、Zn，为了进一步评估施用营养调节剂对烤烟中 Cd 和 Pb 含量的影响，本文针对钾肥、营养调节剂的施用对烤烟中重金属 Cd、Pb 含量的影响进行了单效应分析。

以钾肥用量的编码值（X_1）和营养调节剂用量的编码值（X_2）为自变量，分别以烤烟 Cd、Pb 含量（表 4）为目标函数，应用 SAS 统计软件，建立二元二次多项式回归方程：

$$\hat{y}_{Cd}=5.37-0.1125x_1-1.1037x_2-0.0009x_1x_2-0.004x_1^2+0.248x_2^2$$
$$(F=544.45>F_{0.01}=6.63) \quad (1)$$

$$\hat{y}_{Pb}=5.44-0.061x_1-1.2947x_2+0.0741x_1x_2+0.2526x_1^2+0.3855x_2^2$$
$$(F=9110.34>F_{0.01}=6.63) \quad (2)$$

分别对上述（1）、（2）两式进行降维，导出 x_1、x_2 对烤烟 Cd、Pb 含量的一元二次多项式回归方程：

$$\hat{y}_{Cd}=5.37-0.1125x_1-0.004x_1^2 \quad (3)$$
$$\hat{y}_{Cd}=5.37-1.1037x_2+0.248x_2^2 \quad (4)$$
$$\hat{y}_{Pb}=5.44-0.061x_1+0.2526x_1^2 \quad (5)$$
$$\hat{y}_{Pb}=5.44-1.2947x_2+0.3855x_2^2 \quad (6)$$

根据上述（3）～（6）式，将 x_1、x_2 分别取值为－1、－0.5、0、0.5、1，应用 Excel 分别计算 x_1、x_2 的单效应值作图，就得到钾肥、NR 对烤烟 Cd、Pb 含量的单效应图（图 1）。

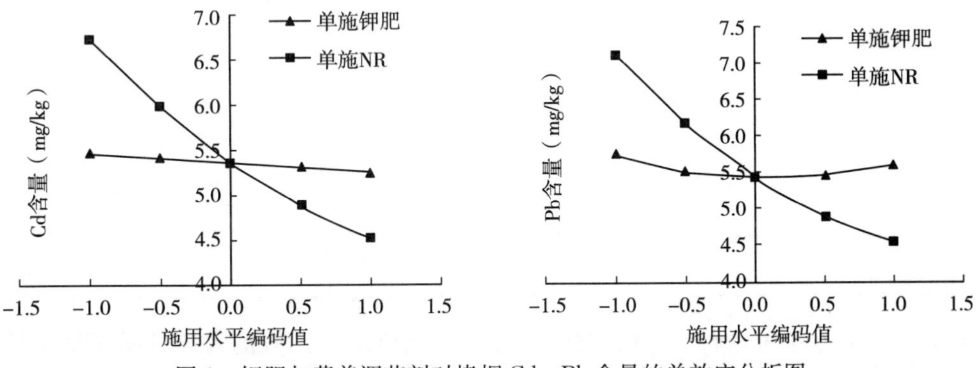

图 1 钾肥与营养调节剂对烤烟 Cd、Pb 含量的单效应分析图

从图 1 可以看出：在不施营养调节剂时，单施钾肥对烤烟 Cd 和 Pb 含量影响不大，随着施钾量的增加烤烟中 Cd 和 Pb 的含量呈现出平稳的变化趋势或略有下降。在 x_1 取零水平时，可以得到营养调节剂对烤烟中 Cd 和 Pb 含量影响的单效应，即随着营养调节剂施用量的增加，烤烟中 Cd、Pb 含量都呈现出类似指数函数的下降趋势。从整条单效应曲

线来看，随着营养调节剂施用水平的增加，烤烟中 Cd、Pb 含量都有着显著的下降，Cd 含量由 6.72mg/kg（NR 为−1 水平，即不施 NR）下降到 4.51mg/kg（NR 为+1 水平，即 NR 用量为 47.67kg/hm^2），下降了 32.89%；Pb 含量由 7.12mg/kg 下降到 4.53 mg/kg，下降了 36.38%。表明营养调节剂的施用对降低烤烟中重金属 Cd、Pb 含量具有很好的效果。

2.5 烤烟重金属含量对人体潜在危害性初步评估

将烤后的烟叶切成烟丝，并将生烟丝制成标准的 84mm 卷烟，以平均每支烟含烟叶重量为 700mg，人均消费卷烟量为每天 20 支计算，则烟叶重金属人均日暴露量计算公式为：$P=W\times C\times V$

在上式中：P 为烟叶中污染物的日暴露量；W 为卷烟人均消费量［以 20 支/（人・d），即 $20\times700\times10^{-6}$kg/（人・d）］；C 为重金属污染物在烟叶中的平均浓度（mg/kg）；V 为人体消费卷烟产品重金属转化率[6]。

根据表 4 列出的烤烟 Cd、Pb 含量、上述计算公式以及表 5 列出的转化率，计算出各处理烤烟重金属 Cd、Pb 的人均日暴露量（表 6）。

表 5　FAO/WHO 规定的每人每日 60kg 体重允许摄入量（ADI 值）及重金属的转化率

重金属元素	Cd	Pd
ADI 值（mg/d）	0.06	0.21
转化率（%）	20	2

表 6　各处理烤烟重金属人均日暴露量

处理	日暴露量	
	Cd（mg）	Pd（mg）
1	0.019	0.002 1
2	0.018	0.002 0
3	0.013	0.001 3
4	0.016	0.001 6
5	0.014	0.001 5
6	0.013	0.001 2
7	0.015	0.001 5

从表 5 和表 6 中可以看出，供试烟区中烤烟重金属 Cd、Pb 的人均日暴露量都低于世界卫生组织推荐的食品污染物的每日允许摄入量[7]。其中，单施低量钾的处理 Cd、Pb 人均日暴露量分别是食品 ADI 值的 31.67%和 1%，单施高量钾的处理 Cd、Pb 人均日暴露量分别是食品 ADI 值的 30 %和 0.95%，而配施 NR 的各处理 Cd、Pb 人均日暴露量均低于没有施用 NR 的处理，其值分别是 ADI 值的 21.67%～26.67%和 0.57%～0.76%。可见，施用营养调节剂能有效地降低烤烟中重金属 Cd、Pb 的人均暴露量，从而降低烤烟对

人体的危害。尽管人体摄入重金属的途径是多方面的，比如饮食，工业污染等。吸烟或者间接吸烟也是人体摄入重金属的一个不可忽视的方面，如果能够尽量降低烤烟重金属人均日暴露量，这对于降低人体摄入重金属量而言也是非常有意义的。

3 结论与讨论

（1）钾肥配施 NR 均显著地提高了烤烟的产量，其原因可能是营养调节剂中含有高分子的有机胶体，能与土壤中的无机胶体结合形成有机-无机复合体，改善了土壤的结构，提高土壤的保水、保肥、供肥能力[8,9]，增加烟株对土壤养分的吸收，促进烟株生长，从而提高烟叶产量。

（2）钾肥配施 NR 显著提高烤烟含量，其原因可能是营养调节剂中含有的胡敏酸刺激烟株的生长，特别是刺激根系的生长，提高根系活力[10]，从而扩大根系的吸收面积，促进其对钾的吸收，进而提高烟叶的含钾量。

（3）钾肥配施 NR 显著降低了烤烟中重金属 Cu、Zn、Cd、Pb 的含量，其原因可能是营养调节剂中含有高分子的有机酸，其中的多种功能团对重金属具有较强的吸附作用，螯合了土壤中的重金属离子，降低其活性，减少土壤重金属有效态的含量[11,12]，从而减少烟株对土壤重金属的吸收量。

从安全性评估的结果来看，该烟区的烤烟中 Cd、Pb 的人均日暴露量均低于世界卫生组（WHO）推荐的食品污染物的每日允许摄入量，施用 NR 降低了 Cd、Pb 人均日暴露量，从而降低烤烟中重金属对人体的危害风险。

参考文献

[1] Scherer G，Barkemeyer H. Cadmium concentrations in tobacco and tobacco smoke [J] . Eotoxicol Environ Safety，1983 (1)：71 - 78.

[2] Bronisz H，Szost T，Lipske M，et al. Cadmium content incigarettes [J] . Bromat Chem Toksykol，1983，16 (2)：121 - 127.

[3] 白厚义 . 回归设计及多元统计分析 [M] . 南宁：广西科学技术出版社，2003：64 - 78.

[4] 鲍士旦 . 土壤农化分析 [M] . 北京：中国农业出版社，2000：103 - 109，132 - 135，270 - 271.

[5] Lin K H. Potassium improves quality of flue-cured tobacco [J] . Better Crops International，1993，12：14 - 15.

[6] 杨永建，刘芳，李永忠，等 . 烟叶重金属及砷限量标准制订研究初探 [J] . 云南农业大学学报，2007，4 (22)：525 - 531.

[7] Nasreddine L，Parent-Massin D. Food contamination bymetals and pesticides in the European Union. Should we worry? [J] . Toxicology Letters，2002，127：29 - 41.

[8] 汪耀富，孙德梅，叶红潮 . 灌水和腐殖酸用量对烤烟养分含量及烟叶产量品质的影响 [J] . 安徽农业科学，2005，33 (1)：96 - 97.

[9] 蔡宪杰，杨义方，马永建，等 . 腐殖酸类肥料对碱性植烟土壤 pH 及烤烟产量质量的影响 [J] . 中国农学通报，2008，24 (6)：261 - 265.

[10] 高家合．腐殖酸对烤烟生长的影响研究［J］．中国农学通报，2006，22（8）：328－330.
[11] 朱丽琚，张金池，俞元春，等．胡敏酸吸附重金属 Cu^{2+}、Pb^{2+}、Cd^{2+} 的特征及影响因素［J］．农业环境科学学报，2008，27（6）：2240－2245.
[12] 何雨帆，刘宝庆，吴明文，等，腐殖酸对小白菜吸收 Cd 的影响［J］．农业环境科学学报，2006，25（增刊）：84－86.

（原载《土壤通报》2012 年第 1 期）

硼对烤烟硼、钾积累及碳氮代谢的影响

韦建玉[1,2]，王　军[1,3]，邹　凯[1]，时　焦[4]，顾明华[1]，黎晓峰[1]

（1. 广西大学农学院，南宁　530004；2. 广西中烟工业公司，南宁　530001；
3. 广东省烟草南雄科学研究所，南雄　512400；
4. 中国烟草总公司青州烟草研究所，青岛　266101）

摘　要：采用砂培法研究了不同硼浓度处理对烤烟碳氮代谢的影响。结果表明，低浓度硼（5μmol/L H_3BO_3）下，烟株各器官硼、氮、钾、干物质积累、NO_3^- 的吸收及同化受阻，使叶片 NH_4^+ 积累增加，而降低氨基酸和蛋白质含量；缺硼还降低烟株叶片光合速率，并使叶片中水溶性葡萄糖、果糖、蔗糖、淀粉大量积累。增加硼的供给（20μmol/L 和 40μmol/L），烟株叶片碳氮代谢增强，植株各器官氮、钾、硼含量增加，干物质积累增强。

关键词：烤烟；硼；碳氮代谢

我国长江以南分布着世界上最广大的连续缺硼耕作带，大部分土壤热水溶性硼含量低于 0.25mg/kg[1]，此耕作带正是中国优质烤烟主要种植区。大量研究表明，硼缺乏可影响植物对氮的吸收和转运、氨基酸合成、硝酸还原等氮代谢过程[2~4]，增加植物体内淀粉和其他碳水化合物含量[5]，从而影响农作物品质。我国在许多烟叶产区的试验表明，施用硼肥明显提高烟叶产量、上等烟率、均价[6~8]。烟草生育期碳氮代谢过程与决定烤烟品质的化学成分的形成密切相关，但关于硼与烤烟碳氮代谢关系的报道甚少。为此，我们研究了硼对烤烟碳氮代谢的影响，以期为烤烟生产上施用硼肥提供理论参考。

1　材料与方法

1.1　试验材料与处理

供试烤烟（*Nicotiana tabacum* L.）品种为K326，购自中国烟草南方育种中心。试验于 2006 年在广西大学农学院农业资源与环境系温室进行。采用漂浮法育苗。在 4 叶 1 心时，取均匀一致的烟苗，自来水洗净，去离子水冲洗 3 遍，置于去离子水中促长新根，然后将幼苗植入填满蛭石和珍珠岩（$V:V=1:1$）的塑料盆（盆面直径 25cm，盆底直径 17cm，高 25cm）中，每盆植烟 1 株。

作者简介：韦建玉（1966—），女（壮族），广西柳州人，高级农艺师，博士研究生，Email：jtx_wjy@163.com。
通讯作者：顾明华，教授，博士生导师；Email：gumh@gxu.edu.cn。

试验设 3 个处理，H_3BO_3 浓度分别为 5（B1）、20（B2）、40（B3）μmol/L，每处理 6 盆，每处理重复 3 次。每天淋施含 5（B）、20（B2）、40（B3）μmol/L H_3BO_3 的 Hoagland 培养液（pH6.0～6.5）200mL。

1.2 测定项目与方法

在烟株移栽后第 60 天时，每处理小心挖取 3 株洗净，105℃下杀青，65℃下烘干粉碎，用于测定各器官（根、茎、叶）干重，全硼、全氮、全钾含量。余下 3 株在测定叶光合速率后，将第 13 片（自下而上数起）烟叶采下，去离子水洗净后用滤纸吸干，液氮速冻后置于－80℃冰箱保存以备测定其他指标。

用 LI-6400 便携式光合作用测定系统（美国 LI-COR 公司）测定烟株叶片的光合速率。使用红蓝人工光源，光合有效辐射为 1 500μmol/（m^2·s），流量为 500mol/s，气孔比为 0.5，叶温为 25℃，CO_2 浓度为 360～385μmol/mol，相对湿度为 70%～80%，测定的叶面积为 $6cm^2$。

参照张志良等[9]方法测定叶片硝酸还原酶活性（NR）、水溶性氨基酸、蛋白质。用 Stitt 等[10]描述的方法测定叶片水溶性葡萄糖、果糖、蔗糖，总淀粉含量。烟株各器官全氮、硼、钾含量的测定参照鲍士旦[11]方法。烟株叶片 NO_3^- 和 NH_4^+ 的测定参照汤章城[12]方法。

1.3 数据处理

用 SPSS13.0 中 Univariate 软件包进行数据统计分析，Excel 2003 作图。

2 结果与分析

2.1 不同浓度硼处理对烟株各器官干重的影响

图 1 结果显示，随着硼供应浓度增加，烟株根、茎和叶的干重增加。与 B1 处理相

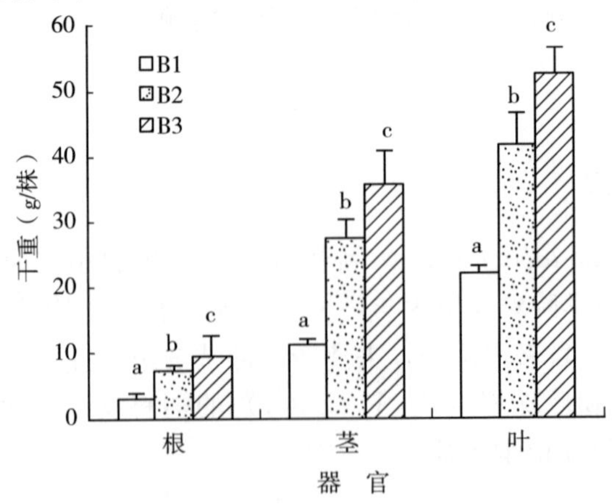

图 1 不同硼浓度对烟草根、茎和叶干重的影响

图中误差线上方不同字母表示差异达 5%水平（n=3），以下图表相同。

比，B2处理烟株的根、茎、叶干重分别增加133.12%、142.36%、89.49%，各器官的干重增幅均达到显著水平。与处理B2相比，B3处理烟株的根、茎、叶干重分别增加28.83%、29.12%、26.26%，均达到显著水平。由此可见，低硼严重阻碍了烟株各器官的干物重积累，适当增加硼供应可显著增加烟株各器官干物重，其中硼对增加烟株各器官干物重效应大小顺序为茎>根>叶。

2.2 不同浓度硼处理对烟株各器官硼积累及分配的影响

从图2可见，供硼水平影响烟株的硼积累及硼在各器官的分配。低硼处理（B1）烟株各器官硼积累量均较低。与处理B1相比，处理B2烟株根、茎、叶的硼积累量显著增加，分别增加19.45%、104.81%、260.61%。继续增加 H_3BO_3 浓度（40μmol/L）时，烟株根和茎的硼积累量无明显增加，但叶片的硼积累量显著增加。烟株供硼量还影响到硼在烟株不同器官的分配，随着硼供应浓度的增加，硼在烟株根中分配比例下降，叶片中分配比例增加（表1）。

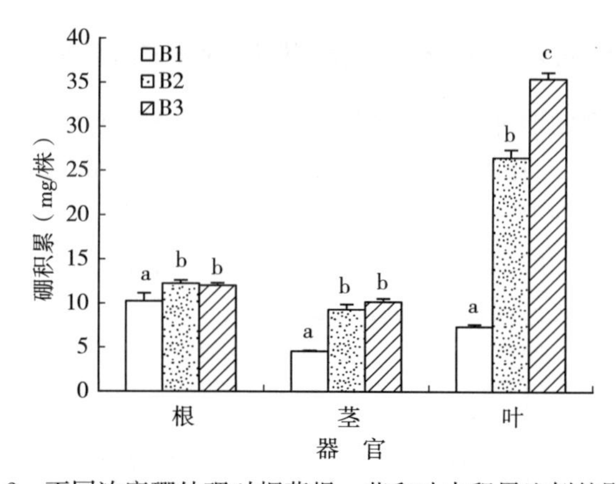

图2 不同浓度硼处理对烟草根、茎和叶中积累比例的影响

表1 不同浓度硼处理对硼、钾、氮在烟草根、茎和叶中分配比例的影响

处理	根			茎			叶		
	B	K	N	B	K	N	B	K	N
B1	46.25	6.04	2.56	20.54	25.50	15.38	33.21	68.46	82.06
B2	25.45	6.72	3.38	19.38	23.13	23.65	55.17	70.15	72.97
B3	20.86	7.95	3.51	17.64	25.69	26.90	61.50	66.36	69.59

2.3 不同浓度硼处理对烟株各器官钾积累及分配的影响

试验结果表明，供应烟株不同浓度的硼对烟株根、茎、叶的钾素积累有显著影响（图3）。随着硼供应浓度的增加（5～40μmol/L），烟株各器官的钾素积累量增加。与B1处理相比，B2和B3处理烟株根、茎、叶钾素积累量显著增加。在20μmol/L H_3BO_3 浓度的基础上再增加硼素的供应浓度时，尽管烟株茎和叶片钾素积累显著增加，但钾素在烟株叶片

分配比例略有下降（表 1）。

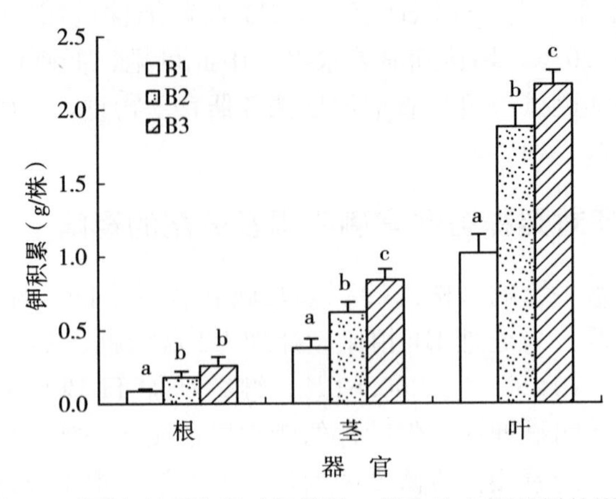

图 3 不同浓度硼处理对烟草根、茎和叶中钾积累的影响

2.4 不同浓度硼处理对烟株各器官氮积累及分配的影响

随着烟株硼供应浓度的增加，烟株各器官的氮素积累呈增加趋势（图 4）。与 B1 处理相比，B2 处理烟株根、茎、叶的氮积累显著增加，分别增加 150.00%、68.75%。若继续增加烟株供硼浓度（处理 B3），对烟株根、茎、叶的氮素积累量影响不显著。随着烟株供硼浓度的增加，烟株增加的氮素积累主要分配在茎、叶中，且茎的氮素分配比例呈上升趋势，而叶片的氮素分配比例呈下降趋势（表 1）。

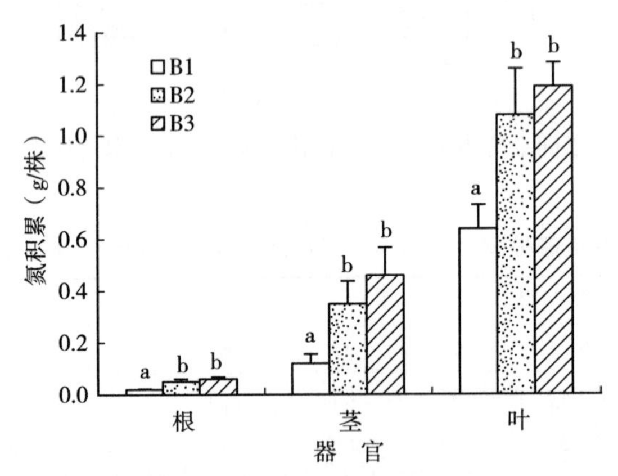

图 4 不同浓度硼处理对烟草根、茎和叶中氮积累的影响

2.5 不同浓度硼处理对烟株叶片氮代谢的影响

表 2 显示，随着烟株供硼浓度的增加，烟株叶片 NR 活性显著增强，烟株叶片氨基酸、蛋白质含量增加，烟株对 NO_3^- 的同化能力增强。低硼可导致烟株叶片氨基酸、蛋白质和 NO_3^- 含量显著下降，在 20μmol/L H_3BO_3 浓度的基础上再增加烟株硼素的供应浓度时，对烟株叶片的氨基酸含量无明显影响。

表2　不同浓度硼处理对烟草叶片氮代谢的影响

处理	硝酸还原酶活性 [$\mu molNO_3^-$/(g·h)，FW]	氨基酸含量 (mg/g，FW)	蛋白质含量 (mg/g，FW)	硝酸根含量 (mg/g，FW)	铵离子含量 (mg/g，FW)
B1	3.86 a	2.21 a	2.97 a	0.58 a	1.07 a
B2	14.21 b	2.65 b	3.63 b	10.50 b	0.92 ab
B3	16.38 c	2.82 b	4.12 c	11.68 c	0.84 b

2.6　不同浓度硼处理对烟株叶片光合速率的影响

本试验5（B1）、20（B2）、40（B3）μmol/L 3个处理在移栽后第60天测得烟株第13片叶光合速率分别为15.33±0.80、21.58±1.70、22.49±0.71$\mu molCO_2$/（m^2·s）。由此可见，随着硼供应浓度的增加（5～40μmol/L），烟株叶片的光合速率呈增加趋势；方差分析结果表明，与B1处理相比，以20μmol/L H_3BO_3 供应烟株时，烟株的光合速率显著增加，若再增加硼供应浓度（40μmol/L），对烟株的叶片光合速率无显著影响。

2.7　不同浓度硼处理对烟株叶片非结构性糖含量的影响

表3显示，低硼处理烟株叶片水溶性葡萄糖、果糖、蔗糖及淀粉大量积累，以20μmol/L H_3BO_3 供应烟株（处理B2）可显著降低烟株叶片上述非结构性糖的积累；继续增加硼供应浓度对烟株叶片葡萄糖、果糖、淀粉含量无显著影响，蔗糖含量则显著降低。

表3　不同浓度硼处理的烟草碳水化合物含量

处理	葡萄糖 (μmol/g，FW)	果糖 (μmol/g，FW)	蔗糖 (μmol/g，FW)	淀粉 (μmol/g，FW)
B1	10.46 a	6.55 a	4.32 a	69.47 a
B2	0.58 b	0.62 b	3.75 b	52.89 b
B3	0.45 b	0.21 b	2.43 c	46.37 b

3　讨论

硼是维管束植物所必需的微量营养元素。大量研究表明，植物体内大多数硼聚集在细胞壁中与鼠李聚糖半乳糖醛酸形成多羟基链以稳定细胞壁的结构，部分可与糖结合促进碳水化合物运输，影响内源激素的产生和运输、核酸的代谢、酚类物质代谢、生物膜的完整性和功能等。

本研究结果表明，低硼（5μmol/L H_3BO_3）处理烟株各器官的硼、氮、钾及干物质净积累量相对较低。以20μmol/L H_3BO_3 供应烟株可显著增加烟株各器官硼、氮、钾及干物质净积累量，但氮、钾在叶片中的分配比例下降，硼在叶片中的分配比例上升。继续增加烟株硼供应浓度（以40μmol/L H_3BO_3 供应烟株），烟株各器官干物质、叶片硼、茎和叶片钾净积累量继续增加，对氮在各器官的积累无显著影响，但叶片中的氮、钾分配比例呈下降趋势。由此可见，在缺硼烟区施用适量的硼可显著增加烟株各器官的干物重，提高烟株叶片的钾离子含量，改善烟叶品质[13]，但烤烟过量施用硼肥则导致氮、钾在烟株叶片的分配比例下降，氮、钾的经济利用率降低。

研究表明，缺硼可导致大豆、玉米、向日葵根系的 H^+ - ATPase 活性及质膜的完整性下降，导致根系吸收能力减弱[14,15]。本文研究结果显示，低硼（5μmol/L H_3BO_3）时，烟株叶片 NO_3^- 和 NH_4^+ 积累量显著降低，这可能是在低硼供应条件下，烟株呈缺硼状态，导致烟株根系质膜完整性下降，对 NO_3^- 和 NH_4^+ 吸收能力下降所致。

NR 是植物氮代谢过程中的限速酶，烟株吸收的 NO_3^- 首先经还原转化为 NH_4^+，然后再进一步合成氨基酸、蛋白质等其他含氮化合物。因此，NR 活性严重影响了植物对 NO_3^- 的同化速率，进而影响了氨基酸和蛋白质的合成。本文研究结果证明，与烟株供应 5μmol/L H_3BO_3 相比，20μmol/L H_3BO_3 处理的烟株叶片 NR 活性显著增强，叶片内氨基酸和蛋白质含量显著增加，由此可见，适量施硼可显著促进烟株氮素的合成代谢过程。

尽管硼并不能直接影响植物的光合速率，但是可以通过影响植物光合面积、气孔导度、叶片厚度来间接影响植物的光合速率[16,17]。本文研究结果表明，与 20μmol/L H_3BO_3 处理相比，5μmol/L H_3BO_3 处理的烟株叶片光合速率显著下降，导致烟株对 CO_2 同化能力下降，与此同时，烟株叶片非结构性糖（葡萄糖、果糖、蔗糖、淀粉）含量显著增加，这可能与缺硼烟株对碳水化合物在体内运输能力下降有关[2,3]，也可能是缺硼烟株氮同化受阻，烟株叶片氮同化过程中所需的碳架较少，导致烟株叶片葡萄糖、果糖、蔗糖、淀粉大量积累所致。

本试验结果表明，缺硼显著减少烟株硼、钾积累量，影响烟叶碳氮代谢的协调性。广西是缺硼地区，建议对缺硼地区适当补施硼肥。

参考文献

[1] Victor M, Shorrocks V M. The occurrence and correction of boron deficiency [J]. Plant and Soil, 1997, 193: 121 - 148.

[2] Dave I C, Kannan S. Influence of boron deficiency on micronutrients absorption by *Phaseolus vulgaris* and protein contents in cotyledons [J]. Acta Physiol Plant, 1981, 3: 27 - 36.

[3] Shelp B J. Physiology and biochemistry of boron in plants [C] //Gupta. Boron and Its Role in Crop Protection. CRC Press, Boca Raton, FL, USA, 1993: 53 - 85.

[4] Ruiz J M, Baghour M, Bretones G, et al. Nitrogen metabolism in tobacco plants (*Nicotiana tabacum* L.): Role of Boron as a possible regulatory factor [J]. Int J Plant Sci, 1998, 159: 121 - 126.

[5] Dugger W M. Boron in plant metabolism [C] //LaÈuchli A, Bieleski R L. Encyclopedia of plant physiology. Berlin: NS, Springer, 1983, 15B: 626 - 650.

[6] 林克惠，邓敬宁，彭桂芬，等．镁、锌、硼肥对烤烟几个生理生化指标、产量和品质的影响［J］．云南农业大学学报，1990（3）：136－143.

[7] 陈建忠．山地黄壤烤烟中微肥施用试验研究［J］．烟草科技，2000（9）：39－41.

[8] 侯庆山，张玉东．镁锌硼肥在烤烟生产中应用效果的研究［J］．土壤，1997（29）：149－151.

[9] 张志良，瞿伟菁．植物生理学指南［M］．北京：高等教育出版社，2003.
[10] Stitt M，Lilley R M，Gerhardt R，et al. Metabolite levels in specific cells and subcellular compartments of plant leaves［J］. Methods Enzymol，1989（174）：518－552.
[11] 鲍士旦．土壤农化分析［M］．北京：中国农业出版社，2000.
[12] 汤章城．现代植物生理学实验指南［M］．北京：科学出版社，1999.
[13] 周冀衡．烟草生理与生物化学［M］．合肥：中国科学技术大学出版社，1996：193－194.
[14] Cara F A，Sánchez E，Ruiz JM，et al. Is phenol oxidation responsible for the short-term effects of boron deficiency on plasma-membrane permeability and function in squash roots?［J］. Plant Physiol Biochem，2002，40：853－858.
[15] Brown P H，Bellaloui N，Wimmer M A，et al. Boron in plant biology［J］. Plant Biol，2002（4）：203－223.
[16] Sotiria S，Georgios L，George K. Boron deficiency effects on growth，photosynthesis and relative concentrations of phenolics of *Dittrichia viscosa*（Asteraceae）［J］. Environmental and Experimental Botany，2006，56：293－300.
[17] Dell，B，Huang L. Physiological response of plants to low boron［J］. Plant Soil，1997（193）：103－120.

（原载《广西农业生物科学》2007年第4期）

硼对烤烟碳氮代谢及产、质量的影响研究

韦建玉[1,2]，王　军[1,3]，何远兰[1]，顾明华[1*]，邹　凯[1]，胡建斌[2]

（1. 广西大学农学院，南宁　530005；2. 广西中烟工业公司，南宁　545005；
3. 广东省烟草南雄科学研究所，南雄　512400）

摘　要： 研究了施用硼肥对烤烟碳氮代谢及产量、品质的影响。结果显示，适量施用硼肥可提高烟株旺长期的光合速率、打顶期的可溶性糖含量，促进烟株对氮素的同化，提高烟叶的品质。在供试条件下，以 1kg/hm^2 的施硼量效果最佳。

关键词： 烤烟；硼；碳氮代谢；产量；品质

Warington 于 19 世纪 20 年代揭示了硼是维管植物所必需的矿质元素[1]，在以后的研究中，人们发现缺硼可以迅速引起植物形态上、生理上、代谢上变化[2]。硼与细胞壁的合成[3]、保持膜的完整性[4]、酚类物质代谢[5]、叶片光合作用及腺毛分泌物[6]、植物氮代谢及其与碳代谢关系密切[7,8]。尽管如此，硼在高等植物中的作用仍然是其他 8 种微量元素中了解最少的一种[2]。

烤烟是中等需硼作物，硼可以提高旺长期烟叶叶绿素含量、提高光合作用效率和蒸腾速率[9]，缺硼使烟草韧皮部的碳水化合物运输受限，从而使烟叶的淀粉和可溶性糖含量上升[10]。国内大量试验表明，硼的施用对烟草产质量有好的影响，对烟叶产量、上等烟率、均价等指标都有明显的提高[11~17]，这可能和我国大部分烟区都面临着不同程度的缺硼有关[18]。然而，有关硼对烤烟品质形成过程中的关键化合物的代谢过程的影响鲜见报道，为此，我们在大田条件下研究了不同施硼量对烤烟品质形成过程中关键化学成分的代谢过程的影响，以期为烤烟生产上施用硼肥提供理论依据。

1　材料与方法

1.1　试验材料

试验安排在广西大学农场，2005 年 12 月 25 日播种，2006 年 3 月 8 日移栽，2006 年 5 月 18 日现蕾打顶。供试烟草品种为 K326，供试土壤为红壤土，其基本农化性状为：碱解氮 122.6mg/kg，速效磷 40.3mg/kg，速效钾 134.97mg/kg，pH 6.68，有效硼 0.314mg/kg。

作者简介：韦建玉（1966—），高级农艺师，主要从事烟草栽培和营养生理研究，Email：jtxwjy@163.com。
*通讯作者：Email：gumh@gxu.edu.cn。

1.2 试验方法

共设3个处理，B0（CK 0kg/hm^2）、B1（1kg/hm^2）、B2（3kg/hm^2），随机区组排列，3次重复。烟株行株距为1.1m×0.5m，小区面积19.8m^2。试验田施肥量为纯氮6kg/hm^2（N：P_2O_5：K_2O=1：2：3），硼肥用硼砂（含硼量为11.537%）与泥土混匀后基施。

于移栽后40d开始测定分析烟株正十叶（从下往上数）各项指标，同时用LI-6400光合仪测烟株光合特性。硝酸还原酶活性（NR）采用活体法[19]，淀粉酶采用3,5-二硝基水杨酸法[19]，可溶性糖采用蒽酮法[19]，游离氨基酸采用茚三酮法[20]测定。小区一半烟株用于生理生化测定，另一半单收单烤，计产计值。试验数据用Excel 2003和SPSS13.0统计分析，用Sigmaplot9.0作图。

2 结果与讨论

2.1 不同施硼量对烤烟净光合速率的影响

硼有稳定叶绿素结构的作用，缺硼的桑叶叶绿素含量比不缺硼的桑叶叶绿素含量少21%，其光合作用和呼吸作用分别比不缺硼下降21%和72%[21]。且缺硼的油菜叶肉细胞叶绿体变小，基粒片层解体呈囊泡状，基粒遭破坏[22]，Fv/Fm比率下降[23]。硼对光合作用的影响仍然存在争论，目前较为一致的观点是硼并不在光合作用中起关键作用，但可以间接地影响到叶片的光合面积和气孔导度等其他与光合作用相关的参数，进而影响到光合速率[24]。Stavrianakou等人最近研究表明缺硼对叶绿素含量、气孔密度、Fv/Fm比率均没有影响，光合速率却稍有增加，并认为是由于增加了叶片的厚度所致[6]。结果显示，与对照（B0）相比，以1kg/hm^{2}的施硼量供应烤烟可以在烟株移栽后第50天和第60天显著增加烤烟叶片的光合速率，以3kg/hm^{2}供应烤烟可以使烤烟移栽至打顶时的光合速率略有降低，但不显著（图1）。这可能与供试土壤有效硼含量较低（0.314mg/kg）及烟草对硼敏感程度有关。

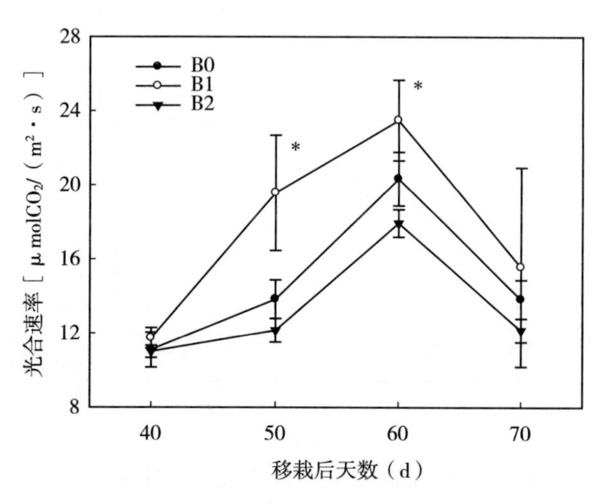

图1 不同施硼处理对烤烟净光合速率的影响

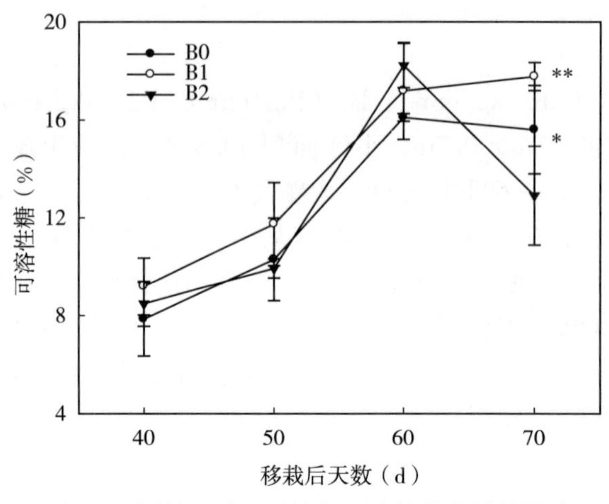

图 2　不同施硼处理对烤烟可溶性糖含量的影响

2.2　不同处理对烤烟可溶性糖含量的影响

硼可以和富含羟基的糖类化合物络合，形成糖的硼酯多带有电荷而具有极性，使之更容易穿过细胞膜，利于糖类物质在植物体内转运[25,26]。缺硼植株体内碳水化合物转运受限，可溶性糖和淀粉积累增加[8,27]。图 2 结果表明，在烟株打顶前（移栽后 70d 前）不同处理对烤烟叶片的可溶性糖含量无显著影响，在打顶时（移栽后第 70 天）各处理之间的可溶性糖含量差异显著，且随着施硼量的增加烤烟叶片的可溶性糖含量增加（B2＞B1＞B0），这暗示了在供试条件下，土壤的硼素可能仅仅能满足烤烟打顶前的需求。

2.3　不同处理对烤烟淀粉酶活性的影响

淀粉酶属水解酶类，催化底物淀粉的分解，淀粉分解速率和淀粉酶活性动态密切相关，两者呈负相关关系[28]。图 3 结果表明，在移栽至打顶时（移栽后第 70 天），B1 和 B2

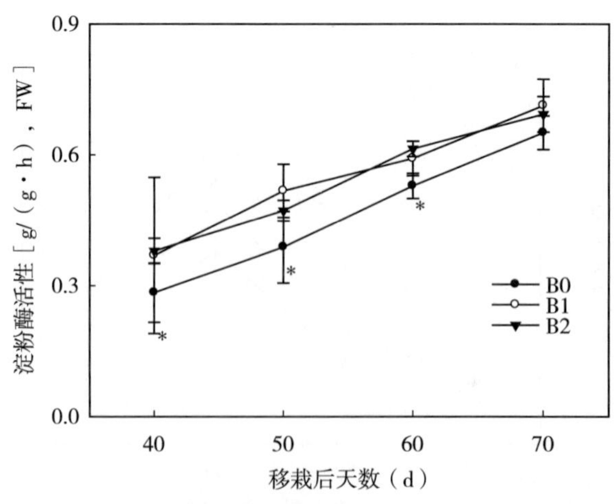

图 3　不同施硼处理对烤烟淀粉酶活性的影响

处理的烤烟叶片淀粉酶活性没有差异，B0 处理在移栽后第 40、50、60 天则显著低于处理 B1 和 B2。这说明了在供试条件下，施用少量硼可以显著减少烤烟打顶前叶片淀粉的积累。之所以不施用硼肥的烤烟淀粉酶活性下降，可能是其光合初级产物改变代谢方向（如为合成酚类物质提供碳架[5,6]），淀粉合成减弱，造成淀粉酶催化的底物（淀粉）含量下降，抑制了淀粉酶活性有关。

2.4 不同处理对烤烟氨基酸含量的影响

氨基酸是烤烟氮素同化过程中重要的中间体，硼可以直接影响到植物的氮素同化过程[29]。我们测定了不同施硼量对烤烟生长过程中氨基酸含量的变化，结果显示，B2 处理在移栽后 60d 时烤烟叶片的游离氨基酸含量显著低于 B0 和 B1 处理（图 4）。此结果与 López-Lefebre 等人水培试验的研究结果不一致[7]，可能与供试条件下土壤含硼量较高有关。

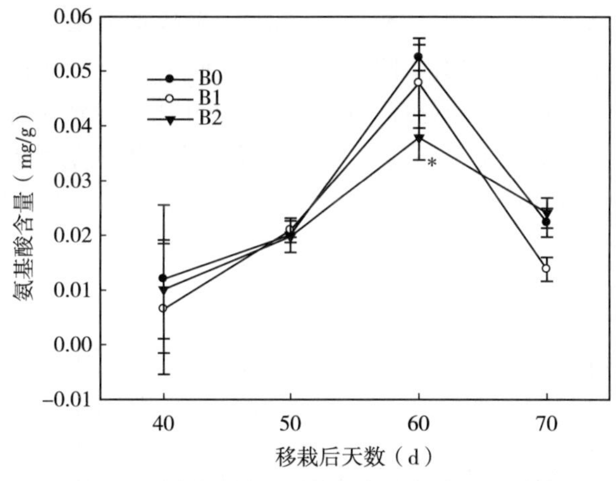

图 4 不同施硼处理对烤烟氨基酸含量的影响

2.5 不同处理对烤烟硝酸还原酶活性的影响

NR 是植物同化硝态氮过程中的关键酶，Juan 等人研究表明缺硼的烟草植株 NR 活性下降，这种下降是由于缺硼导致 NR 的结构基因在转录水平上引起的[8]。我们的结果显示，B1 处理在烟株移栽后第 50 天时极显著高于 B0 和 B2 处理（图 5）。此时为烟株旺长期，由此可见，在供试条件下，适量施硼（1kg/hm^2）可促进烤烟大田旺长期硝态氮的同化能力，进而促进烤烟生长和干物质积累；而过量施硼（3kg/hm^2）并不能促进烤烟氮同化。

2.6 不同处理对烤烟产、质量的影响

烤烟施硼在我国许多烟区产生良好的增产提质效果[9,11～13,15～17]。但我国不同地区烤烟烟叶含硼量不同，这种不同会对烟叶香气产生不同的影响，如在我国利川的烤烟硼含量与评吸质量呈正相关，而我国河南平顶山的烤烟硼含量却与评吸质量呈负相关[30]。我们试

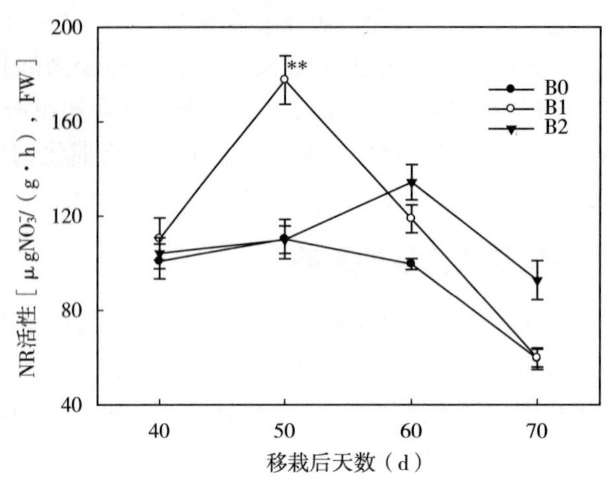

图5　不同施硼处理对烤烟硝酸还原酶活性的影响

验结果表明，在供试条件下，适量施硼（$1kg/hm^2$）的烤烟产量、产值略有增加，当施硼量达 $3kg/hm^2$ 时，烤烟的产值稍有下降，但均不显著（图6）。试验还表明，与对照不施硼相比，适量施硼（$1kg/hm^2$）的处理（B1）烤烟烟叶均价得到显著提高，而以 $3kg/hm^2$ 的施硼量供应烤烟时在均价则略有下降。这充分说明了在供试条件下，适量施硼可显著改善烤烟的品质，但对产量和产值则无明显的影响，在 $1kg/hm^2$ 的基础上增加施硼量则会对烤烟的产、质量产生不利的影响。

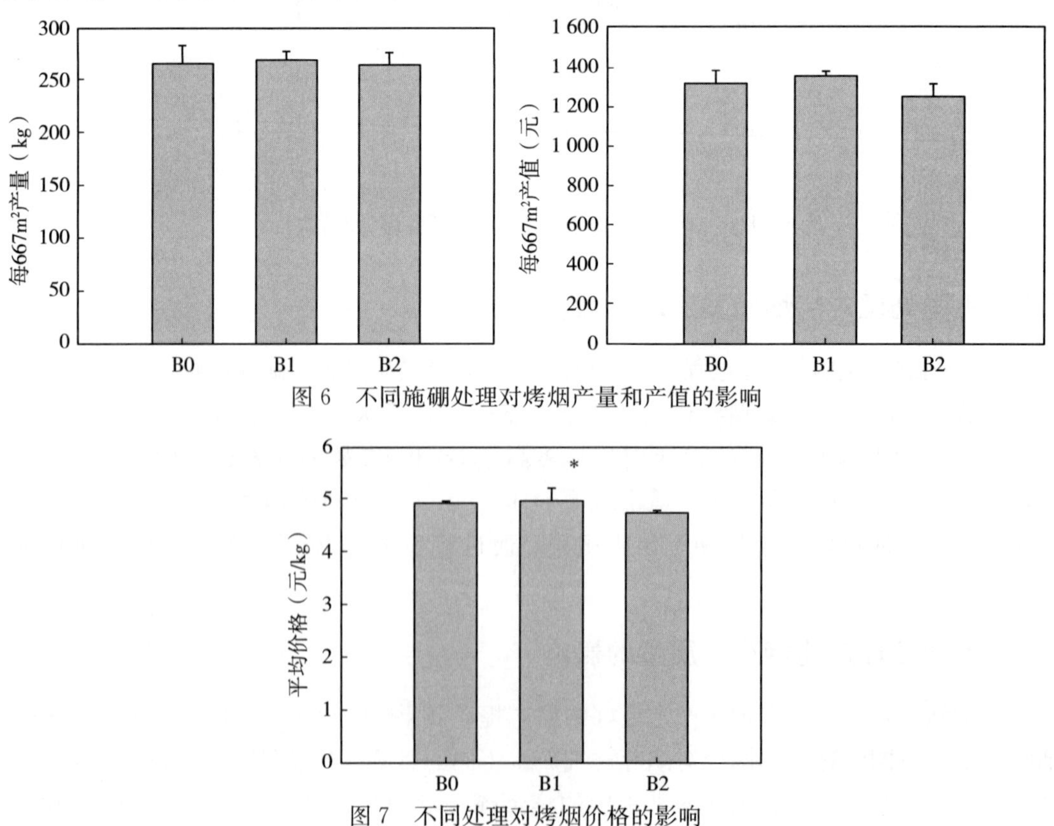

图6　不同施硼处理对烤烟产量和产值的影响

图7　不同处理对烤烟价格的影响

3 结论

适量施硼可显著提高烤烟叶片旺长期的光合速率、NR 活性，提高打顶时叶片可溶性糖含量；过量施硼抑制烟株打顶前的光合速率、降低打顶时烟株叶片的可溶性糖含量；增施硼肥对烤烟产量与产值无明显的影响，但可显著提高原烟的均价。在供试条件下，以 $1kg/hm^2$ 的施硼量供应烤烟时可获得最佳的烟叶产、质量。

参考文献

[1] Warington K. The effect of boric acid and borax on the broad been and certain other plants [J] . Ann Bot (Lond), 1923, 37: 66.

[2] Bolaños L, Lukaszewski K, Bonilla I, et al. Why boron? [J] . Plant Physiology and Biochemistry, 2004, 42: 907-912.

[3] Olivier L, David M C, Aaron H L, et al. Biosynthesis of plant cell wall polysaccharides——a complex process [J] . Current Opinion in Plant Biology, 2006, 9: 621-630.

[4] Cakmak I, Kurz H, Marschner H. Short-term effects of boron, germaniun and high light intensity on membrane permeability in boron deficient leaves of sunflower [J] . Physiol Plant, 1995, 95: 11-18.

[5] Juan M R, German B, Mourad B, et al. Relationship between boron and phenolic metabolism in tobacco leaves [J] . Phytochemistry, 1998, 48 (2): 269-272.

[6] Stavrianakou S, Liakopoulos G, Karabourniotis G. Boron deficiency effects on growth, photosynthesis and relative concentrations of phenolics of *Dittrichia viscosa* (Asteraceae) [J] . Environmental and Experimental Botany, 2006, 56: 293-300.

[7] López-Lefebre L R, Ruiz J M, Rivero R M, et al. Supplemental boron stimulates ammonium assimilation in leaves of tobacco plants (*Nicotiana tabacum* L.) [J] . Plant Growth Regulation, 2002, 36: 231-236.

[8] Camacho-Cristóbal J J, González-Fontes A. Boron deficiency causes a drastic decrease in nitrate content and nitrate reductase activity, and increases the content of carbohydrates in leaves from tobacco plants [J] . Planta, 1999, 209: 528-536.

[9] 崔国明，黄必志，柴家荣，等．硼对烤烟生理生化及产质量的影响 [J] ．中国烟草科学，2000，21 (3)：14-18.

[10] Macvicar R, Burris R H. Relation of boron to certain plant exidases [J] . Arch Biochem, 1948, 17: 31-39.

[11] 张仁椒，倪金应，林永镁，等．明溪县烤烟施硼效应的初步研究 [J] ．中国烟草科学，1994 (1)：42-44.

[12] 林克惠，邓敬宁，彭桂芬．镁、锌、硼肥对烤烟几个生理生化指标、产量和品质的影响 [J] ．云南农业大学学报，1990，5 (3)：136-143.

[13] 罗鹏涛，邵岩．硼在植物生活中的作用及在烟草生产上的应用 [J] ．云南农业大学学报，1990，5 (4)：237-241.

[14] 黄建如，陈修年，王中富，等．施用 B、Zn、Ca 肥对浙江山区香料烟产质量影响的分析 [J] ．中国烟草科学，1994 (2)：41-43.

［15］陈建忠．山地黄壤烤烟中微肥施用试验研究［J］．烟草科技，2000（9）：39-41.
［16］俞丁力．施硼对烤烟农艺性状产质量的影响［J］．烟草科技，1994（2）：37-38.
［17］侯庆山，张玉东．镁锌硼肥在烤烟生产中应用效果的研究［J］．土壤，1997，29（3）：149-151.
［18］Victor MS. The occurrence and correction of boron deficiency［J］. Plant and Soil，1997，193：121-148.
［19］张志良．植物生理学实验指导［M］．北京：高等教育出版社，2002.
［20］赵世杰，史国安，董新纯．植物生理学实验指导［M］．北京：中国农业科学技术出版社，2002.
［21］钟勇玉，杜军宝，薛三雄，等．土壤缺硼对桑叶光合作用和呼吸作用的影响［J］．西北农业学报，1996，5（1）：58-62.
［22］刘后利．实用油菜栽培学［M］．上海：上海科学技术出版社，1987：455.
［23］Liakopoulos G，Karabourniotis G. Boron deficiency and concentrations and composition of phenolic compounds in *Olea europaea* leaves：a combined growth chamber and field study［J］. Tree Physiol，2005，25：307-315.
［24］Dell B，Huang L. Physiological response of plants to low boron［J］. Plant Soil，1997，193：103-120.
［25］Patrick H B，Nacer B，Hu H N，et al. Transgenically enhanced sorbitol synthesis facilitates phloem boron transport and increases tolerance of tobacco to boron deficiency［J］. Plant Physiology，1999，119：17-20.
［26］Nacer B，Patrick H B，Abahaya M D. Manipulation of in vivo sorbitol production alters boron uptake and transport in tobacco［J］. Plant Physiology，1999，119：735-741.
［27］Zhao D L，Derrick M O. Cotton carbon exchange，nonstructural carbohydrates，and boron distribution in tissues during development of boron deficiency［J］. Field Crops Research，2002，78：75-87.
［28］余叔文．植物生理与分子生物学［M］．第2版．上海：上海远东出版社，1994：142-143.
［29］Shelp B J. Physiology and biochemistry of boron in plants［C］//Gupta. Boron and Its Role in Crop Protection. CRC Press，Boca Ratón，FL，USA，1993：53-85.
［30］胡国松，彭传新，杨林波，等．烤烟营养状况与香吃味关系的研究及施肥建议［J］．中国烟草科学，1997（4）：23-29.

不同供硫水平对烟叶产、质量的影响

王国平，向鹏华[1]，曾惠宇[2]，肖　艳[1]

（1. 衡阳市烟草公司烟科所，衡阳　421101；
2. 衡阳市烟草公司常宁分公司，常宁　421200）

摘　要：对不同供硫水平下烤烟产量、产值以及烟叶质量进行了研究。结果表明，施硫量与烟叶硫含量呈正相关，尤其是中部叶呈极显著正相关（$r=0.9643$）；少施硫处理和不施硫处理的烟叶产量和产值都较高，但不施硫处理的烟叶品质差，施硫大于 54.6kg/hm^2 的处理产、质量都较差；各处理中以施硫 13.6kg/hm^2 最好。

关键词：烤烟；施肥；硫素；产/质量

硫被认为是继氮、磷、钾之后植物生长发育必需的第四种营养元素，其需要量与磷相当[1]；硫影响烟株的生长发育、烟叶产量和品质等[2~4]。一些烟区为了满足烤烟对硫、钾、镁等元素的需求，增施硫酸钾、硫酸镁等含硫肥料，使部分烟叶硫素含量偏高，以致影响烟叶产量和品质[5]。所以，合理施用硫肥已成为当前烟区营养管理的重要内容之一。为了探明硫酸钾的合理施肥量以及不同用量对烟叶产量和质量的影响，进行了不同供硫水平的对比试验。

1　材料与方法

1.1　试验材料

（1）试验土壤。土壤类型为黄沙泥，前茬作物为水稻，土壤农化性状见表 1。

（2）供试品种。云烟 87。

（3）施肥用量。施肥量为纯氮 135kg/hm^2，氮∶磷∶钾＝1∶1∶2.5。

表 1　供试土壤基本理化性状

pH（水浸）	全量（g/kg）			速效（mg/kg）			全硫（mg/kg）	有机质（g/kg）
	N	P	K	N	P	K		
5.8	2.5	1.0	11.9	214.2	30.3	99.8	27.1	33.1

1.2　试验设计

试验设 5 个施硫水平处理，硫肥为 K_2SO_4，分别为：处理 1.100％硫（纯硫 136.6

kg/hm^2）；处理 2.70%硫（纯硫 95.6kg/hm^2）；处理 3.40%硫（纯硫 54.6kg/hm^2）；处理 4.10%硫（纯硫 13.6kg/hm^2）以及处理 5. 不施硫处理。钾肥由 KNO_3 补充。3 次重复，随机区组排列，小区面积为 7.2m×5m。

1.3 分析项目与方法

开氏定氮法测全氮；用高氯酸、硫酸消化，钼锑抗比色法测磷；氢氧化钠熔融，火焰光度法测钾；土壤硫和烟叶硫采用硫酸钡比浊法；烟叶的化学成分分析使用荷兰 SKALAR 连续流动分析仪。

2 结果与分析

2.1 不同供硫处理对烟叶产量和产值的影响

产量与产值是反映试验因素效果的重要指标。从表 2 可知，处理 5 的产量最高，达到了 3 035kg/hm^2，处理 1 产量最低，仅为 2 031kg/hm^2，处理 5 极显著大于处理 2、处理 1，处理 3、处理 4 极显著大于处理 1；处理 4 的产值最高，为 40 719 元/hm^2，分别比处理 5、处理 3、处理 2、处理 1 高 2 338、3 906、9 216、14 118 元/hm^2，处理 5 和处理 4 都极显著大于处理 2 和处理 1。从试验结果可以看出，硫肥施用的多少对产量和产值影响较大，硫肥施得越多其产量越低，产值也低。

表 2 各处理主要经济性状

处理	产量（kg/hm^2）	产值（元/hm^2）
处理 1	2 031 C	26 601 C
处理 2	2 307 BC	31 503 BC
处理 3	2 721 AB	36 813 AB
处理 4	2 714 AB	40 719 A
处理 5	3 035 A	38 381 A

注：同列中字母相同者为差异不显著，不同者为差异极显著。

2.2 不同供硫处理对烟叶外观品质影响

由表 3 可知，从外观品质上看，下部叶各处理在成熟度、结构组织、油分、身份没有差异，处理 1 的色度较弱，其他处理色度都为中；中部叶处理 2、3、4 的色度较好，均为强，而处理 1、5 色度为中；上部叶外观品质以处理 3、4 较好，组织结构和色度优于其他三个处理。综合来看，各部位烟叶的外观品质以处理 3、4 较好，施硫较少的处理有利于烟叶的外观品质形成。

表 3　各处理外观品质

部位	处理	成熟度	结构组织	油分	身份	色度
下部	1	成熟	疏松	稍有	稍薄	弱
	2	成熟	疏松	稍有	稍薄	中
	3	成熟	疏松	稍有	稍薄	中
	4	成熟	疏松	稍有	稍薄	中
	5	成熟	疏松	稍有	稍薄	中
中部	1	成熟	疏松	有	中等	中
	2	成熟	疏松	有	中等	强
	3	成熟	疏松	有	中等	强
	4	成熟	疏松	有	中等	强
	5	成熟	疏松	有	中等	中
上部	1	成熟	稍密	有	中等	中
	2	成熟	尚疏松	有	稍厚	中
	3	成熟	疏松	有	稍厚	强
	4	成熟	疏松	有	稍厚	强
	5	成熟	尚疏松	有	稍厚	中

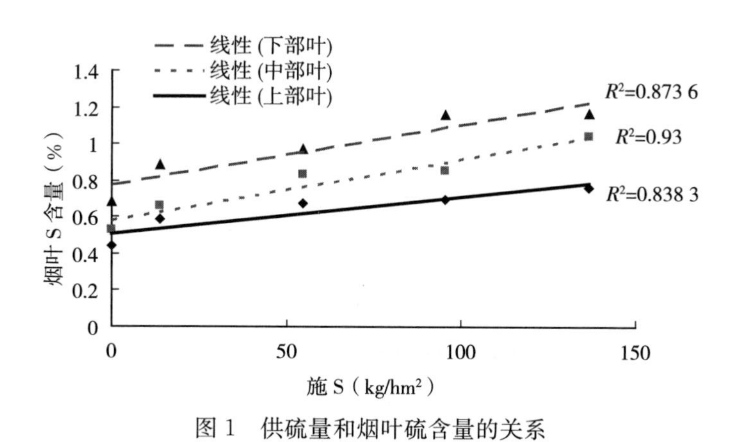

图 1　供硫量和烟叶硫含量的关系

2.3　供硫处理与烟叶硫含量的关系

从图 1 可以看出，随着施硫量的增加，烟叶硫含量也相应增加，从不同部位来看，烟叶硫含量与施硫量都呈正相关，下、中、上 3 个部位与施硫量相关性分别为 0.873 6、0.93、0.838 3。因此在施肥过程中施用硫肥要相当谨慎，施多或施少都会影响烟叶硫含量。

2.4 不同施硫处理对烟叶化学成分的影响

优质烟叶对化学成分指标一般为：总氮含量在1.5%～3.0%，还原糖含量16%～22%；下部叶适宜烟碱含量1.5%～2.05%，中部叶2.05%～2.8%，上部叶2.5%～3.5%为适宜，硫含量在0.2%～0.8%[7,8]。表4结果表明，K含量都较适宜；氮含量和烟碱以处理4较好，其他处理下部叶含量偏低；糖含量差异较大，处理5的下部、中部叶偏高，上部叶偏低，处理3下、中部叶较高，其他处理各部位糖含量适宜；糖碱比3个部位均以处理4较好，其他处理糖碱比偏高；烟叶硫含量以处理1最高，随着施硫量的降低，烟叶硫含量呈下降趋势，但处理2、3烟叶硫含量仍高于适宜值范围，处理4和处理5烟叶硫含量均在适宜值范围。综合钾含量、烟碱、糖碱比、硫含量来看，以处理4较协调，其次是处理3，处理5、处理1较差。

表4 各处理烟叶化学成分

处理	部位	钾(%)	氮(%)	烟碱(%)	总糖(%)	还原糖(%)	糖碱比	硫(%)
处理1	下	3.49	1.06	1.41	26.68	20.83	14.8	0.765
	中	1.94	1.51	1.95	26.9	21.64	11.1	1.042
	上	2.19	2.95	2.98	19.71	16.15	5.4	1.167
处理2	下	3.35	0.97	1.2	31.27	25.93	21.6	0.699
	中	2.07	1.75	1.85	25.81	20.62	11.1	0.857
	上	2.36	2.69	2.86	18.07	15.49	5.4	1.163
处理3	下	2.9	0.97	1.23	35.02	28.06	22.8	0.672
	中	1.82	1.51	1.53	30.03	25.95	17.0	0.837
	上	1.93	2.37	2.52	23.99	19.93	7.9	0.97
处理4	下	2.75	0.93	1.54	30.91	23.92	15.5	0.584
	中	1.94	1.55	1.82	27.5	21.99	10.4	0.657
	上	1.93	2.16	2.35	23.84	20.1	7.9	0.882
处理5	下	2.75	1.02	1.46	39.47	28.1	19.2	0.44
	中	1.57	1.27	1.25	34.19	28.24	22.6	0.529
	上	2.19	2.73	3.41	18.15	14.2	4.2	0.685

3 小结与讨论

烟草是需硫较多的植物，能耐较高浓度的硫营养，但当供硫过多时，烟叶产量、产值降低，烟叶品质不协调等都会出现[6]。烟草和其他作物一样，吸收硫素主要通过两个途径：一是根系从土壤中吸收SO_4^{2-}，二是烟草叶片通过气孔吸收大气中的SO_2。从衡阳烟区近几年的烟叶分析结果来看，硫含量一直有所偏高，重要的原因就是酸沉降和植烟区常年施用K_2SO_4所致，因此为了尽可能降低烟叶硫含量，保证生产优质的烟叶，在该植烟区应少施硫肥。

参考文献

[1] 王庆仁，林葆．植物硫营养研究现状与展望［J］．土壤肥料，1996（3）：16－19.
[2] 袁可能．植物营养元素的土壤化学［M］．北京：科学出版社，1983：296－333.
[3] 胡国松，郑伟，王震东，等．烤烟营养原理［M］．北京：科学出版社，2000：173－178.
[4] 曹志洪．优质烤烟生产的土壤与施肥［M］．南京：江苏科学技术出版社，1991：164－166.
[5] 曹志洪．优质烤烟生产的钾素与微肥［M］．北京：中国农业科学技术出版社，1995：36－46.
[6] 韩锦峰．烟草栽培生理［M］．北京：中国农业科学技术出版社，1996：54－58.
[7] 刘国顺．国内外烟叶质量差距分析和提高烟叶质量技术途径探讨［J］．中国烟草学报，2003（增刊）：54－59.
[8] 汪耀富．干旱胁迫对烤烟营养状况和产量品质的影响及其调节技术研究［D］．北京：中国农业大学，2002.

（原载《作物研究》2009年第1期）

衡阳主要植烟区土壤、烟叶硫含量现状研究

王国平，单雪华，向鹏华

（湖南省烟草公司衡阳市公司，衡阳 421001）

摘 要：通过对衡阳烟区多年土壤和烟叶硫含量研究，结果表明：土壤硫含量逐年上升趋势明显，土壤有效硫适宜比例低于5%，高硫区大于95%。下部烟叶硫含量较适宜，平均含量为0.63%，适宜比例为97.81%，而中上部烟叶平均含量分别为0.82%和0.93%，适宜比例仅为34.97%和17.49%。通过对烟叶硫含量与评吸量化关系研究，上部烟叶硫含量与劲头呈显著负相关，与香气量、浓度、刺激性呈正相关；中部烟叶与劲头和总得分呈显著负相关，烟叶硫含量与刺激性、余味和燃烧性呈正相关；下部烟叶硫含量与评吸得分呈极显著正相关，硫含量高，评吸得分越高。

关键词：衡阳；土壤；烟叶；硫

衡阳市位于湖南东南部，湘江中下游，是全国重点产烟区之一。衡阳烟区位于中国三个主要酸雨带之一华南酸雨带。酸雨的侵蚀，硫酸根离子随雨水进入土壤，同时在烤烟生产中施用大量以硫酸钾作为主要追肥的施肥制度多年，土壤中硫酸根离子日益累积，加之烤烟生产后期烟区较干旱少雨，因此土壤中的以硫酸根离子为主的盐基离子容易随水分的蒸发而向上运行，在土壤表层累积日渐增多[1]。衡阳烟区主要有5个种烟县（市），其中衡南县、耒阳市、常宁市年生产烤烟1 300万kg左右，占全市烤烟总产量的85%左右。本研究主要围绕该三个主产县（市）以期摸清衡阳主要植烟生态区的土壤和烟叶硫含量状况，为衡阳烤烟种植区划以及优化烤烟栽培技术提供一定的科学依据。

1 材料与方法

1.1 材料

2002年、2005年、2008年在衡阳3个主要植烟区的衡南、耒阳、常宁，选取化肥用量适宜、耕作制度为烟稻轮作的具有代表性的土壤，采集原始耕层土壤样品，在同一地块土种相同采集一个混合样，每次采样只采集耕作层土壤，采样深度为0～20cm。采样采用竹器钻土，按S型或8点采样法采集混合样。

2002年衡南县采取样本161个，耒阳市采取样本61个，常宁市采取样本40个；2005年衡南县采取样本80个，耒阳市采取样本42个，常宁市采取样本28个；2008年衡

南县采取样本109个，耒阳市采取样本92个，常宁市采取样本53个。土样取回后在室内自然状态下风干，人工去除小石粒和植物及根系等，充分混匀后磨细过筛备用。

于2008年在衡南、耒阳和常宁主产烟区按照66.7hm^{2}一个烟样选取X2F、C3F和B2F三个部位共180份，每个样品5kg。品种为当地主栽品种云烟87。烟叶评吸样品是从以上样品中选取，并为湖南省2008年、2009年湖南省质量跟踪项目取样样品，3个县（市）共6个乡镇每个部位（X2F、C3F和B2F）2份样品，共36份样品。

1.2 测定方法

在水稻收获后、烤烟种植之前进行土壤取样。2002年和2005年土壤有效硫和烟叶硫含量测定采用硫酸钡比浊法[2]，2008年、2009年烟叶、土壤样测定采用气相色谱法。2002年土壤有效硫在中南烟草试验站永州基地测定，2005年在湖南省农业科学研究院土壤肥料研究所测定，2008年土壤有效硫在衡阳市烟草科学研究所化验室测定，烟叶硫含量在湖南省植物营养重点实验室测定。

烟叶评吸质量指标评定结果按照《YC/T138—1998烟草及烟草制品》行业标准，建立了单料烟评吸质量指标及评分标准（表1）。由湖南省烟草质量监督检测站召集部分评烟委员，根据标准分别对香气质、香气量、浓度、劲头、杂气、刺激性、余味、燃烧性和灰色等9个单项指标进行评分，然后取其平均值，最后得出总分。

2 结果与分析

2.1 不同年限衡阳烟区土壤有效硫含量状况

参照罗建新[3]对湖南烟区土壤有效养分含量评价划分标准，土壤有效硫≤10mg/kg为低，土壤有效硫在10～20mg/kg为适宜，土壤有效硫≥20mg/kg为高。从全市2002年整体水平来看（表1），平均值35.88mg/kg，标准差19.0，含量范围5.08～82.12mg/kg，全市硫含量适宜的样本仅为5%，偏高比例为94.6%。就具体各烟区来看，衡南县土壤硫含量平均值36.95mg/kg，标准差19.1，变异系数51.71%；耒阳市土壤硫含量平均值39.61，标准差22.5，变异系数56.9%；常宁市土壤硫含量平均值28.94mg/kg，标准差16，变异系数55.31%。可以看出，2002年3个县（市）硫含量有一定差异，适宜比例都较低，常宁适宜比例较好，为22.5%，而衡南和耒阳样本适宜比例都小于2%。

表1 衡阳烟区2002—2008年土壤有效硫状况

年度	烟区	低（≤10mg/kg,%）	适宜（10～20mg/kg,%）	高（≥20mg/kg,%）	平均值（mg/kg）	含量范围（mg/kg）	变异系数（%）
2002	衡南		1.86	98.14	36.95±19.1	14.88～68.65	51.71
	耒阳		1.64	98.36	39.61±22.5	13.67～72.12	56.90
	常宁	2.50	22.5	75.00	28.94±16.0	5.08～64.69	55.31
	全市	0.40	5.00	94.60	35.88±19.0	5.08～82.12	53.02

（续）

年度	烟区	低（≤10mg/kg,%）	适宜（10～20mg/kg,%）	高（≥20mg/kg,%）	平均值（mg/kg）	含量范围（mg/kg）	变异系数（%）
2005	衡南		2.50	97.50	40.28±20.8	18.5～117.6	51.64
	耒阳		2.40	97.60	44.64±23.6	14.7～121.1	52.87
	常宁	3.57	7.14	89.29	39.81±17.4	9.0～104.2	43.71
	全市	0.70	3.30	96.00	42.62±22.9	9.0～121.1	53.42
2008	衡南		3.66	96.34	56.31±23.1	15.2～118.3	40.97
	耒阳		1.09	98.91	44.78±20.3	13.0～137.7	45.40
	常宁		4.00	96.00	54.67±24.9	16.0～143.5	45.51
	全市		2.76	97.24	51.89±23.1	13.0～143.5	44.42

2005年对150个样本进行土壤硫含量测定，结果表明，全市硫含量平均值为42.89mg/kg，标准差20.8，含量范围9.0～121.1mg/kg，全市硫含量适宜的样本为3.3%，偏高比例为96%。就各县而言，衡南县土壤硫含量平均值40.28mg/kg，变异系数51.64%；耒阳市平均值44.64mg/kg，变异系数52.87%；常宁市平均值39.81mg/kg，变异系数43.71%。3个县（市）差异不大，适宜比例都较低，衡南和耒阳土壤样本适宜比例不高于2.5%，偏高比例大于97.5%。

2008年对全市262个样本进行土壤硫含量测定，结果表明，全市硫含量平均值51.89mg/kg，标准差23.1，含量范围13.0～143.5mg/kg，全市硫含量适宜的样本为2.76%，偏高比例为97.24%。就三个县（市）而言，衡南县土壤硫含量平均值56.31mg/kg，变异系数40.97%；耒阳市平均值44.78mg/kg，变异系数45.4%；常宁市平均值54.67mg/kg，变异系数45.51%。3个县（市）土壤硫平均含量差异较大，适宜比例都比较低，3个县（市）土壤样本适宜比例都低于4.0%，偏高比例都大于96.0%。

从连续3次对烟区土壤硫含量分析结果来看，2002—2008年，硫平均含量逐年递增，且趋势比较明显，2005年烟区硫平均含量比2002年高19.6%，而2008年较2005年高21.8%，土壤有效硫的最大值也不断提高，2002年是82.12mg/kg，2005年是121.1mg/kg，到了2008年是143.5mg/kg，都已经远远大于适宜值。可以看出，随着种烟年限的增加，土壤中的有效硫增加的趋势明显。

2.2 衡阳烟区烟叶硫含量状况

根据刘勤和苏德成等对烟叶硫含量研究[4,5]，烟叶硫含量偏高会影响烟叶的燃烧性能，持火力下降，烟叶硫含量在0.2%～0.75%是比较适宜的，当烟叶含量硫到0.77%时，烟叶的燃烧性就变差了，烟叶硫含量到0.92%时，烟叶会熄火。从表2中可以看出，全市X2F烟叶硫平均含量为0.63%，适宜比例为97.81%；而中部烟叶硫平均含量为0.82%，适宜比例为34.97%；上部烟叶硫含量平均为0.93%，适宜比例仅为17.49%。从各县来看，衡南、耒阳、常宁的下部烟叶硫含量差异不大，分别为0.66%、0.60%、0.63%，适宜比例都大于95%；3个县中部烟叶硫含量分别为0.81%、0.78%、0.84%，适宜比例都较低，分别为34.43%、39.34%、31.15%；三个县的上部烟叶硫含量平均值为0.94%、0.90%、0.92%，适宜比例较上部叶更低，分别仅为14.76%、19.67%、18.06%。由此可见，衡阳中、上部烟叶普遍存在硫含量偏高现象。

表2　烟叶硫含量状况

烟区	部位	适宜 (0.2%～0.75%,%)	高 (≥0.75%,%)	平均值 (%)	范围 (%)	变异系数 (%)
衡南	X2F	98.36	1.64	0.66±0.11	0.47～0.84	15.3
	C3F	34.43	65.57	0.81±0.13	0.55～1.07	16.5
	B2F	14.76	85.24	0.94±0.17	0.59～1.30	17.8
耒阳	X2F	96.72	3.28	0.60±0.095	0.40～0.81	14.6
	C3F	39.34	60.66	0.78±0.12	0.64～1.04	13.5
	B2F	19.67	80.33	0.90±0.15	0.69～1.18	15.9
常宁	X2F	98.36	1.64	0.63±0.093	0.44～0.78	14.8
	C3F	31.15	68.85	0.84±0.14	0.6～1.15	16.7
	B2F	18.06	81.94	0.92±0.16	0.63～1.23	17.4
全市	X2F	97.81	2.19	0.63±0.13	0.40～0.84	14.7
	C3F	34.97	65.03	0.82±0.15	0.55～1.15	16.1
	B2F	17.49	82.51	0.93±0.18	0.59～1.30	17.3

2.3　烟叶含硫量与烟叶评吸质量的关系

对烟叶评吸样品硫含量成分测定来看（表2），上部烟叶硫含量在0.73%～0.81%，中部烟叶硫含量在0.62%～0.78%，下部烟叶硫含量在0.46%～0.52%。从烟叶硫含量与烤烟评吸指标相关系数来看（表3），上部烟叶硫含量与香气质、杂气、余味、劲头以及评吸总得分呈负相关，硫含量越高，香气质差，杂气重，余味少，劲头越大，评吸总得分下降，其中劲头呈显著负相关，上部烟叶硫含量越高，烟叶劲头越大，不利于烟叶吃味；与香气量、浓度、刺激性呈正相关。

表3　烟叶硫含量与烤烟评吸各指标间的相关系数

部位	香气质	香气量	杂气	浓度	劲头	刺激性	余味	燃烧性	灰色	得分
B2F	−0.271	0.04	−0.477	0.624*	−0.584*	0.022	−0.097	—	—	−0.283
C3F	−0.352	−0.081	−0.426	−0.072	−0.706*	0.099	0.195	0.164	—	−0.423*
X2F	0.12	0.18	0.36	0.302	−0.303	−0.146	0.027	—	—	0.828**

*　表示显著差异达0.05水平，** 表示显著差异达0.01水平。

中部叶硫含量与香气质、香气量、杂气、浓度、劲头、总得分呈负相关，中部烟叶硫含量越高，烟叶香气质变差，香气量小，杂气重，浓度小，劲头足，评吸总得分下降，其中与劲头和总得分呈显著负相关，烟叶硫含量越高，评吸质量下降。烟叶硫含量与刺激性、余味和燃烧性呈正相关。

下部烟叶硫含量与香气质、香气量、杂气、浓度、余味和总得分都呈正相关，烟叶硫含量越高，香气质更好，香气量更足，杂气稍少，浓度稍浓，劲头稍中，余味较静，评吸质量更好，其中硫含量与评吸得分呈极显著正相关。硫含量与刺激性和劲头呈负相关。

3 结论与讨论

目前，我省土壤酸化硫含量偏高情况比较普遍和严重。朱英华等对 2005 年湖南省烟区土壤硫素现状研究表明[6]，湖南植烟土壤有效硫平均值为 34.74mg/kg，变异系数为 41.85%，大于 80%的土壤有效硫偏高，衡阳市有衡南和耒阳入选土壤样本。罗建新等对 2002 年湖南主产烟区土壤养分状况分析结果表明，湖南植烟土壤有效硫含量丰富，全省平均为 30.5mg/kg，缺硫土壤的比例很小，湘南有 85%偏高。本研究结果表明，衡阳烟区土壤有效硫含量 2002 年、2005 年、2008 年分别是 35.88、42.89、51.89mg/kg，土壤有效硫适宜比例低于 5%，高硫区大于 95%，且土壤硫含量逐年上升的趋势很明显。

朱英华等对 2005 年湖南省烟区烟叶硫含量进行研究，中部烟叶仅有 30%烟叶硫含量处于正常水平，有 70%烟叶硫含量偏高。邓小华等对湖南烤烟硫含量分析表明[7]，湖南主产烟区烟叶硫含量在 0.1%～2.1%，平均含量为 0.88%，其中样本中含量大于 0.7%的有 71%。本研究结果表明，在 2008 年衡阳烟区烟叶下部烟叶硫含量较适宜，平均含量为 0.63%，适宜比例为 97.81%，而中上部烟叶平均含量分别为 0.82%和 0.93%，适宜比例仅为 34.97%和 17.49%。

烤烟是忌“氯”作物，氯化钾在生产中一般不能随便施用，而硝酸钾价格相对硫酸钾较贵，因此硫酸钾成为追肥中主要使用的钾肥。钾肥作为品质元素，其作用一直为烟农和管理者所推崇，使用量是越来越大，在衡阳烟区一般为 300kg/hm^2，加上过磷酸钙和菜籽饼肥等含硫肥料的施用以及雨水带入的硫素，都加剧了土壤中硫素的升高。烤烟生长在硫富裕的营养环境中，烟株将会不限制地吸收过多的硫素，因此烟叶硫的含量不断提高。下部烟叶生育期较中部烟叶短，且吸收养分在中前期，硫酸钾用于追肥，烟株吸收硫肥时，下部烟叶已停止吸收养分，这可能是下部烟叶硫含量正常的原因之一。

烤烟硫含量的高低影响烟叶质量的研究较多。张晓海等[8]研究表明，施硫量越高，烟碱和蛋白质都会提高。烟碱决定烤烟劲头，烟碱越多，劲头越大，劲头大将影响烟叶的吃味，中、上部烟叶劲头与硫含量呈显著负相关性，硫含量越高，劲头得分越低。查录云等[9]研究表明，施硫越多，香气质与香气量较差，杂气较大，中部烟叶香气质、香气量和杂气与硫含量呈负相关，硫含量越高，香气质、香气量、杂气越差。

参考文献

[1] 赵松义，肖汉乾．湖南植烟土壤肥力与平衡施肥［M］．长沙：湖南科学技术出版社，2005.
[2] 鲍士旦．土壤农化分析［M］．第 3 版．北京：中国农业出版社，2000：178－199.
[3] 罗建新，石丽红，龙世平．湖南主产烟区土壤养分状况与评价［J］．湖南农业大学学报：自然科学

版，2005，31（4）：376－380.
[4] 刘勤，张新，赖辉比，等．土壤硫素营养状况及烤烟生长发育的影响［J］．中国烟草科学，2000，（4）：20－22.
[5] 苏德成，刘好宝，窦学涛．烟草栽培［M］．北京：中国财政经济出版社，2000.
[6] 朱英华．烤烟硫营养特性及其调控技术研究［D］．长沙：湖南农业大学，2008.
[7] 邓小华，周冀衡，赵松义．湖南烤烟硫含量的区域特征及其对烟叶评吸质量的影响［J］．应用生态学报，2007，18（12）：2853－2859.
[8] 张晓海，王绍坤．利用^{35}S研究烤烟对S的吸收分配与再分配［J］．云南农业大学学报，2001，16（2）：64－69.
[9] 查录云，郑劲民，谢德平，等．硫与烤烟质量相关性试验研究［J］．烟草科技，1998（4）：40－42.

我国烟草硒素营养研究进展

韦建玉，王　军，曾祥难

（广西中烟工业有限责任公司，南宁　530001）

摘　要：从烟草硒肥、硒和硫相互作用对烟草氮、磷、硫等营养元素的吸收和积累影响以及硒硫配施对烟草叶绿素、超氧化物歧化酶（SOD）及过氧化物酶（POD）活性影响方面简介了我国烟草硒素营养的研究进展。

关键词：硒；营养；烟草

硒是动物和人体营养的必需微量元素，环境和食物链中的硒对动物的生长发育和人体健康有很大关系。人们在研究提高农作物和牧草饲料中的硒含量时，发现硒有可能是高等植物的必需微量元素。近提来随着吸烟与健康的问题日益尖锐、烟草的可用性及安全性成为烟草科学研究的一个重要方向，提高烟叶硒含量能够增加烟叶的安全性。因此硒在烟草中的运用，已引了人们的重视。

1　硒与烟草

富硒烟的研究在我国最早见报道是 1993 年，浙江农大王美珠教授与湖北来凤卷烟厂联合，通过对部分烟区页岩、土壤、烟叶和香烟的取样分析以及对人抽吸香烟、动物被动吸烟和烟的化学指标等试验，发现：香烟含硒量与烟焦油含量和自由基浓度呈显著负相关；香烟中的硒对人体血清中硒水平有轻微影响，抽吸高硒烟可起到微量的补硒作用；富硒香烟对被动吸烟的兔子血硒水平有明显影响，可起到补硒作用。李丛民等（2000）用电子自旋共振波谱法（ESR）和原子荧光光谱法（AFS），对烟草中的天然硒与焦油中自由基的浓度的对应关系的研究，发现卷烟中的微量元素硒的含量与焦油自由基的浓度呈负相关关系，当卷烟中硒含量在 0.08～0.60 之间时，自由基浓度变化尤其显著。这些研究证实，硒对烟焦油毒性有抑制作用，由此启发人们对安全、富硒、低毒素香烟和研究和开发。

2　植物对硒的吸收方式

据研究资料表明，植物对硒的吸收是一个主要过程，土壤中的硒是植物中硒的主要来源，植物中的硒主要以低分子量的有机硒形式存在，如硒代胱氨酸、硒代半胱氨酸、硒代蛋氨酸等。植物对硒的吸收受多种因素影响，土壤类型不同，硒的存在形态和含量不同，植物对硒的吸收也不同。

在微酸性矿质土壤（pH4.5～6.5）中，硒以亚硒酸盐为主要形态，亚硒酸盐易被铁，铝氧化物固定，不易被植物吸收和利用，故对植物有效性不高；在碱性（pH7.5～8.5）和高氧化还原电位的土壤中，硒以6价的硒酸盐存在，易溶于水，不易铁、铝固定，易被植物吸收利用，对植物有效性高。以不同形式存在的硒，它们被植物吸收的程度是不相同的，一般植物吸收利六价硒高8倍，若要提高土壤硒的有效性，则要提高土壤pH，并使土壤处于氧化状态。

3 烟草硒肥的研究

天然富硒烟草生长在富硒土壤中，主要是白垩纪的石灰性土壤如我国陕西省的紫阳县和湖北省的鄂西州属于富硒土壤，从湖北的鄂西延伸到湖南的西部龙山，到凤凰也有一狭长准富硒带，土壤中含硒量一般为0.4～1.2mg/kg。许多资料表明烟草中的硒含量与土壤中的含硒量有很好的相关性，因此在低硒和贫硒地区通过对土壤补硒，施加硒肥的方式，仍然可以获得富硒烟草。袁玲等（1994）分别在土壤中加入Na_2SeO_3、烟叶上喷Na_2SeO_3，可显著提高烟叶的含硒量。加硒量0、10、20、30mg/盆，烟叶的平均含硒量分别为0.09、0.50、0.53、1.12μg/g（DW）。在烟叶生长期内，分别在苗期（移栽后15d）、旺长期（移栽后35d）和成熟期（采收前20d）喷施不同浓度的Na_2SeO_3，能显著提高烟叶的含硒量，并随施用浓度的提高而增加。对照（喷清水）叶片平均含硒量仅0.09μg/g（DW），喷施5～15μg/mL的Na_2SeO_3溶液，叶片平均含硒量增加到0.24～0.53μg/g（DW），能够获得含硒量合乎需要的烟叶［0.2～0.5μg/g（DW）］。说明土壤加硒或叶片喷硒均能被烟叶吸收，使叶片含硒量提高。李国民等（1996）用铁氧化物/硫酸锰盐作载体用一定比例的亚硒酸钠拌入母肥中制成富硒复混肥，通过近70hm^2的大田试验提高烟叶中有效硒含量3～7倍，降低焦油含量到27.77%，增产率为13.11%。

高学云等（1997）在烟草鲜叶上喷施浓度不同但总量相同的亚硒酸钠，结果表明，所设定的20μg/mL（1次/d）、40μg/mL（1次/2d）和60μg/mL（1次/3d）的3种亚硝酸钠处理，随浓度提高，时间间隔加长，烟叶和烟叶可溶性蛋白质的硒的生物利用率有所提高。60μg/mL（1次/3d）为最佳处理，相应的烟叶硒含量为37.5μg/g，烟叶对硒的利用率为18.28%。其中组分Ⅰ蛋白质（F-1-P）的硒含量为61.7μg/g，对硒的利用率为2.46%；组分Ⅱ蛋白质的硒含量为93.8μg/g，对硒的利用率为3.47%。

4 硒和硫相互作用对烟草其他营养元素的吸收和积累影响的研究

硒、硫相互作用对烟草氮营养的影响。马友华，丁瑞兴等（1999）盆栽试验研究表明，低硫（$<$94μg/g）处理促进烟株中氮含量的提高，而高硫（$>$94μg/g）降低烟株氮含量。烟株氮含量随着硒用量的增加呈现先降低后上升趋势。低硒（4.94μg/g）低硫（$<$94μg/g）或高硒（9.88μg/g）高硫（$>$94μg/g）处理时，硒硫对烟株中氮吸收表现出拮抗作用。硒和硫对烟草氮积累量影响比较复杂，它与烟草部位和生育期有关。

硒、硫相互作用对烟草磷营养的影响。马友华、章力干等（2001）研究表明，硒和硫对烟草中磷吸收和积累的影响随烟草及不同生长器官而异，前期烟草地上部分磷含量随硒和硫水平的提高而提高，而全株中磷含量在6.18μg/g以下随硒处理水平提高而增加，超过6.18μg/g水平，全株磷含量随施硒逐渐下降。硫对全株磷含量影响与硒有相同趋势，75μg/g处理下全株磷含量最高，150μg/g处理又降低了全株磷含量，即全株磷含量随施肥硫增加有先上升后下降趋势，对于地上部分磷含量而言，硫促进了硒对地上部分磷含量的提高，表现出硒，硫的协同作用。对于全株磷含量来说，低硫（75μg/g）促进了低硒（＜6.18 μg/g）对磷含量的提高，而高硫（150μg/g）则减弱了高硒（＞6.18μg/g）对磷含量的降低程度，表现出低硒低硫的协同作用以及高硒高硫的拮抗作用。成熟烟草中硒积累量主要受硫积累量的影响，两者呈正相关；而硫积累量则主要受氮与硒的影响，均呈正相关，达极显著水平。

硒、硫相互作用对烟草硫营养的影响。马友华、丁瑞兴等（2000）以第四纪红色黏土为母质的红壤和下蜀黄土为母质的黄褐土为供试土壤，进行盆栽试验，结果表明，施硫可提高烟草各部位硫含量，烟时硫含量高于根部。施硒对烟草中硫含量影响不明显，但对硫积累量的影响比较明显。红壤施低硒（＜3.71μg/g）时烟草地上部分积累增加，高硒（＞3.71μg/g）时有降低趋势；黄褐土上则随施硒增加而下降。

5 硒、硫配施对烟草叶绿素、超氧化物歧化酶（SOD）及过氧化物酶（POD）活性影响的研究

马友华等（1999）研究表明，黄褐土上不施硫时烟叶叶绿素含量随使硒量增加而明显增多；在施硫75和150μg/g两处理中，以施硒6.18μg/g烟叶叶绿素含量最高。两种土壤施硫150μg/g处理的烟叶叶绿素含量均低于75μg/g处理，黄褐土各施硫处理烟叶叶绿素含量的变幅大于红壤。施硫影响硒对烟叶叶绿素含量的消长，以配施硫75μg/g，硒6.18μg/g最有利于烟叶叶绿素的增加，这时烟叶中的硒、硫含量分别为3.56mg/g和5.07mg/g。

据马友华等（1999）研究，红壤上不施硫时烟草的SOD活性随施硒的增加而减少，施硫时则随施硒量的增加而略有增高。黄褐土壤，施硫处理的烟草SOD活性均随施硒量的增加而明显升高。两类施硫土壤无论施硒量多少，均以施硫75μg/g的烟草SOD活性最低，施硫150μg/g的活性最高。红壤施硫处理的烟草POD活性随施硒量增加而升高。两类土壤施硫150μg/g处理的烟叶POD活性均高于施硫75μg/g。

6 今后主要研究方向

硒对烟草焦油中自由基清除的机理的研究；硒对烟草品质影响的研究；硒肥在烟草上的运用研究。

参考文献

[1] 刘建福，陈莉华，张永康．微量元素硒及其硒肥 [J]．吉首大学学报：自然科学版，1998，19 (3)：36-38.

[2] Frankenberger W T，Benson S. Selenium in the Environment [M]．New York：Marcel Dekker Inc，1994.

[3] 王美珠，吴宏伟，熊实禄，等．天然富硒低毒香烟的研究 [J]．浙江农业大学学报，1993，19 (2)：220-224.

[4] 李丛民．烟草中的微量元素硒对焦油中自由基的清除研究 [J]．微量元素与健康研究，2000，17 (2)：18-19.

[5] 袁玲，黄建国，陈西凯．烟草施用亚硒酸钠的研究 [J]．烟草科技，1994 (6)：33-35.

[6] 李国民，方红，田峰，等．湘西自治州植烟区土壤和烟叶含硒量的调查 [J]．吉首大学学报，1996，17 (3)：32-36.

[7] 高学云，张劲松，黄镇，等．喷施亚硒酸钠对烟叶和烟叶可溶性蛋白质中硒的生物利用率的影响 [J]．中国烟草学报，1997，3 (4)：49-52.

[8] 马友华，丁瑞兴，张继榛，等．硒和硫相互作用对烟草氮吸收和积累的影响 [J]．安徽农业大学学报，1999，26 (1)：95-100.

[9] 马友华，章力干，司友兵，等．硒、硫施用对烟草中磷的吸收和积累的影响 [J]．安徽农业大学学报，2001，28 (1)：18-23.

[10] 马友华，丁瑞兴，张继榛，等．硒和硫相互作用对烟草硫吸收与积累的影响 [J]．土壤通报，2000，32 (5)：232-236.

[11] 马友华，丁瑞兴，张继榛，等．硒和硫配施对烟草叶绿素及保护酶活性的影响 [J]．南京农业大学学报，1999，22 (4)：109-111.

硒对烤烟生理生化特性的影响

吴　芳[1]，柴利广[1]，聂荣邦[2]

（1. 湖北省烟草公司十堰市公司，十堰　430070；
2. 湖南农业大学，长沙　430030）

摘　要：【目的】研究硒对烤烟生理生化特性的影响，为烤烟的优质高产栽培提供科学依据。【方法】采用大田试验分析了烤烟不同生长时期，使用不同浓度亚硒酸钠对其根系活力、关键酶活性、膜脂过氧化产物丙二醛（MDA）含量、叶绿素含量等生理生化指标的影响。【结果】硒浓度为0～30mg/L时，能提高烤烟根系活力及叶片保护酶活性、叶绿素含量及光合效率，而MDA含量随硒浓度的增加而降低。【结论】在低硒土壤施硒可以提高烤烟的品质。

关键词：烤烟；硒；生长时期；生理生化指标

硒（Se）是生态环境中一个十分重要的微量元素。低浓度Se有清除自由基、抗衰老的作用，中国有3/4的土壤位于低硒区或缺硒区[1]。防止动物和人缺硒病的主要措施是直接对土壤和植物施用含硒肥料。通过对植物施硒，提高植物含硒量，为低硒地带人体和动物提供富硒食物，是较安全合理的补硒方法[2]。许多研究表明，植物在成熟衰老过程中，膜脂过氧化产物丙二醛（malonaldehyde，MDA）含量随着过氧化氢酶（catalase，CAT）活性的下降而增加[3～5]。吴永尧等研究认为，硒对水稻生理生化作用有显著影响[6]。烟叶是栽培烟草的目的产品，同时又是烟株生长过程中物质同化、转化和积累的主要器官。烟叶在生长过程中的光合特性、物质含量以及一些酶活性的变化直接影响烟叶的颜色、光泽、身份、油分、香气等烟叶品质指标[7]。为此，笔者分析了硒对烤烟生理生化特性的影响，旨在为烤烟的优质适产栽培提供科学依据。

1　材料与方法

1.1　供试材料

烟草（*Nicotiana tabacum* L.）品种K326。

1.2　供试土壤养分情况

试验在湖南农业大学试验田进行，前茬作物为水稻，土壤理化性状为有机质25.71 g/kg，碱解氮91.2mg/kg，有效磷15.6mg/kg，有效钾76.3mg/kg，pH 5.47。

1.3 试验设计

移栽后15d对烟草追施浓度10、30、50mg/L亚硒酸钠溶液，1个清水对照，共4个处理，分别计为处理A、B、C及CK。株行距为50cm×110cm，每小区栽烟苗33株，小区面积20m^2。每个处理设3次重复，随机区组排列。

1.4 取样分析

测定时期为团棵期、旺长期、成熟期，08：00～08：30取功能叶（取样时期的最大叶片），烟根整蔸挖取。根系活力测定采用α-萘胺氧化法[8]。MDA含量测定采用硫代巴比妥酸（TBA）法[9]。谷胱甘肽过氧化物酶（GSH_2Px）和过氧化氢酶（CAT）活性采用南京建成生物工程研究所的试剂盒测定。叶绿素含量测定采用混合液提取法[10]。光合速率测定采用LI-400便携式光合作用测定仪。蛋白质含量测定采用考马斯亮蓝法[11]。

2 结果与分析

2.1 不同施硒水平对烤烟根系活力的影响

根系是植物生命活动中的重要器官，与植物的生长和产量的形成密切相关。由图1可知，在团棵期，烟株根系活力随施硒浓度增加而增大，当施硒水平为30mg/L时，烟株根系活力达到最大值，继续增大施硒浓度时，烟株根系活力出现负增长，且施硒水平为50mg/L时烟株根系活动低于对照；在旺长期和成熟期，烟株根系活力随施硒浓度增加而增大，当施硒水平大于30mg/L时，烟株根系活力开始下降，但施硒水平为50mg/L时烟株根系活力仍比对照高。

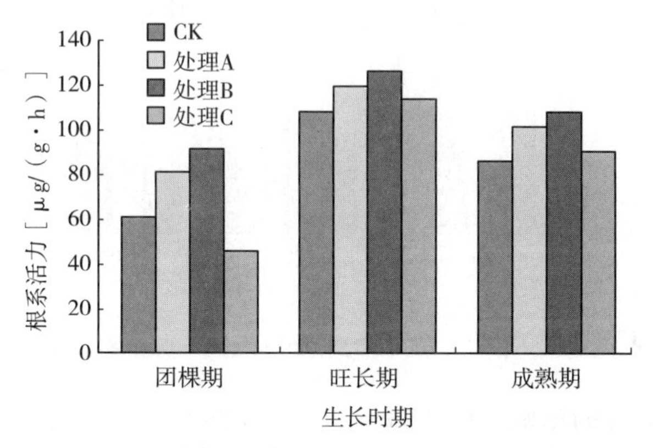

图1 不同施硒水平对烤烟根系活力的影响

2.2 不同施硒水平对烤烟叶片中MDA含量和保护酶活性的影响

2.2.1 对MDA含量的影响 MDA是细胞膜脂质过氧化的最终产物，其含量高低可反映膜脂过氧化水平。由图2可知，在团棵期和成熟期，MDA含量随施硒浓度增大先降低后升高，施硒水平为 30mg/L 时，MDA 含量降低到最小值，当施硒水平为 50mg/L 时，MDA 含量反而比对照高；在旺长期，随施硒浓度增大 MDA 含量逐渐升高，施硒水平为 50mg/L 时，烟株 MDA 含量已高于对照。

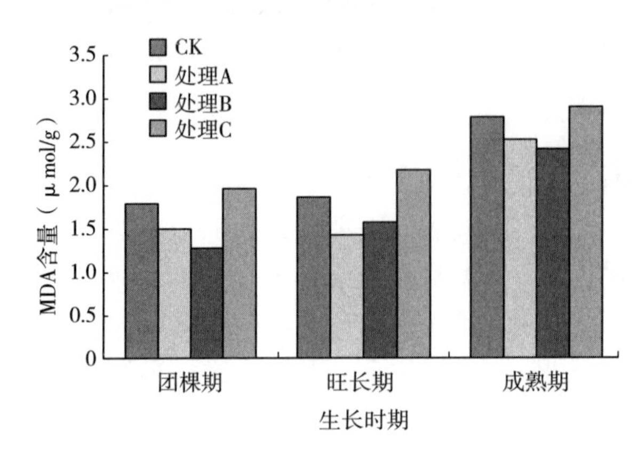

图 2　不同施硒水平对烤烟叶片 MDA 含量的影响

2.2.2　对 CAT 活性的影响　CAT 的主要作用在于催化 H_2O_2 的分解，是烟叶生长初期维持活性氧代谢的主要酶[12]。由图 3 可知，每个施硒水平的 CAT 活性，均以团棵期最强，成熟期最弱；在成熟期，烟叶中 CAT 活性随施硒水平的增大而升高，当施硒水平为 30mg/L 时，烟叶中 CAT 活力开始下降，但施硒水平为 50mg/L 时仍高于对照。

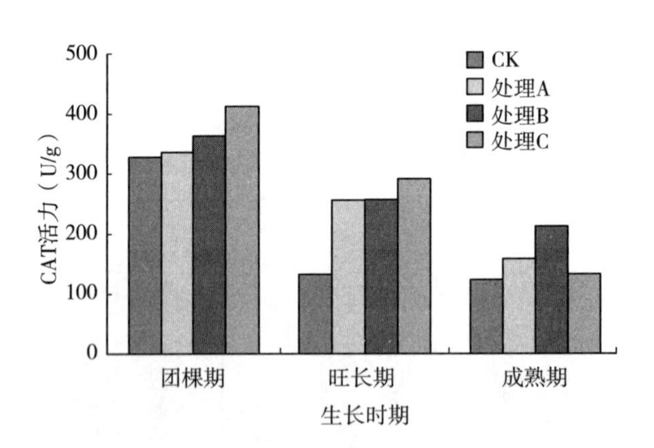

图 3　不同施硒水平对烤烟叶片 CAT 活性的影响

2.2.3　对 GSH_2Px 活性的影响　GSH_2Px 是抗氧化酶系统的重要组成部分，而 GSH_2Px 中含有硒[9]。由图 4 可知，不同生长时期，GSH_2Px 活性随施硒浓度增大先增强后减弱，当施硒水平达到 30mg/L 时，GSH_2Px 活性达到最大值，继续加大施硒浓度时，GSH_2Px 活性开始下降，但施硒水平为 50mg/L 时仍高于对照；旺长期各施硒水平下烟叶的 GSH_2Px 活性都大于团棵期和成熟期各施硒水平下烟叶的 GSH_2Px 活性。

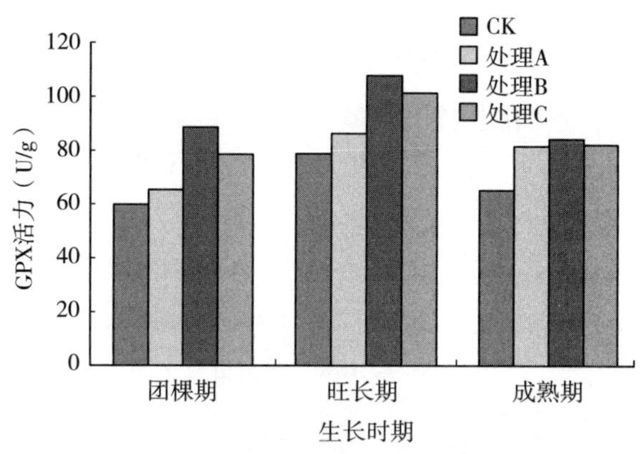

图4　不同施硒水平对烤烟叶片 GSH_2Px 活性的影响

2.3　不同施硒水平对烤烟叶片叶绿素、光合速率的影响

2.3.1　对叶绿素含量的影响　由表1可知，在各生育期，叶绿素含量都随施硒浓度增大而先升高后降低，当施硒浓度达到30mg/L时，总叶绿素含量达到最大值，当施硒浓度大于30mg/L时，叶绿素含量出现负增长。

表1　不同施硒水平对烤烟叶片叶绿素含量（μg/mL）的影响

处理	生长时期		
	团棵期	旺长期	成熟期
CK	14.88	15.75	10.26
A	15.16	15.90	11.67
B	18.47	19.00	11.91
C	17.24	17.06	9.94

2.3.2　对光合速率的影响　不同施硒水平对烟叶光合速率的影响因烤烟生育期而异（图5）。在各生育期，烟叶光合速率随施硒浓度增大而先升高后降低，施硒浓度为30mg/L时最大，继续增加施硒浓度，烟叶光合速率开始下降，但团棵期和旺长期各施硒水平下光合速率均比对照高。

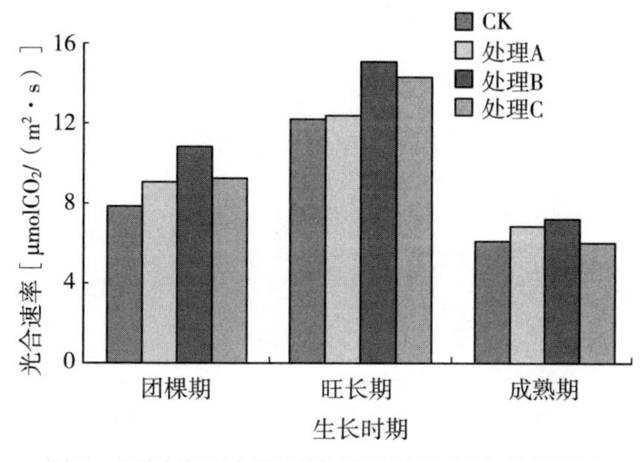

图5　不同施硒水平对烤烟叶片光合速率的影响

2.4 不同施硒水平对烤烟叶片蛋白质含量的影响

各生育期的蛋白质含量变化总体上表现为单峰曲线（图 6）。在团棵期，各施硒浓度下蛋白质含量变化不大；在旺长期，施硒浓度为 30mg/L 时叶片中蛋白质含量最高；在成熟期，蛋白质含量均降至最低，且施硒浓度为 50mg/L 时最低。

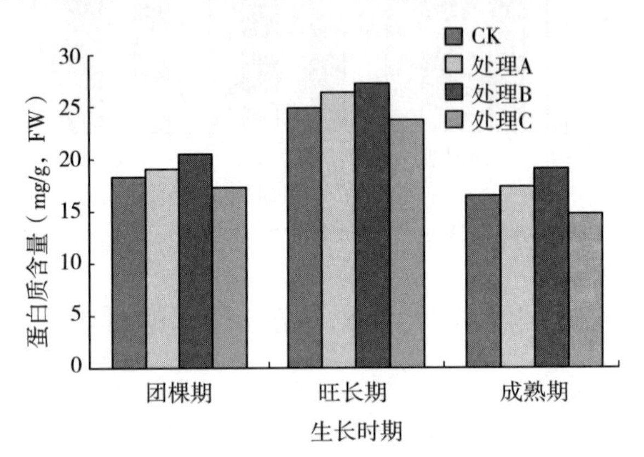

图 6　不同施硒水平对烤烟叶片蛋白质含量的影响

3　结论与讨论

（1）在一定施硒浓度（0～30mg/L）范围内，硒能促进根系活力的提高，这些增强机体新陈代谢过程、提高机体生命力的作用，无疑都将提高机体抵御逆境伤害的能力。脂质过氧化产物 MDA 的含量随硒浓度的增加而降低，说明在植物体内硒在清除过量自由基防止过氧化方面发挥重要作用。同时，高浓度硒又会使 MDA 的含量增加，促进过氧化作用。

（2）施硒对烤烟叶片内保护酶活性、叶绿素含量及光合效率有显著影响。在一定施硒浓度（0～30mg/L）范围内，施硒能提高烤烟叶片内保护酶活性、叶绿素含量及光合效率，但施硒浓度过高则会破坏叶绿素，抑制烟草生长。这对烟草栽培有一定的指导意义。

（3）施硒处理的烟草叶片蛋白质含量比对照有适当升高，说明在低硒土壤中施硒有利于烟草蛋白质的合成。

参考文献

[1] Alina K P. Geochemistry of selenium [J] . Journal of Environmental Pathology Toricology and Oncology，1998，17 (3/4)：173.

[2] 呼世斌，薛澄泽，李嘉瑞，等 . 食物链植物施硒的研究进展 [J] . 西北农业学报，1996，5 (3)：87 - 90.

[3] 冉邦定，刘敬业，李天福 . 烤烟 K326 成熟期五种酶动态的研究 [J] . 中国烟草学报，1993，1 (4)：13 - 20.

[4] 赵会杰，宫长荣．烤烟叶片成熟过程中膜脂过氧化及脂肪酸含量变化的研究［J］．烟草科技，1996，18（3）：32－34.

[5] 伍泽堂．离体小麦叶片衰老过程中酶活性与质膜破坏关系的研究［J］．西南农业大学学报，1990，12（4）：371－373.

[6] 吴永尧．硒在水稻中的生理生化作用探讨［J］．中国农业科学，2000，3（1）：100－103.

[7] 刘雪松，刘贞琦．烟草叶片比叶重净光合速率的变化［M］．植物生理学通讯，1991，27（4）：279－281.

[8] 邹琦．植物生理生化实验指导［M］．北京：中国农业出版社，2000.

[9] 张宪政．作物生理研究法［M］．北京：农业出版社，1992.

[10] 王爱国，罗广华．植物的超氧物自由基与羟胺反应的定量关系［J］．植物生理学通讯，1990（6）：55－57.

[11] 上海植物生理学会．植物生理学实验手册［M］．上海：上海科学技术出版社，1985.

[12] 李丛民，田维群．烟草中微量元素硒对焦油的影响研究［J］．微量元素与健康研究，1999，16（4）：77.

（原载《安徽农业科学》2012年第9期）

烟叶硒蛋白及富硒烟叶研究进展

吴　芳，聂荣邦

（湖南农业大学农学院，长沙　410128）

摘　要：综述了烟草硒蛋白的特性和生理作用，以及烟叶中硒对焦油和自由基的影响，阐述了硒硫互作对烟草硒吸收的影响，同时简要介绍了富硒烟叶生产的几种方法。

关键词：烟草；硒蛋白；富硒烟叶

硒是人和动物必需的微量营养元素，具有多重生物学功能[1]。植物具有不同程度的吸收、利用和转化土壤环境中的硒的能力，是自然界硒生态循环中的关键环节，植物性食物是人、畜摄入硒的主要途径[2,3]。然而，硒又是营养剂量与毒性剂量范围很窄的微量元素。早已证明，土壤和植物中过量的硒会导致人和动物中毒而罹患“碱质病”和“盲蹦症”，因此，发展具有低毒高效属性的硒产品，用于预防与治疗相关疾病意义重大。我国是世界上少数几个烟草生产和消费大国。近年来，随着吸烟与健康的问题日益尖锐，烟草的可用性和安全性成为烟草科学的一个重要研究方向[4]，提高烟叶硒含量能够增加烟叶的安全性[5]。利用烟叶对无机硒的代谢，可得到蛋白质态硒，无机硒在转化为蛋白质态硒的过程中，毒性大大降低，主要表现为急性毒性的大幅下降。与亚硒酸钠相比，烟叶硒蛋白具有低毒高效特性，因而烟叶硒蛋白作为新的硒源具有潜在优势。目前，烟叶硒蛋白已被我国卫生部批准作为食品添加剂和具有免疫调节、延缓衰老功效的保健食品。烟叶蛋白的燃烧产物对卷烟的吸味产生不利影响，从烟叶中提取出烟叶蛋白，将剩下的部分用于卷烟生产，将是今后烟草综合利用的发展方向[6,7]。因此，富硒烟作为一种低毒安全烟草，在低硒地区研究和生产富硒烟具有重要的经济价值和社会效益。

1　烟叶硒蛋白

1.1　烟叶硒蛋白的种类与特性

烟草是很好的蛋白质资源植物[7]。烟草蛋白质分为可溶性和不溶性两部分。可溶性部分又分为组分 FI 蛋白质和组分 FII 蛋白质。组分 FI 蛋白质是一种重要的酶，即 1,5-二磷酸核酮糖羧化酶（简称 Rubisc），是可以结晶纯化提取的蛋白质。烟草是唯一能够大量提取 Rubisco 的植物[8]。对人体有重要作用的微量元素硒，在植物体内主要富集于蛋白质中，以硒蛋氨酸和硒半胱氮酸或其他形式存在[9]。将目的基因转入烟草，其目的产物往往存在于蛋白质中。提取出转基因烟草的 Rubisco，可以获得具有特殊功效的结晶纯品，有很大的经济价值[10]。

1.2 烟叶硒蛋白的作用

烟叶硒蛋白质具有免疫调节和抗氧化作用。张劲松等[11]研究认为，硒蛋白质相对于鲜叶的工业提取率为0.1%，含硒量为1 500μg/g。烟叶硒蛋白质溶液制剂使老年小老鼠淋巴细胞增殖反应、NK细胞活性、血清凝集素水平、吞噬率和吞噬指数均显著提高。硒蛋白质溶液制剂能显著提高大鼠血清GSH-Px活性，显著降低大鼠血清中MDA含量。烟叶硒蛋白对人体免疫调节、延缓衰老、护肝、抗癌等方面有重要作用[12]。SOD和POD均是清除植物体内含氧自由基的主要保护酶系统。硒可以通过酶促机制影响SOD、POD的活性，并且，硒又是谷胱甘肽过氧化物酶的组成元素[13]，具有较强的抗氧化能力。对烟叶含硒的Rubisco蛋白研究证明，硒化蛋白质对清除自由基、防护红细胞溶血、化学性肝损伤保护优于不含硒蛋白质[14,15]。

2 烟叶中硒含量对焦油和自由基的影响

烟气中的水和烟碱以外的粒相物称为焦油（DPM），它是卷烟不完全燃烧及高温裂解的产物。焦油的主要成分有芳香化合物、稠环芳香化合物和酚类物质，其中稠环芳香化合物（如苯并芘）被认定有致癌作用，酚类物质（如儿茶酚）被认定有协同致癌作用。烟气中的自由基对人体的毒害已被医学界证实，清除人体的自由基的研究已较广泛。卷烟焦油中的自由基主要有烷基自由基、烷氧基自由基和半醌自由基，医学界认为被吸入人体内的自由基可以直接与DNA结合，使细胞转化，从而导致疾病和癌变[16]。徐辉碧等人发现，硒能降低烟叶焦油的毒性，抑制3,4-苯并芘的致癌致变作用[17]。李丛民等研究表明[18]，卷烟中天然硒的含量与焦油含量呈负相关关系，尤其是硒含量在0.1～1.0mg/kg范围时，焦油下降特别明显。在烟草体内存在着许多固有的自由基清除系统，包括酶性和非酶性反应。铜2锌超氧化物歧化酶（Cu_2ZnSOD）、谷胱甘肽过氧化物酶（GSH_2Px）和过氧化氢酶（CAT）是抗氧化酶系统的重要组成部分。GSH_2Px含有硒，李丛民等用ESR分析自由基峰高，表明卷烟中的微量元素硒的含量与焦油中自由基的浓度呈负相关关系，当卷烟中硒含量在0.108～0.160mg/kg之间时，自由基浓度变化尤其显著。硒对自由基可能产生附集加合作用，形成容易衰变的硒加合自由基，从而缩短自由基的保留时间，降低自由基的浓度。

3 硒和硫互作对烤烟硒吸收与积累的影响

富硒烟草能够增加烟叶的安全性，含硒量达到0.14μg/g以上的烟叶有利于吸烟者的健康[19]。生产烟草常要施用大量的K_2SO_4，由肥料施入土壤的硫（SO_4^{2-}）和硒（SeO_3^{2-}）往往存在协同或拮抗作用[20]。马友华等[21]采用硒硫二因素二次饱和DO最优设计进行烟草盆栽试验结果表明，烟草各部位硒含量随施硒量的增加而增多，烟草生长前期根部硒含量高于地上部，成熟期烟叶和根部硒含量高于茎部，尤以上二棚烟叶硒含量最高。施硫对烟草硒的吸收和积累量的影响随烟草生育期、生长器官和硒硫浓度不同而异。前期烟草全株及地上部的硒积累量在低硫（$<75\mu g/g$）条件下随施硫增加而增多，硒硫表现为协同作用；在高硫（$>75\mu g/g$）条件下，烟草硒积累量则随施硫的增加而减少，表现为拮抗作用。不施硒时施硫会降低成熟烟叶硒含量，施硒时成熟烟叶硒含量则随施硫量的增加而增多，前者表现为硒硫拮抗作用，而后者则呈硒硫协同作用。

4 富硒烟叶的生产

布和敖斯尔等把总硒量小于 0.127mg/kg 的土壤视为低硒土。世界上共有 40 多个国家和地区缺硒，我国也有 3/4 以上的国土面积缺硒，至使食物中硒含量低，不能满足正常的硒营养要求[22,23]。过去，富硒烟主要来自于含硒丰富的土壤[24]，但我国仅有湖北恩施和陕西紫阳两个富硒区，地域受到限制。因此，如何在低硒土壤上通过施用硒微肥来提高烟叶含硒量，以获得合乎生产需要的富硒烟叶是我们需要研究的问题。

4.1 土壤施硒对烟叶硒含量及其体内分布的影响

杨兰芳等[25]研究，在土壤施硒处理中，烤烟根茎叶的含硒量均随土壤施硒水平的提高而增加，两者呈极显著的正相关（$r_{0.01}=0.917$），证明烤烟能充分吸收施入土壤中的硒，用土壤施硒来提高烤烟含硒量是可行而有效的。万佐玺等[26]研究认为，白肋烟烟叶含硒量随土壤施硒量的增加而增加，在盆栽实验条件下的白肋烟烟叶含硒量与土壤施硒量呈极显著的正相关，说明土壤施硒能极显著的提高白肋烟烟叶的含硒量，通过土壤施硒生产富硒烟叶是可行而有效的。在低硒区或者缺硒区，利用土壤施硒改善环境硒状况也是有效的措施之一[27]。同一施硒量下白肋烟的含硒量均呈现出叶大于根大于茎的分布规律，尤其是叶与根茎之间的差异极其明显。白肋烟含硒量的分布规律反映了白肋烟烟叶具有很强的富硒能力，也说明白肋烟根系具有很强的吸收和转运土壤硒的能力。白肋烟根茎叶的富硒量和总富硒量均随土壤施硒量的增加而增加，与土壤施硒量呈极显著的正相关。白肋烟的净富硒量随土壤施硒量的增加而增加，并与土壤施硒量呈极显著的正相关（$r_{0.01}=0.959$）。白肋烟对土壤施硒的利用率为 8.9%～18.1%。袁玲等[28]研究认为，土壤加硒，不同部位的叶片含硒量各异。其中，下部叶含量最高，中部叶次之，上部叶最低。土壤加硒，烟叶的吸收率只占施入量的 0.31%～0.58%，加入土壤的硒大部分没被烟叶吸收，因此，土壤加硒不是一种经济有效的方式。

4.2 叶面施硒对烟叶硒含量及其体内分布的影响

杨兰芳等[25]研究，低硒或缺硒土壤通过叶面施硒可以提高烤烟植株的含硒量，烤烟各部位的含硒量随叶面施硒量的增加而增加，而且在不同生长时期喷施的影响不同，叶的含硒量中期大于前一中期，大于前期，且差异显著。因此，为了经济有效、合理地提高烤烟含硒量，不仅要注意喷硒量，而且要考虑施硒的时期，就提高烤烟烟叶含硒量来说，以中期喷硒效果最好。袁玲等[28]研究认为，叶面施用亚硒酸钠（Na_2SeO_3）能显著提高烟叶的含硒量，叶面施用的利用率是土壤施用的几十倍。此外，叶面施用 Na_2SeO_3 的时期不同，硒在各部位叶片的分布规律也不一样。苗期施用，下部叶片的硒含量高于上部叶片；旺长期施用，上部叶片的含硒量高于下部叶片；成熟期施用，各部位叶片的含硒量相似。在成熟期喷施浓度为 5～15μg/mL 的 Na_2SeO_3 溶液，上、中、下部位叶片的含硒量为 0.20～0.50μg/g（DW），平均 0.43μg/g（DW），故可生产合乎要求的含硒烟叶。梁克中[29]通过大田实验对烟叶喷施不同水平的硒肥，结果表明随施硒浓度的增加，烟叶中含硒量也增加，但并非呈线性关系，施硒量成倍增加，硒的吸收并不是成倍增加，这是因为硒的吸收还受其他因素的影响和控制。综上所述，叶面喷施硒微肥是一种经济有效的提高烟叶硒含量的方法，并且在田间也容易做到，若与其他叶面肥混合施用，不需增加劳动力，还可以提高烟叶的产量，达到了出口富硒烟叶的标准。

5 展望

由于微量元素硒对人的营养作用以及烟草硒蛋白的许多生理功能，相信对其研究，对在缺硒地区生产富硒烟叶和烟叶综合利用开发具有非常大的指导意义。

（1）目前对富硒烟叶的生产只限于在缺硒土壤上施硒和进行叶面喷施硒微肥来提高烟叶的含硒量。烟草是一种以收获烟叶为主要产物的经济作物，如何在生产上通过栽培措施和化学调控方法使烟叶富集更多的硒，提高硒的利用率，以求更加经济有效的生产出富硒烟叶，还需要做更深入的研究。

（2）土壤施硒利用率低，但不易污染环境，且有后效。叶面喷施硒效率高，土壤施用和叶面喷施综合施用是否对富硒烟叶的生产更有用，以及烟草哪个生育时期施用效果最好，最佳施用量范围还有待进一步研究。

（3）目前对烟草硒蛋白的研究比较多，但通过大田生产从烟叶中提取出烟叶蛋白，将剩下的部分用于卷烟生产的研究还不多，烟叶硒蛋白的工业化提取技术也还有待提高。

参考文献

[1] 吴永尧，彭振坤，罗泽民，等．硒的多重生物学功能与人和动物的健康［J］．湖南农业大学学报，1997，23（3）：294-299.

[2] 谢忠忱，王海宏．动物硒蛋白种类及其生化功能的研究进展［J］．中国实验动物学杂志，2002，12（3）：190-193.

[3] 蒋彬，李志刚，叶正钱，等．硒从土壤向食物链的迁移［J］．土壤通报，2002，33（2）：149-152.

[4] 周冀衡．烟草生理与生物化学［M］．合肥：中国科学技术出版社，1996.

[5] 马友华，丁瑞兴，张继榛，等．硒和硫相互作用对烟草硫吸收与积累的影响［J］．土壤通报，2000，31（5）：232-235.

[6] Ding Biao，Li Qiubo，Nguyen Lynda. Cucumber mosaic virus 3a protein potentiates cell-to-cell trafficking of CMV RNA in tobacco plants［J］. Virology，1995，207：345-353.

[7] Kung S D. Tobacco as a potential food source and smoke material：Nutrition evaluation of tobacco leaf protrin［J］. Food Science，1980，45（2）：320-322，327.

[8] Wildman S G. Process of isolation of rib lose 1,5-dephos 2 phate carbo-xylase from plant leaves［J］.

US Patent，1980，31（4）：268，632.
[9] 高学云，张劲松．喷施亚硒酸钠对烟叶和烟叶可溶性蛋白质中硒的生物利用率的影响［J］．中国烟草学报，1997（4）：49-52.
[10] 左天觉．烟草的生产、生理和生物化学［M］．上海：远东出版社，1993：353-361，468-469.
[11] 张劲松，高学云，邵玉芬，等．烟草硒蛋白质工业化提取及其对免疫调节和抗氧化作用的影响［J］. 中国烟草学报，1998，4（2）：29-32.
[12] 徐辉碧，黄开勋．硒的化学、生物化学及其在生命科学中的应用［M］．武汉：华中理工大学出版社，1994.
[13] 侯少范，薛泰麟，谭见安．高等植物中的谷胱甘肽过氧化物酶及其功能［J］．科学通报，1994，39（6）：553-556.
[14] 陈春英，张劲松．烟叶硒蛋白对人红细胞的辐射溶血及自由基的作用［J］．中国药理学通报，1996，12（4）：357-359.
[15] 金闻博，雍国平．尼古丁化学［M］．北京：中国轻工业出版社，1985.107-115.
[16] 徐辉碧．选择性降低卷烟焦油中苯并（a）芘的研究［J］．烟草科技，1985（4）：24-26.
[17] 李丛民，田维群．烟草中微量元素硒对焦油的影响研究［J］．微量元素与健康研究，1999，16（4）：77-78.
[18] 李丛民，田卫群，吴宏伟．烟草中的微量元素硒对焦油中自由基的清除研究［J］．微量元素与健康研究，2000（17）：16-17.
[19] Chortyk O T，Chaplin JF，Schlotzhauer W S. Growing selenium 2 enriched tobacco［J］. J Agri Food Chem，1984，32：64-65.
[20] 邹帮基．土壤—植物体系中的硒［J］．土壤学进展，1983（3）：10-11.
[21] 马友华，丁瑞兴，张继榛，等．硒硫相互作用对烤烟（*Nicotina tobacco* L.）吸收硒的影响［J］．南京农业大学学报，2001，24（1）：55-58.
[22] 张艳铃，潘根兴，胡秋辉，等．江苏省几种低硒土壤中硒的形态分布及生物有效性［J］．植物营养与肥料学报，2002，8（3）：355-359.
[23] 刘军鸽，刘鹏，葛旦之，等．淹水土壤有效态 Se 提取剂的比较研究［J］．湖南农业大学学报，2000，26（1）：5-8.
[24] 赵成义，任景华．紫阳富硒区土壤中的硒［J］．土壤学报，1993，30（3）：53-54.
[25] 杨兰芳，丁瑞兴．低硒土壤施硒对烤烟硒含量及其体内分布的影响［J］．南京农业大学学报，2000，23（1）：47-50.
[26] 万佐玺．施硒对白肋烟硒状况的影响［J］．湖北民族学院学报：自然科学版，2003，21（4）：5-7.
[27] 奚振邦．化学肥料学［M］．北京：科学出版社，1994.
[28] 袁玲，黄建国，陈西凯．烟草施用亚硒酸钠的研究［J］．烟草科技，1994（6）：33-35.
[29] 梁克中．一种富硒烟叶的生产［J］．广西农业科学，2003（4）：77-78.

（原载《作物研究》2007 年增刊）

不同施镁水平对烤烟干物质积累及烟碱含量的影响

范才银

（湖南省常宁市烟草专卖局，常宁　421500）

摘　要：【目的】研究不同施镁水平对烟草生育期干物质积累及烟碱含量的影响。【方法】试验共设4个处理：不施镁肥（对照）；低镁处理（150kg/hm²）；中镁处理（300kg/hm²）；高镁处理（450kg/hm²），其中镁用量为$MgSO_4 \cdot 7H_2O$肥料量。【结果】不同生育期烟草叶片内镁含量均随着施镁量的增加而提高。在旺长期和成熟期，随着施镁量增加，叶片积累的干物质量越多。随着施镁水平的增加，烟叶中烟碱含量逐步下降，其中对下部叶片烟碱含量影响较小，对中部叶片烟碱影响居中，对上部叶片烟碱影响最大。【结论】该研究为烟叶生产上合理施肥、改善烟株营养状况、提高烟叶的产量和品质提供了科学依据。

关键词：烤烟；镁；干物质积累；烟碱

镁是叶绿素的重要成分，是叶绿体结构所必需的[1]。镁参与碳水化合物、脂肪和类脂、蛋白质和核酸的合成。镁还是多种酶的活化剂，植物光合作用、糖酵解、三羧酸循环、氮和硫的同化及ATP的结合等过程都有几十种酶需要镁激活[2]。镁在烟株生长过程中起着重要的作用，缺镁会影响烟草发育，造成烟草产量和品质的严重降低。近年来，南方烟区植烟土壤缺镁的现象屡见报道[3~8]。本文研究了不同施镁水平对烤烟干物质积累以及镁和烟碱的积累规律，以期为烟叶生产上合理施肥，改善烟株营养状况，提高烟叶的产量和品质提供依据。

1　材料与方法

1.1　试验设计

本试验于2008年在湖南衡阳市常宁烟草基地进行。土壤为黄泥土，质地为沙壤，肥力中等，前作为水稻。供试烟草品种为云烟87，采用漂浮育苗技术，待烟苗长到7叶1心时移栽到试验田。

镁肥品种为$MgSO_4 \cdot 7H_2O$。试验共设4个处理水平：不施镁肥（对照，下称CK）；低镁处理（A处理）：150kg/hm²；中镁处理（B处理）：300kg/hm²；高镁处理（C处理）：450kg/hm²（镁用量为$MgSO_4 \cdot 7H_2O$肥料量）。三次重复，随机区组排列，共12个小区，每小区面积50m²，移栽密度1.2m×0.5m，各处理镁肥在移栽前作底肥一次性施完。基施为常宁烟草专用基肥（氮：磷：钾=8：10：12）750kg/hm^2、上海产生物肥300kg/hm^2（有机肥，主要是土壤改良）、过磷酸钙450kg/hm^2；追施为烟草专用追肥（氮：钾=10：31）375kg/hm^2、提苗肥（氮：磷=20：0.9）75kg/hm^2、硝酸钾（氮：钾=13.5：43.5）150kg/hm^2、硫酸钾225kg/hm^2。栽培管理方法按当地常规栽培进行。

1.2 测定项目与方法

分别在烟株团棵期、旺长期（团棵后15d）和全部采收完3个时期每个小区取有代表性烟株5株。按上部叶、中部叶、下部叶和根分别取样。并在105℃温度下杀青15min，然后在65℃温度下烘干至恒重。Mg含量采用原子吸收光谱法测定。烟碱含量用活性炭脱色HCl浸提-紫外分光光度法。

1.3 数据分析

采用Excel、DPS等软件进行数据处理与统计分析。

2 结果与分析

2.1 对烟草叶片镁含量的影响

分别在不同时期对烟草不同部位叶片内镁含量测定（表1），结果表明，不论生育时期，也不论叶片部位，均表现为随施镁量的增加，叶片内镁含量逐步提高；施镁处理对不同部位叶片镁积累影响表现为：下部叶>中部叶>上部叶。不同时期中叶片中镁的积累量规律是：烤后>成熟初期>旺长期>团棵期。随生育时期的推移，烟草叶片中镁积累量越大。从各施镁处理间影响幅度看，其影响在下部叶和中部叶上不论旺长期还是成熟期还是烤后均表现出显著性差异，而对上部叶的影响只有在烤后和成熟初期才出现显著性差异，团棵期几种施镁水平间及施镁与不施对照间都没有显著性差异。

表1 不同施镁量处理的烟草叶片镁含量

单位：mg/kg

处理	团棵	上部叶			中部叶			下部叶		
		旺长期	成熟初期	烤后	旺长期	成熟初期	烤后	旺长期	成熟初期	烤后
CK	17.52	26.09	23.67 b	29.24 b	22.64 b	23.45 b	29.53 b	19.76 b	26.60 b	32.98 b
A	18.42	26.23	23.73 b	30.07 b	26.04 ab	25.55 ab	34.74 a	21.02 b	26.74 b	33.91 b
B	18.66	26.60	27.70 a	32.45 a	27.88 ab	27.66 ab	35.17 a	24.49 ab	26.91 b	38.73 a
C	19.90	28.93	28.42 a	33.15 a	31.58 a	32.78 a	35.81 a	27.73 a	31.58 a	39.22 a

2.2 不同施镁量对烟草干物质积累的影响

2.2.1 对根系干物质积累的影响 分别在不同生育时期考察不同处理烟草根系干物质积累变化动态（表2）。在团棵期，施镁处理较不施对照干物质明显增多，差异达到显著水平，但各施镁处理间没有显著差异；在旺长期，植株生长发育速度加快，施镁与不施差异进一步加大，施镁处理比不施对照积累量差异达到显著水平，同时，各施镁处理间也出现显著性差异，以处理B最高，处理A与处理B间及处理C间差异都达到显著水平；成熟初期，总体趋势与旺长期保持一致。结果表明，施镁有利于根系干物质积累，从本试验结果看，以处理B效果最佳，高镁水平（处理C）比低镁水平（处理A）干物质积累虽然增加，但增加幅度不大，差异不显著，因此从经济角度出发，处理C不宜选用。

表2 不同施镁量处理根系干物质积累量

单位：g/株

处理	团棵期	旺长期	成熟初期
CK	20.3 b	57.5 c	68.3 c
A	26.4 a	69.6 b	88.0 b
B	26.8 a	84.3 a	106.4 a
C	26.6 a	76.2 b	94.1 b

2.2.2 对茎秆干物质积累的影响 从对不同时期茎秆干物质积累的动态变化考察看（表3），不论在哪一个时期，处理B一直保持最高水平，不施对照的积累量都是最低水平，说明施镁能促进烟株茎秆干物质积累量的增加。在团棵期，各施镁处理间都没有显著差异；在旺长期和成熟初期，表现为相同趋势，即：施镁与不施，多施与少施处理间积累量出现了差异，各施镁处理均与不施镁处理出现极显著差异，处理B与处理A和处理C间差异达到显著水平，处理A与处理C间没有显著差异。这个结果说明高镁水平（处理C）比低镁水平（处理A）虽然能增加干物质积累，但增加幅度不显著，没有实际生产应用价值。

表3 不同施镁量处理茎秆干物质积累量

单位：g/株

处理	团棵期	旺长期	成熟初期
CK	34.5	62.2 c	89.6 c
A	36.8	75.4 b	118.3 b
B	38.5	96.7 a	132.7 a
C	37.6	77.8 b	123.7 b

2.2.3 对烟草叶片干物质积累的影响 烟草是典型的叶用作物，叶片干物质积累多少就表示了烟草产量的高低。根据不同施镁量处理在不同时期对烟草叶片干物质积累情况调查，结果表明，施镁能有效地促进烟草叶片干物质的积累。团棵期，施镁处理较不施对照积累量差异达到显著水平，以处理B最高，但各施镁处理间没有显著性差异；旺长期，烟株生长达到顶峰时期，镁的作用也得到充分的发挥，总体上表现为随着施镁量的增加，叶片积累的干物质量越多。施镁处理与不施对照处理均达到显著差异水平，以处理B最

高，处理B与处理A和处理C之间差异也达到显著水平。

表4 不同施镁量处理叶片干物质积累量

单位：g/株

处 理	团棵期	旺长期	成熟初期
CK	14.34 b	133.5 c	166.9 c
A	20.3 a	166.0 b	192.3 b
B	23.3 a	183.2 a	211.0 a
C	21.8 a	171.6 b	203.7 b

2.3 不同施镁量处理对烟草叶片烟碱含量的影响

烟碱含量的高低直接影响烟草的品质质量。本研究表明，施用镁肥能降低烟草植株体内烟碱含量；随施镁水平的提高，烟碱含量有逐步下降的趋势；不同镁肥用量对不同部位叶片烟碱含量影响效果不同，对下部叶片烟碱含量影响较小，对中部叶片烟碱影响居中，对上部叶片烟碱影响最大；但不同部位烟碱含量差别较大，不同施镁处理间烟碱含量影响差异不显著。上、中部叶片不同施镁水平，各处理没有显著差异，但下部叶片，不同施镁处理间差异达到极显著水平。说明施镁对降低烟草烟碱含量也有一定作用，也就是说施镁对烟草品质有一定影响作用，但作用的程度大小有待进一步的研究。

3 结论与讨论

3.1 不同施镁量处理对烟草体内镁的吸收与累积的影响

大量研究表明，烟草体内镁含量随施镁量的增加而提高。本试验结果也表明，施镁能明显著提高烟草根系、茎秆内的镁含量，对烟草叶片中镁含量随部位不同影响效果不同，施镁对不同部位叶片镁积累影响为：下部叶＞中部叶＞上部叶。叶片镁的积累规律是：烤后＞成熟初期＞旺长期＞团棵期。随生育时期的推移，烟草叶片中镁积累量越大。施镁对下部叶和中部叶影响最大，对上部叶影响只有在烤后和成熟初期才出现显著性差异，团棵期，施镁量水平间及施镁与不施对照间都没有显著性差异。

3.2 不同施镁量处理对烟草干物质积累的影响

3.2.1 对根系和茎秆干物质积累的影响 施镁对根系和茎秆镁积累量，随时期不同而有差异。团棵期处理间差异不显著，旺长期和成熟初期，施镁处理与CK差异加大，达到显著水平。

3.2.2 对烟草叶片干物质积累的影响 施镁能有效地促进烟草叶片干物质的积累。团棵期，施镁处理镁积累量与CK间差异达到显著水平；旺长期和成熟期，随着施镁量的增加，叶片积累的干物质越多，施镁处理镁积累量与CK间均达到显著差异水平。

3.3 对烟碱含量的影响

施镁能降低烟草植株体内烟碱含量。随着施镁水平的提高，烟碱含量逐步下降。施镁对下部叶烟碱含量影响较小，对中部叶影响居中，对上部叶影响最大。

参考文献

[1] Hubersc，Mauryw. Effects of magnesium on intact chloroplasts [J]. Plant Physiol，1980，65：350-354.

[2] 朱列书. 烟草营养学 [M]. 长春：吉林科学技术出版社，2004.

[3] 李春英，高伟民，陈腊梅，等. 福建烟区土壤镁营养状况及其施用效果研究 [J]. 河南农业大学学报，2000，34 (1)：63-66.

[4] 张寿南. 闽西北山区烟—稻轮作制中烤烟镁营养问题及施镁效果 [J]. 土壤肥料，2005 (2)：55-57.

[5] 张仁椒，朱其清，梁颁捷，等. 三明烟区土壤养分丰缺状况及施肥对策 [J]. 中国烟草科学，1999 (1)：8-10.

[6] 宋珍霞，高明，关博谦，等. 重庆市植烟区土壤肥力特征研究 [J]. 土壤通报，2005，35 (5)：664-668.

[7] 王世济，李桐，赵第琨，等. 安徽烟区土壤和烟叶中的微量元素含量的研究 [J]. 安徽农业科学，2005，33 (11)：2065-2066.

[8] 罗建新，石丽红，龙世平. 湖南主产烟区土壤养分状况与评价 [J]. 湖南农业大学学报，2005，31 (4)：376-380.

（原载《安徽农业科学》2010 年第 8 期）

烤烟大田期干物质动态积累研究

金亚波[1,4]，韦建玉[1,2]，屈　冉[3]，李天福[4]

（1. 广西大学农学院，南宁　530005；2. 广西中烟工业公司，南宁　545005；
3. 北京师范大学水科学研究院，北京　100875；
4. 云南省烟草科学研究所，玉溪　653100）

摘　要：【目的】研究烤烟的干物质积累规律。【方法】采用2年7点试验，研究了8个烤烟品种大田期干物质积累的动态变化。【结果】不同烤烟品种大田期干物质的动态积累变化规律可以用Logistic进行拟合，相关系数均达显著水平，但不同品种、不同年份之间烤烟干物质终极量、最大积累速率和最大积累速率出现的时间有所差异。烤烟干物质的积累可划分为3个阶段：前期、中期和后期，各个阶段对干物质的贡献率分别为12.00%、68.71%和19.29%。烤烟的干物质积累与产量有着密切的关系。烟苗移栽后55～70d内，烟株干物质积累量贡献率最大；烟苗移栽后80d左右的干物质总重、根冠比、地上部分与产量相关性最大。【结论】应加强田间栽培管理，确保烟苗移栽后55～70d内有足够的干物质积累，以获得优质高产。

关键词：烤烟；干物质；动态变化；积累

烤烟干物质和养分的积累量是烟株生长发育的重要指标，烤烟干物质的积累与烟株生长的环境（土壤因子、气候因子）有关，其多少和烤烟的质量与烟株对土壤中养分、水分的吸收及其在烟株体内的分配密切相关。在烤烟生长发育过程中，叶片不断进行光合作用，积累干物质；根系不断从土壤中吸收各种养分，供烟株体内各种生理生化反应需要。由于烟株各个器官在不同时期对干物质和养分的需要不同以及外界环境条件的变化，干物质和养分在烟株各个器官中的分配随烟株的生长发育不断发生变化[1～3]，因此，根据烟株生长发育特点及作物对养分的吸收状况可了解作物的干物质积累，有助于采取有效措施调控作物生长发育、提高产量。笔者以几个烤烟品种为研究对象，对烤烟的干物质积累规律进行了研究，以便更好地掌握各个烤烟品种的生长规律，为科学栽培提供理论依据。

基金项目：国家烟草局项目资助（2004A26）。
作者简介：金亚波（1976—），男，河南南阳人，博士研究生，研究方向：作物生理生化与环境生态。

1 材料与方法

1.1 材料

烤烟品种有 8 个：K326、红花大金元（简称红大）、K358、云烟 85、云烟 87、K346、RG11、云烟 317；仪器有电鼓风干燥箱和天平等。

1.2 方法

试验于 2000、2001 年进行。从移栽开始每隔 20d 取 1 次样（包括地下部分），移栽时每个品种各取 20 株，以后取样每个品种各取 3 株，共取 7 次样，样品在 105℃下杀青 15min，然后在 60℃下烘干称重。

1.3 数据分析

试验数据采用 Logistic 方程进行拟合：

$$W=\frac{K}{1+ae^{-bt}} \tag{1}$$

式中，W 为干物质积累量，K 为终极量（最大生物产量），a 为初值参数，b 为生长速率参数，t 为时间（移栽后天数）。由于移栽后烤烟的干物质积累曲线为连续曲线，其对时间的一阶导数则为积累速率（Accumulate Rate，AR）：

$$AR=\frac{dW}{dt}=Kab\frac{e^{-bt}}{(1+ae^{-bt})^2}=\frac{Kabe^{-bt}}{(1+ae^{-bt})^2} \tag{2}$$

对 Logistic 方程求二阶导数，即为干物质积累速率变化率：

$$AR'=\frac{d^2W}{dt^2}=\frac{Kab^2e^{-bt}}{(1+ae^{-bt})^2}(ae^{-bt}-1) \tag{3}$$

当 $AR'=0$，即 $ae^{-bt}=1$ 时，为干物质积累的高峰，是积累速率最大的时候，也是干物质积累曲线的拐点，此时，将

$t_{max}=\frac{\ln a}{b}$ 代入式（1）、（2），求得：$W_{max}=\frac{K}{2}$，$AR_{max}=\frac{Kb}{4}$。

同理，求得干物质积累速率曲线有 2 个拐点，其时间为：

$$t_{1,2}=\frac{-\ln\left(\frac{2\pm\sqrt{3}}{a}\right)}{b} \tag{4}$$

参照顾世梁等[4]方法，将烤烟干物质积累划分为 3 个时期，从移栽时（t_0）到 t_1 为前期，从 t_1 到 t_2 为中期，从 t_2 到干物质积累量 99%（t_{99}）时为后期，计算出各个时期干物质积累平均速率 $AR_{前}$、$AR_{中}$、$AR_{后}$。

2 结果与分析

2.1 不同品种烤烟干物质积累差异

2.1.1 干物质积累规律 由表 1 可知，不同品种干物质的积累曲线用 Logistic 方程拟合

的效果较理想，相关系数都接从近1.000 0。其中，红大的相关系数最大，达0.998 8，最小的为云烟87，相关系数为0.974 8。从干物质积累的终极量（K）来看，不同品种之间有差别，其中，K346的最大，终极量为384.91g/株，说明该品种生长潜力较大，其次是云烟317，终极量最小的是云烟85。这说明单从生物学产量来看，K346产量最高，云烟85产量最低。由图1可知，各品种干物质积累可分为3个时期：0～40d，40～80d，80d到收获。其中，各品种在烟苗移栽后80d均达到生物学积累量高峰，而后除K346外，各品种的生物学积累量都有下降趋势。

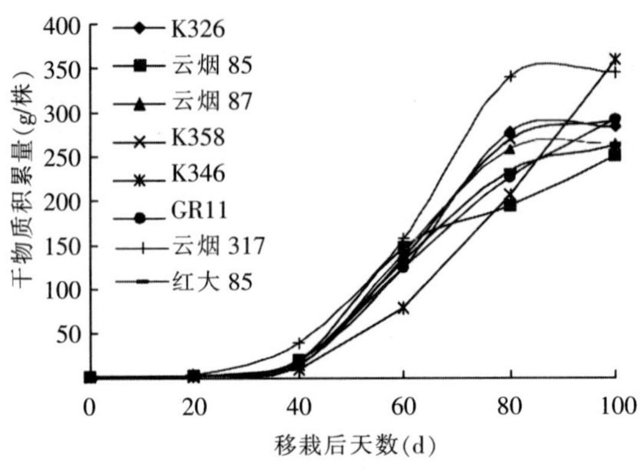

图1 不同品种干物质积累曲线

表1 不同品种干物质积累差异

品种	参数			
	K	*a*	*b*	*R*
K326	287.17	687.20	0.110 8	0.984 5
云烟85	251.81	773.66	0.111 1	0.989 8
云烟87	251.81	773.66	0.111 1	0.989 8
K358	293.03	916.65	0.111 5	0.996 1
K346	384.91	1 293.38	0.095 1	0.996 6
RG11	296.56	898.39	0.105 4	0.997 9
云烟317	351.05	770.80	0.113 4	0.991 3
红大	264.38	1421.11	0.119 9	0.998 8

注：*R*为相关系数。

2.1.2 干物质积累速率变化 由图2可知绝大多数品种干物质积累的最大速率在移栽后60d左右，而K346的最大积累速率出现较晚。在8个参试品种中，干物质积累最大速率出现较早的是云烟85，约在移栽后55d，K346则在移栽后约75d干物质积累才达到高峰，2个品种相差近21d。不同品种干物质积累最大速率也有差别，最大的是云烟317，其次是K346。

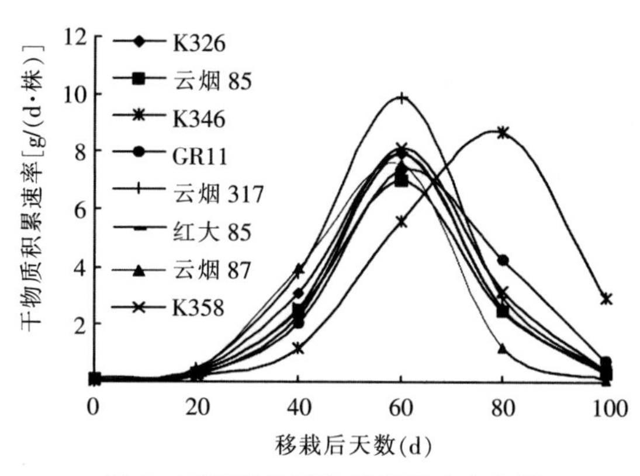

图 2　不同品种干物质积累速率曲线

2.2　不同时期烤烟干物质积累差异

由表 2 可知，各品种从移栽到移栽后 44～52d 生长速度较慢，平均每株烟每天干物质积累量不足 2g，范围为 1.10～1.57g；移栽后 55～70d 为旺盛生长期，平均每株烟每天干物质积累量为 6.13～8.73g，此后干物质积累速度逐渐变慢，平均每株烟每天积累干物质 1.72～2.45g。3 个时期对干物质的贡献率在不同品种间是一致的，前期为 12.00%，中期为 68.71%，后期为 19.29%。云烟 317 和云烟 87 干物质积累的各个时期出现的都较早，且干物质积累速度也较快，属早发品种，而 K346 的各个时期都有所推迟，这说明在施肥量相同条件下，该品种贪青晚熟。

表 2　不同年份干物质积累差异

品种	参数							
	t_{max}	w_{max}	AR_{max}	t_1	t_2	$AR_{前}$	$AR_{中}$	$AR_{后}$
K326	58.98	143.59	7.95	47.09	70.87	1.28	6.97	1.95
云烟 85	59.88	125.90	6.99	48.03	71.74	1.10	6.13	1.72
云烟 87	54.54	133.22	8.53	44.26	64.82	1.27	7.48	2.10
K358	61.17	146.51	8.17	49.36	72.98	1.25	7.16	2.01
K346	75.35	192.46	9.15	61.50	89.20	1.32	8.02	2.25
RG11	64.54	148.28	7.81	52.04	77.04	1.20	6.85	1.92
云烟 317	58.60	175.53	9.96	46.99	70.20	1.57	8.73	2.45
红大	60.55	132.19	7.92	49.57	71.54	1.12	6.95	1.95

2.3　不同年份烤烟干物质积累差异

由表 3 可知，从终极量来看，不同年份干物质积累变化规律不明显，但干物质积累高峰有较强的规律性。各品种 2001 年干物质最大积累速率比 2000 年提前 14d 左右，且各个时期干物质的积累速率都比 2000 年大，从图 3 至图 6 更能直观地看出这一规律在不同品种之间是一致的。造成不同年份烤烟干物质积累差异的因素很多。通过对 2000 年和 2001 年烟苗移栽后的降水量进行分析，发现在大田期 2001 年降水量比 2000 年多 58.8mm，且降水量的高峰比 2000 年提前 15～20d，正好与烤烟干物质的最大积累速率相吻合。这说明降水量是影响烤烟干物质积累的一个主要原因。

表 3　不同年份干物质积累差异

品种	年份	参数							
		K	t_{max}	AR_{max}	t_1	t_2	$AR_{前}$	$AR_{中}$	$AR_{后}$
K326	2000	268.82	69.81	6.65	56.49	83.12	1.00	5.83	1.63
K326	2001	287.17	58.98	7.95	47.09	70.87	1.28	6.97	1.95
红大	2000	241.62	71.31	5.02	55.21	87.06	0.91	4.38	1.23
红大	2001	264.38	60.55	7.92	49.57	71.54	1.12	6.95	1.95
K358	2000	340.16	88.9	5.64	69.03	108.76	1.03	4.94	1.39
K358	2001	293.03	61.17	8.17	49.36	72.98	1.25	7.16	2.00
云烟 85	2000	255.89	77.37	5.51	62.08	92.67	0.87	4.83	1.35
云烟 85	2001	251.81	59.98	7.95	47.09	70.87	1.30	6.97	1.95

2.4　烤烟干物质与产量的关系

烤烟干物质与产量有着密切的关系。对烟苗移栽后不同时期干物质总重、根冠比、地上部分干重和地下部分干重与产量进行相关分析（表 4），结果表明，移栽后 80d 时干物质总重、根冠比、地上部分干重与产量的相关系数大。从烤烟生育期来看，移栽后 80d 是烤烟腰叶的成熟期，这个时期与烤烟的产量关系最密切。因此要提高烟叶的产量，需要在烟苗移栽后 80d 之前采取措施增加干物质总重、增大根冠比和增加地上部分的重量。而这个时期是烟叶吸收土壤各种矿物质养分和水分的关键期，如何针对烟叶干物质积累和吸收养分特性进行合理、平衡施肥关系到烟叶的工业可用性。

表 4　干物质与产量的相关系数

项目	移栽后天数（d）					
	0	20	40	60	80	100
干物质总重	0.474 6	0.337 3	0.463 1	0.480 1	0.579 1	0.218 7
根冠比	0.051 2	0.214 6	0.245 9	0.229 6	0.646 0	0.546 0
地下部分干重	0.419 3	0.197 3	0.321 2	0.199 7	0.255 8	0.555 5
地下部分干重	0.478 6	0.347 0	0.437 3	0.515 2	0.677 3	0.225 4

3 小结

（1）大田期烤烟干物质的动态积累变化规律可用 Logistic 方程进行拟合，相关系数都接近 1.000 0，但不同烤烟品种干物质终极量、最大积累速率及其出现的时间存在差异。从参试品种来看，在施肥量相同条件下，K326、红花大金元、云烟 317、云烟 87 较早发，而 K346 贪青晚熟。烤烟干物质积累的前期、中期和后期对干物质的贡献率分别为 12.00%、68.71%和 19.29%。

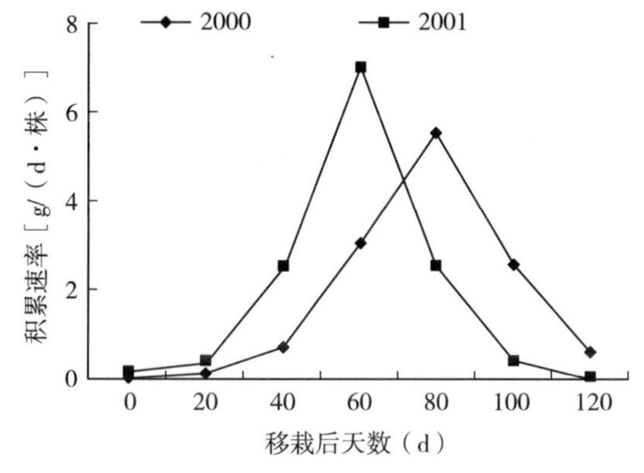

图 3 云烟 85 不同年份干物质积累速率曲线

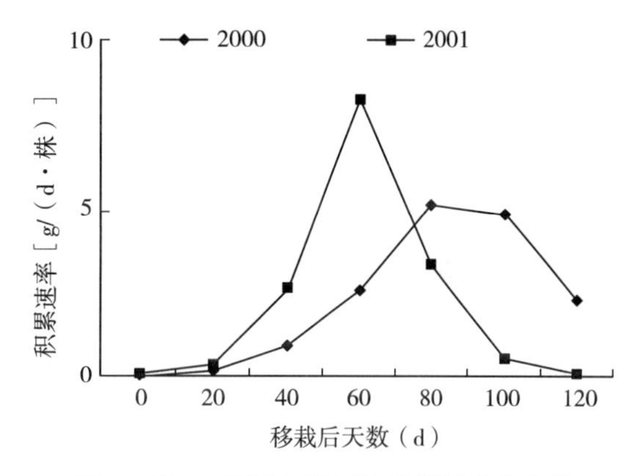

图 4 K358 不同年份干物质积累速率曲线

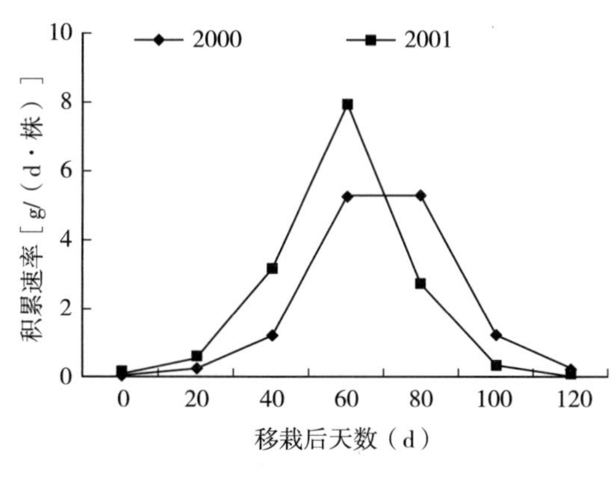

图 5 K326 不同年份干物质积累速率曲线

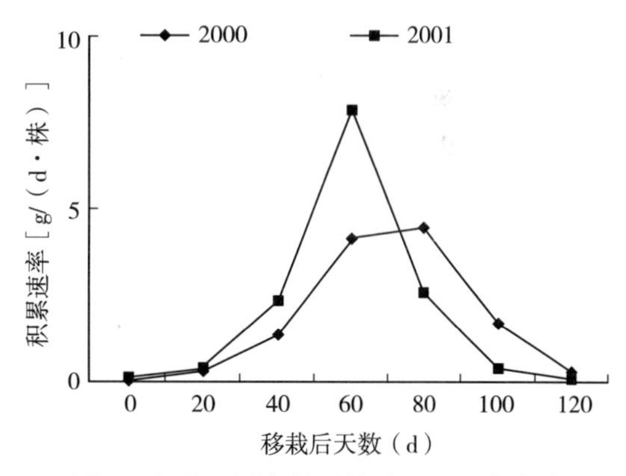

图 6 红大不同年份干物质积累速率曲线

（2）不同时期烤烟干物质的积累有较大差异，烟苗移栽后 55～70d，烟苗由团棵期进入旺长期，此时对烟株干物质的贡献率最大。因此，烟苗移栽后 55～70d，加强田间栽培管理，保证水肥的充足协调供应，是获得优质烟叶的基础。

（3）不同年份烤烟干物质的积累有较大差异，特别是积累速率与最大积累速率出现的时间，这主要与种植当年的降水量有较大的关系。随着降雨的提前，干物质的积累提早。烤烟干物质与产量有着密切的关系。但不同时期干物质与产量的相关性差别较大，移栽后 80d 左右干物质总重、根冠比、地上部分干重与产量的相关系数大。

参考文献

[1] Raper C D, McEants C B. Nutrient accumulation in flue-cured tobacco [J]. Tobacco Science, 1966 (10): 109.

[2] Raper C D. Relative growth and nutrient accumulationrates for tobacco [J]. Plant Soil, 1977, 46 (2): 473-486.

[3] Hawks S N, Collins W K. Principles of flue-cured tobaccop roduction [M]. N. C. USA: NC State University, 1983.

[4] 顾世梁，惠大丰，莫惠栋．非线性方程最优拟合的缩张算法 [J]．作物学报，1998，24 (5)：513-519.

（原载《安徽农业科学》2008 年第 14 期）

烤烟优质适产高效益栽培实用模型的研究

Ⅰ. 栽培因子与烟叶经济性状的关系

聂荣邦[1]，赵松义[2]，黄玉兰[2]，颜合洪[1]，刘本坤[1]

（1. 湖南农学院农学系，长沙　410128；
2. 湖南省烟草公司，长沙　410004）

摘　要：以烤烟品种K326为材料，采用五因素五水平正交旋转组合设计，大田试验，电脑优化，建立了烤烟优质适产高效益栽培实用模型。产量在2 250～2 625kg/hm^2适产范围的最佳农艺措施组合为：每公顷施氮200.79～204.72kg、P_2O_5 185.90～193.93kg、K_2O 316.88～357.30kg，单株留有效叶16片，移栽苗龄9叶1心。

关键词：烟草；烤烟叶；栽培；施肥

为了实现烤烟优质适产高效益栽培的目标，国内外曾进行过许多试验。但大多数试验局限于单因子效应的研究，很难摸清各种栽培因子相互制约、相互促进的复杂关系，达不到整体优化的目的[1,2]。随着电子计算机在农业上的广泛应用，国内外对水稻、棉花等作物先后进行了一些高产优质的栽培实用模型研究[3,4]，在生产中起了积极作用。本研究根据系统工程学原理，对氮、磷、钾的用量，单株留叶数，移栽苗龄等主要栽培因子与烤烟产量与质量的关系进行综合研究，建立实用数学模型，为烤烟优质适产高效益的全面优化模式栽培提供理论依据。

1　材料与方法

1988年试验在长沙进行，1991年试验在浏阳进行，2年结果相似，本文均采用1991年试验资料。供试烤烟品种为K326。试验地为烟—稻轮作田，土壤有机质3.80%，碱解氮116mg/kg，有效磷16.5mg/kg，速效钾48.3mg/kg，土壤pH为7.3。

试验采用五元二次回归正交旋转组合设计。选择氮肥（x_1）、磷肥（x_2）、钾肥（x_3）施用量，留叶数（x_4）和移栽苗龄（x_5）作为参试因子。变量设计水平编码如表1。

表 1　综合模型试验因子线性编码表

变量	设计水平				
	−2	−1	0	1	2
x_1 尿素（kg/hm^2）	150	255	360	465	570
x_2 过磷酸钙（kg/hm^2）	0	450	900	1 350	1 800
x_3 硫酸钾（kg/hm^2）	0	300	600	900	1 200
x_4 留叶数（叶/株）	12	14	16	18	20
x_5 移栽苗龄（叶）	5	7	9	11	13

按试验设计要求，共设 36 个小区，小区面积 $33m^2$，5 行×11 株，单行高垄，行距 1m，株距 0.6m。

试验均采用营养钵育苗。大田肥料全部用化肥，基肥占 30%，追肥占 70%。基肥于移栽前 3～5d 穴施，追肥在移栽后 45d 内分 4 次穴施，移栽后 10d、20d、30d、45d，分别施总量的 15%、20%、20%、15%。田间管理和烟叶烘烤按常规进行，烟叶分级按 GB2635—86 进行。

2　结果与分析

2.1　回归数学模型的整体效应及其检验

以产量（y_1）、产值（y_2）、上等烟比例（y_3）、中上等烟比例（y_4）和均价（y_5）为目标函数，经电子计算机计算试验结果的数学模型，以及对回归方程的显著性、回归系数的显著性检验结果列于表 2。

由表 2 可知，各目标函数的二次回归方程均达极显著水平，试验数据与已采用的二次数学模型是高度吻合的。

氮、磷、钾三要素对 5 个目标函数的影响均达显著或极显著水平。其中氮对 y_1、y_2 的影响是正的，而对 y_3、y_4、y_5 的影响是负的。磷、钾对 5 个目标函数的影响则均为正的。

留叶数对 y_1 的正影响达显著水平，对 y_4 的负影响达极显著水平。

移栽苗龄对 5 个目标函数的影响均未达到显著水平。

氮与磷的交互作用对 y_1, y_2 的影响达极显著水平，氮与钾的交互作用对 5 个目标函数的影响均达极显著水平，留叶数与移栽苗龄的交互作用对 y_1, y_2 的影响亦达极显著水平。

2.2　模型解析

2.2.1　主因子效应解析

a. 参试因子对产量的影响。由表 2 可知，对于产量而言，不同因子一次项效应依次为氮肥＞磷肥＞钾肥＞留叶数＞移栽苗龄。进一步考虑各因子对产量的二次项效应时，将产量的数学模型进行降维分析，可得如下模式：

$$y_{11}=2\ 328.45+17.52x_1-5.12x_1^2$$
$$y_{12}=2\ 328.45+9.17x_2-5.10x_2^2$$
$$y_{13}=2\ 328.45+3.09x_3-1.59x_3^2$$
$$y_{14}=2\ 328.45+4.01x_4-1.47x_4^2$$

表 2　主要目标函数的数学模型

模型系数	y_1	y_2	y_3	y_4	y_5
b_0	2 328.45	7 059.30	35.88	83.05	3.02
b_1	17.52**	12.41*	−2.82**	−2.98**	−0.16**
b_2	9.17**	41.86**	3.43**	2.61**	0.16**
b_3	8.09**	77.71**	6.91**	7.22**	0.39**
b_4	4.01*	2.31	−1.37	−2.46	−0.08
b_5	−0.90	−8.62	−0.44	0.02	−0.02
b_{12}	10.62**	18.83**	0.39	1.17	−0.04
b_{13}	7.37**	44.83**	2.71**	2.98**	0.17**
b_{14}	0.83	−0.69	−0.11	−0.27	−4E−03
b_{15}	0.38	−1.48	0.11	−0.27	−4E−03
b_{23}	1.67	−7.73	−0.33	−1.40	−0.11
b_{24}	0.63	−2.03	−0.19	0.10	−0.02
b_{25}	0.38	−0.65	−0.12	−0.83	−0.01
b_{34}	1.28	3.53	−0.02	−0.11	2E−03
b_{38}	0.43	−2.66	0.21	0.16	−0.02
b_{46}	7.07**	22.64**	2.37*	1.05	0.03
b_{11}	−5.12**	−70.56**	−7.04**	−7.95**	−0.40**
b_{22}	−5.10**	−37.44**	−3.63**	−2.41**	−0.16**
b_{33}	−1.95	−23.01**	−2.56**	−3.43**	−0.15**
b_{44}	−1.47	−4.00	−0.10	−0.03	−0.01
b_{55}	−0.14	−18.99**	−1.47	−1.03	−0.03
F	12.186	22.272	11.478	19.031	12.747
R	0.971	0.984	0.969	0.981	0.971
显著水平	0.01	0.01	0.01	0.01	0.01

将各因子的不同水平值代入后，绘成降维分析图（图 1）。由上列回归方程和图 1 可见，产量受施肥量影响较大，磷、钾、留叶数在设计水平内均出现了峰值，氮则没有峰值，移栽苗龄的影响为负效应，不过影响很小。

b. 参试因子对产值的影响。由表 2 可知，对于产值而言，不同因子一次项效应依次为钾肥>磷肥>氮肥>移栽苗龄>留叶数。进一步考虑各因子对产值的二次项效应时，将产值的数学模型进行降维分析，可得如下模式：

$$y_{21}=7\,059.30+12.41x_1-70.56x_1^2$$
$$y_{22}=7\,059.30+41.86x_2-37.44x_2^2$$
$$y_{23}=7\,059.30+77.71x_3-23.01x_3^2$$
$$y_{24}=7\,059.30+2.31x_4-4.00x_4^2$$
$$y_{25}=7\,059.30+8.62x_5-18.99x_5^2$$

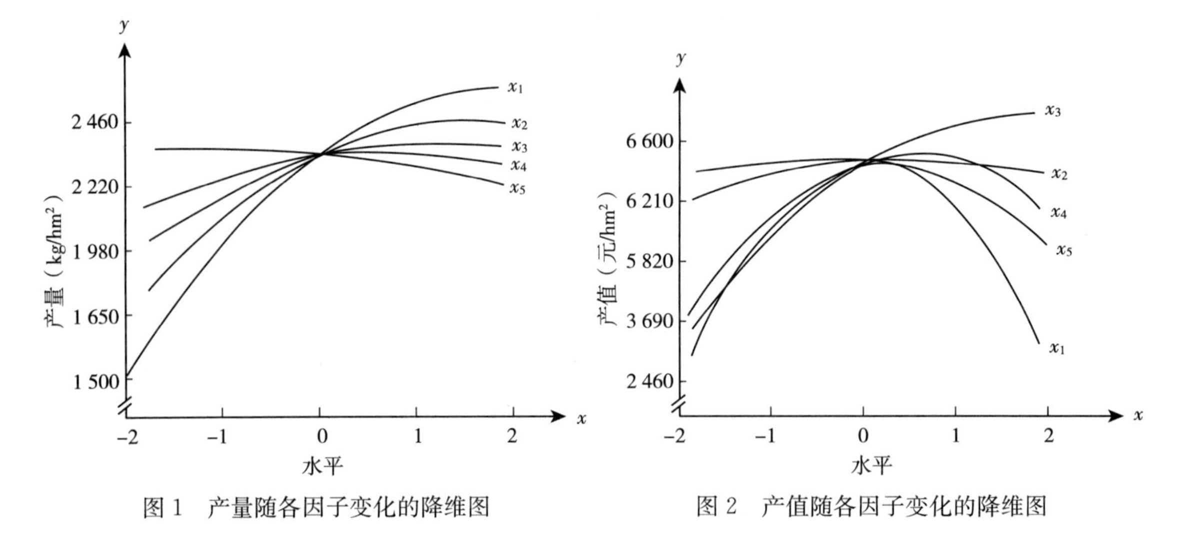

图 1　产量随各因子变化的降维图　　　图 2　产值随各因子变化的降维图

将各因子的不同水平值代入后，绘成降维分析图（图 2)。由上列回归方程和图 2 可见，产值受施肥量的影响也较大，氮、磷、留叶数、移栽苗龄在设计水平内均出现了峰值，钾则没有出现峰值。

2.2.2　交互效应分析　产值的回归方程中，氮肥与磷肥，氮肥与钾肥，留叶数与移栽苗龄之间存在着显著或极显著的互作效应。在固定与互作因子无关的其他因子为 0 水平时，可得氮与磷、氮与钾、留叶数与移栽苗龄互作的降维子模型，分别为：

$$y_2\text{（1，2）}=7\,059.30+12.41x_1+41.86x_2+18.83x_1x_2-70.56x_1^2-37.44x_2^2$$
$$y_2\text{（1，3）}=7\,059.30+12.41x_1+77.71x_3+44.83x_1x_3-70.56x_1^2-23.01x_3^2$$
$$y_2\text{（4，5）}=7\,059.30+2.31x_4-8.62x_5+22.64x_4x_5-4.00x_4^2-18.99x_6^2$$

将这 3 个二次函数分别作成三维立体图（图 3)。由上列回归方程和图 3 可见，氮肥与磷肥的交互作用以及留叶数与移栽苗龄的交互作用，对产量和产值的影响均达极显著水平。从氮与磷肥的交互作用对产值影响的三维立体图可以看出，响应面的顶点在氮肥为 0 水平而磷肥为＋1 水平的组合中。从留叶数与移栽苗龄的交互作用对产值影响的三维立体图可以看出，响应面的顶点出现在留叶数为＋2 水平而移栽苗龄为＋1水平的组合中。氮肥与钾肥的交互作用对 5 个目标函数的影响均达极显著水平。从氮肥与钾肥的交互作用对产值影响的三维立体图可以看出，响应面的顶点出现在氮肥为＋1 水平而钾肥为＋2 水平的组合中。

2.3　模拟优化

利用电子计算机求出了共 3 125 个方案，其中产量 2 250～2 625kg/hm² 的方案 425

个。对这 425 个方案中的因素水平出现的频率进行分析，从而得到水平编码值的 95%的分布区间及其对应的水平取值范围，结果列入表 3。

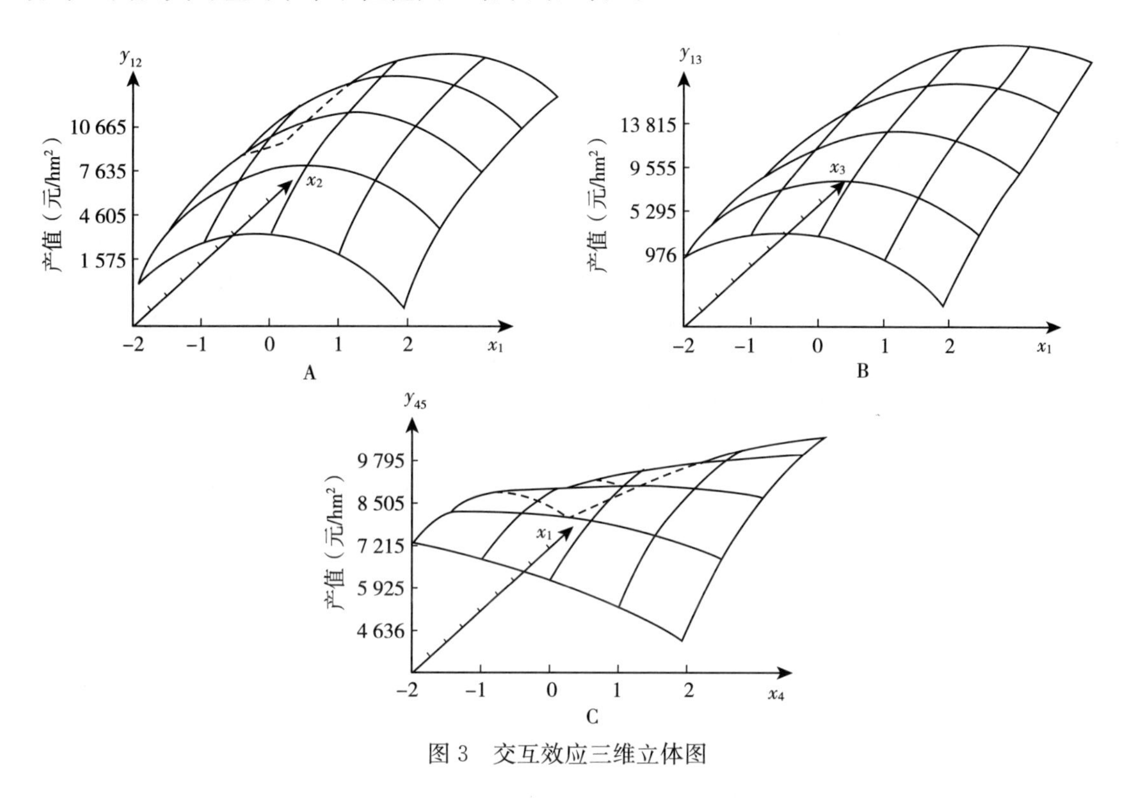

图 3　交互效应三维立体图

表 3　2 250～2 625kg/hm² 的取值频率分析

水平	x_1		x_2		x_3		x_4		x_5	
	次数	频率	次数	频率	次数	频率	次数	频率	次数	频率
−2	0	0	2	0.005	29	0.068	75	0.176	98	0.231
−1	12	0.028	93	0.219	95	0.224	81	0.191	92	0.216
0	175	0.412	125	0.294	106	0.249	95	0.224	84	0.198
1	137	0.322	108	0.254	100	0.235	88	0.207	75	0.176
2	101	0.238	97	0.228	95	0.234	86	0.202	76	0.179
x	0.769 4		0.482 4		0.322 4		0.068 2		−0.143 5	
标准误差	0.040 4		0.052 5		0.059 8		0.067 0		0.068 8	
95%的分布区间	0.729 0～0.890 8		0.429 9～0.534 9		0.262 6～0.382 2		0.001 2～0.135 2		−0.212～−0.074 7	
对应水平取值	436.50～445.05		1 093.50～1 140.75		633.75～714.60		16.00～1 627		8.58～8.85	

3　结论与讨论

a. 本试验结果表明，氮、磷、钾三要素对产量、产值、上等烟比例、均价等的影响均达显著或极显著水平，说明施肥是烤烟实现优质适产栽培的重要因素。在各个参试因子中，氮肥是影响烟叶产量最重要的因子。在本试验设计范围内，随着氮肥用量增加，产量相应增加，没有出现峰值，但在氮肥用量超过一定数值后，并不成正比地增加。对产值而言，氮肥用量从−2水平增加到0水平，产值迅速增加，但氮肥用量继续增加到＋2水平时，则产值又迅速减少。这主要是由于氮肥用量从充足到过大，上等烟比例、均价均下降。这说明氮肥是影响烟叶产量和质量的一项很敏感的因素，寻求实现优质适产目标的最佳氮肥用量极为重要。磷、钾肥对各项目标函数的影响均为正值，并且都达极显著水平，说明磷、钾肥对提高烟叶产量、产值、上中等烟比例、均价都有重要作用，其中钾肥对产值的影响居各参试因子之首，而生产实际中缺钾现象普遍而严重，因此烤烟生产中应十分重视钾肥的施用。本研究结果还表明，氮肥与磷肥的交互作用对产量和产值的影响均达极显著水平，氮肥与钾肥的交互作用对5个目标函数的影响均达极显著水平，这是由于氮与磷、氮与钾之间有相互促进烟草吸收的缘故。从这个角度上说，烤烟施肥时，氮、磷、钾比例协调也是不能忽视的。

b. 试验结果表明，单株留叶数对产量、产值的影响为正值，对上等烟比例、均价的影响则为负值。单株留叶数从合适到较多，产量较高，产值虽不呈正比地增加，但在本试验水平内，至少未减少。然而上等烟比例、均价却减少。因此，留叶数不能太多。相反，单株留叶数从合适到较少，虽然上等烟比例、均价有所上升，但产量、产值下降幅度较大，也不足取。可见，单株留叶数应该寻求最佳值。

c. 试验结果表明，移栽苗龄对5个目标函数的影响均未达显著水平，说明移栽苗龄是影响较小的因子。考虑到防止早花等因素，移栽苗龄不能过小，也不能过大。在关于y_1、y_2、y_3、y_5的数学模型中，一次项系数均为负值，说明移栽苗龄过大会对各项目标带来不利影响。

d. 本试验模拟优化结果表明，在湘中烟—稻轮作区，烤烟生产要实现优质适产（2 250～2 625kg/hm^2）目标，最佳农艺措施组合为每公顷施氮200.79～204.72kg，P_2O_5 185.90～193.93kg，K_2O_3 316.88～357.30kg，单株留有效叶16片，移栽苗龄9叶1心。这一结果与近年其他科研结果以及优质烟开发的实践完全吻合，因此建立的数学模型具有实用价值。

参考文献

[1] 刘福．电子计算机在农业上的应用［M］．北京：农村读物出版社．1985：122-131.

[2] 萧兵，钟俊维．农业多因素试验设计与统计［M］．长沙：湖南科学技术出版社，1985：332-333.

[3] 陈学贞，罗运选，刘国华．棉花规范化栽培研究［J］．湖南农学院学报，1989，15（3）：13-20.

[4] 陈金湘，李曼瑞．棉花高产优质低耗栽培实用模型的研究［J］．湖南农学院学报，1986，12（4）：13-21.

（原载《湖南农学院学报》1992年增刊2）

不同施肥量·烤烟成熟度生化指标及农艺性状·产量的变化

金亚波[1,2]，韦建玉[1,3]，屈　冉[4]，吴　峰[1]，李天福[2]

（1. 广西大学农学院，南宁　530005；2. 云南烟草科学研究所，玉溪　653100；
3. 广西中烟工业公司，南宁　545005；
4. 北京师范大学水科学研究院，北京　100875）

摘　要：【目的】对不同烤烟品种成熟度与活性氧代谢的关系进行研究，进而探讨烟叶的成熟机理和最适成熟度指标。【方法】在不同施肥量下，测定了3个烤烟品种的不同部位鲜烟叶叶绿素含量和超氧化物歧化酶活性、丙二醛含量、脯氨酸含量以及采后株高、烤后产量。【结果】施肥量影响烟叶的生长发育和产质量。不同品种烟叶成熟时，清除活性氧自由基和抵抗膜脂过氧化变化不同。在成熟过程中，脯氨酸含量基本上呈现两头高中间低的船形变化。【结论】由于优质烟生长、发育规律与生态条件相对固定，肥料形态、种类和施用水平就成为协调三者之间关系的重要手段。

关键词：烤烟；施肥量；成熟度；品种

成熟度反映着烟叶内各种化学成分含量、比例等变化程度，极大地影响烟叶的色、香、味以及化学性质、物理性状、吸食质量、使用价值等。烟叶的最佳成熟度既与烤烟品种有很大的关系，又与叶片干物质积累、叶色有关。细胞的衰老与活性氧代谢密切相关。对不同烤烟品种成熟度与活性氧代谢的关系进行研究，探讨烟叶的成熟机理和采收的最适成熟度指标，以期为最佳成熟采收提供理论依据。

1　材料与方法

1.1　材料

试验于2005年3～9月在云南省烟草科学研究所赵桅试验基地进行。供试品种为云烟85、K326、红花大金元。土壤为红壤土，肥力中等，灌溉良好，前茬作物为小麦。供试肥料为云南烟草专用复合氮肥，N∶P∶K为1∶1∶2。

基金项目：以成熟度为中心的配套农业技术试验示范与推广（2004A26）。
作者简介：金亚波（1976—），男，河南南阳人，博士研究生，研究方向为植物生理生化与环境生态。

1.2 方法

2005 年 5 月 7 日移栽，每个品种种植 1 个小区，每个小区种植 45 株，株距 0.5m，行距 1.1m。每个品种施肥水平为 3 个，分别为株施氮 30、60、90g。其中，基肥占 30%，追肥占 70%，施肥方式为穴施。设 4 次重复，共计 36 个小区。

在打顶（7 月 7 日）1 周后测定烟叶生理生化指标，超氧化物歧化酶（SOD）、丙二醛（MDA）测定 1 周 1 次。云烟 85 留叶数 20 片，K326 留叶数 21 片。每株定叶位取样所取烟叶一半作室内生化指标测定；另一半烟叶 105℃杀青 0.5h，60℃下烘干，称干重。分别取叶面右侧偏离主脉 1cm 处的叶尖、叶中、叶基部位 3cm×3cm，快速剪碎，混匀，按照不同测定要求称取鲜叶。参照李合生比色法[1]，测定超氧化物歧化酶（SOD）、丙二醛（MDA）、脯氨酸（Pro）含量。色素含量测定参考朱广廉、钟诲文等比色法[2]。

2 结果与分析

2.1 不同品种烟叶总叶绿素含量变化

由表 1 可知，在烟叶成熟度相同的前提下，云烟 85、K326、红花大金元的下二棚、腰叶、上二棚、顶叶的总叶绿素含量呈递增趋势。这 3 个品种各部位烟叶总叶绿素含量随着烟叶成熟度的提高而降低，其中从 M1 到 M4 的烟叶成熟度的总叶绿素含量下降幅度较大，说明随着烟叶成熟度的提高，叶色由绿转黄；烟叶总叶绿素降解速度以 M1 到 M4 的烟叶成熟度较快，叶色变黄速度也较快，以从 M5 开始的烟叶成熟度的叶绿素降解速度较缓慢，叶色变黄速度也较慢。从表 1 还可以看出，总叶绿素含量的大小顺序为红花大金元>云烟 85>K326。从施肥量上来看，随着施肥量的增加，叶绿素含量也相应增加。

2.2 不同品种烟叶超氧化物歧化酶、丙二醛含量变化

由图 1 至图 3 可知，在株施氮量为 60g 条件下，在打顶 14d 后 3 个品种 4 个部位叶片 SOD 酶含量随着取样时间的变化规律是相似的，即开始都是逐渐上升，在打顶 28d 达一高峰，然后迅速下降；而在相同的取样时间，随着部位的上升，SOD 酶含量也呈现增加的趋势。对比 3 个品种相同部位、相同取样时间的 SOD 酶含量，大小顺序为红花大金元>K326>云烟 85。

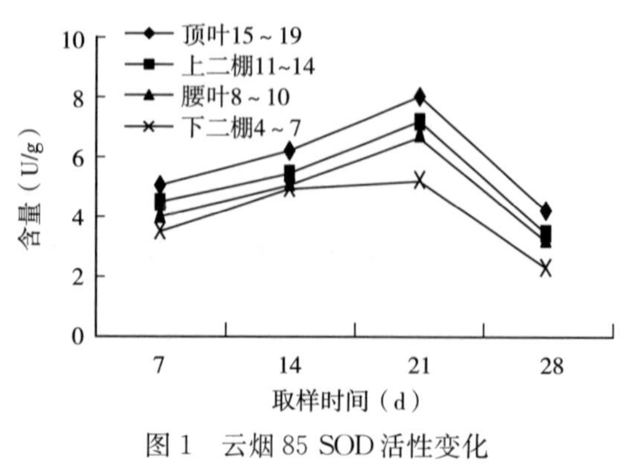

图 1　云烟 85 SOD 活性变化

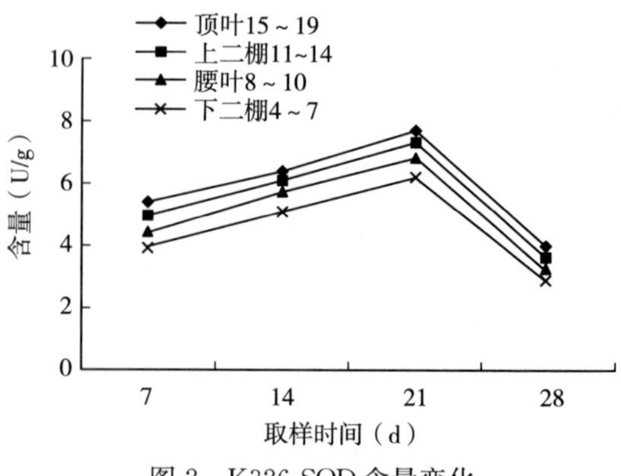

图 2　K326 SOD 含量变化

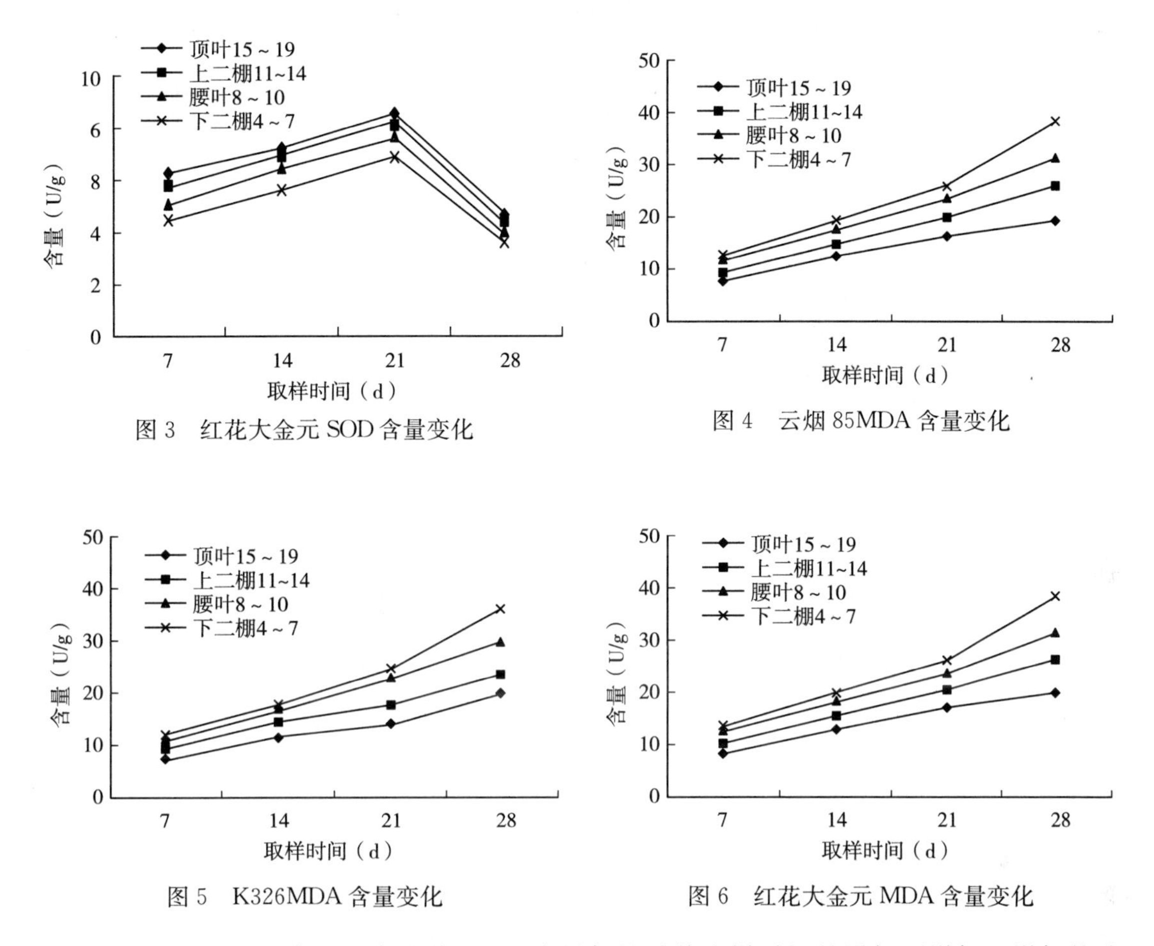

图 3　红花大金元 SOD 含量变化

图 4　云烟 85MDA 含量变化

图 5　K326MDA 含量变化

图 6　红花大金元 MDA 含量变化

由图 4 至图 6 可知，3 个品种 MDA 含量都是随着取样时间的增加而增加，增加的速度由快到慢，打顶后 14～28d 增加的幅度较小，打顶后 28d 迅速增加，在相同取样时间叶片 MDA 含量随部位的下降而稍有增加，而且随着取样时间的推移增幅变大。

对比 3 个品种 MDA 含量变化趋势图可以看出，随着取样时间的推移，相同部位叶片 MDA 含量、相同取样时间下不同部位叶片的 MDA 含量随着部位的上升，其变化趋势都是增加的，而相同取样时间下相同部位之间相比较，MDA 含量大小顺序为云烟 85＞K326＞红花大金元。由此可知，随着烟叶的成熟和衰老，清除氧自由基的保护酶 SOD 活性发生变化。SOD 活性酶活性上升，以清除过量的超氧自由基 O_2^-，但充分成熟后，活性迅速降低，此时 SOD 酶与 O_2^- 反应所生成的 H_2O_2 无法及时清除而积累。H_2O_2 及其产生的羟自由基的不断积累导致膜脂过氧化作用加剧，表现为膜脂过氧化作用产物 MDA 含量的增加。这与水稻[3]、蚕豆[4]的研究结果相同。另外，不同部位叶片清除 O_2^- 的能力不同。这可能是由于部位越高叶片变厚，细胞抗膜脂过氧化作用和细胞膜抗损伤的能力增强，同时上部烟叶比下部烟叶早成熟。3 个品种 MDA 含量的比较结果也说明云烟 85 清除体内过多活性氧自由基、抵抗膜脂过氧化作用的能力要比 K326 和红花大金元强。大田栽培云烟 85 成熟得早也说明了这一点。

表 1　不同品种烟叶总叶绿素含量

品种	施肥量（g）	部位	取样时间						
			M1	M2	M3	M4	M5	M6	M7
云烟 85	30	下二棚 4～7	0.063 8	0.049 4	0.038 4	0.032 9	0.027 0	0.020 5	
		腰叶 8～10	0.125 1	0.096 7	0.088 6	0.085 5	0.028 1	0.023 4	
		上二棚 11～14	0.127 6	0.116 5	0.102 4	0.089 3	0.072 3	0.050 7	0.010 1
		顶叶 15～19	0.129 5	0.108 5	0.087 9	0.083 7	0.083 3	0.064 3	0.052 2
	60	下二棚 4～7	0.107 2	0.077 8	0.062 1	0.041 3	0.019 6	0.016 9	
		腰叶 8～10	0.131 0	0.093 8	0.084 2	0.061 4	0.042 9	0.025 5	
		上二棚 11～14	0.134 2	0.130 2	0.099 9	0.089 4	0.064 2	0.062 5	0.029 4
		顶叶 15～19	0.181 6	0.148 9	0.129 3	0.120 1	0.110 3	0.064 1	0.022 0
	90	下二棚 4～7	0.108 0	0.083 5	0.046 6	0.037 9	0.024 9	0.024 3	
		腰叶 8～10	0.145 6	0.120 3	0.060 2	0.051 0	0.048 6	0.034 9	
		上二棚 11～14	0.174 7	0.154 8	0.069 1	0.055 2	0.044 0	0.043 9	0.041 7
		顶叶 15～19	0.195 9	0.171 4	0.111 5	0.093 6	0.086 8	0.072 6	0.064 5
红花大金元	30	下二棚 4～7	0.085 9	0.082 3	0.029 0	0.016 9	0.006 2		
		腰叶 8～10	0.128 5	0.120 7	0.073 5	0.064 3	0.035 8	0.010 3	
		上二棚 11～14	0.130 3	0.118 1	0.087 8	0.066 7	0.050 2	0.050 1	0.034 4
		顶叶 15～19	0.122 4	0.117 7	0.113 5	0.113 5	0.067 9	0.062 2	0.049 7
	60	下二棚 4～7	0.106 9	0.063 3	0.025 0	0.016 6	0.004 8		
		腰叶 8～10	0.112 2	0.089 0	0.082 8	0.081 3	0.047 6	0.024 7	
		上二棚 11～14	0.147 6	0.138 1	0.126 7	0.097 9	0.054 3	0.045 8	0.033 4
		顶叶 15～19	0.183 9	0.162 6	0.141 3	0.117 8	0.072 5	0.072 1	0.045 1
	90	下二棚 4～7	0.085 1	0.076 9	0.064 5	0.052 7	0.039 4	0.017 3	
		腰叶 8～10	0.117 2	0.110 2	0.096 1	0.067 6	0.055 0	0.050 2	
		上二棚 11～14	0.142 0	0.125 6	0.110 1	0.102 8	0.095 5	0.093 1	0.053 6
		顶叶 15～19	0.198 6	0.173 5	0.155 5	0.133 3	0.113 2	0.108 4	0.096 3
K326	30	下二棚 4～7	0.057 4	0.045 1	0.015 7	0.012 0	0.006 5	0.006 2	
		腰叶 8～10	0.086 5	0.043 2	0.032 2	0.028 0	0.017 3	0.011 1	
		上二棚 11～14	0.100 6	0.076 2	0.055 1	0.043 0	0.031 9	0.025 9	0.025 4
		顶叶 15～19	0.127 0	0.106 6	0.079 9	0.068 2	0.062 9	0.053 6	0.053 3
	60	下二棚 4～7	0.079 3	0.044 2	0.034 1	0.025 9	0.016 5	0.008 3	
		腰叶 8～10	0.083 7	0.075 1	0.065 8	0.064 9	0.045 6	0.020 6	
		上二棚 11～14	0.088 3	0.085 8	0.085 2	0.077 8	0.069 2	0.053 5	0.028 6
		顶叶 15～19	0.146 3	0.138 0	0.126 4	0.091 0	0.065 2	0.062 3	0.047 3
	90	下二棚 4～7	0.081 2	0.065 2	0.050 8	0.033 8	0.023 2	0.008 1	
		腰叶 8～10	0.089 0	0.087 9	0.086 6	0.066 8	0.038 4	0.033 3	
		上二棚 11～14	0.109 3	0.106 2	0.086 3	0.084 6	0.060 2	0.053 8	0.043 5
		顶叶 15～19	0.164 5	0.147 8	0.138 1	0.100 6	0.085 9	0.081 7	0.060 3

2.3 不同品种烟叶脯氨酸含量变化

由表2可知，不同品种烟叶脯氨酸含量随着取样时间的推移，各品种的变化规律均是先下降而后上升，总趋势呈船形变化。不同部位脯氨酸含量相比较，顺序为顶叶＞上二棚＞腰叶＞下二棚。4个部位相比较，下二棚脯氨酸含量变化幅度最大，随着部位的上升变化幅度逐渐缩小；顶叶的变化趋势总规律和其余3个部位相同，但是其变化幅度大小差异有时很大。这可能与取样的顶叶生长发育不同有关或顶叶与外界气候变化比较敏感有关。3个品种脯氨酸含量相比较，顺序为红花大金元＞云烟85＞K326。从3个品种脯氨酸含量的变化趋势来看，脯氨酸含量可以反映烟叶成熟度状况，可以作为测量成熟度的一种指标。

表2 不同品种烟叶脯氨酸含量

品种	施肥量（g）	部位	取样时间（月-日）					
			07-12	07-12	08-03	08-11	08-16	08-23
K326	30	下二棚4～7	32.87	15.86	1.92	7.61	4.02	
		腰叶8～10	34.80	17.96	10.62	11.02	14.72	23.24
		上二棚11～14	80.84	32.59	14.49	14.83	22.06	33.78
		顶叶15～19	105.82	46.53	28.98	17.34	31.96	54.61
	60	下二棚4～7	60.47	23.60	0.89	6.13	13.69	
		腰叶8～10	65.06	16.60	12.84	16.77	15.46	20.69
		上二棚11～14	69.46	38.05	20.41	24.22	24.68	29.46
		顶叶15～19	148.49	126.87	106.04	62.63	40.38	52.96
	90	下二棚4～7	37.36	14.49	11.19	19.16	19.38	
		腰叶8～10	142.23	95.80	25.47	14.21	24.05	31.05
		上二棚11～14	147.92	102.00	85.39	25.70	25.81	36.04
		顶叶15～19	148.09	130.97	128.29	93.18	54.95	62.63
云烟85	30	下二棚4～7	20.47	13.16	4.08	9.09	20.75	
		腰叶8～10	21.49	14.26	14.49	8.12	16.14	34.46
		上二棚11～14	69.29	61.32	30.54	29.11	31.70	36.55
		顶叶15～19	132.10	78.90	52.47	40.84	45.00	51.00
	60	下二棚4～7	17.85	19.67	17.22	11.99	11.42	
		腰叶8～10	38.33	19.84	55.35	11.99	11.53	30.82
		上二棚11～14	59.04	22.97	45.62	59.50	36.17	22.46
		顶叶15～19	139.73	137.57	132.56	130.97	32.41	46.53
	90	下二棚4～7	48.40	25.42	12.95	23.08	17.79	
		腰叶8～10	78.16	20.98	22.63	9.77	15.80	19.27
		上二棚11～14	134.72	128.15	50.91	15.86	23.88	80.67
		顶叶15～19	135.58	131.14	125.16	82.94	138.08	77.31

（续）

品种	施肥量（g）	部位	取样时间（月-日）					
			07－12	07－12	08－03	08－11	08－16	08－23
红花大金元	30	下二棚 4～7	33.27	22.23	4.93	9.26		
		腰叶 8～10	42.09	21.60	19.47	10.00	33.15	14.95
		上二棚 11～14	93.81	29.61	21.62	9.94	17.11	16.37
		顶叶 15～19	111.63	70.01	53.95	65.74	39.80	70.92
	60	下二棚 4～7	39.98	13.87	10.79	14.26		
		腰叶 8～10	42.24	19.20	15.00	9.88	22.23	24.56
		上二棚 11～14	132.10	76.00	61.49	17.56	90.85	19.56
		顶叶 15～19	144.05	123.00	115.77	127.21	23.82	50.28
	90	下二棚 4～7	24.62	13.81	9.14	9.88	40.95	
		腰叶 8～10	50.57	29.34	20.41	8.91	18.08	19.56
		上二棚 11～14	134.04	60.98	59.84	14.49	87.49	22.86
		顶叶 15～19	147.72	145.45	140.33	97.25	166.22	60.49

2.4 不同品种烟叶采烤后烟株高度及产量比较

由表 3 可知，3 个品种株高相比较，随着施肥量的增加，各品种均表现为增加的趋势，且增加的幅度也较大。而不同品种相同施肥量水平相比较，K326 品种、云烟 85 品种、红花大金元品种依次增大。这说明施肥量影响烟株生长的高度，施肥量越大影响越大。而相同施肥量对红花大金元的影响要比对 K326 的影响大。烤烟的优质与否与烟叶中烟碱含量有关，而烟碱含量在一定程度上与烟叶中含氮量有关。由此可知，施肥量影响株高，也即影响烤烟的生长发育。因此，平衡施肥对烟叶品质的影响极为重要。

由表 4 可知，对于 K326 品种，施肥 60g 的产量最高，其次是施肥 90g 的水平，施肥 30g 的水平最小；而且上中等级烟叶也是 60g 施肥水平所占比例较高。而对于云烟 85 和红花大金元品种，施肥量越高产量越高，上中等级烟叶所占比例却是施肥 90g 水平多些。这说明对于施肥量来说，K326 品种对施肥有一定的限度，太高、太低对其生长发育及烟叶的优劣有影响；其他品种对肥料的敏感程度有相似的规律性。从 GY 烟叶的比例来看，施肥量少 K326 烟叶 GY 烟叶也少，施肥量多 GY 烟叶所占比例也多；而对于云烟 85、红花大金元品种，施肥量较高者 GY 烟叶比例占的较少。这说明施肥量影响烟叶的品质。

表 3　不同品种烟叶采烤后烟株高度

品种	施肥量（g）	株高（cm）
K326	30	99.27
	60	102.20
	90	103.97

（续）

品种	施肥量（g）	株高（cm）
云烟 85	30	103.93
	60	111.41
	90	125.00
红花大金元	30	120.00
	60	
	90	120.73

表 4 不同品种烤烟不同等级烟叶产量（kg/hm^2）

品种	等级	30g	60g	90g
K326	B 等级	7 458.9	15 068.9	14 519.0
	C 等级	4 026.9	5 461.1	3 418.6
	X 等级	3 133.8	8 774.8	3 789.5
	GY 等级	560.5	156.6	1 386.1
云烟 85	B 等级	4 926.5	8 222.3	12 323.9
	C 等级	3 819.5	4 064.8	5 231.8
	X 等级	3 804.7	5 103.4	2 796.1
	GY 等级	1 662.6	2 385.5	1 446.2
红花大金元	B 等级	6 837.9	10 728.7	10 154.9
	C 等级	3 794.5	3 095.7	10 903.6
	X 等级	4 493.2	3 957.4	2 444.7
	GY 等级	2 286.1	2 679.3	1 635.5

3 结论与讨论

叶片成熟的过程，实质上是组成叶片的每一个细胞生理功能由旺盛转向衰退的过程。细胞功能正常时，清除体内活性氧自由基就多，而衰老时，细胞能量减少，功能衰退，清除得就少，活性氧不断积累，导致膜脂过氧化作用增加。该试验结果也说明了这一点，肥料用量多时，细胞能量充足，表现在外观上即叶绿素含量高，叶片较绿，晚熟；内在特征上即清除活性氧自由基的酶含量较高。所以，在生产上应合理施肥，平衡施肥。由于优质烟生长、发育规律与生态条件相对固定，肥料形态、种类和施用水平就成为协调三者间关系的重要手段。

参考文献

[1] 李合生．植物生理生化实验原理与技术［M］．北京：中国农业出版社，2000：164－167.
[2] 朱方廉，钟诲文．植物生理学实验［M］．北京：北京大学出版社，1990：51－54.
[3] 林植芳，林桂珠，李双顺．水稻叶片的衰老与超氧化物歧化酶活性及脂质过氧化作用的关系［J］．植物学报，1984，26（6）：605－615.
[4] 林植芳，林桂珠，李双顺．衰老叶片和叶绿体中超氧阴离子和有机自由基浓度的变化［J］．植物生理学报，1988，14（3）：238－242.

（原载《安徽农业科学》2008年第10期）

浅析性诱剂的诱杀害虫效果

秦剑波[1]，高小俊[2]，母婷婷[1]，周孚美[1]，张小易[1]，徐志海[1]

（1. 耒阳烟草专卖局，耒阳　421800；2. 耒阳市成人中等专业学校，耒阳　421800）

摘　要：为有效减少烟草虫害，降低农药残留量，提高烟叶的产、质量，本试验以烟青虫、斜纹夜蛾诱芯进行诱杀试验，分析不同发生时期成虫的诱杀效果。结果表明，性诱剂可有效地减少烟青虫和斜纹夜蛾成虫的基数，破坏其繁殖产卵。同时减少农药用量，防虫害效果、经济效益较为显著，有利于大面积示范推广。

关键词：烟草；虫害防治；性诱剂；诱杀效果；经济效益

烟青虫、斜纹夜蛾是东南亚地区的农业害虫，烟草危害严重[1,2]，长期大量使用广谱性残留期长的杀虫剂防治虫害，不仅大量杀伤害虫天敌，污染环境，而且导致害虫抗药性增强，烟叶中农药残留量增高，严重影响烟叶产量和品质[3~5]。为更好地贯彻十七届三中全会提出的绿色植保理念，推动绿色防控技术的应用，本研究利用性诱剂诱杀害虫，减少生产上化学农药使用次数，节省成本，改善生态环境、全面提高农产品质量。

1　材料与方法

1.1　试验材料

试验在湖南省耒阳市哲桥镇三益村、哲桥村进行。选用长势及营养基本一致的云烟87为试验材料。

1.2　试验方法

取性诱芯1粒用细铁丝固定在瓶口上方1cm左右的中心处，盆内灌洗衣粉水至盆口5cm，将诱集盆固定在木棒上，分别安置于诱测区域。在一个诱测区域，放置同一性诱芯诱捕器3个，各诱捕器相距50 m左右（可采用直线或等边三角形）。不同性诱芯分开放置，以免互相干扰。一般情况下，性诱芯10 d更换一次，在高温干旱气候时，7d更换一次[6]，保持诱捕器中水量，勤换洗衣粉水。随机选取7个诱捕器，每天早上捞出盆内落入的烟青虫、斜纹夜蛾成蛾，记录不同诱芯的诱虫量。

1.3　数据处理

采用Excel对原始数据进行初步整理，用DPS软件Duncan新复极差法进行显著差异性分析。

2 结果与分析

2.1 不同时间烟青虫诱芯诱虫效果

从图 1、图 2 可看出，烟青虫每个诱芯平均诱蛾量在 5 月 9 日达到高峰，之后急剧下降，一直保持较低水平，5 月 16 日观察无烟青虫成虫，5 月 18 日后缓慢上升，于 5 月 22 日达到第二次高峰，峰值后一直保持稳定的变化趋势。表明 4 月 9 日、5 月 22～23 日是烟青虫发生期内，出现明显两次高峰期，根据烟青虫发生规律，越冬代成虫发生期为 3 月上至中旬，第 1 代成虫发生期为 4 月上旬，第 2 代成虫发生期在 5 月中旬，建议烟农从 4 月 9 日、5 月 22 日左右分别做好烟青虫防治工作，4 月 9 日防治效果最佳。当虫口密度低时，用性诱剂防治；当虫口密度大时，应用性诱剂和高效低毒农药结合使用。

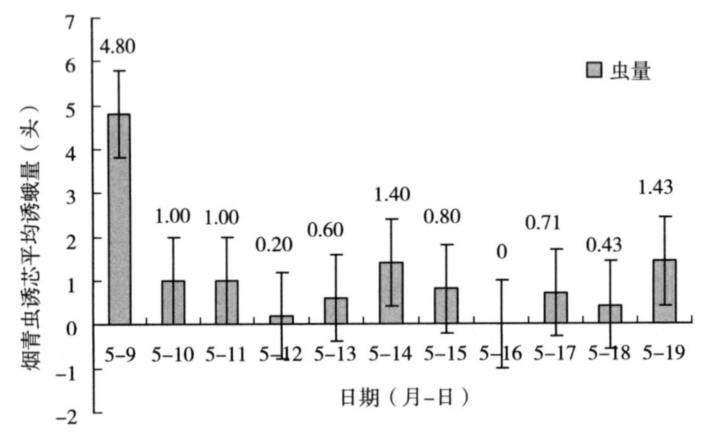

图 1 5 月 9～19 日烟青虫诱芯平均诱蛾量

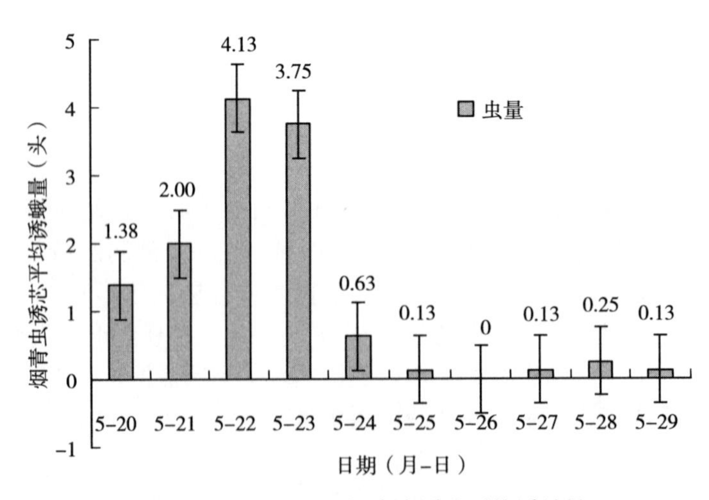

图 2 5 月 20～29 日烟青虫诱芯平均诱蛾量

图 1、图 2 显示，5 月 9～29 日试验调查范围内烟青虫诱芯共诱蛾 112 头，杀死了大

量雄蛾，因此雌蛾交配率下降，使未交配雌蛾数增多；同时，由于雄蛾下降率大，导致交配抑制率也大，大大减少了当代产卵雌蛾数和产卵数量，对下代幼虫数量起到控制作用，烟青虫诱芯诱蛾效果明显，值得推广应用。

DPS软件Duncar新复极差法统计分析表明：5月9日、22日与其他时间烟青虫诱芯平均诱蛾量在5%水平上差异显著（$p<0.05$），且5月9日与其他时间烟青虫诱芯平均诱蛾量（5月22日除外）在1%水平上差异极显著（$p<0.01$）；其他时间皆不显著（$p>0.05$），表明烟青虫诱芯诱蛾高峰与其他时间达极显著水平，效果显著。

2.2 不同时间斜纹夜蛾诱芯诱虫效果

从图3、图4可看出，斜纹夜蛾每个诱芯平均诱蛾量在5月9～13日一直保持较高水平，5月14日急剧下降，到5月19日一直保持较低水平，之后迅速上升，于5月23日达到高峰，峰值后一直保持稳定的变化趋势。表明除了5月14～19日，其他调查时间斜纹夜蛾均显著发生，5月20日后即将进入产卵期，烟农应做好斜纹夜蛾防治工作。根据斜

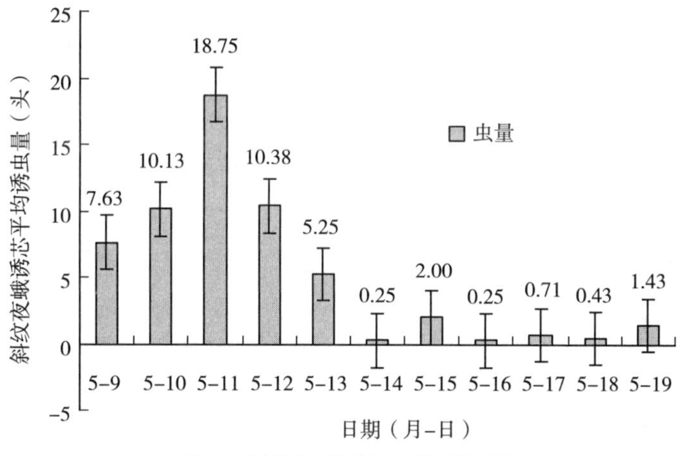

图3 斜纹夜蛾诱芯平均诱蛾量

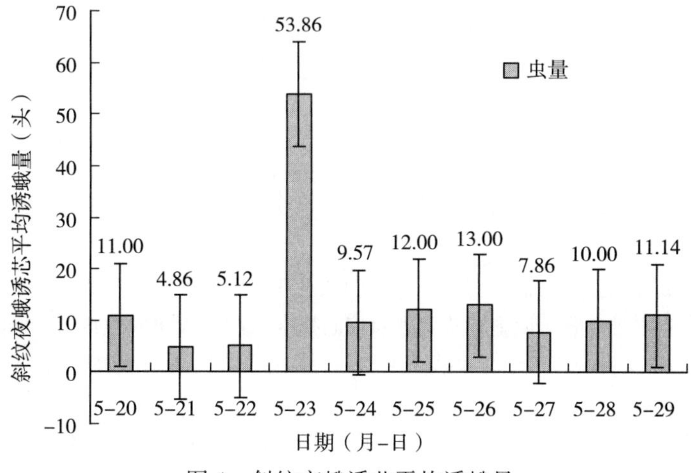

图4 斜纹夜蛾诱芯平均诱蛾量

纹夜蛾发生规律，越冬代成虫发生期为5月上至中旬，第1代成虫发生期为5月下旬，表明第一次诱蛾高峰是第1代成虫，第二次高峰不仅蛾量大，且持续的时间长，可能是越冬与第1代的混合发生所致。

图3、图4显示，5月9～29日试验调查范围内斜纹夜蛾诱芯共诱蛾962头，有效地减少了成虫的基数，同时也破坏了害虫的繁殖产卵，防虫害效果显著，有利于大面积示范推广。

DPS软件Duncar新复极差法统计分析表明：5月23日与其他时间斜纹夜蛾诱芯平均诱蛾量在5%水平上差异显著（$p<0.05$），且在1%水平上差异极显著（$p<0.01$）；5月11日、23日分别于5月14～18日诱蛾量在5%水平上差异显著（$p<0.05$）；其他时间皆不显著（$p>0.05$）。

3 结论与讨论

性诱剂是利用释放人工合成的昆虫（雌）性激素（雌信息素），诱杀雄性昆虫，阻止昆虫交配、产卵，达到控制害虫数量的作用，是一种高效无毒不影响益虫、不影响环境的测报和防治药剂[7～11]。性诱剂可杀死了大量烟青虫、斜纹夜蛾雄蛾，使未交配雌蛾数增多；同时，由于雄蛾下降率大，导致交配抑制率也大，大大减少了当代产卵雌蛾数和产卵数量，对下代幼虫数量起到控制作用，防虫害效果显著，有利于大面积示范推广。针对烟田虫害发生情况，建议烟农从4月9日、5月22日左右分别做好烟青虫防治工作，4月9日防治效果最佳。当虫口密度低时，用性诱剂防治；当虫口密度大时，应用性诱剂和高效低毒农药结合使用；5月20日后斜纹夜蛾即将进入产卵期，烟农应做好防治工作。

参考文献

[1] 洪家保，陈学平．用性信息素诱剂防治烟青虫的效果［J］．昆虫知识，2002，39（1）：27-30.

[2] 张留江，李荣博，刘蕴贤．设施农业发展与蔬菜病虫害防治策略［J］．天津农业科学，2010，16（2）：149-151.

[3] 石拴成．应用性诱剂防治烟草夜蛾试验研究［J］．烟草科技，1997（4）：46-47.

[4] 郝永娟，刘春艳，王勇，等．天津市蔬菜病害发生动态及防治对策［J］．天津农业科学，2009，15（1）：69-71.

[5] 李成禄．发展无公害蔬菜生产的对策和措施［J］．天津农业科学，2008，14（5）：31-33.

[6] 王方晓，杨可辉，张秀衢，等．斜纹夜蛾性诱剂的诱蛾效果［J］．昆虫知识，2008，45（2）：300-302.

[7] 陈林松，汪恩国，何国民，等．西兰花三大害虫性诱剂及其配套应用技术试验［J］．安徽农学通报，2007，13（13）：161-164.

[8] 夏墨荣．蔬菜病虫害无公害防治技术［J］．天津农业科学，2005（2）：22-41.

[9] 王勇，杨秀荣，刘水芳，等．设施蔬菜病害及控制技术［J］．天津农业科学，2003（1）：35-38.

[10] 张宝宇，张红颖，李贵响，等．蔬菜病虫害“绿色防控”技术在生产上的示范［J］．天津农业科学，2010，16（5）：148-150.

[11] 陈林松，汪恩国，何国民，等．西兰花三大害虫性诱剂及其配套应用技术试验［J］．安徽农学通报，2007，13（13）：161-164.

昆虫性诱剂防治烟草棉铃虫的方法及使用技术初探

苏　赞[1,2]，龙晓彤[2]，胡亚杰[2]，梁　伟[2]

（1. 湖南农业大学农学院，长沙　410128；
2. 广西中烟工业有限责任公司，南宁　530001）

摘　要： 应用不同烟草棉铃虫性诱剂和杀虫灯防治烟草棉铃虫。结果表明，应用昆虫性诱剂诱捕棉铃虫比杀虫灯效果更好。诱捕器悬挂高度以距离地面80cm最佳，每公顷使用性诱剂及诱捕器各15套为宜。PVC基质诱芯的性能优于橡胶基质诱芯，而且持效期更长。

关键词： 烟草；棉铃虫；昆虫性诱剂；防治

烟草棉铃虫是我国各烟区危害严重的害虫之一，对我国烟叶生产的持续稳定发展构成巨大威胁[1]。目前，对于棉铃虫的防治主要采用化学农药防治，但长期、广泛、大量使用化学农药会导致烟叶中农药残留量不断增加，害虫的抗药性增强和再度猖獗问题，严重影响卷烟的品质和安全性[2]。不仅如此，化学农药的施用还导致天敌被大量杀伤、农田微生态平衡被破坏和环境污染。随着人们对自身健康和生存环境的日益重视，符合环保、健康和持续发展理念的生物防治在烟草病虫害治理中越来越引起人们的关注[3,4]。目前，世界上已有多家公司生产多种昆虫信息素的缓释剂型、散发器和诱捕器，利用性引诱直接诱杀成虫或干扰交配防治烟草害虫已有了较多的应用[5]。为此，我们在广西烟区推广昆虫性诱剂防治棉铃虫，并对防治使用技术进行探讨。

1　材料与方法

1.1　试验材料

试验选用PVC诱芯和橡胶基质诱芯的昆虫性诱剂，灯具诱捕器选用佳多智能测报灯、佳多杀虫灯和20 W黑光灯。

1.2　试验方法

1.2.1　性诱剂和灯具诱捕器诱捕棉铃虫　在棉铃虫虫害初发期分别将放置了PVC诱芯性诱剂、橡胶基质诱芯性诱剂的诱捕器、佳多智能测报灯、佳多杀虫灯和20 W黑光灯释放到烟田，不同类型诱捕器和杀虫灯随机分布，每公顷放置15套，各定点抽查5个捕虫器。统计捕虫量和防治效果。每天调查1次，连续调查2个月。以20 W黑光灯作为对照。

1.2.2 不同放置密度诱芯诱捕棉铃虫 试验设5个处理：(1) 空白对照区，不施用农药和诱捕器；(2) 常规用药区，施用农药3次；(3) 高密度区，施1次农药，施用性诱芯及诱捕器3套；(4) 中密度区，施1次农药，每公顷施用性诱芯及诱捕器25.5套；(5) 低密度区，施1次农药，每公顷施用性诱芯及诱捕器15套。施用后30d后统计捕虫数量，计算虫口减退率和防效。

1.2.3 诱捕器不同悬挂高度诱捕棉铃虫 虫害初发期将诱捕器释放到烟田，每公顷设置15套，诱捕器悬挂高度分别设置为距离地面100、80、60cm。各高度诱捕器随机分布，释放后30d后统计捕虫数量。

2 结果与分析

2.1 昆虫性诱剂和灯具诱捕棉铃虫成虫效果比较

性诱剂和杀虫灯都是利用性信息素或光线引诱雄性成虫至诱捕器。并用物理方法加以捕杀，从而降低雌雄交配率，减少害虫后代种群数量而达到防治目的。从表1可以看出，利用性诱剂诱芯的捕杀效果明显好于杀虫灯，而利用PVC诱芯的性诱剂捕杀效果最好，总诱虫数量是对照的21.6倍，日最高诱虫数量是对照的25.7倍，远高于其他5个处理。可见，应用昆虫性PVC诱芯的性诱剂诱捕棉铃虫比橡胶基质诱芯性诱剂和杀虫灯效果要好。

表1 昆虫性诱剂和灯具诱捕棉铃虫成虫效果比较

处理	总诱虫数量（头）	CK倍数	日最高诱虫数量（头）	CK倍数
PVC诱芯	2 978	21.6	385	25.7
橡胶基质诱芯	1 306	9.5	131	8.7
佳多智能测报灯	1 007	7.3	47	3.1
佳多杀虫灯	361	2.6	35	2.3
20 W黑光灯（CK）	138	1.0	15	1.0

2.2 不同放置密度诱芯对棉铃虫的防治效果

从表2可以看出，放置了性诱剂诱捕器处理区的虫口减退率和防效都比常规用药区高出1倍以上。高密度处理区的虫口减退率比中、低密度处理区高12.2个百分点，防效相差不大，防效都达到85%以上。

表2 不同放置密度诱芯对棉铃虫幼虫密度的影响

处理	虫口减退率（%）	防效（%）
空白对照区	−180.7	
常规用药区	27.76	54.5
高密度区	70.5	89.5
中密度区	58.3	85.1
低密度区	58.3	86.3

2.3 不同放置密度诱芯诱捕器成本比较

从各个处理区施用物资成本（表 3）来看，常规用药区和高密度处理区的成本相同，而低密度处理区的成本最低，只有高密度区的 50%、中密度区的 78%。由此可见，在衡量了虫口减退率、防效和施用物资成本各个因素之后。低密度处理区的诱捕器施用密度，即每公顷施用性诱剂及诱捕器各 15 套捕虫效果最好，经济效益最高。

表 3 单位面积 30d 内各处理放置棉铃虫诱捕器成本比较

处理	每公顷施用物资情况	成本（元/hm^2）
常规用药	每种虫害施药 3 次，共 6 次	1 500
高密度区	施 1 次，施用性诱芯及诱捕器各 45 套，共 90 套	1 500
中密度区	施 1 次，施用性诱芯及诱捕器各 25.5 套，共 51 套	960
低密度区	施 1 次．施用性诱芯及诱捕器各 15 套，共 30 套	750

2.4 诱捕器悬挂不同高度对棉铃虫诱蛾效果比较

为使在诱捕器施用密度相同的情况下捕杀的虫数更多，我们对诱捕器在不同悬挂高度诱捕效果进行试验，结果显示，单个诱捕器在 100、80、60cm 高度下诱捕棉铃虫成虫日平均数量分别为 42、67、38 头。由此可见，诱捕器悬挂高度在距离地面 80cm 的情况下，诱捕棉铃虫数量最多，效果最佳。

3 结语

应用昆虫性诱剂诱捕棉铃虫比杀虫灯效果更好，使用更方便，更安全，专一性诱捕害虫。PVC 基质诱芯性诱剂性能优于橡胶基质诱芯性诱剂，杀虫效果更好，持效期更长。对比不同诱捕器放置密度的杀虫效果和成本可以得出，每公顷使用性诱剂及诱捕器各 15 套杀虫效果明显。诱捕器悬挂高度以距离地面 80cm 最佳，杀虫效果比悬挂高度 60cm 和 100cm 的高，经济效益最高。使用性诱剂防治技术后，杀虫效果虽没有化学农药那么快速，但其防治效果持效期长、效果稳定，减少烟叶种植过程中化学农药使用量，有效降低烟叶中农药残留，保护环境的同时使农田微生态平衡免遭破坏，促进烟草农业的可持续发展，因此性诱剂生物防治技术将成为新兴植保手段。

参考文献

[1] 陈瑞泰，朱贤朝，王智发，等．全国 16 个主产烟省（区）烟草侵染性病害调研报告 [J]．中国烟草科学，1997（4）：1-7.
[2] 朱贤朝，王彦亭，王智发．中国烟草病虫害防治手册 [M]．北京：中国农业出版社，2002：104.
[3] 董智坚，郑新章，刘立全．烟草病虫害无公害防治技术研究进展 [J]．烟草科技，2002

(12)：40－41.
[4] 武志杰．我国无公害农业的发展现状及对策 [J]．科技导报，2001 (2)：47－50.
[5] 张玉玲，朱艰，杨程，等．生物防治在烟草病虫害防治中的应用进展 [J]．中国烟草科学，2009，30 (4)：81－85.

（原载《广东农业科学》2013 年第 6 期）

凤凰县烟蚜的越冬基数与迁飞及田间消长规律

龙宪军

（湘西土家族苗族自治州* 烟草公司凤凰分公司，吉首，416200）

摘　要： 为了对凤凰县烟蚜的适时治理提供参考，2008—2012 年对该县烟蚜的越冬基数、迁飞及田间消长规律进行了调查。结果表明：有翅蚜迁飞高峰主要集中在每年 5 月上、中旬和 6 月中旬，且高峰期内的烟蚜迁飞数量最多；烟蚜种群消长除 2010 年呈双峰曲线外，其余 4 年均呈单峰曲线。建议，大田防治在 5 月中旬到 6 月中旬进行。

关键词： 烟蚜；迁飞；种群数量；发生规律调查

烟蚜是湘西烤烟生产的主要害虫之一，直接危害可造成烟叶营养损失而致烟株生长缓慢、植株矮化、叶片变小等，最关键的是可以传播黄瓜花叶病（CMV）、马铃薯 Y 病毒病（PVY）等多种病毒病[1]，导致病毒病的发生与流行。此外，还可分泌密露引发煤污病，严重影响烟株生长发育。国内如湖南、贵州、云南等地的相关研究[2~4]表明，各地烟蚜的发生规律有很大的差异。凤凰县地处云贵高原东侧，全境山脉属武陵山系，地形复杂，峰峦叠嶂，沟谷纵横，河川交错。目前，凤凰县烤烟种植面积为 2 333hm^2 左右，占湘西自治州烤烟种植面积的 1/6，排名第 3。由于凤凰县特殊的气候与耕作制度，烟蚜的发生及迁飞也有一定的特殊性。笔者于 2008—2012 年对凤凰县常年烤烟种植区阿拉营镇新寨村的烟蚜越冬基数变化、烟蚜的迁飞和田间消长规律进行了调查，以期对凤凰县烟蚜的适时治理提供参考。

1　调查研究方法

1.1　越冬基数调查

烟蚜越冬基数调查在 2008—2012 年 12 月下旬至移栽前，调查十字花科作物的有蚜株率及蚜虫数，包括油菜、冬包菜、萝卜菜、青菜头等，试验主要调查植株以白菜为主，直到 2012 年 4 月中旬末结束。采取 5 点取样法，每点至少查 50 株，每旬的最后一天调查。

---

*　湘西土家族苗族自治州，以下简称湘西自治州或湘西州。——编者注

1.2 黄皿诱蚜

在烟田放置 3 个黄皿，黄皿直径 35cm，高 5cm，皿内底部及内壁均匀涂上柠檬黄油漆，周边外翻部分及外壁涂黑色油漆，皿略高于烟株顶部，黄皿间距 40m 左右。皿用塑料盆，盆内盛清水，并在皿壁高约 2/3 处钻一孔，孔口用纱网封住，以免因下雨盆内水满时蚜虫随水外溢流失。于每日下午 5 时至 6 时收集皿内蚜虫，及时镜检烟蚜数目并作好记录。

1.3 烟蚜田间种群数量系统调查

包括系统观测圃系统查蚜和大田查蚜，选择当地品种、栽培管理、长势等具有代表性的丘块作系统观测圃，面积 667m^2，全期不施任何农药，不打顶抹芽，从移栽之日起开始调查，按 5 点取样，前期一般每点取 10 株，后期蚜量大时可减少至每点 5 株，每 3d 查 1 次。调查至当地主要品种基本采收完为止。

2 结果与分析

2.1 越冬基数

从表 1 看出，由于气候影响，1 月和 2 月温度较低，越冬基数相对较小，3 月和 4 月随温度上升越冬基数逐渐上升。3～4 月烟蚜越冬基数与本年度烟蚜的迁飞量呈正相关关系，越冬基数越大，当年烟蚜迁飞量也越大，发生就越严重。2008—2012 年各年烟蚜越冬基数年度间差异较大，但总体上呈上升趋势。

表 1 2008—2012 年烟蚜越冬基数与 5～6 月黄皿诱蚜总量

月份	2008		2009		2010		2011		2012	
	百株蚜量（头）	有蚜株率（%）	百株蚜量（头）	有蚜株率（%）	百株蚜量（头）	有蚜株率（%）	百株蚜量（头）	有蚜株率（%）	百株蚜量（头）	有蚜株率（%）
上年 12 月	168.0	18.0	134	14	226.0	14.0	190.0	12.0	218.0	18.0
1 月	102.0	12.0	127	18	175.3	7.3	86.8	7.3	77.3	8.0
2 月	3.3	2.0	91	10	223.3	8.7	114.0	12.7	108.0	8.0
3 月	48.0	11.3	94	10	261.0	12.0	157.3	14.0	98.0	6.7
4 月	160.0	14.0	105	16	321.0	35.0	249.0	18.0	404.0	20.0

2.2 有翅烟蚜迁飞规律

由图 1 可知，有翅蚜迁飞年度差异较大，且每年迁飞数量不稳定，主要迁飞高峰集中在 5 月上旬到 6 月中旬，且烟蚜迁飞数量也集中在这一时段内。2008 年 5 月中旬出现迁飞小高峰，直到 6 月下旬才现迁飞大高峰，这与当年烟株迟栽有一定的关系；2009 年 2 月上旬出现有翅蚜迁飞，直至 2012 年 5 月中旬出现迁飞大高峰；2012 年迁飞小高峰提前到 4 月中旬，5 月中旬后再次迎来迁飞大高峰。

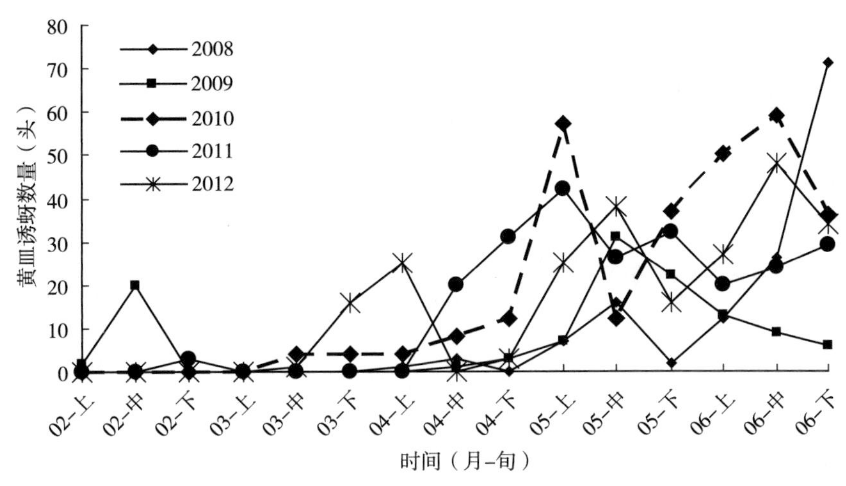

图 1　2008—2012 年 2 月上旬至 6 月下旬蚜虫的迁飞情况

2.3　烟蚜种群消长规律

从图 2 和图 3 看出，5 月上旬烟株移栽完成，烟蚜开始迁入烟田危害，7 月上旬后随着烟叶变老成熟，烟蚜种群数量逐渐下降。各年除 2010 年呈双峰曲线外，其余 4 年的烟蚜种群消长规律均呈单峰曲线，种群数量从 5 月下旬至 6 月上旬初期开始上升，6 月中旬末或下旬初达到高峰，6 月下旬后逐渐下降。但 2011 年推迟到 6 月下旬开始上升，7 月上旬才达高峰，7 月中旬后下降。2010 年，烟蚜种群数量从 5 月下旬至 6 月上旬呈上升趋势，6 月中旬略有下降，下旬初又上升达到最高峰，其后种群数量慢慢消退，呈双峰型曲线。各年烟田种群数极不稳定。2008 年、2011 年相对其余年份烟蚜发生较重，高峰期百株蚜量分别达 15 242 头和 16 967 头，而 2010 年和 2012 年高峰期百株蚜量仅分别 518 头和 406 头。影响烟蚜种群消长的因素除了越冬基数大小、越冬死亡率外，还有气候因子、迁飞量以及人为防治等因素。如虽然越冬基数大，但冬季温度特别低，春季温差变化大，也会使烟蚜发生量降低，另外烟蚜发生时节大雨连绵，也不利于烟蚜的迁飞，并会冲刷掉烟株上部分烟蚜。

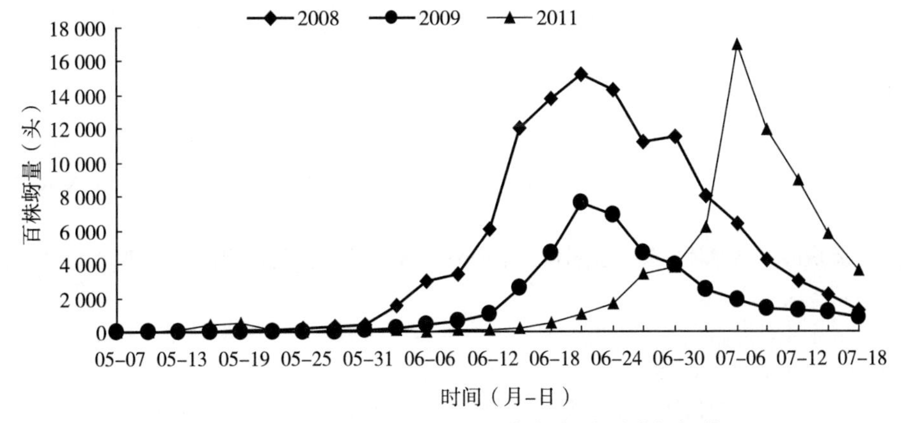

图 2　2008 年、2009 年、2011 年烟蚜种群消长规律

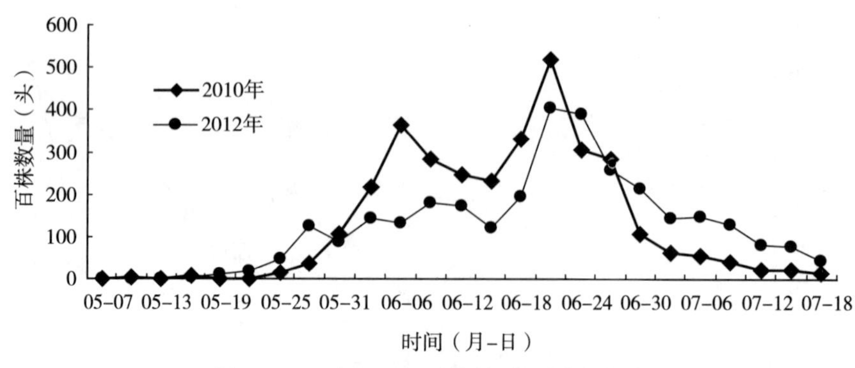

图 3　2010 年、2012 年烟蚜种群消长规律

3　结论与讨论

（1）有翅蚜迁飞高峰集中在 5 月上旬到 6 月中旬，且烟蚜迁飞数量也集中在这一时段内；每年迁飞蚜数量不稳定，并且有较大的差异。除 2009 年 2 月上旬出现迁飞外，其余年份迁飞较迟，都在 3 月中旬后。5 月上旬烟蚜开始迁入烟田危害，7 月上旬后随着烟叶成熟变老，种群数量逐渐下降。烟蚜种群消长规律除 2010 年呈双峰曲线外，其余 4 年均呈单峰曲线；种群数量 6 月中旬末或下旬初达到高峰，但 2011 年推迟到 7 月上旬才达高峰。2010 年烟蚜种群数量在 6 月上旬末和 6 月下旬初出现两个高峰，其后种群数量慢慢消退。

（2）根据烟蚜越冬基数、迁飞规律和大田种群消长规律，在 5 月中旬至 6 月中旬要做好防蚜治蚜工作，避免 CMV、PVY 等病毒病的传播。

（3）有翅烟蚜迁飞的高峰主要集中在 5 月上旬、中旬和 6 月上旬、中旬，5 月初烟株移栽完成后，便有烟蚜从其他作物迁入烟田危害，此时必须采取一定措施进行有效防治，避免烟蚜传播病毒病。6 月上、中旬烟株正处于旺长期，烟蚜在烟田间迁飞危害，种群数量在此后会迅速增长，因此在 5 月下旬至 6 月上旬时应进行施药防治，严格控制烟蚜种群数量在此时期的增长，减少烟蚜的危害。必要时在 6 月中、下旬补充施药防治次数，防止烟蚜发生蔓延成灾。越冬基数随气温的变化也有一定的影响，温度较低，死亡率升高，越冬基数相对较小。3～4 月烟蚜越冬基数与当年烟蚜的发生量呈正相关关系。

参考文献

［1］朱贤朝，王彦亭，王智发．中国烟草病虫害防治手册［M］．北京：中国农业出版社，2002：104－105.

［2］商胜华，陈庆园，徐卯林，等．贵州烟区烟蚜发生规律及其预测模型的初步研究［J］．植物保护，2010，36（5）：86－91.

［3］龙建忠，陈永年，周志成，等．湖南烟区烟蚜种群变动规律及其测报技术［J］．湖南农业大学学报：自然科学版，2006，32（2）：154－157.

［4］李月秋，彭宏梅．大理州烟蚜种群数量消长规律及防治初探［J］．大理科技，2001（2）：34－37.

凤凰县与国内外主要烟区的烤烟化学成分比较

宋宏志[1,2]，邓小华[1]，周米良[2]，田　峰[2]，戴文进[2]，杨丽丽[1]

（1. 湖南农业大学，长沙　410128；2. 湘西自治州烟草公司，吉首　416000）

摘　要： 为了解凤凰县烤烟化学成分特征，采用比较分析、聚类分析和模糊优先相似比分析等方法研究了凤凰县与国内外主要烟区的烟叶化学成分差异和相似性。结果表明：凤凰县烟叶具有糖高、钾较高、氮和氯低、烟碱适宜的特点，烟叶化学成分与中间香型的黔西南兴义最相似，其次与清香型产区的大理祥云、曲靖罗平相近，与浓香型产区的郴州桂阳、许昌襄县及国外烟叶津巴布韦、巴西差异较大。可推知凤凰县烤烟属于中偏浓香型。

关键词： 烤烟；化学成分；聚类分析；模糊优先相似比；凤凰县

引言

生态环境是烟叶品质特点和风格区域特色形成的基础条件[1,2]。不同烟叶产区的气候、土壤条件和栽培技术措施影响着烟叶生长发育过程中一系列的生理生化代谢，进而也影响烟叶的风格和特色，造成不同烟叶产区化学成分存在差异[3]。凤凰县地处东经109°18′～109°48′，北纬27°44′～28°19′，属中亚热带山地湿润季风气候区，冬暖夏凉，四季分明，光热水资源丰富[4]；历年平均气温15.9℃，降水量1 308.1mm，日照时数1 266.3 h，无霜期276d；植烟土壤pH平均为5.87[5]，有机质平均为22.98g/mg[6]，碱解氮、速效钾、有效钙、有效镁含量较高，分别为112.49mg/kg、163.83mg/kg、1 415.04g/kg和211.24g/kg[7～9]；为烟草种植的适宜区和最适宜区，也是湖南省湘西自治州的主要烤烟产区。有关湖南省及部分烟区烤烟化学成分特征研究已有一些报道[10～13]，但针对凤凰县与国内外主要烟区的化学成分比较还是空白。因此，笔者以凤凰县和国内外优质烟叶产区的烤烟化学成分相比较、聚类和模糊优先相似比分析，以明确凤凰县烤烟化学成分与这些产区的差异和相似性，寻找其存在的不足及其主攻方向，以期为凤凰县特色优质烟叶生产提供参考。

基金项目：国家烟草专卖局特色优质烟叶开发重大专项“中间香型特色优质烟叶开发”（ts－02）；国家烟草专卖局特色优质烟叶开发重大专项“湘西州烟区生态评价与品牌导向型基地布局研究”（2011130165）。

作者简介：宋宏志（1984—），男，湖南保靖人，硕士在读，主要从事烟草栽培与调制研究、技术推广工作。通信地址：416200，湘西州凤凰县烟草公司，Tel：0743－3506319，Email：365702286@qq.com。

通讯作者：邓小华（1965—），男，湖南永州人，教授，博士，主要从事烟草科学与工程技术研究。410128，长沙市芙蓉区农大路1号、湖南农业大学农学院，Tel：0731－84618076，Email：yzdxh@163.com。

1 材料与方法

1.1 试验时间、地点

研究田间试验于2011年在湘西土家族苗族自治州凤凰县进行，室内试验在湖南农业大学农学院进行。

1.2 试验材料

在凤凰县主产烤烟的8个乡镇于2011年采集具有代表性的中橘三（C3F）等级初烤烟叶样品，由专职评级人员按照GB 2635—92《烤烟》标准进行。为保证具有代表性，烤烟移栽后在每个乡镇定点选取5户可代表当地海拔高度和栽培模式的农户，品种为全县种植面积最大的主栽品种云烟87。与此同时，采集郴州桂阳、许昌襄县、大理祥云、曲靖罗平、黔西南兴义等烟区的C3F等级烟叶及津巴布韦、巴西相当于C3F等级的片烟。

1.3 烤烟主要化学成分的测定

烟叶中总糖、还原糖、烟碱、总氮、钾和氯的含量采用SKALAR间隔流动分析仪测定，单位为%。糖碱比为总糖与烟碱的比值，氮碱比为总氮与烟碱的比值，钾氯比为钾和氯的比值。

1.4 统计分析方法

各种数据处理借助于Excel 2003，聚类分析和模糊相似优先比分析采用DPS 8.01统计分析软件进行。

2 结果与分析

2.1 烟叶化学成分比较

由表1可知，与国外烟区比较，凤凰县烤烟总糖和还原糖含量显著高于津巴布韦和巴西；与浓香型产区比较，凤凰县烤烟总糖和还原糖含量显著高于郴州桂阳、许昌襄县；与清香型产区比较，凤凰县烤烟总糖含量略低于大理祥云和略高于曲靖罗平，但还原糖含量显著高于曲靖罗平和大理祥云；与中间香型比较，凤凰县烤烟总糖高于黔西南兴义，还原糖含量显著高于黔西南兴义。

表1 凤凰县与国内外主要烟区烤烟化学成分

产地	总糖	还原糖	烟碱	总氮
津巴布韦	26.38±0.98c	25.05±1.04b	2.24±0.59b	2.02±0.10a
巴西	25.54±1.40c	23.52±0.84c	2.38±0.06b	1.97±0.17a

（续）

产地	总糖	还原糖	烟碱	总氮
郴州桂阳	25.84±2.26c	22.91±2.28c	2.84±0.58a	1.95±0.10a
许昌襄县	28.32±2.20b	23.94±1.55c	1.89±0.31c	1.69±0.07b
曲靖罗平	31.57±1.88ab	23.70±3.59c	1.82±0.13c	2.21±0.09a
大理祥云	34.91±1.95a	27.82±1.60b	2.68±0.08a	1.85±0.41b
黔西南兴义	31.91±2.38ab	26.55±1.78b	2.25±0.13b	1.89±0.76b
凤凰县	33.04±1.4a	30.50±0.84a	2.15±0.17b	1.83±0.06b

产地	钾	氯	糖碱比	氮碱比	钾氯比
津巴布韦	3.43±0.26a	0.67±0.06a	11.78±4.16b	0.90±0.17a	5.12±3.79b
巴西	2.96±0.24a	0.59±0.07a	10.73±1.57b	0.83±0.08a	5.02±2.16b
郴州桂阳	2.34±0.25b	0.32±0.12b	9.50±3.18b	0.70±0.15b	8.41±3.44a
许昌襄县	1.28±0.23d	0.47±0.11b	14.98±1.55a	0.89±0.06a	2.72±3.00c
曲靖罗平	1.65±0.05cd	0.24±0.05c	14.29±1.18a	0.86±0.08a	13.79±4.12a
大理祥云	1.98±0.18c	0.18±0.04c	13.03±2.25ab	0.69±0.11b	10.82±1.33a
黔西南兴义	1.84±0.19c	0.24±0.02c	15.97±2.82a	0.90±0.11a	12.12±5.73a
凤凰县	1.93±0.24c	0.22±0.07c	15.52±1.57a	0.86±0.08a	9.11±2.16a

注：表中小写英文字母表示0.05差异显著水平。

与国外烟区比较，凤凰县烤烟烟碱含量低于巴西，与津巴布韦相近；与浓香型产区比较，凤凰县烤烟烟碱含量明显显著高于许昌襄县，但显著低于郴州桂阳；与清香型产区比较，凤凰县烤烟烟碱含量显著低于大理祥云，显著高于曲靖罗平；与中间香型比较，凤凰县烤烟烟碱含量与黔西南兴义相近。

与国外烟区比较，凤凰县烤烟总氮含量显著低于津巴布韦和巴西；与浓香型产区比较，凤凰县烤烟总氮含量显著低于郴州桂阳，略高于许昌襄县；与清香型产区比较，凤凰县烤烟总氮含量显著低于曲靖罗平，与大理祥云相近；与中间香型比较，凤凰县烤烟总氮含量与黔西南兴义相近。

与国外烟区比较，凤凰县烤烟钾含量显著低于津巴布韦和巴西；与浓香型产区比较，凤凰县烤烟钾含量显著低于郴州桂阳，但显著高于许昌襄县；与清香型产区比较，凤凰县烤烟钾含量高于曲靖罗平，与大理祥云相近；与中间香型比较，凤凰县烤烟钾含量略高于黔西南兴义。

与国外烟区比较，凤凰县烤烟氯含量显著低于津巴布韦和巴西；与浓香型产区比较，凤凰县烤烟氯含量显著低于许昌襄县和郴州桂阳；与清香型产区比较，凤凰县烤烟氯含量与曲靖罗平相近，略高于大理祥云；与中间香型比较，凤凰县烤烟氯含量与黔西南兴义相近。

与国外烟区比较，凤凰县烤烟糖碱比显著高于津巴布韦和巴西；与浓香型产区比较，凤凰县烤烟糖碱比与许昌襄县相近，显著高于郴州桂阳；与清香型产区比较，凤凰县烤烟糖碱比与曲靖罗平相近，高于大理祥云；与中间香型比较，凤凰县烤烟糖碱比与黔西南兴义相近。

与国外烟区比较，凤凰县烤烟氮碱比低于津巴布韦，与巴西相近；与浓香型产区比较，凤凰县烤烟氮碱比与许昌襄县相近，显著高于郴州桂阳；与清香型产区比较，凤凰县烤烟氮碱比与曲靖罗平相近，显著高于大理祥云；与中间香型比较，凤凰县烤烟氮碱比与黔西南兴义相近。

与国外烟区比较，凤凰县烤烟钾氯比显著高于津巴布韦和巴西；与浓香型产区比较，凤凰县烤烟钾氯比显著高于许昌襄县，与郴州桂阳相近；与清香型产区比较，凤凰县烤烟钾氯比低于曲靖罗平，与大理祥云相近；与中间香型比较，凤凰县烤烟钾氯比低于黔西南兴义。

2.2 烟叶化学成分聚类分析

选择总糖、还原糖、烟碱、总氮、钾、氯、糖碱比、氮碱比和钾氯 9 个指标，以欧氏距离和离差平方和法，对凤凰县和国内外主要烟区进行系统聚类（图 1）。在距离系数 5.63 附近进行分类，凤凰县烟叶与清香型的大理祥云烟叶聚为一类；在距离系数 11.27 附近进行分类，凤凰县烟叶与中间香型的黔西南兴义烟叶、清香型的大理祥云和曲靖罗平烟叶聚为一类。这说明，凤凰县烟叶化学成分与大理祥云相似，其次是与黔西南兴义、曲靖罗平相近，与浓香型产区的郴州桂阳、许昌襄县及国外烟叶津巴布韦、巴西存在一定差异，这也说明了凤凰县烟叶化学成分较接近中间香型和清香型。

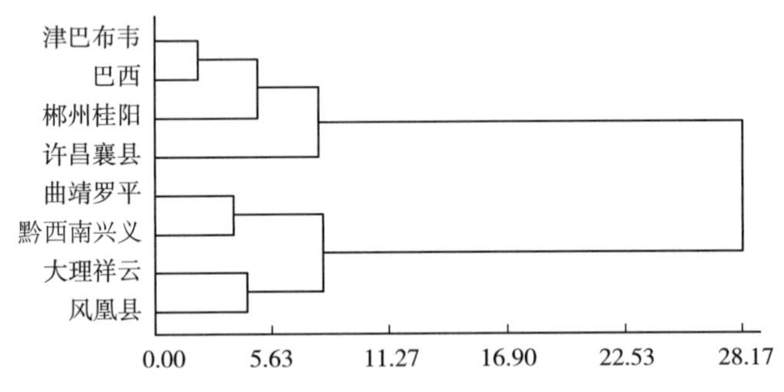

图 1　凤凰县与国内外主要烟区烤烟化学成分系统聚类结果

2.3 烟叶化学成分模糊优先相似比分析

选择总糖、还原糖、烟碱、总氮、钾、氯、糖碱比、氮碱比和钾氯等 9 个指标，选用海明（Harming）距离作为相似优先比的测度，对凤凰县和国内外主要烟区进行模糊优先相似比分析，结果见表 2。凤凰县烤烟化学成分与黔西南兴义最为相似，依次为大理祥云、曲靖罗平、许昌襄县、津巴布韦、郴州桂阳、巴西。

表 2　凤凰县与国内外烟叶化学成分相似度比较

区域名称	相似程度序号值									相似程度	相似度排名
	总糖	还原糖	烟碱	总氮	钾	氯	糖碱比	氮碱比	钾氯比		
津巴布韦	5	3	1	6	7	6	5	3	4	40	5
巴西	7	6	3	4	6	5	6	2	5	44	7
郴州桂阳	6	7	7	3	4	3	7	4	1	42	6
许昌襄县	4	4	4	5	5	4	2	2	7	37	4
曲靖罗平	2	5	5	7	3	1	3	1	6	33	3
大理祥云	3	1	6	1	1	2	4	5	2	25	2
黔西南兴义	1	2	2	2	2	1	1	3	3	17	1

3　结论

凤凰县烟叶具有糖高、钾较高、氮和氯低、烟碱适宜的特点。凤凰县烟叶化学成分与中间香型的黔西南兴义最相似，其次为清香型产区的大理祥云、曲靖罗平相近，与浓香型产区的郴州桂阳、许昌襄县及国外烟叶津巴布韦、巴西差异较大。

4　讨论

（1）烟叶的两糖差（总糖—还原糖）低，表明烟叶的非还原糖含量低，这类烟对降低卷烟焦油生成量有利[14,15]。凤凰县烤烟总糖高于津巴布韦、巴西、郴州桂阳、许昌襄县等产区，与大理祥云、曲靖罗平、黔西南兴义等产区差异不大，但还原糖含量是上述产区最高的。凤凰县烟叶两糖差只有 2.54%，比大理祥云、曲靖罗平、黔西南兴义等产区都要低，这样的烟叶在低焦油卷烟产品配方中具有重要价值。

（2）烟碱含量过高，烟气较粗糙和刺激性较大[14,15]。凤凰县烤烟烟碱含量低于巴西、津巴布韦、郴州桂阳、大理祥云、黔西南兴义，比许昌襄县和曲靖罗平略高，表明凤凰县近期在烤烟生产中控制烟碱含量的工作中已取得一定成效，大部分中部烤烟烟碱含量基本控制在 2.5%左右，这将对烤烟的整体质量和工业可用性提高产生有利影响。

（3）优质烟叶糖碱比要求在 8～10 较好。若比值过大，超过 15，虽然烟味温和，但劲头小，香气平淡；若比值在 5 以下，烟味强烈，刺激性大并有苦味[14,15]。凤凰县烤烟糖碱比高于津巴布韦、巴西、郴州桂阳，略高于许昌襄县、曲靖罗平、大理祥云，略低于黔西南兴义。这主要是总糖含量高和烟碱含量相对较低的缘故。这类烟叶烟气醇和，配伍性好，可作为调香型原料使用。

（4）本研究中的津巴布韦、巴西、郴州桂阳、许昌襄县等属浓香型烟叶产区，大理祥云、曲靖罗平等属清香型烟叶产区，黔西南兴义属中间香型烟叶产区。相似性分析结果表明凤凰县烟叶化学成分与中间香型的黔西南兴义最相似，其次为清香型产区的大理祥云、曲靖罗平相近，与浓香型产区烟叶的化学成分差异较大。聚类分析也证明了这一点。而湖南属浓香型烟叶产区，表明凤凰县烟叶风格可能属中偏浓类型。

参考文献

[1] Tso T C. Production, Physiology and Biochemistry of Tobacco Plant [M]. Beltsville, Maryland, USA: IDEALS Inc, 1990: 226-234.

[2] 中国农业科学院烟草研究所. 中国烟草栽培学 [M]. 上海: 上海科学技术出版社, 2005: 352-358.

[3] 谢鹏飞, 邓小华, 唐春闺, 等. 湖南不同生态区烤烟主要化学成分比较 [J]. 中国农学通报, 2011, 27 (2): 378-381.

[4] 邓小华, 周米良, 田茂成, 等. 湘西州植烟气候与国内外主要烟区比较及相似性分析 [J]. 中国烟草学报, 2012, 18 (3): 28-33.

[5] 周米良, 邓小华, 黎娟, 等. 湘西植烟土壤 pH 状况及空间分布研究 [J]. 中国农学通报, 2012, 28 (9): 80-85.

[6] 刘逊, 邓小华, 周米良, 等. 湘西植烟土壤有机质含量分布及其影响因素 [J]. 核农学报, 2012, 26 (7): 1037-1042.

[7] 刘敬珣, 刘晓晖, 陈长清. 湘西烟区土壤肥力状况分析与综合评价 [J]. 中国农学通报, 2009, 25 (2): 46-50.

[8] 周米良, 邓小华, 刘逊, 等. 湘西植烟土壤交换性钙含量及空间分布研究 [J]. 安徽农业科学, 2012, 40 (18): 9697-9699, 9846.

[9] 黎娟, 邓小华, 周米良, 等. 湘西植烟土壤交换性镁含量及空间分布研究 [J]. 江西农业大学学报, 2012, 34 (2): 232-236.

[10] 邓小华, 周冀衡, 李晓忠, 等. 湖南烤烟化学成分特征及其相关性 [J]. 湖南农业大学学报: 自然科学版, 2007, 33 (1): 24-27.

[11] 邓小华, 周冀衡, 李晓忠, 等. 湘南烟区烤烟常规化学指标的对比分析 [J]. 烟草科技, 2006, 230 (9): 22-26.

[12] 黄平俊, 欧阳花, 易建华, 等. 浏阳烟区不同年份烤烟主要化学成分的变异分析 [J]. 作物杂志, 2008 (6): 30-33.

[13] 王兵, 申玉军, 张玉海, 等. 国产烤烟与津巴布韦烟叶常规化学成分比较 [J]. 烟草科技, 2008 (8): 33-37.

[14] 邓小华. 湖南烤烟区域特征及质量评价指标间的关系研究 [D]. 长沙: 湖南农业大学, 2007.

[15] 云南省烟草科学研究所, 中国烟草育种研究（南方）中心. 云南烟草栽培学 [M]. 北京: 科学技术出版社, 2006: 173-175.

凤凰县山地烟叶化学成分年度变化

宋宏志[1,2]，邓小华[1]，周米良[2]，田　峰[2]，戴文进[2]，杨丽丽[1]

（1. 湖南农业大学，长沙　410128；2. 湘西自治州烟草公司，吉首　416000）

摘　要：为探讨凤凰县烤烟化学成分的稳定性和年度变化趋势，以凤凰县7年的B2F、C3F、X2F三个等级烟叶为试验材料，采用方差分析和回归分析方法对其化学成分年度变化规律进行了研究。结果表明：(1) 凤凰县烟叶钾和氯的年度稳定性最差，总氮稳定性最好；(2) 除B2F等级的总糖和还原糖外，不同年份间烟叶化学成分差异达极显著水平；(3) 烟叶总糖、还原糖年度间变化呈升高趋势；烟碱、总氮、钾、氯年度间变化呈下降趋势。

关键词：烤烟；化学成分；变异系数；年度变化；凤凰县

引言

烟叶是卷烟工业的基础，烟叶质量的好坏直接影响卷烟产品的质量。年度间的气候变化、栽培措施操作差异，以及烟株在生长发育过程中自身新陈代谢差异，将导致烟叶化学成分年度间发生一定变化。凤凰县地处东经109°18′～109°48′，北纬27°44′～28°19′，属中亚热带山地湿润季风气候区，冬暖夏凉，四季分明，光热水资源丰富[1]。历年平均气温15.9℃，降水量1 308.1mm，日照时数1 266.3 h，无霜期276d；植烟土壤pH平均为5.87[2]，有机质平均为22.98g/mg[3]，碱解氮、速效钾、有效钙、有效镁含量较高，分别为112.49mg/kg、163.83mg/kg、1 415.04g/kg和211.24g/kg[4~6]。凤凰县为烟草种植的适宜区和最适宜区，也是湖南省湘西自治州的主要烤烟产区。有关湖南省及部分烟区烤烟化学成分年度间变化已有一些报道[7~16]，但全面报道凤凰县烟叶化学成分年度变化还是空白。因此，充分了解凤凰县烟叶化学成分年度间的稳定性和变化状况，不仅可以了解和总结烟叶化学成分的变化规律，而且可以掌握生产技术发展对烤烟化学成分造成的影响，对指导凤凰县烟叶生产有着重要作用，特别是对于卷烟工业充分合理利用原料也有现实的指导意义。

基金项目：国家烟草专卖局特色优质烟叶开发重大专项“中间香型特色优质烟叶开发”（ts-03）；国家烟草专卖局特色优质烟叶开发重大专项“湘西州烟区生态评价与品牌导向型基地布局研究”（2011130165）。

作者简介：宋宏志，男（1984—），湖南保靖人，硕士在读，主要从事烟草栽培与调制研究、技术推广工作。通信地址：416200，湘西州凤凰县烟草公司，Tel：0743-3506319，Email：365702286@qq.com。

通讯作者：邓小华，男，1965年出生，湖南永州人，教授，博士，主要从事烟草科学与工程技术研究。通信地址：410128，长沙市芙蓉区农大路1号、湖南农业大学农学院，Tel：0731-84618076，Email：yzdxh@163.com。

1 材料与方法

1.1 试验材料

在凤凰县的主产烟叶乡镇，于2001年、2002年、2003年、2005年、2006年、2007年、2011年采集在烟株上、中、下部位具有代表性的上橘二（B2F）、中橘三（C3F）、下橘二（X2F）等级初烤烟叶样品，由专职评级人员按照GB 2635—92《烤烟》标准进行。为保证具有代表性，每年烤烟移栽后在2个乡镇定点选取5户可代表当地海拔高度和栽培模式的农户，品种为全县种植面积最大的主栽品种云烟87。

1.2 化学成分的测定

烟叶化学成分中的烟碱、总氮、总糖、还原糖、钾、氯等采用SKALAR间隔流动分析仪测定。

1.3 统计分析方法

以上各种数据处理借助于Excel 2003、SPSS12.0（Statistics Package for Social Science）统计分析软件进行。

2 结果与分析

2.1 化学成分的年度间稳定性

变异系数大小可反映烤烟化学成分年度间的变化，其值越大，稳定性越差。由表1可知，B2F等级烟叶化学成分的变异系数大小排序为：氯＞钾＞总糖＞还原糖＞烟碱＞总氮；其中氯和钾属强变异，其他为中等强度变异。C3F等级烟叶化学成分的变异系数大小排序为：钾＞氯＞烟碱＞还原糖＞总糖＞总氮；其中氯和钾属强变异，其他为中等强度变异。X2F等级烟叶化学成分的变异系数大小排序为：钾＞氯＞烟碱＞总氮＞总糖＞还原糖；其中氯和钾属强变异，其他为中等强度变异。3个等级烟叶的化学成分变异系数平均值大小排序为：钾＞氯＞烟碱＞还原糖＞总糖＞总氮，其中，氯和钾属强变异。上述分析表明凤凰县烟叶钾和氯含量的稳定性最差，总氮稳定性最好。

表1 主要化学成分的变异系数（%）

等级	总糖	还原糖	总氮	烟碱	钾	氯
B2F	22.19	21.69	16.72	17.33	87.58	90.92
C3F	13.48	14.09	9.66	21.54	93.8	85.84
X2F	11.18	11.12	12.42	27.76	98.68	84.12
平均	15.62	15.63	12.93	22.21	93.35	86.96

2.2 化学成分的年度变化趋势

2.2.1 总糖 由图1可知，2001—2011年，凤凰县B2F等级烟叶总糖含量在16.33%～25.83%波动，方差分析结果年度间差异不显著（$F=1.951$，$Sig.=0.119$）；但年度间变化呈升高趋势，其年度变化趋势方程为：$\hat{y}=0.598x-1179$，方程的决定系数为$R^2=0.351$。C3F等级烤烟总糖含量在23.56%～33.04%波动，方差分析结果年度间差异极显著（$F=40.081$，$Sig.=0.000$）；年度间变化呈升高趋势，其年度变化趋势方程为：$\hat{y}=0.777x-1532$，方程的决定系数为$R^2=0.581$。X2F等级烤烟总糖含量在23.23%～32.01%波动，方差分析结果年度间差异极显著（$F=17.988$，$Sig.=0.000$）；年度间变化呈升高趋势，其年度变化趋势方程为：$\hat{y}=0.512x-1000$，方程的决定系数为$R^2=0.342$。以上分析表明凤凰县烟叶总糖含量随年度呈升高趋势。

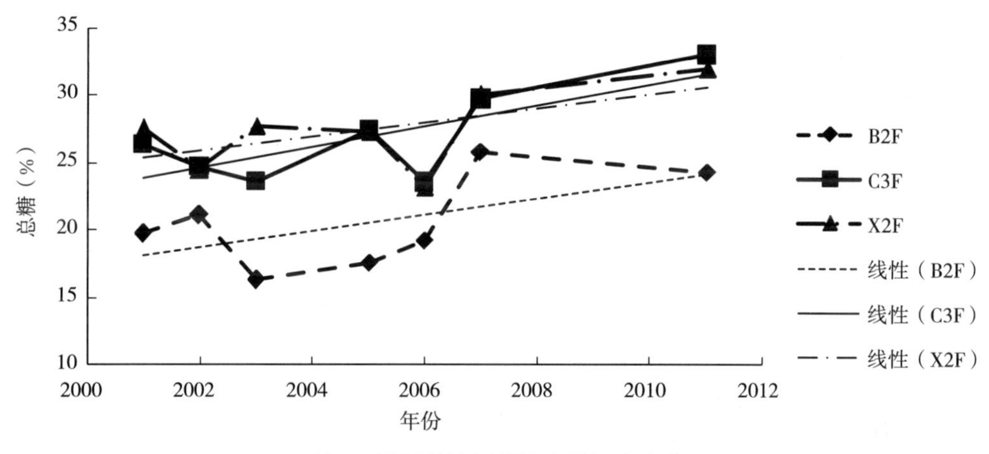

图1 凤凰县烤烟总糖含量年度变化

2.2.2 还原糖 由图2可知，2001—2011年，凤凰县B2F等级烤烟还原糖含量在15.33%～24.69%波动，方差分析结果年度间差异不显著（$F=1.514$，$Sig.=0.222$）；年度间变化呈升高趋势，年际间变化呈升高趋势，其年度变化趋势方程为：$\hat{y}=0.426x-829.3$，方程的决定系数为$R^2=0.215$。C3F等级烤烟还原糖含量在20.45%～30.50%波动，方差分析结果年度间差异极显著（$F=75.624$，$Sig.=0.000$）；年度间变化呈升高趋势，其年度变化趋势方程为：$\hat{y}=0.778x-1535$；方程的决定系数为$R^2=0.542$。X2F等级烤烟还原糖含量在20.25%～29.18%波动，方差分析结果年度间差异极显著（$F=17.540$，$Sig.=0.000$）；年度间变化呈升高趋势，其年度变化趋势方程为：$\hat{y}=0.404x-790.7$；方程的决定系数为$R^2=0.186$。以上分析表明凤凰县烟叶还原糖含量随年度呈升高趋势。

2.2.3 总氮 由图3可知，2001—2011年，凤凰县B2F等级烤烟总氮含量在1.76%～2.24%波动，方差分析结果年度间差异极显著（$F=4.459$，$Sig.=0.005$）；年度间变化呈下降趋势，其年度变化趋势方程为：$\hat{y}=-0.035x-72.21$；方程的决定系数为$R^2=0.183$。C3F等级烤烟总氮含量在1.51%～2.21%波动，方差分析结果年度间差异极显著（$F=8.975$，$Sig.=0.000$）；年度间变化呈下降趋势，其年度变化趋势方程为：$\hat{y}=$

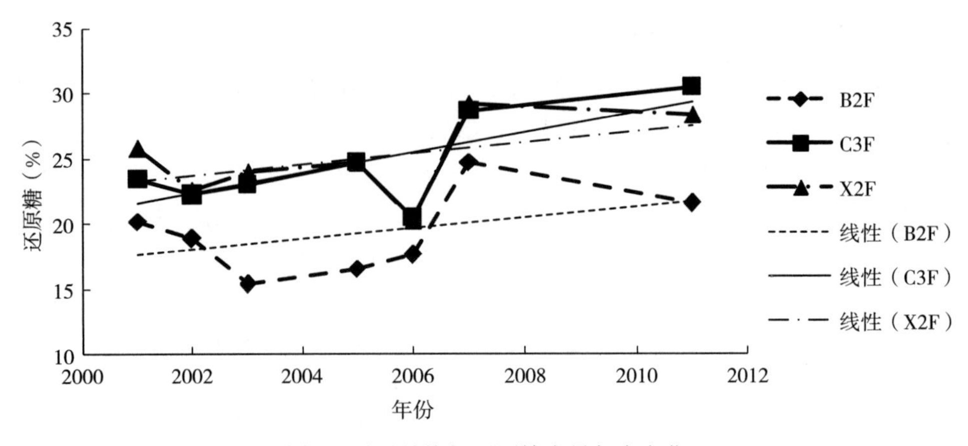

图 2 凤凰县烤烟还原糖含量年度变化

$-0.037x-76.34$；方程的决定系数为 $R^2=0.320$。X2F 等级烤烟总氮含量在 1.52%～2.26%波动，方差分析结果年度间差异极显著（$F=13.078$，$Sig.=0.000$）；年度间变化呈下降趋势，其年度变化趋势方程为：$\hat{y}=-0.028x-58.52$；方程的决定系数为 $R^2=0.052$。以上分析表明凤凰县烟叶总氮含量随年度呈下降趋势。

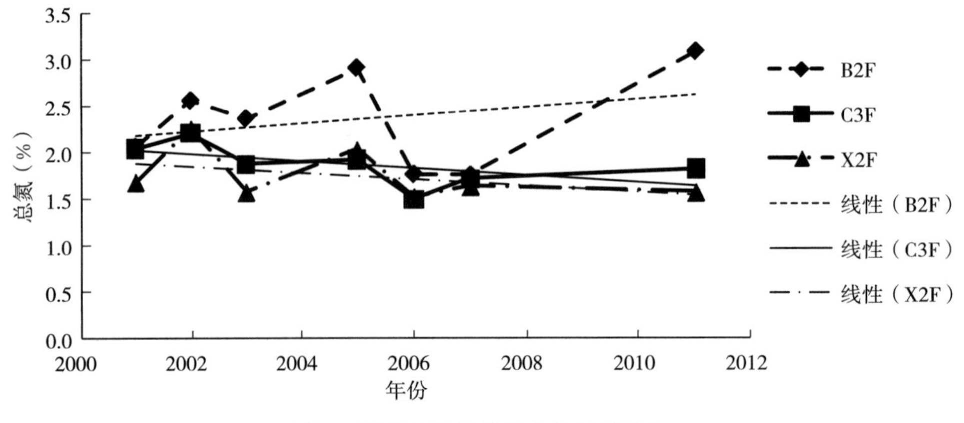

图 3 凤凰县烤烟总氮含量年度变化

2.2.4 烟碱 由图 4 可知，2001—2011 年，凤凰县 B2F 等级烤烟烟碱含量在 3.09%～4.36%波动，方差分析结果年度间差异极显著（$F=7.206$，$Sig.=0.000$）；年度间变化呈下降趋势，其年度变化趋势方程为：$\hat{y}=-0.123x-252.1$；方程的决定系数为 $R^2=0.858$。C3F 等级烤烟烟碱含量在 2.15%～3.52%波动，方差分析结果年度间差异极显著（$F=21.759$，$Sig.=0.000$）；年度间变化呈下降趋势，其年度变化趋势方程为：$\hat{y}=-0.127x-258.1$；方程的决定系数为 $R^2=0.825$。X2F 等级烤烟烟碱含量在 1.66%～2.91%波动，方差分析结果年度间差异极显著（$F=5.065$，$Sig.=0.002$）；年度间变化呈下降趋势，其年度变化趋势方程为：$\hat{y}=-0.06x-123.8$；方程的决定系数为 $R^2=0.241$。以上分析表明凤凰县烟叶烟碱含量随年度呈下降趋势。

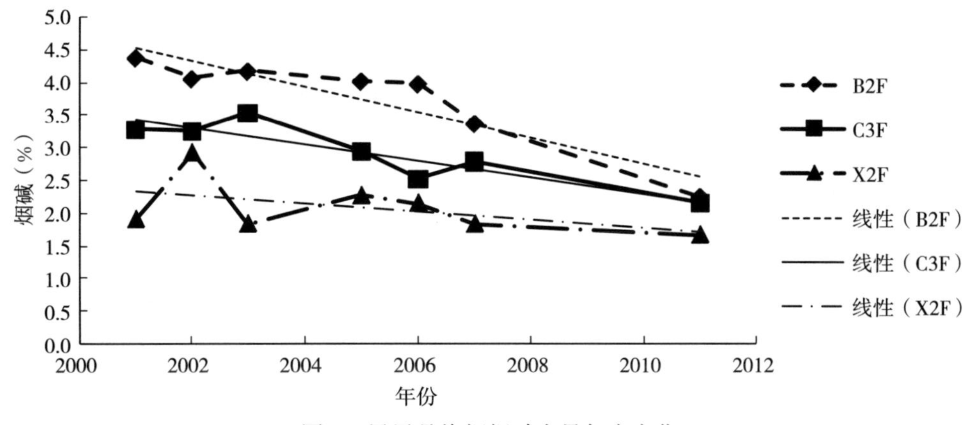

图4 凤凰县烤烟烟碱含量年度变化

2.2.5 钾 由图5可知，2001—2011年，凤凰县B2F等级烤烟钾含量在1.56%～2.37%波动，方差分析结果年度间差异极显著（F=397.429，$Sig.$=0.000）；年度间变化呈下降趋势，其年度变化趋势方程为：$\hat{y}=-0.053x-109.3$；方程的决定系数为$R^2=0.288$。C3F等级烤烟钾含量在1.87%～2.50%波动，方差分析结果年度间差异极显著（F=485.179，$Sig.$=0.000）；年度间变化呈下降趋势，其年度变化趋势方程为：$\hat{y}=-0.026x-55.84$；方程的决定系数为$R^2=0.165$。X2F等级烤烟钾含量在1.66%～2.92%波动，方差分析结果年度间差异极显著（F=416.585，$Sig.$=0.000）；年度间变化呈下降趋势，其年度变化趋势方程为：$\hat{y}=-0.083x-169.5$；方程的决定系数为$R^2=0.490$。以上分析表明凤凰县烟叶钾含量随年度呈下降趋势。

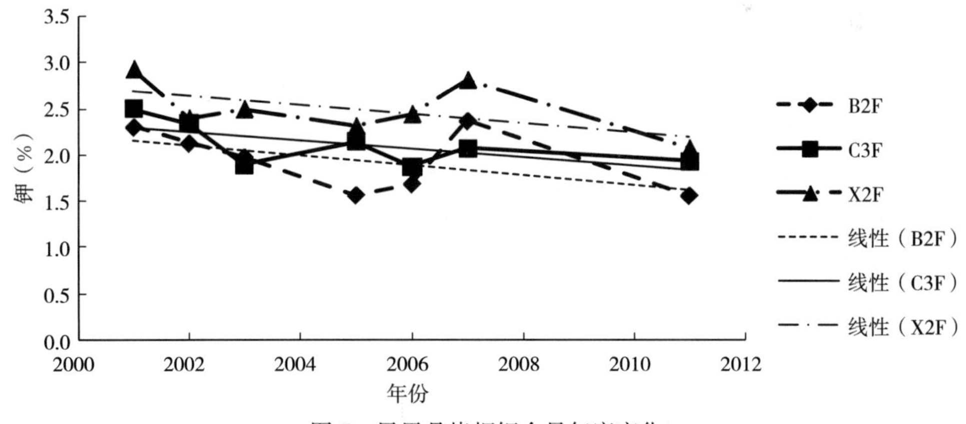

图5 凤凰县烤烟钾含量年度变化

2.2.6 氯 由图6可知，2001—2011年，凤凰县B2F等级烤烟氯含量在0.05%～0.46%波动，波幅很大，方差分析结果年度间差异极显著（F=10.002，$Sig.$=0.000）；年度间变化呈下降趋势，其年度变化趋势方程为：$\hat{y}=-0.002x-5.827$；方程的决定系数为$R^2=0.005$。C3F等级烤烟氯含量在0.11%～0.31%波动，方差分析结果年度间差异极显著（F=31.427，$Sig.$=0.000）；年度间变化呈下降趋势，其年度变化趋势方程为：$\hat{y}=-0.001x-2.544$；方程的决定系数为$R^2=0.004$。X2F等级烤烟氯含量在

0.10%～0.37%波动，方差分析结果年度间差异极显著（F=49.727，$Sig.$=0.000）；年度间变化呈下降趋势，其年度变化趋势方程为：$\hat{y}=-0.003x-7.122$；方程的决定系数为 R^2=0.016。以上分析表明凤凰县烟叶氯含量随年度呈下降趋势。

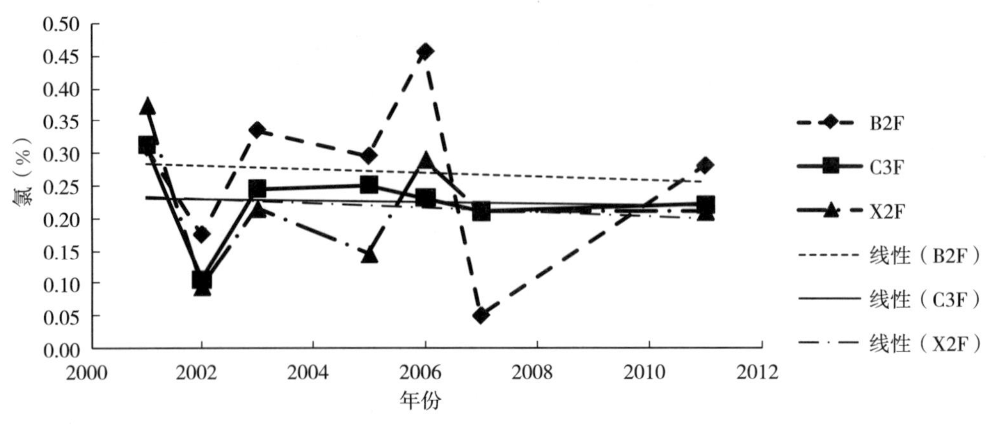

图 6　凤凰县烤烟氯含量年度变化

3　讨论

（1）据陈伟等[17]研究，还原糖、烟碱、总氮年度间的稳定性是南方好于北方，而钾年度间的稳定性北方好于南方。本研究结果表明，钾年度间变异系数远远大于还原糖、总氮和烟碱，也证明了这一点。这可能与南方烟区烟叶钾含量主要靠施钾肥，而钾肥的吸收利用受降水的影响较大有关。

（2）已有研究表明，总糖和还原糖的含量被认为是体现烟叶优良品质的指标，随着烟叶等级的提高，其含糖量是增加的[18]。从这一点来看，凤凰县烟叶总糖和还原糖含量呈升高趋势，且维持在较高水平，对提高烟叶品质是有利的。

（3）烤烟烟碱含量一般要求为 1.5%～3.5%，以 2.5%为适宜值，烟碱含量过高，则劲头大，有呛刺不悦之感[11,19]。凤凰县烟叶烟碱和总氮含量呈下降趋势，说明近几年该县控氮降碱工作取得了一定成效。

（4）钾可提高烟叶品质，增强烟丝燃烧性，提高卷烟燃吸的安全性，在南方烟区以大于 2.5%较好[14,19]。凤凰县烟叶钾含量呈下降趋势，要引起足够重视，今后要重点抓好烟叶提钾工作。

（5）优质烤烟氯含量一般为 0.4%～0.8%时较为理想[10,19]。凤凰县烟叶氯含量呈下降趋势，且维持在一个很低水平，要引起足够重视，这可能与烟草是忌钾作物而长期较少施用含氯肥料有关，可考虑有组织的进行隔年适当补氯[10]。

（6）凤凰县烟叶化学成分年度间差异大，说明烟叶化学成分年度间不稳定，这不利于卷烟配方。因此，要稳定耕作制度和统一栽培技术措施，加大对烟叶生产技术的落实和监控力度，以确保凤凰县烟叶质量年度间的稳定性。

4 结论

（1）凤凰县烟叶钾和氯的年度稳定性最差，属强变异；总糖、还原糖、烟碱、总氮、糖碱比、氮碱比、钾氯比属中等强度变异。

（2）凤凰县烟叶化学成分除 B2F 等级的总糖和还原糖外，年度间差异达极显著水平。

（3）凤凰县烟叶总糖、还原糖年度间变化呈升高趋势；烟碱、总氮、钾、氯年度间变化呈下降趋势。

参考文献

[1] 邓小华，周米良，田茂成，等．湘西州植烟气候与国内外主要烟区比较及相似性分析［J］．中国烟草学报，2012，18（3）：28－33.

[2] 周米良，邓小华，黎娟，等．湘西植烟土壤 pH 状况及空间分布研究［J］．中国农学通报，2012，28（9）：80－85.

[3] 刘逊，邓小华，周米良，等．湘西植烟土壤有机质含量分布及其影响因素［J］．核农学报，2012，26（7）：1037－1042.

[4] 刘敬珣，刘晓晖，陈长清．湘西烟区土壤肥力状况分析与综合评价［J］．中国农学通报，2009，25（2）：46－50.

[5] 周米良，邓小华，刘逊，等．湘西植烟土壤交换性钙含量及空间分布研究［J］．安徽农业科学，2012，40（18）：9697－9699，9846.

[6] 黎娟，邓小华，周米良，等．湘西植烟土壤交换性镁含量及空间分布研究［J］．江西农业大学学报，2012，34（2）：232－236.

[7] 邓小华，周冀衡，李晓忠，等．湖南烤烟化学成分特征及其相关性［J］．湖南农业大学学报：自然科学版，2007，33（1）：24－27.

[8] 邓小华，周冀衡，李晓忠，等．湘南烟区烤烟常规化学指标的对比分析［J］．烟草科技，2006，230（9）：22－26.

[9] 黄平俊，欧阳花，易建华，等．浏阳烟区不同年份烤烟主要化学成分的变异分析［J］．作物杂志，2008，（6）：30－33.

[10] 邓小华，周冀衡，陈冬林，等．湖南烤烟氯含量状况及其对评吸质量的影响［J］．烟草科技，2008，2：8－13.

[11] 邓小华，陈冬林，周冀衡，等．湖南烤烟烟碱含量空间分布特征及与香吃味的关系［J］．中国烟草科学，2009，30（5）：34－40.

[12] 邓小华，周冀衡，周清明，等．湖南烟区中部烤烟总糖含量状况及与评吸质量的关系［J］．中国烟草学报，2009，15（5）：43－47.

[13] 邓小华，周冀衡，陈冬林，等．湖南烤烟还原糖含量区域特征及其对评吸质量的影响［J］．烟草科技，2008，6：13－19.

[14] 邓小华，陈冬林，周冀衡，等．湖南烤烟钾含量变化及聚类评价［J］．烟草科技，2008（12）：52－56.

[15] 李东亮，沈笑天，许自成．南阳烟区不同年份烤烟主要化学成分的变异分析［J］．安徽农业科学，2006，34（23）：6225－6226，6232.

[16] 赵立红．云南省主产烟区烟叶化学成分的年度间稳定性 [J]．云南农业大学学报，2006，21 (6)：749 - 755.
[17] 陈伟，肖强，陆永恒，等．不同产地烟叶化学成分的年度间稳定性 [J]．耕作与栽培，2002 (5)：33 - 34.
[18] 王瑞新．烟草化学 [M]．北京：中国农业出版社，2003：46 - 47.
[19] 中国农业科学院烟草研究所．中国烟草栽培学 [M]．上海：上海科学技术出版社，2005：352 - 358.

湘西烟叶还原糖含量及区域分布特征

张黎明[1]，邓小华[2*]，田　峰[1]，肖　瑾[1]，覃　勇[2]，邓井青[2]

（1. 湘西自治州烟草专卖局，吉首　416000；
2. 湖南农业大学，长沙　410128）

摘　要：为深入了解湘西烟叶还原糖含量区域特征，采用连续流动法测定了湘西主产烟区烟叶还原糖含量，研究了湘西烟叶还原糖含量在等级、品种、土壤类型、海拔和县域的分布特征。结果表明：湘西烟叶B2F、C3F、X2F等级的烟叶还原糖含量分别为21.92%、28.99%、28.80%，属烟叶糖含量较高烟区。不同等级烟叶还原糖含量为C3F>X2F>B2F，差异极显著。不同县之间烟叶还原糖含量差异极显著，不同品种、不同海拔间只有C3F、X2F等级烟叶还原糖含量存在差异，不同土壤类型间种植的烟叶还原糖含量差异不显著。烟叶还原糖含量空间分布有从东南向西、东北两个方向递增的分布趋势。

关键词：烤烟；还原糖；区域特征；湘西州

烟叶品质主要是由其内在的化学成分组成及含量所决定的。烟叶化学成分是品种、生态和栽培技术等共同作用的结果，但生态作用更为突出[1~4]。不同烟区的气候、土壤、栽培技术的差异，使烟叶化学成分也存在差异。还原糖是烟叶化学成分检测的主要指标，其与烟气醇和度有关，一直被认为是体现卷烟良好吃味的重要标志[5]。因此，充分了解一个烟区初烤烟叶还原糖含量的区域分布特点，不仅对农业上制定提高质量的措施有着重要意义，而且对于卷烟工业选择使用原料也有着重要的参考价值。以往的研究在还原糖与其他指标的关系[6~7]、对烟叶评吸质量的影响[8~12]、区域特征[13~18]等方面研究较多，而对其分布特征，特别是空间分布特征的深入研究报道较少。湘西土家族苗族自治州（简称湘西州）位于湖南省西北部的武陵山区，属亚热带季风性湿润气候区，气候温和、四季分明，降水丰沛、雨量集中，光、热、水同季，有利于生产优质烟叶[19~22]，是我国优质烟叶的重要产区之一。通过对湘西州主产烟区烟叶还原糖测定和统计分析，全面了解湘西州烟叶还原糖含量的区域分布特征，以期为湘西州特色优质烟叶开发和工业企业采购原料提供参考。

基金项目：国家烟草专卖局特色优质烟叶开发重大专项“中间香型特色优质烟叶开发”（ts-02）和“湘西烟区生态评价与品牌导向型基地布局研究”（2011130165）资助。

作者简介：张黎明（1978—），男，湖南省溆浦县人，硕士在读，农艺师，从事烟叶科研及技术推广工作。Tel：13762122160；Email：24229046@qq.com。

通讯作者：邓小华（1965—），男，湖南冷水滩人，博士，教授，主要从事烟草科学与工程技术研究，Tel：13974934919；Email：yzdxh@163.com。

1 材料与方法

1.1 材料

于 2011 年在湘西 7 个县的 30 个乡镇共采集 B2F（上橘二）、C3F（中橘三）、X2F（下橘二）等级烟叶样品 123 个。为保证研究项目的准确性和具有代表性，采用统一品种、统一栽培技术和调制工艺，在烤烟移栽后定点选取 5 户可代表当地海拔高度和栽培模式的农户，由负责质检的专家按照 GB/T2635—92 烤烟分级标准要求，选取具有代表性的初烤烟叶样品 5kg。品种为各县种植面积最大的主栽品种云烟 87。其中，龙山县在 4 个点还采集了 K326、云烟 87 品种烟样，以便进行品种间比较。GPS 定位，记录取样点的海拔高度、地理坐标（经度、纬度）。同时，采集烟叶样品种植大田的土壤。

1.2 烟叶还原糖测定

烟叶中还原糖含量采用荷兰 SKALAR SAN＋＋连续流动分析仪测定，测定方法参考文献[23]，检测数据都换算成百分率。

1.3 统计分析方法

以上各种数据借助于 Excel2003 和 SPSS12.0 统计分析软件进行，多重比较采用 Duncan多重比较法。图表中英文大写字母表示差异显著性在 1%水平，小写字母表示差异显著性在 5%水平。采用 ArcGIS9 软件的地统计学模块（geostatistical analyst），以 Kriging 插值为基本工具，绘制湘西烟叶还原糖含量空间分布图。

2 结果分析

2.1 湘西烟叶还原糖含量的统计描述及等级间差异

由表 1 可知，B2F、X2F 等级烟叶还原糖含量的偏度值均在 0 附近，而 C3F 等级烟叶还原糖含量的偏度值大于 1，可见 C3F 等级烟叶的还原糖含量在样本内的变异不符合正态分布规律；从变异系数看，是 B2F＞X2F＞C3F，说明 B2F 等级烟叶的还原糖含量稳定性相对要差。B2F、C3F、X2F 烟叶的还原糖含量高于湖南烟区平均值[13]，属还原糖含量较高的烟区。3 个等级烟叶还原糖含量依次为：C3F＞X2F＞B2F，对三个等级烟叶还原糖含量进行方差分析和多重比较，等级间存在极显著的差异，主要是 B2F 等级烟叶还原糖含量及显著低于 C3F、X2F 等级。

2.2 湘西烟叶还原糖含量品种比较

以龙山县主栽的 2 个品种的烟叶化学成分进行比较（图 1），从 B2F、C3F 等级烟叶看，还原糖含量是 K326＞云烟 87；从 X2F 等级烟叶看，还原糖含量是云烟 87＞K326；方差分析结果 C3F、X2F 等级烟叶品种间还原糖含量差异显著。

表1 湘西烟叶还原糖含量的基本统计特征（%）

等级	平均值±标准差	最小值	最大值	全距	偏度	峰度	变异系数（%）
B2F	21.92±4.10B	14.52	29.40	14.88	0.25	−1.01	18.70
C3F	28.99±2.28A	19.63	32.45	12.82	−1.57	4.82	7.88
X2F	28.80±2.43A	21.27	33.93	12.66	−0.84	1.97	8.45

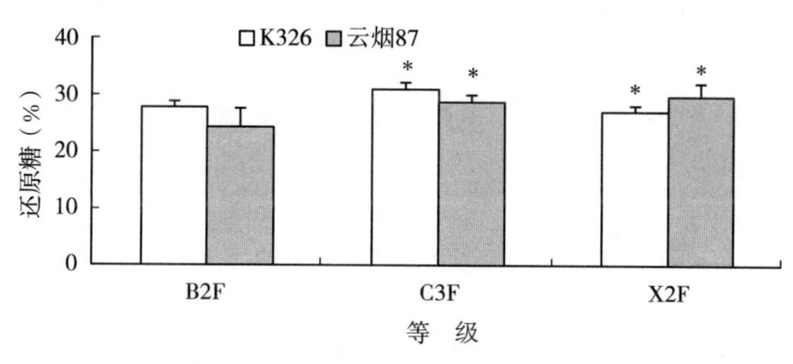

图1 湘西烟叶还原糖含量（%）的品种间差异

注：*表示5%差异显著水平。

2.3 湘西烟叶还原糖含量土壤类型之间比较

湘西烟区主要土壤类型种植的烟叶还原糖含量的平均值见图2。在B2F等级，烟叶还原糖含量按从高到低依次为：黄壤>红灰土>黄棕壤>石灰土>水稻土>红壤；在C3F等级，烟叶还原糖含量按从高到低依次为：红灰土>黄壤>水稻土>黄棕壤>石灰土>红壤；在X2F等级，烟叶还原糖含量按从高到低依次为：红灰土>黄棕壤>黄壤>红壤>水稻土>石灰土；不同土壤类型间烟叶还原糖含量差异不显著。

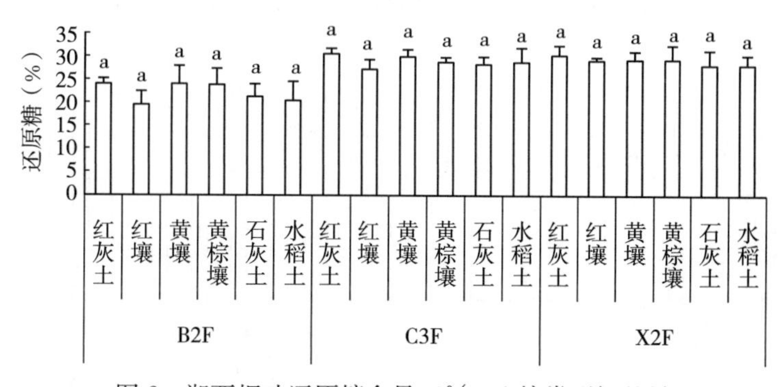

图2 湘西烟叶还原糖含量（%）土壤类型间差异

2.4 湘西烟叶还原糖含量在海拔之间的比较

所采集湘西烟区的烟叶样品分布在海拔140～1 071m，根据湘西烟叶种植习惯及种植区域分布主要在600～900m的特点，可将湘西烟区海拔高度分为3个层次，即小于600m（低海拔）、600～900m（中海拔）、大于900m（高海拔）。由图3可知，在3个等级中，烟叶还原糖含量都是：中海拔>高海拔>低海拔。方差分析结果表明，在B2F等级，不同海拔烟区的烟叶还原糖含量差异不显著；在C3F等级，不同海拔烟区的烟叶还原糖含量差异极显著；在X2F等级，不同海拔烟区的烟叶还原糖含量差异显著。

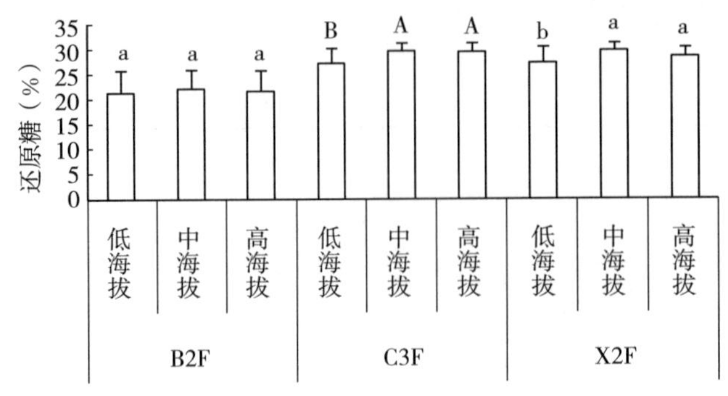

图3 湘西烟叶还原糖含量（%）的海拔间差异

2.5 湘西烟叶还原糖含量在县域之间的比较

由图4可知，7个主产烟县B2F等级烟叶还原糖含量平均在18.17%～25.34%，按从高到低依次为：龙山县>古丈县>花垣县>凤凰县>泸溪县>保靖县>永顺县；方差分析结果表明，不同县之间差异极显著，主要是古丈县和龙山县烟叶还原糖含量极显著高于永顺县。C3F等级烟叶还原糖含量平均在22.17%～30.50%，按从高到低依次为：凤凰县>花垣县>龙山县>永顺县>古丈县>保靖县>泸溪县；方差分析结果表明，不同县之间差异达极显著水平，主要是凤凰县烟叶还原糖含量极显著高于保靖县和泸溪县。X2F等级烟叶还原糖含量平均在24.20%～30.91%，按从高到低依次为：花垣县>永顺县>保靖县>龙山县>凤凰县>古丈县>泸溪县；方差分析结果表明，不同县之间差异达极显著水平，主要是花垣县烟叶还原糖含量极显著高于古丈县和泸溪县。

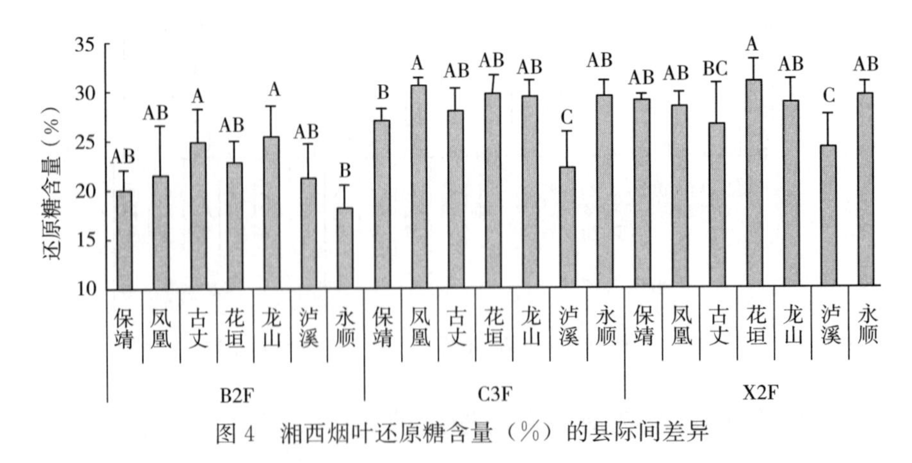

图4 湘西烟叶还原糖含量（%）的县际间差异

2.6 湘西烟叶还原糖含量空间分布

考虑到烟叶还原糖含量不呈正态分布，将数据进行对数转换，然后进行插值。图5为湘西烟区 C3F 等级烟叶还原糖含量的空间分布图。从图 5 中看，湘西烟叶还原糖含量空间分布有从东南向西南、东北两个方向递增的分布趋势。在泸溪县的东南部是一个低值区，在永顺县的中部是一个高值区，在凤凰县也有一个高值区。在永顺县的大部、龙山县大部、凤凰县和花垣县大部的烟叶还原糖含量较高，而泸溪县部分烟叶还原糖含量相对较低。总体来看，湘西州烟叶的还原糖含量偏高。

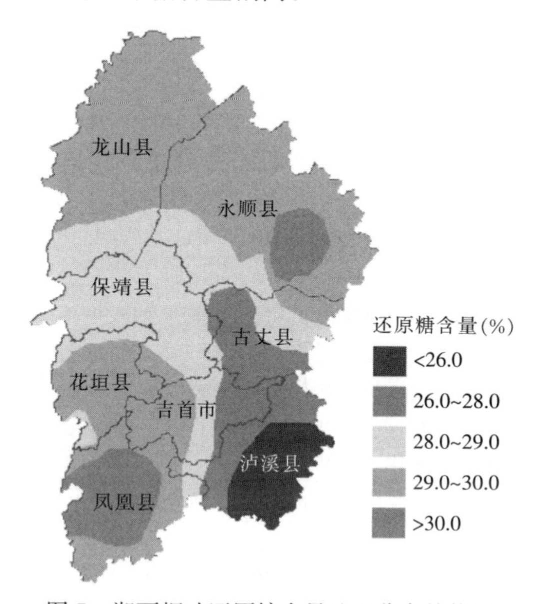

图 5　湘西烟叶还原糖含量地理分布趋势图

3　结论与讨论

湘西烟区 B2F、C3F、X2F 等级的烟叶还原糖含量分别为 21.92%、28.99%、28.80%，较湖南烟区的平均值要高，属还原糖含量较高的烟区。湘西烟叶还原糖含量高主要原因是湘西州烟区的烤烟主要集中种植在海拔较高的山区，烟叶成熟期处在雨季结束后，光照强度大，日照时间长，同时避开了高温逼熟的不利因素，为烟株光合产物积累创造了较为有利的条件，致使烟株光合作用强和光合产物积累多，烤后烟叶表现糖较高的特点。但是湘西州不同烟区栽培水平、生态环境条件存在差异，使烟叶还原糖含量在不同县之间存在差异，主要表现芦溪县烟叶还原糖含量相对较低。因此，各县一方面要有针对性地开展栽培技术研究，尽量减少还原糖含量区域差异，满足大企业、大品牌对质量风格一致烟叶需要；另一方面实施定向栽培，挖掘烟叶质量区域特色，满足企业在不同烟区有针对性地选择原料的需要。

湘西烟叶还原糖含量不同等级（部位）间差异极显著，在烟叶收购过程中，尽量减少混部位现象，以有利于卷烟企业配方。不同品种间、不同海拔间只有 C3F、X2F 等级烟叶还原糖含量存在显著或极显著差异，同时不同产烟县 C3F、X2F 等级烤烟还原糖含量也存在显著差异，表明湘西州不同烟区中、下部烟叶生长环境差异大，这在今后栽培技术制定中要引起重视。

湘西烟叶还原糖含量空间分布有从东南向西、东北两个方向递增的分布趋势。采用地统计学中克里格插值方法绘制湘西烟叶还原糖含量空间分布图，可预测未采样点处的取值，估算出整个研究区域内还原糖含量值。虽然烟叶还原糖含量易受品种、气候、土壤、栽培措施的影响，且本研究的取样点也有限，但数值矢量空间化后使湘西烟叶还原糖含量分布一目了然，对卷烟工业企业采购原料具有一定参考价值，其研究方法也有一定借鉴意义。

参考文献

[1] Smeeton B W. Genetical control of tobacco quality [J]. Rec Adv Tob Sci, 1987, 13: 3-26.

[2] Chaplin J F, Miner G S. Production factors affecting chemical components of the tobacco leaf [J]. Rec Adv Tob Sci, 1980, 6: 3-63.

[3] Court W A. Factors affecting the concentration of the duvatrienediols of flue-cured tobacco [J]. Tob Sci, 1982, 26: 40-43.

[4] 邓小华，谢鹏飞，彭新辉，等. 土壤和气候及其互作对湖南烤烟部分中性挥发性香气物质含量的影响 [J]. 应用生态学报，2010，21 (8)：2063-2071.

[5] 周冀衡，朱小平. 烟草生理与生物化学 [M]. 合肥：中国科技大学出版社，1996：57-89.

[6] 邓小华，周清明，周冀衡，等. 烟叶质量评价指标间的典型相关分析 [J]. 中国烟草学报，2011，17 (3)：17-22.

[7] 邓小华，周冀衡，陈新联，等. 烟叶质量评价指标间的相关性研究 [J]. 中国烟草学报，2008，14 (2)：1-8.

[8] 邓小华，周冀衡，陈冬林，等. 湖南烤烟还原糖含量区域特征及其对评吸质量的影响 [J]. 烟草科技，2008 (6)：13-19.

[9] 高家合，秦西云，谭仲夏，等. 烟叶主要化学成分对评吸质量的影响 [J]. 山地农业生物学报，2004，23 (6)：497-501.

[10] 池敬姬，王艳丽. 烟叶主要化学指标及其评吸质量间的相关性分析 [J]. 延边大学农学学报，2006，28 (3)：208-210.

[11] 章新军，任晓红，毕庆文，等. 鄂西南烤烟主要化学成分与评吸质量的关系 [J]. 烟草科技，2006 (9)：27-30.

[12] 汪修奇，邓小华，李晓忠，等. 湖南烤烟化学成分与焦油的相关、通径及回归分析 [J]. 作物杂志，2010，(2)：32-35.

[13] 邓小华，周冀衡，李晓忠，等. 湘南烟区烤烟常规化学指标的对比分析 [J]. 烟草科技，2006，230 (9)：45-49.

[14] 邓小华，周冀衡，李晓忠，等. 湖南烤烟化学成分特征及其相关性 [J]. 湖南农业大学学报：自然科学版，2007，33 (1)：24-27.

[15] 谢鹏飞，邓小华，唐春闺，等. 湖南不同生态区烤烟主要化学成分比较 [J]. 中国农学通报，2011，27 (2)：378-381.

[16] 宋宏志，邓小华，周米良，等. 湖南省凤凰县山地烤烟化学成分特征分析 [J]. 天津农业科，2013，19 (3)：68-72.

[17] 宋宏志，邓小华，周米良，等. 凤凰县山地烟叶化学成分年度变化 [J]. 中国农学通报，2013，29 (19)：198-202.

[18] 黄平俊，欧阳花，易建华，等．浏阳烟区不同年份烤烟主要化学成分的变异分析［J］．作物杂志，2008，(6)：30-33.

[19] 邓小华，周米良，田茂成，等．湘西州植烟气候与国内外主要烟区比较及相似性分析［J］．中国烟草学报，2012，18 (3)：28-33.

[20] 刘逊，邓小华，周米良，等．湘西植烟土壤有机质含量分布及其影响因素［J］．核农学报，2012，26 (7)：1037-1042.

[21] 刘逊，邓小华，周米良，等．湘西烟区植烟土壤氯含量及其影响因素分析［J］．水土保持学报，2012，26 (6)：224-228.

[22] 周米良，邓小华，黎娟，等．湘西植烟土壤 pH 状况及空间分布研究［J］．中国农学通报，2012，28 (9)：80-85.

[23] 刘涛，周清明，邓小华，等．晾制时间对上部烟叶物理特性及主要化学成分的影响［J］．作物研究，2012，26 (4)：386-3388.

永顺烟区烟叶化学成分与农艺性状和物理特性关联性分析

张　胜[1,2]，杨永锋[3]，杨会丽[2]

（1. 湖南农业大学农学院，长沙　410128；
2. 湘西自治州烟草公司永顺县分公司，永顺　416700；
3. 河南农业大学烟草学院，郑州　450002）

摘　要： 通过对湖南永顺烟叶农艺性状、物理特性和化学成分及其之间的灰色关联性和相关性分析，探讨影响烟叶化学成分的农艺性状和物理特性因素。结果显示：在大田成熟期，烟叶总氮、总糖和还原糖与烟株最大叶大小，烟碱与最大叶长，烟叶钾与最大叶宽关联性和相关性较强，部分相关性达到显著或极显著水平；另外，烟叶总氮与单叶重和叶质重，总糖和还原糖与叶质重和长宽比，烟碱与单叶重也具有较强的关联性，关联度较高。

关键词： 烤烟，灰色关联性，化学成分，物理特性，农艺性状

烟叶化学成分是决定评吸质量和烟气特性等质量特性的内在因素之一[1~3]。众多研究表明，化学成分种类多、结构复杂，易受品种、生态条件、调制技术和栽培措施等方面的影响[4~9]。烟叶物理特性主要是指影响烟叶质量和工艺加工等方面的特性，直接影响烟叶品质、卷烟制造过程、产品风格、成本及其经济指标[10]。湖南主产烟区烟叶叶片厚、叶质重小、平均含水率适中，烟叶组织结构疏松、填充性好，易于加香加料[11]。薛超群[12]等指出，拉力影响烟叶内在质量，且与内在质量呈负相关。王玉军[13]等研究认为，叶片厚度与化学成分具有一定的相关性。目前，人们多集中于单一对烟叶农艺性状、物理特性和化学成分的研究较多，而对探讨三者之间的关联性研究较少。本试验通过明确湖南永顺烟区烟叶的农艺性状、物理特性和化学成分特点，运用灰色关联性和相关性分析探讨影响烟叶化学成分的农艺性状和物理特性因素，旨在为提高烟叶化学成分协调性和改良烟叶生产技术提供理论依据。

基金项目：基于双喜品牌需求的基地单元烤烟品种试验和选定【粤烟工 15XM（2010）-003】。

作者简介：张胜（1982—），男，河南遂平人，助理农艺师，在读硕士，从事烟草生产与科研。Tel：13762103630；Email：yongshunyc@126.com。

1 材料与方法

1.1 试验设计

试验于2011年在湖南省永顺烟区高坪镇、松柏镇、石堤镇，每个乡镇选择有代表性的土壤进行，要求前茬作物一致、土壤肥力均匀、地面相对平整、排灌方便等有代表性地块。试验均采用随机区组设计，小区种植300株烟，重复3次，行株距120cm×50cm，田间管理按当地生产技术最佳水平实施。供试品种为K326、KRK26、NC297、湘烟3号和云烟87。

表1 不同地点试验田土壤肥力状况

地点	有机质（g/kg）	碱解氮（mg/kg）	速效磷（mg/kg）	速效钾（mg/kg）	pH
高坪	17.96	103.21	6.89	250.47	5.93
松柏	21.16	117.35	17.63	275.32	5.43
石堤	12.33	68.38	7.055	243.27	5.7

1.2 项目测定内容与方法

1.2.1 农艺性状 在大田成熟期，测定烟株农艺性状，主要包括有效叶片数、株高、茎围、最大叶片长宽等。

1.2.2 物理特性 在标准空气条件下［温度（22±1)℃，相对湿度（60±3)%］。平衡一周后用于测定烟叶物理特性，主要包括单叶重、含梗率、叶质重、叶片长宽。

1.2.3 化学成分 化学成分总氮、总糖、还原糖、烟碱、氯按照YC/T 159～162—2002烟草及烟草制品化学成分连续流动法测定，钾（K）按照YC/T 217—2007烟草及烟草制品钾的测定—连续流动法。所用仪器为德国BRAN＋LUEBBE公司制造的AA3型流动分析仪。

1.3 数据处理

采用EXCEL软件、SPSS17.0软件和DPS软件进行数据统计分析。

1.4 分析方法

按灰色系统理论[14]要求，将永顺烟区烟叶的化学成分及烟株农艺性状和物理特性视为一个整体，建立两个灰色关联系统。烟叶总氮、烟碱、总糖、还原糖和钾含量设为母序列X_{01}、X_{02}、X_{03}、X_{04}、X_{05}、X_{06}，分别将烟株农艺性状和物理特性指标设为子序列，即农艺性状项目有效叶片数、株高、茎围、最大叶片长、最大叶片宽设为X_1、X_2、X_3、X_4、X_5，或即物理特性项目单叶重、含梗率、叶质重、叶片长、叶片宽、叶片长宽比设为X_1、X_2、X_3、X_4、X_5、X_6，先将原始数据标准化，在利用均值化后的数据求出永顺各个地点烟叶化学成分与其农艺性状和物理特性的关联系数，最后依次求出关联度。

2 结果与分析

2.1 不同地点烟叶农艺性状比较

调查结果显示（表 2）：不同地点烟株田间长势差异主要集中在有效叶片数、株高和中部叶叶宽等几个方面，均达到显著水平，而烟株茎围和最大叶长差异较小；石堤镇，烟株株高较高，茎秆粗壮，有效叶片数最多，最大叶面积较大，综合长势最好；高坪镇，烟株株高较低，茎秆较细，最大叶面积最大，有效叶片数最少，综合长势略差；松柏镇，烟株株高最高，茎秆粗壮，有效叶片数少，最大叶面积最小，综合长势最差。

表 2 不同地点烟株农艺性状比较

地点	有效叶片数（片）	株高（cm）	茎围（cm）	最大叶片	
				叶长（cm）	叶宽（cm）
高坪	19.11b	101.38c	9.87a	74.58a	30.74a
松柏	19.33b	134.19a	10.28a	70.76a	25.37b
石堤	21.38a	121.52b	10.29a	71.36a	28.59a
平均	19.94	119.03	10.15	72.23	28.24

注：图中小写字母的值分别表示在 0.05 水平差异显著，标以相同字母者差异不显著。下同。

2.2 不同地点烟叶物理特性比较

不同地点烟叶物理特性比较（表 3）结果显示：不同地点烟叶物理特性的差异主要集中在叶片大小上，均达到显著水平，而在单叶重、含梗率和叶质重等几个方面差异较小；不同地点中部叶长和叶宽以高坪镇最大，松柏镇次之，石堤镇最小，而中部叶长宽比以高坪镇最小，石堤镇次之，松柏镇最大；不同地点烟叶单叶重以松柏镇最重，高坪次之，石堤最小，平均单叶重为 12.89g；不同地点烟叶含梗率以石堤和高坪镇最大，均在 31%以上，而松柏最小，仅为 30.78%；不同地点烟叶叶质重以石堤镇最大，松柏镇次之，高坪镇最小，均在优质烟叶要求的适宜范围之内。

表 3 不同地点烟叶物理特性比较

地点	单叶重（g）	含梗率（%）	叶质重（g/cm^2）	中部叶		
				叶长（cm）	叶宽（cm）	长宽比
高坪	12.8a	31.07a	65.43a	68.96a	24.91a	2.77b
松柏	13.52a	30.78a	74.21a	67.91a	21.8b	3.12a
石堤	12.36a	31.27a	74.78a	62.88b	22.16b	2.84b
平均	12.89	31.04	71.47	66.58	22.96	2.91

2.3 不同地点烟叶化学成分比较

不同地点烟叶化学成分比较结果显示（表4）：不同地点间烟叶化学成分存在一定差异，达到显著水平；其中，不同地点间烟叶总糖和还原糖含量偏高，超出优质烟叶的要求，而烟叶钾含量普遍偏低，均低于2%；不同地点间烟叶总氮、烟碱和氯含量以松柏镇和高坪镇最高，石堤镇最低，烟叶还原糖和总糖含量以石堤镇最高，松柏镇和高坪镇最低，烟叶钾含量以高坪镇最高，松柏镇和石堤镇最低；不同地点间烟叶糖碱比、氮碱比和钾氯比均是以石堤镇最大，高坪镇居中，松柏镇最小，达到显著水平；不同地点间烟叶两糖比差异不大，均在0.85以上。由此可知，不同地点间烟叶化学成分表现出：高坪镇，中部叶化学成分基本上都在优质烟叶要求的适宜范围之内，协调性最好，松柏镇，中部叶总糖和还原糖含量略高，烟碱含量相对最高，钾含量偏低，协调性居中，石堤镇，中部叶总糖和还原糖含量最高，烟碱含量相对最低，烟叶钾含量偏低，协调性最差。

表4 不同地点烟叶化学成分比较

地点	总氮（%）	总糖（%）	还原糖（%）	烟碱（%）	钾（%）	氯（%）	糖碱比	两糖比	氮碱比	钾氯比
高坪	1.87a	27.4b	23.82b	2.73b	1.97a	0.19a	8.76b	0.87a	0.69a	10.87a
松柏	1.89a	28.08b	25.03b	3.18a	1.64b	0.23a	7.95b	0.89a	0.6b	7.24b
石堤	1.45b	31.75a	27.17a	2.01c	1.6b	0.13b	13.66a	0.86a	0.72a	13.36a
平均	1.73	29.08	25.34	2.64	1.74	0.18	10.12	0.87	0.67	10.49

2.4 不同地点烟叶化学成分与农艺性状灰色关联及相关性分析

烟叶化学成分与农艺性状灰色关联及相关性分析结果显示（表5至表7）：不同地点烟叶化学成分与烟株农艺性状间均存在较强的关联性。

表5 烟叶化学成分与农艺性状灰色关联及相关性分析（高坪）

关联矩阵	参数	有效叶片数	株高	茎围	最大叶长	最大叶宽
总氮	关联序	0.591 8	0.694 7	0.723 2	0.765 3	0.525 1
	相关系数	−0.639	0.836	−0.304	0.650	−0.220
总糖	关联序	0.788 8	0.693 5	0.618 4	0.761 4	0.53
	相关系数	0.692	−0.325	−0.737	−0.455	−0.876
还原糖	关联序	0.902 3	0.705 9	0.655 7	0.724 7	0.667 1
	相关系数	0.908*	−0.840	−0.388	−0.823	−0.533
烟碱	关联序	0.427 7	0.808 8	0.618 7	0.607	0.481 5
	相关系数	−0.431	0.763	−0.297	0.636	−0.504
钾	关联序	0.739 1	0.636 5	0.730 2	0.641 2	0.670 7
	相关系数	0.079	−0.292	0.838	0.001	0.583

注：* 为显著相关（$p<0.05$）；** 为极显著相关（$p<0.01$）。下同。

表 6 烟叶化学成分与农艺性状灰色关联及相关性分析（松柏）

化学成分	参数	有效叶片数	株高	茎围	最大叶长	最大叶宽
总氮	关联序	0.493 8	0.587	0.537 6	0.823 2	0.520 7
	相关系数	−0.780	−0.460	−0.886*	−0.860	−0.659
总糖	关联序	0.777 9	0.626 4	0.753 5	0.539 3	0.804 2
	相关系数	0.296	0.607	0.848	0.802	0.906*
还原糖	关联序	0.676 7	0.725 9	0.66	0.559 6	0.702 9
	相关系数	0.649	0.464	0.968**	0.863	0.949*
烟碱	关联序	0.563 3	0.653 9	0.602 4	0.854 3	0.593 6
	相关系数	−0.767	0.123	−0.362	−0.470	−0.077
钾	关联序	0.864	0.848 9	0.837 4	0.562 8	0.865 1
	相关系数	0.162	−0.735	−0.060	0.311	0.187

表 7 烟叶化学成分与农艺性状灰色关联及相关性分析（石堤）

化学成分	参数	有效叶片数	株高	茎围	最大叶长	最大叶宽
总氮	关联序	0.497 1	0.577 3	0.642 7	0.639 4	0.661 6
	相关系数	−0.780	0.088	0.328	0.387	0.302
总糖	关联序	0.680 4	0.555 3	0.724	0.637 6	0.551
	相关系数	0.295	−0.656	0.016	−0.075	−0.745
还原糖	关联序	0.705	0.563 3	0.706	0.716 3	0.552 6
	相关系数	0.569	−0.243	−0.768	−0.852	−0.734
烟碱	关联序	0.606 8	0.600 8	0.736 9	0.773 1	0.643 8
	相关系数	−0.856	0.183	0.342	0.449	0.611
钾	关联序	0.564 2	0.800 9	0.683 5	0.666 7	0.644 2
	相关系数	0.362	0.951*	0.474	0.437	0.482

就高坪镇而言，烟叶总氮含量与烟株最大叶片长具有较高的关联性，呈正相关；烟叶总糖和还原糖含量与烟株有效叶片数和最大叶片长均具有较高的关联性，其中与有效叶片数呈正相关，与最大叶片长呈负相关；烟叶烟碱含量与烟株株高和茎围具有较强的关联性，其中与株高呈正相关，与茎围呈负相关；烟叶钾含量与有效叶片数和茎围具有较高的关联性，且均呈正相关。就松柏镇而言，烟叶总氮与烟株茎围和最大叶片长具有较强的关联性，均呈负相关，其中与茎围相关性达到显著水平；烟叶总糖与有效叶片数和最大叶宽具有较强的关联性，均呈正相关，其中与最大叶宽相关性达到显著水平；烟叶还原糖含量与烟株茎围和最大叶宽关联性较强，正相关性均达到显著或极显著水平；烟叶烟碱含量与最大叶片长具有较强的关联性，呈负相关；烟叶钾含量与有效叶片数和最大叶宽具有较高

的关联性，均呈正相关。就石堤镇而言，烟叶总氮含量与最大叶宽和茎围具有较强的关联性，均呈正相关；烟叶总糖含量与烟株茎围和有效叶片数具有较强的关联性，且均呈正相关；烟叶还原糖和烟碱含量与最大叶长和茎围具有较强的关联性，其中还原糖与最大叶长和茎围呈负相关，而烟碱呈正相关；烟叶钾与烟株株高具有较强的关联性，且正相关性达到显著水平。

综上所述，不同地点间烟叶化学成分与烟株农艺性状指标均具有较强的关联性。其中，烟叶总氮含量与烟株茎围和叶片大小均具有较强的关联性，烟叶总糖和还原糖含量与有效叶片数、茎围、叶片大小均具有较强的关联性，烟叶烟碱含量与烟株株高、茎围和最大叶片长均具有较强的关联性，烟叶钾与有效叶片数、株高、茎围和最大叶片宽均具有较强的关联性。

2.5 不同地点烟叶化学成分与烟叶物理特性灰色关联、相关性分析

烟叶化学成分与烟叶物理特性关联性分析结果显示（表 8 至表 10）：不同地点间烟叶化学成分与烟叶物理特性均存在一定的关联性和相关性，部分指标达到显著或极显著水平。就高坪镇而言，中部叶烟叶总氮、总糖和烟碱含量与其长宽具有较强的关联性，其中总氮与叶长呈负相关，与叶宽呈正相关，而总糖和烟碱含量与其叶长宽均呈正相关；烟叶还原糖含量与其叶片长宽比具有较强的关联性；烟叶钾含量与烟叶单叶重具有较强的关联性，且呈正相关。就松柏镇而言，中部叶烟叶总氮含量与其叶质重和叶长具有较强的关联性，均呈正相关，其中与叶质重的相关性达到显著水平；烟叶总糖含量与其叶宽和长宽比具有较强的关联性，与其长宽比的负相关性达到显著水平；烟叶还原糖含量与其叶长具有较强的关联性，呈负相关；烟叶烟碱含量与其单叶重具有较强的关联性，呈正相关性，且达到显著水平；烟叶钾含量与其单叶重和叶长具有较强的关联性，与单叶重呈负相关，与叶长呈正相关。就石堤镇而言，烟叶总氮含量与单叶重具有较强的关联性，呈正相关；烟叶总糖含量与单叶重、含梗率、叶质重、叶长宽和长宽比均具有较强的关联性，其中与单叶重的负相关性达到显著水平；烟叶还原糖含量与叶质重和叶长具有较强的关联性，与叶质重呈正相关，与叶长呈负相关；烟叶烟碱含量与单叶重具有较强的关联性，呈正相关；烟叶钾含量与叶宽具有较强的关联性，且正相关性达到显著水平。

表 8 烟叶化学成分与烟叶物理特性关联性分析（高坪）

化学成分	参数	单叶重	含梗率	叶质重	叶长	叶宽	长宽比
总氮	关联序	0.747 1	0.686 7	0.524 7	0.764 6	0.850 1	0.752 4
	相关系数	−0.419	−0.107	0.043	−0.272	0.335	−0.769
总糖	关联序	0.723 2	0.685 7	0.685 9	0.785 8	0.811 8	0.716
	相关系数	−0.817	0.634	−0.332	0.298	0.426	−0.010
还原糖	关联序	0.692 8	0.598 3	0.690 8	0.695 4	0.717 7	0.900 9
	相关系数	−0.277	0.435	−0.136	0.303	−0.016	0.465

（续）

化学成分	参数	单叶重	含梗率	叶质重	叶长	叶宽	长宽比
烟碱	关联序	0.674 4	0.752	0.557 3	0.839 7	0.858 3	0.702
	相关系数	−0.788	0.423	−0.391	0.229	0.743	−0.432
钾	关联序	0.801 8	0.675 6	0.655 1	0.649 3	0.623 2	0.696
	相关系数	0.494	0.202	−0.338	0.542	−0.028	0.872

表 9　烟叶化学成分与烟叶物理特性关联性分析（松柏）

化学成分	参数	单叶重	含梗率	叶质重	叶长	叶宽	长宽比
总氮	关联序	0.543 2	0.445 5	0.579 2	0.614 8	0.473 2	0.578 7
	相关系数	0.796	−0.836	0.892*	0.103	−0.113	0.244
总糖	关联序	0.740 7	0.744 8	0.557	0.753 6	0.790 5	0.736 5
	相关系数	−0.171	0.466	−0.791	0.336	0.753	−0.879*
还原糖	关联序	0.682 5	0.736 6	0.516 3	0.821 4	0.767 4	0.714 3
	相关系数	−0.227	0.496	−0.777	−0.148	0.350	−0.665
烟碱	关联序	0.791	0.585 5	0.611 5	0.708 2	0.711 7	0.687 3
	相关系数	0.953*	−0.797	0.534	0.271	0.454	−0.511
钾	关联序	0.753 4	0.717 9	0.591 4	0.761 1	0.682 6	0.703 5
	相关系数	−0.243	0.488	−0.327	0.518	0.222	0.157

表 10　烟叶化学成分与烟叶物理特性关联性分析（石堤）

化学成分	参数	单叶重	含梗率	叶质重	叶长	叶宽	长宽比
总氮	关联序	0.719 8	0.487 7	0.450 9	0.479 4	0.521 3	0.605 3
	相关系数	0.567	0.203	0.204	0.516	0.060	0.487
总糖	关联序	0.561 5	0.665 5	0.633 4	0.639 2	0.566 9	0.758 3
	相关系数	−0.886*	−0.016	0.006	−0.604	−0.580	0.214
还原糖	关联序	0.628 6	0.667 6	0.697	0.718 2	0.654 6	0.627 3
	相关系数	−0.616	0.720	0.600	−0.214	−0.463	0.521
烟碱	关联序	0.778	0.581 6	0.549 1	0.629	0.604 6	0.555 2
	相关系数	0.798	0.062	0.111	0.450	0.205	0.186
钾	关联序	0.637	0.724 9	0.683 8	0.777 7	0.871 7	0.710 6
	相关系数	0.445	−0.773	−0.851	0.782	0.965**	−0.664

由此可知，不同地点间烟叶化学成分与物理特性指标具有较强的关联性和相关性。与烟叶物理特性其他指标相比，烟叶总氮、总糖、还原糖、烟碱和钾等化学成分均与叶片长宽大小的关联系数较大，关联性较强；另外，烟叶总氮与单叶重和叶质重，总糖和还原糖与叶质重和长宽比，烟碱与单叶重也具有较大的关联性。由此可知，烟叶叶片厚度、叶片大小和开片程度对烟叶化学成分具有较大的影响，改善烟叶叶片大小和开片程度有助于协调烟叶化学成分。

3 结论与讨论

烟叶化学成分是烟叶内在品质的重要体现，易受品种、生态条件、栽培措施、调制技术等多方面因素的影响[9]。大田生育期是叶片物质形成和积累的关键阶段，烟株农艺性状是判断长势好坏的重要指标。烟叶物理特性与加工性能、可用性和烟气组分关系密切，是评价烟叶质量的重要组成因素[1,12,15]。

本试验中，永顺地区烟叶化学成分整体表现出，总糖、还原糖含量和糖碱比偏高，超出优质烟叶的要求，烟碱含量适中，符合优质烟叶的要求，钾、氯含量和氮碱比偏低，低于优质烟叶的要求，这可能是由于大田期间烟株干物质积累速度大于根系吸收钾和氯营养的速度所致。其中，高坪镇烟叶氮碳化合物相对适宜，钾含量最高，协调性最强；松柏镇烟叶总糖和还原糖含量较高，钾含量偏低，协调性居中；石堤镇烟叶总糖和还原糖含量最高，总氮、烟碱和钾含量最低，协调性最差。

在大田生育期间，烟叶化学成分与烟株农艺性状关系密切，尤其是与最大叶片大小。其中，烟叶总氮含量与烟株茎围和叶片大小均具有较强的关联性，烟叶总糖和还原糖含量与有效叶片数、茎围、叶片大小均具有较强的关联性，烟叶烟碱含量与烟株株高、茎围和最大叶片长均具有较强的关联性，烟叶钾与有效叶片数、株高、茎围和最大叶片宽均具有较强的关联性。同样，烟叶化学成分与物理特性也具有较强的关联性和相关性。与烟叶物理特性其他指标相比，烟叶总氮、总糖、还原糖、烟碱和钾均与叶片长宽的关联系数较大，关联性较强，与大田期间表现较为一致；烟叶总氮与单叶重和叶质重，总糖和还原糖与叶质重和长宽比，烟碱与单叶重也具有较大的关联性。由此可知，烟叶叶片厚度、叶片大小及开片程度对烟叶化学成分具有较大的影响；在永顺烟草生产中，可以通过选择合适品种和调整大田期间烟株栽培管理措施以改善叶片发育状况，有助于提高烟叶物理特性和协调化学成分。

参考文献

[1] 王瑞新．烟草化学［M］．北京：中国农业出版社，2003：6.

[2] 左天觉．烟草的生产、生理和生物化学［M］．上海：上海远东出版社，1993.

[3] 马莹，田野，胡元才等．黔西南州烟叶化学成分分析［J］．安徽农业科学，2009，37（6）：2564－2566.

[4] 胡国松，赵元宽，曹志洪，等．我国主要产烟省烤烟元素组成和化学品质评价［J］．中国烟草学报，1997，3（3）：36－44.

[5] 孙剑锋，刘霞，李伟，等．不同生态条件下烤烟化学成分的相似性研究［J］．中国烟草科学，2006（3）：22－24.
[6] 闫克玉，陈鹏，刘晓晖．烤烟 40 级制烟叶主要化学成分分析研究［J］．郑州轻工业学院学报，1993（2）：35－39.
[7] 唐莉娜，熊德中．土壤酸度的调节对烤烟根系生长与烟叶化学成分含量的影响［J］．中国生态农业学报，2002，10（3）：65－67.
[8] 赵巧梅，倪纪恒，熊淑萍，等．不同土壤类型对烟叶主要化学成分的影响［J］．河南农业大学学报，2002，36（1）：23－26.
[9] 陈景云，胡建军．烟叶化学成分—品质综合评价物元模型的建立与应用［J］．烟草科技，2003（10）：31－34.
[10] 孙剑锋，宫长荣，许自成，等．河南烤烟主产区烟叶物理性状的分析评价［J］．河南农业科学，2005（12）：17－21.
[11] 邓小华，陈冬林，周冀衡，等．湖南烤烟物理性状比较及聚类评价［J］．中国烟草科学，2009，30（3）：63－68.
[12] 薛超群，尹启生，王广山，等，烤烟烟叶物理特性的变化及其评吸质量的关系［J］．烟草科技，2008（7）：52－55.
[13] 王玉军，谢胜利，姜茱，等．烤烟叶片厚度与主要化学组成相关性研究［J］．中国烟草科学，1997（1）：11－14.
[14] 唐启义，冯明光．实用统计分析及其 DPS 数据处理系统［M］．北京：科学出版社，2002.
[15] 卷烟工艺组．卷烟工艺［M］．北京：北京出版社，1993：89－103.

湘西烟叶口感特性感官评价

周米良[1]，邓小华[2]，陆中山[1]，黎　娟[2]，
田　峰[1]，田茂成[1]，向德明[1]，杨丽丽[2]

(1. 湘西自治州烟草专卖局，吉首　416000；
2. 湖南农业大学，长沙　410128)

摘　要：为明确湘西烟叶的口感特性评价指标的区域特征和空间分布特征，对来自湘西烟区的41个烟叶样品进行感官评价。结果表明：（1）湘西烟叶刺激性有至稍有；干燥感多数表现为有，少数稍有；余味以尚净尚舒适为主。（2）烟叶刺激性、干燥感县域间差异不显著；余味差异极显著，主要是古丈县烟叶的余味标度值极显著高于其他各县。（3）不同乡镇之间以红石林镇的余味标度值最高和干燥感标度值最低；高坪乡、列夕乡的刺激性标度值最低。（4）K326的口感特性较云烟87要好。（5）海拔低于600m烟区的烟叶口感特性较其他海拔好。（6）烟叶刺激性、干燥感、余味在空间上分别以标度值2.6～2.8、2.7～2.8、2.6～2.8分为主要分布；口感特性评价指标标度值呈斑块状分布态势。

关键词：烤烟；口感特性；感官评价；湘西

引言

特色烟叶是中式卷烟的原料基础[1～2]。特色烟叶开发首先需要对烟叶质量进行评价，以定位当地烟叶质量风格特色。烟叶质量评价的核心是烟叶质量风格特色感官评价，包括风格特征评价和品质特征评价。其中，品质特征评价包括香气特性、烟气特性和口感特性3个方面，而口感特性感官评价指标由刺激性、干燥感、余味3个指标构成。以往对口感特性的评价主要集中在刺激性和余味，对干燥感的研究较少[4～12]。湘西土家族苗族自治州（简称湘西）位于湖南省西北部的武陵山区，属亚热带季风性湿润气候区，气候温和、四季分明，降水丰沛、雨量集中，光、热、水同季，有利于生产优质烟叶[13]，是湖南省

基金项目：国家烟草专卖局特色优质烟叶开发重大专项“中间香型特色优质烟叶开发”（ts-02）；湘西自治州科技局项目“湘西烟区生态评价与品牌导向型基地布局研究”（2011130165）。

作者简介：周米良，男（1972—），湖南宁乡人，农艺师，硕士研究生，主要从事烟叶生产技术推广和管理。通信地址：416000湖南省湘西自治州吉首市湘西自治州烟草专卖局，Tel：0743-8569178，Email：hnjhzl02@126.com。

通讯作者：邓小华，男（1965—），湖南冷水滩人，教授，博士，主要从事烟草科学与工程技术研究。通信地址：410128长沙市芙蓉区湖南农业大学农学院烟草系，Email：yzdxh@163.com。

第三大烟叶产区[14]。对湘西烟叶口感特性进行感官评价，以明确湘西烟叶口感特性评价指标的区域特征，对提高湘西烟叶品质特色化水平和原料保障能力以及卷烟工业选择使用原料都具有重要的参考价值。

1 材料与方法

1.1 样品采集与制备

于2011年在湘西的7个主产烟县、30个乡镇共采集C3F（中橘三）等级烟叶样品41个。为保证研究项目的准确性和具有代表性，在烤烟移栽后定点选取5户可代表当地海拔高度和栽培模式的农户，由负责质检的专家按照GB/T 2635—92烤烟分级标准选取具有代表性的初烤烟叶样品5kg。品种为当地主栽品种云烟87，其中龙山县还采集了4个K326品种烟样，以便进行品种间比较。GPS定位，记录取样点的海拔高度、地理坐标（经度、纬度）。初烤烟叶抽梗后对片烟进行水分调节至满足切丝要求。切丝宽度为（1.0±0.1）mm。对切后叶丝进行松散，保证叶丝无并条和粘连。低温干燥至叶丝含水率符合卷制要求。使用50～60 CU的非快燃卷烟纸，烟支的物理质量指标符合GB/T 5606.3—2005要求。卷制好的样品用塑料袋密封，保存在－6～0℃的低温环境中备用。

1.2 口感特性感官评价方法

由郑州烟草研究院、湖南中烟技术中心7名评吸专家按照《烟叶质量风格特色感官评价方法（试用稿）》进行感官评吸。采用0～5等距标度评分法对口感特性进行量化评价（见表1）。

表1 烟叶口感特性感官评价指标及评分标度

评价指标	标度值		
	0～1	2～3	4～5
刺激性	无至微有	稍有至有	较大至大
干燥感	无至弱	稍有至有	较强至强
余味	不净不舒适至欠净欠舒适	稍净稍舒适至尚净尚舒适	较净较舒适至纯净舒适

1.3 统计分析方法

以上各种数据借助于Excel 2003和SPSS 12.0统计分析软件进行。采用ArcGIS9软件的地统计学模块（geostatistical analyst），以Kriging插值为基本工具，绘制湘西中部（C3F等级）烟叶口感特性感官评价指标空间分布图[15]。

2 结果与分析

2.1 口感特性评价指标基本统计特征

由表2可知，湘西烟叶刺激性标度值平均为2.66分，属稍有至有；干燥感标度值平均为2.80分，属稍有至有；余味标度值平均为2.50分，属稍净稍舒适至尚净尚舒适。变异系数按大小排序为：余味>刺激性>干燥感，都属中等强度变异。

表2 湘西烟叶口感特性评价指标标度值基本统计

评价指标	平均值	标准差	最小值	最大值	变异系数（%）
刺激性	2.66	0.34	2.00	3.50	12.92
干燥感	2.80	0.27	2.00	3.00	9.66
余味	2.50	0.37	2.00	3.50	14.83

2.2 口感特性评价指标标度值县际间比较

由表3可知，湘西7个主产烟县刺激性平均标度值在2.50～2.80分，为刺激性稍有至有；按从高到低依次为：凤凰县>花垣县>永顺县>保靖县>龙山县>古丈县>泸溪县；不同县之间差异不显著（$F=0.533$；$Sig.=0.779$）。7个主产烟县干燥感平均标度值在2.50～3.00分，为稍有至有；按从高到低依次为：保靖县>泸溪县>花垣县>凤凰县>龙山县>永顺县>古丈县；不同县之间差异不显著（$F=1.596$；$Sig.=0.178$）。7个主产烟县余味平均标度值在2.10～3.13分，为稍净稍舒适至尚净尚舒适；按从高到低依次为：古丈县>永顺县>龙山县>保靖县>泸溪县>花垣县>凤凰县；不同县之间差异极显著（$F=5.817$；$Sig.=0.000$），主要是古丈县烟叶的余味标度值极显著高于其他各县。

表3 不同县烟叶口感特性评价指标标度值比较

	刺激性	干燥感	余味
保靖	2.67±0.29	3.00±0.00	2.50±0.00B
凤凰	2.80±0.27	2.80±0.27	2.10±0.22B
古丈	2.50±0.41	2.50±0.41	3.13±0.25A
花垣	2.75±0.42	2.92±0.20	2.25±0.42B
龙山	2.58±0.29	2.79±0.26	2.54±0.26B
泸溪	2.50±0.00	3.00±0.00	2.50±0.00B
永顺	2.72±0.44	2.78±0.26	2.56±0.30B

注：表中数据为平均值±标准差英文大写字母表示1%差异显著。

2.3 口感特性评价指标标度值乡镇间比较

由表4可知，湘西主要产烟乡镇刺激性平均标度值在2.50～3.50分。雅西镇的刺激性标度值最高，标度值为3.50分，刺激性为有；其次为阿拉镇、扶志乡、芙蓉乡、禾库镇、茅坪乡、山江镇、水田乡、松柏乡、湾塘乡、野竹坪乡、泽家乡，标度值为3.00分，刺激性为有。高坪乡、列夕乡的刺激性标度值最低，标度值为2.00分，刺激性为稍有；其次为茨岩镇、董马库乡、断龙乡、红石林镇、腊尔山镇、柳薄乡、洛塔镇、排碧镇、浦市镇、石堤乡、水田河乡、水银乡、兴隆乡、召市镇、大安乡，标度值为2.50分，刺激性为稍有。

表 4　不同乡镇烟叶口感特性评价指标标度值比较

乡镇	刺激性	干燥感	余味	乡镇	刺激性	干燥感	余味
阿拉镇	3.00	3.00	2.00	排碧镇	2.50	3.00	2.00
茨岩镇	2.50	2.67	2.50	排料乡	2.75	2.75	2.50
大安乡	2.25	2.75	2.50	浦市镇	2.50	3.00	2.50
董马库乡	2.50	3.00	2.50	山江镇	3.00	2.50	2.50
断龙乡	2.50	2.75	3.00	石堤乡	2.50	2.50	2.50
扶志乡	3.00	2.75	2.50	水田河乡	2.50	3.00	2.50
芙蓉乡	3.00	3.00	2.50	水田乡	3.00	3.00	2.50
高坪乡	2.00	3.00	2.50	水银乡	2.50	3.00	2.50
禾库镇	3.00	3.00	2.00	松柏乡	3.00	2.50	2.50
红石林镇	2.50	2.25	3.25	湾塘乡	3.00	3.00	2.50
腊尔山镇	2.50	3.00	2.00	兴隆乡	2.50	3.00	2.00
列夕乡	2.00	2.50	3.00	雅西镇	3.50	3.00	
柳薄乡	2.50	2.50	2.00	野竹坪乡	3.00	3.00	2.50
洛塔镇	2.50	3.00	2.50	泽家乡	3.00	3.00	2.50
茅坪乡	3.00	3.00	2.50	召市镇	2.50	2.50	2.75

湘西主要产烟乡镇干燥感平均标度值在 2.50～3.00 分。阿拉镇、董马库乡、芙蓉乡、高坪乡、禾库镇、腊尔山镇、洛塔镇、茅坪乡、排碧镇、浦市镇、水田河乡、水田乡、水银乡、湾塘乡、兴隆乡、雅西镇、野竹坪乡、泽家乡的干燥感标度值最高，标度值为 3.00 分，干燥感为有。红石林镇的干燥感标度值最低，标度值为 2.25 分，干燥感为稍有；其次为列夕乡、柳薄乡、山江镇、石堤乡、松柏乡、召市镇，标度值为 2.50 分，干燥感为稍有。

湘西主要产烟乡镇余味平均标度值在 2.00～3.25 分。红石林镇的余味标度值最高，标度值为 3.25 分，余味为尚净尚舒适；其次为断龙乡、列夕乡，标度值为 3.00 分，余味为尚净尚舒适。阿拉镇、禾库镇、腊尔山镇、柳薄乡、排碧镇、雅西镇的余味标度值最低，标度值为 2.00 分，余味为稍净稍舒适；其次为董马库乡、扶志乡、芙蓉乡、高坪乡、洛塔镇、茅坪乡、排料乡、浦市镇、山江镇、石堤乡、水田河乡、水田乡、水银乡、松柏乡、湾塘乡、兴隆乡、野竹坪乡、泽家乡，标度值为 2.50 分，余味为稍净稍舒适。

2.4　口感特性评价指标标度值品种间比较由

表 5 可知，K326、云烟 87 的刺激性平均标度值分别为 2.38 分、2.69 分，云烟 87＞K326；不同品种间差异显著（F＝3.698；$Sig.$＝0.054），表明 K326 品种的刺激性要少于云烟 87。K326、云烟 87 的干燥感平均标度值分别为 2.63 分、2.88 分，云烟 87＞

K326；不同品种间差异不显著（F=2.963；$Sig.$ =0.116）。K326、云烟87的余味平均标度值分别为2.75分、2.44分，K326>云烟87；不同品种间差异显著（F=5.556；$Sig.$=0.040），表明K326品种的余味要优于云烟87。

表5 不同品种烟叶口感特性指标标度值比较

品种	刺激性	干燥感	余味
K326	2.38±0.25b	2.63±0.25	2.75±0.29a
云烟87	2.69±0.26a	2.88±0.23	2.44±0.18b

注：英文小写字母表示5%差异显著，下同。

2.5 口感特性评价指标标度值海拔间比较

被评价烟叶样品分布在海拔140～1 071m，根据湘西烟叶种植习惯及种植区域分布主要在600～900m的特点，可将湘西烟区海拔高度分为3个层次，即低于600m，600～900m，高于900m（各层次样品数分别为6、16、19），分析不同海拔层次上烟叶口感特性评价指标的差异。由表6可知，湘西烟叶的刺激性标度值以低于600m海拔层次的烟叶相对较低，但差异不大（F=0.112；$Sig.$=0.894）；干燥感标度值以高于900m海拔层次的烟叶相对较高，低于600 m和600～900m海拔层次的烟叶干燥感差异不大（F=0.589；$Sig.$=0.560）；余味标度值以低于600 m海拔层次的烟叶相对较高，且差异达显著水平（F=3.747；$Sig.$=0.033）。

表6 不同海拔烟叶香气特性评价指标标度值比较

海拔（m）	刺激性	干燥感	余味
>900	2.67±0.52	2.92±0.20	2.42±0.20b
600～900	2.69±0.25	2.78±0.26	2.34±0.35b
<600	2.63±0.37	2.79±0.30	2.66±0.37a

2.6 口感特性评价指标标度值空间分布

对数据进行对数转换，采用Kriging插值方法绘制了湘西烟叶口感特性评价指标的空间分布图（图1至图3）。由图1可知，湘西烟叶刺激性标度值在空间上呈斑块状分布态势，以标度值2.6～2.8分为主要分布，其次为2.5～2.6分的分布。在龙山县、永顺县、花垣县各有一个高值区；在永顺县有一个低值区；在永顺县是一大片细腻程度标度值在2.8～2.9分的分布区域；在保靖县和花垣县是一大片细腻程度标度值在2.9～3.1分的分布区域。由图2可知，湘西烟叶干燥感标度值在空间上呈斑块状分布态势，以标度值2.7～2.8分为主要分布，其次为2.8～2.9分的分布。在龙山县、花垣县、永顺县、凤凰县、保靖县各有1个或2个低值区；在永顺县有一个高值区。由图3可知，湘西烟叶余味标度值在空间上呈斑块状分布态势，以标度值2.6～2.8分为主要分布，其次为2.8～2.9分的分布。在龙山县、古丈县、花垣县、永顺县各有一个高值区；在永顺县和凤凰县各有一个低值区。

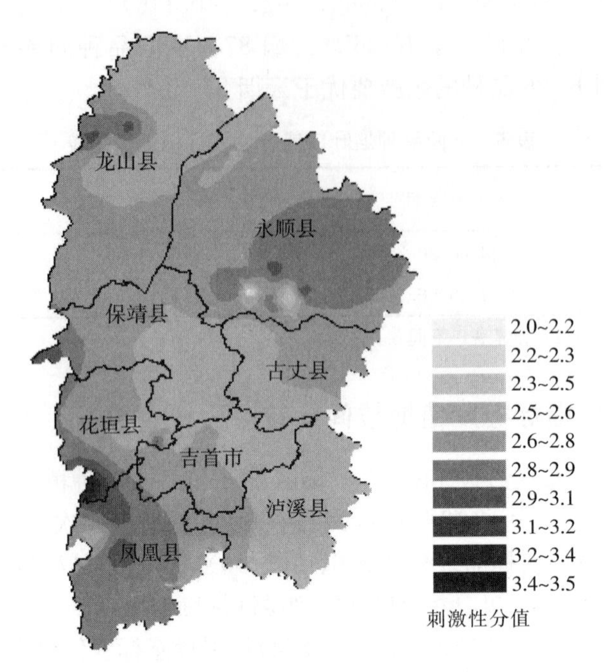

图 1　湘西州烤烟刺激性分值空间分布

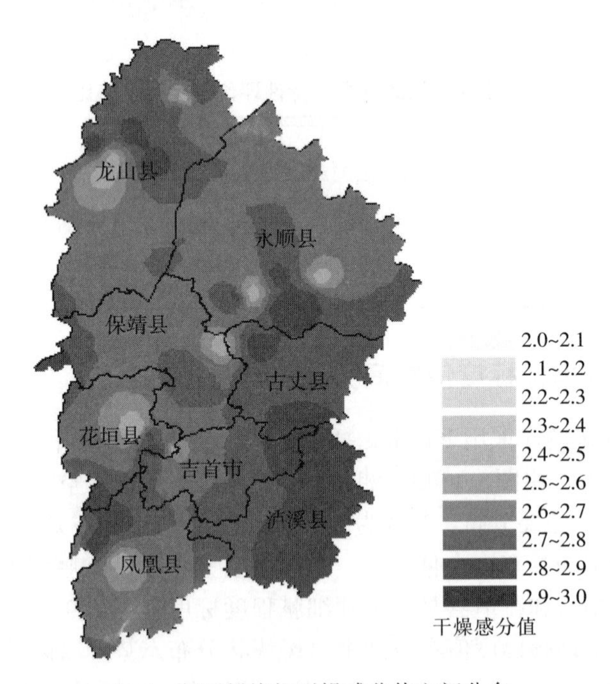

图 2　湘西州烤烟干燥感分值空间分布

3　结论

（1）湘西烟叶刺激性有至稍有；干燥感多数表现为有，少数稍有；余味以尚净尚舒适为主。湘西烟叶具有典型山地烟叶的品质特征，配伍性强，一直得到湖南中烟、广东中烟等省内外卷烟工业企业青睐。

（2）湘西 7 个主产烟县刺激性、干燥感、余味平均标度值分别在 2.50～2.80、2.50～3.00、2.10～3.13 分；不同县之间刺激性、干燥感差异不显著，余味差异极显著，主要是古丈县烟叶的余味标度值极显著高于其他各县。

（3）湘西主要产烟乡镇刺激性、干燥感、余味平均标度值分别在 2.50～3.50、2.50～3.00、2.00～3.25 分。红石林镇的余味标度值最高，干燥感标度值最低；高坪乡、列夕乡的刺激性标度值最低。

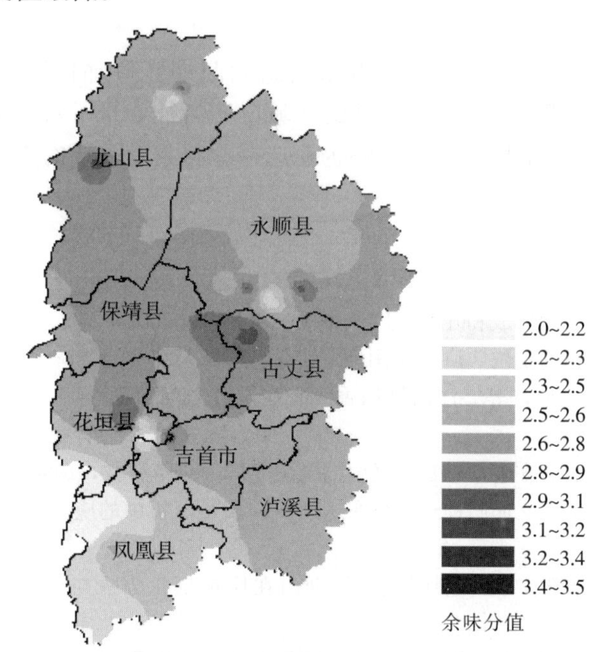

图 3　湘西州烤烟余味分值空间分布

（4）云烟 87 的刺激性、干燥感平均标度值高于 K326，但差异不显著；K326 余味平均标度值高于云烟 87，且差异显著。表明 K326 的口感特性较云烟 87 要好。

（5）湘西烟叶的刺激性标度值以低于 600m 海拔层次的烟叶相对较低，干燥感标度值以高于 900m 海拔层次的烟叶相对较高，余味标度值以低于 600m 海拔层次的烟叶相对较高，但只有余味标度值海拔间差异达显著水平。表明低于 600m 海拔层次的烟叶口感特性要优于其他海拔层次。

（6）湘西烟叶刺激性在空间上以标度值 2.6～2.8 分为主要分布，干燥感以标度值 2.7～2.8 分为主要分布，余味以标度值 2.6～2.8 分为主要分布。湘西烟叶口感特性评价指标在空间的分布规律不是较明显，呈斑块状分布态势。

4 讨论

（1）以往，我国烟草及烟草制品的感官质量评价，基本依照统一标准（如 YC/T 138—1998）[3]。后来，各烟草企业出于品牌开发对烟叶原料需求的特点纷纷制定了各自的企业标准[3]。在这些企业标准中，对口感特性的评价主要集中在刺激性和余味，并采用 9 分制打分方法的较多[4~6]。本研究采用郑州烟草研究院完成的《烟叶质量风格特色感官评价方法（试用稿）》，用 0～5 等距标度评分法对口感特性（包括刺激性、干燥感和余味）进行量化评价，既丰富了口感特性评价内容，又简化了打分标度，使评吸人员更容易把握，可操作性强，提高了评价的准确性。

（2）笔者分析了湘西州主产烟县和重点产烟乡镇的烤烟口感特性，并探讨了不同品种、不同海拔烤烟口感特性的差异，有助于对湘西烟区烤烟口感特性评价指标的区域特征地深入了解。

（3）利用 ArcGIS9 中 Kriging 插值方法绘制湘西烟叶口感特性评价指标的空间分布图，有助于更好地了解湘西烟叶口感特性的区域分布特征，且可对无采样点区域烟叶口感特性进行预测，这对烟区指导生产和工业企业选择原料具有重要的参考价值。

参考文献

[1] 唐远驹．试论特色烟叶的形成和开发［J］．中国烟草科学，2004，25（1）：10－13.

[2] 唐远驹．烟叶风格特色的定位［J］．中国烟草科学，2008，29（3）：1－5.

[3] 王能如，何宽信，惠建权，等．江西烤烟香气香韵及其空间特征［J］．中国烟草科学，2012，33（4）：7－12

[4] 胡建军．模糊综合评定法在卷烟感官评吸中的应用［J］．烟草科技，1998（5）：29－31.

[5] 何琴，高建华，刘伟．广义回归神经网络在烤烟内在质量分析中的应用［J］．安徽农业大学学报，2005，32（3）：406－410.

[6] 邓小华，周冀衡，陈新联，等．湘南烟区烤烟内在质量量化分析与评价［J］．烟草科技，2007（8）：12－16.

[7] 邓小华，周冀衡，周清明，等．湖南烟区中部烤烟总糖含量状况及与评吸质量的关系［J］．中国烟草学报，2009，15（5）：43－47.

[8] 高志强，邓小华，曾忠平，等．烤烟生物碱与评吸质量的关系［J］．中国农学通报，2008，24（6）：82－85.

[9] 邓小华，周冀衡，赵松义，等．湖南烤烟硫含量的区域特征及其对烟叶评吸质量的影响［J］．应用生态学报，2007，18（12）：2853－2859.

[10] 李东亮，胡军，许自成，等．单料烟感官质量的层次模糊综合评价［J］．郑州轻工业学院学报：自然科学版，2007，22（1）：27－30.

[11] 邓小华，周冀衡，陈新联，等．烟叶质量评价指标间的相关性研究［J］．中国烟草学报，2008，14（2）：1－8.

[12] 闫洪洋，闫洪喜，吉松毅，等．河南烤烟外观质量与感官质量的相关性［J］．烟草科技，2012（7）：17－23.

[13] 邓小华，周米良，田茂成，等．湘西州植烟气候与国内外主要烟区比较及相似性分析［J］．中国烟草学报，2012，18（3）：28-33.
[14] 张黎明，周米良，向德明．湘西山区建设现代烟草农业的思考［J］．作物研究，2010，24（1）：76-79.
[15] 邓小华．湖南烤烟区域特征及质量评价指标间的关系研究［D］．长沙：湖南农业大学，2007.

免耕栽培对植烟土壤理化性状及烤烟根系生长的影响

田　峰[1]，彭　莹[1]，肖　瑾[1]，陈前锋[1]，熊继东[2]，
李　云[3]，王安民[3]，裴宏斌[3]

（1. 湖南省烟草公司湘西自治州公司，吉首　416000；
2. 湖南省植物保护研究所，长沙　410125；
3. 湘西自治州烟草公司古丈县分公司，古丈　416300）

摘　要：通过在稻田土壤进行烤烟免耕栽培试验，研究比较了免耕栽培与常规栽培对植烟土壤及烤烟根系生长的影响。结果表明，免耕 A、B 2 个处理较常规栽培的耕层变浅，土壤容重除 A 处理的表层（5～10cm）略有增大，其余基本相同，适宜于烤烟生长；土壤 pH、有机质、碱解氮、有效磷、速效钾以及全氮、缓效钾的含量差异不大；土壤微生物之间有一定差异，但对土壤酶的活性影响较小；免耕栽培 A 处理的烤烟根幅较常规栽培的略宽，分布变浅，主根变短，但侧根数量增多、鲜重和干重略大，B 处理的根幅与常规栽培的较接近，侧根的数量略多，鲜重和干重均略大。

关键词：烤烟；免耕栽培；土壤理化性状；根系生长

引言

免耕是指作物播种前不用犁、耙整理土地，直接在茬地上播种，播后作物生育期间不使用农具进行土壤管理的耕作方法[1]。研究表明，免耕栽培具有减轻土壤侵蚀、减少地表径流、改善环境[2]，增加土壤有机质含量、改善土壤结构[3]，提高水、土、光等资源的利用率[4]，提高作物产量和降低生产成本，增加收入[5~6]作用。免耕栽培最早起源于美国，1945 年由布朗（Brown）和斯普拉格（Sprague）首先在牧场采用免耕[7]。中国从 20 世纪 60 年代开始引进、试验和推广免耕技术，目前，在水稻、小麦、玉米、油菜和水稻等作物有较多研究和较大面积的推广应用[8]。据研究报道，免耕地与翻耕地比较可以使土壤容重变小[9]，垄作免耕能降低土壤 pH[10]，迅速提高土壤有机质、全氮、速效氮、全磷和速效磷水平，且对土壤上下层的基本肥力和微生物特征影响不明显[11]。小麦免耕土壤有利于根系的生长和侧根的发生，不影响作物的产量[12]。在烤烟生产上，邹焱等[13]研究了免耕栽培对烟株生长发育和烟叶产量、产值及内在质量的影响。但关于免耕栽培对植烟土壤和烤烟根系发育影响的未见报道。为此，笔者通过稻田土壤试验，初步研究了烤烟免耕栽培对植烟土壤物理、化学性状和微生物以及烤烟根系生长影响，旨在为探索烤烟免耕栽培

技术提供理论依据。

1 材料与方法

1.1 试验时间、地点

研究田间试验于2012年在湖南省古丈县河蓬乡官坪进行，海拔360m；室内试验在湖南省吉首市土壤肥料站和湖南省土壤肥料研究所进行。

1.2 试验材料

供试烤烟品种为‘云烟87’；试验土壤为稻田土，质地沙壤，前作为水稻—冬闲。

1.3 试验方法

1.3.1 试验设计 设免耕A处理、免耕B处理、常规栽培（对照）3个处理。免耕A处理：不翻耕土壤，在移栽前7d，按照栽烟行距1.2m宽开沟一条深15～20cm、宽20～25cm的排水沟，起沟的土壤移走，然后在厢面中间栽烟，整个生育期不中耕、不培土。免耕B处理：方法同免耕A处理，开排水沟时，将起沟的土壤覆盖在厢面上，然后在厢面中间栽烟，不中耕、不培土。常规栽培：按照正常方法，先进行土壤翻耕，移栽前7d再翻耕一次并起垄，再在垄上栽烟，移栽后30d进行中耕、培土。采取大区试验，不设重复，每个处理面积133.33m^2，栽烟220株。

1.3.2 试验管理 免耕A、B处理基肥采用穴施，常规栽培基肥采用条施，起垄后盖膜。于4月28日移栽。免耕A、B处理的提苗肥在移栽后5、12、20d分3次兑水浇施，常规栽培的在移栽后7d兑水浇施。每亩总施氮量7.5kg，N、P、K比例为1∶1.3∶3.0。其他按照《2012年湘西自治州烤烟标准化生产技术方案》执行。

1.3.3 样品的采集与测定 在烤烟中部叶成熟期，各处理随机选取3点，采用环刀法，在表土层下5～10cm、13～18cm、21～26cm处分别取样，通过烘干、称重，计算土壤容重；在烤烟中部叶成熟期，各处理随机选取3点，取耕作层土样混合样，风干后分别测定pH、有机质和速效N、P、K养分含量；在烤烟中部叶成熟期，各处理随机选取3点，取耕作层土样鲜样，混合后分别测定微生物总活性、细菌、真菌、放线菌、硝化细菌、反硝化细菌、甲烷细菌以及过氧化氢酶、蛋白酶、脲酶。同时在烤烟中部叶成熟期，各处理随机选取3株烟株，带土挖出，用水浸泡、冲洗干净后，分别测量根幅的长、宽、高，侧根数和根系鲜重，再用烘干法测定根系的干重。

土壤pH采用电位法，有机质采用油浴加热重铬酸钾氧化-容量法，碱解氮采用碱解扩散法，有效磷采用碳酸氢钠浸提-钼锑抗比色法，速效钾采用乙酸铵浸提-火焰光度法，全氮采用凯氏蒸馏法，缓效钾采用硝酸提取火焰光度法测定。微生物总活性采用氢氧化钠吸收法，细菌采用稀释平板分离法，真菌采用稀释平板分离法，放线菌采用稀释平板分离法，硝化细菌、反硝化细菌和甲烷细菌采用试管稀释法，过氧化氢酶采用高锰酸钾滴定法，蛋白酶采用铜盐比色法，脲酶采用奈氏比色法测定。

2 结果与分析

2.1 免耕栽培对土壤耕层深度和容重的影响

由表1可看出，免耕栽培与常规栽培比较，土壤耕层深度和土壤容重有一定的差异。以免耕A处理的土层较浅，为18.5cm，比常规栽培的减少17.00cm，二者之间达到极显著差异；免耕B处理的土层较深，达到30.5cm，比常规栽培的减少5.00cm，二者之间无显著差异，比免耕A处理的增加12.00cm。土壤容重以免耕A处理的上层的（5～10cm）较大，为1.35g/cm³，与常规栽培的差异明显，下层土壤容重（13～18cm）与免耕B处理的和常规栽培的接近；免耕B处理的上（5～10cm）、中（13～18cm）、下（21～26cm）层容重与常规栽培的基本相同，无明显差异。

表1 不同处理土壤耕作层的深度与容重

处理	耕层深度（cm）		容重（g/cm³）		
	总深度	其中实土层	5～10cm	13～18cm	21～26cm
免耕A处理	18.50cB	18.50a	1.35aA	1.50a	—
免耕B处理	30.50bA	17.00ab	1.12bB	1.38b	1.41
常规栽培	35.50aA	14.50b	1.16bB	1.47b	1.45

注：在同一表内，数据后不同大小写字母分别表示差异达0.01和0.05显著水平。下同。

2.2 免耕栽培对土壤pH、有机质和养分含量的影响

对烤烟中部叶成熟期土壤分析表明，免耕栽培A处理和B处理的土壤pH、有机质与常规栽培的基本一致；碱解氮、有效磷、速效钾以及全氮、缓效钾含量与常规栽培的变化很小（表2）。

表2 不同耕作处理土壤pH、有机质和养分含量

处理	pH	有机质（%）	全氮（g/kg）	缓效钾（mg/kg）	碱解氮（mg/kg）	有效磷（mg/kg）	速效钾（mg/kg）
免耕A处理	6.1	21.7	1.05	295	116	13.2	116
免耕B处理	6.1	22.4	1.12	328	119	14.7	119
常规栽培	6.2	23.8	1.15	345	121	15.6	123

2.3 免耕栽培对土壤微生物和土壤酶的影响

从表3可见，免耕栽培与常规栽培的土壤微生物有一定差别。其中，微生物总活性以免耕B处理的较高，与常规栽培的接近，免耕A处理的较低，较常规栽培的降低约41.44%。细菌以常规栽培的较高，免耕A处理和免耕B处理的低于常规栽培的。真菌以免耕B处理的较高，免耕A处理的和常规栽培的较低。放线菌以免耕A处理和常规栽培的较高，免耕B处理的较低。硝化细菌以免耕B处理的最高，常规栽培的次之，免耕A

处理的最低；而反硝化细菌则以免耕 B 处理的较低，免耕 A 处理和常规栽培的较高。甲烷细菌为免耕 B 处理和常规栽培的大于免耕 A 处理。

表 3　不同耕作处理土壤微生物数量

处理	微生物总活性 [mg·CO_2/（d·g）]	细菌 （$\times10^4$ cfu/g）	真菌 （$\times10^2$ cfu/g）	放线菌 （$\times10^3$ cfu/g）	硝化细菌 （$\times10^3$ cfu/g）	反硝化细菌 （$\times10^5$ cfu/g）	甲烷细菌 （$\times10^3$ cfu/g）
免耕 A 处理	0.065	78.04	21.51	355.49	1.17	172.06	4.92
免耕 B 处理	0.111	70.81	61.91	254.30	16.99	133.52	8.51
常规栽培	0.110	116.26	25.01	379.27	3.05	170.73	8.54

从表 4 得出，免耕栽培对土壤酶的活性影响不大。过氧化氢酶的活性以免耕 A 处理的和免耕 B 处理的稍低，常规栽培的稍高。蛋白酶活性以免耕 A 处理略高，免耕 B 处理与常规栽培基本接近。脲酶活性免耕 A 处理和免耕 B 处理与常规栽培基本一致。

表 4　不同耕作处理土壤酶的活性

处理	过氧化氢酶 [mg/（h·g）]	蛋白酶 （μg NH_2/g）	脲酶 [mg N/（d·g）]
免耕 A 处理	21.95	4.27	3.39
免耕 B 处理	19.66	3.69	3.32
常规栽培	24.28	3.41	3.14

2.4　免耕栽培对烤烟根系生长的影响

由表 5 看出，免耕栽培对烤烟的根系形态和分布有较大影响。在烤烟中后期（中部叶成熟期），免耕 A 处理的根幅长与常规栽培和免耕 B 处理的接近，但幅宽大于常规栽培和免耕 B 处理的，而幅高则显著减小。免耕的 A 处理的侧根数量较常规栽培和免耕 B 处理显著增多，侧根鲜重较大，干重基本与常规栽培和免耕 B 处理的接近；主根鲜重、干重较常规栽培的减少。免耕 B 处理的根幅长、幅宽、幅高与常规栽培的接近，侧根数量比常规栽培的略多，鲜重、干重均略大，主根鲜重、干重比常规栽培的减少，但差异均不明显。

表 5　不同处理对烤烟根系生长的影响

处理	根幅			侧根			主根	
	长（cm）	宽（cm）	高（cm）	数量（条）	鲜重（g）	干重（g）	鲜重（g）	干重（g）
免耕 A 处理	118.67a	113.33a	18.00bB	51.33aA	181.62a	56.45a	138.18a	40.35ab
免耕 B 处理	118.33a	102.67a	33.00aA	39.33bAB	175.51a	57.25a	123.22a	35.41b
常规栽培	117.00a	107.33a	34.33aA	35.33bB	151.90a	54.72a	147.28a	48.11a

注：测量日期为 2013 年 7 月 27 日。

3 结论

免耕处理较常规栽培的土层变浅，但免耕栽培与常规栽培对土壤 pH、有机质、碱解氮、有效磷、速效钾以及全氮、缓效钾的含量的差异不明显，土壤容重也基本接近，适宜于烤烟生长；免耕栽培与常规栽培的土壤微生物有一定差别，烤烟根系形态和分布也有所不同，但总体对根系生长发育影响不大。

4 讨论

相对于常规栽培，烤烟免耕栽培的土壤耕作层相对变浅，其中免耕栽培 A 处理（不覆土）比常规栽培的土层深度减少较明显，免耕栽培 B 处理（覆土）的减少较小。土壤容重方面，免耕栽培 A 处理表现上层略大、下层与常规栽培的接近，免耕 B 处理的与常规栽培的基本相同。表明免烤烟耕栽培对当年植烟土壤的容重影响不大，2 个处理的土壤容重均在适宜作物生长的范围内[14]。这与免耕未使土壤容重增加[15]研究结果基本一致。

免耕栽培方式及其时间对土壤 pH、有机质、全氮、全磷、速效氮、速效磷和速效钾有较大的影响[16~18]。但在本研究中，免耕栽培 2 个处理与常规栽培的当季植烟土壤 pH、有机质、碱解氮、有效磷、速效钾以及全氮、缓效钾含量差异却不明显。土壤微生物数量和种类受耕作制度气候变化及土壤类型等因素的影响，可以直接反映土壤肥力[19]，烤烟免耕 A 处理除反硝化细菌稍高于常规栽培的外，其余微生物总活性、细菌、真菌、放线菌、硝化细菌和甲烷细菌均减少，免耕 B 处理的微生物总活性、甲烷细菌与常规栽培的接近，真菌、硝化细菌增多，但细菌、放线菌、反硝化细菌减少，与陈蓓等[20]研究的结果不完全一致。酶是土壤中物质转化方向和动力的枢纽，可作为土壤肥力水平的指标[21~22]，在本试验中，免耕栽培对当年土壤酶的活性影响较小，除过氧化氢酶活性稍低外，蛋白酶、脲酶与常规栽培很接近。

免耕栽培的烤烟根系形态和分布不同。免耕 A 处理的表现根幅较宽、分布较浅、主根较短，但侧根数量显著增多，鲜重和干重与常规栽培的相差不大；免耕 B 处理的根幅与常规栽培的较接近，侧根的数量略多，鲜重、干重均略大。免耕总体对根系生长发育影响不大，与小麦免耕土壤有利于根系的生长和侧根的发生，虽然免耕的根系分布较浅，但并不影响作物的产量[12]的研究结论有相似之处。

栽培技术对植烟土壤的影响比较复杂，而且与土壤类型、气候条件和烤烟的不同生育期有着密切关系，要真正摸清免耕栽培对土壤环境及根系生长发育的影响还有待于进一步的深入研究。

参考文献

[1] 刘巽浩．耕作学［M］．北京：中国农业出版社，2000：221－225.
[2] 罗伯特 EB. 玉米地传统耕作和保护性耕作的多年平均流失量［J］．余汉章，译．中国水土保持，

1985（7）：55－61.

[3] Kirkby M J，Cmorgan R P. Soil Erosion [M]. John Wley & Sons Ltd，1980.

[4] 高克昌. 旱地玉米（高粱）整秸秆覆盖免耕试验 [J]. 山西农业科学，1992（12）：4－6.

[5] 山西省农业科学院旱作农业耕作栽培体系及增产机理课题组. 旱地玉米（高粱）少免耕整秸秆半覆盖节水增产技术 [J]. 山西农业科学，1991（4）：1－4.

[6] Sharlna D N，Jain M L. Evaluation of no-tillage and convention-al tillage systems [J]. AMA，1984（3）：65－70.

[7] 赵化春，王晓丽，任禾. 少耕法与免耕法的起源及前景综述 [J]. 吉林农业科学，1991（1）：85－87.

[8] 王法宏，冯波，王旭清. 国内外免耕技术应用情况 [J]. 山东农业科学，2003（6）：49－52.

[9] 王昌全，魏成明，李廷强，等. 不同免耕方式对作物产量和土壤理化性状的影响 [J]. 四川农业大学学报，2001，19（2）：152－155.

[10] 张树梅，薛宗让. 旱地玉米免耕系统土壤养分研究——土壤有机质、酶及氟变化 [J]. 华北农学报，1998，13（2）：42－47.

[11] 张磊，肖剑英，谢德体，等. 长期免耕水稻田土壤的生物特征研究 [J]. 水土保持学报，2002，16（2）：111－114.

[12] 王晓方. 免耕对土壤孔隙状况及冬小麦根系生长的影响 [D]. 北京：北京农业大学，1984：74－77.

[13] 邹焱，卢贤仁，谢已书. 烤烟免耕栽培对烟叶产量和质量的影响 [J]. 中国烟草科学，2011，32（3）：72－75.

[14] 侯光炯. 土壤学 [M]. 北京：中国农业出版社，1999：72－73.

[15] 张志国，徐琪，Blevins R L. 长期秸秆覆盖免耕对土壤某些理化性质及玉米产量的影响 [J]. 土壤学报，1998，35（4）：384－391.

[16] 刘世平. 长期少免耕土壤供肥特征及水稻吸肥规律的研究 [J]. 江苏农学院学报，1995，16（2）：77－80.

[17] 孙海国，Larney Francis J. 保护性耕作和植物残体对土壤养分状况的影响 [J]. 生态农业研究，1997，5（1）：47－51.

[18] 陈尚洪，朱钟麟，刘定辉，等. 秸秆还田和免耕对土壤养分及碳库管理指数的影响研究 [J]. 植物营养与肥料学报，2005，14（4）：506－509.

[19] 李仲强，谭周进，夏海鳌. 耕作制度对土壤微生物区系的影响 [J]. 湖南农业科学，2001（2）：24－25.

[20] 陈蓓，张仁险. 免耕与覆盖对土壤微生物数量及组成的影响 [J]. 甘肃农业大学学报，2004，39（6）：634－638.

[21] 姜英范. 粮草轮作中土壤酶活性与土壤肥力关系的初步研究 [J]. 吉林农业大学学报，1983（4）：65－68.

[22] 何念祖. 浙江省几种水稻土的酶活性及其与土壤肥力的关系 [J]. 浙江农业大学学报，1986，12（1）：43－47.

湘西植烟土壤 pH 特征与土壤有效养分的相关性研究

张明发[1]，田　峰[1]，巢　进[1]，张黎明[1]，陈前锋[1]，邓小华[2]

(1. 湖南湘西自治州烟草公司生产技术中心，吉首　416000；
2. 湖南农业大学，长沙　410000)

摘　要：为深入了解湘西烤烟烟碱含量区域特征，对湘西州 488 个烤烟主产区植烟土壤样品进行化验分析研究，结果表明：湘西州植烟土壤 pH 水平基本适宜，平均值为 5.9，变幅为 3.9～7.3，变异系数为 11.1%，72.8%样本 pH 处于适宜范围内，“极低”和“低”的植烟土壤样本共占 26.8%，“很高”和“高”的植烟土壤样本之和为 0.4%，黄棕壤土的 pH 显著高于水稻土和红壤，黄棕壤>石灰土>黄壤>红灰土>红壤>水稻土，pH 分布态势表现为斑块状，总的来说，东南部小于西北部，pH 最高的为保靖县。方差分析结果表明，不同植烟土壤类型的 pH 差异达显著水平，植烟土壤 pH 与海拔为极显著正相关，土壤 pH 与交换性钙、交换性镁的含量相关性达到极显著水平，但与有效性锌含量相关性仅达显著水平，与有效硼、水解性氮和速效钾含量相关性不明显。

关键词：烟草；土壤；pH；养分；特征；相关性

引言

受土壤 pH 的影响，养分的有效性，特别是微量元素的有效性低[1]。一般认为烤烟种植在 pH 5.5～6.5 土壤品质较优。土壤 pH 适宜有利于改善烤烟根系生长环境，促进烟株生长，增强烟株的抗逆力，提高烟叶产质量，但目前 pH 呈酸化趋势[2]，且土壤 pH 是区域化变量，在空间分布上具有结构性和随机性特点[3]。要求对土壤肥力较差、酸化碱化的土壤开展配肥、土壤改良，制订精准施肥的实施方案，提高烟叶产质[4]。研究湘西植烟土壤 pH 特征与土壤有效养分的相关性对特色优质烟生产具有重要意义。2011—2013 年湘西州烟草公司田峰与湖南农业大学邓小华等单位合作开展了《湘西州烟区生态评价与品牌导向型基地布局研究》课题，采用比较法、方差分析法、地统计学空间研究法、聚类分析法、主成分分析法、隶属函数指数和法等研究方法，解读了湘西州烟区植烟土壤区域特征和烟区气候资源特征，综合评价了湘西州烤烟质量和准确定位湘西州烤烟风格特色。关于植烟土壤区域特征及土壤的各有效养分分布特征方面研究较多，其中以湖南农业大学教授邓小华在此项研究做得最好。但土壤 pH 特征与土壤有效养分的相关性研究却很少见报道，特进行湘西州土壤 pH 特征与土壤有效养分的相关性研究，为湘西州烤烟生产精准施肥提供科学依据。

1 材料与方法

1.1 试验时间、地点

研究田间试验于2011—2013年在湘西州7县进行，室内试验在湖南农业大学进行。

1.2 试验材料

以耕作层为取样层次，根据土种是否相同取耕层土壤20cm深度的土样。采样方法为人工钻取，取土钻统一采用管形不锈钢土钻。共取具有代表性的混合土样488份，每份土样代表植烟面积10～20hm^2。

1.3 土壤养分测定与分析

土壤各元素的化验方法具体如下：土壤pH，pH计法（水土比为1.0∶2.5）；碱解氮，康惠法（碱解扩散）；速效钾，011mol/L火焰光度计法（乙酸铵浸提）；速效磷，Olsen法；交换性Ca、Mg，乙酸铵交换-原子吸收分光光度法；有效硼，甲亚胺比色法；有效态铜、锌，DTPA浸提—原子吸收分光光度法。参照罗建新等[5]建立的湖南省植烟土壤养分丰缺状况5级体系，对不同烟区植烟土壤进行分析。应用Excel电子表格中数据统计进行相关分析，建立其相应的函数回归方程。

2 结果与分析

2.1 植烟土壤的pH总体特征

2.1.1 土壤pH特征 由表1可知，湘西州植烟土壤pH总体基本适宜，平均值为5.9，变幅为3.9～7.3，变异系数为11.1%，变异幅度较小。

表1 植烟土壤pH统计特征

区域	样本数/个	均值	标准差	极小值	极大值	偏度	峰度	变异系数（%）
保靖	38	6.33A	0.56	4.94	6.98	−0.97	0.11	8.88
凤凰	50	5.87B	0.45	4.72	6.75	−0.15	−0.14	7.69
古丈	62	5.37C	0.58	4.36	6.94	0.47	0.10	10.71
花垣	42	5.82B	0.64	3.87	6.96	−0.91	1.81	10.96
龙山	132	6.02AB	0.68	4.25	7.25	−0.78	−0.24	11.31
泸溪	18	5.87B	0.38	5.19	6.66	0.39	0.52	6.49
永顺	144	5.80B	0.63	4.05	6.95	−0.53	−0.29	10.88
湘西州	484	5.9	0.7	3.9	7.25	−0.43	−0.4	11.1

注：同列中不同大写字母表示差异极显著（$P<0.01$），下同。

主产烟区植烟土壤 pH 平均在 5.4～6.3，保靖县＞龙山县＞泸溪县＞凤凰县＞花垣县＞永顺县＞古丈县，其中古丈县植烟土壤 pH 平均值在在 5.5 以下。方差分析表明，pH 差异达极显著水平（$F=12.234$，$Sig.=0.000$），经 Duncan 多重比较，pH 最高的保靖县植烟土壤与其他 6 个县植烟土壤 pH 达极显著差异；最低的古丈县与其他 6 个县植烟土壤 pH 达极显著差异，而其他县差异不大。

变异系数：龙山县＞花垣县＞永顺县＞古丈县＞保靖县＞凤凰县＞泸溪县，弱变异性为泸溪县、凤凰县和保靖县的植烟土壤 pH，其他各县为中等强度变异。

2.1.2 土壤 pH 丰缺 从图 1 可知，72.8%样本土壤 pH 处于适宜范围内，26.8%样本为“低”或“极低”，0.4%样本为“高”或“很高”，所有样本土壤 pH≤7.50。可见，湘西州植烟土壤总体上为弱酸性至中性，多数植烟土壤 pH 适合生产优质烟叶。

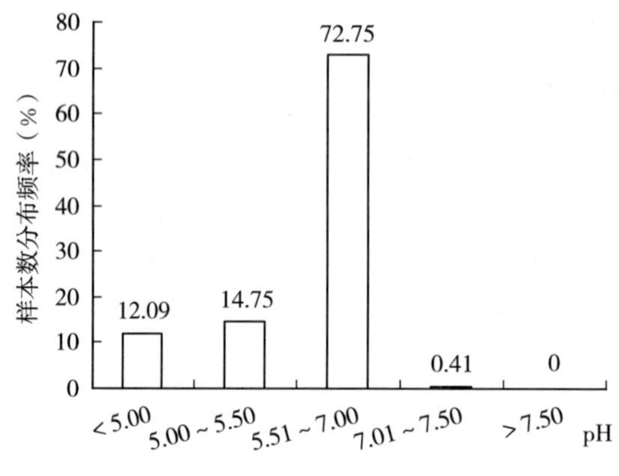

图 1 植烟土壤 pH 分布频率

2.1.3 pH 土壤类型差异 图 2 可见，6 个主要植烟土壤类型的 pH 平均在 5.7～6.1，其中黄棕壤＞石灰土＞黄壤＞红灰土＞红壤＞水稻土。方差分析表明，差异达显著水平（$F=4.26$，$Sig.=0.011$），Duncan 多重比较表明，黄棕壤土显著高于水稻土和红壤。且黄棕壤、红灰土、石灰土的 pH 适宜样本比例在 80%以上。

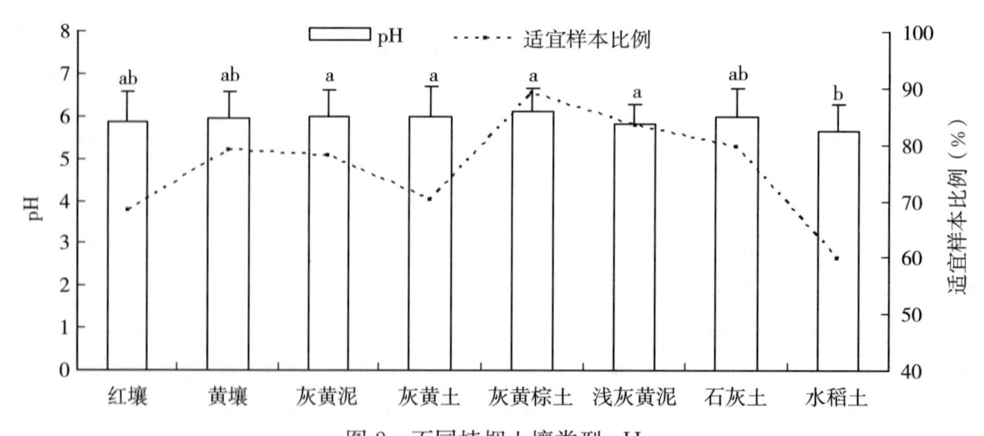

图 2 不同植烟土壤类型 pH

同列中不同小写字母表示差异显著（$P<0.05$）

2.1.4 土壤pH海拔差异 (−∞，400m)、[400m，600m)、[600m，800m)、[800m，1 000m)、[1000m，+∞) 5个海拔高度组样本数分别为67、178、131、69、42。由图3可见，其pH平均在5.7～6.2，1 000m>600～800m>800～1 000m>400～600m>400m。经方差分析，不同海拔高度的植烟土壤组pH差异达极显著水平（F=4.76，$Sig.$=0.001），Duncan多重比较显示，海拔高度大于1 000m的土壤组的pH极显著高于海拔高度在400～600m、<400m的土壤组。经相关性分析，土壤pH与海拔为极显著正相关（相关系数r=0.170，$Sig.$=0.000）。5个海拔高度组的植烟土壤pH适宜样本比例在59.7%～90.5%。

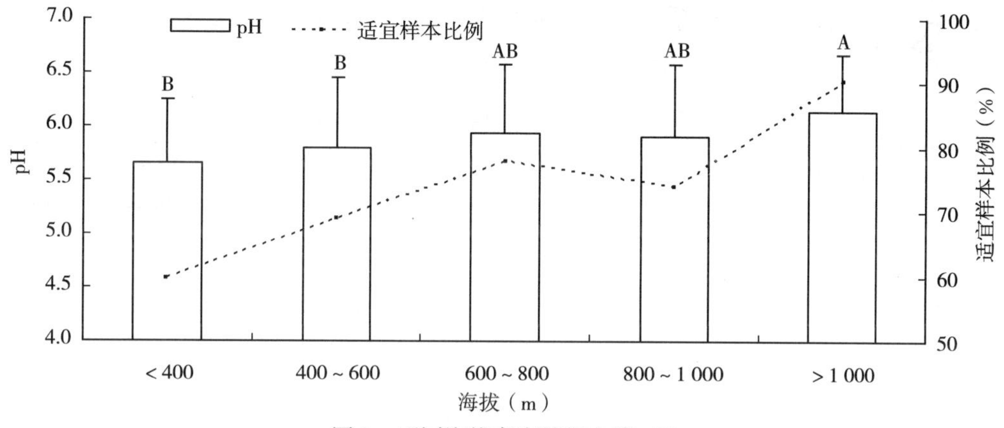

图3 不同海拔高度植烟土壤pH

2.1.5 土壤pH空间分布状况 魏孝荣等[6]认为地统计学方法可用以研究环境因素复杂的黄土高原土壤pH空间分布特征。采用ArcGIS9软件绘制了湘西州植烟土壤pH生态地理空间分布图，图4显示pH为斑块状分布状况，东南部低于西北部。pH最高土壤为保靖县，大多烟区土壤pH≥6.0。

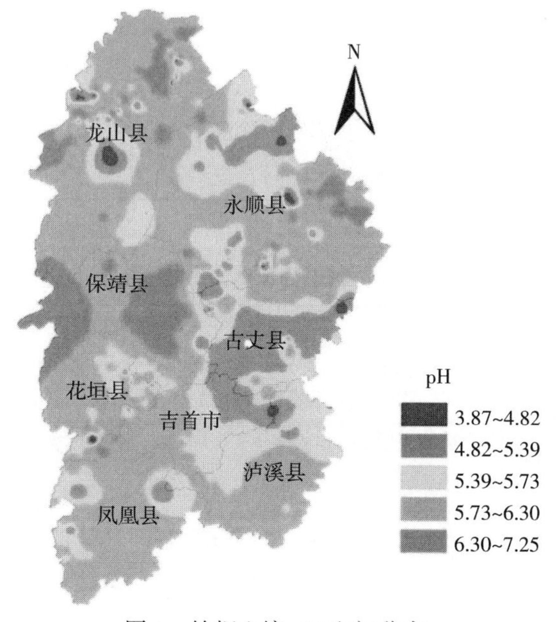

图4 植烟土壤pH空间分布

2.2 湘西植烟土壤有效养分含量

参照罗建新等[5]建立的湖南省植烟土壤养分丰缺状况5级体系，以pH、有机质、全氮、全磷、全钾、碱解氮、速效磷、速效钾以及水溶性氯等9项土壤养分指标作为评价湘西州烟区 *SFI* 的因子。采用土壤养分分级方法、运用隶属函数模型、模糊数学理论与指数和法对不同烟区植烟土壤进行丰缺状况分析，运用主成分分析法，提取累积贡献率≥85%的5个主成分，计算得到各养分指标的权重值。将 *SFI* 值按1级（*SFI*≥80%）、2级（60%≤*SFI*<80%）、3级（40%≤*SFI*<60%）、4级（20%≤*SFI*<40%）、5级（*SFI*<20%）的标准划分土壤适宜性等级（表2至表3）。

表2 烟区植烟土壤养分指标的等级

等级	pH	有机质（%）	全氮（%）	全磷（%）	全钾（%）	碱解氮（mg/kg）	速效磷（mg/kg）	速效钾（mg/kg）	交换性钙（mg/kg）
极低	<5.0	<1.0	<0.05	<0.05	<1.00	<60.0	<5.0	<80.0	<400
低	5.0~5.5	1.0~2.0	0.05~0.10	0.05~0.10	1.00~1.50	60.0~110.0	5.0~10.0	80.0~160.0	400~800
适宜	5.5~7.0	2.0~3.0	0.11~0.20	0.11~0.15	1.51~2.00	110.0~180.0	10.0~15.0	160.0~240.0	800.1~1 200
高	7.0~7.5	3.0~4.0	>0.20	>0.15	>2.00	180.0~240.0	15.0~20.0	240.0~350.0	1 200.1~2 000
很高	>7.5	>4.0	—	—	—	>240.0	>20.0	>350.0	>2 000

等级	有效硫（mg/kg）	有效硼（mg/kg）	有效锌（mg/kg）	有效铁（mg/kg）	有效铜（mg/kg）	有效锰（mg/kg）	水溶性氯（mg/kg）	交换性镁（mg/kg）
极低	<5.0	<0.15	<0.5	<2.5	<0.2	<5.0	<5.0	<50
低	5.0~10.0	0.15~0.30	0.5~1.0	2.5~4.5	0.2~0.5	5.0~10.0	5.0~10.0	50.~100
适宜	10.0~20.0	0.31~0.6	1.01~2.0	4.5~10.0	0.5~1.0	10.0~20.0	10.0~30.0	100~200
高	20.0~40.0	0.6~1.0	2.0~4.0	10.0~60.0	1.0~3.0	20.0~40.0	30.0~40.0	200~400
很高	>40.0	>1.0	>4.0	>60.0	>3.0	>40.0	>40.0	>400

表3 土壤养分指标的隶属函数拐点和权重值

土壤养分指标	隶属函数类型	拐点				权重（%）
		下临界值 x_1	最优值下限 x_3	最优值上限 x_4	上临界值 x_2	
pH	抛物线	5.0	5.5	7.0	7.5	9.3
有机质	抛物线	1.5%	2.5%	3.5%	4.5%	13.2
全氮	抛物线	0.05%	0.1%	0.2%	0.25%	11.1
碱解氮	抛物线	60.0mg/kg	110.0mg/kg	180.0mg/kg	240.0mg/kg	12.7
速效磷	抛物线	5.0mg/kg	10.0mg/kg	15.0mg/kg	20.0mg/kg	10.4
速效钾	抛物线	80.0mg/kg	160.0mg/kg	240.0mg/kg	350.0mg/kg	8.5

（续）

土壤养分指标	隶属函数类型	拐点				权重（%）
		下临界值 x_1	最优值下限 x_3	最优值上限 x_4	上临界值 x_2	
水溶性氯	抛物线	5.0mg/kg	10.0mg/kg	30.0mg/kg	40.0mg/kg	8.9
全磷	S	0.05%	—	—	0.15%	13.0
全钾	S	1.0%	—	—	2.0%	12.9

注：S形函数表达式为 $f(x)=\begin{cases}1.0 & x\geqslant x_2\\ 0.9(x-x_1)/(x_2-x_1)+0.1 & x_1<x<x_2\\ 0.1 & x\leqslant x_1\end{cases}$。

3 湘西植烟土壤 pH 与有效养分的相关性

对 488 个土壤样品 pH 与 N、P、K、钙、镁、铜、硼养分的有效态进行相关性分析。表 4 显示，土壤 pH 与交换性钙、交换性镁的含量相关性达到极显著水平，但与有效性锌含量相关性仅达显著水平，与有效硼、水解性氮和速效钾含量相关性不明显。

表 4 土壤 pH（x）与有效养分（y）的相关性

项目	相关性	回归方程
水解性氮	−0.056 1	$y=-1.477\,1x+95.845$
有效磷	0.004 4	—
速效钾	0.083	$y=2.045\,71x+105.3$
交换性钙	0.546 81**	$y=473.897\,1x-2\,126.44$
交换性镁	0.530 85**	$y=79.13x-285.67$
有效铜	0.062 13	—
有效锌	0.106 83*	$y=0.742\,61x-0.368\,7$
有效硼	0.076 09	$y=0.284\,1x-0.478\,4$

3.1 土壤有效养分含量平均值、极大值与极小值

由图 5 可见，湘西州植烟土壤交换性镁含量平均在 98.89～215.73mg/kg，变幅为 30.03～348.83mg/kg，平均值为 177.76mg/kg，“缺乏”和“极缺乏”的植烟土壤样本之和为 28.69%；交换性钙含量平均在 1 369.32～2 482.74mg/kg，变幅为 193.90～6 506.58mg/kg，平均值为 1 688.01mg/kg；有效硼含量平均在 0.595～0.841mg/kg，变幅为 0.051～2.208mg/kg，平均值为 0.728mg/kg，“低”的植烟土壤样本为 9.38%，“极低”的植烟土壤样本为 2.71%；有效铁含量平均在 72.873～89.845mg/kg，变幅为 10.04～328.89mg/kg，平均值为 83.97mg/kg；有效铜含量平均在 1.77～3.95mg/kg，平均值为 2.125mg/kg，变幅为 0.024～7.840mg/kg。

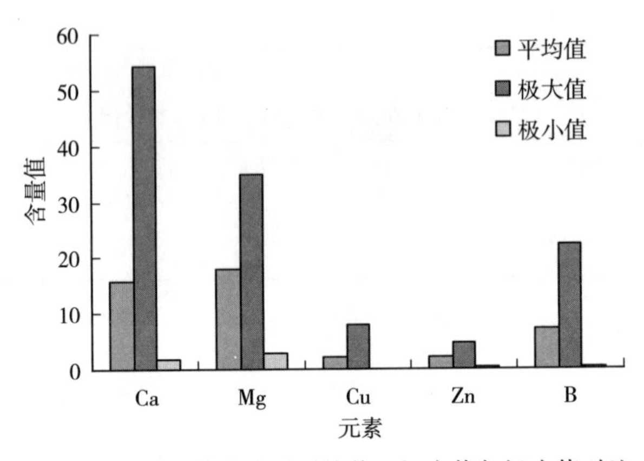

图 5　土壤有效养分含量平均值、极大值与极小值对比

图中除 Zn、Cu 外，其他养分的平均值和临界值被扩大或缩小，Mg 缩小 10 倍，B 扩大 10 倍，Ca 缩小 100 倍

3.2　交换性镁

由图 6 可见，土壤中交换性镁的含量随 pH 的上升而提高。湘西州烟区土壤由于酸性强，土壤中的全镁含量低，酸性土壤中的氢和铝对镁的释放有明显的抑制作用，其与酸性土抑制镁的释放有关。在酸性土壤上种植烤烟施用硫酸镁、硝酸镁等含镁肥料是很有必要的措施。

3.3　水溶性硼

湘西州植烟土壤有效硼的含量较缺乏。影响缺硼因素较多，但相关分析（图 7）表明，有效硼的含量与土壤 pH 仍存在着一定的相关性，但影响不明显不显著。施用石灰调节土壤酸碱度后，pH 提高，但钙等阳离子含量的增加，产生拮抗作用，影响烟株对硼的吸收，加重了烟株缺硼。因此建议增施硼肥，并采用叶面喷施来弥补土壤中水溶性硼的不足，以改善烟株的营养状况。

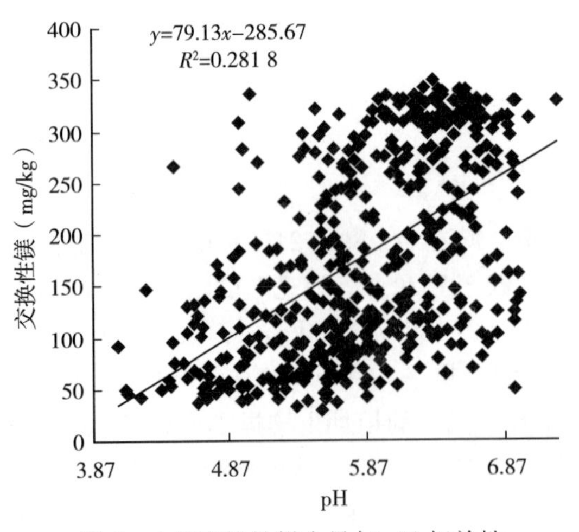

图 6　土壤交换性镁含量与 pH 相关性

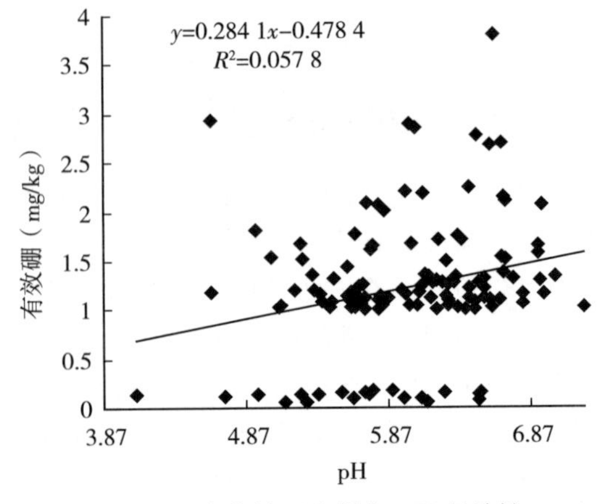

图 7　土壤有效硼含量与 pH 相关性

4 结论

（1）湘西州植烟土壤 pH 水平总体适宜，平均值为 5.9，变幅为 3.9～7.3，变异系数为 11.1%，72.8%样本 pH 处于适宜范围内，“极低”和“低”的植烟土壤样本共占 26.8%，“很高”和“高”的植烟土壤样本之和为 0.4%。

（2）黄棕壤土的 pH 显著高于水稻土和红壤，黄棕壤＞石灰土＞黄壤＞红灰土＞红壤＞水稻土，pH 分布态势表现为斑块状，总的来说，东南部小于西北部，pH 最高的为保靖县。

（3）方差分析结果表明，不同植烟土壤类型的 pH 差异达显著水平，植烟土壤 pH 与海拔为极显著正相关，土壤 pH 与交换性钙、交换性镁的含量相关性达到极显著水平，但与有效性锌含量相关性仅达显著水平，与有效硼、水解性氮和速效钾含量相关性不明显。

（4）在农业调查的基础上，建议对研究区土壤肥力现状展开系统评估。

5 讨论

影响土壤交换性钙、交换性镁等养分含量的因素很多，pH 不是唯一影响因素。余涛等[7]认为由于土壤的酸化，造成 Ca、Na、K、Mg 等离子大量流失，有益养分有效态含量也大量减少，土壤养分贫瘠，肥力下降，土壤质量恶化。相关显著性分析只是定性分析，线性回归拟合方程分析是定量分析，但各地研究的统计分析方法或其回归系数与决定系数不同，也影响了定性分析的结果（如 LSD 法最易显著，TUKEY 法显著性就较严格），故与部分研究并未完全吻合。林毅等[8]认为土壤 pH 与碱解氮、速效钾、交换性镁、交换性钙、有效锌和活性锰有极显著的相关性。许自成等[9～10]发现，土壤 pH 与速效磷、全氮、土壤有机质、速效钾、有效锌、有效铁、水溶性氯、交换性钙和交换性镁的相关性均达 1%极显著水平。黄玉溢等[11]认为柑橘园土壤 pH、有机质与多个大中微量元素有效养分之间存在显著或极显著正或负相关关系，土壤酸碱度影响着大多数元素的吸收，如 pH 与土壤代换性钙和镁为极显著正相关。李俊华等[12]认为土壤 pH 随着有机肥施用量的增加呈下降趋势，根际低于非根际。表明土壤酸碱性不仅直接影响烤烟的生长，而且与土壤中元素的转化和释放吸收，以及微量元素的丰缺等都有密切关系。镁是植物生长不可缺少的元素之一，它不仅是叶绿素的组成成分，也是植物体内多种酶的活化剂，按其需要量与钙、硫、硅统称为中量元素，近年来许多欧洲学者更把镁列为次于 N、P、K 的植物第四大必需元素[13]，镁影响钾离子和钙离子的转运，调控信号的传递[14,15]。土壤镁的供应不足，其原因是酸性土抑制镁的释放有关。故“土壤 pH 与交换性镁的含量相关性达到极显著水平”结论对缺镁地区烟叶生产有重要指导意义。影响有效硼的主要因素是土壤酸碱度[16]，但本研究有效硼的含量与土壤 pH 只存在一定的相关性，但影响不明显不显著，这与湘西州交换性钙含量丰富而产生拮抗作用有一定关系。建议湘西烟区土壤重视石灰、白云石、钙镁磷、硼和有机质的施用，使之既可中和土壤酸度，又可维持土壤养分的平衡，增加土壤镁、硼的含量，同时通过适当调节土壤 pH 可以改善土壤肥力现状和结构。

参考文献

[1] 余存祖，彭琳，刘耀宏，等．黄土区土壤微量元素含量分布与微肥效应［J］．土壤学报，1991，28（3）：317－326.

[2] 邹加明，单沛祥，李文璧，等．大理州植烟土壤肥力质量现状与演变趋势［J］．中国烟草学报，2002，12（4）：14－19.

[3] Ovalles F A，Collins M E. Soil-landscape relationships and soil variability in north central Florida［J］. Soil Science Society of America Journal，1986，50：401－408.

[4] 朱礼学，邓泽锦．土壤 pH 及 $CaCO_3$ 在多目标地球化学调查中的研究意义［J］．物探化探计算技术，2001，23（2）：141－143.

[5] 罗建新，石丽红，龙世平．湖南主产烟区土壤养分状况与评价［J］．湖南农业大学学报：自然科学版，2005，31（4）：376－380.

[6] 魏孝荣，邵明安．黄土沟壑区小流域土壤 pH 值的空间分布及条件模拟［J］．农业工程学报，2009，25（5）：61－66.

[7] 余涛，杨忠芳，唐金荣，等．湖南洞庭湖区土壤酸化及其对土壤质量的影响［J］．地学前缘，2006，13（1）：98－104.

[8] 林毅，梁颁捷，朱其清．三明烟区土壤 pH 值与土壤有效养分的相关性［J］．烟草科技，2003（6）：35－37.

[9] 许自成，王林，肖汉乾．湖南烟区土壤 pH 分布特点及其与土壤养分的关系［J］．中国生态农业学报，2008，16（4）：831－834.

[10] 许自成，王林，肖汉乾．湖南烟区烤烟磷含量与土壤磷素的分布特点及关系分析［J］．浙江大学学报：农业与生命科学版，2007，33（3）：290－297.

[11] 黄玉溢，王影，陈桂芬，刘斌．低产柑橘园植株叶片及土壤营养状况分析及评价［J］土壤通报 2009，40（1）118－120.

[12] 李俊华，沈其荣，褚贵新，等．氨基酸有机肥对棉花根际和非根际土壤酶活性和养分有效性的影响［J］．土壤，2011，43（2）：277－284.

[13] 徐畅，高明．土壤中镁的化学行为及生物有效性研究进展［J］．微量元素与健康研究，2007（5）：23－25.

[14] Yin F，Fu B，Mao R. Effects of nitrogen fertilizer application rates on nitrate nitrogen distribution in saline soil in the Hai River Basin，China［J］. J Soil Sediment，2007，7：136－142.

[15] Wang Q，Li F R，Zhao L，et al. Effects of irrigation and nitrogen application rates on nitrate nitrogen distribution and leaching，wheat yield and nitrogen uptake on a recently reclaimed sandy farmland［J］. Plant and Soil，2010，337：325－339.

[16] 解锋．我国土壤中硼元素现状及对策分析［J］．陕西农业科学，2010（1）：139－141.

湘西烤烟烟碱含量的区域特征及其与烟叶评吸质量的关系

张黎明[1]，张明发[1]，田 峰[1]，巢 进[1]，陈前锋[1]，邓小华[2]

（1. 湖南湘西自治州烟草公司烟叶生产技术中心，吉首 416000
2. 湖南农业大学农学院，长沙 410028）

摘 要： 通过连续流动法测定烟叶烟碱含量以及对烟叶感官评吸质量的量化评价，探讨了湘西烤烟烟碱含量的区域特征及其与烟叶感官评价指标分值间的量化关系。结果表明：①湘西主产烟区 B2F、C3F 和 X2F 3 个等级烟叶烟碱含量均值分别为 3.9%、3.1% 和 2.2%，含量超过 3.50% 的样本分别为 73.5%、24.1%和 2.0%，B2F 的烟碱含量偏高。②烤烟烟碱含量与香气量、杂气、浓度、刺激性和余味分值呈近似直线关系，与香气质、香味、劲头、吃味分值和评吸总分呈近似抛物线关系。随着烤烟烟碱含量升高，其香气量和浓度增大，刺激性和杂气上升，余味变差；烟碱含量在 2.63%～3.61%范围内的烤烟香味和吃味均较佳，且在 3.01%时评吸质量最佳。

关键词： 湘西烟区；烤烟；烟碱；区域特征；评吸质量

烟碱（Nicotine）是烟草的重要化学成分，其含量的高低影响烟草制品评吸质量的优劣，对烟草制品的烟气特征和生理强度等极其重要[1~2]。烟草制品中适宜的烟碱含量将使吸食者感受到合适生理强度的吃味与香气[3~4]。文献报道中对烟碱的生理生化及其相关指标等的研究较多[5~8]。烟碱含量与烟叶评吸质量的关系，是烟草领域研究的热门课题[9~11]，但以往的研究不仅结果差别大，而且多为烟碱含量与香吃味的相关性分析[10~11]；对烟碱含量的变异分析却很少报道[12~13]，且针对不同生态环境差异而使烟叶烟碱含量存在区域差异的报道也较少[14~18]。本研究主要对湘西州烤烟烟碱化学成分区域特征及其与评吸质量的关系进行分析，旨在为湘西州特色优质烟叶开发及卷烟工业企业选购原料提供技术支撑。

1 材料与方法

1.1 材料和仪器

2011 年于烤烟移栽后定点选取 5 户代表每县当地栽培模式和海拔高度的农户，在湘西州龙山、凤凰、永顺、古丈、花垣、保靖和泸溪 7 个县采集 144 个主栽品种云烟 87 烟叶样品，每个样品 5kg。样品具体信息见表 1。通过 GPS 定位记录取样点的海拔高度、地理坐标（经度、纬度），逐个填写样品取样档案。

2011年气候情况见表2。7个县的气候状况大概一致，其中永顺县和古丈县的口较差较大；泸溪县的月蒸发量要高于其他各县；全州大田期平均气温在泸溪县的东部有一个大于25℃的高值区，在花垣县西南部和凤凰县东北部、古丈县的东部、永顺县局地和龙山县局地是低值区（小于22℃）；凤凰县的大部和花垣县的南部烤烟大田期降水量小于740mm，永顺县大部和龙山县中部降水量大于800mm；大田期日照数以泸溪县最高，龙山县相对较低；龙山县和永顺县烤烟成熟期降水量大于720mm，而凤凰县烤烟成熟期降水量小于360mm；泸溪县烤烟成熟期日照时数最高，在430h以上，龙山县、永顺县和保靖县烤烟成熟期日照时数相对较低，在400h以下；相对湿度在凤凰县和花垣县的结合部、龙山县的西北部各有一个低值区（在78％以下）。

湘西州7县土壤基本情况：①湘西州植烟土壤pH呈弱酸性至中性，绝大多数植烟土壤pH能满足生产优质烟叶的要求；②植烟土壤有机质和碱解氮含量比较适宜；③植烟土壤全磷含量不高，但速效磷含量较丰富；④植烟土壤钾素含量处于低水平，大部分植烟土壤速效钾处于缺乏或潜在缺乏状态；⑤部分植烟土壤缺镁，但也有一部分土壤镁含量丰富；⑥植烟土壤硫含量偏高；⑦植烟土壤的有效硼含量较高；⑧部分植烟土壤水溶性氯含量偏低；⑨有效铜和锌含量丰富。湘西州植烟土壤适宜性指数平均值为53.14，各县排序为：花垣县＞凤凰县＞龙山县＞保靖县＞古丈县＞泸溪县＞永顺县。土壤适宜性指数有从东北方向向西南递增的趋势，以3级土壤的分布面积最大，占80％以上；2级植烟土壤主要分布在凤凰县的大部、花垣县的南部、保靖县的南部以及龙山县的北部（表3）。

表1　144个烤烟样品选取方法

县别	B2F样品数（个）	C3F样品数（个）	X2F样品数（个）	每县样品小计（个）
龙山	8	8	8	24
永顺	8	8	8	24
凤凰	7	7	7	21
花垣	7	7	7	21
保靖	6	6	6	18
古丈	6	6	6	18
泸溪	6	6	6	18
合计	**48**	**48**	**48**	**144**

CFA－900 SKALAR间隔流动分析仪（北京瑞升特科技有限公司）。

表2　2011年湘西州气候情况

月份	平均温度（℃）	降水量（mm）	日照时数（h）
1	4.5～5.0	30～50	50～60
2	6.0～7.0	40～60	40～50
3	10～11	60～70	70～80
4	16～17	90～110	90～100

（续）

月份	平均温度（℃）	降水量（mm）	日照时数（h）
5	20.5～21.5	140～160	110～120
6	24～25	200～210	120～130h
7	26.5～27.5	220～230	170～200
8	26～27	110～120	180～220
9	22～23	70～90	130～200

备注：湘西烟区一般1月开始播种，9月成熟采收。

表3　2011年湘西州7县土壤基本情况

区域	样本数（个）	pH均值（水）	有机质均值（%）	全氮均值（%）	全磷均值（%）	全钾均值（%）	碱解氮均值（mg/kg）	速效磷均值（mg/kg）	速效钾均值（mg/kg）
保靖	38	6.333A	1.641D	0.180C	0.060BC	1.383CD	93.139B	32.476B	177.650AB
凤凰	50	5.865B	2.298AB	0.182C	0.062BC	1.877A	112.496A	28.618 B	163.830BC
古丈	62	5.370C	1.792CD	0.184C	0.053CD	1.578BC	99.216AB	32.963 B	117.901CD
花垣	42	5.816B	1.734D	0.182C	0.074AB	1.706AB	104.882AB	28.687 B	126.163CD
龙山	132	6.019AB	2.242ABC	0.255B	0.081A	1.609BC	96.650AB	50.191A	219.769A
泸溪	18	5.867B	1.990BCD	0.171C	0.040D	1.491BCD	103.763AB	28.696 B	95.119D
永顺	146	5.798B	2.473A	0.323A	0.057C	1.328D	90.234B	28.804B	214.407A
湘西州	488	5.856	2.160	0.244	0.065	1.535	97.370	35.354	183.675

区域	样本数（个）	交换性镁均值（mg/kg）	交换性钙均值（mg/kg）	有效硫均值（mg/kg）	有效硼均值（%）	有效铜均值（mg/kg）	有效锌均值（mg/kg）
保靖	38	215.734A	2 118.219A	18.328B	0.656AB	1.963B	1.828AB
凤凰	50	211.136A	1 415.045B	20.335B	0.840A	3.950A	2.293A
古丈	62	98.891D	1 369.318B	21.467B	0.818AB	1.876B	1.746AB
花垣	42	152.388BC	1 451.386B	28.414B	0.598B	2.586B	2.017AB
龙山	132	204.173A	1 657.186AB	23.481B	0.841A	1.770B	2.197A
泸溪	18	105.567CD	2 100.249A	18.763B	0.777AB	2.420B	1.563B
永顺	146	182.249AB	1 536.554B	50.234A	0.595B	1.875B	2.112AB
湘西州	488	177.757	1 590.228	30.731	0.728	2.125	2.056

备注：2011年挑选当地主要代表性地块进行采样，在同一采样单元内每8～10个点的土样构成1个0.5kg左右的混合土样，每份土样代表植烟面积10～20hm^2，均统一选在前茬作物收获后，烟草尚未施用底肥和移栽以前完成。参照土壤技术分析规范GB/T 17141—1997和GB/T 22105—2008标准检验。表中不同大写字母表示有极显著差异（$P<0.01$）。

1.2　方法

1.2.1　烟碱测定与感官评吸　依据YC/T 160—2002[19]的方法，采用SKALAR间隔流动分析仪测定烟叶烟碱的含量。从全国烟草系统抽调 7 名评吸专家（全国评烟委员会委员）对烟叶样品进行感官评价。

1.2.2 统计分析方法 采用 Excel2003，SPSS12.0（Statistics Package for Social Science）和 DPS8.01 统计分析软件进行统计分析。

2 结果分析

2.1 烟碱含量的质量档次与分布特性

烟碱含量在烤烟的上部、中部和下部叶片间的差异很大，所以根据湘西州烤烟烟碱含量质量档次划分标准，将其划分为适宜、较适宜和欠适宜 3 个质量档次（表 4）。

表 4 烤烟烟碱含量质量档次划分标准

烤烟部位	质量档次		
	欠适宜	较适宜	适宜
下部	<1.0/>2.5	1.0～1.5/2.0～2.5	1.5～2.0
中部	<1.5/>3.5	1.5～2.0/3.0～3.5	2.0～3.0
上部	<2.0/>4.0	2.0～2.5/3.5～4.0	2.5～3.5

由图 1 可见，①X2F 等级分布的曲线较扁平，离散程度较大；经统计分析，分布不对称度为 2.139，烟碱含量统计均值为 2.2%，标准差为 0.590，变异系数为 26.82%，z 检验的双尾 P 值为 0.035 3，说明统计学意义显著；集中分布区域为 1.5%～3.0%，区域分布百分率为 81.19%，烟碱含量大于 2.5%的分布百分率为 24.6%，小于 1%的分布百分率为 12.0%；X2F 较适宜的烟碱含量范围 1.0%～2.5%间的分布百分率为 63.4%。②C3F 等级分布的曲线较陡峭，离散程度小；经统计分析，分布不对称度为 1.490，烟碱含量统计均值为 3.1%，标准差为 0.411，变异系数为 13.26%，z 检验的双尾 P 值为 0.008 8，说明统计学意义极显著；集中分布区域为 3.0%～4.0%，区域分布百分率为 78.68%，烟碱含量大于 3.5%分布百分率为 24.1%，小于 1.5%的分布百分率为 9.2%，C3F 较适宜的烟碱含量 1.5%～3.5%间的分布百分率为 66.7%。③B2F 等级分布的曲线较陡峭，离散程度较小；经统计分析，分布不对称度为 1.762，烟碱含量统计均值为 3.9%，标准差为 0.486，变异系数为 12.46%，z 检验的双尾 P 值为 0.014 5，说明统计学意义显著；集中分布区域为 3.0%～4.5%，区域分布百分率为 76.66%，烟碱含量大于 4.0%的分布百分率为 49.5%，小于 2.0%的分布百分率为 2.8%，B2F 较适宜的烟碱含量 2.0%～4.0%间的分布百分率为 47.7%。B2F，C3F 和 X2F 三个等级烟碱含量超过 3.50%的样本分别为 73.5%、24.1%和 2.0%。以上说明大量样本的 X2F、C3F、B2F 3 个等级分布百分率呈近似正态分布，有统计学意义，但 X2F 分布不对称度、标准差、变异系数较大，易受生产环境与人为操作等随机因素影响，稳定性欠佳，B2F 烟碱含量偏高。

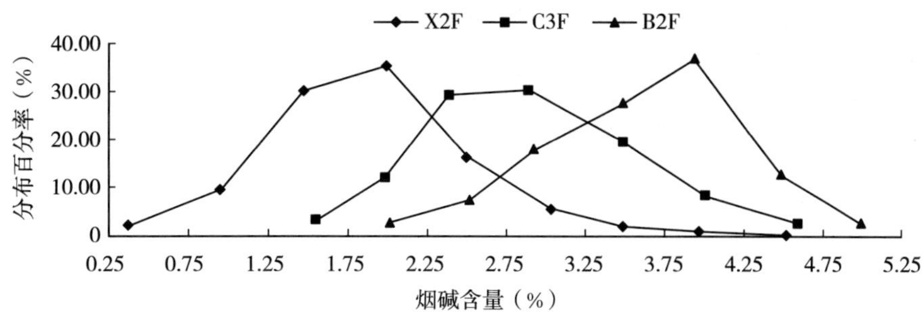

图1　湘西烤烟烟碱含量分布

横坐标为组距为0.5%的烟碱组别，图中散点为各组距内样本分布百分率的平均值，纵坐标为样本分布百分率，分别以各等级样本总数为100%计。

2.2　烟碱含量的基本统计特征及变异分析

144个烤烟样品烟碱数据统计分析结果见表5。由表5可知，烟碱的变异系数在19.11%～23.52%之间，B2F等级烟碱是左偏态常态峰分布（偏度系数的绝对值小于2，下同），样本数据分布比较适中；C3F等级是右偏态常态峰分布，数据分布较适中；X2F等级是左偏态低阔峰分布，样本数据分布比较分散。

表5　湘西州烤烟烟碱的基本统计特征

统计量	B2F	C3F	X2F
平均值	4.17	2.66	2.02
最小值	2.31	1.49	1.19
最大值	6.13	4.36	2.73
全距	3.82	2.87	1.54
偏度	−0.01	0.73	−0.21
峰度	−1.11	1.33	−0.68
变异系数（%）	23.52	21.70	19.11

2.3　湘西州不同县烤烟烟碱含量比较

湘西州7个县不同部位烤烟烟碱含量的平均值见表6。从表6可见，湘西州7个县B2F等级烟叶烟碱含量平均在2.79%～5.22%之间，其大小顺序是：永顺县>花垣县>保靖县>龙山县>古丈县>凤凰县>泸溪县；方差分析结果表明不同县之间差异达极显著水平（F=24.53；P=0.000），永顺县、花垣县和保靖县烤烟烟碱含量相对较高，平均值在4.00%以上；C3F等级烟叶烟碱含量平均位于2.07%～3.44%之间，7个县的大小顺序是：花垣县>永顺县>龙山县>保靖县>泸溪县>凤凰县>古丈县；方差分析结果表明，不同县差异达极显著水平（F=7.24；P=0.000）；X2F等级烟叶烟碱含量平均值位于1.57%～2.41%之间，7个县的大小顺序是：永顺县>花垣县>龙山县>泸溪县>古丈县>保靖县>凤凰县；方差分析结果表明，不同县间差异达极显著水平（F=8.07；

P=0.000)。部分烟区的烟碱含量特别是上部叶高得多，对优质烟的生产非常不利。

表 6 湘西州各县烤烟烟碱含量（%）

县别	B2F	C3F	X2F
保靖	4.27	2.50	1.81
凤凰	3.09	2.15	1.57
古丈	3.15	2.07	1.84
花垣	5.02	3.44	2.07
龙山	3.97	2.67	2.03
泸溪	2.79	2.47	1.97
永顺	5.22	2.90	2.41

2.4 烟碱含量与评吸质量的相关性分析

按0.5%的组距将144个样本的烟碱含量分为10组：>5.0%、4.5%～5.0%、4.0%～4.5%、3.5%～4.0%、3.0%～3.5%、2.5%～3.0%、2.0%～2.5%、1.5%～2.0%、1.0%～1.5%和<1.0%。各组样本数依次为：1、7、20、22、25、25、22、17、4和1。依照分组分别统计烟碱含量及其对应的评价指标分值的平均值，通过回归分析研究烟碱含量与各评价指标分值的相关性。图2表明，烟碱含量与吃味、劲头、香味、香气质分值和评吸总分呈近似抛物线关系，与余味、杂气和刺激性分值近似直线性负相关，与浓度和香气量分值近似直线性正相关。当烟碱含量约为2.63%时，劲头与香气质分值显示峰值；当烟碱含量约为3.01%时，香味、吃味与评吸总分分值显示峰值。由图2a可知，①香气量与浓度、余味与杂气、刺激性与杂气、刺激性与余味趋势线空间位置接近，指标特征相似；经统计分析，理论相关检验值均为1.00，相关系数分别为0.972 1、0.885 2、0.786 1、0.927 5，P值分别为0.080 46、0.013 9、0.036 96、0.017 9，说明相关性强；②刺激性与浓度、香气量与刺激性、余味与浓度、香气量与余味、杂气与浓度、香气量与杂气趋势线空间位置接近，但向量不一，指标特征相反；经统计分析，理论相关检验值均为1.00，相关系数分别为−0.927 1、−0.878 4、−0.867 6、−0.788 7、−0.794 6、−0.790 4，P值分别为−0.072 7、−0.053 5、−0.022 8、−0.016 1、−0.050 8、−0.039 2，说明负相关性强；③香气量与劲头趋势线空间位置较远，指标特征差别大，经统计分析，理论相关检验值为1.00，相关系数为0.085 9，P值为0.009 1，说明无相关性；④香气量与香气质趋势线空间位置不远，指标特征稍相似，经统计分析，理论相关检验值为1.00，相关系数为0.486 9，P值为0.017 7，说明相关性差。当烟碱含量为3.61%时，香气量趋势线与香气质、劲头趋势线相交，结合图2a、图2b和图2c综合来看，此时各评吸指标均较好。

表 7　烟碱含量与评吸质量关系的回归分析

质量指标	回归方程	R	R^2
香气质	$Y=-0.004\,81X^3-0.038\,30X^2+0.390\,80X+5.864$	0.955 5	0.913
香气量	$Y=0.201\,81X+6.017\,5$	0.934 5	0.873
杂气	$Y=-0.148\,51X+6.737\,8$	−0.864 5	0.747
浓度	$Y=-0.245\,61X+5.960\,3$	0.962 5	0.926
劲头	$Y=-0.222\,61X^2+1.235\,9\,X+5.127\,0$	0.946 5	0.896
刺激性	$Y=-0.200\,91X+7.070\,5$	−0.992 5	0.985
余味	$Y=-0.053\,10X+6.620$	−0.885 8	0.785
香味	$Y=-0.066\,91X^3+0.356\,61X^2+0.059\,9X+32.387$	0.928 0	0.861
吃味	$Y=-0.264\,51X^2+1.418\,3X+26.605$	0.951 5	0.905
评吸质量	$Y=-0.513\,7X^2+3.062\,5X+61.381$	0.920 5	0.847

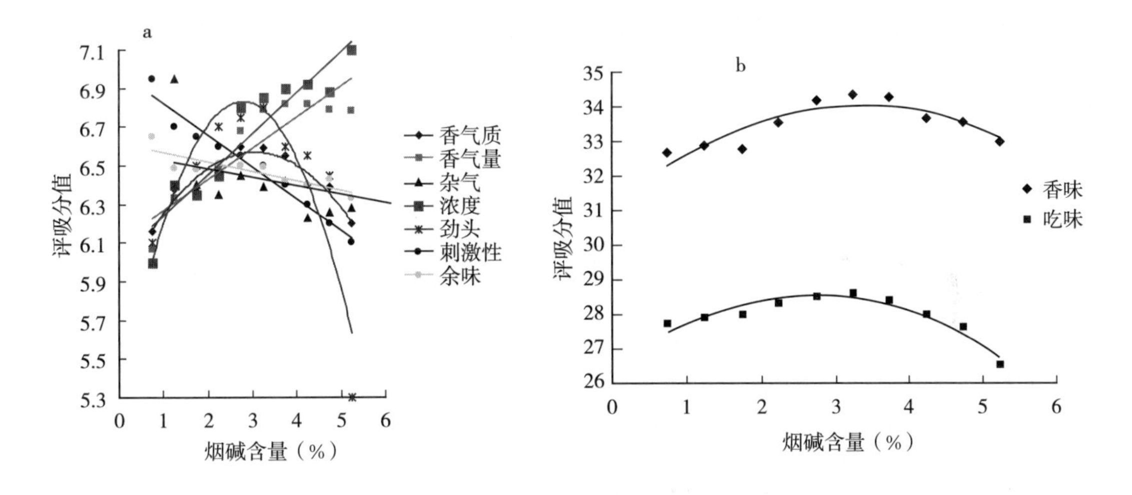

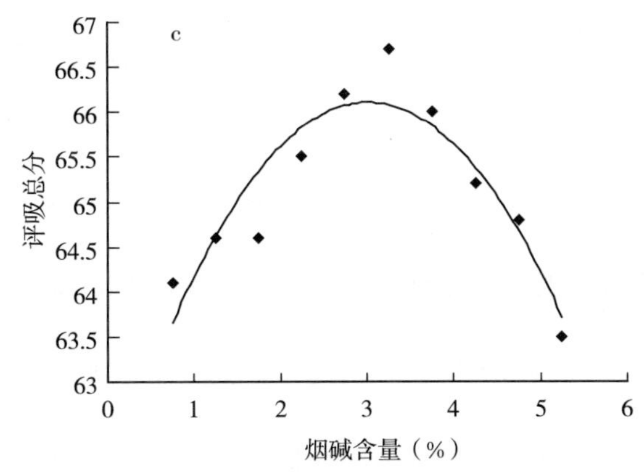

图 2　烟碱含量对烤烟评吸指标分值和评吸总分的影响

3 结论与讨论

王允白等[20]认为烟碱与杂气、刺激性分值和评吸总分极显著负相关；于建军等[21]认为烟碱与香气质显著正相关；胡建军等[22]认为烟碱与浓度、劲头等指标明显正相关，而与香气量、香气质、余味、杂气和刺激性等感官质量指标明显负相关；邓小华等[23]认为烟碱含量与烟叶香吃味评价指标中的香气量、杂气、浓度、刺激性和余味分值呈直线关系，与烟叶香吃味评价指标中香气质、香味、劲头、吃味分值和评吸总分呈曲线关系，烟碱含量在2.5%～3.5%范围内，烤烟的香味和吃味均较佳，烟碱含量在3.0%时评吸质量最佳。本研究结果表明，湘西主产烟区B2F、C3F和X2F 3个等级烟叶烟碱含量均值分别为3.9%、3.1%和2.2%，超过3.5%的样本分别有73.5%、24.1%和2.0%，上部烟叶的烟碱含量偏高。烤烟烟碱含量与香气质、香味、劲头、吃味分值和评吸总分呈近似抛物线关系，与余味、杂气和刺激性分值近似直线性负相关，与浓度和香气量分值近似直线性正相关；烟碱含量在2.63%～3.61%范围内的烤烟的香味和吃味均较佳，且在3.01%时评吸质量最佳。建议依据各自的生态环境特点有针对性地控制上部烟叶的烟碱含量，尽量减小烟碱含量区域差异，满足名优卷烟品牌保持质量风格一致对烟叶原料的要求。

参考文献

[1] 王瑞新．烟草化学［M］．北京：中国农业出版社，2003：65－84.

[2] 徐宜民，王树声，赖禄祥，等．烟草生物碱的研究现状［J］．中国烟草科学，2003（3）：12－16.

[3] 史宏志，韩锦峰，刘国顺，等．烤烟碳氮代谢与烟叶香吃味关系的研究［J］．中国烟草学报，1998，4（2）：56－62.

[4] 杜咏梅，郭承芳，张怀宝，等．水溶性糖、烟碱、总氮含量与烤烟吃味品质的关系研究［J］．中国烟草科学，2000（1）：7－10.

[5] 招启柏，王广志，王宏武，等．烤烟烟碱含量与其他化学成分的相关关系及其阈值的研究［J］．中国烟草学报，2006，12（2）：26－28.

[6] 王广山，陈卫华，薛超群，等．烟碱形成的相关因素分析及降低烟碱技术措施［J］．烟草科技，2001（2）：38－42.

[7] 胡国松，李志勇，穆琳，等．烤烟烟碱累积特点研究［J］．中国烟草学报，2000，6（2）：6－9.

[8] 朴世领，李树利，金香花，等．烟草烟碱调控技术研究进展［J］．安徽农业科学，2007，35（25）：7873－7890.

[9] 黄元炯，傅瑜，董志坚，等．河南烟叶营养元素和还原糖、烟碱含量及其与评吸质量的相关性［J］．中国烟草科学，1999（1）：3－7.

[10] 闫克玉，王建民，屈剑波，等．河南烤烟评吸质量与主要理化指标的相关分析［J］．烟草科技，2001（1）：5－9.

[11] 毕淑峰，朱显灵，马成泽．云南烤烟化学成分与香气品质的关系研究［J］．中国农学通报，2004，20（6）：67－68.

[12] 李东亮，沈笑天，许自成，等．南阳烟区不同年份烤烟主要化学成分的变异分析［J］．安徽农业科学，2006，34（23）：6225－6232.

[13] 黄新杰，李章海，王能如，等．中国主要烟区烟叶烟碱含量差异分析 [J]．湖南农业科学，2006 (5)：33-36.
[14] 邓小华，周冀衡，陈冬林，等．烤烟烟气粒相组分与评吸质量的关系 [J]．湖南农业大学学报：自然科学版，2008，34 (1)：29-32.
[15] 邓小华，周冀衡，赵松义，等．湖南烤烟硫含量的区域特征及其对烟叶评吸质量的影响 [J]．应用生态学报，2007，18 (12)：2853-2859.
[16] 邓小华，周冀衡，陈冬林，等．湖南烤烟氯含量状况及其对评吸质量的影响 [J]．烟草科技，2008 (2)：8-12.
[17] 李仁山，邓小华，陈冬林，等．湖南主产烟区烤烟气象灾害及应对措施 [J]．作物研究，2007，21 (2)：111-113.
[18] 罗建新，石丽红，龙世平．湖南主产烟区土壤养分状况与评价 [J]．湖南农业大学学报：自然科学版，2005，31 (4)：376-380.
[19] YC/T 159—2002 烟草及烟草制品　总植物碱的测定　连续流动法 [S].
[20] 王允白，王宝华，郭承芳，等．影响烤烟评吸质量的主要化学成分研究 [J]．中国农业科学，1998，31 (1)：89-91.
[21] 于建军，庞天河，刘国顺，等．烤烟香气质与化学成分的相关和通径分析 [J]．中国农学通报，2006，22 (1)：71-73.
[22] 胡建军，马明，李耀光，等．烟叶主要化学指标与其感官评吸质量的灰色关联分析 [J]．烟草科技，2001 (1)：3-7.
[23] 邓小华，陈冬林，周冀衡，等．湖南烤烟烟碱含量空间分布特征及与香吃味的关系 [J]．中国烟草科学，2009，30 (5)；34-40.

湘西上部烟叶化学成分特征及聚类分析

蔡云帆[1,2]，邓小华[1*]，田　峰[2]，田明慧[2]，张黎明[2]，覃　勇[1]，石　楠[1]

（1. 湖南农业大学，长沙　410128；
2. 湘西自治州烟草专卖局，吉首　416000）

摘　要：采集湘西州主产烟区上部烟叶样本48份，测定了其化学成分，分析了湘西州上部烟叶化学成分特征并进行了聚类分析。结果表明：湘西州上部烟叶总糖、还原糖、烟碱、总氮、钾、氯含量及糖碱比、氮碱比、钾氯比平均值分别为24.54%、21.92%、4.17%、2.16%、1.56%、0.54%、6.38%、0.54%、5.21%，化学成分协调，但部分样品存在烟碱和氯含量偏高及钾含量偏低的现象。湘西州上部烟叶化学成分县际间差异达极显著水平，永顺县、花垣县和保靖县烟叶烟碱含量较高，永顺县钾含量相对较低、氯含量较高、糖碱比较低和钾氯比较低。聚类分析将湘西上部烟叶化学成分大体分为中糖高碱型、中糖适碱型、高碱高氯型、高糖适碱型四大类型。

关键词：湘西烟区；上部烟叶；化学成分；聚类分析

烟叶化学成分是评价烟叶质量的重要依据[1~2]。烟叶的化学成分与烟区生态环境和烟叶着生部位有着密切的关系[3~5]。烤烟上部烟叶6～7片，一般占全株总产量的30%左右，对烤烟的产量和质量有着重大贡献[6~7]，特别是优质的上部叶在低焦油卷烟叶组配方中能发挥重要作用[8~10]。湘西自治州位于湖南省的西北部，地处亚热带季风性湿润气候区的武陵山区[11~13]，是我国重要的优质烤烟产区。对湘西烟区上部烟叶化学成分进行分析，寻找其存在的问题，为提高上部烟叶可用性提供参考依据。

1　材料与方法

1.1　材料

在湘西州的7个县、30个乡镇，于2011年采集在上部烟叶具有代表性的B2F（上橘二）等级烟叶样品48个。为保证烟叶样品具有代表性，采用统一品种、统一栽培技术和

基金项目：湖南省烟草专卖局重点项目"湘西州烟区植烟土壤维护和改良研究与示范"（13-14ZDAa03）资助。

作者简介：蔡云帆（1971—），女，湖南攸县人，硕士在读，主要从事烟草农业技术推广研究。Email：772577@163.com。

通讯作者：邓小华（1965—），男，湖南冷水滩人，博士，教授，主要从事烟草科学与工程技术研究；Email：yzdxh@163.com。

调制工艺，在烤烟移栽后定点选取5户可代表当地海拔高度和栽培模式的农户，由负责质检的专家按照GB/T2635—92烤烟分级标准要求，选取具有代表性的初烤烟叶样品5kg。品种为各县种植面积最大的主栽品种云烟87。

1.2 烟叶化学成分测定

采用SKALAR间隔流动分析仪测定烟叶中总糖、还原糖、烟碱、总氮、氯含量。钾含量采用火焰光度法测定。计算糖碱比（总糖与烟碱的比值）、氮碱比（总氮与烟碱的比值）、钾氯比（钾和氯的比值）。

1.3 统计分析方法

基本统计特征和方差分析采用SPSS12.0统计分析软件进行，多重比较采用邓肯氏（Duncan）多重比较法。采用DPS统计软件进行聚类分析评价。

2 结果分析

2.1 化学成分基本统计特征

由表1可知，湘西州上部烟叶总糖含量为16.88%～34.78%，平均值为24.54%，高于湖南省平均值[3]；还原糖含量为14.52%～29.40%，平均值为21.92%，高于湖南省平均值[3]；单从平均值看，烟叶总糖和还原糖含量是适宜的，但仍有部分样品的糖含量偏高。

目前大多数卷烟企业对上部烟叶的烟碱含量要求一般不超过4.00%。湘西州上部烟叶烟碱含量为2.31%～6.13%，平均值为4.17%，高于湖南省平均值[3]，有58.33%的上部烟叶烟碱含量在4.00%以上，表明湘西州上部烟叶的烟碱含量还是偏高的。

湘西州上部烟叶总氮含量为1.81%～2.57%，平均值为2.16%，低于湖南省平均值[3]；钾含量为1.10%～2.10%，平均值为1.56，低于湖南省平均值[3]%；氯含量为0.14%～1.14%，平均值为0.39%，高于湖南省平均值[3]。仅从平均值看，上部烟叶总氮、钾和氯含量是适宜的。但是有部分样品的烟叶钾含量略低，特别是个别样品的氯含量在1.00%以上，生产上要引起足够重视。

湘西州上部烟叶糖碱比为2.93～13.94，平均值为6.38，高于湖南省平均值[14]；氮碱比为0.36～0.87，平均值为0.54，低于湖南省平均值[14]；钾氯比为1.05～14.46，平均值为5.21，低于湖南省平均值[14]；仅从平均值看，上部烟叶糖碱比、氮碱比和钾氯比是适宜的。但是有部分样品的烟叶糖碱比和钾氯比较低，化学成分协调性较差。

总变异系数看，在9.40%～62.43%，大小排序为：氯>钾氯比>糖碱比>烟碱>氮碱比>还原糖>总糖>钾>总氮。其中烟叶氯含量属强变异，钾氯比、糖碱比、烟碱属中等强度变异，其他指标属弱变异。

2.2 烟叶化学成分县域分布特征

由表2可知，7个主产烟县上部烟叶总糖含量平均值为20.39%～29.17%，按从高到

表 1　湘西上部烟叶化学成分的基本统计特征

化学成分	平均值	标准差	最小值	最大值	全距	偏度	峰度	变异系数（%）
总糖（%）	24.54	4.43	16.88	34.78	17.90	0.39	−0.66	18.05
还原糖（%）	21.92	4.10	14.52	29.40	14.88	0.25	−1.01	18.70
烟碱（%）	4.17	0.98	2.31	6.13	3.82	−0.01	−1.11	23.52
总氮（%）	2.16	0.20	1.81	2.57	0.76	0.08	−1.09	9.40
钾（%）	1.56	0.24	1.10	2.10	1.00	0.15	−0.68	15.55
氯（%）	0.39	0.24	0.14	1.14	1.00	1.85	2.64	62.43
糖碱比	6.38	2.51	2.93	13.94	11.01	1.11	1.16	39.26
氮碱比	0.54	0.12	0.36	0.87	0.51	0.81	−0.22	22.71
钾氯比	5.21	2.50	1.05	14.46	13.41	0.69	2.69	47.92

低依次为：古丈县、龙山县、泸溪县、花垣县、凤凰县、保靖县、永顺县；方差分析结果表明，不同县之间上部烟叶总糖含量差异极显著；主要是古丈县极显著高于保靖县和永顺县。

7 个主产烟县上部烟叶还原糖含量平均值为 18.17%～25.43%，按从高到低依次为：龙山县、古丈县、花垣县、凤凰县、泸溪县、保靖县、永顺县；方差分析结果表明，不同县之间上部烟叶还原糖含量差异极显著；主要是龙山县和古丈县极显著高于永顺县。

7 个主产烟县上部烟叶烟碱含量平均值为 2.79%～5.22%，按从高到低依次为：永顺县、花垣县、保靖县、龙山县、古丈县、凤凰县、泸溪县；方差分析结果表明，不同县之间上部烟叶烟碱含量差异极显著；主要是永顺县、花垣县和保靖县烟叶烟碱含量较高。

7 个主产烟县上部烟叶总氮含量平均值为 1.96%～2.30%，按从高到低依次为：永顺县、保靖县、花垣县、凤凰县、泸溪县、古丈县、龙山县；方差分析结果表明，不同县之间上部烟叶总氮含量差异极显著；主要是永顺县和保靖县烟叶总氮含量极显著高于龙山县。

7 个主产烟县上部烟叶钾含量平均值为 1.31%～1.94%，按从高到低依次为：古丈县、泸溪县、保靖县、龙山县、花垣县、凤凰县、永顺县；方差分析结果表明，不同县之间上部烟叶钾含量差异极显著；主要是古丈县、泸溪县、保靖县烟叶钾含量极显著高于永顺县。

7 个主产烟县上部烟叶氯含量平均值为 0.24%～0.74%，按从高到低依次为：永顺县、古丈县、龙山县、泸溪县、保靖县、花垣县、凤凰县；方差分析结果表明，不同县之间上部烟叶氯含量差异极显著；主要是永顺县烟叶氯含量较高。

7 个主产烟县上部烟叶糖碱比平均值为 3.94～9.51，按从高到低依次为：古丈县、泸溪县、凤凰县、龙山县、保靖县、花垣县、永顺县；方差分析结果表明，不同县之间上部烟叶糖碱比差异极显著；主要是永顺县烟叶糖碱比较低。

7 个主产烟县上部烟叶氮碱比平均值为 0.44～0.73，按从高到低依次为：泸溪县、凤凰县、古丈县、保靖县、龙山县、花垣县、永顺县；方差分析结果表明，不同县之间上部烟叶氮碱比差异极显著；主要是泸溪县、凤凰县、古丈县烟叶氮碱比极显著高于其他各县。

7个主产烟县上部烟叶钾氯比平均值为2.08～7.78，按从高到低依次为：古丈县、泸溪县、花垣县、保靖县、凤凰县、龙山县、永顺县；方差分析结果表明，不同县之间上部烟叶钾氯比差异极显著；主要是永顺县烟叶钾氯比较低。

表2　湘西上部烟叶化学成分的县际间差异

化学成分	保靖（4）	凤凰（8）	古丈（4）	花垣（6）	龙山（12）	泸溪（2）	永顺（12）
总糖（%）	22.13±1.95BC	24.33±5.39ABC	29.17±4.79A	25.06±2.89ABC	27.68±3.12AB	25.32±1.75ABC	20.39±2.13C
还原糖（%）	19.90±2.07AB	21.53±5.00AB	24.87±3.34A	22.76±2.22AB	25.34±3.13A	21.10±3.44AB	18.17±2.27B
烟碱（%）	4.27±0.19BC	3.09±0.40DE	3.15±0.44DE	5.02±0.4AB	3.97±0.66CD	2.79±0.24E	5.22±0.46A
总氮（%）	2.29±0.09A	2.23±0.21AB	2.01±0.12AB	2.23±0.13AB	1.96±0.11B	2.03±0.11AB	2.30±0.18A
钾（%）	1.68±0.06AB	1.56±0.19BC	1.94±0.21A	1.56±0.20BC	1.60±0.20BC	1.86±0.02AB	1.31±0.12C
氯（%）	0.26±0.02B	0.28±0.05B	0.30±0.12B	0.24±0.04B	0.29±0.06B	0.26±0.05B	0.74±0.26A
糖碱比	5.20±0.68BC	8.20±3.09AB	9.51±2.63A	5.05±0.93BC	7.16±1.35AB	9.13±1.41A	3.94±0.59 C
氮碱比	0.54±0.01B	0.73±0.07A	0.64±0.08A	0.45±0.02B	0.50±0.07B	0.73±0.10A	0.44±0.04B
钾氯比	6.54±0.62A	5.69±1.25A	7.78±4.51A	6.71±1.73A	5.60±1.08A	7.45±1.52A	2.08±1.02B

注：括号内数字为样品数。

2.3　不同县化学成分聚类分析

采用DPS软件中的卡方距离相似尺度和以离差平方和聚类方法，对各县上部烟叶化学成分的平均值进行系统聚类分析[15～16]，其谱系图见图1。根据聚类分析结果，将主产烟县上部烟叶化学成分分为4种类型，各类型的平均值如表3。对各类型烟叶化学成分进行方差分析，类型间差异达极显著水平。

从表3和图1可知，第Ⅰ类型是中糖高碱型烟叶，主要分布在保靖县和花垣县，这类上部烟叶烟碱含量高，在生产上要采取措施降低上部烟叶的烟碱含量。第Ⅱ类型是中糖适碱型烟叶，主要分布在凤凰县和芦溪县，这类烟叶化学成分协调性好。第Ⅲ类型是高碱高氯型烟叶，主要分布永顺县，这类烟叶烟碱含量高，氯含量偏高，钾含量低，在生产上除要降低上部烟叶烟碱含量外，还要主要降低烟叶氯含量和提高烟叶钾含量。第Ⅳ类型是高糖适碱型烟叶，主要分布古丈县和龙山县，这类烟叶化学成分协调性好，只是烟叶糖含量相对较高，有可能与风格特色有关。

表3　烟叶化学成分不同类别平均值

类型	总糖（%）	还原糖（%）	烟碱（%）	总氮（%）	钾（%）	氯（%）	糖碱比	氮碱比	钾氯比
第Ⅰ类型	23.89BC	21.61B	4.72A	2.25A	1.61A	0.25B	5.11B	0.48C	6.64A
第Ⅱ类型	24.53AB	21.44B	3.03C	2.19A	1.62A	0.28B	8.39A	0.73A	6.04A
第Ⅲ类型	20.39C	18.17 B	5.22A	2.30A	1.31B	0.74A	3.94B	0.44BC	2.08B
第Ⅳ类型	28.06A	25.22A	3.76B	1.97B	1.68A	0.29 B	7.75A	0.54B	6.14A

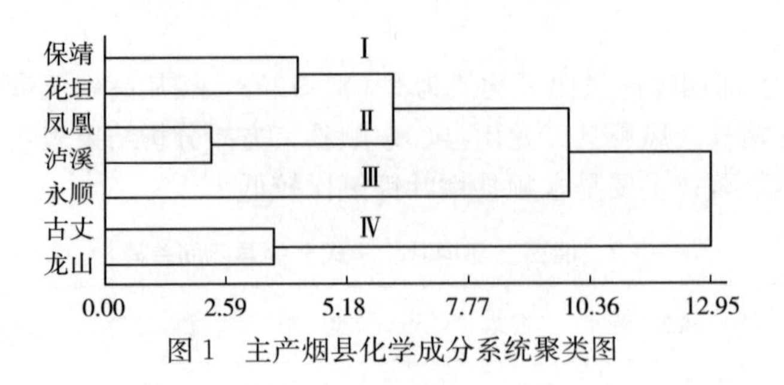

图1　主产烟县化学成分系统聚类图

3　结论与讨论

（1）湘西州上部烟叶化学成分协调，但部分样品存在烟碱含量偏高、氯含量偏高和钾含量偏低的现象。生产中要严格控制氮肥的施用量和含氯肥料的施用，以降低上部烟叶的烟碱含量和氯含量。采用种植绿肥、秸秆还田等措施，提高土壤有机质和钾含量，改善土壤环境，提高上部烟叶钾含量。

（2）湘西州上部烟叶化学成分县际间差异达极显著水平，这是湘西州烟区生态环境条件和栽培水平不同所导致。永顺县、花垣县和保靖县烟叶烟碱含量较高，永顺县钾含量相对较低、氯含量较高、糖碱比较低和钾氯比较低，在生产中要引起高度重视。要有针对性地开展栽培技术研究，克服上部烟叶化学成分中的缺点，以满足中式卷烟对低焦油原料的需求。

（3）数理统计中研究“物以类聚”常采用聚类分析方法。本研究选取湘西州主产烟县上部烟叶化学成分的9个指标进行系统聚类，并对湘西烟区上部烟叶化学成分类型划分进行了探索，并将其初步分为中糖高碱型、中糖适碱型、高碱高氯型、高糖适碱型四大类型，目的是寻找各县化学成分存在的差距，以便有针对性地分类采取改进措施。

（4）受样品数量的限制和2011年干旱天气的影响，本研究只是针对2011年湘西州上部烟叶样品的分析。至于湘西州上部烟叶化学成分的区域特征还需多年大样本的进一步分析研究。

参考文献

[1] 王瑞新．烟草化学［M］．北京：中国农业出版社，2003.

[2] 周冀衡，朱小平，王彦亭，等．烟草生理与生物化学［M］．合肥：中国科学技术大学出版社，1996.

[3] 邓小华，周冀衡，李晓忠，等．湖南烤烟化学成分特征及其相关性［J］．湖南农业大学学报：自然科学版，2007，33（1）：24－27.

[4] 谢鹏飞，邓小华，唐春闺，等．湖南不同生态区烤烟主要化学成分比较［J］．中国农学通报，2011，27（02）：378－381.

[5] 彭德元，邓小华，陈玉君．张家界市烤烟主要化学成分分析［J］．中国农学通报，2009，25（06）：73－76.

[6] 朱尊权．提高上部叶可用性是促“卷烟上水平”的重要措施［J］．烟草科技，2010（6）：5－9，31.
[7] 蔡宪杰，刘茂林，谢德平，等．提高上部烟叶工业可用性技术研究［J］．烟草科技，2010（6）：10－17.
[8] 邓小华，周冀衡，周清明，等．不同焦油量烤烟化学成分差异［J］．中国烟草学报，2011，17（2）：1－7.
[9] 厉昌坤，周显升，王允白，等．烤烟烟叶焦油释放量与部分化学成分的关系研究［J］．中国烟草科学，2004（2）：25－27.
[10] 于建军，章新军，毕庆文，等．烤烟烟叶理化特性对烟气烟碱、CO、焦油量的影响［J］．中国烟草科学，2003（3）：5－8.
[11] 邓小华，杨丽丽，周米良，等．湘西喀斯特区植烟土壤速效钾含量分布及影响因素［J］．山地学报，2013，31（5）：519－526.
[12] 邓小华，杨丽丽，陆中山，等．湘西烟叶质量风格特色感官评价［J］．中国烟草学报，2013，19（5）：22－27.
[13] 邓小华，周米良，田茂成，等．湘西州植烟气候与国内外主要烟区比较及相似性分析［J］．中国烟草学报，2012，18（3）：28－33.
[14] 邓小华．湖南烤烟区域特征及质量评价指标间关系研究［D］．长沙：湖南农业大学，2007.
[15] 邓小华，陈冬林，周冀衡，等．湖南烟区烤烟钾含量变化及聚类分析［J］．烟草科技，2008（12）：52－56.
[16] 邓小华，陈冬林，周冀衡，等．湖南烤烟物理性状比较及聚类评价［J］．中国烟草科学，2009，30（3）：63－68，72.

湘西州烤烟钾含量分布及其影响因素

向继红[1,2]，邓小华[1*]，田　峰[2]，张黎明[2]，陈前锋[2]，田明慧[2]

（1. 湖南农业大学，长沙　410128；
2. 湘西自治州烟草专卖局，吉首　416000）

摘　要：为深入了解湘西州烤烟钾含量状况，研究了其烟叶钾含量分布特征及影响因素。结果表明：湘西州烤烟B2F、C3F、X2F等级钾含量平均值分别为1.56%、1.78%、2.08%，差异达极显著水平；在不同县之间以古丈县烤烟钾含量相对较高；烤烟钾含量空间分布呈斑块状。烤烟钾含量品种间差异不显著；高、低海拔烟叶钾含量相对高于中海拔；种植在石灰土上的烤烟钾含量要高于红壤土。

关键词：烤烟；钾含量；区域分布；影响因素；湘西州

烟叶含钾量高是优质烟叶的重要指标之一。烟叶钾不仅能提高卷烟燃烧性、降低焦油产生量，还可提高香气含量、改善烟叶香吃味和安全性[1~5]。我国烟叶含钾量低一直困扰着烤烟生产[6,7]。国内围绕这一问题做了大量的研究工作，主要集中在钾肥种类与品质关系、钾肥施用方法[8~10]及不同类型土壤供钾特性等方面[11~15]，对烟叶含钾量区域特征深入研究也有报道[15,16]，但较少涉及区域烟叶含钾量的空间分布和影响因素。湘西自治州位于湖南省的西北部，地处亚热带季风性湿润气候区的武陵山区，是我国重要的优质烤烟产区[17,18]。通过对湘西州主产烟区烟叶含钾量测定和统计分析，充分了解湘西州初烤烟叶含钾量分布的区域特点，并侧重分析品种、海拔、土壤类型等因素对其影响，不仅对农业上制定提高烟叶钾含量的措施有着重要意义，而且对于卷烟工业选择使用原料也有着重要的参考价值。

1　材料与方法

1.1　材料

于2011年在湘西7个县的30个乡镇共采集B2F（上橘二）、C3F（中橘三）、X2F

基金项目：湖南省烟草专卖局重点项目“湘西州烟区植烟土壤维护和改良研究与示范”（13-14ZDAa03）资助。

作者简介：向继红（1970—），湖南保靖县人，硕士在读，主要从事烟草农业技术推广和研究。Email：148172818@qq.com。

*通讯作者：邓小华（1965—），男，湖南冷水滩人，博士，教授，主要从事烟草科学与工程技术研究，Tel：13974934919；Email：yzdxh@163.com。

(下橘二)等级烟叶样品 123 个。为保证研究项目的准确性和具有代表性，采用统一品种、统一栽培技术和调制工艺，在烤烟移栽后定点选取 5 户可代表当地海拔高度和栽培模式的农户，由负责质检的专家按照 GB/T2635—92 烤烟分级标准要求，选取具有代表性的初烤烟叶样品 5kg。品种为各县种植面积最大的主栽品种云烟 87。其中，龙山县在 4 个点还采集了 K326、云烟 87 品种烟样，以便进行品种间比较。GPS 定位，记录取样点的海拔高度、地理坐标（经度、纬度）。同时，采集种植烟叶样品的大田土壤。

1.2 烟叶钾含量测定

烟叶中含钾量采用火焰光度法测定，植烟土壤有机质采用重铬酸钾容量法测定，植烟土壤 pH 采用 pH 计法（水土比为 1.0：2.5）测定。

1.3 统计分析方法

以上各种数据借助于 Excel2003 和 SPSS12.0 统计分析软件进行，多重比较采用 Duncan 多重比较法。图表中英文大写字母表示差异显著性在 1%水平，小写字母表示差异显著性在 5%水平。采用 ArcGIS9 软件的地统计学模块（geostatistical analyst），以 IDW 插值为基本工具，绘制湘西烟叶钾含量空间分布图。

2 结果分析

2.1 湘西烟叶钾含量分布

2.1.1 烟叶钾含量的统计描述及等级间差异 在我国优质烤烟要求的含钾量不低于 2%，在南方烟区以 2.5%左右最为适宜。由表 1 可知，B2F、C3F、X2F 烟叶的钾含量低于湖南烟区平均值[19]，属钾含量相对较低烟区。3 个等级烟叶钾含量依次为：X2F＞C3F＞B2F，对 3 个等级烟叶钾含量进行方差分析和多重比较，3 个等级间存在极显著的差异。3 个等级烟叶钾含量的偏度值均在 0 附近，可见烟叶钾含量在样本内的变异基本符合正态分布规律。从变异系数看，是 B2F＞X2F＞C3F，说明 B2F 等级烟叶的钾含量稳定性相对要差。

表 1 湘西烟叶钾含量（%）的基本统计特征

等级	平均值±标准差	最小值	最大值	全距	偏度	峰度	变异系数（%）
B2F	1.56±0.24C	1.10	2.10	1.00	0.15	−0.68	15.55
C3F	1.78±0.25B	1.25	2.30	1.05	0.11	−0.27	13.92
X2F	2.08±0.32A	1.48	2.90	1.43	0.15	−0.26	15.48

2.1.2 烟叶钾含量在县域分布 由图 1 可知，7 个主产烟县 B2F 等级烟叶钾含量平均在 1.31%～1.94%，按从高到低依次为：古丈县＞龙山县＞保靖县＞泸溪县＞花垣县＞凤凰县＞永顺县；方差分析结果表明，不同县之间差异极显著；古丈县烤烟钾含量极显著高于花垣县、凤凰县、泸溪县、永顺县。C3F 等级烟叶钾含量平均在 1.62%～2.10%，按从

高到低依次为：古丈县>泸溪县>凤凰县>保靖县>龙山县>花垣县>永顺县；方差分析结果表明，不同县之间差异达极显著水平；古丈县烤烟钾含量极显著高于花垣县、永顺县。X2F 等级烟叶钾含量平均在 1.79%～2.54%，按从高到低依次为：古丈县>龙山县>泸溪县>保靖县>凤凰县>花垣县>永顺县；方差分析结果表明，不同县之间差异达极显著水平，古丈县烤烟钾含量极显著高于凤凰县、花垣县、永顺县。

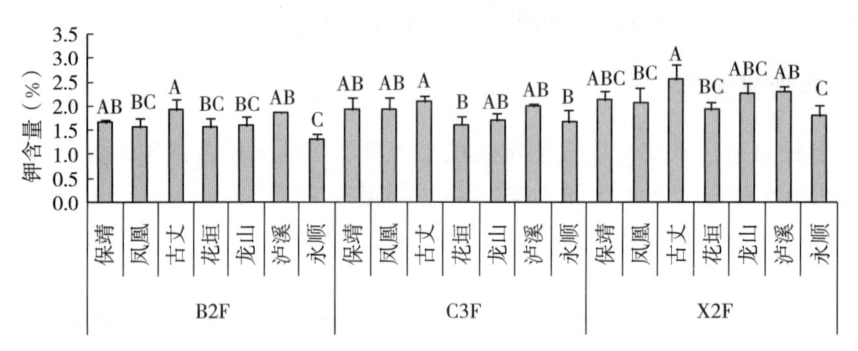

图 1　湘西烟叶钾含量（%）的县际间差异

2.1.3　烟叶钾含量空间分布　为了解湘西烟叶钾含量的空间分布状况，利用 ArcGIS 9 软件的地统计学模块，采用 IDW 插值方法，绘制了湘西烟叶钾含量空间分布图（图 2）。湘西州烤烟钾含量空间分布呈斑块状分布。在保靖县、龙山县、花垣县、古丈县和泸溪县各有一个高值区，在龙山县的大部、永顺县的大部是一片钾含量相对较低的区域。

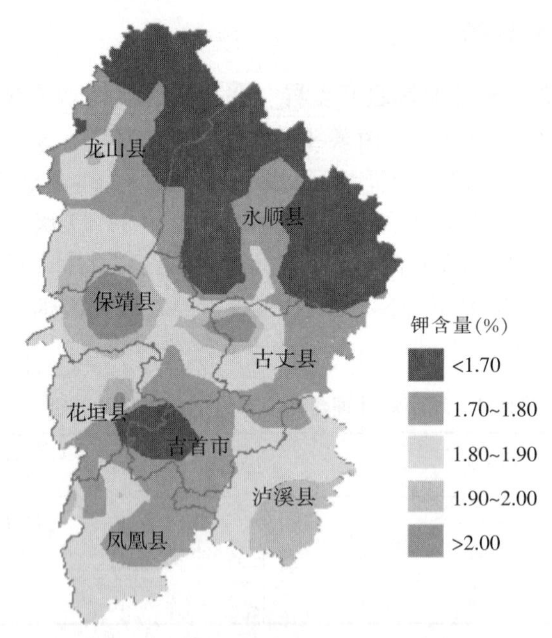

图 2　湘西烟叶钾含量地理分布趋势

2.2　烟叶钾含量影响因素

2.2.1　品种对烤烟钾含量的影响　以龙山县主栽的 2 个品种的烟叶钾含量进行比较（图

3)。B2F、C3F 等级烟叶钾是 K326＞云烟 87，等级看，X2F 等级烟叶钾是云烟 87＞K326；方差分析结果品种间差异不显著。

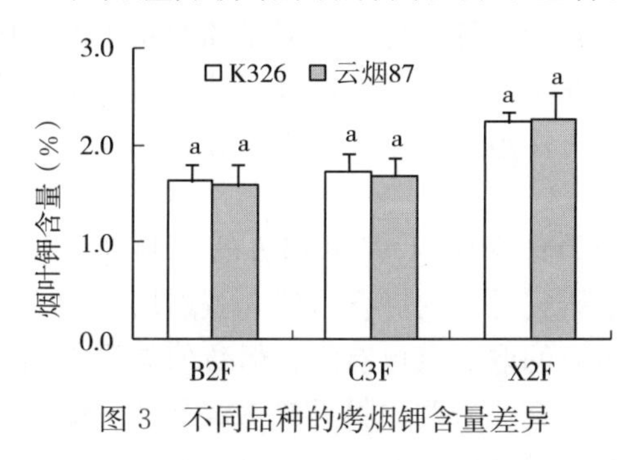

图 3　不同品种的烤烟钾含量差异

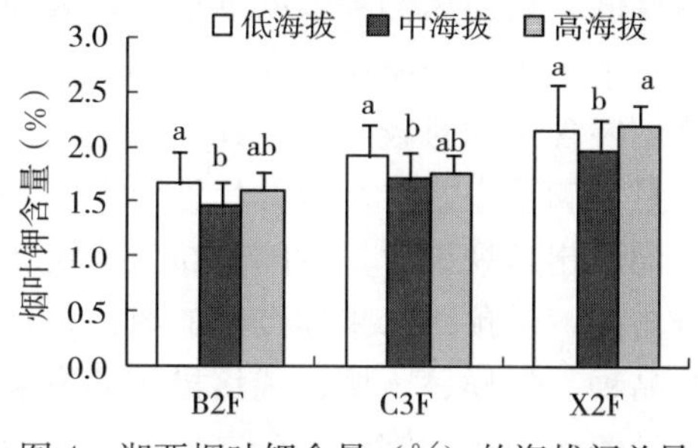

图 4　湘西烟叶钾含量（%）的海拔间差异

2.2.2　海拔对烟叶钾含量的影响　所采集湘西烟区的烟叶样品分布在海拔 140～1 071m，根据湘西烟叶种植习惯及种植区域分布主要在 600～900m 的特点，可将湘西烟区海拔高度分为 3 个层次，即小于 600m（低海拔）、600～900m（中海拔）、大于 900m（高海拔）。由图 4 可知，在 B2F、C3F 等级，烟叶钾含量都是：低海拔＞高海拔＞中海拔，主要是低海拔烟叶钾含量高于中海拔；在 X2F 等级，烟叶钾含量是：高海拔＞低海拔＞中海拔，主要是高、低海拔烟叶钾含量高于中海拔。

2.2.3　土壤类型对烤烟钾含量的影响　湘西烟区主要土壤类型种植的烟叶钾含量的平均值见图 5。在 B2F 等级，烟叶钾含量按从高到低依次为：石灰土＞黄棕壤＞水稻土＞黄壤＞红灰土＞红壤，不同土壤类型间烟叶钾含量差异不显著；在 C3F 等级，烟叶钾含量

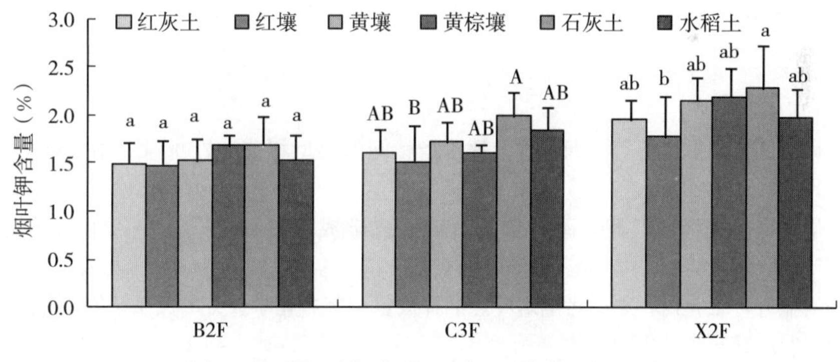

图 5　湘西烟叶钾含量（%）土壤类型间差异

按从高到低依次为：石灰土＞水稻土＞黄壤＞黄棕壤＞红灰土＞红壤，石灰土的烟叶钾含量极显著高于红壤土；在 X2F 等级，烟叶钾含量按从高到低依次为：石灰土＞黄棕壤＞黄壤＞水稻土＞红灰土＞红壤，石灰土的烟叶钾含量显著高于红壤土。以上分析表明种植在石灰土上的烤烟钾含量要高于红壤土。

3　结论与讨论

湘西州烤烟 B2F、C3F、X2F 等级钾含量平均值分别为 1.56%、1.78%、2.08%，差

异达极显著水平。从平均值看，湘西州烤烟钾含量相对较低，属钾含量较低烟区。主要原因是湘西州烟区的烤烟主要集中种植在山区，以旱地种植为主，受土壤水分限制，土壤钾有效性低，致使烤烟吸收的钾较少，表现为烤烟钾含量较低的特点。但是湘西州不同烟区栽培水平、生态环境条件存在差异，使烟叶钾含量在不同县之间差异极显著，主要是古丈县烤烟钾含量相对较高。因此，各县一方面要有针对性地开展栽培技术研究，提高烟草中钾含量，满足中式卷烟对低焦油原料的需求。

湘西州烤烟钾含量空间分布呈斑块状。采用地统计学中 IDW 插值方法绘制钾含量空间分布图，可预测未采样点处的取值，估算出整个研究区域内钾含量值。虽然烤烟钾含量易受品种、气候、土壤、栽培措施的影响，且本研究的取样点也有限，但数值矢量空间化后使黔西南州烤烟钾含量分布一目了然，对卷烟工业企业采购原料具有一定参考价值，其研究方法也有一定借鉴意义。

湘西州烤烟钾含量品种间差异无统计学意义。

不同海拔高度烟叶钾含量以高、低海拔烟叶钾含量相对高于中海拔。在湘西烟区的高海拔地区，一般为一年一熟，农业耕作较少，土壤环境基本上处于半封闭状态，土壤钾的淋失少，土壤钾含量高[13]。低海拔烟区虽然土壤钾含量不高，但灌溉条件好，烟叶对钾的利用率高。

种植在石灰土上的烤烟钾含量要高于红壤土。王得强[20]在对湖北十堰烟区不同土壤类型的肥力状况分析时认为石灰土速效钾含量最高，邓小华[13]在对湘西州不同植烟土壤类型钾含量研究也认为石灰土速效钾含量高于红壤土，这表明石灰土烤烟钾含量高与石灰土本身速效钾含量高有关。

参考文献

[1] 邓小华，周清明，周冀衡，等．烟叶质量评价指标间的典型相关分析 [J]．中国烟草学报，2011，17 (3)：17-22.

[2] 邓小华，周冀衡，周清明，等．不同焦油量烤烟化学成分差异 [J]．中国烟草学报，2011，17 (2)：1-7.

[3] 厉昌坤，周显升，王允白，等．烤烟烟叶焦油释放量与部分化学成分的关系研究 [J]．中国烟草科学，2004 (2)：25-27.

[4] 于建军，章新军，毕庆文，等．烤烟烟叶理化特性对烟气烟碱、CO、焦油量的影响 [J]．中国烟草科学，2003 (3)：5-8.

[5] 邓小华，谢鹏飞，彭新辉，等．土壤和气候及其互作对湖南烤烟部分中性挥发性香气物质含量的影响 [J]．应用生态学报，2010，21 (8)：2063-2071.

[6] 韩锦峰，朱大恒，刘华山，等．我国烤烟含钾量低的原因及解决途径 [J]．河南农业科学，2010，(2)：32-40.

[7] 曹志洪．优质烤烟生产的钾素与微肥 [M]．北京：中国农业科学技术出版社，1995.

[8] 曹志洪，胡国松，周秀如，等．土壤供钾特性和烤烟的钾肥有效施用 [J]．烟草科技，1993，(2)：33-37.

[9] 林克慧，战以时，李永梅．不同施钾量对烤烟品质的影响 [J]．云南农业大学学报，1994，9 (2)：

112-118.

[10] 杨宏敏，暴祥麟，钱晓刚，等．不同氮钾用量对烤烟品质及产量的影响 [J]．烟草科技，1988 (5)：31-36.

[11] 罗华元，王绍坤，常寿荣，等．烤烟钾含量与土壤 pH、有机质和速效钾含量的关系 [J]．中国烟草科学，2010，31 (3)：29-32.

[12] 王树会，邵岩，李天福，等．云南烟区土壤钾素含量与分布 [J]．云南农业大学学报，2006，21 (6)：834-837.

[13] 邓小华，杨丽丽，周米良，等．湘西喀斯特区植烟土壤速效钾含量分布及影响因素 [J]．山地学报，2013，31 (5)：519-526.

[14] 陈江华，李志宏，刘建利，等．全国主要烟区土壤养分丰缺状况评价 [J]．中国烟草学报，2004，11 (3)：14-18.

[15] 王程栋，王树声，刘新民，等．曲靖烟区土壤化学性状及海拔对烟叶钾含量的影响 [J]．中国烟草科学，2013，34 (4)：25-29.

[16] 邓小华，陈冬林，周冀衡，等．湖南烟区烤烟钾含量变化及聚类分析 [J]．烟草科技，2008 (12)：52-56.

[17] 邓小华，杨丽丽，陆中山，等．湘西烟叶质量风格特色感官评价 [J]．中国烟草学报，2013，19 (5)：22-27.

[18] 邓小华，周米良，田茂成，等．湘西州植烟气候与国内外主要烟区比较及相似性分析 [J]．中国烟草学报，2012，18 (3)：28-33.

[19] 邓小华，周冀衡，李晓忠，等．湖南烤烟化学成分特征及其相关性 [J]．湖南农业大学学报：自然科学版，2007，33 (1)：24-27.

[20] 王得强，程亮，许自成，等．湖北十堰烟区不同土壤类型的肥力状况分析 [J]．安徽农业科学，2008，36 (17)：7322-7325.

湘西烟叶总氮含量的区域特征及空间分布

田明慧[1,2]，田　峰[2]，邓小华[1*]，张黎明[2]，张发明[2]，覃　勇[1]，石　楠[1]

（1. 湖南农业大学，长沙　410128；
2. 湘西自治州烟草专卖局，吉首　416000）

摘　要：为深入了解湘西烟叶总氮含量区域特征，采用连续流动法测定了湘西主产烟区烟叶总氮含量，研究了湘西烟叶总氮含量在等级、品种、土壤类型、海拔和县域的分布特征。结果表明：湘西烟叶 B2F、C3F、X2F 等级的烟叶总氮含量分别为 2.16%、1.76%、1.68%，属烟叶总氮含量相对较低烟区。不同等级烟叶总氮含量为 B2F＞C3F＞X2F，差异极显著。不同县之间烟叶总氮含量差异极显著，不同品种、不同海拔间烟叶总氮含量差异不显著，只有 B2F 等级烟叶总氮含量在土壤不同类型间差异显著。烟叶总氮含量空间分布有从南向北方向递减的分布趋势。

关键词：烤烟；总氮；区域特征；湘西

湘西自治州位于湖南省的西北部，地处亚热带季风性湿润气候区的武陵山区[1~4]，是我国重要的优质烤烟产区。烟区的气候、土壤、栽培技术的差异，导致烟叶化学成分也存在差异，其烟叶质量与风格特色也不同，特别是生态环境的影响更为突出[5~8]。总氮是烟叶化学成分检测的主要指标之一，是反映烟草营养水平和烟叶内在化学成分是否协调的重要质量指标[9]。国内外研究热点主要在总氮对烟叶质量的影响[10~14]和不同烟区烟叶氮素含量区域特征[15~21]。付亚丽[18]对云南烟区、陈卫国[19]对湖南烟区、毕庆文[20]对恩施烟区、郑聪[21]对三门峡烟区的烟叶总氮含量区域特征进行了研究，而对湘西烟区烤烟总氮含量区域特征的研究未见报道。鉴于此，测定湘西州烟叶总氮含量，统计分析其区域特征和空间分布，有利于湘西州特色优质烟叶开发，并对工业企业采购烟叶原料具有参考价值。

1　材料与方法

1.1　材料

采集 2011 年的湘西州 7 县、30 个乡镇的 B2F、C3F、X2F 等级烟叶样品 144 个。首

基金项目：湖南省烟草专卖局重点项目“湘西州烟区植烟土壤维护和改良研究与示范”（13－14ZDAa03）资助。

作者简介：田明慧（1977—），女，湖南省花垣县人，硕士在读，农艺师，从事烟叶生产技术研究推广和科技项目管理工作。Tel：0743－8568503；Email：xxhntmh@163.com。

＊通信作者：邓小华（1965—），男，湖南冷水滩人，博士，教授，主要从事烟草科学与工程技术研究，Tel：13974934919；Email：yzdxh@163.com。

先，每一个取样点在烤烟移栽后选取5户具有代表性的农户，按照《湘西自治州烤烟栽培技术规范》进行种植，特别强调采用统一栽培技术和调制工艺；然后，由湘西自治州烟草公司负责质检的专家按照烤烟分级国家标准，在5户烟农的烤后烟叶中挑选3等级初烤烟叶样品各2kg。品种以云烟87为主。为便于品种间比较，在龙山县的4个点还分别采集了K326、云烟87品种烟样。GPS定位记录采样地点的经度、纬度、海拔高度、地理坐标。与此同时，对种植烟叶样品的大田土壤进行采集[3,4]。

1.2 烟叶总氮测定

采用SKALAR间隔流动分析仪测定烟叶总氮含量。

1.3 统计分析方法

数据处理和统计分析借助于Excel2003、SPSS12.0、ArcGIS9等软件。多重比较采用Duncan法。图表中英文小写字母表示5%差异显著水平，大写字母表示1%差异显著水平。

2 结果分析

2.1 烟叶总氮含量基本统计特征

由表1可知，B2F、C3F等级烟叶总氮含量的偏度值均在0附近，X2F等级烟叶总氮含量的偏度值大于1，表明B2F、C3F等级烟叶总氮含量在样本内的变异基本属于正态分布，而X2F等级不符合正态分布规律。变异系数大小排序是B2F>X2F>C3F，说明B2F等级烟叶的总氮含量稳定性相对要差。从平均值看，B2F、C3F、X2F烟叶的总氮含量低于湖南烟区平均值[12]，说明湘西州烟叶属总氮含量相对较低烟区。不同等级烟叶总氮含量依次为：B2F>C3F>X2F，且3个等级间存在极显著的差异。

表1 湘西烟叶总氮含量（%）的基本统计特征

等级	平均值±标准差	变异系数（%）	最小值	最大值	全距	偏度	峰度
B2F	2.16±0.20A	9.40	1.81	2.57	0.76	0.08	−1.09
C3F	1.76±0.10B	5.64	1.57	2.05	0.48	0.22	0.35
X2F	1.68±0.12C	6.94	1.48	2.19	0.71	1.83	6.55

2.2 不同品种总氮含量比较

由表2可知，以龙山县主栽的2个品种的烟叶总氮进行比较，B2F、C3F等级烟叶总氮含量是云烟87>K326，X2F等级烟叶总氮含量是K326>云烟87，但方差分析结果为3个等级均是烟叶总氮含量品种间差异不显著。

表 2　湘西烟叶总氮含量（%）品种间差异

品种	样品数量（个）	B2F	C3F	X2F
K326	12	1.94±0.06a	1.71±0.04a	1.77±0.13a
云烟 87	24	1.97±0.13a	1.75±0.09a	1.71±0.06a

2.3　不同土壤类型总氮含量比较

由表 3 可知，在 B2F 等级，烟叶总氮含量按从高到低依次为：红壤、水稻土、红灰土、石灰土、黄棕壤、黄壤；在 C3F 等级，烟叶总氮含量按从高到低依次为：黄棕壤、水稻土、红壤、红灰土、石灰土、黄壤；在 X2F 等级，烟叶总氮含量按从高到低依次为：黄壤、黄棕壤、水稻土、红灰土、石灰土、红壤；不同土壤类型间只有 B2F 等级烟叶总氮含量差异显著。

表 3　湘西烟叶总氮含量（%）土壤类型间差异

土壤类型	样品数量（个）	B2F	C3F	X2F
红灰土	12	2.18±0.12ab	1.77±0.14a	1.67±0.14a
红壤	6	2.31±0.19a	1.78±0.06a	1.58±0.07a
黄壤	33	2.02±0.15b	1.70±0.09a	1.70±0.08a
黄棕壤	15	2.06±0.22ab	1.80±0.09a	1.69±0.15a
石灰土	21	2.13±0.16ab	1.71±0.10a	1.65±0.08a
水稻土	57	2.24±0.21ab	1.79±0.09a	1.69±0.14a

2.4　不同海拔烟叶总氮含量比较

采集的湘西州烤烟样品分布在 140～1 071m 的海拔范围内，而湘西州烤烟主要种植区域在 600～900m。将湘西烟区烤烟种植海拔高度分为 3 个层次，即小于 600m（低海拔）、600～900m（中海拔）、大于 900m（高海拔）。由表 4 可知，在 B2F、X2F 等级，烟叶总氮含量都是：低海拔＞高海拔＞中海拔；在 C3F 等级，烟叶总氮含量是：高海拔＞低海拔＞中海拔；方差分析结果表明，不同海拔烟区的烟叶总氮含量差异不显著。

表 4　湘西烟叶总氮含量（%）海拔间差异

海拔	样品数量（个）	B2F	C3F	X2F
低海拔	39	2.19±0.23a	1.76±0.12a	1.70±0.17a
中海拔	66	2.13±0.19a	1.75±0.11a	1.66±0.08a
高海拔	39	2.17±0.21a	1.78±0.05a	1.69±0.11a

2.5　不同县烟叶总氮含量比较

由表 5 可知，7 个主产烟县 B2F 等级烟叶总氮含量平均在 1.96%～2.30%，按从高到低依次为：永顺县、保靖县、凤凰县、花垣县、泸溪县、古丈县、龙山县；方差分析结果表明，不同县之间差异极显著；永顺县和保靖县烟叶总氮含量极显著高于龙山县。C3F等级烟叶总氮含量平均在1.72%～1.96%，按从高到低依次为：泸溪县、凤凰县、花垣县、保靖县、龙山县、永顺县、古丈县；方差分析结果表明，不同县之间差异达显著水平；泸溪县烟叶总氮含量极显著高于其他各县。X2F等级烟叶总氮含量平均在1.63%～1.95%，按从高到低依次为：泸溪县、龙山县、凤凰县、保靖县、永顺县、花垣县、古丈县；方差分析结果表明，不同县之间差异达极显著水平，泸溪县烟叶总氮含量极显著高于其他各县。

表5　湘西烟叶总氮含量（%）的县域间差异

等级	样品数量（个）	B2F	C3F	X2F
保靖	12	2.29±0.09A	1.76±0.10b	1.65±0.03B
凤凰	24	2.23±0.21AB	1.81±0.06b	1.66±0.07B
古丈	12	2.01±0.12AB	1.72±0.10b	1.63±0.10B
花垣	18	2.23±0.13AB	1.80±0.13b	1.63±0.13B
龙山	36	1.96±0.11B	1.74±0.08b	1.73±0.09B
泸溪	6	2.03±0.11AB	1.96±0.13a	1.95±0.33A
永顺	36	2.30±0.18A	1.72±0.07b	1.64±0.08B

2.6 湘西烟叶总氮含量空间分布

为了解湘西烟叶总氮含量的空间分布状况，利用ArcGIS 9软件的地统计学模块中的Kriging插值方法，绘制了湘西烟叶总氮含量空间分布图（图1）。湘西州烟叶总氮含量空间分布有从南向北方向递减的分布趋势。在泸溪县的南部是一大片高值区域，在龙山县、

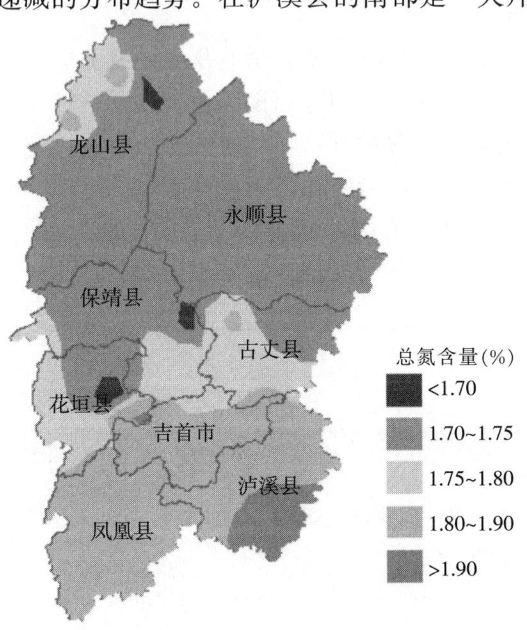

图1　湘西烟叶总氮含量地理分布趋势

花垣县、古丈县各有一小片高值区域。在永顺县、龙山县大部、保靖县和花垣县大部的烟叶总氮含量相对较低，而泸溪县、凤凰县烟叶总氮含量相对较高。总体来看，湘西州烟叶的总氮含量偏低[5,13]。

3　结论与讨论

（1）烟叶含氮化合物（以总氮含量表示）主要有叶绿素、氨基酸、烟碱和蛋白质等，这类化合物在卷烟燃吸时热裂解可产生吡啶、酰胺及其衍生物，使烟气多呈碱性，并产生强烈的辛辣味和刺激性。优质烟叶要求总氮含量要保持在适宜水平，过高则烟气刺激性强、辛辣、味苦，太低则烟气平淡无味[15]。据研究，烟叶总氮含量在1.50%～3.00%的范围之内较适宜[5,15]。湘西烟区B2F、C3F、X2F等级的烟叶总氮含量分别为2.16%、1.76%、1.68%，从平均值看，在适宜范围内，但较湖南烟区的平均值要低，属总氮含量相对较低的烟区。

（2）湘西烟叶总氮含量不同等级（部位）间差异极显著。要尽量减少烟叶收购过程中的混部位现象，有利于卷烟企业配方。

（3）不同品种间、不同海拔间烟叶总氮含量差异不显著，但不同产烟县烟叶总氮含量存在极显著差异，可推测烟叶总氮含量的高低受栽培技术措施（主要是氮素管理技术）的影响要大于品种、海拔等因素。在特色优质烟叶生产中，优化烟叶氮素管理，不仅能够减少氮肥用量，还可提高氮肥利用率和减少环境污染，并能够协调烟叶的化学成分，改善烟叶的工业可用性。

（4）湘西烟叶总氮含量在不同土壤类型间只有B2F等级存在显著差异，红壤土种植的烟叶总氮含量显著高于黄壤土，这可能与黄壤土的保肥性要强于黄壤土有关，这在制定今后栽培技术中要引起重视。

（5）空间分布图表明湘西州烟叶总氮含量有从南向北方向递减的分布趋势。采用地统计学中插值方法绘制烟叶化学成分空间分布图，可对未采样点处烟叶化学成分进行预测，估算出整个研究区域内化学成分含量分布，其研究方法也有一定借鉴意义。虽然烟叶总氮含量易受品种、气候、土壤、栽培措施的影响，本研究的烟叶样品取样点也有限，但数值矢量空间化后使湘西烟叶总氮含量分布一目了然，这对卷烟企业采购烟叶原料具有一定参考价值。

参考文献

［1］邓小华，杨丽丽，陆中山，等．湘西烟叶质量风格特色感官评价［J］．中国烟草学报，2013，19（5）：22-27.

［2］邓小华，周米良，田茂成，等．湘西州植烟气候与国内外主要烟区比较及相似性分析［J］．中国烟草学报，2012，18（3）：28-33.

［3］周米良，邓小华，黎娟，等．湘西植烟土壤pH状况及空间分布研究［J］．中国农学通报，2012，28（9）：80-85.

[4] 邓小华，杨丽丽，周米良，等．湘西喀斯特区植烟土壤速效钾含量分布及影响因素［J］．山地学报，2013，31（5）：519-526.
[5] Smeeton B W. Genetical control of tobacco quality［J］. Rec Adv Tob Sci，1987，13：3-26.
[6] Chaplin J F，Miner G S. Production factors affecting chemical components of the tobacco leaf［J］. Rec Adv Tob Sci，1980，6：3-63.
[7] Court W A. Factors affecting the concentration of the duvatrienediols of flue-cured tobacco［J］. Tob Sci，1982，26：40-43.
[8] 邓小华，谢鹏飞，彭新辉，等．土壤和气候及其互作对湖南烤烟部分中性挥发性香气物质含量的影响［J］．应用生态学报，2010，21（8）：2063-2071.
[9] 中国农业科学院烟草研究所．中国烟草栽培学［M］．上海：上海科学技术出版社，2005：305.
[10] 邓小华，周清明，周冀衡，等．烟叶质量评价指标间的典型相关分析［J］．中国烟草学报，2011，17（3）：17-22.
[11] 邓小华，周冀衡，陈新联，等．烟叶质量评价指标间的相关性研究［J］．中国烟草学报，2008，14（2）：1-8.
[12] 高家合，秦西云，谭仲夏，等．烟叶主要化学成分对评吸质量的影响［J］．山地农业生物学报，2004，23（6）：497-501.
[13] 池敬姬，王艳丽．烟叶主要化学指标及其评吸质量间的相关性分析［J］．延边大学农学学报，2006，28（3）：208-210.
[14] 汪修奇，邓小华，李晓忠，等．湖南烤烟化学成分与焦油的相关、通径及回归分析［J］．作物杂志，2010（2）：32-35.
[15] 邓小华，周冀衡，李晓忠，等．湘南烟区烤烟常规化学指标的对比分析［J］．烟草科技，2006，230（9）：45-49.
[16] 邓小华，周冀衡，李晓忠，等．湖南烤烟化学成分特征及其相关性［J］．湖南农业大学学报：自然科学版，2007，33（1）：24-27.
[17] 谢鹏飞，邓小华，唐春闺，等．湖南不同生态区烤烟主要化学成分比较［J］．中国农学通报，2011，27（2）：378-381.
[18] 付亚丽，卢红，尹建雄，等．云南烤烟烟碱、总氮和粗蛋白含量与种植海拔的相关性分析［J］．云南农业大学学报，2007，22（5）：676-680.
[19] 陈卫国，邓小华，卿国林，等．湖南烤烟主产区中部烟叶总氮含量区域特征［J］．中国农学通报，2011，27（7）：414-417.
[20] 毕庆文，郭燕，杨林波，等．恩施烟区土壤和烤烟总氮含量及其关系研究［J］．甘肃农业大学学报，2009，44（3）：81-87.
[21] 郑聪，许自成，苏永士，等．三门峡烟区烤烟总氮与土壤氮素含量的分布特点及关系分析［J］．江西农业学报，2009，21（8）：64-67.

湘西州烤烟总糖含量区域特征研究

陈前锋[1]，邓小华[2*]，田 峰[1]，张黎明[1]，张明发[1]，覃 勇[2]，邓井青[2]

（1. 湘西自治州烟草专卖局，吉首 416000；
2. 湖南农业大学，长沙 410128）

摘 要：为深入了解湘西州烤烟总糖含量区域特征，采用连续流动法测定了湘西州主产烟区烤烟的总糖含量，研究了湘西州烤烟总糖含量的区域特征。结果表明：湘西州烤烟 B2F、C3F、X2F 等级的烟叶总糖含量分别为 24.54%、32.28%、32.41%，属烟叶总糖含量较高烟区。不同等级总糖含量为 X2F＞C3F＞B2F，差异极显著。不同县之间总糖含量差异显著，不同品种、不同海拔间只有 X2F 等级总糖含量存在差异，不同土壤类型间种植的烤烟总糖含量差异不显著。烤烟总糖含量空间分布有从东南向西、东北两个方向递增的分布趋势。

关键词：烤烟；总糖；区域特征；湘西州

烤烟化学成分是品种、生态环境和栽培技术等共同作用的结果，但生态环境的作用更为突出[1~4]。不同烟区的气候、土壤、栽培技术的差异，使烤烟化学成分也存在差异。烤烟总糖是决定烟气醇和度的主要因素之一，一直被认为是体现卷烟良好吃味的重要标志[5]，也是烟叶化学成分检测的重要物质。因此，充分了解一个烟区初烤烟叶总糖含量的变化特点，不仅对农业上制定提高质量的措施有着重要意义，而且对于卷烟工业选择使用原料也有着重要的参考价值。以往的研究在总糖对烟叶质量的影响方面研究较多[6~11]，而对其区域特征深入研究的报道较少[12~14]。湘西土家族苗族自治州（简称湘西州）位于湖南省西北部的武陵山区，属亚热带季风性湿润气候区，气候温和、四季分明，降水丰沛、雨量集中，光、热、水同季，有利于生产优质烟叶[15~18]，是我国优质烤烟的重要产区之一。通过对湘西州主产烟区烤烟化学成分测定和统计分析，全面了解湘西州烤烟总糖含量的区域特征，以期为湘西州特色优质烟叶开发和工业企业采购提供决策支持。

基金项目：国家烟草专卖局特色优质烟叶开发重大专项“中间香型特色优质烟叶开发”（ts－02）和“湘西烟区生态评价与品牌导向型基地布局研究”（2011130165）资助。

作者简介：陈前锋（1974—），男，河南禹州人，硕士在读，助理农艺师，主要从事烟草农业技术推广和研究，Tel：15107418591；Email：chenqianfengxxyc@163.com。

通讯作者：邓小华（1965—），男，湖南冷水滩人，博士，教授，主要从事烟草科学与工程技术研究，Tel：13974934919；Email：yzdxh@163.com。

1 材料与方法

1.1 材料

于2011年在湘西7个县的30个乡镇共采集B2F（上橘二）、C3F（中橘三）、X2F（下橘二）等级烟叶样品123个。为保证研究项目的准确性和具有代表性，采用统一品种、统一栽培技术和调制工艺，在烤烟移栽后定点选取5户可代表当地海拔高度和栽培模式的农户，由负责质检的专家按照GB/T2635—92烤烟分级标准要求，选取具有代表性的初烤烟叶样品5kg。品种为各县种植面积最大的主栽品种云烟87。其中，龙山县在4个点还采集了K326、云烟87品种烟样，以便进行品种间比较。GPS定位，记录取样点的海拔高度、地理坐标（经度、纬度）。同时，采集烟叶样品种植大田的土壤。

1.2 烟叶总糖测定

烟叶中还原糖含量采用SKALAR间隔流动分析仪测定，检测数据都换算成百分率。

1.3 统计分析方法

以上各种数据借助于Excel2003和SPSS12.0统计分析软件进行，多重比较采用Duncan多重比较法。采用ArcGIS9软件的地统计学模块（geostatistical analyst），以Kriging插值为基本工具，绘制湘西烤烟总糖含量空间分布图。

2 结果分析

2.1 烤烟总糖含量的统计描述及等级间差异

从湘西州烤烟主产区不同等级的总糖含量的基本统计特征（表1）看，三个等级的偏度值均在0附近，表明B2F、C3F、X2F烟叶的总糖含量在样本内的变异基本符合正态分布规律；变异系数都是B2F＞X2F＞C3F，说明B2F烟叶的总糖含量稳定性相对要差。湘西州烤烟B2F、C3F、X2F烟叶的总糖含量高于湖南烟区平均值[13]，属总糖含量较高的烟区。3个等级烤烟总体含量依次为：X2F＞C3F＞B2F，对三个等级烤烟进行方差分析和多重比较，等级间存在极显著的差异。

表1 湘西州烤烟总糖含量（%）的基本统计特征

等级	平均值±标准差	最小值	最大值	全距	偏度	峰度	变异系数（%）
B2F	24.54±4.43B	16.88	34.78	17.90	0.39	−0.66	18.05
C3F	32.28±2.26A	25.87	36.79	10.92	−0.01	0.56	7.01
X2F	32.41±2.84A	22.60	38.49	15.89	−0.89	2.49	8.75

注：英文大写字母表示差异显著性在1%水平，以下同。

2.2 烤烟总糖含量在品种之间的差异

以龙山县主栽的2个烤烟品种的化学成分进行比较（图1），从B2F、C3F等级烟叶看，总糖含量是K326>云烟87；从X2F等级烟叶看，总糖含量是云烟87>K326；方差分析结果只有在X2F等级，品种间差异显著。

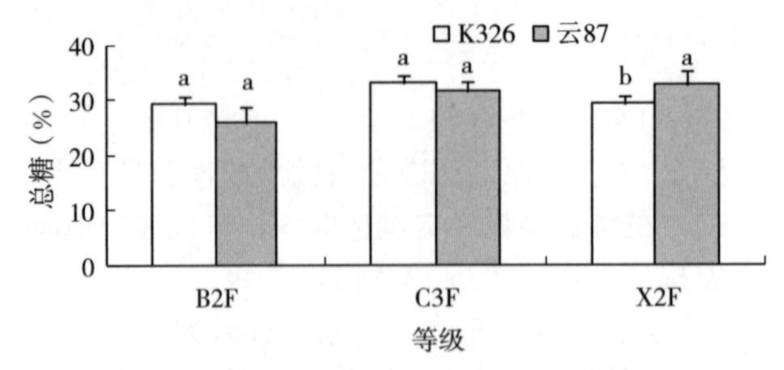

图1　湘西烤烟总糖含量（%）的品种间比较

2.3　烤烟总糖含量在土壤类型之间的差异

湘西州主要土壤类型种植的烤烟化学成分的平均值见表图2。在B2F等级，烤烟总糖含量按从高到低依次为：黄棕壤>红灰土>黄壤>石灰土>水稻土>红壤；在C3F等级，烤烟总糖含量按从高到低依次为：红灰土>黄壤>石灰土>水稻土>黄棕壤>红壤；在X2F等级，烤烟总糖含量按从高到低依次为：红灰土>红壤>黄壤>水稻土>黄棕壤>石灰土；不同土壤类型间烟叶总糖含量差异不显著。

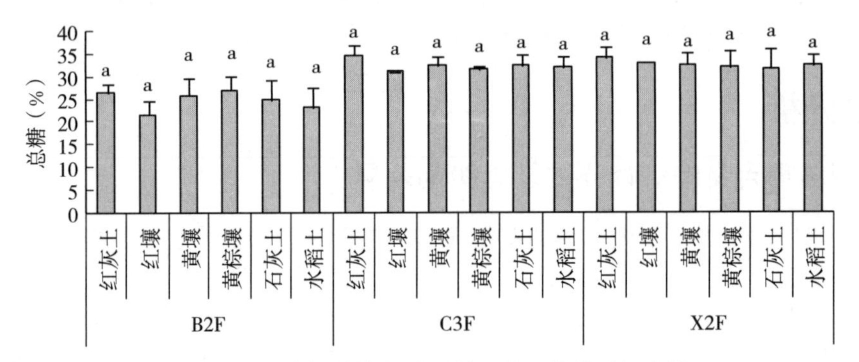

图2　湘西烤烟总糖含量（%）的土壤类型间比较

2.4　烤烟总糖含量在海拔之间的差异

所采集烟叶样品分布在海拔140～1 071m，根据湘西烟叶种植习惯及种植区域分布主要在600～900m的特点，可将湘西烟区海拔高度分为3个层次，即低于600m、600～900m、高于900m。由图3可知，在B2F、C3F等级，不同海拔烟区的烤烟总糖含量差异不显著；在X2F等级，烤烟总糖含量依次为：中海拔>高海拔>低海拔，且差异达显著水平。

2.5　烤烟总糖含量在县域之间的差异

由图4可知，7个主产烟县B2F等级烟叶总糖含量平均在20.39%～29.17%，按从高到低依次为：古丈县>泸溪县>龙山县>花垣县>凤凰县>保靖县>永顺县；方差分析

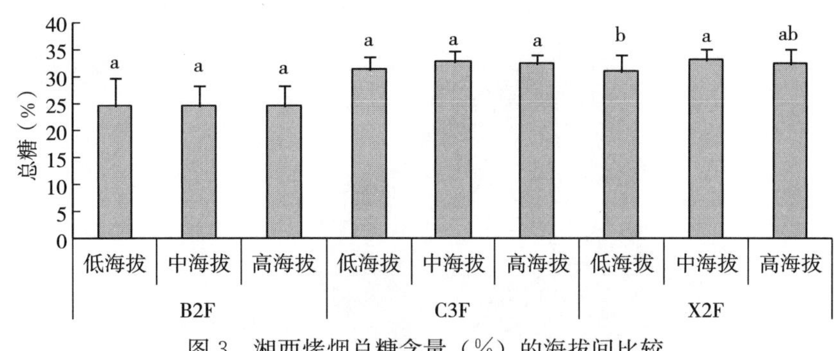

图 3　湘西烤烟总糖含量（%）的海拔间比较

结果表明，不同县之间差异极显著，主要为古丈县和泸溪县烤烟总糖含量极显著高于保靖县和永顺县。C3F 等级烟叶总糖含量平均在 27.20%～33.73%，按从高到低依次为：花垣县>凤凰县>古丈县>永顺县>龙山县>保靖县>泸溪县；方差分析结果表明，不同县之间差异达显著水平，主要为泸溪县烤烟总糖含量显著低于其他各县。X2F 等级烟叶总糖含量平均在 28.40%～34.68%，按从高到低依次为：花垣县>永顺县>保靖县>凤凰县>龙山县>古丈县>泸溪县；方差分析结果表明，不同县之间差异达极显著水平，主要为花垣县烤烟总糖含量极显著高于古丈县和泸溪县。

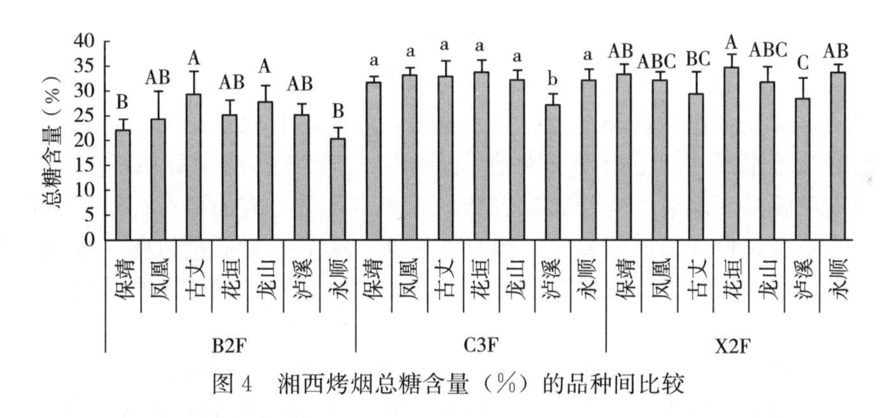

图 4　湘西烤烟总糖含量（%）的品种间比较

2.6　湘西州烤烟总糖含量空间分布

图 5 为湘西州烤烟 C3F 等级烟叶总糖含量的空间分布图。从图中看，湘西州烤烟总糖含量空间分布有从东南向西、东北两个方向递增的分布趋势。在泸溪县的东南部是一个低值区，在龙山县的北部也有一个低值区。在永顺县的东部、龙山县大部、保靖县大部、凤凰县和花垣县的烤烟总糖含量较高，而泸溪县、龙山县的一部分烤烟总糖含量相对较低。总体来看，湘西州烤烟的总糖含量偏高。

3　讨论

湘西州烤烟总糖含量较湖南烟区的平均值要高，属总糖含量较高烟区。主要原因是湘

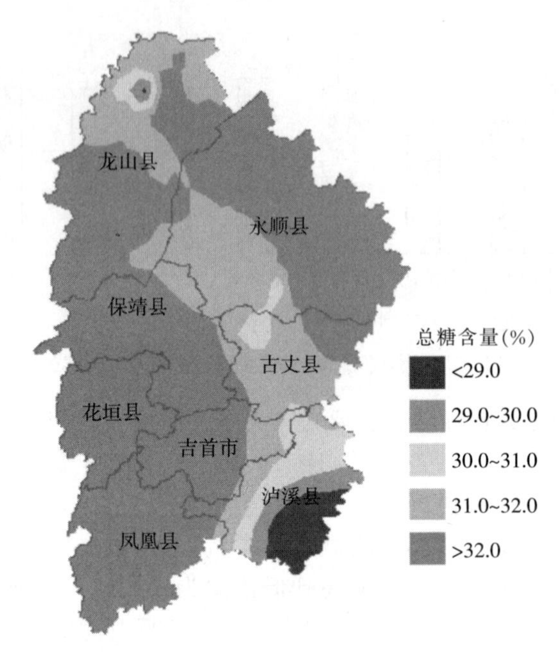

图 5　湖南烤烟总糖地理分布趋势

西州烟区的烤烟主要集中种植在海拔较高的山区，烟叶成熟期处在雨季结束后，光照强度大，日照时间长，同时避开了高温逼熟的不利因素，为烟株光合产物积累创造了较为有利的条件，致使烟株光合作用强和光合产物积累多，烤后烟叶表现总糖较高的特点。但是湘西州不同烟区栽培水平、生态环境条件存在差异，使烟叶总糖含量在不同县之间存在差异，主要表现芦溪县烤烟总糖含量相对较低。因此，各县一方面要有针对性地开展栽培技术研究，尽量减少总糖含量区域差异，满足大企业、大品牌对质量风格一致烟叶需要；另一方面实施定向栽培，挖掘烟叶质量区域特色，满足企业在不同烟区有针对性地选择原料的需要。

湘西州烤烟总糖含量不同等级（部位）间差异极显著，在烟叶收购过程中，尽量减少混部位现象，以有利于卷烟企业配方。不同品种间、不同海拔间只有 X2F 等级烤烟总糖含量存在显著差异，同时不同产烟县 X2F 等级烤烟总糖含量也存在显著差异，表明湘西州不同烟区下部烟叶生长环境差异大，这在今后栽培技术制定中要引起重视。

湘西州烤烟不同部位的总糖含量是下部（X2F）＞中部（C3F）＞上部（B2F），部位间存在极显著差异。这个结果与中国农业科学院烟草研究所的结果[19]（中部＞下部＞上部）不一致，可能是湘西州烤烟生长发育的环境变化与其他烟区不一样所致。

采用地统计学中克里格插值方法绘制湘西州烤烟总糖含量空间分布图，可预测未采样点处的取值，估算出整个研究区域内总糖含量值。虽然烤烟总糖含量易受品种、气候、土壤、栽培措施的影响，且本研究的取样点也有限，但数值矢量空间化后使湘西州烤烟总糖含量分布一目了然，对卷烟工业企业采购原料具有一定参考价值，其研究方法也有一定借鉴意义。

4 结论

湘西州烤烟 B2F、C3F、X2F 等级的烟叶总糖含量分别为 24.54%、32.28%、32.41%，属烟叶总糖含量较高烟区。不同等级总糖含量为 X2F＞C3F＞B2F，差异极显著。不同县之间总糖含量差异显著，不同品种、不同海拔间只有 X2F 等级总糖含量存在差异，不同土壤类型间种植的烤烟总糖含量差异不显著。烤烟总糖含量空间分布有从东南向西、东北两个方向递增的分布趋势。

参考文献

[1] Smeeton B W. Genetical control of tobacco quality [J]. Rec Adv Tob Sci，1987，13：3-26.

[2] Chaplin J F，Miner G S. Production factors affecting chemical components of the tobacco leaf [J]. Rec Adv Tob Sci，1980，6：3-63.

[3] Court W A. Factors affecting the concentration of the duvatrienediols of flue-cured tobacco [J]. Tob Sci，1982，26：40-43.

[4] 邓小华，谢鹏飞，彭新辉，等. 土壤和气候及其互作对湖南烤烟部分中性挥发性香气物质含量的影响 [J]. 应用生态学报，2010，21 (8)：2063-2071.

[5] 周冀衡，朱小平. 烟草生理与生物化学 [M]. 合肥：中国科技大学出版社，1996：57-89.

[6] 邓小华，周清明，周冀衡，等. 烟叶质量评价指标间的典型相关分析 [J]. 中国烟草学报，2011，17 (3)：17-22.

[7] 邓小华，周冀衡，陈新联，等. 烟叶质量评价指标间的相关性研究 [J]. 中国烟草学报，2008，14 (2)：1-8.

[8] 邓小华，周冀衡，周清明，等. 湖南烟区中部烤烟总糖含量状况及与评吸质量的关系 [J]. 中国烟草学报，2009，15 (5)：43-47.

[9] 高家合，秦西云，谭仲夏，等. 烟叶主要化学成分对评吸质量的影响 [J]. 山地农业生物学报，2004，23 (6)：497-501.

[10] 池敬姬，王艳丽. 烟叶主要化学指标及其评吸质量间的相关性分析 [J]. 延边大学农学学报，2006，28 (3)：208-210.

[11] 章新军，任晓红，毕庆文，等. 鄂西南烤烟主要化学成分与评吸质量的关系 [J]. 烟草科技，2006，(9)：27-30.

[12] 邓小华，周冀衡，李晓忠，等. 湘南烟区烤烟常规化学指标的对比分析 [J]. 烟草科技，2006，230 (9)：45-49.

[13] 邓小华，周冀衡，李晓忠，等. 湖南烤烟化学成分特征及其相关性 [J]. 湖南农业大学学报：自然科学版，2007，33 (1)：24-27.

[14] 谢鹏飞，邓小华，唐春闺，等. 湖南不同生态区烤烟主要化学成分比较 [J]. 中国农学通报，2011，27 (2)：378-381.

[15] 邓小华，周米良，田茂成，等. 湘西州植烟气候与国内外主要烟区比较及相似性分析 [J]. 中国烟草学报，2012，18 (3)：28-33.

[16] 刘逊，邓小华，周米良，等. 湘西植烟土壤有机质含量分布及其影响因素 [J]. 核农学报，2012，26 (7)：1037-1042.

[17] 刘逊，邓小华，周米良，等．湘西烟区植烟土壤氯含量及其影响因素分析［J］．水土保持学报，2012，26（6）：224－228.
[18] 周米良，邓小华，黎娟，等．湘西植烟土壤 pH 状况及空间分布研究［J］．中国农学通报，2012，28（9）：80－85.
[19] 王瑞新．烟草化学［M］．北京：中国农业出版社，2003.

湘西植烟土壤 pH 状况及空间分布研究

周米良[1]，邓小华[2]，黎　娟[2]，刘　逊[2]，田茂成[1]，田　峰[1]，吴秋明[3]

（1. 湘西自治州烟草专卖局，吉首　416000；2. 湖南农业大学，长沙　410128；
3. 湘西自治州农业局，吉首　416000）

摘　要：为了解湘西州植烟土壤 pH 分布状况，测试了湘西州主要烟区 488 个土壤样本，采用传统统计学和地统计学方法分析了湘西州植烟土壤 pH 适宜样本分布、县域差异、土壤类型差异、海拔差异及空间分布。结果表明：（1）湘西州植烟土壤 pH 总体适宜，平均为 5.87，变异系数为 11.13%；pH 处于适宜烤烟生长的 5.5～7.0 间的土壤样本占 72.75%。（2）湘西州主产烟县植烟土壤 pH 大小表现为：保靖县＞龙山县＞芦溪县＞凤凰县＞花垣县＞永顺县＞古丈县。（3）湘西州烟区不同土壤类型 pH 大小表现为：灰黄棕土＞石灰土＞灰黄泥＞灰黄土＞黄壤＞红壤＞浅灰黄泥＞水稻土。（4）湘西州植烟土壤 pH 有随海拔升高而升高的趋势。（5）植烟土壤 pH Kriging 插值图显示，湘西州植烟土壤 pH 呈斑块状分布态势，在保靖县、龙山县和永顺县的部分地区各有一个高值区，在古丈县的中部有一个低值区。

关键词：湘西州烟区；植烟土壤；土壤 pH；空间分布

引言

湘西土家族苗族自治州（简称湘西州）位于湖南省西北部的武陵山区，地处东经 109°10′～110°23′，北纬 27°44′～29°38′，属亚热带季风性湿润气候区，常年产烟 2.25×10^4 t 左右，是湖南省第三大烟叶产区[1]。土壤酸碱度是土壤理化性状的重要特征，它不仅直接影响烟草的生长，而且与土壤中的微生物分布、土壤养分有效性等均有密切关系，对烤烟产量和品质的形成具有极其重要的影响[2]。陈朝阳[3]、许自成等[4]、梁颁捷等[5]、林毅等[6]、王晖等[7]分别研究了南平市、湖南烟区、福建省、三明烟区、攀西烟区的植烟土壤 pH 与土壤养分的关系，认为植烟土壤 pH 与土壤养分有效性有密切关系；杜舰等[8]对

基金项目：国家烟草专卖局特色优质烟叶开发重大专项“中间香型特色优质烟叶开发”、湘西山地特色优质烟叶研究与开发（11-14Aa02）。

作者简介：周米良（1972—），男，湖南宁乡人，农艺师，硕士研究生，主要从事生态评价。通信地址：（416000 湖南省湘西自治州吉首市湘西自治州烟草专卖局），Tel：0743-8569178，Email：hnjhzl02@126.com。

通讯作者：邓小华（1965—），男，湖南冷水滩人，教授，博士，主要从事烟草科学与工程技术研究。通信地址：410128，长沙市芙蓉区湖南农业大学农学院烟草系，Email：yzdxh@163.com。

辽宁烟区研究认为土壤 pH 与烟叶总氮含量、烟碱含量、钾含量两两之间均呈显著或极显著的曲线相关关系；Tephenson 等[9]、邓小华等[10]、易建华等[11]、彭新辉等[12]、杨宇虹等[13]、唐莉娜等[14]研究认为植烟土壤 pH 与烟叶物理性状、化学成分、中性香气物有重要影响；谢鹏飞等[15]、唐莉娜等[16]、邹加明等[17]、罗建新等[18]、徐雪芹等[19]、龚智亮等[20]、黄韡等[21]、何轶等[22]、郑明等[23]分别研究了宁乡县、福建烟区、大理州、湖南烟区、邵阳烟区、南平烟区、昭通烟区、施甸烟区、曲靖烟区的植烟土壤 pH 分布特征，但系统分析湘西烟区土壤 pH 分布特点，特别是植烟土壤 pH 空间分布状况的研究还未见报道。笔者在分析湘西州植烟土壤 pH 分布特点的基础上，侧重分析了土壤类型、海拔高度对植烟土壤 pH 的影响及湘西州植烟土壤 pH 空间分布特点，以期为湘西烟区的植烟土壤改良和平衡施肥以及特色优质烟叶开发提供理论依据。

1 材料与方法

1.1 采样时间、地点

植烟土壤样品的采集于 2011 年在湘西州进行，室内样品检测在湖南农业大学资环学院进行。

1.2 样品采集

在湘西州主要烟区的 7 个植烟县（永顺县、龙山县、凤凰县、保靖县、芦溪县、花垣县、古丈县）采集具有代表性的耕作层土样 488 个。种植面积在 20hm^2 左右采集一个土样。土壤样品的采集时间均统一选在烤烟移栽前的第 2 个月内完成，同时避开雨季。采用土钻钻取，采多点混合土样，取耕层土样深度为 20cm。每个地块一般取 10～15 个小样点（即钻土样）土壤，制成 1 个 0.5kg 左右的混合土样。田间采样登记编号，经过风干、磨细、过筛、混匀等预处理后，装瓶备测定分析用。样品采集的同时用 GPS 确定采用点地理坐标和海拔高度。

1.3 pH 测定方法

参照参考文献［15］、［18］、［24］，pH 测定采用 pH 计法（水土比为 1.0∶2.5）。

1.4 统计分析方法

1.4.1 植烟土壤 pH 分级 烤烟对土壤酸碱度的适应性极强，在 pH 为 3.5～9.0 的土壤上均能正常生长并完成生命周期。但优质烟叶对植烟 pH 范围有一定要求，世界各国推荐的最适宜烤烟生长的土壤 pH 为 5.5～6.5，即微酸性土壤最有利于烤烟生长，其品质最好[2~8]。在综合分析湖南烟区烟草生产实际和多年烟草施肥试验后，参照谢鹏飞等[15]、罗建新等[18]建立的湖南省植烟土壤养分丰缺状况分级体系，将植烟土壤 pH 分为极低（<5.00）、低（5.00～5.50）、适宜（5.51～7.00）、高（7.01～7.50）、很高（>7.50）等 5 级。

1.4.2 植烟土壤 pH 空间分布图绘制 原始数据处理及分析采用 SPSS17.0 软件进行，探索分析法（explore）剔除异常离群数据，K－S法检测数据正态性，用ArcGIS 9软件中的地统计学模块的Kriging插值方法绘制植烟土壤pH的空间分布图。

2 结果与分析

2.1 土壤pH基本统计特征

由表1可知，湘西州植烟土壤pH水平总体适宜，平均值为5.87，变幅为3.87～7.25，变异系数为11.13%，变异较小。7个主产烟县植烟土壤pH的均值，除古丈县植烟土壤pH处于“低”外，其他各县均处于适宜范围。7个县植烟土壤pH的变异系数从大到小排序为：龙山县>花垣县>永顺县>古丈县>保靖县>凤凰县>芦溪县，芦溪县、凤凰县和保靖县的植烟土壤pH为弱变异性，其他各县植烟土壤pH为中等强度变异。

表1 湘西州植烟土壤pH统计特征

区域	样本数（个）	均值	标准差	极小值	极大值	偏度	峰度	变异系数（%）	K-S值
保靖	38	6.333	0.562	4.940	6.980	−0.967	0.105	8.88	
凤凰	50	5.865	0.451	4.720	6.750	−0.149	−0.141	7.69	
古丈	62	5.370	0.575	4.360	6.940	0.469	0.101	10.71	
花垣	42	5.816	0.638	3.870	6.960	−0.914	1.808	10.96	
龙山	132	6.019	0.681	4.250	7.250	−0.776	−0.236	11.31	
芦溪	18	5.867	0.381	5.190	6.660	0.386	0.521	6.49	
永顺	146	5.798	0.631	4.050	6.950	−0.526	−0.285	10.88	
湘西州	488	5.856	0.652	3.870	7.250	−0.432	−0.386	11.13	0.063

2.2 土壤pH分级状况

由图1可知，湘西州植烟土壤pH处于适宜范围内的样本占72.75%，“低”和“极低”的植烟土壤样本之和为26.84%，“高”和“很高”的植烟土壤样本之和为0.41%，特别是植烟土壤pH大于7.50的样本没有。由此可见，湘西州植烟土壤基本上呈弱酸性至中性，绝大多数植烟土壤pH能满足生产优质烟叶的要求。但部分土壤应适当提高pH，

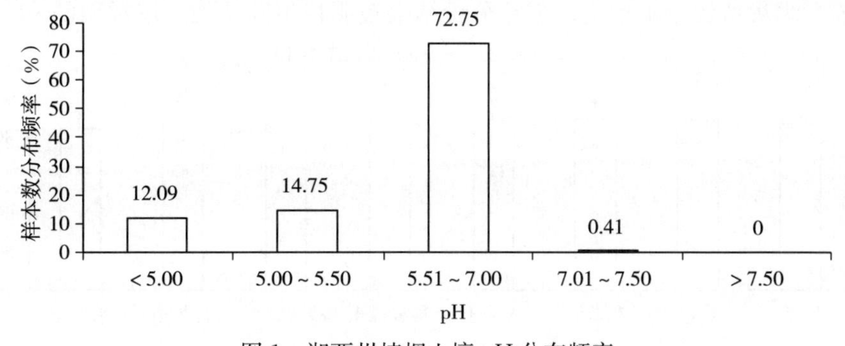

图1 湘西州植烟土壤pH分布频率

特别是 pH 在 5.00 以下（占 12.09%）的土壤，应适量使用石灰或其他碱性肥料，调整土壤 pH 至适宜范围，以更好地满足烟草生长发育对植烟土壤 pH 的要求，并促进植烟土壤养分的有效化。

2.3 土壤 pH 县际间差异

由图 2 可知，7 个主产烟县植烟土壤 pH 平均在 5.37～6.33，按从高到低依次为：保靖县＞龙山县＞芦溪县＞凤凰县＞花垣县＞永顺县＞古丈县，其中古丈县植烟土壤 pH 平均值在在 5.5 以下。方差分析结果表明，不同县之间的植烟土壤 pH 差异达极显著水平（F=12.235；$Sig.$=0.000），经 Duncan 多重比较（Duncan' multiple rang test 法，下同），保靖县植烟土壤 pH 最高，与其他 6 个县植烟土壤 pH 达极显著差异；古丈县植烟土壤 pH 最低，与其他 6 个县植烟土壤 pH 达极显著差异，而龙山县、芦溪县、凤凰县、花垣县和永顺县植烟土壤 pH 差异不大。

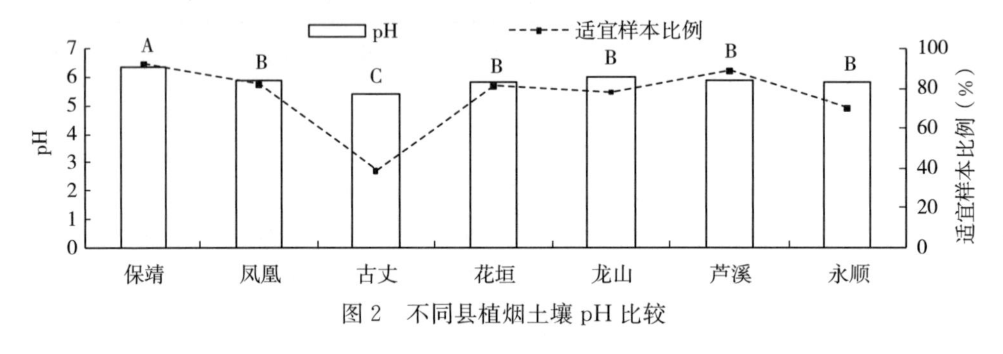

图 2 不同县植烟土壤 pH 比较

7 个主产烟县植烟土壤 pH 适宜样本比例在 38.71%～92.11%，县际之间差异较大，按从低到高依次为：保靖县＞芦溪县＞凤凰县＞花垣县＞龙山县＞永顺县＞古丈县。

2.4 不同土壤类型 pH 差异

将土壤样本在 20 个以上的主要土壤类型：红壤（22）、黄壤（21）、灰黄泥（41）、灰黄土（47）、灰黄棕土（46）、浅灰黄泥（30）、石灰土（69）、水稻土（139）（括号内为样本数量），分别统计其 pH 的平均值和适宜样本比例，结果见图 3。8 个主要植烟土壤类型的 pH 平均在 5.64～6.10，按从高到低依次为：灰黄棕土＞石灰土＞灰黄泥＞灰黄土＞黄壤＞红壤＞浅灰黄泥＞水稻土。方差分析结果表明，不同植烟土壤类型的 pH 差异达显

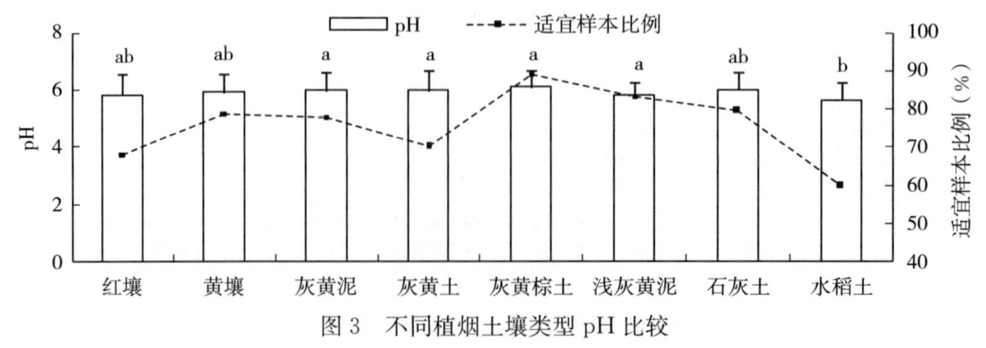

图 3 不同植烟土壤类型 pH 比较

著水平（$F=4.278$；$Sig.=0.011$），经 Duncan 多重比较，灰黄棕土、石灰土、灰黄泥、灰黄土的 pH 显著高于水稻土。

8 个主要植烟土壤类型的 pH 适宜样本比例在 59.71%～89.13%，不同土壤类型之间差异较大，按从低到高依次为：灰黄棕土>浅灰黄泥>石灰土>黄壤>灰黄泥>灰黄土>红壤>水稻土。其中灰黄棕土、浅灰黄泥的 pH 适宜样本比例在 80%以上，只有水稻土的 pH 适宜样本比例在 60%以下，1/3 以上土壤偏酸性。

2.5 不同海拔土壤 pH 差异

将土壤样本采集地点的海拔按（$-\infty$，400m）、[400m，600m）、[600m，800m）、[800m，1 000m）、[1 000m，$+\infty$）分为 5 个海拔高度组，其样本数分别为 67、178、131、69、42。分别统计不同海拔高度的植烟土壤 pH 的平均值和适宜样本比例，结果见图 4。5 个海拔高度的植烟土壤类型的 pH 平均在 5.66～6.15，以海拔高度大于 1 000m 的土壤组 pH 最高，依次为 600～800m、800～1 000m、400～600m、小于 400m。方差分析结果表明，不同海拔高度的植烟土壤 pH 差异达极显著水平（$F=4.761$；$Sig.=0.001$），经 Duncan 多重比较，海拔高度大于 1 000m 的土壤组的 pH 极显著高于海拔高度在 400～600m、小于 400m 的土壤组。由图 4 可看出，随海拔高度的升高，植烟土壤 pH 有增高的趋势。为证明这一点，将植烟土壤 pH 与海拔高度进行简单相关性分析，植烟土壤 pH 与海拔为极显著正相关（其相关系数 $r=0.170$，$Sig.=0.000$）。

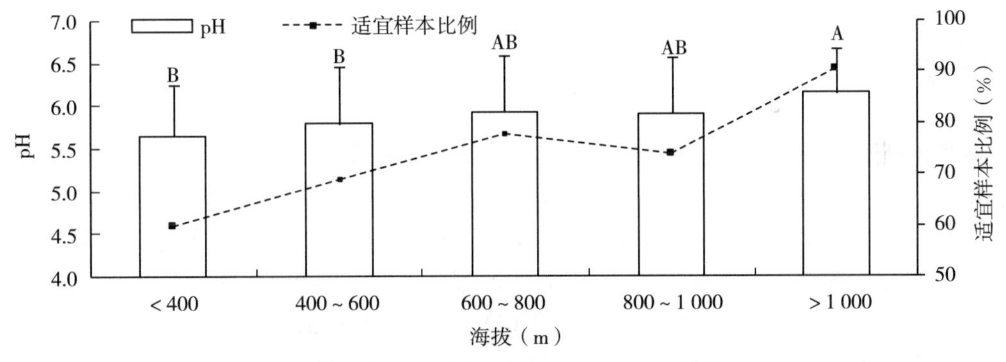

图 4 不同海拔高度植烟土壤 pH 比较

5 个海拔高度组的植烟土壤 pH 适宜样本比例在 59.71%～90.48%，不同海拔高度组之间差异较大，以海拔高度大于 1 000m 的土壤组 pH 适宜样本比例最高，依次为 600～800m、800～1 000m、400～600m、小于 400m。

2.6 土壤 pH 空间分布

由偏度、峰度和 K-S 检验（$P=0.999>0.05$）表明植烟土壤 pH 服从正态分布的要求，使用空间统计学协同克里格方法对植烟土壤 pH 空间分布规律进行预测，得知能够使用地统计学方法进行空间分析。为进一步了解湘西州植烟土壤 pH 生态地理分布差异，采用 ArcGIS9 软件绘制了湘西州植烟土壤 pH 空间分布图，见图 5。湘西州植烟土壤 pH 呈斑块状分布态势，总体上，西北部要高于东南部。以保靖县植烟土壤 pH 最高，绝大部分烟区植烟土壤 pH 在 6.0 以上。在龙山县和永顺县的部分地区，也各有一个高值区。在古丈县的中部有一个植烟土壤 pH 在 5.3 以下的低值区。

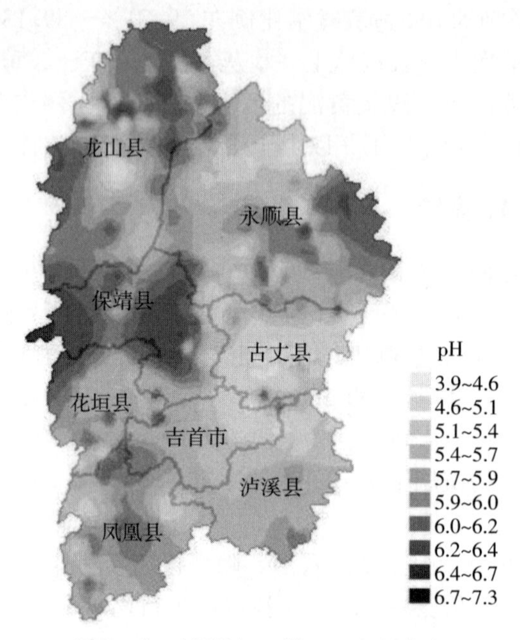

图 5　湘西州植烟土壤 pH 空间分布

3　结论

湘西州植烟土壤 pH 总体适宜，平均为 5.87，变异系数为 11.13%；pH 处于适宜烤烟生长的 5.5～7.0 间的土壤样本占 72.75%；不同主产烟县植烟土壤 pH 大小表现为：保靖县>龙山县>芦溪县>凤凰县>花垣县>永顺县>古丈县；不同土壤类型 pH 大小表现为：灰黄棕土>石灰土>灰黄泥>灰黄土>黄壤>红壤>浅灰黄泥>水稻土；植烟土壤 pH 有随海拔升高而升高的趋势；植烟土壤 pH 呈斑块状分布态势，在保靖县、龙山县和永顺县的部分地区各有一个高值区，在古丈县的中部有一个低值区。

4　讨论

烤烟对土壤酸碱度的适应性极强，但一般认为烤烟种植在一定土壤 pH 范围内品质较优。适宜的土壤酸碱度有利于改善烤烟根系生长环境，促进烟株生长，增强烟株的抗逆力，提高烟叶产质量。选择适宜 pH 的土壤，对特色优质烟生产具有重要意义。湘西州植烟土壤呈弱酸性至中性，能满足生产优质烟叶的要求，但少部分 pH 偏低的植烟土壤需要将土壤酸碱度调至 6.50 左右较为适宜。特别是 pH 在 5.00 以下的土壤，应适量使用石灰、白云石或其他碱性肥料，调整土壤至合适的 pH 范围，以便更好地满足烟草生长发育对 pH 的要求，并促进土壤养分的有效化。

烟叶品质风格的形成是烟草品种基因型和生态环境因素综合作用的结果。烤烟的生长发育以及烟叶最终产量、质量与植烟土壤养分状况有着密切的关系。而土壤养分的有效性与土壤的 pH 密切相关。笔者尝试通过构建植烟土壤 pH 5 级体系，采用次数分布图、县平均值、不同土壤类型平均值、不同海拔高度平均值等形象直观地表达湘西州主产烟区植烟土壤养分的描述性统计分析结果，进而有助于充分了解湘西州主产烟区植烟土壤养分的总体状况。关于植烟土壤 pH 分级体系，许自成等[4]对湖南植烟土壤 pH 研究时按＜5.0、5.0～5.5、5.5～6.5、6.5～7.0、＞7.0 分为 5 级，陈朝阳[3]对福建南平植烟土壤 pH 研究时按≤4.5、4.5～5.0、5.0～5.5、5.5～6.5、＞6.5 分为 5 级，杜舰[8]在对辽宁烟区植烟土壤 pH 研究时按＜5.0、5.0～6.5、6.5～7.5、7.5～8.5、＞8.5 分为 5 级。由此可见，不同研究者由于所研究的土壤 pH 差异，植烟土壤 pH 分级体系也有所不同。

采用 Kriging 插值绘制的等值线图直观地描述了湘西州主产烟区植烟土壤的 pH 的分布格局。总的看来，湘西州主产烟区植烟土壤的 pH 呈现出一定的规律性分布，这对烟田的分区管理和因地施肥具有重要的指导意义。

参考文献

[1] 张黎明，周米良，向德明，等．湘西山区建设现代烟草农业的思考［J］．作物研究，2010，24（1）：76-79.

[2] 曹志洪．优质烤烟生产的土壤与施肥［M］．南京：江苏科学技术出版社，1991：38-43.

[3] 陈朝阳．南平市植烟土壤 pH 状况及其与土壤有效养分的关系［J］．中国农学通报，2011，27（5）：149-153.

[4] 许自成，王林，肖汉乾．湖南烟区土壤 pH 分布特点及其与土壤养分的关系［J］．中国生态农业学报，2008，16（4）：830-834.

[5] 梁颁捷，朱其清．福建植烟土壤 pH 与土壤有效养分的相关性［J］．中国烟草科学，2001，22（1）：25-27.

[6] 林毅，梁颁捷，朱其清．三明烟区土壤 pH 与土壤有效养分的相关性［J］．烟草科技，2003（6）：35-37.

[7] 王晖，邢小军，许自成．攀西烟区紫色土 pH 与土壤养分的相关关系［J］．中国土壤与肥料，2006（6）：19-22.

[8] 杜舰，张锐，张慧，等．辽宁植烟土壤 pH 状况及其与烟叶主要品质指标的相关分析［J］．沈阳农业大学学报，2009，40（6）：663-666.

[9] Tephenson M G，Parker M B. Manganese and soil pH effects on yield and quality of flue-cured tobacco［J］. Tobacco Science，1987（31）：104.

[10] 邓小华，谢鹏飞，彭新辉，等．土壤和气候及其互作对湖南烤烟部分中性挥发性香气物质含量的影响［J］．应用生态学报，2010，21（8）：2063-2071.

[11] 易建华，邓小华，彭新辉，等．土壤和气候及其互作对湖南烤烟还原糖、烟碱和总氮含量的影响［J］．生态学报，2010，30（16）：4467-4475.

[12] 彭新辉，邓小华，易建华，等．气候和土壤及其互作对烟叶物理性状的影响［J］．烟草科技，2010，(2)：48-58.

[13] 杨宇虹，冯柱安，晋艳，等．烟株生长发育及烟叶品质与土壤 pH 的关系［J］．中国农业科学，

2004，37（增刊）：87-91.
［14］唐莉娜，熊德中．土壤酸度的调节对烤烟根系生长与烟叶化学成分含量的影响［J］．中国生态农业学报，2002，10（4）：65-67.
［15］谢鹏飞，邓小华，何命军等．宁乡县植烟土壤养分丰缺状况分析［J］．中国农学通报，2011，27（05）：154-162.
［16］唐莉娜，陈顺辉，林祖斌，等．福建烟区土壤主要养分特征及施肥对策［J］．烟草科技，2008（1）：56-60.
［17］邹加明，单沛祥，李文璧，等．大理州植烟土壤肥力质量现状与演变趋势［J］．中国烟草学报，2002，8（4）：14-20.
［18］罗建新，石丽红，龙世平．湖南主产烟区土壤养分状况与评价［J］．湖南农业大学学报：自然科学版，2005，31（4）：376-380.
［19］徐雪芹，陈志燕，周俊，等．湖南邵阳主烟区土壤养分特征分析及施肥对策［J］．安徽农业科学，2009，37（5）：2071-2074，2128.
［20］龚智亮，唐莉娜．福建南平植烟土壤主要养分特征及生产对策［J］．中国农学通报，2009，25（16）：153-155.
［21］黄韡，查宏波，钱文有，等．昭通植烟土壤养分丰缺状况及施肥对策［J］．中国农学通报，2010，26（7）：128-136，
［22］何轶，何伟，周冀衡，等．云南施甸烟区植烟土壤养分状况综合评价［J］．湖南农业大学学报：自然科学版，2009，35（5）：537-541.
［23］郑明，周冀衡，李强，等．曲靖烟区植烟土壤主要养分现状分析及施肥对策［J］．湖北农业科学，2010，49（4）：825-830.
［24］鲁如坤．土壤农业化学分析方法［M］．北京：中国农业科学技术出版社，1999：166-187.

湘西植烟土壤交换性钙含量及空间分布研究

周米良[1]，邓小华[2*]，刘　逊[2]，冯晓华[3]，田茂成[1]，黎　娟[2]，吴秋明[3]

（1. 湘西自治州烟草专卖局，吉首　416000；2. 湖南农业大学，长沙　410128；
3. 湘西自治州农业局，吉首　416000）

摘　要：【目的】了解湘西州植烟土壤交换性钙含量分布状况。【方法】测试了湘西州主要烟区488个土壤样本的交换性钙含量，采用传统统计学和地统计学方法分析了湘西州植烟土壤交换性钙含量适宜样本分布、县域差异、土壤类型差异、海拔差异及空间分布。【结果】①湘西州植烟土壤交换性钙含量丰富，平均值为1 688.01mg/kg，处于适宜范围内的样本占20.29%。②不同县之间的植烟土壤交换性钙含量差异达极显著水平，保靖县、芦溪县相对较高，古丈县、凤凰县相对较低。③不同植烟土壤类型的交换性钙含量差异达显著水平，红壤、黄壤和灰黄土的交换性钙相对较高，浅灰黄泥的交换性钙相对较低。④不同海拔高度的植烟土壤交换性钙含量差异不显著。⑤植烟土壤交换性钙含量Kriging插值图显示，湘西州植烟土壤交换性钙含量呈有规律地分布，在龙山县的北部、永顺县的东部、保靖县的西部、芦溪县的南部各有一个高值区，在永顺县的北部、古丈县的中部、凤凰县的西北部各有一个低值区。【结论】湘西州植烟土壤交换性钙含量丰富，但不同地块间土壤钙含量存在差异。

关键词：湘西州烟区；植烟土壤；交换性钙；空间分布

湘西土家族苗族自治州（简称湘西州）位于湖南省西北部的武陵山区，地处东经109°10′～110°23′，北纬27°44′～29°38′，属亚热带季风性湿润气候区，常年产烟2.25×10^4t左右，是湖南省第三大烟叶产区[1]。钙是烤烟生长需要量较大的中量元素，在协调和平衡烤烟对各种矿质营养吸收方面起着重要作用[2]。钙也是构成烟叶灰分的主要成分之一，钙含量高的烟叶往往表现过厚、粗糙、僵硬，工业可用性低。植烟土壤钙含量多少及有效性高低不仅直接影响烤烟的正常生长发育[3～7]，且由于元素间的相互促进和拮抗作用而影响到烤烟的其他元素营养。目前，有关植烟土壤对烤烟生长、产量、化学成分的影响[3～10]及烟区钙含量状况研究[11～20]已有相关报道，但系统分析湘西烟区植烟土壤钙含量

基金项目：国家烟草专卖局特色优质烟叶开发重大专项“中间香型特色优质烟叶开发”和“湘西州烟区生态评价与品牌导向型基地布局研究”（2011130165）资助。

作者简介：周米良（1972—），男，湖南宁乡人，农艺师，硕士，主要从事烟叶生产、科研与管理。

*通讯作者：邓小华（1965—），男，湖南冷水滩人，教授，博士，主要从事烟草科学与工程技术研究。

分布特点，特别是植烟土壤钙含量空间分布状况的研究还未见报道。本研究在分析湘西州植烟土壤钙含量分布特点的基础上，侧重分析了土壤类型、海拔对植烟土壤钙含量的影响及湘西州植烟土壤钙含量空间分布特点，以期为湘西烟区的植烟土壤改良和平衡施肥以及特色优质烟叶开发提供理论依据。

1 材料与方法

1.1 采样时间、地点

植烟土壤样品的采集于2011年在湘西州进行，室内样品检测在湖南农业大学资环学院进行。

1.2 样品采集

在湘西州主要烟区的7个植烟县（永顺县、龙山县、凤凰县、保靖县、芦溪县、花垣县、古丈县）采集具有代表性的耕作层土样488个。种植面积在20hm^{2}左右采集一个土样。土壤样品的采集时间均统一选在烤烟移栽前的第2个月内完成，同时避开雨季。采用土钻钻取，采多点混合土样，取耕层土样深度为20cm。每个地块一般取10～15个小样点（即钻土样）土壤，制成1个0.5kg左右的混合土样。田间采样登记编号，经过风干、磨细、过筛、混匀等预处理后，装瓶备测定分析用。样品采集的同时用GPS确定采用点地理坐标和海拔高度。

1.3 土壤交换性钙测定方法

参照参考文献［15］、［21］，植烟土壤交换性钙采用醋酸铵浸提－原子吸收分光光度法测定。

1.4 统计分析方法

1.4.1 植烟土壤钙含量分级 在综合分析湖南烟区烟草生产实际和多年烟草施肥试验后，以烟叶优质适产为目标，以植烟土壤养分的生物有效性为核心，参照罗建新等[15]建立的湖南省植烟土壤养分丰缺状况分级体系，将植烟土壤钙含量分为极缺乏（＜400mg/kg）、缺乏（400.1～800mg/kg）、适宜（800.1～1 200mg/kg）、丰富（1 200.1～2 000mg/kg）、极丰富（＞2 000mg/kg）5级。

1.4.2 植烟土壤钙含量空间分布图绘制 原始数据处理及分析采用SPSS17.0软件进行，探索分析法（explore）剔除异常离群数据，K－S法检测数据正态性，用ArcGIS 9软件中的地统计学模块的Kriging插值方法绘制植烟土壤钙含量的空间分布图。

2 结果与分析

2.1 湘西州植烟土壤交换性钙含量分布状况

由表1可知，湘西州植烟土壤交换性钙含量丰富，平均值为1 688.01mg/kg，变幅为

193.90～6 506.58mg/kg，变异系数为64.61%，属中等强度变异。湘西州植烟土壤交换性钙处于适宜范围内的样本占20.29%，“缺乏”和“极缺乏”的植烟土壤样本之和为18.03%，“丰富”和“极丰富”的植烟土壤样本之和为61.68%。由此可见，湘西州植烟土壤交换性钙含量大部分达到丰富或极丰富的程度，在这些土壤上可能会出现钙对烤烟吸收其他阳离子，特别对钾、镁吸收的拮抗作用。但有1.23%的土壤属于极度缺钙，16.80%的土壤交换性钙在400～800mg/kg之间，也属于缺钙的土壤，生长在这些土壤的烟株有可能出现缺钙症状。

表1　湘西州植烟土壤交换性钙含量分布

区域	样本数（个）	均值±标准差（mg/kg）	变幅（mg/kg）	变异系数（%）	钙含量区间百分比（%）				
					<400	400.1～800	800.1～1 200	1 200.1～2 000	>2 000
保靖	38	2 482.74±1 568.53A	458.25～5 797.78	63.18	0.00	10.53	7.89	28.95	52.63
凤凰	50	1 415.04±700.62C	258.85～3 195.66	49.51	2.00	14.00	30.00	32.00	22.00
古丈	62	1 369.32±778.45C	442.50～3 887.06	56.85	0.00	24.19	35.48	22.58	17.74
花垣	42	1 571.75±1 201.72BC	326.25～6 506.58	76.46	7.14	11.90	23.81	35.71	21.43
龙山	132	1 744.74±988.80BC	355.00～5 753.46	56.67	0.76	16.67	10.61	41.67	30.30
芦溪	18	2 100.25±1 163.03AB	818.68～4 900.40	55.38	0.00	0.00	22.22	33.33	44.44
永顺	146	1 641.32±1 109.91BC	193.90～5 900.25	67.62	0.68	19.86	21.23	34.25	23.97
湘西州	488	1 688.01±1 090.71	193.90～6 506.58	64.61	1.23	16.80	20.29	34.22	27.46

2.2　植烟土壤交换性钙含量县际间差异

由表1可知，7个主产烟县植烟土壤交换性钙含量平均在1 369.32～2 482.74mg/kg，按从高到低依次为：保靖县>芦溪县>龙山县>永顺县>花垣县>凤凰县>古丈县，其中保靖县、芦溪县植烟土壤交换性钙含量属极丰富水平，龙山县、古丈县、凤凰县、永顺县、花垣县植烟土壤交换性钙含量属丰富水平。方差分析结果表明，不同县之间的植烟土壤交换性钙含量差异达极显著水平（$F=5.690$；$Sig.=0.000$），经Duncan多重比较（Duncan' multiple rang test法，下同），保靖县、芦溪县植烟土壤交换性钙含量较高，其中保靖县与其他5个县植烟土壤交换性钙含量达极显著差异；古丈县、凤凰县植烟土壤交换性钙含量较低，与保靖县和芦溪县植烟土壤交换性钙达极显著差异。7个县植烟土壤交换性钙含量的变异系数从大到小排序为：花垣县>永顺县>保靖县>古丈县>龙山县>芦溪县>凤凰县，各县植烟土壤交换性钙含量的变异系数都在40%以上，为中等强度变异。7个主产烟县植烟土壤交换性钙含量适宜样本比例在7.89%～35.48%，县际之间差异较大，按从低到高依次为：古丈县>凤凰县>花垣县>芦溪县>永顺县>龙山县>保靖县。

2.3　不同植烟土壤类型交换性钙含量差异

分别统计主要植烟土壤类型的交换性钙含量的平均值和适宜样本比例，结果见表2。8个主要植烟土壤类型的交换性钙含量平均在1 236.09～1 928.49mg/kg，按从高到低依次为：红壤＞灰黄土＞黄壤＞石灰土＞灰黄泥＞水稻土＞灰黄棕土＞浅灰黄泥。方差分析结果表明，不同植烟土壤类型的交换性钙含量差异达显著水平（F＝1.771；$Sig.$＝0.049），经Duncan多重比较，红壤、灰黄土和黄壤的交换性钙含量显著高于浅灰黄泥，其他土壤类型之间交换性钙含量差异不显著。

8个主要植烟土壤类型的交换性钙含量适宜样本比例在11.54%～29.17%，不同土壤类型之间差异较大，按从低到高依次为：石灰土＞浅灰黄泥＞灰黄泥＞红壤＞水稻土＞黄壤＞灰黄土＞灰黄棕土。其中灰黄土和灰黄棕土的交换性钙含量非常丰富，适宜样本分别只有11.54%、10.87%，达到丰富或极丰富的程度的样本分别在75.00%、67.39%。

表2　湘西州不同植烟土壤类交换性型钙含量分布

土壤类型	样本数（个）	均值±标准差（mg/kg）	变幅（mg/kg）	变异系数（%）	钙含量区间百分比（%）				
					＜400	400.1～800	800.1～1 200	1 200.1～2 000	＞2 000
红壤	22	1 928.94±1 444.90a	544.95～5 205.88	74.91	0.00	18.18	22.73	27.27	31.82
黄壤	18	1 818.50±1 615.81a	458.25～5 542.60	88.85	0.00	31.58	15.79	26.32	26.32
灰黄泥	42	1 685.67±876.43ab	562.60～4 166.06	51.99	0.00	11.90	23.81	30.95	33.33
灰黄土	52	1 904.37±1 193.31a	480.45～5 753.46	62.66	0.00	13.46	11.54	44.23	30.77
灰黄棕土	46	1 493.34±669.66ab	525.00～4 168.63	44.84	0.00	21.74	10.87	45.65	21.74
浅灰黄泥	35	1 236.09±612.01b	258.85～3 113.13	49.51	5.71	17.14	28.57	37.14	11.43
石灰土	48	1 696.75±939.24ab	457.86～4 643.46	55.36	0.00	12.50	29.17	27.08	31.25
水稻土	139	1 639.68±1 148.76ab	193.90～5 900.25	70.06	0.72	20.14	22.30	33.09	23.74

2.4　不同海拔植烟土壤交换性钙含量差异

将土壤样本采集地点的海拔按（－∞，400m）、[400m，600m）、[600m，800m）、[800m，1 000m）、[1 000m，＋∞）分为5个海拔高度组，分别统计不同海拔高度的植烟土壤交换性钙含量的平均值和适宜样本比例，结果见表3。5个海拔高度的植烟土壤交换性钙含量平均在1 609.24～1 843.50mg/kg，以海拔高度在600～800m的土壤组交换性钙含量最高，依次为小于400m、400～600m、800～1 000m、大于1 000m。方差分析结果表明，不同海拔高度的植烟土壤交换性钙含量差异不显著（F＝1.225；$Sig.$＝0.299）。5个海拔高度组植烟土壤交换性钙含量的变异系数在44.12%～67.97%，为中等强度变异，以海拔高度在400～600m的土壤组交换性钙含量变异系数最大，依次为800～1 000m、600～800m、大于1 000m、小于400m。5个海拔高度组的植烟土壤交换性钙含量适宜样本比例在11.90%～26.87%，不同海拔高度组之间差异不大，以海拔高度小于400m的土壤组交换性钙含量适宜样本比例最高，依次为400～600m、600～800m、800～1 000m、大于1 000m。

表3 湘西州不同海拔植烟土壤交换性钙含量分布

海拔（m）	样本数（个）	均值±标准差（mg/kg）	变幅（mg/kg）	变异系数（%）	钙含量区间百分比（%）				
					<400	400.1～800	800.1～1 200	1 200.1～2 000	>2 000
<400	67	1 751.31±1 069.91a	442.50～5 136.28	61.09	0.00	11.94	26.87	31.34	29.85
400～600	178	1 618.83±1 100.35a	193.90～5 900.25	67.97	0.56	22.35	22.35	29.61	25.14
600～800	131	1 843.50±1 188.85a	326.25～6 506.58	64.49	2.29	9.16	19.08	38.93	30.53
800～1 000	69	1 609.24±1 085.57a	258.85～5 692.41	67.46	2.90	20.29	15.94	31.88	28.99
>1 000	43	1 526.33±673.49a	545.30～4 168.63	44.12	0.00	19.05	11.90	47.62	21.43

2.5 植烟土壤交换性钙含量空间分布

为进一步了解湘西州植烟土壤交换性钙含量的生态地理分布差异，将湘西州植烟土壤交换性钙含量进行对数转换后（因土壤交换性钙含量不为正态分布），采用ArcGIS9软件绘制了湘西州植烟土壤交换性钙含量空间分布图，见图1。湘西州植烟土壤交换性钙含量呈有规律地分布，总体上是四周高。在龙山县的北部、永顺县的东部、保靖县的西部、芦溪县的南部各有一个高值区，在永顺县的北部、古丈县的中部、凤凰县的西北部各有一个低值区。

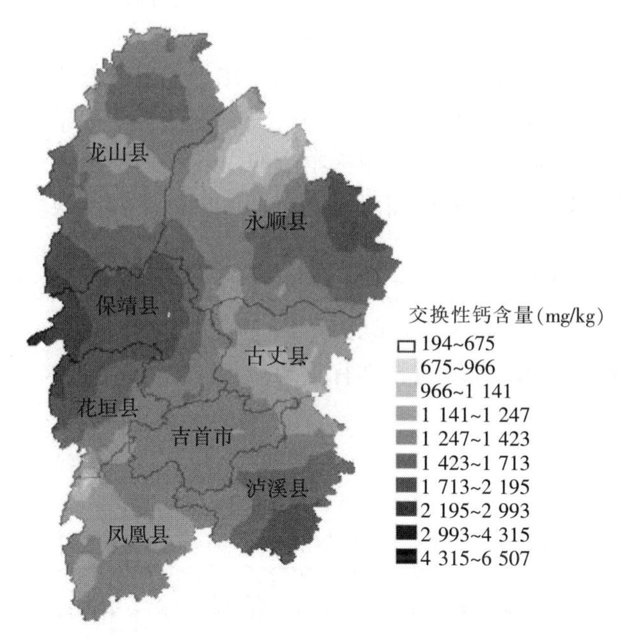

图1 湘西州植烟土壤交换性钙含量空间分布

3 结论

湘西州植烟土壤交换性钙含量丰富，平均值为1 795.20mg/kg，处于适宜范围内的样本占19.10%，“缺乏”和“极缺乏”的植烟土壤样本之和为16.02%，“丰富”和“极丰富”的植烟土壤样本之和为64.88%。不同县之间的植烟土壤交换性钙含量差异达极显著水平，保靖县、芦溪县植烟土壤交换性钙含量相对较高，古丈县、凤凰县植烟土壤交换性钙含量相对较低。不同植烟土壤类型的交换性钙含量差异达显著水平，红壤、黄壤和灰黄土的交换性钙相对较高，浅灰黄泥的交换性钙相对较低。不同海拔高度的植烟土壤交换性钙含量差异不显著。湘西州植烟土壤交换性钙含量呈有规律地分布，在龙山县的北部、永顺县的东部、保靖县的西部、芦溪县的南部各有一个高值区，在永顺县的北部、古丈县的中部、凤凰县的西北部各有一个低值区。

4 讨论

土壤中钙元素含量变化及含钙肥料的合理施用均能影响土壤理化特性的优劣。随着烟草种植的集中度提高和大量、微量元素肥料投入的增加，烟草钙素营养更表现出其重要性。土壤交换性钙含量是评价土壤供钙能力的一个重要指标，其含量多少及有效性高低既影响烟草的正常生长发育，也会影响烟草对其他元素的吸收。湘西州一部分植烟土壤交换性钙含量丰富，有可能会影响烟草对钾、镁的吸收，表现出缺镁现象和影响烟叶钾含量的提高。

上述分析仅是对湘西州植烟土壤交换性钙状况的一些粗浅的分析，由于受取样点的局限和样本数量不够多的影响，其研究结果还有待生产中进一步证明。

烟叶品质风格的形成是烟草品种基因型和生态环境因素综合作用的结果。烤烟的生长发育以及烟叶最终产量、质量与植烟土壤养分状况有着密切的关系。笔者尝试通过构建植烟土壤交换性钙含量5级分级体系，采用样本分布、县平均值、不同土壤类型平均值、不同海拔高度平均值等形象直观地表达湘西州主产烟区植烟土壤交换性钙含量的描述性统计分析结果，有助于充分了解湘西州主产烟区植烟土壤交换性钙含量的总体状况。

采用Kriging插值绘制的等值线图直观地描述了湘西州主产烟区植烟土壤交换性钙含量的分布格局。总的看来，湘西州主产烟区植烟土壤的交换性钙含量呈现出一定的规律性分布，这对烟田的分区管理和因地施肥具有重要的指导意义。

参考文献

[1] 张黎明，周米良，向德明，等．湘西山区建设现代烟草农业的思考［J］．作物研究，2010，24（1）：76-79.

[2] 曹志洪．优质烤烟生产的土壤与施肥［M］．南京：江苏科学技术出版社，1991：38-43.

[3] 晋艳，雷永和．烟草中钾钙镁相互关系研究初报［J］．云南农业科技，1999（3）：6-9，47.

[4] 杨宇虹，崔国明，黄必志，等．钙对烤烟产质量及其主要植物学性状的影响［J］．云南农业大学学报，1999，14（2）：148-152.

[5] 汪邓民，周冀衡，朱显灵．磷钙锌对烟草生长、抗逆性保护酶及渗调物的影响［J］．土壤，2000（1）：34-37，46.

[6] 邹文桐，熊德中．土壤交换性钙水平对烤烟生长发育的影响［J］．福建农业学报，2010，25（1）：96-99.

[7] 邹文桐，熊德中．土壤交换性钙水平对烤烟若干生理代谢的影响［J］．安徽农业大学学报，2010，37（2）：369－373
[8] 李佛琳，强继业，陈光宏，等．不同钾钙比例对不同烤烟品种的影响［J］．种子，2001（4）：7－9，12.
[9] 吕永华，詹碰寿，马武军，等．石灰、钙镁磷肥对烤烟生产及土壤酸度调节的影响［J］．生态环境，2004，13（3）：379－381.
[10] 李昱，何春梅，林新坚．施用沸石、白云石对植烟土壤及烟叶品质的影响［J］．烟草科技，2006（4）：50－54.
[11] 许自成，，黎妍妍，肖汉乾．湖南烟区土壤交换性钙、镁含量及对烤烟品质的影响［J］．生态学报，2007，27（11）：4425－4433.
[12] 谢鹏飞，邓小华，何命军．宁乡县植烟土壤养分丰缺状况分析［J］．中国农学通报，2011，27（05）：154－162.
[13] 唐莉娜，陈顺辉，林祖斌，等．福建烟区土壤主要养分特征及施肥对策［J］．烟草科技，2008（1）：56－60.
[14] 邹加明，单沛祥，李文璧，等．大理州植烟土壤肥力质量现状与演变趋势［J］．中国烟草学报，2002，8（4）：14－20.
[15] 罗建新，石丽红，龙世平．湖南主产烟区土壤养分状况与评价［J］．湖南农业大学学报：自然科学版，2005，31（4）：376－380.
[16] 徐雪芹，陈志燕，周俊，等．湖南邵阳主烟区土壤养分特征分析及施肥对策［J］．安徽农业科学，2009，37（5）：2071－2074，2128.
[17] 龚智亮，唐莉娜．福建南平植烟土壤主要养分特征及生产对策［J］．中国农学通报，2009，25（16）：153－155.
[18] 黄韡，查宏波，钱文有，等．昭通植烟土壤养分丰缺状况及施肥对策［J］．中国农学通报，2010，26（7）：128－136，
[19] 何轶，何伟，周冀衡，等．云南施甸烟区植烟土壤养分状况综合评价［J］．湖南农业大学学报：自然科学版，2009，35（5）：537－541.
[20] 郑明，周冀衡，李强，等．曲靖烟区植烟土壤主要养分现状分析及施肥对策［J］．湖北农业科学，2010，49（4）：825－830.
[21] 鲁如坤．土壤农业化学分析方法［M］．北京：中国农业科学技术出版社，1999：166－187.

湘西州植烟土壤全钾含量分布特征

彭　莹[1]，邓小华[2]，田　峰[1]，肖　瑾[1]，张黎明[1]，覃　勇[2]，邓井青[2]

（1. 湘西自治州烟草专卖局，吉首　416000；
2. 湖南农业大学，长沙　410128）

摘　要：采集湘西烟区488个土壤样本，分析其全钾含量分布。结果表明：①湘西植烟土壤全钾含量总体处于略偏低水平，平均值为1.535%，变幅在0.569%～2.935%，变异系数为27.83%，处于适宜范围内的样本占34.09%。②红灰土的全钾含量显著地高于其他土壤类型。③海拔高度在1 000m以上植烟土壤全钾含量相对较高。④湘西州植烟土壤全钾含量总体上呈斑块状分布态势，但具有南北高和中部低的趋势。

关键词：植烟土壤；全钾；分布特征；湘西自治州

烟草是喜钾作物，钾素的充足供应对其生长发育、产量和品质以及卷烟制品的安全性均具有重要作用[1～3]。烟叶钾含量高低与其基因型和所处的气候和土壤条件及施肥措施等密切相关，其中土壤营养是根本，土壤养分供给状态是影响烟叶钾含量高低的重要因子之一[1]。土壤中的全钾包括无效态或矿物态钾、缓效性钾、速效性钾，其含量取决于成土母质、风化程度、土壤形成条件、土壤质地和耕作施肥措施，可反映了土壤钾素的贮量状况。目前，关于植烟土壤对烟草钾营养的影响[3～8]和提高烟叶钾含量的技术措施[9～11]等方面的研究报道较多，有关植烟土壤钾素含量状况的研究也有报道[12～14]，但有关湘西州植烟土壤钾素含量特征的系统分析还未见报道[15～20]。鉴于此，本研究以湘西植烟土壤为材料，研究其全钾含量分布特征，以期为湘西植烟土壤钾素养分管理及特色优质烟叶开发提供理论依据。

1　研究区域与方法

1.1　研究区域

湘西土家族苗族自治州（简称湘西州）位于东经109°10′～110°23′，北纬27°44′～29°

基金项目：国家烟草专卖局特色优质烟叶开发重大专项“中间香型特色优质烟叶开发”（ts－02）和“湘西烟区生态评价与品牌导向型基地布局研究”（2011130165）资助。

作者简介：彭莹（1977—），女，湖南永顺县人，硕士在读，助理农艺师，主要从事烟草信息化管理与应用，Tel：0743－8567906，Email：179550887@qq.com。

通讯作者：邓小华（1965—），男，湖南冷水滩人，博士，教授，主要从事烟草科学与工程技术研究，Tel：13974934919；Email：yzdxh@163.com。

38′，地处云贵高原向东部平原过渡区域的武陵山区，属亚热带季风性湿润气候区。年均日照时数为1 152～1 391h，年降水量1 284～1 417mm，年平均气温为16.0～17.0℃，日平均气温≥10℃，积温4 995～5 340℃，持续天数237～245d[2]，常年产烟2.25×10^4t左右，是湖南省第三大烟叶产区，烟叶质量一直得到省内外卷烟工业企业青睐。

1.2 样品采集

于2011年在湘西的永顺县、龙山县、凤凰县、保靖县、芦溪县、花垣县、古丈县等7个植烟县、81个乡镇中的烟叶专业村和具有烟叶种植发展潜力的375个村，采集具有代表性的耕作层土样488个（具体分布见图1）。在烤烟移栽前集中采集土壤样品，同时避开雨季。种植面积在20hm^2左右采集一个土样，不足20hm^2的行政村也采集一个土壤。采用土钻钻取耕层深度为20cm的土样，每个地块一般取10～15个小样点（即钻土样）土壤，制成1个0.5kg左右的混合土样。每个小样点的采土部位、深度、数量应力求一致。采样时要避开沟渠、林带、田埂、路边、旧房基、粪堆底以及微地形高低不平等无代表性地段。田间采样登记编号，经过风干、磨细、过筛、混匀等预处理后，装瓶备测。在样品采集的过程中用GPS确定采用点地理坐标和海拔高度，并记录土壤类型。室内样品检测在湖南农业大学资环学院进行。

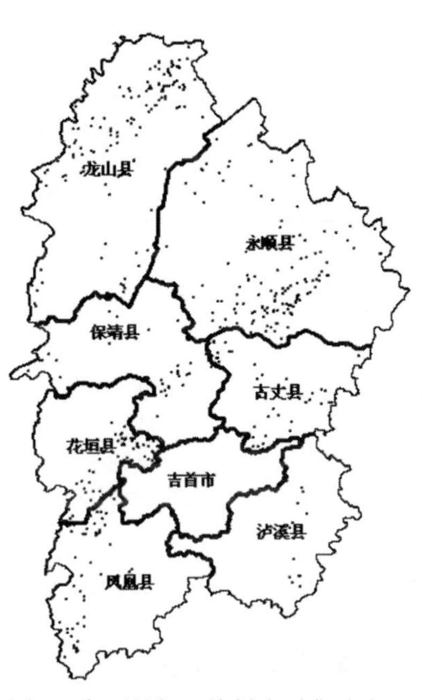

图1 湘西植烟土壤样本采集分布图

1.3 土壤全钾测定方法

植烟土壤全钾采用氢氧化钠熔融-火焰光度法测定。

1.4 统计分析方法

1.4.1 植烟土壤全钾含量分级 参照陈江华[12]、罗建新等[13]建立的植烟土壤养分分级方法，结合南方烟区植烟土壤特点，将植烟土壤全钾含量分为极低（<1.00%）、低（1.00%～1.50%）、适宜（1.51%～2.00%）、丰富（>2.00%）4级。

1.4.2 植烟土壤全钾含量空间分布图绘制 采用SPSS17.0软件中的探索分析法（explore）剔除异常离群数据，利用ArcGIS9软件的地统计学模块（geostatistical analyst），以IDW法（Inverse distance weighting，反距离加权插值）插值绘制湘西植烟土壤全钾含量的空间分布图。

2 结果与分析

2.1 全钾总体特征

由表1可知，湘西州植烟土壤全钾含量变幅为0.569%～2.935%，平均值为

1.535%，总体上属略偏低水平；变异系数为27.83%，属中等强度变异。

7个主产烟县植烟土壤全钾含量平均在1.328%～1.877%，按从高到低依次为：凤凰县>花垣县>龙山县>古丈县>泸溪县>保靖县>永顺县；其中，永顺县、保靖县、泸溪县植烟土壤全钾含量总体上处于偏低水平，其他各县总体上处于适宜水平。方差分析结果表明，不同县之间的植烟土壤全钾含量差异达极显著水平（$F=16.347$；$Sig.=0.000$），经Duncan多重比较，凤凰县植烟土壤全钾含量极显著高于龙山县、古丈县、泸溪县、保靖县、永顺县。

7个县植烟土壤全钾含量的变异系数为21.38%～38.97%，为中等强度变异，从大到小排序为：保靖县>永顺县>古丈县>凤凰县>泸溪县>花垣县>龙山县。

表1　湘西州植烟土壤全钾统计特征

区域	样本数（个）	均值	标准差	极小值	极大值	偏度	峰度	变异系数（%）
保靖	38	1.383CD	0.539	0.569	2.537	0.299	−0.994	38.97
凤凰	50	1.877A	0.457	1.153	2.935	0.667	−0.485	24.34
古丈	62	1.578BC	0.422	0.783	2.731	0.364	0.078	26.77
花垣	42	1.706AB	0.383	1.217	2.402	0.526	−1.120	22.45
龙山	132	1.609BC	0.344	0.975	2.876	0.770	1.004	21.38
泸溪	18	1.491BCD	0.350	0.917	2.342	0.736	1.283	23.47
永顺	146	1.328D	0.357	0.665	2.788	1.202	1.873	26.91
湘西州	488	1.535	0.427	0.569	2.935	0.593	0.253	27.83

2.2　全钾丰缺状况

由图2可知，湘西州植烟土壤全钾含量处于适宜范围内的样本只占34.09%，“低”的植烟土壤样本为43.74%，“极低”的植烟土壤样本为8.21%，“高”的样本为13.96%。说明湘西州大部分植烟土壤全钾含量偏低。因此，烟草生产中必须依靠增加钾肥的施用来提高土壤钾养分的供应强度，以便提高烟叶的含钾量，提高烟叶的可用性。

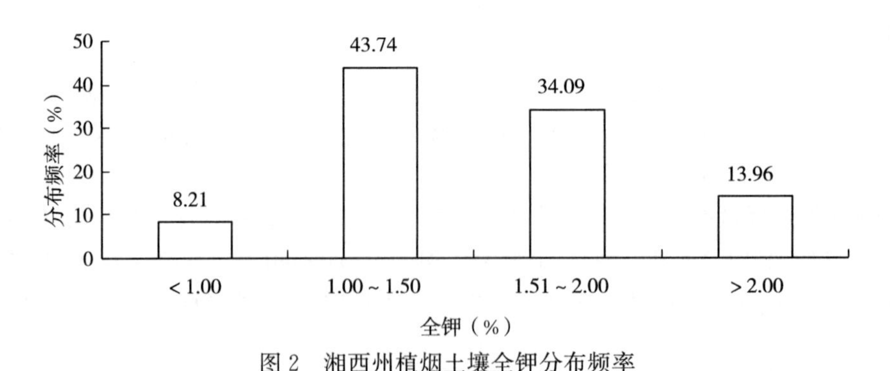

图2　湘西州植烟土壤全钾分布频率

2.3　不同土壤类型全钾差异

由图3可知，6个主要植烟土壤类型的全钾含量平均在1.46%～1.79%，按从高到低依次为：红灰土＞黄棕壤＞水稻土＞黄壤＞红壤＞石灰土。方差分析结果表明，不同植烟土壤类型的全钾含量差异达显著水平（$F=2.454$；$Sig.=0.027$），经 Duncan 多重比较，红灰土的全钾含量相对较高，显著地高于其他土壤类型。

6 个主要植烟土壤类型的全钾含量适宜样本比例在 23.94%～44.07%，不同土壤类型之间差异较大，按从高到低依次为：黄棕壤＞红壤＞黄壤＞水稻土＞红灰土＞石灰土。

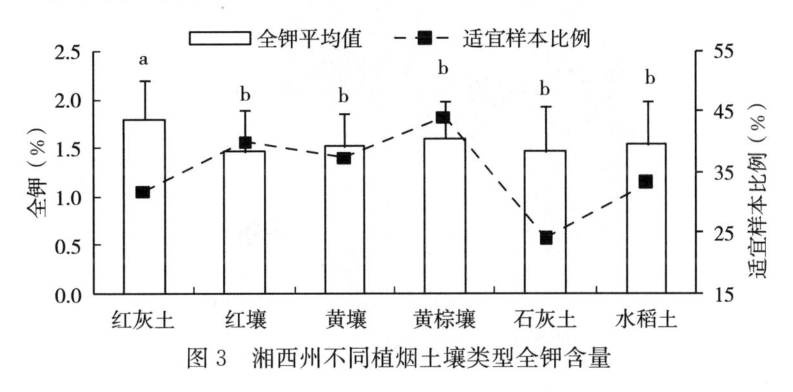

图 3　湘西州不同植烟土壤类型全钾含量

2.4　不同海拔土壤全钾差异

由图 4 可知，5 个海拔高度组的植烟土壤全钾含量平均在 1.45%～1.66%，与海拔高度的关系不是很明显。方差分析结果表明，不同海拔高度的植烟土壤全钾含量差异达显著水平（$F=3.203$；$Sig.=0.013$），[1 000m，+∞）海拔高度组植烟土壤全钾含量显著高于 [400m，600m）、[800m，1 000m）等组。

5 个海拔高度组的植烟土壤全钾含量适宜样本比例在 28.36%～47.62%。不同海拔高度组之间差异较大，以 [1 000m，+∞）海拔高度组的土壤全钾含量适宜样本比例最高。

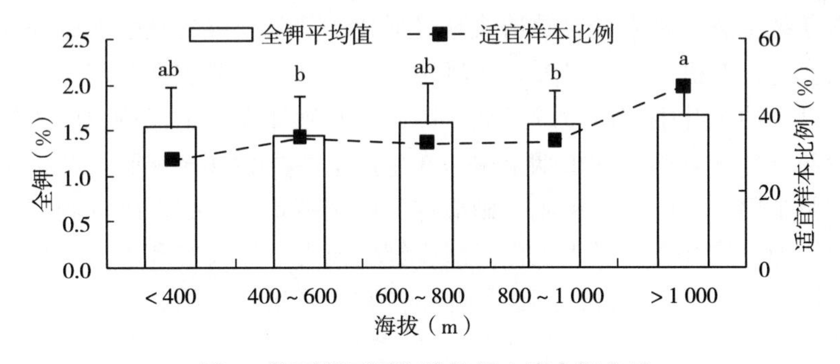

图 4　湘西州不同海拔植烟土壤全钾含量

2.5　全钾空间分布

由图 5 可知，湘西州植烟土壤全钾含量总体上呈斑块状分布态势，但具有南北高和中部低的趋势。以全钾含量 1.26%～1.61%为主要分布面积。在保靖县和永顺县的部分地区是低值区域（＜1.26%）；在凤凰县有一个高值区域（＞2.05%）。在龙山县的北部也有一个高值区。

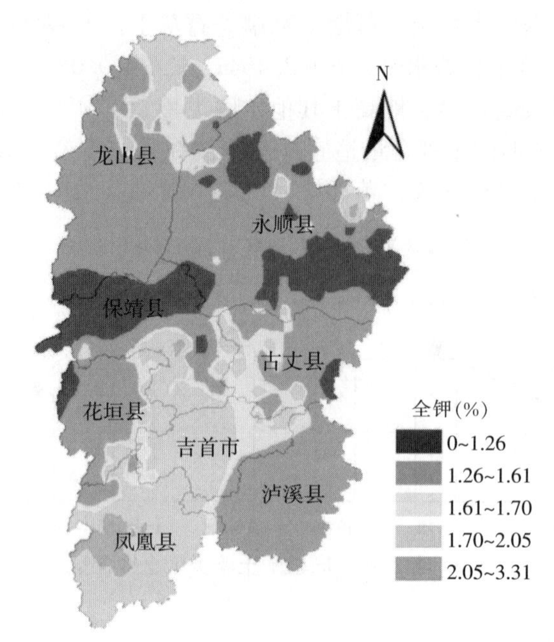

图 5　湘西州植烟土壤全钾空间分布

3　讨论

湘西烟区以喀斯特地貌为主，土地资源结构主要为石山坡地，母岩造壤能力差，在土壤受侵蚀不强烈的情况下，土壤发育良好，土层深厚，土壤全钾含量较高，有利于优质烟叶生产。由于土壤资源缺乏，长期将烟叶生产发展的重点放在喀斯特洼地和谷地，这对承载力较低的喀斯特生态系统来说容易造成环境退化。部分土壤受到强烈侵蚀，各种物理性状变差，土层变薄，有机质含量降低，土壤中钾淋失严重，造成烟叶产量和质量降低，烟叶风格弱化，已制约烟叶生产可持续发展。因此，必须加大水土保持力度，提高土壤的抗蚀能力；在少部分钾含量偏低的植烟土壤，在生产上要注意补充钾肥，特别是在烟叶生长后期应重视钾肥施用。推广“专用肥＋硝酸钾”施肥模式，提高钾肥的利用效率；与此同时，加强田间管理，搞好开沟排水工作，减少钾肥流失，形成有利于生态环境改善与资源持续利用的发展机制，以促进湘西烟区烟叶生产和经济稳步发展。

4　结论

（1）湘西植烟土壤全钾含量总体处于略偏低水平，平均值为 1.535%，变幅在 0.569%～2.935%，变异系数为 27.83%，处于适宜范围内的样本占 34.09%。单从湘西植烟土壤全钾含量平均值看并不缺乏，但植烟土壤全钾含量变幅较大，仍有 8.21%的植烟土壤样本处于缺钾状态。

（2）植烟土壤钾含量在一定程度上与成土母质和土壤类型有关。湘西红灰土的全钾含量显著地高于其他土壤类型。

（3）从海拔看，湘西海拔高度在 1 000m 以上植烟土壤全钾含量相对较高。在湘西烟区的高海拔地区，一般为一年一熟，农业耕作较少，土壤环境基本上处于半封闭状态，各种动、植物残体在微生物作用下分解后基本在原地保存，土壤有机质基本未受到破坏。高海拔，有机质含量高[16]，钾的淋失少。

（4）湘西州植烟土壤全钾含量总体上呈斑块状分布态势，但具有南北高和中部低的趋势。IDW 插值法绘制的空间分布图可直观地描述湘西主产烟区植烟土壤全钾含量的分布格局，这对烟田的分区管理和因地施肥具有重要的指导意义。

参考文献

[1] 韩锦峰，朱大恒，刘华山，等．我国烤烟含钾量低的原因及解决途径［J］．河南农业科学，2010（2）：32－40.

[2] 肖协中．烟草化学［M］．北京：中国农业出版社，1997：44－194.

[3] 曹志洪．优质烤烟生产的钾素与微肥［M］．北京：中国农业科学技术出版社，1995.

[4] 王欣，许自成，肖汉乾．湖南烟区烤烟钾含量与土壤钾素的分布特点之间的关系［J］．安全与环境学报，2007，7（5）：83－87.

[5] 曹志洪，胡国松，周秀如，等．土壤供钾特性和烤烟的钾肥有效施用［J］．烟草科技，1993（2）：33－37.

[6] 颜丽，关连珠，栾双，等．土壤供钾状况及土壤湿度对我国北方烤烟烟叶含钾量的影响研究［J］．土壤学通报．2001，32（2）：84－87.

[7] 王树会，邵岩，李天福，等．云南烟区土壤钾素含量与分布［J］．云南农业大学学报，2006，21（6）：834－837.

[8] 刘枫，赵正雄，李忠环，等．不同前茬作物条件下烤烟氮磷钾养分平衡［J］．应用生态学报，2011，22（10）：2622－2626.

[9] 何悦，曹金莉，赵国明，等．云南大理州烤烟含钾量评价及提高其含量对策［J］．昆明学院学报，2009，31（6）：35－37.

[10] 尹鹏达，朱文旭，赵丽娜，等．氮磷钾配施对填充型烤烟烟碱含量的影响［J］．应用生态学报，2011，22（5）：1189－1194.

[11] 李松岭．河南省烟叶含钾量低的原因及对策［J］．河南农业科学，2000（10）：6－8.

[12] 陈江华，李志宏，刘建利，等．全国主要烟区土壤养分丰缺状况评价［J］．中国烟草学报，2004，11（3）：14－18.

[13] 罗建新，石丽红，龙世平．湖南主产烟区土壤养分状况与评价［J］．湖南农业大学学报：自然科学版，2005，31（4）：376－380.

[14] 黎成厚，刘元生，何腾兵，等．土壤 pH 与烤烟钾素营养关系的研究［J］．土壤学报，1999，36（2）：276－281.

[15] 周米良，邓小华，刘逊，等．湘西植烟土壤交换性钙含量及空间分布研究［J］．安徽农业科学，2012，40（18）：9697－9699，9846.

[16] 刘逊，邓小华，周米良，等．湘西植烟土壤有机质含量分布及其影响因素［J］．核农学报，2012，26（7）：1037－1042.

[17] 刘逊，邓小华，周米良，等．湘西烟区植烟土壤氯含量及其影响因素分析［J］．水土保持学报，

2012，26（6）：224－228.
[18] 周米良，邓小华，黎娟，等．湘西植烟土壤 pH 状况及空间分布研究［J］．中国农学通报，2012，28（9）：80－85.
[19] 黎娟，刘逊，邓小华，等．湘西植烟土壤有效锌含量及其变化规律研究［J］．云南农业大学学报，2012，27（2）：210－214，240.
[20] 黎娟，邓小华，周米良，等．湘西植烟土壤交换性镁含量及空间分布研究［J］．江西农业大学学报，2012，34（2）：232－236.
[21] 邓小华，周米良，田茂成，等．湘西州植烟气候与国内外主要烟区比较及相似性分析［J］．中国烟草学报，2012，18（3）：28－33.

成熟·烤房·调制

CHENGSHU KAOFANG TIAOZHI

烤烟不同成熟度鲜烟叶组织结构研究

聂荣邦[1]，李海峰[2]，胡子述[2]

（1. 湖南农学院，长沙 410128；2. 郴州市烟草分公司，郴州 423400）

摘　要： 对品种 G80 上、中、下 3 个部位不同成熟度鲜烟叶组织结构进行石蜡切片研究。结果表明，随着成熟度提高，单位面积细胞数、单位长度栅栏细胞数、海绵细胞数均呈逐渐减少趋势，而细胞间空隙率呈逐渐增大趋势，并且成熟度越高，这些变化越大。产生变化的主要原因可能是细胞的胞间层溶解、解体和干缩。单位长度栅栏细胞数可作为度量成熟度档次的最佳指标。对 G80 而言，从未熟到成熟，单位长度栅栏细胞数减少了 20%左右。下部叶适熟应为 M_3，而中、上部叶适熟应为 M_4。

关键词： 烤烟；叶片；组织结构

烟叶成熟度是烤烟分级标准中第一质量要素。20 世纪 80 年代以来，世界优质烟主产国之间激烈的烟叶质量竞争，中心是成熟度。朱尊权[1]指出，在烟叶等级划分的诸多因素中，实际上是以成熟度为核心，以叶片结构、色度为重点的。叶片结构指叶内细胞的发育状况。成熟度与叶片结构有着密切的关系。国内外对烤烟成熟度的研究已有不少报道，但对不同成熟度叶片结构的研究报道甚少。王宝华等对烤烟烟叶的栅栏组织和海绵组织进行了观察研究，郭月清[3]、贾琪光[4]等对不同成熟度烟叶的栅栏组织、海绵组织及其比值进行了观测比较，但对于不同成熟度烟叶单位面积细胞数、单位长度内栅栏细胞及海绵细胞数、不同成熟度烟叶细胞间空隙率以及不同成熟度烟叶叶片结构的研究报道较少，而这些对深入了解成熟度及叶片结构是十分重要的。因此，我们通过大田取样、实验室石蜡切片，对不同成熟度鲜烟叶组织结构进行了细致研究，为烟叶成熟采收及烟叶分级标准提供依据。

1　材料与方法

供试品种为 G80。试验田设在湖南省郴州地区桂阳县，密度为每 $667m^2$1 333 株，单株留叶数为 19 片，施肥量为亩施纯 10kg，N∶P_2O_5∶K_2O 为 1∶1∶2。

烟株上、中、下 3 个部位的叶片均按 5 个成熟度档次取样。成熟度由低到高依次记为 M_1、M_2、M_3、M_4、M_5。各成熟档次烟叶的外观特征如下：

M_1：叶色深绿，未落黄，主支脉全青，茸毛未脱落。

M_2：叶色淡绿，刚落黄，主脉 2/3 变白，支脉青，茸毛较少脱落。

M_3：叶色黄绿，主脉全白，支脉 1/3 变白，茸毛部分脱落。

M_4：叶色黄多绿少，主脉全白发亮，支脉2/3变白，茸毛基本脱落，上部叶叶面布满黄斑，有极少赤星病斑，叶尖叶缘变白。

M_5：叶色黄中透白，主支脉全白发亮，茸毛脱落，枯尖焦边，有较多赤星病斑。

切片方法为：卡诺氏液固定，二甲苯透明，石蜡包埋切片，番红—亮绿对染，切片厚度为10μm。

2 结果与分析

试验结果（表1）表明：

（1）无论是下部、中部还是上部叶，各成熟度叶片的栅栏组织均为一层细胞构成。一般栅栏组织厚度略大于栅栏组织长度，这是由于栅栏细胞的排列略为参差不齐所致。

表1 不同成熟度鲜烟叶组织结构

部位	成熟度	叶片厚（μm）	栅栏组织厚（μm）	海绵组织厚（μm）	栅栏组织厚/海绵组织厚	栅栏细胞大小		单位面积细胞数		单位长度栅栏细胞数		单位长度海绵细胞数		细胞间空隙率（%）
						长×宽（μm）	变化率（%）	（个/mm²）	变化率（%）	（个/mm）	变化率（%）	（个/mm）	变化率（%）	
上部叶	M_1	243.6	118.8	75.1	1.58	93.5×13.7	100	973.4	100	61.4	100	109.3	100	17.1
	M_2	243.8	116.9	76.3	1.53	93.2×13.8	100.4	945.1	97.1	59.6	97.1	98.2	89.8	19.8
	M_3	242.9	115.2	78.4	1.47	89.0×12.9	89.6	897.5	92.2	54.7	89.1	87.9	80.9	26.5
	M_4	234.4	93.6	87.5	1.07	68.9×11.6	62.4	829.2	85.2	48.1	78.3	66.7	61.0	31.1
	M_5	225.1	86.3	87.9	0.99	62.4×9.4	45.8	805.7	82.8	42.7	69.5	58.4	53.0	38.0
中部叶	M_1	231.1	81.3	99.7	0.82	75.0×13.3	100	1 026.3	100	56.2	100	96.3	100	19.3
	M_2	230.4	80.7	97.8	0.83	75.4×13.2	99.8	1 003.7	97.8	53.1	94.5	84.7	88.0	20.6
	M_3	231.6	79.5	90.1	0.88	67.9×11.5	78.3	995.8	97.0	48.5	86.3	70.4	73.1	28.0
	M_4	181.4	76.1	81.4	0.93	59.4×10.6	63.1	991.2	96.6	45.3	80.6	56.0	58.2	35.2
	M_5	175.1	68.7	82.4	0.83	53.2×6.9	36.8	960.4	93.6	40.7	72.4	53.1	55.1	41.9
下部叶	M_1	193.8	75.9	83.2	0.91	65.2×12.0	100	1 073.5	100	53.5	100	72.6	100	21.8
	M_2	195.1	74.1	80.3	0.92	61.7×11.5	94.6	1 019.0	94.9	50.1	93.6	68.5	94.4	23.7
	M_3	190.7	71.6	81.2	0.88	58.3×10.8	84.0	991.4	92.4	43.9	82.1	60.7	83.6	31.4
	M_4	174.0	68.3	74.8	0.91	56.7×10.2	77.1	975.2	90.8	37.3	69.7	53.3	73.4	39.1
	M_5	165.6	62.4	68.7	0.91	50.1×7.3	48.8	933.8	86.9	34.7	64.9	48.2	66.4	46.5

（2）在同一成熟度档次中，部位不同，细胞的疏密不同。一般是下部叶较稀，上部叶较密。从下到上，单位长度栅栏细胞数或单位长度海绵细胞数都呈现增多的趋势。如单位长度栅栏细胞数，同为M_1时，下部叶为53.5，中部叶为56.2，上部叶增加到61.4；同为M_4时，下部叶为37.3，中部叶为45.3，上部叶增加到48.1。

（3）在同一成熟度档次中，部位不同，细胞的大小有差异，尤以栅栏细胞的差异明显。一般，上部叶栅栏组织细胞较长、较粗，下部叶栅栏细胞较短、较细，中部叶居中。

如同为 M_1 时，下部叶栅栏细胞的大小为 62.5μm×12.0μm，中部叶为 75.0μm×13.3μm，上部叶达 93.5μm×13.7μm，同为 M_4 时，下部叶为 56.7μm×10.2μm，中部叶为 59.4μm×10.6μm，上部叶达 68.9μm×11.6μm。

（4）随着成熟度的提高，无论是下部叶、中部叶还是上部叶，栅栏细胞的体积有逐渐缩小的趋势。并且，成熟度越高，这种变化越剧烈。如中部叶，从 M_1 至 M_5，栅栏细胞的长×宽缩小了 63.2%，其中，由 M_1 至 M_2，仅缩小 0.2%，M_2 至 M_3 缩小 21.5%，M_3 至 M_4 缩小 15.2%，M_4 至 M_5 缩小 26.3%。

（5）随着成熟度的提高，无论是下部叶、中部叶还是上部叶，单位面积细胞数、单位长度栅栏细胞数及海绵细胞数均呈现逐渐减少的趋势，而单位面积细胞数减少的幅度比单位长度栅栏细胞数和海绵细胞数减少的幅度小得多。比如，从 M_1 至 M_5，中部叶单位面积细胞数只减少了 6.4%，而单位长度栅栏细胞数减少了 27.6%，单位长度海绵细胞数减少了 44.9%，这主要是由于上、下表皮细胞数变化不大所致。

（6）随着成熟度的提高，各部位栅栏组织厚也呈现相同的变化趋势。自 M_1 至 M_3，栅栏组织厚度变化不大，自 M_3 至 M_5 变薄，这主要是由于成熟度增高，细胞干缩引起。

（7）随着成熟度的提高，各部位的细胞间空隙率逐渐增大，尤以 M_2 至 M_5 增加更迅速。比如，中部叶 M_1 细胞间空隙率为 19.3%，逐渐增大至 M_5 的 41.9%，其中 M_1 至 M_2 仅增加 1.3%，而 M_2 至 M_5 却增加了 21.3%。

3 讨论

随着成熟度提高，烤烟叶片细胞间空隙率增大，叶片结构由密到疏到松。另一方面，部位不同，在同一成熟度档次中，细胞的疏密不同，下部叶较稀，上部叶较密。因此，从细胞学水平看，各部位适熟标准也有不同。采收应掌握下部叶成熟度档次稍低，部位越往上，采收成熟度档次应越高。从本研究结果看，下部叶适熟应为 M_3，而中上部叶应提高到 M_4 为适熟。从细胞数量变化看，从未熟到成熟，各部位叶片单位长度栅栏细胞数均减少 20%左右。

叶片结构随成熟度提高，而由紧密至疏松。从本研究结果看主要原因可能是由于细胞干缩现象。一般情况下，鲜烟叶含水量随成熟度提高而降低。鲜烟叶含水量与细胞内水分多少密切相关，细胞内水分减少，再加上干物质消耗等原因，细胞就表现出干缩现象，细胞间空隙增大。

另一方面，从切片中可以明显看到，随着成熟度提高，出现胞间层溶解现象。细胞之间胞间层溶解而逐渐拉开距离，叶片内孔度随之增大。

再者，随着成熟度提高，单位面积内细胞数减少，各部位都存在这种变化。因此，可能还存在着细胞的解体，但尚未观察到十分明显的细胞解体留下的残片。这一问题，值得进一步研究。

参考文献

[1] 朱尊权．提高烤烟质量与分级标准的相互关系［J］．烟草科技，1988（2）：2-4.
[2] 王宝华．烟叶植物学特性的观察 I. 烤烟烟叶的栅栏组织和海绵组织［J］．中国烟草，1984（2）：10-14.
[3] 郭月清．氮素用量对烤烟生长发育和成熟度影响的研究［C］//河南省烟草优质高效益综合技术研究总结及论文汇编，1987：136-147.
[4] 贾琪光．烟叶的成熟度、生长发育及品质［C］//河南省烟草优质高效益综合技术研究总结及论文汇编，1987：222-227.

（原载《烟草科技》1991 年第 3 期）

烤烟叶片成熟度与α-氨基酸含量的关系

聂荣邦[1]，周建平[2]

（1. 湖南农学院农学系，长沙 410128；
2. 湖南农学院中心实验室，长沙 410128）

摘 要：以烤烟品种 Speight G80 为材料，研究了烟叶的α-氨基酸含量与成熟度的关系。结果表明，鲜烟叶和烤后烟叶的α-氨基酸含量均受成熟度影响。按成熟度由低至高（M_1 至 M_5），烟叶α-氨基酸总量及与 Amadori 化合物合成有关的α-氨基酸总量，均呈 V 形曲线变化，其最小值均出现在鲜烟叶的 M_1 和烤后烟叶的 M_3。烤前烤后烟叶比较，烤后叶片中α-氨基酸总量及与 Amadori 化合物合成有关的氨基酸总量均增加。烤后烟叶外观质量和化学成分评价，以 M_4 烟叶质量最好，说明鲜烟叶的α-氨基酸含量变化达最小值时为最佳成熟采收期。

关键词：烤烟；叶片；氨基酸；成熟度

烟草属嗜好类作物，烟制品质量高低极为重要。烟叶的品质主要包括色、香、味三个方面。提高烟叶的香吃味一直是人们追求的目标[1]。据报道[2~5]，烟叶中氨基酸和糖的非酶棕色化反应（maillard reaction）是产生香味物质的重要过程之一。糖与氨基酸的缩合物称为 Amadori 化合物，它是非酶棕色化反应过程中的一种中间体。因此，烟叶香气量的多少与质的优劣与氨基酸种类、数量及作用的条件有重要关系。烟叶成熟度是国际烤烟标准中普遍使用的第一质量要素，成为 20 世纪 80 年代以来，世界优质烟主产国之间激烈竞争的热点。因此，对烟叶氨基酸含量、成熟度及其关系进行研究，具有十分重要的理论和实际意义。本研究对不同成熟度烤烟叶片烤前、烤后α-氨基酸含量进行了分析测定，旨在进一步了解各种氨基酸含量与成熟度的关系，探明烘烤前后烟叶中各种α-氨基酸变化的规律，寻求烟叶成熟与否的生理生化指标，为烟叶适熟采收提供田间判断的依据。

1 材料与方法

供试品种为 Speight G80。试验于 1989 年和 1990 年在湖南农学院教学实验场进行。种植密度为 2 万株/hm^2，单株留叶数 19 片，施纯氮 150 kg/hm^2，N∶P_2O_5∶K_2O 为 1∶1∶2。栽培、烘烤按常规进行。

2 年均按 5 个成熟度档次于烟株中部取样，每次取 5 株，每株取 3 片叶。按成熟度由低到高，将 5 个档次依次记为 M_1、M_2、M_3、M_4 和 M_5。各成熟度档次鲜烟叶的外观特征如下：

M_1：叶色深绿，未落黄，主支脉全青，茸毛未脱落。

M_2：叶色淡绿，刚落黄，主脉2/3变白，支脉青，茸毛较少脱落。

M_3：叶色黄绿，主脉全白，支脉1/3变白，茸毛部分脱落。

M_4：叶色黄多绿少，主脉全白发亮，支脉2/3变白，茸毛基本脱落，叶面布满黄斑。

M_5：叶色黄中透白，主支脉全白发亮，茸毛脱尽，严重枯尖焦边。

鲜烟叶与烤后烟叶样品均在115℃下烘干3 h至恒重，称样30mg，加6mol/L HCl 15mL，在110℃下水解22 h，然后，用日立835－50型氨基酸分析仪测定α-氨基酸含量。

2 结果与分析

2.1 不同成熟度鲜烟叶氨基酸含量

不同成熟度鲜烟叶氨基酸含量测定结果如表1。由表1可知，从M_1至M_4，随着成熟度的提高，α-氨基酸总量表现为下降，M_4至M_5，α-氨基酸总量又上升，呈V形曲线变化规律。但不是所有氨基酸均呈现这样的规律，在测定的17种α-氨基酸中，只有9种α-氨基酸呈现这样的规律。另外，从M_1至M_4，随着成熟度的提高，与Amadori化合物合成有关的α-氨基酸总量也表现为下降，M_4至M_5又上升，呈近似V形的曲线变化规律。

表1 不同成熟度鲜烟叶α-氨基酸含量（每100g干样含量，mg）

α-氨基酸	M_1	M_2	M_3	M_4	M_5
天冬氨酸*	60.4	47.3	45.6	39.8	42.4
苏氨酸	31.6	23.8	22.7	19.6	23.2
丝氨酸	38.1	27.3	27.4	22.6	29.2
谷氨酸	79.6	60.1	57.4	50.7	64.6
脯氨酸*	26.5	21.4	20.3	20.7	26.0
甘氨酸	36.8	31.3	27.1	22.7	19.1
丙氨酸	38.9	49.9	28.4	25.6	23.8
半胱氨酸	7.2	10.9	6.3	8.8	7.9
缬氨酸*	36.7	34.9	27.8	23.4	31.4
蛋氨酸	7.3	11.6	6.8	8-8	7.9
异亮氨酸	35.5	33.3	28.3	36.8	24.6
亮氨酸	57.9	47.9	43.4	41.2	34.0
酪氨酸	22.3	22.2	17.8	22.5	12.6
苯丙氨酸*	36.3	29.3	26.9	20.4	22.5
赖氨酸	35.3	32.2	24.9	23.9	18.9
组氨酸	11.0	15.8	6.5	6.2	7.2
精氨酸*	35.3	25.9	25.3	20.4	25.8
Σ_1	566.7	525.2	444.7	411.8	418.9
Σ_2	195.1	158.9	145.8	124.7	148.1

注：*为与Amadori化合物合成有关的氨基酸；Σ_1为α-氨基酸总量；Σ_2为与Amadori化合物合成有关的α-氨基酸总量。

并且，所有与 Amadori 化合物合成有关的 α-氨基酸均呈现这种 V 形曲线变化规律（图 1）。

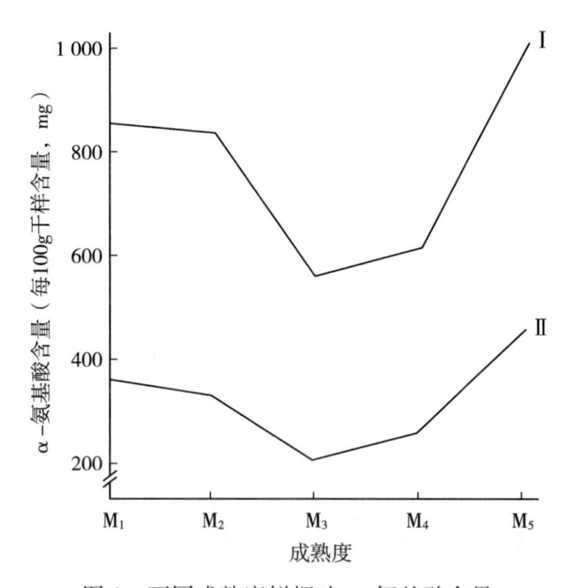

图 1　不同成熟度鲜烟叶 α-氨基酸含量

注：Ⅰ. α-氨基酸总量；Ⅱ. 与 Aarndori 化合物合成有关的 α-氨基酸总量。

2.2　不同成熟度烟叶烤后 α-氨基酸含量

不同成熟度烟叶烤后 α-氨基酸测定结果如表 2。从表 2 可以看出，各成熟度档次的鲜烟叶经烘烤后，α-氨基酸总量均表现为增加，与 Amadoir 化合物合成有关的 α-氨基酸总量也增加，但从 M_1～M_5，仍然呈现 V 形变化规律。值得注意的是，与鲜烟叶比较，烤后烟叶 α-氨基酸总量，与 Alandori 化合物合成有关的 α-氨基酸总和，以及 5 种与 Amador 化合物合成有关的 α-氨基酸含量，最小值均在 M_3 出现，而不像鲜烟叶出现在 M_4（图 2）。

表 2　不同成熟度烤后烟叶 α-氨基酸含量（每 100g 干样含量，mg）

α-氨基酸	成熟度				
	M_1	M_2	M_3	M_4	M_5
天冬氨酸*	109.1	105.5	56.0	78.9	177.0
苏氨酸	32.9	34.5	23.0	26.3	42.3
丝氨酸	32.1	34.3	26.9	27.1	39.9
谷氨酸	148.5	157.4	80.4	98.0	195.8
脯氨酸*	119.0	102.3	60.6	90.7	100.2
甘氨酸	38.9	39.3	31.0	33.0	45.9
丙氨酸	56.3	52.6	43.7	46.6	62.4
半胱氨酸	27.0	27.2	26.1	26.1	29.0

（续）

α-氨基酸	成熟度				
	M_1	M_2	M_3	M_4	M_5
缬氨酸*	41.7	41.3	32.4	34.4	44.6
蛋氨酸	12.3	11.6	6.9	10.8	13.7
异亮氨酸	26.9	26.8	19.3	21.8	30.4
亮氨酸	51.1	50.4	37.0	40.4	54.2
酪氨酸	28.9	28.4	21.5	23.3	29.8
苯丙氨酸*	38.2	37.3	22.4	27.0	44.5
赖氨酸	31.1	34.0	26.3	20.7	41.7
组氨酸	15.2	15.3	6-3	10.2	20.3
精氨酸*	35.3	36.2	28.0	30.0	40.2
$\sum_1$	844.4	834.5	549.9	605.1	1 012.2
$\sum_2$	343.3	322.6	201.5	261.0	406.6

注：*与Amadori化合物合成有关的氨基酸；$\sum_1$：α-氨基酸总量；$\sum_2$：与Amadori化合物合成有关的α-氨基酸总量。

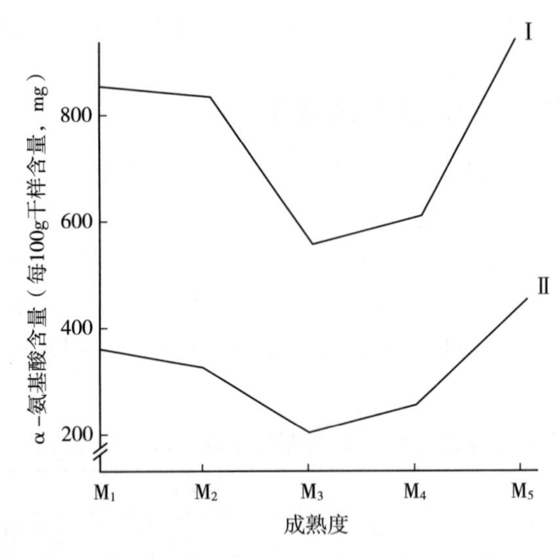

图2　不同成熟度烤后烟叶α-氨基酸含量

注：Ⅰ.α-氨基酸总量；Ⅱ.与Amador化合物合成有关的α-氨基酸总量。

2.3　同一成熟度烟叶烤前烤后α-氨基酸含量

同一成熟度烟叶，α-氨基酸含量总量烤后比烤前增加，不过，并不是各种氨基酸含量都增加，在测定的17种α-氨基酸中，有的增加了，有的不但未增加，甚至有所减少。以M_4为例，烤后烟叶异亮氨酸、亮氨酸、赖氨酸含量减少，其余13种α-氨基酸含量均增加，增加幅度较大的有脯氨酸、胱氨酸、天冬氨酸、谷氨酸、丙氨酸等。与Amadori

化合物合成有关的各种 α-氨基酸含量均增加，且增加幅度较大（图 3）。值得特别注意的是，17 种 α-氨基酸总量烤后只增加了 46.9%，而与 Amadori 化合物合成有关的 α-氨基酸总量却增加了 109.3%。在鲜烟叶中，与 Amadori 化合物合成有关的 α-氨基酸只占 17 种 α-氨基酸总量的 30.3%，而在烤后烟叶中，上升到了 43.1%。

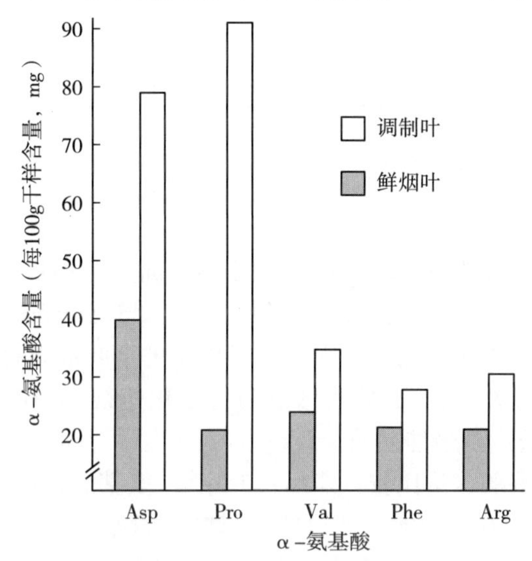

图 3　烤前、烤后烟叶中与 Amadori 化合物合成有关的氨基酸含量

注：Asp—天冬氨酸；Pro—脯氨酸；Val—缬氨酸；Phe—苯丙氨酸；Arg—精氨酸。

2.4　不同成熟度烟叶烤后外观性状

不同成熟度鲜烟叶烤后外观性状观察结果如下：

M_1——含青度大，主脉青，支脉含青重，叶片较厚，组织紧密，油分少。

M_2——含青度较大，主脉略青，支脉含青较重，叶片稍厚，组织稍密，油分少。

M_3——含青很少，柠檬黄，叶片略厚，组织较疏松，有油分。

M_4——橘黄，叶片厚薄适中，组织疏松，油分足，弹性好。

M_5——橘黄，带褐色斑块，叶片偏薄，组织松弛，油分尚足，弹性较差。

说明随着成熟度增加，烟叶含青度减少；颜色由青黄渐次变为柠檬黄、橘黄、橘黄带褐色斑块，叶片由较厚渐次变为稍厚、略厚、适中、偏薄；组织由紧密渐次变为稍密、较疏松、疏松、松弛；油分由少渐次变为有、足、尚足。可以看出，以 M_4 外观性状表现最好。

2.5　不同成熟度烟叶烤后化学成分

不同成熟度烟叶烤后化学成分测定结果如表 3。

表 3 表明，由 M_1 至 M_4，总糖、还原糖以及烟碱的含量逐渐增加，M_4 至 M_5 则下降。总氮、蛋白质含量则随着成熟度增加渐次下降。施木克值以 M_4 较为适宜。可以看出，M_4 化学成分比较协调。

表 3　不同成熟度烟叶烤后化学成分

成熟度	总糖（%）	还原糖（%）	总氮（%）	蛋白质（%）	烟碱（%）	施木克值	总糖/烟碱	总氮/烟碱
M_1	17.94	15.20	2.41	12.09	2.33	1.48	7.70	1.03
M_2	19.62	17.88	2.36	11.65	2.51	1.68	7.82	0.94
M_3	22.81	19.23	2.19	10.13	2.60	2.25	8.77	0.84
M_4	24.03	19.31	2.15	9.58	2.77	2.51	8.37	0.78
M_5	23.56	18.05	1.82	8.44	2.69	2.79	8.76	0.68

3　讨论

a. 本研究结果表明，从外观质量和化学成分等方面综合衡量，成熟度档次为 M_4 时，烟叶质量较好。而鲜烟叶处于 M_4 时，α-氨基酸总量、与 Amadori 化合物合成有关的 α-氨基酸总量均处于 V 形变化的最低点。因此，可以把鲜烟叶成熟过程中 α-氨基酸总量或与 Amadori 化合物合成有关的 α-氨基酸总量动态变化达最小值时作为烟叶适熟的标志。此时采收，烟叶烤后可望达到最佳品质。

b. 烤前烤后烟叶氨基酸含量比较，烤后烟叶中 α-氨基酸含量、与 Amadori 化合物合成有关的 α-氨基酸总量均有所增加。这说明，烟叶中氨基酸含量适当高一些，对增进品质，提高香吃味是必要的。这显然与某些氨基酸是烟叶陈化、燃吸过程中的非酶棕色化反应（maillard reaction）的前身物质有关。但是，无论是鲜烟叶，还是烤后烟叶，在各成熟度档次中，适熟烟叶氨基酸含量并不是最高，而是较低，这说明烟叶香吃味的形成是一个复杂的过程。就氨基酸而言，通过复杂的化学变化，有的氨基酸可能与别的化学成分反应，转化为致香物质，而有的可能转化为产生不良气味的物质。对于有助于增进烟叶香吃味的有关氨基酸的谐调性指标，值得进一步研究。

c. 对成熟适度的烟叶而言，17 种 α-氨基酸总量烤后只增加 46.9%，而与 Amadori 化合物合成有关的 α-氨基酸总量烤后却增加了 109.3%，其相对值由烤前的 30.3%上升到烤后的 43.1%。这说明，烟叶通过烘烤，α-氨基酸总量绝对值有一定幅度增加是必要的，而与 Amadori 化合物合成有关的 α-氨基酸总量在所有 α-氨基酸总量中所占比重增加可能对提高烟叶的香吃味更为有利。

参考文献

[1] Tso T C. Production physiology and biochemistry of tobacco plants. MD：IDEALS，1990.

[2] Court W A，Elliot J M，Hendel J G. Influence of applied nitrogen of the nonvolatile organic fatty and amino acids of flue-cured tobacco [J]. Can J Plant Sci，1982，62：489－496.

[3] 朱尊权. 提高烤烟质量与分级标准的相互关系 [J]. 烟草科技，1988（2）：2－4.

[4] 韩锦峰，宫长荣，高致明. 烟草成熟度与叶组织结构及烘烤热反应初探 [J]. 河南农业大学学报，1987，12（4）：405－407.

[5] 聂荣邦，李海峰，胡子述. 烤烟不同成熟度鲜烟叶组织结构研究 [J]. 烟草科技，1991（3）：37－39.

（原载《湖南农学院学报》1994 年第 1 期）

不同成熟度采收对烤烟香气物质及前体物的影响

曾祥难

（广西中烟工业有限责任公司，南宁　530001）

摘　要：通过试验研究大田生产条件下，烟草在不同时期采收对烤烟香气物质及前体物产生的影响。结果表明：成熟时采收的烟叶内部多酚类化合物与石油醚提取物含量，相较于欠熟、过熟烟叶的含量，其差异达到了显著水平，而欠熟烟叶与过熟烟叶的含量差异也达到极显著水平；成熟烟叶烤后内在香气物质及前体物比欠熟和过熟烟叶的更协调。该研究结果有助于人们正确判断烤烟质量，同时也对成熟采收提供一定的指导作用。

关键字：烤烟；成熟采收；香气物质；前体物

我国是烟草生产大国，每年的烟草生产和销售都是世界领先，占据了全球30%的产量，然而烟草对我国国民经济的贡献也是非常明显的，占据了总的财政收入9%[1]。伴随着国际上对吸烟有害健康的重视，我国国内也开始对烤烟的质量逐渐的关注起来[2,3]，采用新的技术降低焦油量，但是也导致了烤烟香气不足。有研究表明不同成熟采收对烤烟香气物质及前体物会产生一定的影响，特别是多酚类化合物和石油醚等物质含量影响显著。Schepartzai提出在烟叶成熟的过程中烟叶中挥发性化合物，尤其是低分子脂肪酸、含羧基酮类和醛类化合物含量可作为评价香气的指标。王瑞新[4]等研究了烤烟香气物质成分与成熟度的关系。赵铭钦[5]等以河南产烤烟为试材，研究了烤烟烟叶成熟度与香气质量关系。结果显示：烟叶中主要香气成分的含量随烤烟成熟度的提高而增加，香气成分含量则随着成熟度的提高持续增加，最大值出现在过熟阶段。宣晓泉与薄云川[6]等对成熟度对香味成分的影响做了研究，结果表明：烟叶中主要香气成分的总量、醇类和酮类物质总量随烤烟成熟度的提高而增加；香气成分含量则随着成熟度的提高而持续增加，最大值出现在完熟阶段；之后其含量缓慢下降[7]。

本文通过试验研究了解不同成熟采收对烤烟香气物质及前体物的影响，主要研究多酚类化合物、石油醚提取物和醛类、醇类、酮类、酯类等香气物质的含量影响，研究的结果能够减少当前在烤烟中添加香精和香料带来的成本，同时也能提高烤烟的品质安全，提高企业的经济效益。

1 材料与方法

1.1 试验设计

试验采集的是广西烟区大田的烟叶，土壤肥沃，pH 5.25 左右，含有机物质 15.35 g/kg，土壤内富含氮物质、磷肥、钾肥等，烟叶种植按烤烟生产标准进行管理和栽培，采收到不同成熟度的烟叶标准如表 1 所示。

表 1 不同部位烟叶成熟度水平区分[5]

部位	成熟水平	主要外观特征
上部叶	欠熟 A	叶面浅黄色，70%～80%呈现黄色，叶子主脉 2/3 以上变白
	成熟 B	叶面基本上全变黄，90%～100%呈现黄色，叶子主脉全变白
	过熟 C	叶面全部变黄，主脉也全部变白，甚至叶尖发白或出现焦尖
中部叶	欠熟 A	叶面呈现黄绿色，60%～70%呈黄色，叶子主脉 1/2 以上变白
	成熟 B	叶面呈现浅黄色，80%～90%呈黄色，叶子主脉 3/4 变白
	过熟 C	叶面呈现全黄色，90%～100%呈黄色，叶子主脉全变白
下部叶	欠熟 A	叶面呈现黄绿色，40%～50%呈黄色，叶子主脉开始变白
	成熟 B	叶面呈现黄绿色，60%～70%呈黄色，叶子主脉 1/2 变白
	过熟 C	叶面呈现黄绿色，70%～80%呈黄色，叶子主脉 2/3 变白

1.2 测定项目与方法

样品的获取是烟样去除叶脉，105℃杀青 20min，70℃下烘干到恒重，粉碎，过 40 目筛后所得即为样品，密封保存。本实验的样品丰富，将所有的符合条件的烟叶分成三个成熟度——A：欠熟、B：成熟、C：过熟，取得样本后对烟草进行烘烤和烤后取样分析，对每组样品的烤烟分别测定多酚类物质、石油醚提取物的含量。多酚类物质、石油醚提取物采用减压蒸馏和萃取装置气蒸，二氯甲烷萃取的方式获得。

2 结果与分析

2.1 不同成熟度对烤烟前体物多酚类化合物的影响

通过对不同部位烟叶进行烘烤处理后，对多酚类化合物的含量进行了测定，处理得到表 2 的结果。

表 2　不同部位烟叶烘烤后多酚类化合物含量（%）

部位	欠熟 A	成熟 B	过熟 C	方差
下部叶	1.854	2.174	1.809	2.384
中部叶	2.642	3.021	2.838	1.373
上部叶	2.409	2.994	2.709	2.014

表 2 方差分析结果表明，不同的烟叶成熟度对多酚类化合物含量的影响是有显著差异的；下部叶的变化最大，上部叶比中部叶的变化也略明显。中部叶的样本中含多酚类化合物的含量比较稳定，样本间差异性小。

通过表 2 可以看到多酚类化合物的含量在中部叶含量是最高，下部叶是含量最低；并且处于成熟期的烟叶多分配化合物的含量比欠熟和过熟的烟叶含量都高。在烟草中多酚类物质含量的多少会对烟草的品质产生影响，主要体现在烤烟的香气和颜色等方面，通过表 2 的结果，可以得出成熟型烟草的香气和颜色要比欠熟和过熟烟草要好，颜色也要优良；各不同成熟度的烟草中部叶的香气和颜色也要高于同成熟度其他部位，与张树堂[8]等研究结果一致。

2.2　不同成熟度对烤烟前体物石油醚提取物含量的影响

通过对不同部位烟叶进行烘烤处理后，对多酚类化合物的含量进行了测定，处理得到表 3 的结果。

表 3　不同部位石油醚提取物含量（%）

部位	欠熟 A	成熟 B	过熟 C	方差
下部叶	4.489	5.358	3.978	2.638
中部叶	5.922	5.969	4.653	1.241
上部叶	5.519	6.415	5.853	2.673

表 3 方差分析结果表明，不同部位的烟草含石油醚提取物的含量都有显著或极显著的差异，即不同的烟叶成熟度对石油醚提取物含量的影响是有显著差异；样本中的中部烟叶的石油醚提取物含量比较稳定，下部叶和上部叶样本差异性几乎一致，但是都比中部叶波动性大。

烟草中的石油醚提取物含量多少直接影响到烤烟的香气量，在烟叶成熟、调制、陈化和燃吸一系列的过程当中，石油醚提取物经过分解和转化形成多种致香物质，并且产生香气，因此石油醚提取物的含量多少也常作为烟叶品质和香气衡量指标。从表 3 可以看出，在同一处理部位之间的含量比较当中，烟叶的上叶部和中叶部要是高于下叶部的含量水平的；不同成熟期的石油醚提取物中成熟期的烟叶石油醚提取物含量在任何部位都要高于欠成熟和过熟烟草。

2.3　不同成熟度对烤烟中香气物质含量的影响

对样品烟草进行烘烤后，还测定了对烤烟香气质量有较大影响的香气物质，如表 4 所示，测定的香气物质有醛类、醇类、酮类、酯类等，其中含有较大致香物质主要有新植二烯、茄酮、糠醛等。

表4　不同成熟度和烟草部位化学成分（μg/g）

致香物质	过熟	成熟	欠熟
苯甲醛	0.797	1.264	1.104
苯甲醇	9.560	5.403	6.415
苯乙醛	1.262	3.333	4.106
苯乙醇	0.630	0.460	0.948
吲哚	3.202	3.564	3.410
糠醛	13.791	17.735	11.310
糠醇	2.044	1.836	0.827
茄酮	98.414	93.678	111.273
芳樟醇	1.442	1.291	1.780
新植二烯	1 966	1 964	1 350
法尼基丙酮	8.975	11.016	7.925
巨豆三烯酮	9.634	19.553	13.568
总量	2 115.751	2 123.133	1 512.666

从表4看出成熟烟叶的苯甲醛、吲哚、糠醛、法尼基丙酮、巨豆三烯酮的含量都高于过熟和欠熟烟叶；过熟烟叶的苯甲醛、糠醇、新植二烯比成熟和欠熟的烟叶含量高；欠熟烟叶的苯乙醛、苯乙醇、茄酮和芳樟醇的含量稍高于成熟和过熟烟叶。从致香物质总量看，适熟烟叶高于过熟烟叶，高于欠熟烟叶。尽管适熟烟叶新植二烯含量稍低于过熟烟叶，但适熟烟叶除新植二烯外的其他致香物质总量最高，成熟采收的鲜烟叶具备潜在质量基础，有利于烤后烟叶致香物质含量的提高。

3　结论与讨论

研究表明，不同成熟度采收的烟草对烤烟香气物质及前体物多酚类物质、石油醚提取物及其他醛类、醇类、酮类、酯类等香气物质存在明显的区别。同一部位的不同成熟度水平的烟叶多酚类化合物含量的比较重，成熟烟叶在多酚类化合物含量中的最大的，而欠熟和过熟的烟叶的含量较小，成熟、过熟和欠熟之间都存在着显著差异，过熟和欠熟之间在多酚类物质和石油醚提取物间也存在极为显著的差异。多酚类物质和石油醚等物质的含量随着成熟度的增加而增加，在烟叶成熟之时达到最大值，但是过熟后这些物质的含量又在下降。此外，不同部位的烟叶的多酚类物质含量、石油醚提取物之间也存在一定的差距，烟叶下部叶的含量是最低的，而烟叶中部和上部含量差别不大，但是都比下部叶含量高，上部叶比中部叶含量略高一些，总体呈现出的规律是：上部叶＞中部叶＞下部叶。醛类、醇类、酮类、酯类等香气物质的含量总量上成熟烟叶含量最高，不同类型的香气物质含量在不同成熟度烟草中有一定的差异性。

本研究主要是针对不同成熟度采收的烟草在烤烟香气物质及前体物的影响分别进行研究，为了更加清楚地了解烤烟前体物的形成特点，研究者还应该从香气物质及其前体物的组成成分和比例开展更加深入的研究[9,10]。此外，不同的地理气候和土壤成分、阳光照射条件、温度、施肥和雨水等都会对香气物质及前体物也会产生一定的影响，深入研究各个不同因素的共同影响作用[11]，对于研究烤烟香气及前体物的特性非常有帮助，而且研究的成果对改善卷烟工业的生产配方也能提供参考依据。

参考文献

[1] 刘洪祥，赵树成．中国烟草发展与烟草农业新技术革命［C］//跨世纪烟草农业科技展望和持续发展战略研讨会论文集．北京：中国商业出版社，1999，133.

[2] 朱大恒．烟叶化学成分与安全性研究动态［C］//跨世纪烟草农业科技展望和持续发展战略研讨会论文集．北京：中国商业出版社，1999，108.

[3] 陈顺辉，黄一兰，巫升鑫，等．我国烤烟生产发展几个问题的探讨［J］．中国烟草科学，2001（3）：3，36.

[4] 王瑞新，马常力，韩锦峰，等．烤烟香气物质成分与成熟度的关系［J］．烟草科技，1991（4）：25－28.

[5] 赵铭钦，苏长涛，姬小明，等．不同成熟度对烤后烟叶物理性状、化学成分和中性香气成分的影响［J］．华北农学报，2008，23（4）：146－150.

[6] 宣晓泉，薄云川，徐如彦，等．不同成熟度烟叶中香味成分分析［J］．中国农学通报，2007，23（2）：98－102.

[7] 杨树勋．准确判断烟叶采收成熟度初探［J］．中国烟草科学，2003（4）：34－36.

[8] 张树堂，杨雪彪．烤烟两品种采收成熟度对色素和多酚化合物的影响［J］．云南农业大学学报，2006（6）：756－760.

[9] 叶荣生，王海波，凌寿方，等．烟叶不同部位成熟时期的外观特征标准研究［J］．现代农业科技，2009（4）：139－140.

[10] 宫长荣，王爱华等．烟叶烘烤过程中多酚类物质的变化及与化学成分的相关分析［J］．中国农业科学，2005，38（11）：2316－2320.

[11] 王树声，孙福山，李雪震，等．烟叶香气品质的研究概况及提高我国烟叶香气的技术探讨［C］//跨世纪烟草农业展望和持续发展战略研讨会论文集．北京：中国商业出版社，1999，367－373.

（原载《天津农业科学》2013年第12期）

以烟叶脯氨酸含量判断田间成熟度的研究

张光利[1]，聂荣邦[2]

（1. 邵阳市烟草公司，邵阳 422000；2. 湖南农业大学农学院，长沙 410128）

摘　要： 为了寻求判断烟叶田间成熟的生理生化指标，用磺基水杨酸法测定烟叶游离脯氨酸含量，结果表明，烟叶自未熟至过熟，游离脯氨酸含量呈 V 形曲线变化规律，其值达最低点时为烟叶适熟期，可作为判断烟叶田间成熟度的生化指标。此测定方法简单可靠，并且样品的状态（鲜、干）不影响测定值，适宜于对大批量样品的测定。

关键词： 烤烟；成熟；脯氨酸

烟叶成熟度是国际烤烟标准中普遍使用的第一质量要素，也是优质烟生产国之间激烈竞争的热点[1]，因此，田间判断烟叶成熟度十分重要。烟叶成熟有一些形态特征的表现，但由于受到品种特性和环境条件等诸多因素的影响，使这些特征不仅有一定程度的不确定性，而且难以量化[2,3]。为此，笔者等在不同成熟度鲜烟叶解剖结构和 α-氨基酸含量等方面进行了研究，发现其间存在着明显的规律性[4,5]。不过，这些方法或者操作复杂，或者对仪器设备要求较高，难以在生产实践中推广应用。为了寻求判断烟叶田间成熟度的更好的方法和生理生化指标，进行了本项研究。

1　材料与方法

1.1　供试样品制备

供试烤烟品种 K326 于 2006—2007 年种植于湖南农业大学教学试验场，密度为 2×10^4 株/hm^2，施纯氮 150kg/hm^2，N∶P_2O_5∶K_2O 为 1∶1∶2，小区面积 50m^2，单株留叶数 20 片，栽培、烘烤按常规进行。按 5 个成熟度档次取中部叶，制成鲜样、烘干样（烟叶采收后立即在烘箱中烘干）和烘烤样（烟叶在烤房中调制成原烟）。成熟度由低到高各档次鲜烟叶外观特征分别为：M_1，叶色深绿，未落黄，叶脉全青，茸毛未脱落；M_2，叶色淡绿，开始落黄，叶脉开始变白，茸毛少量脱落；M_3，叶色黄绿，明显落黄，叶脉基本变白，茸毛部分脱落，叶面呈现黄斑；M_4，叶色黄多绿少，充分落黄，叶脉变白发亮，茸毛大部脱落，叶面布满黄斑；M_5，叶色黄中透白，叶脉全白发亮，叶片枯尖焦边。

1.2　游离脯氨酸含量测定[6]

称取待测烟样 1.0g，剪碎后放入试管中，加 3%磺基水杨酸溶液，于沸水浴中浸提，冷却至室温吸取提取液于试管中，再加入水、冰乙酸和2.5%酸性茚三酮酮溶液（以3∶2的冰乙酸和6mol/L磷酸为溶剂进行配制），置沸水浴中显色冷却后，加入甲苯，用旋涡振荡器振荡，以萃取红色物质静置后，吸取甲苯层于分光光度计520 nm波长处比色。

1.3 制作标准曲线

配制浓度为1～10μg/mL10个系列的脯氨酸标准溶液，取标准液2mL（参比液为2mL水）和2mL 3%磺基水杨酸溶液，代替样品测定中的2mL浸提液和2mL水，按上述程序进行显色萃取和比色（λ=520 nm），最后绘制标准曲线。

2 结果与分析

2.1 影响脯氨酸含量测定的因素

2.1.1 显色时间的影响 显色时间自15min至90min，每15min测定一次吸光率，结果表明，显色60min时吸光率达到稳定值，所以显色时间以60min为宜（图1）。

2.1.2 茚三酮用量的影响 按磺基水杨酸法制作标准曲线的程序，以不同浓度的脯氨酸标准液分别加入不同量的2.5%茚三酮溶液进行试验，以寻求茚三酮的合适用量。结果表明，当显色液总体积为10mL，脯氨酸浓度在10μg/mL以下时，2.5%茚三酮溶液量不得少于4mL（图2）。

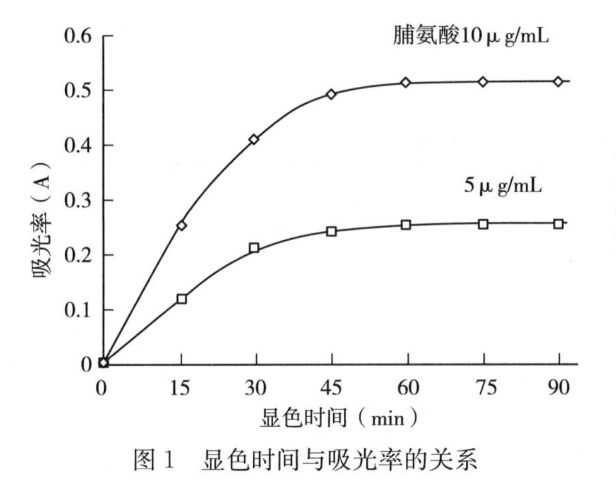

图1 显色时间与吸光率的关系

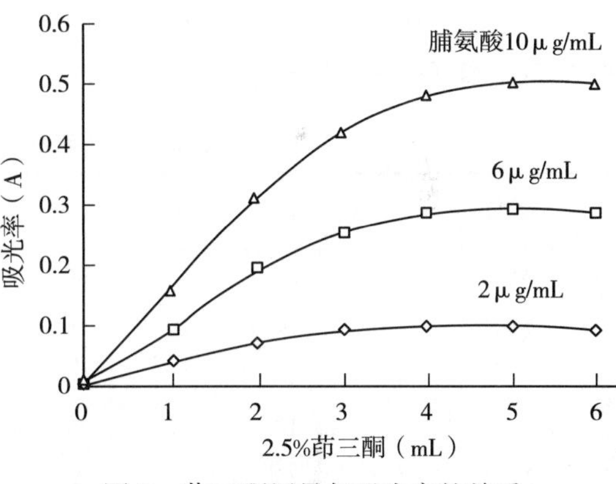

图2 茚三酮用量与吸光率的关系

2.2 不同成熟度烟叶脯氨酸含量

不同成熟度烟叶的鲜样、烘干样、烘烤样游离脯氨酸含量测定结果列于表1。

表1 不同成熟度烟叶游离脯氨酸含量（每100g DW含量，mg）

试样	M_1	M_2	M_3	M_4	M_5
鲜样	28.3 aA	24.7 aA	22.0 aA	21.4 aA	25.1 aA
烘干样	27.6 aA	24.5 aA	22.7 aA	21.2 aA	24.9 aA

（续）

试样	M_1	M_2	M_3	M_4	M_5
烘烤样	83.7 bB	79.3 bB	77.5 bB	76.4 bB	80.1 bB

注：同列中字母相同者为差异不显著，不同者为差异显著。小写字母为 0.05 显著水平，大写字母为 0.01 显著水平。

由表 1 可知，各成熟度烟叶鲜样游离脯氨酸含量（以干重表示）与烘干样的游离脯氨酸含量差异不显著，但与烘烤样的游离脯氨酸含量比较，差异达极显著水平。烟叶通过烘烤，游离脯氨酸含量均提高了。另外，三种烟样的游离脯氨酸含量均表现出自 M_1 至 M_4 逐渐降低，而后升高，呈 V 形曲线变化规律。

2.3 不同成熟度烟叶烘烤样的质量性状

2.3.1 外观质量 不同成熟度烟叶烘烤后的烟样，其外观质量如下：M_1，叶色死青，身份厚，组织紧密，油分少；M_2，叶色青黄，青筋，身份稍厚，组织稍密，油分较少；M_3，叶色柠檬黄，身份略厚，组织尚疏松，有油分；M_4，叶色橘黄，身份适中，组织疏松，油分足；M_5，叶色橘黄，叶片有褐色斑块，身份稍薄，组织疏松，油分稍有，弹性较差。

2.3.2 化学成分 由不同成熟度烟叶烘烤样的化学成分（表 2），结合烟叶外观质量，可以看出：烟叶成熟度达到 M_4 时采收，烤后烟叶质量最好，而此时，游离脯氨酸含量正处于 V 形曲线变化的最低值区。

表 2 不同成熟度烟叶烘烤样化学成分

成熟度	总糖（%）	总氮（%）	烟碱（%）	总糖/烟碱	总氮/烟碱
M_1	18.92	2.66	2.15	8.8	1.24
M_2	22.70	2.59	2.38	9.5	1.09
M_3	24.13	2.51	2.43	9.9	1.09
M_4	25.18	2.43	2.57	9.8	0.95
M_5	23.76	2.28	2.70	8.8	0.87

3 小结与讨论

用磺基水杨酸法提取烟叶游离脯氨酸，再用酸性茚三酮显色法测定其含量，当显色液的茚三酮浓度不低于 10mg/mL（即显色液总体积为 10mL，2.5%茚三酮溶液量不少于 4mL）时，显色 60min，可保证浓度在 10μg/mL 以下的脯氨酸样液充分显色。此方法准确可靠，操作简便，试剂经济，适宜于对大批量样品的测定。并且样品的状态（鲜、干）不影响脯氨酸含量的测定值。当需要处理大批量样品，采样后不能立即分析时，还可先烘干待测。

本研究结果进一步表明，烟叶自未熟至过熟，游离脯氨酸含量呈V形曲线变化规律，其值达最低点时为烟叶适宜采收成熟期。因此，烟叶游离脯氨酸含量可作为判断烟叶田间成熟度的生化指标。

参考文献

[1] 史宏志，刘国顺．烟草香味学［M］．北京：中国农业出版社，1998：98－99.

[2] 宫长荣，周义和，杨焕文．烤烟三段式烘烤导论［M］．北京：科学出版社，2006：47－56.

[3] Burton H R，Kasperbauer M J. Changes in chemical composition of tobacco laminar during senescence and curing［J］．J Agric Food Chem，1985，33：879－883.

[4] 聂荣邦，李海峰，胡子述．烤烟不同成熟度鲜烟叶组织结构研究［J］．烟草科技，1991（3）：37－39.

[5] 聂荣邦，周建平．烤烟叶片成熟度与α－氨基酸含量的关系［J］．湖南农学院学报，1994（2）：21－26.

[6] 张殿忠，汪沛洪．测定小麦叶片游离脯氨酸含量的方法［J］．植物生理学通讯，1990（4）：62－65.

（原载《作物研究》2008年第1期）

成熟度与烟叶品质的相关性研究综述

孟可爱，聂荣邦

（湖南农业大学农学院，长沙　410128）

摘　要： 综述了成熟度与烟叶组织结构、烟叶化学成分等方面的研究现状，并提出了存在的一些问题和展望。

关键词： 烟叶；成熟度；品质

烟叶的成熟度与烟叶的内在品质有着密切的关系，成熟度是烟叶化学成分等内在品质的外在表现，它是影响烟叶内在品质、外观商品等级、加工时物理性状及其香吃味等实用价值的重要因素。为此，许多学者对烟叶成熟度与烟叶品质方面的相关性研究做了大量的工作，对认识烟叶成熟度和提高烟叶质量起到了极其重要的作用。

1　成熟度与烟叶组织结构的关系

成熟度不同的烟叶其叶片的组织结构也不相同。聂荣邦[1]研究结果表明，随着成熟度的提高，单位面积细胞数、单位长度栅栏细胞数、海绵细胞数均呈逐渐减少趋势，而细胞间隙呈逐渐增大趋势，并且成熟度越高，这些变化越大。因此，单位长度栅栏细胞数可作为度量成熟度档次的最佳指标。1993 年，冉邦定等[2]发现，烟叶叶片、栅栏组织和海绵组织的厚度以完熟叶最厚，过熟叶最薄，初熟叶介于两者之间，栅栏组织厚/海绵组织厚也是完熟叶最大，初熟叶的栅栏细胞排列紧密，随成熟度的提高至完熟，栅栏细胞达最大，细胞间隙增大，且排列疏松，到过熟叶栅栏细胞变短，排列又比完熟叶甚至初熟叶紧密，其结果与聂荣邦的研究一致。就一片烟叶来说，随着成熟度的增加，从未熟到过熟，烟叶由厚到偏厚到适中再到薄的方向变化，以成熟至完熟阶段的烟叶身份为最佳。宫长荣等[3]指出，随着采收时间的推迟，下部叶的单位叶面积重以及叶片的厚度逐渐下降，中下部叶均以初熟叶最重，成熟叶居中，过熟叶最低；中上部叶成熟叶的单叶重、单位叶面积重和产量比未熟叶、过熟叶均有所增加，比初熟叶略有降低，上部叶成熟叶的干物质重及产量比过熟叶和初熟叶均有增加[4~6]。程红梅等[7]对香料烟叶片在成熟过程中的解剖学观察表明，烟叶成熟度不同，叶片上的腺毛柄细胞和腺头的形态有很大的差异，欠熟叶腺头小，近棱形，分泌物较少；适熟叶腺头膨大，近圆形，表面被有分泌物，为分泌的高峰期；过熟叶腺头分泌细胞解体，腺头脱落，其分泌物大大减少，从而影响调制后烟叶的质量。因此，他们认为腺头膨大为近圆形可作为适熟叶的一个重要指标。他们在研究中还发现，在烟叶的成熟过程中，叶肉细胞的原生质逐渐向细胞边缘凝聚，最后细胞中央为空腔，核逐渐变小，到过熟时几乎全部消失，细胞间隙不断扩大，表皮气孔密度逐步增大，叶肉细胞中糖颗粒的含量逐步增加。刘国顺等[8]对香料烟不同叶位和成熟度叶片的植物学特性研究发现，欠熟叶片叶肉细胞结构清晰，原生质成颗粒状均匀分布；适熟叶片叶肉细胞原生质呈丝网状均匀分布，栅栏组织细胞壁稍扭曲；过熟叶片叶肉细胞原生质凝聚到细胞边缘，栅栏组织细胞壁扭曲加剧。欠熟和过熟时，腺毛密度和叶厚度均降低。李跃武等[9]对云烟85的研究指出，烟叶厚度、栅栏组织、海绵组织厚度都是随着烟叶成熟度的提高而减小。烟叶单位长度栅栏组织细胞数和下表皮腺毛密度也是随着烟叶成熟度的提高而减少和下降，所以田间烟株鲜叶外观腺毛密度的变化情况，可作为烟叶成熟度的指标。以上的研究结果都比较一致，而且大多从烟叶的厚度、腺毛、栅栏组织、海绵组织、细胞间隙等方面进行分析。其中对腺毛的研究相对较多，并一致认为腺毛的特征是一个比较理想的烟叶成熟指标。

2 成熟度与烟叶化学成分的关系

烟叶的成熟度不仅表达了调制后烟叶内部生理和生化变化符合卷烟业加工和吸食者需要的程度，也反映了烟叶的生化成分和吸食状态。就同一产地、同一品种和部位的烟叶而言，从不成熟到成熟状态的烟叶化学成分的一般变化规律为：淀粉随成熟度的提高逐渐减少，直至大部分被分解；总糖随成熟度的提高逐渐增加，过熟时又开始降低；蛋白质随成熟度的提高逐渐减少；烟碱随成熟度的提高有所增加；香气量随成熟度的提高逐渐增加，过熟时又逐渐减少[10]。

2.1 成熟度与烟叶香气物质的关系

成熟烟叶有13种成分领先于未成熟叶，有20种成分超出过熟叶，超出的这些成分绝大多数属于烟叶香味的特色成分[10～12]。韩锦峰等报道了烤烟烟叶香气物质成分中，新植二烯、茄酮、2呋喃甲醛、苯甲醛等随成熟度增加而升高，过熟时又下降。烟叶香气物质中的异式面二烯茄酮、十六碳酸甲酯、十四碳酸苯乙醇等从进入成熟期开始即增加，在过熟的烟叶中含量最高[5,11]。王瑞新[13]研究指出，随着烟叶成熟度的增加，2-呋喃甲醛、苯甲醛、2-丁烯-1-酮等成分逐渐下降，烟碱、十六碳酸等成分逐渐上升。朱忠等[14]认为，叶绿素和类胡萝卜素是烟叶香气的前体物，它们的含量在烟叶成熟过程中是逐渐降低的。Spencer R[15]报道，叶绿素的合成在成熟之前达到最高峰，其后就迅速降解。Zilkey BF[16]指出，随着烟叶成熟度的增加，叶绿素、类胡萝卜素降低。烟叶的石油醚提取物是脂肪、精油、树脂、色素的混合物，对烟叶的香吃味具有良好的促进作用。不同成熟度之间石油醚提取物含量，Samsun品种表现为适熟叶含量最高，而Basma品种上中下部叶均表现为欠熟叶最高，适熟和过熟叶较低。烤烟进入工艺成熟期石油醚提取物含量已达到较高水平，随成熟期延长含量持续增加，过熟稍有下降[17]。宫长荣等[18]对C12～C20几种高级脂肪酸含量的变化进行研究发现，随着烟叶成熟度的提高，叶内月桂酸含量显著增加，棕榈油、油酸和亚麻油酸含量持续下降，其他几种脂肪酸大多数却在适熟时含量最高，过熟时其含量下降。这与赵会杰的研究结果一致[23]。

2.2 成熟度与烟叶其他化学成分的关系

柴家荣等[4]对白肋烟的研究指出，未熟叶与成熟叶还原糖含量偏高，烟碱和总氮含量较低，蛋白质含量偏高或过低，各化学成分的比例极不协调，品质最差，成熟时品质最好。孙福山等[19]报道，下部烟叶随成熟度的提高，还原糖、总糖有增加的趋势，而烟碱、总氮、蛋白质含量有逐渐降低的趋势，中部叶淀粉随成熟度的提高而降低，上部叶总糖、还原糖、总氮、蛋白质随成熟度的提高有逐步降低的趋势。艾复清等[6]研究发现，不同部位的烟叶均表现出随成熟度的增加，总氮、蛋白质、烟碱含量呈下降趋势，而总糖、还原糖含量则表现出中下部叶随成熟度增加而逐渐下降，上部叶则相反，呈逐渐增加的趋势。不同成熟度烟叶的烟碱和糖分积累没有规律性的变化，但糖碱比在烟叶成熟之后却随成熟度提高而变小，以过熟烟叶最低，烟叶越趋向成熟，化学成分愈加协调[19~21]。烟叶中无机元素钙、镁、钾、氯等，随着成熟度增加而降低。不同成熟度烟叶的化学成分比例有很大差异，未熟叶中糖、总氮和蛋白质等各种成分不协调，品质差；尚熟叶烟碱含量少，含糖量高，还原糖与烟碱比大，内在品质也不理想；适熟叶还原糖与烟碱比值适宜，品质好[20]。刘雪松等[22]报道，未成熟叶中叶绿素含量高，适熟叶叶绿素含量较少，过熟叶叶绿素含量最少。赵会杰等[23]研究表明，随烟叶欠熟至过熟除 Basma 品种上部叶外，叶绿素含量均以 40%～50%速率下降，尤其是下部叶适熟到过熟期间，叶绿素下降幅度更大。聂荣邦[24,25]等研究发现，烟叶水分含量随成熟度的变化呈现出有规律的变化，自欠熟到过熟，烟叶总含水量、自由水、束缚水含量均渐次降低，束缚水与自由水的比率也渐次减小。按成熟度由低到高，烟叶的 α-氨基酸总量呈 V 形曲线变化，鲜叶的 α-氨基酸含量变化达最小值时，为最佳成熟采收期。

烤烟成熟过程中，ABA 随着烟叶成熟度的增加而增加，IAA 随着成熟度的提高而降低[26,27]。这与其他作物（如小麦）的研究结果一致[28]。王怀珠等[34]研究指出，成熟过程中，夹角增大与成熟度进程的推进一致，下部叶茎叶夹角达 60°～70°，烤后烟叶总糖和还原糖含量相对较高，糖/碱、糖/氮相对适宜，而对中上部叶，茎叶夹角达 80°～90°时，烤后烟叶总糖和还原糖含量相对较高。

总之，有关烟叶成熟度与烟叶化学成分的各种研究结果不尽相同，这可能与各种研究用的烟叶品种、研究的条件、烟叶成熟度以及分析方法不同有关。

3 成熟度与烟叶评吸质量等其他方面的关系

3.1 成熟度与烟叶评吸质量的关系

随着烟叶成熟度增加，烟叶的香气质变好，香气量增加，劲头和浓度增大，青杂气减轻，刺激性、辛辣味减弱，余味变舒适。上等烟比例、均价、产值、级指，下中上三部位分别在 2 级、3 级、4 级时最高[5]未成熟叶和过熟叶缺乏白肋烟香型，香气少，浓度淡，杂气重，劲头小；成熟叶白肋烟香型显著，刺激性小，香气多，浓度和劲头适中，总体质量好[4]。一般成熟度好，烟叶的评吸质量好。

3.2 成熟度与烟叶经济效益的关系

柴家荣[4]报道，各部位以成熟烟叶均价最高，成熟叶均价为 26.94 元/kg，比过熟叶的均价增加 0.573 元/kg。李哲清[31]研究指出，烟叶产值随着成熟度的提高而增加，最佳范围在成熟至完熟区间，下二棚成熟采收，腰叶完熟采收，上部叶成熟前后采收产值最高。

成熟度好的烟叶其产量、上等烟比例、均价都较高，而成熟度差的烟叶，各项指标都不同程度的降低[10,29,30]。王能如等[32]将烤烟上部叶分为五个成熟档次（M_1～M_5），对 G80 的成熟度进行研究发现，G80 以 M_2～M_3 为好，上等烟占 25%，上中等烟合计占 95%～100%。王元英[33]则认为，烟叶的价格一般随采收期成熟度，按青烟、最适成熟叶、过熟叶的顺序逐渐提高。这与柴家荣的研究结果不一致，这可能与研究的烟叶类型等因素有关。

3.3 成熟度与烟叶的一些物理性状的关系

烟叶的耐破度、拉力和延伸率以适熟叶最好，未熟叶最差[20,30]。

4 问题及展望

有关烟叶成熟度与烟叶化学成分的关系研究很多，但是主要集中在糖、蛋白质、烟碱等方面，对成熟度与烟叶中香气物质，特别是烟叶中的有害成分的研究较少。随着人们健康意识的提高，降焦、减害和增香是卷烟生产中广大烟草科技工作者十分关注的一个问题，这也是当前和今后卷烟生产的主要目标和主攻方向。因此，研究成熟度与香气物质、焦油等成分之间的关系，为生产出含香气物质多、有害成分少的烟叶提供理论依据是一件十分有意义的事情。

有关烟叶成熟度及相应的生理生化变化与相关一些酶的关系研究很少。在今后的研究中，详细了解影响烟叶生长发育过程中的碳氮循环中的关键性酶的变化情况，通过调节酶的变化，从而改变烟叶的内在化学成分，调节烟叶成熟度是一个很有价值的研究课题。

目前有关成熟度的研究范围较广，但研究不够深入，调控烟叶成熟度及相应的组织结构和化学成分的变化机制不太清楚，因此，加强成熟度及有关方面的更深层次的研究十分必要。

随着生物技术的发展，生物技术在烟叶生产中的应用也越来越广泛，但利用生物技术手段对烟叶成熟度及相关方面的研究很少有报道。因此，在今后的研究中，利用生物技术手段来研究烟叶的成熟度及相关方面的研究有着广阔的前景。

参考文献

[1] 聂荣邦，胡子述，李海峰，等．烤烟不同成熟度鲜烟叶组织结构研究［J］．烟草科技，1991（3）：37－39.

[2] 冉邦定，刘敬业，李天福，等．成熟度、施肥量、留叶数与烟叶组织结构和比叶重的关系［J］．中国烟草，1993（2）：2－6.

[3] 宫长荣，李巍．不同采收期对烤烟下部叶质量的影响［J］．烟草科技，2002（8）：39－40.

[4] 柴家荣，雷丽萍，张国楠，等．白肋烟成熟度与产量、质量的关系［J］．云南农业科技，1991（4）：11－15.

[5] 韩锦峰，宫长荣，王瑞新，等．烤烟叶片成熟度的研究 Ⅱ．烤烟成熟标准及不同成熟度烟叶烘烤效应的研究［J］．中国烟草，1991（4）：15－19.

[6] 艾复清，江锡瑜，肖吉中，等．烤烟外观成熟特征与品质关系的研究［J］．中国烟草科学，1999（3）：27－30.

[7] 程红梅，高致明．香料烟叶片在成熟过程中的解剖学研究［J］．河南农业大学报，1991（3）：285－290.

[8] 刘国顺，符云鹏，高致明，等．香料烟不同叶位和成熟度叶片的植物学特性研究［J］．河南农业大学学报，1996（3）：217－221.

[9] 李跃斌，陈朝阳，江豪，等．烤烟品种云烟 85 烟叶的成熟度 Ⅰ．成熟度与叶片组织结构、叶色、化学成分的关系［J］．福建农林大学学报，2002（1）：16－21.

[10] 刘海轮，张振平，常丽．烤烟成熟采收标准与质量关系的研究［J］．西北农林科技大学学报，2002，30（2）：32－36.

[11] 韩锦峰，王延亭．烟叶成熟过程中一些生理变化的研究［J］．华北农学报，1991（1）：63－67.

[12] 刘百战，冼可法．不同部位、成熟度及颜色的云南烤烟中某些中性香味成分的分析研究［J］．中国烟草学报，1993（3）：46－53.

[13] 王瑞新，洪涛，马聪．烤烟香气物质成分与成熟度的关系［J］．烟草科技，1991（4）：25－28.

[14] 朱忠，冼可法，杨军．烟叶成熟度与其化学成分的相关性研究进展［J］．烟草科技，2002（8）：33－35.

[15] Spencer R. Some biochemical changes associated with maturation of flue-curing of tobacco［C］//Tobacco Chemists Research Conference，1968.

[16] Zilkey B F. Effect of leaf ripeness and genotype on agronomic physical and chemical measurements of flue cured tobacco and tobacco smoke［C］//Tobacco Chemistry of Research Conference，1980.

[17] 周骥衡，朱小平，王彦亭，等．烟草生理与生物化学［M］．合肥：中国科学技术大学出版社，1996.

[18] 宫长荣，汪耀富，赵会杰，等．不同成熟度和烘烤处理对烟叶中 C12－C20 脂肪酸含量的影响［J］. 河南农业大学学报，1996（1）：37－40.

[19] 孙福山．烟叶成熟度及烘烤关键指标与烟叶质量关系研究［J］．中国烟草科学，2002（3）：25－27.

[20] 烟草种植组．烟草栽培与分级［M］．北京：中国财政经济出版社，1992.

[21] Rotoin D C. Effect of maturity on the leaf characteristics of flue-cured varieties K326 and ITB31612［C］. Coresta，1997. 74－75.

[22] 刘雪松，刘贞琦，刘振业，等．烤烟成熟过程中光合特性的变化 [J]．贵州农学院学报，1991 (1)：1-6.
[23] 赵会杰，林学梧，刘国顺，等．香料烟叶片成熟过程中生理变化初步研究 [J]．中国烟草，1994 (3)：8-11.
[24] 聂荣邦，周建平．烤烟叶片成熟度与α-氨基酸含量的关系 [J]．湖南农学院学报，1994 (1)：21-26.
[25] 聂荣邦，唐建文．烟叶烘烤特性研究 Ⅰ．烟叶自由水和束缚水含量与品种及烟叶着生部位和成熟度的关系 [J]．湖南农业大学学报，2002 (4)：290-292.
[26] 杜咏梅，郭承芳，王晓玲，等．烤烟成熟过程中主要内源激素的动态变化研究初报 [J]．中国烟草科学，1998 (4)：41-43.
[27] 韩锦峰，林学梧，黄海棠，等．烟叶成熟过程中一些生理变化的研究 [J]．华北农学报，1991 (1)：63-67.
[28] 朱中华，段留生，冯雪梅，等．内源激素对小麦叶片衰老调控制的系统分析 [J]．作物学报，1998 (2)：176-181.
[29] 陈逸鹏，林凯，江豪，等．烤烟烟叶成熟的外观特征研究Ⅰ．烟叶成熟度与叶龄的关系 [J]．福建农业科学，1997 (5)：13-14.
[30] 高玉和，赵风华，周化斌，等．烟叶成熟度与生长发育对质量的影响 [J]．农业与技术，1997 (2)：41-44.
[31] 李哲清，刘绚霞．烤烟成熟度与产量质量的关系 [J]．陕西农业科学，1991 (3)：25-27.
[32] 王能如，方传斌，徐增汉，等．烤烟上部叶采收成熟度试验 [J]．烟草科技，1993 (5)：32-33.
[33] 王元英，Suggs C W. 采收期烟叶成熟度对产量价格和烟叶化学成分的影响及烤房利用率的潜力 [J]．国外烟草，1992 (1)：17-24.
[34] 王怀珠，汪健，胡玉录，等．茎叶夹角与烤烟成熟度的关系 [J]．烟草科技，2005 (8)：32-34.

（原载《作物研究》2005 年增刊）

不同采收成熟度对烤烟品质的影响

曾祥难[1]，陈香玲[2]，黄忠向[1]

（1. 广西中烟工业有限责任公司，南宁 530001；2. 广西大学，南宁 530005）

摘 要： 通过对烤烟不同成熟度采收试验，探讨了烤烟成熟度与烟叶品质和可用性的关系。结果发现，叶龄98d时采收的中部烟叶化学成分中总糖、还原糖含量高，而烟碱、总氮、蛋白质、钾和氯离子含量适宜，各项比值协调；评吸结果显示烟叶吸食质量比其他时间采收的明显改善，其香气质好，香气量大，吃味变醇和，杂气、刺激性小，劲头趋于适中；物理性状特性趋于优良；产值、均价、上等烟比率均最高。研究表明，宜在烟叶叶色黄中泛青，开始有成熟斑，主脉变白，茸毛全部脱落，叶尖开始发黄，叶龄约98d时候采收烟叶，此时烤烟品质最好。

关键词： 烤烟；成熟度；采收；品质

烟叶成熟度是指烟叶成熟的程度。烤烟成熟度是衡量烟叶质量的中心因素，也是烤烟分级的首要因素，更是烟叶质量的核心，其与烟叶的色、香、味密切相关[1~6]。国外商品烟叶的质量因素中，居首位的就是成熟度，美国、巴西、津巴布韦烟叶品质的优势就在于其有好的成熟度。本文主要通过田间烟叶外观特征和移栽天数（叶龄），分析不同成熟度采收烤后烟叶化学成分、物理特性、吸食质量和经济性状的关系，探讨烟叶成熟度与烟叶质量的相关性，为提高烟叶品质和工业可用性提供理论借鉴。

1 材料与方法

1.1 材料

2007年在广西百色靖西县进行不同成熟度采收试验，试验品种为：K326，设置叶龄84、91、98、105d采收烘烤4个处理。试验部位为中部烟，打顶后每株留叶20张，标定第11和12叶位跟踪观察。

1.2 测定项目与方法

1.2.1 化学成分分析指标与方法 分析烤后样品烟叶的总糖、还原糖、总氮、烟碱、钾、

基金项目：广西壮族自治区科技厅项目（桂科攻07129003）。

作者简介：曾祥难（1978—），男，广西来宾市人，硕士，主要从事烟叶生产研究与推广管理。

淀粉、蛋白质、石油醚提取物含量及烟叶氯含量，总糖和还原糖按照 YC/ T 15922002，总氮按照 YC/ T 16122002，烟碱按照 YC/ T 16022002，钾按照 YC/ T 17322003 采用连续流动分析法，淀粉含量的测定采用酸水解法，烟叶蛋白质含量的测定采用间接测定法[8]，石油醚提取物采用油重法测定[8]，烟叶含氯量的测定采用莫尔法[8]。

1.2.2 评吸品质指标及量化 评吸品质指标主要有：香气质、香气量、浓度、杂气、劲头、刺激性、余味等，广西中烟工业有限责任公司评析委员会采用打分的办法对所有样品烟叶的评吸品质进行评吸鉴定。

1.2.3 外观特征与烟叶经济性状 标定叶位后观察中部叶外观特征，烤后所有中部烟叶按照烤烟分级国家标准[9]和 2007 年国家烟叶收购价格计算进行经济性状分析。

2 结果分析

2.1 不同处理中部叶田间外观特征

由表 1 可以看出，叶龄 84d 时，中部叶烟叶外观生青，烤后叶色浮青色泽暗淡；叶龄 91d 时外观特征为传统观念的“适熟叶”，叶色绿至黄绿，茸毛稍脱落，主脉 1/2 发白，烤后叶色较深，稍含浮青；叶龄 98d 烟叶叶色基本呈黄色，叶面有一定面积成熟斑，主支脉全白，叶耳泛黄，茸毛脱落且有明显黄色斑，烤后叶色桔黄并伴有朱砂点，结构疏松，色泽度饱满，具有优质烟的外观和内在质量特征；叶龄 105d 叶色已全部发黄，前缘叶面枯焦，此时收烤叶色呈棕橘色伴有朱砂斑，组织松弛，叶片有轻飘感，但仍具优质烟的内在质量。

表 1 不同处理中部叶田间外观特征

叶龄（d）	叶片颜色	主脉色泽	茸毛状况	叶尖、叶缘状况
84	绿至淡绿，无成熟斑	全绿到淡绿	未脱落	绿到淡绿
91	叶色绿至黄绿，稍有成熟斑	主脉 1/2 发白，乳白色淡绿	茸毛稍脱落	稍枯，叶尖下勾
98	叶色黄中泛青，有成熟斑	主脉全白	茸毛全部脱落	发黄，枯尖枯边
105	叶色金黄或黄中带白	全乳白色并发亮	茸毛全部脱落	叶前缘部分叶面枯焦

2.2 不同处理对化学成分影响分析

不同处理烟叶烤后化学成分分析结果如表 2，叶龄 98d 时采收烤后烟叶化学成分趋于协调，总糖、还原糖分别为 26.42%和 23.84%，均比其他 3 个采收时间的烟叶含量高；总氮、蛋白质含量随着成熟的提高而降低；而烟碱则是随着成熟度的提高而上升；钾在叶龄 98d 时含量最高，而氯含量则最低；石油醚提取物是组成烟叶芳香气味的因素，烟叶的石油醚提取物与烟叶的香气量成正比，从分析结果看叶龄 98d 时烟叶石油醚提取物最高，有利于石油醚提取物中芳香油、树脂、磷脂、蜡脂等体现烟草香气的物质形成；综合分析，叶龄 98d、105d 烟叶化学成分差异不大，各项比值协调，这样有利于优质烟叶的形成，符合优质烟叶的质量标准。

表 2　不同处理对烟叶化学成分的影响

叶龄（d）	总糖（%）	还原糖（%）	烟碱（%）	总氮（%）	蛋白质（%）	石油醚提取物（%）	氯（%）	氧化钾（%）
84	20.32	18.24	2.47	2.51	12.26	5.11	0.58	1.51
91	25.63	20.72	2.52	2.44	10.07	6.96	0.62	1.68
98	26.42	23.84	2.55	2.09	8.56	7.93	0.51	1.92
105	25.54	21.97	2.58	2.07	8.16	7.36	0.52	1.88

2.3　不同处理对评吸品质影响分析

随成熟度的提高，烟叶吸食质量明显改善，香气质逐渐变好，香气量增大，吃味变醇和，杂气、刺激性减小，劲头趋于适中，烟叶成熟时吸食质量最佳。由表 3 看出：叶龄 98d 时采收的烟叶香气质最佳，香气量充足，杂气轻微；84d 采收的烟叶香气质差，香气量少，刺激性大，杂气重，余味苦涩；91d 采收的烟叶香气质尚较好，香气量有，余味尚适，劲头和浓度适中；105d 采收的烟叶除评吸浓度比 98d 采收的稍大外，其他指标没有差异。

表 3　不同处理对烤后单料评吸结果

叶龄（d）	香气质	香气量	杂气	浓度	劲头	刺激性	余味
84	中偏下	有$^{-}$	有$^{+}$	中$^{-}$	中$^{+}$	有$^{+}$	尚适$^{-}$
91	中	有	有	中	中	有	尚适
98	中偏上	有$^{+}$	有$^{-}$	中	中	有	舒适
105	中偏上	有$^{+}$	有$^{-}$	中$^{+}$	中	有	舒适

2.4　不同处理对物理特性影响分析

由表 4 可以看出，烟叶弹性的强弱受烟叶成熟度的影响，从叶龄 84d 采收到 98d 采收，弹性为尚有到有，逐渐增强，至 105d 成熟度不断提高，弹性由有到弱，逐渐减弱；耐拉力和弹性的表现规律一样；填充能力为成熟度成采收最好为 4.56cm^3/g；叶片厚度随成熟度的提高而趋薄。反映出叶龄 98d 时采收时的烟叶物理特性的综合值最好。

表 4　不同处理对烟叶物理特性影响

叶龄（d）	填充性（cm^3/g）	耐拉力	弹性	厚度（mm）
84	3.77	尚好	尚有	0.634
91	3.87	较好	有	0.553
98	4.56	好	强	0.546
105	4.29	尚好	尚有	0.525

2.5 不同处理对烟叶经济性状影响分析

产量、产值、均价、上等烟比例是烟叶的主要经济性状，它们综合反映了烟叶的质量和经济效益。从烟叶成熟过程中干物质积累的规律知道，作为构成烟叶产量的单叶重，是随着烟叶发育而逐渐增加的，在成熟时达到最大值，此时采收产量最高。但是，其他经济性状均随着成熟度的进一步增加而提高，在工艺成熟时才达到最高点，之后又下降。从表5可以看出，叶龄98d时采收和105d采收的烟叶折算后产值较高，分别比叶龄84d时采收的提高51.42%和40.73%，上等烟比率也以叶龄98d采收的最好，比84d采收和91d采收分别提高310.39%和68.62%，与105d相比差异不大，均价在叶龄91d、98d和105d相差不大，在叶龄84d最低，为9.46元/kg。

表5 不同处理对烟叶经济性状影响

叶龄（d）	折算产值（每667m²，元）	均价（元/kg）	上等烟（%）
84	496.50	9.46	19.05
91	685.15	13.34	46.36
98	751.80	13.67	78.18
105	698.70	13.44	74.04

3 结论与讨论

由不同成熟度采收研究结果可以看出，叶龄98d采收的中部烟叶外观质量较好；总糖、还原糖含量趋于合理，而烟碱、总氮、蛋白质、钾和氯离子含量适宜；评吸结果显示叶龄98d采收的中部烟叶，烟叶吸食质量明显改善，香气质逐渐变好，香气量增大，吃味变醇和，杂气、刺激性减小，劲头趋于适中，吸食质量最佳；物理性状特性趋于优良；烟叶的经济性状，工艺成熟时采收产值最高，均价和上等烟比率最好。由此可见，广西靖西烟区烤烟中部叶在98d采收为最佳时期。

目前我国生产的烤烟主要供国内烤烟型卷烟和少量的混合型卷烟使用，由于卷烟类型的差异，对烟叶原料的要求也不相同，因而不能一味地追求高成熟度的烟叶，把它作为提高烟叶品质的灵丹妙药，提高烟叶成熟度与烟叶原料的使用方向和质量风格同样重要，只有协调的营养、良好的发育，加上适时的采收、科学的调制才能产生真正成熟的烟叶[10,11]。所以，如何适度地提高烟叶成熟度适时采收，与科学加工结合起来，生产出适合工业企业需求的烟叶原料方向，值得烟叶生产企业深入研究。

参考文献

[1] 朱尊权．当前制约两烟质量提高的关键因素［J］．烟草科技，1998（4）：3－4.
[2] 闫克玉，赵献涨．烟叶分级［M］．北京：中国农业出版社，2003.
[3] 赵铭钦，于建军，程玉渊，等．烤烟烟叶成熟度与香气质量的关系［J］．中国农业大学学报，2005，10（3）：10－14.
[4] 中国农业科学院烟草研究所．中国烟草栽培学［M］．上海：上海科学技术出版社，1986.
[5] 史宏志，刘国顺．烟草香味学［M］．北京：中国农业出版社，2000.
[6] 王瑞新，洪涛，马聪．烤烟香气物质成分与成熟度的关系［J］．烟草科技，1991（4）：25－28.
[7] 烟草栽培编写组．烟草栽培［M］．北京：中国财政经济出版社，2000.
[8] 王瑞新．烟草化学［M］．北京：中国农业科学技术出版社，2003.
[9] 中国烟叶生产购销公司．烤烟分级国家标准培训教材［M］．北京：中国标准出版社，2005.
[10] 于华堂，王卫康，冯国桢，等．烟叶分级教程［M］．北京：科学技术文献出版社，1995.
[11] 王卫康．《烤烟》国标中分级因素的概念及把握［J］．烟草科技，2004（5）：44－48.

（原载《湖南农业科学》2009 年第 9 期）

我国烤房及烘烤技术研究进展

刘光辉[1]，聂荣邦[2]

（1. 邵阳市烟草公司隆回县分公司，隆回　422200；
2. 湖南农业大学农学院，长沙　410128）

摘　要：对我国普通烤房及其配套烘烤技术的演变、密集式烤房的研究成果和应用现状进行了综述，展望了普改密改造、密集烤房烘烤技术等方面的发展趋势。

关键词：烤烟；烤房；烘烤技术

烟叶烘烤就是将烟草在全部农艺过程中形成和积累的优良性状充分显露发挥出来，是决定烟叶最终质量、产量、可用性价值和生产效益的一个至关重要的技术环节。烤烟最显著的特点和风格是颜色黄亮，光泽鲜明，燃吸时香气浓郁，吃味醇和，劲头适中。而要反映特定条件下形成的烤烟的品质特征，必须有相应的烘烤工艺和烘烤设备，而且烘烤设备要满足和服务于烘烤工艺要求。随着科学技术的发展和进步，烘烤设备更趋于完善，反过来也促进烘烤工艺的改进提高。

当前，我国密集式烤房发展迅猛，但标准普通烤房仍然具有不可替代性，特别在一些偏远山区和老、少、边区密集式烤房具有烤房规模大，装烟密度大，实行机械强制通风和热风循环，烘烤过程温湿度自动控制和精准控制，使用特制的烟叶夹持设备等[1]特点；具有能充分反映烟叶种植质量和效益，省工节煤，降低烘烤难度和操作复杂性，减轻烟农劳动强度等优点。但在近几年的使用中，出现了烤后烟叶僵硬，颜色变淡，叶面部分光滑，身份减薄，油分减少等不良现象[2]。因此，加大对烘烤设备及与之配套的烘烤技术的研究，杜绝一些不良现象的发生，达到进一步降本提质的目标，具有重要的实际意义。为此，笔者对我国烤房及烘烤技术的发展进行了简单的综述。

1　我国烤房和烘烤技术的发展

1.1　普通烤房及其烘烤工艺演变

1.1.1　土烤房与传统烘烤　20世纪60年代至80年代前，我国烤烟生产水平很低，一直沿用适宜于当时生产条件的各种各样传统的土木结构自然通风上升式烤房（或称为土烤房）。该烤房天窗有多种形式，但存在窗口小、样式老、高度低、漏气、开关不灵活、操作不方便等；地洞大多仅有冷风洞而无热风洞，且进风口总面积小，进风不均匀，影响空气介质和火管的热交换，叶间风速和温湿度不匀等。因此，该烤房往往由于供热设备砌筑和排湿设备安装不合理造成烤房温度不均匀，影响烟叶烘烤质量[4,5]。烟农的长期烤烟生产实践活动，形成了传统的烘烤工艺，该工艺服务于多叶型、大水肥、多留叶、高产量的目标，烟叶质量是黄、鲜净，烘烤过程采取高温变黄、快速定色、急水杀筋等技术，烟叶外观质量表现为柠檬黄、叶片薄、组织密、油分少，燃吸时少香无味，甚至黑灰截火。

1.1.2　小型烤房与烘烤工艺的多元化　20 世纪 80 年代，推出了容量 150 竿左右的小型烤房，适合种烟 0.2～0.3hm^2 面积的农户需要。为确保烤房通风排湿顺畅，改冷风洞为各种形式的热风洞，改“老虎大张嘴式”的天窗为高天窗，后来又发展为通脊长天窗，使烤房排湿顺畅，增大了天窗、地洞面积，使天窗、地洞面积分别达到了每 100 竿烟 0.16m^2 和 0.11m^2，有效解决了蒸片、糟片和挂灰等问题。在烘烤方面为了扭转传统上高温快烤的烘烤不当问题，各地根据具体的生态条件和实际技术水平，提出了低温慢烤的烘烤工艺，烘烤工艺呈现了多元化的趋势，如河南省的五段式烘烤法[6]，云南的双低烘烤法[7]等。

1.1.3　标准烤房与三段式烘烤工艺　三段式烘烤是由中国烟叶生产购销公司组织研究而提出的一种适应我国烟叶的烘烤方法[8]，它是我国现在应用最广的一种烤烟烘烤方法。20 世纪 90 年代初以后，全国范围内鲜烟叶素质明显提高，试验示范证明，按三段式烘烤工艺烤烟，增进烟叶香吃味的潜力很大。通过对烤烟烘烤过程烟叶生理生化变化，质量形成及其与环境条件的研究，比较完善地创立了烤烟三段式烘烤理论，并以此为基础，结合我国烟叶素质特点和生产实际，创立了包括烤房设备建设、烟叶成熟采收和三段式烘烤操作在内的相对完整的三段式烘烤技术。在全国全面推广烤烟三段式烘烤工艺及其配套技术的同时，加快了普通烤房标准化改造步伐，以满足先进烘烤工艺的需要[9]。普通烤房传统的卧式火炉改为立式火炉、蜂窝煤火炉等节能型火炉，使烧火供热变得容易调控，并改土坯火管为陶瓷管、水泥管、砖瓦管，对火管涂上红外线涂料，提高热能利用率；二是推行高天窗、长天窗、低地洞，热风洞与冷风洞相结合，每 100 竿烟天窗面积 0.16～0.18m^2，地洞面积 0.12m^2，同时以普通烤房为基础，借鉴密集式烤房热风循环强制通风的技术特点，增添风机和空气循环管道，实现部分热风循环[10～12]；三是增加装烟棚数，加大底棚高度和棚距。到 20 世纪末，全国在用的普通烤房 80％完成了标准化改造。

三段式烘烤工艺将烟叶烘烤过程划分为变黄期、定色期和干筋期，每个阶段的干球温度分升温控制和稳温控制两步[13,14]。通过对烘烤环境温度、湿度、时间、调控，实现对烟叶水分动态和物质转化的协调，达到最终烟叶烤黄、烤干、烤香，这是三段式烘烤技术的核心[15]。三段式烘烤工艺的技术关键点为：低温变黄、黄干协调，适宜升温定色，重视湿球温度，允许烘烤技术指标必要时作调整。

1.2　密集式烤房的研究与应用

1.2.1　密集式烤房的演变　20 世纪 50 年代末，美国北卡罗来纳州立大学约翰逊（W. H. Johnson）等研制了密集式烤房，70 年代密集烤房在美国、日本等发达国家迅速推广开来。我国最早在 20 世纪 60 年代开始研究密集烤房。1963 年河南省烟草甜菜工业科学研究所进行了密集烤房试验研究，于 1973—1974 年设计出了第一代以煤为燃料，土木结构的密集烤房。但由于烤房本身的因素和历史条件的限制，密集烤房没有大面积推广。随后一些科研单位也进行了尝试。20 世纪 90 年代初期以来，河南、云南等省分别从国外和台湾引进了多种形式、型号、规格的密集式烤房。但这些密集烤房价格昂贵，同时技术上存在一定问题，在我国也未得到推广应用。20 世纪 90 年代中后期，随着农村种植结构调整，烤烟生产开始逐步走向规模化，各地不断涌现出烤烟生产专业化农场，几个主要产烟省，在进行技术引进、消化和吸收的基础上，纷纷根据各地的生产实际，研究推出了一些成型的密集烤房。1995—1997 年，聂荣邦先后研制成功了微电热密集烤房和燃煤式密集烤房[16,17]。2000—2003 年，安徽省以吉林使用的密集烤房为基础，成功研制出悬浮式蜂窝煤炉密集烤房（AM）系列，并不断完善，在全省及其他省份推广应用，获得了国家烟草专卖局 2005 年科技进步三等奖[2]。云南省在 AM 烤房的基础上，推出了 QJ 系列及 YA 系列。湖南省完成了长浏 2 号烤烟密集式烤房和《经济适用高效密集烤房及配套烘烤工艺研究与应用》项目，长浏 2 号及湘密（XM）系列烤房分别于 2006 和 2007 年通过了湖南省科技厅组织的科技成果鉴定。贵州省依次推出了 GZ-1 型散叶堆积烤房及 GZSM-06-02 型气流下降式和 GZSM-06-03 型气流上升式两种散叶型密集烤房。

密集式烤房的装烟密度为普通烤房的 2～3 倍；以机械强制通风的热风循环方式对装烟室的烟叶加热，叶间隙风速为普通烤房的 2～3 倍；通过温湿度自控或半自控设备，使装烟室呈现封闭式内循环或部分开放式外循环结合内循环，控制烤房加热和通风排湿，达到温度和湿度的精准控制，满足烟叶烤黄、烤干、烤香需要。

1.2.2 密集烤房烘烤工艺的研究与应用 在密集烤房推广的过程中，各地根据自己的实际情况，在三段式烘烤工艺的基础上，摸索出了一些密集式烘烤的经验。如：安徽省密集烤房的烘烤工艺特点是："一长两短"，即延长变黄期，缩短定色期和干筋期[18]。山东临沂总结出的"高温充分变黄慢烤，控温二拖慢定色，快速急火杀筋"即"一高二慢一快"的烘烤技术。湖南蒋笃忠在研究了 YZER 密集烤房的配套烘烤工艺后提出，散叶方式烘烤变黄、定色湿度不宜高，掌握干球温度 35～38℃，湿球温度 33～34℃，促使烟叶基本变黄，叶尖发软倒伏；干球温度 41～42℃，湿球温度 34～35℃，叶片全黄，叶尖微翘；干球温度 46～48℃，湿球温度 36～37℃，使烟筋全黄，勾尖上翘呈蓬松状态；干球温度 53～54℃，湿球温度 37～39℃，叶片全干，平铺的烟层呈蓬松状态；干球温度 65～68℃，湿球温度 42～43℃，使烟筋干燥。

从 2004 年开始，通过开展"烘烤环境温湿度与烟叶的品质"、"装烟密度与主要生理特征及对烟叶品质的影响"等专项系列研究，在密集烤房的烘烤机理方面取得了突破。根据三段烘烤基本原理，结合密集烘烤机理研究[19～23]，制定了"低温中湿变黄、中温定色、相对高温干筋、适当控制各阶段的风量风速"的密集烤房烘烤技术原则，装烟密度：55～65kg/m^3，烟叶素质均匀一致、高质量编烟装烟等配套技术，并将密集式烤房烘烤技术融入到《烤烟烘烤技术规程》。经过 2002—2006 年广泛试验示范和技术研讨，理清了密集式烤房的技术关键，经多次修改，于 2006 年制定了《密集式烤房技术标准》（试用），现已在各地试用。该标准确立了密集烤房建（改）造的基本规格、技术参数和供热设备性能参数，使风机和电机的配置得到了优化，自控设备达到了精确控制。

2 密集式烤房烘烤技术

密集式烤房的烘烤基本理论与普通标准化烤房相同，但是由于装烟密度大，有强制通风和热风循环，这和普通标准化烤房又有不同。

2.1 密集烘烤的特殊性

2.1.1 烟叶在密集烘烤过程中的生理效应 密集式烤房在烟叶烘烤的变黄阶段一般都要保持密闭状态，且烤房内装烟密度一般在60～70kg/m^3，在此期间烟叶的呼吸作用导致环境CO_2的浓度比普通烤房更高，使烟叶宏观的变黄速度更快[1]。王松峰等人[19]研究表明，和普通装烟密度相比，密集烤房在整个烘烤过程中，装烟密度为55～65kg/m^3处理烟叶淀粉酶、过氧化物酶、抗坏血酸过氧化物酶的活性较高，叶绿素含量最低。

烟叶色素、淀粉、蛋白质等大分子物质的转化，主要发生在变黄和定色阶段，特别是54℃以前，而且环境温湿度和烟叶水分是所必需的条件[24]。密集式烤房的保温保湿性能比普通烤房更好，对环境温湿度和通风的精准控制，能够有效控制烟叶水分动态，变黄阶段烟叶失水量较小，有利于使淀粉酶和蛋白酶保持较高的活性，实现淀粉、蛋白质和叶绿素、胡萝卜素等大分子物质的完全转化。

宫长荣等人[23,25]研究表明，低温中湿变黄条件（变黄阶段干球温度38℃，相对湿度80%～85%）下淀粉酶、蛋白酶、超氧化物歧化酶（SOD）、过氧化物酶、过氧化氢酶（CAT）活性提高，作用时间延长，丙二醛积累较少，有利于烟叶内含物质的分解转化，中湿定色条件下，烤后烟叶颜色深、油分足、身份适中、化学成分含量适宜、比例协调。高玉珍等人[26]研究表明，密集烘烤低温中湿处理能提高烟叶中性致香物质的含量，有利于改善烟叶的内在品质。

2.1.2 风机强制通风和热风循环 密集式烤房在烘烤过程中，装烟室与加热室之间既有热空气的内循环，又有冷空气不断进入加热室内，热空气不断从装烟室排出的外循环，这种冷热空气在外源机械动力作用下的双循环是密集式烤房最重要的属性。它与普通烤房相比，换热效果更好，热量得到重复利用，平面温差和垂直温差更小，叶间隙风速增加。据测定：普通烤房在烟叶定色阶段的叶间隙风速是0.04～0.06m/s，而密集式烤房同期叶间隙风速是0.2～0.3m/s，叶间隙风速增加，能使热空气充分和叶面接触进行湿热交换，能够有效地避免烤黑、烤青、挂灰等烤坏现象，使烤后烟叶颜色鲜亮、色度更均匀。

2.1.3 温湿度精准控制 密集烤房的温湿度自控设备自控仪，对干球温度和湿球温度的测量范围均为0～99.9℃，分辨率均为0.1℃，整体配置能够达到装烟室干球温度控制精度±1.5℃，装烟室湿球温度控制精度±0.5℃，装烟室平面温差≤2℃，湿球温度差≤0.5℃。烘烤过程温湿度的精准控制，能确保烟叶在最佳湿度环境和通风排湿条件下实现烟叶的调制。

2.2 密集烘烤的基本原则和关键温湿度指标

2.2.1 基本原则 “适度低温中湿变黄，中湿定色干叶，相对高温干筋，适当控制各阶段的风量风速”是密集烤房烟叶烘烤的基本原则。其含义是：①低温中湿变黄使烟叶以较慢的速度和较长的时间均衡变黄，保持失水速度和变黄速度的协调，提高烟叶变黄程度的均衡性，实现有效促进烟叶大分子物质的转化分解和烟叶香气前体物质的形成；②中湿定色使烟叶在适宜的温度下进一步促进大分子物质彻底转化，另一方面小分子香气基础物质聚缩形成更多的致香物质；③干筋阶段相对高湿和低速通风，减少烟叶内含物质挥发，确保烟叶外观质量和物理特性改善，化学成分适宜，内在品质提高。

2.2.2 关键温湿度指标 变黄阶段：①干球温度35～38℃，湿球温度34～36℃，烟叶达到七八成黄，叶片发软；②干球温度41～42℃，湿球温度36～37℃，烟叶达到九成黄，主脉充分发软。分别在37～38℃和42℃左右延长时间。

定色阶段：①干球温度42～48℃，湿球温度37～39℃，烟叶达到半干；②干球温度48～54℃，湿球温度38～40℃，烟叶达到全干。分别在47℃左右和54～55℃延长时间。

干筋阶段：干球温度54～68℃，湿球温度41～43℃，达到烟筋干筋，在65～67℃延长时间。

2.3 通风与烟叶烘烤质量

烟叶在烘烤过程中不同阶段通风的意义不同。变黄阶段适当通风的作用主要是：减少烤房内各棚次之间的温湿度差，定色和干筋阶段的通风主要是排除烟叶水分，所以烟叶烘烤不同阶段的通风和叶间隙风速，对烟叶烘烤品质形成的效应不同。

2.3.1 通风量对烟叶化学成分的影响 烟叶化学成分是烟叶内在质量的体现，在烘烤的过程中，变黄阶段通风量大时，烟叶内含物质消耗较少，通风量小时消耗较多。烘烤后期通风量和叶间隙风速减少，淀粉含量降低而其他化学成分的变化不很明显，60℃以后减少通风，烟叶的化学成分更为协调。

2.3.2 通风量对烟叶外观质量的影响 在烘烤过程中通风量大时，烤后烟叶颜色更鲜亮，通风量小时色度较弱。在60℃以后减少通风的条件下，烤后烟叶的外观质量整体好，叶面颜色均匀，橘色烟比例增加，色度和油分更好，杂色烟、挂灰烟比例降低。

2.3.3 通风速度对烟叶香气品质的影响 烟叶烘烤过程中温度和湿度都是在动态下实现的，不同的温湿度配合导致烟叶水分动态不同，烤后烟叶香气也有很大差异。生产实践表明，如果在变黄阶段烟叶脱水过多，即使烟叶变黄程度良好，烤后仍表现香吃味平淡，并有强烈的苦涩味和青杂气；如果变黄阶段脱水适当，而定色阶段脱水速度过快，则干烟辛辣味，刺激性强，烟气粗糙。反之，如果变黄或定色前期烟叶脱水速度缓慢，则烤干后烟叶辛辣味和刺激性增强；如果到定色前期一直脱水迟缓，烤后烟叶的辛辣味和刺激性虽小，但香气质显著发闷，香味不突出[28,29]。

有研究[28,29]表明，在烟叶干燥期间若风速高时，烤后烟叶香气淡、辣味重、刺激性大；相反情况下烟叶颜色趋于深，香气和吃味浓郁。在密集式烤房挂两层烟叶时，风速以0.2m/s的最好，若风速大于0.3m/s，香气、吃味明显下降；烤房内挂三层烟叶时，风速以0.3m/s左右较为适宜。风速对烟叶香气质量的影响，以定色阶段和干筋前期最大。日本的研究提出了密集式烤房烘烤过程适宜的通风速度为0.2～0.3m/s，成为密集烤房风机配备的基础参数[1]。

2.4 目前密集式烤房风电机配置与操作

2.4.1 密集式烤房风电机配置 密集式烤房的技术核心是增加烟叶在烘烤中的间隙风速。根据烟叶烘烤过程对空气流通的需求实际，选择风机时要考虑以下参数。①风量：经计算

每 $1m^3$ 装烟室每小时的最大需风量为 $936m^3$；②风速：0.2～0.3m/s；③风压：150～230 Pa；④电机功率。与国外密集式烤房相比，我国装烟密度要小得多，但在风机配置方面，一度诸多配置功率 3.5～4.5 kW 的 8 号风机电机，风量、风速过大，导致烤后烟叶颜色浅淡，油分减少现象突出，而且烘烤耗电量高。此后，对风、电机匹配的研究表明，装烟室长 8m，烤房配备风量为 21 600m^3/h 的风机和功率为 3.0/2.2 kW 变极变速电机，能够满足烟叶烘烤需要。

2.4.2 密集式烤房烘烤的风电机操作 变黄阶段风机的基本作用是流通空气缩小烟层之间的垂直温湿度差，使烟叶均衡变黄和一致脱水，在此期间，叶间隙很小，通风困难，因此需要较大的风压风量。风机一般采用低速到中速运转。

定色阶段的主要任务是逐渐加快烟叶水分散失，促进干燥。为了满足大量的湿热交换需要，促进烟叶均衡干燥，要求空气流通速度不断增大。随着烟叶脱水量的增加，叶间隙越来越大，若供风量不变，叶间隙风速将增加。风机必须连续运转，不能停机，一般用中速到高速运转，确保流过烟叶间的风速稳定控制在 0.2～0.3m/s。

干筋阶段，主要的任务是排除烟筋中残存的水分，因此，一方面通风是必须的，另一方面不需要更大的通风速度和通风量。要求调低电机转速，以湿球温度不超过 43℃为准。

3 展望

烤房及其配套烘烤工艺的发展与我国烟叶生产水平的提高息息相关，随着我国烟叶组织形式的变化，迫切需要先进的密集烘烤加工设备与之相适应，烤房的密集化将是我国烘烤设备发展史上的一次革命。密集烤房的推广应用必将加快我国烟叶生产由数量规模型向质量效益型转变，由粗放管理向集约管理转变，实现我国烟叶生产的跨越式发展，有利于提高我国烟叶国际竞争力，加快我国烟叶生产现代化进程，提高我国烟叶的经济效益。根据我国烟叶生产的现状和发展趋势，今后要在以下几个方面进行深入研究。

3.1 普通烤房密集化（普改密）改造

目前，我国对一部分普通烤房进行了密集式改造，克服了普通烤房的一些缺点，烟叶烘烤质量获得了提升。但各地改造不规范，供热系统及控温控湿只达到半自动化，要加大外置式普改密的推广应用，同时要加大全自动化、精准控制及其配套烘烤工艺的研究。

3.2 密集式烤房及烘烤技术的推广应用

（1）降低使用成本。目前，密集烤房的使用成本较高，由于国家烟草局采取了高标准的建造补贴，才得以顺利推广。因此，要加强对散热新型材料、湿热空气的热能再利用、风电机的节电技术、烟夹夹烟烘烤等方面的研究，进一步降低建造成本，延长设备寿命，提高热能利用，减少用电量和耗煤量。要进一步开展自动化、精准控制、远程烘烤监控等方面的研究，减少烘烤人工成本，提高烘烤质量。同时要开展密集烤房在其他农产品烘干中的综合利用研究，提高烤房的利用率。

（2）开展太阳能和“生物质能源”的利用研究。煤炭是我国烤烟烘烤的最主要燃料，在能源紧张、燃料价格不断上升的形势下，利用太阳能、生物质能源的密集烤房将是一种发展趋势。在太阳能的利用上，可以加强太阳能与电能、煤炭等协同利用的研究。在“生物质能源”利用方面，“秸秆压块”技术已有进展，但要推广利用，还必须加强相关技术的研究。

（3）完善密集烘烤工艺。对密集烤房和普改密烤房烘烤机理研究虽有一些突破，但已报道的研究结果也有矛盾之处。装烟方式的改变、装烟密度的增加、风速实行任意调节等，烟叶在烘烤过程中的物理、化学变化是否相同，密集烤房的烘烤机理有待进一步研究完善。

由于目前密集烤房种类较多，虽然对一些参数进行了统一，但仍然具有特殊性。因此，应结合各地的生产实践，根据不同类型密集烤房的特点及采取的方式方法，结合密集烘烤机理的研究进展，根据客户的品质需求特点，逐步完善密集烘烤工艺。

参考文献

[1] 宫长荣．密集式烘烤［M］．北京：中国轻工业出版社，2007.

[2] 王卫峰，陈江华，宋朝鹏，等．密集式烤房的研究进展［J］．中国烟草科学，2005（3）：12－14.

[3] 宫长荣，赵振山，陈江华，等．烤烟三段式烘烤及其配套技术［M］．北京：科学技术文献出版社，1996.

[4] 宫长荣．烟叶烘烤及原理［M］．北京：科学出版社，1994.

[5] 宫长荣．烤烟烘烤理论与实践［M］．北京：农业出版社，1990.

[6] 王贵，徐淑芳．浅谈“五段式”烟叶烘烤实用技术及干湿温度计使用方法的探讨［J］．农业与技术，1996（6）：49－50.

[7] 张荣范．烤烟烘烤技术改革初探［J］．中国烟草，1987（2）：36－39.

[8] 杨树申，宫长荣，乔万成，等．三段式烘烤工艺的引进及在我国推广实施中的几个问题［J］．烟草科技，1995（3）：35－37.

[9] 汤明，王芳．烤烟密集烘烤研究主要进展［J］．现代农业科技，2007（9）：190－191，193.

[10] 李迪，张林．热风循环立式炉烤房应用与示范［J］．烟草科技，1998（4）：37－38.

[11] 张国显，袁志永．烤烟热风循环烘烤技术研究［J］．烟草科技，1998（3）：35－36.

[12] 宫长荣，李锐．烟叶普通烤房部分热风循环的应用研究［J］．河南农业大学学报，1998，32（2）：162－166.

[13] 宫长荣．烤烟三段式烘烤及其综合配套技术［J］．中国烟草，2000（4）：20－21.

[14] 张春芳．湖南烤烟栽培［M］．长沙：湖南科学技术出版社，2001：186－212.

[15] 赵兴，宫长荣．烤烟三段式烘烤及配套技术的推广应用［J］．中国烟草科学，1999（3）：1－3.

[16] 聂荣邦．烤烟新式烤房研究 Ⅰ．微电热密集烤房的研制［J］．湖南农业大学学报，1999（6）：446－448.

[17] 聂荣邦．烤烟新式烤房研究 Ⅱ．燃煤式密集烤房的研制［J］．湖南农业大学学报，2000（4）：258－260.

[18] 韩永镜，李桐，李谦，等．密集式烤房的结构及工艺改进［J］．安徽农业科学，2003，31（5）：773－774，780.

[19] 王松峰，王爱华，宋朝鹏．装烟密度对密集烘烤过程中烟叶主要生理指标的影响［J］．河南农业

科学，2005 (5)：21-25.

[20] 代丽，黄永成，宫长荣，等．密集式的烘烤条件下不同变黄温湿度对烤后烟叶致香物质的影响 [J]. 华北农学报，2008，23 (6)：148-152.

[21] 王松峰，王爱华，毕庆文，等．烘烤过程中湿度条件对烤烟生理指标及烤后质量的影响 [J]．中国烟草科技，2008，29 (5)：52-56.

[22] 孟可爱，聂荣邦，肖春生，等．密集烘烤过程中烟叶水分和色素含量的动态变化 [J]．湖南农业大学学报：自然科学版，2006，32 (4)：144-148.

[23] 宫长荣，刘霞，王卫峰．密集烘烤温湿度条件对烟叶生理生化特性和品质的影响 [J]．西北农林科技大学学报：自然科学版，2007，35 (6)：77-82，88.

[24] 宫长荣．烤烟三段式烘烤导论 [M]．北京：科学出版社，2006.

[25] 赵铭钦，苏长涛，王玉胜，等．两种烤房对烤烟烟叶化学成分和物理性状的影响 [J]．农业工程科学，2006，22 (7)：550-552.

[26] 高玉珍，王卫峰，张骏，等．密集烘烤不同变黄温度条件对烟叶中性致香物质的影响 [J]．云南农业大学学报，2008，23 (2)：215-219.

[27] 孟可爱．密集烘烤过程中烟叶主要化学成分的变化 [J]．广西农业科学，2008，39 (6)：752-755.

[28] 茆寅生译．日本烟草调制的研究Ⅰ．烤烟烘烤条件与香吃味的关系 [J]．中国烟草，1986 (2)：40-42.

[29] 白震译．烤烟烘烤干筋期温度与香吃味 [J]．烟草科技，1984 (1)：56-60.

（原载《作物研究》2011年第1期）

烤烟新式烤房研究

Ⅰ. 微电热密集烤房的研制

聂荣邦

(湖南农业大学植物科学技术学院，长沙 410128)

摘　要：为改善烤烟生产设备，提高烤烟质量，用微电热技术研制了新式密集烤房。烘烤试验结果表明：新式烤房装烟叶密度大，为气流上升式烤房（对照）的2.4倍，热效率高，操作方便，提高了烟叶烘烤质量。烤后烟叶色泽鲜明，弹性好，油分足，上等烟比例是对照的2.8倍，并且改善了劳动环境，减轻了劳动强度。

关键词：烟草；烘烤；微电热烤房；质量

烤房是烤烟生产必不可少的基本设备[1]。目前气流上升式燃煤烤房已成为烤烟生产向规模化、集约化、现代化发展的障碍之一[2,3]。为了改善烟叶烘烤设备，推动烟叶生产，笔者用微电热技术研制了新式微电热密集烤房，并进行了烟叶烘烤试验，现报道如下。

1　材料与方法

试验于1995年和1996年在湖南芷江县楠木坪乡和新晃县禾滩乡进行。供试烤烟品种为K326。两试点的栽培面积均为2hm^2。

新式微电热密集烤房主要由微电热热源、风道、装烟室等组成。装烟室内净容积为800cm×300cm×280cm，装烟叶两路三层。工作原理为：在热风道里，微电热元件将电能转换为热能，加热空气，被加热的空气由风机强制送入底风道并进入装烟室，再均匀穿过烟叶层，到达回风道，由回风口返回热风道进行内循环。排湿时，暖湿气流经排风口排出一部分，另一部分仍进入热风道内循环。用气流上升式燃煤烤房作对照，进行烟叶烘烤试验。处理与对照按相同的烘烤工艺进行。观测记载装烟、烘烤过程中温、湿度和烟叶变化及耗电情况。

烟叶烤后均按GB2635—92分级。

两试点试验结果基本相同，主要根据芷江县楠木坪点的资料分析。

2　结果与分析

2.1　装烟叶密度

新式密集烤房仍采用挂竿装烟叶，每炕次挂烟竿距离均为对照烤房的一半，装烟叶密度为对照烤房的 2.4 倍。如果改用烟叶夹持工具，装烟叶密度还可进一步提高。

2.2　微电热元件工作情况

新式微电热密集烤房热源由 5 组微电热 D2R 发热元件组成，均装有切换开关，可根据烘烤过程中升温或稳温需要，任意开关、叠加、组配，获得多种大小不同的供电电流强度。烘烤实践证明，本热源操作简单，可控性好。气流上升式燃煤烤房由于受煤燃烧成层性和周期性的影响，烤房温、湿度精确调控比较困难，而新式微电热密集烤房由于供电电流可灵敏调节，烤房内温、湿度能按照烘烤要求准确、及时、精细地调控，完全可以满足烟叶烘烤工艺的需要。此外，微电热元件有很好的耐高温、高湿性，被它加热的空气无任何异味，所以可直接裸露地安装在烤房中，既保证烟叶烘烤质量，又有利于提高热效率。

微电热烤房每炕次烘烤全程每 2 h 记载 1 次三相电压、电流。各炕次耗电动态基本相同。其中，下二棚烟叶烘烤过程干球、湿球温度变化及耗电情况（图 1）可以看出，烤房温度在 40℃以下时，供电电流小而稳定，在 20 A 左右。温度上升至 42℃时稳温，电流相应上升，至 28 A 左右达到稳定。随着烤房排湿升温，电流相应加大，至 54℃左右时电流达最大值 69 A。进入干筋期以后，温度升高，电流逐渐下降，至 68℃左右，下降到 35 A 左右，比定色前期（45 A 左右）还低。本研究结果表明，“大火期”出现在定色中后期而不是干筋期。

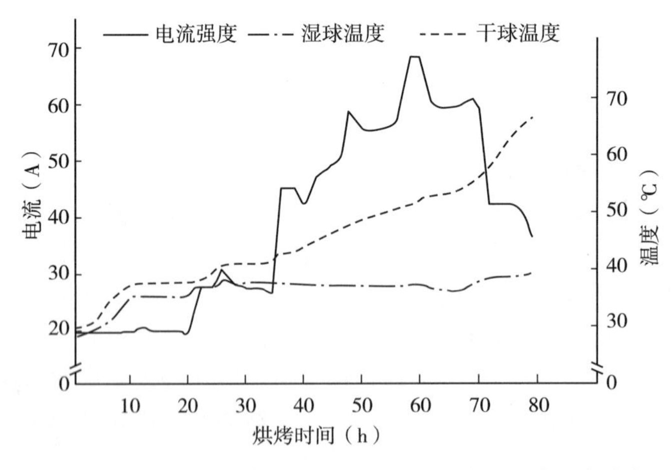

图 1　下二棚烟叶烘烤过程实测电流及干球、湿球温度动态

2.3　烟叶烘烤质量

比较微电热密集烤房与对照烘烤中部烟叶的结果（表 1）可以看出：微电热密集烤房

提高了烟叶烘烤质量，上等烟比例、均价都有较大幅度提高。微电热密集烤房烤出来的烟叶多呈橘黄色，并且色泽鲜明，弹性好，烟叶烤后正面与背面颜色更趋一致。这可能是由于在密集烘烤强制通风的条件下，克服了气流上升式烤房烟叶背面脱水快、干燥快、烤后色泽较淡的缺点，烟叶正面和背面温、湿度更趋一致，所以烤后烟叶背面颜色也同样黄亮鲜明。

表 1　烟叶烘烤结果

烤房	鲜烟叶（kg）	原烟叶（kg）	鲜干比	上等烟（%）	中等烟（%）	均价（元/kg）
微电热密集烤房	1 975.2	233.4	8.4	35.5	58.1	12.25
气流上升式烤房（CK）	469.7	57.3	8.2	12.8	74.5	9.41

处理与对照 C3F 烟叶化学成分分析结果（表 2）表明，微电热密集烤房烤出来的烟叶各种化学成分含量适宜，化学成分间的协调性好。

表 2　烟叶化学成分

烟样来源	总糖（%）	总氮（%）	烟碱（%）	糖氮比	氮碱比
微电热密集烤房	21.6	2.15	2.04	10.6	1.05
气流上升式烤房（CK）	19.3	2.18	2.07	9.3	1.10

参考文献

[1] 朱尊权．论当前我国优质烤烟生产技术导向［J］．烟草科技，1994（1）：2-5.
[2] 聂荣邦．烤烟栽培与调制［M］．长沙：湖南科学技术出版社，1992.
[3] Maw B A，Stephenson M G. Tobacco guality as affected fan cycling during different stages of tobacco curing［J］. Tobacco Sci，1986（30）：116-118.

（原载《湖南农业大学学报》1999 年第 6 期）

烤烟新式烤房研究

Ⅱ. 燃煤式密集烤房的研制

聂荣邦

(湖南农业大学农学院，长沙 410128)

摘 要： 为提高烟叶烘烤质量，降低烤房的建造成本和烤烟的烘烤成本，研制了燃煤式密集烤房。对燃煤式密集烤房与气流上升式燃煤烤房进行烟叶烘烤对比试验的结果表明，前者建造成本和烘烤成本较后者分别降低 27.6%和 18.8%，装烟密度和上等烟比例分别提高 173.3%和 12.9%。

关键词： 烟草；燃煤式密集烤房；气流上升式燃煤烤房；成本；质量

过去，世界上烤烟生产中应用最广泛的是气流上升式燃煤烤房（up-draft barn），其次是前苏联等 国家应用的气流下降式烤房（down-draft barn）[1~4]，中国一直普遍采用前者。近年来，国内尽管相继出现了一些新型烤房，但都只是对气流上升式燃煤烤房进行改良，没有根本性的变革[5]。20 世 纪 70 年代，美国、日本等发达国家推广使用了约翰 逊（W. H. Johnson）等发明的密集烤房（bulk curing barn）[3,6]。近年中国云南、河南、湖南等省引进该设备，应用效果很好。但因一次性投资很大，烘烤成本高，短时间内难以广泛推广应用。为了大幅度降低密集烤房的建造成本和烤烟烘烤成本，以便烤房更新换代，笔者于 1996—1999 年，研制了燃煤式密集烤 房（bulk curing barn fuelled by coal），并以气流上升式燃煤烤房作对照，进行了烟叶烘烤的对比试验，现报道如下。

1 材料与方法

1.1 燃煤式密集烤房设计

燃煤式密集烤房主要由热源、热风室、底风道、装烟室、回风道等组成。炕体为砖木结构，墙为空心砖墙，门、观察窗、底风道及回风道顶板、进、排风口等均为木结构。供热系统采用自行研制的预制件组装而成。通风排湿系统采用自行设计的低功率轴流风机。装烟室内净容积为 300cm×200cm×270cm。1998 年定型建成于湖南农业大学教学实验场。

1.2 烘烤试验

以气流上升式燃煤烤房（简称普通烤房）作对照，与燃煤式密集烤房（简称新式烤房）进行烟叶烘烤对比试验。试验于 1998 和 1999 年进行。供试烤烟品种为 K326。烟叶成熟采收后均按三段式烘烤工艺进行烘烤。烟叶烤后按 GB 2635—92 分级。

2 结果与分析

2.1 烤房建造成本

同等装烟容量（130～150 竿）的燃煤式密集烤房与气流上升式烤房建造成本列于表 1。由表 1 可知，修建同等容量的燃煤式密集烤房比气流上升式烤房成本低。其原因是前者比后者矮小，建筑材料用量少，建筑花工少。130～150 竿容量的新老烤房比较，燃煤式密集烤房建造成本比气流上升式烤房低 27.6%。

表 1 烤房建造成本（元）

烤房类型	砖、水泥、木材等材料费	供热系统设备费	通风系统风机费	泥瓦工、木工费	共计
新式烤房	2 095	328	300	655	3 378
普通烤房	2 953	684	—	1 030	4 667

2.2 装烟密度

烤房采用挂竿式编烟、装烟。两种烤房烘烤中部烟叶的装烟密度列于表 2。由表 2 可知，燃煤式密集烤房的平均装烟密度为气流上升式烤房的 27 倍，提高了 173.3%。

表 2 烘烤中部烟叶的装烟密度

烤房类型	竿距（cm）						总竿长（m）	装烟室容积（m^3）	平均装烟密度（m/m^3）
	底棚	二棚	三棚	四棚	五棚	平均			
新式烤房	10	9	8	—	—	9	200	16.2	12.3
普通烤房	22	21	20	19	18	20	182	40.1	4.5

2.3 烤房内不同层次温度、湿度状况

烘烤各阶段两种烤房内不同层次温度、湿度状况列于表 3。由表 3 可知，气流上升式燃煤烤房在烟叶变黄期，烤房处于密闭状态，温度、湿度状况表现为底棚温度较高，湿度较低，二棚次之，三棚以上温度低、湿度高。定色期，烤房处于通风排湿状态，温度、湿度状况表现为底棚温度最高，湿度最低，二棚与顶棚温度较接近。观察中发现，三棚、四棚处还形成了冷气团。而新烤房从变黄初期开始，烤房内各层次温、湿度就基本趋于一致，为烟叶变黄、脱水、保证内在质量提供了均匀一致的环境条件。

2.4 烟叶烘烤质量

2.4.1 烘烤后烟叶化学成分分析 中部烟叶烘烤后，取 C3F 烟叶分析化学成分，测定结果（表 4）表明，燃煤式密集烤房烘烤出来的烟叶比气流上升式烤房烘烤出来的烟叶总糖

含量提高，总氮和蛋白质含量降低，施木克值和糖碱比更趋于合理。

表 3　烘烤各阶段烤房内不同层次温度、湿度状况

烘烤阶段	烘烤层次	新式烤房			普通烤房		
		干球	湿球	干湿差	干球	湿球	干湿差
变黄期	底棚	38.5	36.0	2.5	41.5	37.5	4.0
	二棚	38.0	36.0	2.0	38.0	36.0	2.0
	顶棚	38.0	36.0	2.0	33.5	32.5	1.0
定色期	底棚	49.0	38.5	10.5	54.5	41.0	13.5
	二棚	48.5	38.0	10.5	48.0	38.0	10.0
	三棚	49.0	38.0	11.0	47.5	39.0	8.5
干筋期	底棚	61.0	42.0	19.0	63.5	42.0	21.5
	二棚	61.5	42.0	18.5	62.0	41.5	21.5
	三棚	61.0	42.0	19.0	60.5	41.0	19.5

表 4　烟叶（C3F）化学成分

烤房类型	总糖（%）	总氮（%）	蛋白质（%）	烟碱（%）	施木克值	糖碱比
新式烤房	22.3	1.74	8.12	2.46	2.75	9.06
普通烤房	18.7	1.86	8.73	255	2.14	7.33

2.4.2　烘烤后烟叶外观质量及等级　中部烟叶烘烤后按 GB2635—92 分级，结果列于表 5。由表 5 可知，燃煤式密集烤房烘烤的烟叶，上等烟增加了 12.9%，均价提高了 1.53 元，并且没有微带青烟叶，烘烤质量大为提高。

表 5　中部叶烘烤结果

烤房类型	不同等级所占比例（%）						上等烟比例（%）	均价（元/kg）
	C1F	C2F	C3F	C2L	C3L	C3V		
新式烤房	16.8	41.3	21.1	9.0	11.8		88.2	13.95
普通烤房	7.1	32.5	22.2	13.5	21.0	3.7	75.3	12.42

2.5　烘烤成本

以中部叶烘烤 1kg 干烟的能耗及费用等来计算烘烤成本。由表 6 可知，燃煤式密集烤房虽然耗电量增加 0.18（kW·h），耗电费增加 0.11 元，但由于耗煤量降低 1.1kg，耗煤费降低 0.27 元，所以能耗还是减少费用 0.16 元。加上烘烤时间缩短 12h，烘烤用工费减少 0.09 元，所以烘烤 1kg 干烟的成本合计降低 0.25 元。

表 6　每千克烟叶烘烤成本

烤房类型	耗煤量 (kg)	耗煤费 (元)	耗电量 (kW·h)	耗电费 (元)	烘烤历时 (h)	烘烤用工费 (元)	合计 (元)
新式烤房	1.60	0.38	0.20	0.12	94	0.58	1.08
普通烤房	2.70	0.65	0.02	0.01	106	0.67	1.33

3　讨论

燃煤式密集烤房有两个基本特点，一是烤房内实现热风循环，二是装烟密度较气流上升式烤房大。这种烤房不同于国外的密集烤房，主要区别有：①后者采用液体或气体燃料，前者采用普通生活用煤作燃料，并配套有热效率较高的自行研制的供热系统。②后者炕体采用双层金属板制作，中间填充玻璃纤维作保温材料，前者采用普通砖木结构，还可采用土坯墙体。③后者采用铝合金烟叶夹持工具或采用耐高温塑料的箱式烟夹，前者采用竹竿作编烟工具。④后者设有温、湿度自控装置[3,7]，前者则采用简单的烤烟温度计，手工通风排湿。

另外，本燃煤式密集烤房因为实现了热风循环，装烟密度大，烘烤质量好，又根本不同于气流上升式烤房。因此，燃煤式密集烤房建造成本和烘烤成本不仅远低于国外密集烤房，而且低于气流上升式烤房。烟叶烘烤质量比国内气流上升式普通烤房有较大幅度提高，可达到国外密集烤房的水平。

参考文献

[1] 聂荣邦．烤烟栽培与调制［M］．长沙：湖南科学技术出版社，1992.

[2] 聂荣邦．烤烟新式烤房研究Ⅰ．微电热密集烤房的研制［J］．湖南农业大学学报，1999，25（6）：446－448.

[3] Akehurst B C. Tobacco［M］. New York：Longman Liic，1981.

[4] 宫长荣，李锐，张明显，等．烟叶普通烤房部分热风循环的应用研究［J］．河南农业大学学报，1998，20（2）：19－22.

[5] 宫长荣，赵兴，赵振山，等．我国几个生产烟区烤房现状的调查分析［J］．烟草科技，1997（4）：36－37.

[6] Darid Reed T，James L Jomes，Charles S Johnson，et al. Flue-cured tobacco production guide［M］. Halifax：Virginia Cooperative Extension Service，1994.

[7] James F Chaplin，Baumbover A H，Borthner C E，et al. Tobacco production［M］. Washington：Agriculture Information Bulletin，1976.

（原载《湖南农业大学学报》2000 年第 4 期）

智能化太阳能密集烤房节能效果研究

聂荣邦[1]，张光利[2]，于少林[2]，阳向馗[2]，
刘　强[2]，李永富[2]，李正平[2]，胡润岭[2]

（1. 湖南农业大学农学院，长沙　410128；
2. 湖南省烟草公司邵阳市公司，邵阳　422100）

摘　要： 智能化太阳能密集烤房由太阳能供热系统、煤燃烧供热系统、装烟系统、通风排湿系统和自动控制系统等部分构成。通过智能化太阳能密集烤房与普通密集烤房的烟叶烘烤试验，结果表明：烘烤下部烟叶，历时 118 h，其中 3d 晴天，1d 雨天，1d 阴天，最大光照强度 13.60×10^4 lx，智能化太阳能密集烤房烘烤一炕烟叶较对照节煤 198.6kg，节煤效果达 25.6%；烘烤中部烟叶，历时 138 h，均为晴天，最大光照强度 15.20×10^4 lx，智能化太阳能密集烤房烘烤一炕烟叶较对照节煤 123.2kg，节煤效果达 36.1%；烘烤上部烟叶，历时 146 h，其中 1d 阴天，其余为晴天，最大光照强度 12.80×10^4 lx，智能化太阳能密集烤房烘烤一炕烟叶节煤 255.0kg，节煤效果达 35.6%。智能化太阳能密集烤房与对照烘烤各炕次烟叶的耗电量则无显著差异，智能化太阳能密集烤房的节能减排效果主要表现在节煤上。

关键词： 烤烟；密集烤房；烘烤；太阳能；节能减排

目前，我国烤烟生产中使用的密集烤房普遍以煤为燃料，不但能耗高，而且污染环境[1,2]。太阳能不仅是清洁能源，而且是可持续利用能源。太阳能利用已经在诸多领域获得巨大成功，但智能化太阳能密集烤房及配套烘烤工艺研究与应用则未见报道，因此，进行此项研究具有重大的理论与实际意义。2009 年，笔者研制出一种智能化太阳能密集烤房，并于烟叶成熟烘烤季节进行烘烤试验，探讨该烤房的节能减排效果。

1　材料与方法

供试智能化太阳能密集烤房（T）由太阳能供热系统、煤燃烧供热系统、装烟系统、通风排湿系统和自动控制系统等部分构成。其装烟室内净面积 8 000mm×2 700mm。以装烟容量相同的普通密集烤房作对照（CK）[3]。试验 2009 年烟叶烘烤季节进行，试验地点在邵阳县烟区。供试烤烟品种为 K326。栽培技术措施按常规进行。烟叶成熟采收。分别对下部叶、中部叶和上部叶进行烘烤试验，考察智能化太阳能密集烤房的节能效果。

下部烟叶于 6 月 25 日上午成熟采收，智能化太阳能密集烤房（T）与普通密集烤房

(CK) 均装烟380竿。21：30点火开烤，6月30日19：30烘烤结束，共历时118 h。天气情况为6月25～27日晴天，最大光照强度13.60×10^4 lx，6月28日雨天，最大光照强度5.60×10^4 lx，6月29～30日阴天，最大光照强度7.20×10^4 lx。中部烟叶于7月7日上午成熟采收，智能化太阳能密集烤房（T）装烟414竿，普通密集烤房（CK）装烟409竿。20：30点火开烤，7月13日14：30烘烤结束，共历时138 h。烘烤期间均为晴天，最大光照强度15.20×10^4 lx。上部烟叶于7月20日上午成熟采收，智能化太阳能密集烤房（T）与普通密集烤房（CK）均装烟396竿。20：30点火开烤，7月26日22：30烘烤结束，共历时146h。烘烤期间7月23～24日阴天，其余时间为晴天，最大光照强度12.80×10^4lx。

测定项目与方法：还原糖含量测定采用伯川法[4]，总糖含量按文献［5］的方法进行测定，氮含量用蒸馏法测定，烟碱含量用紫外分光光度法测定[6]，钾含量测定按文献［7］方法进行。

2 结果与分析

2.1 不同部位烟叶的烘烤节能效果

2.1.1 下部叶烘烤节能效果 观测记载下部烟叶烘烤能耗如表1。

由表1可知，虽然烘烤期间阴天较多，光照不足，但是智能化太阳能密集烤房烘烤一炕烟的煤耗也比普通密集烤房少用123.2kg，烘烤1kg干烟的耗煤量也从1.32kg下降到0.98kg，节煤效果达25.6%。耗电情况两者则无显著差异。

表1 两种密集烤房烘烤下部烟叶的能耗比较

处理	装烟竿数	鲜烟重（kg）	干烟重（kg）	煤耗				电耗			
				总量（kg）	价值（元）	千克烟耗煤（kg）	千克烟耗煤价值（元）	总量（kW・h）	价值（元）	千克烟耗电（kW・h）	千克烟耗电价值（元）
T	380	3 135.2	364.5	358.3	257.9	0.98	0.71	156	93.6	0.43	0.26
CK	380	3 127.8	365.1	481.5	346.7	1.32	0.95	152	91.2	0.42	0.25

2.1.2 中部叶烘烤节能效果 观测记载中部烟叶烘烤能耗如表2。

由表2可知，由于烘烤期间天气晴好，光照强度大，光照充足，所以智能化太阳能密集烤房烘烤一炕烟的煤耗比普通密集烤房少用198.6kg，烘烤1kg干烟的耗煤量也从1.29kg下降到0.81kg，节煤效果高达36.1%。耗电情况两者则同样无显著差异。

表2 两种密集烤房烘烤中部烟叶的能耗比较

处理	装烟竿数	鲜烟重（kg）	干烟重（kg）	煤耗				电耗			
				总量（kg）	价值（元）	千克烟耗煤（kg）	千克烟耗煤价值（元）	总量（kW・h）	价值（元）	千克烟耗电（kW・h）	千克烟耗电价值（元）
T	414	3 522.3	434.8	352.2	353.6	0.81	0.58	171	102.6	0.39	0.23
CK	409	3 476.1	427.0	550.8	396.6	1.29	0.93	169	101.4	0.40	0.24

2.1.3 上部叶烘烤节能效果 观测记载上部烟叶烘烤能耗如表3。

由表3可知，上部烟叶烘烤期间，不仅光照强度大，而且气温高，所以智能化太阳能密集烤房烘烤节煤效果显著，烘烤一炕烟的煤耗比普通密集烤房少用255kg，烘烤1kg干烟的耗煤量也从1.32kg下降到0.85kg，节煤效果达35.6%。耗电情况两者仍无显著差异。

表3 两种密集烤房烘烤上部烟叶的能耗比较

处理	装烟竿数	鲜烟重（kg）	干烟重（kg）	煤耗				电耗			
				总量（kg）	价值（元）	千克烟耗煤（kg）	千克烟耗煤价值（元）	总量（kW·h）	价值（元）	千克烟耗电（kW·h）	千克烟耗电价值（元）
T	396	4 078.8	543.1	461.6	332.4	0.85	0.61	182	109.2	0.34	0.20
CK	396	4 082.5	5 429	716.6	516.0	1.32	0.95	188	112.8	0.35	0.21

2.2 智能化太阳能密集烤房烘烤对烟叶化学成分的影响

对两处理烤后烟叶化学成分含量的检测结果表明（表4），智能化太阳能密集烤房与普通密集烤房烤后烟叶化学成分含量不存在显著差异，各项化学成分含量均在较适宜的范围之内[1]，说明智能化太阳能密集烤房对烟叶烘烤质量完全有保证。

表4 不同密集烤房烤后烟叶化学成分比较（C3F）

处理	总糖（%）	还原糖（%）	总氮（%）	烟碱（%）	还原糖细碱	总氮烟碱	钾（%）
T	27.05	23.20	236	2.52	9.21	0.94	3.02
CK	2 623	22.15	231	2.48	8.93	0.93	2.88

3 结语

（1）智能化太阳能密集烤房能满足烟叶烘烤对工艺条件的要求。烘烤试验结果表明，无论是烘烤哪一个部位的烟叶，无论是晴天还是阴雨天，只要把太阳能供热系统与煤燃烧供热系统协调控制好，就能保证烤房内的温湿度条件按照烟叶烘烤工艺的要求发展变化，满足烟叶烘烤对工艺条件的要求，顺利完成烟叶烘烤过程。

（2）智能化太阳能密集烤房烟叶烘烤质量好。衡量烤房的优劣，最重要的指标是看烤后烟叶质量如何。试验结果表明，智能化太阳能密集烤房烤后烟叶颜色多橘黄，色泽鲜亮，油分足，外观质量好，且各项化学成分含量适宜，说明烟叶烘烤质量好。

（3）智能化太阳能密集烤房烘烤烟叶节能减排效果显著。低碳经济，节能减排，保护环境，这是当今世界经济建设中越来越重要的命题。智能化太阳能密集烤房在光照不足的阴雨天烤烟的节煤效果也达20%以上，在光照充足的晴天节煤效果可达30%以上，节能减排效果十分显著。

参考文献

［1］聂荣邦．烤烟新式烤房研究 Ⅰ．微电热密集烤房的研制［J］．湖南农业大学学报，1999，25（6）：446－448.

［2］聂荣邦．烤烟新式烤房研究 Ⅱ．燃煤式密集烤房的研制［J］．湖南农业大学学报，2000，26（4）：258－260.

［3］刘强．密集烤房建造成本及烘烤效果研究［J］．作物研究，2009，23（2）：115－116.

［4］肖浪涛，王三根．植物生理学实验技术［M］．北京：中国农业出版社，2005.

［5］钟爱国．植物试样中总糖量的预处理及光度法测［J］．理化检验-化学分册，2002，38（6）：304－307.

［6］王瑞新．烟草化学［M］．北京：中国农业出版社，2003：6.

［7］王鹏．烟草中钾含量测定前处理方法的改进［J］．烟草科技，2004（2）：33－35.

（原载《作物研究》2010 年第 3 期）

智能化厢式烟叶烤房温度场研究

韦建玉[1]，张大斌[2]，刘启斌[1]，吴　峰[1]，张纪利[1]，吴　峰[3]，王　丰[3]

（1. 广西中烟工业公司，南宁　530005；2. 贵州大学，贵阳　550025）

摘　要：本文对智能化厢式烟叶烤房内的温度场分布进行了研究，首先依据传热学原理对烤房内的温度场模型进行了分析，再利用模拟软件对其进行了仿真计算，得出了烤房内温度场的模拟分布情况，最后利用现有实验设备进行了现场烘烤实验，测出了烘烤过程中烤房内关键点的温度变化曲线，进而分析出其温度场的分布趋势。实验结果表明，温度场分布的模拟计算与真实情况比较吻合，从而可为以后烤房的结构及工艺改进提供理论依据。

关键词：厢式烤房；温度场；模拟仿真

我国是一个烟草生产大国，烟叶已经成为我国的主要经济作物，在“科技兴农”的战略下，现今我国烟叶的产量与质量都有很大的提高。但对照国际烟叶的先进水平，我国烟草行业的整体素质和竞争力还很欠缺。这主要体现在两方面，一是烟叶种植过程中烟叶的可用性与安全性不足、烟叶生态环境恶化、烟叶育种滞后、烟叶病虫防治手段落后等[1]；二是在烟叶烘烤过程中，我国的烟叶烘烤一般集中在农村或偏远山区，受农村的自然经济条件制约，我国烟叶烘烤大部分是由烟农进行现场控制，因此普遍存在劳动强度大、风险高、烘烤技术难于掌握、烘烤失误、烤青、挂灰等现象，烘烤损失较为严重。因此，为了提高我国烟草的整体竞争力，就应该从上述不足入手，对其进行改进提高，使得我国的烟叶生产达到国际先进水平，现今已有部分学者对烟叶烤房进行了相关研究[2~8]。

针对我国烟叶烘烤过程的不足，研究了一种新型的智能箱式烤房，目的旨在减轻烟叶烘烤的劳动强度，增强劳动效率，并能提高烟叶质量，降低成本，提高收入。为了优化箱式烤房的结构与工艺参数，使箱式烤房较好地达到上述目的，本文对影响烘烤质量的箱式烤房温度场分布进行了研究，得出了现有成型厢式烤房的温度分布情况，为箱式烤房的进一步完善提供理论依据。

1　理论分析

厢式烤房内的温度场分布情况比较复杂，本文依据传热学理论对其建立了温度场数学模型，在模型建立中主要考虑到厢式烤房内的质量守恒与能量守恒的条件，从而得出其连续性方程、动量方程与能量方程，如下式（1）、（2）、（3）所示。

$$\frac{\partial u}{\partial x}+\frac{\partial v}{\partial y}+\frac{\partial \omega}{\partial z}=0 \tag{1}$$

$$\rho\frac{\partial (uu)}{\partial x}+\rho\frac{\partial (vu)}{\partial y}+\rho\frac{\partial (u\omega)}{\partial z}=\frac{\partial}{\partial x}\left(\eta_{eff}\frac{\partial u}{\partial x}\right)+\frac{\partial}{\partial y}\left(\eta_{eff}\frac{\partial u}{\partial y}\right)+\frac{\partial}{\partial z}\left(\eta_{eff}\frac{\partial u}{\partial z}\right)+S_u$$

$$\rho\frac{\partial (uv)}{\partial x}+\rho\frac{\partial (vv)}{\partial y}+\rho\frac{\partial (v\omega)}{\partial z}=\frac{\partial}{\partial x}\left(\eta_{eff}\frac{\partial v}{\partial x}\right)+\frac{\partial}{\partial y}\left(\eta_{eff}\frac{\partial v}{\partial y}\right)+\frac{\partial}{\partial z}\left(\eta_{eff}\frac{\partial v}{\partial z}\right)+S_v \tag{2}$$

$$\rho\frac{\partial (u\omega)}{\partial x}+\rho\frac{\partial (v\omega)}{\partial y}+\rho\frac{\partial (\omega\omega)}{\partial z}=\frac{\partial}{\partial x}\left(\eta_{eff}\frac{\partial \omega}{\partial x}\right)+\frac{\partial}{\partial y}\left(\eta_{eff}\frac{\partial v}{\partial y}\right)$$

$$\omega+\frac{\partial}{\partial z}\left(\eta_{eff}\frac{\partial \omega}{\partial z}\right)+S_w\ \frac{\partial (\rho uT)}{\partial x}+\frac{\partial (\rho vT)}{\partial y}+\frac{\partial (\rho\omega T)}{\partial z}$$

$$=\frac{\partial}{\partial x}\left(\eta_{eff}\frac{\partial T}{\partial x}\right)+\frac{\partial}{\partial y}\left(\eta_{eff}\frac{\partial T}{\partial y}\right)+\frac{\partial}{\partial z}\left(\eta_{eff}\frac{\partial T}{\partial z}\right)+S_T \tag{3}$$

式（1）中，u 、v 、ω 为速度在 x、y、z 方向的分量；式（2）中，S_v 、S_u 、S_ω 为源项，其表达式如（4）所示，η_{eff} 为有效扩散系数 $\eta_{eff}=\eta+\eta_t$ ，其中 $\eta_t=\frac{c_\mu\,|\,f_\mu\,|\rho k^2}{\varepsilon}$ ，$f_\mu=\exp\left(\frac{-2.5}{1+\frac{Re_f}{50}}\right)$ ，$Re_l=\frac{\rho k^2}{(\varepsilon\eta)}$ ；式（3）中 S_T 为源项，其表达式如（5）所示，S_n 为内热源，箱式烤房内部无热源 $S_n=0$ 。

$$S_u=-\frac{\partial p}{\partial x}+\frac{\partial}{\partial x}\left(\eta_{eff}\frac{\partial u}{\partial x}\right)+\frac{\partial}{\partial y}\left(\eta_{eff}\frac{\partial v}{\partial x}\right)+\frac{\partial}{\partial z}\left(\eta_{eff}\frac{\partial \omega}{\partial x}\right)$$

$$S_v=-\frac{\partial p}{\partial y}+\frac{\partial}{\partial x}\left(\eta_{eff}\frac{\partial u}{\partial y}\right)+\frac{\partial}{\partial y}\left(\eta_{eff}\frac{\partial v}{\partial y}\right)+\frac{\partial}{\partial z}\left(\eta_{eff}\frac{\partial \omega}{\partial y}\right) \tag{4}$$

$$S_\omega=-\frac{\partial p}{\partial z}+\frac{\partial}{\partial x}\left(\eta_{eff}\frac{\partial u}{\partial z}\right)+\frac{\partial}{\partial y}\left(\eta_{eff}\frac{\partial v}{\partial z}\right)+\frac{\partial}{\partial z}\left(\eta_{eff}\frac{\partial \omega}{\partial z}\right)+\rho g\beta(T-T_c)$$

$$S_T=S_n+\eta_{eff}\left\{2\left[\left(\frac{\partial u}{\partial x}\right)^2+\left(\frac{\partial v}{\partial y}\right)^2+\left(\frac{\partial \omega}{\partial z}\right)^2\right]+\left(\frac{\partial u}{\partial y}+\frac{\partial v}{\partial x}+\frac{\partial \omega}{\partial z}\right)^2\right\}+\lambda\mathrm{div}(U) \tag{5}$$

再引入 K 控制方程与 ε 控制方程，上述方程组即可封闭，从而可依据上述方程组求解出箱式烤房内的温度场分布情况。

$$S_T=2\xi\left[\left(\frac{\partial u}{\partial x}\right)^2+\left(\frac{\partial v}{\partial y}\right)^2+\left(\frac{\partial w}{\partial z}\right)^2\right]+\xi\left(\frac{\partial u}{\partial x}+\frac{\partial v}{\partial y}+\frac{\partial w}{\partial z}\right)^2-\rho\varepsilon-\left|2\zeta\left(\frac{\partial k^{\frac{1}{2}}}{\partial y}\right)^2\right| \tag{6}$$

$$\frac{\varepsilon}{k}c_1\,|\,f_1\,|\,\xi\left[\left[\left(\frac{\partial u}{\partial x}\right)^2+\left(\frac{\partial v}{\partial y}\right)^2+\left(\frac{\partial w}{\partial z}\right)^2\right]+\xi\left(\frac{\partial u}{\partial x}+\frac{\partial v}{\partial y}+\frac{\partial w}{\partial z}\right)^2\right]$$

$$-\rho c_2\frac{\varepsilon^2}{k}\,|\,f_2\,|+\left|\frac{2\xi\zeta}{\rho}\left(\frac{\partial^2 u}{\partial y^2}\right)\right|$$

$$=\frac{\partial (\rho u\varepsilon)}{\partial x}+\frac{\partial (\rho v\varepsilon)}{\partial y}+\frac{\partial (\rho w\varepsilon)}{\partial z} \tag{7}$$

式中 ξ 、ζ 、c_1 、c_2 、f_1 、f_2 、ρ 等在计算中可取常数。这样通过上述方程就组成的方程组，即可求出所需要的解。

2 模拟计算

依据上述的箱式烤房内温度场分布数学模型，利用仿真模拟软件对其内部的温度分布情况进行了计算，计算中按照真实情况，设定了计算所需要的初始条件与边界条件，从而得到了如图 1、图 2 所示的温度分布情况图。

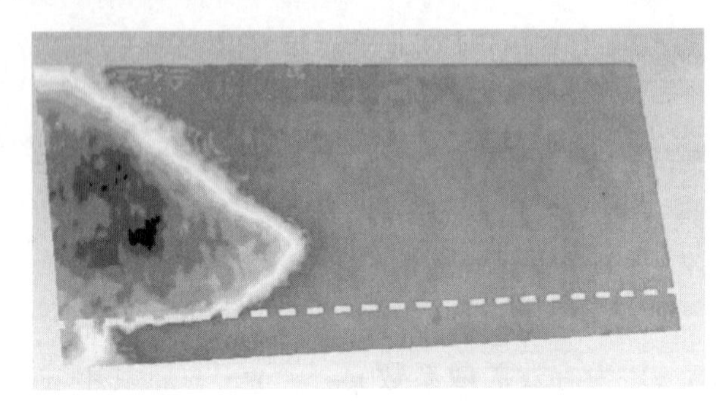

图 1　纵向中截面温度分布图

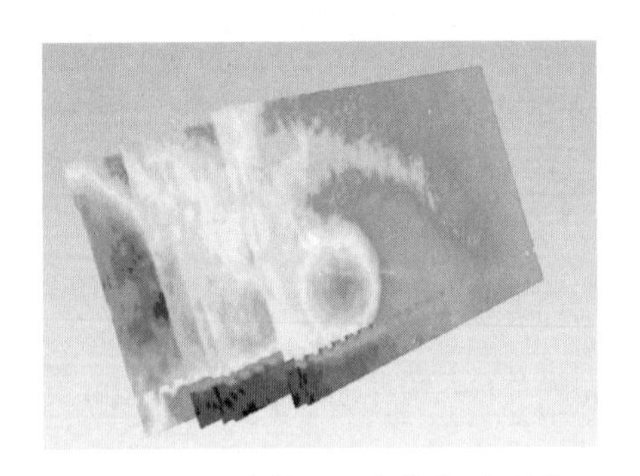

图 2　纵向多截面温度分布对比图

图 1、图 2 中用不同的颜色描述了不同区域的温度分布，颜色越深说明该处的温度值越高，在经过预热期且稳定供热之后，但整个烤房内的温差并不是很大，温度最高处与最低处相差为 4.4℃。从图 1 中不难看出，接近进风口的颜色较深，说明该处的温度较高，而远离进风口处的温度较低，这样从进风口箱壁到其纵向远端空间内就形成了一个温度梯度，其为一个递减的温度分布形式；从图 2 中不难看出，在纵向区域的温度分布梯度并不相等，对于纵向区域上的任意一个横截面而言，其温度分布为中间高而两边低。依据上述的仿真结果，可以把箱式烤房内的温度场分布趋势看为二维的对数正态分布。这一温度分布趋势在下面的现场试验也得到了验证，与实际情况吻合较好。

3 实验与分析

本次实验使用了智能化箱式烤房 1 台、数据记录仪一套、Pt 电偶温度传感器 16 个等相关设备。采用了 10 段式烘烤工艺，每一烘烤时间段设定固定的干球温度与湿球温度，对新采摘的鲜烟叶 1 200kg 进行烘烤实验。

依据上述实验设备及工艺安排对新鲜烟叶进行了烘烤，试验中利用数据记录仪及温度传感器记录了烤房内 16 个预定点的温度实时变化趋势，16 个预测点为依据箱式烤房尺寸结构，及前期的理论分析预设的具有代表性的关键点。如下图 3 传感器布置简图所示，图中（a）为烤房三维结构，把其人为等分为八部分，那么在其内部空间就存在 4 个关键面，再在各关键面上进行传感器的布置，在（b）纵截面 A 上分布了 6 个传感器，目的是测出纵向中截面上的温度变化趋势，在（c）横截面 B 中分布了 6 个传感器，同样为了测出横向截面内的温度变化趋势。

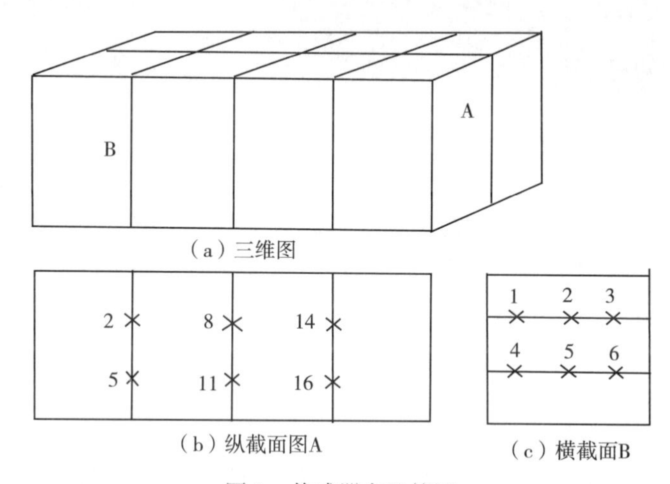

（a）三维图

（b）纵截面图A　　（c）横截面B

图 3　传感器布置简图

通过实验得到了如图 4、图 5 所示的个预定点温度变化曲线。图 4、图 5 即为实验过程中智能化烤房内某个时段的温度变化情况曲线。图中的各通道序号与图 3 中传感器分布序号相一致。

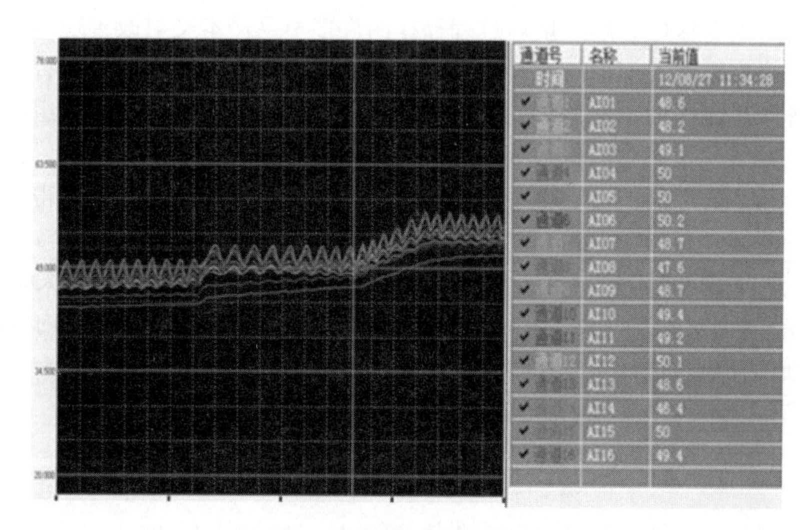

图 4　定色期温度变化曲线

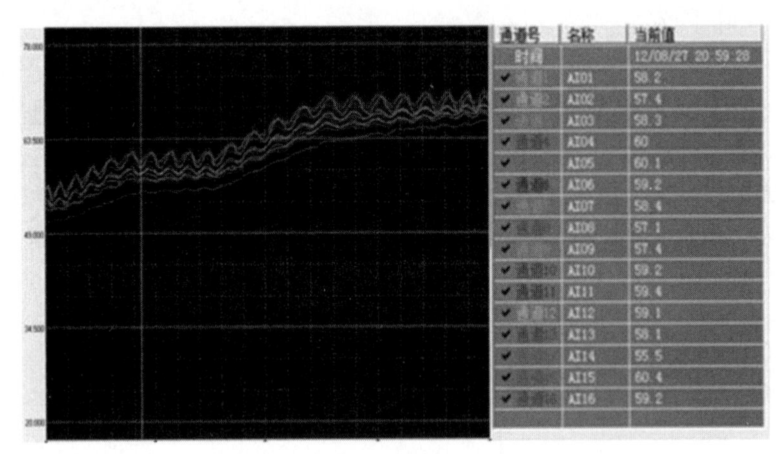

图 5　干燥期温度变化曲线

从图 4、图 5 的 16 位温度变化曲线图不难看出，箱式烤房内的干燥温度总体呈现上升趋势，这符合考烟过程的烘烤工艺要求。对于每一个测试位置的温度而言，在呈现上升趋势的同时，温度均在某个范围内波动，这主要是由于局部的对流换热以及烤房内热空气的扰动等原因造成的，但这个温度波动范围很小，对整体干燥效果的影响很小，在干燥中是允许存在的。从图 3、图 4 中还可以看出，每一个测试位置的温度曲线均不重合，这说明每一个测试点的温度值变化细节均不相同，其温度值也有高有低，其温度场的分布趋势为接近进风口出的温度较高，而远离进风口处的温度较低，而同一横截面内，靠近烤房壁的温度较低，中心部分的温度较高。这一分布趋势与上述的理论分析结果相符，从而较好的证明了本文理论分析及仿真研究的正确性。

4　结论

针对我国广大农村地区烟叶烘烤过程存在的许多不足，本文对改善现有烟叶烘烤条件的智能化箱式烤房进行了理论与实验研究，首先通过传热学原理建立出了智能化箱式烤房内的温度场分布数学模型，模型主要由连续性方程、动量方程与能量方程组成；在箱式烤房温度场分布数学模型建立的基础上，利用仿真软件对其进行了模拟仿真，在输入真实尺寸参数与边界条件的情况下，绘出了箱式烤房内部的温度场梯度变化图，得出了可以把箱式烤房内的温度场分布趋势看为二维的对数正态分布；最后利用自制的箱式自能化烤房，在当地农村进行了现场烘烤实验，记录了烘烤过程中，箱式烤房内 16 个关键点的温度变化曲线，根据 16 个点的温度变化曲线分布，得出其实际烘烤过程中，箱内温度的变化趋势与上述的理论分析结果相符。

参考文献

[1] 尚志强．我国烟叶生产技术现状与可持续发展对策［J］．农业网络信息，2007（10）：232－234.
[2] 何亚浩，贺帆，杨荣生，等．不同专业化烘烤模式探索［J］．湖南农业大学学报：自然科学版，

2011，37（2）：135-138.
[3] 段史江，谭方利，余金龙，等．机器视觉技术在烤烟密集烘烤过程中的应用［J］．湖南农业科学，2011（3）：153-156.
[4] 刘光辉，聂荣邦．我国烤房及烘烤技术研究进展［J］．作物研究，2011，25（1）：76-80.
[5] 罗元雄，菜坤伦，龚德勇．密集烤房在烤烟生产中的优势及效益分析［J］．江西农业大学，2012，24（1）：53-55.
[6] 董贤春，刘兰明，周红权，等．太阳能—电热泵技术在烟叶烤房中的应用［J］．湖南农业科学，2010，48（2）：461-464.
[7] 唐经祥，孙敬权，任四海，等．烤房蜂窝供热系统的改进应用应用［J］．安徽农业科学，1994，22（4）：363-364.
[8] 唐经祥，孙敬权，何厚民，等．烤房热风循环试验与示范简报［J］．安徽农业科学，2001，29（6）：778-779.

烤烟烘烤试验研究

韦建玉[1]，曾祥难[1]，胡建斌[1]，周效锋[1]，
王学杰[1]，王能如[2]，徐增汉[2]

（1. 广西中烟工业公司，南宁　530001；2. 中国科技大学，合肥　230052）

摘　要：烘烤是决定烟叶商品等级和可用性的关键环节之一。本试验研究了成熟度和烘烤工艺对中部叶和上部叶的烘烤效应。通过对烤后烟叶的分级和对主要化学成分、香味成分的分析，比较不同处理的烟叶质量和可用性，以确定试验营养条件下，不同部位烟叶适宜的采收成熟度与相适应的烘烤工艺。结果表明，烟叶成熟度的确是影响烟叶外观质量、内外质量和可用性的最重要的因素；烘烤工艺对烤后烟叶的主要化学成分含量及其相互之间的比值都具有一定的影响或显著影响。

关键词：烟叶；烘烤工艺；成熟度；化学成分；可用性

烟叶烘烤是通过对烤房内的温度、湿度及烘烤时间等变量的有效调控，促使烟叶内部物质发生有利于品质的变化。烘烤过程中，烟叶化学成分发生很大变化，导致烟叶的内在质量、外观质量和可用性发生了根本性转变。烟叶成熟度不同，烘烤潜力也不同；烘烤工艺不同，势必对烟叶内部生理生化变化和化学、物理变化产生不同的影响。不同成熟度与不同烘烤工艺之间还会产生互作效应，都会影响烤后烟叶质量和工业可用性。2004 年 5～6 月，针对靖西县的烤烟生产水平开展了烘烤试验，重点研究了采收成熟度和烘烤工艺对烤烟中部叶和上部叶的烘烤效应，旨在探求新的生产水平下烟叶最佳采收成熟度和相匹配的烘烤工艺，以确保烟叶烘烤质量。

1　试验材料与方法

1.1　试验材料

试验在靖西县新圩乡进行。烤烟品种为云烟 85。行株距为 1.1m×0.5m。土壤为水稻土，肥力中等，碱解氮为 153mg/kg，速效磷为 17mg/kg，速效钾为 98mg/kg。施纯氮为 95kg/hm^2，质量比为 N：P_2O_5：K_2O 为 1：2：3。按规范化要求进行栽培管理。株高 80～110cm，单株留叶数为 18～22 片。根据试验需要选取中上部欠熟、尚熟和成熟等不同成熟度档次的烟叶。烟叶成熟度的判断标准参照 YC/T 42—1996[1] 和王能如等的定义[2,3]。

1.2 试验设计

烘烤设备为自然通风气流上升式烤房。选取中部（Z）欠熟、尚熟和成熟叶各3竿，各成熟度档次的烟叶分别挂在顶棚（五棚）、中棚（三棚）和底棚（一棚），共有9个处理，分别记为$Z_{欠顶}$、$Z_{尚顶}$、$Z_{成顶}$、$Z_{欠中}$、$Z_{尚中}$、$Z_{成中}$、$Z_{欠底}$、$Z_{尚底}$和$Z_{成底}$，以同炕代表性混样为第一对照（Z_{CK1}）、以农户自己烘烤的（部位基本相同）烟叶为第二对照（Z_{CK2}）。上部叶（S）类之，仅缺欠熟烟叶的底棚处理，共8个处理，分别记为$S_{欠顶}$、$S_{尚顶}$、$S_{成顶}$、$S_{欠中}$、$S_{尚中}$、$S_{成中}$、$S_{尚底}$和$S_{成底}$，以同炕代表性混样为第一对照（S_{CK1}）、以农户自己烘烤的为第二对照（S_{CK2}）。

尽管在同一烤房里面烘烤，但不同棚次烟叶同时所处的环境空气状态是明显不同的，即不同棚次烟叶的烘烤工艺是有明显差别的。相对而言，底棚偏于"高温快烤"（相对"高温变黄，快速定色"）；中棚偏于"中温慢烤"（相对"中温变黄，缓慢定色"）；顶棚偏于"低温慢烤"（相对"低温变黄，缓慢定色"）。具体烘烤变量控制情况见表1。

表1 各棚次变黄期和定色期的温湿度与烘烤时间（h）

项目			变黄期				定色期			烘烤时间合计
			27～35（℃）	35～40（℃）	40～45（℃）	时间小计	45～50（℃）	50～55（℃）	时间小计	
中部叶	底棚	相对湿度（%）	96～85	85～74	74～50		50～37	37～24		
		烘烤时间（h）	19	24	17	60	21	15	36	96
	中棚	相对湿度（%）	96～91	91～76	76～53		53～39	39～25		
		烘烤时间（h）	22	28	21	71	23	17	40	110
	顶棚	相对湿度（%）	96～90	90～77	77～52		52～40	40～28		
		烘烤时间（h）	24	33	21	78	24	17	41	119
上部叶	底棚	相对湿度（%）	96～82	82～75	75～60		60～41	41～28		
		烘烤时间（h）	20	28	14	62	16	23	39	101
	中棚	相对湿度（%）	96～88	88～80	80～65		65～45	45～31		
		烘烤时间（h）	22	31	20	73	23	21	41	114
	顶棚	相对湿度（%）	96～90	90～83	83～63		63～43	43～31		
		烘烤时间（h）	24	34	20	78	21	23	44	122

1.3 烟叶化学成分分析方法

烤后取各处理代表性混合样粉碎后进行化学成分分析。分析方法按国家标准或行业标准执行。采用盐酸水解-铜还原-高锰酸钾反滴法测定淀粉含量[4]；芒森·沃克法（YC/T 32—1996）测定还原糖和总糖含量；光度法（YC/T 34—1996）测定烟碱含量；克氏定氮法（$K_2SO_4-CuSO_4-H_2SO_4$）（YC/T 33—1996）测定总氮含量；总挥发碱按YC/T 35—1996测定；总挥发酸采用酸碱滴定法测定；石油醚提取物采取重量法测定；钾采用火焰光度法测定；氯采用电位滴定法测定；蛋白质含量通过计算得到。烟叶的香味成分采用气相色谱仪测定。

2　结果与分析

2.1　单叶重与鲜干比

不同处理的鲜烟单叶重、干烟单叶重和鲜干比见表 2。从表 2 中可见，不管是中部叶还是上部叶，工艺的效应都明显小于成熟度的效应。不同棚次（工艺）之间相同部位的烟叶，各成熟度烟叶的鲜烟单叶重、干烟单叶重和鲜干比的平均值的差异很小。不同成熟度之间相同部位的烟叶，各棚次（工艺）烟叶的鲜烟单叶重、干烟单叶重和鲜干比的平均值，均存在一定差异或显著差异。

不同成熟度的中部叶，鲜烟单叶重在 42.64～50.87g 之间，并随着成熟度的提高而降低，Z 欠熟平均为 50.32g，Z 尚熟平均为 47.87g（比欠熟的降低 4.87%），Z 成熟平均 44.95g（比欠熟的降低 10.67%）；干烟单叶重在 7.50～8.14g 之间，也随着成熟度的提高而降低，Z 欠熟平均为 8.02g，Z 尚熟平均为 7.70g（比欠熟的降低 3.99%），Z 成熟平均 7.70g（比欠熟的降低 3.99%），降低的幅度小于鲜烟单叶重；鲜干比在 5.78～6.33 之间，也有随着成熟度的提高而降低的趋势，Z 欠熟平均为 6.27，Z 尚熟平均为 6.22（比欠熟的降低 0.80%），Z 成熟平均 5.84（比欠熟的降低 6.88%）。Z_{CK1} 的鲜烟单叶重为 42.92g，在各处理中最低；干烟单叶重为 6.64g，在各处理中最小；鲜干比为 6.46，在各处理中最大，说明其鲜烟含水率最高或在烘烤过程中干物质消耗率最大。Z_{CK1} 的这 3 项指标与其他成熟度处理平均值的差异均较大。除了 Z_{CK1}，中部叶其他处理的干烟单叶重均处在适宜范围（7～9g）之内。

表 2　各处理烟叶的单叶重和鲜干比

处　理	鲜烟重量（g）	叶数	鲜烟单重（g）	干烟重量（g）	叶数	干烟单重（g）	鲜干比
$Z_{欠顶}$	5 290	104	50.87	850	104	8.17	6.22
$Z_{欠中}$	4 950	100	49.50	790	100	7.90	6.27
$Z_{欠底}$	5 060	100	50.60	800	100	8.00	6.33
Z 欠熟平均	**5 100**	**101.33**	**50.32**	**813.33**	**101.33**	**8.02**	**6.27**
$Z_{尚顶}$	4 750	100	47.50	750	100	7.50	6.33
$Z_{尚中}$	5 210	112	46.52	840	112	7.50	6.20
$Z_{尚底}$	4 960	100	49.60	810	100	8.10	6.12
Z 尚熟平均	**4 973.33**	**104.00**	**47.87**	**800.00**	**104.00**	**7.70**	**6.22**
$Z_{成顶}$	4 800	110	43.64	830	110	7.55	5.78
$Z_{成中}$	4 590	100	45.90	780	100	7.80	5.88
$Z_{成底}$	4 530	100	45.30	775	100	7.75	5.85
Z 成熟平均	**4 640**	**103.33**	**44.95**	**795.00**	**103.33**	**7.70**	**5.84**
Z_{CK1}	15 450	360	42.92	2 390	360	6.64	6.46

（续）

处　理	鲜烟重量（g）	叶数	鲜烟单重（g）	干烟重量（g）	叶数	干烟单重（g）	鲜干比
Z顶棚平均	**4 946.67**	**104.67**	**47.26**	**810**	**104.67**	**7.74**	**6.11**
Z中棚平均	**4 916.67**	**104.00**	**47.31**	**803.33**	**104.00**	**7.73**	**6.12**
Z底棚平均	**4 850**	**100**	**48.50**	**795**	**100**	**7.95**	**6.10**
$S_{欠顶}$	5 950	100	59.50	1 060	100	10.60	5.61
$S_{欠中}$	6 100	100	61.00	1 060	100	10.60	5.75
S欠熟平均	6 025	100	60.25	1 060	100	10.60	5.68
$S_{尚顶}$	5 460	100	54.60	1 050	100	10.50	5.20
$S_{尚中}$	6 050	100	60.50	1 030	100	10.30	5.87
$S_{尚底}$	5 800	100	58.00	1 030	100	10.30	5.63
S尚熟平均	**5 770**	**100**	**57.70**	**1 036.67**	**100**	**10.37**	**5.57**
$S_{成顶}$	5 700	102	55.88	1 010	102	9.90	5.64
$S_{成中}$	5 350	100	53.50	960	100	9.60	5.57
$S_{成底}$	5 250	100	52.50	980	100	9.80	5.36
S成熟平均	**5 433.33**	**100.67**	**53.96**	**983.33**	**100.67**	**9.77**	**5.53**
S_{CK1}	16 560	300	55.20	2 980	300	9.93	5.56
S顶棚平均	**5 703.33**	**100.67**	**56.66**	**1 040.00**	**100.67**	**10.33**	**5.49**
S中棚平均	**5 833.33**	**100.00**	**58.33**	**1 016.67**	**100.00**	**10.17**	**5.73**
S底棚平均	**5 525**	**100**	**55.25**	**1 005**	**100**	**10.05**	**5.49**

不同成熟度的上部叶，鲜烟单叶重和干烟单叶重明显大于中部叶，而鲜干比明显小于上部叶，但趋势均与中部叶一致。鲜烟单叶重在52.50～61.00g，*S*欠熟平均为60.25g，*S*尚熟平均为57.70g（比欠熟的降低4.23%），*S*成熟平均53.96g（比欠熟的降低10.44%）；干烟单叶重在9.60～10.60g之间，*S*欠熟平均为10.60g，*S*尚熟平均为10.37g（比欠熟的降低2.17%），*S*成熟平均9.77g（比欠熟的降低7.83%）；鲜干比在5.36～5.87g之间，*S*欠熟平均为5.68g，*S*尚熟平均为5.57g（比欠熟的降低1.94%），*S*成熟平均5.53g（比欠熟的降低2.64%）。S_{CK1}的鲜烟单叶重为55.20g，干烟单叶重为9.93g，鲜干比为5.56，与其他成熟度处理的平均值的差异均较小。上部叶的干烟单叶重，一部分处在适宜范围（8～10g）之内，一部分略高。

成熟度高的烟叶，在田间衰老时间较长，所消耗的干物质较多，所以单叶重较低。其组织结构疏松，保水能力降低，含水量下降，由鲜干比更小可知，含水量下降的幅度要大于干物质消耗的幅度。

2.2 烤后烟叶等级

6月2日和6月27日，在靖西县新圩烟站分别进行了针对中部叶和上部叶的烘烤试验，成熟度和烘烤工艺试验处理分别安排在其中。选该户自己烘烤的、与试验时间接近的烤房作为相应的烘烤结果对照。烘烤结束出炕后，均由该站的验级人员立即分级。对中部叶的试验烤房的全部烟叶进行分级，对对照烤房每层随机抽取 4 竿、共 20 竿烟进行分级；对上部叶的试验烤房和对照烤房均每层随机抽取 3 竿、共 15 竿烟进行分级；对上部叶成熟度和烘烤工艺试验 8 个处理的各 1 竿烟也进行了分级（表 3）。

由表 3 可见，中部叶的上等烟比例均较高，试验烤房为 65.87%，对照烤房为 59.16%，前者高出后者 6.71 个百分点；上中等烟比例，试验烤房为 98.84%，对照烤房为 95.53%，前者高出后者 3.31 个百分点。上部叶的上等烟比例，试验烤房为 44.13%，对照烤房为 40.17%，前者高出后者 3.96 个百分点；上中等烟比例，试验烤房为 94.22%，对照烤房为 87.99%，前者高出后者 6.23 个百分点。

表 3　烤后分级结果及各大等级比例

处理		上等烟			中等烟			下低等烟			合计
	等级	C2F	C2L	C3F	C3L	C4F	C4L		GY		
中部叶	Z 试验坑（kg）	2.35	1.01	47.84	1.15	23.18	1.30		0.90		77.73
	大等级		65.87%			32.97%				1.16%	
	Z 对照坑（kg）			11.37	1.61	4.13	1.25		0.86		19.22
	大等级		59.16%			36.37%				4.47%	
	等级	B2F			B2L	B3F	B3L	B4F	B4L	GY	
上部叶	S 试验坑（kg）	7.26			2.34	3.63	0.92	1.35	0.60	0.35	16.45
	大等级		44.13%			50.09%			5.78%		
	S 对照坑（kg）	6.89			3.05	2.44	1.18	1.53	1.45	0.61	17.15
	大等级		40.17%			47.82%			12.01%		
$S_{欠顶}$			0.33kg/31.13%			0.57kg/53.77%			0.16kg/15.09%		
$S_{欠中}$			0.35kg/33.02%			0.62kg/58.49%			0.09kg/8.49%		
$S_{尚顶}$			0.51kg/48.57%			0.54kg/51.43%			—		
$S_{尚中}$	重量/大等级		0.54kg/52.43%			0.49kg/47.57%			—		
$S_{尚底}$			0.52kg/50.49%			0.51kg/49.51%			—		
$S_{成顶}$			0.53kg/53.54%			0.46kg/46.46%			—		
$S_{成中}$			0.77kg/80.21%			0.19kg/19.79%			—		
$S_{成底}$			0.54kg/55.10%			0.44kg/44.90%			—		

在上部叶成熟度和烘烤工艺的试验处理中，大多数只有上等烟和中等烟，而没有下低等烟。上等烟比例的成熟度效应非常明显，表现为随着采收成熟度的提高而提高，以 $S_{成中}$（80.21%）最高，$S_{成底}$（55.10%）次高；以 $S_{欠顶}$（31.13%）最底，$S_{欠中}$（33.02%）次低。所有尚熟和成熟的处理，上等烟比例均明显高于 S 对照烤房（40.17%）。

2.3 烤后烟叶主要化学成分含量

随机抽取 21 个处理的烤后混合样各 0.5kg，粉碎后测定主要化学成分的含量（表 4 和表 5）。从表中可见，无论是成熟度变量还是烘烤工艺变量（棚次），对各处理所测定的主要化学成分及谐调性都产生了一定的或显著的作用。

表 4 各处理烟叶的主要化学成分含量与按成熟度的平均值

处理	总糖（%）	还原糖（%）	总氮（%）	烟碱（%）	淀粉（%）	蛋白质（%）	挥发碱（%）	挥发酸（%）	水溶性酸（%）	醚提物（%）	K_2O（%）	Cl（%）	总糖/烟碱	总氮/蛋白质
$Z_{\text{欠顶}}$	**18.36**	**16.16**	**2.26**	**2.63**	**4.91**	**11.28**	**0.43**	**0.50**	**3.33**	**6.32**	**3.70**	**0.21**	**6.98**	**1.63**
$Z_{\text{欠中}}$	17.12	15.19	2.30	2.91	4.71	11.23	0.37	0.56	3.16	5.15	3.58	0.23	5.88	1.52
$Z_{\text{欠底}}$	19.49	18.23	1.99	2.67	4.93	9.56	0.38	0.56	3.03	5.96	2.98	0.20	7.30	2.04
Z 欠熟平均	**18.32**	**16.53**	**2.18**	**2.74**	**4.85**	**10.69**	**0.39**	**0.54**	**3.17**	**5.81**	**3.42**	**0.21**	**6.70**	**1.71**
$Z_{\text{尚顶}}$	23.63	21.30	2.13	2.84	4.83	10.25	0.37	0.52	3.53	5.78	2.92	0.20	8.32	2.31
$Z_{\text{尚中}}$	25.44	22.78	2.14	2.65	5.67	10.51	0.35	0.64	2.67	5.88	3.10	0.18	9.60	2.42
$Z_{\text{尚底}}$	24.64	21.71	2.15	2.61	5.83	10.62	0.35	0.55	2.93	5.86	3.13	0.16	9.44	2.32
Z 尚熟平均	**24.57**	**21.93**	**2.14**	**2.70**	**5.44**	**10.46**	**0.36**	**0.57**	**3.04**	**5.84**	**3.05**	**0.18**	**9.10**	**2.35**
$Z_{\text{成顶}}$	26.03	24.84	2.14	2.49	4.49	10.69	0.35	0.62	3.00	6.10	3.08	0.14	10.45	2.43
$Z_{\text{成中}}$	23.00	21.66	2.07	2.44	5.67	10.31	0.33	0.59	3.02	6.81	3.24	0.12	9.43	2.23
$Z_{\text{成底}}$	24.68	21.84	2.03	2.28	6.83	10.23	0.32	0.51	3.17	6.06	3.58	0.13	10.82	2.41
Z 成熟平均	**24.57**	**22.78**	**2.08**	**2.40**	**5.66**	**10.41**	**0.33**	**0.57**	**3.06**	**6.32**	**3.30**	**0.13**	**10.22**	**2.36**
Z_{CK1}	22.25	20.13	2.04	2.51	5.74	10.04	0.35	0.62	3.00	6.19	3.62	0.19	8.86	2.22
Z_{CK2}	20.32	16.49	2.40	2.58	6.05	12.21	0.34	0.48	2.65	5.98	3.56	0.19	7.88	1.66
Z_{CK}平均	21.29	18.31	2.22	2.55	5.90	11.13	0.35	0.55	2.83	6.09	3.59	0.19	8.37	1.94
$S_{\text{欠顶}}$	16.65	14.94	2.73	3.98	6.21	12.77	0.50	0.46	3.49	7.69	3.21	0.21	4.18	1.30
$S_{\text{欠中}}$	17.35	14.27	2.61	3.64	4.97	12.38	0.46	0.35	3.66	8.91	3.27	0.27	4.77	1.40
S 欠熟平均	**17.00**	**14.61**	**2.67**	**3.81**	**5.59**	**12.58**	**0.48**	**0.41**	**3.58**	**8.30**	**3.24**	**0.24**	**4.46**	**1.35**
$S_{\text{尚顶}}$	21.37	19.49	2.23	3.78	5.34	9.86	0.47	0.44	3.26	7.19	2.95	0.21	5.65	2.17
$S_{\text{尚中}}$	21.77	19.96	2.41	3.45	5.41	11.34	0.45	0.32	3.23	8.27	2.82	0.21	6.31	1.92
$S_{\text{尚底}}$	22.51	21.25	2.22	3.35	5.61	10.26	0.41	0.54	3.14	6.91	2.91	0.20	6.72	2.19
S 尚熟平均	**21.88**	**20.23**	**2.29**	**3.53**	**5.45**	**10.49**	**0.44**	**0.43**	**3.21**	**7.46**	**2.89**	**0.21**	**6.21**	**2.09**
$S_{\text{成顶}}$	22.12	20.39	2.17	3.47	6.01	9.82	0.45	0.56	3.11	7.25	2.81	0.21	6.37	2.25
$S_{\text{成中}}$	**23.49**	**21.18**	**2.09**	**3.57**	**7.44**	**9.21**	**0.43**	**0.59**	**3.32**	**7.63**	**3.04**	**0.21**	**6.58**	**2.55**
$S_{\text{成底}}$	24.39	22.30	1.86	3.17	7.45	8.20	0.40	0.50	3.01	8.42	2.74	0.16	7.69	2.97
S 成熟平均	**23.33**	**21.29**	**2.04**	**3.40**	**6.97**	**9.08**	**0.43**	**0.55**	**3.15**	**7.77**	**2.86**	**0.19**	**6.86**	**2.57**
S_{CK1}	21.16	19.69	2.14	3.49	5.04	9.61	0.44	0.50	2.95	6.92	2.78	0.20	6.06	2.20
S_{CK2}	21.52	18.70	1.92	3.48	5.86	8.24	0.43	0.54	3.46	7.60	3.11	0.19	6.18	2.61
S_{CK}平均	**21.34**	**19.20**	**2.03**	**3.49**	**5.45**	**8.93**	**0.44**	**0.52**	**3.21**	**7.26**	**2.95**	**0.20**	**6.12**	**2.41**

表 5 各处理烟叶的主要化学成分含量与按棚次的平均值

处理	总糖(%)	还原糖(%)	总氮(%)	烟碱(%)	淀粉(%)	蛋白质(%)	挥发碱(%)	挥发酸(%)	水溶性酸(%)	醚提物(%)	K_2O(%)	Cl(%)	总糖/烟碱	总氮/蛋白质
$Z_{欠顶}$	18.36	16.16	2.26	2.63	4.91	11.28	0.43	0.50	3.33	6.32	3.70	0.21	6.98	1.63
$Z_{尚顶}$	23.63	21.30	2.13	2.84	4.83	10.25	0.37	0.52	3.53	5.78	2.92	0.20	8.32	2.31
$Z_{成顶}$	26.03	24.84	2.14	2.49	4.49	10.69	0.35	0.62	3.00	6.10	3.08	0.14	10.45	2.43
Z 顶棚平均	**22.67**	**20.77**	**2.18**	**2.65**	**4.74**	**10.74**	**0.38**	**0.55**	**3.29**	**6.07**	**3.23**	**0.18**	**8.58**	**2.12**
$Z_{欠中}$	17.12	15.19	2.30	2.91	4.71	11.23	0.37	0.56	3.16	5.15	3.58	0.23	5.88	1.52
$Z_{尚中}$	25.44	22.78	2.14	2.65	5.67	10.51	0.35	0.64	2.67	5.88	3.10	0.18	9.60	2.42
$Z_{成中}$	23.00	21.66	2.07	2.44	5.67	10.31	0.33	0.59	3.02	6.81	3.24	0.12	9.43	2.23
Z 中棚平均	**21.85**	**19.88**	**2.17**	**2.67**	**5.35**	**10.68**	**0.35**	**0.60**	**2.95**	**5.95**	**3.31**	**0.18**	**8.30**	**2.06**
$Z_{欠底}$	19.49	18.23	1.99	2.67	4.93	9.56	0.38	0.56	3.03	5.96	2.98	0.20	7.30	2.04
$Z_{尚底}$	24.64	21.71	2.15	2.61	5.83	10.62	0.35	0.55	2.93	5.86	3.13	0.16	9.44	2.32
$Z_{成底}$	24.68	21.84	2.03	2.28	6.83	10.23	0.32	0.51	3.17	6.06	3.58	0.13	10.82	2.41
Z 底棚平均	**22.94**	**20.59**	**2.06**	**2.52**	**5.86**	**10.14**	**0.35**	**0.54**	**3.04**	**5.96**	**3.23**	**0.16**	**9.19**	**2.26**
Z_{CK1}	22.25	20.13	2.04	2.51	5.74	10.04	0.35	0.62	3.00	6.19	3.62	0.19	8.86	2.22
Z_{CK2}	20.32	16.49	2.40	2.58	6.05	12.21	0.34	0.48	2.65	5.98	3.56	0.19	7.88	1.66
Z_{CK}平均	**21.29**	**18.31**	**2.22**	**2.55**	**5.90**	**11.13**	**0.35**	**0.55**	**2.83**	**6.09**	**3.59**	**0.19**	**8.37**	**1.94**
$S_{欠顶}$	16.65	14.94	2.73	3.98	6.21	12.77	0.50	0.46	3.49	7.69	3.21	0.21	4.18	1.30
$S_{尚顶}$	21.37	19.49	2.23	3.78	5.34	9.86	0.47	0.44	3.26	7.19	2.95	0.21	5.65	2.17
$S_{成顶}$	22.12	20.39	2.17	3.47	6.01	9.82	0.45	0.56	3.11	7.25	2.81	0.21	6.37	2.25
S 顶棚平均	**20.05**	**18.27**	**2.38**	**3.74**	**5.85**	**10.82**	**0.47**	**0.49**	**3.29**	**7.38**	**2.99**	**0.21**	**5.40**	**1.91**
$S_{欠中}$	17.35	14.27	2.61	3.64	4.97	12.38	0.46	0.35	3.66	8.91	3.27	0.27	4.77	1.40
$S_{尚中}$	21.77	19.96	2.41	3.45	5.41	11.34	0.45	0.32	3.23	8.27	2.82	0.21	6.31	1.92
$S_{成中}$	23.49	21.18	2.09	3.57	7.44	9.21	0.43	0.59	3.32	7.63	3.04	0.21	6.58	2.55
S 中棚平均	**20.87**	**18.47**	**2.37**	**3.55**	**5.94**	**10.98**	**0.45**	**0.42**	**3.40**	**8.27**	**3.04**	**0.23**	**5.89**	**1.96**
$S_{尚底}$	22.51	21.25	2.22	3.35	5.61	10.26	0.41	0.54	3.14	6.91	2.91	0.20	6.72	2.19
$S_{成底}$	24.39	22.30	1.86	3.17	7.45	8.20	0.40	0.50	3.01	8.42	2.74	0.16	7.69	2.97
S 底棚平均	**23.45**	**21.78**	**2.04**	**3.26**	**6.53**	**9.23**	**0.41**	**0.52**	**3.08**	**7.67**	**2.83**	**0.18**	**7.21**	**2.58**
S_{CK1}	21.16	19.69	2.14	3.49	5.04	9.61	0.44	0.50	2.95	6.92	2.78	0.20	6.06	2.20
S_{CK2}	21.52	18.70	1.92	3.48	5.86	8.24	0.43	0.54	3.46	7.60	3.11	0.19	6.18	2.61
S_{CK}平均	**21.34**	**19.20**	**2.03**	**3.49**	**5.45**	**8.93**	**0.44**	**0.52**	**3.21**	**7.26**	**2.95**	**0.20**	**6.12**	**2.41**

2.3.1 总糖和还原糖 水溶性糖分是烤烟烤后含量最多、对品质影响较大的化学成分之一。在一定范围内，水溶性总糖含量高，烟叶品质好。总糖过低时，会破坏烟叶化学成分的平衡性，吃味刺呛；但也不能过多，否则烟气的酸性过强。我国一般认为烤烟的总糖含量在 18%～24%范围内为宜。在本试验中，除了 $Z_{成顶}$（26.03%）和 $Z_{尚中}$（25.44%）的总糖偏高、$S_{欠顶}$（16.65%）的总糖偏低之外，其余处理的总糖含量均适宜。对于烤烟还

原糖含量，我国认为适宜范围是16%～22%。在本试验中，除了$Z_{成顶}$（24.84%）的还原糖偏高、$S_{欠中}$（14.27%）和$S_{欠顶}$（14.94%）的还原糖偏低之外，其余处理的还原糖含量均适宜。

在成熟度上，无论是中部叶还是上部叶，同一成熟度不同棚次处理的总糖、还原糖的平均值，均有随着成熟度的提高而增加的趋势。其原因可能是，第一，成熟的烟叶和尚熟、欠熟的相比，不同部位的单叶重均最小，这说明其基础干物质最少，即使绝对量相同，其相对含量也最高；第二，成熟度高的烟叶，组织结果疏松，脱水速度快，定色早，在相同烘烤工艺（棚次）下，糖分消耗少、积累多。在棚次上，无论是中部叶还是上部叶，同一棚次不同成熟度处理的总糖、还原糖的平均值，均有随着棚次的提高而减少的趋势。这说明随着棚次的提高，糖分的积累较少。因为随着棚次的提高，烘烤工艺是变黄温度较低、变黄期较长、定色缓慢，烟叶的呼吸时间较长，对糖分的消耗较多。

2.3.2　总氮　目前认为烤烟中蛋白质、氨基酸、烟碱等含氮化合物的氮量总和以2.0%～3.0%为适宜含量。本试验中，各处理的总氮含量基本上都在适宜范围之内。在成熟度上，无论是中部叶还是上部叶，同一成熟度不同棚次处理总氮的平均值，均有随着成熟度的提高而降低的趋势。在棚次上，无论是中部叶还是上部叶，同一棚次不同成熟度处理总氮的平均值，均有随着棚次的提高而增加的趋势。

2.3.3　烟碱　烟碱是烟叶的主要化学成分之一，对烟叶的品质和烟气的安全性都有较大的影响。目前认为，烟叶烟碱含量的适宜范围为1.5%～3.5%，中部叶以2.0%～2.5%为宜，上部叶以2.5%～3.5%为宜。本试验中，有一半处理的烟碱含量适宜，另一半稍偏高或偏高。在棚次上，无论是中部叶还是上部叶，同一棚次不同成熟度处理烟碱的平均值，均有随着棚次的提高而增加的趋势，底棚处理的烟碱含量有60%在相应的适宜范围之内，而中棚和顶棚处理的烟碱含量只有33.3%在相应的适宜范围之内；在成熟度上，无论是中部叶还是上部叶，同一成熟度不同棚次处理烟碱的平均值，均有随着成熟度的提高而降低的趋势，成熟处理的烟碱含量有83.3%在相应的适宜范围之内，而尚熟和欠熟处理的烟碱含量只有18.2%在相应的适宜范围之内。由此可见，提高烟叶采收成熟度能明显降低原烟的烟碱含量。

2.3.4　淀粉　目前普遍认为，烤后烟叶的淀粉含量以3%～5%为宜。如果淀粉含量高，将影响化学成分之间的平衡性，并降低烟叶的燃烧性和可用性。在本试验中，有70%的处理的淀粉含量稍高或偏高。中部叶中，Z_{CK}的平均值（5.90%）最高，欠熟处理的平均值（4.85%）最低；上部叶中，成熟处理的平均值（6.97%）最高，尚熟处理的平均值（5.45%）最低。在成熟度上，无论是中部叶还是上部叶，同一成熟度不同棚次处理的淀粉的平均值，均有随着成熟度的提高而增加的趋势。其原因与糖分的类似。在棚次上，无论是中部叶还是上部叶，同一棚次不同成熟度处理的淀粉的平均值，均有随着棚次的提高而减少的趋势。这说明随着棚次的提高，淀粉降解较多。因为随着棚次的提高，烘烤工艺是变黄温度较低、变黄期较长，适宜淀粉降解烘烤过程较长，所以烤后淀粉较少。

2.3.5　蛋白质　蛋白质是烟叶的主要化学成分之一，对烟叶的品质影响较大，在烘烤过程中大量降解、转化为其他物质。如果原烟中蛋白质含量过高，则对品质不利，烟气碱性强，刺激性大，甚至出现蛋白臭；但过低也不利于品质，会破坏化学成分平衡，使烟气酸性过强。我国认为烤烟以6%～10%为宜。本试验中，有66.6%的处理的蛋白质含量偏高或过高。中部叶中，Z_{CK}的平均值（11.13%）最高，成熟处理的平均值（10.41%）最低；上部叶中，尚熟处理的平均值（12.58%）最高，S_{CK}处理的平均值（8.93%）最低。在成熟度上，无论是中部叶还是上部叶，同一成熟度不同棚次处理的蛋白质的平均值，均有随着成熟度的提高而下降的趋势，尤其是上部叶，这一趋势非常明显。在棚次上，无论是中部叶还是上部叶，同一棚次不同成熟度处理的淀粉的平均值，均有随着棚次的提高而增大的趋势。

2.3.6　总挥发碱　烤烟的总挥发碱的适宜含量为0.40%～0.50%。挥发碱具有较强刺激性和令人不愉快的气味，不宜偏高。本试验中，中部叶处理的挥发碱含量多略偏低，上部叶处理的均在适宜范围之内。在成熟度上，无论是中部叶还是上部叶，同一成熟度不同棚次处理的挥发碱的平均值，均有随着成熟度的提高而下降的趋势；在棚次上，无论是中部叶还是上部叶，同一棚次不同成熟度处理的淀粉的平均值，均有随着棚次的提高而增大的趋势。

2.3.7　总挥发酸　挥发性有机酸有利于增进香气、中和烟气的碱性、醇和吃味，所以，在一定范围内，其含量越高，烟质越好。本试验中，$S_{尚中}$（0.32%）、$S_{欠中}$（0.35%）偏低，其余大多数处理的挥发酸含量处于中等或较高水平。在成熟度上，无论是中部叶还是上部叶，同一成熟度不同棚次处理的总挥发酸的平均值，均有随着成熟度的提高而增大的趋势，尤其是上部叶，这一趋势比较明显。

2.3.8　石油醚提取物　醚提物里面有很多是香味物质，与烟叶的香气量和香气质密切相关。所以，其含量越高，烟叶的香吃味越好，内在品质越佳。目前，我国认为烤烟的醚提物应不低于5%，以大于7%为好。在本试验中，中部叶的石油醚均偏低，明显低于上部叶，但均超过了5%；上部叶的基本上都超过了7%。在成熟度上，该值的同一成熟度不同棚次处理的平均值，中部叶有随着成熟度的提高而增加的趋势；但上部叶中，欠熟处理的平均值最高（8.30%），成熟处理的次之（7.77%），S_{CK}平均值（7.26%）最低。在棚次上，该值的变化规律不明显。

2.3.9　钾　烟叶的含钾量影响烟叶的颜色、燃烧性、吸湿性等品质因素。含钾量高的烟叶，燃烧性好，橘黄色烟叶比例高。目前认为，K_2O含量大于2.0%比较好。本试验中，所有处理的K_2O含量均高于2.0%，而且大多数处理的还高于3.0%。可见，今年，靖西烟叶的含钾量水平非常高。

2.3.10　氯　一定的含氯量对于烟叶品质是必需的，但氯离子含量过高（超过1%）则会严重降低烟叶的持火性。一般认为氯离子的适宜含量范围是0.3%～0.5%。本试验中，各处理的氯离子含量均比较低。在成熟度上，无论是中部叶还是上部叶，同一成熟度不同棚次处理的氯的平均值，均有随着成熟度的提高而降低的趋势。

2.3.11　总糖/烟碱　糖碱比也是反映烟叶酸碱平衡问题的一个指标，我国认为烤烟以6～8为宜。在本试验中，此比值有47.6%处于适宜范围内，19.1%偏低，33.3%偏高。其中，中部叶的少部分适宜，大部分偏高；上部叶的大部分适宜，少部分偏低。在成熟度上，该比值的同一成熟度不同棚次处理的平均值，有随着成熟度的提高而明显增加的趋势。其中，以中部成熟处理的平均值（10.22%）最高，上部欠熟处理的平均值（4.46）

最低。在棚次上，该比值的同一棚次不同成熟度处理的平均值，有随着棚次的提高而减少的趋势。

2.3.12 施木克值 施木克值，即水溶性总糖与蛋白质的比值，实际上反映了酸碱性的平衡协调关系，在一定范围内（一般不超过2），同一烟区的烟叶，此值越高，烟质越好，香吃味越佳。在本试验中，此比值大部分稍偏高。在成熟度上，该比值的同一成熟度不同棚次处理的平均值，有随着成熟度的提高而增加的趋势，尤其是上部叶的趋势非常明显。其中，以上部成熟处理的平均值（2.57）最高，S_{CK}平均值（2.41）次高；以上部欠熟处理的平均值（1.35）最低，中部欠熟处理的平均值（1.71）次低。在棚次上，该比值的同一棚次不同成熟度处理的平均值，有随着棚次的提高而减少的趋势。

2.4 烤后上部叶的主要香味成分含量

通过气相色谱仪采用内标法对上部叶各处理的烟叶的主要香味成分进行定量测定（表6）。中性香味成分测定了苯甲醛、苯乙醛、3-苯基-2-戊醛、茄酮、β-大马酮、三甲基-四氢萘、香叶基丙酮、降茄酮、巨豆三烯酮A、巨豆三烯酮B、巨豆三烯酮C、巨豆三烯酮D、3-十四烯、肉豆蔻酸、蓝胺醇、新植二烯、邻苯二甲酸二异丁酯、法尼基丙酮、棕榈酸、α-法尼烯、石竹烯氧化物、邻苯二甲酸二辛酯等22项；酸性香味成分测定了甲酸、乙酸、丙酸、异丁酸、丁酸、异戊酸、戊酸、4-甲基戊酸、己酸、庚酸、壬酸、癸酸、苯甲酸、苯乙酸等14项；碱性香味成分测定了噻唑、吡啶、吡咯、2-甲基吡嗪、2-乙酰基-1-甲基吡咯、2,3-二甲基吡嗪、2,3,5-三甲基吡嗪、2-乙酰基吡啶、2-乙酰基吡咯、四甲基吡嗪、3-乙酰基吡啶、喹啉、吲哚等13项（碱性香味成分均为微量，表中只列总量，未细列具体物质）。

表6 上部烟叶的主要香味成分含量（μg/g）

化合物	$S_{欠顶}$	$S_{欠中}$	$S_{尚顶}$	$S_{尚中}$	$S_{尚底}$	$S_{成顶}$	$S_{成中}$	$S_{成底}$	S_{CK1}	S_{CK2}
苯甲醛	4.16	7.78	3.47	0.25	10.34	0.18	0.13	8.16	4.14	0.05
苯乙醛	11.22	6.71	7.59	1.32	2.87	0.97	1.65	7.02	10.47	5.10
3-苯基-2-戊醛	16.40	0.57	6.81	0.42	0.25	0.35	5.74	11.26	6.28	0.09
茄　酮	34.21	31.76	40.94	28.10	25.28	29.49	40.49	26.44	35.25	29.81
β-大马酮	6.00	5.33	5.26	4.32	4.35	4.14	4.70	3.85	5.06	6.10
三甲基-四氢萘	1.01	1.68	1.49	0.44	1.03	1.21	1.41	1.22	0.69	0.71
香叶基丙酮	0.81	0.58	0.53	0.72	0.66	0.46	0.63	0.51	0.76	0.58
降茄酮	1.43	1.46	2.02	0.97	0.61	1.19	1.04	1.09	1.98	1.35
巨豆三烯酮A	0.60	0.70	0.39	0.49	0.47	0.27	0.28	0.22	0.20	0.38
巨豆三烯酮B	3.71	4.60	2.68	1.64	1.55	1.57	1.90	1.54	1.20	2.44
巨豆三烯酮C	0.43	0.68	0.22	0.22	0.12	1.83	0.18	0.15	0.13	0.18
巨豆三烯酮D	3.97	4.75	2.56	1.63	1.60	0.13	2.09	1.59	1.61	2.26
3-十四烯	0.45	0.49	0.42	0.32	0.24	0.32	0.40	0.30	0.33	0.59

（续）

化合物	$S_{\text{欠顶}}$	$S_{\text{欠中}}$	$S_{\text{尚顶}}$	$S_{\text{尚中}}$	$S_{\text{尚底}}$	$S_{\text{成顶}}$	$S_{\text{成中}}$	$S_{\text{成底}}$	S_{CK1}	S_{CK2}
肉豆蔻酸	0.49	0.16	0.14	0.43	0.30	0.37	0.17	0.18	0.38	0.76
蓝胺醇	0.77	0.77	0.87	0.49	0.36	0.48	0.79	0.46	0.65	1.05
新植二烯	443.26	657.68	721.30	483.28	387.75	486.64	591.02	614.07	324.87	470.97
邻苯二甲酸二异丁酯	1.54	0.17	17.17	0.16	0.13	0.17	3.67	0.08	0.15	0.21
法尼基丙酮	3.52	2.42	9.52	2.25	1.49	1.59	3.13	2.77	2.08	3.04
棕榈酸	22.52	4.15	22.86	7.55	0.64	2.71	6.19	14.58	24.03	8.02
α-法尼烯	20.36	14.57	33.40	9.92	3.65	8.36	20.99	12.72	17.69	47.71
石竹烯氧化物	63.85	55.21	116.76	37.24	12.27	28.21	65.23	50.59	68.73	115.83
邻苯二甲酸二辛酯	1.15	8.03	0.71	1.91	0.15	0.20	0.34	0.17	6.86	7.16
中性成分小计	641.88	810.24	997.11	584.08	456.11	570.84	752.16	758.95	513.52	704.41
甲　酸	0.134	0.156	0.709	0.342	0.325	0.356	0.612	0.421	0.634	0.218
乙　酸	12.670	10.230	11.22	6.89	6.95	7.83	12.130	10.21	13.07	9.32
丙　酸	0.350	0.182	0.32	0.415	0.216	0.196	0.317	0.215	0.118	0.326
异丁酸	0.397	0.105	0.094	0.079	0.113	0.079	0.096	0.075	0.074	0.044
丁　酸	0.019	0.010	0.015	0.009	0.014	0.022	0.030	0.01	0.008	0.013
异戊酸	0.023	0.033	0.036	0.025	0.02	0.022	0.016	0.018	0.029	0.035
戊　酸	0.008	0.012	0.018	0.015	0.016	0.051	0.022	0.014	0.052	0.046
4-甲基戊酸	0.037	0.057	—	0.026	0.039	0.031	0.038	0.01	0.029	0.048
己　酸	0.014	—	0.016	0.061	0.031	0.024	0.031	0.018	0.007	0.011
庚　酸	0.020	0.030	0.019	0.012	0.011	0.014	0.011	0.012	0.016	0.012
壬　酸	0.012	0.017	0.023	0.032	0.002	0.025	0.018	0.015	0.013	0.028
癸　酸	0.015	0.028	0.051	0.027	0.004	0.031	0.015	0.013	0.016	0.008
苯甲酸	0.702	0.152	0.531	0.385	0.25	0.483	0.754	0.392	0.837	0.412
苯乙酸	0.164	0.120	0.116	0.133	0.661	0.205	0.381	0.23	0.183	0.196
酸性成分小计	14.57	11.13	13.17	8.45	8.65	9.37	14.47	11.65	15.09	10.72
碱性成分小计	0.81	0.99	0.64	1.08	0.89	1.04	0.69	0.86	1.20	1.27
香味成分合计	657.26	822.36	1010.92	593.61	465.65	581.25	767.32	771.46	529.81	716.4
新植二烯占总香味成分比重	67.44%	79.97%	71.35%	81.41%	83.27%	83.72%	77.02%	79.60%	65.74%	61.32%
石竹烯氧化物占总香味成分比重	9.71%	6.71%	11.55%	6.27%	2.63%	4.85%	8.50%	6.56%	16.17%	8.83%
茄酮占总香味成分比重	5.21%	3.86%	4.05%	4.73%	5.43%	5.07%	5.28%	3.43%	4.16%	4.09%
上三者占总香味成分比重	82.36%	90.55%	86.95%	92.42%	91.34%	93.65%	90.80%	89.58%	86.07%	89.92%

（续）

化合物	$S_{\text{欠顶}}$	$S_{\text{欠中}}$	$S_{\text{尚顶}}$	$S_{\text{尚中}}$	$S_{\text{尚底}}$	$S_{\text{成顶}}$	$S_{\text{成中}}$	$S_{\text{成底}}$	S_{CK1}	S_{CK2}
中性成分所占比重	97.66%	98.53%	98.63%	98.39%	97.95%	98.21%	98.02%	98.38%	98.33%	96.93%
各成熟度烟叶中性香味物平均值	726.06			679.10			693.98			608.97
中性香味成分与对照相比	+19.23%			+11.52%			+13.96%			—
各成熟度烟叶总香味成分平均值	739.81			690.06			706.68			623.11
总香味成分与对照相比	+18.73%			+10.74%			+13.41%			—

从表6中可见，在所测定的49种香味成分中，中性香味成分新植二烯的量最多，各处理在324.87～721.30μg/g之间，其中以$S_{\text{尚顶}}$（721.30μg/g）最高，$S_{\text{欠中}}$（657.68μg/g）次高；S_{CK1}（324.87μg/g）最低，$S_{\text{尚底}}$（387.75μg/g）次低。在测定的总香味成分中，各处理的新植二烯所占比重高达61.32%～83.72%，可见其为最主要的香味成分之一。新植二烯主要是叶绿素降解的产物，具有甜香味，为烤烟香味性质，能增加烟气的丰满度，能使香味口感变好。在其他条件相同的情况下，尚熟的鲜烟比成熟的鲜烟的叶绿素含量高，前者有可能在烘烤过程中生成较多的新植二烯，但是，如果叶绿素降解不充分，燃烧时会产生明显的青杂气，对原烟的香味产生不良甚至恶劣影响。本试验中，挂在中棚和上棚的尚熟和欠熟的处理，所处的烘烤工艺特点是变黄温度较低、变黄期较长、定色缓慢，可使其内的叶绿素充分降解，所以新植二烯的含量较高；而挂在底棚的尚熟处理，处于“相对高温变黄、快速定色”的烘烤工艺条件下，其叶绿素没有能充分降解，所以。它的新植二烯的含量较低（387.75μg/g）。因此，在烘烤过程中，必须采用适当的烘烤工艺促使鲜烟中叶绿素充分降解，不仅可以去除原烟的青杂气，还能提高其香气量，改善其香气质。

含量次多的为具有清甜香味的中性香味成分石竹烯氧化物，各处理在12.27～116.76μg/g之间，其中以$S_{\text{尚顶}}$（116.76μg/g）最高，S_{CK2}（115.83μg/g）次高；$S_{\text{尚底}}$（12.27μg/g）最低，$S_{\text{成顶}}$（28.21μg/g）次低。在测定的总香味成分中，各处理的石竹烯氧化物所占比重在2.63%～16.17%之间。

含量第三多的为具有白肋烟甜味的中性香味成分茄酮，各处理在25.28～40.94μg/g之间，其中以$S_{\text{尚顶}}$（40.94μg/g）最高，$S_{\text{成中}}$（40.49μg/g）次高；$S_{\text{尚底}}$（25.28μg/g）最低，$S_{\text{成底}}$（26.44μg/g）次低。在测定的总香味成分中，各处理的茄酮所占比重在3.43%～5.43%之间。茄酮主要是黑松三烯二醇（DVT）的降解产物，与香味呈正相关系，具有抑制青杂气的作用，能改善香味。

在3类性质的香味成分中，以中性香味成分的重量占绝对主导地位，各处理在456.11～997.11μg/g之间，占所测香味成分总量的96.93%～98.63%。其中以$S_{\text{尚顶}}$（997.11μg/g）最高，$S_{\text{欠中}}$（810.24μg/g）次高；$S_{\text{尚底}}$（456.11μg/g）最低，S_{CK1}（513.22μg/g）次低。酸性香味成分的含量很少，各处理在8.45～15.09μg/g之间。酸性香味成分能改善烟叶的香气质，并对蛋白质燃烧产生的具有较强刺激性的碱性烟气起到一定的中和作用，使吃味较醇和。碱性香味成分的含量微少，各处理在 0.64～1.27μg/g 之间，其成分大多为氨基酸和糖类发生的非酶棕色化反应的产物，虽然含量微少，但多具有花果香甜味，对烟叶香气质的贡献较大。

不同成熟度处理的中性香味成分的平均值，以欠熟（726.06μg/g）的最高，成熟（693.98μg/g）次之，尚熟（679.10μg/g）的再次，均显著高于对照的平均值（608.97μg/g），分别高出 19.23%、13.96%和 11.52%。不同成熟度处理的总香味成分的平均值，有相同趋势，以欠熟（739.81μg/g）的最高，成熟（706.68μg/g）次之，尚熟（690.81μg/g）的再次，也均显著高于对照的平均值（623.11μg/g），分别高出 18.73%、13.41%和 10.74%。

3 小结与讨论

从本试验各方面的烘烤效应的结果来看，烟叶成熟度的确是影响烟叶外观质量、内外质量和可用性的最重要的因素。其烘烤效应大多非常显著、非常有规律。随着成熟的提高，烤后烟叶的单叶重、鲜干比、烟碱、蛋白质、总氮、挥发碱、钾、氯等均呈下降或明显下降趋势，而上等烟比例、糖分、淀粉、挥发酸、石油醚提取物、总糖/烟碱、总糖/蛋白质等呈上升或明显上升趋势。无论中部叶还是上部叶，不同棚次各成熟度处理主要化学成分含量及有关协调性比值的平均值，成熟处理与尚熟处理之间的差异基本上都明显小于尚熟处理与欠熟处理之间的差异，更是明显小于成熟处理与欠熟处理之间的差异。这说明，在本试验田的营养条件下，成熟叶与尚熟叶之间的素质差异较小。

烘烤工艺对烤后烟叶的主要化学成分含量及其相互之间的比值都具有一定的影响或显著影响。在本试验中，无论是中部叶还是上部叶，各成熟档次的烟叶，“偏中温慢烤”工艺（中棚）的处理的烘烤效应最好，与“偏高温快烤”工艺（底棚）的处理和“偏低温慢烤”工艺（顶棚）的处理相比，上等烟比例高，决定烟叶质量的主要化学成分含量与有关协调性指标大多数优于或显著优于后两者。无论中部叶还是上部叶，同一棚次不同成熟度处理主要化学成分含量及有关协调性比值的平均值，底棚和中棚之间的差异基本上都大于中棚与顶棚之间的差异，这说明中棚的烘烤工艺与顶棚的差别较小。

就香味成分含量而言，本试验中，有不少成分的最高量并不是成熟的烟叶而是尚熟甚至欠熟的烟叶。究其原因，第一，上部叶试验材料为连续数天降雨后所采的烟叶，尚熟烟叶可能是原来已经成熟的烟叶又稍返青，其真实成熟度更高一些。第二，在施肥水平相同的情况下，今年的烟株密度比去年增加 9.1%，单株氮素营养水平降低 10.8%，变化明显，烟叶的素质因此发生了一定的变化，烟叶的适熟标准有所不同，可适当放宽一点。在烟叶素质和烘烤特性发生变化的情况下，烘烤工艺必须要灵活变通。不同素质的鲜烟，必须采用与之相适宜的烘烤工艺，才能确保烟叶烘烤质量和可用性。

参考文献

[1] YC/T 42—1996. 烤烟基本烘烤技术规程 [S].
[2] 王能如，方传斌，徐增汉，等. 烤烟上部叶采收成熟度试验 [J]. 烟草科技，1993 (5)：32-33.
[3] 王能如，徐增汉，周慧玲，等. 烟叶调制与分级 [M]. 合肥：中国科学技术大学出版社，2002.
[4] 肖协忠，李德臣，郭承芳，等. 烟草化学 [M]. 北京：中国农业出版社，1997.

采、运、烤一体化烟叶采烤技术及其效能分析

韦建玉[1]，张大斌[2]，吴　峰[1]，张纪利[1]，胡向丹[3]

（1. 广西中烟有限公司，南宁　530001；2. 贵州大学机械工程学院，贵阳　550003；
3. 贵州省烟草公司黔西南州公司，兴义　562400）

摘　要：本文提出了一种基于专用烟叶挂烤箱与其提升机构的新型烟叶采运烤一体化装置和方法，并与传统分步烘烤法进行了对比试验，结果表明：采用一体化的采烤方式每炕烟的采收成本降低了20%，运输成本降低了10%，省去了编烟成本，烤房的装烟量高出普通烤烟方式近10%，烤烟下炕成本降低了50%；采用采、运、烤一体化采烤方式烘烤的烟叶中，上等烟叶比例超传统采烤方式9.02%，上中等烟叶比例超3.71%，烟叶产值超2 398.12元/炕。

关键词：烟叶采烤；密集式烤房；挂烤箱；应用效果

目前，国内采用的传统烟叶采烤流程一般分为采烟、编烟、装烟、烘烤4个步骤[1]。采烟和编烟不能同步进行，且不论是人力编烟还是机械编烟都会造成劳动力或自然资源的损耗，导致烤烟成本增加。当前，我国烟叶烘烤房多用密集式烤房，烘烤装烟方式为挂竿装烟[2]，其绑烟装炕及解竿卸烟过程用工量较大，且限制了密集式烤房的装烟量。从整体来看，传统分步采烤方式的工序流程繁琐，采烟、编烟过程中劳动力耗费大，烟叶运送效率低，烤房容量不能得到充分利用等。为优化烘烤工艺，实现烟叶烘烤减工降本提质效果，笔者开展了烟叶采、运、烤一体化的新式采烤技术研究。

1　基于采、运、烤一体化思想的采烤技术设计

采用采、运、烤一体化的设计思想，从专用烟叶挂烤箱的设计、挂烤箱提升机构的设计和密集烤房的改造这三个方面出发，达到减工降本的目的。

1.1　新式烟叶挂烤箱设计

密集烤烟房装烟方式主要有常规挂竿、散叶堆放、散叶烟筐及烟夹装烟[3]。研究表明与常规挂竿装烟方式相比，散叶堆放、散叶烟筐、烟夹装烟方式均显著降低烤烟烘烤环节的用工成本和耗能成本，其中装卸烟用工成本降低70%以上、耗煤成本降低18%以上、耗电成本降低10%以上[4]。选择烟筐或者烟夹装烟虽然能够大幅度降低烤烟成本，但是却未能解决烘烤中容易掉烟的问题[5]。为此，在考虑采、运、烤一体化要求的同时，也在挂烤箱中增加了能有效防止掉烟的特制插针。同时，为使挂烤箱在

烤房中便于上炕与卸烟，在挂烤箱支架上设置滚轮机构，烟叶挂烤箱设计如图 1、图 2 所示。烟叶挂框用钢材制作。插针板为可活动，烟叶挂框装满烟叶后插入固定烟叶，铁丝网用于兜住烟叶[6]。

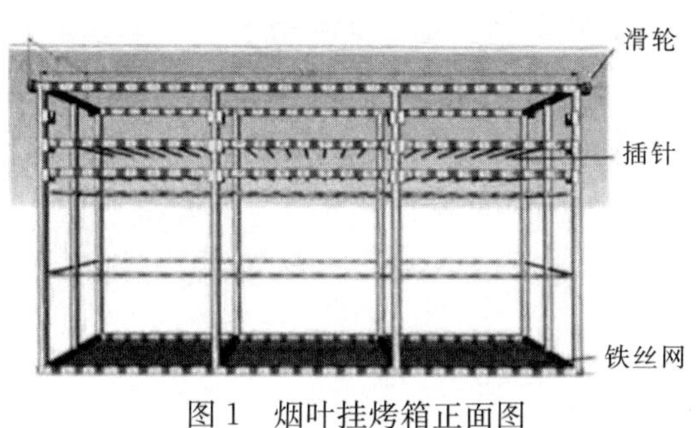

图 1　烟叶挂烤箱正面图

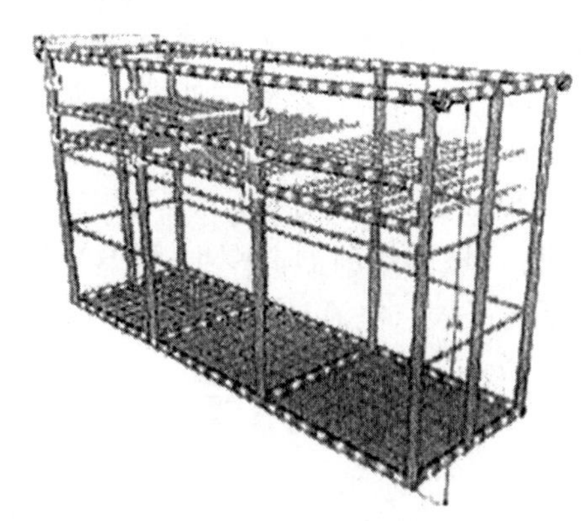

图 2　烟叶挂烤箱轴测图

1.2　挂烤箱提升机设计

采用活动式烟叶提升机，其工作原理如图 3 所示。

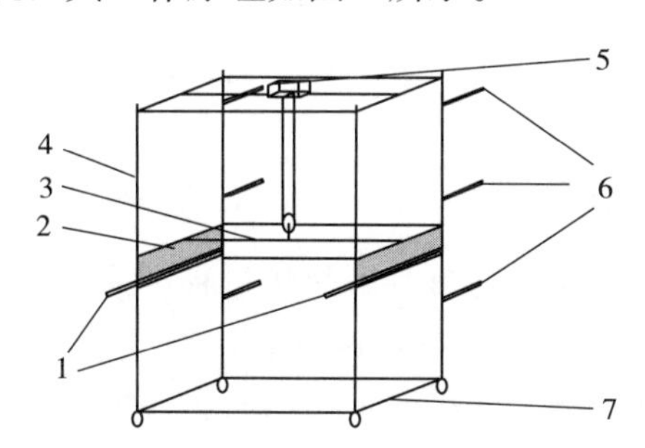

图 3　烟叶挂烤箱提升机结构原理图

1. 可升降导轨　2. 导轨支撑板　3. 气承力横梁　4. 带凹槽立柱
5. 电葫芦　6. 三层导轨　7. 带滑轮支架

烟叶挂烤箱提升机底座设有滑轮，移动时打开滑轮锁，可将其移至烤房门口。在电葫芦的提升作用下，可升降导轨及其支撑板可沿带凹槽的 4 根立柱上下移动，导轨最低位置由挂烤箱上炕位置定位，并设置行程开关，以实现下降后自动停机。导轨支撑板如图 4 所示。

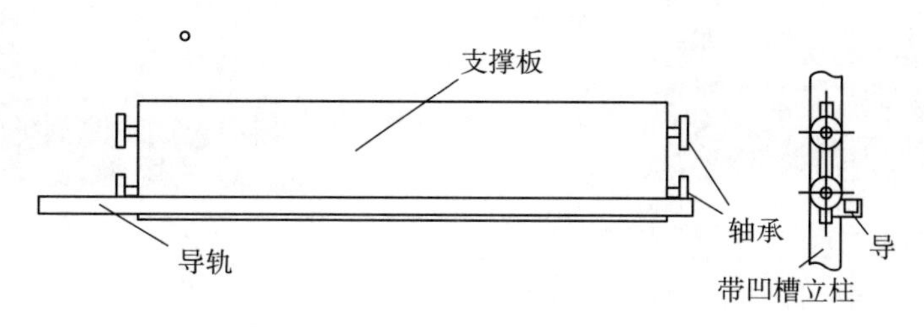

图 4　导轨支撑板示意图

示，其两端安装有四个轴承，可在立柱的凹槽内自由滚动。电葫芦置于支架顶部，采用双绳起吊方式，将挂钩链接在升降导轨的承力横梁上。靠近里侧设置三层导轨，其高度分别与烤房三层挂烤架高度一致，三层导轨分别设置行程开关，以便到位自动停机。导轨上设置有定位锁紧装置，防止升降过程中挂烤箱滑动。

升降机电气控制系统[7]如图5所示。控制器上共有5个按键SB1～SB5，分别控制升至一层烤架、升至二层烤架、升至三层烤架、下降和停机（急停）动作；系统设置4个行程开关SQ1～SQ4，分别反馈一、二、三层烤架和导轨最低位置，实现各种动作到位后自动停机：FU为熔断器；KM1和KM2分别为电葫芦上升和下降控制接触器；系统带有电机正反转互锁、电流过载保护和按钮自锁等功能，操作方便可靠。

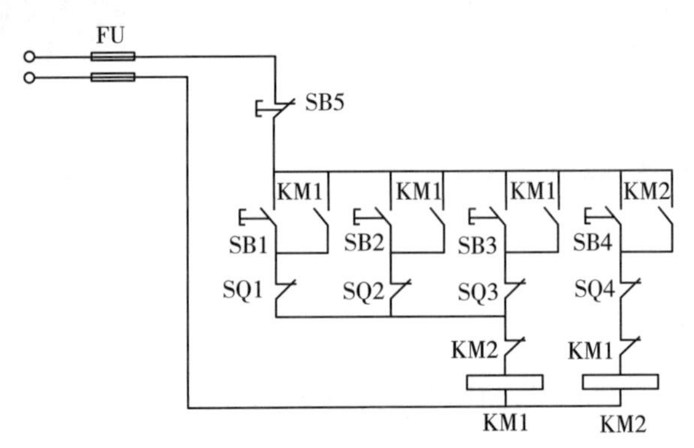

图5　烟叶挂烤箱提升机控制电路图

1.3　密集烤房的配套性改造

密集式烤房具有规模大、装烟密度大、烘烤过程可采取自动控制和精准控制及使用特制烟夹等特点[8]。能省工节煤，降低烘烤难度和操作复杂性，从而节省劳动力、降低成本[9]。根据这些优势，本文设计了一种改造后的密集式烤房以满足采、运、烤一体化的要求。其中，烤房的改造工作主要是烤房挂烟结构的改造，由挂烟掏架改造为适合烟叶挂烤箱的悬挂、滑动的滑轨构架如图6、图7所示。

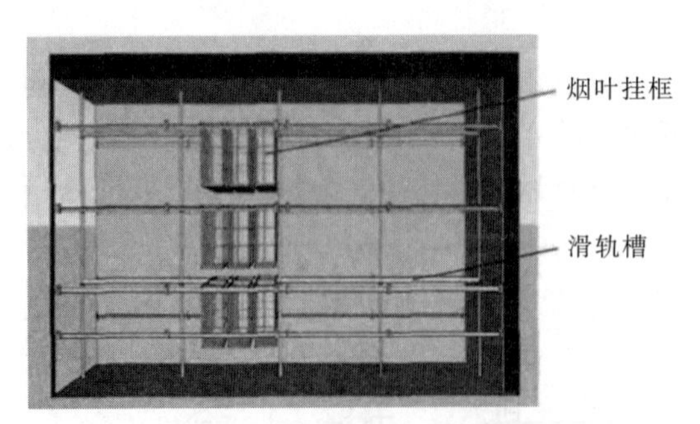

图6　烤房改造后与烟叶挂烤箱整体正面图

图7　烤房改造后装烟上炕效果图

基于采、运、烤一体化思想的采烤方法的主要技术路线为：分送挂烤箱至各烟田区域，将采收的烟叶装入挂烤箱，用挂烤箱的特制插针紧固后，直接装上运输车运至烤房，通过烟叶挂烤箱滑轮、提升机与烤房轨道完成装炕。烘烤结束后，利用滑轨和提升机完成下炕、分级等操作，以减少编烟环节，提高烟叶传送效率，增大烤房装烟量。该工艺方法使烟叶采收运输上下炕操作衔接过程更加流畅。

2 效能试验及其结果分析

2.1 试验方法

试验共分为三种处理方式：处理一，利用采、运、烤一体化采烤方式，直接将挂烤箱运到田间，待烟叶装满挂烤箱后用特制插针板固定烟叶，最后用运输车运至改造后的密集式烤房完成一系列烘烤流程；处理二，利用传统分步烘烤方式：烟叶采收、运输、编烟、在普通密集式烤房进行上下炕操作；处理三，依然利用传统分步烘烤方式，但编烟操作采用编烟机[10]。

试验完成后对不同处理方式的用工成本、烟叶运输成本、编烟上炕成本、烟叶烘烤成本、烘烤前后烟叶重量、烤后烟叶等级质量及产值效果等进行数据调查。

2.2 试验结果分析

2.2.1 不同采烤方式对烤烟成本的影响 从表1可见，采用一体化的采烤方式每炕的采收成本降低20%，运输成本降低10%，完全省去了编烟成本，烤房的装烟量高出普通烤烟方式近10%，并且烤烟下炕成本也降低了50%。综合分析可见，一体化的采烤方式采用烟叶挂烤箱有效提高了烟叶采收运输环节工作效率，减少烟叶编烟环节，利用挂烤箱和改造后烤房的滑轮轨道提高了装炕烘烤、下炕解竿效率，从而有效地降低烟叶烘烤成本。相对于普通采烤方式采用采运烤一体化采烤方式具有较大的减工降本优势。

表1 不同采烤方式对烤烟成本的影响

处理	装烟量（kg/炕）	采收成本（元/炕）	运输成本（元/炕）	编烟成本（元/炕）	下炕解竿（元/炕）	煤电费用（元/炕）	合计（元/炕）
处理1	4 005.75	180	160	0	50	1 200	1 590
处理2（CK）	3 645.47	200	200	120	100	1 150	1 770
处理3（CK）	3 712.35	200	200	250	100	1 173	1 923

注：用工单价为50元/天。

2.2.2 不同采烤方式对烤烟质量的影响 从表2可看出，采用采、运、烤一体化采烤方式烘烤的烟叶中，上等烟叶比例超出传统采烤方式很多，达到58.14%；上中等烟叶比例也明显高于采用两种不同编烟方式的传统采烤方式；烟叶产值达到19 857.26元/炕，较其他两种传统烘烤方式分别提高2 398.12、2 013.82元/炕。由此可见，采用采、运、烤一体化采烤技术后，烟叶的上等烟叶比例和上中等烟叶比例得到有效改善。

表 2　不同采烤方式的烤后烟叶质量与产值

处理	干烟重量 (kg/炕)	上等烟叶比例 (%)	上中等烟叶比例 (%)	单价 (元/kg)	产值 (元/炕)
处理 1	1 081.55	58.14	87.45	18.36	19 857.26
处理 2	979.20	47.42	81.63	17.83	17 459.14
处理 3	993.51	49.12	83.74	17.96	17 843.44

3　小结

通过试验验证笔者提出的基于采、运、烤一体化思想的采烤方法及其技术具有以下优势和特点：采、运同步，烟叶运输效率显著提高；取缔编烟过程，大大减少劳动力耗费；利用新挂烤箱、提升机以及改造后烤房的滑轮机构，大大减少装烟上炕及挂竿卸烟的用工量，简化烘烤工艺，增加烤房装烟量；完全符合三段式烘烤工艺，提高了烤烟的质量。

这种新型的采烤技术实现了烟叶田间采收、运输、上炕、下炕的一体化、流程化作业，转变了传统烟叶采烤作业方式，具有较好的烟叶烘烤适应性和经济效益，在我国有较高的推广价值。

参考文献

[1] 王朓霖，王建新．优质烤烟采摘烘烤技术要点 [J]．科技创新导报，2008，(6)：194.

[2] 刘光辉，聂荣邦．我国烤房及烘烤技术研究进展 [J]．作物研究，2011，25 (1)：76－80.

[3] 郭全伟，侯跃亮．密集烤房在烘烤实践中的应用 [J]．中国烟草科学，2005，26 (3)：15－16.

[4] 谢已书，李国彬．密集烤房不同装烟方式的烘烤效果 [J]．中国烟草科学，2008，29 (4)：54－56，61.

[5] 孙建锋，吴中华．不同编烟方式对烤烟烘烤成本及经济性状的影响 [J]．江西农业学报，2011，23 (1)：24－27.

[6] 成大先，机械设计手册 [M]．第 5 版．北京：化学工业出版社，2008.

[7] 姚樵耕．电气自动控制 [M]．北京：机械工业出版社，2005.

[8] 王卫峰，陈江华．密集烤房的研究进展 [J]．中国烟草科学，2005，26 (3)：12－14.

[9] 徐秀红，王林立．密集烤房不同装烟方式对烟叶质量及效益的影响 [J]．中国烟草科学，2010，31 (6)：72－74.

[10] 徐成龙，贺帆．专业化烘烤烤烟设备及工艺转变研究进展 [J]．浙江农业科学，2011 (3)：601－605.

(原载《中国农机化学报》2014 年第 1 期)

普通烤房半自动化烘烤烟叶试验研究

徐增汉[1]，王能如[1]，李章海[1]，韦建玉[2]，杨启港[2]，周效峰[2]

（1. 中国科学技术大学烟草与健康研究中心，合肥 230052；
2. 广西卷烟总厂技术中心，柳州 545005）

摘 要：试验结果表明：安装了“自动控温强制排湿装置”的普通烤房，其烘烤效应明显优于传统普通烤房，并能显著节约劳动力，降低劳动强度，缩短烘烤时间，减少燃料消耗，降低烘烤成本。

关键词：普通烤房；半自动化烘烤；烟叶

近年来，一些针对烟叶烤房的温湿度自动控制系统被研制成功并应用于生产实践[1~8]。对于普通烤房来说，这是一场重大而低成本的改革，克服了传统普通烤房完全依靠手工操作、温湿度调控难、排湿速度慢、烘烤质量不稳定、燃料热效率低、劳动强度大等诸多缺点。2004 年，笔者对“自动控温强制排湿装置”（由发明人李文龙先生提供，专利号：03232920.2）烘烤烟叶的效果进行了研究。该设备在不改变原烤房主体结构的情况下，增设一套自动控温、热风循环、强制排湿装置，在普通烤房上实现了烟叶烘烤作业的半自动化，烘烤人员只需要根据烘烤进程调好干球、湿球温度参数和进行烧火作业，就能自动加火升温、稳火控温、保湿或排湿，直到完成整个烘烤过程，确保了烟叶烘烤质量，并大大减少了烘烤人员的作业时间，降低了劳动强度，节能效果好，烘烤成本明显降低，经济效益显著提高。

1 材料与方法

1.1 材料

试验于 2004 年在广西靖西县进行。供试烤烟品种为云烟 85。行株距为 1.1m×0.5m。土壤为水稻土，肥力中等。施纯氮量为 97.5kg/hm^2，质量比 N∶P_2O_5∶K_2O 为 1∶2∶3。按规范化进行栽培管理。各炕烟叶均按当地生产标准采收、绑竿和烘烤。

1.2 试验烤房及改造

选 2 座标准装烟量均为 150 竿、装烟 5 层的自然通风气流上升式烤房，对其中的 1 座进行改造，安装“自动控温强制排湿装置”、PVC 管热风回路、风扇、鼓风机及电路，另

作者简介：徐增汉（1963—），男，安徽五河人，讲师，从事烟草方面的教学和科研工作。

1 座作为对照。“自动控温强制排湿装置”的温度探头置于烤房中央，与 2 层烟叶的叶尖平齐，通过传感器与电子控温仪连接。电子控温仪通过电路控制风扇、排气窗和鼓风机的运作。PVC 管直径为 16cm，连接位于烤房上部的出风口和烤房底部的砖砌回风道。砖砌回风道的下端与地道的进风口相连。风扇的直径为 38cm，安装在砖砌回风道处，在风扇前安装 1 个活动闸门，闸门关闭时进行热风循环，闸门打开时则进行强制排湿。火炉下的鼓风机为 C2R 轴承鼓风机，功率 40～60W，转速 2 800r/min，电压 220V，温升 75℃。灰池门用 2.5cm 厚的水泥预制板密封，其中间预留 1 个直径 5cm 的圆孔，用于连接鼓风机。将烤房原有的天窗和地洞密封。

1.3 试验处理

试验烤房设 2 个不同处理，即自动控温强制排湿烤房（A）和常规气流上升式烤房（CK）。各烤房分别烘烤 1 炕下部叶、1 炕中部叶和 1 炕上部叶。

1.4 烟叶化学成分分析方法

烤后取各处理的混合样粉碎后进行化学成分分析。分析方法按国家标准或行业标准执行。采用盐酸水解-铜还原-高锰酸钾反滴法测定淀粉含量；芒森·沃克法（YC/T 32—1996）[9]测定还原糖和总糖含量；光度法（YC/T 34—1996）[10]测定烟碱含量；克氏定氮法（$K_2SO_4-CuSO_4-H_2SO_4$）（YC/T 33—1996）[11]测定总氮含量；挥发碱按 YC/T 35—1996[12]测定；挥发酸采用酸碱滴定法测定；石油醚提取物采取重量法测定；蛋白质含量通过计算得到。

2 结果与分析

2.1 不同烤房烤后烟叶的大等级

先对烤后烟叶按烤烟 42 级国家标准进行分级，再统计每座烤房烤出的 3 炕烟叶的大等级比率，按当地（二价区）收购牌价计算烟叶的均价（未含价外补贴），结果见表 1。

表 1 不同烤房烟叶大等级率及均价

处理	上等烟（%）	中等烟（%）	上中等烟（%）	下低等烟（%）	均价（元/kg）
A	42.96	46.20	89.16	10.84	9.72
CK	35.08	45.38	80.46	19.54	8.52

由表 1 可见，处理 A 的上等烟比例和均价比 CK 明显提高，上等烟率增加 7.88 个百分点，均价提高 1.2 元/kg。安装了“自动控温强制排湿装置”的烤房，采用机械通风强制排湿，可迅速将多余的水分强制排除，使烟叶能及时定色，减少了挂灰烟，橘黄烟比例高，烟叶质量好。

2.2 不同烤房各部位烟叶烘烤时间

由表 2 可见，处理 A 各部位烟叶的烘烤时间均明显少于相应部位的 CK，提高了烤房的功效。这是因为使用“自动控温强制排湿装置”后，在变黄期进行热风循环，缩小了上下烟层之间的温差，缩短了全炕烟叶变黄达标的时间；在定色期进行强制排湿，加快了排湿速度，缩短了全炕烟叶定色达标的时间；干筋期进行热风循环、强制排湿，加快了烟叶干筋速度。

表2 不同烤房不同部位烟叶的烘烤时间（h）

处理	下部叶				中部叶				上部叶			
	变黄期	定色期	干筋期	合计	变黄期	定色期	干筋期	合计	变黄期	定色期	干筋期	合计
A	48	41	32	121	61	42	35	138	64	43	44	151
CK	54	47	38	139	67	48	46	161	69	50	50	169

2.3 不同处理烤后烟叶的主要化学成分含量

分别随机抽取烤后中部叶和上部叶的混合样各1kg，粉碎后测定各主要化学成分的含量，结果见表3。中部叶和上部叶分别用符号AZ、CKZ和AS、CKS表示。

表3 不同烤房不同部位烟叶的主要化学成分含量（%）

处理	淀粉	总糖	还原糖	烟碱	蛋白质	石油醚提取物	总氮	挥发酸	挥发碱
AZ（自动）	5.80	25.71	22.65	2.07	12.51	5.96	2.36	0.50	0.31
CKZ（常规）	6.05	20.32	16.49	2.58	12.21	5.98	2.40	0.48	0.34
AS（自动）	6.82	27.42	25.23	3.17	10.46	8.04	2.22	0.61	0.40
CKS（常规）	6.90	26.50	23.03	3.59	8.69	7.68	2.01	0.36	0.43

2.3.1 淀粉 一般认为，烤后烟叶的淀粉含量以3%～5%为宜。在该试验中，试验烤房的烟叶淀粉含量均分别略低于相同部位的对照，但各处理的淀粉含量均偏高。这主要是因为当地的烘烤人员烘烤操作时，在烘烤前期升温、排湿和定色速度偏快，导致淀粉的降解不够适度。

2.3.2 总糖 水溶性总糖是烤烟烤后含量最多、对品质影响较大的化学成分，是决定烟气醇和度的主要因素。一般认为，烤烟的总糖含量在18%～24%范围内为宜。但西南烟区的中、上部叶总糖含量大多偏高，该试验也是这种情况。这并不一定对烟叶品质不利，重要的是与其他化学成分的平衡协调性。

2.3.3 还原糖 一般认为，烤烟的还原糖含量适宜范围是16%～22%。该试验中，CKZ（16.49%）和AZ（22.65%）的还原糖含量适宜，AS（25.23%）和CKS（23.03%）偏高。

2.3.4 烟碱 烟碱对烟叶的品质和烟气的安全性都有较大的影响。一般认为，烤烟烟碱含量，中部叶以2.5%左右为宜，上部叶以3.0%左右为宜。作为中部叶，AZ（2.07%）和CKZ（2.58 %）均适宜；作为上部叶，AS（3.17%）适宜，CKS（3.59%）偏高。

2.3.5 蛋白质 蛋白质对烟叶的品质影响较大。如果烟叶中蛋白质含量过高，则对品质不利，烟气碱性强，刺激性大；但过低会破坏化学成分平衡，使烟气酸性过强。一般认为烤烟蛋白质含量以6%～10%为宜。在该试验中，CKS（8.69%）的蛋白质含量适宜，AS（10.46%）基本适宜，而CKZ（12.21%）和AZ（12.51%）明显偏高。可能是由于这2个处理在适宜蛋白质降解的温湿度阶段（主要为变黄后期与定色前期）停留的时间不够所致。

2.3.6 石油醚提取物 醚提取物里有很多是香味物质，与烟叶的香气量关系密切。在一定范围内，其含量越高，烟叶的香味越好，内在品质越佳。我国认为烤烟的醚提物含量应不低于5%。该试验中，醚提物含量，AS（8.04%）最好；CKS（7.68%）次之。

2.3.7 总氮 目前认为烤烟中蛋白质、氨基酸、烟碱等含氮化合物的氮量总和以2.0%～3.0%为宜。该试验中，各处理的总氮含量差异微小，均适宜。

2.3.8 挥发酸 烟叶中的挥发性有机酸对烟叶的品质影响较大，总的来说有利于增进香气、醇和吃味。所以，在一定范围内，挥发性有机酸的含量越高，烟质越好。该试验中，挥发酸含量以AS（0.61%）最高，CKS（0.36%）最低。

2.3.9 挥发碱 烤烟的挥发碱具有较强的刺激性和令人不愉快的气味，被认为对烟气有不利影响，不应过高，其适宜含量为0.40%～0.50%。该试验中，各处理的总挥发碱含量均适宜。

2.4 节煤效果

烤房使用的燃料均为柴煤，处理A的3炕烟叶总耗煤量为1 067.5kg，比CK（1 286kg）减少218.5kg，节煤率为16.99%。可见，应用自动控温强制排湿装置的烤房节煤效果显著（表4）。

表4 不同烤房不同部位烟叶烤后干烟重量和耗煤量（kg）

处理	下部叶			中部叶			上部叶		
	干烟	炕耗煤	千克烟耗煤	干烟	炕耗煤	千克烟耗煤	干烟	炕耗煤	千克烟耗煤
A	123	240.0	1.95	180	376.0	2.09	210.0	451.5	2.15
CK	119	273.5	2.30	176	443.5	2.52	218.5	596.0	2.60

2.5 经济效益

就烘烤环节而言，各烤房烘烤3炕烟叶的产出、投入和经济收益（不包括补贴）见表5。从烟叶的产值看，A（4 986.4元）高出CK（4375元）611.4元。当地烤烟使用的燃料是柴煤，一般普通烤房都使用单价为0.46元/kg的较大块的柴煤，如果使用碎柴煤，有时候可能火力上不去而不能满足升温的需要；但应用了“自动控温强制排湿装置”的烤房可以使用单价为0.20元/kg的碎煤，以使用一半块煤和一半碎煤计算，煤的单价就降低为0.33元/kg，同时总耗煤量还明显降低，所以，煤费显著减少，A比CK减少40.1%。一般普通烤房比较费工，按3炕烟叶总烘烤时间为18d、每日人工20元报酬计算，CK的人工费为360元；而A只需要进行次数较少的烧火作业，非常省工，以省工一半计算，人工费降低180元。从经济收益看，A高出CK 993.7元，即使扣除人工费的差值，那么仅3炕烟叶增加的收益就已经收回了改造烤房的投入（800元左右）。

表 5 不同烤房的经济效益

处理	产出			投入				收益（元）
	产量（kg）	均价（元/kg）	产值（元）	耗煤量（kg）	煤费（元）	人工费（元）	电费（元）	
A	513.0	9.72	4 986.4	1 067.5	352.3	180	45	4 409.1
CK	513.5	8.52	4 375.0	1 286.0	591.6	360	0	3 423.4

3 注意事项

3.1 半自动化烘烤必须要有电力作保障

为了防止停电而导致烤坏烟叶，每个烤房群都应配备小型发电机。

3.2 半自动化烘烤对烤房的密封性要求特别严格

在改造原有普通烤房时，应将天窗和地洞密封，但要求做到在紧急关头能够比较容易开启。在新建智能化普通烤房时，仍然应预设地洞和天窗，为了减少投资，地洞可设为最简单的地上冷风洞，天窗可开在两面山墙的上面，平时均密封起来，在停电时应急，打开它们进行自然通风排湿，以确保烘烤结果。生产上，有的烤房没有预设地洞和天窗，停电时只能开门和揭顶排湿。

3.3 温湿度自动控制系统安装要规范

控制器要固定好并防雨；热风循环管道的所有接口都要密封；风机安装牢固；感温探头的挂放位置要适当，气流上升式烤房一般与 2 棚叶尖平齐，气流下降式烤房一般与顶棚叶尖平齐。

3.4 严格管理好湿球

温湿度自动控制系统中的湿球特别重要，该系统完全是根据湿球温度的高低自动进行排湿或保湿。笔者调查发现，在湿球这个看似很小的事情上，却经常发生问题，有的是长时间使用后包被湿球的纱布污垢严重，影响水分的传输和蒸发；有的是塞在水管口内的纱布过长、过多，阻碍水分对包被湿球处纱布的供给；有的是水管破裂或没有旋紧而漏水，中断对包被湿球纱布的水分供给。这些问题的发生会使湿球温度偏高甚至严重过高，不能真实地反映烤房内空气的性质，引起过早和过度排湿，导致烘烤不当，烤后烟叶颜色偏淡或（和）不同程度的带青，降低甚至严重降低烟叶的等级、价格和可用性。因此，必须引起重视，严格管理好湿球，及时清洗或更换纱布，剪去水管内多余的纱布，确保湿球不漏水，杜绝上述现象的发生。

3.5 装烟密度要适度

安装了温湿度自动控制系统的普通烤房，进行强制通风促进燃料燃烧和强制通风排湿，可适当增加烤房的装烟量以提高工效，但目前的风机和风扇的功率大多较低，增加的装烟量视烟叶含水量的高低以20%～30%为宜，如果要加大装烟量，应更换更大功率的风机和风扇。

3.6 必须研究配套烘烤工艺

安装了温湿度自动控制系统的普通烤房，其功能发生了改变，能够更快地升温和排湿，烤房内上下空气性质的差异和上下层烟叶变黄程度的差异大大缩小。生产上，采用这类烤房烘烤烟叶时基本上都对原烘烤工艺做了一定的变通，但还不够系统和科学。应根据烤房功能和装烟密度等具体情况的变化，研究相配套的系统烘烤工艺，以确保各类烟叶的烘烤质量。

参考文献

[1] 庞全，杨翠容．烟叶烘烤温湿度智能控制仪 [J]．仪器仪表学报，1999，20 (3)：296－299.
[2] 李岩．单片机在烟叶烘烤温度测控中的应用 [J]．电子技术，2003，30 (6)：20－21.
[3] 陈国翅，纪成灿，陈海鸣，等．主动式自动控制烤房研制与试验报告 [J]．中国烟草科学，2003 (4)：17－20.
[4] 陈顺辉，王胜雷，许锡祥，等．烤烟烘烤智能化自动控制系统的设计与应用研究 [J]．中国烟草学报，2003 (4)：35－39.
[5] 方平，张晓力．烟叶烤房温湿度自动控制仪的设计 [J]．电子技术应用，2004，30 (7)：32－34.
[6] 方平，张晓力．烟叶三段式烘烤工艺中温湿度自动控制的实现 [J]．北京工商大学学报：自然科学版，2004，22 (4)：51－53.
[7] 高明远．单片机在烤烟炕房温度测量和控制中的应用 [J]．现代电子技术，2004 (11)：84－85.
[8] 聂平，徐兴强，李万里，等．基于单片机的烟叶烘烤温湿度控制系统 [J]．机械与电子，2005 (7)：79－80.
[9] 国家烟草专卖局．YC/T32—1996 烟草及其制品——水溶性总糖的测定——芒森·沃克法 [S]．北京：中国标准出版社，1996.
[10] 国家烟草专卖局．YC/ T34—1996 烟草及其制品——总植物碱的测定——光度法 [S]．北京：中国标准出版社，1996.
[11] 国家烟草专卖局．YC/ T33—1996 烟草及其制品——总氮的测定——克氏定氮法 [S]．北京：中国标准出版社，1996.
[12] 国家烟草专卖局．YC/ T35—1996 烟草及其制品——挥发碱的测定 [S]．北京：中国标准出版社，1996.

（原载《安徽农业科学》2006年第23期）

新型双制通风密集型烤房性能研究

陈前锋[1]，周米良[2]，朱列书[1]，方顺利[3]，靳世平[3]，李跃平[2]，巢　进[2]

（1. 湖南农业大学，长沙　410128；
2. 湖南省烟草公司湘西自治州公司，吉首　464000；
3. 华中科技大学煤燃烧国家重点实验室，武汉　430074）

摘　要：先进的烟叶烘烤设备是实现科学烘烤烟叶及提高烟叶品质的重要基础。目前，密集型烤房已经成为烟叶烘烤的一种主要设备，然而我国烤烟产区地域广大，普通密集烤房很难适应电力条件较差的产区，而且烤后烟叶内在质量难以保证。本研究涉及一种新型双制通风密集型烤房，通过试验对其性能进行了分析。试验证明，这种新型非金属复合材料双制通风密集型烤房升温与降温波动小，温湿度场与气流场协调，不惧停电等突发情况。经湖南中烟工业有限责任公司初步化验、评吸，烟叶烘烤内在质量好，香气足，比现有密集烤房更适合烟叶调制，特别是一些电力不稳定的烟区。

关键词：烤房；双制通风；温度场

烟草工业是包括中国在内的很多国家的一种重要工业，而烟叶烘烤是整个烟叶生产流程中的一个极为重要的环节。先进的烟叶烘烤设备是实现科学的烟叶烘烤及提高烟叶品质的重要基础。目前，我国密集型烤房已经成为烟叶烘烤的一种主要设备，以强制通风替代传统的自然通风，气流运动方式分为上升和下降两种方式[1,2]。强制通风的密集烤房在生产应用上取得了较好的效果[3]，但其过分依赖电力，停电就会造成坏烟，且常常因烟叶脱水过快淀粉、蛋白质等转化不彻底，烤后烟叶僵硬、光滑叶多，香气差。我国烟叶种植分布地区辽阔，各地自然环境与烟叶烘烤条件都不一样，因此单纯的强制通风密集烤房并不能适应电力条件差的产区的烟叶烘烤，密集烤房的结构和一些关键设备还需要优化改进[4]。

针对这种情况，湖南省烟草公司湘西自治州公司联合华中科技大学，研发了一种自然通风与强制通风相结合、采用新型非金属复合材料制作一次性加煤供热系统的气流下降式烤房[5,6]，即：新型非金属复合材料双制通风密集烤房。该烤房在结构设计上按照空气动力学原理进行，烤房抗停电能力强，省电、通风成本低；采用烤房一次性加煤技术，炉灶燃烧彻底、供热稳定，烘烤操作劳动强度大幅度降低；采用烟叶闸装烟，

基金项目：湖南省烟草公司湘西自治州公司重点项目“新型非金属复合材料双制通风密集烤房研发”（10-12Aa04）。

第一作者简介：陈前锋，男，1974年出生，主要从事烟草栽培、调制技术研究与推广。通信地址：416000，湖南省吉首市人民南路118号湘西州烟草公司，0743-8568810，15107418591，Email：823225767@qq.com。

密度大，省工多；烘烤过程温湿度、通风协调，烟叶转化彻底，烤后烟叶淀粉含量较低，香气好。

本文主要通过对新型非金属复合材料双制通风烤房和普通气流上升式烤房进行烟叶烘烤测试，通过测量这两种烤房在烟叶烘烤过程中的温湿度场变化曲线，得到整个烤房内的温湿度场和气流场，进而分析这种新型双制通风烤房的性能和特点。

1 材料与方法

1.1 试验材料

双制通风密集烤房：湖南湘西自治州烟草公司联合华中科技大学自主研发，普通气流上升式烤房。

自控设备：江苏科迪现代农业有限公司生产。

检测设备：华中科技大学、湖南九天科技有限公司提供。

1.2 试验方法

双制通风密集型烤房相对于普通气流上升式烤房，其主要区别为将烤房内气流方向改为向下运动，同时，设置了加热强制排湿通道，这样可以提高其排湿能力。

本试验通过在普通气流上升式烤房和双制通风烤房内分别布置 36 个温度探头和 36 个湿度探头，通过延长导线将温湿度信号传递到烤房外的温湿度显示与记录仪表上。两种烤烟房按照正常工作状态装烟烘烤，在烟叶烘烤的过程中，记录其装烟室的温湿度变化情况。在两种烤房的烟叶烘烤的变黄期中，分布将其风机关闭一段时间，模拟停电情况，记录这两种烤房内的温湿度在风机关闭期内的变化情况。

2 试验结果

2.1 气流运动方式不同导致的两种烤房温湿度变化差异

新型非金属复合材料双制通风烤房相对于普通气流上升式烤房，其中一个比较大的变化是改变了烤房中的气流运动方式，将普通烤房的气流上升式运动改变为气流下降式运动。本实验对这两种烤房的温湿度场进行对比，比较两者的差异。

图 1 和图 2 分别为双制通风烤房和普通气流上升式烤房中距离加热室壁面 500mm 的竖直平面上从上到下的 3 个观测点的温度变化曲线。由图 1 和图 2 两个温度变化曲线可以看出，双制通风烤房内，在高度方向上，温度有分层现象，即温度自上而下逐渐降低，但整个烤烟过程中各平面温差不大，最高为 5℃左右；而普通气流上升式烤房，其整个烤烟过程中，在烤房的高度方向上温度差异较大。

图 3 和图 4 分别为双制通风烤房和普通气流上升式烤房内距离地面 2 100mm 的平面上沿烤房长度方向的几个温度测点的温度变化情况，由图 3 可以看出，双制通风烤房内，温度随着与加热室距离的增大而降低，但是温差不大，最高为 4℃，在普通气流上升式烤房内，距离热风出口近的地方温度较高，而距离热风出口远的烟叶温度要远低于距热风出

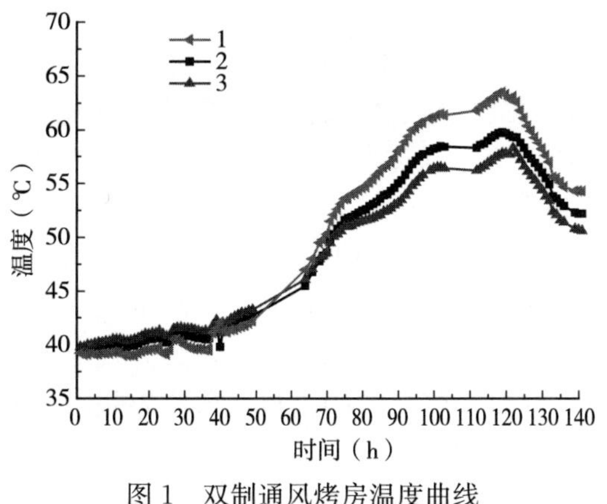

图 1　双制通风烤房温度曲线

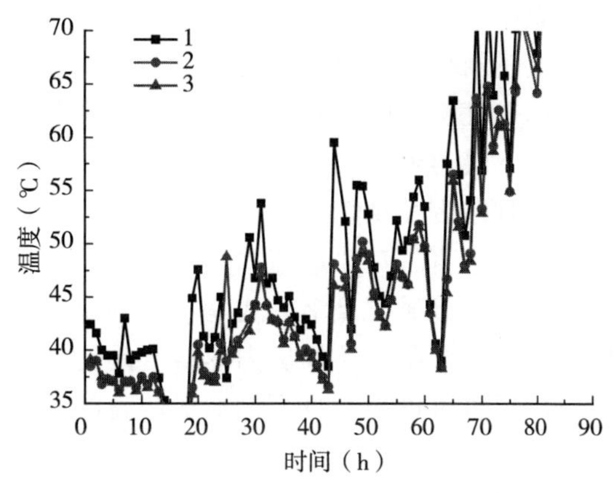

图 2　普通气流上升式烤房温度曲线

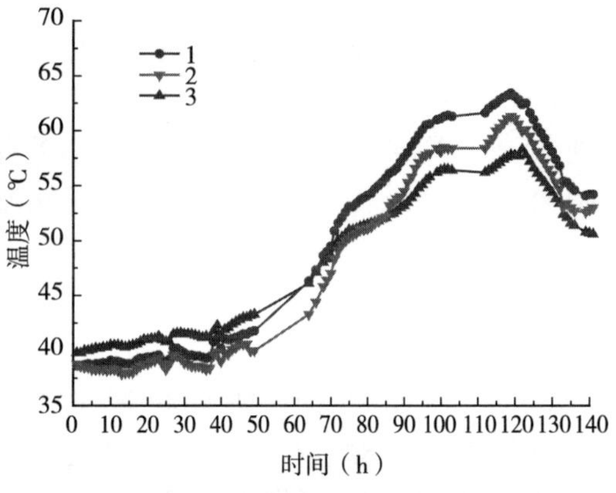

图 3　双制通风烤房同一水平面温度曲线

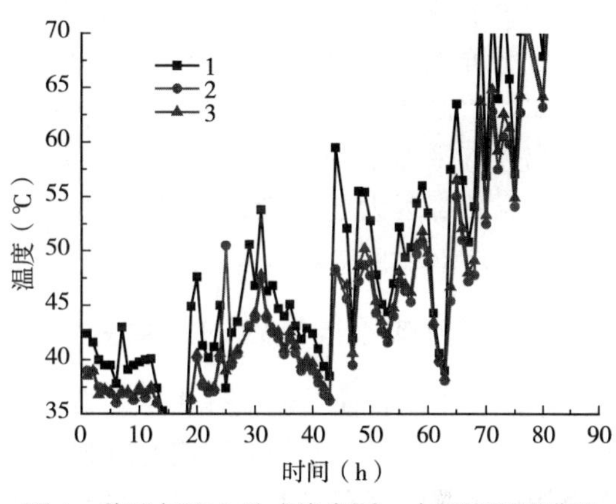

图 4　普通气流上升式烤房同一水平面温度曲线

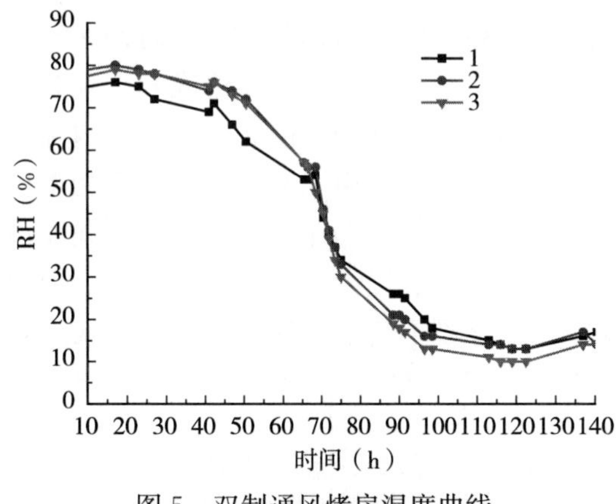

图 5　双制通风烤房湿度曲线

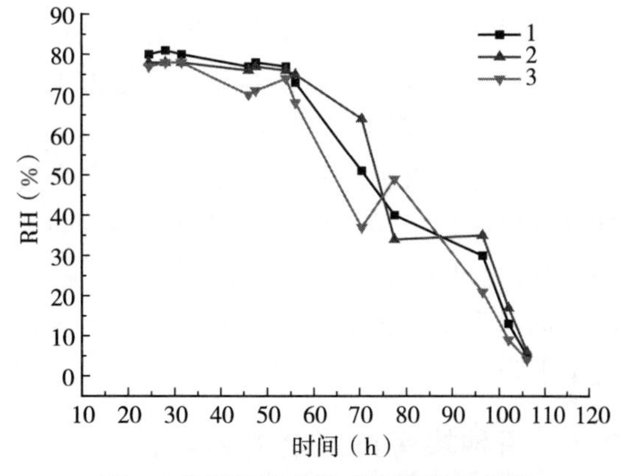

图 6　普通气流上升式烤房湿度曲线

口近的地方。考察两种烤房整个烤烟过程中的温度分布，在同一时刻，不同温度测点，普通气流上升式烤房的温差普遍要远大于双制通风烤房内的温差，最大值达到了 18.6℃。

图 5 和图 6 为两种烤房的湿度变化曲线。由图 5 可以看出，双制通风烤房内的湿度分布与温度分布是相对应的，且变化较均匀，而普通气流上升式烤房内湿度变化比较混乱，

缺少规律性。

上述两种烤房温度的分布与这两种烤房的结构是相对应的。在普通气流上升式烤房中，热空气自下向上运动，运动过程中阻力较小，因此气流速度较快，所需风量较大，烤房内最下层温度较高，而热空气运动到了上部烟叶，其运动速度减缓，上部烟叶温差又变小，同时在烟叶烘烤过程中，由于热空气自下向上运动阻力较小，容易烤干某些位置的烟叶，形成竖直的热风通道，大量的热风直接从这个热风通道中向上运动，严重影响烟叶的烘烤，因此普通气流上升式烤房内的温度场温差较大，温度分布比较混乱，缺少层次感和规律性；而双制通风烤房内热空气是自上向下运动，其运动阻力相对较大，因此气流速度较小，所需风量小，且不易形成竖直的热风通道，在整个烤房空间里自然形成温差不大的温度分层。

由于烟叶烘烤过程是个缓慢的过程，如果流过烟叶表面的热空气速度和风量过大，则烟叶脱水速度过快，烟叶内的淀粉等物质转化不够，僵硬光滑烟叶多，香气差。同时，由于鲜烟叶成熟度的差异，因此烟叶的烘烤是需要一个合理的温差，由上面的分析可知，双制通风密集型烤房内气流为下降式运动，速度较小，风量少，同时其水平平面和竖直平面上都有一个较小的温差，而普通气流上升式烤房，其水平平面和竖直平面上温差都远大于双制通风烤房，因此，双制通风烤房内气流组织要优于普通气流上升式烤房。

2.2 加煤方式不同导致的温度变化差异

本试验中的普通气流上升式烤房为金属多次加煤炉，即每次只能添加少量燃煤，待其燃尽后再人工加煤，而新型双制通风烤房无机非金属复合材料燃煤炉，在烟叶烘烤之前一次将烤烟所需所有燃煤加入，然后通过调节助燃空气的量来控制炉子燃烧情况。下面来比较着两种烤房在烟叶烘烤过程中的温度曲线变化。

由图4和图5可以很明显地看出，双制通风烤房的温度变化曲线较平滑，而普通气流上升式烤房的温度变化较剧烈，这是由于两种烤房的加热燃烧方式不一样造成的。双制通风烤房为一次加煤，可以通过调节助燃空气的流量来调节煤的燃烧，进而调节烤房内温度变化，因此其火力较稳定，温度变化是个缓慢平滑的过程；而普通气流上升式烤房为多次加煤，每次加煤后，燃煤会很快燃烧，同时又为金属炉具，传热迅速，使得烤房内温度迅速上升，当所加燃煤燃烧一段时间后，由于煤量变少，因此其提供热量又变少，导致炉内温度迅速下降。普通气流上升式烤房的这种温度剧烈变化极不利于烟叶烘烤，会导致烟叶质量下降。

2.3 两种烤房抗停电能力对比

湘西山区基础设施特别是电力设施建设较薄弱，经常发生停电现象，烤烟过程中的停电对烟叶烘烤极不利。双制通风烤房设计了进风引风槽和加热排湿通道，强化了烤房的自然通风能力，减少了对烤房风机的过度依赖。本试验在两个烤房烤烟的变黄期中，将风机关闭一个小时，模拟停电时的情况，通过考察风机停转的一个小时内其中温度场的变化，来比较二者的性能优劣。

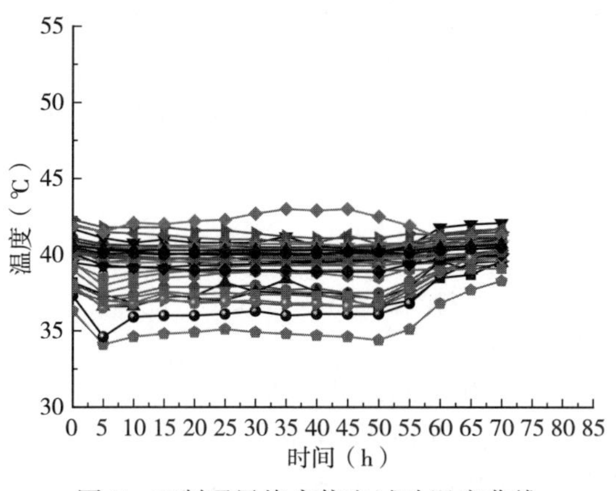

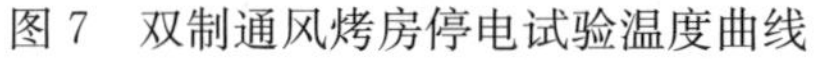
图 7　双制通风烤房停电试验温度曲线

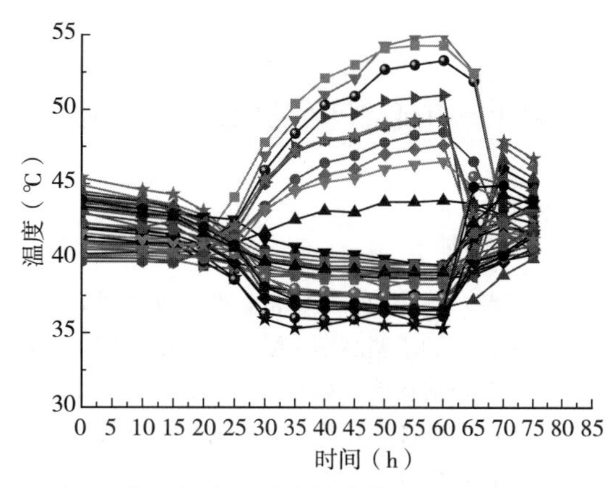

图 8　普通气流上升式烤房停电试验温度曲线

图 7 和图 8 分别为双制通风烤房和普通气流上升式烤房停电试验时其内部测温点的温度变化曲线。由这两个温度变化曲线可以看出，在双制通风烤房内，烤房加热室内风机停转之后，由于烤房顶部过来的热空气减弱，因此烤房内温度有个短暂的降低现象。由于烤房内通过加热系统加热和排湿通道带来的空气抽力形成新的气流循环的动力，仍然能保证一定的空气运动，热气流从上到下的运动相比正常工作情况减弱，在停电 55min 后，风机重新开始运作，各点温度开始恢复正常，到第 70min 时，各点温度基本相差很小，整个烤房内，各点温差很小。而普通气流上升式烤房，风机停转后，烤房内的气流循环基本停止，加热室的热量不能通过气流带到烤烟室，因此其温度逐渐降低，当停电 60min 后，风机重新工作，烤烟室内温度迅速上升。分析两个烤烟房所有温度测点的温度数据，双制通风烤房内各点温度在停电实验过程中变化较小，最小的为 0.3℃，最大的仅为 1.8℃，而普通气流上升式烤房内各点温度在停电实验过程中变化比较剧烈，最小的为 1.1℃，最大的为 13.7℃。

3　试验结论与讨论

本试验测试了双制通风烤房和普通气流上升式烤房烤烟过程中其装烟室内的温湿度场变化情况，并在烟叶烘烤的变黄期将风机关闭一段时间，模拟停电状况，试验结果如下：

（1）下降式气流运动方式相比于上升式气流运动方式，需要气流流速较小、风量较少，以及形成热沉现象，使烟叶烘烤过程平面温度均匀，脱水均匀，有利于烟叶内淀粉物质充分转换，使烟叶烘烤质量好；且气流下降式运动有利于形成合理的温度差，有利于不同成熟度的烟叶烘烤。

（2）气流上升式密集烤房较容易形成热风通道，烟层内温度分布比较混乱，烘烤对风速风量要求较高，易造成烘烤过程烟叶脱水过快，不利于烟叶调制。

（3）双制通风烤房为一次加煤，其火力平稳，温度变化比较平缓，有利于烟叶的烘烤；而普通气流上升式烤房为多次加煤，烤房内温度由于煤的燃烧情况而变化剧烈，不利于烟叶烘烤。

（4）双制通风烤房设计了进风引风槽和加热排湿通道，强化了烤房的自然通风能力，减少了对烤房风机的过度依赖，在停电情况发生时，其烤房内可以形成自然对流，因此一定程度上具有抵抗停电的能力；而普通气流上升式烤房则完全没有抵抗停电的能力。

参考文献

[1] 宫长荣，王能如，王耀富，等．烟叶烘烤原理［M］．北京：科学出版社，1995.

[2] 宫长荣．烟草调制学［M］．北京：中国农业出版社，2003.

[3] 宫长荣，何宽信，孙兆双，等．密集式烘烤［M］．北京：中国轻工业出版社，2007.

[4] 宋朝鹏，陈江华，等．我国烤房的建设现状与发展方向［J］．中国烟草学报，2009（6）：83-85.

[5] 张保占，任红伟，等．冷热结合下排湿烤房烟叶烘烤实验初报［J］．河南农业科学，2005（12）：27-29.

[6] 张保占，李富欣．冷热结合下排湿烤房烘烤实用技术［M］．香港：香港天马图书出版社，2005.

密集烘烤新工艺对烟叶质量的影响

刘 强

（湖南省烟草公司邵阳市公司，邵阳 422000）

摘 要：以常规烘烤工艺为对照，进行了烘烤新工艺对烟叶化学成分及品质的影响的试验研究。结果表明，烘烤新工艺提高了烟叶上中等烟的比例，改善了烟叶的外观质量，增进了烟叶的内在质量。

关键词：烤烟；密集烤房；烘烤工艺；化学成分；品质

近年，我国广大烟区使用多年的自然通风普通烤房基本上已经被热风循环的密集烤房取代。虽然有人对于密集烘烤工艺对烟叶香气量及其内在质量的影响提出了质疑，但是无论从理论上，还是实践中，都已经证明密集烤房具有装烟密度大，热效率高，劳动强度小，烘烤成本低等优点。笔者通过一系列烟叶烘烤试验和烘烤实践，优化集成了一套烘烤新工艺。本研究旨在探索这套烘烤新工艺对烟叶化学成分及品质的影响，为广大烟农进行科学烘烤提供依据。

1 材料与方法

1.1 供试材料

供试烤烟品种为 K326。田间种植株行距 120cm×53cm。移栽前施基肥复合肥 900kg/hm^2，饼肥 450kg/hm^2，移栽后施提苗肥 75kg/hm^2，移栽后 15d、30d，分别追施硝酸钾 135、195kg/hm^2，移栽后 40d 补施硫酸钾 225kg/hm^2。其他栽培技术措施按规范化要求进行。供试烤房为湘密 1 号密集烤房 2 座。

1.2 试验设计

以规范化栽培烟田的下、中、上部烟叶作供试材料，以烘烤新工艺为处理，常规烘烤工艺为对照，试验设计见表 1。

1.3 烟样制备

每炕各处理下部叶按 8～9 成熟、中部叶 9～10 成熟、上部叶 9～10 成熟各编烟 9 竿，标记，称鲜重，挂于装烟室中间二棚。进行烘烤。烤后将样竿下炕，称干重，进行烟叶外观质量分析和烟叶分级，并取 X2F、C3F、B2F 各 1kg 进行化学成分分析及单料烟评价。

表 1　试验设计表

处理	编烟装炕	变黄期		定色期		干筋期
		基本变黄段	深度变黄段	定色前段	定色后段	干筋段
常规烘烤工艺（CK）	分类编竿，同竿同质。以成熟度占烟叶70%以上的烟叶作代表叶，装在观察窗处，根据其变化情况掌握烘烤进程	点火后以 1℃/h 的速度升温到 36～38℃，干湿差 2℃左右，稳温。使代表烟叶基本变黄（8 成黄），且叶片凋萎发软，塌架	以 2～3 h 1℃的速度升温到 42℃，湿球 38℃，稳温。使代表烟叶叶片全黄，主脉微青，凋萎发软，充分塌架	以 2～3 h 1℃的升温速度将干球温度升至 46～48℃，湿球温度 38℃，稳温至全炕烟叶都达到黄筋黄片，小卷筒	以 2～3 h 1℃的升温速度将干球温度升至 54℃，使叶片干燥达到大卷筒	以 1℃/h 的升温速度将干球温度升至 68℃，湿球温度升至 41～42℃，直至主脉全干
烘烤新工艺（T）	分类编竿，同竿同质。以成熟度较低，仅占烟叶 30%以下的烟叶作代表叶，装在观察窗处，根据其变化情况掌握烘烤进程	点火后以 1℃/h 的速度升温到 36～38℃，干湿差 2℃左右，稳温。使成熟度较低烟叶基本变黄（8 成黄），且叶片凋萎发软，塌架	以 2～3h 1℃的速度升温到 42℃，湿球 38℃，稳温。使成熟度较低烟叶叶片全黄，主脉微青，凋萎发软，充分塌架	以 2～3 h 1℃的升温速度将干球温度升至 54℃，使叶片干燥达到大卷筒。然后，在此温度下稳温 10 h		以 1℃/h 的升温速度升高干球温度，下部叶最终升至 62℃，中部叶最终升至 64℃，上部叶最终升至 66℃，湿球温度升至 41～42℃，直至主脉全干

2　结果与分析

2.1　各处理烟叶鲜干比及烟叶分级结果

测定各处理烟叶鲜干比及分级结果列见表 2。由表 2 可以看出，各部位烟叶的鲜干比均为 T>CK，鲜烟叶的含水量相同，说明 T 烟叶叶内物质分解转化充分，有利于提高烟叶质量。所以，各部位烟叶的上中等烟比例，尤其是上等烟比例均为 T 高于 CK。

表 2　烟叶鲜干比及分级结果（%）

部位	处理	鲜干比	上中等烟比例	上等烟比例	中等烟比例
下部叶	T	10.3	83.5	0	83.5
	CK	9.8	75.6	0	75.6
中部叶	T	7.5	98.0	56.4	41.6
	CK	7.3	94.3	45.6	48.7
上部叶	T	5.8	89.2	37.9	51.3
	CK	5.7	85.1	30.8	54.3

2.2　各处理烤后烟叶外观质量

各处理烤后烟叶外观质量列入表 3。

表 3 烟叶外观质量

部位	处理	成熟度	组织结构	颜色	油分	身份	弹性
下部叶	T	成熟	疏松	多橘黄	有	稍薄	一般
	CK	成熟	疏松	橘黄、柠檬黄	有	稍薄	一般
中部叶	T	成熟	疏松	多橘黄	有	中等	好
	CK	成熟	疏松	多橘黄	有	中等	好
上部叶	T	成熟	疏松	多橘黄	有	中等	好
	CK	欠熟	稍密	橘黄、红棕	稍有	稍厚	较好

由表 3 可以看出，与 CK 比较，T 有利于烤后烟叶成熟度提高，组织结构向疏松发展，颜色有利于多出橘黄色。

2.3 各处理烟叶化学成分

分析测定不同部位各处理烤后烟叶化学成分，结果列于表 4。

表 4 烤后烟叶化学成分（%）

部位	处理	总糖	还原糖	总氮	总植物碱	氯	挥发碱	钾	石油醚提取物	蛋白质	淀粉
下部叶	T	23.17	21.86	1.27	2.05	0.29	0.38	3.41	3.82	4.45	1.13
	CK	20.32	19.05	1.38	1.93	0.35	0.27	3.30	2.93	5.01	1.55
中部叶	T	30.04	28.50	2.63	3.42	0.21	0.48	2.48	4.59	7.20	3.87
	CK	29.28	27.23	2.51	3.54	0.25	0.49	2.33	3.80	7.43	4.89
上部叶	T	26.10	25.13	1.99	4.23	0.43	0.49	2.58	5.42	5.34	4.08
	CK	23.22	21.29	1.80	4.87	0.38	0.65	2.47	5.57	4.51	5.44

从表 4 可以看出，各部位、各处理烟叶的总糖、还原糖含量均表现出 T 的高于 CK 的，而淀粉含量则表现出 CK 的高于 T 的，说明处理烟叶经历了更多的淀粉分解，实现了更多的糖分积累。综合各项化学成分指标来看，处理烟叶的化学成分的谐调性更好，表明内在质量更好。

3 讨论

研究结果表明，烘烤新工艺与常规烘烤工艺比较，烤后烟叶的上中等烟比例提高，外观质量改善，化学成分更谐调，内在质量有了明显的提高。主要表现在以下几点：

（1）常规烘烤工艺以成熟度占烟叶 70%以上的烟叶作代表叶，装在观察窗处，根据其变化情况掌握烘烤进程。这是许多年来烟叶烘烤、编烟装炕的一条基本原则[1]。烘烤新工艺则以成熟度较低，仅占烟叶 30%以下的烟叶作代表叶，装在观察窗处，根据其变化情况掌握烘烤进程。从理论上讲，同一炕烘烤的烟叶，最好是同品种、同部位、同营养状况、同成熟度、同时采收。但实际上要完全做到这五同是很难的，尤其是现在推广建设的密集烤房装烟容量大，就更难。单就成熟度而言，采收来的烟叶，常常包含了 7 成、8 成、9 成等不同成熟度的烟叶，其中成熟度居中的往往为多数。常规烘烤工艺的代表叶为成熟度居中的烟叶，根据其变化情况掌握烘烤进程，这样一来，成熟度偏低的烟叶就容易造成叶绿素降解不彻底，叶内物质转化不充分，烤出青烟。烘烤新工艺以成熟度较低的烟叶作代表叶，根据其变化情况掌握烘烤进程，结果成熟度偏低的烟叶都烤黄了，杜绝了烤青烟，成熟度较高的烟叶则实现了更好的叶内物质的分解转化，不但烤黄了，而且烤香了。本研究结果表明，烘烤新工艺的这项改进是正确的，成功的。

（2）国内外已有研究结果表明干筋期最高温度适当低一些可以减少叶内香气物质的挥发散失，从而提高烟叶的香吃味[2]，所以常规烘烤工艺将原来的干筋期最高温度由 70℃下调到 68℃。研究中的烘烤新工艺考虑到密集烤房强制通风，排湿能力强，以及不同部位烟叶烟筋的差别，将干筋期最高温度设为下部叶 62℃、中部叶 64℃、上部叶 66℃，研究结果表明，这种设定是切实可行的。

（3）烟叶烘烤是一个连续不断的过程，这个过程的不同时期，烟叶的外观、内在变化经历着由量变到质变的转化，据此通常将烟叶烘烤过程分为变黄、定色和干筋三个时期。在具体操作上，整个过程又分为三段、五段或多段来完成[3]。本研究的常规烘烤工艺就是五段式，烘烤新工艺则为四段式。因为烘烤新工艺提高了变黄期烟叶变黄程度，所以定色期可以简化为一段，整个烘烤过程归结为初步变黄、深度变黄、定色、干筋四个阶段，简明扼要，好学易记，便于烟农掌握。

参考文献

[1] 烟叶生产与管理编写组．烟叶生产与管理［M］．北京：中国科学技术出版社，2002：122-123.

[2] 聂荣邦．烤烟［M］．海口：海南国际新闻出版中心，1998：67-68.

[3] 杨文钰．作物栽培学各论［M］．北京：中国农业出版社，2003：317-318.

[4] 何军，王奎武，朱列书，等．烤烟不同烘烤方法的研究进展［J］．作物研究，2007，21（5）：729-732.

[5] 成军平，刘本坤，颜合洪，等．K326 烟叶在密集式烤房条件下 121 烘烤工艺初探［J］．作物研究，2011，25（5）：468-472.

（原载《作物研究》2011 年第 6 期）

密集烤房建造成本及烘烤效果研究

刘　强

（邵阳市烟草公司，邵阳　422100）

摘　要： 2006—2007年在湖南邵阳对湖南XM－1型密集烤房、安徽AH型密集烤房、广东GK－3型密集烤房和普通烤房的建造成本、烘烤成本、烘烤质量等方面进行了比较研究。结果表明，密集烤房比普通烤房具有多方面的优势，尤其是湖南XM－1型密集烤房不仅建造成本低，烘烤成本低，而且烘烤效果好，可以推广应用。

关键词： 烤烟；密集烤房；建造成本；烘烤成本；烘烤质量

适度规模种植是我国烟叶生产乃至农业生产新的组织形式，是我国烟叶生产的发展方向和现代农业的需要。为了加快适度规模种植的步伐，急需解决与其相配套的栽培技术措施和烘烤设备。就烘烤设备而言，在烤烟产生和推广以来的一百多年中，世界上应用最广泛的是自然通风烤房，我国一直普遍采用这种烤房。20世纪70年代，美国、日本等发达国家推广了北卡罗来纳州立大学约翰逊（Johnson WH）等研制的密集烤房（bulk curing barn），由于建造部件、燃料均用高档材料，建造成本高，价格高昂，每台售价几十万元，不适应我国的国情，所以无法在我国推广应用。1995—1997年，聂荣邦研制燃煤式密集烤房获得成功[1]，极大地降低了烤房建造成本，为在我国推广应用密集烤房奠定了基础。近年来，在国家烟草专卖局的提倡和支持下，我国密集烤房的研究开发进入了崭新的发展阶段[2]。随之，密集烘烤过程中烟叶的生理生化变化研究也有很大进展[3,4]。至今，已有多种类型密集烤房研制成功，但它们的建造成本及烘烤效果如何，尚未见报道，为此进行了本研究，以期为烟叶生产确定推广应用哪种密集烤房提供依据。

1　材料与方法

试验地点：湖南省邵阳市隆回县烟区。试验时间：2006—2007年。供试烤烟品种：K326。规范化种植烤烟6.6hm^2。供试烤房为湖南XM－1型密集烤房（XM－1）、安徽AH型密集烤房（AH）、广东GK－3型密集烤房（GK－3）和普通烤房（CK）。各类烤房按技术标准修建，记载烤房建造成本。烟叶成熟采收后，用三段式烘烤技术烘烤，观察记载烟叶烘烤效果。

2 结果与分析

2.1 建造成本

各类烤房按技术标准修建，其建造成本如表1。从表1可知，修建一座湖南XM－1型密集烤房需要13 450元，单位建造成本672.5元，比普通烤房稍低，比安徽AH型密集烤房、广东GK－3型密集烤房分别低123.03和196.11元。从建造成本看，烟农非常乐意接受湖南XM－1型密集烤房。

表1 烤房建造成本（元）比较

烤房类型	建筑材料	电表电线	火管炉具	电机风机	自控仪器	机电保护箱	其他成本	合计成本	单位建造成本*	可烘烤面积（hm^2）
CK	1 767		248				692	2 707	676.65	0.27
XM－1	5 840	982	2 138	1 200	800		2 490	13 450	672.50	1.33
AH	7817	1 865	4 350	2 000	800	300	2 860	19 992	799.68	1.66
GK－3	8 799	1 865	4 900	2 300	820	385	2 750	21 819	872.76	1.66

* 单位建造成本指烘烤667m^2烟田的烤房建造成本。

2.2 烘烤成本

烟叶成熟采收后，用三段式烘烤技术烘烤，详细观察记载烟叶烘烤效果。每千克干烟烘烤成本列于表2。从表2可知，湖南XM－1型密集烤房烘烤成本最低，平均每千克干烟为1.62元，分别比普通烤房、安徽AH型密集烤房和广东GK－3型密集烤房少0.39、0.18和0.94元。主要是由于湖南XM－1型密集烤房采取一次性加煤，因此在烘烤的劳动力成本上占优势，实现了烟农轻轻松松烤烟的目标。

2.3 烘烤结果

从表3可知，湖南XM－1型密集烤房的上中等烟比例最高，杂色烟比例最低，基本无光滑、挂灰烟；安徽AH型密集烤房杂色烟比例最高，达10.3%。湖南XM－1型密集烤房烟叶收购均价最高，分别比广东GK－3型密集烤房、普通烤房、安徽AH型密集烤房烘烤的烟叶高1.89、3.88和3.79元/kg。

表2 每千克干烟叶烘烤成本比较

烤房类型	劳动力		耗煤		耗电		平均成本（元）
	工日（个）	金额（元）	数量（kg）	金额（元）	数量（kW·h）	金额（元）	
CK	0.026	0.92	2.60	1.09			2.01
XM－1	0.015	0.53	1.50	0.63	0.57	0.46	1.62
AH	0.021	0.74	1.53	0.64	0.52	0.42	1.80
GK－3	0.021	0.74	2.70	1.08	0.92	0.74	2.56

表 3　烟叶烘烤结果比较

烤房类型	上中等烟比例（%）	杂色烟比例（%）	挂灰烟比例（%）	光滑烟比例（%）	均价（元/kg）
CK	86.2	9.7	0.9	0.5	10.21
XM－1	98.6	1.4	0	0	14.09
AH	87.1	10.3	0.6	0	10.30
GK－3	92.4	7.2	0.2	0	12.20

2.4　烟叶外观质量

从表 4 可知，湖南 XM－1 型密集烤房调制后的烟叶多橘黄，韧性强，弹性好，色泽饱满，视觉色彩反映强，比普通烤房还略胜一筹，深受烟农喜欢；其次是广东 GK－3 型密集烤房，烟农反映较好；安徽 AH 型密集烤房烟农反映一般。

表 4　烟叶外观质量比较

烟叶部位	烤房类型	颜色	油分	身份	结构	光泽	弹性
下二棚	CK	柠檬黄、橘黄	稍有	薄—稍薄	疏松	中	一般
	XM－1	橘黄、柠檬黄	有、稍有	稍薄	疏松	强、中	较好
	AH	柠檬黄、橘黄	稍有	薄—稍薄	疏松	中	一般
	GK－3	柠檬黄、橘黄	稍有	薄—稍薄	疏松	中	一般
腰叶	CK	柠檬黄、橘黄	多、有	中等	疏松	强	好
	XM－1	多橘黄	多、有	中等	疏松	浓、强	好
	AH	柠檬黄、橘黄	有	中等	疏松	强	一般
	GK－3	柠檬黄、橘黄	有	中等	疏松	强	一般
上二棚	CK	橘黄、柠檬黄	有	稍厚、中等	稍密、尚疏松	强	一般
	XM－1	多橘黄	多、有	稍厚	稍密、尚疏松	浓、强	好
	AH	柠檬黄、橘黄	有	中等—稍厚	稍密	中、强	一般
	GK－3	橘黄	有	稍厚、中等	稍密	强、中	一般

3　小结与讨论

研究结果表明，密集烤房优于普通烤房，在供试几种密集烤房中，又以湖南 XM－1 型密集烤房最优。

湖南 XM－1 型密集烤房建造成本、烘烤成本均低于其他烤房，且由于采用了独特的一次性加煤炉膛，降低了烧火的劳动强度，使烟农能轻松烤烟。

湖南 XM－1 型密集烤房能提高烟叶烘烤质量。湘密烤房改自然通风为机械强制通风，增强了烟叶烘烤操作人员的调控能力。湘密烤房安装了分风板，大大减少了由于高风压造成的烟叶之间的摩擦损伤。而广东 GK－3 型烤房靠进风口有 10 竿以上烟叶由于风压过高，烟叶摩擦导致黑烟。湘密烤房分、送风均匀，房内温度均匀一致，上下层温度基本一致，烟叶一次性全干筋。其他烤房上下温差大（特别是变黄期），且安徽烤房如果干筋期不延长时间，每次至少有 10～20 竿烟叶不能干筋。

湖南 XM－1 型密集烤房烟叶烘烤的安全性提高。一是湘密烤房的装烟室与加热室分开，烟叶下方没有火管，提高了烘烤的安全性；二是普通烤房装烟室高度多在 5m 以上，棚数一般在 4 层以上，烟农装卸烟很困难，而湘密烤房只有 3.2m 高，装烟 3 棚，安全性大大提高，相应地劳动强度也降低。

湖南 XM－1 型密集烤房能增加烟农的收入。湘密烤房烘烤的烟叶上中等烟比例、橘黄烟比例高，均价明显高于其他烤房所烤烟叶，烟农种烟效益明显提高。

参考文献

［1］聂荣邦．烤烟新式烤房研究 Ⅱ．燃煤式密集烤房研制［J］．湖南农业大学学报，2000，26（4）：258－260.

［2］王卫锋，陈江华，宋朝鹏，等．密集烤房的研究进展［J］．中国烟草科学，2005（3）：15－17.

［3］孟可爱，聂荣邦，肖春生，等．密集烘烤过程中烟叶水分和色素含量的动态变化［J］．湖南农业大学学报，2006，32（2）：144－148.

［4］李春艳，聂荣邦．密集烤房烘烤过程中烟叶淀粉含量的动态变化［J］．作物研究，2007，21（2）：120－121.

（原载《作物研究》2009 年第 2 期）

烤烟自动控温强制排湿装置的烘烤效应

徐增汉[1]，何嘉欧[2]，林北森[2]，韦建玉[3]，李章海[1]，王能如[1]

（1. 中国科学技术大学烟草与健康研究中心，合肥 230051；
2. 百色烟草公司靖西烟叶经理部，靖西 533800；
3. 柳州卷烟厂技术中心，柳州 545001）

摘 要：普通烤房安装“烤烟自动控温强制排湿装置”后，与自然通风气流上升式烤房相比，烤后的烟叶在上等烟率、均价、收益等方面都有明显提高，级外烟明显减少，此外，还能降低劳动强度，缩短烘烤时间，减少燃料消耗，节约劳动力，降低烘烤成本。

关键词：烟叶；烘烤：自动控温；强制排湿

烘烤设备是实施烟叶烘烤工艺的基本保障，直接影响到烤后烟叶的商品等级和可用性。目前，我国烟农使用的烘烤设备主要是自然通风气流上升式普通烤房。这类烤房完全依靠手工操作和自然通风排湿，存在温湿度调控难、排湿速度较慢、烘烤质量不稳定、燃料热效率低、劳动强度大等缺点。近年来，一些烘烤辅助设备被研制出来并开始应用于烘烤实践中[1~5]。本试验对李文龙等人研制的“烤烟自动控温强制排湿装置”（专利号：03232920.2）的烘烤效应进行了研究。该设备在不改变原烤房主体结构的情况下，增设一套自动控温、热风循环、强制排湿装置，在普通烤房上实现了烟叶烘烤作业的半自动化，烘烤人员只需要根据烘烤进程及时添加燃料和调好干球、湿球温度参数，就能自动加火升温、稳火控温、保湿或排湿，直到完成整个烘烤过程，大大地减少了烘烤人员的作业时间和劳动强度，改善了烘烤条件，有利于确保烟叶烘烤质量。

1 材料与方法

1.1 试验材料

试验于 2004 年在广西壮族自治区靖西县进行。烤烟品种为云烟 85。行株距为 1.1m×0.5m。土壤为水稻土，肥力中等。试验地每公顷施纯氮 97.5kg，质量比为 N∶P_2O_5∶K_2O 为 1∶2∶3。按规范进行栽培管理。单株留叶数为 18 ～22 片。所烘烤的烟叶均按生产上的标准采收和绑竿。

1.2 试验烤房及改造

选 3 座标准装烟量均为 150 竿、装烟 5 层的烤房，对 1 座自然通风气流上升式烤房和

1 座自然通风气流下降式烤房进行改造，安装“烤烟自动控温强制排湿装置”、PVC 管热风回路、风扇、鼓风机及电路，以另 1 座自然通风气流上升式烤房作为对照。“烤烟自动控温强制排湿装置”由发明人李文龙提供。PVC 管直径为 16～18cm，连接位于烤房上部的出风口（气流上升式烤房）或进风口（气流下降式烤房）与烤房外底部砖砌回风道。砖砌回风道的下端与进风口（气流上升式烤房）或出风口（气流下降式烤房）相连。排湿风扇的直径为 38cm，安装在砖砌回风道处，在风扇前安装 1 个活动闸门，闸门关闭时进行热风循环，闸门打开时则进行强制排湿。火炉下的鼓风机为 C2R 轴承鼓风机，功率 40～60 W，转速 2 800 r/min，电压 220 V，温升 75℃。灰池门用 2～3cm 厚的水泥预制板密封，其中间预留 1 个直径 5cm 的圆孔，用于连接鼓风机。气流上升式烤房的天窗要密封起来。在墙基部开口排湿的气流下降式烤房，仅留中间的 1 个排湿口与砖砌回风道相连，两边的排湿口要密封起来。

1.3 试验处理与烘烤方法

试验烤房设 3 个不同处理，即气流上升式自动控温强制排湿烤房（A），气流下降式自动控温强制排湿烤房（B），常规自然通风气流上升式烤房（CK）。各烤房分别烘烤 1 炕下部叶、1 炕中部叶和 1 炕上部叶。烟叶烘烤方法为当地生产上应用的“三段式烘烤工艺”。

2 结果与分析

2.1 不同烤房烤后烟叶的大等级

先对烤后烟叶按烤烟 42 级国家标准进行分级，再统计每座烤房烤出的 3 炕烟叶的大等级比率（按入级烟叶总量计）、级外烟率（按所有烤后烟叶总量计），按当地二价区收购牌价计算入级烟叶的均价（未含价外补贴），结果见表 1。从表 1 可见，采用自动控温强制排湿装置的烤房均明显提高了上等烟比率，上等烟率比常规烤房增加 7.51～7.88 个百分点；上中等烟比例增加 8.26～8.70 个百分点。在均价上，A 和 B 基本无差别，但与 CK 相比，均显著增加，每千克分别增加 1.2 元和 1.18 元。级外烟率，A 和 B 相差不大，但与 CK 相比，均明显减少，分别减少 3.99 个百分点和 3.97 个百分点。

安装了“烤烟自动控温强制排湿装置”的烤房，采用机械通风强制排湿，可以迅速将多余的水分强制排除，使烟叶能及时定色，大大减少了水花烟、挂灰烟及褐片烟，烤出来的烟叶橘黄率高，从而提高了上等烟比例和均价。

表 1 不同烤房烟叶大等级率及均价

处理	上等烟（%）	中等烟（%）	上中税等（%）	下低等烟（%）	均价（元/kg）	级外烟（%）
A	42.96	46.20	89.16	10.84	9.72	5.19
B	42.59	46.13	88.72	11.28	9.70	5.21
CK	35.08	45.38	80.46	19.54	8.52	9.18

2.2 不同烤房各部位烟叶烘烤时间

不同烤房不同部位烟叶的烘烤时间各不相同（表2）。A和B不同部位烟叶的烘烤时间基本相同，但都少于CK（自然通风气流上升式烤房），各部位相应缩短12～23 h，达到了节省燃料成本、提高烤房工作效率的效果。这是因为使用自动控温强制排湿装置后，在变黄期进行热风循环，可以缩小上下烟层之间的温差，加速烟叶变黄，缩短了全炕烟叶变黄达标的时间；在定色期进行强制排湿，加快了排湿速度，缩短了全炕烟叶定色达标的时间；干筋期进行热风循环、强制排湿，加快了烟叶干筋速度；从而显著地减少了整个烘烤过程所需的时间。

表2 不同烤房不同部位烟叶的烘干时间（h）

时期	A			B			CK		
	下部叶	中部叶	上部叶	下部叶	中部叶	上部叶	下部叶	中部叶	上部叶
变黄期	48	61	64	49	62	61	54	67	69
定色期	41	42	43	45	47	49	47	48	50
干筋期	32	35	44	34	37	45	38	46	50
合计	121	138	151	128	146	155	139	161	169

2.3 烤后干烟重量与耗煤量

不同部位烟叶各烤房的实际装烟量均分别为下部叶156标准竿，中部叶152标准竿，上部叶152（表3）标准竿。各烤房烤后干烟总重量（包括级外表）接近，分别为513.0kg、517.5kg和513.5kg。烤房使用的燃料均为柴煤，3炕烟叶总耗煤量，CK最高，为1 286kg；A和B较少，分别为1 067.5kg和1 093.5kg，分别比CK减少218.5kg和192.5kg，节煤率分别为16.99%和14.97%。可见，应用烤烟自动控温强制排湿装置的烤房节煤效果显著。从各处理各部位相应的耗煤量看，A和B相差不大，但都明显少于CK，每烤出1kg干烟，下部叶节煤0.33～0.35kg，中部叶节煤0.38～0.42kg，上部叶节煤0.43～0.45kg。

表3 不同烤房不同部位烟叶烤后干烟重量和耗煤量

项目	A			B			CK		
	下部叶	中部叶	上部叶	下部叶	中部叶	上部叶	下部叶	中部叶	上部叶
干烟重量（kg）	123.0	180.0	210.0	129.0	182.0	206.5	119.0	176.0	218.5
炕耗煤量（kg）	240.0	376.0	451.5	254.0	389.5	450.0	273.5	443.5	569.0
每千克烟耗煤量（kg）	1.95	2.09	2.15	1.97	2.14	2.18	2.30	2.52	2.60

2.4 经济效益

就烘烤环节而言，各烤房烘烤3炕烟叶的产出、投入和经济收益（不包括价外补贴）见表4。3炕烟叶的产值以B（5 019.8元）最高，A（4 986.4元）次之，CK（4 375.0元）最低，A和B均显著地高于CK，分别为611.4元和664.8元。当地烤房使用的燃料是柴煤，一般普通烤房都使用单价为0.46元/kg的较大块的柴煤，如果使用碎柴煤，有时候可能火力上不去而不能满足升温的需要；而应用了“烤烟自动控温强制排湿装置”的烤房可以使用单价为0.20元/kg的碎煤，以使用一半块煤和一半碎煤计算，煤的单价就降低为0.33元/kg，同时总耗煤量还明显降低，所以，煤费显著减少，A和B比CK分别减少40.1%和39.0%。一般普通烤房比较费工，需要烘烤人员经常进行烘烤操作，如添加燃料、拨火剔渣、开关排湿窗和进风洞等，按3炕烟叶总烘烤时间为18d、每人工日20元报酬计算，CK的人工费为360元；而A和B只需要进行次数较少的烧火作业，非常省工，以省工一半计算，人工费降低180元。A和B每炕需要10～15元的电费。从经济收益看，A和B高于CK，分别为993.7元和1 010.5元，即使扣除人工费的差值，那么只烘烤3炕烟叶所提高的收益就已经收回了改造烤房的总投入（800元左右）。

表4 不同烤房的经济效益

处理	产出			投入					收益（元）
	产量（kg）	均价（元/kg）	产值（元）	耗煤量（kg）	均价（元/kg）	煤费（元）	人工费（元）	电费（元）	
A	513.0	9.72	4 986.4	1 067.5	0.33	352.3	180	45	4 409.1
B	517.5	9.70	5 019.8	1 093.5	0.33	360.9	180	45	4 433.9
CK	513.5	8.5	4 375.0	1 286.0	0.46	591.6	360	0	3 423.4

3 小结与讨论

普通烤房上应用自动控温强制排湿装置后，具有明显的烘烤效应。无论是气流上升式烤房还是气流下降式烤房都获得了成功，与对照烤房相比，试验烤房的上等烟比例提高7.51～7.88个百分点，级外烟减少近6个百分点；均价提高13.85%～14.08%；烘烤时间缩短18 h左右；节能效果显著，节煤率达17.26%～20.47%；烘烤成本明显降低，平均每炕减少烘烤费用122.2～124.8元；经济收益明显提高，平均每炕增收331.2～336.8元。同时，应用“烤烟自动控温强制排湿装置”的烤房能明显节约劳动力、降低劳动强度，而且操作简单，易于推广应用。不过，自动控温强制排湿装置必须要有电力作保障。如果推广应用，在1个烤房群应配1台小型柴油发电机以防备停电。该装置的结构和性能尚需改进和完善，应增强记忆功能，加强耐用性，提高灵敏度。

价格低廉的、半自动化的自动控温强制排湿装置或类似烘烤辅助设备如果在各类烟叶烘烤设备上都能应用成功和推广，必将促进我国烟叶烘烤专业化和现代化，促进烟叶生产的可持续发展。

参考文献

[1] 庞全，杨翠容．烟叶烘烤温湿度智能控制仪［J］．仪器仪表学报，1999，20（3）：296-299.
[2] 李岩．单片机在烟叶烘烤温度测控中的应用［J］．电子技术，2003，30（6）：20-21.
[3] 方平，张晓力．烟叶烤房温湿度自动控制仪的设计［J］．电子技术应用，2004，30（7）：32-34.
[4] 方平，张晓力．烟叶三段式烘烤工艺中温度自动控制的实现［J］．北京工商大学学报：自然科学版，2004，22（4）：51-53.
[5] 高明远．单片机在烤烟炕房温度测量和控制中的应用［J］．现代电子技术，2004，27（11）：84-85.

（原载《湖北农业科学》2006年第1期）

密集烤房群余热利用对烟叶烘烤成本及烘烤质量影响的研究

王国平，向鹏华

（衡阳市烟草公司，衡阳　422100）

摘　要： 通过设计制作一个余热利用装置，将两座密集烤房连通，将上一座烤房排出的热空气送入下一座烤房，并进行了烟叶烘烤试验。结果表明密集烤房群余热利用技术以烤房内温度 40～48℃进行间接供热，48～68℃进行直接供热较好；只要操作得当，可以改善烟叶烘烤质量；节能减排效果显著，降低了烟叶烘烤成本。

关键词： 烤烟；密集烤房；余热利用；节能减排；烘烤质量

在烤烟生产中，一直广泛应用自然通风烤房。20 世纪 50 年代末，美国北卡罗来纳州立大学约翰逊（W. H. Johnson）等研制了热风循环密集烤房。20 世纪 70 年代密集烤房在美国、日本等发达国家迅速推广开来。由于美国等发达国家生产的密集烤房建造成本太高，无法在我国推广应用，所以我国的科技工作者积极研究开发具有中国特色的密集烤房。20 世纪 90 年代，湖南农业大学聂荣邦研制成功低成本的燃煤式密集烤房。进入 21 世纪后，我国也出现了密集烤房研究开发的热潮，各地开始了烤房的更新换代，大大小小的密集烤房群在各个产烟区逐步建立起来。自然通风烤房热能经过一次性利用后直接排出烤房，热效率低。密集烤房进行热风循环，实现了部分热能的再利用，热效率有了一定的提高。目前我国推广建设的密集烤房均为燃煤式密集烤房，每千克干烟耗煤量仍然在 1.5～3.0kg 范围，不但耗煤多，烟叶烘烤成本高，而且 CO_2、SO_2 等有害气体排量大，污染环境。本研究是通过设计制作一个余热利用装置，将两座密集烤房联通，把上一座烤房排出的热空气送入下一座烤房，为提高密集烤房热能利用率提供依据。

1　材料与方法

试验在衡南县烟区进行，供试烤烟品种 K326，栽培管理按常规进行。试验处理为两座连体密集烤房，烤房与烤房之间，通过自主创新研制的余热利用装置连通，余热利用装置主要由供热风道和热交换器构成。供热风道的作用主要是把供热烤房排出的热空气送入热交换器。热交换器可以把送来的热空气的热量传递给进入受热烤房的冷空气，实现间接供热；也可以不进行热交换而直接供热。本试验设计处理为供热烤房干球温度升至 40℃时开始向受体烤房间接供热，升至 48℃时开始向受体烤房直接供热；另选第三座烤房为对照烤房。烟样制备：每炕各处理编烟 9 竿，标记，称鲜重，挂于装烟室中间上、中、下三棚各 3 竿，常规烘烤。烤后将样竿下炕，称干重，进行烟叶外观质量分析和烟叶分级，并取 X2F、C3F、B2F 各 1kg 进行化学成分分析和评吸。

2 结果与分析

2.1 余热传输过程烤房温湿度变化情况

烟叶烘烤过程中，详细观测记载供热和受热烤房内的干、湿球温度，供热烤房排湿窗出口干、湿球温度，交换供热受热烤房进风窗进口干、湿球温度和直接供热受热烤房进风窗进口干、湿球温度（表 1）。结果表明，当供热烤房温度达到 40℃以上时，向受热烤房间接供热，进入受热烤房的空气温度可达 36.2～41.2℃，与受热烤房内的 39.0～44.8℃

表 1 余热传输过程温湿度变化情况（℃）

时间	供热烤房自控仪		受热烤房自控仪		供热烤房排湿窗出口		交换供热受热烤房进风窗		直接供热受热烤房进风窗	
	干球	湿球	干球	湿球	干球	湿球	干球	湿球	干球	湿球
12：00	40.6	38.4	39.0	37.9	39.3	38.4	38.2	37.3		
16：00	41.3	38.1	39.4	38.4	39.5	37.9	38.8	36.9		
20：00	41.5	38.2	39.6	38.5	39.5	38.5	37.6	36.3		
24：00	41.6	37.6	39.4	38.3	39.1	38.0	37.3	36.7		
04：00	42.5	37.5	39.1	37.5	38.9	37.5	36.2	35.7		
08：00	43.1	37.6	39.4	37.8	39.6	37.7	36.9	36.5		
12：00	44.5	38.0	41.3	38.5	40.1	37.8	37.9	37.1		
16：00	44.5	37.6	41.7	38.4	41.3	38.4	39.9	37.9		
20：00	46.1	38.1	44.5	39.4	41.9	37.7	40.8	37.7		
24：00	47.2	37.5	44.8	39.4	42.9	38.3	41.2	38.0		
04：00	48.5	37.8	45.5	39.5	43.3	37.4			40.4	36.1
08：00	52.0	38.2	45.1	38.6	47.6	38.0			40.5	37.1
12：00	52.9	37.7	46.3	38.8	47.8	38.2			42.9	36.7
16：00	53.5	37.5	46.8	39.0	48.6	37.0			45.0	36.1
20：00	53.9	38.0	48.9	39.2	49.5	37.5			45.9	36.1
24：00	54.5	38.5	52.6	39.8	49.1	37.4			39.8	30.9
04：00	57.1	39.3	55.5	40.8	46.7	36.6			40.2	33.5
08：00	60.3	39.1	59.3	41.8	49.5	35.2			41.4	35.0
12：00	69.3	41.7	64.9	43.3	54.1	33.0			46.5	36.2
16：00	68.5	41.8	66.0	41.0	55.9	32.0			51.0	37.0
20：00			69.1	43.0	64.0	31.5			52.5	36.4

仅差3℃左右，既有利于受热烤房的升温、稳温，又可降低受热烤房对热量的需求，达到省煤的效果。当供热烤房温度达到48℃以上时，向受热烤房间直接供热，进入受热烤房的空气温度可达40.4～52.5℃，更有利于受热烤房的升温、稳温，降低受热烤房对热量的需求，达到更好的省煤效果。

2.2 余热利用烤烟的节煤效果

烟叶烘烤过程中，详细观测记载供热、受热以及对照烤房的用煤情况，并计算煤耗成本（表2），结果表明，无论是烘烤下部、中部叶，还是烘烤上部叶，受热烤房都比供热烤房少用煤，也比对照烤房少用煤。烘烤下部叶，受热烤房千克干烟耗煤量较供热烤房少0.32kg，较对照烤房少0.45kg；烘烤中部叶，受热烤房千克干烟耗煤量较供热烤房少0.57kg，较对照烤房少0.56kg；烘烤上部叶，受热烤房千克干烟耗煤量较供热烤房少0.21kg，较对照烤房少0.23kg；平均节煤达25.3%和27.8%。烘烤成本也分别降低了22.0%和24.4%。

表2 各处理烟叶烘烤煤耗成本

部位	处理	每炕装烟竿数	总鲜重（kg）	总干重（kg）	煤耗			
					总量（kg）	金额（元）	单位煤耗（kg/kg）	单位成本（元/kg）
下部叶	T1	406	2 821.7	316.7	577.6	503.6	1.82	1.59
	T2	404	2 908.8	343.4	516.8	450.5	1.50	1.31
	CK	420	3 091.2	365.4	711.3	620.1	1.95	1.70
中部叶	T1	400	2 504.0	372.0	577.6	503.5	1.55	1.35
	T2	404	3 191.6	464.6	456.0	397.5	0.98	0.86
	CK	400	2 552.0	376.0	577.6	503.5	1.54	1.34
上部叶	T1	430	2 924.0	571.9	577.6	503.5	1.01	0.88
	T2	430	3 237.9	572.0	456.0	397.5	0.80	0.69
	CK	430	3 035.8	559.0	577.6	503.5	1.03	0.90
平均	T1	412	2 749.9	420.2	577.6	503.5	1.46	1.27
	T2	412	3 112.8	460.0	476.3	415.2	1.09	0.99
	CK	416	2 892.9	433.5	622.2	542.4	1.51	1.31

2.3 余热利用烤烟的烟叶烘烤质量

2.3.1 烟叶鲜干比及上中等烟比例 测定各处理烟叶鲜干比及上中等烟比例，由结果可以看出，各处理不同部位烟叶的鲜干比呈现自下而上逐渐降低的变化，这是由于随着部位升高烟叶含水量降低而干物质含量增加的缘故；各处理相同部位烟叶的鲜干比则差异不显著，这说明余热利用没有对烟叶烘烤带来不利影响，能保证烟叶烘烤正常运行。从烤后烟叶的上中等烟比例来看，余热利用烘烤出来的烟叶，上中等烟比例有不同程度的提高。

2.3.2 各处理烟叶外观质量 观测各处理烟叶外观质量结果表明供热烤房和受热烤房烘

烤出来的烟叶与对照烤房烘烤出来的烟叶进行外观质量比较，在颜色、身份、油分和弹性等方面还有所改善。

2.3.3 各处理烟叶化学成分 烟样送中国烟草总公司郑州烟草研究院检测各处理烟叶化学成分（表3），结果表明：余热利用烤房烘烤出来的烟叶与对照烤房烘烤出来的烟叶比较，总糖、还原糖的含量均较高，尤其是余热利用受热烤房烘烤出来的烟叶，淀粉含量显著降低，受热烤房较对比烤房淀粉含量下降了21.1%；这些都说明余热利用烤房的烟化学成分没有受到影响。

表3 各处理烟叶化学成分（%）

样品编号	等级	总植物碱	总氮	还原糖	总糖	钾	氯	淀粉	备注
2010L011	C3F	2.56	1.70	23.55	26.67	2.31	0.17	7.98	余热利用供热烤房
2010L012	C3F	3.15	1.51	21.11	24.28	2.36	0.16	5.54	余热利用受热烤房
2010L013	C3F	3.28	1.66	20.79	23.90	2.27	0.18	7.02	余热利用对比烤房

2.3.4 各处理烟叶感官质量 烟样送中国烟草总公司郑州烟草研究院进行感官质量鉴定结果为供热烤房、受热烤房和对照烤房烘烤出来的烟叶感官质量基本没有差别，余热利用没有对烟叶的感官质量造成负面影响。

3 小结

通过本研究，可以得出以下初步结论：

（1）密集烤房群可以采用余热利用技术，具体以烤房内温度40～48℃进行间接供热，48～68℃进行直接供热较好。

（2）密集烤房群采用余热利用技术可以节能减排，降低烟叶烘烤成本。

（3）密集烤房群采用余热利用技术，操作得当，还可以改善烟叶烘烤质量。

参考文献

[1] 宋朝鹏，陈江华，许自成，等．我国烤房的建设现状与发展方向［J］．中国烟草学报，2009，15（3）：84-86.

[2] 宫长荣等．密集式烘烤［M］．北京：中国轻工业出版社，2006.

[3] 宫长荣，李锐．烟叶在烘烤过程中氮代谢的研究［J］．中国农业科学，1999，32（6）：89-92.

[4] 宫长荣，汪耀富，赵铭钦，等．烘烤过程中烟叶香气成分变化的研究［J］．烟草科技，1995，114（5）：31-33.

（原载《作物研究》2010第4期）

密集烤房烘烤延迟烟叶变黄时间对烤后烟叶品质的影响

刘兰芬

（湖南省烟草公司衡阳市公司，衡阳　421001）

摘　要：采用湘密 1 号烤房，研究在烟叶烘烤温度 38℃时延长变黄时间对烟叶外观、品质及烘烤能耗成本的影响。结果表明，较常规烘烤处理（CK），适当延长烟叶变黄时间（T1 处理），可使烟叶充分变黄，平衡烟叶中各种化学成分含量，增加烟叶香吃味，改善烤后烟叶外观质量，上等烟叶提高 12.2%～20.3%，不会减少干物质的损失；烟叶烘烤能耗成本每公斤干烟减少 0.04 元/kg。

关键词：密集烤房；变黄时间；烤后烟叶；品质

近年来，一些卷烟厂家反映密集烤房烘烤出来的烟叶香气不足，分析其原因，可能是由于烘烤过程变黄程度不够，叶内物质分解转化不够造成的。烟叶烘烤调制是决定烟叶最终质量和可用性的一个重要环节[1,2]。三段式烘烤过程中，变黄期烟叶内生物化学变化剧烈，直接影响到烟叶香气物质的合成，而 38℃是烟叶变黄期和定色期的过渡点，因此，笔者采用湘密 1 号密集烤房烘烤，在 38℃时不同程度推迟变黄时间，研究其对烤后烟叶品质的影响，旨在为改善烟叶烘烤工艺技术和提高烤后烟叶品质提供理论依据。

1　材料与方法

1.1　材 料

供试烤烟品种为 K326；供试烤房为湘密 1 号密集烤房。

1.2　试验设计

试验在湖南省衡阳市衡南县辽塘现代烟草农业示范点进行。烤烟采用常规方法栽培，成熟时采收。编烟装炕每竿 120～150 片，竿距 10～14cm。本试验共设 3 个处理，处理 1：干球 38℃时，在 CK 的变黄程度上，延长变黄时间 12 h 后才升温，进入常规烘烤，处理 2：延长变黄时间 24 h 后才升温，进入常规烘烤，处理 3：干球 38℃时，烟叶变化达到常规烟叶变黄程度后即升温，进入常规烘烤。每处理重复 3 次，每个处理分别设 1 座烤房，以便于温度控制。烘烤时中部叶设 T1、CK 2 个处理，上部叶设 T1、T2 和 CK 3 个处理。

1.3 样品制备

每炕每处理编烟 12 竿，并标记，其中 9 竿称鲜重后挂于装烟室中间上、中、下共 3 棚，烤后将样竿下炕，称干重；另外 3 竿挂于烤房装烟门后，供不同变黄程度时取样，测定叶内物质转化用，并取 C3F、B2F 各 3kg 进行化学成分分析。

1.4 测定项目与方法

烟叶外观质量分析和烟叶分级参照文献［3］中的方法；参考鲍士旦[4]的方法测定淀粉、总糖、还原糖、总氮、总钾、烟碱、氯等指标含量。烟叶的化学成分分析和烟叶评吸结果由郑州烟草研究院提供［编号：TAR2010（007）］。

不同变黄程度叶内物质转化测定：CK 各部位烟叶分别于 42℃开始升温时取样，迅速照相、作外观形态描述，然后置于烘箱中，110℃杀青 20min，然后降温到 70℃烘干至恒重，冷却回潮装袋，做叶内物质转化测定用，T1 各部位烟叶分别于 38℃时第 1 次取样，于过黄 12 h 时第 2 次取样，方法及测定内容同 CK。T2 各部位烟叶分别于 38℃时第 1 次取样，于过黄 12 h 时第 2 次取样，于过黄 24 h 时第 3 次取样，方法及测定内容同 CK。

2 结果与分析

2.1 不同处理对烟叶外观性状及质量影响

CK 处理在烘烤 38℃开始升温时的外观性状为：烟叶叶片大部分变黄，靠近主脉和叶基部尚未变黄，支脉大部分变黄，主脉尚未变黄，同时叶片凋萎，烟叶基本塌架。延长变黄时间后（中部叶 T1 处理、上部叶 T2 处理）的外观性状为：烟叶叶片全部变黄，支脉变黄，主脉大部分变黄，同时主脉凋萎，烟叶充分塌架。由表 1 可知，与 CK 处理相比，T1、T2 处理烟叶的外观质量均有不同程度改善，中部叶 T1 处理颜色和弹性均优于 CK；上部叶 T1、T2 处理其组织结构、身份、油分、弹性、颜色等指标均优于 CK。

表 1 各处理烟叶外观质量

部位	处理	成熟度	组织结构	身份	油分	颜色	弹性
中部叶	T1	成熟	疏松	中等	有	多橘黄	好
	CK	成熟	疏松	中等	有	多柠檬	较好
上部叶	T1	成熟	稍密	稍厚	有	多橘黄	好
	T2	成熟	稍密	稍厚	有	多橘黄	好
	CK	成熟	紧密	厚	稍有	多柠檬	较好

2.2 不同处理对烟叶分级结果的影响

由表 2 可以看出，T1 处理中部叶下上等烟比例较 CK 提高了 12.2%；上部叶 T1 处理的上等烟比例较 CK 提高了 20.3%，而 T2 处理较 CK 降低了 14%。以上结果说明，无论是中部叶还是上部叶，变黄延时 12 h 可提高烟叶的上、中等烟比例，但变黄延时 24 h

则会降低上等烟叶比例。

表 2　各处理烟叶分级结果

部位	处理	烟叶分级结果	上等烟比例（%）	中等烟比例（%）
中部叶	T1	C3F4.00，C2F0.68.C4F2.94，CX1K0.57	57.1	35.9
	CK	C3F3.60，C4F3.88，CX1K0.57	44.9	48.2
上部叶	T1	B1F2.34，B2F5.11，B3F3.13，B4F0.74，B1K0.20	64.6	33.5
	T2	B1F0.61，B2F3.00，B3F5.52，B4F0.66，B2K1.23	30.3	62.0
	CK	B2F5.32，B3F3.80，B4F2.87	44.3	55.6

2.3　不同处理对烟叶化学成分影响

从表 3 可以看出，T1 处理中部烟叶延长变黄时间可不同程度提高总糖、还原糖、烟碱含量，降低烟叶淀粉、氯、钾含量，而叶片氮含量无规律性变化；T2 处理上部烟叶延长变黄时间可不同程度提高总糖、还原糖含量，降低烟叶淀粉、氯、氮含量，而叶片烟碱、钾含量无规律性变化。与 CK 相比，T1 处理中部烟叶烤后其总糖、还原糖、氯、淀粉、钾含量均不同程度下降，而叶片烟碱和氮含量略有升高；T2 处理上部烟叶烤后其总糖、还原糖、氯含量均高于对照，而叶片烟碱、淀粉、氮、钾含量均不同程度低于对照。

表 3　各处理烟叶化学成分分析结果（%）

部位	取样	总糖	还原糖	烟碱	氯	淀粉	氮	钾
中部叶	T1 杀青烘干样	10.66	8.58	1.81	0.25	33.47	1.55	3.90
	T1 延长起点样	17.69	11.27	1.81	0.17	10.89	1.12	2.96
	T1 延长 12 h 样	20.41	17.44	1.90	0.16	8.15	1.46	2.94
	T1 烤后样	22.63	17.78	2.08	0.09	4.11	1.24	2.16
	CK	23.78	18.00	1.82	0.11	5.56	1.19	2.87
上部叶	T2 杀青烘干样	7.07	3.81	3.59	0.44	26.12	1.43	2.49
	T2 延长起点样	16.52	4.01	3.16	0.37	11.93	1.31	2.55
	T2 延长 12 h 样	18.42	14.81	3.01	0.27	9.74	1.31	2.27
	T2 延长 24 h 样	20.86	15.28	3.77	0.2	8.69	1.29	2.55
	T2 烤后样	24.19	20.23	3.10	0.19	6.51	1.14	1.49
	CK	22.09	17.90	3.26	0.17	6.92	1.16	1.80

2.4　不同处理对烟叶烘烤能耗成本的影响

由表 4 可知，烘烤每千克干烟的能耗成本以中部烟叶相对较高，比上部烟叶高 0.55～0.61元/kg，T1 处理中部烟叶其每千克干烟的烘烤能耗成本比对照略低 0.04 元/kg，而上部烟叶其每千克干烟的烘烤能耗成本以 T2 处理最低（1.04 元/kg 干烟），T1 处理最高（1.1 元/kg 干烟），CK 介于二者之间（1.08 元/kg 干烟），而三者差异不大。可见，延长变黄时间，并未增加烟叶的烘烤成本，反而可大幅度提高上等烟叶比例。

表 4 各处理烟叶烘烤能耗成本

部位	处理	每炕装烟竿数	总鲜重（kg）	总干重（kg）	煤耗		电耗		单位总成本（元/kg）
					耗煤量（kg）	单位耗煤成本（kg/kg）	耗电量（kW·h）	单位耗电成本（kg/kg）	
上部叶	T1	408	2 460.2	371.3	577.6	1.36	142	0.25	1.61
	CK	404	2 520.9	359.6	577.6	1.40	140	0.25	1.65
中部叶	T1	420	2 998.8	537.6	577.6	0.94	132	0.16	1.1
	T2	420	2 772.0	554.4	577.6	0.91	110	0.13	1.04
	CK	420	2 940.0	558.6	587.7	0.92	135	0.16	1.08

注：煤单价：872 元/t，电单价：0.65 元/（kW·h）。

3 结论与讨论

本研究通过对湘密 1 号烤房在烟叶烘烤 38℃时延时变黄对烟叶品质的影响进行了研究。结果发现，较常规烘烤处理（CK），适当延长烟叶变黄时间，可不同程度改善烟叶颜色、弹性、组织结构、身份、油分等外观质量，而且可提高中、上部位叶片上等烟叶比例 12.2%、20.3%，而当变黄延时 24 h 时，反而降低了上等烟叶的比例。各处理不同部位烟叶化学成分分析结果显示，与 CK 相比，T1 处理中部烟叶烤后其总糖、还原糖、氯、淀粉、钾含量均不同程度下降，而叶片烟碱和氮含量略有升高；T2 处理上部烟叶烤后其总糖、还原糖、氯含量均高于对照，而叶片烟碱、淀粉、氮、钾含量均不同程度低于对照。各处理不同部位烟叶烘烤能耗成本研究发现，本研究各处理均表明中部烟叶其烘烤能耗成本明显高于上部烟叶（0.55～0.61 元/kg 干烟），而对于相同部位烟叶的不同烘烤处理进行能耗成本比较发现，延时变黄其烘烤成本增加幅度甚小（0.03～0.07 元/kg 干烟）。综上所述，本研究发现，无论中部烟叶还是上部烟叶，适当延时变黄（T1）处理促进了叶内物质的分解转化，促进了淀粉的分解和糖分的积累，形成更多的香气物质的前体物质，有利烘烤中后期更多香气物质的形成，同时还有利于杜绝烤青烟，有利于产生更多的橘黄烟，平衡烟叶中各化学成分含量，增加烟叶香吃味，改善烤后烟叶外观质量，不同程度提高上等烟叶比例（12.2%～20.3%），而不会增加烟叶烘烤能耗成本。

参考文献

[1] 李春艳，聂荣邦．密集烤房烘烤过程中烟叶淀粉含量的动态变化［J］．作物研究，2007（2）：120-121.
[2] 王爱华，杨斌，管志坤，等．烤烟烘烤与烟叶香吃味关系研究进展［J］．中国烟草学报，2010，16（4）：92-97.
[3] 闫克玉．烟叶分级［M］．北京：中国农业出版社，2003.
[4] 鲍士旦．土壤农化分析［M］．北京：中国农业出版社，2003.

（原载《作物研究》2011 年第 6 期）

密集烤房烘烤过程中烟叶淀粉含量的动态变化

李春艳，聂荣邦

（湖南农业大学农学院，长沙　410128）

摘　要：通过对密集烤房烘烤过程中 K326 的烟叶淀粉含量的动态变化研究，以摸清使烟叶淀粉含量达到最适指标的调控措施。试验采用碘显色法进行测定，结果表明：烘烤过程中烟叶的淀粉被大量降解，烘烤的前 36 h 尤其剧烈，36～60 h 内降解减缓，72 h 后降解缓慢，干筋以后淀粉含量基本上没什么变化。烤后不同部位烟叶的淀粉含量表现为：下部叶＜中部叶＜上部叶。

关键词：烤烟；烘烤；烟叶；淀粉

密集烤房烘烤过程中，烟叶中淀粉的降解及其含量的变化对烟叶优良化学品质的形成极其重要，烟叶中的淀粉含量太多或太少均会对烟气质量产生不利的影响。目前，从总体上讲，我国烟叶质量与美国等国家的优质烟叶相比较还有较大的差距，就主要成分而言，尚不协调，尤其是淀粉含量偏高。对烘烤后烟叶淀粉含量的要求，美国优质烤烟的淀粉含量为 1.0%～2.0%，津巴布韦强调烤烟淀粉含量必须在 3.0%以下，巴西烤烟的淀粉含量多为 4%左右[1,2]。我国烤烟的淀粉含量偏高，为 5.5%～8.5%，约 20%的烟叶淀粉含量高于 6%。在自然通风气流上升式烤房中烘烤，烟叶主要化学成分的动态变化研究较多，而在密集烤房中烘烤，烟叶主要化学成分的动态变化研究较少。本试验通过对在密集烤房烘烤过程中烟叶的淀粉含量的动态变化规律的研究，摸清通过调控使烟叶淀粉含量达到最适指标，实现与其他化学成分的最佳组合，以为密集烤房最佳烘烤工艺的制定提供理论依据。

1　材料与方法

1.1　试验材料

试验于 2006 年进行，供试材料取自湖南浏阳，供试品种为 K326。烘烤地点为湖南农业大学烟草基地。

1.2　试验设计

试验共取了三炕烟的烟样：第一炕是下部叶，为散叶堆放烘烤的烟样；第二炕是中部叶，为挂竿烘烤的烟样；第三炕是上部叶，为挂竿烘烤的烟样。烘烤过程中，于点火烘烤时（0h）开始取样，以后每 12 h 取样一次。每次取样时，在烤房内随机取 3 份样作为重复。

1.3 测定方法

采用碘显色法[3,4]测定，并略有改进。张俊松等对烟样的处理是：将各种烟样自然风干，先初步粉碎再用研磨机粉碎，过40目筛，分别装入磨口棕色瓶中，待用。本试验则是将烟样在100～105℃杀青10～15min，60～70℃下烘干，再用德国IKAAII basic型分析用研磨机粉碎，过40目筛，装入封口膜中，待用。

1.4 工作曲线

准确吸取2mg/mL淀粉标准溶液各0、2、4、6、8、10、12、15mL，分别置于25mL容量瓶中用蒸馏水定容，摇匀。各取10mL用于测定各淀粉标准溶液的吸光度。以吸光度对淀粉浓度作图，绘制淀粉工作曲线。

2 结果与分析

烘烤过程中烟叶淀粉含量的变化如表1及图1所示。从图表中可看出，成熟采收的烟叶淀粉含量很高，但在烘烤结束后几乎完全降解。随着烘烤的进行，淀粉大量且快速的降解，变黄期是烟叶淀粉降解速度最快，量最大的时期。烘烤初始，不同部位烟叶淀粉含量为：上部叶>中部叶>下部叶，随烘烤过程的进行淀粉含量逐渐减少，在烘烤变黄阶段急剧下降，尤其在烘烤过程的前36h下降剧烈（下部叶从23.3%降至11.9%，中部叶从24.0%降至14.5%，上部叶从24.8%降至15.2%）；36～60 h内降解减缓（下部叶从11.9%降至9.1%，中部叶从14.5%降至14.2%，上部叶从15.2%降至12.5%）；72 h后降解缓慢（下部叶从5.5%降至4.5%，中部叶从12.2%降至6.4%，上部叶从12.2%降至7.3%）；干筋以后淀粉含量基本上没什么变化。烤后不同部位烟叶的淀粉含量：下部叶<中部叶<上部叶。从三炕烟叶烘烤后的外观上看，挂竿的烟叶外观品质在整体上比散放的烟叶外观品质明显的好一些。

表1 烘烤过程中不同部位烟叶淀粉含量（%）变化

烘烤时间（h）	下部叶	中部叶	上部叶
0	23.3	24.0	24.8
12	22.9	21.3	23.4
24	13.2	15.6	17.0
36	11.9	14.5	15.2
48	9.9	14.3	14.1
60	9.1	14.2	12.5
72	5.5	12.2	12.2
84	4.5	6.4	7.3

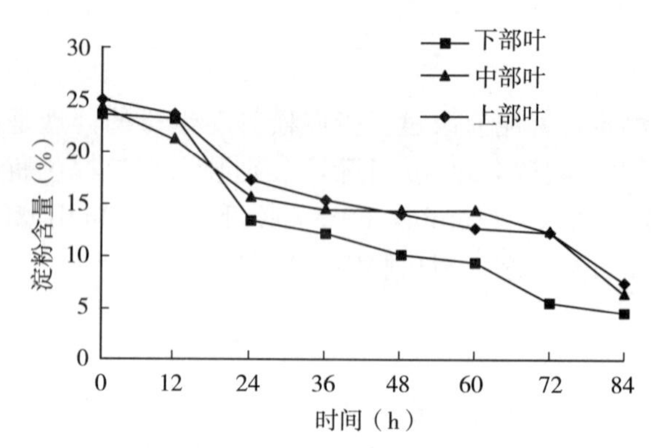

图 1　烘烤过程中 K326 不同部位烟叶淀粉含量的动态变化

3　结论与讨论

研究结果表明：烟叶淀粉含量的变化主要发生在变黄和定色阶段。刚采收的烟叶淀粉含量很高，随着烘烤的进行，淀粉大量且快速的降解，变黄期是烟叶淀粉降解速度最快，量最大的时期。烘烤过程中淀粉的降解集中在烘烤的前 36 h 内，36～60 h 内降解减缓，72 h 后降解缓慢，干筋以后淀粉含量基本上没什么变化。烤后淀粉含量表现为：下部叶＜中部叶＜上部叶。

目前常采用的淀粉含量测定方法有：酸水解法[5]、蒽酮硫酸法[5]、碘显色法[3,4]等，且各个方法各有优缺点。由于对淀粉含量的测定方法不一致，从而造成数据的非可比性，还有待于统一，有必要在今后的研究中寻找一种较准确、省时、操作方便的测定方法。

本文仅对淀粉含量的动态变化进行了研究，而淀粉与其他化学成分之间的相互影响及实现各化学成分的最佳组合方面，则有待于进一步的研究。

参考文献

［1］宫长荣，王能如，汪耀富．烟草烘烤原理［M］．北京：科学技术出版社，1994.
［2］蔡宪杰，王信民，尹启生，等．采收成熟度对烤烟淀粉含量影响的初步研究［J］．烟草科技，2005（2）：38－40.
［3］徐昌杰，陈文峻，陈昆松，等．淀粉含量测定法——碘显色法［J］．生物技术，1998，8（2）：41－43.
［4］张峻松，贾春晓，毛多斌，等．碘显色法测定烟草中的淀粉含量［J］．烟草科技，2004（5）：24－28.
［5］王瑞新，韩富根，杨素勤，等．烟草化学品质分析法［M］．郑州：河南科学技术出版社，1999.
［6］张宪政．植物生理研究法［M］．北京：农业出版社，1992.

（原载《作物研究》2007 年第 2 期）

烘烤中不同供能处理对烤烟质量的影响研究

王国平[1,2]，向鹏华[1,2]

（1. 湖南省烟草公司衡阳市公司，衡阳 422100；
2. 中国烟草中南农业试验站，长沙 410128）

摘　要： 比较了燃气和燃煤两种不同供能方式对烤房温度和烟叶烘烤质量的影响，并对两个处理进行烘烤能耗分析。结果表明，较燃煤处理比较，燃气供能处理的烤房温度能迅速达到设置温度，在一定时间稳温性能优于燃煤处理，缩短了烘烤时间；燃气处理能减少干物质损失，有效地提高烟叶单叶重、均价和烟叶质量，降低淀粉含量，燃气处理的中、上部烟叶淀粉含量分别为燃煤处理的55.4%、70.7%，且能显著提高茄酮和β-大马酮香气成分含量；燃气处理节约了烘烤成本，中、上部烟叶干烟节约能耗成本分别为1.03元/kg、0.95元/kg。

关键词： 烟叶；烘烤；供能方式；质量

节约能耗，降低烟叶生产成本，提高烟叶烘烤质量，减少烘烤过程中燃煤污染，已成为现代烟草农业推进过程中亟须解决的一些问题[1~4]。一种利用生物质在密闭缺氧下，经过干馏热解及氧化还原反应后能迅速产生含有一氧化碳、氢气、甲烷等成分可燃气体，通过调节气体流量大小控制火力的气化炉供能装置符合现代烟草农业的需要，其具有升温迅速，稳温性能好，利用农村的薪炭、秸秆、烟秆等常见植物为原料达到节约能源和降低烘烤成本，减少 SO_2 和燃烧废弃物排放等优点[5,6]。目前，生物质燃气供能在烟草上应用还处于探索阶段，本试验通过比较气化炉燃气供能与燃煤供能对烤烟质量的影响，旨在为气化炉供能在烤烟上应用提供一定的理论依据。

1　材料与方法

1.1　试验地点

衡阳市耒阳洲陂乡洲陂村密集烤房群。

1.2　试验处理

试验设两个处理，处理A：气化炉燃气供能；处理B：燃煤供能。仅改变烘烤供能方

作者简介：王国平（1963—），男，农艺师，长期从事烟草科研工作。

式，其他烘烤条件都相同，每个处理设 3 次重复。

烤烟品种为云 87。在试验点选 6 座条件一致的烤房，3 座用气化炉供能，3 座用燃煤供能。选取中部烟叶和上部烟叶进行烘烤试验，选取本地一烤烟种植大户，同一烟地、同样生产水平、同一品种、同一部位、同样成熟档次、同一时间采收的烟叶进行编烟、装房。标准烟竿 400 竿，烤房烟重 340～390kg。每炕在编烟、装房时，选择鲜烟素质一致的 6 竿烟叶作为标样，分别标记，单独存放，烤前、烤后对鲜烟量、干烟量分别称重，并评价烤后烟叶内在质量、外观质量以及等级情况，从中随机选取 C3F、B2F 各 5kg 进行化验。记录每炕烟叶烘烤的耗能量（秸秆、煤球）、用电量等烟叶烘烤成本。

1.3 试验方法

方差分析用 DPS 统计分析软件；烟叶重量采用电子秤称量；化学成分采用荷兰 SKALAR 连续流动分析仪测定；烟叶中性香气物含量的测定，采用湖南中烟公司技术中心建立的气相色谱法．烟叶外观质量按 GB 2635—1992 烤烟标准分级执行，烟叶价格按国家收购价格执行。

2 结果与分析

2.1 不同处理对烤房温度的影响

从表 1 可以看出，烤前最大升温处理 A 为 5.8℃/h，处理 B 极显著小于 A 处理，为 3.7℃/h，是处理 A 的 63.8%。烘烤分为变黄、定色、干筋三个阶段，从点火时间计算，各阶段处理 A 的用时都少于处理 B，中部烟叶烘烤总时间 A 处理比处理 B 少用 3.4 h，上部烟叶烘烤少用 10.9 h。试验中观察了 4 个需要稳温 12 h 以上的温度点，记录温度均为设置温度后第 4 h 观察数据。中部烟叶 A 处理 4 个观察点实际干球温度平均偏差设置温度 0.05℃，B 处理超过设置温度 0.65℃；上部烟叶 A 处理超过设置温度平均为 0.1℃，B 处理的偏差为 0.48℃。可以看出，较处理 B，处理 A 升温迅速，缩短了烘烤时间，稳温效果好，与设置温度相差小。主要原因是燃气烤房是由气体燃烧产生的明火供热，火力旺，便于通过调节气流大小来调节火势，易升温和稳温；而燃煤密集烤房是一次性加煤，火力大小和升温速度靠进风量来控制，控制进风量的炉膛小，鼓风机运转都是人工设置，前期点火温度上不来，炉膛火势升大后温度难以控制，在一定时间段烤房实际温度往往高于设置温度。

表 1 不同处理烤房温度变化

部位	处理	最大升温（℃/h）	变黄（h）	定色（h）	干筋（h）	合计（h）	设置 36℃	设置 38℃	设置 45℃	设置 55℃
中部	A	5.8 aA	55.4 b	49.7 a	20.4 bB	125.5 a	36.0 a	38.1 a	45.1 b	55.0 b
	B	3.7 bB	56.1 a	48.6 a	24.2 aA	128.9 a	35.3 b	38.5 a	45.9 a	55.5 a
上部	A	5.8 aA	56.3 b	47.2 a	18.1 b	121.6 a	36.0 a	38.0 a	45.2 b	55.2 a
	B	3.7 bB	60.8 a	50.3 b	21.4 a	132.5 b	35.2 b	38.4 a	45.8 a	54.6 b

注：同列数据中字母相同者为差异不显著，不同者为差异显著。小写字母为 0.05 水平，大写字母为 0.01 水平。下同。

2.2 不同处理对烤烟单叶重的影响

表 2 不同处理烟叶鲜干比和单叶重

部位	处理	鲜叶重(kg)	干烟重(kg)	鲜干比	单叶重(g)
中部	A	38.7 a	5.34 a	7.25 bB	9.20 aA
	B	38.1 a	5.00 a	7.60 aA	8.60 bB
上部	A	36.8 a	5.50 a	6.68 b	9.80 a
	B	37.8 a	5.40 a	7.00 a	9.30 b

由表 2 可知，中、上部烟叶 A 处理的鲜干比分别较 B 处理低 0.35 和 0.32，中部叶 A 处理单叶重极显著高于 B 处理，上部叶 A 处理显著大于 B 处理，分别比 B 处理大 0.6、0.5g。燃气供能较燃煤供能能减少烤烟干物质的损失，原因是干物质的损失主要是由变黄期的代谢消耗和干筋高温阶段部分挥发性物质挥发造成，试验中处理 B 的变黄期和干筋期温度较处理 A 变化幅度大，时间长，所以干物质消耗较大。

2.3 不同处理对烤烟中上等烟比例的影响

表 3 不同处理烟叶中上等烟比例

处理	部位	C3F/B1F		C4F/B2F		C3L/B3F		上等烟比例（%）	中等烟比例（%）	上中等烟比例（%）	均价（元/kg）
		数量（kg）	金额（元）	数量（kg）	金额（元）	数量（kg）	金额（元）				
A	中部	186.4	3 243.0	68.2	1 037.2	91.0	1 406.1	51 a	44 b	95 a	16.2 aA
B		145.0	2 523.0	77.2	1 173.0	94.2	1 488.8	43 b	50 a	93 a	15.3 bB
A	上部	126.1	2 269.8	76.48	1 208.3	156.8	2 101.2	53 a	41 a	94 a	15.6 a
B		100.3	1 805.4	71.68	1 132.5	150.5	2 016.7	48 a	42 a	90 a	14.8 b

从表 3 可以看出，不同处理的烤烟中上等烟比例不同。中部叶，A 处理上等烟比例为 51%，显著大于处理 B，比处理 B 高 8%；A 处理均价极显著大于 B 处理，A 比 B 高 0.9 元/kg。上部烟叶 A 处理上等烟比例为 51%，比处理 B 高 2%；均价比处理 B 高 1.2 元/kg。可以看出，燃气处理能提高中上等烟比例和均价。

2.4 不同处理对烟叶主要化学成分的影响

从表 4 可以看出，处理 A 在一定程度上增加了总糖、还原糖含量，减少了淀粉含量，中部烟叶 A 处理淀粉 2.15%，极显著低于 B 处理，仅为处理 B 的 55.4%，上部烟叶 A 处理淀粉含量是处理 B 的 70.7%，差异显著；处理 A 的化学成分都在适宜范围内，糖碱比更协调。可以看出，燃气供能在一定程度上提高了烟叶质量，原因是淀粉含量在变黄中期分解最快，温度在 36～38℃、42 ～45℃淀粉酶活性最高[7～9]，降解量较大，A 处理在该温度阶段缓慢上升，并能在 36～38℃和 45℃长时间稳定，淀粉降解充分；处理 B 控温不准，在设置 36℃、38℃和 45℃ 4 h 后仍分别平均偏出设置温度 0.75℃、0.5℃、0.9℃，不能达到淀粉降解理想温度。烘烤中糖含量变化主要是淀粉转化累积和干筋期糖在高温下的消耗[8]。处理A淀粉转化为糖较多，中、上部叶干筋时间较处理B平均缩短了3.6 h，糖相对消耗小，所以处理A的总糖和还原糖含量较处理B大。

表4　不同处理烟叶主要化学成分

部位	处理	钾（%）	氮（%）	烟碱（%）	总糖（%）	还原糖（%）	淀粉（%）	糖碱比
C3F	A	2.66 a	1.56 b	2.46 b	27.68 a	24.45 a	2.15 aA	9.55
	B	2.35 a	1.67 a	2.85 a	26.27 b	22.97 b	3.88 bB	8.06
B2F	A	1.85 a	2.55 a	2.95 a	25.90 a	21.74 a	4.39 a	7.37
	B	1.87 a	2.73 a	3.23 a	25.81 b	20.37 b	6.21 b	6.31

2.5　不同处理对烟叶主要香气成分的影响

通过对两个处理中部烟叶一些主要香气成分进行分析（表5），结果表明，处理A的香气总和显著高于处理B，处理A比处理B多25.2μg/g；其中处理A的苯甲醛、戊醛、巨豆三烯酮2、巨豆三烯酮3显著大于处理B，茄酮和B-大马酮极显著大于处理B。可以看出，燃气处理能提高烤烟一些主要香气物质成分含量。原因是较燃煤处理，燃气处理烘烤温度缓慢上升，在几个主要致香温度点（35、38、45℃）[11,12]能长时间稳住，有利于致香成分的形成。

表5　中部烟叶不同处理主要香气成分含量（μg/g）

香气物质	处理A	处理B
苯甲醛	0.61 a	0.52 b
苯甲醇	4.15 a	3.97 a
苯乙醛	4.48 a	4.4 a
苯乙醇	1.97 a	1.88 a
糠醛	1.65 a	1.68 a
糠醇	7.74 a	7.12 a
戊醛	0.18 a	0.14 b
茄酮	8.41 aA	7.44 bB
β-大马酮	4.64 aA	3.41 bB
β-紫罗兰酮	0.97 a	0.94 a
巨豆三烯酮1	2.67 a	2.54 a
巨豆三烯酮2	10.46 a	9.32 b
巨豆三烯酮3	11.52 a	10.27 b
巨豆三烯酮4	5.44 a	5.66 a
新植二烯	268.2 a	248.6 a
总计	333.09 a	307.89 b

2.6 不同处理对烤烟烘烤能耗的影响

从表6可看出，中部叶A处理节能效果明显，平均每千克干烟能耗成本为0.41元，B处理为1.44元，A处理较B处理平均每千克干烟节省能耗成本1.03元，处理间差异极显著；上部烟叶A处理较B处理平均每千克干烟节省能耗成本0.95元，处理间差异极显著。可以看出，燃气烤房由于采用秸秆、烟秆等植物为原料，节约了能耗，降低了烟叶烘烤成本。

表6 不同处理能耗成本

部位	处理	能耗情况					每炕干烟重量（kg）	单位干烟能耗（元/kg）
		实际耗电[（kW·h）/炕]	金额（元/炕）	实际耗煤（秸秆）（kg/炕）	耗煤（秸秆）金额（元/炕）	小计（元/炕）		
中部	A	206	103	380	46	149.0	364.9	0.41 aA
	B	230	115	490	376	491.0	340.3	1.44 bB
上部	A	212	106	410	62	168.0	382.4	0.44 aA
	B	232	116	520	399	513.8	368.5	1.39 bB

注：秸秆以0.12元/kg，煤耗以0.77元/kg，电耗以0.5元/（kW·h）计算。

3 讨论

干物质在烘烤过程中损耗主要有两个方面的原因：一是呼吸作用，二是叶内易挥发性物质的挥发损失。两个损耗原因与烤房内温度和时间有关，温度波动较大和变黄时间越长，干物质损失越大[12]。燃气供能火力猛，产气足，燃烧时间长，一次加料可稳定燃烧12 h以上，通过控制气流的大小达到控制烤房温度的上升，能迅速的达到目标温度，达到目标温度后变幅较小，减少了变黄、定色、干筋的时间和温度变化幅度，烟叶干物质的损失减小。

“秸秆压块”烘烤能够降低烤烟成本。秸秆燃料烘烤，能提高烟叶中总糖、还原糖含量，有降低烟气刺激性，减轻杂气和改善余味的趋势，有利于提高烟叶内在品质[13]。这一结论与本试验研究结果一致，说明生物质作为燃料能减少成本。

宫长荣等研究表明，在36～38℃变黄缓慢，稳温时间长，而且在升温定色期间有足够的时间使叶内物质最大限度地分解、转化和积累，烤后烟叶主要化学成分含量适宜，比例协调，总酚、醚提物、粗脂肪含量较高。香气物质数量多、含量高[14]。这与本试验结果基本一致，燃气能在36、38、45℃等几个对品质形成的重要温度点长时间稳温，可以提高烟叶品质和香气物质含量。

在我国北方炉膛和散热器一般采用钢制成，导热性能好，热效率高；而南方较潮湿，燃煤造成SO_2大量释放，SO_2和水结合产生的酸性物质造成炉膛和散热器钢制材料易被腐蚀，所以在南方一般炉膛和散热器采用非金属材料，但非金属材料传热性能不好，热效率低，煤耗高，成本大。燃气供能不会释放SO_2，可以解决南方采用钢制炉膛、散热器易被腐蚀的问题。

参考文献

[1] 宋朝鹏，陈江华，许自成，等．我国烤房的建设现状与发展方向 [J]．中国烟草学报，2009，15 (3)：84-86.
[2] 刘剑君．论现代烟草农业的发展目标与实现途径 [J]．现代农业科技，2009 (9)：214-215.
[3] 黄忠向．发展现代烟草农业促进烟叶生产可持续发展的探讨 [J]．广东农业科学，2009 (2)：139-140.
[4] 朱尊权．当前我国优质烤烟生产中存在的问题 [J]．烟草科技，1993 (2)：2-7.
[5] 王久臣，戴林，田宜水，等．中国生物质能产业发展现状及趋势分析 [J]．农业工程学报，2007，23 (9)：276-282.
[6] 张冬．家用秸秆气化炉经济效益的分析 [J]．江苏农机化，2008 (6)：17-19.
[7] 宫长荣，毋丽丽，袁红涛，等．烘烤过程中变黄条件对烤烟淀粉代谢的影响 [J]．西北农林科技大学学报：自然科学版，2009，37 (1)：117-121.
[8] 聂东发，盛孝雄．提高烟叶香吃味的烘烤工艺研究 [J]．中国农学通报，2007，23 (5)：104-108.
[9] 宫长荣，李锐．烟叶在烘烤过程中氮代谢的研究 [J]．中国农业科学，1999，32 (6)：89-92.
[10] 宫长荣，汪耀富，赵铭钦，等．烘烤过程中烟叶香气成分变化的研究 [J]．烟草科技，1995 (5)：31-33.
[11] 王凌，苗果园，刘华山，等．烘烤温湿度对烟叶香气物质的影响 [J]．河南农业科学，2007 (8)：36-39.
[12] 宫长荣，等．密集式烘烤 [M]．2006.
[13] 王汉文，郭文生，王家俊，等．"秸秆压块"燃料在烟叶烘烤上的应用研究 [J]．中国烟草学报，2006，12 (2)：43-46.
[14] 宫长荣，汪耀富，赵铭钦，等．烟叶烘烤中变黄和定色条件对香气特征的影响 [J]．华北农学报，1996，11 (3)：106-111.

（原载《中国农学通报》2011年第27期）

南方烟区常见非正常烟叶的成因与采收烘烤技术

王　军[1,2]，韦建玉[1,3]，周效峰[3]

（1. 广西大学，南宁　530007；2. 广东省烟草南雄科学研究所，南雄　512400；
3. 柳州卷烟厂，柳州　545000）

摘　要：提出了南方烟区几种非正常烟叶的形成原因并探讨了相应的采收和烘烤技术，以期为生产提供参考。

关键词：南方烟区；烟叶烘烤

烟草是以叶片为收获对象且对质量要求非常严格的一种特殊的经济作物。虽然它在我国大部分地区皆能够完成生育期，但是我国南方的土壤、气候更适合优质烟生产。随着我国烟草种植区域格局的变化，北烟南移已是必然趋势。由于目前我国烟草生产对自然条件的依赖性较大，在非正常的气候条件下，虽然栽培管理水平很高，也会产生一些非正常的烟叶。

气候条件主要是通过影响烟株生长发育进而影响烟叶的烘烤特性，最终决定了烟叶的烘烤特性的。所谓烘烤特性是指烟叶在农业生产过程中获得的，在烘烤过程中表现的如“口松”“口紧”“吃火”“不吃火”等特性，是鲜烟素质差异的必然反应，对烟叶烘烤特性的确认是制定烘烤方案和进行烘烤操作的依据。本文就南方气候条件下容易产生的非正常烟叶的成因以及相应的采收烘烤技术作一些探讨，以期为生产提供参考。

1　南方烟区非正常气候条件与烟叶烘烤特性的关系

我国南方烟区的非正常气候主要是由降雨的时空分布的不合理造成烟叶不能正常生长发育和成熟，这种气候条件显著地影响着烟叶的烘烤特性。

1.1　全期干旱

前期干旱使得土壤中有效氮不多，有效钾减少，下部叶往往营养不良。打顶以后持续干旱，下部叶易变成旱早熟烟，烘烤时变黄较快但不耐烤。较高节位烟叶含水较少，偶遇降雨就会返青生长。尤其后期的严重干旱对烟叶素质影响极大，上部烟叶不仅表皮过厚，结构过紧，含水过少，内在化学成分还往往严重失调，烘烤时变黄慢，脱水难，易烤青，易褐变。如果烤中大量增湿，往往还加重挂灰。

1.2 全期多雨寡照

即生长季节一直多雨，低温少光，烟株地下营养和空间营养都较差，株型多为“塔形”。下部叶一般开片良好，但干物少，身份薄，易形成“嫩黄烟”，烘烤时变黄快，变黑也快。上部叶含水较多，内含物不充实，烘烤时变黄较慢，定色较难，既易烤青，也易烤黑。

1.3 前期多雨，后期干旱

前期多雨，空气潮湿，烟株地上生长与地下生长不易协调，如果地表径流过大，施肥不足的烟田易导致营养不良。这种情况下如果遇到后期干旱，上部烟叶非常粗糙，内在化学成分很不协调，很难正常成熟，并容易发生高温日灼现象，烟叶尚未落黄就出现大块焦斑，不仅采收成熟度不好掌握，烘烤环境也很难调适，既难变黄又难定色，烤青、烤褐在所难免。

1.4 前期干旱，后期多雨

前期干旱主要影响烟苗成活及烟株生长速度，土壤养分得不到及时利用，烟株生长缓慢。到采收季节时阴雨不断，低温少光，容易引起烟株贪青生长，往往出现类似“黑暴”现象。

2 南方烟区非正常烟叶的采收、烘烤

所谓非正常烟叶，就是烟叶的烘烤特性而言的，以此区别于一般烟叶。常见有旱蹲烟、旱早熟烟、旱烘烟和嫩黄烟、水烘烟、雨淋烟、雨后返青烟、高温日灼烟、晚发烟等。这些烟叶无论是外观特征、物理性质，还是生理生化特性，都显得与众不同，但烘烤特性较差，是它们的共同特点。非正常烟叶往往是气候异常或管理不当造成的，因此，一方面要努力提高栽培水平和抗灾能力，从源头上解决问题；另一方面则应面对实际，努力提高特殊烟叶的采收烘烤水平。下面就谈谈非正常烟叶的采收烘烤技术。

2.1 旱蹲烟的采收烘烤

旱蹲烟主要发生在持续干旱条件下一些土层深厚的地块，干旱影响了烟株水分代谢、烟叶的大小和干物质积累速度，但因土壤干旱不很严重，经过较长时间的缓慢积累以后，烟叶内含物非常丰富。这种烟叶干物多、含水少，烘烤时脱水难，物质转化慢，易烤青，易挂灰，是一类并不好烤的优质烟。旱蹲烟基础好，但又非常特殊，在采收烘烤中应注意以下几点：

（1）大胆养熟。充分成熟采收干旱烟中，以旱蹲烟最需要提高采收成熟度，也最具备养熟条件，所以要大胆养熟，等烟叶变至黄多绿少、主支脉全白时才采收，以改善易烤性，协调变黄与脱水矛盾。

（2）装满炕，忌超装超烤。

（3）运用三段式烘烤，不仅烤黄，更要烤熟、烤香。①低温变黄，高温转火。变黄起点温度32℃，主要变黄温度35～38℃（内含物越多温度越低），但在40℃转火（注意：这是为了提高湿球温度，即提高烟叶当时的能量水平）时，顶层烟叶基本变黄，底层烟叶全黄且支脉变软；②保湿变黄，及时增湿。变黄期密封烤房门窗和进排气口，有热风循环装置的应充分进行湿空气内循环，保证主要变黄阶段干湿球温度差≤2℃，如果>2℃，应予人工增湿。42℃以后，湿球温度应稳定在38～39℃；③慢加速定色，看叶色顿火。转火后先3～4 h升1℃，再2～3 h升1℃，48℃以后每小时升1℃。如果48℃时烟叶背面颜色偏淡，应顿火稳温，通过延长烘烤时间和保证较高的湿球温度（40～41℃）促使淀粉进一步转化。一般而言，顿火10～20 h即有明显效果。自49℃起，干湿球温度控制同正常优质烟叶。

2.2 旱早熟烟的采收烘烤

旱早熟烟是持续干旱条件下，由空气干旱和土壤干旱双重胁迫引起的发育受阻、未老先衰、提前黄化的假熟现象。丘陵旱薄地最为常见，有的称为旱黄烟。这类烟叶营养不良、发育不全、成熟不够、干物质较少，含水率偏低。烘烤时有定色难度，容易出现大小花片。还有一定变黄难度，易出现浮青和微带青。烘烤旱早熟烟有两个关键点：①判断烟叶性质；②增强烘烤技术针对性。生产上，不少人根据烟叶黄化程度来判断旱早熟烟，时机相对滞后，烘烤较为被动，因为黄化的烟叶难烤，“旱烘”则更加难烤。

旱早熟烟的管理要点如下。

（1）谨慎采收。旱早熟烟适熟期较短，既不能延误采烤又不能过早采烤。过迟采烤不易定色，过早采烤不易变黄。因此，先看下方相邻叶位是否属于旱早熟烟，并看待采叶位是否具有类似变化趋势，如果这两条都成立，则可认定待采烟叶为旱早熟烟。一般而言，旱早熟烟在绿黄色时就应采烤，但在具备水浇条件或预报有雨的情况下，应及时灌溉或推迟采收让其返青生长，以改善鲜烟的基本素质。

（2）合理装炕。旱早熟烟内含物少，定色过迟或过慢都将发生褐变，切忌每竿编叶过多或装炕过密，一般装9成为宜。每竿编叶数保持正常水平。如果少数旱早熟烟与正常烟叶搭炕烘烤，应将其挂在底层，但气流下降式烤房要挂在顶层。

（3）精心烘烤。①高温起步，保湿变黄。变黄起点温度38℃甚至更高（视底层烟叶成熟度），起始干湿球温度差2℃，如果大于2℃应及时人工增湿（最好是通过湿气内循环）。变黄后期干球温度渐渐升至42℃左右，湿球温度控制在37～38℃。②高温转火，加速定色。转火时底层烟叶全黄、主脉变软，此后平均2 h升1℃，48℃以后每小时升1℃直至53～55℃顿火定色。整个定色期湿球温度一直稳定在37～38℃。干筋期的烘烤同正常气候的同部位烟叶。旱早熟烟延误采收后成为旱烘烟，烘烤时更难定色，常常得不偿失。所以，一方面应及时采烤，一方面不予烘烤，除非必要时将一些“烘片”程度较轻的用来配炕（挂于底层）。

2.3 嫩黄烟的采收烘烤

嫩黄烟多是生长季节多雨或前旱后雨的情况下产生的，一般出现在烟株下部（肥水过于充足、烟株密度相对过大时也发生），表现营养不良，发育不全，干物少，水分大，嫩而发黄，严重假熟。烘烤时变黄快，变黑也快，耐烤性极差。所以，应努力防止嫩黄烟的出现，但真出现了，应通过烘烤降低损失。

（1）田间治理，综合预防。首先，合理稀植，弹性施肥，防止大田群体过于繁茂；其次，对多雨、高湿等诱发条件要有足够防范意识，要及时清沟理水、高培土、摘脚叶，要及时搞好打顶除杈等工作。

（2）早采第一炕，改善小环境。早采第一炕，是指在第一炕烟叶干重最大时及早采烤，一方面，可使第一炕烟叶具有稍好的干物质基础；另一方面可使第二炕烟叶的成熟环境得到改善。经验表明，第一炕烟叶于绿中泛黄时采收较好（此种成熟度烟叶一般占全炕烟叶的 3/4 左右），并尽可能不采雨淋烟和露水烟。

（3）搞好烟叶分布，优化炕内环境。编烟时剔去水烘烟，既减轻烤房排湿负担，也减少带入烤房的炕腐菌数量。每竿编叶数略少于正常烟叶，装炕 7 成左右。注意采收之前就要计划好装烟竿数，以防采得过多和过生。

（4）高温快烤，力求烤黄。①高温低湿脱水，降温保湿变黄。点火后，以每小时 1℃的升温速度将干球温度升至 40℃左右，湿球温度控制在 34～35℃，务使烟叶不发生底青却又能尽快变软（具有热风循环装置的烤房不可长时间进行湿空气的内循环）。叶片变软了，就不会发生硬变黄，通风顺畅了，就不会发生烤房腐烂病，这是烘烤成功的重要一步。叶片变软以后，可考虑适当降低干球温度或略提高湿球温度，促使烟叶顺利变黄；②高温转火，快速定色。到 42℃使底层烟叶黄带浮青、主脉变软并及时转火。此后每 1～2 h 升温 1℃（注意，速度过快烤房排湿困难，过慢容易糟片或加重花片），直到 48℃顿火使烟叶全黄不含青，接着，以每小时 1℃将干球温度升至 53～55℃顿火干片。顿火时湿球温度稳在 36～37℃；③干筋期温湿度控制和正常烟叶相似，但要及时减小通风量，防止风量过大使烟叶褪色。

2.4 雨后烟、雨淋烟和雨后返青烟的采收烘烤

临近采收受到降雨影响的烟叶称雨后烟。雨后烟分雨淋烟和雨后返青烟两种。前者是指受降雨影响时间不长（指自淋雨起到采收时或到考虑采收问题时的时间跨度在 24 h 内）、生理特性未发生明显改变的烟叶。后者是指受降雨影响时间较长、叶色明显转青、生理特性已发生明显变化的烟叶。雨淋烟很可能成为雨后返青烟，但雨后返青烟决不等于雨淋烟。根据雨后烟的特点及雨后返青烟同雨淋烟的关系，技术管理上应把好采收关和分类烘烤关。

（1）雨后烟采收。雨后烟的采收时机，关系到采收雨淋烟还是雨后返青烟还是返青以后重新落黄烟。雨后烟采收时机的确定，涉及降雨强度、持续时间、天气变化和烟叶基础素质，实践中应该综合考虑：①降雨强度影响叶表精油数量从而影响烤后光泽和香气，所以，大雨冲刷以后最好等雨后晒 2～3 个太阳再采收，除非无此必要或确实没有晴好天气。②降雨持续时间和天气变化趋势关系到烟叶是否返青生长或是否烘片（水烘），所以，为了防止返青或烘片，应该及时采烤，除非希望烟叶返青生长。③还要看烟叶的基础素质。一般而言，对于那些因长期干旱而发育受阻的烟叶，应让其返青生长，以便重新成熟以后

再采收；对于那些本来水分就大而容易发生烘片的烟叶则应及时采收；对于雨前发育正常、成熟良好的那些烟叶，多数情况应及时采收，以免返青生长而“夜长梦多”，但短时大雨以后天气看好，应等雨后晒2～3个太阳再采收。

此外，因客观条件限制无法做到及时采收或有意无意让烟叶返青生长的，一有烘片迹象（注意：这时往往已为半生半熟烟、叶尖部过熟、叶基部生青或正在返青）应尽快采收，防止两极分化进一步加剧。采收标准的把握雨后烟包括多种类群，不可能有统一的采收标准，但实践中仍有一定规律可循。首先，淋雨的对象虽有多种，但与雨前相比，其最大特点只是叶片明水较多、叶内水分增大，所以，根据雨前烟叶的基础素质，完全能确定较为可靠的采收标准（如采收成熟度略低于同部位正常烟叶，采收量略少于同部位正常烟叶）。其次，尽可能不采雨后返青烟，只有气候条件较差、容易引起烘片才不得不采，这时，只能在时间上强调一个“早”字，而不能机械地等待出现什么具体的成熟特征。

（2）雨淋烟烘烤。适当稀装炕，确保变黄和脱水相协调。雨淋烟和淋雨之前相比，烟叶水分大增或比以前更大，所以，装炕挂竿密度在原则上都适当稀于相应的非雨淋烟。具体密度确定之前，要估算鲜干比值。比值大于10的，装炕7～8成；比值8～9的，可装8～9成（如前期少雨、成熟期淋雨的烟叶）。需要指出的是，适当稀装炕主要体现在挂竿数量和密度上，不必刻意减少每竿编叶数，但随意编或多编是错误的。精心烘烤，灵活进行“先拿水、后拿色”。装炕前打开进、排气窗，点火后以1℃/h将干球温度升至38℃（甚至更高）并稳住，通过调整火力和进风洞的开放程度，尽快排除烟叶明水并使叶片发软，一旦叶片发软，即按照同类正常叶的要求去烘烤。应该强调，“先拿水、后拿色”是为协调烟叶变黄与脱水矛盾，并侧重防止硬变黄和边烘烤边返青的异常现象，所以，要见好就收，及时转入正常烘烤，否则，可能导致烤青。

2.5 雨后返青烟采收烘烤

（1）烘烤目标。返青烟不仅水分大，往往还半生半熟，既易烤青又易烤黑，之所以不主张采烤返青烟，主要原因就在这里。理论上讲，烘烤目标定位不宜过高也不宜过低，但根据这种烟叶的特点和我国烤房的实际控制能力（指自然通风和手工操作），只能以烤黄为基本目标。（2）烟叶分布（参见雨淋烟）。（3）烘烤控制。采用“高温变黄，低温定色，边变黄边定色”的烘烤策略。点火后，干球温度以1℃/1 h升至40℃左右，干湿球温度差尽快增至3℃左右，在此条件下促进烟叶水分汽化并及时排到炕外，同时，保持较快的变黄速度。但是，烤至底层烟叶黄带浮青、主脉变软时应立即转火，并以1℃/（2～3 h）将干球温度升至46～47℃并充分延长，湿球温度稳定在37℃左右，在此条件下使底层烟叶完全变黄且达小卷筒。此后，以1℃/2 h将干球温度升至54～55℃实现全炕干片。干筋期转入正常烘烤。

雨后返青烟基尖成熟度差异很大，变黄期温度高，而且又是边变黄、边定色，所以，变黄期就要注意火力控制，烧火要准，升温要稳，防止挂灰和蒸片（包括青烟蒸片）。

2.6 高温日灼烟的采收烘烤

高温日灼烟是在高温、强光照条件下受到伤害的异常叶。在连续高温强光作用下，烟叶蒸腾、呼吸失常，叶绿体蛋白质变性，致使叶组织尚未成熟就出现众多黄斑并很快褐变。这种现象总是发生在“晴好”天气，因而也称日灼烟。高温日灼症多发生在旱地，特别容易发生在晚发和二次生长地块，且主要危害上部叶。这种烟叶很难变黄，也很难定色，因而十分难烤。

（1）冷静分析，正确对待。受伤时烟叶成熟度不同，其可烤性也不同。烟叶或处于近熟、欠熟，或处于未熟和生青，但越接近成熟的烟叶越有烤好的希望，切不可丧失信心。反过来，一旦降雨空气变得湿润，这种伤害就会缓解，成熟度较低的那些烟叶只要未大面积受伤就将有一定经济价值，所以，也不能轻易放弃。

（2）看准时机，及时采烤。首先要克服急躁心理，不能一见灼伤就急于采烤，而要等到叶面健康部分达到成熟或近熟程度才能采收，只有这样，才能烤出实际价值。如果有乙烯利的，可于健康部分变为绿中泛黄时处理并及时采烤。

（3）减少层次，满装满烤。“减少层次”是指适当减少挂烟层数，如5大棚的烤房，不必为保湿而层层挂烟，一般挂4层为好，第5层可用于机动。之所以这样做，是因为高温灼伤叶的成熟度差异往往小于正常烟叶，装烟棚数以相对少些为好。所谓“满装满烤”，一是在所确定的挂烟层次（如2～5棚）要按照装满炕的要求确定挂竿密度，二是不轻易抛弃那些似乎无用的重伤烟叶，因为它们是不可多得的水源。

（4）高温起点，高湿变黄。这类烟叶在田间经受了高温作用，所以，烘烤开始应以每小时升1℃甚至更快速度将干球温度升到较高水平（一般定于39℃），使底层烟叶脱水放湿，从而保证上方烟叶正常变黄。变黄期干湿球温度差掌握在2～3℃（即先2℃后3℃），并酌情人工加湿，有条件的采取湿气循环烘烤。

（5）边变黄、边定色。在干球42℃条件下顿火使全炕烟叶变为黄带浮青，叶片变软。此后转入变黄和定色交替过渡阶段。湿球温度稳在39℃左右，干球温度以2～3 h升1℃升至45～47℃顿火，直至烟叶青色全部消失后转入正常烘烤。

2.7 晚发烟（上部叶）的采收烘烤

晚发烟常见于前期干旱、后期多雨年份土壤肥沃或施肥水平较高的地块。前期干旱限制了土壤对烟株养分的及时供给，后期降雨使土壤不合时宜地释放养分，致使烟株贪青晚熟、畸形生长，烟叶养分平衡被破坏，越到上部烟叶，越出现类似黑暴症状。晚发烟另一弊端是成熟过晚，得不到好的成熟环境，且不同地区的上部叶还可能遇到不同的有害气候（如，北方秋后气温过低，空气过干；南方盛夏烈日炎炎，天气多变）。

由于上述原因，晚发烟的上部叶较难烘烤。①成熟速度较慢，成熟特征异常，或片脉色差太大，或泡斑状变黄且很快褐变，采收成熟度难以确认。②烟叶变黄慢、脱水慢，但又容易褐变，烘烤进程难把握。③既易烤青，又易挂灰，往往外青里黑。所以，出现这类烟叶要小心对待。

（1）烟叶采收。时机不能过晚也不能太早，采收时烟叶整体色调必须达到黄绿至绿黄，但又不至于大面积坏死。如果叶色不好掌握，应结合叶龄（应大于正常的上部叶）和体态（如叶尖下垂、叶身弯曲呈弓形等）一并考虑。

（2）烟叶分布。晚发烟烘烤的最大矛盾是开始变黄脱水不好控制，烤到变黄后期至定色初期又容易棕变，所以，编烟装炕都不能过密，装炕 8～9 成为宜。

（3）烘烤控制。装炕后立即生火加热，以较快速度将干球温度升至 36～39℃（气温高的地区炕内温度宜高，气温低的地区炕内温度宜低），保持干湿球温度差 2℃左右，使底层烟叶变黄 6～7 成，叶片发软。然后升温至 41～42℃，干湿球温度差 3～4℃，使底层烟叶基本变黄，主脉发软。接着升温至 45～46℃，湿球稳定在 40℃左右，将全炕烟叶烤黄并小卷筒，此后转入正常烘烤。

3 讨论

综上所述，烟叶生产是一种一环扣一环的系统工程，对烟农的生产技术水平要求较高。没有大田良好的生长发育的鲜烟，没有合理掌握成熟采收时机，在烤房内是难以烤出高质量的原烟。反之，即使有成熟采收的高质量的鲜烟，如果烘烤技术不到位，最终也难以烤出高质量的原烟。在目前我国农业生产水平较低的情况下，不利的气候条件对烟叶生产的影响很大，一旦遇到非正常气候，烟叶生产者就要尽可能地灵活运用包括采收时机、烘烤的温湿度调控在内的各种挽救措施将损失减少到最低程度。但要从源头上解决这个问题，还是要依靠科技，大力提高农业生产力水平，彻底改变“靠天吃饭”的局面。

烟叶“提质 增香”烘烤技术研究

贾海江[1]，韦建玉[1]，耿富卿[1]，刘录春[2]，齐永杰[1]，黄　武[1]

（1. 广西卷烟总厂技术中心；2. 贺州市烟草公司）

摘　要：本试验重点研究了成熟采收、烘烤工艺和烘烤设备三个方面对烟叶质量的影响。研究结果表明：在烟叶成熟采收方面，下部叶采收存在过晚现象，若提前2～4d，在50～55d采收，烟叶质量将会有较大提高，上部叶也存在早采现象，应推后5～6d采收较适宜；在烘烤工艺方面，将变黄后期（干球温度39～42℃）和定色后期（干球温度在52～55℃）的烘烤时间延长3～4 h，总糖、还原糖都有明显下降，淀粉、蛋白质的含量也呈显著下降趋势；在烘烤设备方面，改进烟夹后的密集烤房能省工省时，提高效益，改善烟叶质量。

关键词：烟叶；采收；烘烤工艺；烘烤设备

近年来，随着先进生产技术的引进和烟农素质的不断提高，我国烟叶的生产水平不断提高，这是生产优质烟叶的基础。田间获得的优质叶片，如果没有科学的调制过程与之配合，也很难生产出色香味俱佳的优质烤烟。所以，在某种意义上讲，烟叶烘烤调制过程是生产优质烟叶的关键步骤。科学的烘烤调制技术是以烟叶的成熟采收、烤房的标准化建设以及科学的三段式烘烤工艺为基础的[1]。本试验针对当前广西地区烟叶烘烤中存在的问题，对烘烤的三要素进行了具体研究。通过本试验研究，将最大限度地体现和发挥出烟叶在农艺过程中积累起来的质量潜势，达到“烤熟、烤黄、烤香”的目的。

1　试验材料和方法

1.1　试验材料

试验地设在贺州市富川县朝东镇黄宝村烤烟种植片区。试验田土壤为沙壤土，肥力中等，供试品种为云烟85。试验于2004—2005年进行，3月5日移栽。田间管理按优质烤烟栽培生产技术规范操作。

1.2　试验方法

（1）成熟采收试验。下部叶、中部叶、上部叶分别设置5个成熟度处理。按采收时间顺序依次设为成熟Ⅰ、成熟Ⅱ、成熟Ⅲ、成熟Ⅳ、成熟Ⅴ，两个成熟度之间依次间隔3d采收。其中成熟Ⅲ为当前烟农的采收标准。烤后取各个成熟度烟叶样品，对烟叶样品进行化学分析和评吸。

（2）烘烤工艺试验。在当前烟农烘烤工艺的基础上，对变黄后期（干球温度 39～42℃）和定色后期（干球温度在 52～55℃）[2]的烘烤时间分别延长 3～4 h。研究该延长期对淀粉、蛋白质、糖含量的影响。烤后取烟叶样品，对烟叶样品进行化学分析和评吸。

（3）烘烤设备。分别采用密集烤房和标准化烤房对烟叶进行烘烤，烤后取烟叶样品，对这两种样品进行物理检测、化学分析和评吸。根据试验结果研究当前密集烘烤存在的问题，改善密集烘烤设备，完善烟叶烘烤设施标准。

2 结果与分析

2.1 成熟采收结果与分析

2.1.1 下部叶成熟采收结果与分析

2.1.1.1 下部叶成熟采收初烤烟化学分析 从化学分析数据（表 1）来看，成熟Ⅱ质量最好，化学成分更为协调，成熟Ⅰ采收出现了蛋白质难分解的现象，成熟Ⅱ与当前烟农普遍采取的成熟Ⅲ相比，糖类有所下降，总糖、还原糖均下降约 2%，糖/碱比值下降了 1.18%。成熟Ⅳ、成熟Ⅴ明显地表现出了内含物的流失，属于严重过熟的叶片，质量也随之下降。

表 1 下部叶成熟采收数据表

样品名称	总糖（%）	还原糖（%）	总氮（%）	烟碱（%）	蛋白质（%）	淀粉（%）	糖/碱比值	氯（%）
成熟Ⅰ	24.68	24.09	1.69	1.31	9.15	4.49	18.88	0.26
成熟Ⅱ	24.00	23.11	1.42	1.43	7.33	3.56	16.78	0.2
成熟Ⅲ	26.04	25.39	1.37	1.45	7.00	3.52	17.96	0.19
成熟Ⅳ	23.34	22.47	1.42	1.38	7.39	3.46	16.91	0.18
成熟Ⅴ	19.77	18.33	2.08	1.5	11.38	3.47	13.18	0.2

2.1.1.2 下部叶成熟采收初烤烟评吸结果分析 成熟Ⅰ、成熟Ⅱ的评吸总体感觉最好，成熟Ⅲ、成熟Ⅳ中等，成熟Ⅴ稍差。主要表现在：成熟Ⅰ、成熟Ⅱ香气量好，浓度好，余味舒适，协调性好；成熟Ⅰ、成熟Ⅱ之间无明显差异；成熟Ⅴ刺激性较大，余味欠舒适。

2.1.1.3 下部叶成熟采收初烤烟外观质量评价 成熟Ⅰ、成熟Ⅱ、成熟Ⅲ烟叶外观质量较好，较其他两者主要表现在油分好，弹性好，光泽好。成熟Ⅳ质量中等，成熟Ⅴ质量稍差，主要表现在油分少，易破碎。

综合化学分析、评吸结果和外观质量评价等三方面来看，成熟Ⅱ质量最好，成熟Ⅰ质量较好，成熟Ⅲ质量中等，成熟Ⅳ质量稍差，成熟Ⅴ质量最差。因此从成熟采收来看，当前烟农确实存在着下部叶采收过晚的现象，如果能提前 2～4d 采收，下部烟质量将会有较大提高。

2.1.2 中部叶成熟采收结果与分析

2.1.2.1 中部叶成熟采收初烤烟化学分析 从化学分析数据（表 2）来看，成熟Ⅲ、成熟Ⅳ质量最好，化学成分更为协调。成熟Ⅰ、成熟Ⅱ烟叶蛋白质含量较高，均在 11%以上。成熟Ⅲ、成熟Ⅳ、成熟Ⅴ出现了烟碱依次升高的趋势，成熟Ⅴ表现出了烟碱过高、内含物下降的现象。

表 2 中部叶成熟采收数据表

样品名称	总糖（%）	还原糖（%）	总氮（%）	烟碱（%）	蛋白质（%）	淀粉（%）	糖/碱比值	氯（%）
成熟Ⅰ	25.47	23.78	2.24	2.25	11.36	3.56	11.32	0.24
成熟Ⅱ	28.16	25.54	2.18	2.13	11.33	4.2	13.22	0.3
成熟Ⅲ	26.51	24.43	1.94	2.09	9.87	3.47	12.68	0.23
成熟Ⅳ	25.78	24.03	2.02	2.36	10.07	4.08	10.93	0.26
成熟Ⅴ	24.32	23.21	1.98	2.42	9.76	3.98	10.05	0.21

2.1.2.2 中部叶成熟采收评吸评价 成熟Ⅱ、成熟Ⅲ、成熟Ⅳ评吸总体感觉质量较好，成熟Ⅳ、成熟Ⅴ质量稍差。主要表现在：成熟Ⅱ、成熟Ⅲ、成熟Ⅳ杂气比较小，枯焦味比较轻，香气量较足，香气较清晰，其中成熟Ⅲ余味较其他更为舒适。成熟Ⅰ、成熟Ⅴ质量较差，主要表现在杂气较重，刺激性比较大，余味欠舒适。

2.1.2.3 中部叶成熟采收外观质量评价 成熟Ⅲ、成熟Ⅳ总体感觉外观质量较好，主要表现在结构更为疏松，身份适中，弹性好，油分较好，色泽鲜亮，橘色烟比例高。成熟Ⅱ质量中等，成熟Ⅰ、成熟Ⅴ质量比较差。

综合化学分析、评吸结果和外观质量评价等三方面来看，成熟Ⅲ质量最好，成熟Ⅱ，成熟Ⅳ质量中等，成熟Ⅰ、成熟Ⅴ质量稍差。因此从成熟采收来看，当前烟农对中部叶采收是比较合理的，能够准确地把握采收时机。

2.1.3 上部叶成熟采收

2.1.3.1 上部叶成熟采收初烤烟化学分析 从化学分析数据（表 3）来看，成熟Ⅲ、成熟Ⅳ、成熟Ⅴ质量较好，化学成分更为协调。成熟Ⅰ、成熟Ⅱ烟叶的烟碱、淀粉、蛋白质含量均比较高。

表 3 上部叶成熟采收数据表

样品名称	总糖（%）	还原糖（%）	总氮（%）	烟碱（%）	蛋白质（%）	淀粉（%）	糖/碱比值	氯（%）
成熟Ⅰ	26.04	24.37	3.25	3.58	16.49	5.98	7.27	0.15
成熟Ⅱ	27.56	25.24	3.47	3.46	17.95	5.53	7.97	0.18
成熟Ⅲ	28.43	26.78	3.14	3.27	16.1	4.57	8.69	0.21
成熟Ⅳ	27.35	25.83	2.96	3.14	15.11	4.79	8.71	0.19
成熟Ⅴ	28.45	26.34	3.09	2.98	16.1	4.58	9.55	0.23

2.1.3.2 上部叶成熟采收评吸评价 总体评吸感觉成熟Ⅰ、成熟Ⅱ、成熟Ⅲ、成熟Ⅳ、成熟Ⅴ烟叶质量依次有所提高，成熟Ⅴ质量最好，主要表现在：香气较清晰，香气质较好，香气量较足，劲头适中，刺激性较小，枯焦味比较轻，余味较舒适。成熟Ⅰ有一定的青杂气。

2.1.3.3 上部叶成熟采收外观质量评价 成熟Ⅰ、成熟Ⅱ、成熟Ⅲ、成熟Ⅳ、成熟Ⅴ之间的差异主要表现在油分、结构和身份上，成熟Ⅳ、成熟Ⅴ的油分较足，结构比较疏松，身份适中；成熟Ⅰ、成熟Ⅱ、成熟Ⅲ身份有些偏厚，结构疏松度欠缺。其中成熟Ⅰ质量最差，难变黄，有青筋现象，含青程度由成熟Ⅰ到成熟Ⅴ依次降低，色度依次增强。

综合化学分析、评吸结果和外观质量评价等三方面来看，从成熟Ⅰ到成熟Ⅴ烟叶质量依次升高，成熟Ⅴ质量最好，成熟Ⅳ较好。因此从成熟采收来看，当前烟农对上部叶采收存在早采现象，应当再推后 5～6d 采收较适宜。

2.2 烘烤工艺研究结果与分析

变黄、定色期研究化学数据分析：从数据（表 4）来看，下部叶、中部叶、上部叶的试验样（进行了延时烘烤）与对照样（同质烟，未进行延时烘烤）相比，总糖、还原糖有所下降，淀粉、蛋白质的含量也成下降趋势，可见试验处理对淀粉、蛋白质和糖类的影响是存在较明显正相关的。从烟叶评吸质量来看，试验样的香气较对照样清晰，香气风格较突出，杂气有所降低，协调性较好。烟叶的外观质量没有明显差异。

表 4　试验样品化学分析数据表

样品名称		总糖（%）	还原糖（%）	淀粉（%）	蛋白质（%）
下部叶	试验	24.65	23.12	2.97	7.30
	对照	25.32	23.76	3.21	7.84
中部叶	试验	25.62	24.49	3.84	7.56
	对照	26.86	25.04	4.36	8.43
上部叶	试验	27.47	25.93	4.18	8.36
	对照	28.43	26.78	5.25	10.72

2.3 烘烤设备研究

密集化烘烤是当前中国烟草发展的新趋势，但目前还存在着不少问题[3]，本次试验重点研究了烟夹、装烟密度，烟叶表面通风。

烟夹的设计原则：根据烟叶叶柄与其面积呈正比的关系，让每片烟叶的基部紧密有序地排列在烤房中，使其叶尖向下，叶基向上，自然合理放置，保证叶片与叶片之间有一定的间隙，烟叶之间的疏密一致，使通过烟叶表面的风速和风量基本相同，受热均匀，排湿顺畅[4]，并在整个烘烤过程中，不受任何因素的影响，保证烟叶质量的完美体现，且操作简单、省时、省工。

烘烤后的烟叶外观质量明显得到改善，标准化烤房均价为 11.68 元/kg，使用新烟夹的密集烤房均价为 13.21 元/kg，增高 1.53 元/kg；上等烟比例提高 13.329 个百分点；中上等烟比例合计增高 5.71 个百分点；每烘烤 1kg 干烟比标准化烤房烘烤成本节约 0.22 元；另外装烟容量得到了增大，折合相同面情况下，积容量增大了 168%。从烟叶整体的外观和化学分析质量来看，使用我们自行设计的烟夹避免了传统密集烘烤中出现的油分少、平滑的问题，并能起到降低淀粉、蛋白质的作用。

3 小结与讨论

3.1 小结

（1）成熟采收。当前下部叶确实存在着采收过晚的现象，如果能提前 2～4d 采收，下部烟质量将会有较大提高。烟农采收下部叶采收大多在55～60d，试验表明广西地区下部叶的叶龄应该在50～55d采收；烟农对中部叶采收是比较合理的，能够准确地把握时机；上部叶采收存在早采的现象，应当再推后5～6d采收比较适宜。成熟采收应遵循“下部叶抢收，中部叶稳收，上部叶养收”的原则。适宜的采摘时间：下部叶采摘结束后，停炕7～10d，让中部叶充分成熟后采摘；中部叶采摘结束后，停炕10d左右，让上部叶充分成熟。云烟85成熟特征与采收成熟度外观标准为：下部叶适当早采，叶色由绿转为淡绿，主脉1/3变白；中部叶成熟采收，叶色由绿转黄绿色，主脉4/5变白发亮，支脉1/3以上变白，叶面发皱茸毛脱落，叶尖下垂，叶片弯垂呈弓形；上部叶充分成熟采收，叶色明显落黄，成熟斑明显，主脉全白发亮，支脉1/2以上变白，叶片下垂。

（2）烘烤工艺。延长烘烤变黄后期（干球温度39～42℃）和定色后期（干球温度在52～55℃）烘烤时间3～4 h，总糖、还原糖都有所下降，淀粉、蛋白质的含量也呈下降趋势，针对全区烟叶淀粉、蛋白质含量偏高的问题应延长变黄后期烘烤时间，对于总糖、还原糖含量偏高的片区也有必要延长定色后期的烘烤时间。

（3）烘烤设备。使用新烟夹的大烤房能起到降低劳动强度，增加种烟效益，改善烟叶质量的作用。

3.2 讨论

（1）成熟采收中存在问题，最主要的原因是全区烟叶生产各个片区都没有把以烟为主的耕作制度建立起来，下部叶成熟采收时烟农忙与其他农活，采收不及时，上部叶存在抢收的现象也是因为农民要急于收田种植晚稻，同时部分烟农对成熟采收也存在着一定的认识误差。此外，还应该加强平衡施肥研究，使田真正能够养得出烟叶成熟度。

（2）延长变黄后期烘烤时间是非常必要的，但烟农只从外观上观察烟叶变黄，不了解烟叶的内部变化规律，不能烤出优质的烟叶，应该加强对烟农烤烟的管理和技术服务。

（3）密集化烘烤中对烟夹的改造是成功的，但是装烟密度还有需要探讨的东西，应适当加大密度，使降低劳动强度的作用更加明显。同时更大限度地提高烟叶烘烤质量。

参考文献

［1］魏崇荣，杨发彦，徐嘉彦，等．烤烟栽培与烘烤［M］．北京：国际文化出版公司，1992.

［2］董志坚，陈江华，宫长荣．烟叶烘烤过程中不同变黄和定色温度下主要化学组成变化的研究［J］．中国烟草科学，2000，21（3）：21－24.

［3］宋朝鹏．烟叶特殊的烘烤工艺［EB/OL］．www.tobaccochina.com/culture/encyclopedia/knowledge.［2009－12－28］.

［4］宫长荣，李锐．烟叶普通烤房部分热风循环的应用研究［J］．河南农业大学学报，1998，32（2）：162－166.

乙烯利和烘烤方法对靖西烤烟上部叶质量的影响

王能如[1]，徐增汉[1]，李章海[1]，韦建玉[2]，周效峰[2]，杨启港[2]，林北森[3]

（1. 中国科学技术大学烟草与健康研究中心，合肥　230052；
2. 广西卷烟总厂技术中心，柳州　545005；
3. 广西壮族自治区烟草公司靖西营销部，靖西　533800）

摘　要：在广西靖西县开展了上部烟叶乙烯利处理和烘烤方法试验。结果表明，在靖西特殊情况下采用“低温慢烤”，可使上部烟叶顺利变黄，充分成熟，烟叶等级显著提高，淀粉含量显著下降，蛋白质含量大幅度降低，石油醚提取物明显增加，总挥发酸提高，总挥发碱下降，化学成分变得协调，内外观质量有很大改善。同时，烤前提前2d喷施质量分数为200mg/kg的乙烯利溶液，能使烟叶顺利后熟，化学成分的适宜性和协调性得到改善。

关键词：烤烟；上部叶；质量；乙烯利；烘烤方法

广西壮族自治区靖西县不仅是优质烤烟生产大县，也是全国烤烟生产标准化示范县之一。该县烤烟生产总体水平较高，但由于实行“一烟一稻”种植模式，不少烟农为尽早栽插水稻，往往提前采收上部烟叶。这样一来，上部烟叶难以烤熟，含青烟叶较多，淀粉含量较高，内在化学成分不易协调。为解决这个问题，笔者于2003年开展了乙烯利催黄和烘烤工艺对比试验。

1　材料与方法

1.1　鲜烟来源

试验在靖西县坡豆乡地州村进行，鲜叶取自广西卷烟总厂的烤烟示范田。烟株呈“中棵”长相，生长清秀，分层落黄，成熟整齐，采收时，烟叶已达到“生理成熟”状态。

1.2　试验处理

采用2座式样规格相同的自然通风普通烤房进行试验。第1座烤房采用“低温慢烤”法进行烘烤（处理A），第2座烤房是当地烟农的“高温快烤”法。在“高温快烤”的烤

作者简介：王能如（1958—），男，安徽庐江人，副教授，从事烟草调制和品质研究。

房中烘烤 2 种烟叶：一种是在烘烤前 2d 用浓度为 200mg/kg 的乙烯利喷施过的烟叶（处理 B）；另一种是没有经过任何处理的烟叶（处理 C，CK）。2 座烤房的烘烤控制过程见表 1。

表 1　2 种烘烤方法的烘烤过程

处理	变黄期控制	定色期控制	干筋期控制
低温慢烤（A）	装烟后关闭门窗，20 h 以后点火。点火后以 0.5℃/h 速度升温到 36℃（干湿差 1～2℃）稳住，直到底棚烟叶黄片青筋。此后以 0.5℃/h 升温（干湿差 2℃），在 40℃使底棚烟叶全黄、主脉变软在 42℃（湿球 38℃）使二棚烟叶全黄，主脉变软 烘烤时间 65 h	以 0.5℃/h 速度升温到 45～46℃（湿球保持 39℃）稳住，使二棚烟叶小卷筒再以 0.5～1℃/h 升到 53℃（湿球保持 39℃）稳温 12 h 以上，使全炉烟叶干片 烘烤时间 41 h	全部烟叶干片后，以 1℃/h 升温到 66～68℃（湿球控制在 42℃左右）稳温，直至顶棚烟叶干筋 烘烤时间 39 h
高温快烤（B）	点火前关闭门窗。点火后，干球以 0.5～1℃/h 直接升到 38℃稳住（干湿差 1～2℃），使底棚烟叶变为黄片青筋。然后，将地窗开放 1/3～1/2，并以 0.5℃/h 升到 42℃稳住（湿球保持 38℃），使二棚烟叶黄片青筋，勾尖卷边，部分烟叶小卷筒 烘烤时间 51 h	以 0.5℃/h 速度升温到 46～47℃（湿球 38～39℃）稳住，让顶棚烟叶全黄并勾尖。然后以 0.5℃/h 升温到 54～55℃稳住（湿球 40～41℃），直到整炉烟叶干片。 烘烤时间 35 h	全部烟叶干片后，干球温度以 1℃/h 升到 68℃并稳住（湿球温度保持 42～43℃），直到全炉烟叶干筋 烘烤时间 39 h

1.3　质量考查

烤后烟叶按国家烤烟分级标准（GB 2635—92）进行分级，取 B2F 等级进行化学成分分析。

2　结果与分析

2.1　不同处理对烤后烟叶成熟程度和等级结构的影响

烟叶颜色在很大程度上能够反映烤后烟叶成熟程度。经烤后统计，处理 A 烟叶几乎全部变黄，只有极少数叶片微带青，叶面干净，杂色叶少；处理 B 烟叶全部变黄，但烤后杂色叶比例稍高，说明该处理有部分烟叶容易过熟；处理 C 烤后杂色叶最少，但最容易烤青，含青烟叶数量高达 1/4 以上，且浮青较多，结构紧密，色度差，成熟度低。烟叶等级比例能够反映不同处理对烤后烟叶外观质量的影响。由表 2 可见，处理 A 上等烟和上中等烟比例在 3 个处理中最高，处理 B 次之，处理 C 最低。其中，A、B 2 个处理的上等烟比例比处理 C 分别提高了 24.40%和 15.66%，上中等烟比例比处理 C 分别提高了 17.18%和 13.11%。可见，低温慢烤和乙烯利处理在当地特定条件下能明显改善上部烟叶外观质量。

表 2　不同处理烤后烟叶外观质量及等级结构（%）

处理	黄烟	含青烟	杂色烟	上等烟	上中等
A	97.57	2.43	10.36	40.31	89.64
B	100.00	0.00	14.43	31.57	85.57
C	73.50	26.50	7.45	15.91	72.46

2.2　不同处理对烤后烟叶化学特性的影响

烟叶质量是由烟叶化学成分含量及其相互之间的平衡协调性所决定的，表 3 是不同处理烤后烟叶化验结果及重要比值。从表 3 可以看出，不同处理对烤后烟叶化学特性有较大影响。

表 3　各处理烤后烟叶化学成分含量及重要比值

处理	淀粉（%）	总糖（%）	总 N（%）	烟碱（%）	蛋白质（%）	总挥发酸（%）	总挥发碱（%）	醚提物（%）	糖/碱	施木克值
A	4.86	18.82	2.12	3.40	9.60	0.61	0.42	9.20	5.54	1.96
B	4.97	20.85	2.59	3.37	12.55	0.53	0.47	9.44	6.19	1.66
C	5.81	17.18	3.33	4.01	16.50	0.55	0.45	8.81	4.28	1.04

2.2.1　对淀粉、总糖含量的影响　淀粉、总糖是烟叶中的重要碳水化合物。烤后烟叶中的淀粉含量与采收成熟度及烘烤后熟程度关系密切，是烤后烟叶是否充分成熟的重要标志之一。初烤烟叶中的淀粉含量通常在 2%～8%，含量超过 5%时被认为对烟叶品质不利[1]。可见，上部烟叶淀粉含量最好不超过 5%。由表 3 可见，处理 A、B 烤后淀粉含量均低于 5%，只有处理 C 明显偏高。与处理 C 相比，处理 A、B 的淀粉含量分别降低了 16.35%和 14.46%。说明试验采用的低温慢烤和乙烯利处理能明显提高烟叶成熟度。

一般认为，烤烟烟叶中的总糖含量以 18%～24%较为理想[2]。过低时烟味刺呛，过高时烟气酸性过强。对比试验结果，以处理 A、B 总糖含量比较适宜，处理 C 略显偏低。

2.2.2　对总氮、烟碱和蛋白质含量的影响　总氮、烟碱和蛋白质是烟叶中的重要含氮化合物。目前认为，烤烟总氮含量以 2.5%最为合适[2]。该试验中，处理 C 总氮含量偏高，处理 A、B 均较适宜。烟碱是烟草的独特成分。烤烟烟碱含量以 1.5%～3.5%较为合适[3]。其中，上部烟叶的烟碱含量不宜超过 3.5%。烟碱含量过高，烟味粗糙，刺激性大，但含量过低时劲头小，烟味淡。从表 3 可以看出，处理 A、B 的烟碱含量都较适宜，唯有处理 C 烟碱含量明显偏高。蛋白质对烟叶品质影响较大。其含量过高，烟气碱性强，刺激性大，甚至出现蛋白臭，对烟叶品质非常不利；蛋白质含量过低会使烟气酸性过强，也有不利影响。一般认为，优质烤烟的蛋白质含量最好在 6%～8%[2]。该试验中，处理 A 蛋白质含量比较适宜，处理 B、C 均超过适宜含量范围，特别是处理 C 含量太高，几乎为处理 A 的 2 倍。

2.2.3　对总挥发酸和总挥发碱含量的影响　总挥发酸对烤烟品质比较有利。一般而言，其含量高，烟质好。该试验以处理 A 含量最高，处理 C 次之，处理 B 最低。烤烟总挥发碱的适宜含量为0.30%~0.60%，含量低时烟味平淡或粗糙，含量高时烟气浓烈，刺激性强[3]。从表3可以看出，各处理的总挥发碱含量均在适宜范围之内，且相互差异不大，说明试验处理对其没有明显影响。

2.2.4 对石油醚提取物含量的影响 醚提物中含有很多香味物质，其含量越高，烟叶香味越好。从表3可以看出，该试验各处理烤后烟叶中的醚提物含量都较高，说明靖西烟叶香气水平普遍较高，但处理B醚提物最高，处理A次之，处理C最低。处理A、B分别比处理C高4.43%和7.15%。

2.2.5 对糖碱比值和施木克值的影响 糖碱比值是反映烟叶酸碱平衡特性的一个重要指标。美国学者认为，烤烟烟叶中的糖碱比值以6~10为好，接近10的最好[3]。不过，在整株烟草中，上部烟叶的糖碱比值总是最低。在该试验条件下，处理A比值为5.54，处理B比值为6.19，处理C只有4.28，可见，处理B最好，处理A次之，处理C最不协调。施木克值是烟叶总糖与蛋白质含量的比值，它也反映烟叶酸碱协调关系。一般认为，在一定范围内（一般不超过2.0），同一地区的烟叶，此值高时烟质好，吃味佳[3]。从表3可见，处理A施木克值最好，处理B次之，处理C最差。由上可见，无论采用“糖碱比值”还是“施木克值”来进行评判，都显示处理A、B化学成分比较协调，处理C则不够协调。

3 小结

（1）试验结果表明，在靖西县特殊条件下烘烤上部烟叶，以“低温慢烤”法比较合适。该法可使上部烟叶顺利变黄，充分成熟，等级结构显著改善，淀粉含量显著下降，蛋白质含量大幅度降低，石油醚提取物明显增加，总挥发酸提高，总挥发碱下降，化学成分变得协调。

（2）对于达到生理成熟的上部烟叶，烤前提前2d喷施质量分数为200mg/kg的乙烯利溶液，能使烤后烟叶成熟度提高，化学成分含量的适宜性和协调性得到改善。所以，在靖西特定条件下，可以使用乙烯利处理上部烟叶，但是，要注意把握乙烯利的使用时间、使用浓度及其用量，防止过度催熟烟叶导致严重挂灰和大量杂色。

参考文献

[1] 邓云龙，崔国民，张树堂．不同烘烤设备及其配套烘烤工艺对烟叶淀粉含量的影响［J］．云南农业大学学报，2004（1）：63-67.

[2] 王能如，徐增汉，周慧玲，等．烟叶调制与分级［M］．合肥：中国科学技术大学出版社，2002：198-202.

[3] 肖协忠．烟草化学［M］．北京：中国农业科学技术出版社，1997：50-52.

（原载《安徽农业科学》2007年第29期）

烤烟香气风格的研究进展

金亚波，韦建玉，李桂湘

（广西中烟工业有限责任公司技术中心，南宁 530001）

摘　要：通过综述烤烟香气风格的评价方法及生态环境、化学成分、栽培和遗传因素与烤烟香气风格的关系，发现目前有关烤烟香气风格的研究主要集中于香气物质本身及香气物质与环境因子、栽培技术措施的关系，且多为单一因素的描述结果；而有关烟叶香气风格形成的机理及其是否受基因控制等方面尚未清楚。因此，今后应加强烤烟香气风格形成代谢、分子机理方面的深入研究，探讨香气风格的形成途径及调控基因，并针对不同区域特色烟叶香气风格进行定量化、规范化研究。

关键词：烤烟；香气风格；评价方法；影响因素

我国地域辽阔，南北气候差异大，生态环境多样，不同地域生态环境特点彰显了不同烟叶特色，为中式卷烟的发展提供了富有地方标志的优质烟叶。1951 年，由朱尊权负责的烟草工业研究室将各种进口烟叶的香味特征与国产各地方等级烟叶的香味品质进行比较，提出了烤烟分为浓香型、清香型及中间香型 3 种（朱尊权，2009）。而后便根据烟叶的香气风格特色等把我国烟叶划分为不同的香型，也是烟叶质量评价和使用的主要依据之一，对我国烟叶生产发展和卷烟工业企业原料使用产生了深远的影响。

1　烤烟香气风格的评价方法

烤烟香气风格特色评价是现代烟草农业生产与开发的基础，也是卷烟产品配方设计和原料采购等方面的重要依据。20 世纪 50 年代，以感官评吸的评价方法将烤烟香气分为浓香型、清香型、中间香型 3 种类型。烤烟香型划分对当时烟叶及卷烟生产有很大的贡献，但对于嗜好性烟草制品来说，仅有香型划分还不够，不能体现出现代烟叶风格特色的全部内涵。如同为浓香型，广东南雄与河南南阳的烟叶香气风格仍有所不同。

近年来，随着交叉学科在烟草行业的引进及先进仪器分析手段与方法的运用，烟叶香气风格的评价方法取得了一定进展，烟叶的香型表达方式也更丰富、内涵也更广，提出了焦甜香型、清甜香型、醇甜香型、柔香型、雅香型等新的词汇与评价概念。对广泛应用于茶叶、酒等的风格特色识别和品质鉴定方面的近红外光谱分析技术和电子鼻技术（史志存等，2000；高永梅等，2008），许多学者将其用来鉴别烟草香气风格，并进行了有益的尝试。张建平等（2007）采用近红外光谱信息识别不同产地的烟叶，用于描述不同烟叶的香气风格特征。唐向阳等（2006）模拟人和动物的嗅觉功能，研发了电子鼻嗅觉检测系统，即通过对信号的感受、传输和识别，可快速提供被测样品的整体信息来分析烟草香气风格。李敏健等（2009）发现，利用电子鼻技术不仅能区分中式烤烟型、混合型和国外香型等不同类型的烟草，同时对不同生态地区不同香气风格的烟草判别率也很高。在定量评价烤烟香气风格方面，李章海等（2007）参考茶树的萜烯指数概念，建立了评判烟叶香气品质和质量特征的香气指数，为烟叶香气风格特色的分析评价提供了参考；毕淑峰等（2006）以化学成分为自变量，对不同香型烤烟进行逐步判别分析，构建了判别函数，并对判别函数的判别效果进行检验，结果表明，新样品的判别准确率达 93.3%，判别效果良好，值得在实际生产中推广应用。

2 生态环境对烤烟化学成分和香气风格的影响

随着科学技术的进步，烟草品种培育的目的性也越来越容易，但由于地域差异性，烟叶内在化学成分和香气风格特征的表现不尽一致。其主要原因在于品种基因表达程度受人为、环境因素的制约，且烟草农业作物受当前环境制约的强度更甚（邵丽等，2002）。土壤条件是影响烟叶品质和风格特色的重要因素。有研究表明，不同根际 pH 下烤烟香气化学成分含量存在明显差异，pH 6.5～7.5 烤烟香气质量最有利，pH＞8.0 时对一些重要香气成分的形成产生不良影响（任永浩等，1994），说明根际 pH 对烤烟香气化学成分及烟叶香气类型具有重大影响。此外，土壤类型、质地及土壤肥力等对烟叶化学成分和感官质量也有重要影响（赵巧梅等，2002；梁洪波等，2006）。

在昼夜相同的情况下，随着夜温的增加，烟叶中非蛋白氮含量增加，进而覆盖了致香物质发出的香气，对烤烟品质不利。这与气温日较差大的云南大部分烤烟区烤烟表现出清香的特点相似，说明昼夜温差也是影响烤烟香气风格的重要因素之一（张家智，2005）。黄中艳等（2007）研究认为，烤烟大田后期寡照、多雨、湿度大，可能是烤烟形成清香型风格的原因；而烤烟大田中后期气温明显偏高、日照偏多、雨量偏少，可能是形成浓香型风格的原因。不同纬度地区烟叶香气风格也有差异（杨虹琦等，2005a）。在云南和贵州等低纬度、高海拔地区，烤烟成熟期的温度较高、光照强度大，特别是日光中的中波紫外辐射光（UV－B，280～320 nm）强度高，有利于潜香型物质类胡萝卜素的积累。相反，黑龙江和河南等低温和紫外光强度低的地区，类胡萝卜素合成较少。说明潜香型物质的降解与清香型香气风格密切相关（杨虹琦等，2004，2005b；周冀衡等，2005）。李继新等（2009）研究了贵州不同生态区特色烟叶的品质特征，发现随着海拔高度的升高，烟叶香气风格的变化依次为中偏清香型（中低海拔）、中间香型（中海拔）、清偏中香型（中高海拔）和清香型（高海拔）。韩锦峰等（1993）的研究结果也表明，从低海拔到高海拔，潜香型物质类胡萝卜素、多酚含量增加，这与高海拔地区光强和光质量以及温度有关。光可促进类胡萝卜素物质的合成，且对其组分有重要影响作用；长光周期和远红光有利于烤烟多酚的形成，短周期和红光辐射则相反（徐昌杰和张上隆，2000）。Aderson（1969）的研究结果表明，强光照、紫外线辐射大的处理下，烤烟多酚生成较多。温永琴等（2002）认为，云南烟叶在降雨较少、光照较强的年份香气前体物石油醚提取物含量较高，表明降雨过多不利于石油醚提取物的形成，而较强的光照对石油醚提取物的形成起正效应作用。Severson等（1985）则认为，降雨较强、大，可冲掉烟叶20%以上的表面物质，降低叶片表面腺毛分泌物、二萜、糖酯和表面蜡等的含量，而这些物质是类赖百当类和类西柏烷类等香气的前体物质。李章海等（2009）通过香型指数法研究，发现生态条件差异明显是影响烟叶香型风格的主导因素。

3 烤烟香气风格与化学成分的关系

近年来，国内在有关烤烟香气风格与化学成分方面开展了许多研究工作。已有研究表明，影响烤烟香气质和香气量的主要因素有水溶性总糖、还原糖、挥发碱、总氮、氨态氮、灰分、钾、石油醚提取物、多酚类、类胡萝卜素及其降解产物、芳香族氨基酸代谢产物等（杨虹琦等，2004；周冀衡等，2004）。云南烟叶与津巴布韦烟叶在主要致香物质方面具有较高的相似性，但从单个化学成分来看，云南烟叶与津巴布韦烟叶在新植二烯、苹果酸、类胡萝卜素降解物、西柏三烯二醇、茄酮、柠檬酸和巨豆三烯酮等致香物质的含量上存在较大差异（邵岩等，2007）。

烟叶中性香味物质的组成和含量直接影响其香气风格。周冀衡等（2004）研究表明，具有清香型特色的烟叶（福建永定、云南文山）中，茄酮（具有青茶香、青香、干草香）、氧化茄酮等西柏烷类降解产物含量较高，而浓香型烟叶的含量则相对较低。这与赵铭钦等（2007）的分析结果略有不同，研究发现津巴布韦烟叶表现出明显的焦甜香，所分析的29种中性香味物质中有12种高于国内烟叶，而国内河南、湖南等浓香型风格烤烟的西柏烷类降解产物和棕色化反应产物较高，云南等清香型烤烟的类胡萝卜素降解产物含量较高。张永安等（2007）的研究则证实，清香风格和浓香风格烟叶的主要差别与多酚和醚提取物等香气前体物差异有关，但两者香气风格的表现程度与碳、氮化合物关系较密切；并认为清香与浓香之间的区别可能是香气前体物存在差异，浓香与中间香风格是碳氮化合物的差异，而清香与中间香风格则是二者兼之。王能如等（2009）的研究表明，与香型关系密切的有四甲基吡嗪、茄酮、氧化茄酮、异茂酸（呈显著正相关）。杜咏梅等（2010）的研究结果也表明，醚提物、淀粉、两糖差、氮碱比主要影响宣威产区烤烟香型风格。总之，不同香气风格烤烟常规化学成分和香气物质都存在明显差异（郭灵燕等，2010）。然而，目前关于烟叶化学成分和致香物质含量对烟叶风格特色的影响尚未取得一致认识，烟叶质量风格特征指标与烟叶品质特征的关系仍需开展更多深入研究。

4 烤烟香气风格与栽培、遗传的关系

关于烤烟香气风格与栽培、遗传方面的研究国内外报道较少。马常力等（1992）对大田期间不同烤烟成熟度处理的烟叶香型进行了探索性鉴定，在定量分析条件下，由卷烟调香师嗅评每一个香气物质主要成分的香型，共评出24个香型。周淑平等（2004）的研究表明，科学的栽培方案可提高烟叶中的致香物质含量。李章海等（2010）研究发现，在黔南烟区生态条件下，烤烟香型风格和香气底韵相对稳定，并不会因为栽培和烘烤技术的差

异而发生明显改变。长期以来，育种学者根据对特香型品系的研究也得出特香型烤烟香气性状以质量性状遗传为主的结论。常爱霞等（2004a，2004b）利用常规遗传分析和RAPD法对烤烟特殊香气性状进行遗传和分子标记探讨，遗传分析结果表明，大白筋599的特异香味性状是由部分显性基因所控制，而且符合显性单基因遗传3：1的分离规律。即特殊香气物质作为单一物质的遗传，有可能认定其遗传遵循孟德尔定律。而崔红等（2008）首次在蛋白质组学水平上探讨了不同香气风格烟叶的形成机理，并提出浓香型和清香型烟叶存在差异表达明显的蛋白。

5 展望

虽然国内外学者对烤烟香气类型的影响因素及其评价方法进行了大量研究，但主要集中于香气物质本身及香气物质与环境因子、栽培技术措施的关系，且多为单一因素的描述结果。有关烟叶香气风格形成的机理，不同香型烟叶风格特色定位及不同区域的特色差异，特别是引起烟叶香气风格代谢、与香气风格代谢的关键酶及这些酶是如何受控于环境因子（生态基础），香气风格的形成是否受基因控制等方面，目前尚未清楚。为此，今后应加强烤烟香气风格形成代谢、分子机理方面的深入研究，探讨香气风格的形成途径及其调控基因，通过DNA重组技术将控制香型香气物质的外源DNA整合到烟草体内，从而为提高烤烟的香气提供理论和实践依据。迄今为止，烟叶香气风格特征评价方法并未取得根本性突破，许多研究仍停留在感官评吸对香气风格的认识上，针对全国不同产区烟叶香气风格的评价尚未形成统一标准，因此要继续深入地对不同区域特色烟叶香气风格进行定量化、规范化研究。

参考文献

[1] 毕淑峰，朱显灵，马成泽．逐步判别分析在中国烤烟香型鉴定中的应用［J］．热带作物学报，2006，27（4）：104-107.

[2] 常爱霞，贾兴华，冯全福，等．特香型烤烟香气成分检测及香气性状遗传分析［J］．中国农业科学，2004，37（12）：2033-2038.

[3] 常爱霞，瞿永生，贾兴华．烟草RAPD反应体系优化及品种多态性标记研究［J］．中国烟草科学，2004，25（2）：9-13.

[4] 崔红，冀浩，张华，等．不同生态区烟草叶片蛋白质组学的比较［J］．生态学报，2008，28（10）：4874-4880.

[5] 杜咏梅，刘新民，王平，等．宣威产区烤烟香型风格及其主要化学指标适宜区间的研究［J］．中国烟草学报，2010，16（5）：13-18.

[6] 高永梅，刘远方，李艳霞，等．主要香型白酒的电子鼻指纹图谱［J］．酿酒科技，2008（5）：38-40.

[7] 郭灵燕，袁红星，海洋，等．河南省不同香型烟叶香气成分比较分析［J］．河南农业科学，2010（6）：40-44.

[8] 韩锦峰，刘维群，杨素勤，等．海拔高度对烤烟香气物质的影响［J］．中国烟草，1993

(3)：1-3.

[9] 黄中艳，朱勇，王树会，等．云南烤烟内在品质与气候的关系［J］．资源科学，2007，29 (2)：83-90.

[10] 李继新，潘文杰，田野，等．贵州典型生态区烟叶质量特点分析［J］．中国烟草科学，2009，30 (1)：62-67.

[11] 李敏健，沈光林，伍锦鸣，等．电子鼻技术在卷烟内在品质分析中的应用［J］．烟草科技，2009 (1)：9-13.

[12] 李章海，王定福，何崇文，等．几种栽培技术和烤房类型对 K326 香型和香气品质特征的影响［J］. 中国烟草科学，2010，31 (2)：5-9.

[13] 李章海，王能如，王东胜，等．不同生态尺度烟区烤烟香型风格的初步研究［J］．中国烟草科学，2009，30 (5)：67-70，76.

[14] 李章海，王能如，王东胜，等．烤烟香气指数的建立及其与烟叶质量特征的关系［J］．安徽农业科学，2007，35 (4)：1055-1056，1073.

[15] 梁洪波，刘昌宝，许家来，等．山东不同土壤类型对烟叶品质的影响［J］．中国烟草科学，2006，27 (2)：41-43.

[16] 马常力，韩锦峰，王瑞新，等．烤烟香气物质成分及其在成熟期间的变化［J］．华北农学报，1992，7 (2)：92-97.

[17] 任永浩，陈建军，马长力．不同根际 pH 下烤烟香气化学成分的研究［J］．华南农业大学学报，1994，15 (1)：127-132.

[18] 邵丽，晋艳，杨宇虹，等．生态条件对不同烤烟品种烟叶产质量的影响［J］．烟草科技，2002 (10)：40-45.

[19] 邵岩，宋春满，邓建华，等明．云南与津巴布韦烤烟致香物质的相似性分析［J］．中国烟草学报，2007，13 (4)：19-25.

[20] 史志存，李建平，马青，等．电子鼻及其在白酒识别中的应用［J］．仪表技术与传感器，2000 (1)：34-37.

[21] 唐向阳，张勇，丁锐，等．电子鼻技术的发展及展望［J］．机电一体化，2006 (4)：11-15.

[22] 王能如，李章海，王东胜，等．烤烟香气成分与其评吸总分和香味特征的相关性［J］．安徽农业科学，2009，37 (6)：2567-2569，2619.

[23] 温永琴，徐丽芬，陈宗瑜，等．云南烤烟石油醚提取物和多酚类与气候要素的关系［J］．湖南农业大学学报：自然科学版，2002，28 (2)：103-105.

[24] 徐昌杰，张上隆．植物类胡萝卜素的生物合成及其调控［J］．植物生理学通讯，2000，36 (1)：64-70.

[25] 杨虹琦，周冀衡，罗泽民，等．不同产区烤烟中质体色素及降解产物的研究［J］．西南农业大学学报：自然科学版，2004，26 (5)：640-644.

[26] 杨虹琦，周冀衡，杨述元，等．不同纬度烟区烤烟叶中主要非挥发性有机酸的研究［J］．湖南农业大学学报：自然科学版，2005，31 (3)：281-284.

[27] 杨虹琦，周冀衡，杨述元，等．不同产区烤烟中主要潜香型物质对评吸质量的影响研究［J］．湖南农业大学学报：自然科学版，2005，31 (1)：11-14.

[28] 张家智．云烟优质适产的气候条件分析［J］．中国农业气象，2005，21 (2)：17-21.

[29] 张建平，陈江华，束茹欣，等．近红外信息用于烟叶风格识别及卷烟配方研究的初步探索［J］．中国烟草学报，2007，13 (5)：1-5.

[30] 张永安，郑湖南，周冀衡，等．不同产区烤烟香气特征与化学成分的差异［J］．湖南农业大学学

报：自然科学版，2007，33（5）：568－571.

［31］赵铭钦，陈秋会，陈红华．中外烤烟烟叶中挥发性香气物质的对比分析［J］．华中农业大学学报，2007，26（6）：875－879.

［32］赵巧梅，倪纪恒，熊淑萍，等．不同土壤类型对烟叶主要化学成分的影响［J］．河南农业大学学报，2002，36（1）：23－26.

［33］周冀衡，王勇，邵岩，等．产烟国部分烟区烤烟质体色素及主要挥发性香气物质含量的比较［J］．湖南农业大学学报：自然科学版，2005，31（2）：128－132.

［34］周冀衡，杨虹琦，林桂华，等．不同烤烟产区烟叶中主要挥发性香气物质的研究［J］．湖南农业大学学报：自然科学版，2004，30（1）：20－23.

［35］周淑平，肖强，陈叶君，等．不同生态地区初烤烟叶中重要致香物质的分析［J］．中国烟草学报，2004，10（1）：9－16.

［36］朱尊权．“中华”卷烟的研制和生产［EB/OL］．http：//www. etmoc. com/culture/looklist. asp?id =6867.［2009－01－14］

［37］Aderson R A. Plant phenols and polyphenoloxidase in Nicotiana tabacum during greenhouse growth, field growth and air-curing［J］. Phytochemistry，1969，8：213－214.

［38］Severson R F，Johnson A W，Jockson D M. Cuticular constituents of tobacco：factors afecting their production and their role in insect and disease resistance and smoke quality［J］. Rec Advances in Tobacco Science，1985，11：105－173.

（原载《南方农业学报》2011 年第 12 期）

针式烟夹夹烟烘烤应用效果研究

周孚美

（湖南省衡阳烟草公司耒阳公司，耒阳　421800）

摘　要：通过使用针式烟夹夹烟与传统烟竿编烟进行装烟烘烤，比较两种方法间的优良差异，试验结果表明：使用烟夹夹烟操作简单，省工省时，是传统烟竿编烟速度的1～3倍，是传统烟竿解烟速度的2倍，每烤次可节省编烟用工成本350～490元，降低了种烟成本，提高了种烟的比较效益，值得推广使用；烟夹夹烟比传统烟竿编烟烘烤的每炕鲜烟总重量可增加20%～30%，烤后质量无明显差异，在烤房一定的情况下，采用烟夹夹烟比烟竿编烟可以节省燃料成本和扩大种植面积。

关键词：烟夹；夹烟烘烤；应用效果

编烟是烘烤环节中不可缺少的工序之一，是烟叶采收过程中最费工的环节，每一步都必须耐心细致[1]。长期以来，我国一直是传统的人工编烟，不但速度慢且费工费时。而烟夹编烟用烟夹为工具，大大解放了劳动力，促进了传统农业向现代化烟草农业发展[2]。为减少编烟用工，降低种烟成本，提高种烟效益，2012年5～7月本试验在耒阳市哲桥镇小岸村，采用烟夹编烟与传统编烟进行烘烤对比试验，验证不同编烟方式的烘烤成本和效益，为生产实践提供指导意义。

1　材料和方法

1.1　供试材料

云烟87号上、中、下部长势基本一致的成熟烟叶；烟夹（是用来替代传统编烟竿的一种简单工具，该试验使用的烟夹由耒阳市神农农用机械有限公司制造，耒阳市烟草公司提供）；烟竿；湘密1号烤房；煤炭。

1.2　试验方法

试验于2012年5～7月在耒阳市哲桥镇小岸村进行，选择同一农户相同部位烟叶装炉，准备2栋湘密1号密集烤房：1栋使用烟竿编烟烘烤，另1栋使用烟夹夹烟烘烤，采用三段式烘烤工艺，实行同一批人进行轮换编烟。分别记载鲜烟叶重量、耗电量、整个烘烤过程中煤炭使用数量、烘烤至下炕过程用工量以及烟叶质量。试验共设2个处理，3次重复。处理1（CK）：常规烟竿编烟烘烤。处理2：烟夹夹烟烘烤。

2 结果与分析

2.1 湘密1号编烟装烟量、烘烤成本比较

由表1中可看出，下部烟、中部烟、上部烟用烟夹夹烟每炉装鲜烟总量比烟竿编烟分别多30.8%、33.3%、30.2%。编、装烟用工分别节省了5、7、7个工，节省合人民币350、490、490元；烟夹夹烟每炉所需电费、煤炭成本比传统烟竿编烟分别少86.7、66.2、58.7元。采用烟夹比烟竿每炕总成本分别要少436.7、556.2、548.7元。

表1 夹（编）烟烘烤成本比较表

处理	部位（烤次）	编烟工具	单夹（竿）鲜烟重（kg）	装鲜烟总重（kg）	编装烟用工数（个）	烘烤用电成本（元）	烘烤用煤成本（元）	总成本（元/炕）	备注
处理2	下部（2）	烟夹	10	3 060	4.0	110.4	600	990.4	306夹/炕
	中部（4）	烟夹	14	4 480	6.0	138.8	550	1 108.8	320夹/炕
	上部（6）	烟夹	15	5 040	6.0	131.3	500	1 051.3	336夹/炕
处理1	下部（2）	烟竿	6	2 340	9.0	122.1	675	1 427.1	390竿/炕
	中部（4）	烟竿	8	3 360	13.0	180	575	1 665	420竿/炕
	上部（6）	烟竿	9	3 870	13.0	165	525	1 600	430竿/炕

注：劳动力价格按照70元/个，小煤球0.5元/个，电费0.6元/度计算（全部按照当地价格）。

2.2 烟夹夹烟与烟竿编烟速度对比

从表2中可以看出，烟夹夹烟是烟竿编烟速度的近2倍，且编（夹）烟的质量没有明显差异。

表2 烟夹夹烟与烟竿编烟速度对比表

试验处理	部位（烤次）	夹持效率	残伤破损率（%）	烟叶分布的均匀程度	烘烤过程中掉烟叶（kg）
处理2	下部（2）	20.20	1.22	较均匀	0.32
	中部（4）	18.35	1.11	较均匀	0.20
	上部（6）	19.15	0.88	较均匀	0.20
处理1	下部（2）	38.15	1.15	较均匀	0.44
	中部（4）	35.40	1.12	较均匀	0.35
	上部（6）	35.10	1.22	较均匀	0.30

注：夹持效率为每分钟每3人100kg。

2.3 烟夹夹烟与烟竿编烟的装烟效率及装烟质量对比

由表3中可以看出，采用烟夹夹烟是烟竿编烟的装炕速度的近3倍，装烟质量没有明显差异。

表3 烟夹夹烟与烟竿编烟的装烟效率及装烟质量对比表

试验处理	部位（烤次）	装烟时间（每100kg，min）	残伤破损率（%）	烟叶分布的均匀程度
处理2	下部（2）	8.21	1.11	较均匀
	中部（4）	8.30	0.85	较均匀
	上部（6）	8.30	0.80	较均匀
处理1	下部（2）	20.2	1.88	较均匀
	中部（4）	25.5	0.75	较均匀
	上部（6）	28.5	0.70	较均匀

2.4 编烟、烘烤效果比较

由表4可看出，烟夹夹烟与烟竿编烟的下部叶、中部叶、上部叶烤后原烟的上中等烟比例没有显著差异；烟夹夹烟与烟竿编烟的烘烤的鲜干比也没有明显差异。即标准化操作方式下两种不同编烟方式所烘烤出来的烟叶质量无明显差异。

表4 烟夹编烟和烟竿编烟的烘烤后效果比较表（湘密1号烤房）

处理	部位（烤次）	干烟总重/（kg/炕）	上等烟重量（kg）	中等烟重量（kg）	上中等烟比例（%）	鲜干比
处理2	下部（2）	245.0	0	191	77.9	12.5∶1
	中部（4）	492.5	230	180	83.2	9.1∶1
	上部（6）	741	340	350	93.2	6.8∶1
处理1	下部（2）	192	0	153	79.6	12.2∶1
	中部（4）	373.5	210	101	83.3	9.0∶1
	上部（6）	569	261	264	92.3	6.8∶1

2.5 烟夹夹烟与烟竿编烟的解烟效率

此表可见，烟夹夹烟比烟竿编烟在解烟效率上可提高近1倍，并且操作比较简单。

表 5　烟夹夹烟与烟竿编烟的解烟效率比较表

试验处理	部位（烤次）	每 100kg 解烟时间（min）	解烟的繁琐程度
处理 2	下部（2）	18.52	较简单
	中部（4）	18.10	较简单
	上部（6）	15.50	较简单
处理 1	下部（2）	35.67	繁琐
	中部（4）	32.50	繁琐
	上部（6）	32.20	繁琐

注：解烟的繁琐程度分为繁琐、较繁琐、较简单、简单。

3　讨论

试验结果表明，使用烟夹夹烟操作简单，省工省时，是传统烟竿编烟速度的 1～3 倍，是传统烟竿解烟速度的 2 倍，每烤次可节省编烟用工成本 350～490 元，降低了种烟成本，提高了种烟的比较效益，值得推广使用；烟夹夹烟比传统烟竿编烟烘烤的每炕鲜烟总重量可增加 20％～30％，烤后质量无明显差异，在烤房一定的情况下，采用烟夹夹烟比烟竿编烟可以节省燃料成本和扩大种植面积。

使用烟夹编烟时，要将鲜烟叶的柄端对齐，自然铺放到夹内，烟夹内铺放的烟叶要均匀，烟夹两端适当加厚。烟叶铺满后，垂直、稳、准地将梳针插下，即可固定烟叶。梳针露尖，再用铁丝圈套固定烟夹完后容易掉烟。针对这一情况，建议改进烟夹：（1）选取较硬、防弯曲、防生锈的烟针；（2）烟夹锁扣建议为钢材。此方法速度快，使用方便，节省劳力，结构简单、经久耐用、经济效益明显。另外烟夹夹烟的重量控制在 10～16kg/夹，不可过量，否则容易烤坏烟，特别是下部烟叶最好是控制不大于 10kg/夹，以便排湿通畅。

试验发现烟夹装烟烘烤丝改成钢片会有利于操作和增加锁扣的紧固性。

采用烟夹夹烟比传统烟竿编烟增加鲜烟量 30％左右的情况下，烟夹烘烤的干筋速度比烟竿快，可以节省煤炭和用电量，其原理有待进一步探讨。

参考文献

[1] 崔国民．如何采烟、编烟、装烟［J］．云南农业，2006（10）：17.

[2] 甄焕菊，李广才，白建保，等．烟叶调制工［M］．北京：中国农业科学技术出版社，2001：46－47.

[3] 郭全伟，侯跃亮，宗树林，等．密集烤房在烘烤实践中的应用［J］．中国烟草科学，2005，26（3）：15－16.

[4] 王建安，余金恒，代丽，等．普通标准化烤房改造为密集式烤房适宜装烟密度研究［J］．河南农业科学，2008（1）：37－39.

[5] 王方峰，谭青涛，杨杰，等．不同气流运动方向密集烤房与普通烤房对比研究［J］．中国烟草科学，2007，28（2）：17－18.
[6] 王汉文，李桐，韩永镜，等．烤烟密集烘烤及其配套技术［M］．合肥：中国科学技术大学出版社，2006.
[7] 孙建锋，吴中华，张振研，等．不同编烟方式对烤烟烘烤成本及经济性状的影响［J］．江西农业学报，2011，23（6）：24－27.
[8] 卢贤仁，谢已书，李国彬，等．不同装烟密度对散叶密集烘烤烟叶品质及能耗的影响［J］．贵州农业科学，2011，39：55－57.
[9] 谢已书，邹炎，李国彬，等．密集烤房不同装烟方式的烘烤效果［J］．中国烟草科学，2010，31（3）：67－69.
[10] 徐秀红，王林立，王传义，等．密集烤房不同装烟方式对烟叶质量及效益的影响［J］．中国烟草科学，2010，31（6）：72－74.
[11] 王学龙，宋朝鹏，潘建斌，等．散叶烤房系列研究［J］．中国农学通报，2007，23（1）：319－321.

（原载《江西农业学报》2013年第2期）

密集烘烤烟叶变黄程度对烟叶工业可用性质量的影响

韦建玉[1]，聂荣邦[2]，金亚波[1]，李永富[3]，
阳向馗[3]，刘　强[3]，戴勇强[3]，胡润岭[3]

（1. 广西中烟工业有限责任公司，南宁　530001；2. 湖南农业大学，长沙　410128；
3. 湖南省烟草公司邵阳市公司，邵阳　422000）

摘　要： 于 2010 年进行了密集烘烤烟叶变黄程度对烟叶工业可用性质量影响的研究。设置在烘烤过程变黄阶段，当干球温度 38℃、湿球温度 36℃，烟叶基本变黄时，继续稳温，延长变黄时间达 8～32 h 处理。另设对照 1（CK1）为常规烘烤，对照 2（CK2）为不进行烘烤，只是采收后立即用烘箱烘干。烤后烟叶进行分级、化学成分分析和评吸鉴定。试验结果表明：烟叶干物质消耗线性增加，大部分淀粉在烟叶基本变黄时就分解了，在变黄延时过程中继续分解。与之相关的是，下部叶变黄延时 8 h 左右、中部叶变黄延时 1 h 左右、上部叶变黄延时 16 h 左右，烤后烟叶质量提高。

关键词： 烤烟；密集烤房；化学成分；质量

烟叶烘烤包括相互联系、相互制约的脱水干燥和生物化学变化两个方面，其中生物化学变化决定着叶内物质的分解、合成、转化，脱水状况又决定着生物化学变化的强弱行止。变黄期是生物化学变化强烈进行的时期，变黄程度反映了叶内物质的分解、合成、转化的程度。近年，我国烟区的自然通风普通烤房基本被热风循环密集烤房取代，一些卷烟厂家反映密集烤房烘烤出来的烟叶香气不足，这可能主要是由于烘烤过程变黄程度不够，叶内物质分解转化不够造成的。为了探明究竟是否这一原因，进行了本项研究。

1　材料与方法

供试烤房为 3 座湘密 1 号密集烤房，共设 3 个处理（T1、T2 和 CK1），每个处理 1 座烤房，另设 CK2，为不烘烤处理，鲜烟叶置烘箱直接烘干，作为烟叶烘烤过程干物质消耗的参照指标。供试烤烟品种 K326，常规栽培，成熟采收。烘烤试验具体设计如表 1。

表 1 试验设计表

处理	试验内容
T1	在 CK1 的变黄程度上，干球 38℃继续稳温，下部叶延时变黄 8 h，中部叶延时变黄 12 h，上部叶延时变黄 16 h，干球 54℃，烟叶大卷筒后延时 10 h，干筋期最高温度 65℃。
T2	在 CK1 的变黄程度上，干球 38℃继续稳温，下部叶延时变黄 16 h，中部叶延时变黄 24 h，上部叶延时变黄 32 h，干球 54℃烟叶大卷筒后延时 10 h，干筋期最高温度 65℃。
CK1	常规烘烤，干球 38℃，稳温终点达常规烟叶变黄程度（下部叶 7～8 成黄，中、上部叶 8～9 成黄）即升温。干球 54℃烟叶大卷筒后不延时，干筋期最高温度 68℃。
CK2	不烘烤，烟叶采收后立即烘干

2 结果与分析

2.1 烟叶延长变黄时间后的外观性状

常规烘烤 38℃开始升温时的外观性状（CK）为：烟叶叶片大部分变黄，靠近主脉和叶基部尚未变黄，支脉大部分变黄，主脉尚未变黄，烟叶变黄达到 7～8 成。同时叶片凋萎，烟叶脱水达到塌架。

延长变黄时间后的外观性状（T1）为：烟叶叶片全部变黄，支脉变黄，主脉大部分变黄，烟叶变黄达到 8～9 成。同时主脉凋萎，烟叶脱水达到充分塌架。

进一步延长变黄时间后的外观性状（T2）为：烟叶叶片全部变黄，支脉全黄，主脉也变黄，烟叶变黄达到 9～10 成。同时主脉凋萎发软，烟叶脱水达到充分塌架。

T1　　　T2

图 1 延长变黄时间后的外观性状

2.2 变黄延时过程烟叶干物质消耗情况

测定变黄延时过程中各部位烟叶干物质消耗情况，结果如图 2 至图 4 所示。

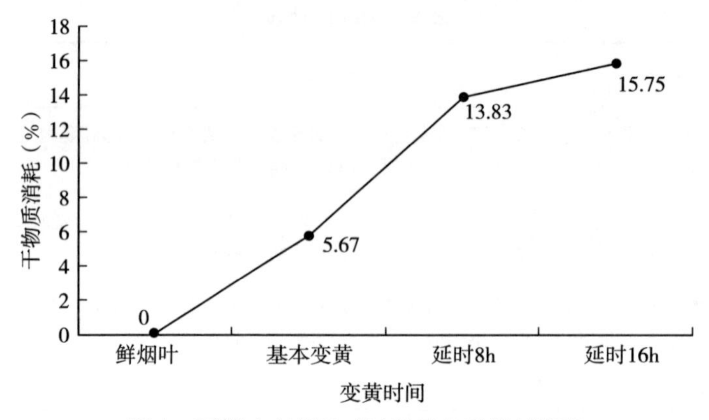

图 2　下部叶变黄延时过程干物质消耗情况

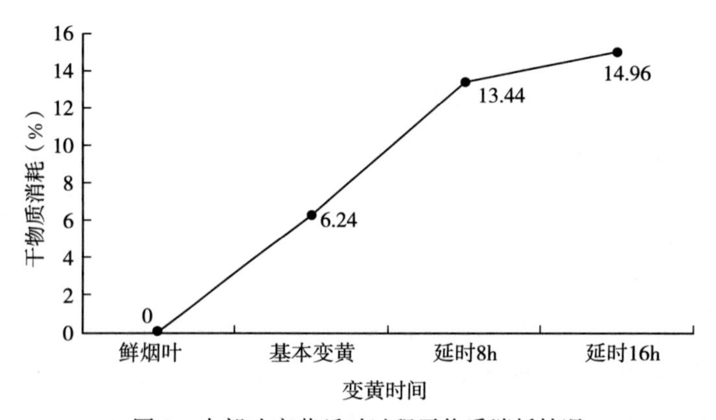

图 3　中部叶变黄延时过程干物质消耗情况

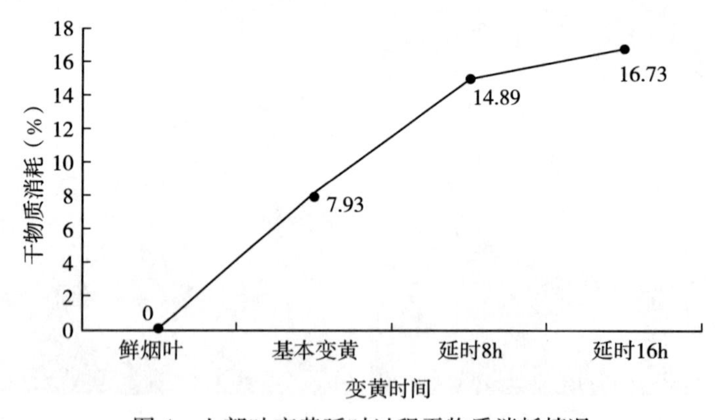

图 4　上部叶变黄延时过程干物质消耗情况

综合以上各部位烟叶变黄及干物质消耗情况，主要存在以下特点：①各部位烟叶达到基本变黄时，干物质消耗的百分含量不高，均未超过 8%。②各部位烟叶变黄延时后，干物质消耗成倍增长，但表现出延时初期消耗较快，呈线性增长，随着延时时间拖长，消耗速率有减缓的趋势。③随着部位升高，干物质消耗要达到相应水平，必须相应延长变黄的时间。④因为随着部位提高，烟叶单位面积干物质积累的绝对量增加，所以不同部位干物质消耗百分含量相同，而绝对量不同，部位越高，绝对消耗量越大。

2.3 各部位烟叶变黄延时过程淀粉、还原糖含量的变化

测定各部位烟叶变黄延时过程淀粉、还原糖含量的变化，结果列于图 5 至图 7。

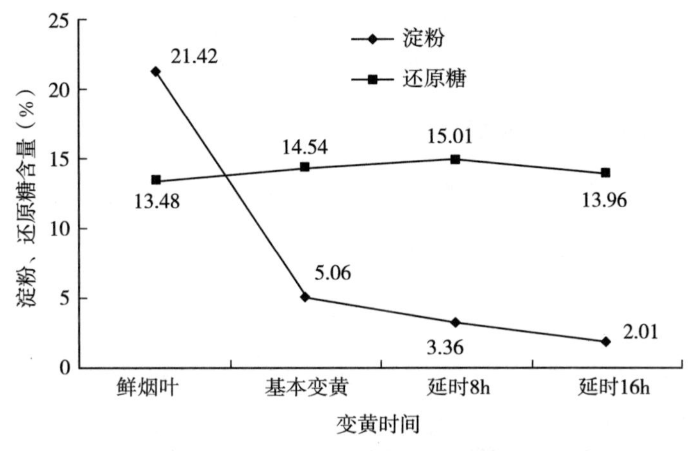

图 5　下部叶变黄延时过程淀粉、还原糖含量的变化

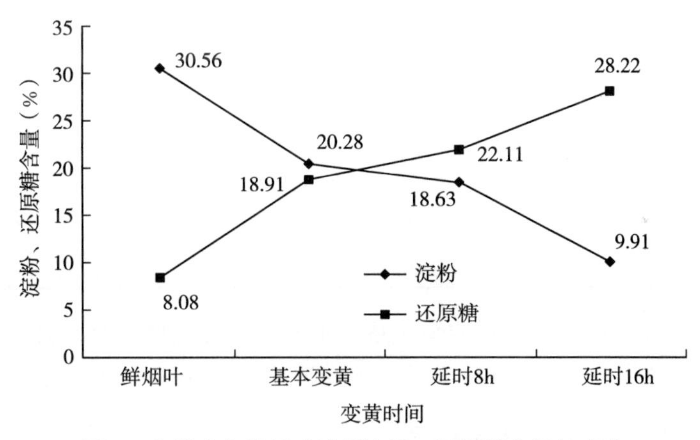

图 6　中部叶变黄延时过程淀粉、还原糖含置的变化

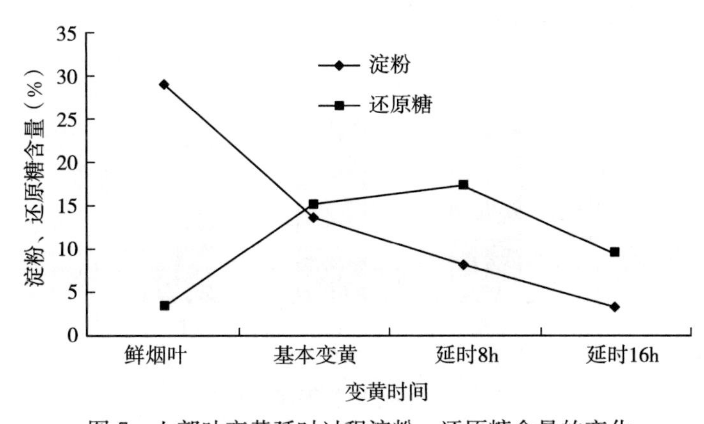

图 7　上部叶变黄延时过程淀粉、还原糖含量的变化

从图 5 至图 7 可以看出，(1) 淀粉含量：各部位烟叶淀粉含量均随着变黄程度提高而不断下降。其中，下部叶鲜烟叶淀粉含量较低，至基本变黄时已下降到相当低的水平。中部叶鲜烟叶淀粉含量高，基本变黄时仍然较高，甚至变黄延时 24 h 时还相当高。上部叶鲜烟叶淀粉含量亦高，至变黄延时 16 h 仍然较高，32 h 时才下降到较低的水平。(2) 还原糖含量。各部位烟叶从点火开始烘烤至基本变黄，还原糖含量均升高，至 8 h 仍然升高，但是至 T2，除了中部叶还在升高外，下部叶和上部叶均下降。

2.4 各处理烤后烟叶化学成分

分析测定不同部位各处理烤后烟叶化学成分，结果列于表 2。

表 2 各处理烤后烟叶化学成分（%）

部位	处理	内容	总糖	还原糖	总氮	总植物碱	氨	挥发碱	钾	石油醚提取物	蛋白质	淀粉
下部叶	T1	延时 8 h	19.43	17.44	1.34	3.82	0.28	0.42	3.54	4.39	4.62	1.57
	T2	延时 16 h	20.47	18.46	1.33	3.55	0.27	0.39	3.48	3.84	4.44	1.15
	CK1	不延时	24.89	22.13	1.28	1.96	0.36	0.26	4.37	2.79	5.17	1.53
中部叶	T1	延时 12 h	31.65	28.80	1.61	4.15	0.20	0.42	2.45	4.07	4.18	6.86
	T2	延时 24 h	31.01	28.94	1.60	4.68	0.22	0.48	2.30	3.85	3.87	5.98
	CK1	不延时	35.82	32.23	1.43	3.65	0.19	0.39	1.98	3.45	3.80	9.82
上部叶	T1	延时 16 h	28.51	26.22	1.29	4.29	0.51	0.46	1.65	5.46	4.35	6.03
	T2	延时 32 h	23.41	21.49	1.84	5.85	0.31	0.60	2.17	6.53	4.22	4.53
	CK1	不延时	30.36	28.44	1.77	6.10	0.30	0.58	1.91	5.15	4.84	6.43

由表 2 可以看出，各部位烟叶淀粉含量均随延时变黄程度提高而降低。各部位烟叶糖分含量随着延时变黄程度提高也有所降低，但仍然能够保持在较好的水平。

2.5 各处理、各部位烟叶分级结果

对各处理、各部位烟叶进行分级，结果列于图 8、图 9。

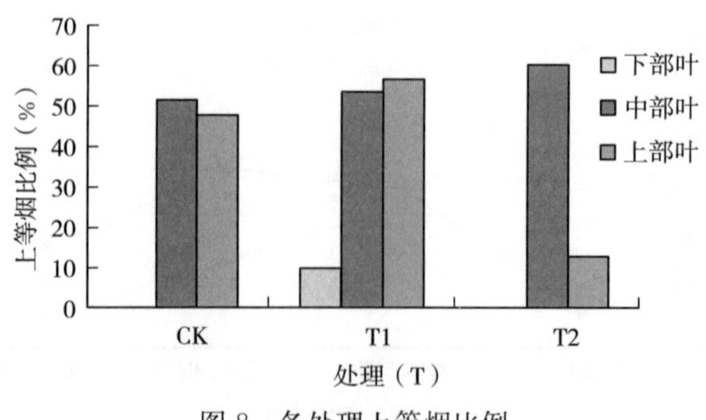

图 8 各处理上等烟比例

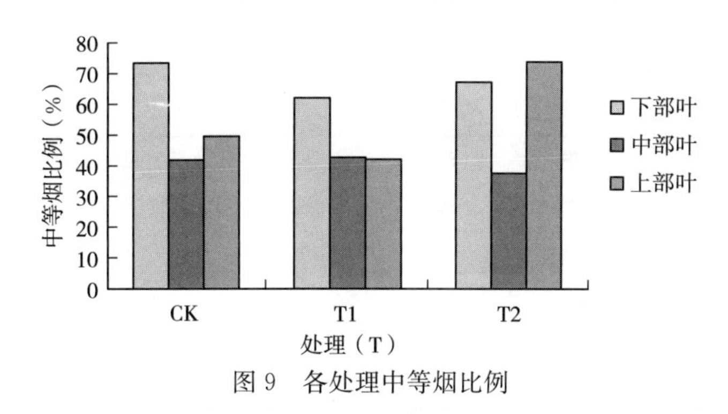

图 9　各处理中等烟比例

从图 8、图 9 可以看出，处理 1 各部位上等烟比例均高于对照，说明采取适当延长烟叶变黄时间，提高烟叶变黄程度是可行的。处理 2 中部叶上等烟比例仍然高于对照，但上部叶上等烟比例则显著低于对照，这是因为上部叶变黄时间拖得太长，引起烟叶变黄过度而挂灰，降低了烟叶等级。

2.6　各处理烟叶评吸质量

各处理烟叶单料烟叶评价如表 3。

表 3　各处理单料烟叶评价表

部位	处理	内容	品质指标								特征指标		合计得分
			香气质	香气量	杂气	刺激性	透发型	柔细度	甜度	余味	浓度	劲头	
下部叶	T2	延时 16h	6.0	5.5	7.0	6.0	6.5	6.5	6.0	6.5	5.5	6.0	61.5
	T1	延时 8h	6.0	5.5	6.5	6.0	6.5	6.5	6.0	6.5	5.5	6.0	61.0
	CK1	未延时	5.5	5.0	6.0	6.0	6.5	6.0	6.0	6.0	5.5	6.0	58.5
中部叶	T2	延时 24h	6.5	7.0	7.0	6.0	6.5	6.5	6.0	6.5	6.5	6.0	64.5
	T1	延时 12h	6.0	6.5	6.5	6.0	6.0	6.0	6.0	6.5	6.5	6.0	62.0
	CK1	未延时	6.0	6.0	6.0	6.0	6.0	6.0	6.0	6.5	6.0	6.0	60.5
上部叶	T2	延时 32h	5.5	6.0	4.5	5.5	5.0	5.5	5.0	5.5	7.0	7.5	57.0
	T1	延时 16h	5.0	5.5	4.0	5.0	4.5	5.0	4.5	5.0	6.5	7.5	52.5
	CK1	未延时	4.5	5.0	4.0	5.0	4.0	5.0	4.5	4.5	6.5	7.5	50.5

由表 3 可知，各部位烟叶的香气质均随延时变黄处理而改善，香气量亦随延时变黄处理而增加，合计得分均为 T2>T1>CK1。

2.7　烤后烟叶外观质量

烤后烟叶外观质量列于表 4。

表 4　各处理烟叶外观质量

部位	处理	成熟度	组织结构	颜色	身份	油分	弹性
下部叶	T1	成熟	疏松	多橘黄	稍薄	稍有	一般
	T2	成熟	疏松	多橘黄	薄	稍有	一般
	CK1	欠熟	疏松	多柠檬	稍薄	稍有	一般

（续）

部位	处理	成熟度	组织结构	颜色	身份	油分	弹性
中部叶	T1	成熟	疏松	多橘黄	中等	有	好
	T2	成熟	疏松	多橘黄	中等	有	好
	CK1	成熟	疏松	多柠檬	中等	有	较好
上部叶	T1	成熟	稍密	多橘黄	稍厚	有	好
	T2	完熟	疏松	多橘黄	稍厚	有	好
	CK1	成熟	稍密	多柠檬	稍厚	稍有	较好

由表 4 可知，进行烟叶延时变黄处理，烤后烟叶成熟度提高，组织结构向疏松发展，颜色有利于出橘黄色。

2.8 能耗测定

各处理能耗情况如表 5。

表 5 烟叶烘烤能耗成本

部位	处理	每炕装烟竿数	总鲜重（kg）	总干重（kg）	煤耗				电耗			
					总量（kg）	金额（元）	单位煤耗（kg/kg）	单位成本（元/kg）	总量（kW·h）	金额（元）	单位电耗（kW·h/kg）	单位成本（元/kg）
下部叶	T1	340	2 601.0	255.0	496	401.5	1.95	1.57	204	122.4	0.80	0.48
	T2	343	2 407.9	240.1	524	423.5	2.18	1.76	219	131.4	0.91	0.55
	CK1	338	2 802.0	260.3	530	429.0	2.04	1.65	228	136.8	0.88	0.53
中部叶	T1	364	2 646.3	356.7	578	467.5	1.62	1.31	174	104.4	0.49	0.29
	T2	394	3 089.0	397.9	530	429.0	1.33	1.08	264	158.4	0.44	0.26
	CK1	374	2 543.2	344.1	686	555.5	1.99	1.61	300	180.0	0.87	0.52
上部叶	T1	320	3 107.2	518.4	476	385.0	0.92	0.74	178	106.8	0.34	0.21
	T2	396	3 710.5	657.4	578	467.5	0.88	0.71	156	93.6	0.24	0.14
	CK1	386	3 346.6	586.7	496	401.5	0.85	0.68	230	138.0	0.39	0.24

表 5 表明，单位煤耗成本下部叶 T2＞CK1＞T1，中部叶 CK1＞T1＞T2，上部叶 T1＞T2＞CK1。以上结果说明，延时变黄不一定增加烟叶烘烤的能耗成本，有时反而降低，这是因为低温变黄阶段，延时耗能不多，提高了烟叶变黄程度，定色期有可能缩短而减少能耗。

3 讨论

以往许多研究[3~8]表明，变黄期是生物化学变化强烈进行的时期，其中蛋白质分解为氨基酸，淀粉分解为糖分，它们是致香物质的前体物质。低温变黄阶段使生物化学变化更充分，形成更多的致香物质的前体物质，对于提高烤后烟叶的内在质量是有利的。

本研究结果表明，密集烘烤过程中，适当的烟叶变黄延时处理可以促使叶内物质充分转化，烤后橘黄色烟叶增多，上等烟比例提高，淀粉含量降低，化学成分趋于协调，香气质较好，香气量增加。不过，变黄延时时间也不宜过长，不然的话，烟叶外观质量将会受到影响，上等烟比例下降，从而影响产值。

参考文献

[1] 聂荣邦．烤烟［M］．海口：海南国际新闻出版中心，1997：131－133.
[2] James L J. Flue-cured Tobacco Production Guide［M］. Virginia Cooperation Extension，1994：93－95.
[3] 宫长荣．密集式烘烤［M］．北京：中国轻工业出版社，2007：63－69.
[4] 李春艳，聂荣邦．密集烤房烘烤过程中烟叶淀粉含量的动态变化［J］．作物研究，2007（2）：112－115.
[5] 孟可爱，聂荣邦．成熟度与烟叶品质的相关性研究综述［J］．作物研究，2005（5）：373－376.
[6] 张光利，聂荣邦．以烟叶脯氨酸含量判断田间成熟度的研究［J］．作物研究，2008（1）35－36.
[7] 孟可爱，聂荣邦．密集烘烤过程中烟叶水分和色素含量的动态变化［J］．湖南农业大学学报，2006（2）：122－125.

（原载《广东农业科学》2012年第21期）

密集烘烤过程中烟叶水分和色素含量的动态变化

孟可爱[1]，聂荣邦[1]，肖春生[2]，唐春闺[1]

（1. 湖南农业大学农学院，长沙 410128；
2. 湖南省烟草公司，长沙 410007）

摘　要：为了掌握密集烘烤中烟叶色素和水分变化规律，提高烟叶烘烤质量，研究了密集烘烤过程中烟叶水分和色素含量的动态变化。结果表明，不同密集烘烤方式（散叶密集和挂竿密集）、不同部位烟叶、同一片烟叶不同部位的叶绿素 a，叶绿素 b 的降解都呈现前期下降快而后期趋于稳定的趋势，类胡萝卜素变化都表现出不稳定的状况；挂竿密集烘烤烟叶的含水率比散叶下降快，且下降的规律性更强，呈现先缓慢下降，然后急剧下降，随后又缓慢下降的规律，叶尖、叶中和叶基含水率变化趋势基本一致。

关键词：烤烟；密集烘烤；水分；色素

随着烟叶种植面积的不断扩大和烟叶生产的规模化、集约化，传统烤房的一些缺点与现代烟叶生产之间的矛盾越来越明显，而密集式烘烤能克服传统烤房的许多不足，能适应现代烟叶生产的需要，因此，在烟叶生产中密集式烘烤的推广势在必行。过去对传统烘烤的研究比较多，对传统烘烤中烟叶的水分、色素等各项参数已有比较全面的了解[1~3]，但密集式烘烤（特别是散叶密集式烘烤）在中国起步较晚，研究相对较少，现阶段主要集中在烤房及烘烤设备的研究[4,5]，对烟叶在密集烘烤中水分、色素的动态变化了解甚少，为掌握密集烘烤过程中烟叶水分和色素的变化规律，提高烟叶密集烘烤质量，加强对烟叶密集式烘烤过程中水分、色素变化趋势的研究，从理论上和实践上都有着十分重要的意义。笔者于 2005 年对散叶和挂竿两种不同密集烘烤方式、不同部位烟叶及同一片烟叶不同部位的色素和水分含量在密集烘烤中的动态变化进行了试验，现报道如下。

1　材料与方法

1.1　材料

供试品种为 G80。试验地质地为壤土，土壤肥 力中等。试验地规范化栽培管理，烟叶成熟采收。

1.2 方法

1.2.1 密集烤房设计 密集烤房主要有两大部分：装烟室和加热室。装烟室内有：装烟架、观察窗、进风道、地面斜坡、回风道、回风道顶板等。加热室有：维修门、供热系统的火炉、烟囱、风机、进风口、出风口等。炕体的墙为空心砖墙，门、观察窗及回风道顶板，进、排风口等均为木结构。供热系统采用自行研制的预 制件组装而成。温湿度控制系统采用江西省烟草科学研究所研制的烟叶烘烤温湿度自控设备，装烟室内净容量为450cm×330cm×350cm。

1.2.2 烘烤试验 试验于2005年6月在湖南农业大学烟草工程与技术研究中心试验基地进行。烟叶成熟采收后按传统五段式烘烤工艺进行烘烤[6]。试验分篮式散叶和挂竿两种装烟方式。篮式散叶是将采收的成熟烟叶散堆在68cm×50cm×45cm的铁丝网篮中，装烟密度为70kg/m^2，烟叶叶柄向下，叶尖朝上，随机摆放在篮中。上、中、下部叶各进行一炕篮式散叶烘烤，烘烤时选成熟度一致的烟叶单独放在一个做好标记的篮内（用于色素和水分测定），放在烤房中层的中间稍靠观察窗处。挂竿是按传统方法进行编竿，竿长1.4m。装烟容量约为0.67hm^{2}烟田的烟叶。烘烤时同样选成熟度一致的中部叶编成一竿做好标记（用于色素和水分测定），挂在烤房的中层中间稍靠观察窗处。

1.2.3 取样 烘烤开始前即取样，以后每12 h取样1次。随 机取样。篮式散叶各部位叶切去叶尖和叶基部各1/3区域，留叶中间1/3区域用于色素、水分的测定；挂竿烘烤将烟叶分成叶尖、叶基和叶中3等分，分别测定色素和水分。每次取样时，在烤房内随机取3份作为重复。

1.2.4 测定项目和方法 色素测定按Arnon的方法进行，水分测定采用 杀青烘干法[7]。

2 结果与分析

2.1 散叶密集和挂竿密集烘烤烟叶色素含量的变化

2.1.1 叶绿素a的变化 由表1可知，挂竿密集烘烤，烟叶叶绿素a含 量在0～24 h下降最快，从1.908mg/g下降到0.153mg/g，24 h后变化不大；散叶密集烘烤，叶绿素a含量在0～36 h下降幅度最大，从1.086mg/g下降到0.055mg/g，以后逐渐趋于平稳。烘烤初始，挂竿密集烘烤烟叶叶绿素a含量大于散叶密集烘烤烟叶的含量，24 h挂竿密集烘烤烟叶叶绿素a含量却小于散叶密集烘烤烟叶的含量，说明0～24 h挂竿密集烘烤的叶绿素a含量比散叶密集烘烤减少要快。

表1 不同烧烤方式的烟叶色素含量（mg/g）变化

烘烤时间（h）	挂竿密集烘烤			散叶密集烘烤		
	叶绿素a	叶绿素b	类胡萝卜素	叶绿素a	叶绿素b	类胡萝卜素
0	1.908	1.041	0.439	1.086	0.794	0.301
12	1.105	0.653	0.435	0.798	0.568	0.287
24	0.153	0.205	0.418	0.431	0.261	0.279

（续）

烘烤时间（h）	挂竿密集烘烤			散叶密集烘烤		
	叶绿素 a	叶绿素 b	类胡萝卜素	叶绿素 a	叶绿素 b	类胡萝卜素
36	0.106	0.159	0.325	0.055	0.051	0.243
48	0.053	0.095	0.294	0.040	0.031	0.232
60	0.033	0.061	0.246	0.024	0.039	0.220
72	0.029	0.047	0.256	0.026	0.025	0.224
84	0.012	0.020	0.217	0.027	0.010	0.228

2.1.2 叶绿素 b 的变化 由表 1 可知，叶绿素 b 含量的变化与叶绿素 a 的变化相似。挂竿密集烘烤叶绿素 b 含量在 0～24 h 下降最快，从 1.041 下降到 0.205mg/g，24 h 以后下降平缓；散叶密集烘烤，叶绿素 b 含量在 0～36 h 下降幅度最大，其含量从 0.794 下降到 0.051mg/g，以后逐渐趋于平稳。烘烤初始，挂竿密集烘烤烟叶叶绿素 b 含量大于散叶密集烘烤烟叶的含量，24 h 挂竿密集烘烤烟叶叶绿素 b 含量却小于散叶密集烘烤烟叶的含量，说明 0～24 h 挂竿密集烘烤的叶绿素 b 含量比散叶密集烘烤减少要快。

2.1.3 类胡萝卜素的变化 由表 1 可知，两种密集烘烤中，类胡萝卜素的整体变化趋势比较平稳，挂竿密集烘烤在 24～60 h 下降较快，从 0.418 下降到 0.246mg/g，散叶比挂竿变化趋势要平稳。

2.2 散叶密集烘烤不同部位烟叶的色素变化

2.2.1 叶绿素 a 的变化 由图 1 可知，散叶密集烘烤过程中，上部烟叶叶绿素 a 含量在 0～12 h 减少最快，12 h 后趋于平缓；中部烟叶叶绿素 a 含量在 0～36 h 减少最快，36 h 后趋于平稳；下部烟叶叶绿素 a 含量减少幅度较大的时间段为 0～48 h。烘烤初始，叶绿素 a 含量大小依次为下部叶、中部叶、上部叶，分别为 1.19、1.08、0.48mg/g，到 36 h，叶绿素 a 含量大小依次为下部叶、上部叶、中部叶，此时上、中、下 3 部位的叶绿素 a 含量分别为 0.13、0.05、0.27mg/g，与中、下部叶相比，在整个散叶密集烘烤过程中，上部烟叶绿素 a 含量变化比较平稳。

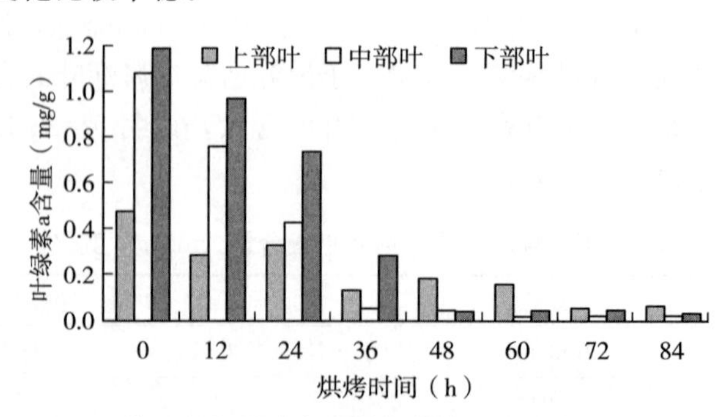

图 1 散叶密集烘烤中不同部位烟叶叶绿素 a 的变化

2.2.2 叶绿素 b 的变化 由图 2 可知，散叶密集烘烤过程中，烟叶叶绿素 b 的变化与叶绿素 a 的变化较为相似，但在 36 h 叶绿素 b 含量大小依次为上部叶、下部叶、中部叶。图 2 可以看出，与中、下部叶相比，在散叶密集烘烤过程中，上部烟叶绿素 b 含量变化比较平稳。

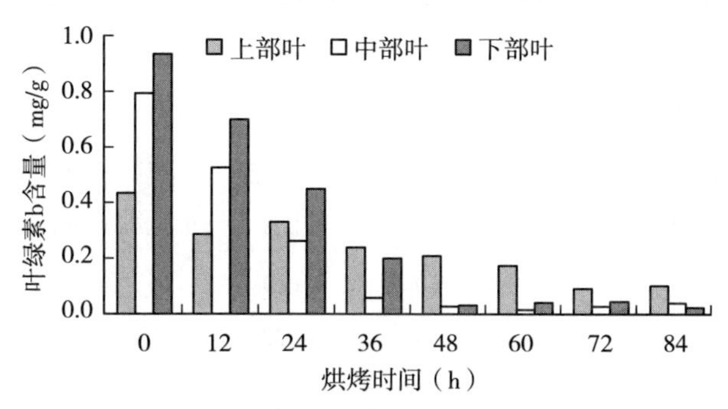

图 2　散叶密集烘烤中不同部位烟叶叶绿素 b 的变化

2.2.3　类胡萝卜素的变化　由图 3 可知，在散叶烘烤过程中，不同部位烟 叶类胡萝卜素的整体变化趋势都比较平稳。烘烤初 始，类胡萝卜素的含量大小依次为上部叶、中部叶、下部叶，与烘烤初始的叶绿素 a 含量相对应，即烘烤初始时，叶绿素 a 含量多的烟叶所含的类胡萝卜 素含量少；反之，叶绿素 a 含量少的烟叶所含的类 胡萝卜素含量较多。

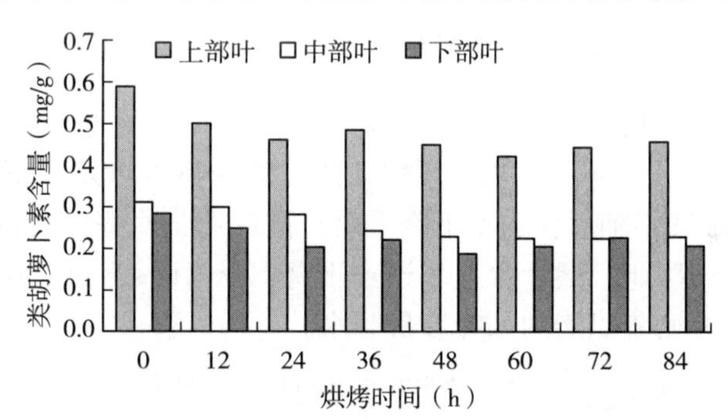

图 3　散叶密集烘烤中不同部位烟叶类胡萝卜素的变化

2.3　同一叶片不同部位的色素变化

2.3.1　叶绿素 a 的变化　由表 2 可知，挂竿密集烘烤过程中，0～24 h，叶中、叶基和叶尖的叶绿素 a 含量减少幅度大，分 别降低 92%、88%、90%，以后趋于平稳。烘烤初始，叶绿素 a 含量大小依次为叶基、叶中、叶尖，含量分别为 2.12、1.908、1.306mg/g，其中叶基部和叶中部相差不大。

2.3.2　叶绿素 b 的变化　由表 2 可知，挂竿密集烘烤过程中，叶基和叶中的叶绿素 b 含量的变化与叶绿素 a 的变化十分相似，在 0～24 h 分别下降 75%和 80%，以后趋于平稳。烘烤初始，叶绿素 b 的含量大小依次为叶中、叶基、叶尖，24 h 叶绿素 b 的含量大小依次为叶尖、叶基、叶中。0～24 h，与叶基、叶中相比，叶尖的叶绿素 b 的含量减少较缓和，只减少了 36%，这可能与叶尖含水量有关。它的下降幅度较大的时间段为 24～48 h，减少 91%。48 h 后，叶绿素 b 含量趋于平稳。

表 2　同一片烟叶不同部位色素含量（mg/g）变化

烧烤时间（h）	叶中部			叶基部			叶尖部		
	叶绿素 a	叶绿素 b	类胡萝卜素	叶绿素 a	叶绿素 b	类胡萝卜素	叶绿素 a	叶绿素 b	类胡萝卜素
0	1.908	1.041	0.459	2.120	10021	0.508	1.306	0.816	0.317
12	1.431	0.832	0.439	1.518	0.746	0.475	0.857	0.760	0.294
24	0.153	0.205	0.418	0.243	0.253	0.467	0.129	0.525	0.270
36	0.106	0.159	0.362	0.150	0.202	0.447	0.074	0.312	0.225
48	0.073	0.128	0.330	0.081	0.080	0.457	0.070	0.045	0.216
60	0.033	0.061	0.290	0.069	0.077	0.406	0.028	0.041	0.208
72	0.290	0.047	0.231	0.040	0.052	0.396	0.019	0.019	0.214
84	0.012	0.020	0.188	0.033	0.046	0.300	0.009	0.014	0.147

2.3.3　类胡萝卜素的变化　由表 2 可知，在挂竿密集烘烤过程中，不同部位烟叶类胡萝卜素的整体变化比较平稳，0～24 h，叶中、叶基和叶尖的减少幅度较小，分别为 4.5%，8%和 15%。

2.4　不同烘烤方式烟叶含水率的变化

由图 4 可知，挂竿密集烘烤与散叶密集烘烤在烘烤初始的含水率分别为 83%，84%，挂竿密集烘 烤的烟叶在 0～36 h 含水率缓慢下降，36～48 h 含水率下降最快，从 36 h 的 71%下降到 48 h 的 13%，随后含水率下降平缓；散叶密集烘烤烟叶的含水率 在 0～60 h 没有明显的变化，60～84 h，烟叶含水率迅速下降，从 71%急剧下降到 11%，说明挂竿密集烘烤的烟叶比散叶密集烘烤的烟叶容易脱水。

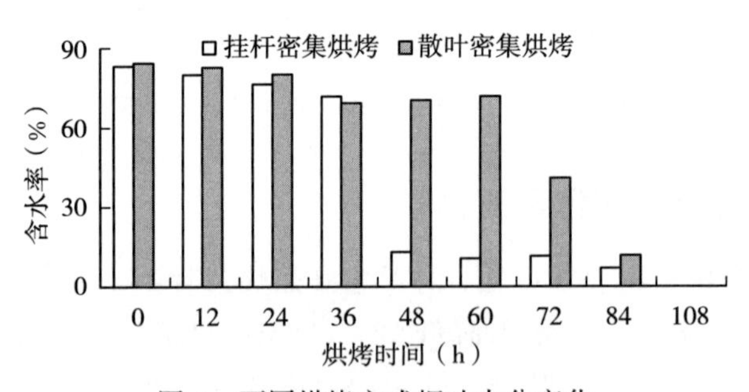

图 4　不同烘烤方式烟叶水分变化

2.5　散叶密集烘烤不同部位烟叶含水率的变化

由图 5 可知，上部叶的含水率在 0～36 h 缓慢下 降，36～72 h 下降加快，以后趋于平稳，中部叶的含水率在 0～60 h 变化不大，60～84 h 急剧减少，下部叶的含水率在 0～72 h 下降很少，说明在散叶密集 烘烤过程中，上部叶的水分较易散失，中部叶次之，下部叶最难。

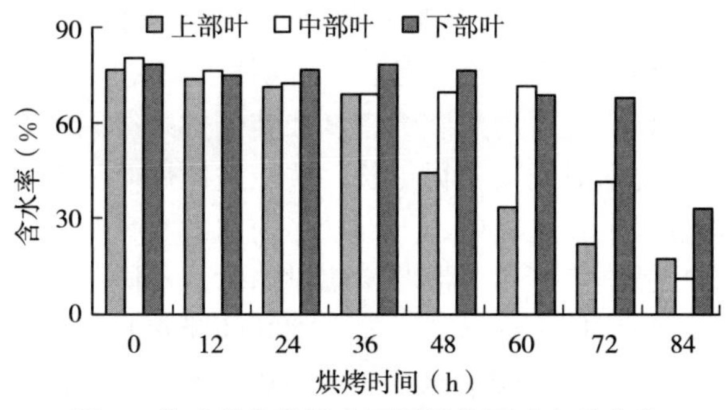

图5　散叶密集烘烤中不同部位烟叶水分变化

2.6　挂竿密集烘烤同一叶片不同部位含水率变化

由图6可知，中部叶片的叶基部、叶中部和叶 尖部的含水率及变化趋势都十分相似，0～36 h缓慢下降，36～48 h快速下降，48 h后趋于平稳，叶基、叶中和叶尖3个部位烘烤初始的含水率比较接近，分别为78%，83%，84%。

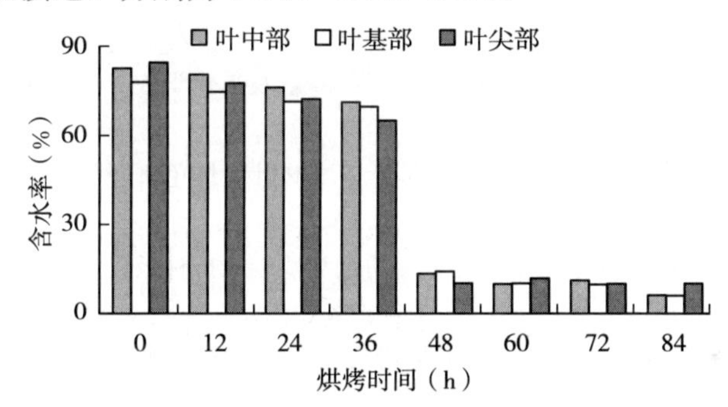

图6　同一叶片不同部位挂竿密集烘烤中水分变化

3　讨论

（1）在烟叶的密集烘烤过程中，不同密集烘烤方式、不同部位、同一烟叶不同部位的叶绿体色素变化都呈递减趋势，且叶绿素a与叶绿素b变化趋势十分相似，先迅速下降，然后趋于平稳，类胡萝卜素的变化趋势一直比较平稳。相对于中、下部叶而言，上部叶的叶绿素a、叶绿素b含量的变化趋势较为平稳，类胡萝卜素变化趋势相差不大，烤前鲜烟叶的叶绿素a、叶绿素b的含量大小依次为下部叶、中部叶、上部叶，这可能与烟田管理不当、渍水、缺肥等因素有关，而类胡萝卜素含量大小依次为上部叶、中部叶、下部叶，这与烤前叶绿素a、叶绿素b的含量相吻合。两种烘烤方式的烟叶绿素a、叶绿素b变化差距不大，散叶烘烤烟叶类胡萝卜素的变化比挂竿烘烤更为稳定。烘烤前鲜叶叶绿素a、叶绿素b的含量叶基部与叶中部比较接近，叶尖部含量较少。3个部位的类胡萝卜素下降较叶绿素缓慢，这与普通烘烤方法的变化趋势是一致的[8，9]。

（2）在密集烘烤过程中，烟叶的水分变化趋势相似，都表现为前期下降慢，后期下降快，但含水率比普通烘烤下降要慢且脱水要困难一些。因此，密集烘烤时，与普通烘烤相比[10~13]，烟叶的脱水时间要延长。与挂竿密集烘烤的烟叶相比，散叶密集烘烤的烟叶含水率急剧减少的时间段后移，缓慢下降期延长，说明相对于挂竿密集烘烤烟叶而言，散叶密集烘烤的烟叶脱水要困难一些，这与装烟密度和装烟方式等因素有关。这表明，在密集烘烤中，散叶密集烘烤的脱水时间要拉得更长一些，这样烟叶干筋才彻底。

（3）散叶密集烘烤过程中，上、中、下部叶烤前的含水率相差不大，但上部叶脱水最快，中部叶次之，下部叶最难。所以，散叶密集烘烤时，不同部位的烟叶要采用不同的烘烤方法，中部叶的脱水时间要比上部叶长，而下部叶的脱水时间最长。挂竿密集烘烤过程中，叶基、叶中和叶尖3个部位的含水率及变化趋势基本一致，其含水率都呈现先缓慢下降到急剧减少再到缓慢下降的趋势，这主要是因为挂竿的烟叶之间的空隙相对较大，叶基、叶尖、叶中3个部位之间的空隙相差不大所致。同一片烟叶叶基、叶尖、叶中3个部位在散叶烘烤过程中，其水分的变化可能差别较大（因为散叶与挂竿的装烟方式不同），这有待进一步试验。

参考文献

[1] 杨立均，宫长荣，马京民．烘烤过程中烟叶色素的降解及与化学成分的相关分析［J］．中国烟草科学，2002（2）：5-7.

[2] 柴家荣，李天飞，杨宏光，等．晾制期间白肋烟TN90叶绿体色素降解动态及呼吸强度的变化［J］．烟草科技，2004（5）：32-35.

[3] 宫长荣，宁朝鹏，尹宏伟，等．调制过程中白肋烟某些衰老指标及色素含量的变化［J］．中国烟草科学，2004（1）：7-9.

[4] 聂荣邦．烤烟新式烤房研究Ⅱ．燃煤式密集烤房的研制［J］．湖南农业大学学报：自然科学版，2000，26（4）：258-260.

[5] 聂荣邦．烤烟新式烤房研究Ⅰ．微电热密集烤房的研制［J］．湖南农业大学学报：自然科学版，1999，25（6）：446-448.

[6] 聂荣邦．烤烟栽培与调制［M］．长沙：湖南科学技术出版社，1992.

[7] 张志良．植物生理学实验指导［M］．第2版．北京：人民教育出版社，1990.

[8] 宫长荣，赵铭钦，汪耀富，等．不同烘烤条件下烟叶色素降解规律的研究［J］．烟草科技，1997（2）：33-34.

[9] 宫长荣，袁红涛，陈江华．烤烟烘烤过程中烟叶淀粉酶活性变化及色素降解规律的研究［J］．中国烟草学报，2002（2）：16-20.

[10] 李卫芳，张明农，林培章，等．烟叶烘烤过程中呼吸速率和脱水速率变化的研究［J］．烟草科技，2000（11）：34-36.

[11] 宫长荣，王晓剑，马京民，等．烘烤过程中烟叶的水分动态与生理变化关系的研究［J］．河南农业大学学报，2000（3）：229-231.

[12] 聂荣邦，唐建文．烟叶烘烤特性研究Ⅰ．烟叶自由水和束缚水含量与品种及烟叶着生部位和成熟度的关系［J］．湖南农业大学学报：自然科学版，2002，28（4）：290-292.

[13] 宫长荣，陈江华．烘烤过程中环境湿度和烟叶水分与淀粉代谢动态［J］．中国农业科学，2003（2）：155-158.

（原载《湖南农业大学学报：自然科学版》2006年第2期）

烟叶烘烤特性研究

Ⅰ. 烟叶自由水和束缚水含量与品种及烟叶着生部位和成熟度的关系

聂荣邦[1]，唐建文[2]

（1. 湖南农业大学植物科学技术学院，长沙 410128；
2. 长沙西乡科技有限公司，长沙 410006）

摘　要：为弄清烤烟品种 K326 和翠碧 1 号的烘烤特性，根据渗透原理，用阿贝折射仪测定经蔗糖溶液浸泡的 2 个品种不同部位、不同成熟度烟叶组织前后的浓度，换算出烟叶自由水和束缚水含量。结果表明：翠碧 1 号自由水含量显著低于 K326，束缚水含量则显著高于 K326；烟叶着生部位自下而上，总水分含量和自由水含量渐次降低，而束缚水含量渐次升高；烟叶成熟度自欠熟至过熟，总水分含量、自由水、束缚水含量均渐次降低。

关键词：烤烟；自由水；束缚水；烘烤特性

烟叶在农艺过程中获得的烘烤特性，主要包括变黄特性和脱水特性，脱水特性主要表现在脱水速率不同，而脱水速率受烟叶自由水、束缚水含量的制约。因此，研究烟叶自由水、束缚水含量与品种、烟叶着生部位、成熟度的关系，具有重要的理论和实践意义。

1　材料与方法

试验于 2000—2001 年在湖南农业大学教学实验场进行。供试烤烟品种为 K326 和翠碧 1 号。田间栽培管理按常规进行。

于烟叶成熟期测定烟株下、中、上部各部位烟叶水分含量。中部烟叶处于欠熟、成熟、过熟时测定其自由水与组织水含量。

自由水与组织水测定方法[1]：每项水分测定为 1 处理，每处理重复 3 次。具体做法是：每处理均取 6 只干洁称量瓶分别称重；再从生长一致的 3 株烟株上，每株取 3 片，共 9 片新鲜烟叶，用 0.5cm^2 打孔器在叶片上对称打取圆片（避开大叶脉），每瓶装入 50 片，盖紧，分别精确称重。将其中 3 只称量瓶放入烘箱中，于 105℃下杀青 15min，然后转入 75℃下烘干至恒重，计算烟叶的鲜重含水量。取 60％蔗糖溶液 5mL 分装于另外 3 只称量瓶，加盖，精确称重，算出糖液重，然后置于暗处，并经常摇动，每隔 15min 测定 1 次外液浓度。待平衡后用阿贝折射仪测定蔗糖溶液于浸泡组织前后的浓度。按下式计算烟叶自由水与束缚水含量：

$$自由水含量=S(C_1-C_2)/C_2(W_2-W_1)$$

$$鲜重含水量=(W_2-W_3)/(W_2-W_1)$$

$$束缚水含量=鲜重含水量-自由水含量$$

式中：S——蔗糖溶液质量（g）；C_1——蔗糖原液质量分数（%）；C_2——浸泡后糖液质量分数（%）；W_1——称量瓶质量（g）；W_2——瓶质量＋鲜样质量（g）；W_3——瓶质量＋干样质量（g）。

2　结果与分析

2.1　不同品种烟叶自由水和束缚水含量

2个品种自由水和束缚水含量测定结果列于表1。

由表1可知，翠碧1号的自由水含量显著低于K326，束缚水含量则显著高于K326。束缚水与自由水的比率，束缚水占总含水量的比率，两品种间的差异均达显著水平。

表1　不同品种烟叶自由水和束缚水含量（%）

品种	自由水含量	束缚水含量	组织水含量	束缚水/自由水	束缚水/组织水
K326	66.7	18.6	85.3	0.279	0.218
翠碧1号	64.3	21.8	86.1^{ns}	0.339	0.253

2.2　不同部位烟叶自由水和束缚水含量

由2个品种不同部位烟叶的水分含量（图1）可以看出，部位自下而上，总水分含量均渐次降低，其中自由水含量也渐次降低，而束缚水含量渐次升高。

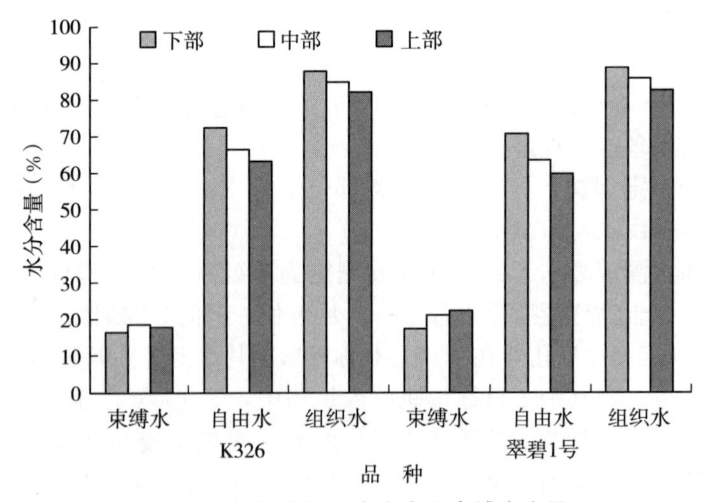

图1　不同部位烟叶自由水和束缚水含量

2个品种不同部位烟叶束缚水与自由水的比率如图2所示，烟叶部位自下而上，该比率增大；同一部位，翠碧1号的比率又相应大于K326的比率。

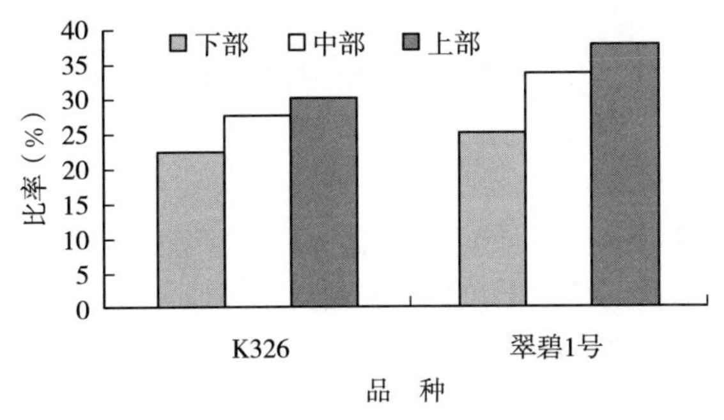

图2 不同品种束缚水和自由水的比率

2.3 不同成熟度烟叶自由水和束缚水含量

2个品种不同成熟度的中部烟叶的水分含量（图3）表明，2个品种烟叶自欠熟至过熟，总水分含量均渐次降低，其中自由水含量和束缚水含量也渐次降低。

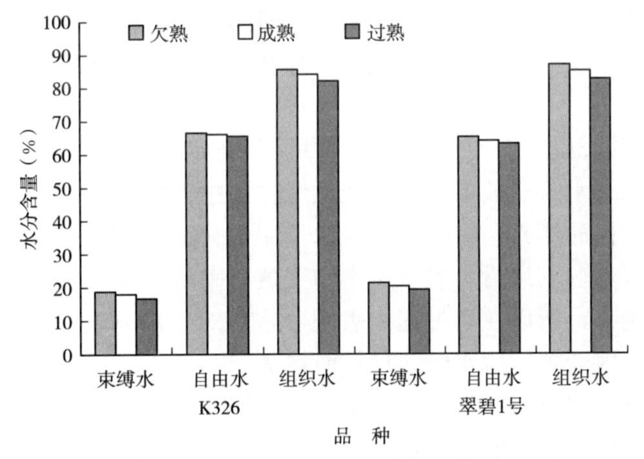

图3 不同成熟度烟叶自由水和束缚水含量

由不同成熟度烟叶束缚水与自由水的比率（图4）可知，2个品种烟叶成熟度自欠熟到成熟，该比率减小；同一成熟度，翠碧1号的比率相应大于K326的比率。

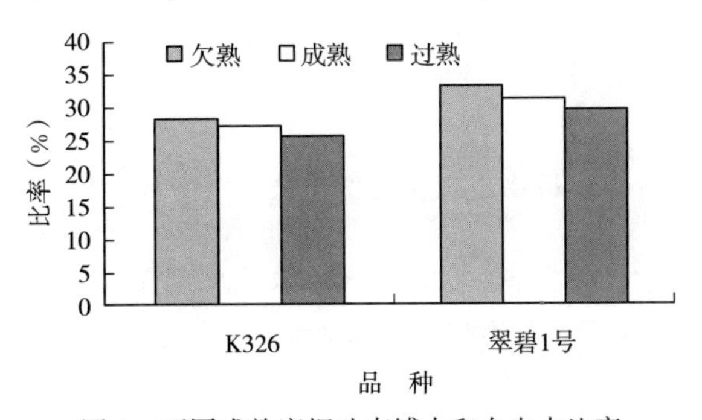

图4 不同成熟度烟叶束缚水和自由水比率

3 讨论

经每隔 15min 测 1 次外液浓度可知，无论下部、中部或上部叶，外液浓度都在浸泡 180min 后趋于稳定。因此，将烟叶组织浸入高浓度蔗糖液中，浸泡 3 h 后，测定外液浓度较为合适。

烟叶烘烤成败的关键在于能否使变色速率和干燥速率协调发展。烤房内适宜的温湿度条件是控制这 2 个速率协调而恰当的外因。烟叶干物质含量和水分含量等则是决定这两个速率的内因。这些内因又受到品种、环境、栽培措施、烟叶着生部位、成熟度等因素的影响[2]。

K326 是从美国引种的，系中国南方烟区的一个主栽品种[3,4]，翠碧 1 号为中国自行培育的一个优良品种。本研究结果表明，这 2 个品种烟叶水分含量存在显著差异。翠碧 1 号自由水含量显著低于 K326，而束缚水含量显著高于 K326，这意味着两者的烘烤特性不同。在烘烤过程中翠碧 1 号将比 K326 脱水困难，K326 脱水正常，易烘烤，而调控翠碧 1 号脱水速率的难度大一些。烘烤翠碧 1 号烟叶，既要注意防止变黄阶段硬变黄，定色阶段严重棕色化反应而烤黑，也要注意因变黄，脱水时间过长，干物质消耗过度而挂灰。

同一烟草植株上，不同着生部位的烟叶，外观质量、内在质量、化学成分等都存在差异[2]。本研究结果表明，不同部位烟叶的自由水和束缚水含量也存在显著差异，并且有规律性变化，因此，不同部位烟叶在烘烤过程中的脱水特性必然不同。下部叶总水分含量和自由水含量较高，束缚水含量较低、所以在烘烤过程中表现脱水较易，脱水速率较快，既要防止脱水过早、过快而烤青，又要防止脱水不足，硬变黄烤黑。中部叶水分含量适中，在烘烤过程中，脱水能顺利进行，脱水速率和变黄速率易协调，易烤性好。上部叶与下部叶水分含量呈相反趋势，所以在烤过程中表现脱水较难，脱水速率较慢，既要保湿变黄、防止烤青，又要防止因变黄、脱水时间过长而挂灰。

成熟度是烟叶分级的第一质量要素，是国际上烟叶主产国之间质量竞争的焦点。成熟度不同，烟叶组织结构、化学成分呈规律的变化趋势[5,6]。本研究结果表明，烟叶水分含量随着成熟度变化也存在着有规律的变化。自欠熟到过熟，烟叶总含水量、自由水、束缚水含量均渐次降低，束缚水与自由水的比率也渐次减小，这表明成熟烟叶脱水较易，脱水特性适合于烟叶烘烤，所以生产上应掌握烟叶成熟采收技术，以提高烟叶烘烤质量。

参考文献

[1] 白宝璋，靳占忠，李德春．植物生理生化测试技术［M］．北京．中国科学技术出版社，1995：8－11.

[2] 聂荣邦．烤烟栽培与调制［M］．长沙：湖南科学技术出版社，1992：201－204.

[3] 聂荣邦，赵松义，黄玉兰，等．湖南烤烟综合栽培技术研究［J］．湖南农学院学报，1992，18（增刊）：371－380.

[4] Darid Reed T，James L Jones，Charles S Johnson，et al. Flue-cured to baccos productionguide［M］.

Halifax：Virginia Cooperative Extension Service，1994.

[5] 聂荣邦，赵松义，黄玉兰，等．烤烟不同成熟度鲜烟叶组织结构研究［J］．湖南农学院学报，1992，18（增刊）：394－400.

[6] 聂荣邦，周建平．烤烟叶片成熟度与α-氨基酸含量的关系［J］．湖南农学院学报，1994，20（1）：21－26.

（原载《湖南农业大学学报：自然科学版》2002年第4期）

提高烟叶醇化质量的途径探析

梁　伟[1,2]，孙建生[2]，金亚波[2]，黄聪光[2]，张纪利[2]

（1. 湖南农业大学农学院，长沙　410128；
2. 广西中烟工业有限责任公司，南宁　530001）

摘　要： 针对当前烟叶采购的紧张形势和原料的结构性矛盾，为降低库存损耗，充分利用烟叶资源，对当前烟叶醇化过程中存在的问题进行分析，探讨提高烟叶醇化质量的途径。

关键词： 烟叶；醇化；质量；途径

烟叶是卷烟工业的主要原料，其质量状况决定着卷烟产品质量的高低。当年收获的新烟由于具有多种缺陷，不能直接使用，必须通过自然醇化使烟叶香气显现，消除青杂气，减轻刺激性，改善烟叶质量[1]，提高烟叶可用性，以满足卷烟工业的要求。烟叶中由于含有丰富的营养物质，在储存过程中很容易产生霉变、虫蛀、变色、油印等现象，造成重大质量损失[2,3]。随着卷烟工业的不断发展，卷烟结构进一步提升，对烟叶醇化质量提出更高的要求。自然醇化是提高烟叶工业可用性的重要环节，采取多种措施，减少库存损耗，提高烟叶醇化质量，对充分利用烟叶资源，实现“卷烟上水平”具有重要意义。为此，笔者就当前烟叶醇化过程中存在的问题进行思考和分析，对如何提高烟叶醇化质量进行探讨。

1　当前烟叶醇化存在的主要问题

1.1　烟叶霉变的现象不容忽视

近年来，通过新建和改建仓库，烟叶仓储条件有了一定程度的改善，烟叶霉变比例和程度较前几年有所减少。同时由于库容不足，部分卷烟企业不得不外租仓库，除洞库外，其他仓库往往条件较差，缺乏温湿度控制设备，烟叶霉变现象较为突出[4]，造成烟叶损耗和品质下降。另外，贵州、湖南、重庆等产区烟叶采烤季节连绵多雨，空气湿度较大，烟农保管不善，烟叶就容易受潮滋生霉菌，复烤加工前未能剔除干净的，在醇化过程中受环境温湿度的影响极易发生霉菌扩散的现象，造成重大质量损失，对此应引起高度重视。

1.2　部分批次烟叶水分偏大

在仓库检查时发现部分批次烟叶水分偏大，给烟叶安全储存带来隐患。有的复烤企业为追求高的出片率，打叶时按国家复烤工艺标准水分上限执行，仓库相对湿度偏大极易导致烟叶水分超标；有的复烤企业设备陈旧，加工稳定性较差，故障率高，同批次烟箱部分水分超标，水分分布不均匀，波动范围大。南方高温高湿气候条件下，水分偏大的烟叶加速进行棕色化反应，箱温上升，烟叶发生表层霉变和包心霉变的概率远大于水分正常的烟箱，包心水分偏大的烟箱则易出现烧包现象，导致整箱烟叶失去使用价值。

1.3 部分产区烟叶变褐现象突出

通过近几年的仓库质量调查发现，有的产区烟叶原料在同等仓库条件下变褐速度快，且变褐比例较高，相对于其他产区烟叶更不耐储存。研究表明，云南、贵州、广西部分产区烟叶经过较长时间的储存后，常常出现颜色变褐甚至发黑、油印严重等现象，光泽灰暗，香气散失，余味苦涩[5,6]。烟叶完全变褐，多酚类物质会大幅减少，烟叶香吃味劣化，杂气增加，降低了使用价值。

1.4 常规杀虫剂仓库熏蒸有一定的副作用

为防治烟草甲、大谷盗、烟草粉螟等烟仓害虫，每年都要开展1～2次烟仓熏蒸，而防治方法仍以化学防治为主，频繁使用化学药剂，容易造成农药残留，已引起世界各国的重视[7]。随着食品安全意识的增强，磷化铝、溴甲烷等高毒化学药剂已经或终将相继被禁用；另外仓库长期使用磷化铝、溴甲烷等对烟仓电器设备有一定的腐蚀性，缩短电器设备使用年限。因此迫切需要采用更加安全、环保、高效的烟叶仓储杀虫及存储方式。

2 提高烟叶醇化质量的途径分析

2.1 充分利用温湿度自动监控系统

据报道，温湿度自动监控系统在国内多家卷烟企业的烟叶仓库已投入使用。该系统由现场温湿度实时监测系统、PLC控制系统和中央监控管理工作站3部分组成，能够实现对整个烟叶库群进行库内外环境温湿度及库内烟包温湿度数据实时采集、对除湿机等设备进行远程控制以及相应的信息管理等功能[8]。实践表明，在南方高温高湿气候条件下，该系统有助于降低库内温湿度，在一定程度上抑制烟叶棕色化反应速度，检查发现仓库烟叶外观及内在质量明显改善，烟叶霉变、烧包及碳化等现象逐年减少。

2.2 推广气调法仓储养护技术

气调法仓储养护技术就是通过改变贮藏环境中的气体成分，达到防治害虫、防止霉变和保持储物品质的一种储存养护技术[9]。全国多家卷烟工业企业仓库已在使用，收到良好效果，可有效预防虫蛀和霉变，延长仓储片烟的保质期，提高醇化烟叶的品质及卷烟产品的质量稳定性。气调法储存的烟叶外观质量评价结果表明，其颜色、油分、光泽度、均匀度、饱满度等都优于自然条件储存的片烟。气调法储存堪称绿色环保、无毒、无味、无害，可减少污染，避免人、畜中毒事件发生和农药残留，有利于减害降焦，提高吸烟者的安全性，有必要在烟叶仓库大面积推广。

2.3 烟叶养护实行差异化管理

仓储部门应针对不同产区和存在质量问题的原料，制定相应的养护措施，实现不同年份、不同产地原料仓储的差异化管理。对半年内将要投产使用，而醇化尚不足的烟叶适当提高库内温度，促进其醇化的进行；已达到最佳醇化期的原料，则降低其储存的温、湿度条件，或转移至洞库中，抑制烟叶醇化速度；另一方面对已严重变褐的原料督促烟叶使用部门加快消化，避免其变黑碳化、失去使用价值。

2.4 对各产地烟叶的适宜醇化期加强研究

烟叶醇化时间长短与其化学成分、环境温度和烟叶水分均有很大关系[8]，掌握各产区烟叶储存特性，有利于充分利用烟叶资源，彰显风格特色。卷烟工业企业应与科研机构或高等院校加强合作，针对不同产区烟叶适宜醇化期进行研究，结合本地区气候条件，确定不同产区烟叶在本地区仓库的适宜醇化期，掌握其储存特性，尽量在达到最佳醇化期时投产使用，避免烟叶醇化过度，减少烟叶变褐、霉变、虫蛀等现象的发生，提高原料利用率。

2.5 加强复烤工艺监督，改进包装质量

片烟水分是安全醇化的关键因素。原烟加工时打叶人员需加强监督，确保按照企业的工艺标准要求进行加工，且保持水分均匀一致；不同包装对烤烟醇化品质有较大的影响[11]，据报道，使用打孔内衬塑料袋，即在烟箱内衬塑料袋四周上打有多个孔径为2.5～3.5mm的孔，孔间距50～70mm，不仅与常规无孔塑料袋相比具有相同的防虫防霉效果，且有助于保持烟叶水分稳定，能有效调控烟叶醇化周期，缩短醇化进程，节约仓储养护费用。

2.6 充分利用洞库

卷烟企业所租洞库大都修建于20世纪60～70年代，多由山洞改建而成。洞库具有温度低、温湿度变幅小的特点，适宜烟叶安全醇化[12]。实践证明，洞库内存放的烟叶霉变和虫害极少，几乎不用杀虫，烟叶不仅颜色保鲜性好，也不存在农药残留的问题，安全性高。故卷烟工业企业应充分利用周边的洞库存放烟叶，尤其是将高等级烟叶放在洞库中，既有利于保障烟叶醇化质量，充分发挥上等烟在配方中的主导作用，又可以减少杀虫费用，节约资金。

2.7 加强仓储工艺监督检查

各卷烟工业应根据自身企业实际和地方气候特点，制定出适合本企业的烟叶仓储管理技术标准，这不仅需要仓储部门严格执行，同时技术中心也应该派出专门的技术人员，对仓库的工艺标准执行情况进行定期检查，并抽查仓库烟叶的质量状况，发现问题及时提出建议和整改措施，必要时可以修正工艺参数指标。

3 结论

烟叶原料是实现“卷烟上水平”的基础和保证，在烟叶原料采购竞争日益紧张的今天，采取多项措施，抓好烟叶仓储养护工作，提高烟叶醇化质量，是实现“向仓储环节要质量”的重要举措，使在库烟叶得以“保质提质”，为工业使用提供强有力的原料保障。卷烟工业企业对烟叶养护管理工作应引起高度重视，加强人力、物力和科研经费等方面的投入，充分利用烟叶资源，减少库存损耗，增加企业经济效益。

参考文献

[1] 卓思楚，郑湖南，齐凌峰，等．国内烤烟烟叶醇化机理及技术研究进展响［J］．中国农学通报，2012，28（10）：91－94.
[2] 晏卫红，黄思良，朱桂宁，等．广西仓储烟叶霉变微生物的分类鉴定［J］．烟草科技，2008（2）：50－56.
[3] 李小兰，黄善松，黄聪光，等．烟叶仓储管理存在的主要问题与对策初探［J］．广西农业科学，2007，38（1）：84－87.
[4] 向东红．川渝地区仓储片烟主要霉变微生物及防霉技术研究［D］．北京：中国农业科学院，2010.
[5] 黄聪光，李桂湘，潘武宁，等．广西地产烟叶最佳储存条件研究初探［J］．安徽农业科学，2008，36（9）：3727－3729.
[6] 邓宾玲，欧清华．烟叶贮存外观质量及其内在品质研究［J］．广西农业科学，2010，41（7）：707－709.
[7] 李薇，雷丽萍，徐照丽，等．玉溪烟叶有机氯、拟除虫菊酯类杀虫剂农药残留分析［J］．西南农业学报，2012，25（1）：173－178.
[8] 王士国，李孟宇．浅谈烟叶仓库温湿度的控制系统［J］．装备制造技术，2008（5）：111－112.
[9] 沈禄恒．片烟仓储方式概述［J］．现代农业科技，2011（23）：44，48.
[10] 王毅，唐兴宏，夭建华，等．影响异地陈化烟叶质量的因素及最佳陈化工艺的研究［J］．云南烟草，2007（6）：40－48.
[11] 张天剑，王浩雅，任一鹏，等．不同包装对烤烟醇化品质的影响［J］．江苏农业科学，2010（6）：466－468.
[12] 周文安，金俊海．洞库储存烟叶研究初报［J］．陕西农业科学，1997（6）：30－35.

（原载《天津农业科学》2013年第7期）

图书在版编目（CIP）数据

烤烟栽培与调制研究 / 聂荣邦，韦建玉主编 .—北京：中国农业出版社，2016.3
ISBN 978-7-109-21339-5

Ⅰ.①烤… Ⅱ.①聂… ②韦… Ⅲ.①烤烟—栽培技术—文集 ②烤烟—烟草调制—文集 Ⅳ.①S572-53 ②TS44-53

中国版本图书馆 CIP 数据核字（2016）第 006975 号

中国农业出版社出版
（北京市朝阳区麦子店街 18 号楼）
（邮政编码 100125）
责任编辑 张 利

中国农业出版社印刷厂印刷 新华书店北京发行所发行
2016 年 3 月第 1 版 2016 年 3 月北京第 1 次印刷

开本：787mm×1092mm 1/16 印张：46.5 插页：1
字数：1102 千字
定价：148.00 元